한국의 지형 발달과
제4기 환경 변화

국립중앙도서관 출판시도서목록(CIP)

한국의 지형 발달과 제4기 환경 변화 / 엮은이: 조화룡
교수 논문집 발간위원회. -- 파주 : 한울, 2006

p. ; cm. -- (한울아카데미 ; 878)

ISBN 89-460-3569-2 93450 (양장)
ISBN 89-460-3578-1 93450 (학생판)

452-KDC4
551.41-DDC21 CIP2006001722

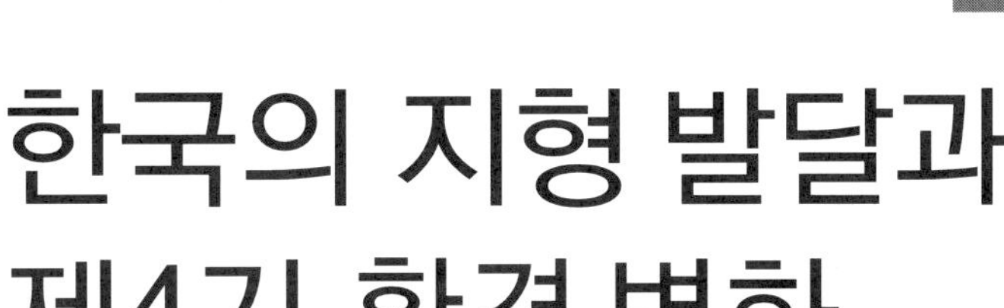

한국의 지형 발달과 제4기 환경 변화

The Geomorphic Development and the Quaternary Environmental Change in Korea

조화룡교수 논문집 발간위원회 엮음

머리말

이 책은 조화룡 교수님께서 한국의 지형과 환경 변화에 관해서 저술하신 논문을 모은 것이다. 선생님의 논문들은 지형학 및 제4기학의 원리와 방법론에 대하여 많은 것을 밝힌 실로 선구적인 연구들이기 때문에 지리학, 지질학, 해양학, 생물학, 고고학 등 제4기학 연구자들에게 반드시 읽혀지고 참고되어야 할 논문들이라고 생각한다.

그러나 선생님의 논문들은 여러 학술 잡지에 분산 게재되어 있고, 또 상당 부분은 일본어로 쓰여 일본 잡지에 실려 있으며, 우리말로 쓰인 것도 한문이 많이 섞여 있어 후학들이 논문을 찾는 데 어려움을 겪고 있으며, 찾아도 읽는 데 매우 힘들어하는 실정이다.

그래서 이번에 일본어로 쓰인 것은 한글로 번역하고, 한문도 모두 한글로 바꾸어서 한 권의 책에 모아 발간하기로 했다. 학술 잡지에 발표하지 않은 선생님 지도의 석사 학위 논문 몇 편도 같이 실었다. 이들 석사 학위 논문들은 선생님께서 써주신 것이나 마찬가지일 정도로 큰 도움을 주신 연구물들이다.

선생님께서는 이 책의 발간을 극구 반대하셨다. 말씀을 그대로 옮기면 "그 부끄러운 논문들을 다 모아 책으로 발간하는 일은 나를 발가벗겨 대중 앞에 세우는 것과 같다" 하시며 사양하셨다. 선생님의 뜻을 거슬러 죄송하면서도 우리는 이 논문집을 발간하는 일이 우리나라 제4기학을 연구하는 후학들에게 크게 기여하는 일이라 생각한다.

이 책은 5장으로 나누어져 있다. 제1장에는 충적평야 지형 발달에 관한 내용으로 우리나라 각 지역의 충적평야를 대상으로 표면 미지형 분류와 충적층 내부 구조를 밝혔고, 후빙기 해면 변동과 관련하여 충적평야의 지형 발달을 논하고 있으며, 부분적으로 단구 지형도 같이 해명하고 있다. 방법론으로 항공사진에 의한 지형 분류, 퇴적물 입도 분석, 화분 분석, 규조 분석, 보링 조사, 보링 데이터 분석, ^{14}C 연대 측정 등을 실시하고 많은 데이터를 제시한다.

제2장에는 제4기 환경 변화에 관한 내용으로 충적층 내, 단구면 상 및 산지 습원에 분포하는 토탄지의 분포를 밝히고, 이들 토탄의 형성 시기, 화분 조성, 작열감량 등을

분석하고 있다. 가와지곡, 사포 해안, 도대천 유역의 퇴적 층상과 규조를 분석하고 있으며, 이를 바탕으로 제4기 후기의 해면 변동, 기후 환경 변화, 퇴적 환경 변화를 설명하고 있다.

제3장에는 해안 지형 발달에 관한 내용으로 동해안의 해안 비치 분포와 지형 변화, 융기 벤치, 노치에 대하여 논하고 있으며, 서·남해안의 갯벌 분포, 갯벌 지형 세분 및 지형 발달을 설명하고 있다. 또 경기만의 해저 지형을 밝혔다.

제4장에는 산지 지형 발달에 관한 내용으로 카르스트지형, 우곡 지형, 감입곡류 지형, 단층 지형에 대하여 논하고 있다. 감입곡류 지형에서 우리나라 감입곡류 하천의 분포 특성과 감입절단곡류의 지형 발달에 대하여 이야기하고 있고, 단층 지형에서는 양산단층과 울산단층을 연구하여 이들 두 단층이 우리나라에서 처음으로 보고되는 활단층임을 밝혔다.

제5장에서는 GIS와 Remote Sensing의 지리학적 이용 방법론을 제시하고 있다. DEM을 이용한 지질별 지형 특성 분석, 우리나라의 고도, 기복량 및 경사 분석이 이루어졌으며, 위성 영상을 이용하여 충적평야의 미지형, 염성토와 비염성토, 간석지의 미지형 등을 분류한 사례를 소개하고 있다.

끝으로 이 책을 만드는 과정에 번역, 워드, 편집을 하느라 애써준 위원회 여러분의 노고에 감사하며, 또한 출판을 흔쾌히 맡아주신 도서출판 한울 김종수 사장님께 감사를 드린다. 아울러 2006년 8월에 정년퇴임하시는 조화룡 선생님께서도 늘 건강하시고 행복하신 나날이 되시기를 바라는 마음 간절하다.

2006년 3월

조화룡교수 논문집 간행위원회

대표 황상일

차례

머리말 5

제1부 | **충적평야의 지형 발달** 15

1. 한국 포항 주변 해안평야의 지형 발달 13
2. 한국 동해안 속초 주변의 지형 발달 27
3. 삼랑진 주변 평야의 지형 발달 34
4. 우리나라 하구 충적층의 층상 구조 54
5. 해안평야 미지형 퇴적물의 입도 조성
   – 경상북도 동해안을 사례로 69
6. 토평천 연안 충적평야의 지형 발달 85
7. 태화강 하류 충적평야의 지형 발달 116
8. 우리나라 충적층 기저의 침식곡 형태 고찰 142
9. 한국 낙동강 하류 충적평야의 지형 발달 155
10. 낙동강 유역의 홍수 특성 분석 175
11. 만경강 연안 충적평야의 지형 발달 202
12. 가조분지의 지형 발달 221
13. 월송리 주변 연안 저지의 지형 발달 236
14. 밀양강 하류 충적평야의 지형 발달 249
15. 곡강천 유역의 지형 발달 277
16. 불국사 산맥 서사면의 단구 지형 발달 298
17. 대구분지의 지형 분류 330

제2부 | **제4기 환경 변화** 389

1. 한국 동해안에 있어서 후빙기의 화분 분석학적 연구 391
2. 한국 동해안에 있어서 완신세 해수준 변동 409
3. 한국의 토탄지 연구 424

4. 후빙기 후기 '가와지'곡의 환경 변화 449
5. 사포 해안 충적평야의 Holocene 퇴적 환경 변화 467
6. 제4기 후기 영양분지의 자연 환경 변화 477
7. Holocene 중기에 있어서 도대천 유역의 퇴적 환경 변화 504

제3부 | **해안 지형 발달** 529

1. 경기만의 해저 지형 531
2. 영일만 주변 해안의 해빈 지형 변화 544
3. 한국의 간석지 분포 564
4. 한국 남동 해안의 미지형 발달 581
5. 법성만 갯벌의 지형 및 퇴적물의 입도 특성 분석 618
6. 와탄천 유역 분지의 지형 발달 636

제4부 | **산지 지형 발달** 653

1. 문경 지역 Karst 지형 연구 655
2. 한국의 우곡 지형 연구 679
3. 한국에 있어서 감입곡류 하천의 분포 특성 703
4. 한국에 있어서 감입곡류절단의 지형 발달 725
5. 양산단층의 지형학적 연구 752
6. 양산단층 중앙부의 활단층 지형과 Trench 조사 775
7. 양산단층 주변의 지형 분석 798
8. 울산단층계(한국남동부) 중앙부의 활단층 지형과 단층노두 819

제5부 | GIS 및 Remote Sensing 841

1. Landsat TM 영상을 이용한 충적평야 미지형 분류
- 금호강 유역평야를 대상으로- 843
2. Soil Property Analysis of Coastal Lowland using Landsat TM Image
- The Case of the Kimhae Delta Plain of Korea - 852
3. 위성원격탐사를 이용한 곰소만 간석지의 미지형과 퇴적물 입도 특성 분석 862
4. 경상도 지역에 있어서 지질별 지형 특성 분석 876
5. GIS기법에 의한 한국의 고도·기복량 분석 894
6. GIS기법을 이용한 동강 유역분지의 지형 특성 분석 909
7. DEM을 이용한 한반도 지형의 경사도 분석 924

Ⅰ. 충적평야의 지형 발달

우리나라 각 지역의 충적평야를 대상으로 표면 미지형 분류, 충적층 내부 구조를 밝혔고, 후빙기 해면 변동과 관련하여 충적평야의 지형 발달을 논하고 있으며, 부분적으로 단구 지형도 같이 해명하고 있다. 방법론으로 항공사진에 의한 지형 분류, 퇴적물 입도 분석, 화분분석, 규조분석, 보링 조사, 보링 데이터 분석, ^{14}C연대 측정 등을 실시하고 많은 분석 데이터를 제시한다.

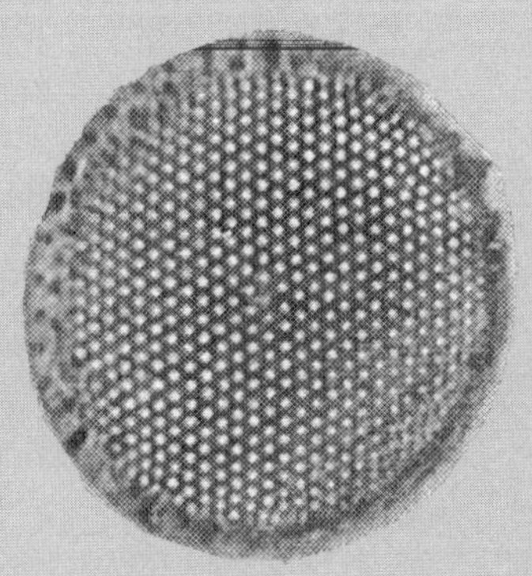

염수 규조(Coscinodiscus)

소나무 화분(Pinus)

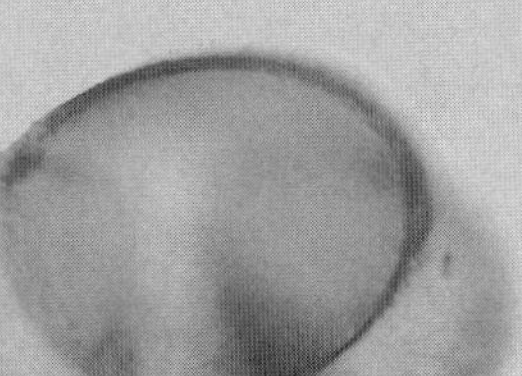

CHAPTER 1

한국 포항 주변 해안평야의 지형 발달*

1. 서론

한반도는 일본열도에 비하면 지반운동이 적은 편이라고 알려져 있어(多田文男, 1941), 해안지형과 보링자료로부터 해면변동곡선을 복원하기에는 보다 좋은 지역이라고 할 수 있다. 그러나 한국에서 지금까지 해면변동과 해안지형발달에 대한 연구는 그다지 진행되지 않았고, 최근 포항보다 남쪽 해안단구에 대하여 김서윤(1973), 오건환(1977)의 연구가 있을 뿐이다. 그러나 두 연구는 해안단구의 분류에 있어서도 차이가 있고, 성인 등의 해석에도 몇 가지 문제점이 남아있다.

필자는 안정지역으로 생각되는 한국의 해안지형을 해면변동으로 설명하려는 입장에서 해면변동곡선의 복원을 시도하고 있으나 이것은 많은 연구성과가 누적되어야 가능하기 때문에 우선은 그 기초가 되는 데이터를 모아 나가는 것이 필요하다고 생각된다.

이와 같은 입장에서 필자는 해안단구, 하안단구, 빈제, 배후습지, 자연제방 등의 평야미지형이 발달하고, 많은 보링데이터를 활용할 수 있는 한국 동해안 남동부 포항 주변 평야(그림 1-1)를 선택하여 지형분류, 보링데이터 해석, ^{14}C연대 측정, 퇴적물 분석을 실시하고, 해면변동에 관한 데이터를 제공함과 동시에 이 지역의 후빙기 해면상승 패턴과 지형발달에 대하여 고찰했다.

---

* 靑華龍, 1978, 日本東北地理, 30(3), 152～160쪽.

2. 지형과 지질 개관

포항 해안평야는 한국 동해안 남동부 영일만 만 안쪽에 위치하는 남북 22㎞, 동서 14㎞의 평야이다. 한반도에는 일반적으로 비대칭 습곡(小林貞一, 1931)내지 경동지괴(多田文男, 1941)로 불리는 척량산맥(脊梁山脈)인 태백산맥의 분수령이 동쪽으로 치우쳐 있어 동해안에 연한 평야의 발달이 극히 나쁘기 때문에 형산강에 의해 함양(涵養)되는 포항주변의 평야가 동해안에서는 최대급의 하천과 평야이다.

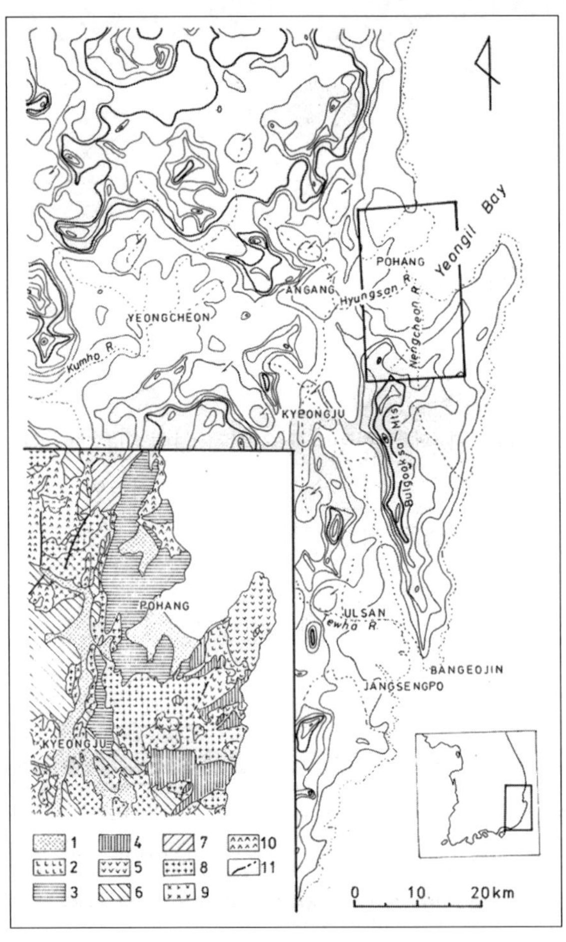

1: Alluvium 2: Basalt 3: Yeongil G. 4: Yangbuk G.
5: Volcanic rock 6: Silla G. 7: Nagdong G.
8: Porphyries 9: Granite 10: Unknown granite
(2: Pliocene-Pleistocene, 3–5: Miocene, 6–9: Cretaceous)

〈그림 1-1〉 Restored Map(contour interval: 100m, eliminating valleys less than 2km across) and geological map(after Geological and Mineral Institute in Korea)

척량산맥(태백산맥)과 동해안 사이에는 표고 500m정도의 불국산맥(立岩巖, 1922)이 남북으로 달리고, 전자와의 사이에 구조성의 내륙평야(경주, 안강평야)가 발달한다. 형산강은 이 내륙평야를 통하여 불국사 산맥을 횡단하고 동류하고 있다.

불국사 산지는 백악기 화강암과 석영반암으로 구성되어 산록에는 이것을 부정합으로 덮는 중신통의 역암, 혈암이 퇴적되어 해발 100-200m의 일정한 높이를 갖는 구릉지를 이루고, 그 개석곡저가 충적층의 기반이 되고 있다. 이러한 중신통으로 이루어진 구릉지 가운데 몇 개의 단층 내지 습곡에 대한 보고(윤선, 1973)가 있으나 그것은 제4기에 활동했다고는 기술되어 있지 않다.

3. 지형 분류와 기재

조사지역의 지형을 항공사진(30,000분의 1 내지 20,000분의 1, 1949년 촬영)에 의해 예비분류하고, 현지 조사를 통하여 확인, 보정하여 지형분류도를 완성했다(그림 1-2).

해안단구는 용한리(龍汗里) 부근에 전형적으로 발달하고, 3단으로 세분된다. 하안단구는 냉천(冷川)의 양안에 연속적으로 발달하고, 3단으로 구분된다. 형산강(兄山江)의 충적저지에는 각종의 미지형이 인정된다.

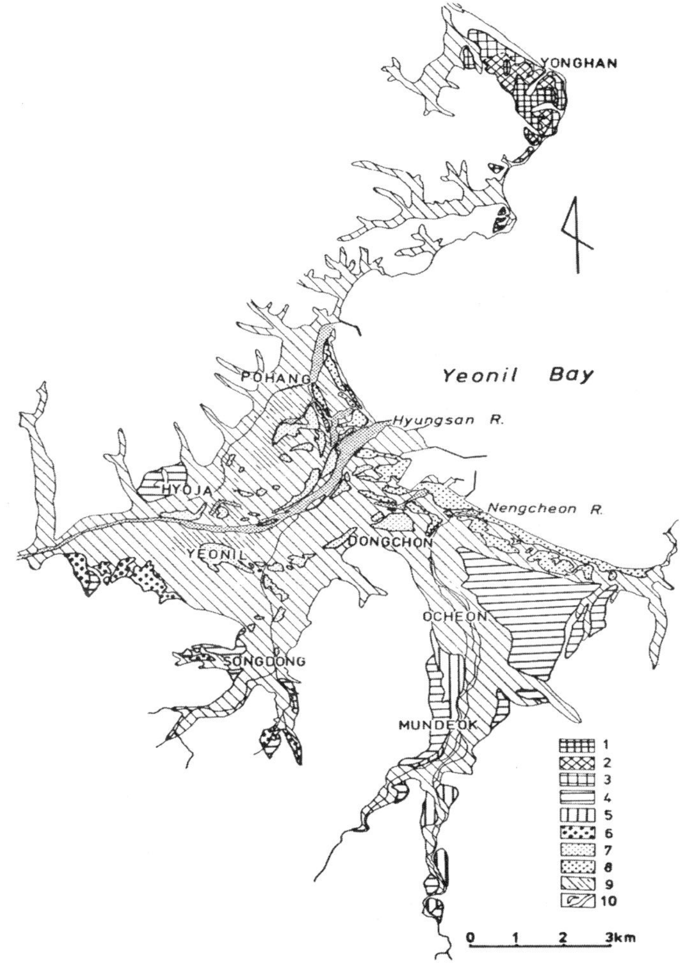

〈그림 1-2〉 Geomorphological map of Pohang coastal plain

1, 2, 3. Marine terraces Ⅰ, Ⅱ and Ⅲ surfaces,

4, 5. Fluvial terraces Ⅰ and Ⅱ surfaces 6. Alluvial fan 7. Natural levee,

8. Beach ridge 9. Back marsh 10. River

1) 해안단구

높은 곳부터 Ⅰ면, Ⅱ면, Ⅲ면으로 분류했다. Ⅰ면은 해발 45~50m이고, 기반의 혈암을 부정합으로 덮고, 두께 약 50㎝의 편평력을 포함하는 원력(직경2~6㎝)이 모래와 섞여서 퇴적되어 있으며, 그 상위에 2~5m의 사층이 관찰된다. 면의 경사는 전체적으로 완만하지만 표면은 얕은 곡에 의해 개석 받았고, 표토는 약간 적색(7.5YR 8/6)을 띠고 있다.

Ⅱ, Ⅲ면은 각각 고도 30~35m, 10~20m이고, 기반암 위에 엷게 원력과 모래가 퇴적되어 있는 것은 Ⅰ면과 마찬가지지만 Ⅰ면보다 경사가 급하고 현 해면을 기준면으로 하는 소 개석곡의 두부침식이 진행되지만 원면은 잘 보전되어 있고, 퇴적물도 풍화가 진행되지 않았고, 거의 적색화도 이루어지지 않았다.

조사지역보다 남쪽의 해안단구와 대비하면 오(1977)의 고위단구면(60~80m)은 이 지역에는 분포하지 않고, 중위면(30-50m)은 필자의 Ⅰ, Ⅱ면, 저위면(10~20m)은 Ⅲ면에 대비할 수 있다. 그러나 오(1977)는 중위면의 구정선 고도가 울산만을 경계로 북측 방어진에서는 42m가 되지만 남쪽 장생포에서는 33m가 되어 양자 간의 약 10m의 고도차가 생기는 사실에서 제4기에 들어서도 불국사 단층[1)]이 활동했음을 시사하고 있다. 용한리에서는 그 두 고도(高度)의 단구면(Ⅰ, Ⅱ면)이 있고, 단층에 의한 변이라는 해석에 의문이 있어 단구면의 대비를 재검토할 필요가 있다고 생각된다.

용한리의 북부에서는 해안단구가 풍성사(風成砂)에 의해 피복되어 있어 단구의 고도가 높아지고 있다.

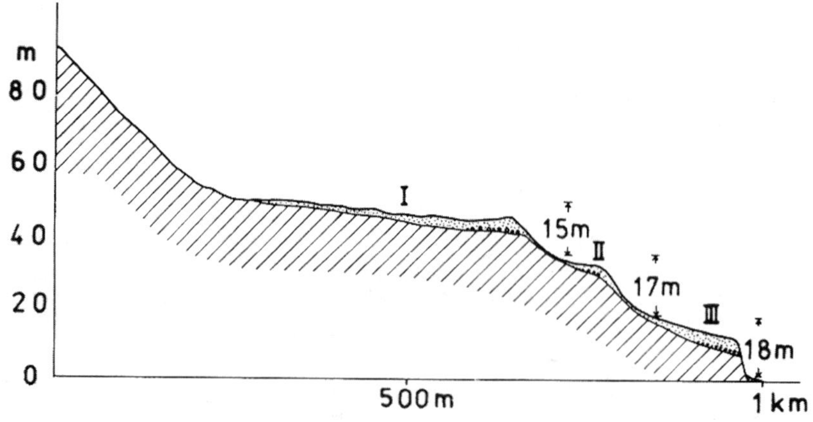

〈그림 1-3〉 Typical E-W cross-section of the marine terraces, Yonghan-Ri

1) 이 단층명은 오(1977)의 명명에 따랐음.

2) 하안단구

냉천을 따라서 넓게 발달하고 있는 3단의 하안단구를 높은 것에서부터 Ⅰ, Ⅱ, Ⅲ면으로 분류했다. Ⅰ면은 경사가 완만하여 현하상과의 비고가 상류부에서 15m, 해안부근에서 8m가 되고, 해안부근에서는 얇게 모래를 얹고 있다. 오천(烏川)부근의 노두(폭 100m, 고도 7~8m)에서는 퇴적물이 거의 아각에서 아원력(직경 5~20㎝)으로 이루어졌다. 이 하안단구 Ⅰ면에 해당하는 하성단구면은 냉천을 따라서만 아니라 형산강 유역의 송동(松洞), 효자(孝子), 중단동(中丹洞) 부근에도 단편적으로 남아있다.

Ⅱ면은 상류 쪽으로 갈수록 비고가 커져서 Ⅰ면과 판별하기 어려워지지만 하류부 오천 부근에서 하위의 Ⅲ면 및 충적면 아래 매몰되어 버린다. Ⅱ면의 퇴적물도 하천을 따라 상당히 연속적으로 관찰할 수 있다. 이 퇴적물은 대게 역층으로 이루어지고, 구성력은 Ⅰ면과 유사하지만 Ⅰ면보다 약간 크다.

Ⅲ면은 현 하상역과 유사한 퇴적물로 구성되고, 상류 쪽에서도 비고가 작아(4~5m) 동촌동(東村洞) 부근에서 충적층 아래 매몰되어 버린다.

이 냉천을 연한 하안단구면과 냉천의 현 하상 종단곡선을 그린 그래프가 <그림 1-4>인데, Ⅱ, Ⅲ면을 그대로 연장하면 충적면 아래 20m, 10m의 지점에 도달한다.

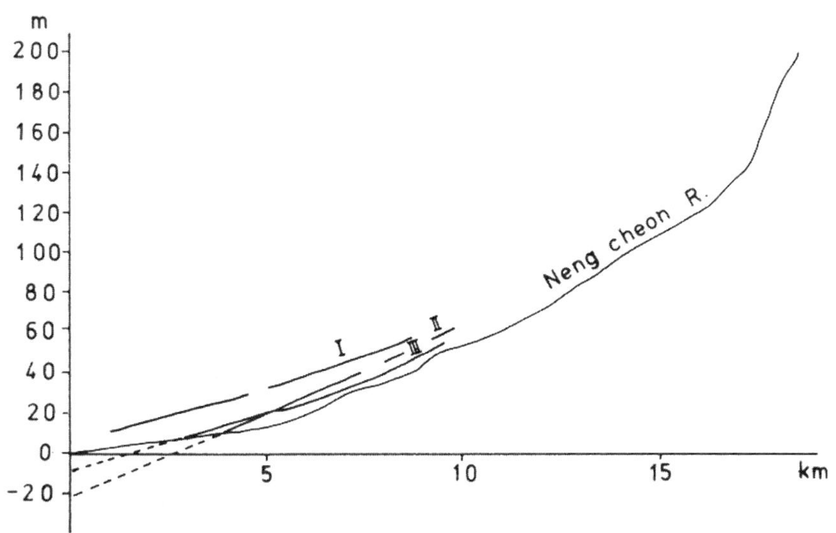

〈그림 1-4〉 Longitudinal profiles of the river terraces along the Neng-Cheon river

3) 충적저지의 미지형

해안부근에는 현 정선과 평행하게 2열의 빈제(浜提)가 발달하고 있는데 바다 쪽의 열은 연속성이 좋고, 4~5m의 고도를 갖는다. 이것은 실제의 빈제 고도를 나타낸 것은 아니고, 빈제를 핵으로 하여 풍성사(두께 2~3m)를 얹고 있는 소규모의 사구라고 말할 수 있다. 내측의 열은 단편적으로 분포하고, 하구부근에서는 자연제방과 구별하기 어렵다.

1949년에 촬영한 항공사진을 판독하면 빈제의 내측에는 석호(lagoon), 습지, 배수불량의 습원이 확인되지만 그 후 대부분이 인공적으로 매립되어지고, 현재에는 갈대밭이 되어 있는 습지가 몇몇 장소에만 남아있을 뿐이다.

형산강 양안의 자연제방(제1~제3자연제방군)의 분포로부터 형산강의 유로가 크게 3번 변했다고 추리할 수 있다. 북측의 제1자연제방군은 단편적으로밖에 남아있지 않지만 비교적 직선상의 유로를 나타내고 있다. 남쪽의 제2자연제방군은 연속적으로 분포하고 비고도 크며, 형산강의 곡류상황을 잘 보여준다. 현재 형산강은 제1, 2자연제방군 사이를 흐르고 새로 제3자연제방군을 형성하고 있다.

4. 충적평야의 지하구조

형산강과 냉천 사이에 공장 및 항만 공사 때문에 지질조사가 이루어져 그 보링주상도 200개를 사용하여 충적층의 기반암 등심선도를 작성하였다(그림 1-5). 그것에 의하면 포항평야의 충적층 기반심도는 -35m를 넘고, 현해안선과 평행하는 익곡이 존재하는데 이것은 과거 형산강에 합류한 냉천의 유로를 암시하고 있다. 또한 현 해안선을 따라 과거의 냉천 우안에는 형산강 하구 부근까지 기반암의 고도가 높게 나타나서 낮은 구릉지가 연장되었다는 것을 알 수 있다.

충적층의 층후, 층상을 보기 위하여 익곡을 따라 A-A'단면과 해안을 따라 B-B'단면의 지질단면과 기본적인 보링 주상도를 <그림 1-6>에 나타냈다. 보링주상도는 입경별 백분율과 관입 N치로 표시했다.

우선 A-A'단면에서는 기반암 위에 기저역층(BG)으로 생각되는 역층이 있고, 그 위에 실트층(하부실트층, LS1)과 역층(하부역층, LG) 또 그 위에 실트층(중부실트층, MS1), 역층(중부역층, MG)의 2개의 사이클이 나타나고, 그 위에 두꺼운 사층(상부사층, USn)이 퇴적되어 있다. 그러나 B-B'단면에서는 하부의 1사이클은 나타나지 않는다. 이것은 A-A'단면의

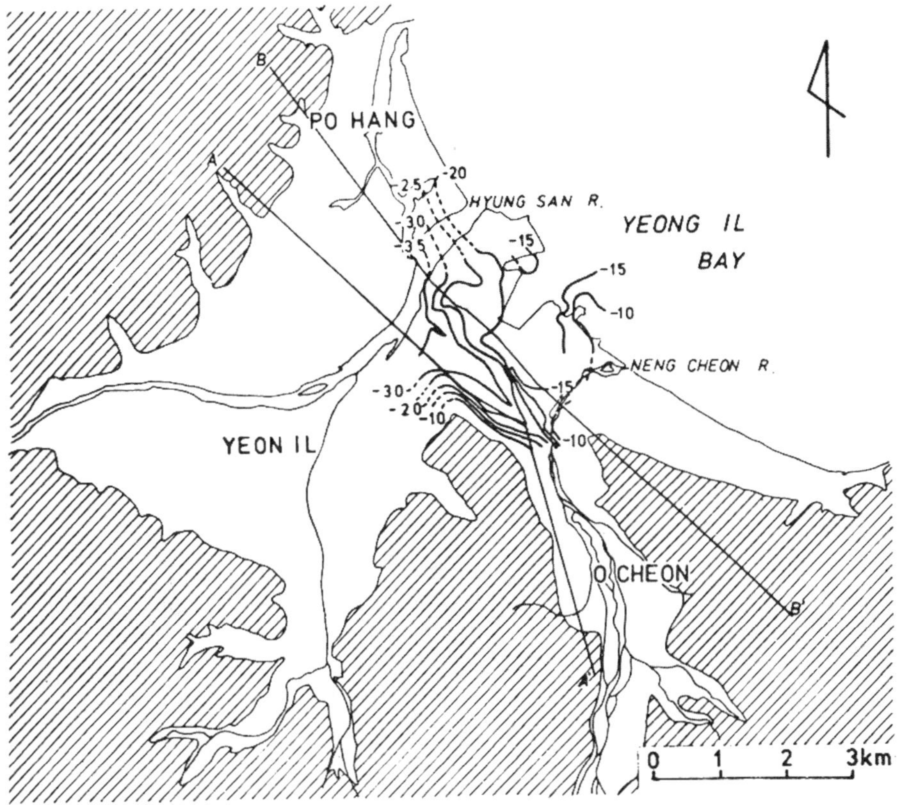

〈그림 1-5〉 Buried valley beneath the Pohang alluvial plain(contour in m)

하부실트층(LS1)을 형성한 해진이 -25m까지만 도달했기 때문에 이시기에 B-B'단면의 하부는 구릉지로서 해면 위에 있었기 때문일 것이다. 그 후 중부 실트층(MS1)을 형성한 해진에는 구릉부를 포함하여 전체가 익곡되고, 공통의 충적층의 퇴적 사이클을 갖게 되었다고 생각된다.

5. 충적층의 ^{14}C 연대

주상도 10의 지점은 공장 건축시에 폭 200m, 깊이 20m까지 굴착한 노두를 실재로 관찰할 수 있어 ^{14}C연대측정 시료와 퇴적물을 현장에서 채집했다. 또한 주상도 13의 34m 보링 코아를 입수하여 ^{14}C연대측정과 퇴적물을 분석했다.

우선 ^{14}C연대측정 결과에 대하여 기술하면, 주상도 13(36°00´25″N, 129°22´31″E)의 지표

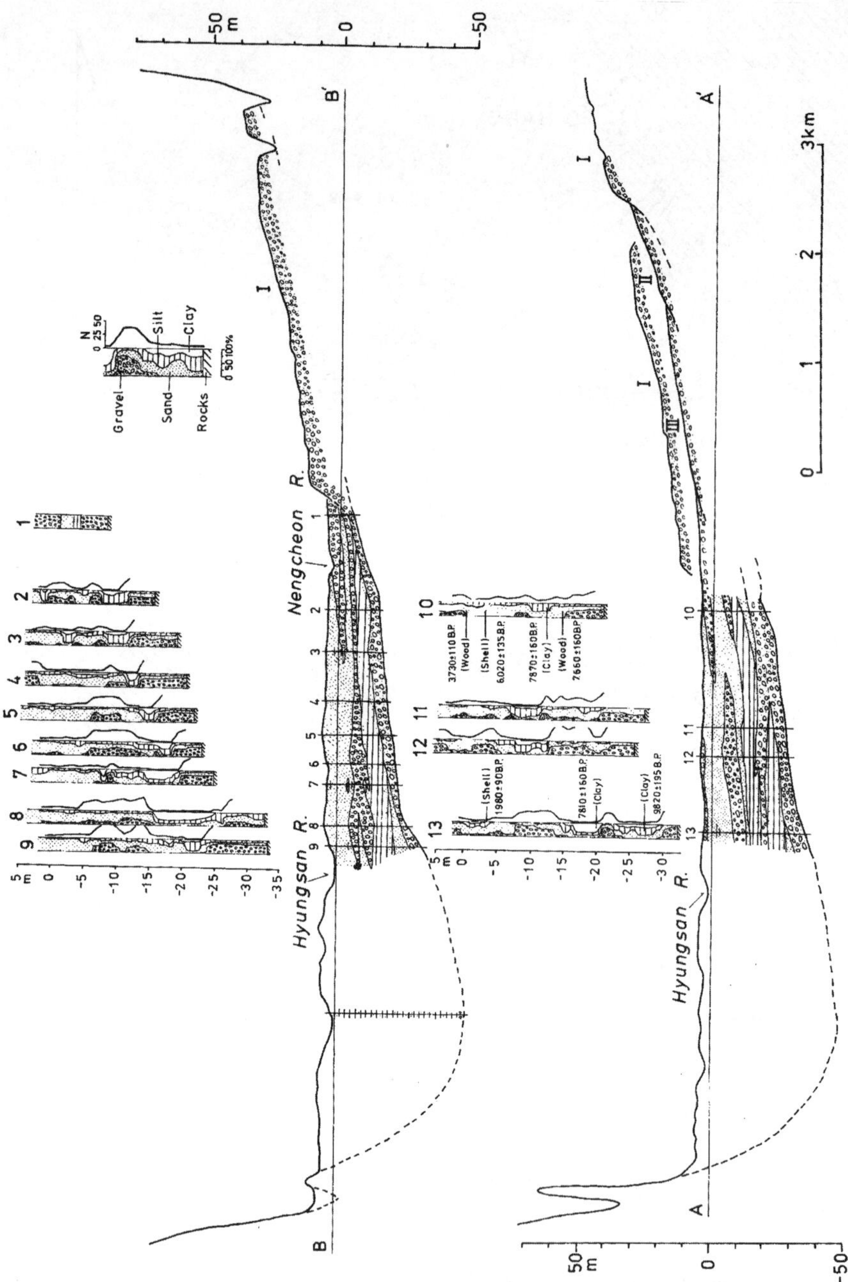

〈그림 1-6〉 Boring columns and geological sections in Pohang alluvial plain

하 28.5m, 해면하 26m의 점토로부터 9,820±195년 BP(TH-269)의 값이 얻어져 하부실트층의 퇴적시기와 냉천의 과거 곡이 매몰되기 시작한 시기가 약 10,000년 BP경이였음이 판명되었다.

주상도 10(35°59´40″N, 129°23´50″E)의 지표하 19m, 해면하 14.5m의 사층과 역층 사이에 큰 나무가 많이 묻혀 있었는데 그 목편에서 7,660±160년 BP(TH-237), 그 2m 위에 이토에서 7,870±160년 BP(TH-266)[2], 주상도 13의 지표하 21.5m, 해면하 19m의 이토에서 7,810±160년 BP(TH-268)의 절대연대를 얻었다. 이것에 의해 중부 실트층의 퇴적시기가 7~8,000년 BP라는 것과 주상도 10의 실트층이 주상도 13의 중부실트층과 연속된다는 사실을 확인하였다.

주상도 10의 지표하 6m, 현 해면하 2m지점에서 패각층이 나타났는데 Lucinoma annulata(Reeve), Batillaria Zonalis(Bruguiere), Tapes(Amygdala) japonica(Deshayes), Crassotrea gigas(Thunberg)의 조개들이 식별되었다. 그 가운데 Crassotrea gigas(Thunberg)만을 선별하여 ^{14}C연대를 측정한 결과 6,020±135년 BP(TH-236)값이 얻어져 일본의 소위 조몬 해진(繩文海進)의 시기와 대비할 수 있는 연대를 보여주었다. TH-266과 TH-236의 연대로 생각해 보면, 7800년 BP경부터 6000년 BP까지 해면이 급격히 상승했고, 1,800년간의 10m 정도의 퇴적이 이루어졌음을 알 수 있다.

또한 주상도 10의 지표하 4.5m, 대략 현해수준 부근의 사층과 역층 사이에 끼여 있는 목편에서 3,730±110년 BP (TH-235), 주상도 13의 지표하 5.5m, 현해면 하 3m지점의 패각 파편에서 1,990 ±90년 BP의 값을 얻었다. 이러한 두 개의 연대로 고찰하면 6,000년 BP이후부터는 해면이 비교적 안정되어 작은 상하운동을 하면서 현재에 이르렀다고 생각된다. 그러나 현재 세계적으로 논쟁이 되고 있는 6,000년 BP경이 현해면 보다 4~5m 높았다는 것(Fairbridge, 1961)을 인정하는 해성층은 이 조사지역에서는 아직까지 보이지 않는다.

6. 퇴적물의 분석 결과

주상도 13의 보링코아를 1m 간격으로 화분분석, 입도분석을 했다(그림 1-7). 규조에 대해서는 현재 분석 중에 있으며 화분분석결과와 함께 다음 기회에 발표할 예정이다. 따라서 본 표에서는 화분분대와 규조화석이 나타나는 곳만을 표시하였다.

2) TH-237과 TH-268의 절대 연대는 약간의 역전이 나타나지만 오차의 범위 내이기 때문에 무시했다.

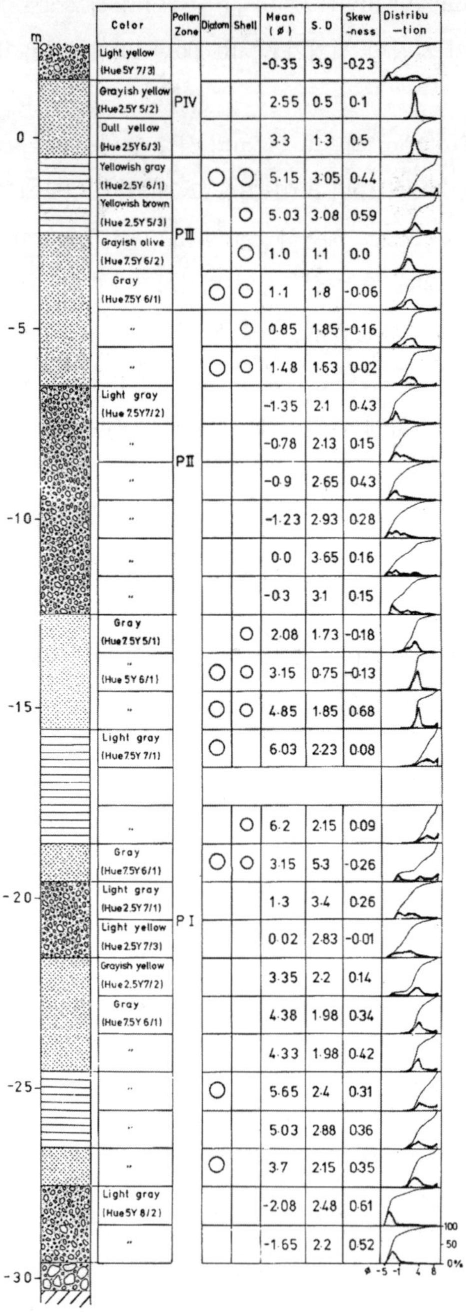

Color	Pollen Zone	Diatom	Shell	Mean (ø)	S.D	Skew-ness	Distribu-tion
Light yellow (Hue 5Y 7/3)				-0.35	3.9	-0.23	
Grayish yellow (Hue 2.5Y 5/2)	PIV			2.55	0.5	0.1	
Dull yellow (Hue 2.5Y 6/3)				3.3	1.3	0.5	
Yellowish gray (Hue 2.5Y 6/1)		○	○	5.15	3.05	0.44	
Yellowish brown (Hue 2.5Y 5/3)	PIII		○	5.03	3.08	0.59	
Grayish olive (Hue 7.5Y 6/2)			○	1.0	1.1	0.0	
Gray (Hue 7.5Y 6/1)		○	○	1.1	1.8	-0.06	
〃			○	0.85	1.85	-0.16	
〃		○	○	1.48	1.63	0.02	
Light gray (Hue 7.5Y 7/2)				-1.35	2.1	0.43	
〃	PII			-0.78	2.13	0.15	
〃				-0.9	2.65	0.43	
〃				-1.23	2.93	0.28	
〃				0.0	3.65	0.16	
〃				-0.3	3.1	0.15	
Gray (Hue 7.5Y 5/1)			○	2.08	1.73	-0.18	
〃 (Hue 5Y 6/1)		○	○	3.15	0.75	-0.13	
〃		○	○	4.85	1.85	0.68	
Light gray (Hue 7.5Y 7/1)		○		6.03	2.23	0.08	
〃			○	6.2	2.15	0.09	
Gray (Hue 7.5Y 6/1)		○	○	3.15	5.3	-0.26	
Light gray (Hue 2.5Y 7/1)	PI			1.3	3.4	0.26	
Light yellow (Hue 2.5Y 7/3)				0.02	2.83	-0.01	
Grayish yellow (Hue 2.5Y 7/2)				3.35	2.2	0.14	
Gray (Hue 7.5Y 6/1)				4.38	1.98	0.34	
〃				4.33	1.98	0.42	
〃		○		5.65	2.4	0.31	
〃				5.03	2.88	0.36	
〃		○		3.7	2.15	0.35	
Light gray (Hue 5Y 8/2)				-2.08	2.48	0.61	
〃				-1.65	2.2	0.52	

〈그림 1-7〉 Analyses of No. 13 Boring core

입도분석은 시료 약 100g을 취하여 Φ5~8의 것은 침강법[3]에 의해, Φ4~-5는 표준 분석채를 사용하여 Φ1 간격으로 분석하였다. 평균입경, 분급, 왜도는 Inman(1952)의 공식으로 구했다. <그림 1-7>에서 distribution으로 나타난 항목에 입도분포 곡선과 누가곡선을 나타내었다. 입도분석에 의하면 하층에서 상층까지 입도분포가 급격한 변화 없이 완만하게 변하고, 3개의 사이클이 인정된다. 이것은 이케다(池田後雄, 1964)가 도까이도(東海島)에 있어서 충적층 연구에서 밝힌 상대적 해수준과 퇴적상 변화 패턴과 잘 대비된다. 포항평야의 보링코아 13에서 분급이 가장 좋은 것은 평균입경 Φ3 전후의 것으로 그보다 평균입경이 크거나 작더라도 분급이 나빠진다. 또한 평균입경 Φ3을 갖는 퇴적물 내지 그 바로 아래 위치하는 세립질 퇴적물 중에 패각, 규조화석이 보이지만 이보다 위의 평균입경 Φ3보다 큰 퇴적물 중에는 패각이 보이지 않는다. 이러한 사실에서 이 지역에서는 평균입경 Φ3을 갖는 퇴적물이 해역과 육역의 경계부근에서 퇴적되었다고 생각할 수 있다. 이것은 해안을 따라 파랑과 바람의 영역이 퇴적물의 sorting을 가장 좋게 한다고 생각한다면 바다의 환경과 하천의 환경이 반복하여 변화한 것으로 보이는

3) Stokes 공식에 기초해서 비커법에 의해 분석했다.

퇴적물 단면에서 sorting이 가장 좋은 곳이 해안선을 나타내는 것은 아닐까 하는 추정에 큰 모순은 없을 것이다.

주상도 13에서 평균입경 Φ3에 가까운 퇴적물(해안부근의 환경을 나타내는)은 해면하 0m, 15m, 23m에 나타난다.

7. 퇴적환경과 해수준 변화

이상 기술한 연대와 입도분석을 기초로 후빙기 해면변화를 모식적으로 도화한 것이 <그림 1-8>이다. O(표시)는 ^{14}C연대와 채집심도를 나타내고, 그것을 가는 실선으로 연결하였다. 그러나 이선이 해면 위치를 나타내는 것은 아니고 실재 해면은 그보다 위에 있는 경우도 있고, 그 아래 있는 경우도 있어 실재 어느 정도 상하인지는 검토하는 것은 어렵다. 결국 현재의 환경에 있어서 현 해안선과 직교하는 직선을 따라 해측과 육측의 퇴적물을 심도별로 분석하여 각각의 입경이 어느 환경의 장소에 나타날 것인가를

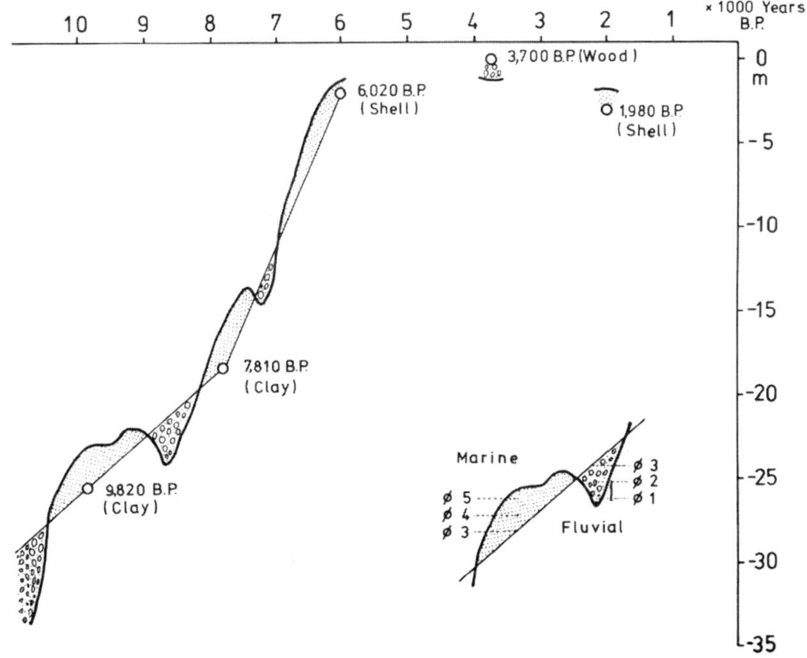

〈그림 1-8〉 Transition of Sedimantal Environment in Pohang area

(based on No. 10 and 13 boring data)

확인하여야만 검토할 수 있다고 생각하여 금후의 문제로 남겨두고자 한다.

필자는 여기에서 해면변화의 경향을 알아보기 위하여 전술한 퇴적물 입도조성에 의한 퇴적환경변화의 생각을 가지고 보링코아 13과 10으로 평균입경 Φ3보다 세립의 것은 직선의 위에(해면상승경향), Φ3보다 조립인 것은 아래에(해면하강경향) 해면이 있다고 가정하고, 그림 가운데 굵은 선을 그렸다.[4] 이 굵은 선은 해면변화를 그대로 나타내는 것은 아니지만 어느 정도 해면변화의 경향을 나타낼 수 있다고 생각한다.

이러한 그래프를 보면 해면이 10,000년 BP 이전부터 6,000년 BP까지 급격히 상승하는 가운데 10,000년에서 9,000년 BP경 일시 정체 시기가 나타나고, 그때 보링 자료에서 보이는 -20m부근의 역층이 퇴적되었다고 생각된다. 동경만의 충적층 보고(三木五三郎外, 1969)에서도 -20m부근에서 실트층 가운데 사층(하부사층)이 끼여 있고 그 퇴적 연대를 나타내는 절대연대가 10,000년 BP가 되므로 그 시대에 해면상승의 정체 혹은 약간의 하강이 있고, 삼각주가 만들어졌다는 것을 나타내고 있어, 포항평야의 이러한 역층과 대비관계가 있다고 생각된다. 또한 이시기 냉천의 저위하안단구(Ⅱ, Ⅲ면)의 어느 것이 형성되었을 가능성이 있지만 하안단구 ^{14}C연대가 불명하므로 현단계에서는 단지 추정할 수밖에 없다.

6,000년 BP 이후는 해면은 상대적으로 안정되어 작은 상하운동을 하면서 현재에 이르렀다는 것이 그래프에서 읽을 수 있다.

8. 지형 발달

상술한 각종의 자료에 기초하여 포항평야의 지형발달을 대략 기술하면 다음과 같다. 용한리의 해안단구 Ⅰ면은 그 지형면 분포 보편성, 표면형태 및 표토색으로 미루어 볼 때 최종간빙기의 고해면에 대응하여 형성된 지형면이라 추정된다.

해안단구 Ⅱ, Ⅲ면은 최종간빙기부터 최종빙기에 걸쳐 해면 하강기 가운데 비교적 해수준이 안정된 시기, 혹은 Würm빙기 중의 상대적 고해면에 대응하여 형성되었다고 추정된다.

하안단구 Ⅰ면은 해안단구 Ⅲ면과 같은 시기에 만 내부에 넓게 발달한 지형면으로 생각되지만 현재는 침식되어 냉천을 따라 그 밖의 곳은 단편적으로 분포할 뿐이다. 냉천을 따라 형성된 하안단구 Ⅱ, Ⅲ면은 Würm빙기 최성기 및 그 후 해면 상승이

4) 여기서는 평균입경이 1Φ 변하는데 1m의 수치를 부여하여 그렸다.

일시 정체한 어떤 시기에 형성된 지형면으로 생각된다.

후빙기 해면상승과 함께 만 내부가 매적되고, 더욱이 형산강의 지류였던 냉천하곡이 점차 매적되어 중부 실트층의 퇴적 이후 현 해안을 따라 기반암의 고도를 넘어 냉천은 유로변천을 하면서 선상지성의 퇴적과 직접 바다로 흐르는 현재의 유로를 취하게 되었다.

해면상승 경향에서 볼 때 10,000년 BP경 해면이 일시 정체, 저하한 시기가 있고, 그때 보링 자료에서 나타나는 -20m 부근의 역층이 퇴적되었다.

6,000년 BP경 해면이 거의 현해수준 가까이 이르렀고, 그 후 약간의 상하운동을 하면서 현재에 도달했으며, 그 사이에 형산강은 북쪽에서 남쪽으로 유로 변천을 하면서 자연제방을 만들고 또한 해안에는 빈제가 형성되었다.

형산강의 남쪽 자연제방군과 바깥쪽 빈제열은 그 연속성과 비고가 높은 사실에서 6,000년 BP 이후 비교적 높은 해수준에 대응하여 형성되었다고 생각되지만 현재, 연대 시료를 얻을 수 가 없어 형성연대의 상세한 검토에 대해서는 금후의 조사에 기대한다.

참고문헌

池田俊雄. 1964.「東海道における沖積層の研究」. 東北大古生物地質聯邦報, No.60. p.85.

井關弘太郎. 1958.「日本における海面の相對的變化と沖積層」. 第四紀研究 1. pp.39~44.

吳建煥. 1977.「韓半島南東部海岸の地形發達」. 地理評, 50. pp.689~699.

小林貞一. 1931.「朝鮮半島地形發達史と近生代地史關係就いての一考察(-)」. 地理評, 7. pp.523~550.

多田文男. 1941.「朝鮮の地形(演旨)」. 地理評, 17. pp.504~505.

立岩 巖. 1924. 5萬分の一地質圖幅 '延日' 朝鮮總督府地質調查所.

_____. 1976.「朝鮮-日本列島地帶地質構造論」. 東京大學出版會. p.654.

尾留川正·平市川正巳·吉野正敏·山本正三·正井秦夫·奧野隆史編集. 1975.『自然地理調査法』. 朝倉書店. p.403.

三木五三郎·成瀨 洋·貝塚爽平. 1969.『京葉工業地帶の地盤』. 千葉縣開發局, pp.165.

Inman, D. L. 1952. "Measures for describing the size distribution of sediments." *Jour. Sedimentary Petrology*, 22. pp.125~145.

Fairbridge, R. W. 1961. "Eustatic changes in sea level." *Physics and Chemistry of the Earth*, 4. pp.99~185.

Kim, S. W. 1973. "A study on the terraces along the southeastern coast(Bangeojin-Pohang) of the Korea Peninsula." *Jour. Geol. Soc. Korea*, 9. pp.89~121.

Omoto, K. 1978. "Tohoku University radiocarbon measurements VI." *Science Reports Tohoku University, 7th series(Geography)* 28. pp.101~116.

Um, S. H., D. W. Lee and B. S. Bak. 1964. "Explanatory text of the geological map of Pohang sheet(1/50,000)." *Geol. Surv. Korea*. p.21.

Yoon, S. 1975. "Geology and Paleontology of the Tertiary Pohang Basin, Pohang District, Korea." *Jour. Geol. Soc. Korea*, 11. pp.187~214.

CHAPTER 2

한국 동해안 속초 주변의 지형 발달*

1. 서론

한반도의 지체구조를 논의한 선학자들은 한반도의 척량산맥(脊梁山脈, 태백산맥)이 현저하게 동쪽으로 치우쳐 있어 동해안 쪽에 급사면, 서쪽으로 완사면이 이루어진 것을 경동지괴(Koto, 1903; 多田, 1941) 혹은 비대칭적 지배사 요곡구조(小林, 1931)로 설명했다. 더욱이 한반도 중부지방을 절봉면도 분석으로 고위평탄면(육백산면)과 저위평탄면(여주면, 영동면)으로 분류했다(小林, 1931; 吉川 1947). 최근 일본에서는 수심측정 자료에 의해 해저지형 조사가 활발히 이루어져 일본 근해의 해저지형지(Mogi, 1978)가 작성 발간되었다. 이에 따르면 한반도 동해안은 단층구조를 보이고, 특히 강릉에서 속초 부근 해저에는 수열의 단층선이 해안선에 평행하게 나타나고 있다.

필자는 몇 년 동안 한국 동해안의 해안지형을 조사해 왔다. 한국 북동부 속초 주변에는 형성시기가 다른 고선상지 및 하안단구의 발달이 특히 현저하고, 하천의 쟁탈현상 및 그것에 동반하는 석호(lagoon) 형성 등의 현상이 나타나는데, 이러한 지형이 전술한 대지형과 관계가 있는 것처럼 보인다. 본 논문에서는 우선 이 지역의 지형분류와 지형면의 특징 및 발달과정을 고찰하고, 한국 동해안의 지형발달 특징을 논할 자료를 제공하고자 한다.

* 靑華龍, 1980, 西村嘉助先生退官記念地理學論文集, 71~75쪽.

2. 지형 및 지질 개관

조사지역은 한국 북동부에 위치하는 속초시를 중심으로 하여 남단의 물치천(沕淄川), 북단의 청간천(淸澗川)의 사이, 남북 17㎞, 동서 12㎞ 지역이다(그림 2-1).

조사지역의 서측에 척량산맥의 분수령이 달리고, 북쪽에서부터 신선봉(1,200m), 마등령(1,327m), 설악산(1,708m) 등의 고봉이 연속하여 장년기 지형을 이루고 있다. 그러나 이 척량산맥의 동 사면은 약 200m 전후를 경계로 하여 경사가 완만해져 노년기 지형을 나타내어 소위 저위평탄면(영동면)을 이루고 있다. 하천은 20㎞ 이하의 짧은 것으로 척량산맥에서 발원하여 대략 직선상으로 동류하고, 상술한 저위평탄면을 개석하고 있다. 이들 하천을 따라 산록부에 선상지 및 하안단구, 해안에는 빈제 및 lagoon이 발달해 있다.

조사지역의 지질은 거의 백악기의 화강암으로 이루어지고, 일부 선캄브리아기의 편마암이 산지를 형성하고 있다. 지질도 위에 확실히 나타나지 않지만 지형적으로 생각할 때 조사지역에는 해안선과 평행하게 남북방향의 단층이 2열 있는 것으로 관찰된다.

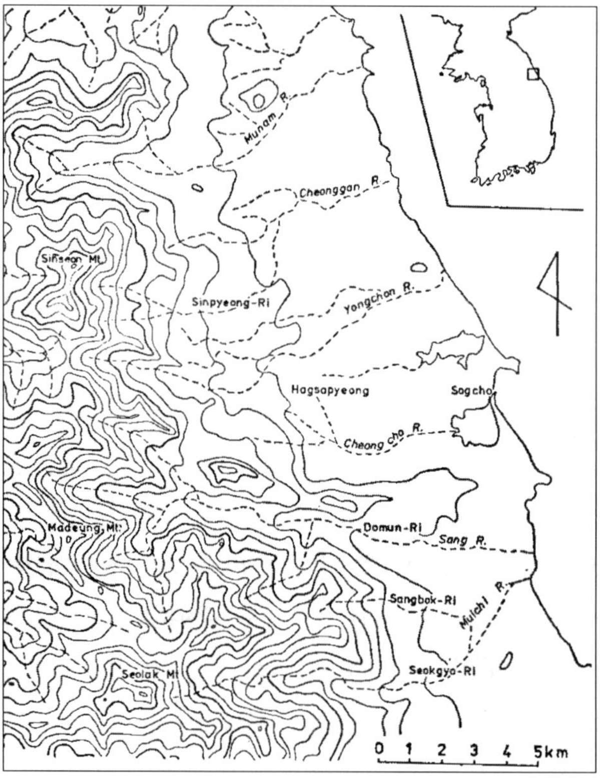

〈그림 2-1〉 Index map and restored map
(contour interval ; 100m, eliminating valleys less than 500m across)

3. 지형 분류

청초천(靑草川), 용촌천(龍村川), 청간천(淸澗川) 상류부에는 고선상지가 발달해 있고, 4면으로 구분할 수 있다. 쌍천(双川), 물치천(沕淄川) 양안에는 하안단구가 발달하여 3면으로 구별된다. 해안부에는 청초호(靑草

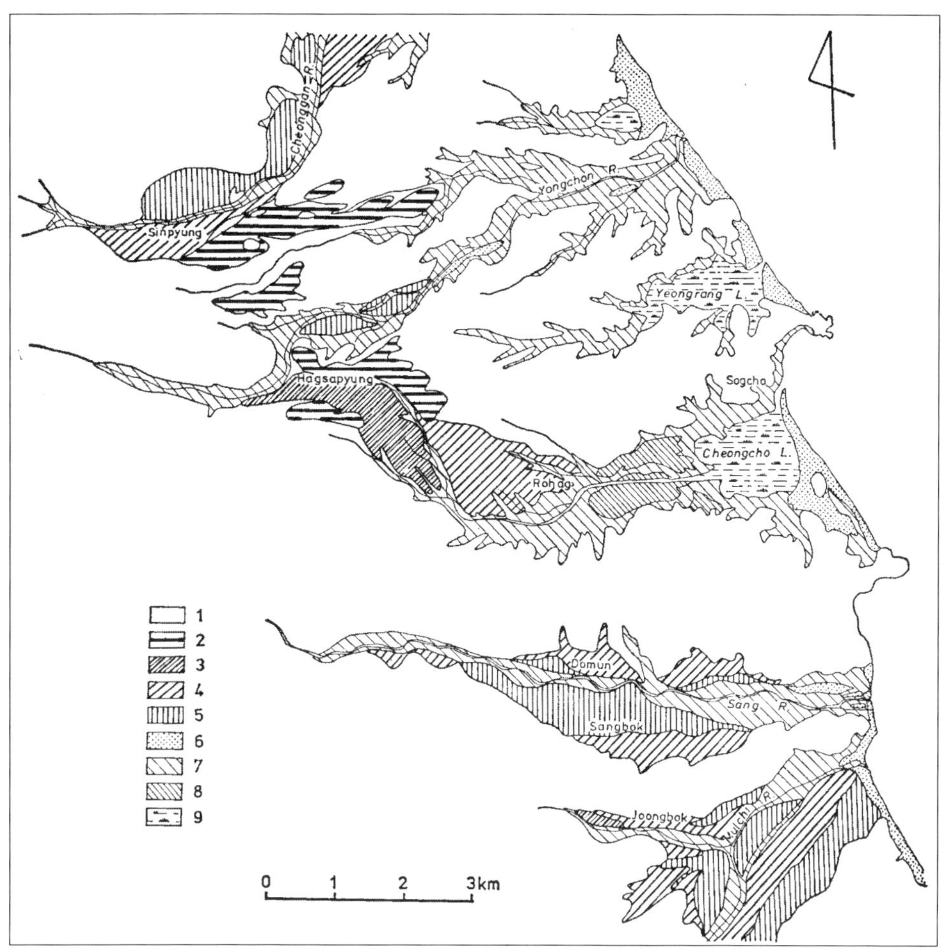

〈그림 2-2〉 속초지역 지형도

1; hill and mountain area, 2; old fan Ⅰ surface, 3; old fan Ⅱa surface and river terrace Ⅰa surface, 4; old fan Ⅱb surface and river terrace Ⅰb surface, 5; old fan Ⅲ surface and river terrace Ⅱ surface, 6; beach ridge and natural levee, 7; fluvial low land, 8; back marsh, 9; lagoon.

湖), 영랑호(永朗湖) 등의 lagoon과 충적저지의 미지형이 발달해 있다(그림 2-2).

1) 고선상지

상위면부터 Ⅰ, Ⅱa, Ⅱb, Ⅲ면이 있다. Ⅰ면은 표고 180~60m로 넓고, 개석구릉(저위평탄면)의 정부를 덮고 발달하며, 개석된 원면은 단편적으로만 남아있지만 잔존하는 면의 분포로부터 추정할 때 과거에는 하위의 선상지(Ⅱ, Ⅲ면)보다 큰 선상지였다고 생각된다.

퇴적물은 아각에서 아원력으로 대단히 풍화가 심하고 매트릭스는 상당히 적색(5YR 5/8)을 띠는 실트질이다. 면의 경사는 대단히 완만하며(15/1,000), 기반의 심도는 얕고, 곳에 따라 기반암의 구릉이 면 위에 노출되며, 퇴적면은 이 구릉을 포획하고 있다. 고바야시(小林, 1931)가 논한 저위평탄면은 이 기반암을 의미한다고 생각되고, 고선상지 Ⅰ면은 저위침식면이 변이되지 않은 가운데 형성된 고선상지면으로 생각된다.

고선상지 Ⅱa, Ⅱb면은 고선상지 Ⅰ면 및 저위침식면을 개석한 넓은 곡저에 발달하여 원형이 잘 보전되어 있고, Ⅰ면보다 경사가 약간 급하다(Ⅱa면; 22/1,000, Ⅱb면; 20/1,000: 그림 2-3). 선단부에는 과거 선상지 위에 망상류를 따라 발달한 깊이 10~20m에 달하는 곡에 의해 개석 되어 있다. Ⅱb면의 선단부의 노두에 의하면 현 하상에서 5m전후의 풍화한 화강암의 기반암이 어느 정도 기복을 갖고 있고, 그 상부를 12m전후의 역층(평균 입경 5~10㎝의 아원력)으로 역층의 매트릭스는 약간 적색(7.5YR 8/6)을 띠는 모래층이다.

고선상지 Ⅱ면의 선정부에서는 하천의 쟁탈현상이 보이고, 청초천은 이들 선상지 Ⅱa, Ⅱb 면을 형성한 후 북동방향으로 흐르는 용촌천에 상류부를 쟁탈당하여 상류에서 퇴적물의 공급이 중단되고, 선상지면 상의 망상류를 따라 개석이 진행되어 현재에 이르렀다고 생각된다. 학사평(學士坪) 서쪽 쟁탈지점에서는 구(舊)청초천의 하도와 용촌천 현 하상 사이에 18m전후의 역층으로 이루어진 애(崖)가 남아 있어 하천 쟁탈현상을 잘 보여준다.

선상지Ⅲ면은 청간천 상류 신평리 일대에 분포하며 대부분 역층으로 이루어지고, 역도 신선하며, 매트릭스도 전혀 적색화되어 있지 않은 신선한 지형면이다. 그러나 이면은 경사도 약간 급하고 하류부에서는 충적면 아래 매몰된다.

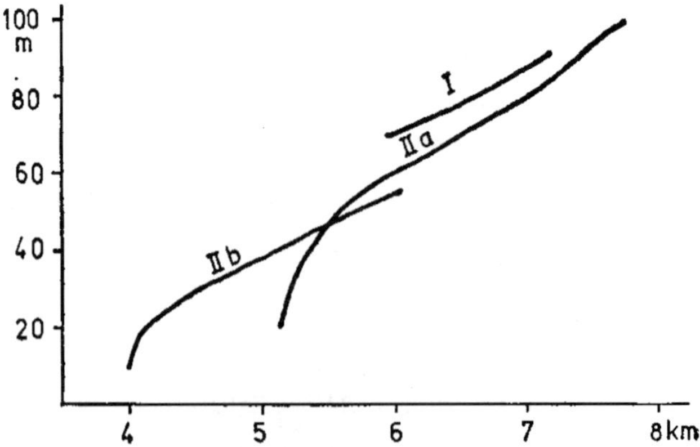

〈그림 2-3〉 Longitudinal profiles of the old fans along the Cheongcho river

2) 하안단구

쌍천, 물치천 하안단구는 상위부터 Ⅰa, Ⅰb, Ⅱ면으로 분류된다. Ⅰ면은 화강암, 화강편마암의 기반 위에 두께 5~10m의 선상지성 역층을 얹고 있다. 면의 경사는 완만하고(16/1,000), 하류부까지 현하상과 비고(20~10m)를 갖고 있다. 이 Ⅰ면은 얕은 곡에 의해 표면이 침식을 받고 있다. 물치천 상류부 중복리(中福里) 부근에는 보다 급하고(4~5°), 보다 오래된 단구면의 단편이 남아있는데, 이 면을 Ⅰa면, 보편적으로 분포하고 있는 면을 Ⅰb면으로 했다.

하안단구 Ⅱ면은 Ⅰ면보다 경사가 약간 급하고(20/1,000), 하류부로 갈수록 현하상과의 비고차가 작아져 하류부에서는 충적면 아래에 매몰된다. Ⅱ면은 그다지 침식을 받지 않았다.

쌍천의 좌안 도문동(道門洞) 일대의 하안단구면 Ⅰb면 역층위에 두께 50㎝ 전후의 토탄층이 있고, 그 위에 1m 정도의 표토가 피복되어 있다. 이 토탄층은 국지적인 분포가 아니고, 쌍천의 남쪽 상복리(上福里) 일대의 하안단구 Ⅰb면에도 1m 전후의 표토 아래에 토탄층이 있는 것을 보링스틱(boring-stick)으로 확인하였다. 현하상과 상당한 비고(10~20m)가 있는 하안단구 역층 상부에 토탄층이 면적으로 형성되어 있는 것은 그 면(하안단구 Ⅰb면)이 단구화한 후 어느 시기에 형성되었다고 생각되지 않는다. 따라서 그 토탄층은 단구면 Ⅰb면이 단구화 되기 이전 어느 시기에 형성된 것이고, 그 단구면 형성시기와 시기적으로 큰 차이는 없다고 생각된다. 이 토탄층의 ^{14}C연대(TH-338)가 31,900±2,280년 BP를 나타내고 Würm빙기 중의 아간빙기 시대에 해당하는 연대를 보인다.

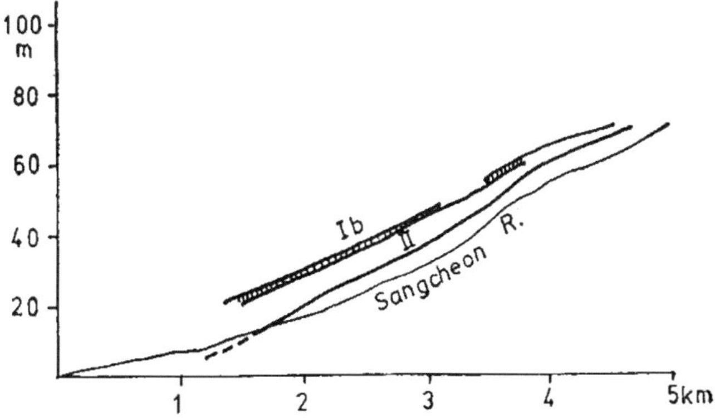

〈그림 2-4〉 Longitudinal profiles of the river terraces along the Sang-cheon river

3) lagoon과 그 주변의 미지형

속초시를 중심으로 남쪽에 청초호(青草湖), 북쪽에 영랑호(永朗湖), 광포호(廣浦湖) 등의 lagoon성 호수가 분포한다. 이러한 lagoon성 호수는 바다 쪽 5m 전후의 사주 혹은 빈제에 의해 막혀 있다.

청초호 내륙 쪽에 미지형을 보면 현하천은 인공적으로 직선을 이루고 있으나 비고 1m전후의 사행한 하천의 자연제방으로 보이는 미고지가 현하상의 북쪽에 있고, 또한 호수의 내륙 쪽 연안을 따라 빈제로 보이는 미고지가 분포한다. 이러한 미고지의 주변은 저지습지가 되어 현재 배수불량한 논이 되어 있고, 지표아래 0.5~1m 이하에는 토탄층이 발견된다. 그러나 용촌천, 쌍천, 물치천, 청간천의 하구부에는 lagoon성 호수가 분포하지 않은 채 해안 쪽까지 충적평야가 확대된다. 특히 청초천과 용촌천을 비교하면 청초천은 쟁탈되기 전에는 수량이 많아 넓은 곡을 이루었고, 상류부에는 선상지가 형성되었으나 상류부를 쟁탈당한 후 수량 및 퇴적물 공급량 모두가 적어져 하구부의 매적이 진행되지 못하고 lagoon성 호수를 남겼다. 한편 용촌천이 청초천의 상류부를 쟁탈하기 전에는 짧은 하천으로 좁은 곡을 만들고 하안단구도 형성했으나 청초천의 상류부를 쟁탈하면서 퇴적물의 공급량이 증가하고, 하천의 양안에는 자연제방을 형성하면서 해안부까지 충적평야를 만들었다고 볼 수 있다.

4. 지형 발달

고선상지 Ⅰ면은 현재 200m 이하의 저위 침식면을 덮고 발달해 있으며, 역이 상당히 풍화되어 있고, 매트릭스 색도 적색화되어 있는 사실에서 저위 침식면 형성시기와 시기적으로 큰 차이가 없는 시기에 형성되었다고 생각되고, 그 후의 오랜 침식에 의해 단편적으로 남게 되었다고 생각된다.

고선상지 Ⅱa, Ⅱb면은 하안단구 Ⅰa, Ⅰb면과 그 지형면의 분포위치, 면의 특징으로부터 각각 대비되는 지형면이지만 하천이 쟁탈된 곳에서는 선상지면을 그대로 보존하고 있었으나 하천이 그대로 유지된 곳은 하안단구가 되었다고 생각된다. 고선상지 Ⅱa, 하안단구 Ⅰa면은 Ⅱb 및 Ⅰb면보다 오랜 지형면이지만 시간적으로 큰 차이는 없고, 퇴적물 공급상태의 변화 혹은 해수준의 미변동에 의한 결과를 나타냈다고 생각된다. 하안단구 Ⅰb면(도문동 일대) 위의 토탄층의 ^{14}C연대가 30,000년 전후를 나타낸 사실에서 하안단구 Ⅰb면 및 고선상지 Ⅱb면은 비름빙기 중의 아간빙기에 대응해서 발달한 소위 30,000년 단구일 가능성도 있다.

고선상지 Ⅲ면, 하안단구 Ⅱ면은 그 지형면의 구배가 급하다는 것, 하류부에서 충적면 아래에 매몰된 사실에서 저위 해수준에 대응하여 발달한 지형면으로 생각되고, Würm 빙기 최성기에 발달하여 그 후의 홍수 등에 의해 새로운 퇴적물이 피복되고, 충적면과의 경계가 명확하지 않게 되었다고 생각한다.

고선상지 Ⅱ면에 해당하는 지형면은 조사지역 외에 강릉 주변의 금광평, 여찬리 일대에도 분포하고 있고(장호, 1975; 필자, 1979), 또한 하안단구 Ⅰ, Ⅱ면에 해당하는 지형면은 포항주변 냉천 양안에도 발달하여 한국 동해안 지역의 보편적인 지형면이다.

완신세의 해면상승과 동반하여 충적층에 의해 곡이 매적되었으나 상류부가 인접한 하천에 의해 쟁탈되어 상류로부터의 퇴적물 공급이 격감한 하천(청초천), 혹은 하천이 상류까지 미치지 못한 하천(영랑천) 하구에는 그 퇴적장(침식곡)을 다 메우지 못하고 lagoon이 발달해 있다. 그러나 이전에는 짧은 하천이었고, 좁은 곡을 형성한 하천이 인접한 하천의 상류부를 쟁탈한 하천(용촌천) 및 높은 산지에서 퇴적물의 공급이 계속된 하천(쌍천, 물치천, 청간천)에는 하구부에 lagoon이 형성되지 않고 해안까지 충적평야를 형성하는 등 퇴적장의 크기와 하천의 퇴적물 공급량의 차이를 잘 반영하여 각각 독특한 지형을 나타내고 있다.

참고문헌

Koto, B. 1903. "An Orographic Sketch of Korea." *Jour. Coll. Sci. Imp. Univ. Tokyo*, 19, Art. 1

多田文男. 1641. 「朝鮮の地形(講演要旨)」. 地理學評論, 17. pp.504~505.

小林正一. 1931. 「朝鮮半島地形發達史と近代地史との關係についての一考察」. 地理學評論, 17. pp.523~550.

吉川虎雄. 1946. 「朝鮮半島中部の地形發達史」. 地質學雜誌, 53. pp.28~32.

Mogi, A. 1978. *An Atlas of the Sea Floor around Japan*. Univ. Tokyo Press. p.96.

張昊. 1975. 「江陵周邊의低位侵蝕面地形硏究」. 서울大學院碩士學位論文. 23쪽.

曺華龍. 1978. 「韓國浦項周邊平野の地形發達」. 東北地理 30. 153~160쪽.

_____. 1979. 「韓國東海岸平野における地形發達」. 東北大學院修士論文(昭和53年度). 92쪽

CHAPTER 3

삼랑진 주변 평야의 지형 발달*

1. 서언

낙동강 하류부 즉 고령 부근에서부터 밀양강이 합류하는 삼랑진 부근에 이르는 구간에는 배후습지성 소택지가 우리나라 타 하천에서 보기 드물 정도로 많이 분포해 있다. 예를 들면 1/5만 지형도 창녕도폭에 용호, 목포, 우포, 사몰포와 창원도폭에 산남, 춘산, 동판호 등이 그 예로 이들 소택지는 대개 소지류가 본류에 합류하기 수㎞ 전에 나타나고 있고 밀양강, 청도천 등 대지류에서는 나타나지 않는다.

이 지역의 배후습지성 소택지에 관한 연구는 일본인 大矢雅彦(1971)[1]과 권혁재(1976)[2]의 연구가 있으나 퇴적환경 변화 및 지형 발달을 설명하는 과정상에서 양자는 서로 다른 주장을 하고 있다.

大矢는 이 지역의 자연제방과 배후습지의 발달을 최근 남벌에 의한 삼림의 황폐로 인한 상류 산지에서의 가속화된 토양 침식이 중·하류지역에서 퇴적으로 진행되어 하상(河床)이 사력퇴적(砂礫堆積)으로 높아가며, 그에 따라 자연제방이 발달하고 배후습지가 점차로 소택지화 되었다고 주장했다. 즉 이 소택지는 근래에 형성된 지형으로서 본류 및

* 조화룡 · 박춘락 · 이미행, 1981, 지리학, 제23호, 1~14쪽.

1) Masahiko Oya, 1971, *Geomorphological Flood Analysis on the Naktong River Basin, Southern Korea*, Waseda University, pp.1~77.

2) 권혁재, 1976, 「낙동강 하류지방의 배후습지성 호소」, 지리학, 제14호, 1~8쪽.

주요 지류의 하상 상승과 더불어 그 면적이 확대되고 있다고 했다.

한편 권은 大矢의 주장을 부정하고 우리나라 주요 하천 하류 지역의 배후습지성 호소가 후빙기 해면 상승과 관련 하에 발달되었다고 했으며 현재의 배후습지성 소택지는 점차로 매립되어 가는 과정에 있고 삼림 남벌로 인해 유실되는 상류 지역의 토사(土砂)가 하류에 쌓임으로써 하상이 주목할 만큼 높아지고 있지는 않다고 했다.

그러나 이들 양 연구자의 상반된 주장은 평야상의 정밀한 미지형 분류와 충적층의 내부 구조 및 퇴적물의 분석학적 연구에 의해서 설명되지 않고 있다. 이와 같은 입장에서 그 시안의 일단으로 본 구간의 남단에 위치하고 자연제방과 배후습지가 발달해 있는 삼랑진 부근의 충적 저지를 대상으로 지형 분류, 퇴적물 입도 분석 및 화분 분석한 결과를 보고하여 본 문제 해결에 한 단서를 마련하고자 한다.

2. 지형 분류

조사지역은 삼랑진 부근에서 낙동강에 합류하는 소지류인 광천과 대천이 형성한 곡저평야와 낙동강의 범람원으로 된 삼랑진주변평야(가칭)이다. 광천과 대천은 10㎞ 전후의 소하천으로 표고 670m의 만어산에서 발원하여 백악기 규장반암 지대를 지나서 낙동강에 합류한다.

조사지역의 지형 분류는 1/2.5만 지형도와 1/1.5만 항공사진에 의한 실내 작업을 통하여 예찰도(豫察圖)를 작성하고 3차에 걸친 현지조사를 통하여 수정, 보완하여 완성하였다(그림 3-1).

조사지역의 퇴적 지형은 산지 기원의 퇴적물이 형성한 지형과 낙동강 본류로부터 범람한 범람원 퇴적물이 형성한 지형으로 2대별 되었다. 산지 기원의 퇴적물은 암괴류(rock stream)와 광천, 대천이 산지에서 운반 퇴적한 선상지성 계류퇴적지형(가칭)으로 다시 소구분되었다. 암괴류는 만어산을 중심으로 4열이 형성되어 있으며 표고 5~600m 부근에서 나타나고 그 길이가 1~2㎞나 되며 동부 3열은 표고 100m 이하에까지 이르러 그 말단부는 선상지성 퇴적물에 묻혀 있었다. 암괴의 입경은 1~3m 크기의 섬록암질의 거암으로 구성되어 있고 어느 정도 분급이 이루어져 있었다. 본 암괴류의 형성 영력과 형성 시기에 대하여 많은 고찰의 여지가 있었지만 본고의 주제와 별개의 문제임으로 생략하기로 한다.

선상지성 계류퇴적지형은 대개 표고 150m 부근에서 나타나기 시작하여 광천과 대천의

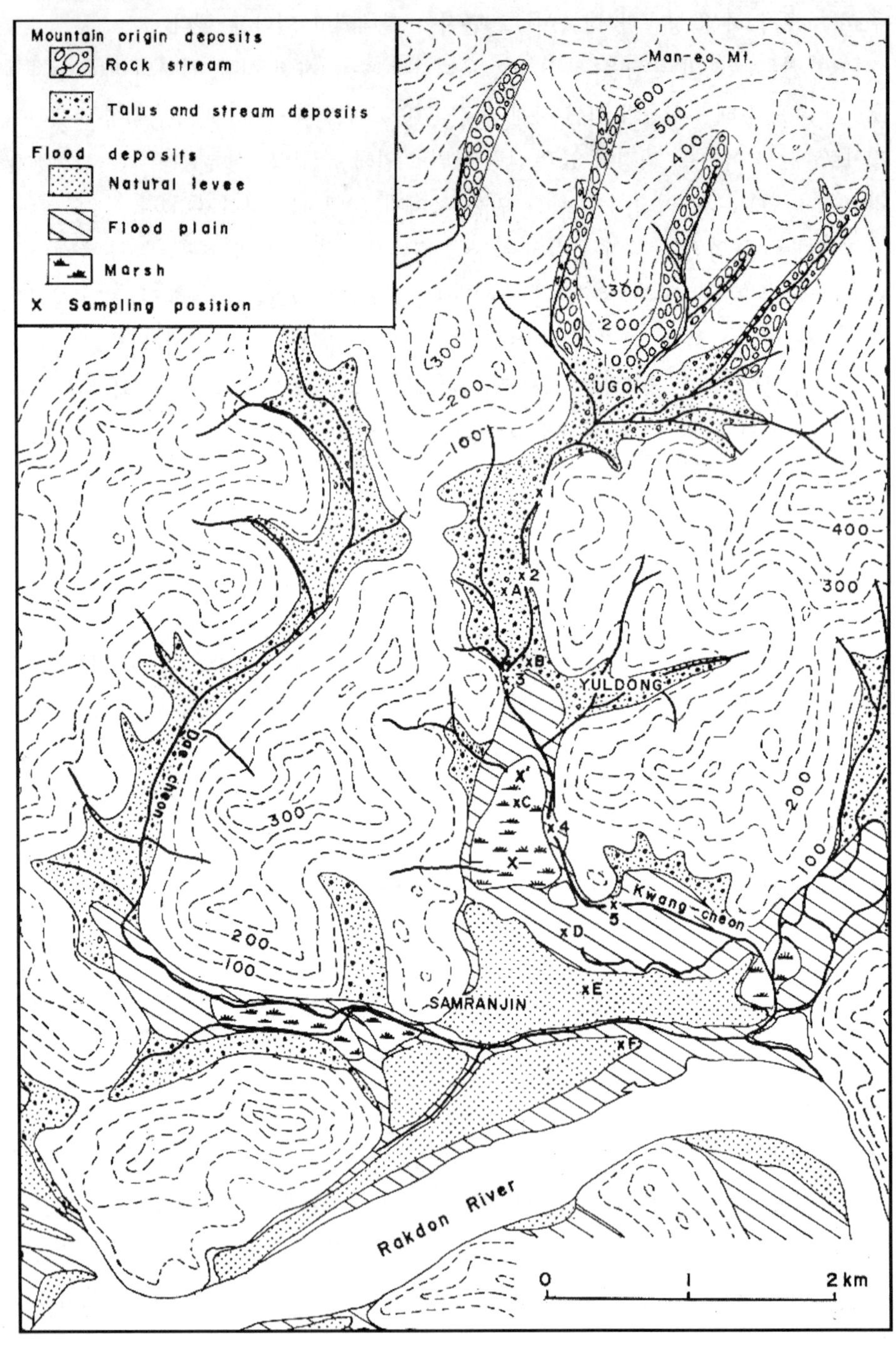

〈그림 3-1〉 삼랑진 주변 평야의 지형도

상류부 곡저평야를 형성하고 상당한 경사(30‰)를 갖고 낮아져서 표고 10m 이하에까지 이르고 범람원 퇴적지형과 상당히 명료한 경계를 이루며 끝난다. 퇴적물의 특색은 아각력(亞角礫)을 포함한 사질 퇴적물로 sorting과 bedding이 나쁜 선상지성 퇴적물이다.

범람퇴적물이 형성한 지형은 낙동강 본류로부터 자연제방, 배후습지로 분류된다. 이 배후습지는 현재 논으로 경작되고 있는 부분을 협의의 범람원이라 하고 우기에는 소택지가 되고 건기에는 바닥이 드러나는 습지를 소택지라 해서 구분했다. 현재 삼랑진 시가지가 위치하고 있는 곳은 현 낙동강 하상보다 약 6m 더 높은 낙동강 본류의 자연제방이며 이 자연제방의 가장 높은 부분을 따라 경부선 철로가 놓여 있다. 이 철로로부터 광천의 상류 쪽을 보면 이 범람퇴적지형은 완만하게 낮아지고 가장 낮은 곳에 율동저수지라고 하는 소택지가 나타난다. 이 저수지는 낮은 둑으로 막혀져 있지만 관개를 목적으로 만들어진 것이 아니라 증수기에 주변 경지에 침수를 막기 위하여 만들어진 것이다. 따라서 갈수기에는 물이 없는 초지로 변하고 증수기에는 소택지화 한다. 이 소택지 바닥은 자연제방의 정부(頂部)보다 약 6m 정도 낮고 낙동강의 하상의 높이와 거의 일치한다. 대천 쪽에도 소택지가 존재하고 있는데 이것은 자연제방 바로 후면에 형성되어 있다.

3. 퇴적물 입도 분석

퇴적물 입도 분석은 광천을 연하여 평야면 6개 지점(A~F), 광천 하상퇴적물(河床堆積物) 5개 지점(1~5), 율동 부근 소택지저의 보링 퇴적물(X지점) 10개 sample로 수평적, 수직적으로 행했다. sample 채취는 평야면 퇴적물은 표토 50㎝ 정도를 제거한 후 채취하였고 하상퇴적물은 퇴적 사면의 중앙부만 골라서 채취했다. sample의 양은 평야면 및 하상퇴적물은 400~500g로 하고 보링퇴적물은 50g 전후였다.

이상 21개 sample에 대한 입도 분석은 먼저 stokes의 공식[3]에 의한 침강법(비이커 방식)으로 Φscale 5이하의 silt와 clay를 분류하고 나머지를 다시 표준분석채에 의하여 분류하였으며 계량은 천칭에 의하여 오차 1/100g까지 계산했다. 분류된 결과에 의하여 분포곡선과 누가 곡선을 그리고 중앙치(MdΦ), 평균치(MΦ), 분급(S.D.), 왜도(Sk)를 계산했다(표 3-1).

이상에서 분석한 삼랑진 주변 평야 퇴적물의 입도 조성의 특색을 보면 다음과 같다. 먼저 하상퇴적물 1~3, 평야부 A, B 지점의 퇴적물은 광천의 계류퇴적물로서 평균 입경이

3) 尾留川正平 外, 『自然地理調査法』(朝倉書店, 1973), pp.230~231.

〈표 3-1〉 Grain size analysis of Samrangjin plain deposits

Sample No.		Φ Scale	-4	-3	-2	-1	0	1	2	3	4	5	6	7	8	Mdφ	Mφ	S.D.	Sk	Histograph
river bed	1	W	29.1	18.0	20.4	15.7	10.1	4.5	1.4	0.3	0.2	0.3				-2.90	-2.70	1.75	0.11	
		C	29.1	47.1	67.5	83.2	93.3	97.8	99.2	99.5	99.7	100								
	2	W	31.9	28.7	17.8	10.9	5.2	2.6	1.6	0.5	0.4	0.4				-3.40	-3.00	1.50	0.27	
		C	31.9	60.6	78.4	89.3	94.5	97.1	98.7	99.2	99.6	100								
	3	W	29.2	12.6	12.1	10.5	13.9	13.5	6.3	1.1	0.4	0.4				-2.30	-2.00	2.45	0.12	
		C	29.2	41.8	53.9	64.4	78.3	91.8	98.1	99.2	99.6	100								
	4	W			1.3	0.2	0.4	0.8	1.7	1.2	2.4	17.7	23.0	28.2	23.1	6.08	5.88	1.43	-0.12	
		C			1.3	1.5	1.9	2.7	4.4	5.6	8.0	25.7	48.7	76.9	100					
	5	W				0.1	0.1	0.8	1.5	1.0	2.3	19.4	27.5	40.5	6.8	5.90	5.15	1.10	-0.68	
		C				0.1	0.2	1.0	2.5	3.5	5.8	25.2	52.7	93.2	100					
plain	A	W	38.6	9.1	5.7	3.7	2.9	2.8	4.1	2.4	3.5	7.6	6.6	8.1	4.9	-2.55	0.45	5.05	0.59	
		C	38.6	47.7	53.4	57.1	60.0	62.8	66.9	69.3	72.8	80.4	87.0	95.1	100					
	B	W	16.4	1.7	2.8	3.5	5.0	8.7	19.2	9.7	7.5	6.5	5.1	5.5	8.4	1.60	0.78	4.83	-0.17	
		C	16.4	18.1	20.9	24.4	29.4	38.1	57.3	67.0	74.5	81.0	86.1	91.6	100					
	C	W				0.1	0	0.1	0.4	0.3	0.4	14.8	22.6	29.3	32.0	6.40	6.25	1.25	-0.12	
		C				0.1	0.1	0.2	0.6	0.9	1.3	16.1	38.7	68.0	100					
	D	W							0.1	1.3	15.7	30.4	16.2	20.7	15.6	5.15	5.45	1.55	0.19	
		C							0.1	1.4	17.1	47.5	63.7	84.4	100					
	E	W						0.1	33.4	46.0	13.4	7.1				2.35	2.40	0.90	0.06	
		C						0.1	33.5	79.5	92.9	100								
	F	W							13.6	0.3	11.3	16.9	18.5	21.3	18.1	5.40	5.15	1.95	-0.13	
		C							13.6	13.9	25.2	42.1	60.6	81.9	100					
vertical column	-0.2 m	W						0.2	1.3	1.0	1.8	16.8	31.1	25.4	22.4	5.90	6.00	1.30	0.08	
		C						0.2	1.5	2.5	4.3	21.1	52.2	77.6	100					
	-1.0 m	W						0.2	0.2	0.6	1.3	16.2	29.8	23.4	28.3	6.05	6.10	1.30	0.04	
		C						0.2	0.4	1.0	2.3	18.5	48.3	71.7	100					
	-1.6 m	W								0.3	2.5	23.2	22.9	26.2	24.9	6.05	6.00	1.40	-0.04	
		C								0.3	2.8	26.0	48.9	75.1	100					
	-2.0 m	W								0.5	1.3	38.4	25.8	25.1	8.9	5.40	5.55	1.20	0.13	
		C								0.5	1.8	40.2	66.0	91.1	100					
	-2.4 m	W						0.2	0.7	1.3	7.5	15.8	27.7	27.5	19.6	5.85	5.80	1.40	-0.04	
		C						0.2	0.9	2.2	9.7	25.5	53.2	80.4	100					
	-3.0 m	W						0.2	2.8	7.0	22.1	21.0	25.3	15.9	5.7	4.85	4.85	1.55	0	
		C						0.2	3.0	10.0	32.1	53.1	78.4	94.3	100					
	-3.5 m	W						0.4	2.7	4.1	12.0	24.2	27.9	21.3	7.4	5.25	5.15	1.45	-0.07	
		C						0.4	3.1	7.2	19.2	43.4	71.3	92.6	100					
	-4.0 m	W					0.3	1.1	0.8	0.8	7.9	37.3	26.1	19.1	6.6	5.05	5.30	1.20	0.21	
		C					0.3	1.4	2.2	3.0	10.9	48.2	74.3	93.4	100					
	-4.5 m	W						0.2	1.0	1.5	8.3	40.1	22.9	17.4	8.6	4.95	5.43	1.28	0.38	
		C						0.2	1.2	2.7	11.0	51.1	74.0	91.4	100					
	-5.0 m	W					0.2	0.4	1.4	4.9	8.7	41.3	19.5	11.2	12.4	4.65	5.35	1.35	0.37	
		C					0.2	0.6	2.0	6.9	15.6	56.9	76.4	87.6	100					

W: weight　C: cumulation　　φ scale -4 0 4 8　100 (%) 50 0

Φscale 0.45~-3의 granule 내지 pebble급이 주인데 반하여 낙동강 범람퇴적물인 4, 5 및 C, D, F 지점의 퇴적물은 모두가 평균 입경이 Φscale 5.15~6.25의 silt로서 역(礫)은 전연 포함되어 있지 않고 소량의 사질이 포함되어 있을 뿐이다. 이와 같이 산지 기원의 계류퇴적

물과 낙동강 기원의 범람퇴적물은 평균 입경에 있어서 Φscale로 5 이상의 차를 갖는 전연 다른 퇴적물 입도 조성의 특색을 갖고 있었다. E지점은 낙동강 자연제방의 정부에 해당하며 이 지점 퇴적물의 입도 조성은 분급이 아주 좋은(S.D. 0.9) medium~fine sand로 지형적으로나 입도 조성 상으로 범람원 중의 섬처럼 나타나는 특색을 보이고 있다.

계류퇴적물은 상류에서부터 하류로 감에 따라 그 입경이 점점 작아지는 데 반하여 낙동강 범람퇴적물은 자연제방에서 입도가 가장 크고 여기서부터 광천을 따라 상류로 갈수록 입도가 작아져서 계류퇴적물과 경계 지점에 소택지를 형성하고 가장 작은 입도 분포를 보이고 있다.

퇴적물 분급도에 있어서도 일반적으로 계류퇴적물은 분급이 나쁘고 범람퇴적물은 분급이 상대적으로 좋았다. 계류퇴적지형 중에서도 평야부 퇴적물이 하상퇴적물에 비하여 분급도가 더욱 나쁘게 나타났다. 이것은 평야부 퇴적물에 세립질이 포함되어 분포곡선을 확산시킨 결과이며 이 세립질의 공급은 계류의 범람 혹은 낙동강의 대범람 시에 부유 하중이 평야부에 퇴적하여 이루어진 것으로 판단된다. 낙동강 범람퇴적물 중에서는 자연제방 상의 사질 퇴적물이 분급도가 가장 좋았다. 역질(礫質)에서 사질, silt, clay에 이르는 일련의 퇴적 지형에서 분급률이 가장 좋게 나타나는 퇴적물은 사질 퇴적물이라는 것이 해안 퇴적물 연구에서 잘 거론되고 있지만[4] 범람원 퇴적물에서도 같은 결과를 얻을 수 있었다.

다음으로 평야부 퇴적물과 하상부 퇴적물을 비교해 보면 소택지를 경계로 상류부에서는 하상퇴적물이 평야부에 비해서 조립으로서 말단부에서는 계류퇴적물이 범람퇴적물을 피복하면서 전진하는 결과를 보인다.

율동 소택지의 boring sample(X 지점)의 입도 조성은 <표 3-1>에서 볼 수 있는 것과 같이 표면에서부터 -5m에 이르기까지 평균 입경이 4.85~6.10Φ, 분급도가 1.20~1.55의 silt질로서 수직적인 퇴적상의 변화가 뚜렷하지 않았다. 단지 -1.6m에서부터 표면까지 8 Φ級의 세립질이 약간 많아지는 것이 특색이다. 이 소택지저퇴적물의 sampling은 -5.3m까지 했지만 -5.3m에서 기반이 나온 것이 아니라 sampling 장비의 한도가 -5.3이므로 그 이하는 sampling할 수 없었으며 -5.3m 이하에도 상당한 깊이까지 비슷한 퇴적물이 계속될 것으로 추정되었다. 이 퇴적물은 유기질을 상당히 포함하고 암회색이며 끈적끈적

4) 青華龍, 1978, 「韓國浦項周邊 海岸平野の地形發達」, 東北地理 30(3), 153~158쪽.
Korea Ocean Research & Development Institute(KIST), 1980, "Oceonographic Studies for Young Gwang Nuclear Power Plant", Korea Electric Company And Korea Nuclear Engineering Services Inc., pp.110~176.

하고, 조직이 없는 silt질 토양으로서 습지 환경에서 형성된 토양 특색을 잘 나타내고 있었다. 그러나 그 색깔이 -1.6m에서부터 상층으로 갈수록 점점 밝은 갈색으로 변하는 것이 특색이었다. 분석한 sample 채취 지점에서 약 500m 더 상류지점(X' : 계류퇴적지형과 범람퇴적지형의 경계부에 가까운 소택지저)에 또 한 공(孔)의 boring을 해본 결과 거기에서도 -5m까지 silt질이 계속되었고 육안 관찰로는 분석된 sample과 거의 유사한 퇴적상을 보였다.

4. 화분분석

퇴적물 중에 포함되어 있는 화분의 화석을 추출해서 그 화분 조성 변화를 근거로 퇴적 당시의 식물상을 유추하고 다시 그 식물상 변화를 기초로 당시의 퇴적 환경 변화 및 퇴적 시기 등을 고찰하는 소위 화분 분석학적 연구가 최근 퇴적 지형 연구에 많이 도입되고 있다. 본 연구에 있어서도 이와 같은 목적으로 율동 소택지의 수직 퇴적물(X 지점)에 대하여 화분 분석을 시도해 보았다.

X지점 sample은 표면에서부터 -5.3m까지 비교적 등간격으로 14개 sample을 채취했다. 시료의 화학적 처리는 Erdtman(1934)의 KOH-*acetolysis*방식[5])으로 처리하고 $ZnCl_2$에 의하여 비중 분리해서 glicerinjelly로 봉입하였다. 이렇게 해서 만들어진 präparat는 현생 화분으로 제작된 견본 präparat(60종)와 화분도감[6])을 토대로 검경 판독했다. 여기서 고려해야 할 것은 본 퇴적물이 범람퇴적물로 형성된 것이므로 상류 지방에서 하천 퇴적물과 같이 운반 퇴적된 화분도 있을 것이라는 점이다. 그러나 화분이 산포 범위 내에서 바람에 날려 떨어져서 그대로 퇴적된 것은 완전한 형태를 갖추고 있으나 하천 퇴적물과 함께 하천에 의하여 장거리 운반된 화분은 운반 도중에 파괴되고 마모된 상태를 취하여 전자와 구분된다. 따라서 본 diagram에는 파괴되고 마모된 화분은 제거하고 완전한 형태를 취하고 있는 것만 계산했다.

판독된 화분은 총 목본 화분(arboreal pollen ; AP)을 기본수로 백분율을 산출하여 목본 화분 및 초본 화분(non arboreal pollen ; NAP)을 분리하여 Pollen diagram을 작성하였다(표 3-2, 그림 3-2).

---

5) 中村純, 1975, 『花粉分析』, 古今書院, pp.87～88.

6) 장남기, 임영득, 1979, 『한국화분도감』, 서울대학교출판부, 138쪽; 島倉巳三朗, 1973, 『日本植物の花粉形態』, 大阪市自然科學博物館收藏資料目錄 第5集, plate 1-122.

〈표 3-2〉 Results of pollen analysis from the Samrangjin section

( ) : % of A. P. Total

Depth (m)	Ginkgo	Abies	Pinus	Salix	Myrica	Juglans	Pterocarya	Platycarya	Carya	Alnus	Betula	Corylus	Carpinus	Castanea	Quercus	Fagus	Humulus	Ulmus Zelcova	Akebia	Tilia	Vitis	Fraxinus	A. P. Total
-0.2			21 (91.3)							1 (4.3)						1 (4.3)							23 (100)
-0.4			2 (66.7)															1 (33.3)					3 (")
-1.2			7 (19.4)							15 (41.7)		5 (13.9)		2 (5.6)	7 (19.4)								36 (")
-1.4			14 (26.9)		1 (1.9)					7 (13.5)	2 (3.8)	7 (13.5)	2 (3.8)	5 (9.6)	10 (19.2)	4 (7.7)							52 (")
-1.6			31 (54.4)				1 (1.8)			3 (5.2)	1 (1.8)	1 (1.8)	2 (3.5)	5 (8.8)	9 (15.8)	2 (3.5)			1 (1.8)				57 (")
-1.8			106 (27.9)			2 (0.5)		4 (1.1)		27 (7.1)	9 (2.4)	5 (1.3)	17 (4.5)	49 (12.9)	141 (37.1)	16 (4.2)			4 (1.1)				380 (")
-2.0	3 (1.1)		96 (34.9)		2 (0.7)	2 (0.7)		3 (1.1)	2 (0.7)	22 (8.0)	6 (2.2)	6 (2.2)	16 (5.8)	24 (8.7)	79 (28.7)	12 (4.4)	2 (0.7)						275 (")
-2.4	1 (1.5)		27 (40.3)			1 (1.5)		1 (1.5)		5 (7.5)	1 (1.5)	3 (4.5)	5 (7.5)	5 (7.5)	10 (14.9)	8 (11.9)							67 (")
-2.7	1 (0.7)	2 (1.3)	40 (26.8)			1 (0.7)			1 (0.7)	11 (7.4)	6 (4.0)		16 (10.7)	7 (4.7)	60 (40.3)	3 (2.0)				1 (0.7)			149 (")
-3.0			109 (30.9)	2 (0.6)		3 (0.8)	2 (0.6)	1 (0.3)	1 (0.3)	32 (9.1)	10 (2.8)		24 (6.8)	28 (7.9)	134 (38.0)	4 (1.1)		1 (0.3)		2 (0.6)		1 (0.3)	354 (")
-3.5	1 (0.9)		27 (25.0)			1 (0.9)	1 (0.9)			10 (9.3)		1 (0.9)	5 (4.6)	8 (7.4)	51 (47.2)	3 (2.8)							108 (")
-4.0		2 (1.7)	15 (12.8)							22 (18.8)		2 (1.7)	3 (2.6)	19 (16.2)	51 (43.6)			2 (1.7)	1 (0.9)				117 (")
-4.5			7 (4.1)						2 (1.2)	30 (17.8)	3 (1.8)	2 (1.2)	10 (5.9)	18 (10.7)	84 (49.7)	2 (1.2)		3 (1.8)	1 (0.6)			7 (4.1)	169 (")
-5.0			54 (21.2)			2 (0.8)			5 (1.9)	21 (8.2)	6 (2.4)	1 (0.4)	24 (9.4)	21 (8.2)	112 (43.9)	5 (1.9)		2 (0.8)			2 (0.8)	1 (0.4)	256 (")

Depth (m)	Trapa	Polygonum	Rumex	Persicaria	Fagopyrum	Chenopodiaceae	Thalictrum	Umbelliferae	Rubiaceae	Plantago	Typha	Artemisia	Sagittaria	Murdania	Gramineae	Compositae	Cyperaceae	Convallanaceae	Liliaceae	N.A.P. Total	Spore
-0.2				2 (8.7)							1 (4.3)	6 (26.1)			1 (4.3)					10	3
-0.4								2 (66.7)			1 (33.3)	2 (66.7)		1 (33.3)		1 (33.3)				7	
-1.2				51 (141.7)				1 (2.8)		79 (219.4)		96 (266.7)			2 (5.5)		4 (11.1)	5 (13.9)		238	14
-1.4				8 (15.4)		1 (1.9)		3 (5.8)		8 (15.4)		70 (134.6)			9 (17.3)	1 (1.9)		2 (3.8)		102	6
-1.6				5 (8.8)	1 (1.8)			3 (5.3)				35 (61.4)			5 (8.8)	2 (3.6)		1 (1.8)	1 (1.8)	53	3
-1.8				23 (6.1)	2 (0.5)	4 (1.1)		10 (2.6)			2 (0.5)	179 (47.1)			53 (13.9)		3 (0.8)	1 (0.3)		277	5
-2.0		1 (0.4)		14 (5.1)		1 (0.4)	2 (0.8)	1 (0.4)			10 (3.6)	103 (37.5)			42 (15.4)		4 (1.5)	1 (0.4)		179	2
-2.4		1 (1.5)		2 (3.0)		1 (1.5)		1 (1.5)			9 (13.4)	38 (56.7)			1 (1.5)		1 1.5)			54	
-2.7											4 (2.7)	12 (8.1)			20 (13.4)	1 (0.7)	1 (0.7)	1 (0.7)	1 (0.7)	40	
-3.0	3 (0.8)			3 (0.8)		4 (1.1)					6 (1.7)	60 (17.0)			100 (28.3)		18 (5.1)	2 (0.6)		196	4
-3.5	1 (0.9)					1 (0.9)		1 (0.9)			5 (4.6)	30 (27.8)			28 (25.9)		2 (1.9)	1 (0.9)		69	
-4.0			1 (0.9)				1 (0.9)	6 (5.1)			4 (3.4)	42 (35.9)			29 (24.8)		5 (4.3)	1 (0.9)		89	
-4.5						3 (1.9)	2 (1.2)	5 (3.1)			5 (3.1)	60 (37.0)	2 (1.2)		39 (24.1)					116	3
-5.0				2 (0.8)		3 (1.2)			1 (0.4)		10 (3.9)	36 (14.1)			80 (31.4)			1 (0.4)	6 (2.4)	139	5

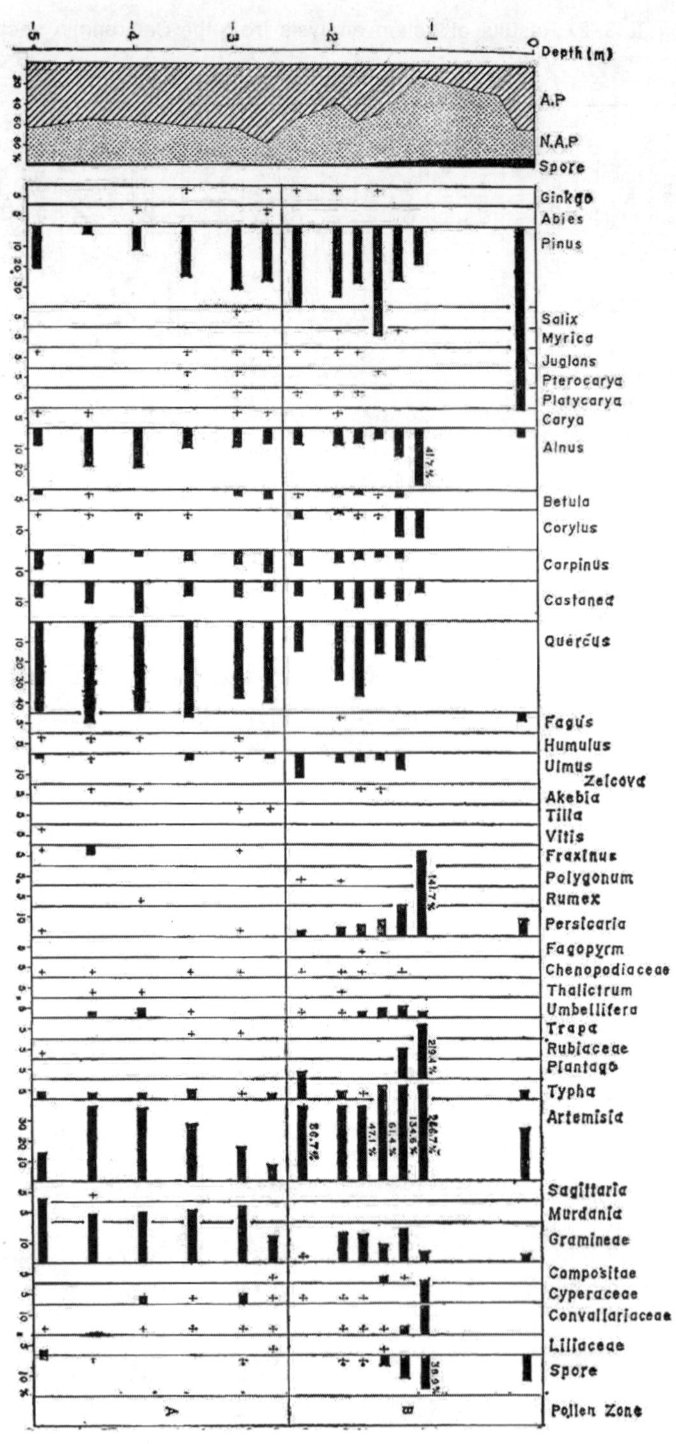

〈그림 3-2〉 Pollen diagram from the Samrangjin section

화분의 출현 빈도는 -1.2m를 경계로 하부에는 높은 출현 빈도를 보여 AP와 NAP를 합하여 100개 이상 최대 657개까지 나타났다. 그러나 그 상부 갈색 silt층은 화분의 출현빈도가 낮아 -1.0m, -0.7m층에서는 화분이 검출되지 않았고 -0.4m에서는 10개, -0.2m에서는 33개가 검출되어 이 출현빈도로 화분조성을 거론하기에는 문제점이 많았다. 따라서 diagram에는 표층 -0.2m부분만 그 조성비를 diagram에 수록했을 따름이다.

검출된 화분의 종은 목본 22종, 초본 19종으로 총 41종, 그리고 포자(spore)가 검출되었다. 총 목본 화분의 출현빈도는 하부에서 -1.2m까지 대략 균등한 출현을 보이나 초본화분 및 포자는 -2.5m에서부터 그 종의 수 및 절대량에 있어서 증가 현상을 보이고 있다.

목본 화분의 조성 특색을 보면 *Pinus*와 *Quercus*가 우점종(優占種)으로 전층을 통하여 거의 과반을 차지하고 있다. 그러나 *Pinus*는 하층(-2.7m~-5.0m)에서는 30% 이하로 *Quercus*에 열세하지만 상층(-2.7m 이상)에서는 우점종이 된다. 반대로 하층에서 우점종이던 *Quercus*는 상층으로 갈수록 점차 열세를 나타내는 대경향을 보이고 있다. *Quercus*와 같이 너도밤나무과에 속하는 *Castanea*는 전층을 통하여 10% 전후의 출현율을 보이며 그 경향이 *Quercus*와 유사하다.

다음으로 많은 출현율을 보이는 것은 자작나무과로 *Alnus, Betula, Corylus, Carpinus*들이며, 특히 *Alnus*는 -4.0~4.5m 층에서 20% 이상으로 높은 출현율을 보이고, 점차 상층으로 향할수록 감소하다가 *Pinus*와 *Quercus*가 비교적 적게 출현하는 -1.2m~-1.4m 층에서 다시 높은 출현율을 보여, 특히, -1.2m 층에서는 41.7%에 달하고 있다. -1.2m~-1.4m 층에서는 *Corylus*도 상당히 높은 출현율을 보이고 있다. 그리고 *Ulmus/Zelcova*는 -1.2m~ 2.0m 층에서 상당한 출현을 보이고 있다.

초본 화분의 조성 특색을 보면 *Artemisia*와 Gramineae가 전층을 통하여 높은 출현율을 보이고 있지만 *Artemisia*는 -5.0m~-2.4m의 하부층에서는 총 목본 화분비 30% 이하의 출현율을 보이나 그 상부층(-2.4m 이상)에서는 총 목본 화분비 266.7%로 극상에 달하고 있다. 이와 반대로 Gramineae는 하부층에서 상부층으로 갈수록 그 출현율이 점차로 낮아지는 대경향을 보이고 있다.

그 외 *Persicaria*, Plantago, Cyperaceae, Umbelliferae, Convallaliaceae들은 -2.0m 이하에서는 거의 출현하지 않다가 -2.0m에서부터 증가하기 시작하여 -1.2m 층에서 극상에 달하고 있다.

5. 고찰

이상의 분석 결과를 기초로 조사지역의 지형 발달을 고찰해 보면 다음과 같다.

먼저 화분 조성 변화의 특색과 관련해서 살펴보면 목본 화분은 그 산포 범위가 넓어서 국지적인 변화, 특히 퇴적 환경 변화와 같은 것을 반영하지 않고 기후 변화와 같은 대변화를 반영한다. 따라서 화분 편년, 분대(分帶) 등을 나눌 때도 목본 화분에 기초를 두고 분류한다. 본 조사지역의 분석에서 나타난 목본 화분도 sample 채취 지점에 자생한 수목으로 보기는 어렵고, sample 채취 지점 좌우에 발달해 있는 구릉지에 자생한 수목 화분이 sample 채취 지점에 산포된 것으로 보는 것이 타당하다고 생각된다.

그러나 초본 화분은 그 화분의 산포 범위가 좁고, 또 1년생이 대부분이므로 조그마한 환경 변화 및 국지적 환경 변화를 잘 반영하여 쉽게 자라기도 하고 쉽게 멸종되기도 한다. 이와 같은 목본, 초본의 특색을 기초로 하여 본 연구지역의 화분 편년은 목본 화분을 기초로 시도하기로 하고, 퇴적 환경의 변화는 초본 화분을 기초로 생각해 보기로 한다.

목본 화분은 크게 보아 하층부에 *Quercus*가 우점(優占)하고 상층부로 갈수록 *Quercus*는 점점 그 비율이 낮아지고, 반대로 *Pinus*가 우점종으로 나타난다. 필자는 이와 같은 *Quercus*와 *Pinus*의 소장(消長) 특색을 기초로 하부 *Quercus* 우점기(A 분대)와 상부 *Pinus* 우점기(B 분대)로 이분하고 그 경계를 -2.7m로 보았다. 상부 B 분대 중에서 최상부는 화분이 검출된 양이 적어서 그 확실한 구분을 할 수 없으나, -1.4m~-1.2m 지점에서 *Alnus*, *Corylus* 등의 자작나무과가 많이 출현하는 소분대를 나타내고 있다. 이들 자작나무과는 삼림이 황폐한 뒤에 처음으로 나타나는 개척종으로 알려져 있는 것이나, 이와 같은 환경 변화를 초래한 원인이 무엇인지는 확실하지 않다. 그러나 인간의 경작 활동이 활발해지고 화전 등으로 삼림이 황폐해져서 결과된 것으로 볼 수도 있다.

우리나라의 화분 편년을 한 기존 연구는 塚田 등(1997)[7]의 연구와 필자 중 한 사람인 曺(1979)[8]의 연구가 있다(표 3-3). 塚田 등의 연구 결과에 의하면, 10,000년 B.P.에서 6,000년 B.P.까지 *Quercus* 우점기(UⅢ), 6,000년 B.P.에서 약 1,500년 B.P. 사이의 *Pinus-Quercus*(UⅣ), 약 500년 B.P. 이후를 Pinus 우점기(UⅤ)로 구분했다. 본 연구지역의 화분 분대를 塚田 등의 UⅢ에 대비할 수 있으나, *Pinus*의 출현율이 塚田 등의 UⅢ기보다 많고, 또한 퇴적

7) 塚田松雄 外, 1977, 「韓國における環境變遷史 Ⅰ 東草における植生史」, 日本第4紀學會講演要旨集 6, p.21.

8) 曺華龍, 1979, 「韓國東海岸における 後氷期の花粉分析學的研究」, 東北地理 31(1), 23~35쪽.

속도적 입장에서 봐서도 -2.7m 이하의 퇴적층이 6,000년 이전의 퇴적물로 보기는 어려운 난점이 있다. 따라서 본 연구지역의 A 분대가 塚田 등의 UⅣ 분대 중의 어느 시기로 보는 것이 보다 타당하지 않을까 생각된다.

曺의 화분 편년에서는 10,000년 B.P.에서 6,000년 B.P.까지의 사이를 Quercus 우점기 Ⅰ로 본 것은 塚田 등과 동일하지만, 6,000년 B.P. 이후의 화분 편년을 하부 Pinus 우점기(Ⅱa ; 6,000년 B.P.~4,000년 B.P.), Pinus-Quercus기(Ⅱb ; 4,000년 B.P.~2,000년 B.P.), 상부 Pinus 우점기(Ⅱc ; 2,000년 B.P. 이후)로 구분했다. 이 曺의 Ⅱb기는 Pinus가 상대적으로 그 출현율이 낮아지고, 6,000년 B.P. 이후 점차로 출현율이 낮아지던 Quercus의 대경향이 일시적으로 많은 출현을 보이는 특색을 나타낸다고 분석했다. 따라서 본 연구지역의 A 화분 분대가 절대 연대를 확인하지 않은 현시점에서 단정할 수는 없어도 曺의 Ⅱb기에 대비되는 것으로 보는 것이 훨씬 타당하다.

그러나 본 조사지역의 하부층(A 분대)이 塚田의 UⅢ, 혹은 曺의 bⅡ 분대 중 어느

〈표 3-3〉 Postglacial pollen chronology by Jo(1979)

Years B.P.	Scandinavia Blytt & Sernander: Divisions	Climate	Japan (Nakamura, J.)		Sogcho, Korea (Tsukada, M. etal.)		Eastern coastal region, Korea (Jo, W.)	
	Recent	Warm Dry	RIIb	Sudden increase of *Pinus*	UⅤ	*Pinus*	Ⅱc	Upper *Pinus*
1,000	Subatlantic	Cooler Very wet Oceanic	RIIa	(Decreasing warmth period) Subalpine conifers invade deciduous forest	UⅣ	*Pinus Quercus*		
2,000							Ⅱb	*Pinus-Quercus*
3,000	Subboreal	Warm Drier Continental						
4,000			RII	(Warm period) Subalpine forest recedes, deciduous forest dominant			Ⅱa	Lower *Pinus*
5,000	Atlantic	Mild Humid Oceanic						
	Boreal	Warm Dry Continental	RI	(Transition period) Coniferous & deciduous forests	UⅢ	*Quercus*	Ⅰ	*Quercus*
10,000	Preboreal	Cool						
	Late Glacial	Cold	L	(Cold period) Subalpine coniferous forest	UⅡ			
15,000					UⅠ	*Abies Picea Larix Pinus*		

쪽에 해당하느냐 하는 것은 단정하지 못하더라도 *Pinus*가 차지하는 비율이 AP의 30% 미만을 차지하는 수목환경은 최근 수십 년간의 식물환경 변화라고는 볼 수 없으며 적어도 2,000년 B. P. 이전으로 거슬러 올라간다는 것은 확실하다. 따라서 본 조사지역의 소택지가 최초로 형성된 시기는 적어도 2,000년 B. P. 이전으로 거슬러 올라간다고 볼 수 있다.

초본 화분의 조성 변화를 보면 *Artemisia*와 Gramineae가 높은 출현율을 보이고 있다. *Artemisia*는 하부층에서부터 상당한 출현율을 보이지만, 하부층의 퇴적물의 특색으로 보아 Sample 채취 지점에 자생한 것으로 보기는 어렵고, 근접한 위치에 자생한 것으로 볼 수 있다. 그러나 상부층으로 갈수록 그 출현율이 점점 높아져서 상부층(B 분대)에서는 목본 비 56%에서 266%로 증가하고 있는데, 이것은 *Artemisia*의 자생지가 Sample 채취 지점에 가깝게 확대 혹은 Sample 채취 지점까지 자생한 결과라고 볼 수 있다. 그러나 Gramineae(대부분 Phragmites로 보임)와 같은 습지성 초본 화분은 하부에서 높은 출현율을 보이고 상부로 갈수록 점점 출현율이 낮아진다. 또한 *Persicaria*, Plantago, Cyperaceae 등 비교적 물이 없는 상태에 자라는 초본이 B 분대 하부에서부터 출현해서 -1.2m 지점에서는 *Persicaria*가 목본 비 141%, Plantago가 목본 비 219%의 높은 출현율을 보이고 있다. 또한 *Trapa*처럼 호소가 아니면 자생하지 않고 그 화분의 산포 범위가 아주 좁은 화분이 A 분대에서 출현하지만 B 분대에서는 출현하지 않는다. 이상의 초본 화분 조성 변화 특색으로 미루어 볼 때 본 Sample 채취 지점은 하층은 물에 잠겨있는 상태이고 상층으로 갈수록 점점 그 수심이 얕아져서 -1.4~-1.2m 부근에서 거의 물이 없는 상태로까지 퇴적 환경이 변했다고 볼 수 있다. 이와 같은 경향은 -1.2m 이상의 퇴적물의 토색이 갈색을 점차 띠어가는 변화도 이와 같은 환경 변화를 시사한다. 그러나 -1.2m 이상부에서 화분의 출현율이 극도로 감소하고 있는 것은 후술하는 바와 같이 또 다른 환경 변화를 의미하고 있다.

다음으로 퇴적물 입도 분석 결과와 퇴적물 환경 변화를 고찰해 보기로 한다. 전술한 바와 같이 계류퇴적물과 범람퇴적물은 그 입도 조성에 있어서 확연히 다르다. 그런데 소택지저 두 지점(X, X')의 boring 단면상에서는 -5.3m까지는 계류퇴적물로 인정되는 퇴적층이 존재하지 않았다. 따라서 계류퇴적물은 X' boring 지점에서부터 그 하류 쪽으로는 -5.3m보다 더 하부 어느 심도에 존재할 것으로 보아야 한다. 또한 이 소택지는 gleization이 충분히 이루어진 5m 이상의 silt층을 퇴적하는 데 소요되는 기간보다 더 오래 전에 형성되었다고 보아야 할 것이다. 퇴적의 속도는 퇴적장과 퇴적 환경에 따라 다르게 나타나지만 필자(曺)가 동해안 해안 평야에서 ^{14}C 연대 측정으로 확인한 결과로는

5m의 organic silt가 퇴적하는 데 3~4,000년이 걸린 것으로 나타났다.[9] 따라서 본 소택지의 형성 기원은 절대연대 측정 없이는 단정할 수 없으나 적어도 몇 십 년의 order로는 설명될 수 없다. 전술한 화분 조성 변화로 유추한 연대로는 적어도 2,000년 B.P. 이전, 최고 4,000년 B.P.까지로 소급할 수 있다.

다음으로 이 소택지가 그 면적을 점차 확대해 갔는가 혹은 축소되어 갔는가를 생각해 보기로 한다. <그림 3-3>의 A 도식은 소택지 환경이 점차 확대되어 가는 가상 단면이고 B 도식은 축소되어 가는 가상 단면이다. 만일 삼랑진 평야가 A 도식과 같이 발달해 왔다고 가정하면 계류퇴적물과 소택지 퇴적물 경계부에 가까운 지점(X' 지점) 주상 단면에서는 얕은 심도에서 계류퇴적물(사력층)이 나타나야 할 것이나 -5m 심도에서까지 나타나지 않았다. 또한 소택지 퇴적물이 계류퇴적물을 피복하는 형태를 취하여야 할 것이나 실지에 있어서는 그 반대의 형태를 취하여 광천이 운반한 퇴적물이 소택지 퇴적물을 피복하면서 전진하는 형태를 취하고 있다. 따라서 삼랑진 평야는 B 도식과 같이 소택지가 축소되는 단면을 취하면서 발달해 온 것으로 보인다.

그러나 소택지 퇴적물 수직 단면 -2m 이상부에서부터 또 다른 환경의 변화를 의미하는 여러 가지 현상이 나타나고 있다.

첫째로 전술한 바와 같이 -1.2m 이상에서 화분의 출현 빈도가 목본 및 초본 공히 극도로 감소하는 변화를 보이고 있다는 점이다. 이와 같은 현상은 퇴적 속도가 급속히 빨라질 때 나타난다. 단지 수심만 증가했을 때는 초본 화분은 감소해도 목본은 변화가 없거나 오히려 증가하는 것이 일반적인 경향이다.

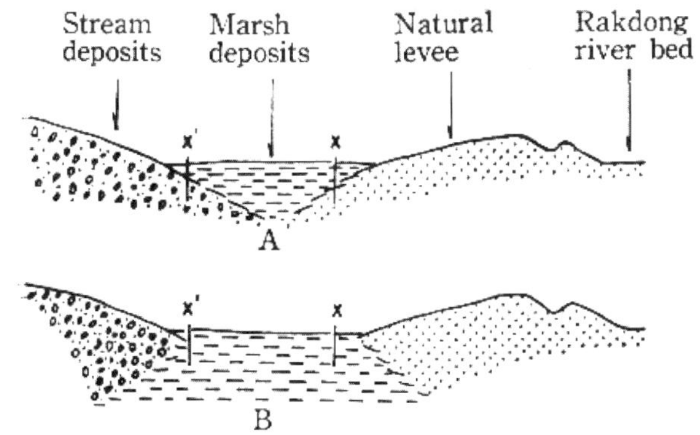

〈그림 3-3〉 Imaginary diagram of Samrangjin plain development

9) 青華龍, 1980, 「韓國東海岸における 完新世の 海水準變動」, 地理學評論 53(5), pp.317~328.

둘째로 수직 단면 퇴적물의 입도 조성이 -1.6m 이상부에서 미약하지만 점토분이 증가하고 있다는 점이다. 이는 수심이 증가할 때 예상된다.

셋째 토색이 -2m 부근에서부터 점차 회갈색을 띠게 되고 표층 가까이에서는 완전히 밝은 갈색을 띠고 있다는 점이다. 토색이 갈색화하는 것은 연중 상당한 기간 중 물에 잠겨있지 않고 노출된 환경 하에 있었음을 예상할 수 있다.

이상의 3가지 조건을 충족할 수 있는 환경을 예상해 보면 본 소택지가 퇴적 단면 -1.2m 이상에서부터 증수기(增水期)에 범람에 의하여 깊은 수심과 많은 부유 퇴적물의 공급을 받았으나 저수기(低水期)에는 상당한 기간 동안 바닥이 드러나는 계절적 습지의 환경으로 변한 것을 말해준다. 다시 말해서 상부층의 퇴적 환경은 1년 중에 침수되어 있는 기간이 상대적으로 짧아졌지만 범람 시에는 수심, 퇴적량, 침수 면적이 상대적으로 증가되고 있다는 것을 나타내고 있다.

6. 요약

이상에서 분석, 고찰한 결과를 요약하면 다음과 같다.

1. 삼랑진 주변 평야는 산지 기원의 선상지성 계류퇴적물(사력질)이 형성한 곡저 평야와 낙동강 기원의 범람퇴적물(silt질 및 사질)이 형성한 범람원으로 구성되어 있고 이 배후습지성 소택지는 양 기원의 퇴적 지형 경계부에 발달해 있다.

2. 이 평야의 지형 발달은 다음과 같이 고려되어 진다.

a. 삼랑진 주변은 후빙기 해면 상승이 현 수준에 달했을 때(약 6,000년 B.P.) 익곡(溺谷) 상태에 있었고 그 후 해수준의 안정과 더불어 낙동강 본류 쪽에서 범람퇴적물, 산지 쪽에서 계류퇴적물이 매적(埋積)을 계속하여 그 간에 호면(湖面)의 면적을 점차로 축소해 왔다.

b. 현재 계절적 소택지 상태에 있는 율동 소택지는 그 축소해 온 호면의 잔제(殘滯)이며 그 호저(湖底) 퇴적물이 현 표면에서 -2m까지 퇴적했을 때 벌써 매적이 거의 완료되고 초본 식물이 번성한 상태에 달하였다.

c. 그 후 본 소택지는 계속 매적되어 가는 과정에 있고 마른 상태에 있는 기간이 길어졌지만 낙동강의 하상도 상대적으로 높아졌으므로 대홍수시 침수 상태 및 범람퇴적

물(부유 하중)의 공급도 상대적으로 심해졌다는 것을 소택지 퇴적물수직 단면에 나타나는 화분, 입도, 토색 변화의 특색으로 설명할 수 있다.

결론적으로 삼랑진 부근의 소택지는 권(1976)이 주장한 바와 같이 후빙기 해면 상승, 그리고 그 후의 안정과 더불어 곡지(谷地)가 매적되어 가는 과정상에 나타나는 지형으로 1차적으로 보아야 하고, 따라서 그 습지의 형성 기원을 수천 년 전까지 소급되며, 또 그 면적은 계속 축소되어 가고 있다고 보는 것이 타당하다. 그러나 최근에 와서 홍수기에 침수 정도 및 부유 퇴적물의 공급이 더 심해지고 있는 2차적 요인도 고려되어야 한다고 본다.

CHAPTER 4

우리나라 하구 충적층의 층상 구조*

1. 서언

우리나라의 충적층은 일반적으로 엷어서 내륙에서는 층후 10m를 넘는 경우가 흔하지 않다. 그러나 대하천이 바다로 들어가는 하구 부근 평야에서는 충적층의 층후가 70m를 넘는 경우도 있으며 그 층상변화도 다양하다.

하구평야의 충적층 층서는 최후빙기 이후 해면 상승의 패턴과 직접적으로 관련을 갖고 있으므로 해수준 변동 및 평야지형 발달을 연구하는데 있어서 가장 중요한 단서가 되고 있다. 뿐만 아니라 충적층의 층서를 분명히 해둠으로써 응용적인 측면인 지하수 개발과 임해공업단지 건설을 위한 지질검토 및 조사에 있어서도 지금까지와 같은 암중모색을 피하고 또한 막대한 조사경비를 절감할 수 있을 것이다.

그러나 우리나라에서 이 분야에 대한 연구는 평야 지형 발달 연구에서 단편적으로 시추 주상도를 소개한 정도에 불과하고 이에 대한 종합적인 연구는 아직 한 편도 없다. 외국에서 활발히 연구되고 있는 충적층의 연구가 우리나라에서 이와 같이 부진한 이유는 자료의 부족이라는 것이 결정적 요인이라고 할 수 있다. 충적층은 홍적층과는 달리 대부분 저평한 충적평야 밑에 존재하기 때문에 천연 노두를 거의 찾아볼 수 없으며, 있다 하더라도 그것은 얕은 표층에 불과하다. 따라서 그 자료는 거의 시추자료에 의존하지 않으면 안되게 되어있는데, 지금까지 우리나라에서 이루어진 시추자료는 너무 제한되어 있었다.

---

* 조화룡, 1982, 경북대학교 논문집, 33, 205~222쪽.

다행히 최근에 이르러 각종 토목공사, 공업 단지 건설을 위하여 토목 공학적 지질조사가 활발히 이루어지고 있어 충적층에 관한 자료가 점차로 늘어가고 있다. 이와 같은 조사들이 토목공사를 목적으로 한 조사이고 지역적으로 편중되어 있으므로 충적층 전반을 검토하기에는 아직 부족하기는 하지만, 그러나 현 시점에서 일단 지금까지의 자료를 정리해 두는 것이 금후의 발전적 연구를 위하여 필요하다고 생각된다.

이와 같은 입장에서 필자는 수년간 우리나라 하구 충적평야에서 이루어진 시추자료를 수집해왔다. 본고는 지금까지 필자가 입수한 충적층 시추자료를 정리하여 우리나라 충적층의 층상 변화를 검토한 결과이다.

충적층의 층서를 완전히 하기 위하여서는 시추자료만으로는 불가능하며, 그 코아 퇴적물을 직접 분석하지 않으면 안 된다. 그러나 이와 같은 작업은 금후의 과제로 하고 우선 우리나라 충적층 연구의 시작으로서 본고가 이 분야 연구자에게 참고자료가 될 것을 기대한다.

2. 대상 지역 및 자료

본고의 대상 지역은 <그림 4-1>에 표시된 것과 같이 시추자료가 풍부한 동해안의 강릉평야, 포항평야, 남해안의 김해평야, 섬진강 하구 삼각주(간석지), 그리고 서해안의 가로림만 간석지를 대상으로 했다.

동해안에는 척량산맥인 태백산맥이 동쪽에 치우쳐 해안선과 평행하게 달리고 있으므로 동해 사면으로 흐르는 강은 모두가 짧고 하구 충적평야도 큰 것이 적다. 그 중에 대표적인 것은 남대

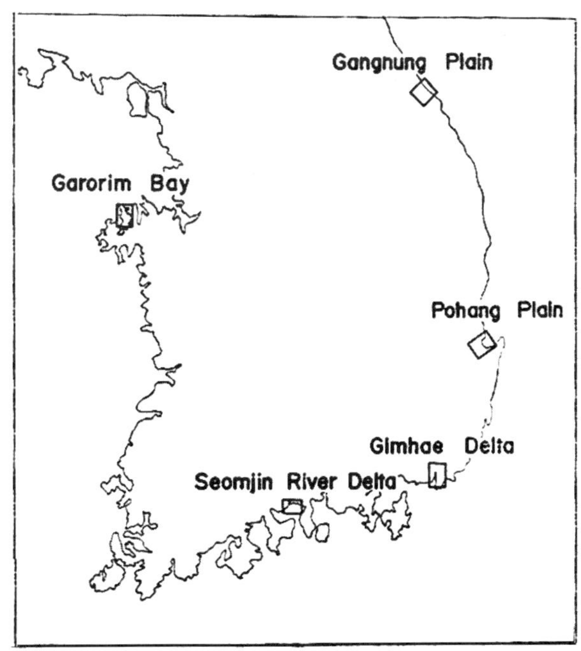

〈그림 4-1〉 조사지역

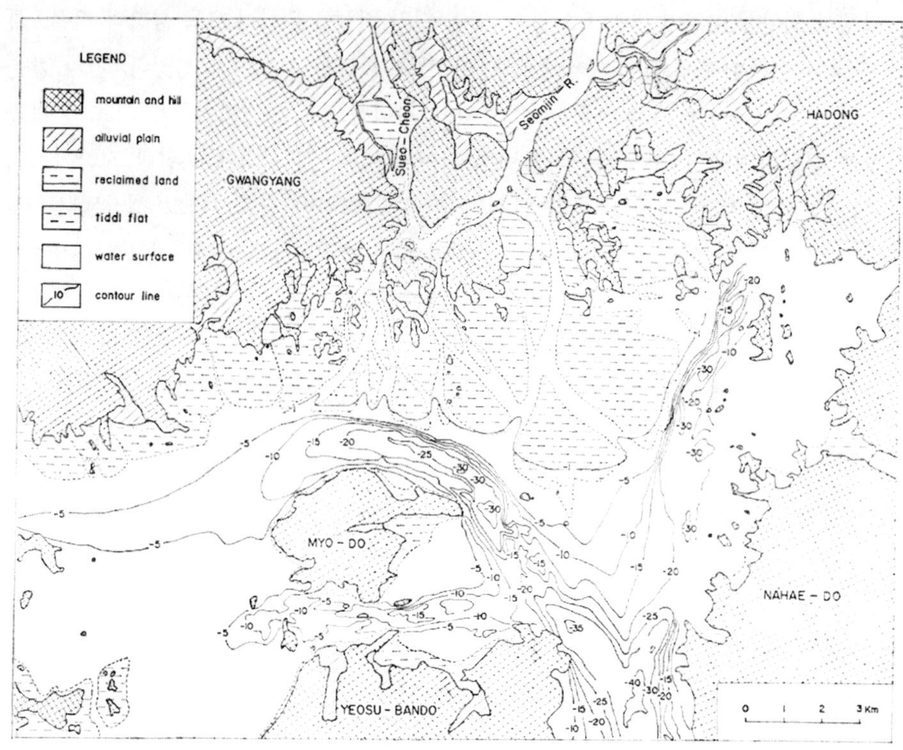

〈그림 4-2〉 섬진강 하구 수심 및 지형분류도

천 하류의 강릉평야, 형산강 하류의 포항평야, 태화강 하류의 울산평야라 할 수 있다. 강릉평야에는 일제시대 공업용수 조사를 위한 시추조사보고가 있다. 포항평야에는 종합제철단지를 위한 기초지질조사로 지역적으로는 제한되어 있으나 많은 시추가 행해졌다. 울산에도 공업단지가 입지했지만 대개 낮은 구릉지상에 형성되었고 충적평야 상에는 시추자료가 거의 없다. 그래서 울산평야를 제외한 강릉, 포항평야를 대상으로 했다.

남해안에는 김해 삼각주가 대표적인 평야이다. 이 평야는 낙동강(525km)이 하구에 형성한 내만 삼각주 평야로 우리나라 최대의 삼각주 평야이다. 따라서 충적층의 심도도 지금까지 알려진 자료로는 가장 깊은 것으로 나타난다. 이 평야의 시추자료는 역시 조선총독부의 공업용수 조사를 위한 시추(사등리, 대지리), 제2 낙동교 공사를 위한 시추, 부마 고속화도로를 위한 기초 지질조사, 낙동강 하구언 기초 지질조사가 있다. 넓은 평야 면적에 비하여 단편적이기는 하지만 우리나라 최대 심도의 충적층으로 간주되므로 충적층 연구에 있어서 주목되는 평야이다.

섬진강 하구에 넓은 간석지가 있고 형태적으로 삼각주이다. 이 삼각주는 수면상

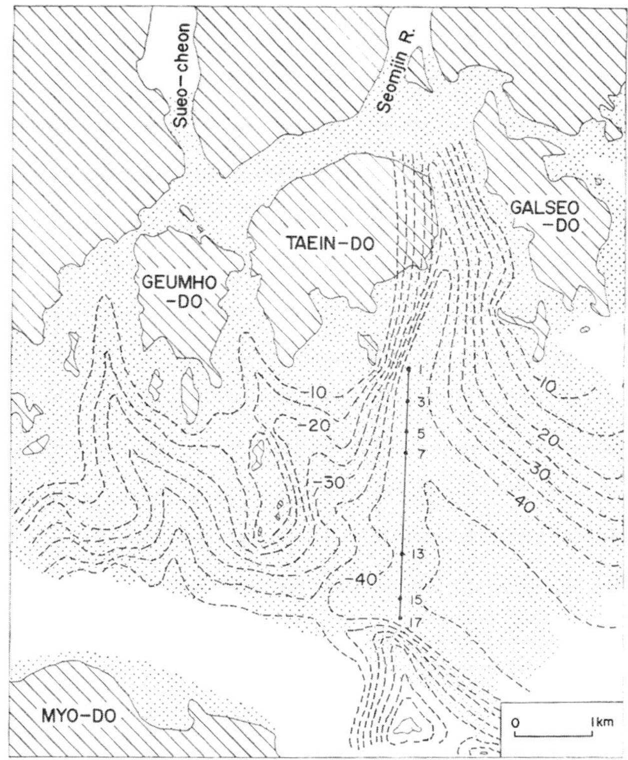

〈그림 4-3〉 섬진강 하구 간석지의 기반암 등심선도

노출되지 않았기 때문에 일반적으로 잘 알려져 있지 않지만 지형도상에서 등심선을 잘 관찰하면 거대한 삼각주가 해면과 거의 같은 수준(0~-1m의 수심)에 형성되어 있다. 다시 말해서 해면이 1m만 낮아지면 노출될 삼각주이다. 이 삼각주는 육지 쪽에 저변을 두고 바다 쪽에 꼭지점을 두고 있는 삼각형의 첨상 삼각주(cuspate delta)로 그 저변의 길이가 약 10km, 높이가 5km나 된다. 그러나 이 삼각주의 전면은 급경사를 이루어 곧 -20m 이상의 수심을 나타낸다(그림 4-2, 4-3 참조).

이 삼각주상에 제2 제철의 부지로 계획되어 현재 활발히 시추에 의한 기초지질조사가 이루어지고 있다. 전(全) 삼각주면상에 등간격의 시추가 이루어졌고 또 앞으로 계속 이루어질 것이 예상되어 우리나라 충적층 및 충적지형 발달연구의 장이 될 것이 기대된다.

서해안에서는 대강(大江)이 많고 하구충적평야도 넓게 발달해 있다. 그러나 충분한 시추자료가 있는 평야는 없다. 호남평야에 역시 일제시대 공업용수조사를 위한 시추보고가 있으나 그 지점수가 적고 분산되어 있어 충적층의 단면도를 작성하기에는 어렵다. 이 시추결과 주상도는 권혁재 교수에 의해서 보고된 바 있다. 나주평야에는 영산강 하구언을 위한 시추가 있으나 이 자료는 충적층의 층상구조를 검토하기에는 너무 불확실한 점이 많다. 그러나 아산만 일대에 제2 제철 부지선정을 위하여 시추에 의한 기초지질조사가 여러 곳에서 행하여 졌으며, 특히 가로림만에는 집중적으로 조사되었다.

가로림만은 충청남도 서산군의 대산면과 이북면 간(間)에 끼여 있는 만으로 입구가 좁고 안 면적이 넓은 만이다. 따라서 조력발전소의 후보지로 되어 있고 입구에는 시추에 의한 기초지질조사가 이루어지고 있다. 뿐만 아니라, 이 만의 우안(右岸), 즉 독곶리~오지리~중왕리 일대는 넓은 간석지가 발달해 있고 이 일대에 제2 제철 후보지로서 지질검토를 위하여 백여 공의 시추조사가 행해졌다. 따라서 서해안 간석지의 층상변화를 연구하는데 주요 대상지역이 되고 있다.

본고에서는 이상과 같은 이유에서 전술한 바와 같이 5개 지역을 선택하였으나 앞으로 시추자료가 늘어남에 따라 더 많은 지역이 비교, 검토될 것을 기대한다.

3. 각 지역 충적층의 층상구조

1) 강릉평야

강릉평야는 남대천(35km)이 강릉시 동쪽에 형성한 충적평야로 영동지방에서 대표적인 평야라 할 수 있다. 이 평야에서는 대 토목공사나 공업용지조성이 거의 없었으므로 시추자료는 전술한 공업용수조사를 위한 6공의 시추가 있을 뿐이다(그림 4-4).

불완전하지만 이 6개 주상도를 근거로 작성한 강릉평야의 지질단면도가 <그림 4-5>이다. 이 도(圖)에서 나타난 특색을 요약해 보면 다음과 같다.

1) 본 평야의 충적층의 최대 심도는 30m를 넘는다.

2) 하층부는 패각, 매목(埋木), 부식질을 포함한 회색의 세사로 된 해성층이다. 이 해성층의 상한은 거의 현 해수준까지 이르고 있으며 매우 두껍게 나타난다. 타 하천의 하구평야에서는 해성층이 실트 및 점토질로 많이 나타나는데 반하여 본 평야에서는 시추가 이루어진 깊이까지는 거의 사질로 되어있는 것이 특색이다. 이것은 주변 지질이 모두 화강암으로 사질의 생산량이 많은 것과 관련이 있는 것으로 본다.

3) 상부층은 육성층으로 그 두께가 5~10m로, 상류 쪽으로 갈수록 두껍고 해안 쪽으로 갈수록 엷게 나타난다. 역층, 사층 및 organic 실트층이 호층으로 나타나며 organic 실트층을 제외하고는 모두 갈색을 띠고 있다.

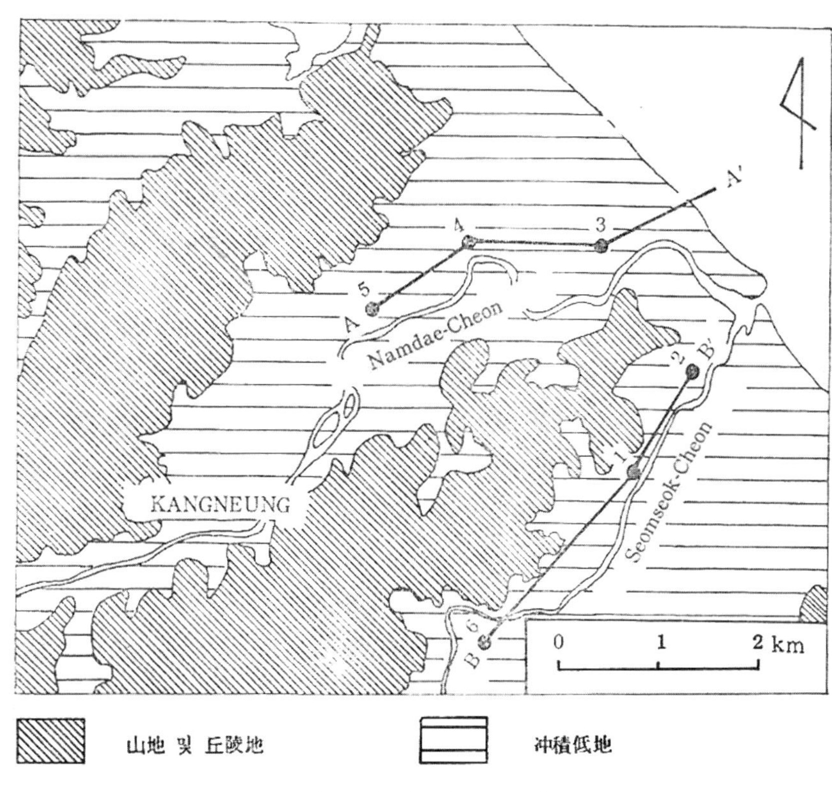

〈그림 4-4〉 강릉평야 시추위치도

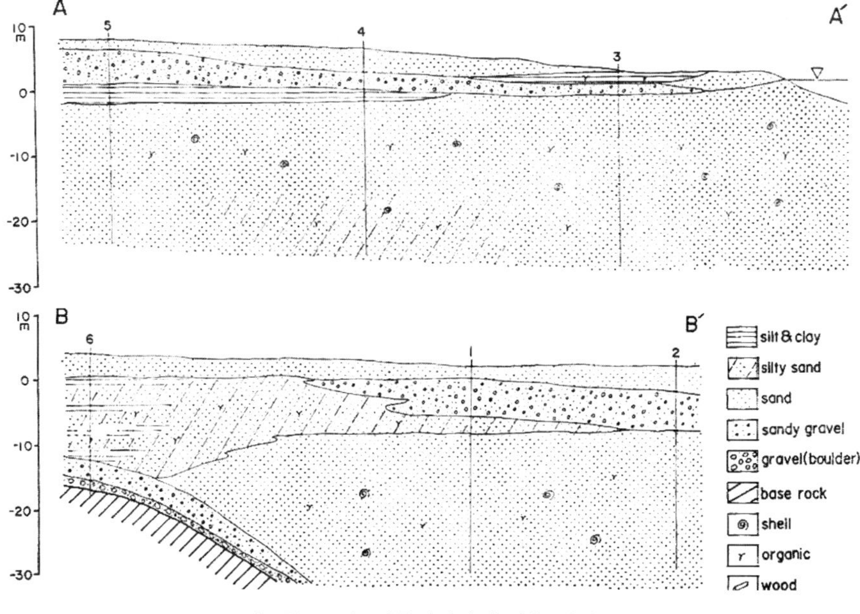

〈그림 4-5〉 강릉평야의 충적층 단면도

4) 6번 시추지점은 해안에서 4km 내륙이고 하천(섬석천)이 소하천이며 하상에서 떨어진 지점인데도 충적층의 심도가 깊어서 기반암이 표면하 21m에서 나타나며 표면하 16m에서부터 표면까지 부식질이 풍부한 세사와 실트의 호층으로 되어있어 Lagoon성 퇴적물의 특성을 보여주고 있다.

2) 포항평야

이 평야는 형산강(62km)이 영일만내에 형성한 삼각주성 평야로 동해안에서는 최대급의 평야이다. 이 평야의 지형발달에 관해서는 필자가 이미 보고한 바 있다. 그 중에서 충적층의 부분만을 발췌해 보면 다음과 같다.

이 평야의 동남측 형산강과 냉천 사이에 공장과 항만공사를 위하여 많은 지질조사가 행해졌다. 이 시추 주상도 200여 개를 사용하여 충적층 기반의 등심선도를 작성한 것이 <그림 4-6>이다. 이 도에 의하면 포항평야의 충적층 기반심도는 -35m를 넘고 있고 해안선에 평행하게 매몰곡이 존재하여 과거 형산강에 합류한 냉천의 유로임을

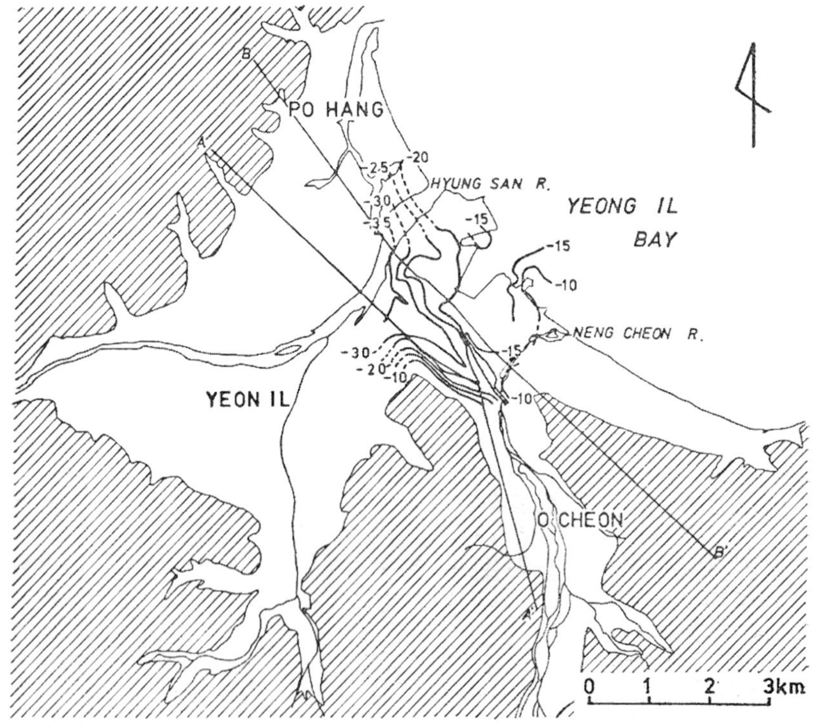

〈그림 4-6〉 포항평야 기반암 등심선도

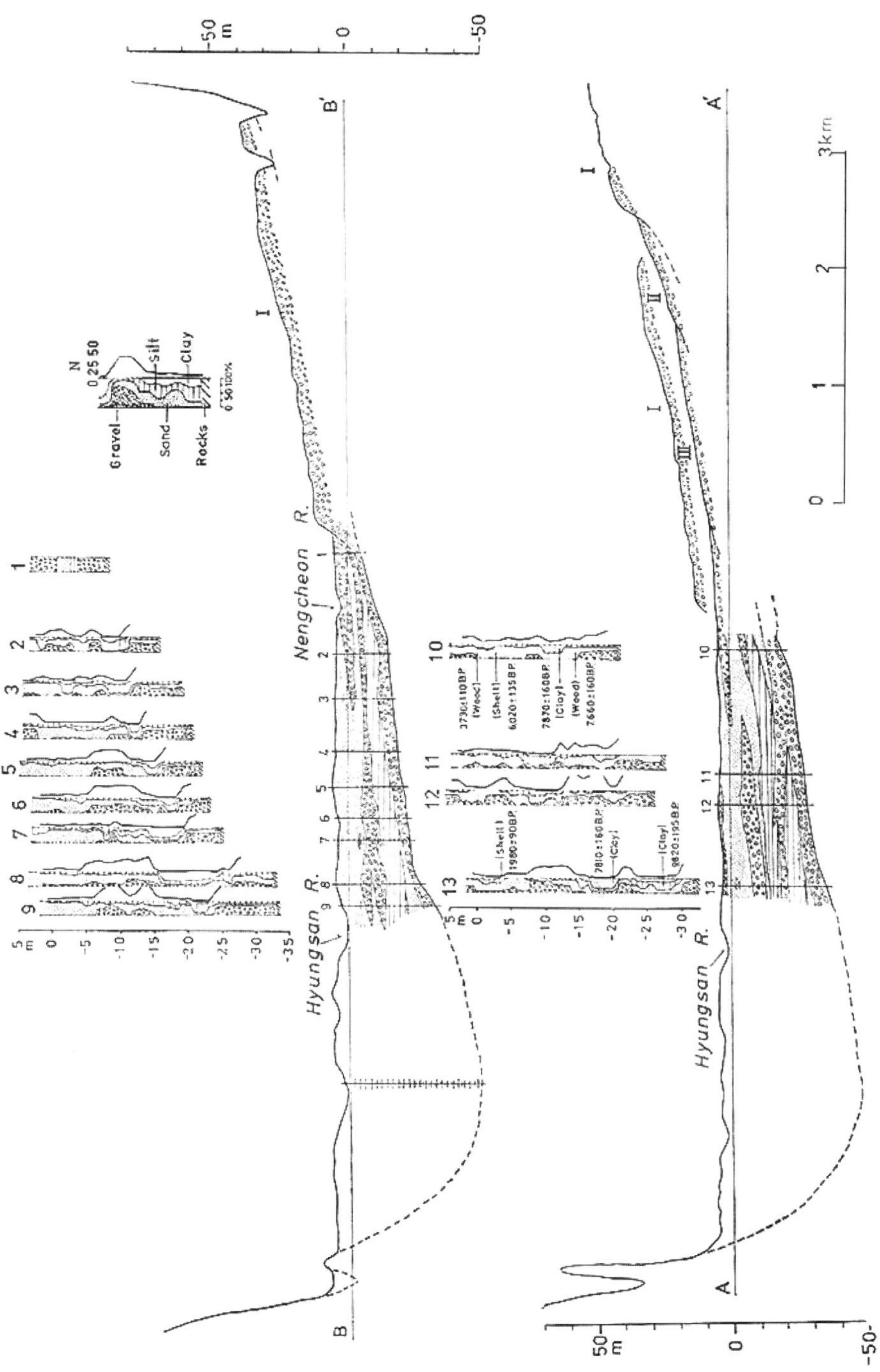

〈그림 4-7〉 포항평야 충적층 단면도 및 Boring 주상도

암시하고 있다. 또한 현 해안선을 따라서 과거 냉천의 우안(右岸)에는 형산강 하구 부근까지 낮은 구릉지가 형성되어 있었음을 알 수 있다. 이 충적층의 층후, 층상을 보기 위하여 매몰곡을 따라 A~A' 단면과 해안을 따라서 B~B' 단면을 그린 것이 <그림 4-7>이다.

A~A' 단면에서는 기반상에 Boulder급의 기저역암이 있고 그 위에 실트층, 역층, 또 그 위를 실트질점토층, 역층이 나타나 2 퇴적 사이클을 보이고 있으며 다시 그 위에 두꺼운 사질층이 얹혀 있었다. 그러나 B~B' 단면에서는 하부의 한 사이클(실트층, 역층)은 나타나지 않았다. 이것은 A~A' 단면의 하부 실트층에 의해서 보여주고 있는 해진이 -25m까지 밖에 미치지 못했으므로 구(舊)냉천 유로를 따라서는 해수가 진입했지만 이 시기에 B~B' 단면의 하부는 구릉지로서 아직 육상에 남아 있었기 때문인 것 같다. 그 후 중부 실트질점토층의 해진부터는 전체가 침수되어 공통의 퇴적 사이클을 갖게 된 것으로 보인다.

여기에서 하부실트층은 심도 -25~-30m에 나타나고 대부분이 실트질이지만, 중부실트질점토층은 심도가 -15~-20m에 나타나고 층후가 하부실트층보다 두터우며 입자도 훨씬 더 미립으로 구성되어 있어 훨씬 더 큰 해진이었음을 암시하고 있다.

포항평야의 이들 각층은 ^{14}C연대의 측정도 이루어 졌다. <그림 4-7>의 13번 및 10번 추상도에 기록된 것과 같이 하부실트층은 9,820±195년 B.P., 중부실트질입토층은 7,870±160년 B.P., 및 7,810±160년 B.P.의 연대가 나왔으며, 상부사질층은 대략 6천, 4천, 2천년 B.P.의 연대를 나타냈다.

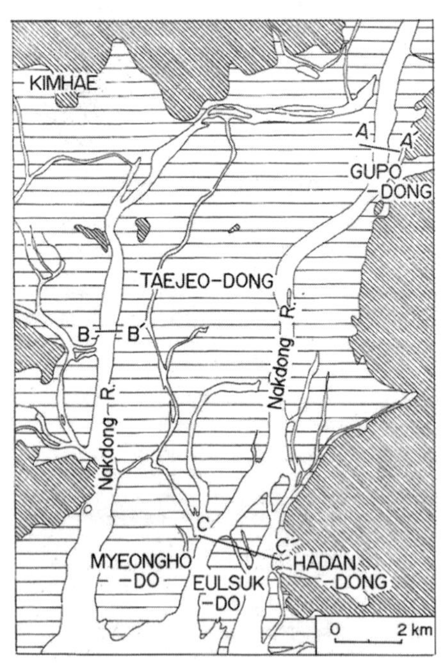

〈그림 4-8〉 김해삼각주 충적층단면위치도

3) 김해평야

구포에서 삼각주(출두리)를 연결하는 제2낙동교의 3공의 시추 주상도에 의해서 작성한 A-A' 지질단면도가 <그림 4-9>이다. 여기에서 기반암은 -50m 부근에 나타나고 이 기반암 위에 6m 두께의 기저역암이 덮혀 있다. 그 상부를 -40~-45m 깊이에 점토층, -30~-40m 깊이에는 사질층 및 실트질사질층이, -10~-30m 깊이에 다시 점토층,

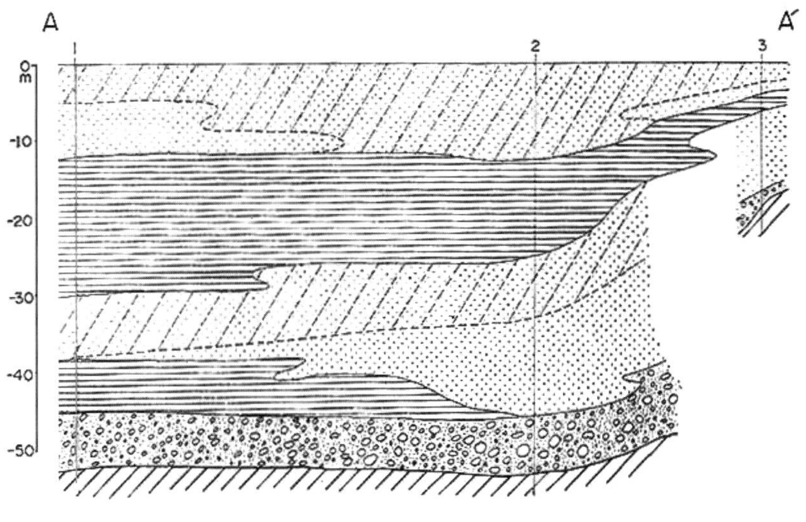

〈그림 4-9〉 제2낙동교 부근의 충적층 단면도

그리고 그 상부 10여m를 사질층 및 실트질사질층이 덮고 있다. 동쪽제방 부근에는 -15m 부근에 기반암이 나타나고 퇴적층의 층상변화도 1사이클밖에 나타나지 않았다.

부마고속화도로 중 낙동강 서쪽 분류상에 걸린 교량(제남리~해포도)이 계목1교이며 이 부분의 B-B' 지질단면도가 <그림 4-10>이다. 동쪽의 제1공은 -66.5m에서 기반암이, 서쪽의 제3 공에서는 -53m 지점에서 기반암이 나타났다. -50m 부근에서부터 기반암까지 기저역암층이 나타났는데, 제1 공의 이 역층 중에는 -60m 부근에 약 8m 두께의 사질층이 끼여있다. 이 사질층의 동쪽 연장을 알 수 없어 분명하지는 않으나 역층 중에 포함된 사질 Lens일 것으로 보인다. 이 기저역암 상부에 대략 -35~50m 부근에 점토층이, -24~-35m 부근에 사질층이, -5~-24m 부근에 다시 점토층이, 최상부 약 3m정도가 사질층으로 되어 있다. 층상배열이 제2낙동교의 것과 같은 순서이지만 점토층의

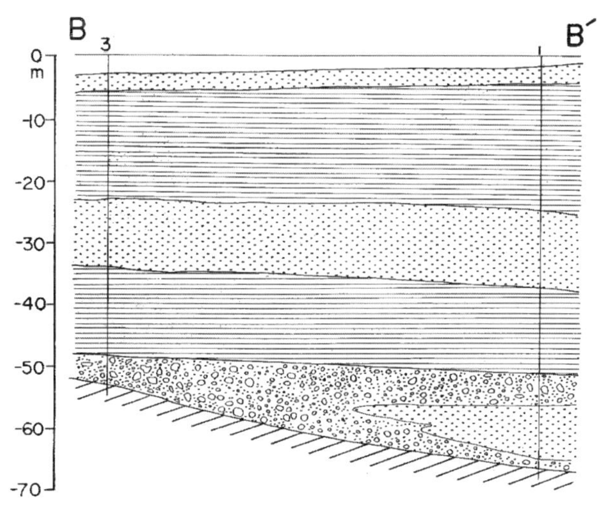

〈그림 4-10〉 계목1교 부근 충적층지질단면도

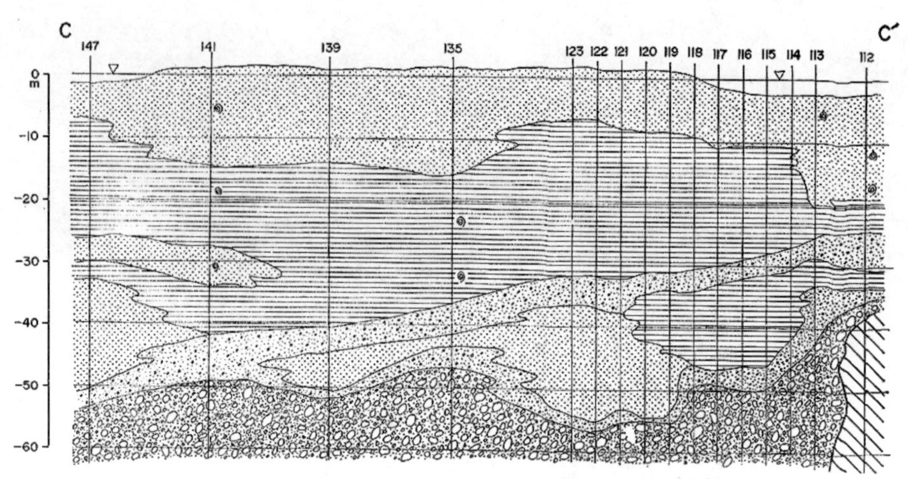

〈그림 4-11〉 낙동강 하구언 부근 충적층 지질단면도

층후가 훨씬 더 두껍게 나타나는 것이 특색으로 이것은 제2낙동교보다 더 하류임으로 해성층인 점토층이 더 두껍게 나타나게 된 것으로 판단된다.

낙동강 하구언은 부산시 하단동에서부터 을숙도를 가로질러 명호도의 직목리에 이르는 낙동강을 횡단하여 설치될 계획이며 이를 위한 기초지질조사에 16개공의 시추가 행해졌다. 이들 시추주상도에 의거해서 C-C′ 지질단면도를 작성한 것이 <그림 4-11>이다. -60m까지 시추를 했으나 가장 동쪽 112번 한개 공에서만 기반암이 나타났고 나머지 15개 공에서는 기반암이 나타나지 않았다. 그러나 최하부 역층이 Boulder급의 역이고, 대략 -50m 부근에서부터 -60m 부근까지 연속적으로 나타나는 것으로 보아 이 역층이 기저역층인 것으로 보이고, 그 아래 기반암의 심도는 대략 -70m 전후가 아닐까 생각된다. 기저역층 위에 사질 및 점토층이 Lens상으로 분포해 있고, 그 위에 3~5m 층후의 사질역층이 형성되어 있다. 이들 사질역층 상부에 20~25m 층후의 두꺼운 점토층이 형성되어 있다. 이 점토층은 회색 및 암회색을 띄고 전층이 패각을 포함하고 있는 것으로 보고되어 있다. 최상부층은 층후 10~15m의 사질층으로 되어있고 이 층의 아랫부분에 패각이 포함되어 있다. 이 사질층은 하상에서보다 하중도(을숙도)에서 좀더 두껍게 나타났다.

이상의 김해평야 3곳의 충적단면을 비교 검토해 보면,

1) 이 평야의 충적층은 기저역암 위에 2사이클의 퇴적층상과 상부에 두터운 사질층으로 되어 있다. 그러나 기반의 심도가 얕은 곳에서는 1사이클밖에 나타나지 않았다.

2) 하류부 쪽이 점토층의 층후가 두껍게 나타나고, 사력층의 층후가 엷어지며, 상류 쪽은 이와 반대의 경향을 나타낸다.

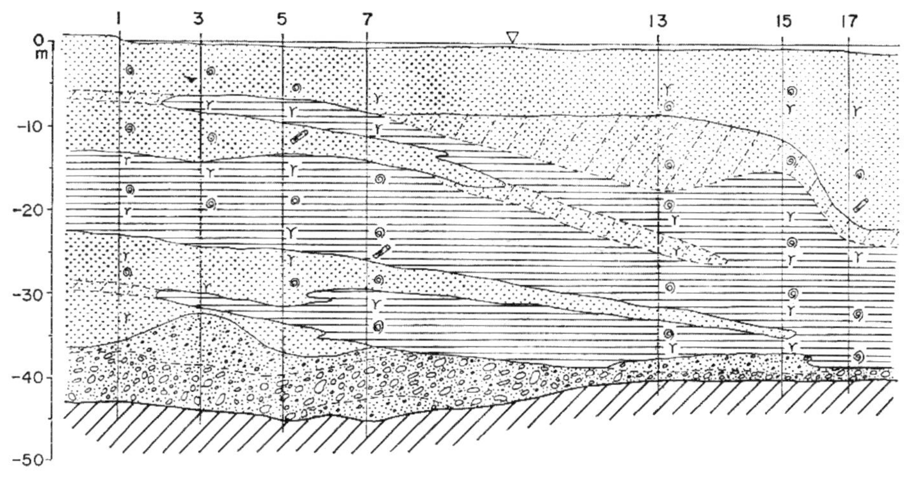

〈그림 4-12〉 섬진강 하구 삼각주의 충적층 지질단면도

4) 섬진강 삼각주

이 삼각주(간석지)에서 현재까지 보고된 100여공의 시추자료에 의하여 이 삼각주의 기반심도를 도화한 것이 <그림 4-3>이다. 이에 의하면 이 삼각주에는 섬진강의 연장선(경남, 전남의 도계)을 따라 깊이 40~50m의 매몰곡이 있음을 알 수 있다. 이 곡은 -40m까지는 급경사를 이루고, -40m보다 더 낮은 부분은 완만한 곡저를 형성하고 있다. 이 곡을 매몰한 충적층은 층후 50~10m에 달하며, 표면은 거의 평평하여 수심 0~-1m에 불과하다.

이 퇴적층의 층상변화를 살펴보기 위하여 매몰곡의 대략 중심선을 따라 7개의 시추주상도를 선택하여 충적층 지질단면도를 작성한 것이 <그림 4-12>이다. 기반암은 -40여m 부근에 나타나고 이 기반암 위에 Boulder급의 기저역층이 덮여 있었다. 이 역층의 층후는 지점 1~7간에는 10m 전후로 두껍게 나타나고, 하류부 지점 13~17쪽은 층후 2~3m로 엷어진다. 이 기저역층 상부층은 사질층과 점토층의 지교관계(脂交關係, interfinger bedding)가 전형적으로 나타나서 사질층은 하류로 갈수록 점차 엷어져서 결국은 끝나버리고 이와 반대로 점토층은 시추 지점 17에서는 1개로 수렴된 층이지만 상류로 갈수록 중간에 협재한 사질층에 의하여 분기되고 점차로 엷어져서 끝나고 있다. 그러나 -10~-20m 부근의 점토층은 시추 지점 1지점에서도 두께 10m를 형성하고 있어서 상당히 내륙 깊숙이까지 연장되어 있을 것으로 보인다. 최상부층은 층후 10m 전후의 사질층으로 형성되어 있다. 기저역층보다 상부층은 거의 전 층을 통하여 패각, 유기질, 탄화목편들을 포함하고 있다.

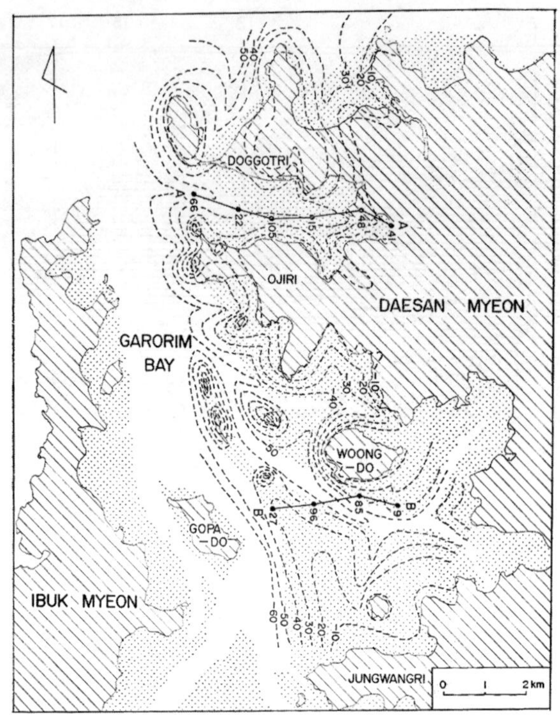

〈그림 4-13〉 가로림만 간석지의 기반암 등심선도

5) 가로림만 간석지

가로림만 우안의 간석지에서 이루어진 100여 공의 시추 주상도에 의해서 작성한 기반암의 등심선도가 <그림 4-13>이다.

이 지역은 지금까지 보아온 평야와 달리 하천이 없는 저산성 구릉지가 매몰된 것이기 때문에 독립구릉이 많고 곡이 많이 분기된 복잡한 지형을 보여주고 있다. 기반암이 가장 깊게 나타나는 곳은 역시 만의 중앙 최대수심선을 따라가며 나타나고 -60m를 넘는다. 그러나 이 부분은 수심이 15~20m를 이루고 있으므로 충적층의 심도가 가장 깊다고는 할 수 없다. 이보다도 오히려 간석지 쪽이 더 두꺼운 층후를 나타낸다. 이 가운데서 충적층의 층후가 두껍게 나타나는 2개의 매몰곡에 대한 충적층 지질단면도를 작성한 것이 <그림 4-14>이다. A~A′ 단면은 기반상에 역층, 사질층, 점토층, 사질층의 순으로 단순한 1사이클을 보여주고 있다. 특히 점토층은 가장 하류 66번 지점에서는 대략 -10~-30m까지 20m의 층후로 나타났으나 곡의 상류 쪽으로 갈수록 점점 그 폭이 줄어 105, 15지점에서는 2, 3m 층후로 줄어들고, 그보다 더 위쪽 41, 48지점에서는

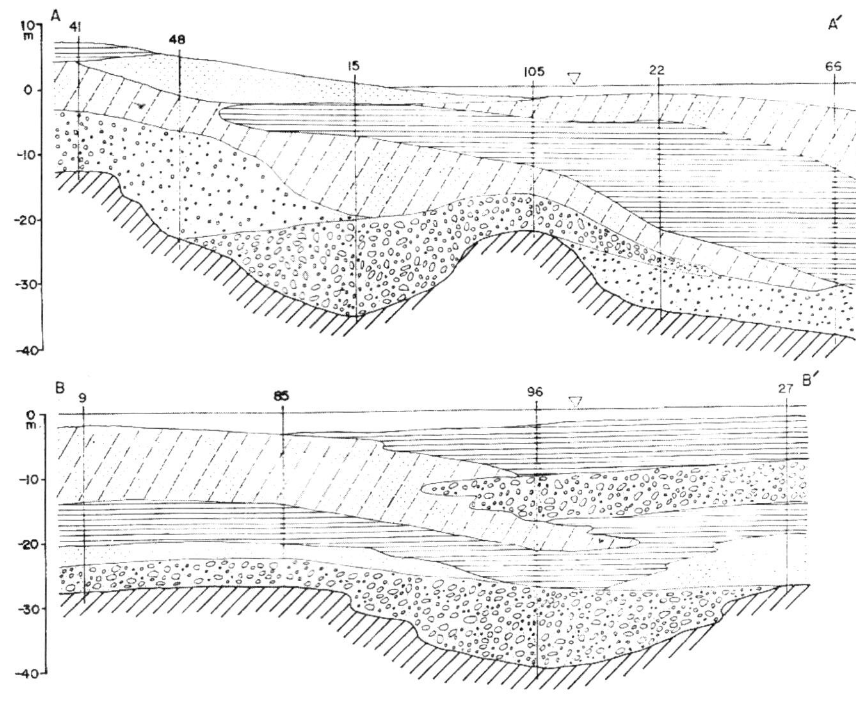

〈그림 4-14〉 가로림만 간석지의 충적층 지질단면도

나타나지 않는다.

한편 B~B′ 단면은 좀 특이하여 퇴적물의 공급이 양쪽 곡에서 공급되어 96번 주상도에서는 중간층이 교차하고 있는 양상을 보여주고 있다.

4. 고찰

池田後雄(1964)은 한 퇴적층의 변화가 역(하성퇴적물) - 사(해빈퇴적물) - 점토·실트(해성퇴적물) - 사(해빈퇴적물) - 역(하성퇴적물) 층으로 변하는 것을 퇴적의 1사이클이라 하고, 곡이 해면상승으로 익곡되고 이 익곡이 매적되는 기본적 층상변화로 보았다. 또한 그는 해수면 변동과 매적속도에 의한 퇴적층의 층상변화를 3종의 기본유형과 12종의 그 변형으로 설명했다. 따라서 필자는 지금까지 보아온 우리나라 각 하구평야의 퇴적상변화를 이들 각 유형에 대조해서 검토해 보기로 한다.

강릉평야는 기저역층과 그 위의 두꺼운 사질층, 그리고 표면의 역층으로 변하는 층상변화를 보여 해면의 상승과 매적속도가 거의 평형을 이룬 제2 유형(그림 4-15)의 특색을 나타내고 있다. 강릉평야가 다른 평야와 달리 이와 같은 층상변화를 보이는 것은 태백산맥이 해안에 임박하여 달리고 여기에서 발원한 남대천의 하상구배가 급하며 주위가 풍화된 화강암지질로 사질의 공급이 많았을 것으로 그 이유를 찾아볼 수 있다. 또한 이 지역의 지반 융기율이 우리나라에서 상대적으로 가장 높다는 최근의 보고가 있으므로 이 지반융기가 상대적인 해면상승효과를 떨어뜨린 결과가 작용한 것도 생각할 수 있으나 이는 더 검토를 요하는 문제이다.

포항평야는 매몰곡을 따라서는 2사이클, 그리고 주변 매몰구릉지에서는 1사이클의 퇴적층상변화를 보이고 표층에 두꺼운 사질층을 형성하고 있다. 따라서 포항평야는 퇴적속도가 빠르고 또 상승하던 해수준이 일시적 정체 혹은 일시적 하강한 경우에 보여주는 池田의 제6 및 제10 유형(그림 4-15)의 특색을 보여주고 있다. 그리고 표층에 두꺼운 사질층은 후빙기 종반에 해수준의 안정과 포항평야가 삼각주성 퇴적을 계속해 온 결과로 해석할 수 있다.

김해평야는 상·하의 2개의 점토층을 갖고 중간에 사질층을 갖고 있는 불완전 2사이클의 형태를 취하고 그 상부에 사질층을 갖고 있다. 따라서 중정도의 퇴적속도와 상승하던 해수준의 일시적 정체 혹은 일시적 저하를 가져왔을 때 나타나는 池田의 제5 유형, 제9 유형(그림 4-15)의 특색을 보여주고 있다. 또한 표층의 두꺼운 사질층은 전술한 포항평야와 같이 후빙기 종반에 해수준의 안정과 삼각주성 퇴적을 계속해 온 결과로 볼 수 있다.

섬진강 삼각주는 점토층 중간에 2개의 사질층을 갖고 있는 불안전 3사이클의 층상변화를 시현하고 있다. 그러나 상부 1사이클은 짧은 구간에 나타난다. 이와 같은 3사이클은 중(中)정도 퇴적속도에 2번의 해수면정체기가 있었음을 암시한다. 표층의 두꺼운 사질층은 전(前) 2평야의 경우와 같다.

가로림만 간석지의 A~A′ 단면의 퇴적층상변화는 역-사-점토-사의 순으로 층이 변하여 1사이클의 퇴적층상변화를 시현하고 있다. 이것은 황해안에서는 상승하던 해수준의 중간정체기가 없었다고 해석하기는 어렵고, 다량의 육상퇴적물을 운반해 올 하천이 없으므로 퇴적속도가 해면의 일시적 정체기에도 해면을 따라잡을 수 없는 경우에 나타나는 池田의 제1 유형 및 그 변형(제4 유형, 제8 유형)의 특색을 나타내고 있다고 할 수 있다.

이상에서 보아온 각 평야별의 특색을 종합해 보기로 한다. 시추조사가 이루어진 곳만을 고려해서 우리나라 하구 충적평야의 충적층은 30~70m의 층후를 갖고 있으며,

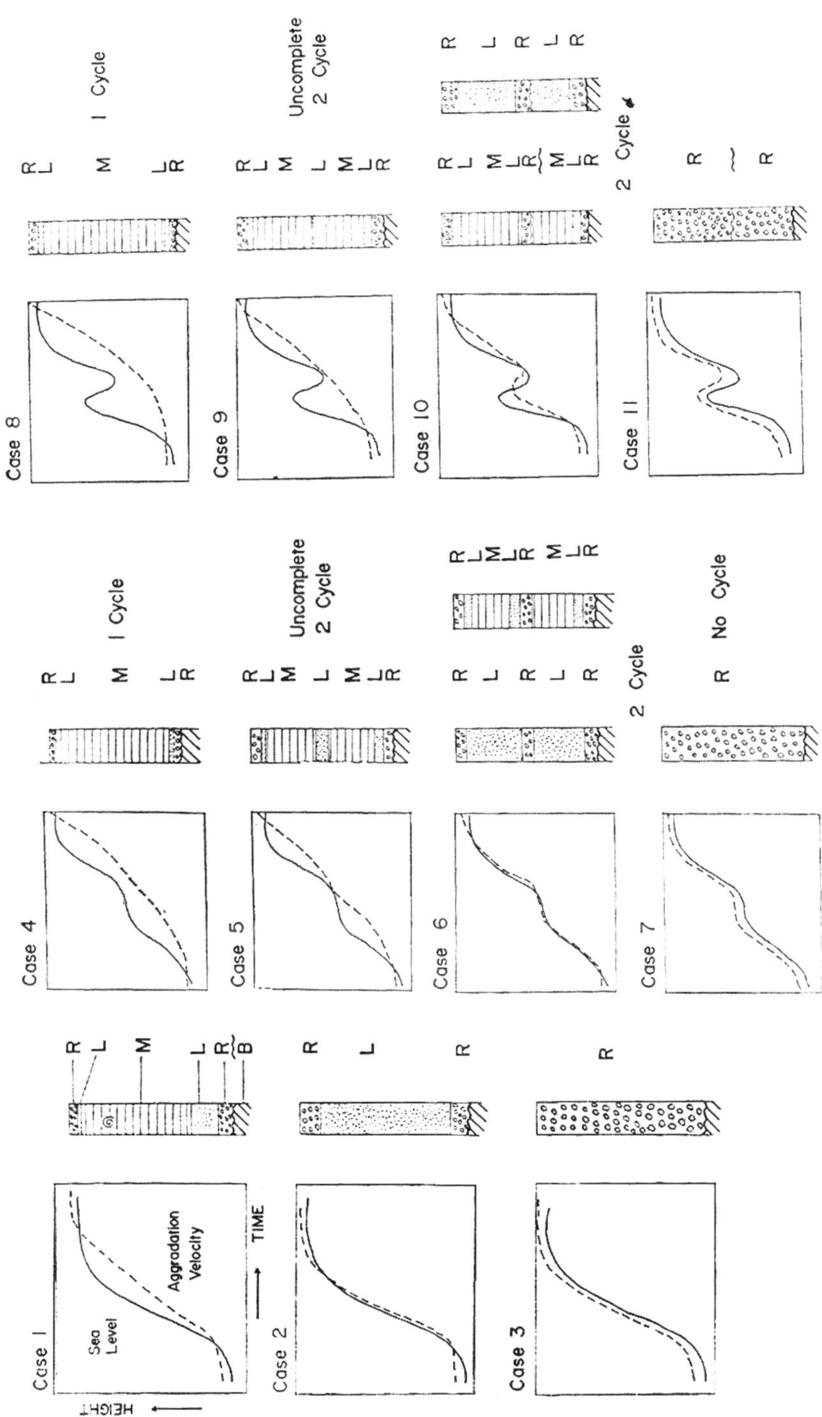

〈그림 4-15〉 해수준과 퇴적상(池田俊雄, 1964)

일반적으로 층후 20m의 얕은 층에서는 1사이클의 층상변화를, 그 보다 더 깊은 층에서는 2사이클 내지 3사이클의 층상변화를 보이고 있다. 필자는 이 2사이클을 기준으로 각 층을 다음과 같이 가칭하기로 했다.

기반암 바로 위에 얹혀 있는 Boulder급의 역층을 기저역층(Base Gravel; BG)이라 하고, 그 위에 심도 -30~-50m부근에 나타나는 실트 및 점토층을 저위점토층(Lower Clay; LC), 심도 -10~-30m 부근에 나타나는 실트 및 점토층을 중위점토층(Middle Clay; MC)이라 했으며, 이 두 점토층을 경계 짓는 사 혹은 역층을 중위사층(Middle Sand; MS) 내지 중위역층(Middle Gravel; MG)이라하고 표면에 두껍게 나타나는 사질층을 상위사층(Upper Sand; UP)이라 했다. 상위점토층(Upper Clay; UC)은 표면의 Lagoon성 퇴적물 혹은 제간습지성 퇴적물에 해당되는 점토층에 부여하기로 한다.

이들 각 층 중에 기저역층은 빙하기 해면이 낮아지고 하상의 구배가 급하게 되었을 때 형성된 하성층이다. 그 위에 나타나는 두 점토층(LC · MC)은 해성층으로 두 번의 해진을 나타내며 그 사이의 사질층은 상승하던 해수준의 일시적 정체 혹은 저하를 나타낸다. 이 각 층의 시기를 포항평야 충적층의 14C 연대에 의거해서 생각해 보면, 저위점토층을 형성한 해진은 10,000년 B.P.를 전후해서이고, 중위점토층을 형성한 해진은 8,000년 B.P.를 전후한 것으로 볼 수 있다. 이 중에 후자의 해진은 내륙 깊숙이까지 미쳐 이에 해당하는 실트 및 점토층이 가장 뚜렷하게 나타나고 하구충적평야에서는 어디서나 찾아볼 수 있다. 상부사질층은 포항평야 ^{14}C 연대에 의하면 6,000년 B.P. 이후의 해수준이 안정된 이후에 형성된 것으로 보인다.

5. 요약

우리나라에서 시추 자료가 갖추어져 있는 5지역의 하구 충적평야(그림 4-1 참조)를 대상으로 기반암의 등심선도와 그 위의 충적층 지질단면도를 작성하고 충적층의 심도와 그의 층상변화를 고찰하였다.

주요한 결과는 다음과 같다.

1. 각 평야에는 매몰곡이 존재하며, 그 위에 퇴적된 충적층의 두께는 30m를 넘고, 김해 삼각주에서는 70m에 달한다.

〈표 4-1〉 우리나라 하구 충적층의 층상배열

2사이클(2cycle)	1사이클(1cycle)
상위사 · 력층(Upper Sand · Gravel)	상위사 · 력층(Upper Sand · Gravel)
중위실트 · 점토층(Middle Silt · Clay)	중위실트 · 점토층(Middle Silt · Clay)
중위 사 · 력층(Middle Sand · Gravel)	기저력층(Base Gravel)
저위실트 · 점토층(Lower Silt · Clay)	기반암(Base Rock)
기저력층(Base Gravel)	
기반암(Base Rock)	

2. 퇴적층의 층상변화는 육상퇴적물의 공급이 아주 많은 곳에서는 불완전한 한 사이클(강릉평야), 충적층의 심도가 깊고 육상퇴적물의 공급이 충분한 곳에서는 두 사이클(포항평야), 불완전 두 사이클(김해삼각주), 불완전 세 사이클(섬진강삼각주)을 나타내고, 육상퇴적물의 공급이 아주 적은 곳에서는 심도에 관계없이 한 사이클(가로림만)의 퇴적물 층상변화를 보였다.

3. 일반적으로 하천에 의한 퇴적물의 공급이 충분한 곳에서는 층후 20m 이하의 얕은 층에서는 한 사이클의 퇴적층상변화를 보이고 그 보다 더 깊은 층에서는 두 사이클 및 불완전 세 사이클의 층상변화를 보인다. 이를 표화하면 <표 4-1>과 같다.

4. 저위실트 · 점토층은 10,000년 B.P.를 전후한 해진, 중위실트 · 점토층은 8,000년 B.P.를 전후한 해진에, 상위사층은 6,000년 B.P.이후의 해수준 안정기에 대비되는 퇴적물이다.

참고문헌

권혁재. 1975. 「호남평야의 충적지형에 대한 지리학적 연구」. 지리학 제12호. 1~20쪽.
농업진흥공사. 1974. 「영산강유역개발 제2단계사업 시험조사보고서」. 1~87쪽.
대우실업. 1980. 부마고속화도로 계목 1교 설계도. 지질주상도.
산업기지개발공사. 1981. 낙동강하구언 기초지질조사 시추주상도.
조선총독부 중앙시험소. 1939. 「강릉 및 삼척지역 조사보고. 공업용수조사(제5보)」. 1~50쪽.

_____. 1937. 「부산 및 그 근교 시추조사보고. 공업용수조사(제2보)」. 1~24쪽.
_____. 1937. 「군산이리지역 시추조사보고. 공업용수보고(제3보)」. 1~11쪽.
曺華龍. 1978. 「韓國 浦項周邊平野の 地形發達」. 東北地理, 30. 153~160쪽.
포항종합제철주식회사. 1982. 「광양제철소입지 지질조사 중간보고서」. 1~197쪽.
池田後雄. 1964. 「東海道における 沖積層の 硏究」. 東北大 地質古生物硏邦報, No.60. p.85.
Masahiko OYA. 1971. Geomorphological flood analysis on the Naktong River Basin. p.37.
OH Geon-Hwan. 1981. "Marine Terraces and their tectonic deformation on the coast of the coast of the southern part of the Korean Peninsula." *Bull. Dept. geogr. Univ. Tokyo*. No.13. pp.1~57
POSCO. 1970. Report of Geological Survey on Pohang Iron & Steel Co. Plant. pp.1~134.
_____. 1979. Report of geological survey on No.2 plant site of POSCO(No.1 Grorim area)

CHAPTER 5

해안평야 미지형 퇴적물의 입도 조성*

- 경상북도 동해안을 사례로

1. 연구목적

어떤 지점에 퇴적되어 있는 퇴적물의 입도특성은 그 퇴적물이 그 곳에 퇴적할 당시의 영역 및 퇴적환경을 잘 반영하고 있다. 따라서 지형분류, 퇴적환경변화 고찰에 퇴적물 입도분석법이 많이 적용되고 있다.

퇴적물의 입자의 크기는 ① 그 퇴적물이 어떤 모암 혹은 모재로부터 형성되었는가, ② 그 입자의 풍화 및 침식에 대한 저항도 및 부서지는 단계, ③ 그 퇴적물을 운반, 퇴적시킨 영역 및 그 영역의 변화과정을 반영한다.[1)]

따라서 입도분석적 연구에는 다음과 같은 2가지 측면이 있다. 한 측면은 어떤 지형의 퇴적물을 분석하여 그 지역에 있었던 퇴적환경 및 영역을 유추해 내는 방법이다. 그러나 이 방법은 각각의 영역(河成, 海成, 風成 등)이 만든 퇴적물의 특색을 확실히 알지 못하면 불가능하다.

다른 한 측면은 퇴적물 모재의 특성과 형성영역을 알고 있는 지형의 퇴적물을 가지고 그 퇴적물의 입도조성상의 특색을 명백히 구명하는 방법이다. 이와 같은 연구는 전자(영역과 지형발달을 연구하는 측면)의 연구에 지표를 제공하는 연구이기 때문에 전자의 연구보다

---

* 신윤호 · 조화룡, 1982, 지리학 25, 1~14쪽.

1) Friedman, G. M. and J. E. Sanders, *Principles of Sedimentology*(New York: J. Willy & Sons, 1978), pp.63~64.

선행되어야 하고 또한 그만큼 중요성을 갖고 있다. 그러나 우리나라에서 전자의 연구방법을 적용한 연구는 수편[2] 있으나 후자의 방법을 적용한 논문은 아직 없다.

본 논문에서는 후자의(형성영역을 알고 있는 지형의 퇴적물을 대상으로 그 입도조성상의 특색을 구명하는) 입장에서 경상북도 동해안의 사구(Dune), 빈제(Beach ridge), 해빈(Beach)의 해안퇴적물과 그 연안에 발달한 평야의 하상, 자연제방의 하성퇴적물을 대상으로 입도분석을 행하고 각 퇴적물의 입도조성상의 특색을 여러 측면에서 검토하였다.

본 연구는 대상지역이 좁고, 샘플의 수가 많지 않아 퇴적물의 입도조성상의 특색을 일반화할 수는 없지만 본 논문과 같은 목적의 연구에 대한 한 지역자료로써, 나아가서 입도조성상의 특색을 기초로 지형을 분류하고 지형발달을 고찰하는 연구자에게 활용될 것을 기대한다.

2. Sample 채취 및 분석방법

sample 채취는 경북 울진군 기성리에서 월성군 양북면 봉길리에 이르는 동해안 해안퇴적물과 이 지역의 대표적인 하천인 형산강 및 송천의 하천퇴적물을 대상으로 했다(그림 5-1).

먼저 이 지역에 대하여 1/2.5만 지형도와 1/2만 항공사진에 의해서 sample 채취지점의 미지형을 분류하고, 사구, 빈제, 해빈 및 자연제방의 구분이 확실한 지점을 택하여 사구 14개 지점(a~m), 빈제 11개 지점(A~K), 해빈 21개 지점 (1~21), 하상퇴적물 14개 지점(ㄱ~ㅎ), 자연제방 15개 지점(Ⅰ~ⅩⅤ)의 총 75개 sample을 채취했다.

Sample의 채취는 표층에서 10~20㎝ 정도의 표층을 제거하고 신선한 노두에서 채취했으며, 자연제방, 사구, 빈제와 같은 미고지는 정상부의 퇴적물을, 해빈퇴적물은 정선에 가까운 지점(5m 전후)을, 하상퇴적물은 Point Bar 퇴적물을 채취했다.

입도분류는 φ scale 1의 간격으로 표준분석채에 의해서 분류했다. 그러나 silt 및 clay질이 많은 퇴적물은 침강법[3]에 의해서 미립자를 먼저 분류하고, 그 잔여분은 채에 의해서 분류했다. 각 sample의 양은 약 300g~1㎏이고 습식분석은 200g의 sample을 사용했다.

2) Oh, Kyung Seob, 1977, “A Study on the thinly Veneered Clastic Materials on the Low-level Erosion Surfaces in the Buk-Pyung Area,” 청주여사대 논문집, 제6권, pp.19~32; 황유정, 1979, 「안성천 하구의 충적지 형성연구」, 지리학논총, 제6호, 87~94쪽.

3) Stokes의 공식에 의하여 비이커법에 의하여 분류했다.

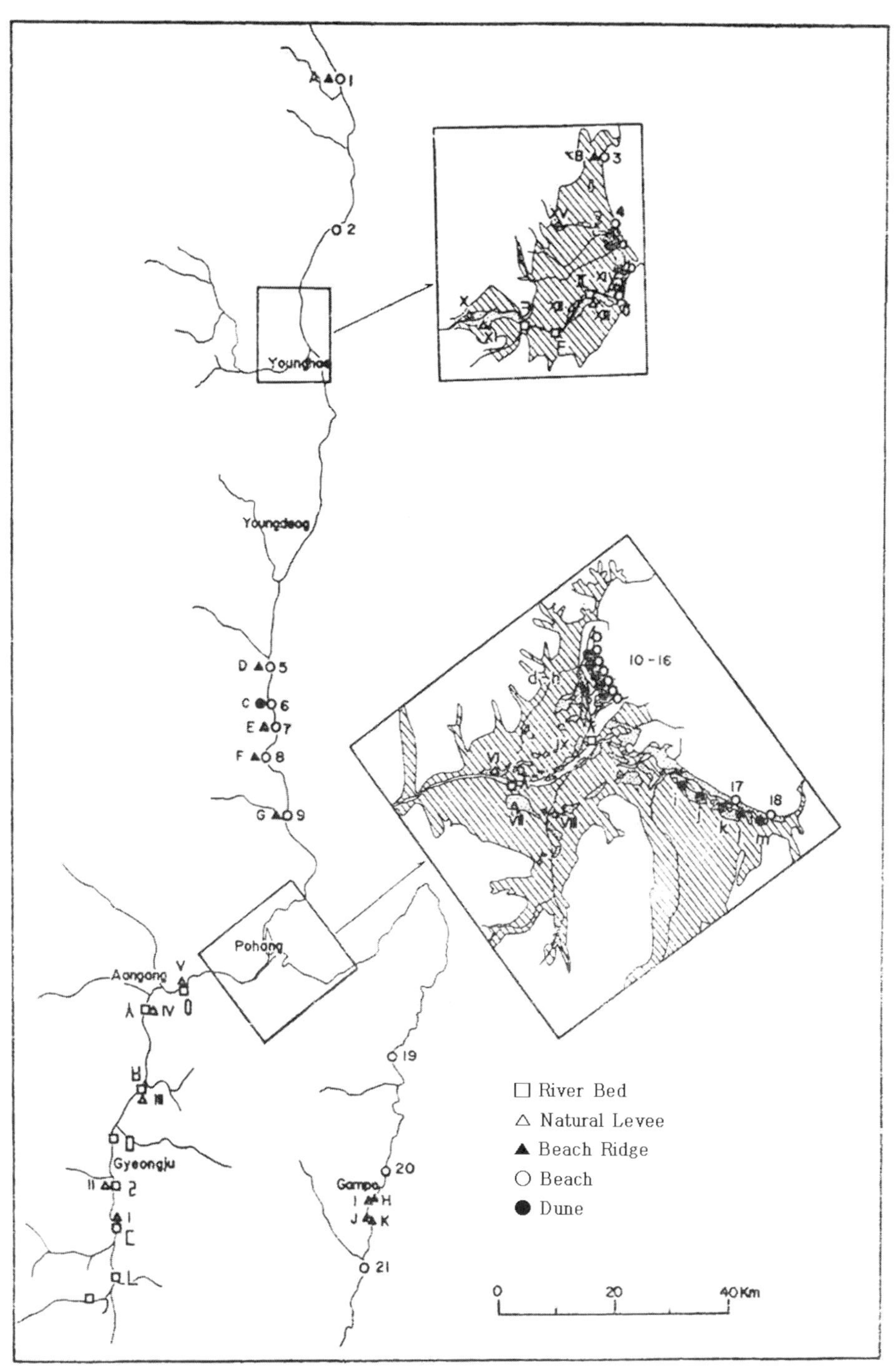
Youngdeog
Pohang
Aongang
Gyeongju
Gampo
□ River Bed
△ Natural Levee
▲ Beach Ridge
○ Beach
● Dune
0
20
40Km

〈그림 5-1〉 조사연구 지역

계량은 천칭에 의하여 0.01g까지 계산했다.

분류된 sample 각각에 대하여 ϕscale 별 입자의 양에 대한 100분율을 산출하고, 이에 의하여 Histogram 및 누가곡선을 그리고 그 특색을 분석했다. 누가곡선에 의해서 평균입경(Mϕ), 분급(S.D.), 왜도(SK)의 대표치[4]를 산출하고 각 sample의 특색을 고찰했다. 또한 정규확률지에다 누가빈도를 plotting하고 여기에서 나타나는 각 분절을 기초로 퇴적 mechanism을 고찰했다. 그리고 평균입경과 분급과의 관계, 왜도와 분급과의 관계 등 대표치 간의 관계를 검토했다.

3. 분석결과의 고찰

1) 대표치상의 특색

각 퇴적물에 대한 평균입경(Mϕ), 분급(S.D.), 왜도(SK)들을 계산한 결과가 <표 5-1>이다. 이하 각 퇴적물의 특색을 살펴보면 다음과 같다.

(1) 평균입경

형산강 하상퇴적물(ㄱ~ㅊ)은 상류부에서는 pebble급의 역질이었으나 하류로 갈수록 미립으로 바뀌어 하구 부근에서는 중사(Medium Sand)의 입경으로 나타났다. 이 중 ㄱ~ㄷ은 경주시보다 상류 쪽의 퇴적물로 sample 채취지점의 하상고도는 각 105m, 65m, 50m이다. 이들 지점의 퇴적물은 평균입경이 -2ϕ 이상으로 나타났으며, 경주시 부근의 ㄹ, ㅁ은 -1~-2ϕ의 크기로 나타났다. ㅂ은 입경변화의 순서에 맞지 않게 조립으로 나타났는데, 이는 후술하는 것처럼 채취지점 선정에 문제가 있는 것 같다. 안강 부근의 형산강 하상고도는 10m 이하이며 여기서부터 하구까지 하상의 구배는 1/25,000 정도로 매우 완만하다. 이 구간의 하상퇴적물인 ㅇ~ㅊ의 sample은 그 평균입경이 1~2.2ϕ의 중사로 나타났다.

형산강 자연제방은 경주시 부근부터 나타나고 주로 과수원으로 이용되고 있다. 경주시 부근의 자연제방퇴적물은 -1~0ϕ 간의 치를 보여 조사(粗砂)를 중심으로 조성되어 있으나

---

4) 각대표치는 Iman D.L.M의 아래 공식에 의하여 산출했다.

$$M\varphi = \frac{84\Phi + 16\Phi}{2} \qquad S.D. = \frac{84\Phi - 16\Phi}{2} \qquad SK = \frac{M\Phi - Md\Phi}{SD}$$

〈표 5-1〉 각 퇴적물의 입경 대표치

종류	지역	기호	Mϕ	SD	SK	종류	지역	기호	Mϕ	SD	SK
하상퇴적물 (14)	형산강	ㄱ	-2.10	2.50	0.36		나정리	J	0.10	0.9	-0.20
	〃	ㄴ	-2.45	2.05	0.42		〃	K	-0.28	1.97	0.14
	〃	ㄷ	-2.15	2.40	0.40		평 균		**0.05**	**1.23**	**0.09**
	〃	ㄹ	-1.73	2.43	0.17	사구퇴적물 (13)	영해	a	1.48	0.38	-0.05
	〃	ㅁ	-1.88	2.63	0.35		〃	b	1.50	0.40	0
	〃	ㅂ	-4.8	0.80	-0.06		화진	c	1.51	0.36	0.03
	〃	ㅅ	0.70	0.90	0		포항	d	2.58	0.58	-0.04
	〃	ㅇ	1.15	0.65	-0.15		〃	e	2.60	0.60	0
	〃	ㅈ	1.00	0.75	0		〃	f	2.35	0.55	-0.09
	〃	ㅊ	2.20	0.70	-0.21		〃	g	2.38	0.58	0.13
	영해송천	ㅋ	-1.63	1.78	0.32		〃	h	1.70	0.48	0
	〃	ㅌ	1.88	0.68	0.26		〃	i	2.10	0.70	-0.14
	〃	ㅍ	1.25	0.65	-0.23		〃	j	2.43	0.48	-0.05
	〃	ㅎ	0.08	0.88	-0.31		〃	k	2.38	0.48	-0.05
	평 균		**-0.61**	**1.41**	**0.09**		〃	l	2.40	0.50	0
자연제방퇴적물 (15)	형산강	I	-0.43	2.38	-0.60		〃	m	2.10	0.70	-0.07
	〃	II	-0.90	2.40	-0.38		평 균		**2.12**	**0.52**	**-0.05**
	〃	III	-0.53	2.48	-0.62	해빈퇴적물 (21)	기성	1	0.58	0.45	0.18
	〃	IV	3.20	1.50	0.03		영해	2	1.02	0.72	-0.04
	〃	V	3.65	1.30	-0.23		〃	3	1.48	0.38	0.08
	〃	VI	4.00	1.00	-0.15		〃	4	1.09	0.68	-0.16
	〃	VII	2.70	1.20	0.25		장사	5	1.54	0.39	0.03
	〃	VIII	3.43	1.48	0.43		화진	6	1.48	0.42	-0.06
	〃	IX	3.45	1.45	-0.38		조사	7	0.35	0.75	-0.17
	영해송천	X	2.15	1.45	0.10		월포	8	1.80	0.60	0.25
	〃	XI	1.50	0.80	0		칠포	9	0.65	0.55	0.15
	〃	XII	2.20	1.20	0.42		포항	10	1.58	0.43	-0.05
	〃	X III	1.10	0.80	-0.06		〃	11	1.50	0.40	0
	〃	X IV	1.10	0.90	-0.11		〃	12	1.90	0.70	0.14
	〃	X V	1.70	0.90	0.22		〃	13	2.15	0.70	-0.21
	평 균		**1.90**	**1.42**	**-0.07**		〃	14	2.45	0.45	-0.11
빈제퇴적물 (11)	기성	A	0.15	0.75	-0.20		〃	15	2	0.70	0.14
	영해	B	0.85	0.85	0.06		〃	16	1.23	0.73	-0.28
	〃	C	0.57	0.77	0.09		〃	17	2.08	0.73	0.23
	장사	D	1.05	0.75	-0.20		〃	18	1.95	0.75	0.13
	조사	E	-0.43	2.03	0.28		대진	19	1.05	0.75	-0.07
	월포	F	-0.90	2.80	-0.43		오류	20	1.52	0.42	0.05
	칠포	G	1.05	0.75	1.20		대본	21	0.6	0.40	0.25
	나정리	H	0.98	0.78	0.10		평 균		**1.43**	**0.58**	**0.001**
	나정리	I	-2.63	1.13	0.19						

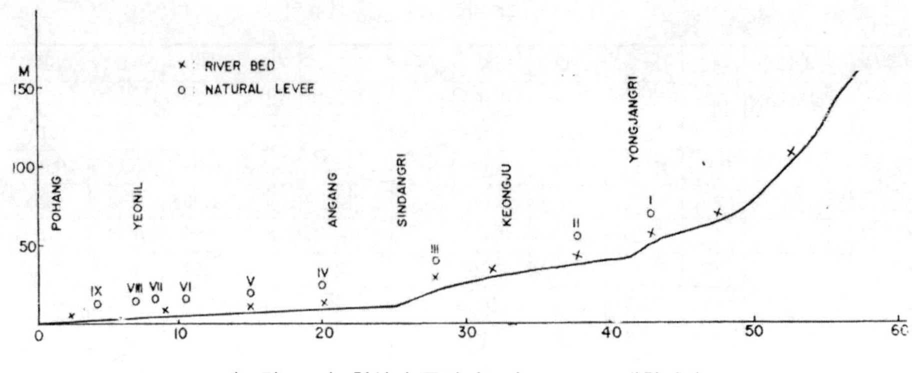

〈그림 5-2〉 형산강 종단면도와 Sample 채취지점

안강읍 이하 하구까지의 것은 3~4ϕ의 세사(細沙)를 중심으로 조성되어 있다. 하상퇴적물 채취지점 ㄷ, ㄹ, ㅁ, ㅅ, ㅇ은 자연제방 퇴적물 채취지점 Ⅰ, Ⅱ, Ⅲ, Ⅳ, Ⅴ와 각각 대비되는 위치이다. 이 근접 위치하는 지점간의 자연제방퇴적물과 하상퇴적물의 평균입경을 비교해 보면 하상 쪽이 ϕscale로 1~2ϕ 정도 조립인 것을 알 수 있다.

이상에서 보아 형산강의 양 퇴적물(하상, 자연제방)은 상류에서부터 하류로 갈수록 미립으로 변하는 일반적인 경향을 보이나 연속적으로 변하지 않고 단계적으로 변하고 있다. 그 원인을 분석해 보기 위하여 형산강 하상종단곡선을 그리고 각 sample 채취지점을 plotting한 것이 <그림 5-2>이다. 그림에서 볼 수 있는 것처럼 형산강 종단곡선상에는 용장리 부근과 신당리 부근의 두 곳에 knick point가 나타나 있고 이 양 knick point를 경계로 해서 입경이 크게 변하고 있는 것이 밝혀졌다. ㅂ지점의 하상퇴적물이 예외적으로 조립인 것도 이 sample 채취지점이 바로 knick point에 위치하고 있는 것과 관련이 있는 것으로 보여진다.

동해안에는 2~3m 높이의 빈제가 곳곳에 나타나고 곳에 따라서는 2~3열이 식별되는 곳도 있으며, 대개가 상부에 사구를 얹고 있다.[5] 조사지점에서 채취된 11개의 빈제퇴적물의 평균입경은 각각 -3ϕ~1ϕ의 범위 안에 들어 fine pebble 및 carse sand가 주축이 되어 있다. 11개 sample의 평균은 0.046ϕ로 0ϕ에 가까운 수치이다. 빈제퇴적물의 이와 같은 평균치는 하천상류부의 하상퇴적물 및 자연제방퇴적물보다는 세립이지만 바다에 접한 하구 충적평야 상에는 이들 양 퇴적물보다 조립이라는 것을 표에서 읽을 수 있다. 따라서 후술할 해안사구 및 해빈퇴적물과 관련하여 생각해 볼 때 안정된 해안 충적평야 표면퇴적물 중에서 가장 조립의 퇴적물이 빈제퇴적물이라는 결론을 얻을 수 있다.

5) 曺華龍, 1979, 「韓國東海岸平野おける地形發達」, 東北大學 大學院 修士論文, pp.21~24

사구퇴적물의 평균입경은 1~3ϕ의 중사 내지 세사가 주축이 되어 있으며 13개 sample의 평균치는 2.12ϕ이다. 빈제퇴적물이 지점간의 차가 큰 데 비하여 사구사(砂丘砂)는 단지 포항과 영해 것이 1ϕ 정도의 차가 있을 뿐 지점 간의 차가 적고 거의 균등하게 나타났다.

해빈퇴적물은 평균입경이 0.5~2.5ϕ 범위 안에 들어 중사가 주축이 되어 있다. 21개 해빈퇴적물의 평균치는 1.43ϕ로 사구퇴적물에 비하여 ϕscale로 약 0.8 정도로 조립이지만 빈제퇴적물보다 1.0ϕ 정도 더 세립이다.

(2) 분급(Sorting)

분급은 표준편차(S.D.)로 나타낸 퇴적물의 집합상태를 말하며 그 수치가 적을수록 분급이 좋다.

조사지역의 자연제방 및 하상퇴적물은 일반적으로 분급이 나쁘게 나타났다. 그러나 하상퇴적물은 하류부에서는 1.0 이하의 치를 나타내어 중 정도의 분급을 이루고 있으나 자연제방퇴적물은 하류부에서도 비교적 나쁜 분급상태를 유지하여 하류부에서 가장 나쁜 분급을 나타내는 퇴적물이 되고 있다. 양 퇴적물분급의 평균치는 자연제방 1.42ϕ, 하상 1.41ϕ로 아주 근사한 분급정도를 보였다.

빈제퇴적물은 하상퇴적물보다는 분급이 좀더 이루어져서 11개 sample의 평균이 1.225로 중 정도의 분급도를 보인다. 그러나 지점 간의 차가 심하여 조사(E), 월포(F)의 sample은 2ϕ를 넘는 아주 나쁜 분급상태를 보이는 것도 있었다.

사구퇴적물은 전 sample이 0.7ϕ 이하이고 평균이 0.52ϕ로 나타나 5종류의 퇴적물 중에 분급이 가장 좋았다.

해빈퇴적물도 21개 전 sample이 0.8ϕ 이하이고, 평균이 0.58ϕ로 분급이 잘 이루어져 있다. 그러나 후술하는 histogram 특색에서 볼 수 있는 것과 같이 해빈퇴적물은 소량의 역(fine pebble급)이 포함되어 있다는 것이 사구퇴적물과 다른 점이다. 그러나 그 양이 너무 미량(5% 이하)이기 때문에 분급계산에 반영되지 않아서 S.D.치만으로는 사구퇴적물과 뚜렷한 차가 나타나지 않는다.

(3) 왜도(Skewness)

왜도는 histogram이 어느 쪽으로 기울어졌는가를 나타내는 것으로 그 값이 positive일 때는 평균입경보다 조립 쪽이 분급상태가 좋고, negative일 때는 세립 쪽이 분급이 잘 이루어져 있는 것을 나타낸다.

조사지역의 하상퇴적물의 왜도는 일반적으로 positive 경향을 보이고 상류 쪽에서 더욱 심하다. 그러나 하류 쪽에서는 약간의 negative의 경향도 보인다.

자연제방퇴적물은 일반적으로 negative 경향을 보이고 상류 쪽으로 더욱 뚜렷하여 하상퇴적물과 반대의 경향을 보이고 있다. 이와 같은 양 하천퇴적물의 왜도상의 특색은 다음과 같은 연유에 결과하기 때문이라고 볼 수 있다. 즉, 하상퇴적물은 하천이 운반하는 퇴적물 중에서 부유하중은 하류로 운반되고 조립의 하상하중만 퇴적되어 입도조성의 주축이 되어 있기 때문에 positive 경향을 나타내고, 자연제방은 범람 시 부유하중이 많이 퇴적됨으로써 negative 경향을 나타내고 있는 것으로 보인다.

사구퇴적물은 대부분이 negative이고 그렇지 않는 것은 0으로 나타난다. 그러나 빈제퇴적물은 positive 경향이 나타나서 그 평균이 0.094이며 사구와 대조적인 경향을 보인다. 해빈퇴적물은 negative 및 positive가 반반씩이지만 그 수치들이 모두 0에 가까운 수치이며 평균이 0.001로 나타났다.

2) Histogram 상의 특색

각 퇴적물의 입경별 빈도분포를 도화한 histogram이 <그림 5-3>이다. 하상퇴적물은 상류부에서 -4φ~5φ에 걸쳐 분산되어 있으나 하류 평야부에서는 2φ~3φ 입경의 중사를 중심으로 집중되어 있다. 또한 상류부에서는 쌍봉형의 분포를 보이고 좌비대칭분포(positive skewness)의 경향을 보이고 있다.

자연제방퇴적물은 전반적으로 분산되어 있으며 그 peak가 하상퇴적물보다 더 세립 쪽(0~4φ)에 형성되어 있다. 또한 하상퇴적물과는 반대로 우비대칭분포(negative skewness)의 경향을 보인다.

빈제 퇴적물은 지역에 따라 분산분포하기도 하고 집중분포하기도 한다. 그러나 silt 및 clay의 세립질이 거의 포함되어 있지 않는 것이 자연제방퇴적물과 다르다. 쌍봉형과 단봉형이 같이 나타나지만 쌍봉형일 경우 양 집단 간의 경계가 확실한 것이 자연제방과 다르다. 좌비대칭 및 우비대칭이 반반으로 나타났다.

사구퇴적물과 해빈퇴적물은 전술한 3종의 퇴적물에 비하여 훨씬 집중분포하고 첨도(尖度)도 높다. 높은 빈도를 나타내는 입경은 해빈퇴적물에 있어서 1~2φ의 중사가 대부분이며, 사구에 있어서는 2~3φ로 세사가 중심이 되어 있다. 사구퇴적물은 좌우익이 없는 뾰족한 삼각형으로 분급이 아주 좋은 형태를 보이고 있으나, 해빈퇴적물은 미량의 조립질이 포함되어 histogram이 좌측으로 길게 꼬리를 달고 있는 것이 특색이다. 이것은 사질 중에 pebble 내지 cobble급의 역이 1개 내지 2개 정도씩 포함되어 있어서 나타나는

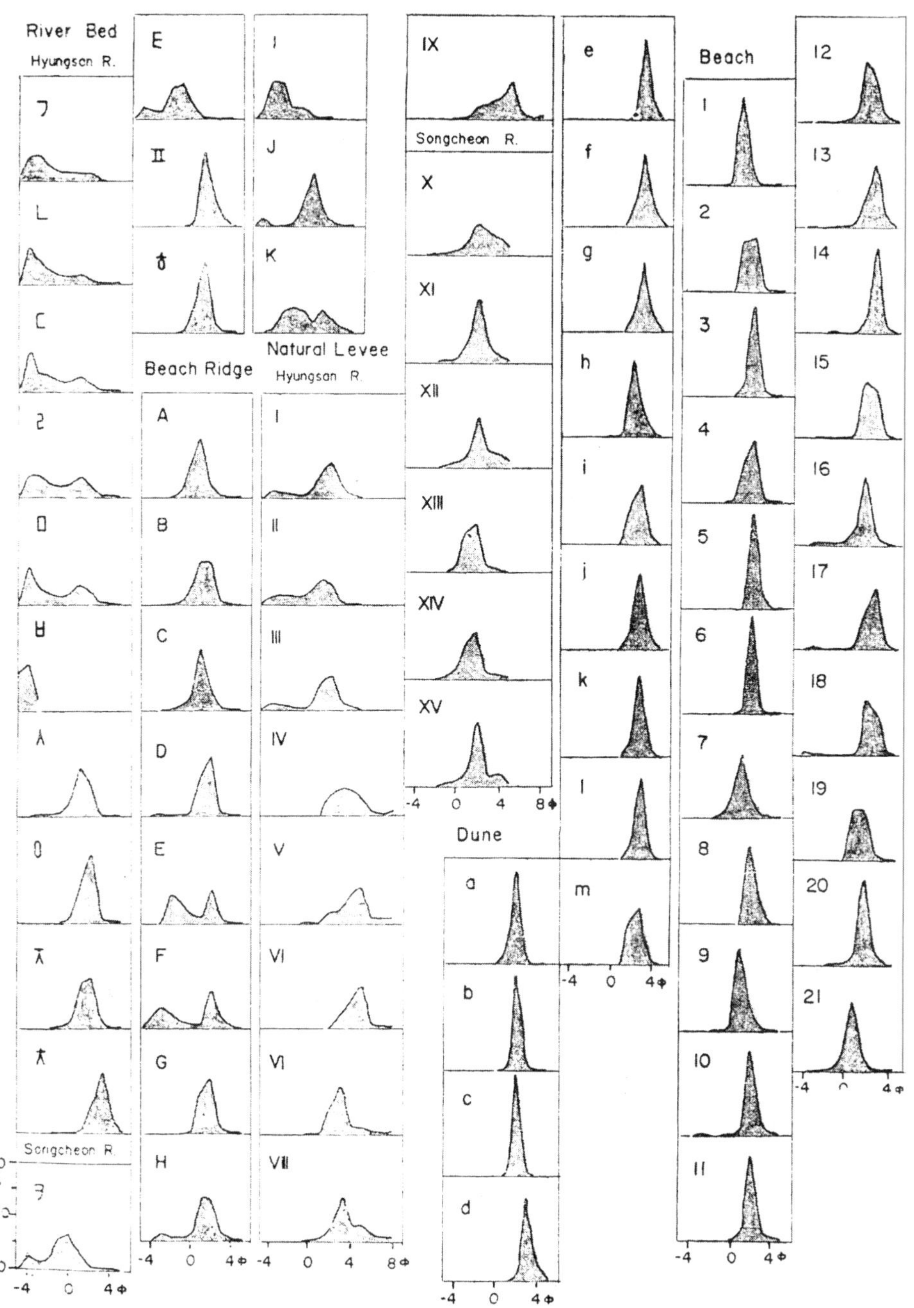

〈그림 5-3〉 각 퇴적물의 입도별 빈도분포

결과로 그것이 전체에서 차지하는 비율은 5% 미만이다. 따라서 이 5% 미만의 수치가 분급률 계산상에는 영향을 주지 못하기 때문에 분급률만 보아서는 해빈퇴적물이 사구퇴적물과 별 차이가 없으나 histogram 상에서는 그 형이 뚜렷이 차가 나서 두 퇴적물을 구분하는 좋은 지표가 된다.

3) 정규확률지상의 입경누가빈도분포의 특색

정규확률지(normal probability graph)란 중앙 30~70%의 간격은 좁고 등간격이며 이보다 위나 아래 특히 10% 이하 및 90% 이상은 넓게 확대된 graph紙이다. 이 graph지상에다 퇴적물의 입경별 누가빈도분포를 plotting하면 한 개의 연속된 곡선이 되지 않고 몇 개의 분절된 직선으로 나타난다. 그리고 이 각 분절의 경계 즉 경사변환점은 퇴적의 mechanism의 변화점을 나타낸다고 보고 있다.[6)]

조사지역에 대한 정규확률지상의 입경빈도분포를 도화한 것이 <그림 5-4>이다. 대부분의 sample은 3분절로 나타나고 사구퇴적물은 주로 2분절로 나타났으며, 퇴적물에 따라서는 4분절 혹은 1분절로 나타나는 것도 근소하게 있었다. 필자는 3분절을 기준으로 하위분절에 해당하는 집단을 조립군(coarse population), 중위의 것을 중립군(medium population), 상위의 분절을 세립군(fine population)이라 가칭하기로 하였다. 하천, 파랑, 바람의 퇴적물 운반 mechanism은 다음과 같이 3가지 양식으로 분류된다. 즉 조립질은 rolling 및 sliding, 모래를 중심으로 한 중립질은 saltation, 실트 및 점토의 세립질은 suspension mechanism에 의해서 운반된다. 그러나 이들 각 mechanism으로 운반될 수 있는 입경의 범위는 각 영역의 강도와 지형구배에 따라서 달라진다. 따라서 입경의 크기만으로는 이들을 구분하기 어렵다. 그러나 정규확률지상에서는 그래프의 특성에 의해서 종류가 다른 집단을 다른 기울기로 나타내 주기 때문에 가능하다.

이와 같은 퇴적물의 운반양식과 정규확률지의 특성을 고려해 볼 때 전술한 조, 중, 세립군은 각각 rolling 및 sliding, saltation, suspension mechanism을 대표하는 것으로 볼 수 있다.

형산강의 하상퇴적물은 가장 하류지점을 제외하고는 확실한 3분절을 나타냈다. 각 분절이 전체에서 차지하는 비율을 보면 신당리 knick point보다 상류부는 조립군이 70~80%를 차지하여 주축을 이루고, 중립군은 20% 전후 그리고 세립군은 1% 미만으로

6) Friedman and Sanders, *ibid.*, pp.71~74

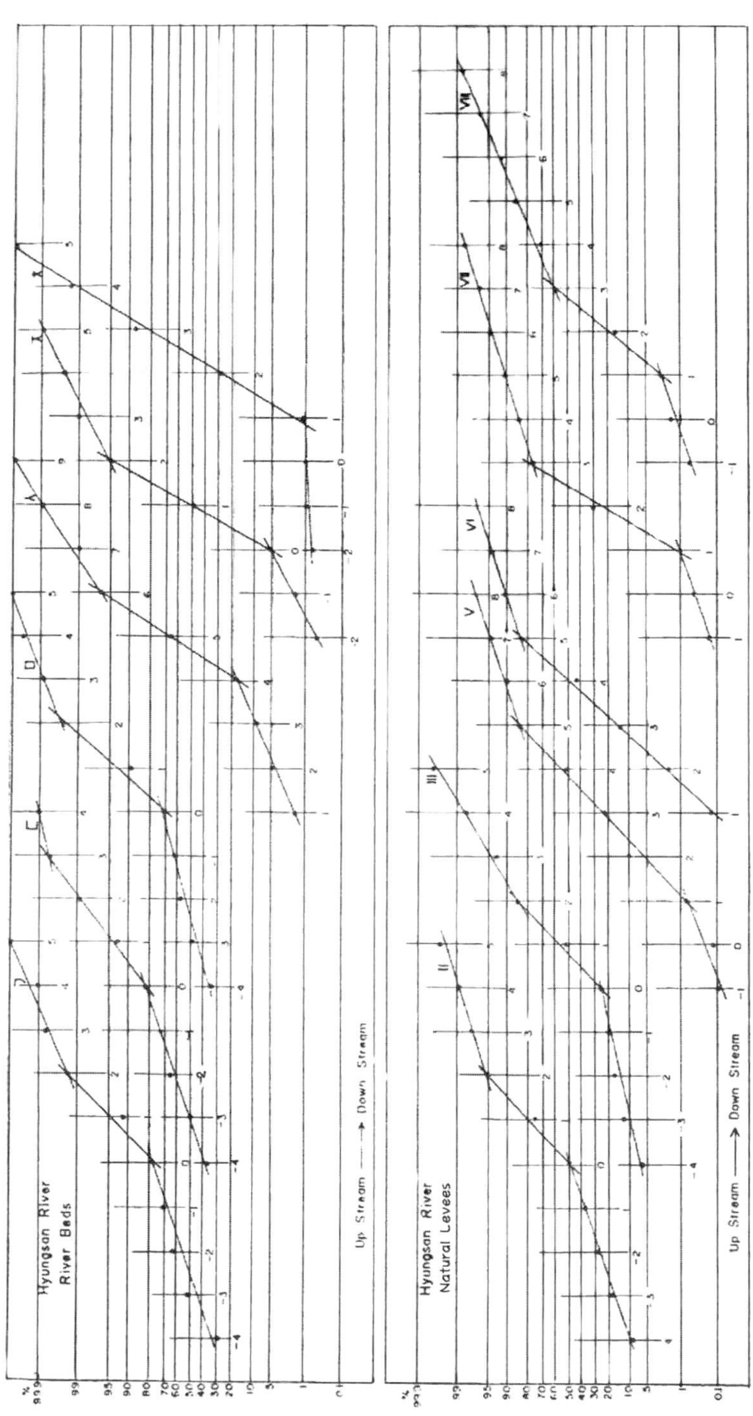

그림 5-4-1. 정규확률지상의 입경누가빈도분포

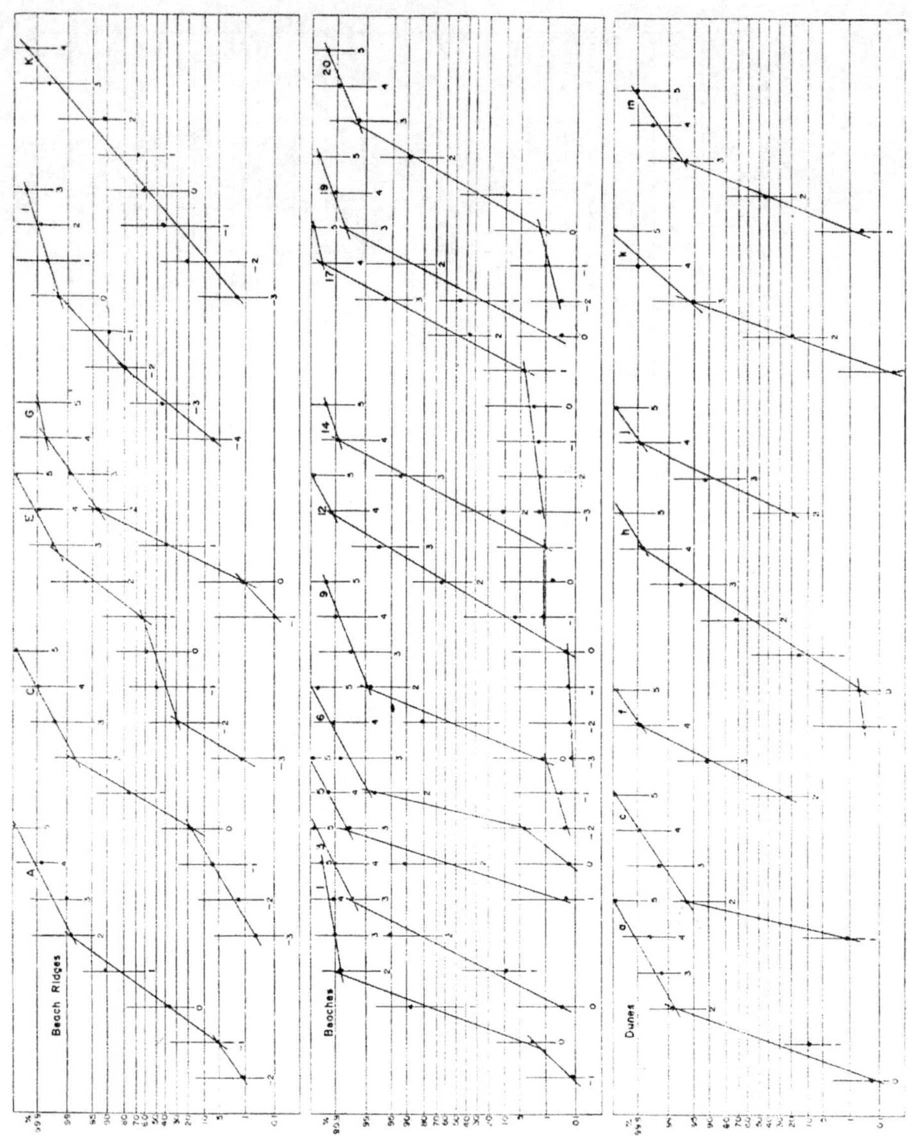

〈그림 5-4-2〉 정규확률지상의 입경누가빈도분포

나타났다. 이것은 상류부의 하상퇴적 mechanism은 주로 구르거나 밀려서 운반되는 소류(掃流)퇴적물이 주축을 이루고, 중·세립군은 보다 하류로 운반되어 버린 결과로 판단된다. 그러나 신당리 knick point보다 하류 퇴적물(ㅅ, ㅈ, ㅊ)은 조립군이 20, 5, 1%로 떨어지고 중립군이 70~90%로 크게 늘고 있다. 세립군도 ㅊ지점을 제외하고는 약 5% 정도로 늘어난다. 따라서 하류부 하상퇴적은 도약운동으로 운반, 퇴적되는 saltation mechanism이 중심이 되어 있다는 것을 알 수 있다. ㅊ지점의 퇴적물은 하구에서 근거리(약 1㎞)에 있으며 만조시에 바닷물이 들어오는 지점이다. 해수가 들고나는 mechanism의 작용 때문인지 중립군과 세립군의 구별이 없이 중립군이 그대로 연장되는 모양을 나타내고 있다.

자연제방퇴적물도 대부분이 3분절로 형성되어 있으며, 전군이 비교적 완만한 경사를 이루고 있다. 자연제방퇴적물은 하상퇴적물에 비하여 조립군이 차지하는 비율이 훨씬 줄어들고, 반면에 중립과 세립군이 차지하는 비율이 높다. 자연제방퇴적물도 신당리 knick point를 경계로 상류부와 하류부가 조립군이 차지하는 비율에 차가 많다. 상류부에서는 50~20%를 차지하나 하류부에서는 5% 미만으로 감소한다. 자연제방퇴적물은 타 4종의 퇴적물에 비하여 세립군의 비율이 높은 것이 한 특색이다. 형산강의 상류부에서는 5%, 하류부에서는 40%에 달한다. 이와 같이 자연제방퇴적물이 세립군을 많이 포함하고 있는 것은 하천이 범람할 때 많은 부유하중을 같이 운반하고 이 물은 하천으로 되돌아가지 않고 땅속으로 스며들기 때문에 부유하중은 표면에 퇴적된 결과로 보인다.

빈제퇴적물은 3분절 내지 2분절로 구성되어 있다. 그러나 무엇보다 빈제퇴적물의 특색은 중립군이 차지하는 비율이 높다는 것이다. 조사지역의 빈제퇴적물의 전부는 중립군이 95% 이상을 차지하고, 조립군은 5% 이하, 세립군은 1% 전후에 불과하다. 이것으로 미루어보아 빈제의 형성 mechanism은 saltation이라는 것을 알 수 있다.

사구퇴적물은 거의 전부가 2분절로 되어 있고 조립군의 분절을 결하고 있다는 것이 특색이다. 중립군이 95% 이상을 차지하고, 5% 이하의 세립군으로 형성되어 있다. 따라서 사구의 형성 mechanism도 saltation이라는 것을 알 수 있다.

해빈퇴적물은 3분절이 많으며 4분절 및 1분절의 형태도 나타나서 다양하다. 조립군이 해안퇴적물 중에서 비교적 많은 편이며, 20, 30%에 달하는 것도 있다.

4) 대표치 간의 관계 검토

전술한 3종의 대표치를 종축과 횡축에 조합한 좌표구간에 각 sample을 plotting하여 각 좌표구간에서 각 퇴적물이 나타내는 특색을 살펴보았다.

분급(S.D.)을 종축, 왜도(SK)를 횡축으로 한 좌표에서 해안퇴적물은 주로 아래쪽에 분포하고 하성퇴적물은 위쪽에 분포했다. 이것은 하성퇴적물이 보다 분급이 나쁘다는 것을 나타낸다. 또한 하상퇴적물은 S.D.와 SK가 정(正)의 관계를 나타내고 있으나, 자연제방퇴적물은 역(逆)의 관계를 나타냈다(그림 5-5). 즉 하상퇴적물은 분급이 좋을수록 왜도는

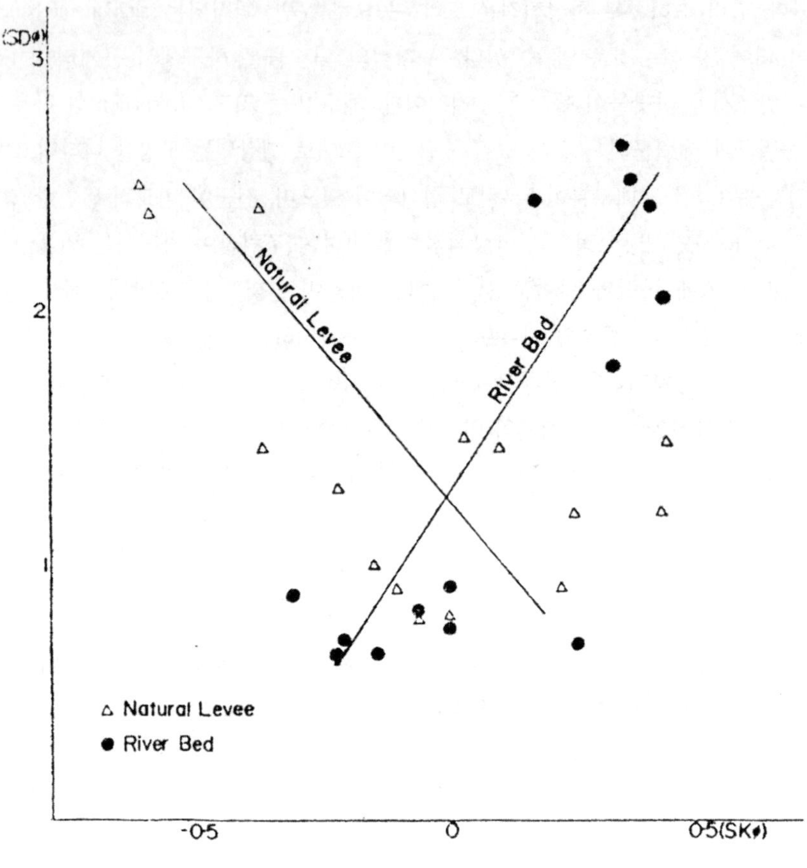

〈그림 5-5〉 하상퇴적물의 분급과 왜도 간의 관계

negative쪽으로 분포하고, 분급이 나쁠수록 왜도는 positive쪽으로 분포한다. 이와 반대로 자연제방퇴적물은 분급이 나쁠수록 negative쪽으로 분포하고 분급이 좋을수록 positive쪽으로 분포하는 경향을 나타냈다.

분급(S.D.)을 종축, 평균입경(Mφ)을 횡축으로 한 좌표에서, 미지형 분류에서 잘 문제가 되는 미고지지형 즉, 빈제, 사구, 자연제방을 plotting한 것이 <그림 5-6>이다. 이 좌표에서 빈제는 좌측구간, 자연제방은 우상구간, 사구는 우하구간에 확실히 나누어져 분포되었다. 즉 빈제퇴적물은 자연제방퇴적물보다 평균입경이 상대적으로 조립이고 입경에 비하여 분급이 아주 좋다. 그러나 자연제방퇴적물은 빈제퇴적물보다 평균입경이 상대적으로 세립이고, 입경에 비하여 분급이 나쁘다. 사구퇴적물은 전 양자보다 분급이 좋다는 것이 특색이다.

왜도(SK)와 평균입경(Mφ)을 조합한 좌표에서는 각 퇴적물이 특별한 경향이 없게 혼합

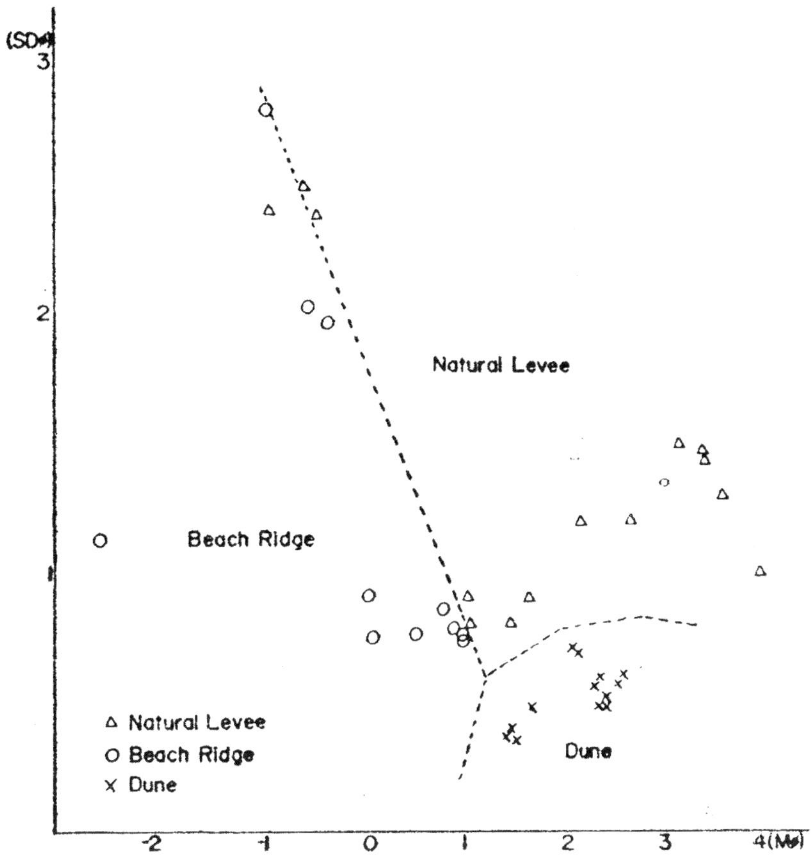

〈그림 5-6〉 해안평야 미고지(微高地)퇴적물의 분급과 평균입경과의 관계

분포되어 왜도와 평균입경과는 상관관계가 거의 없는 것으로 나타났다.

4. 요약

이상에서 분석, 검토해 온 5종, 75개 sample에 대한 대표치상의 특색, histogram상의 특색, 정규확률지상의 특색, 그리고 대표치 상호간의 관계 등에서 나타난 중요 결과를 요약하면 다음과 같다.

① 하상 및 자연제방퇴적물은 입경이 knick point를 경계로 단계적으로 크게 변하고 있으며 연속된 종단면상에서는 표고의 영향은 미약하게 나타났다.

② 해안부근의 퇴적물 중에서 가장 조립의 퇴적물은 빈제퇴적물이고, 분급이 가장

나쁜 퇴적물은 자연제방퇴적물이다.

③ 사구퇴적물은 지역 간의 입경의 차가 작고 2φ를 중심으로 분급이 아주 좋다.

④ 각 퇴적물의 왜도는 하상, 빈제퇴적물은 positive의 경향이 있고 자연제방, 사구퇴적물은 negative의 경향이 있으며 해빈퇴적물은 0에 가까운 수치를 보였다.

⑤ Histogram의 모양은 하상, 자연제방, 빈제퇴적물은 쌍봉형이 많고 넓게 퍼져 있으며 사구, 해빈퇴적물은 단봉형으로 되어 있고 첨도가 높다. 특히 해빈퇴적물은 좌측(조립쪽)에 길게 연장되어 있는 것이 특색이다(그림 5-3 참조).

⑥ 정규확률지상의 각 퇴적물의 빈도누가곡선은 대개 3분절로 나타났으며, 사구퇴적물은 2분절로 나타나고 하위의 분절을 결하고 있다. 이들 각 분절은 하위의 것으로부터 조립군, 중립군, 세립군으로 가칭하고 이들 각각은 rolling and sliding mechanism, saltation mechanism, suspension mechanism을 반영하는 것으로 고려됐다(그림 5-4 참조).

⑦ 사구와 해빈퇴적물은 중립군이 95% 이상을 차지하여 이들 양 퇴적물의 형성 mechanism은 거의 saltation이라는 것이 밝혀졌다(그림 5-4 참조).

⑧ 5종의 퇴적물 중에서 세립군이 높은 비중을 차지하는 것은 자연제방퇴적물, 조립군이 높은 비중을 차지하는 것은 하상퇴적물이었다(그림 5-4 참조).

⑨ Standard Deviation과 Skewness와의 관계에 있어서 하상퇴적물은 분급이 좋을수록 왜도는 negative쪽으로 분포하고 분급이 나쁠수록 왜도는 positive쪽으로 분포했으며 자연제방퇴적물은 이와 반대의 경향을 나타냈다(그림 5-5 참조).

⑩ Standard Deviation과 Meanφ의 관계에 있어서 해빈퇴적물은 자연제방퇴적물보다 평균입경이 상대적으로 조립이고 입경에 비하여 분급이 좋다. 그러나 자연제방퇴적물은 이와 반대이다. 사구퇴적물은 전 양자보다 분급이 좋다는 것이 특색이다(그림 5-6 참조).

CHAPTER 6

토평천 연안 충적평야의 지형 발달*

1. 서론

1) 기존의 연구와 문제의 제기

한반도는 지각이 비교적 안정된 데다가 오랜 침식을 받아왔기 때문에 자연호소의 발달이 미약하다. 그러나 낙동강하류부 즉 고령부근에서 밀양강이 합류하는 삼랑진에 이르는 구간에는 자연제방, 배후습지, 습지성 소택지가 잘 나타나 있고 이 배후습지 내에는 다른 하천에는 볼 수 없는 소택지가 많이 분포해 있다.

이 지역의 소택지의 성인에 관한 연구는 일본인 大矢雅彦(1971),[1] 권혁재(1976),[2] 조화룡 외(1981)[3]의 연구가 있으나 퇴적환경변화와 지형발달을 설명하는 데 있어서 많은 차이점이 있다. 大矢雅彦은 이 소택지들이 최근 수십 년간에 낙동강상류지방의 남벌에 의한 삼림의 황폐로 인해 상류산지에서 토양침식이 활발히 이루어져 그 토사가 하류지역에 퇴적되어 하상이 높아지고 그 양안에 자연제방이 발달한 결과 형성된 배후습지성 소택지로 최근에 형성된 지형이고 그 소택지 면적은 점차로 넓어져 간다고 주장했다.

---

* 신윤호, 1983, 경북대학교 대학원 지리학과 석사학위논문.

1) 大矢雅彦, 1971, 「韓國の 自然」, 地理, Vol.16, No.11, pp.28~34.

2) 권혁재, 1976, 「낙동강 하류지방의 배후습지성 호소」, 지리학, 제14호, 1~8쪽.

3) 조화룡 · 박춘락 · 이미행, 1981, 「삼랑진주변평야의 지형발달」, 지리학, 제23호, 1~14쪽.

한편 권혁재는 이와 정반대로 이 소택지는 후빙기 해면상승에 따라 빙기의 침식곡이 매몰되는 과정에서 형성됐다고 보아 그 형성 시기를 후빙기해면이 현 수준에 이른 시기까지 거슬러 올라갔으며 점차로 메워져 가는 과정에 있고 삼림남벌로 인해 상류산지에서 유실되는 토사가 하류지역에 쌓임으로써 하상이 주목할 만큼 높아지고 있진 않다고 주장했다. 그러나 두 주장 모두 그 근거를 분석적인 방법에 두고 있지는 않다.

더 최근에 와서 조화룡 외는 소위 이 지역의 하류쪽 경계부에 위치하고 있는 삼랑진 동쪽 율동소택지의 퇴적물을 분석하고 그 결과를 다음과 같이 발표했다. 즉 율동소택지의 기원은 권혁재가 주장한 바와 같이 후빙기의 해면상승까지 거슬러 올라가서 생각해야 하며 점차로 메워져가는 상태에 있으나 홍수시에 침수면적은 오히려 더 넓어지고 부유퇴적물의 공급이 더 심해지고 있다고 했다. 그러나 이 연구는 이 지역의 하류쪽 경계부에 위치하고 있기 때문에 상류쪽 한계에 가까운 지점에도 재시도해 보고 보다 분석적인 방법에 의해서 재검토해 볼 필요가 있다고 생각된다.

2) 연구목적

본 연구에서는 낙동강하류부 자연소택지 분포지역의 거의 상류쪽 한계에 위치하고 소택지를 만드는 소지류 중에서는 그 규모가 가장 크고 또 이 지역의 최대소택지인 우포가 형성되어 있으며 평야부의 미지형이 비교적 잘 보존되어 있는 낙동강의 소지류인 토평천 연안 충적평야를 대상으로 했다.

본 고에서는 분석적인 방법을 적용하여 이 평야의 지형적 특성을 밝히고 배후습지성 소택지인 우포의 성인과 관련한 이 지역의 지형발달을 검토하는 데 그 목적을 두었다.

3) 연구방법

본 연구를 수행하기 위하여 다음과 같은 연구방법을 적용했다.

1) 항공사진판독을 주로 하고 지형도 및 현지조사자료를 참고자료로 하여 지형분류도를 작성, 검토했다.
2) Transit를 이용하여 평야부에 대한 정밀지형측량을 실시했다.
3) 토평천의 종단면, 횡단면형태를 분석하고 곡률도를 검토했다.
4) 수문조사자료를 통한 연중 낙동강 수위변화를 조사, 분석했다.
5) 설문조사를 통한 1981년도의 태풍 애그니스호 당시의 침수범위를 복원했다.

6) 퇴적물 입도분석을 통하여 퇴적물 입도조성과 운반매커니즘을 분석했다.

7) 문헌조사를 통하여 낙동강하류부의 자연소택지 기원에 관한 문헌검토를 했다.

4) 지형 및 지질개관

토평천은 창녕군 고암면 감리부근 화왕산(756m) 북쪽 사면에서 발원하여 소지류를 합하면서 서남서방향으로 흘러 창녕군 이방면 성산리에서 낙동강에 합류되는 소하천이다. 주류유로의 길이 약 27㎞, 유역면적 120.25㎢[4] 이며 중류부 창녕부근에서부터 폭 1㎞ 전후의 충적평야가 양안에 대상으로 형성되어 있다. 합류점에서부터 약 7㎞지점에 호면의 면적 약 2㎢의 자연소택지인 우포가 형성되어 있다. 발원지에서는 700m 이상의 비교적 높은 산지이지만 창녕부근에서부터 지형이 급격히 낮아져서 100m 전후의 구릉지가 양안에 전개된다(그림 6-1).

본 지역의 지질(그림 6-2)은 전부가 백악기에 형성된 경상계에 속하며 이는 창녕부근을 경계로 그 서쪽은 낙동통상부와 신라통하부에 해당되는 퇴적암층으로 100m 전후의 구릉지를 이루고 창녕 이동부는 이 퇴적암층을 관입 및 암상접촉한 안산암 및 흑운모화강암으로 되어 있으며 전자와 비교하여 지형이 급격히 높아져서 표고 700m전후의 산지를 이루고 있다.서부 퇴적암층은 낙동강 연안에서부터 북동쪽으로 칠곡층, 신라역암층,

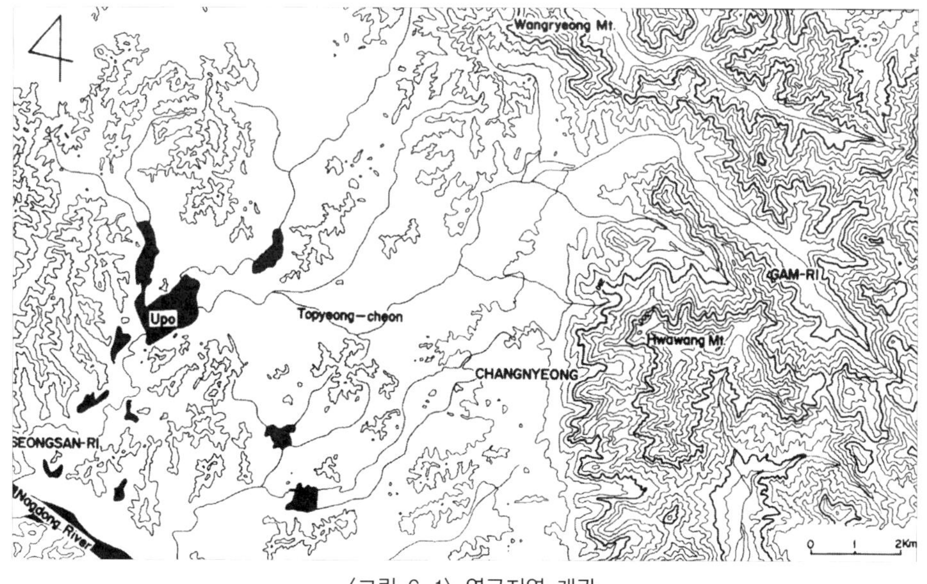

〈그림 6-1〉 연구지역 개관

4) 건설부, 『하천』(1979), 566~567쪽.

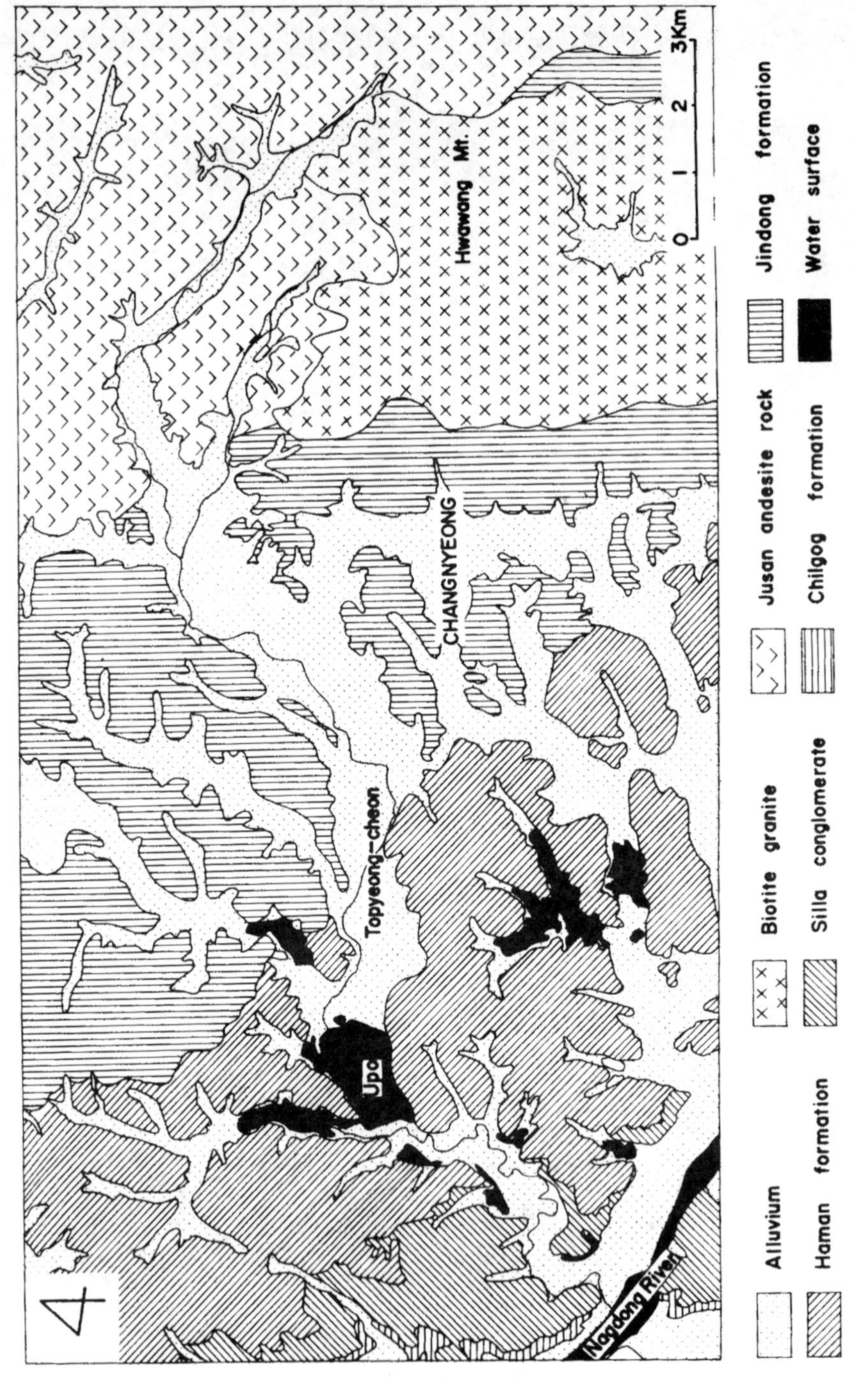

〈그림 6-2〉 연구지역의 지질

함안층, 진동층으로 구성되어 있으며 주로 사암, 셰일, 역암 등으로 구성되어 있고 이 중 신라역암층의 분포지역은 상대적으로 고도가 높아 최고 200m에 이른다. 이와 같은 토평천유역분지의 지형 및 지질분포는 최상류부 일부 지역을 제외하고는 왕성한 퇴적물을 공급할 지형 및 지질적 조건을 갖고 있지 않다.

2. 지형 분석

1) 지형 분류

토평천 연안 충적평야의 미지형을 분류한 것이 <그림 6-3>이다. 본 지형분류도는 항공사진(축척;1/20,000, 1976년 촬영)판독과 1/25,000지형도, 1918년에 편집된 1/50,000지형도를 참고자료로 해서 실내작업을 통해서 분류하고 야외조사를 통해서 수정, 보완했다.

지형은 ① 사력질의 곡저평야 및 선상지 ② 자연제방 ③ 배후습지로 분류되었다. 사력질의 곡저평야 및 선상지는 우포를 중심으로 상류부에 주로 분포하고 소지류의 상류부에 나타났다. 이 지형은 그 하류에 분포하는 완전히 평탄한 범람원지형과 완만한 경사변환을 이루며 경계되어 있다. 자연제방은 낙동강을 연하여 넓게 분포하고 있으며 토평천을 따라 고도를 낮추면서 3~4㎞ 안쪽까지 연속되고 있다. 그러나 이 자연제방과 범람원의 경계는 점이적이어서 분명하지는 않으며 그림상의 경계는 항공사진의 색조에 의해서 설정한 것이다. 자연제방의 고도는 역시 낙동강을 연한 부분이 높고 윗등대, 아랫등대의 취락이 위치하고 있는 곳이 가장 높은 지점이다. 현재 이 낙동강을 연한 자연제방상에는 전작지대가 형성되어 있다. 그러나 토평천을 연한 자연제방상에는 답작지대로 되어 있다. 1918년에 편집된 지형도상에서 토지이용상황을 보면 우포하류의 토평천 양안은 전작지대로 되어있다. 이것은 토평천이 충적평야를 침식하면서 흐르기 때문에 하상이 하천에 연한 평야부보다 2~8m나 낮아서 용수를 해결하지 못하여 결과된 토지이용으로 보여진다. 현재도 토평천의 하상은 같은 정도로 평야부보다 낮지만 지금은 양수기를 이용하여 모두 답작지대로 바뀌어졌다(그림 6-4). 배후습지는 ⓐ 논농사가 이루어지는 낮은 평야(alluvial low land) ⓑ 증수기에 침수되어 농사가 이루어지지 못하고 초지를 이루고 있는 습지(marsh) ⓒ 이와 같은 습지를 제방을 쌓아서 간척한 저지(reclaimed land) ⓓ 연중 얕은 수면을 이루고 있는 소택지(swamp)로 분류되었다. 이 중 후3자(ⓑ,ⓒ,ⓓ)는 우포주변에 넓게 분포하고 또 자연제방후면에 주로 분포해 있다. 여기서 소택지는

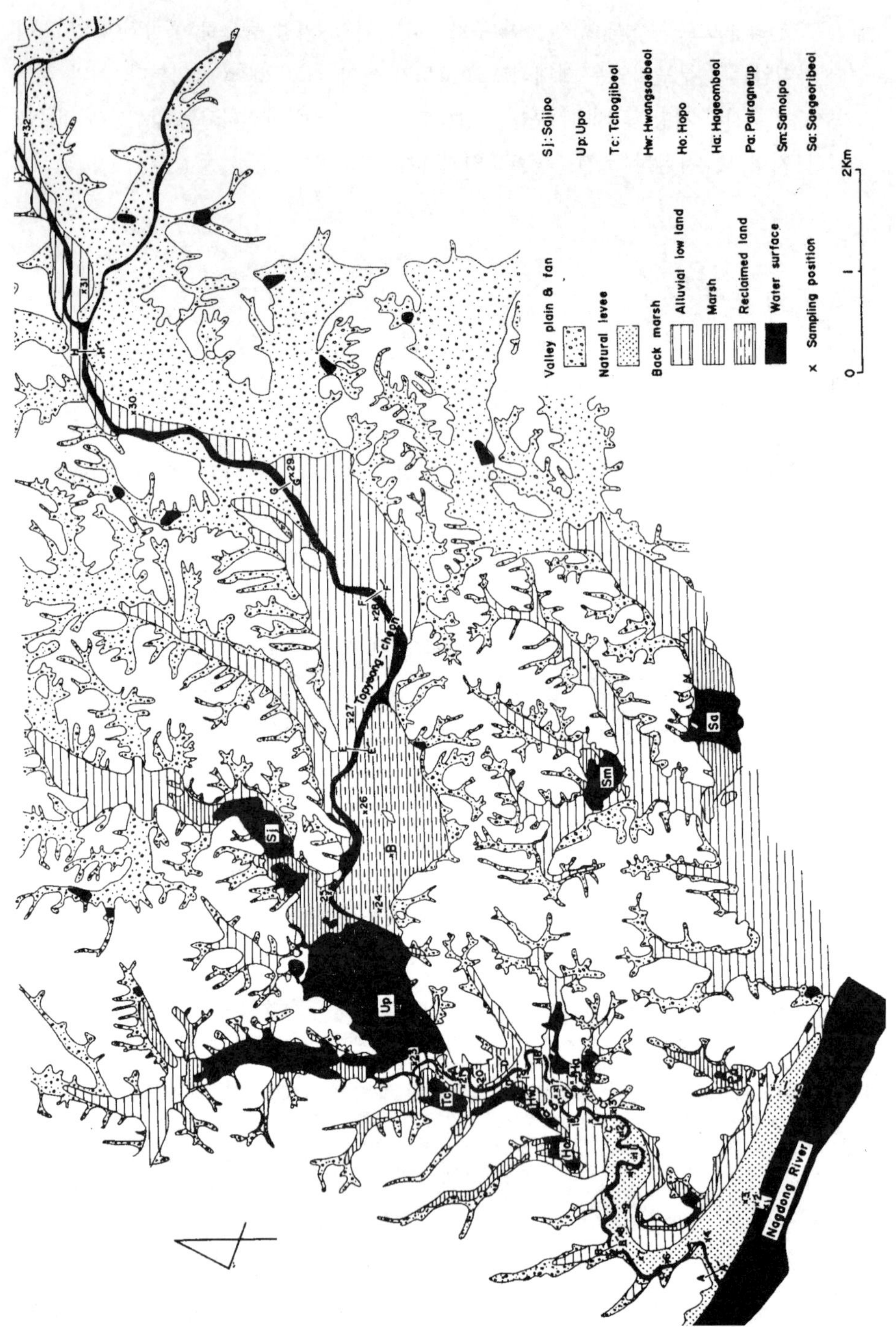

〈그림 6-3〉 토평천 연안평야의 지형 분류도

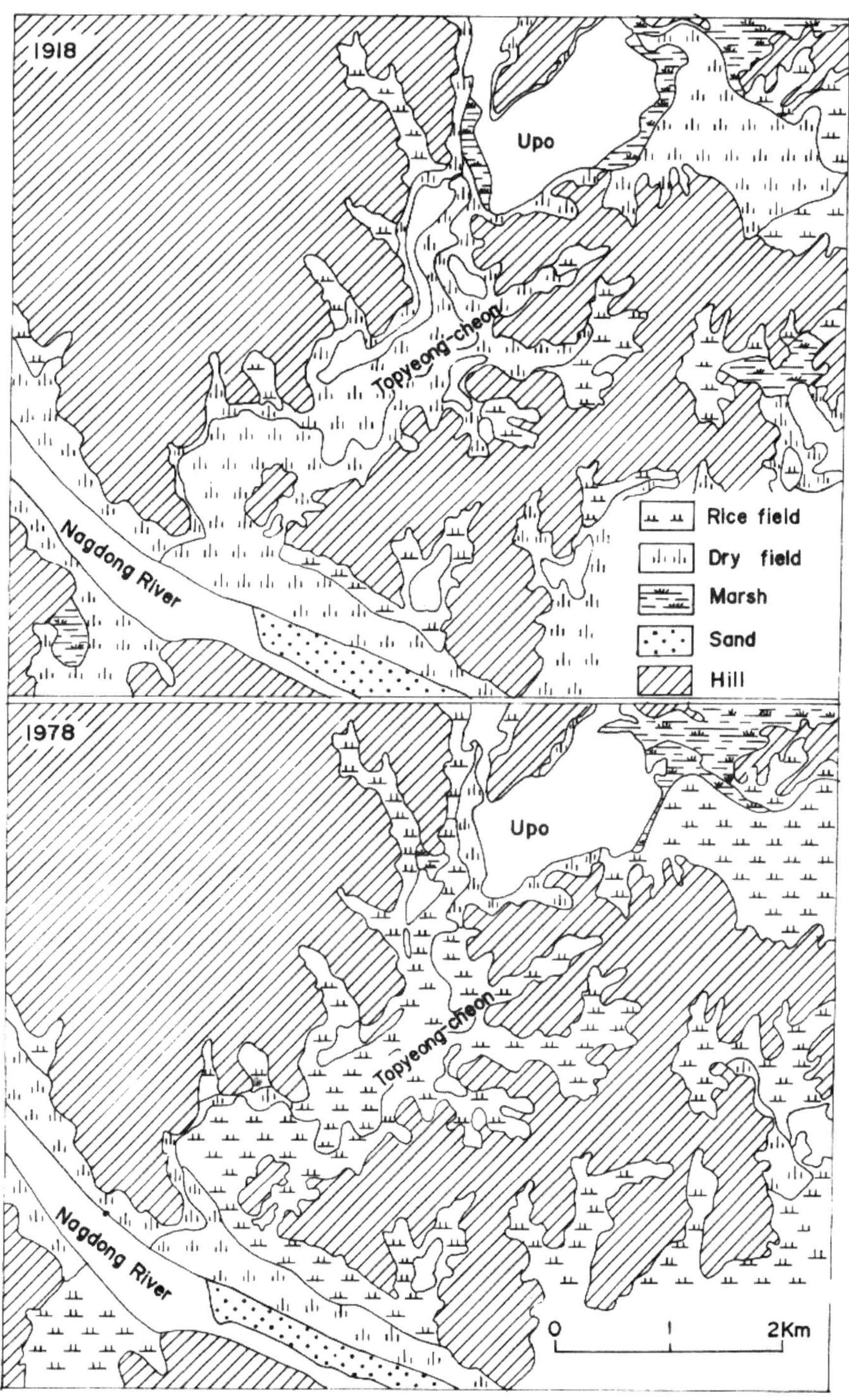

〈그림 6-4〉 토평천 연안평야의 토지 이용도

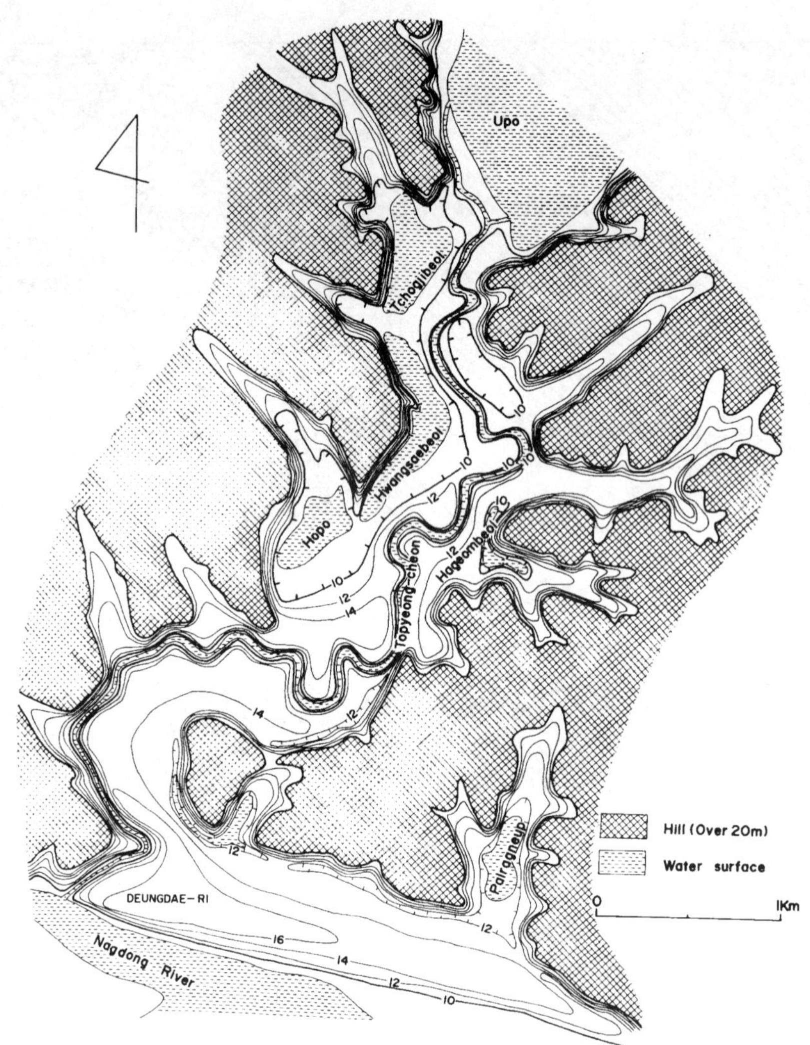

〈그림 6-5〉 토평천 연안평야의 정밀지형측량도

수심이 얕아서 가장 큰 우포의 경우도 2m를 넘지 못하고 정수식물(emerged plant)이 전호면에 자라고 있다. 이와 같은 소택지로는 사지포, 우포, 쪽지벌, 황새벌, 호포, 학엄벌, 사몰포, 새거리벌 등이 있으며 증수기와 갈수기에 수면면적의 변화가 심하다.

충적평야의 미지형 및 그 표고의 차 등은 1/25,000지형도상에서는 판별할 수가 없었기 때문에 조사지역의 우포하류 충적평야에 대하여 transit를 이용하여 정밀측량을 실시하고 이 측량을 통하여 얻어진 측점을 기초로 평야부에 대하여 2m 간격의 등고선도를 작성한 것이 <그림 6-5>이다.

합류점부근의 낙동강 평균하상고도는 해발 7.3m, 최대수심 2m이었다. 낙동강에 연한 자연제방은 표고 14m 이상이었으며 최고점은 윗등대 부근에서 17.50m로 측정되어 낙동강하상과 10m 이상의 비고를 나타냈다. 그림에서 볼 수 있는 것과 같이 낙동강을 연한 자연제방에서부터 우포 쪽으로 갈수록 표고는 점점 낮아져서 우포부근에서는 9.6m로 측정되어 자연제방의 최고점과는 8m 정도 낮고 우포의 수면은 낙동강 수면보다 2m정도 높았다. 따라서 우포하류의 평탄면은 낙동강을 연한 부분의 자연제방을 최고점으로 해서 우포 쪽으로 2/1,000정도의 역경사를 이루고 있으며 우포에서 낙동강 쪽으로 흐르는 토평천은 이 역경사면을 침식하여 평수위시에 0.25/1,000정도의 구배를 이루고 있다.

또한 토평천을 중심으로 평야부 횡단면의 표고를 보면 토평천 양안이 가장 높고 그 후방으로 갈수록 점점 낮아져서 가장 낮은 곳은 4~5m 낮아지고 이곳에 소택지가 형성되어 있으며 그 외곽은 주변 구릉지와 경계되어 있다.

우포상류부는 정밀측량은 실시하지 못했으나 지형도 및 현지조사에 의하면 점점 고도가 높아지고 있다. 따라서 토평천을 연한 충적평야는 우포부근이 가장 낮고 그 상류 및 하류로 갈수록 표고가 점점 높아지는 지형특색을 갖고 있었다.

2) 하천의 특색

본 평야의 지형발달을 검토하기 위하여 토평천의 종단면형, 횡단면형 및 유로의 특색을 분석해 보았다. <그림 6-6>은 평야면과 토평천하상의 지형종단면을 도식화한 것이다. 전술한 바와 같이 우포하류부의 토평천 구배는 0.25/1,000정도로 매우 완만하고 우포상류부는 하류부보다 구배가 더 급하며 3.5/1,000정도였다. 하상과 평야와의 비고는 낙동강에 합류하는 지점에서 가장 커서 10여m에 이르고 우포 쪽으로 갈수록 점점

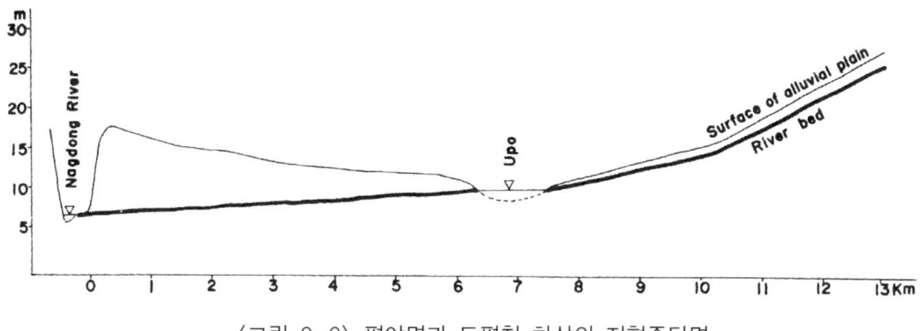

〈그림 6-6〉 평야면과 토평천 하상의 지형종단면

그 비고가 작아져서 우포부근에서는 1m 이하로 작아진다. 우포보다 상류 쪽의 하상과 평야간의 비고는 우포하류부에 비해서 훨씬 작으며 미약하나마 상류 쪽으로 갈수록 그 비고가 커진다. 우리나라의 일반적인 하천은 상류부에서의 하방침식, 하류부에서의 퇴적작용의 결과로 하상과 평야간의 비고는 상류로 갈수록 커지고 하류로 갈수록 작아지는 것이 일반적인 특색이다. 이와 같은 일반적인 경향과 비교해보면 우포하류부의 토평천은 일반경향과 반대경향이 현저하게 나타난다.

우포하류부에 4개 지점(A-A'~D-D'), 우포상류부에 4개 지점(E-E'~H-H')에 대하여 토평천의 횡단면도를 도식화한 것이 <그림 6-7>이다. 우포 하류부는 하상이 좁고(10~20m) 곡이 깊은 단면을 나타내고 우포상류부는 하류부보다 하상이 넓고(50~100m)곡이 얕은 것이 특색이다. 또한 우포 하류부는 합류점에서 우포 쪽으로 갈수록 하상이 넓어지고 곡이 얕아지는 경향을 나타내고 우포 상류부는 우포에서 상류 쪽으로 갈수록 그 반대의 경향이 나타난다. 일반 하천의 경우 하류에서 상류로 갈수록 하상이 좁아지고 곡이 깊어지는 것이 특색이나 토평천의 경우 우포 상류부는 이 경향과 잘 부합되지만 하류부는 정반대의 경향을 나타낸다. 또한 우포를 경계로 그 상류부의 곡폭은 그 하류부에 비해서 갑자기 넓어지는 특색을 보이고 있다.

토평천 하계의 특색은 상류부에서 대략 창녕부근까지는 어느 정도 망상유로의 특색을 보이나 그 하류부는 단일유로를 유지하면서 합류점에 이른다. 그러나 우포에서부터 그 하류구간 유로는 급격히 심한 사행을 하는 경향이 나타난다. 창녕보다 하류의 단일유로 구간에 대하여 곡률도[5]를 계산해 본 결과 우포상류구간은 1.1인데 대하여 우포하류구간은 1.6으로 사행하천[6]의 특색을 보이고 있다. 일반적으로 하천이 하류로 갈수록 그 곡률도가 높아지는 것이 일반적인 특색이나 우포를 경계로 급격히 곡률도가 변하는 것은 주목할 만하다. 계산치가 없어서 수치적인 대비는 할 수 없으나 지형도상에서 보면 우포하류구간은 우리나라의 충적평야상의 일반적인 하천곡률도에 비하여 보다 심한 사행을 하고 있는 것으로 보인다. 이 사행의 곡률반경은 대략 100m이다.

3) 대홍수시 침수범위 분석

대홍수시 이 지역의 침수범위를 복원해보기 위해서 최근의 대홍수로 간주되는 1981년 태풍 애그니스호 당시의 낙동강수위와 침수범위를 조사해 보았다. 본 지역보다 6㎞

5) 곡률도는 하도의 길이에 대한 곡의 길이의 비이다.

6) 일반적으로 곡률도가 1.4 내지 1.5이상인 경우를 사행하천으로 규정하고 있다.

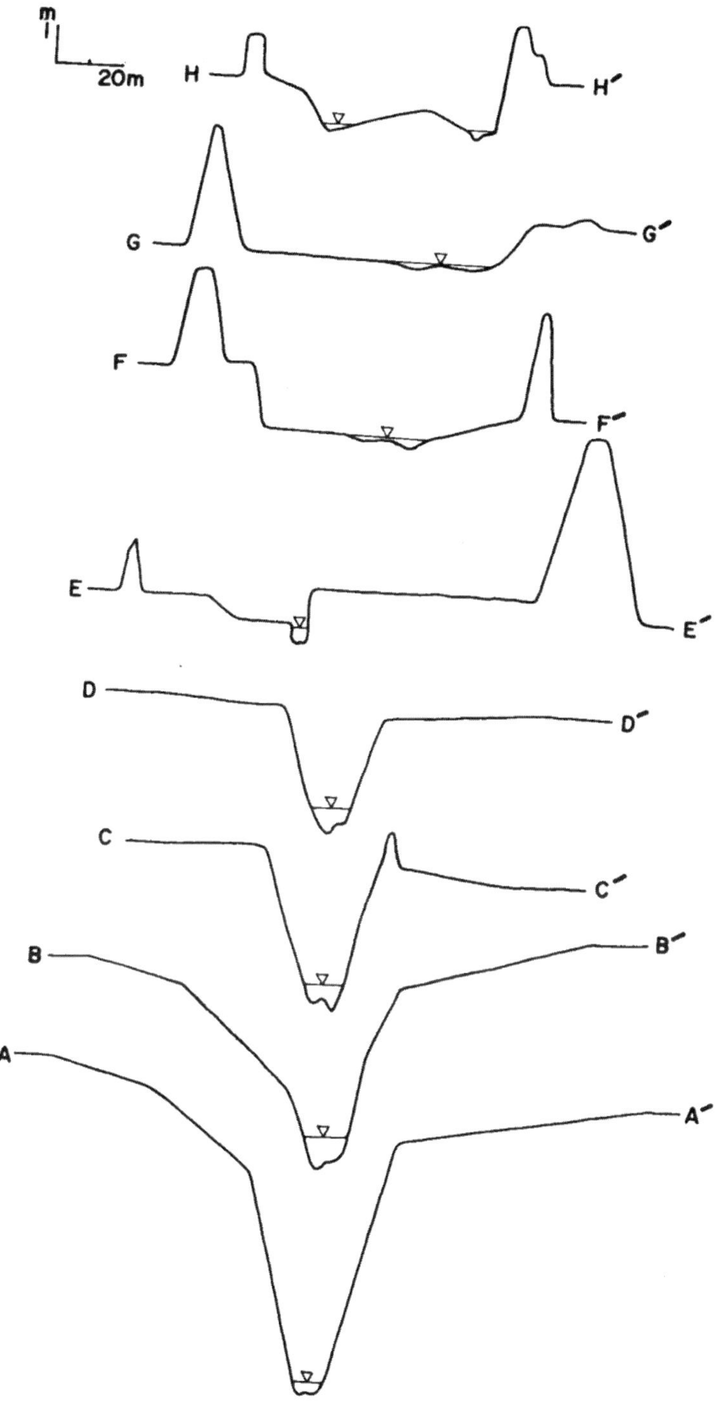

〈그림 6-7〉 토평천 횡단면도

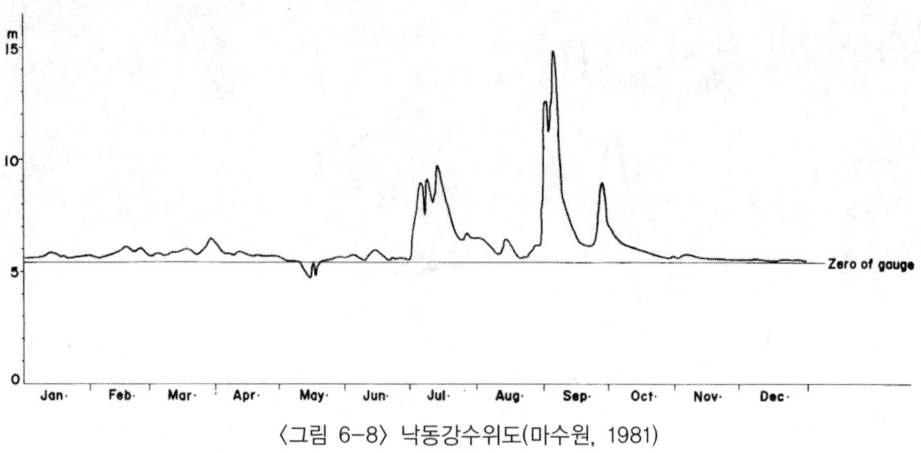

〈그림 6-8〉 낙동강수위도(마수원, 1981)

하류부에 위치한 마수원 수위관측지점에서 관측된 낙동강수위자료[7]에 의해서 1981년 1년간의 낙동강수위를 도식화한 것이 <그림 6-8>이다. 관측지점의 영점표고는 5.407m 이다. 평수위시의 낙동강수면(영점표고+수위)은 6m 전후에 머물러 있으나 7월 초순과 9월 초순 및 9월 하순 3회에 걸쳐서 이상고수위가 나타났으며 7월 초순과 9월 하순의 것은 수면고도가 9~10m이며 태풍 애그니스호에 의한 9월 초순(8월31일~9월6일)의 것은 수면고도가 15m에 달했다. 조사지역은 마수원보다 더 상류부이고 평수위시의 수면고도로 유추해 볼 때 마수원에서 측정된 수면고도보다 1.5m 정도 높았을 것으로 추정할 수 있다. 이렇게 볼 때 전술한 3번의 이상고수위시에 낙동강수면은 우포의 수면보다 높아서 낙동강의 물이 우포 쪽으로 역류했을 것이며 특히 9월 초순에는 우포하류의 토평천 연안 충적평야의 대부분을 침수시켰을 것으로 보인다. 그러나 1년 중에 이상의 3번의 증수기를 제외한 대부분의 시기는 낙동강수면이 우포의 수면보다 낮아서 우포의 물이 낙동강 쪽으로 배수되었을 것이다.

설문조사를 통해서 태풍 애그니스호에 의한 최대범람시의 침수범위를 복원한 것이 <그림 6-9>이다. 우포 하류부는 낙동강 자연제방 최고위에 해당되는 윗등대, 아랫등대 일부를 제외하고는 전부 침수되었으며 세진리 및 모곡리 쪽에 인공제방을 쌓아둔 곳까지도 제방을 넘어서 침수되었다. 그러나 우포의 안쪽 대대리 앞들은 제방의 높이가 높아서 침수되지 않았다. 이렇게 침수되었을 때 우포, 사지포, 황새벌, 학엄벌 등은 모두 낙동강수면과 연결되며 등대리 부근의 자연제방은 수중의 섬처럼 남게 되었다.

7) 건설부, 『한국수문조사년보』(1982), 373쪽.

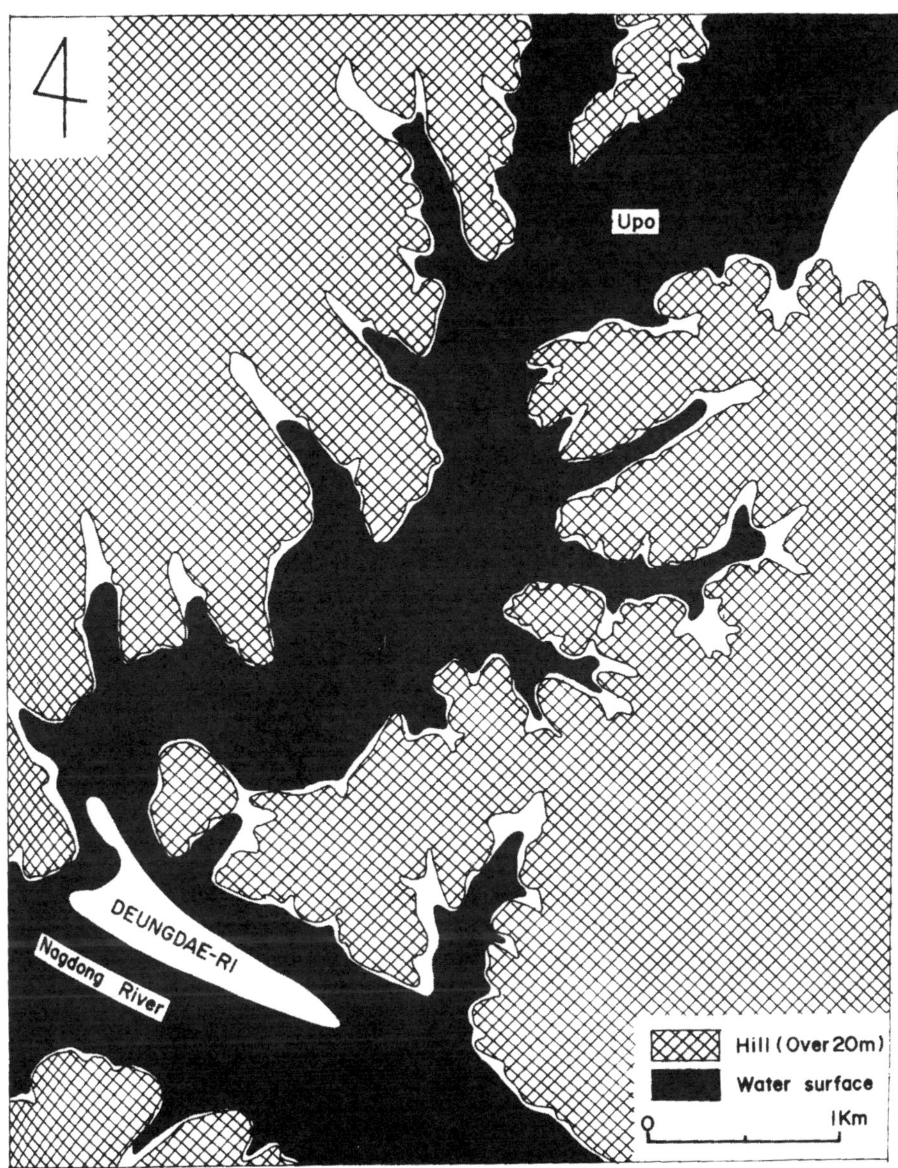

〈그림 6-9〉 침수범위 복원도(1981)

4) 퇴적물 입도분석

조사지역의 퇴적물 입도조성의 특색과 이를 근거로 한 퇴적메커니즘을 알아보기 위해서 퇴적물 입도분석을 행했다. 샘플은 토평천 종단면을 따라 우포하류부에 23개 지점(1~23), 우포상류부에 11개 지점(24~34)으로 계 34개 샘플, 황새벌에서 학엄벌에 이르는 평야부 횡단면 샘플 7개(a~g), 낙동강에서 팔락늪에 이르는 자연제방 횡단면 샘플 5개(h~l), 우포부근의 수직core 샘플 9개 총계 55개의 샘플을 분석했다.

샘플채취는 인공적 개변의 영향을 피하기 위하여 표면상 50㎝깊이에서 채취했다. 입도분류는 Φscale 1의 간격으로 분석했으며 Φscale 4.5보다 세립물질은 침강법[8]에 의해서 분류하고 Φscale 4.5보다 조립물질은 표준분석채에 의해서 분류했다. 분류된 샘플의 계량은 Dial-o-gram balance로 1/100g까지 측정했다.

분류결과와 그 대표치(MdΦ, MΦ, S.D., Sk)[9]는 <표 6-1>과 같고 이의 빈도분포곡선 및 누가분포곡선은 <그림 6-10>과 같다.

〈표 6-1〉 각 퇴적물의 입도분석표

SampleNo \ ΦScale			-4.5	-3.5	-2.5	-1.5	-0.5	0.5	1.5	2.5	3.5	4.5	5.5	6.5	7.5	8.5	MdΦ	MΦ	S.D	Sk
Nagdong River Upo (23)	1	W			0.2	0.3	4.3	32.4	57.7	4.0	1.0	0.1					0.75	0.58	0.73	-0.23
		C			0.2	0.5	4.8	37.2	94.9	98.0	99.9	100								
	2	W					0.1	0.2	0.7	5.8	35.2	32.8	5.9	7.9	9.5	1.9	3.75	4.33	1.58	0.38
		C					0.1	0.3	1.0	6.8	42.0	74.8	80.7	88.6	98.1	100				
	3	W						0.1	2.9	24.8	41.9	18.2	2.4	1.8	5.2	2.7	3.05	3.15	1.15	0.09
		C						0.1	3.0	27.8	69.7	87.9	90.3	92.1	97.3	100				
	4	W				0.1	0.1	0.2	0.5	5.0	31.8	24.2	13.1	10.4	13.8	0.8	4.00	4.59	1.79	0.33
		C				0.1	0.2	0.4	0.9	5.9	37.7	61.9	75.0	85.4	99.2	100				
	5	W				0.1	0.1	0.2	1.1	6.7	27.3	24.0	9.0	16.5	13.6	1.4	4.10	4.65	1.85	0.30
		C				0.1	0.2	0.4	1.5	8.2	35.5	59.5	68.5	85.0	98.6	100				
	6	W				0.1	0.1	0.1	0.3	2.6	19.7	24.3	17.8	22.2	10.6	2.2	4.65	4.75	1.60	0.06
		C				0.1	0.2	0.3	0.6	3.2	22.9	47.2	65.0	87.2	97.8	100				

8) G.G. Stokes의 공식에 의하여 비이커법에 의하여 분류했다.

9) 각대표치는 D.L.Inman의 아래 공식에 의하여 산출했다.

MdΦ=빈도 50% 지점의 Φscale 값

$M\Phi = \frac{84\Phi+16\Phi}{2}$ $S.D. = \frac{84\Phi-16\Phi}{2}$ $SK = \frac{M\Phi-Md\Phi}{2}$

SampleNo \ ΦScale		-4.5	-3.5	-2.5	-1.5	-0.5	0.5	1.5	2.5	3.5	4.5	5.5	6.5	7.5	8.5	MdΦ	MΦ	S.D	Sk
7	W				0.2	0.2	0.5	1.6	1.6	5.2	17.3	24.4	25.6	20.1	3.3	5.50	5.40	1.50	-0.07
	C				0.2	0.4	0.9	2.5	4.1	9.3	26.6	51.0	76.6	96.7	100				
8	W				0.3	0.2	0.3	2.0	2.4	12.7	22.3	19.2	19.5	18.7	2.4	5.00	5.08	1.73	0.05
	C				0.3	0.5	0.8	2.8	5.2	17.9	40.2	59.4	78.9	97.6	100				
9	W				0.2	0.2	0.4	1.3	1.7	21.3	41.8	4.8	14.5	10.5	3.3	4.10	4.73	1.63	0.39
	C				0.2	0.4	0.8	2.1	3.8	25.1	66.9	71.7	86.2	96.7	100				
10	W				0.2	0.1	0.3	0.8	1.0	9.9	22.2	24.5	22.1	17.6	1.3	5.10	5.20	1.50	0.07
	C				0.2	0.3	0.6	1.4	2.4	12.3	34.5	59.0	81.1	98.7	100				
11	W				0.5	0.2	0.3	0.9	1.3	16.2	23.8	19.2	18.2	17.5	1.9	4.85	5.00	1.70	0.09
	C				0.5	0.7	1.0	1.9	3.2	19.4	43.2	62.4	80.6	98.1	100				
12	W				0.4	0.5	0.5	1.2	2.8	17.6	21.9	17.8	26.5	8.3	2.5	4.80	4.70	1.60	-0.06
	C				0.4	0.9	1.4	2.6	5.4	23.0	44.9	62.7	89.2	97.5	100				
13	W				0.2	0.1	0.2	0.5	1.7	14.0	40.0	7.8	18.4	14.6	2.5	4.35	5.03	1.58	0.43
	C				0.2	0.3	0.5	1.0	2.7	16.7	56.7	64.5	82.9	97.5	100				
14	W				0.1	0.1	0.2	0.7	1.1	9.2	20.8	24.7	27.4	12.9	2.8	5.25	5.10	1.40	-0.11
	C				0.1	0.2	0.4	1.1	2.2	11.4	32.2	56.9	84.3	97.2	100				
15	W						0.1	0.2	0.4	1.6	12.4	29.3	35.4	18.3	2.3	5.65	5.65	1.10	0
	C						0.1	0.3	0.7	2.3	14.7	44.0	79.4	97.7	100				
16	W						0.9	3.7	3.9	5.3	10.9	8.7	32.6	30.0	4.0	5.15	5.53	1.83	0.21
	C						0.9	4.6	8.5	13.8	24.7	33.4	66.0	96.0	100				
17	W						0.1	0.2	0.3	4.1	22.5	27.9	18.9	23.6	2.4	5.45	5.45	1.45	0
	C						0.1	0.3	0.6	4.7	27.2	55.1	74.0	97.6	100				
18	W				0.1	0.1	0.2	0.8	0.9	4.7	15.4	18.4	24.8	30.9	3.7	5.90	5.60	1.50	-0.20
	C				0.1	0.2	0.4	1.2	2.1	6.8	22.2	40.6	65.4	96.3	100				
19	W					0.2	0.4	0.6	1.2	6.6	36.1	7.4	23.0	20.7	3.8	5.20	5.30	1.60	0.06
	C					0.2	0.6	1.2	2.4	9.0	45.1	52.5	75.5	96.2	100				
20	W					0.3	0.5	2.7	3.0	4.3	1.7	16.0	25.3	40.8	5.4	6.35	6.10	1.40	-0.18
	C					0.3	0.8	3.5	6.5	10.8	12.5	28.5	53.8	94.6	100				
21	W						0.1	0.9	1.2	1.8	6.7	33.9	22.5	28.5	4.4	5.75	5.88	1.23	0.11
	C						0.1	1.0	2.2	4.0	10.7	44.6	67.1	95.6	100				

SampleNo \ ΦScale			-4.5	-3.5	-2.5	-1.5	-0.5	0.5	1.5	2.5	3.5	4.5	5.5	6.5	7.5	8.5	MdΦ	MΦ	S.D	Sk
	22	W						0.1	0.8	1.2	2.4	5.2	27.6	31.0	27.8	3.9	5.90	5.90	1.15	0
		C						0.1	0.9	2.1	4.5	9.7	37.3	68.3	96.1	100				
	23	W						0.1	1.2	1.3	2.5	7.6	26.2	24.7	32.3	4.1	5.95	5.93	1.28	-0.02
		C						0.1	1.3	2.6	5.1	12.7	38.9	63.6	95.9	100				
Upo Topyeong cheon upstream (11)	24	W				0.1	0.1	0.5	1.8	1.9	4.9	15.1	37.5	8.0	15.9	14.2	5.20	5.68	1.73	0.28
		C				0.1	0.2	0.7	2.5	4.4	9.3	24.4	61.9	69.9	85.8	100				
	25	W				0.2	0.2	0.9	2.0	1.6	5.8	18.2	34.3	4.6	14.6	17.6	5.10	5.70	1.90	0.32
		C				0.2	0.4	1.3	3.3	4.9	10.7	28.9	63.2	67.8	82.4	100				
	26	W			0.4	0.5	1.1	2.1	6.6	7.6	13.3	14.7	11.6	14.1	21.8	6.2	4.80	4.60	2.40	-0.08
		C			0.4	0.9	2.0	4.1	10.7	18.3	31.6	46.3	57.9	72.0	93.8	100				
	27	W			0.7	0.8	1.5	3.0	8.5	5.6	8.3	9.2	12.6	15.2	28.3	6.3	5.50	4.48	2.68	-0.38
		C			0.7	1.5	3.0	6.0	14.5	20.1	28.4	37.6	50.2	65.4	93.7	100				
	28	W			1.9	1.0	1.1	2.0	6.8	11.0	16.5	24.1	4.4	14.9	14.2	2.1	3.90	4.15	2.35	0.11
		C			1.9	2.9	4.0	6.0	12.8	23.8	40.3	64.4	68.8	83.7	97.9	100				
	29	W			4.1	2.0	2.8	5.2	10.8	7.6	13.2	13.9	10.7	10.5	14.7	4.5	3.80	3.73	3.08	-0.02
		C			4.1	6.1	8.9	14.1	24.9	32.5	45.7	59.6	70.3	80.8	95.5	100				
	30	W			0.9	2.5	6.0	11.9	14.3	7.5	8.7	8.8	13.4	10.7	8.7	6.6	3.30	3.23	3.18	-0.02
		C			0.9	3.4	9.4	21.3	35.6	43.1	51.8	60.6	74.0	84.7	93.4	100				
	31	W			3.0	2.1	4.3	7.9	12.9	9.3	14.3	13.5	13.4	9.4	9.2	0.7	3.25	3.10	2.80	-0.05
		C			3.0	5.1	9.4	17.3	30.2	39.5	53.8	67.3	80.7	90.1	99.3	100				
	32	W		1.3	6.5	8.8	6.6	6.7	8.7	5.2	7.8	8.5	14.4	6.5	10.8	8.2	3.30	2.65	4.15	-0.16
		C		1.3	7.8	16.6	23.2	29.9	38.6	43.8	51.6	60.1	74.5	81.0	91.8	100				
	33	W	13.3	9.0	4.0	1.4	3.2	4.6	7.4	6.7	10.9	12.7	9.7	7.3	5.8	4.0	2.50	0.73	4.93	-0.36
		C	13.3	22.3	26.3	27.7	30.9	35.5	42.9	49.6	60.5	73.2	82.9	90.2	96.0	100				
	34	W	16.9	21.0	5.3	5.7	6.9	5.8	8.6	5.8	6.4	3.4	2.5	2.5	7.6	1.6	-1.40	-0.30	4.30	0.26
		C	16.9	37.9	43.2	48.9	55.8	61.6	70.2	76.0	82.4	85.8	88.3	90.8	98.4	100				
Section a–g (7)	a	W					0.1	0.2	0.6	0.8	2.0	1.5	15.1	43.8	22.3	13.6	6.20	6.30	1.10	0.09
		C					0.1	0.3	0.9	1.7	3.7	5.2	20.3	64.1	86.4	100				
	b	W					0.1	0.6	0.8	0.5	2.0	4.2	19.5	40.8	22.5	9.0	6.05	6.05	1.15	0
		C					0.1	0.7	1.5	2.0	4.0	8.2	27.7	68.5	91.0	100				
	c	W					0.3	0.1	0.8	0.9	3.3	11.5	28.5	30.2	13.9	10.5	5.65	5.75	1.35	0.07
		C					0.3	0.4	1.2	2.1	5.4	16.9	45.4	75.6	89.5	100				
	d	W					0.1	0.2	1.2	1.5	7.0	15.7	27.5	21.5	14.8	10.5	5.40	5.50	1.60	0.06
		C					0.1	0.3	1.5	3.0	10.0	25.7	53.2	74.7	89.5	100				
	e	W					0.2	0.1	0.2	0.6	11.4	22.1	28.2	12.3	21.1	3.8	5.05	5.28	1.63	0.14
		C					0.2	0.3	0.5	1.1	12.5	34.6	62.8	75.1	96.2	100				
	f	W						0.3	1.8	2.1	4.3	4.6	16.6	41.1	18.5	10.7	6.00	5.95	1.25	-0.04
		C						0.3	2.1	4.2	8.5	13.1	29.7	70.8	89.3	100				
	g	W						0.2	2.0	1.5	3.6	5.2	18.2	39.7	17.3	12.3	6.00	6.00	1.30	0
		C						0.2	2.2	3.7	7.3	12.5	30.7	70.4	87.7	100				

SampleNo \ ΦScale			-4.5	-3.5	-2.5	-1.5	-0.5	0.5	1.5	2.5	3.5	4.5	5.5	6.5	7.5	8.5	MdΦ	MΦ	S.D	Sk
Section hill (5)	h	W					0.1	0.1	0.3	4.6	14.8	22.0	25.1	12.3	17.4	3.3	4.80	4.98	1.78	0.10
		C					0.1	0.2	0.5	5.1	19.9	41.9	67.0	79.3	96.7	100				
	i	W				0.6	0.2	0.2	0.5	2.0	29.9	29.2	13.6	10.8	10.6	2.4	4.05	4.55	1.65	0.30
		C				0.6	0.8	1.0	1.5	3.5	33.4	62.6	76.2	87.0	97.6	100				
	j	W			0.4	0.2	0.2	0.1	0.3	1.0	16.6	32.0	20.0	14.7	12.0	2.5	4.50	4.85	1.55	0.23
		C			0.4	0.6	0.8	0.9	1.2	2.2	18.8	50.8	70.8	85.5	97.5	100				
	k	W			0.2	0.3	0.4	0.3	0.8	1.4	16.9	30.1	20.9	11.0	8.3	9.4	4.45	4.95	1.75	0.29
		C			0.2	0.5	0.9	1.2	2.0	3.4	20.3	50.4	71.3	82.3	90.6	100				
	l	W						0.1	0.4	0.7	4.2	11.4	32.9	30.3	10.1	9.9	5.55	5.65	1.25	0.08
		C						0.1	0.5	1.2	5.4	16.8	49.7	80.0	90.1	100				
Vertical core A (7)	-0.50 m	W							0.3	1.5	15.9	23.3	20.1	31.1	6.0	1.8	5.00	4.83	1.43	-0.12
		C							0.3	1.8	17.7	41.0	61.1	92.2	98.2	100				
	-1.05 m	W							0.1	0.7	10.0	21.5	21.5	31.5	13.7	1.0	5.35	5.10	1.35	-0.19
		C							0.1	0.8	10.8	32.3	53.8	85.3	99.0	100				
	-1.55 m	W							0.4	0.7	9.2	20.4	24.3	36.3	6.4	2.3	5.30	5.05	1.25	-0.20
		C							0.4	1.1	10.3	30.7	55.0	91.3	97.7	100				
	-2.05 m	W							0.1	0.7	7.7	18.4	24.2	34.5	13.3	1.1	5.40	5.18	1.28	-0.17
		C							0.1	0.8	8.5	26.9	51.1	85.6	98.9	100				
	-2.60 m	W							0.4	0.6	5.9	21.9	24.8	35.9	9.0	1.5	5.35	5.10	1.20	-0.21
		C							0.4	1.0	6.9	28.8	53.6	89.5	98.5	100				
	-3.05 m	W							0.7	1.5	2.0	11.7	28.6	33.9	20.9	0.7	5.65	5.63	1.13	-0.02
		C							0.7	2.2	4.2	15.9	44.5	78.4	99.3	100				
	-3.50 m	W							0.7	3.1	3.9	9.1	29.8	42.4	9.8	1.2	5.55	5.40	0.95	-0.16
		C							0.7	3.8	7.7	16.8	46.6	89.0	98.8	100				
Vertical core B (2)	-1.10 m	W						0.4	2.5	1.9	4.7	10.0	22.6	40.1	15.4	2.4	5.70	5.40	1.23	-0.24
		C						0.4	2.9	4.8	9.5	19.5	42.1	82.4	97.6	100				
	-3.35 m	W						0.3	0.5	0.7	3.9	7.8	22.3	45.6	15.1	3.8	5.80	5.63	1.03	-0.17
		C						0.3	0.8	1.5	5.4	13.2	35.5	81.1	96.2	100				

W : Weight C : Cumulation

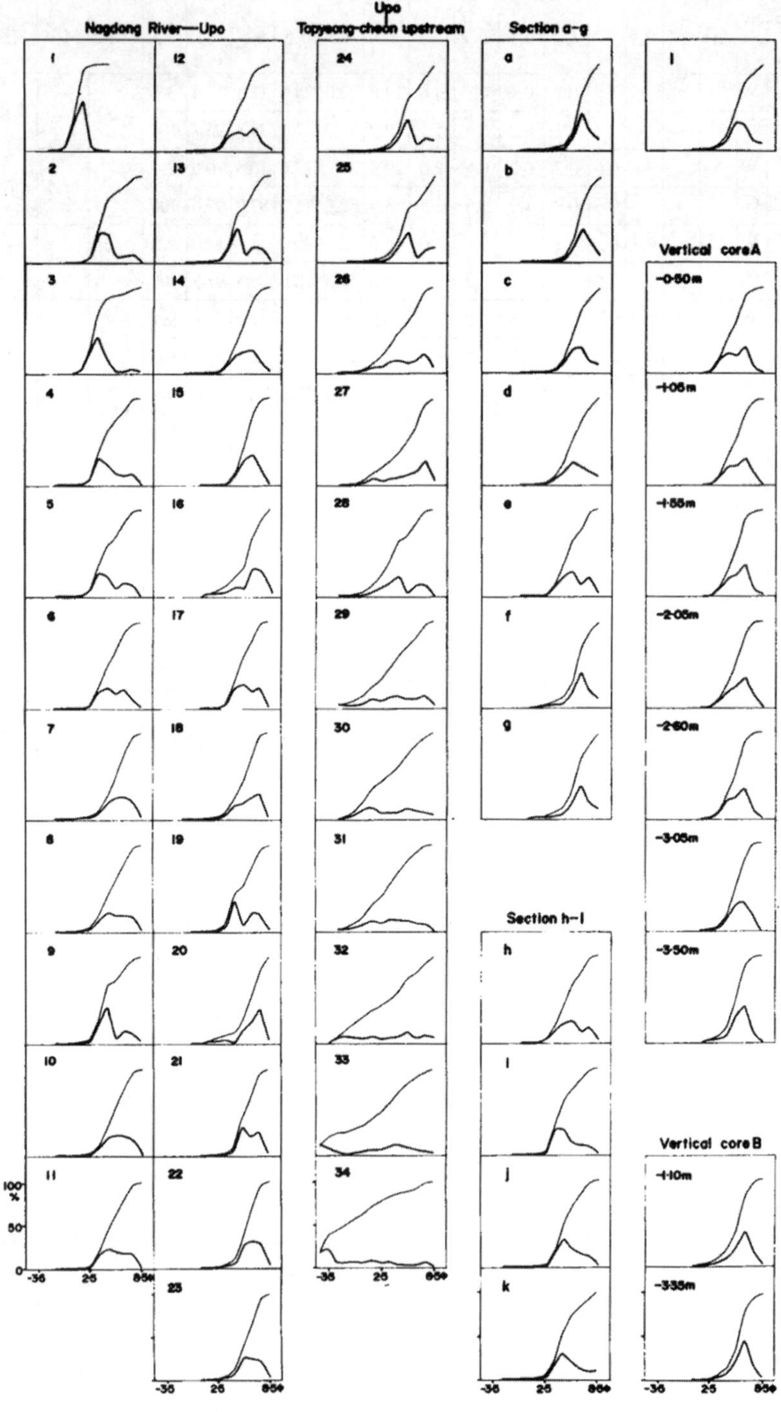

〈그림 6-10〉 각 퇴적물의 입경별 빈도분포 및 분포

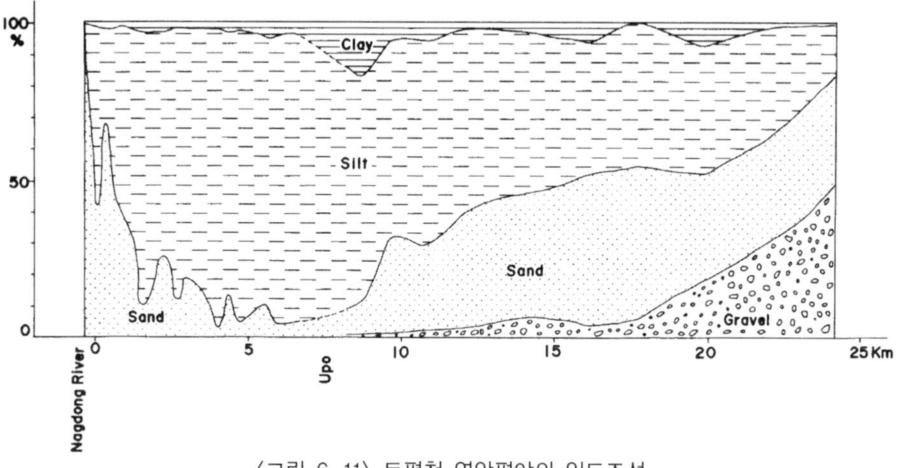

〈그림 6-11〉 토평천 연안평야의 입도조성

합류점에서부터 상류부까지의 입도조성을 도식화한 것이 <그림 6-11>이다. 낙동강 하상(샘플No.1)은 99%가 사질이며 사질 중에서도 조사가 주축을 이룬다. 자연제방 최고점에 해당하는 샘플No.3은 약 70%가 세사, 27%가 실트이다. 이상의 지점을 제외한 우포하류부의 전 샘플(4~23)과 우포에 연한 상류부의 2샘플(24, 25)은 실트질이 주축을 이루어 60~90%를 차지하고 우포주변으로 갈수록 실트질이 높게 나타난다. 우포상류부는 상류쪽으로 갈수록 사(砂)와 역(礫)이 점차로 증가하고 최상류부(샘플No. 34)에서는 역 50%, 사 30%에 이른다.

평야면의 지형종단면과 이에 대한 평균입경을 도식화한 것이 <그림 6-12>이다. 합류점에서부터 우포 쪽으로 갈수록 세립화하여 자연제방 최고점에서 3.50Φ이던 평균입경이 우포부근에서 5.95Φ로 변하여 Φscale로 약 3Φ정도의 차를 보인다.

우포상류부는 우포에서 상류로 갈수록 점점 조립화하여 우포부근에서 5.20Φ이던 평균입경이 최상류부에서는 -1.40Φ로 변하여 Φscale로 약 6Φ이상의 차를 보인다. 퇴적물의 입경은 상류에서 하류로 갈수록 그 입경이 세립화하는 것이 일반적인 경향이나 우포하류부에서는 역경향을 보인다.

분급은 표준편차(S.D.)로 나타낸 퇴적물의 집합상태를 나타내며 그 수치가 적을수록 분급이 좋다.[10] 낙동강하상퇴적물은 0.73으로 분급이 가장 좋으며 우포하류의 평야부는 1~2 사이의 분급도를 나타내고 방향성이 없이 전 지역이 비슷하다. 우포상류부는 분급이

10) G. M. Friedman and J. E. Sanders, *Principle of Sedimentology*(New York: J. Willy and Sons, 1978), pp.78~81.

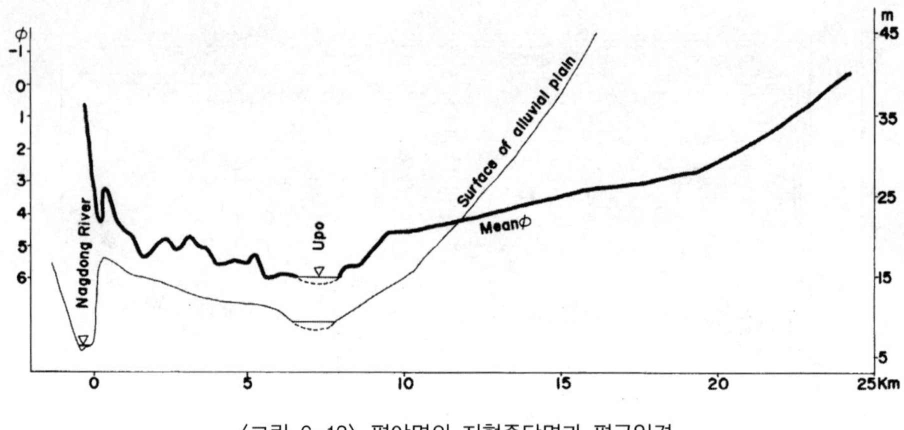

〈그림 6-12〉 평야면의 지형종단면과 평균입경

갑자기 나빠지며 상류로 갈수록 더 나빠져서 상류부에서는 4.93까지 이른다.

왜도는 빈도분포곡선이 어느 쪽으로 기울어졌는가를 나타내는 것으로 그 값이 positive일 때는 평균입경보다 조립 쪽이 분급이 잘 이루어졌고 빈도분포곡선은 세립 쪽으로 길게 확장되어 있는 것을 나타내고 negative일 때는 평균입경보다 세립 쪽이 분급이 잘 이루어졌고 빈도분포곡선은 조립 쪽으로 길게 확장되어 있는 것을 나타낸다.[11] 우포하류부의 샘플은 positive경향이 강해서 13개 샘플이 positive이고 6개 샘플이 negative경향을 보였다. 그러나 우포상류부의 샘플은 그 반대로 negative경향이 강해서 7개 샘플이 negative이고 4개 샘플이 positive경향을 보였다. 그러나 이 경향은 뚜렷한 것이 아니며 그 값도 0에 가까운 수치가 대부분이었다.

우포를 중심으로 상류부와 하류부 간의 퇴적물 특색을 구분해보기 위해서 횡축에 S.D., 종축에 MΦ로 한 scatter diagram을 작성해 본 것이 <그림 6-13>이다. 우포하류부 퇴적물은 낙동강 자연제방 최고점의 한 샘플(3)을 제외하고는 대략 평균입경 4~6Φ, 분급도 1~2사이에 밀집분포하고 있으나 우포상류부 퇴적물은 분급도 2.5~5구간에 다양한 입경으로 나타나 양 퇴적물은 서로 다른 구간에 group을 형성하고 있다.

Underline한 2개의 상류부샘플은 우포상류부이기는 하지만 범람시 우포의 수역이 확대될 때 침수역에 드는 구간이므로 그 특성이 하류부의 특성을 보인다. Sk와 S.D. 및 Sk와 MΦ의 상관관계도 도식해 보았으나 뚜렷한 특징은 나타나지 않았다.

퇴적메커니즘 분석을 위해서 정규확률지를 잘 도입한다. 정규확률지(normal probability graph)란 중앙 30~70%의 간격은 좁고 등간격이며 이보다 위나 아래 특히 10% 이하

11) G. M. Friedman and J. E. Sanders, loc, cit.

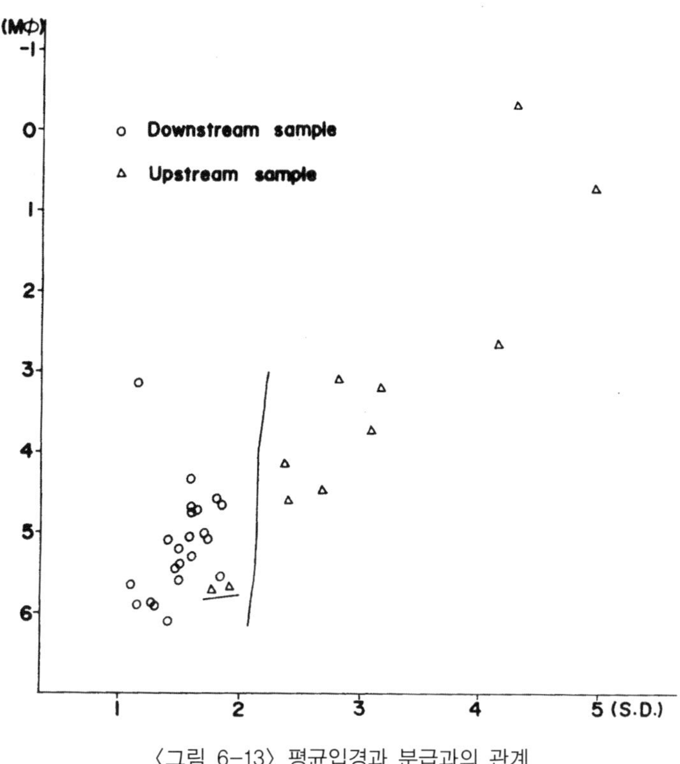

〈그림 6-13〉 평균입경과 분급과의 관계

및 90% 이상은 넓게 확대된 graph지이다. 이 graph지에다 퇴적물의 입경별 누가빈도분포를 plotting하면 한 개의 연속된 곡선이 되지 않고 몇 개의 분절된 직선으로 나타나는데 이 각 분절 간의 경계지점 즉 각 직선분절의 경사변환점은 퇴적메커니즘의 변화를 나타내고 있다고 한다.[12] 보통 분절은 3분절로 나타나는데 하위분절에 해당하는 집단을 조립군 (coarsest sub-population), 중위분절을 중립군(intermediate subpopulation), 상위분절을 세립군(finest subpopulation)으로 칭하고 퇴적물 운반메커니즘을 다음과 같이 3가지 양식으로 분류하고 이들 각 분절은 퇴적운반물의 3가지 양식은 하상하중(traction), 도약하중(saltation), 부유하중(suspension)을 반영한다고 했다.[13]

조사지역의 누가빈도를 정규확률지에다 투영해 본 것이 <그림 6-14>이다. 낙동강 하상퇴적물은 3분절로 나타나며 하위분절은 1% 미만이다. 중위분절이 약 95%를 차지하며 상위분절은 5% 정도로 나타나서 사질이 주로 saltation메커니즘에 의해서 운반된

12) G. M. Friedman and J. E. Sanders, *ibid.*, pp.71~74.

13) J. S. Bridge, 1981, "Hydraulic Interpretation of Grain-Size Distribution Using a Physical Model for Bedload Transport," *Journal of Sedimentary Petrology*, Vol.51, No.4, pp.1109~1124

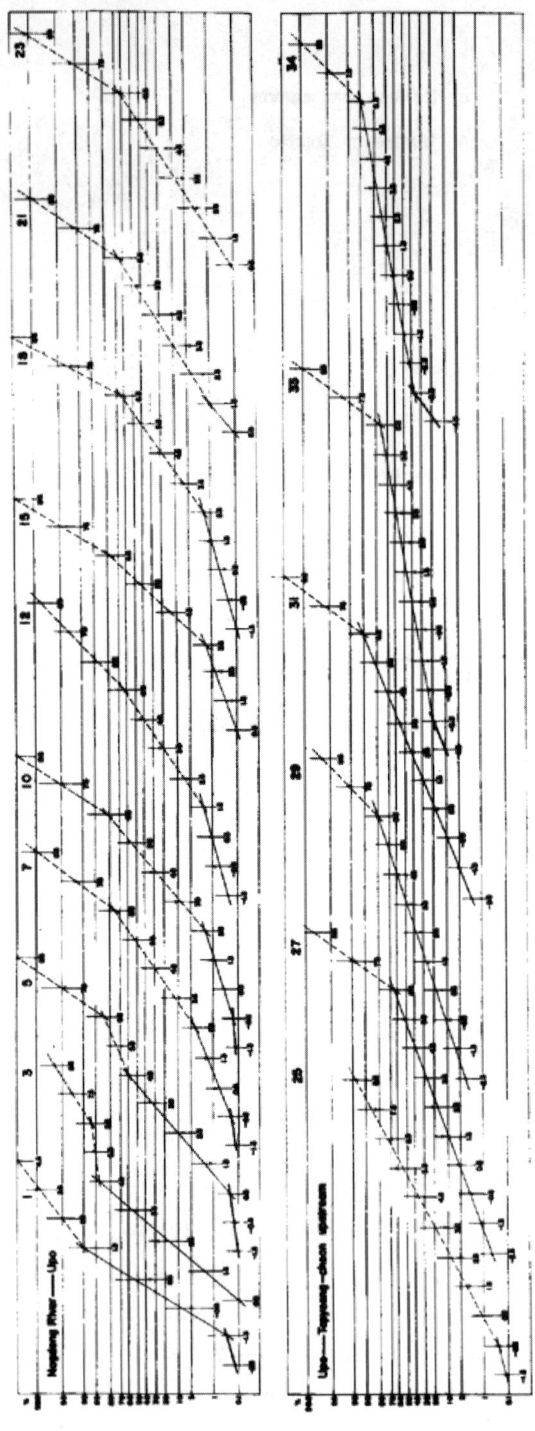

〈그림 6-14〉 정규확률지 상의 입경누가빈도분포

것을 보여주고 있다. 낙동강 자연제방 최고점의 샘플(3)은 하위분절이 결여되어 있고 중위분절이 90%를 차지하고 상위분절은 약 10%로 나타나서 saltation이 주된 퇴적메커니즘이라는 것을 나타내고 있다. 그 안쪽 우포하류 평야부 퇴적물은 하류에서 1% 미만의 하위분절이 나타나나 상류로 갈수록 하위분절은 결여되어 있다. 중위분절도 하류부근에서 상류 쪽으로 갈수록 60%, 10%, 5%로 급속히 감소하고 대부분이 5% 미만이다. 상위분절은 대부분의 지역이 90% 이상을 차지한다. 따라서 이 구간의 퇴적은 suspension메커니즘에 의해서 이루어진 것을 나타내고 있다. 또한 이 상위분절은 2개의 아분절로 나타나는 경향이 보인다. 해빈퇴적물에서 중위분절이 2개의 아분절로 나누어 나타나고 이것은 swash와 backwash의 메커니즘을 반영한다는 보고가 있다.[14] 이와 같은 관점에서 볼 때 본 조사지역 우포하류부의 상위분절이 2개의 아분절로 나누어지는 것도 상반된 방향성이 존재하는 것처럼 보인다.

우포상류부는 다시 중위분절이 60%, 80%, 90%로 증가하고 상류부에서는 하위분절도 20%, 40%에 이르러 상대적으로 상위분절은 상류로 갈수록 감소하는 경향이 나타났다. 이와 같은 경향은 우포상류부의 퇴적메커니즘은 traction과 saltation이 주축을 이루고 있음을 나타내고 있다.

황새벌에서 학엄벌에 이르는 평야면의 지형횡단면과 이에 대한 평균입경을 도식화한 것이 <그림 6-15>이다. 토평천을 연해서 입경이 가장 조립이고 지형도 가장 높으며

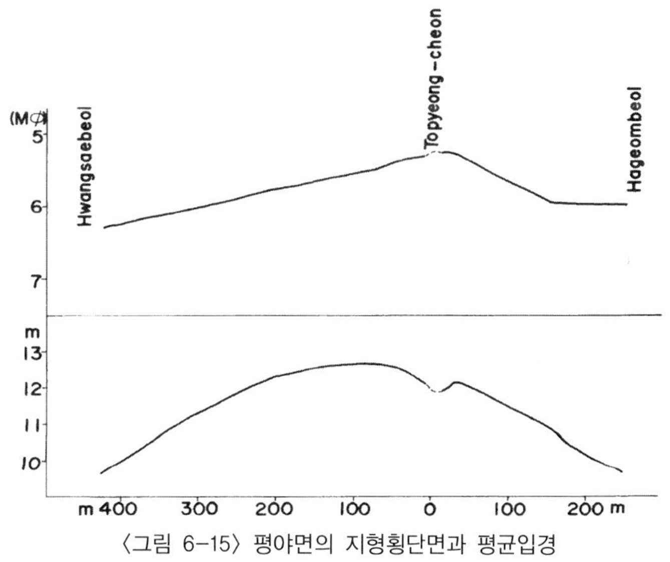

〈그림 6-15〉 평야면의 지형횡단면과 평균입경

14) G. M. Friedman and J. E. Sanders, op. cit., pp.76～78.

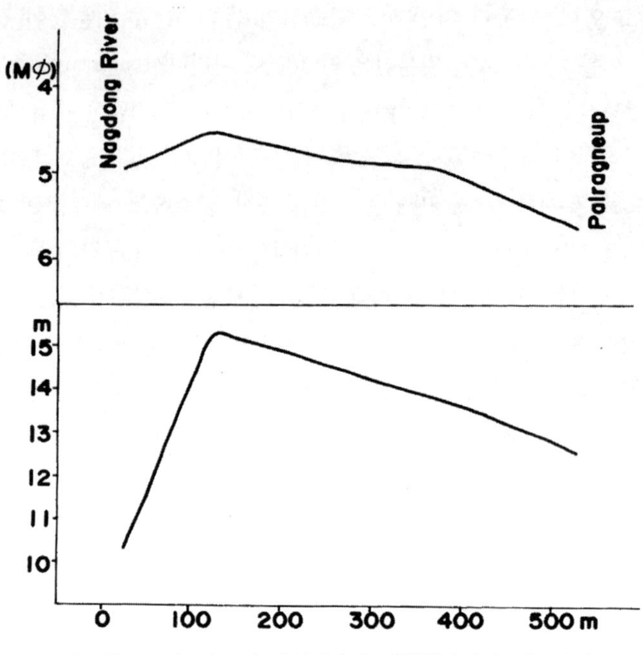

〈그림 6-16〉 낙동강 자연제방의 지형횡단면과 평균입경

황새벌 및 학엄벌 쪽으로 갈수록 지형이 낮아지고 입경도 세립화되는 경향이 나타났다. 이와 같은 현상은 홍수시에 낙동강에서 공급되는 퇴적물이 낙동강을 연한 자연제방을 넘어서 면적으로 이루어지는 것이 아니라 일단 토평천을 거슬러 올라와서 다시 토평천 양안으로 범람되는 형식으로 공급되는 것을 말해주고 있다. 낙동강에서부터 팔락늪에 이르는 지형횡단면과 이에 대한 평균입경(<그림 6-16>)도 지형과 입경이 잘 조화되어 있다.

우포주변의 수직퇴적상을 보기 위해서 hand auger로 우포에 인접한 하류부(A)와 상류부(B)의 샘플을 채취했다. 우포하류부 수직단면은 표면에서는 갈색이었으나 표면에서부터 -2m에서 흑회암으로 변하고 -2.60m이하에서는 청회색으로 변하며 -3.50m이하로 이와 같은 퇴적물이 계속되었다. <표 6-1>과 <그림 6-10>에서 볼 수 있는 것과 같이 평균입경 및 분급, 왜도에 있어서 표면에서부터 아래까지 입경이 약간 조립화되어지는 경향 외에는 거의 변화없이 동질의 특성을 보이고 있다. 우포상류부 수직단면은 갈색의 사질퇴적층과 암회색의 실트질층이 호층으로 나타났으며 이 중 실트질층의 입도조성은 <표 6-1>과 <그림 6-10>에서 보는 바와 같이 우포하류부의 수직단면에서 나타나는 퇴적물의 특색과 거의 유사하다.

그러나 사질층은 하류부에서는 나타나지 않는 것으로 토평천이 상류에서 운반해 온 퇴적물이 우포의 호성퇴적물과 지교상관층리(interfinger bedding)를 나타낸 결과로 판단된다.

3. 고찰

이상의 분석결과를 기초로 토평천 연안 충적평야의 지형발달을 고찰해 보기로 한다.

평야면의 표고변화, 평균입경 및 그 운반메커니즘의 변화, 하천종단면 및 그 유로형태의 변화들을 미루어 보아 우포는 평야발달의 서로 반대되는 두 방향성 지형의 경계부에 위치하고 있으며 우포상류부는 그 상류부에서 토평천이 상류부 산지의 퇴적물을 운반, 퇴적하여 만든 충적평야이나 우포하류부는 낙동강 기원의 퇴적물을 퇴적하여 만든 평야임을 알 수 있다. 낙동강역수 운반, 퇴적의 증거는 다음과 같은 사실들로써 증명된다. 첫째, 평야면의 표고가 낙동강을 연하여 가장 높고 우포 쪽으로 갈수록 점차로 낮아지는 현상 둘째, 낙동강을 연한 퇴적물이 더 조립이며 saltation에 의한 운반의 비중이 높은 반면에 우포 쪽으로 갈수록 입경이 세립화되고 부유하중의 비중이 높아지는 것이다.

그러나 토평천의 역수현상을 일으킬 낙동강의 이상고수위 현상은 <그림 6-8>에서 볼 수 있는 것과 같이 연중 2~3차례 단기간 동안에 일어나며 그 외 대부분의 기간은 평수위로 돌아간다. 평수위가 되면 역수로 공급된 물과 토평천 상류로부터 유입된 물이 우포로부터 낙동강 쪽으로 배수된다. 이 배수는 역경사의 평야면을 가로질러 이루어져야 되므로 하천은 평야면을 침식하여 <그림 6-7>에서 볼 수 있는 것과 같이 우포상류부보다 훨씬 하폭이 좁고 깊은 유로를 형성하게 되고 이 경향은 합류점으로 갈수록 더 심해지게 된 것으로 판단된다.

또한 전술한 바와 같이 우포를 경계로 그 하류부의 토평천이 심한 사행을 하고 있다. 그 이유를 필자는 다음과 같이 생각했다.

사행천은 하천에너지의 크기와 하안(bank)침식의 용이도 및 하안침식에 결과된 퇴적물의 이동량들에 의해서 결정된다고 했다.[15] 하안침식이 이루어질 수 없는 천정천에서는 유로변화를 자주 일으킬 수는 있어도 사행은 심하지 않을 것이다. 하천에너지의 관점에서 볼 때 우포하류의 토평천은 정류와 역류를 반복하기 때문에 유량이 배가되고 이상고수위

15) J. F. Friedkin, 1972, “A Laboratory Study of the Meandering of Alluvial Rivers”, In Schumm, S.A.(ed.), *River Morphology*, Dowden, pp.237~281.

시는 역구배가 급하고 평수위시보다 정구배가 우포상류부보다 더 급하게 나타나서 유속과 관련된 에너지도 상류에 비하여 훨씬 높다. 하안침식과 퇴적물이동의 관점에서 볼 때 충적평야면을 개석하고 있으므로 하안침식이 쉽고 많은 퇴적물이 발생하는 것이다. 이 퇴적물은 또한 정류와 역류에 의해서 침식사면에서 퇴적사면으로 물질이동이 활발히 이루어질 것으로 보인다. 이와 같은 원리에서 볼 때 충적평야를 어느 정도 개석하면서 정류와 역류를 반복하는 하천은 심한 사행을 하게 되고 본 평야와 같이 본류의 물이 홍수시에 역류하는 소지류 구간이나 조차가 심한 서해안하천의 감조구간이 이와 같은 메커니즘이 작용되고 또 그렇게 나타나는 것으로 보인다.

다음으로 최근 연구자들 간에 논쟁의 대상이 되고 있는 우포의 형성시기에 관해서 고찰해 보기로 한다. 이들 대립된 두 결론은 다음과 같다. 그 하나는 낙동강하류부의 자연소택지는 최근 삼림남벌에 의한 왕성한 토양침식에 결과된 낙동강 하상의 급상승으로 최근에 형성된 지형이며 그 수면은 점점 확대되어 가고 있다는 주장(大矢雅彦, 1971)이고 다른 하나는 이와 같은 자연소택지의 기원은 후빙기해면상승과 관련하여 빙하기의 개석곡이 충적층으로 메워지는 과정에서 나타난 결과로 보고 그 수면은 점점 축소되어 가고 있다는 주장(권혁재, 1976)이다.

본고에서 지형분류도(그림 6-3)를 기초로 유추해 보면 과거 우포의 수면은 사지포, 쪽지벌, 황새벌, 호포, 학엄벌, 세진리간척지, 대대리간척지를 연결하는 거대한 단일수면이었을 가능성이 짙고 현재는 토평천상류부 퇴적물에 의해서 사지포와 분리되고 우포하류부는 토평천을 연한 역수에 의한 선적 퇴적의 전진으로 쪽지벌, 황새벌, 호포와 학엄벌이 분리된 것으로 보인다. 또한 우포상류부와 하류부의 수직퇴적단면에서 표면 쪽이 더 조립이고 하부로 갈수록 점차로 세립화되어지며 토색도 수저퇴적환경을 반영하는 청회색으로 변해간다. 만일 점차로 수면이 확대되어 간다면 이와 반대의 경향으로 나타나야 할 것이다.

서론에서 언급한 바와 같이 우포의 형성시기에 관해서 이론이 많고 혹자는 최근 십수년 내에 형성된 것으로도 보고 있다. 따라서 필자는 이에 관한 기사를 조사해서 문헌상으로 이들 소택지가 어느 시기까지 소급될 수 있는가를 검토했다.

우리나라 최고의 지리지는 세종조의 경상북도지리지, 세종실록지리지가 있으나 이 양지리지에는 소하천이나 소택지에 관한 기록은 없다. 성종조(1477년)에 편찬된 동국여지승람 창령현편에 물슬천, 이지포, 누구택, 용장택의 기록이 나오고 순조조(1832년)에 편찬된 경상도읍지에도 같이 기록되어 있으며 철종조(1861년)에 편찬된 대동여지도에는 물슬천과 이지포는 그림에 나타나 있으나 누구택 대신에 누포라는 지명이 나와 있다.

이들 지리지에 나오는 지명을 대동여지도, 경상도읍지의 창령현 지도 및 현지 지도를 근거로 분석해 보면 물슬천은 지금의 토평천이며 유남산은 창녕군 고암면에 있는 화왕산을 지칭하는 것이고 용장택은 대합면에 있는 용호를 지칭하는 것이 확실하다. 이지라는 지명은 토평천하류부 성산리에 이지 혹은 배말리라는 지명이 나타나 있으나 현재 이 위치에는 소택지가 없다. 동국여지승람에 나오는 누구택과 대동여지도의 누포는 그 위치가 현 우포와 거의 일치하고 있으므로 확실하지는 않으나 이들은 우포의 옛 지명으로 볼 수 있을 것 같다.

이와 같은 기록으로 볼 때 이 토평천 연안에는 지금부터 500년 전에도 소택지가 존재하였을 뿐만 아니라 하류 쪽으로 성산리까지 확장되어 있었던 것으로 판단된다. 그러나 빙기해면상승에까지 그 기원을 소급, 분석하기 위해서는 본 평야부의 기반암에 이르기까지 충적층상변화를 분석하고 절대연대자료가 뒷받침됨으로써 검토가 가능하게 될 것이다. 그러나 본 역에서는 boring data가 전혀 없어서 이와 같은 분석은 불가능했으며 금후의 과제로 남겨둘 수밖에 없었다.

본고에서는 일단 이와 같은 지형배열의 발생이 후빙기해면상승과 관련하여 이루어진 것으로 가정하고 지형발달을 검토해 보았다. 최후빙기 최성기에 해면이 현재보다 100~150m 낮아졌고 이 낮아진 기준면에 대응하여 낙동강과 이에 합류하는 토평천도 하각을 계속하여 깊은 침식곡을 형성하였을 것이다. Boring결과에 의하면 본지역보다 상류부 고령교 부근 낙동강하상의 충적층하 기반암의 최심부 심도는 -10m에 이르고 하류부 남지교부근의 이 심도는 -25m에 이른다. 이와 같이 볼 때 토평천도 그 하류부는 당시 곡저가 현해수준 아래에 있었을 것으로 판단된다. 후빙기의 해면상승은 15,000년 B.P.부터 시작하여 6,000년 B.P.까지 급속도로 상승하여 거의 현 수준에 이른 것으로 보고되고 있다. 이와 같은 급속한 해진은 퇴적속도를 능가하여 현해수면하의 하곡은 침수상태를 만들었을 것이다. 따라서 이 시기의 토평천하류부 대략 현 우포부근에 이르기까지 침수된 것으로 예상된다. 6,000년 B.P.이후에 바다는 안정되고 이들 수면이 매적되기 시작했다. 매적은 광대한 상류유역면적을 가진 낙동강본류에서 먼저 이루어져 지류 쪽으로 만입한 수면은 본류와 분리된 호소로 남게 되었을 것이다. 이와 같이 분리된 호소가 지류의 상류 쪽에서는 이들 지류의 운반퇴적물에 의하여 매적되고 하류부는 낙동강의 이상고수위시 범람퇴적물에 의하여 매적되어 수면은 계속 축소되었다. 그러나 낙동강의 하상은 계속 높아지고 우포의 호저도 부유하중이 침전해서 그 호저가 계속 높아졌을 것이다. 따라서 우포는 만입이 분리되어 형성된 언지호(dammed lake)에서 기원해서 현해수면까지 매적된 뒤에도 배후습지성 소택지로 현재까지 유지되어 온 것으로 볼 수 있다.

이상과 같이 본 지역의 지형발달을 가정하고 본 조사지역의 표면지형특색을 대비시켜 보면 모순되지 않는다. 그러나 역시 이와 같은 지형발달의 확실한 입증은 본 평야지역에 풍부한 boring data에 의해서만 입증될 수 있다.

4. 결론

이상의 분석과 고찰에서 얻은 주요 결과를 중심으로 이 평야의 지형적 특색과 지형발달로 나누어서 요약하면 다음과 같다.

1. 토평천 연안 충적평야의 표면지형의 특색은 다음과 같다.

1) 토평천 연안 충적평야의 지형은 곡저평야 및 선상지, 자연제방, 배후습지로 분류되며 다시 배후습지는 논농사가 이루어지는 낮은 평야, 증수기에 침수되어 농사가 이루어지지 못하고 초지를 이루고 있는 습지, 이와 같은 습지를 제방을 쌓아서 간척한 저지, 연중 얕은 수면을 이루고 있는 소택지로 구성되어 있다.

2) 토평천 연안 충적평야의 표고는 우포부근이 가장 낮으며, 그 하류부는 낙동강을 연한 자연제방에서 가장 높고 우포 쪽으로 갈수록 점점 낮아지는 역경사를 이루고 있고 우포상류부는 상류로 갈수록 점점 높아지는 정경사를 나타낸다. 평야부의 횡단면은 토평천 양안이 가장 높고 그 후방으로 갈수록 점점 낮아진다.

3) 평수위시에는 우포의 물이 낙동강 쪽으로 배수되지만 연중 2~3차례 있는 낙동강의 이상고수위시에는 낙동강의 물이 우포 쪽으로 역류한다.

4) 토평천의 횡단면은 우포하류부는 하상이 좁고 곡이 깊으며 이 경향은 합류점으로 갈수록 심하다. 그러나 우포상류부는 하상이 넓고 곡이 얕다. 이와 같은 경향은 우포하류부는 토평천이 평수위시 평야부를 침식하여 자연제방을 절단하고 낙동강에 합류되기 때문에 나타나는 결과로 보인다.

5) 토평천은 우포를 경계로 그 하류부가 급격히 사행하기 시작하는데 이는 정류와 역류가 반복되고 하천이 평야부를 침식한 결과로 판단된다.

6) 토평천 연안 충적평야의 퇴적물 입도의 특성은 다음과 같다.

① 우포하류부의 퇴적물은 낙동강을 연한 자연제방상에서는 세사가 중심이고 그 후면에서부터 우포에 이르기까지는 실트질이 주며 그 평균입경은 합류점에서부

터 우포 쪽으로 갈수록 세립화된다. 그러나 우포상류부는 사와 역이 주며 상류로 갈수록 평균입경이 조립화되는 경향이 있다.

② 퇴적물의 분급은 우포하류부는 전 지역이 1~2로 비교적 좋은 분급도를 나타내고 있다. 그러나 우포상류부는 분급이 갑자기 나빠져 2~5에 이르며 상류로 갈수록 나빠지는 경향을 나타낸다. 왜도는 우포하류부는 positive경향이 있어 세립퇴적물이 확산되어 있는 상태를 나타내고 우포상류부는 negative경향이 있어 조립퇴적물이 확산되어 있음을 나타낸다.

③ 퇴적물 운반메커니즘은 우포하류부는 낙동강으로부터 자연제방퇴적물이 주로 saltation메커니즘에 의해 퇴적되었다. 그러나 우포상류부는 saltation과 traction메커니즘이 주가 된다.

④ 우포부근의 퇴적물 수직단면의 입도 및 토색의 특징은 하부로 갈수록 점점 더 수저퇴적환경의 특색을 보이고 있다.

2. 토평천 연안 충적평야의 지형발달은 다음과 같이 가정할 수 있다.

1) 낙동강하류지방의 자연소택지의 형성기원을 수십 년 전으로 보는 것은 문헌조사 결과 및 퇴적물 수직변화특색 등으로 부정되어지며 그보다 훨씬 오랜 것으로 보는 것이 타당하다.

2) 빙기에 형성된 토평천의 개석곡은 후빙기 전기에 침수되고 후빙기 후기에 해수준의 안정과 더불어 매적되기 시작했다. 이 매적은 현 우포하류부는 낙동강 범람퇴적물에 의하여 상류부는 토평천이 상류산지로부터 운반해 온 퇴적물에 의하여 이루어졌으며 우포는 매적과정에서 마지막까지 남은 잔재로 볼 수 있다. 이와 같은 지형 발달의 가정은 충적층의 지하구조에 의해서 확인된 것은 아니다. 그러나 표면지형의 특색은 이와 같은 지형 발달의 가정과 모순되는 점이 없이 잘 부합되게 나타나 있다.

참고문헌

1. 단행본

건설부. 1979.『하천』.

건설부. 1982.『한국수문조사연보』.

권혁재. 1981.『지형학』. 서울: 법문사.

경희대학교전통문화연구소. 1977.『대동여지도원도』.

김우관. 1983.『지형학』. 서울: 형설출판사.

조선사학회. 1930.『신증동국여지승람』.

한국학문헌연구소. 1982.『경상도읍지』.

高山茂美. 1974.『河川地形』. 東京: 共立出版社.

大矢雅彦. 1979.『河川の開發と平野-東南ァジァを中心として-』. 東京: 大明堂.

渡邊光. 1973.『新版地形學』. 東京: 古今書院.

尾留川正平外. 1973.『自然地理調査法』. 東京: 朝倉書店.

Butzer, K. W. 1976. *Geomophology from the, Earth.* Harper and Row.

Friedman G. M. and J. E. Sanders. 1978. *Principles of Sedimentology.* New York: J.Willy and Sons.

2. 논문

강승삼. 1980.「한국하천지형의 변화:영산강을 중심으로」. 지리학연구, 제5집. 229~249쪽.

권혁재. 1976.「낙동강하류지방의 배후습지성 호소」. 지리학, 제14호. 1~8쪽.

_____. 1974.「한국의 하천과 충적지형」. 고대교육논총, 제1집. 75~92쪽.

_____. 1975.「호남평야의 충적지형에 관한 지리학적 연구」. 지리학, 제12호. 1~20쪽.

김종일. 1982.「영산강유역의 범람원지형에 관한 연구」. 전남대학교 대학원 석사학위논문.

박동원, 유근배. 1979.「우리나라 서해안의 사구지형」. 지리학논총, 제6호. 1~10쪽.

오경섭. 1975.「북평주변의 저위침식지형연구」. 서울대학교 대학원 석사학위논문.

오윤규. 1974.「한강하류의 충적지형연구-고양군 중면일대를 중심으로-」. 고려대학교 교육대학원 석사학위논문.

조화룡, 박춘락, 이미행. 1981.「삼랑진주변평야의 지형발달」. 지리학, 제23호. 1~14쪽.

조화룡, 신윤호. 1982.「해안평야 미지형 퇴적물의 입도조성」. 지리학, 제25호. 1~14쪽.

황유정. 1979.「안성천하구의 충적지형연구」. 지리학논총, 제6호. 87~94쪽.

籠瀨良明.「四萬十川下流地域の 自然堤防」. 地理學評論, Vol.46. No.11. pp.731~740.

多田文男. 1971.「朝鮮半島の 形成研究史の 一端」. 地理, Vol.16. No.11. pp.22~27.

大矢雅彦. 1977.「地形分類とした河成平野の 比較研究」. 地理學評論, Vol.50. No.1. pp.1~31.

大矢雅彦. 1971「韓國の 自然」. 地理, Vol.16. No.11.. pp.28~34.

米倉伸之. 1966.「陸中北部沿岸地域の 地形發達」. 地理學評論, Vol.39. No.5. pp.311~323.

森山昭雄. 1977. 「大曾川平野表面の 粒度造成」. 地理學評論, Vol.50. No.2. pp.71~87.

森山昭雄. 1978. 「矢作川平野表層堆積物の 粒度造成」. 地理學評論, Vol.51. No.1. pp.60~71.

森山昭雄, 橋本昌典. 1982. 「粒度造成からみた花崗岩山地小地域におけろ土砂流出.」. 地理學評論, Vol.55. No.2. pp.834~848.

森山昭雄, 淺井道廣. 1980. 「矢作川河床堆積物と給源岩石の 造岩鑛物との 粒度造成關係」. 地理學評論, Vol.53. No.9. pp.559~573.

松本秀明. 1977. 「仙臺附近の 海岸平野におけろ微地形分類と地形發達-粒度造成法を用いて-」. 東北地理, Vol.29. No.4. pp.229~237.

伊勢屋ふじこ. 1982. 「茨城縣樓川におけろ逆グレデイングをした洪水堆積物の成因」. 地理學評論, Vol.55. No.9. pp.597~613.

井口正男. 1963. 「天龍川·川路附近の 氾濫堆積物について」. 地理學評論, Vol.36. No.11. pp.669~674.

池田宏. 1970. 「三重縣·朝明川·三瀧川·內部川の 河床縱斷形について」. 地理學評論, Vol.43. No.3. pp.148~159.

Bridge, J. S. 1981. "Hydraulic Interpretation of Grain-Size Distributions using a Physical Model for Bedload Transport." *Journal of Sedimentary Petrology*, Vol.51. No4. pp.1109~1124.

Friedkin, J. F. 1972. "A Laboratory Study of the Meandering of Alluvial Rivers." In Schumm, S.A.(ed.). *River Morphology, Dowden.* pp.237~281.

Leopold, L. B. and T. J. Maddock. 1972. "The Hydraulic Geometry of Stream Channels and Some Physiographic Implication." In Schumm, S.A.(ed.). *River Morphology, Dowden.* pp.117~127.

Leopold, L. B. and M. G. Wolman. 1972. "River Channel Pattern: Braided, Meandering, and Straight." In Schumm, S. A.(ed.). *River Morphology, Dowden*. pp.283~300.

Matsumoto, H. 1981. "Developmental Process of Alluvial Coastal Plain Related to the Holocene Sea-Level Change." The Science Reports of Tohoku University, Vol.31. No.2. pp.155~171.

Oya, M. 1971. "Geomorphological Flood Analysis on the Naktong River Basin, Southern Korea." Waseda University. pp.1~77.

Russell, R. J. 1954. "Alluvial Morphology of Anatolian River." *Annals of the Association of American Geographers*. Vol.44. pp.363~391.

Yatsu, E. 1972. "On the Longitudinal Profile of the Graded River." In Schumm, S. A.(ed.). *River Morphology, Dowden*. pp.211~219.

CHAPTER 7

태화강 하류 충적평야의 지형 발달*

1. 서론

1) 연구목적

충적평야의 지형 연구는 최근에 이르러 후빙기 해면변동과 관련시켜서 그 지형 발달이 연구되고 있으며, 방법론적으로 boring data에 의한 충적층 구조를 파악하고 boring 시료를 이용한 입도분석, 화분분석, 규조분석, 유공충분석 등의 분석적 방법을 적용하여 퇴적환경 및 해수준을 복원하고 충적평야가 어떤 발달과정을 거쳐서 현재에 이르렀는가를 고찰하는 경향이 있다.

그러나 우리나라에서는 이와 같은 방법을 도입한 연구가 아직 시작의 단계에 있다고 할 수 있으며 또한 충적세의 해수중변동과 퇴적환경변화를 복원하는 것은 많은 분석적 연구의 성과가 누적된 위에서 가능하다고 본다.

본 연구는 이와 같은 우리나라의 지형학적 요구에 부응하고자 아직 연구된 바가 없는 울산시 주변의 태화강 하류 충적평야를 대상으로 boring data 분석을 통하여 본 평야의 충적층구조를 밝히고, boring core의 입도분석, 규조분석을 통하여 퇴적환경변화를 검토하여 본 충적평야의 지형발달을 고찰했다.

---

* 황상일, 1984, 경북대학교 대학원 석사학위 논문.

2) 연구방법

본 연구수행을 위하여 다음과 같은 방법을 적용했다.

1) 지형분류는 1 : 25,000지형도를 기도로 1 : 5,000지형도와 1 : 20,000항공사진판독에 의하여 예비적 분류를 행하고 현지조사를 통하여 보완·수정하여 분류도를 완성했다.

2) 충적층의 구조는 본 평야에서 행해진 25공의 boring주상도와 hand auger에 의해서 직접 실시한 6공의 주상도에 의해서 분석했다.

3) hand auger로 채취한 시료 중에서 수집한 패각을 일본 동북대학 연대측정실에 의뢰, 절대연대를 측정했다.

4) 달동 부근에서 hand auger로 채취된 7.3m boring core에 대해서 입도분석과 규조분석을 행했다. 입도분석은 ø scale 5 이하는 pipette법에 의해 습식분석을 했고[1] ø scale 4 이상의 조립질은 표준분석채에 의해서 분석했다.

규조분석은 60㎝마다 시료를 취하여 총 13시료를 분석하였으며 다음과 같은 처리과정을 통하여 präparat를 제작하였다.

(1) 시료를 햇볕에 완전히 말린 후 250cc beaker에 시료 5g과 증류수 75cc를 넣어 서서히 가열, 시료가 완전히 해체되었을 때 35% 과산화수소수(H_2O_2) 5cc를 가하고 발포가 끝날 때까지 약 10~15분 가열했다.

(2) 위의 (1)의 처리가 끝난 용액에 증류수를 전량이 200cc가 되게 첨가하여 휘젓고, 육안으로 관찰되는 부유물이 가라앉을 때까지 약 20초간 정치한 후 경사법으로 현탁액은 다른 beaker에 옮기고 하부의 점토물질을 제거했다. 이와 같은 작업을 3회 반복했다.

(3) 현탁액을 휘저은 후 15초간 정치한 뒤에 spuit를 이용하여 slide glass에 2~3방울 떨어뜨리고 햇볕에 건조시켜 Canadian Balsam으로 봉입 präparat를 만들었다. 검경은 배율 400배로 수행했으나 더욱 세밀한 관찰을 요할 때는 1,000배하에서도 행했다. 규조의 동정(同定)은 정영호(1968), 이영길(1975A, 1975B, 1978, 1983), 小久保清治(1973), Tanimura(1981), Sato, H. et al(1983) 등의 문헌을 참고하였으며 동일속이면서도 종 분류에 있어서 모호하거나 각의 크기가 작아 종 분류가 어려운 경우에는 “spp”로 묶어서 분류하였다.

---

1) Stokes의 공식에 의하여 beaker법에 의해 분류했다.

3) 지형 및 지질개관

태화강은 경남 울주군 상북면 덕현리 가지산(1,240m)에서 발원해서 주변 소지류를 합하면서 동류하여 울산시 동쪽에서 형산강구조곡을 남류하는 동천과 합류하여 울산만으로 유입하는 하천으로 주류길이는 약 46km이다. 중류부 언양 부근에서 선상지 및 비교적 넓은 충적평야가 전개되고 퇴적암(대구층)지대를 지나는 동안 협곡을 형성하고 양안에 하안단구를 만들고 있으나 울산시 태화동 부근에서 충적평야의 폭이 넓어져서 최대폭 3~4km에 이른다.

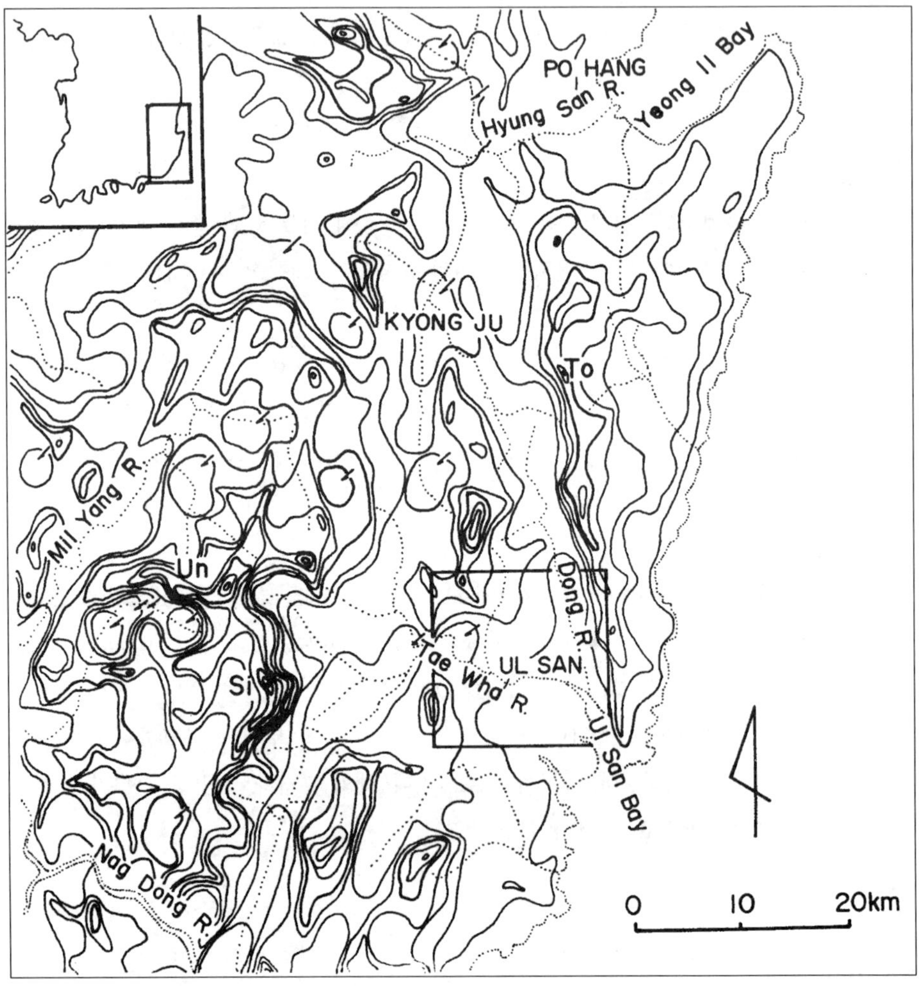

〈그림 7-1〉 연구지역 개관

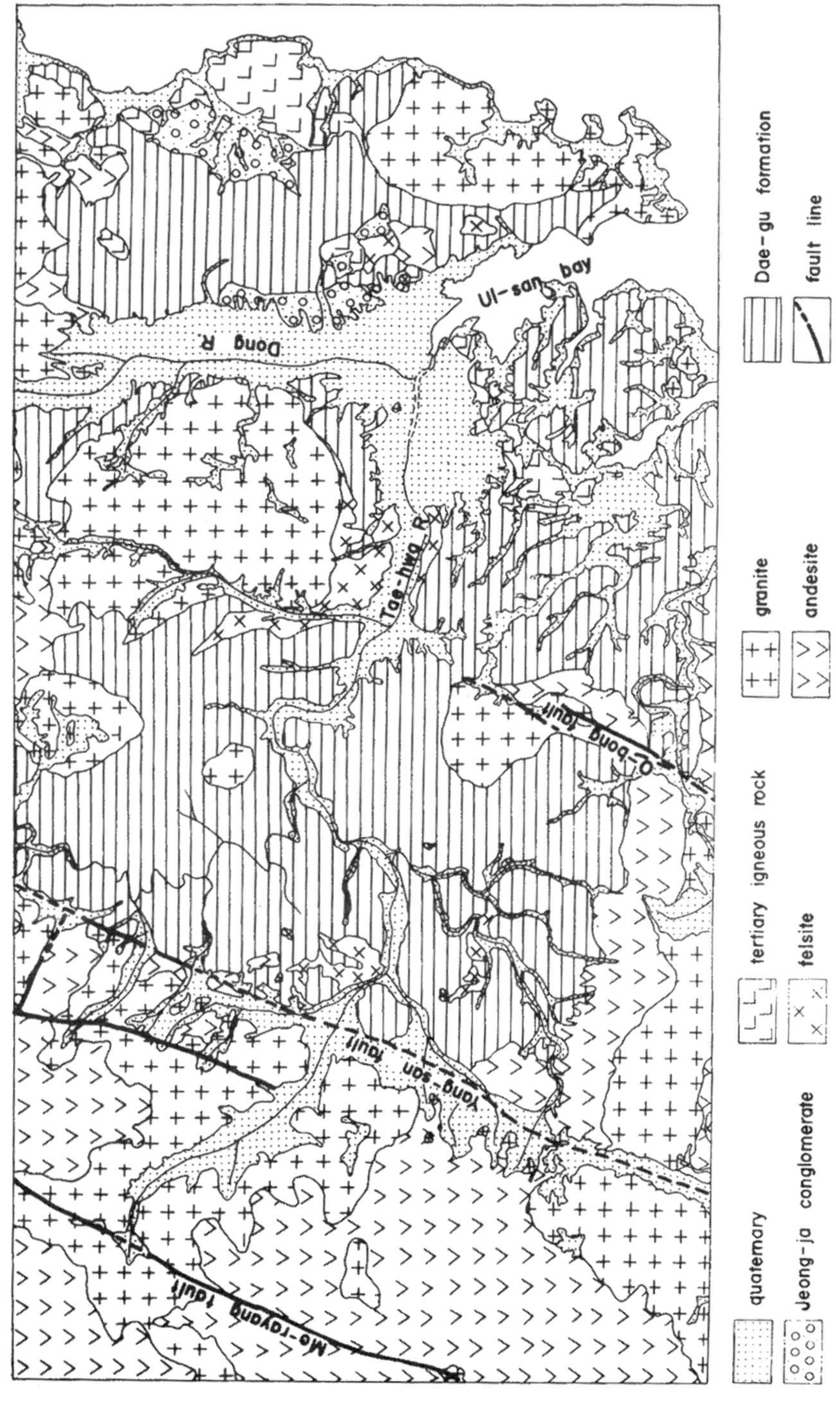

〈그림 7-2〉 연구지역의 지질도

한편, 동천은 소위 불국사산맥 서사면에서 발원하여 일련의 합류선상지를 형성하면서 서류하는 소지류를 합하여 남류하고 입실부근에서 양안에 충적평야를 형성하고 있다.

태화강 유역의 지질은 언양부근의 북북동-남남서 주향의 양산단층선에 의해서 서부와 동부로 크게 나눌 수 있다. 서부는 경상누층군의 최상부에 해당하는 유천층군으로서 안산암과 이를 관입한 화강암 등 주로 화성암으로 구성되어 있어서 역의 공급이 풍부하다. 양상단층선의 동부는 경상누층군중에서 서부의 층군보다 하위에 퇴적된 퇴적암층(대구층)으로 주로 구성되어 있고 이를 관입한 화강암이 울주군 두동면, 범서면, 청량면 등지에 병반의 형태를 취하고 있다.

동천 동측의 소위 불국사 산지는 주로 불국사통 화강암으로 구성되어 있다.

2. 본론

1) 충적평야의 미지형

본 평야는 태화강과 지류 동천이 그들의 상류에서 각각 운반한 퇴적물로 울산만을 매립하는 형태로 형성되어 있다. 해안선 부근에는 동해안의 강릉, 포항평야에서 볼 수 있는 것과 같이 해안선을 연하여 beach ridge, 사구지형이 나타나 있지 않고 하구부근에는 몇 개의 하중도가 형성되고 있을 뿐이다. 이것은 매적이 아직 만내에서 이루어지고 있어 외해의 영향을 거의 받지 않고 있다는 것을 말해주고 있다. 태화강과 동천을 연하여 자연제방이 형성되어 있고 그 후면 특히 달동, 야음동 일대는 배후습지로 되어 있다. 이 저습지를 따라 형성되어 있는 소하천인 여천강은 과거 태화동 부근에서 태화강 본류로부터 분류했을 가능성도 있다. 이렇게 보면 태화강 남쪽의 신리동, 중리동, 삼산동이 위치하고 있는 평야부는 이들 양분류 간에 형성된 하중도였을 것이다.

동천의 동쪽 소위 불국사산맥의 서쪽 산록에는 선상지가 연속적으로 형성되어 합류선상지를 형성하고 있으며 이 선상지와 동천의 자연제방 사이에 저습지가 형성되어 있고 이 저습지를 따라 일종의 yazoo stream이 형성되어 있다. 해안부에는 삼산동 동부지대와 현재 울산공단이 위치하고 있는 곳, 태화강 건너 양정동일대는 과거 바다였던 곳을 매립한 간척지가 분포하고 있다.

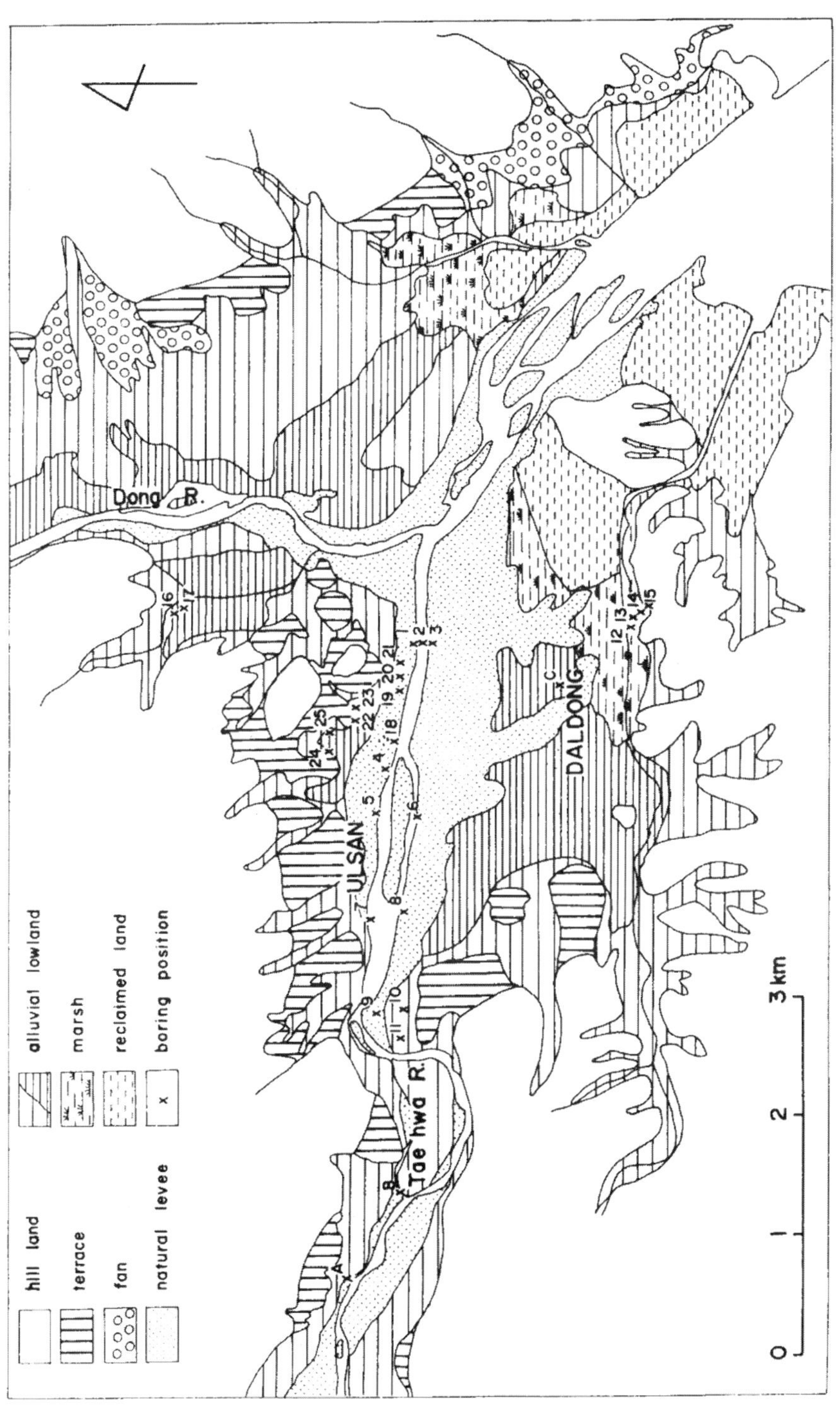

〈그림 7-3〉 태화강 하류 평야의 지형 분류도

2) 충적층 구조

본 평야에서 행해진 boring 지점은 <그림 7-3>에 표시했고 각 boring 주상도는 <그림 7-4>에 나타냈다. 1~11번 boring은 태화강 고수부지공사를 위하여 태화강을 연하여 이루어진 것이다. 1~4번까지는 기반암까지 boring이 이루어졌으나, 5~11번까지는 표면에서 10m까지밖에 이루어지지 않아서 기반암의 심도는 알 수 없었다. 1~4번의 주상도에 의하면 본 평야의 충적층 심도는 30m를 넘고 있다. 퇴적상(sedimentary facies)은 3, 4번 주상도에서 하부에 일부 역층이 있으나 1, 2번에서는 기저역층 없이 바로 실트층이 퇴적되어 있다. 이 실트층은 패각을 포함한 암회색의 연약한 퇴적층으로서 표면하 30m 부근에서 표면하 5m 부근까지 두껍게 형성되었으며 표면 5m 전후가 모래층으로 되어 있다. 5~11번의 단면에서도 대략 표면하 5m 부근까지 패각을 포함한 실트층이 계속되다가 표면 부근에 이르러 모래층으로 바뀌는 경향이 보인다.

18~21번 boring은 옥교동, 학성동에 하수도 종말처리장 공사를 위하여 이루어졌고 22~25번 boring은 주택신축 및 Apart공사를 위하여 실시하였다. 이들 각 boring지점은 태화강 북안으로서 특히 18~21번 주상도는 태화강에 바로 인접한 지역이면서도 전술한 태화강 고수부지 주상도와 기반암의 심도 및 퇴적상에 뚜렷한 차이를 보인다. 기반암의 심도는 대략 표면하 15m 전후에 나타나고 기반암 및 기반암의 풍화토 바로 위에 두꺼운 역층이 나타나서 표면하 5m 부근까지 이르고 그 상부에 실트 및 점토층이 나타난다. 18~21번 주상도는 역층 상부에 패각을 포함한 실트층이 나타나고 이 실트층은 고수부지 주상도상에서 나타난 두꺼운 실트층과 연속되는 것으로 판단된다. 표면 3~4m 층후의 점토는 패각이 포함되어 있지 않는 배후습지성 퇴적물의 형태로 22~25번 주상도의 표면점토층과 연결되는 것으로 판단된다. 22~25번 주상도 표면 3~4m 역층 및 역질점토층은 황갈색의 각력으로 배후구릉지의 사면퇴적물로 보인다.

이상의 주상도에서 태화강을 연하여 기반암은 표면하 30m에서 나타나고 기저역층이 엷게 나타나는데 대하여 태화강 북안에서 급격히 기반암이 높아지고 또 기반암 위에 두터운 역층을 형성하고 있는 것은 태화강 북안에 Pleistocene 단구가 존재하고 있었음을 시사하고 있으며 본 충적층이 퇴적되기 전에 태화강은 이 단구를 개석하고 또 그 하부기반암도 약 15m 전후로 하각한 하곡을 형성하였다고 볼 수 있다. 후빙기 해면상승과 더불어 충적층의 퇴적은 이 곡을 매몰했을 뿐만 아니라 이 홍적단구까지 매몰한 결과 전술한 바와 같은 퇴적상의 특색을 나타내고 있다고 판단된다. 따라서 역층과 실트 및 점토층 사이에는 부정합을 이루고 있을 것으로 판단된다.

12~15번 boring은 울산시 야음동 분뇨 종말 처리장 설치를 위하여 이루어졌다. 기반암은 표면하 20~15m 부근에 나타나고 기반암상에는 2~3m의 기저역층이 퇴적되어 있으며 그 상부는 두꺼운 실트 및 점토층을 형성한다. 이 실트 및 점토층은 패각과 부식질을 포함하고 있다. 표면 2~3m 는 점토질역층 및 모래층으로 되어있다. 이 단면의 퇴적층 층상변화는 태화강 고수부지 주상도와 비교하여 충적층의 심도가 얕을 뿐 층상변화는 비슷하다.

16~17번 주상도는 병영단위농협 건물 신축을 위하여 boring이 행해졌다. 기반암의 풍화대는 표면하 17~18m에서 나타났고 그 위에 패각을 포함한 점토층이 7m 전후 층후로 나타나고 다시 그 상부를 패각을 포함한 7m 전후의 모래층이 나타났으며 표면 약 3m는 점토질역층으로 되어있다. 본 주상도에서 주목할 사실은 본 boring 지점의 표고가 약 4m인 것으로 보아 현해수준 부근까지 패각이 분포하고 있어서 과거의 해역이 이 부근까지 이르렀음을 말해주고 있다. 필자는 boring core의 분석을 위하여 본 평야의 3개 지점을 hand auger로 최대 7.3m까지 직접 boring했다. 그 결과를 <그림 7-5>에 나타냈다.

A지점은 난곡리 앞 삼호교로부터 약 500m 하류부 하상 가장자리이다. 이 부근의 하상은 역질로 되어 있으나 표면하 1m 아래부터 층후 약 1m 전후의 사질 토탄층이 나타났고 그 아래 다시 세사층이 나타났다. 물의 침수로 더 이상 boring이 불가능해서 그 하부를 확인할 수는 없었으나 하상역층하부에 토탄층이 매몰되어 있는 것이 주목할 사실이다.

B지점은 태화강 남쪽 태화강 소분류의 하상을 boring한 것으로 표면하 3.1m까지 팠으며 부식질을 포함한 흑색의 실트질 점토로 되어 있고 표면하 1.4m, 3m 부근에서 pebble급의 원력이 약간 포함되어 있었다. 본 단면의 표면하 1.4m, 2.6m, 3.1,m부근에서 패각층이 나타났으며 3.1m의 패각은 절대연대가 4,630±135년 B.P(TH-1003)로 나타났다.

C지점은 달동2구 부근에서 boring이 이루어졌으며 표면하 7.3m까지 boring할 수 있었다. 표면하 1.6m까지는 회갈색의 세사 및 실트층이고 그 하부 3.7m까지는 흑회색의 부식질을 포함한 세사 내지 점토층으로 되어 있다. 전반적으로 볼 때 표면에서부터 하부로 갈수록 입자의 세립화 경향을 보였다. boring은 7.3m까지 이루어졌으나 이와 같은 퇴적상은 이하 계속되는 것으로 보여진다. 본 주상도 2.5m 부근과 3.4m 부근에 패각층이 나타나 이를 연대측정한 결과 약 3,000년 B.P(TH-1004, 1005)의 연대가 나왔다.

이상에서 본 각 충적층 boring 주상도의 특징에 의해서 본 평야의 충적층은 다음과 같이 세분할 수 있다.

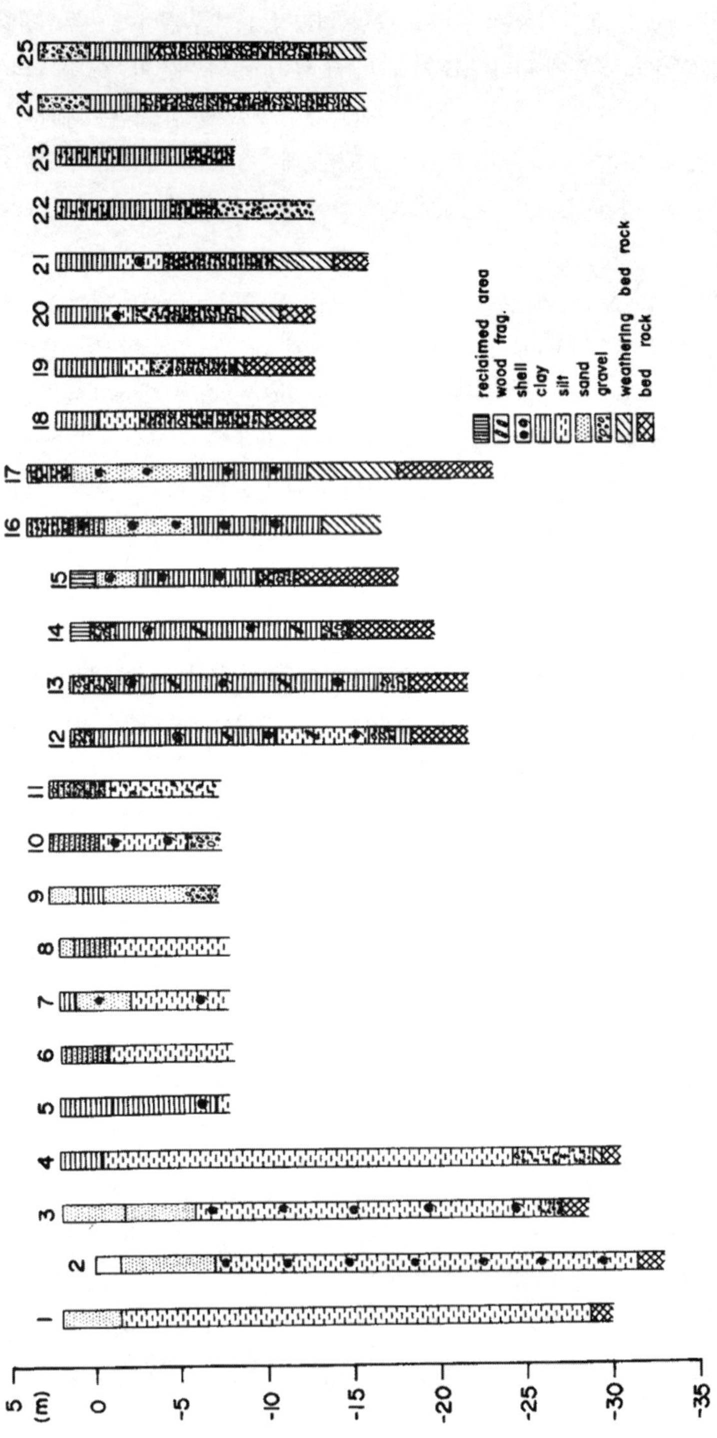

〈그림 7-4〉 태화강 하류 평야의 boring 주상도

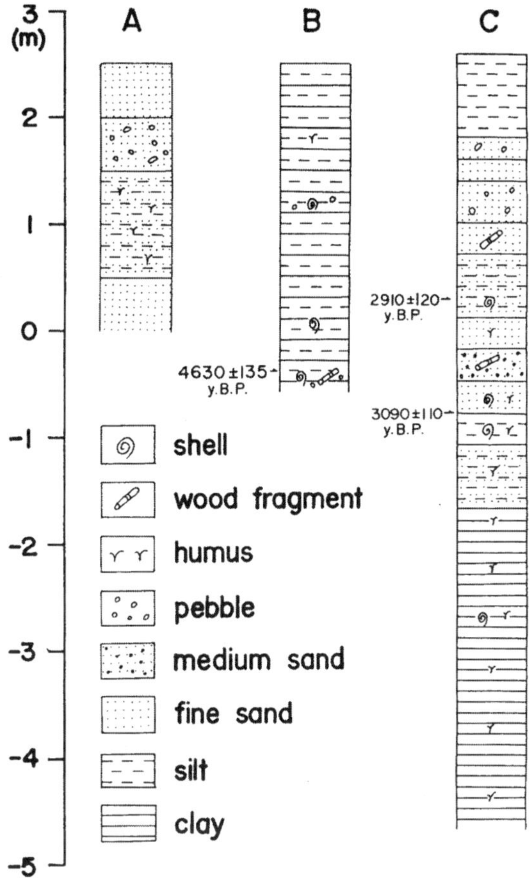

〈그림 7-5〉 boring 주상도(hand auger 채취한 것)

기저역층 : 본 층은 pebble 및 cobble급의 역으로 기반암 바로 위에 두께 2~5m 층으로 나타나고 있다. 태화강 북안 울산시 구시가지 부근은 두터운 역층이 나타나지만 이는 기저역층과는 별개로 풍화된 황갈색의 홍적세 단구역층으로 인정된다.

중부silt층 : 본 층은 패각과 부식질을 포함한 해성 혹은 석호성 퇴적물로 태화강을 연하여는 층후 25m 정도로 두텁게 나타나고 야음동 일대에도 15m 전후의 층후를 나타낸다.

상부모래층 : 태화강을 연하여 층후 3~8m 정도이고 중부실트층을 덮고 있으며 태화강의 하상퇴적물 및 자연제방퇴적물로 판단된다.

상부점토층 : 태화강 배후의 배후습지퇴적물로서 산록부근에서는 사면퇴적물에 의해서 피복되어 있다.

상부역층 : 본 층은 태화동보다 상류부에 나타나는 원력의 하상역층과 배후구릉지에

접한 곳에 나타나는 구릉지로부터 운반된 각력의 사면퇴적물로 구분되며 일반적으로 이들은 그 하부 세립질을 피복하고 있다.

3) 퇴적환경

hand auger로 boring한 C지점의 core에 대하여 퇴적환경의 변화를 더 자세히 분석하기 위하여 입도분석과 규조분석을 실시했다.

(1) 입도분석

총 20개 sample을 ø scale 1간격으로 입도를 분류하고 이를 기초로 각 대표치(Mdø, Mø, S.D., SK)[2] 를 계산산 것을 표화한 것이 <표 7-1>이다. 그리고 이 대표치를 graph화한 것이 <그림 7-6>이다.

평균입경을 검토해 보면 대개 5.5ø에서 4ø의 범위 안에 들어서 세사 내지 실트질의 퇴적물임을 알 수 있다. 그러나 그 입경이 하부에서부터 상부에 이르기까지 다소간 변화를 나타내고 있음을 보여준다. 현해수준을 기준으로 해서 해발고도 -4, -1, 2m 부근이 가장 세립질의 퇴적물로 되어 있고 -3~-2m가 비교적 조립의 경향을 나타내며 -0.5, 1.5m 지점이 가장 조립질로 나타났다. 전체적으로 볼 때 해발고도 -1m지점을 경계로 그 하부는 세립이고 상부는 조립질로 나타났다.

분급(S.D.)은 2를 전후한 값을 나타내고 있었다. 그러나 이 분급의 미변동도 평균입경의 변화와 조화를 이루고 있는 것으로 나타났으며 세립질의 경우 비교적 분급이 좋고 조립질의 경우는 비교적 분급이 나쁜 관계를 나타내고 있다.

왜도(Skewness)는 대체로 해발고도 -1m를 경계로 그 하부가 negative 경향을 보이는데 대하여 그 상부는 positive 경향을 보이고 표면의 일부가 다시 negative 경향을 보이고 있다. negative skewness를 보이고 있는 퇴적물은 세립질이 집중분포해서 분급이 더 좋을 때 나타나고 positive skewness는 조립질이 더 집중분포하고 세립질이 분산된 결과를 나타낸다.[3] 따라서 negative skewness는 부유하중이 정수상태에서 침전하여 이루어진

---

2) 대표치는 Inman, D.L.의 아래 공식에 의하여 산출했다.

$$M\varphi = \frac{84\Phi + 16\Phi}{2} \qquad S.D. = \frac{84\Phi - 16\Phi}{2} \qquad SK = \frac{M\Phi - Md\Phi}{SD}$$

3) G.M. Friedman and J.E. Sanders, *Principles of Sedimentology*(New York : Hohn Wiley and Sons, 1978), pp.83~121.

〈표 7-1〉 퇴적물 입도분석표

Sampling depth(m) \ φ scale		-2.5	-1.5	-0.5	0.5	1.5	2.5	3.5	4.5	5.5	6.5	7.5	8.5	Mdφ	Mφ	S.D	Sk
0.6	W					2.8	4.4	10.9	18.4	22.6	25.6	26.5	5.2	5.45	5.28	1.73	-0.10
	C					2.4	6.2	15.6	31.4	50.8	72.7	95.5	100.0				
0.8	W			0.1	0.1	3.2	9.4	12.9	7.4	17.6	28.8	16.8	3.7	5.45	4.78	1.98	-0.34
	C			0.1	0.2	3.4	12.8	25.7	33.1	50.7	79.5	96.3	100.0				
1.0	W		0.9	0.6	0.7	4.1	9.2	19.8	18.9	17.7	16.2	10.2	1.9	4.30	4.40	1.85	0.55
	C		0.9	1.5	2.2	6.2	15.4	35.2	54.1	71.8	88.0	98.2	100.0				
1.2	W			0.3	0.3	6.5	16.6	29.4	17.4	14.4	6.6	10.1	1.9	3.45	3.93	1.88	0.26
	C			0.3	0.6	6.9	22.9	51.3	63.1	82.0	88.4	98.2	100.0				
1.6	W		0.4	0.2	0.3	3.4	6.8	15.7	18.8	17.9	20.8	15.4	2.6	4.85	4.73	1.88	-0.06
	C		0.4	0.6	0.9	4.2	10.8	26.1	44.5	62.0	82.4	97.5	100.0				
2.5	W				0.6	1.7	12.4	11.3	9.8	10.4	8.5	9.2	3.0	4.25	4.43	2.28	0.08
	C				0.9	3.4	22.1	39.0	53.6	69.1	81.8	95.5	100.0				
2.8	W		0.7	0.1	0.1	5.5	26.8	25.4	9.7	8.3	5.8	12.1	4.5	3.15	4.18	2.38	0.43
	C		0.7	0.8	0.9	7.4	34.2	59.6	69.3	77.6	83.4	95.5	100.0				
3.1	W			0.2	0.1	4.9	35.3	27.4	6.5	6.0	5.7	8.5	5.4	2.85	3.95	2.15	0.51
	C			0.2	0.3	5.2	40.5	67.9	74.4	80.4	86.1	94.6	100.0				
3.4	W						10.5	24.3	12.4	12.9	11.3	13.0	4.9	4.30	4.73	2.08	0.21
	C						11.8	39.0	52.9	67.3	80.0	94.6	100.0				
3.7	W	0.4	0.2	0.2	0.3	2.6	3.8	7.7	11.5	17.1	29.2	20.2	6.8	5.70	5.30	1.75	-0.23
	C	0.4	0.6	0.8	1.1	3.7	7.5	15.2	26.7	43.8	73.0	93.2	100.0				

ϕ scale / Sampling depth(m)		-2.5	-1.5	-0.5	0.5	1.5	2.5	3.5	4.5	5.5	6.5	7.5	8.5	Mdϕ	Mϕ	S.D	Sk
4.3	W					2.3	3.9	8.4	15.9	26.1	20.9	18.0	5.1	5.25	5.25	1.65	0
	C					2.3	6.2	14.6	30.4	56.4	77.2	94.9	100.0				
4.9	W					4.2	14.4	13.3	10.7	17.9	16.2	16.5	3.9	4.85	4.55	2.25	-0.13
	C					4.3	19.1	32.8	43.8	62.3	79.0	96.0	100.0				
5.2	W					3.2	11.8	9.7	9.3	17.9	12.1	12.0	3.6	4.85	4.55	2.20	-0.14
	C					4.0	18.8	31.0	42.7	65.2	80.4	95.5	100.0				
5.5	W					3.5	12.9	12.8	13.2	21.3	19.2	12.8	4.4	4.85	4.50	2.05	-0.17
	C					3.5	16.4	29.2	42.4	63.7	82.9	95.7	100.0				
5.8	W					3.5	8.9	11.0	13.4	24.5	19.5	13.4	4.4	5.00	4.73	1.93	-0.14
	C					3.5	12.5	23.7	37.3	62.1	81.9	95.5	100.0				
6.1	W					2.7	8.5	9.8	13.1	23.7	20.2	14.4	3.7	5.10	4.83	1.88	-0.14
	C					2.8	11.6	21.8	35.4	60.1	81.1	96.1	100.0				
6.4	W			0.3		1.2	2.9	6.8	15.5	25.1	26.1	15.6	4.4	5.40	5.30	1.50	-0.07
	C			0.3	0.3	1.5	4.5	11.4	27.2	52.8	79.6	95.5	100.0				
6.7	W		0.2	0.2	0.2	2.0	3.6	6.3	8.8	21.5	27.6	22.7	6.9	5.75	5.48	1.57	-0.17
	C		0.2	0.4	0.6	2.6	6.2	12.5	21.3	42.8	70.4	93.1	100.0				
7.0	W	0.5	0.5	0.2	0.5	2.0	4.4	6.9	7.9	21.0	31.9	18.7	5.5	5.70	5.30	1.65	-0.24
	C	0.5	1.0	1.2	1.7	3.7	8.1	15.0	22.9	43.9	75.8	94.5	100.0				
7.3	W		0.3	0.2	0.3	2.8	3.1	8.1	12.8	18.1	31.8	16.5	6.0	5.55	5.25	1.65	-0.18
	C		0.3	0.5	0.8	3.6	6.7	14.8	27.6	45.7	77.5	94.0	100.0				

W : Weight (g)

C : Cumulation (%)

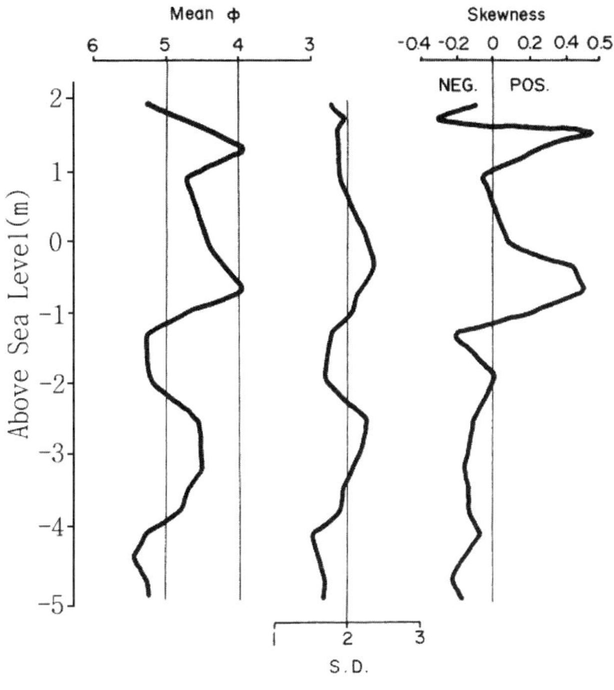

〈그림 7-6〉 입도 대표치의 변화 경향

수중퇴적일 경우에 잘 나타나고 positive skewness는 saltation 및 traction하중퇴적의 경우에 잘 나타난다.

이상과 같은 퇴적물의 입도특성과 본 주상도의 패각과 부식질의 출현고도와 관련시켜 생각해 보면 해발고도 -1m보다 하부층은 부식질과 패각을 포함한 실트질로서 석호 혹은 내만성 퇴적환경을 나타내고, -1~0.7m 부근은 패각을 포함한 사질의 해빈성 퇴적환경을 나타내며, 해발고도 0.7m에서 1.7m까지는 세사를 포함한 사질로서 하천퇴적환경을, 1.7m에서 표면까지는 실트질로 배후습지성 퇴적환경에서퇴적된 것으로 간주되었다.

(2) 규조분석

규조분석의 결과는 <표 7-2>와 같다. 규조각의 산출빈도는 많지 않아서 100개 이상을 판독하는데 2~10개의 präparat가 요구되었다. 지표면에서부터 깊이 -60, -310, -490, -610, -730에서는 präparat당 80개 전후의 비교적 많은 양이 판독되었으나 지표면에서 -120, -190, -370, -430㎝에서는 präparat당 10~20개의 규조각이 판독되었다.

〈표 7-2〉 규조 분석표

Genus species \ ecology \ depth(cm)		60	120	190	250	310	370	430	490	550	610	670	700	730
Achnanthes spp									1					
A. brevipes		7												
A. exigua	F						1							
A. minutissima	F					2								
Actinocyclus niagarae	F	1												
Actinoptychus undulatus	M						1							
Amphora lineolata	F-B-M				1									
A. ovalis	F								2					
A. ovalis var. libyca	F												1	
Caloneis spp		2												
Caloneis silli-cula var.ulpina	F	1												
Campylodiscus taeniatus A.S	M							1						
Cocconeis spp	FB		2	13	11		10	12	24	18	17		5	4
C. pediculus	FB							1				1	1	
C. placentula	F	1							1					
C. placentula var.euglypta	F					2	1							
C. placentula var. klinoraphis	F		1											
C. placentula var. lineata	F								3	1	3			
C. scutellum	M			13	33	80	11	10	53	44	32	19	16	21
Coscinodiscus spp	M						1		3		2		1	1
C. excentricus	M										1			1
C. lineatus	M													1
Cyclotella spp	F	1	2	1	4		4		6	9	8		10	1
C. comta	F					1				1				1

Genus species \ ecology \ depth(cm)		60	120	190	250	310	370	430	490	550	610	670	700	730
C. comta var. oligactis	F													3
C. Kützingiana	F					4							2	
C. operculata	F		37							1				
C. striata	M		1	5	8	8	15	6	5	6	12	61	51	63
Cymbella spp	F	9		1	8	1	1		3	4	1		1	1
C. cistula	F												3	
C. cistula var. maculata	F	2								1				
C. naviculiformia	F	3			5						2	1		
C. parva	F								2					
C. prostrata	F	5												
C. turgida	F	4												1
C. tumida var. borcalis	F											1		
C. ventricosa	F	6										1		
Diatoma spp	F	1												
D. elongatum var. minor	F				1									
Diploneis spp	BM				1	1	2							
D. bombus								1		1	1			
D. oculata						1								
D. Smithii	M	1				1	5	19	4	14	14	12	30	23
D. splendida	M												1	2
D. weissflogii												1		

Genus species \ ecology \ depth(cm)	ecology	60	120	190	250	310	370	430	490	550	610	670	700	730
Epithemia spp	F			5	2		1	3	2	2	3			
E. sorex var. gracilis	F												1	
E. turgida	F							1			2			
E. zebra	F											1		
E. zebra var. saxonia	F						1							2
Eunotia spp	F				2	1	3			4			6	
E. kocheliensis	F								2					
E. pectinalis var. minor	F	10							2	1	1			
Fragilaria spp	F				4				4	1	2			1
F. brevistrada	F	8												
F. capucina	F					1								
F. capucina var. lanceolota				1										
F. capucina var. mesolepta	F	4												
F. primara	F				2									
Gomphonema spp	F				2				1	2	1			2
G. acuminatum var. coronata	F	1												
G. acuminatum var.trigocephala	F	5												
G. acuminatum var. turris	F											1		
G. constrictum	F										1			
G. exignum	M	2			4				2	3	3			
G. geminatum	F										2			

Genus species \ ecology \ depth(cm)		60	120	190	250	310	370	430	490	550	610	670	700	730
G. glacile	F	1												
G. parvulum var. exilissima	F												1	
G. sphaerophorum var. asiatica	F	1												
G. vastum var. elogata	F								3					
Grammatophora strict.var.fossilis	M		11	15	31	2	40	15	9	9	19	3	8	3
Hantzchia spp					1									
H. amphioxys		5									2			
H. amphioxys var. xerophila						2				1				
Navicula spp	FB	1	1	3	5	14			1		4		4	
N. anglica var. subsalsa	F	9									3			
N. cari	F											1		
N. exigua	F					1						1		
N. gracilis	FB					4	1							1
N. koriana var minor form.japonica	M					2			1			1		
N. mollis	M					2								
N. placentula	F											2		
N. placentula form. latiuscula	F										3	1		
N. pulula var. koreana	F								1					
N. radiosa	F												2	
N. ramosissima form. amplia	M						1							
N. rhynchocephala	FB								2					
N. salinarum	M													2
N. viridis	F	2			3					2				
Neidium spp	F									1				
N. affine var. genuina form.minor	F												1	

Genus species \ ecology \ depth(cm)	ecology	60	120	190	250	310	370	430	490	550	610	670	700	730
Nitzchia spp	BM	15		5	2		3		1	2				
N. amphibia	FB	1												
N. commutata	B					1								1
N. constricta											2			
N. fonticula		1											1	
N. interruptestriata													1	
N. Kützingiana	F	2												
N. palea	F								2					
N. sigma	BM								1		1		1	
N. virdis	M					3								
Ophephora spp								1	1			2		
Pinnularia spp	F	15		2	3				1		1			
P. appendiculata var. paeninsulae-koreana	F								2					
P. bogotensis	F	2												
P. bogotensis var. koreana	F			1										
P. Braunii var. amphicephara	F	1												
P. isostauron var. koreana	F									1				
P. nobilis	F	9												
P. subcapitata form. koreana	F	6							1				1	
P. viridis	F				3									
Rhoicosphenia curvata	FB			1	3									
Rhopalodia spp	F	14	1	10	35	41	15	5	22	18	36	11	19	14
Stauroneis spp	F	1												

Genus species	ecology	60	120	190	250	310	370	430	490	550	610	670	700	730
S. signata	F	1												
Surirella spp	F	1												
S. cuneata	M				1	1		1			1			
S. linearis	F	2												
Synedra spp	F									1				1
Synedra(Fresh)	F												2	
S. affinis var. faciculata	B	2												
S. fulgens	M				1			1						
S. pulchella var. lanceolata form. constricta	F					1								
S. tabulata	B						1							
S. ulna var. biceps	F											1		
Tabellaria fenestrata	F													1
T. flocculosa	F										1			
Thalassiosira spp	M				3					1				
T. sp. z	M											1		
T. symmetrica	M							1						

총 30속에 130종이 판독되었으며 전층을 통해서 많은 빈도로 출현하는 종은 Cocconeis spp, Coconeis scutellum, Cyclotella spp, Cyclotella striata, Cymbella spp, Diploneis Smithii, Epithemia spp, Eunotia spp, Fragiliaria spp, Grammatophora spp, Navicula spp, Nitzschia spp, Rhophalodia spp 등이고 Pinnularia spp 등의 종은 지표면부터 깊이 약 200cm까지 표층에서 높은 출현빈도를 보였다. 이들 각 종은 연안성, 기수성, 담수성이며 외양성의 규조는 거의 식별되지 않았다.

이상의 각 종은 <표 7-2> ecologyg 항에 표시된 것과 같이 담수에서만 사는 것(F), 담수와 기수에서 사는 것(FB), 기수에만 사는 것(B), 기수 및 염수에서 사는 것(BM), 담수-기수-염수에서 사는 것(FBM), 염수에만 사는 것(M)의 6개의 생태군으로 구분할 수 있다.

<그림 7-7>은 이들을 생태별로 출현빈도율을 도화한 것이다. 본 그림(圖)에서 기수성은 전술한 B, FB, BM, FBM을 모두 포함하여 도화했다.

<그림 7-7>에 의하면 하부의 염수환경에서 표면으로 갈수록 담수환경으로 변하는 대경향(大傾向)을 보여 해수환경에서 점차로 담수환경으로 변한 것을 알 수 있다. 그러나 이 대경향은 적은 미변동을 보이고 있으며 이 미변동에 의하여 4개의 규조생태분대로 구분할 수 있다. 해발고도 -6.1m 이하에서 염수종이 80%이상을 차지하는 분대(Ⅰ), -4.9~-6.1m 간에 염수종의 상대적인 감소 및 담수종의 출현빈도가 증가하는 분대(Ⅱ), 해발고도 -4.9~-1.9m 간에 염수종이 다시 증가하는 분대(Ⅲ), -1.9m~표면까지 계속 담수종의 출현빈도가 증가해 가는 환경(Ⅳ)으로 구분된다. 이와 같은 환경의 변화는 6,000년 BP 이후 해수준의 미변동을 반영하는 것으로 두 번의 소해진과 해퇴를 인정할 수 있다. -3m 부근에서 채취된 패각의 ^{14}C연대가 약 3,000년 BP를 나타내는 것으로 보아 Ⅲ의 소해진은 3,000년 BP를 전후해서 일어났던 것으로 인정된다.

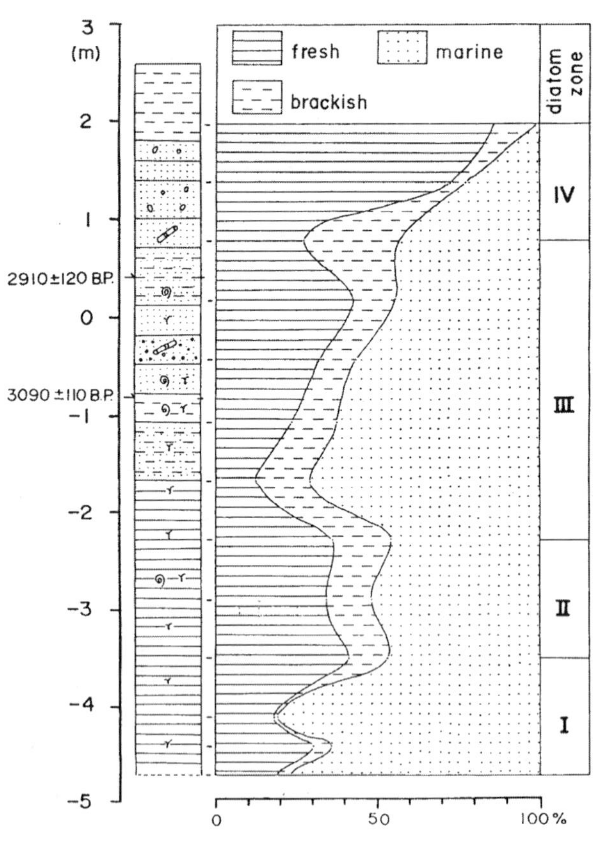

〈그림 7-7〉 규조의 생태 환경 변화

4) 지형발달

이상에서 분석해 온 결과를 기초로 본 평야의 지형발달을 고찰해 보기로 한다.

울산만의 형성은 구조운동과 관련된 것으로 보여지며 그 연장은 동천 쪽으로 계속되어 소위 형산강구조곡이라 말해지고 있다. 그러나 이 구조곡의 형성시기는 확실치는 않으나 충적세보다 훨씬 오래된 것으로 판단된다.

본 평야의 퇴적층을 담고 있는 퇴적장의 형성은 멀리는 이 형산강구조곡과도 관련이 있다고 할 수 있으나 직접적인 관련을 갖고 있는 것은 최후빙기 저해수준에 대응하여 태화강과 그 지류 동천이 개석한 개석곡이라고 볼 수 있다.

최후빙기 최성기 해수면이 현수준보다 100m 전후까지 하강하였을 때는 태화강을 연하여 개석곡이 형성되고 이 개석곡저는 울산시 부근에서 -30m에 이르렀으며 태화강 북안 울산시 구시가지가 위치한 부근에 있었던 단구를 절단하고 있는 것이 충적층 지하구조로 확인되었다. 후빙기 해면상승과 더불어 이 개석곡이 매적되고 울산시 구시가지 부근의 단구까지 충적층에 의하여 매몰되어 현재의 평야를 형성하고 있다.

boring 주상도에서 나타나는 패각을 포함한 해성층 및 토탄층의 분포 등으로 미루어 볼 때 후빙기 해진의 극상기에는 해면이 현재보다 훨씬 내륙까지 침입한 것으로 나타났으며, 태화강 연안의 태화동 부근(하구에서 약 9㎞ 상류지점), 동천 우안의 병영 부근(하구에서 약 5㎞ 상류지점)까지 boring core에서 해서패각이 발견되었고, 토탄의 분포는 이보다 더 내륙까지 분포하여 삼호교 부근에서도 현하상 역층하에 토탄층이 형성되어 있었다.

우리나라 동해안에 있어서 후빙기 해면상승곡선은 青華龍(1980)에 의해 복원된 바 있다[4]. 이 곡선에 의하면 후빙기 해면상승은 10,000년 BP경에 -25m, 7,000년 BP경에 -10m, 6,000년 BP경에 거의 현수준에 달하고 그 후 작은 미변동을 반복하면서 현재에 이르렀다고 보고하고 있다. 또한 9,000년 BP경에 해면에 일시 정체기가 있었고 6,000년 BP 이후 해면이 안정된 시기에 3개의 상대적 고해면기를 보고하고 있다. 본 평야의 충적층구조에서 9,000년 BP경의 일시적 해면의 정체를 나타내는 퇴적구조는 보이지 않았지만 본 연구에서 취급한 boring data의 위치가 평야의 하구 쪽에 국한되어서 보다 더 상류 쪽의 boring data를 분석하지 않고는 이 문제를 검토할 수 없었다. 6,000년 BP 이후의 해면의 미변동은 C지점의 boring core에 대한 규조분석을 통하여 검토할 수 있었다.

<그림 7-7>의 생태별 규조의 출현빈도로 보아 전술한 바와 같이 층후 7.3m의 퇴적층에 대하여 규조생태분대를 4개로 나눌 수 있었다.

이 가운데 규조생태분대 Ⅰ과 Ⅲ은 해서규조의 출현빈도가 높게 나타나는 분대로 이와 같은 시기는 상대적 해진의 경향을 나타낸다고 할 수 있고, 제Ⅱ분대와 제Ⅳ분대처럼 담수종 규조의 출현빈도가 상대적으로 높아지는 시기는 해면의 안정 내지 상대적인 저하의 환경을 나타낸다고 할 수 있다. 제Ⅲ분대의 지표면부터 깊이 2.2~2.5m지점과

---

4) 青華龍, 1980, 「韓國東海岸における完新世の海水準變動」, 地理學評論, 3-5, 317~328쪽.

3.4m 지점 ^{14}C연대가 약 3,000년 BP 전후의 연대를 나타내어 제Ⅲ규조분대를 형성한 고해수면은 3,000년 BP를 전후해서 이루어진 것으로 볼 수 있다. 그러나 여타의 분대는 절대연대를 측정하지 못하였으므로 그 환경이 형성된 정확한 시기를 정할 수는 없지만 제Ⅲ분대의 연대를 기준으로 그 전후관계를 고려하고 青華龍(1980)의 해면곡선에 의거하여 판단해 보면, 제Ⅰ분대는 6,000년 BP를 전후한 소위 Frandrian해진의 극상기에 대비되며 제Ⅱ분대는 青華龍(1980)의 4,000년 BP를 전후한 소해퇴기와 대비된다.

이상에서 본 것과 같이 본 평야는 빙기의 저해수준에 대응해서 깊은 개석곡이 형성되고 이 개석곡은 후빙기 Frandrian해진에 의해서 익곡되었으며 그 후 6,000년 BP경부터 해면이 안정됨에 따라 상류에서부터 매적이 계속되어 현재에 이르렀다는 것으로 볼 수 있다.

6,000년 BP 이후의 해면의 상대적 미변동은 입도분석에서 나타난 것과 같이 퇴적물 입경에 미세한 변화 및 토색의 변화를 일으키게 하였다.

boring주상도에서 최상부에 나타나는 모래층은 태화강이 형성한 자연제방퇴적물, 그 후면의 점토층은 배후습지퇴적물로 판단된다.

태화강 하류의 충적평야는 태화강과 달동, 야음동 일대 습지와 연결되는 여천강의 중간부가 상대적으로 높은 평야면을 나타내어 현재는 경지정리, 제방공사 때문에 여천강의 구유로를 정확히 추적할 수 없어서 단정할 수 없으나 이 양하천의 중간부분은 태화강의 분류 간에 형성된 하중도였을 가능성이 있다.

3. 결론

이상에서 분석된 결과를 기초로 본 평야의 특성과 지형발달을 요약하면 다음과 같다.

1. 태화강 하류 충적평야 하에는 -30m에 달하는 매몰곡과 표고 -5m 전후의 매몰단구가 있으며 충적층은 이 곡과 홍적단구를 매몰하여 충적평야를 형성하고 있다.

2. 충적층의 층상구조는 기저역층, 중부 실트층, 상부모래층, 상부점토층, 상부역층 등 5개의 층으로 구분되었으며, 이 가운데서 중부 실트층은 패각을 포함한 해성층으로 층후 20m 전후의 두터운 층상구조를 보였다. 상부모래층과 점토층은 자연제방퇴적물 및 배후습지퇴적물이었다.

3. 달동 부근의 표면하 7.3m 퇴적층에 관한 규조서식환경은 4개의 생태분대로 나누어졌으며 제Ⅰ · 제Ⅲ분대는 상대적 해진의 환경을 나타냈고 제Ⅱ · 제Ⅳ분대는 상대적

해퇴의 환경을 나타내었다. 이 중 제Ⅲ분대는 ^{14}C연대에 의해서 3,000년 BP 전후에 퇴적된 것으로 밝혀졌으며 이 제Ⅲ분대를 기준으로 상하관계로 보아 제Ⅰ분대는 Frandrian해진의 극상기와 대비되고 제Ⅱ분대는 曺華龍(1980)의 4,000년 BP 전후에 있었다고 보는 소해퇴기와 대비되었다.

4. Frandrian해진의 극상기에 해역은 현 하구에서 훨씬 내륙까지 연장된 퇴적상이 충적층 boring core에서 나타났으며 태화강을 연하여서는 하구에서 10㎞ 상류부까지 해진의 흔적이 추적되었다.

5. 하류부 충적평야의 표고로 보아 태화강은 태화동부근에서 분류하고 그 간에 하중도를 형성했을 가능성이 있다.

참고문헌

1. 단행본

권혁재. 1982.『지형학』. 법문사.

김우관. 1983.『지형학』. 형성출판사.

양승영. 1980.『고생물학원리』. 대학교재출판사.

양승영. 1980.『지사학』. 대학교재출판사.

정영호. 1968.『한국동물도감 식물편(담수조류)』. 삼화출판사.

정창희. 1980.『신지질학개론』. 박영사.

井關弘太郎. 1983.『沖積平野』. 東京大學出版會.

大矢雅彦. 1979.『河川の開發と平野』. 大明堂.

小久保清治. 1973.『增補版 浮倣硅藻類』. 恒星社厚生閣.

阪口豊. 1974.『泥炭地の地學』. 東京大學出版會.

成瀨洋. 1982.『第4紀』. 東京: 岩波書店.

高柳洋吉 編. 1978.『微化石研究マニュアル』. 朝倉書店.

日本第4紀學會. 1977.『日本の第4紀研究』. 東京大學出版會.

尾留川正平 外.『自然地理調査法』. 朝倉書店.

Fairbridge, R. W. and J. Bourgeois. 1978. *The Encyclopedia of Sedimentology*. Dowden: Hutchinson and Ross. Inc.

_____. 1968. *The Encyclopedia of Geomorphology*. Dowden : Hutchinson and Ross. Inc.

Friedman, G. M. and J. E. Sanders. 1978. *Principles of Sedimentology*. New York: John Wiley and Sons.

Strahler, A.N. 1975. *Physical Geography. 4th ed*. New York: L John Wiley and Sons.

Tooley, M. J. 1978. *Sea Level Changes North-West England during the Frandrian Stage*. Oxford: Clarendon Press.

2. 논문

권혁재. 1974. 「한국의 하천과 충적지형」. 고대교육론총, 제1집. 고려대학교 교육대학원. 75~92쪽.

_____. 1975. 「호남평야의 충적지형에 관한 지리학적 연구」. 지리학, 제12호. 대한지리학회. 1~20쪽.

김종일. 1982. 「영산강 유역의 범람원지형에 관한 연구」. 전남대학교 석사학위청구논문.

박동원·유근배. 1979. 「우리나라 서해안의 사구지형」. 지리학논총, 제6호. 서울대학교 사회과학대학 지리학과. 1~10쪽.

박병권·김원형. 1981. 「동해안 석호퇴적환경에 관한 연구」. 지질학회지, 제17권. 제4호. 대한지질학회. 241~249쪽.

박승필. 1981. 「한반도 후빙기의 해면변동에 관한 연구 : 황해안을 중심으로」. 서울대학교 석사학위청구논문.

신윤호. 1983. 「토평천 연안 충적평야의 지형발달」. 경북대학교 석사학위청구논문.

오은규. 1974. 「한강 하류의 충적지형연구 : 고양군 중면 일대를 중심으로」. 고려대학교 교육대학원 석사학위청구논문.

이영길. 1978. 「경상북도 청하부근에 분포하는 연일층군 중부의 화석규조군」. 경북대학교 논문집(자연과학), 제25집. 경북대학교. 215~222쪽.

_____. 1983. 「포항일대 신제3기층의 화석규조분포와 생층서에 관한 연구」. 경북대학교 논문집(자연과학), 제33집. 경북대학교. 410~426쪽.

장기홍·이영길. 1975. 「경북 월성군 천북면일대 연일층군 천북역암의 화석규조군」. 경북대학교 논문집(자연과학), 제19집. 경북대학교. 53~62쪽.

曺華龍. 1978. 「韓國浦項周邊海岸平野の地形發達」. 東北地理, 제30권. 제3호. 東北地理學會. pp.152~160.

_____. 1979. 「韓國東海岸における後氷期の花粉分析學的硏究」. 東北地理, 第31卷. 第1號. 東北地理學會. pp.23~35.

_____. 1979. 「韓國東海岸平野における地形發達」. 東北大學校 修士學位請求論文.

_____. 1980. 「韓國東海岸における完新世の海水準變動」. 地理學評論, 第35卷. 第5號. 日本地理學會. pp.317~328.

_____. 1982. 「우리나라 하구충적층의 층상구조」. 경북대학교 논문집(인문사회과학), 제33집. 경북대학교. 205~222쪽.

조화룡·박춘락·이미행. 1981. 「삼랑진주변평야의 지형발달」. 지리학, 제23집. 대한지리학회. 1~14쪽.

Butzer, K. W. 1980, "Holocene alluvial sequences : Problems of dating and correlation." In Cullingford. R.A., D.A. Davidson, and J. Lewin(ed.). *Timescales in Geomorphology*. Bath. pp.131~142.

Curry, J. R. 1978. "Transgression and Regression." In Swift, D.J.P.(ed.). *Coastal Sedimentation*, Dowden. pp.97~125.

Curry, J. R., F. J. Emmel and P. J. S. Crampton. 1978. "Holocene History of a Strand Plain, Lagoonal Coast, Nayarit, Mexico." In Swift, D.J.P.(ed.). *Coastal Sedimentation*, Dowden. pp.130~168.

Dietz, R. S. 1978. "Wave-Base, Marine Profile of Equilibrium, and Wave-Built Terraces : A Critical

Appraisal." In Swift, D.J.P.(ed.). *Coastal Sedimentation*, Dowen. pp.51~72.

Edwards, K. J., and K. M. Rowntree. 1980. "Radiocarbon Changing Rates of Erosion at a Frandrian Stage Site in Scotland." In Cullingford, R. A., D. A. Davidson, and J. Lewin(ed.). Timescales in Geomorphology, Bath. pp.207~223.

Einsele, G., D. Hern, and H. U. Schwarz. 1974. "Sea Level Fluctuation during the past 6,000yr. at the Coast of Mauritania." *Quaternary Research*, No.4. pp.282~289.

Fairbridge, R. W. 1961. "Eustatic Changes in Sea Level." *Physics and Chemistry of the Earth*, No.4. pp.99~185.

Lee, Y. G. 1975. "Neogene Diatoms of Pohang and Gampo areas, Kyongsang bug-Do, Korea." *The Journal of the Geological Society of Korea*, Vol.11. No.2. pp.99~114.

Sato, H., Y. Maeda and S. Kumano. 1983. "Diatom Assemblages and Holocene Sea Level Changes at the Tamatsu Site in Kobe, western Japan." *The Quarternary Research*, Vol. 22. No.2. pp.77~89.

Smith, D. E., J. Morrison and R. L. Jones and R. A. Cullingford. 1980. "Dating the Main Postglacial Shoreline in the Montrose Area, Scotland." In Cullingford, R. A., D. A. Davidson, and J. Lewin(ed.). *Timescales in Geomorphology*. Bath. pp.225~245.

Tanimura, Y. 1981. "Late Quaternary Diatoms of the Japan Sea." The Science Reports of the Tohoku University, 2nd Series(Geology). Vol.51. No.1-2. pp.1~37.

CHAPTER 8

우리나라 충적층 기저의 침식곡 형태 고찰*

1. 서언

충적평야는 평탄한 표면형태를 취하고 있지만 이 평야를 형성하고 있는 충적층의 하저 기반암의 형태는 하나 혹은 그 이상의 큰 침식곡으로 되어 있음이 최근 충적평야에서 이루어진 boring 자료로 밝혀졌다. 이 침식곡은 현재 충적층에 의하여 매몰되어 있으므로 매몰곡(埋沒谷 buried valley)이라고도 한다.

이 침식곡의 곡저 표고는 평야에 따라서 차이가 있다. 그러나 하구 충적평야에서는 일반적으로 현 해수준 하 수십 미터에 이른다. 이와 같이 곡저 표고가 현 해수준 하 수십m에 이르는 이 침식곡은 현 해수준을 침식기준면으로 해서는 형성이 불가능하다. 이것은 최후빙기 최성기 저해수준에 대응하여 하천의 하각작용의 결과로 형성되었다는 설명이 현재 거의 정착의 단계에 와 있다. 또한 이 침식곡의 형태는 하천의 규모나 연안해저지형의 차에 의해서 상이한 형태가 나타날 것이 예상된다.

최후빙기 최성기에 최대로 하각되어 형성된 이 침식곡은 후빙기 전반에 해수준의 급상승과 더불어 익곡되고 그 후 약 6000년 B.P.경부터 해수준이 상대적으로 안정되면서 하천이 운반한 토사가 그 익곡된 만을 점차로 메워서 충적평야화 되었다.

충적층에 의하여 매몰되어 있는 침식곡은 충적층을 담고 있는 용기의 역할을 하고 있으므로 이 침식곡의 형태는 해진시의 익곡의 범위 및 충적층의 심도와 밀접한 관계를

* 조화룡, 죽파 홍순완교수 회갑기념논문집, 49~61쪽.

갖고 있다. 따라서 이 매몰침식곡의 형태 해명은 충적평야 지형발달을 해명하는데 있어서나 토목 및 건축공사를 위한 기초지질 검토에 매우 유익한 자료가 될 것으로 생각된다.

본 연구에서는 이상과 같은 관점에서 동해안의 강릉 남대천, 남해안의 낙동강, 서해안의 금강 하류 충적평야 하저에 매몰되어 있는 침식곡의 형태를 구명하려 했다. 먼저 하천의 규모와 해저지형과 관련하여 매몰침식곡의 종단구배를 유추하는 관계식을 설정하고 이 관계식에 의하여 확정된 매몰침식곡의 종단구배를 boring data에 의하여 확인된 자료로 그 타당성을 검정해 보았다. 다음으로 이들 결과에 의하여 우리나라 해안별 매몰침식곡의 형태, 충적층 층후, 해진극상기의 익곡범위들의 지역성을 검토해 보았다.

2. 대상 하천의 종단구배와 그 하구부 연해의 해저경사

1/25000 지형도를 이용하여 대상 하천의 종단구배를 계산한 것이 <표 8-1>이고, 이를 기초로 하상 종단면도를 작성한 것이 <그림 8-1>이다.

남대천은 태백산맥 동사면의 급경사 사면을 흐르는 소하천으로 하상구배가 매우 급하여 중・하류부도 1㎞ 당 5.3m씩 높아지는 하상구배를 나타내고 있다. 그러나 낙동강과 금강은 완경사의 태백산맥 서・남사면을 흐르는 대하천으로 중·하류부의 하상구배가 1㎞당 낙동강이 0.27m, 금강이 0.38m씩 높아지는 완만한 구배를 보이고 있다.

<그림 8-1>에서 각 하천의 종단면형을 보면, 각 하천의 중·하류부(전체 길이의 약 2/3가 되는 하류구간)는 그들 하천의 규모에 상응하는 종단구배를 갖고 평형종단면에 달해 있으나, 상류부는 그들 각 하천의 상류부 지형에 크게 지배되어 있음을 알 수 있다. 각 하천의 중·하류 구간의 길이는 남대천이 34㎞, 낙동강이 351㎞, 금강이 267㎞이고, 이들 중·하류 구간의 하상표고는 남대천이 170m 이하, 낙동강과 금강은 100m 이하로

〈표 8-1〉 대상하천의 길이와 평균구배

하천명	주류의 길이(㎞)		종단하상구배(‰)		
	전체	중·하류부	중·하류	상류	평균
남대천	51	34	5.3	62.35	23.53
낙동강	526	351	0.27	5.87	2.10
금강	401	267	0.38	3.00	1.25

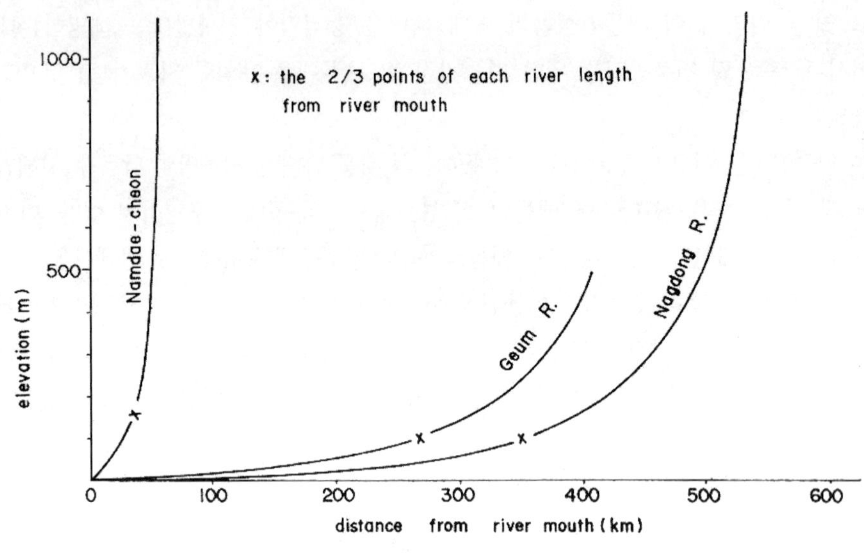

〈그림 8-1〉 대상하천의 종단면도

나타났다.

대상하천의 하구부 연해의 해저경사는 수로국 발행 1/7.5만 및 1/25만 해도를 기초로, 최종빙기 최성기(18,000±3,000년 B.P.)에 해면의 저하로 육화되었을 것으로 예상되는 해역에 대해서 측정했다. 그러나 최종빙기 최성기의 해수면이 현재의 해수면보다 얼마나 낮았는가에 대해서는 학자들 간에 이견이 많으며, -80m에서부터 -150m까지 그 주장이 다양하다. 그러나 일반적으로 -100m치를 가장 많이 적용한다. 따라서 본고에서도 최종빙기 최성기의 해수준을 -100m로 가정하고 해도에서 현 하구부로부터 등수심선 -100m 선이 위치하고 있는 곳까지의 해저지형에 대하여 종단경사를 조사했다.

남대천 하구 연해의 -100m 등수심선은 하구에서 6.8㎞ 거리에 나타나고, 따라서 해저경사는 11.1‰로 급경사를 나타내었다. 낙동강은 하구에서 60㎞거리에 수심 -100m 선이 나타나고, 이 구간의 해저 경사는 1.4‰로 나타났다. 금강은 황해가 원천한 바다로서 수심 -100m 선이 하구에서 160㎞거리에서 나타나고, 따라서 해저경사도 0.68‰로 가장 완만하게 나타났다. 또한 이들 모든 해저경사는 각각의 하천 중·하류부 평균구배보다 급하게 나타났고, 따라서 해면이 저하했을 때는 하천은 하각작용이 일어났을 것이 예상된다.

최종빙기최성기 때의 하천은 저해수면에 대응하여 그 유로를 바다 쪽으로 연장하게 되고, 이들 각 하천의 현 하구에서 수심 -100m까지의 거리는 하천이 직류했다고 가정했을

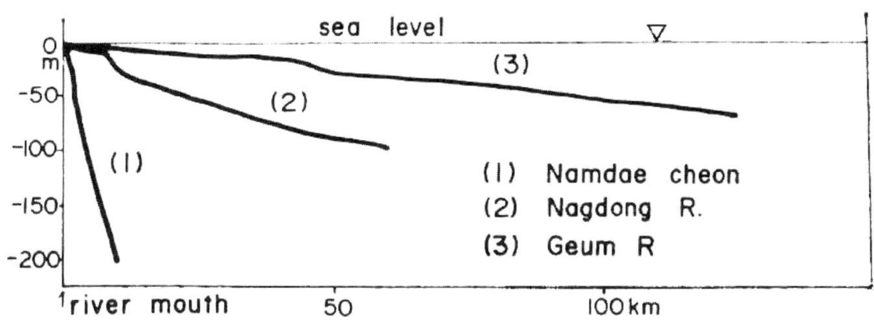

〈그림 8-2〉 하구부 해저지형 종단면도

때 연장천의 길이에 해당된다.

이상과 같이 측정된 해저경사치를 기초로 해저종단면도를 작성한 것이 <그림 8-2>이다. 이 도에서 낙동강과 금강의 단면도에는 경사급변점이 존재하고 있으며, 이것은 저표단(渚表段, shore face)으로 간주된다. 따라서 이 저표단은 해면이 현수준에서 안정된 시기(약 6,000년 B.P.~현재)에 주로 하천이 운반한 퇴적물에 의하여 형성된 것으로 간주되므로 전술한 해저평균경사는 이 저표단을 제외하고 계산하였다.

3. 충적층 하저 매몰곡의 종단구배 계산 시도

최종빙기 저해수준에 대응해서 하천은 현재 하구부로부터 그 유로를 바다 쪽으로 연장한 연장천이 되고, 하곡은 낮아진 침식기준면에 대응해서 하상침식이 일어난 후 현재의 충적층에 의하여 매몰되어 있는 매몰곡이 되었다.

낙동강 종단면도(그림 8-3)를 기초로 해서 이 매몰곡의 종단구배를 검토해 보았다. 현재의 낙동강은 주류의 길이가 526㎞이지만, 이 하천의 하상종단면 중에 평형종단면이 되어있는 구간은 전술한 바와 같이 중하류부 351㎞(필자는 이것을 α로 표시했다)이고, 이 구간의 평균구배는 0.27‰(χ)이다. 다음으로 최종빙기 최성기의 해수준이 -100m에 있었다고 가정하면 낙동강은 현하구로부터 60㎞(α´)유로를 바다 쪽으로 연장했을 것이고, 이 연장 구간의 해저경사는 1.67‰(χ´)이었다는 것이 해도로부터 확인되었다. 여기서 최종빙기 최성기의 낙동강은 낮아진 침식기준면에 대응하여 하각작용이 일어나고, 현재의 하상구배보다는 급하고 해저경사보다는 완만한 종단구배(이것이 매몰곡의 종단구배에

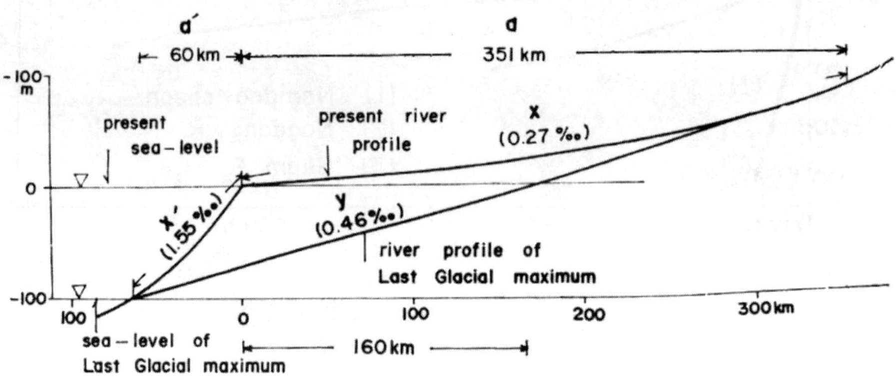

〈그림 8-3〉 낙동강 하상종단면도

해당하며 y로 표시했다)로 수정될 것이 예상되어 진다. 이 수정구배 y는 a구간의 x구배와 a´구간의 x´구배가 a+a´구간에 화(和)로 나타날 것을 가정하고 다음 관계식을 설정했다.

$$y = \frac{ax + a'x'}{a + a'}$$

이 관계식에 의해서 계산해 보면, 낙동강의 매몰곡 평균종단구배(y)는 0.47‰가 되고, 이 구배에 의해서 그려진 빙기하상종단면상에서 현재 하구부 위치에의 하상 표고는 -72m, 하상 표고가 0m가 되는 지점은 현 하구에서 160㎞ 내륙이 되는 것으로 나타났다. 여기서 현 하구부 매몰곡저 표고가 -71m가 된다는 것은 현재 그 위에 퇴적되어 있는 충적층의 최대심도가 -71m에 이른다는 것을 말해주며, 하상표고 0m 지점이 현하구로부터 160㎞거리에 있었다는 것은 후빙기해진의 극상기에 익곡의 범위를 말해주며, 그 결과 해수준변동이 충적평야 지형발달에 직접적 영향을 준 구간은 이 부근까지라고 할 수 있다.

이상의 관계식에 의하여 같은 방법으로 남대천, 금강에 대해서도 매몰곡의 구배를 계산하고 낙동강의 결과와 함께 <표 8-2>와 <그림 8-4>에 나타냈다.

남대천은 해저경사 및 현 하천의 구배가 급하여 6.86‰나 되는 급한 빙기 하상구배를 나타내었다. 낙동강의 빙기 하상구배는 0.46‰, 금강은 0.43‰로 현재 하상구배와 반대로 금강이 낙동강보다 더 완만하게 나타났다. 이것은 황해의 해저경사가 낙동강 하구 연해의 해저경사보다 훨씬 완만하기 때문에 결과된 것으로 보인다.

〈표 8-2〉 대상하천의 육상 및 해저지형조건과 매몰곡의 평균구배

하천명	주류의 길이(㎞)	a(㎞)	a´(㎞)	x(‰)	x´(‰)	y(‰)
남대천	51	34	6.8	5.3	14.70	6.86
낙동강	526	351	60	0.27	1.55	0.46
금 강	401	267	160	0.38	0.52	0.43

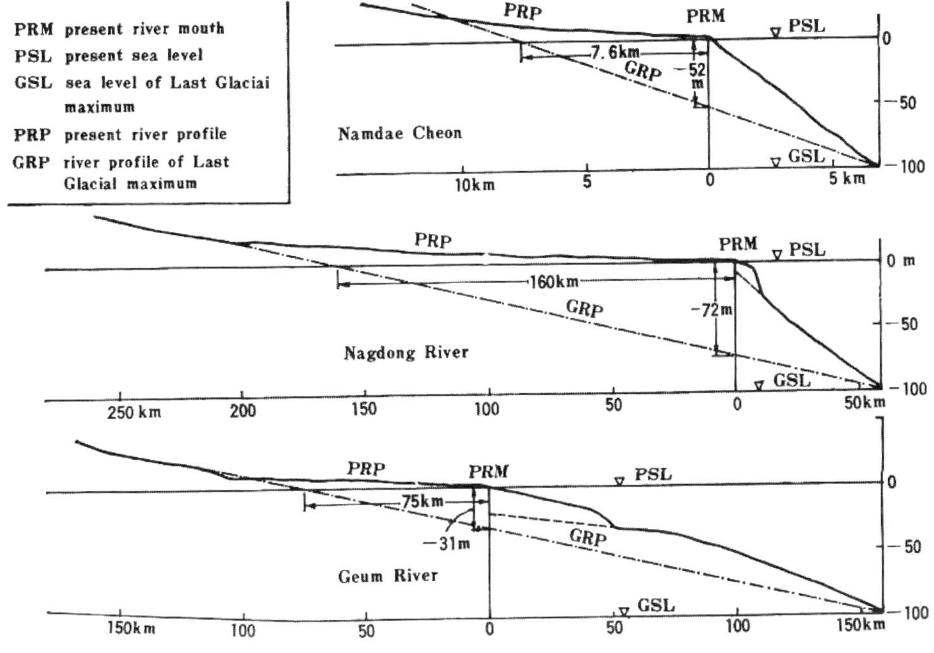

〈그림 8-4〉 대상하천의 현재와 최종빙기 최성기의 종단면도

<그림 8-4>에 의하여 최종빙기 최성기의 하상표고를 보면 현하천의 하구부 위치에서 남대천은 -52m, 낙동강은 -71m, 금강은 -31m로 나타나서 낙동강이 가장 깊게 나타났고, 남대천은 하천의 규모에 비하여 심도가 깊으며, 금강은 하천의 규모에 비하여 심도가 얕게 나타나는 것이 특징이었다.

다음으로 최종빙기 최성기에 있어서의 하상의 표고가 현해수준과 일치하는 (표고 0m)지점의 위치를 검토해 보면 낙동강은 현하구로부터 160㎞ 지점으로 가장 내륙 깊게 나타났으며, 금강은 75㎞, 남대천은 7.8㎞ 지점으로 나타나서 가장 짧게 나타났다.

4. Boring data에 의한 관계식의 유의성 검토

본 항에서는 전항에서 기술한 관계식으로 유추한 매몰곡의 형태를 boring data로 확인된 지점의 기반암의 심도와 비교하여 이 관계식의 유의성을 검토해 보기로 한다.

1) 낙동강 하류평야

대상으로 한 세 하천 중에서 낙동강 하류평야에 boring data가 가장 많으며, 낙동강 중·하류부 충적평야 하부구조에 관하여서는 필자에 의하여 이미 발표된 바 있다(曺, 1985).

낙동강에서는 교량 및 하구언 건설을 위하여 하천을 횡단하는 boring 조사가 많이 이루어졌다. 하구에서 210㎞ 상류부에 위치한 경부고속도로 왜관교에서 기반암의 표고가 가장 낮은 곳이 +7m, 기저역층의 상한은 가장 낮은 곳이 +15m로 나타났다.

하구에서 160㎞ 상류부에 위치하는 88고속도로 고령교는 기반암이 -10m, 기저역층의 상한은 0m에 나타났다.

하구에서 90㎞ 상류부에 위치하는 구마고속도로의 남지교에서는 기반암이 -27m, 기저역층의 상한은 -20m 부근에서 나타났다.

하구에서 약 20㎞ 상류부에 위치한 남해고속도로 구포교에서 기반암은 -53m, 기저역층은 -45m 깊이에서 나타났다.

구포 부근에서 낙동강은 동서로 대분류되고 있으며, 김해삼각주를 가로질러 부마고속도로가 설치되고 이 도로를 따라 낙동강 서분류인 죽림강에 서낙동강대교와 동분류인 낙동강 본류에 동낙동강대교가 건설되었다. 충적층의 심도는 서낙동강대교 쪽이 깊게 나타났으며, 기반암은 -63m, 기저역층의 상한은 -52m에 나타났다.

낙동강의 거의 하구부에 위치한 낙동강 하구언 설치를 위한 boring에서는 기저역층의 상한은 -58m에 나타났으며 그 하부는 역층이 계속 되고 있으나 boring이 -60m 까지밖에 이루어지지 않아서 기반의 심도는 확인되지 않았다. 그러나 기저역층의 심도로 보아 -70m 부근에 기반암이 나타날 것으로 추측되었다.

이상의 결과로서 낙동강 중·하류부의 충적층 종단면도를 작성한 것이 <그림 8-5>이다. <그림 8-5>에서 기반암의 종단구배는 평균 0.4‰로 나타났으며, 하류로 갈수록 그 구배가 급하게 나타나는 특색을 보였다. 기반암의 표고 0m의 위치는 왜관과 고령사이에 나타날 것이나 확실한 위치를 보여주는 boring data는 없다. 따라서 평균구배를

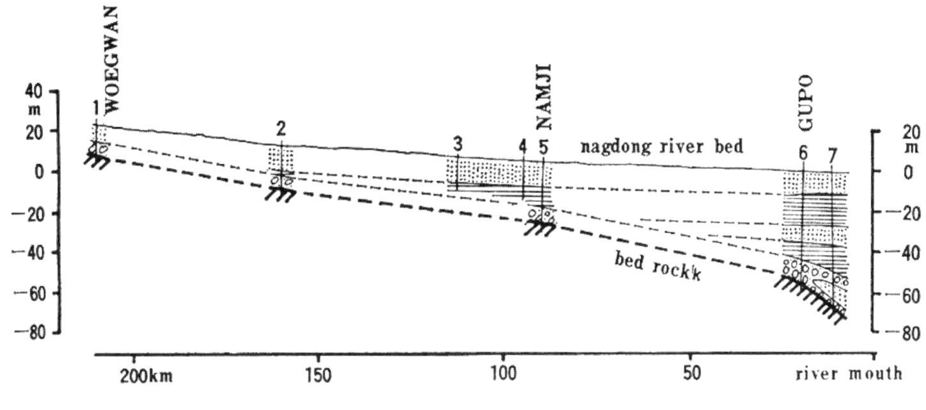

〈그림 8-5〉 낙동강 하류 충적층의 종단면 구조

고려하여 안분비례로 계산하면 하구에서 185-190㎞ 상류부에 나타날 것이 예상된다. 그러나 기저역층의 상한고도 0m가 되는 지점은 하구에서 160㎞ 상류부에 위치하는 고령교 부근에서 나타났다. 한편 하구부에서의 기반암 심도(이것은 충적층의 층후와 관계된다)는 약 -70m에 나타났다.

이상의 boring data에 의한 결과와 제3항에서 관계식에 의해서 계산한 결과를 비교하면 <표 8-3>과 같다.

〈표 8-3〉 낙동강 하류평야의 매몰곡 형태

	매몰곡의 평균구배(‰)	하구부기반암의 심도(m)	매몰곡저표고0m 지점위치(㎞)
관계식에 의한 결과	0.43	-72	160
boring data에 의한 결과	0.4	약 -70	185-190

<표 8-3>에서 알 수 있는 것과 같이 매몰곡의 구배와 하구부 기반암의 심도는 거의 일치했고, 매몰곡의 곡저표고 0m의 위치는 약 15% 정도와 차가 있었다. 따라서 낙동강 하류평야에 있어서의 매몰곡의 형태를 검토하는 데 있어서 전술한 관계식이 정확한 절대치에 있어서는 약간의 차가 있어도 지형학적 경향을 파악하는 데는 매우 유의하다는 것이 밝혀졌다.

2) 남대천 하류평야

남대천 하류 충적평야의 boring 지점 위치와 그 주상도를 <그림 8-6>에 나타냈다. boring 주상도 1-6은 1938년 조선총독부 중앙시추소가 지하수조사를 위하여 시추한 것이고 주상도 7-9는 1983년에 동아응용지질에서 포남동 지역에 아파트 건립을 위하여 기초지질조사를 한 결과이다.

남대천을 연한 3공의 boring에서는 표면에서 -31.5m까지 boring이 이루어졌으나 모두 기반암에 도달되지 못했다. 따라서 기반암은 -30m보다 아래에 나타난다는 것이 밝혀졌다. 그러나 현 남대천 하구에서 3㎞ 정도 상류부이고, 남대천 본류에서 약 500m 북쪽으로 벗어난 지점인 포남동의 8번 주상도에서 -30m 위치에 기반암이 나타났다. 남대천의 지류인 섬석천에서도 하류부 2개의 주상도(5, 6번)에서는 표면하 31.5m까지 기반암이 나타나지 않았다. 그러나 하구에서 약 4㎞ 상류지점에 위치한 6번 boring 주상도에서 -15m 부근에 기반암이 나타났다. 이와 같이 남대천 하구부에서는 boring data가 충분하지 못하여 전반적인 매몰곡의 구배 및 심도를 확인할 수는 없었다. 그러나 하구에서 3㎞ 내륙 포남동에서 -30m 부근에 기반암이 나타난 것과 관계식의 결과로 그려진 남대천 종단곡선(그림 8-4 참조)에서 3㎞ 상류부 하상표고가 -32m로 나타나는 것은 상당히 일치되는 경향이라 할 수 있다.

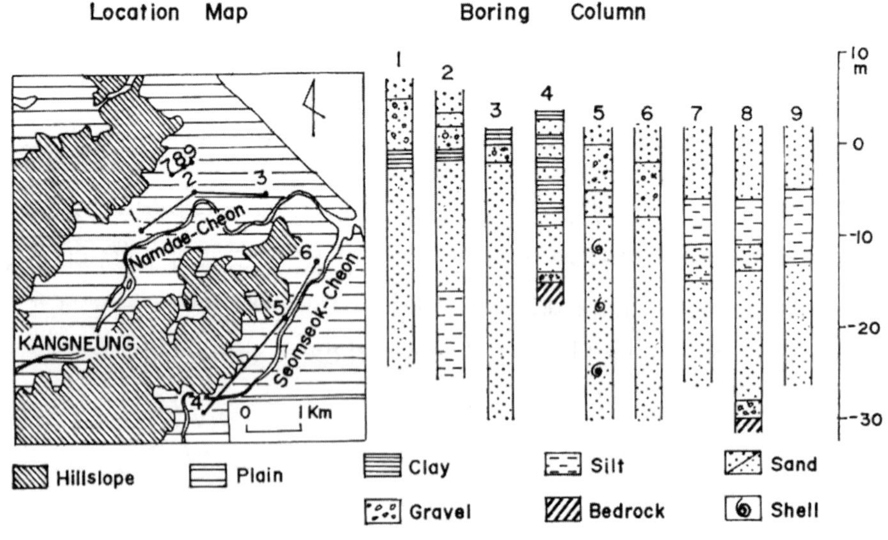

〈그림 8-6〉 남대천 하류평야의 boring 주상도

3) 금강 하류평야

금강 하류 충적평야에서도 boring 조사가 많이 이루어지지 못했다. 1983년에 하구에서 약 10㎞ 상류지점에 하구언을 설치하기 위하여 하천을 횡단하는 boring 조사가 이루어 졌다. 이 data를 기초로 충적층 지질단면도를 작성한 것이 그림 7이다. 이 도에서 기반암은 -20m 부근에 나타나고 있으며 가장 깊은 곳은 7번 주상도에서 -23m 나타났다. 관계식에 의한 계산 결과로 작성한 종단면도(그림 4참조)에서는 이 지점의 빙기하상표고가 -26m로 나타나 boring data의 결과와 매우 근사한 결과를 보여주고 있다.

이 밖에도 황해로 유입하는 하천으로서 대강인 한강에서도 하구에서 59㎞ 상류에 있는 성산대교에서 -25m, 67㎞ 상류에 있는 제1한강교에서 -18에 기반암이 나타나 동규모의 하천인 낙동강에 비하여 매우 얕다. 또한 만경강에서는 하구에서20㎞ 상류지점에 호남선 복선공사를 위하여 충적평야를 횡단하는 boring 조사가 이루어졌고, 이 boring 주상도에서 기반암의 심도는 -15~-19에서 나타났다. 이와 같이 황해안으로 유입하는 하천의 충적층 층후는 매우 엷게 나타나는 것이 특색이다.

이상과 같이 낙동강 하류평야에서는 boring data가 충분해서 전반적인 검토가 가능했으며, 남대천과 금강에서는 boring data가 단편적이어서 전반적인 검토가 불가능했지만 data가 있는 곳은 모두 관계식에 의한 계산치와 근사치를 이루고 있는 것으로 미루어, 본관계식이 매몰곡의 형태를 검토하는데 유의한 것으로 나타났다.

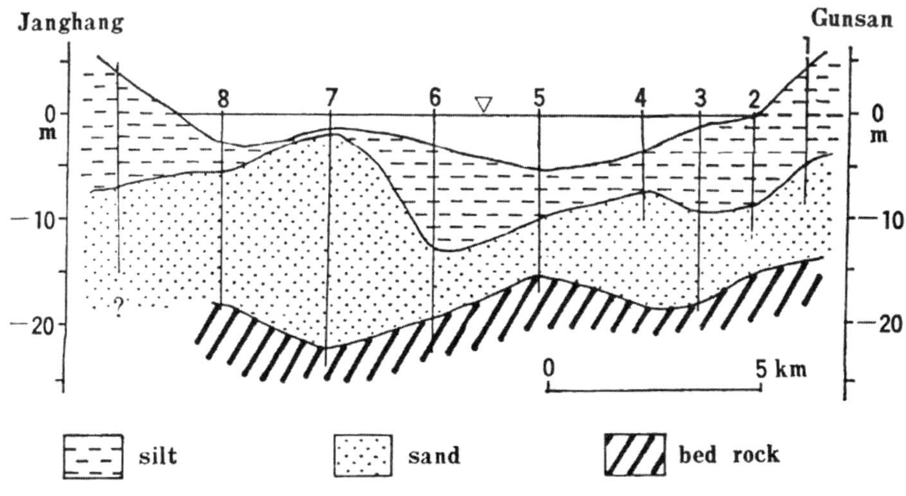

〈그림 8-7〉 금강 하구언 부근의 충적층 지질단면도

5. 우리나라 해안별 매몰곡의 형태

전술한 바와 같이 빙기의 침식곡(현재의 매몰곡) 구배는 현재(간빙기) 하천의 종단구배와 앞바다(빙기에 육화되는 구간) 경사와의 화(和)로 나타난다. 따라서 이들 육상의 하천조건과 해저 지형조건의 조합을 3가지 유형으로 나누어 생각할 수 있다.

(1) 육상 하천의 종단구배와 해저경사가 공히 급할 때

이 경우에 빙기 저해수면에 대응하는 침식곡은 그 종단구배가 매우 급하고 깊은 골짜기를 형성한다. 따라서 해수준이 현 수준에 달했을 때 충적층에 의하여 이 곡이 매몰되면 그 충적층의 두께도 두껍게 형성된다. 그러나 곡의 구배가 급하므로 하구에서부터 상류 쪽으로 갈수록 충적층의 두께도 급속히 줄어들게 되고 따라서 매몰곡의 길이는 매우 짧게 나타나는 것이 특색이다. 우리나라의 동해사면의 하천은 모두 이 경우에 해당된다고 할 수 있다.

(2) 육상의 하천종단구배는 완만하고 해저사면의 경사는 급할 때

이 경우에 있어서 빙기 저해수면에 대응한 침식곡은 대하천의 경우와 소하천의 경우가 다르게 나타날 것이 예상된다. 소하천의 경우는 그 하천의 중하류구간이 짧기 때문에 결과적으로는 ①경우와 유사하게 비교적 급한 구배의 침식곡을 형성한다. 그러나 대하천의 경우는 낮아진 침식기준면에 대응하여 그 하천의 규모에 상응하는 수정종단구배를 갖기 때문에 소하천에 비하여 비교적 완만한 구배의 침식곡을 형성하게 되므로 해면저하의 영향이 내륙 깊숙이까지 미치게 된다. 따라서 후빙기 해면상승과 더불어 이 곡이 충적층으로 메워질 때 충적층의 심도가 하구부에 두껍게 나타나는 것은 물론, 상류 쪽으로 가면서 그 두께의 감소율이 완만하여 내륙 깊이까지 상당한 충적층의 심도를 나타낼 것이 예상된다.

낙동강 하류 충적평야는 이 후자의 경우에 해당되며 하구부에서의 충적층의 두께는 70m에 이르고, 매몰곡저 표고 0m가 되는 지점도 하구에서 160-190㎞ 상류에 나타났다.

(3) 육상의 하천 종단구배와 해저사면경사가 공히 완만할 때

이 경우에 해면이 저하되면 해안선은 현 하구에서 멀리까지 후퇴하고 해면저하의 영향이 먼 구간에 걸쳐 분산되기 때문에 하천의 하각작용은 전술한 두 경우와 같이 심하지 않으며 결과적으로 얕고 완만한 곡저구배를 형성하게 된다. 후빙기 해면이

현 수준까지 상승했을 때 빙기 침식곡의 아래쪽 상당부분은 현 해면하에 들게 되고 위쪽 일부의 얕은 침식곡에 충적층이 퇴적하게 되므로 충적층의 심도가 매우 얕게 나타난다. 그러나 곡저종단구배가 완만하므로 하구부에서 상류 쪽으로 가면서 충적층 층후의 감소는 완만하게 나타나는 것이 특색이다.

황해안의 모든 하천은 이 경우에 해당하여 하천의 규모에 비하여 하구충적층의 층후가 얕다. 그러나 해면상승의 영향을 직접적으로 받는 구간이 낙동강에는 비교될 수 없지만, 동해안에 비하면 상당히 내륙까지 미친다.

6. 요약

1. 충적층 밑에 매몰되어 있는 매몰침식곡은 빙하기 저해수준에 대응해서 형성되었고, 그 형태는 현하천의 평형구간의 길이 (a) 및 평균구배(x), 빙기에 연장천이 되었을 해저부의 거리 (a') 및 평균해저경사(x')와 밀접히 관련되어 있으며, 매몰곡의 평균종단구배(y)는 다음 관계식에 의하여 근사치가 계산되어질 수 있었다.

$$y = \frac{ax + a'x'}{a + a'}$$

2. 전항의 관계식에 의하여 밝혀진 대상지역의 매몰곡의 형태는 다음 표와 같다.

〈표 8-4〉 대상지역 매몰곡의 형태

하천명	매몰곡의 평균 종단구배(‰)	하구부 매몰 곡저표고(m)	하구에서 매몰곡저표고 0m지점까지 거리(㎞)
남대천	6.86	-52	7.6
낙동강	0.46	-72	160
금강	0.43	-31	75

또한 이 결과는 boring data에 의하여 유의한 것이 확인되었다.

3. 우리나라 동해사면을 흐르는 하천은 그 하천구배 및 앞바다의 경사가 급하기 때문에 매몰곡의 경사가 급하게 형성되어, 이 결과, 하구부의 충적층 층후는 하천의 규모에 비하여 두껍게 나타나지만 후빙기 해면상승에 의한 익곡의 범위는 아주 짧게 나타났다. 황해사면을 흐르는 하천은 하천의 경사도 완만하고 황해도 원천한 바다이므로

하구부 충적층의 층후는 하천의 규모에 비하여 매우 얕게 나타났다. 그러나 해면상승에 의한 익곡의 범위는 상당히 내륙까지 미친 것으로 나타났다. 낙동강은 하천의 규모가 크고 앞바다의 경사도 비교적 급하여 하구부의 충적층의 층후가 가장 두껍게 나타났으며, 해면상승에 의한 익곡의 범위도 가장 먼 내륙까지 미친 것으로 밝혀졌다.

참고문헌

王靖泰·汪品先(米倉伸之, 米倉弓子 譯). 1982.「中國東部の晩氷期更新世以來の海面上昇と氣候變化の關係」. 第四紀研究. 日本第四紀學會. 21-2. pp.101~114.

井關弘太郎. 1983.『沖積平野』. 東京大學出版會. p.145.

朝鮮總督府中央試驗所. 1938.「江陵及陟地域調査報告」. 工業用水調査(第5報). p.50.

靑華龍. 1980.「韓國東海岸における完新世の海水準變動」. 地理學評論. 日本地理學會. 53. pp.317~328.

_____. 1985.「韓國洛東江下流沖積平野の地形發達」. 東北地理. 日本東北地理學會. 37-1. pp.29~42.

Fairbridge R. W. 1961. "Eustatic change in sea level." *Physics and Chemistry of the Earth*, 4. pp.99~185.

CHAPTER

9

한국 낙동강 하류 충적평야의 지형 발달*

1. 서론

낙동강은 그 길이 및 유역 면적 공히 한반도에서 제1급의 하천이다. 이러한 하천의 하류부에는 자연제방, 배후습지, 습지성 소택지 등의 범람원 미지형이 펼쳐지고, 하구부에는 한반도 최대의 삼각주 평야(김해평야)가 형성되어 있어, 한반도에서 대하천 하류부 충적평야의 지형발달을 연구할 수 있는 모식지라고 할 수 있다.

이러한 하천 유역에 발달하는 습지성 소택지에 관하여 大矢(1971), 권(1976)의 연구가 있고, 하구 삼각주에 관하여는 권(1973)의 연구가 있다. 그러나 이러한 연구에서는 충적층의 내부구조와 표면의 미지형과의 관계가 명확하게 나타나지 않기 때문에 지형발달이 충분히 해명되어 있다고 할 수 없다. 또한, 소택지의 성인에 관해서도 양자의 의견이 다르다.[1)]

본 연구는 낙동강 하류부 충적평야를 대상으로 하여 평야부의 미지형 분류와 퇴적물을 분석함과 동시에 보링 데이터를 해석하고, 충적층[2)]의 내부구조에서 퇴적환경을 추정하

---

* 靑華龍, 1985, 日本東北地理, 37(1), 29～42쪽.

1) 大矢(1971)은 이 소택지들은 최근 수십 년간 낙동강 상류지방의 범람에 의해 삼림이 황폐해지고, 그것에 의해 상류 산지에서 토양침식이 활발히 행해져 그 토사가 하류에 퇴적되어 하상의 상승을 일으키고, 자연제방이 발달한 결과 형성된 것으로서 그 면적은 점차 확대한다고 결론지었다. 한편 권(1976)은 大矢에 반대하여 이 소택지의 형성은 후빙기 해면상승과 관련되어 형성되었고, 삼림 황폐에 의한 하류부의 하상 상승은 주목할 만한 정도가 아니라고 했다.

여 후빙기 해면변동과 충적평야의 지형발달을 고찰했다.

2. 낙동강 유역 개관

낙동강은 북쪽의 태백산지에서 발원, 한반도 남동부의 경상남북도를 주 유역으로 하며, 다수의 지류를 합하면서 남류하고 부산시 서쪽에서 대한 해협에 유입하는 하천이다(그림 9-1). 본류의 길이는 525km, 유역면적 23,859㎢이고, 연간 유출량은 15×10^9㎥, 하상계수 1 : 372로서 유량의 변화가 심한 하천이다(한국 수자원 개발공사, 1970). 이 하천의 평균 하상 구배는 1.7‰이지만, 안동시 부근(하구에서 약 334km)에서 하구까지는 0.34‰의 완구배가 되고, 본류에 가까운 지류를 따라서 곡저 충적평야가 나타난다. 하류부의 왜관읍(하구에서 약 210km)부터는 자연제방이 나타나고, 지류인 회천의 합류지점(하구에서 150km)에서 삼랑진(하구에서 50km)까지는 자연제방의 발달이 좋고, 그 배후에는 소택지가 다수 발달한다. 삼랑진에서 지류인 양산천이 합류하는 지점까지 낙동강이 태백산맥을 횡단하는 곳은 협곡이 되어 있고, 양산협곡으로 불려진다. 양산천 합류점 보다 하류부는 하구 삼각주가 발달한다.

하상퇴적물은 발원지에서 안동시까지의 상류구간은 주로 역이지만, 안동시에서 하류부에는 모래가 중심이고, 다소 중력, 세력이 포함된다. 왜관부터 하류부에는 역이 완전히 보이지 않고, 왜관 부근에서 조사, 중사가 주체이지만, 하류 쪽으로 감에 따라 세사 및 실트질이 된다.

하구에서의 조차는 미약하다. 하구에서 약 4km 상류의 낙동강 우안에 위치하는 하단의 수위는 평수시 대조차 1.3m, 소조차 0.1m이다. 그러나 하류부의 하상 구배가 완만하기 때문에 대조시의 조수의 영향은 삼랑진까지 미치고, 홍수시의 수위 변화에 조석이 큰 영향을 미치지 않는다.

---

2) 충적층의 정의는 학자에 따라 다르지만 본고에서는 지표에서 기저역층 하부까지의 퇴적층을 충적층으로 했다.

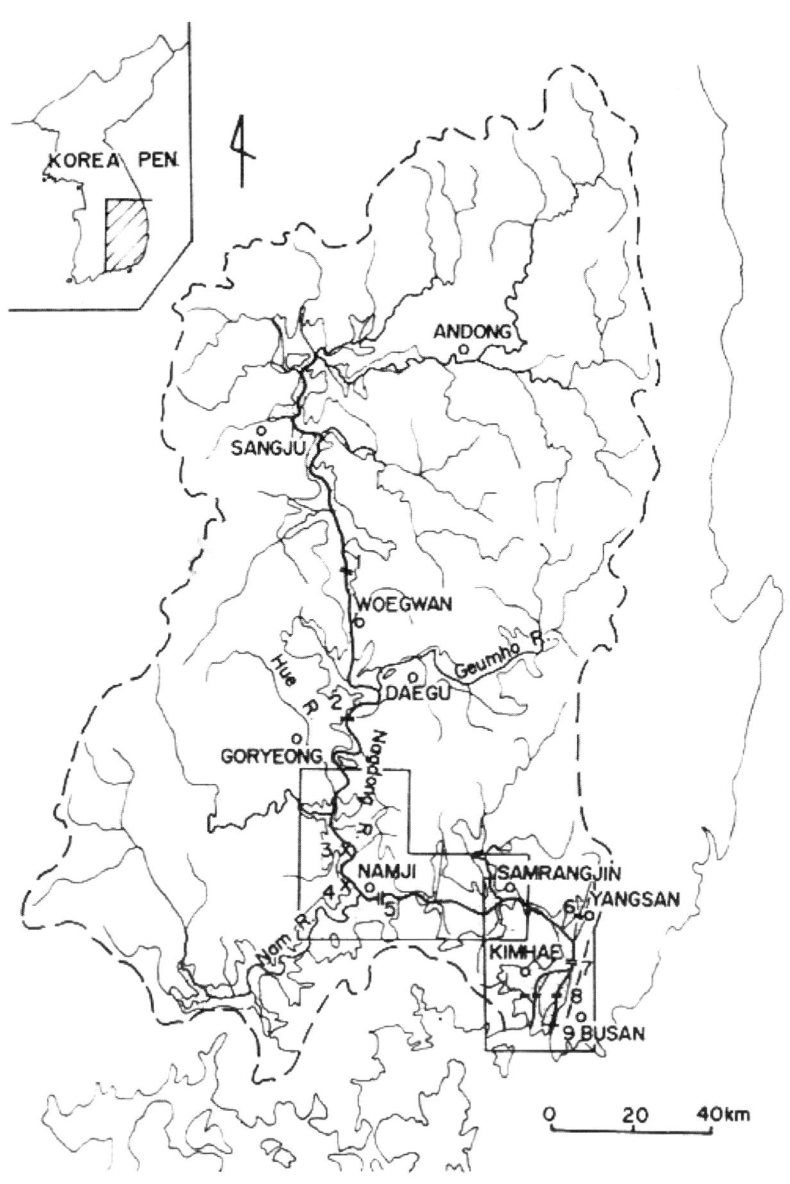

〈그림 9-1〉 낙동강 유역 분지와 연구지역

* 사각형: 그림 2, 3의 지형 분류도 범위

* 숫자 : 그림 4, 5의 충적층 횡단면도의 위치

3. 충적평야의 미지형

본 논문에서 낙동강 하류평야란 충적평야의 지형발달이 해수준 변화와 직접 관계가 있다고 생각되는 회천의 합류지점 보다 하류 평야를 가리킨다. 이 낙동강 하류평야는 소택지가 많이 분포하는 회천의 합류점부터 삼랑진까지 지역(필자는 이 구간을 낙동강 하류분지라고 가칭한다)과 양산천과 합류지점에서 하구까지의 하구삼각주 지역으로 크게 구분 할 수 있다.

1) 낙동강 하류분지

지형분류도는 지형도, 항공사진, 토양도 판독 및 현지조사에 기초하여 작성했다(그림 9-2). 충적평야의 지형은 ① 선상지성 곡저평야 ② 자연제방 ③ 배후습지로 나누어진다. 배후습지는 더욱이 ⓐ 배후저지, ⓑ 습지, ⓒ 간척지, ⓓ 소택지로 세분된다.

선상지성 곡저평야는 소지류의 상류부에 분포한다. 이것은 소지류의 상류부 산지로부터 운반된 사력 퇴적물에 의해 형성된 지형이다. 현재는 밭이나 논으로 이용되지만, 논도 지표 하 1m 이하에서는 역이 드러난다. 1~2‰ 완경사를 갖고, 완만한 경사 변환부에 의해 하부의 배후습지와 접하고 있다.

자연제방은 낙동강을 따라 폭넓게 연속적으로 발달하고, 지류와 합류하는 곳은 소지류를 따라서 상류 쪽으로 연속되고, 곳에 따라 폭 10km나 되는 곳도 있다. 자연제방은 본류의 하도 근처가 가장 높고, 하상과 10m 전후의 비고를 가지며, 그 배후나 지류의 상류 쪽을 향하여 낮아진다. 이 때문에 자연제방이 발달하는 지류의 하류부는 역경사의 곡저면을 이루고 있다.

배후저지는 소지류 상류부의 선상지성 곡저평야와 하류부 본류의 자연제방과의 사이의 중간에 주로 발달한다. 이러한 배후습지는 ⓐ 논으로 되어있는 저지(본고에서는 이것을 배후저지로 가칭한다.) ⓑ 증수기에는 침수하고, 농업이 불가능하기 때문에 초지로 되어있는 습지 ⓒ 이와 같은 습지에 제방을 쌓아 간척한 저지 ⓓ 연중 얕은 수심의 수역으로 되어있는 소택지로 분류된다. 이러한 배후습지는 일반적인 범람원의 미지형 구성과 동일하지만, 상시로 침수상태에 있는 소택지가 차지하는 면적이 넓은 것이 특징이다.

전술한 것처럼 이러한 소택지가 나타나는 것은 회천의 합류지점부터이고, 이 지점보다 상류부에서는 자연제방이 발달하는데도 불구하고, 소택지의 분포는 거의 확인되지 않는다. 한국의 기타 대하천 유역에서도 소택지는 그다지 현저하지 않다. 회천의 합류점부터

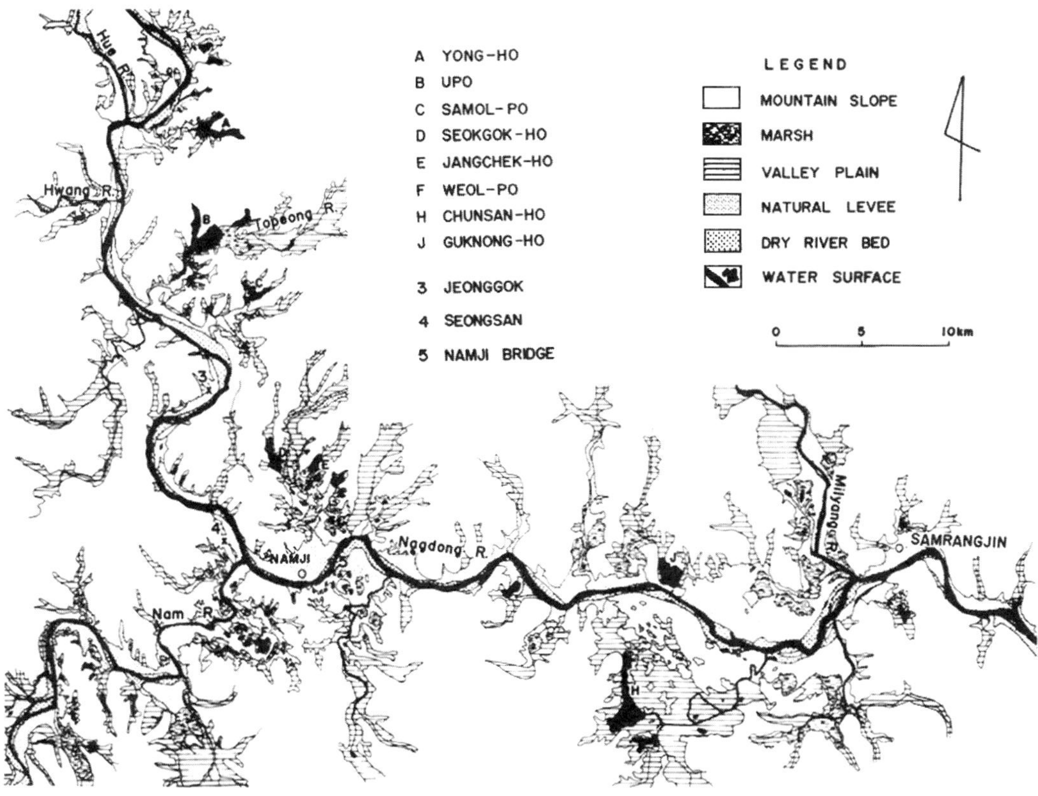

〈그림 9-2〉 낙동강 하류분지의 지형분류

삼랑진까지의 구간에 발달하는 소택지는 1918년 편집된 지형도를 조사하면 용호, 우포, 삼월포, 석곡호, 장척호, 월포지, 국농호, 춘산호 등 98개소를 셀 수 있다. 그러나 그 후 매몰되고 간척됨으로써 현재는 19개소가 남아있다(그림 9-2).

2) 하구삼각주평야

(1) 미지형 분류

하구 삼각주 평야는 양산천 합류지점부근에서 하구에 이르는 평야이고, 익곡을 매적하여 만들어진 estuarine delta이다. 이러한 삼각주가 형성된 만(灣)은 양산단층선과 관계를 갖는 구조곡으로 생각되고, 동쪽의 곡벽은 대략 직선상이 된다. 낙동강은 구포부근에서 동서로 분류하고, 서쪽분류를 죽림강이라고 한다. 서쪽 분류는 약 3km 정도 하류에서 다시 분류하고, 그 동쪽 분류를 평천강이라고 한다. 동 분류도 분류한 지점에서 6km

정도 하류부에서 다시 맥강으로 분류한다. 이러한 큰 분류 이외에도 많은 소분류가 나타나고, 분기하도를 이룬다. 현재는 동분류의 양안에 큰 제방이 축조되어 낙동강의 물은 동분류로만 흐르고 죽림강, 평천강, 맥강 등은 무능하천이 되어있다.

권(1973)은 본 삼각주 평야를 상부 삼각주, 하부 삼각주, 삼각주성 주변분지의 3개 지형단위로 구분했다. 이와 같은 지형단위 구분에 관해서는 필자도 동일한 의견을 갖고 있다.

본 삼각주 평야의 미지형 분류도가 <그림 9-3>이다. 본 삼각주 평야에서는 충적층으로 둘러싸여 있는 기반암의 노출지(칠점산, 덕도, 죽도 등)가 여러 개 있어 섬 모양으로 나타난다. 특히, 죽도, 덕도는 1477년 편집된 한국의 고지리 문헌인 『동국여지승람』의 기록과 그 부도에 섬이 되어 있고, 그 주변 및 조만강 하류부는 해역이 되어 있다고 기록하고 있다. 이것은 삼각주 형성 이전, 이 만이 한국 서남해안의 특징인 점재하는 섬을 갖는 만이었음을 지시하고 있다.

자연제방은 상부 삼각주에 발달하고, 주 분류가 나타나는 지역에서 가장 폭넓게 연속적이며, 그 고도도 높고, 표고 3~4m가 된다. 그러나 이러한 자연제방은 하류 쪽으로 갈수록 고도가 낮아져 1~2m가 되고, 폭도 좁고, 연속성도 나빠진다. 이와 같은 경향은 하류 쪽일수록 홍수 시 물이 확산되고, 수위가 낮아지기 때문에 발생했다고 생각된다. 하천의 분류 간에 형성된 각각의 하중도는 자연제방에 의해 둘러싸여 중앙부는 표고 0.5m 전후의 저지가 되고, 전체로서 하나의 분지상을 이룬다. 각 하중도에서 중앙저지의 물을 배수하는 수계는 본류와 다르게 형성되어 tidal channel의 형태를 나타낸다. 따라서 자연제방과 배수체계를 추적해보면, 몇 개의 하중도가 만들어져 현재는 하나의 섬이 되어 있는 것이 다수 확인된다. 본 삼각주 평야의 중심부를 구성하는 권(1973)의 소위 상부 삼각주는 외해의 영향을 거의 받지 않는 내만이고, 하천의 분류와 하중도 형성이 반복되면서 만들어졌음을 알 수 있다.

본 삼각주의 말단부 명호도와 그 서쪽의 녹산리 일대(권, 1973의 하부 삼각주)에는 4~5열의 빈제열이 보이고, 빈제 정부의 표고는 3~4m에 이른다. 빈제열 사이에는 제간습지가 형성되어 있다. 빈제열의 전방에는 간조시마다 노출되는 폭 약 3km의 갯벌이 형성되어 있고, 그 외연에는 대마등, 진우도, 장자도 등의 연안외주 형태의 사주열이 나타난다. 이러한 삼각주 말단부의 지형배열은 삼각주가 성장하여 만구부에 도달하고, 외해의 영향을 강하게 받아 빈제, 사주열을 만들면서 전진한 결과라고 생각된다. 주 삼각주의 서쪽에 위치하는 조만강 하류부(권 1973의 삼각주성 주변분지)는 표고 0.5m 이하의 저지가 연속되고, 하천을 따라 자연제방의 발달도 거의 확인되지 않는다. 이

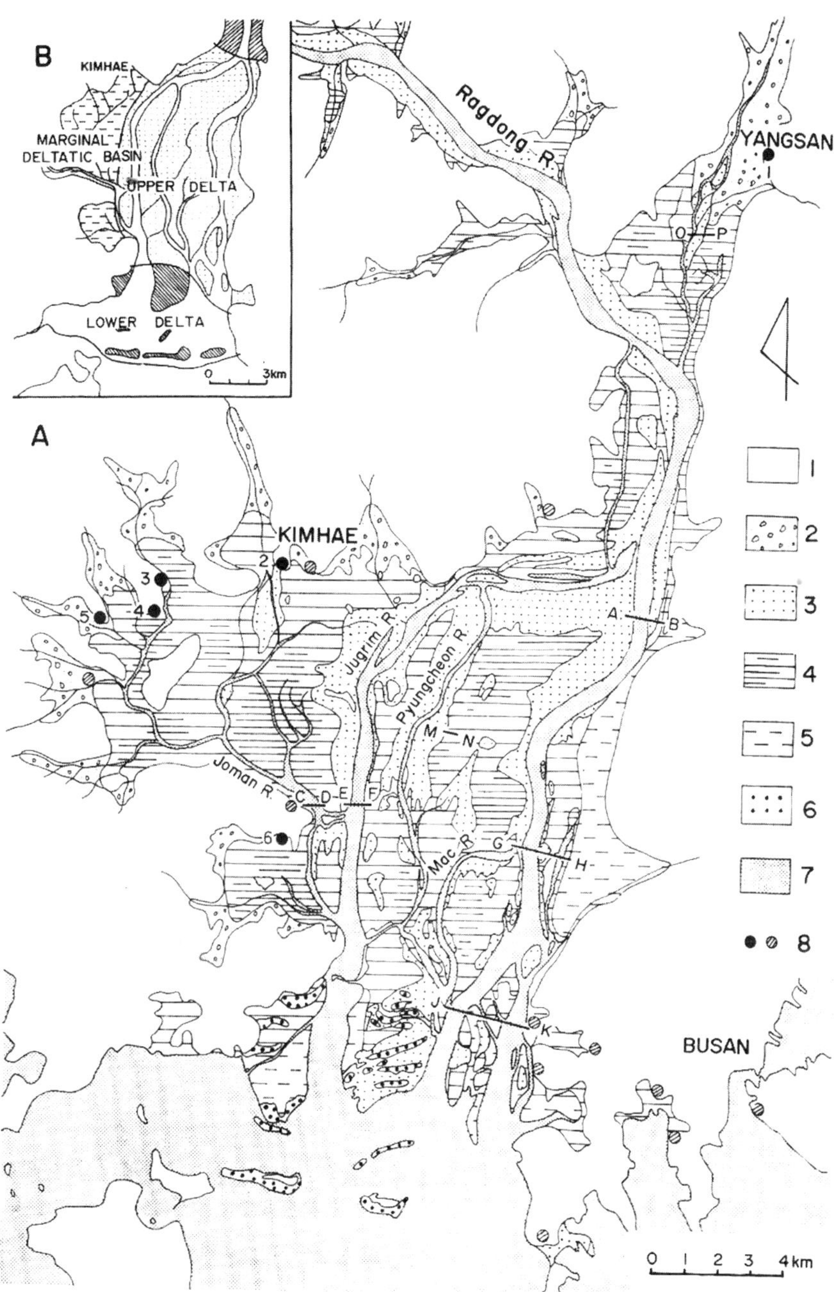

〈그림 9-3〉 A : 낙동강 하구 삼각주평야의 지형분류

1. 산지와 구릉지 2. 선상지성곡저평야 3. 자연제방 4. 배후저지
5. 간척지 6. 빈제와 사주 7. 수면 8. 패총

B : 낙동강하구삼각주의 지형단위구분(권, 1973)

주변은 전술한 동국여지승람 부도에서는 바다로 되어 있는 것에서도 알 수 있듯이 최근에 육화한 곳이다. 주 삼각주는 낙동강의 직접적인 영향을 받아, 일찍 매적되고, 자연제방도 형성되었지만 이러한 주변부는 주류에서 멀리 떨어져 있기 때문에 중류부의 배후습지와 마찬가지로 본류의 범람 시에 주로 부유하중에 의해 매적되어 형성된 것 같다. 따라서 이러한 주변 저지의 퇴적물은 주로 실트질이고, 하계는 tidal channel의 특징을 갖는 망상류를 이룬다.

(2) 패총분포와 그 연대

본 삼각주 주변부에는 패총이 다수 분포하고 있다. 이미 발굴조사된 것을 <그림 9-3>에 ●, ⊘ 표로 나타내었다. 이러한 패총은 부산시 부근에서는 현해안선 부근에 분포하지만, 김해시 주변, 양산읍 주변에 분포하는 것은 현 해안선에서 떨어진 내륙에 위치하고 있다. 패총의 분포의 지형적인 위치를 보면 충적평야와 배후구릉지와의 경계부에 있는 구릉의 기슭이나 낮은 구릉 위에 분포하므로, 구해안선이 패총 분포지역에 가까웠음을 암시하고 있다. 이러한 패총의 절대연대는 별로 측정되어 있지 않으므로 이번에 6개의 지점(그림 9-3의 ●표)에서 채집된 굴껍질을 주로 이용하여 일본 도호쿠대학 지리학 교실의 연대 측정실에서 연대를 측정했다(표 9-1).

연대 측정 결과를 보면 4,000~3,500년 BP와 1,900~1,700년 BP의 두 개 그룹으로 나누어진다. 오래된 연대를 나타내는 그룹은 구릉의 기슭에 분포하는 패총이고, 젊은 연대의 그룹은 구릉위에 분포하는 것이다. 따라서 이 사이의 인간 거주지가 평지에서 구릉위로 이동했음을 알 수 있다.

〈표 9-1〉 김해 삼각주 주변 패총의 연대

Location No.	Code No.	Location	Material	Altitude a.s.l.(m)	Radiocarbon Age(yrB. P.)
1	TH-997	Yangsan (35°20′06″N, 129°02′42″E)	shell	110	1,870±100
2	TH-998	Hoehyun (35°13′44″N, 128°52′54″E)	〃	12	1,770±100
3	TH-999	Cheongok (35°13′23″N, 128°50′34″E)	〃	4	3,460±110
4	TH-1000	Nongso (35°12′53″N, 128°50′32″E)	〃	5	3,440±120
5	TH-1001	Ryuha (35°12′39″N, 128°49′22″E)	〃	10	1,760±100
6	TH-1002	Beombang (35°09′11″N, 128°52′58″E)	〃	4	3,910±130

4. 낙동강 하류부 충적층의 구조

본 지역에서는 지금까지 보링 자료를 기초로 하여 충적층의 지하구조를 검토한 연구는 없다. 그래서 교량공사, 하구언 설치를 위해 실시한 하천을 횡단한 보링자료와 농업용 지하수 개발이나 건축물을 짓기 위해 행해진 보링 자료에 기초하여 본 지역의 충적층 지하구조를 밝히고, 충적층의 퇴적구조를 검토했다.

1) 왜관 낙동교 부근

하구에서 약 210km 상류 지점, 경부고속도로 다리 공사를 위해 낙동강을 횡단하는 18개 보링이 이루어졌다. 이것을 기초로 충적층 지질단면도를 작성했다(그림 9-4의 1). 하상의 표고는 22~23m이고, 충적층의 두께는 15m 전후이다. 기반암의 심도는 깊은 곳에서도 해발고도 7m 전후이다. 기반암 위의 충적층은 하부 역층과 상부 사층의 2층으로 나누어지고, 양 층의 경계는 입경의 급격한 변화에 의해 명확히 구분할 수 있다. 역층의 하부는 거력이지만, 상부로 갈수록 대력, 중력으로 변한다. 이 사층에는 점토가 거의 포함되어있지 않다.

2) 고령 낙동교 부근

하구에서 약 160km 지점, 88고속도로의 다리 건설을 위해 8개의 보링이 이루어졌다. 이것을 기초로 작성한 충적층 지질단면도가 <그림 9-4의 2>이다. 낙동강 하상의 표고는 10~14m이고, 충적층의 층후는 하상에서 20m 전후, 평야부에서 25m이다. 하상에서의 기반암이 낮은 곳은 현 해면보다 -10m 낮은 위치에 있다.

기반암 위의 퇴적물은 하부에 거력으로 이루어진 역층이 7m 전후의 두께로 퇴적되어 기저역층을 이루고 있다. 그러나 이 역층의 중앙부, 표고 -5~0m 부근에 점토질을 포함하는 역층의 렌즈가 있는 것이 주목된다. 이층의 위를 중력을 포함하는 조사가 4m 전후의 층후로 피복되어 있으나, 이 층에는 점토가 전혀 포함되어 있지 않다. 그 상부에는 층후 10m 전후의 두꺼운 중사층이 현 하상까지 퇴적되어 있다. 하천의 우안평야에서는 이러한 사층의 상부에 6~7m 층후의 실트층과 다시 그 상부에 3m의 세사층이 피복되어 있다. 이것은 과거에 자연제방의 배후에 퇴적된 배후습지성 퇴적물이 하천의 측방침식에 의해 노출된 결과로 생각된다.

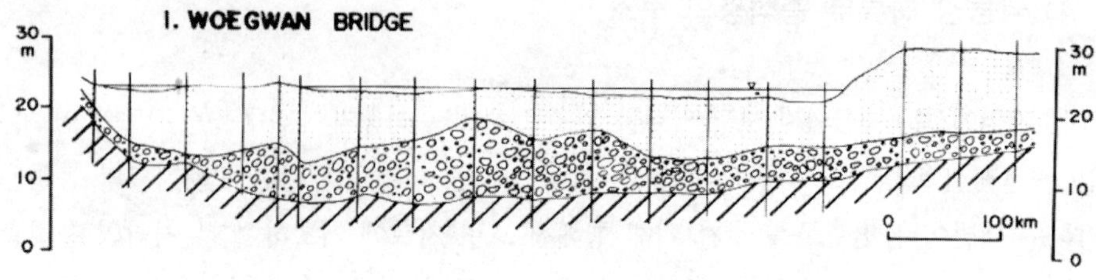

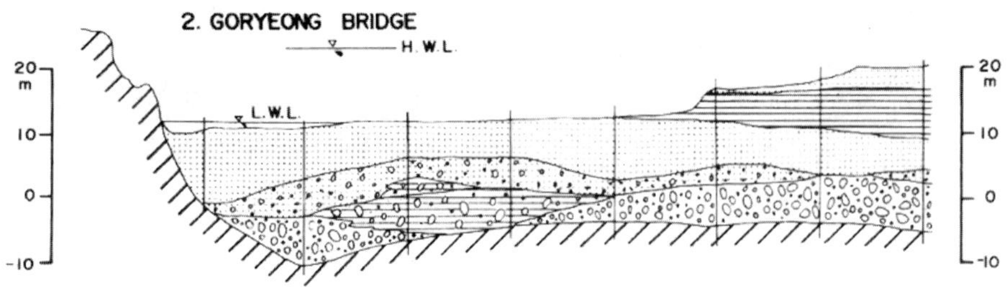

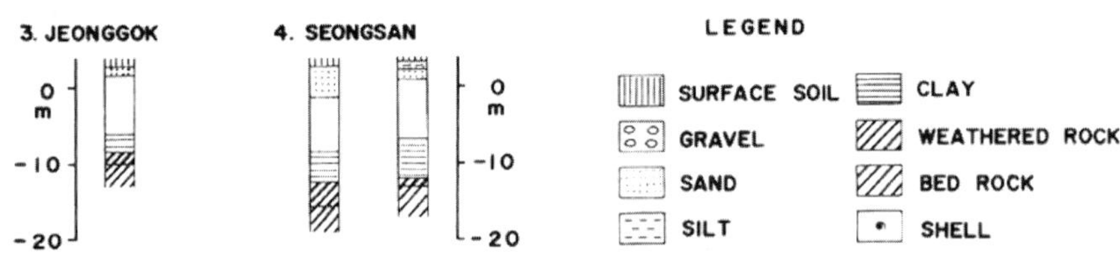

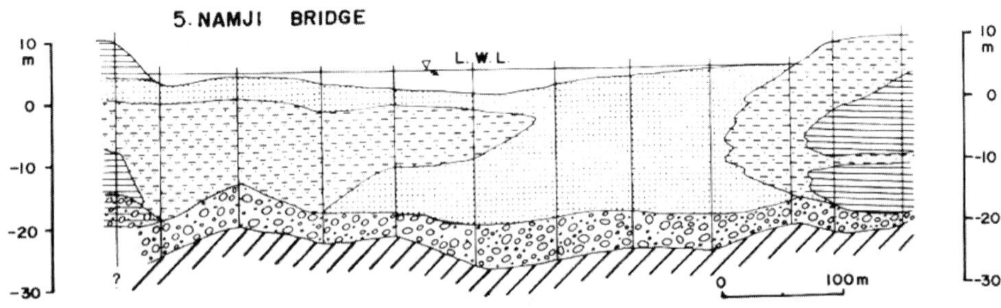

〈그림 9-4〉 낙동강 하류 분지의 충적층 구조

3) 정곡 · 성산부근

정곡 및 성산 일대에는 농업진흥청에 의해 농업용 지하수 개발을 위한 보링이 이루어졌다. 정곡(그림 9-4의 3)은 하구에서 117km 지점에 위치하고, 보링 지점은 낙동강 우안이고 하천에서 약 700m 떨어진 평야부이며, 지형적으로는 자연제방 배후의 저지에 해당한다. 표면 표고는 약 4m이고 충적층의 층후는 13m이다. 기반암풍화대 바로 위에 기저역층을 인정할 수 없으며, 3m 층후의 실트층이 퇴적되어 있고 그 위 9m의 중사층, 또 그 위의 1m의 실트층이 퇴적되어 있다. 성산은(그림 9-4의 4) 정곡보다 약 20km 하류부 낙동강 우안에 위치해 있다. 지표의 표고는 4m 정도이고 충적층의 층후는 15m이다. 여기에서도 기반암의 풍화대 바로 위에 기저역층이 결여되어 있고, 실트층이 4~6m 층후로 퇴적되어 있다. 그 상위에는 10m 전후의 중사층이 퇴적되어 있고, 최상부 1~2m는 실트층이다.

이상 두 지점에서 기저역층이 인정되지 않는 것은 보링 지점이 낙동강 하상과 떨어져 있기 때문이다. 이보다 상·하류의 충적층 단면으로 추정하면, 정곡, 성산 부근의 낙동강 하상부에는 기반암이 더욱 깊은 곳에 있고, 기저역층도 훨씬 아래쪽에 존재할 것으로 생각된다. 두 지점에서 주목할 만한 것은 기반암 바로 위에 퇴적되어 있는 실트층이다. 이 실트층의 하한은 정곡에서 현해면 하 9m, 성산에서는 13m이다.

4) 남지 낙동교 부근

남지 낙동교는 하구에서 약 90km 지점에 위치하는 구마고속도로 상의 다리이다. 12개 보링을 기초로 충적층 지질단면도를 작성했다(그림 9-4의 5). 낙동강 하상의 표고는 4m 전후이고, 충적층의 층후는 30m 전후이다. 기반의 최심부는 현 해면에서 -27m에 있고, 기반암 위에는 6m 전후의 기저역층이 퇴적되어 있다. 기저역층 위의 퇴적물은 하상의 중앙부에는 표면까지 사층이 계속되지만, 중앙에서 양안으로 가면서 입경이 세립화하고, 제방 부근에서는 점토층으로 된다. 이러한 점토층은 하도를 향하여 쐐기모양을 하고 있다.

5) 양산 수관교 부근

수관교는 낙동강 지류 양산천에 놓인 다리이다. 3개의 보링 자료에 의해 충적층 지질단면도를 작성했다(그림 9-5의 6). 기반은 -22~-24m 부근에 있고, 그 위에는 2~4m의

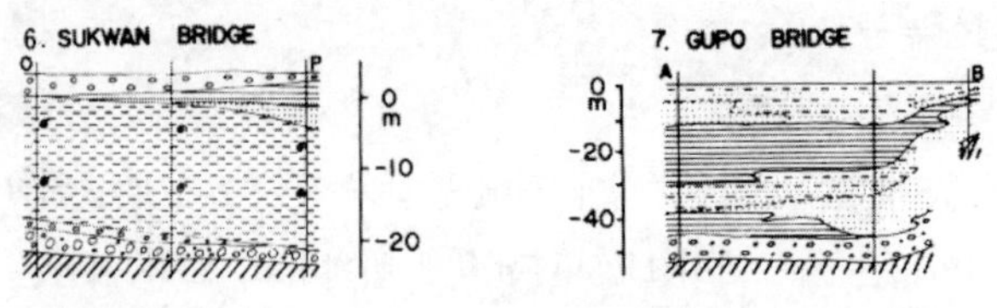

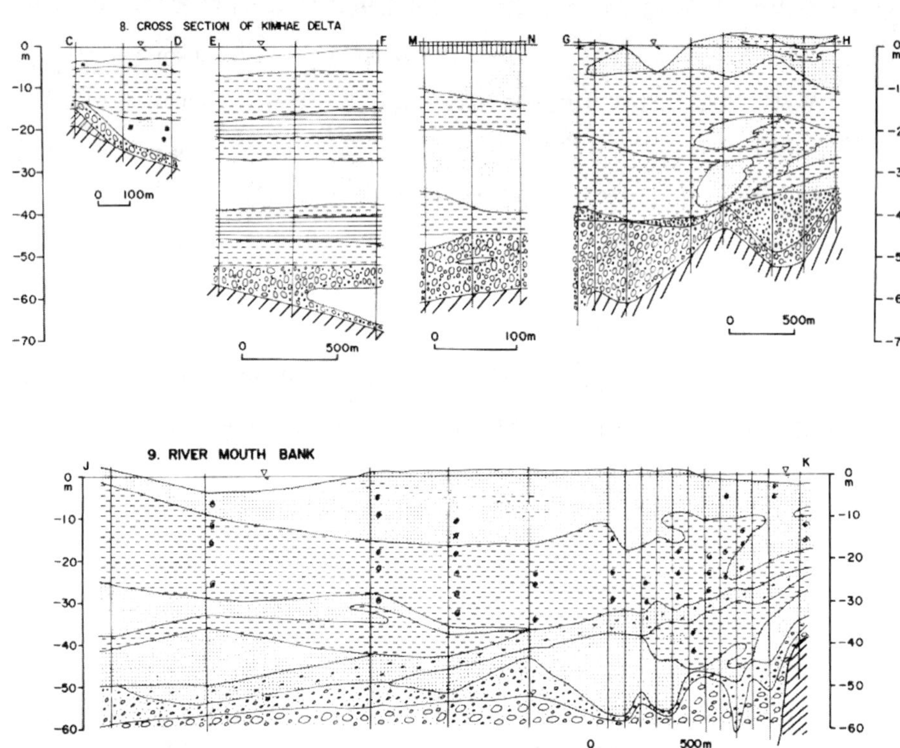

〈그림 9-5〉 낙동강 하구 삼각주의 충적층 구조

기저역층이 있다. 기저역층 위에는 층후 17m 전후의 연약한 실트층이 퇴적되어 있다. 실트층은 전층을 통하여 패각편과 유기질이 혼재하고 있어, 내만성의 해성층으로 추정된다. 실트층 위에는 동측으로부터 사층과 점토층이 쐐기 모양으로 분포한다. 점토층은 하부 실트층보다 입자가 세립이지만, 치밀한 퇴적상을 갖는 층으로 패각편은 발견되지 않고, 유기질도 적은 범람원 퇴적물의 특징을 나타낸다. 표면은 현 하천에서 운반된 하상 퇴적물이고, 중력을 포함하는 조사이다.

6) 구포 낙동교 부근

하구에서 약 20km 상류부, 낙동강이 분류를 시작하는 곳으로서 남해 고속도로의 다리를 건설하기 위해 보링 조사가 이루어졌는데 이들 보링주상도를 기초로 충적층 지질단면도를 작성했다(그림 9-5의 7).

하상 표고는 0m 전후이고, 기반은 -52~-53m에 나타난다. 충적층 층후는 50m 전후이다. 기반암 위의 퇴적층은 하부에서 7m 전후의 기저역층, 약 7m의 점토층, 10~20m 사질층 및 사질실트층, 13~18m의 점토층, 최상부에는 12m 층후의 사층으로 이루어져 있다. 상하 점토층은 암회색으로 패각편을 포함하는 연약한 내만성 퇴적물이고, 사층에 의해 상하로 구분되며, -40m 부근과 -20m 부근에 나타난다.

7) 김해삼각주

삼각주의 중앙부를 동서로 횡단하여, 구마고속도로가 건설될 때 조만강, 죽림강, 낙동강 본류에 보링조사가 행해졌다. 또한 신흥리 일대에서도 건물을 건축하기 위해 보링이 이루어졌다.

조만강 횡단면에서 기반암은 -20~-30m에 걸쳐 동쪽으로 기울어져 있고, 그 위를 2~3m 층후의 기저역층이 덮고 있다. 역층 위에는 5~10m의 패각편을 포함하는 세사층이 있고, 그 상부는 약 10m의 패각편을 포함하는 실트층이 있다(그림 9-5의 8; C-D).

충적층의 심도를 보면, 분류인 죽림강을 연한 쪽이 본류를 연한 쪽보다 깊은 것으로 보아 과거에는 죽림강의 위치에 본류가 있었다고 생각된다. 죽림강에서 기반암은 -53~-63m에 있고, 그 위에는 5~15m의 기저역층이 퇴적되어 있다. 동쪽제방 부근의 주상도에서는 기저역층 중에 두께 9m 정도의 분급이 나쁜 사질층의 렌즈가 나타난다. 기저역층보다 위에는 14m의 하부 점토층, 10m의 중부사층, 또한 20m의 중부 점토층, 표면 3~4m 층후의 사층 순으로 충적층이 퇴적되어 있다. 이와 같은 층서로부터 2사이클의 퇴적환경변화를 추정할 수 있다. 기저역층 중의 사질렌즈는 단순하게 동일 환경인 지역적인 층상변화(同時異相)에 의한 것으로 보기에는 너무 두껍고(9m), 또 그 퇴적 원인을 확실히 할 기타 자료가 없으므로, 현 단계에서는 무엇이라고 말할 수 없다(그림 9-5의 8; E-F).

신흥리 단면은 죽림강 단면 약 2km 상류부의 평야부에 위치한다. 기반암은 -60m 부근에 나타나고, 그 위에 하부에서부터 15m 층후의 기저역층, 5~10m의 실트층, 15~20m

의 사층, 6~!0m의 실트층, 10~14m의 사층, 표면 2~3m는 경작의 영향을 받은 표토로 퇴적되어 있다. 이 단면에서의 퇴적상은 죽림강에서의 단면과 동일한 모습으로 2사이클을 나타내지만, 죽림강 단면과 비교할 때 사층은 보다 두껍고, 점토층은 보다 얇다. 이와 같은 차이는 본 단면의 위치가 보다 상류부에 있고, 또한 그 위치가 하중도이므로, 해진 시 해성층이 퇴적될 때 하상보다 점토층이 얇게 덮였기 때문인 것으로 생각된다(그림 9-5의 8; M-N).

동낙동강 다리에서는 기반암에 10m 이상의 요철이 있고, 기저역층의 층후도 20m로 두껍다. 이러한 기저역층은 거력으로 이루어진 하부 역층과 사질을 많이 포함하는 중력으로 된 상부역층으로 구분된다. 양자의 경계의 형태에서 상부역층은 하부역층을 어느 정도 개석한 곡에 퇴적된 것을 알 수 있다. 기저역층 상부의 층상 변화는 복잡하지만 -20~-30m 정도로 실트질사층, -20~-5m에 점토층이 퇴적되어 있고, 그 사이에는 모래의 렌즈가 협재되는 경우가 많다. 표층에 가까운 5m 부근은 사층이 차지한다(그림 9-5의 8; G-H).

이상의 4개 단면을 종합하면, 기반암의 심도는 죽림강의 동쪽제방 부근이 가장 깊고, -70m에 달한다. 죽림강과 신흥리 단면에서는 2사이클의 퇴적층상 변화를 나타내지만, 동낙동교 부근에서는 이러한 상태가 불명하다.

8) 낙동강 하구언

낙동강 하구언은 낙동강 동분류의 하구에서 약 2km 상류부에 위치한다. 이 부근에서 동분류는 하중도(을숙도)에 의해 다시 분류하고, 하구언은 그 양 분류와 을숙도에 걸쳐 설치될 계획이다. 이 목적으로 16개 보링이 이루어져, 그것을 기초로 충적층 지질단면도를 작성했다(그림 9-5의 9).

보링은 -60m까지 이루어졌으나, 제방의 동단 부근을 제외하면, 기반암까지 도달하지 못했다. -60m 부근에서 기저역층으로 생각되는 두꺼운 거력층이 나타난다. 기저역층 위에 패각편을 포함하는 사층 및 점토층이 큰 렌즈상으로 퇴적되어 있고, 그 위에는 3~5m 층후의 사질 역층이 퇴적되어 있다. 사질 역층은 20~25m의 두꺼운 점토층으로 피복되어 있다. 점토층은 전층에 패각을 포함한다. 최상부는 10~15m 층후의 사층이고, 이 층에는 하부에 패각이 들어있다. 이 사층은 현 하상보다 하중도(을숙도)에 가까울수록 두껍다.

5. 고찰

1) 충적층의 구조로 본 퇴적환경의 변천

전장에서 기술한 각 충적층 횡단면들을 기초로, 충적층 종단면도를 작성한 것이 <그림 9-6>이다. 왜관보다 하류의 낙동강하상에서 기반암의 평균 구배는 0.4‰이고, 하류로 갈수록 급해진다. 그러나 동일 구간 현 하상의 평균 구배는 0.1‰이고, 기반암의 구배보다 완만하며, 이것은 상류 쪽으로 갈수록 급해진다. 이와 같은 특징은 기반의 구배는 최종빙기 저해수준에 대응한 하각작용이 하구부로부터 진행된데 대하여, 현 하상은 후빙기 고해수준에 대응한 매적에 의한 평형종단면을 나타내기 때문으로 생각된다.

낙동강 하상 기반암의 표고는 하구에서 210km 상류인 왜관에서 +7m, 하구에서 160km인 고령에서 -10m이므로, 이것으로 추정하면, 190km 내륙에 있는 지류 금호강이 합류하는 지점 부근 하상의 기반암 표고가 0m가 된다. 이와 같이 낙동강 유역의 충적평야에서는 완신세에 해수준 변동의 직접적인 영향이 상당히 상류까지 미쳤음이 주목된다.

기반암 상의 충적층 층상배열은, 상류부에서는 층후가 얇고 층상은 단순하며, 하류로 갈수록 층후가 두껍고, 층상은 복잡해진다. 충적층은 김해삼각주에서는 하부에서 기저역층(BG), 하부점토층(LC), 중부사층(MS), 중부점토층(MC), 상부사층(US), 상부점토층(UC)의 6개 층준으로 나누어진다. 그러나 왜관 부근에서는 기저역층과 상부사층밖에 보이지 않는다. 삼각주에서의 LC와 MC층은 패각을 포함하는 삼각주 저치층의 특징을 갖고, MS, US층은 하부에 패각을 포함하지만, 상부는 포함하지 않는 사층으로 삼각주 정치층의 특징을

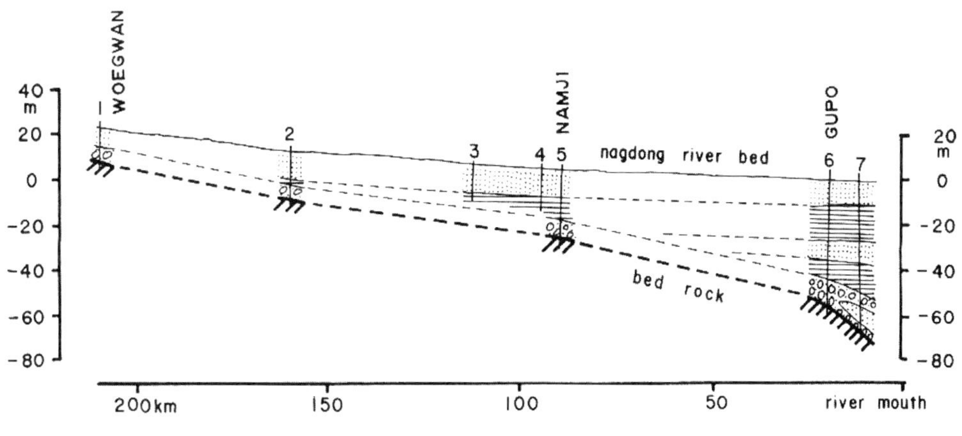

〈그림 9-6〉 낙동강 하류 충적층의 종단면 구조

갖는다. LC, MC층은 종단면형으로 보면 내륙을 향하여 쐐기 모양으로 퇴적되어 있다. 보링 수가 적기 때문에 이러한 점토층이 어느 정도 내륙까지 분포하는지를 엄밀하게 논할 수는 없다. 그러나 종단면상의 각층 기울기에서 추정하면, LC층은 하구에서 약 50km 내륙까지, MC층은 150km 내륙까지 추적할 수 있다. 고령 부근(하구에서 160km 상류부) 충적층 횡단면에서 표고 -5~0m 부근 점토를 함유한 역(중력 내지 대력)층의 퇴적환경을 고찰해 보면, 역은 일반적으로 소류(掃流) 물질로서 운반되는 것이고, 구배가 감소하면, 상당한 유속이 있더라도 퇴적된다. 그러나 점토는 부유물질이기 때문에 정수상태가 되지 않으며 퇴적하지 않는다. 따라서 역과 점토가 동시에 퇴적하는 환경은 상당한 구배를 가지고 있는 하천이 역과 점토를 함께 운반하는 상태로부터 급격히 정수상태, 예를 들면 바다나 호수로 유입할 때 나타나는 현상이다. 이와 같은 퇴적기구와 이 층이 나타나는 표고와의 관계에서 고찰하면 후빙기 해진 극상기에 낙동강의 흐름이 이 부근에서 크게 저지되었다고 생각되고, 전술한 MC층의 선단이 하구에서 150km 내륙에서 확인되는 것과도 조화를 이룬다.

池田(1964)의 모델로부터 해석하면, LC, MC의 점토층은 해진의 퇴적환경을, MS, US의 사층은 상승하던 해면의 일시정지 및 상대적인 해면 저하에 의해 나타나는 해퇴환경을, 각각 의미한다고 생각된다. 그러나 각 층의 퇴적시기에 관해서는 이 평야에서 절대연대 측정 예가 부족하므로, 금후의 과제로 하고 싶다. 그러나 필자가 동해안 포항 충적층을 조사한 결과(曺, 1978)에 의하면, 동일한 충적층의 층준이 포항평야에서도 확인되므로, 그곳의 연대로부터 추정하면, LC층은 10,000년 BP, MC층은 8,000년 BP 전후에 퇴적했을 것이다.

2) 하류분지의 지형발달과 소택지의 성인

전술한 바와 같이 남지교 부근의 퇴적단면에서는 하상의 중앙부는 기저역층의 상부에 사층이 표면까지 연속되어 있으나, 중앙에서 양안으로 갈수록 입경이 세립화하고, 제방 부근에서는 점토층이 되고 있다. 점토층의 첨단은 현 하상의 중앙을 향하여 쐐기모양이 되고 있다. 이와 같은 퇴적구조는 해진에 의해 익곡의 침수와 그 매적과정으로 설명할 수 있다. 즉, 해면상승에 의해 곡이 익곡되기 시작하고, 수면이 서서히 상승하더라도 낙동강 같은 대 하천에서는 본류 중심하상의 퇴적물 매적 속도가 빠르고, 상승하는 수면에 대응하여 하상이 상승하며, 소류물질이 퇴적되기 쉬운 환경이 유지된다. 그러나 그 배후, 특히 본류에 합류하는 소지류 부근은 퇴적물 운반량이 적고, 상승하는 수면에 퇴적물의 매적속도가 따라오지 못해 침수환경이 되고, 부유물질의 수중 퇴적환경을 만든다. 이와 같은 관계에 의해 본류의 중앙부는 사질, 양안에서는 점토층이 퇴적하게 된다. 한편, 해면의 상승속도가 클 때는 침수면적이 넓어지고, 본류 양안에 넓은 침수역을 형성함과 동시에 하상 중앙부의 사질 퇴적 역(얕은 수심의 사퇴환경)도 좁아져 간다(그림 9-7의 B). 다음에 해면의 상승속도가 둔화되고, 결국 안정되어지면 본류의 중심하상을 따라서는 자연제방이 높아지고, 면적도 넓혀, 침수역은 소지류의 상류 쪽으로 이동하고, 따라서 그 면적이 좁아진다(그림 9-7의 C, D). 하류부 충적평야의 종단면에서 잘 언급되는 이와 같은 모델이 대하천의 횡단면에도 나타나고 있어서, 수역이 내륙 측으로 확대에서 축소로 전환하는 것(turning point)도 확인할 수 있다. 남지교 부근의 이러한 turning point는 -8m 부근에 있다. 낙동강 하류 분지에 많이 분포하고 있는 소택지는 이러한 지형발달과정을 거쳐 만들어진 과거의 침수역에 기원했으나, 그 후 낙동강의 하상과 자연제방이 높아짐에 따라 수면도 다소 높아지면서, 현재에 이르렀다고 볼 수 있다. 이러한 사실은 소택지 주변의 퇴적층 구조(그림 9-8)를 보더라도 그와 같은 환경변화를 설명할 수 있다.

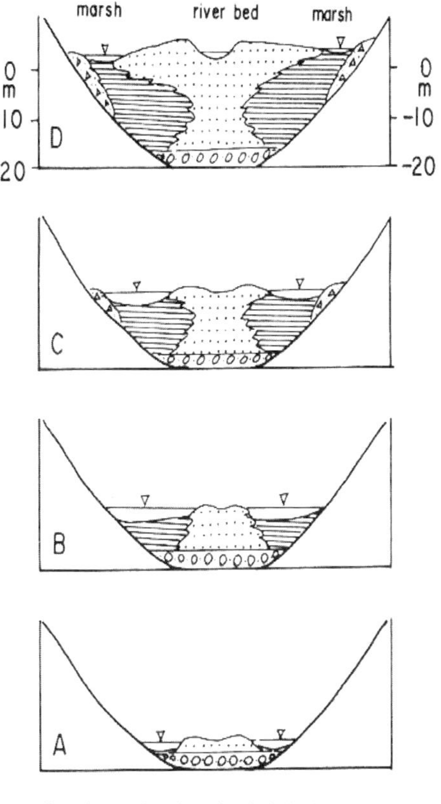

〈그림 9-7〉 익곡의 매적과정 모식도

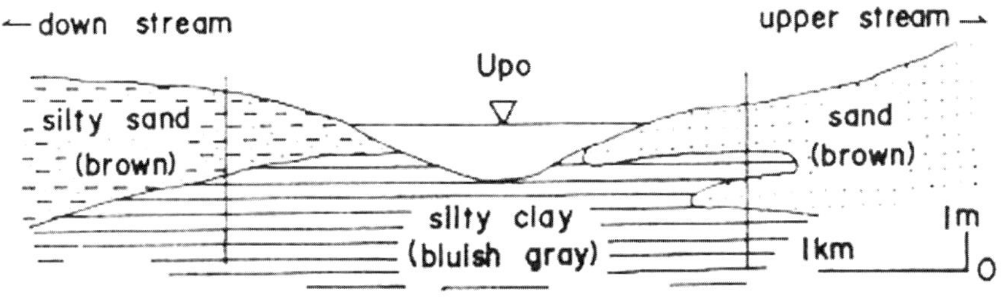

〈그림 9-8〉 우포주변의 퇴적상

3) 해수준 변화와 하부 삼각주 지형발달 및 패총의 분포

포항 평야 충적층과의 대비가 가능하다고 한다면 약, 8,000년 BP경부터 6,000년 BP경까지의 해진에 의해 이 삼각주 지역은 전부 해역이 되었던 것이 MC층의 분포로부터 추정된다. 6,000년 BP경부터 해면이 비교적 안정되면서 낙동강 본류를 따라 본류의 분류와 하중도의 형성에 의해 주 삼각주(권, 1973의 상부 삼각주)가 만들어지기 시작하고, 그 후 계속 전진했다. 주 삼각주가 성장하여, 만구부에 도달하면 외해의 영향을 강하게 받아 빈제, 사주를 갖는 하부 삼각주가 되며, 현재도 성장 중이다. 한편, 주 삼각주의 서변(권, 1973의 삼각주성 주변분지)은 낙동강 본류와 떨어져 있기 때문에 매적 속도가 느리고, 바다의 환경이 늦게까지 계속되어, 4,000~1,800년 BP의 연대를 나타내는 패총이 그 부근에 분포하고, 약 500년 전에 편집된 고지도에서도 바다로 되어있다.

다음에 삼각주 주변의 패총 분포로 보면 인간의 거주지가 4,000~3,500년 BP경은 평야부에 있었으나, 1,900~1,700년 BP경이 되면 구릉지로 이동한다. 그것에 대해서는 두 가지 이유를 생각해볼 수 있다. 그 하나는 역사적인 입장에서 4,000년 BP경 석기시대는 채집생활의 시대이고, 물건을 취급하기 쉬운 장소에 마을이 입지했으나, 2,000년 BP 전후부터 청동기 시대가 시작되면 방어의 문제를 인식하여, 구릉 위로 마을이 높아진 경향이 있어 그러한 현상으로 보는 입장이다. 또 한 가지는 해면 변화의 문제로서 4,000~3,500년 BP경보다 2,000년 BP경이 해면이 상대적으로 높아져 마을이 입지한 곳에 이상 고조위 등으로 피해를 입고, 마을이 구릉위로 올라간 것은 아닐까 생각할 수 있다. 이 평야부의 해면변동곡선은 복원되지 않았으나, 필자(曺, 1980)의 동해안에서 복원한 해면 곡선에 비추어 보면, 4,000년 BP경의 해면은 2,000년 BP경의 해면보다 상대적으로 2~3m 낮게 나타나기 때문에 이와 같은 추리는 모순되지 않는다.

6. 결론

낙동강 하류의 충적평야의 퇴적구조, 퇴적환경, 지형발달을 정리하면 다음과 같다.

1. 낙동강 충적평야 아래에는 매몰곡이 인정되고, 그 매몰곡을 메워 충적층이 퇴적되어 있다. 충적층의 두께는 하구 삼각주에서 50~70m, 하구에서 210km 상류부 왜관 부근에서 15~20m가 된다.

2. 하구 삼각주에서의 충적층 층준은 하부로부터 기저역층(BG, -50~-70m), 하부실트·점토층(LC, -40m부근), 중부사층(MS, -30m 부근), 중부실트·점토층(MC, -20~-5m), 상부사층(US, -10m~표면), 상부점토층(UC)의 6개 층으로 나누어진다. 여기에서 LC, MC층은 삼각주의 저치층으로 해진환경을 나타내고 있으나, MS, US층은 삼각주의 전치 및 정치층으로 해퇴환경을 나타낸다. UC층은 배후습지성 퇴적물이다.

3. 전항과 같은 삼각주에서의 2사이클의 퇴적상으로부터 후빙기의 해면상승은 두 번의 큰 fluctuation이 있었음이 인정된다.

4. 충적층 종단면 구조로 보면, LC, MC층은 하류부에서 두껍고, 상류 쪽으로 갈수록 얇아지는 쐐기 모양으로 분포하고, LC층은 하구에서 50km까지, MC층은 150km까지 추적할 수 있다.

5. 하류분지의 충적층 단면을 보면 하상 중앙부에서는 기저역층부터 표면까지 사층이 되어 있으나, 그 양안에는 침수환경을 나타내는 실트·점토층이 렌즈상으로 들어가 그것이 자연제방 후면의 소택지 호저 퇴적물과 연속된다.

6. 낙동강 하류분지의 지형발달은 후빙기 해면 상승에 의해 침수한 곡이, 본류로부터는 자연제방에 의해, 소지류로부터는 선상지성 퇴적물에 의해 매적되면서 지형이 발달하고, 그렇게 매적되고 남은 부분이 소택지가 되어있다.

7. 삼각주에서는 하천이 분류하여, 그 사이에 하중도를 연속적으로 만들면서 주 삼각주가 형성되어진다. 이러한 주 삼각주에 막혀 형성된 삼각주 서연 저지와 주 삼각주의 말단에서 외해의 영향을 받아 형성된 빈제, 연안외주를 갖는 하부 삼각주가 있고, 전자는 적어도 500년 전까지 바다의 환경이 계속되었고, 후자는 현재도 형성 중에 있다.

8. 하구 삼각주 주변의 패총은 3800년 BP경 평야부에 있었으나, 1800년 BP경보다 높은 구릉지로 옮겨간 현상이 나타나는데, 이는 해면 상승과 관련 있다고 해석할 수도 있다.

참고문헌

池田俊雄. 1964. 「東海岸における沖積層の研究」. 東北大地質古生物研邦報, No.60. pp.1～85.

大矢雅彦. 1971. 「韓國自然. 地理」. 16-11. pp.28～34.

韓國水資源開發公社. 1970. 『한국의 물자원』. 1～30쪽.

權赫在. 1973. 「낙동강삼각주의 지형연구」. 지리학. 대한지리학회, 8. 8～23쪽.

_____. 1976. 「낙동강 하류지방의 배후습지성 호소」. 지리학. 대한지리학회, 14. 1～8쪽.

青華龍. 1978. 「韓國浦項周邊地形發達. 東北地理」, 30. 153～160쪽.

_____. 1980. 「韓國東海岸における完新世の海水準變動」. 地理評, 53. 317～328쪽.

CHAPTER 10

낙동강 유역의 홍수 특성 분석*

1. 서론

1) 연구 목적

기상재해는 기상 현상의 이변에서 기인하는 기재력과 이에 대한 인간의 내항력과의 상대적 역관계에 의해서 결정된다.[1] 인간의 지혜와 과학 문명이 고도로 발달한 오늘날에도 기상재해로 인해 막대한 피해를 입고 있어 그 원인을 구명하고 대응책을 추구함은 당연한 귀결이다.[2]

홍수는 우리나라에 있어서 대표적인 기상재해 중의 하나이다. 홍수로 인한 피해를 줄이기 위해서는 먼저 홍수에 대한 수문학적 특성이 분석되어야 하고, 이를 기초로 한 여러 가지 예보자료의 축적이 이루어져야 한다.

본 연구에서는 우리나라에서 수계별 연평균 홍수 피해액이 가장 많은 낙동강 유역(전체 홍수 피해액의 28.6% 차지)[3] 홍수의 발생양상과 홍수곡선의 특성을 밝혀 홍수예방의 기초적 자료를 제공하는 데 그 목적이 있다.

---

* 배상운, 1986, 경북대학교 교육대학원석사학위논문.

1) 이병곤 · 김일곤, 「한국의 기상재해 지역구분」, 경북대 문리논총, 제5집, 1978, 2.

2) 추성구, 「금강하류(공주지방)의 홍수, 그 유형에 관한 연구」, 공주사대논문집, 제10집, 1972, 1.

3) 중앙기상대 기상연구소, 「낙동강 유역 홍수의 기상요인별 분류」, MR-75-1, 1975, 1.

이를 위해서 첫째 홍수의 발생빈도, 발생시기 및 크기에 대한 특성을 파악하고, 둘째 홍수를 유발한 기압계별 홍수특성을 분석하고 셋째 홍수곡선의 분석을 통해 첨두수위와 홍수위의 상승 · 하강 · 지속시간 간의 관계를 분석하여 하천 주변 경지의 침수시간에 대한 예보 자료를 제시하고, 넷째 낙동강 유역의 상류(낙동), 중류(현풍), 하류(삼랑진)간의 첨두수위 출현선후유형을 분류하고, 태풍 Agnes호(81. 9)를 사례로 해서 지역 간(영산강, 섬진강, 낙동강) 첨두수위 출현시차를 밝히고자 한다.

2) 기존 연구

우리나라의 홍수는 집중호우에 의해서 발생되기 때문에 집중호우에 대한 연구는 많이 행해졌다. 이병곤(1981)은 남한의 호우에 관한 통계학적, 종관기후학적 연구를 하였으며, 양진석(1980)은 호우의 빈도분포와 그 요인 및 호우와 상위극치와의 관계를 구명했다. 중앙기상대 기상연구소(1973)는 호우를 유발한 기압계를 분류해 기압계별 특성을 밝혔고, 이광호 · 김문일(1982)은 호우의 종관기후학적 특징을 분석했다.

이 연구들은 호우를 일강우량의 절대치 또는 상대치에 의해 선정해서 기후학적, 기상학적으로 분석한 것이다. 그러나 호우가 홍수를 유발하는 원인이 되기는 하지만, 호우가 반드시 홍수를 발생시키지는 않는다. 따라서 홍수의 양상을 분석하기 위해서는 일강우량을 기준으로 한 호우보다 하천의 지정홍수위 이상의 홍수위에 대한 분석이 필요하다.

홍수를 자주 유발하는 태풍에 대해서는 정창희(1972)가 우리나라 지역을 통과한 태풍에 대해서 이동경로별로 그 동태를 파악했으며, 정창희 외 3명(1982)은 중국에 태풍이 상륙해서 열대성 저기압으로 변질된 후 우리나라에 일어나는 호우에 대해서 종관기후학적으로 연구했다. 정성호(1973)는 한반도에 내습한 태풍 경로별 강우분포의 특성을 밝혔다. 그러나 태풍의 경로별 홍수의 발생빈도 및 크기에 관한 연구는 아직 드물다.

중앙기상대(1976)는 낙동강 유역 홍수의 발생양상과 홍수를 유발한 기압계의 특성에 대해서 연구했다. 원태상(1973)은 낙동강 유역에 있어서 하천 상류의 강수량, 수위 등의 관측 결과를 기초로 해서 하류의 첨두수위가 출현할 시각과 크기에 대한 예보 모델을 제시했다.

그러나 기존 홍수에 관한 연구에는 홍수곡선의 특성을 분석하여 홍수위의 상승 · 하강 · 지속시간, 농경지의 고도별 침수시간 등에 관한 연구가 아직 없다. 낙동강 유역의 첨두수위는 상류에서 하류로 내려가면서 출현하는 경우와 하류에서 상류로 올라오면서 출현하는 경우 등 유역의 강우 특성에 따라 다양하게 나타난다. 보다 정확한 홍수예보를 위해서는 하천 상·중·하류 간의 첨두수위의 출현선후유형과 시차에 관한 연구가 이루어져야 한다.

3) 자료 및 연구방법

본 연구에서는 다음과 같은 자료 및 연구방법을 사용했다.

1) 낙동강 유역에서 지난 21년간(1953-83년) 발생한 홍수의 발생양상을 파악하기 위해 한국수문조사연보의 수위자료를 토대로 현풍 수위관측소에서 지정홍수위(5m)[4] 이상의 출수가 있었을 때 낙동강 유역에 홍수가 발생한 것으로 간주해 이들을 연도별, 순별, 크기별로 분석했다.

2) 홍수의 원인을 분석하고자 천기도, 기상월보, 기상연보를 통해 홍수를 유발한 기압계를 분류하고 기압계별 홍수의 특성을 밝혔다.

3) 홍수곡선의 특성을 밝히기 위해서 한국수문조사연보의 홍수 곡선을 분석해 첨두수위와 홍수위의 상승 · 하강 · 지속시간 간의 Scatter Diagram을 작성하고 회귀식을 구해 관계를 파악하고 하천 상 · 중 · 하류 간의 첨두수위의 출현선후유형을 분류했다.

4) 중앙기상대의 월표원부의 시우량(hourly precipitation) 자료를 이용하여 태풍 Agnes호(81. 9. 1-3) 통과시 강우대의 이동과 지역 간(영산강, 섬진강, 낙동강) 첨두수위의 출현시차를 구했다.

4) 연구지역 개관

<그림 10-1>은 우량 및 수위관측소를 기입한 낙동강 유역의 지형 및 수계의 개략도이다. 낙동강의 유역면적은 23,852㎢이고, 주류의 길이는 525㎞로 많은 지류를 합하면서 「ㄷ」 자 모양의 유로를 취하면서 대략 남북방향으로 관류하고 있다. 낙동강 본류에 위치한 수위관측소는 총 17개이다. 이 중 낙동 수위관측소는 상류분지(영남분지)의 수위, 현풍 수위관측소는 중류의 수위, 삼랑진 수위관측소는 하류의 수위를 대표한다고 할 수 있다. 유역의 동쪽에는 태백산맥이, 서쪽에는 소백산맥이 뻗어 있고, 중앙저지에는 저산성 구릉지와 충적평야가 위치해 있다.

---

4) 현풍의 지정홍수위는 1962년에 종래의 5m에서 4.5m로 낮아졌으나 본 연구에서는 기존 연구와 관련지우기 위해 연구 기간의 지정홍수위를 5m로 보았다.

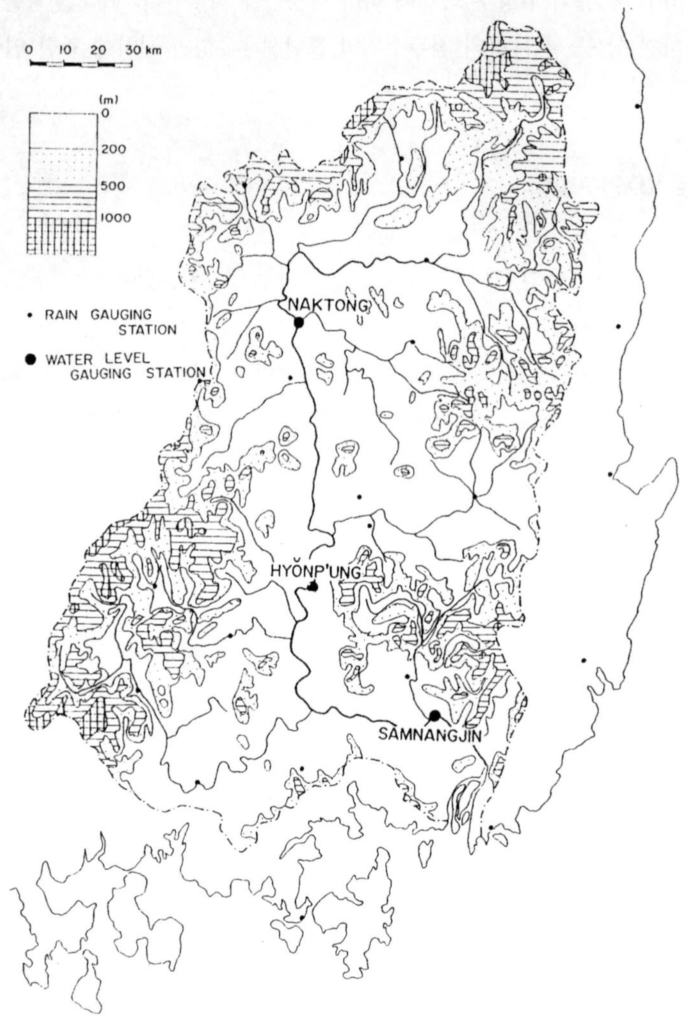

〈그림 10-1〉 낙동강 유역의 지형 및 수계의 개략도

<그림 10-2>는 우리나라 연평균 강수량의 분포도이다. 낙동강 유역의 하류부는 대개 1,300㎜ 이상으로 다우지에 속하지만, 상류부는 1,000㎜ 내외로 하류부에 비해 강수량이 적어 남북차가 크게 나타난다.

<그림 10-3>은 여름철(6~8월)의 강수량 분포도이다. 낙동강 유역에서는 연강수량과는 달리 여름강수량의 분포는 남북차보다 동서차가 뚜렷해서 소백산맥의 산록부에는 600~700㎜의 강우를 보이나, 동해안지방은 400~500㎜의 강우를 보인다.

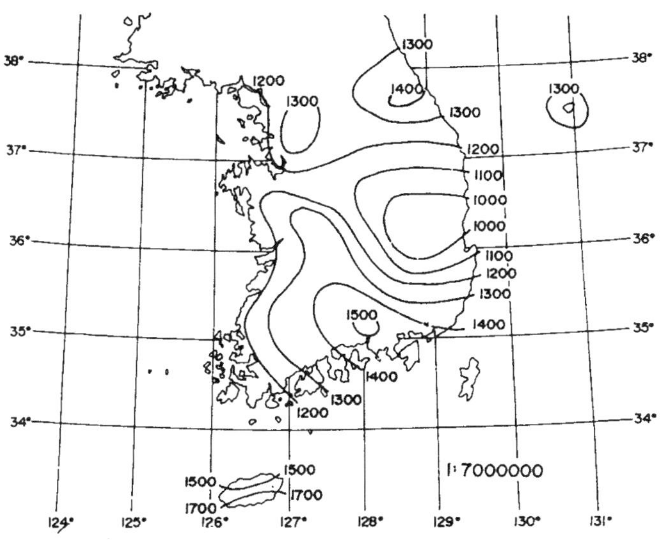

〈그림 10-2〉 우리나라의 연평균 강수량(1951-80)

*자료: 한국기후표(1982)

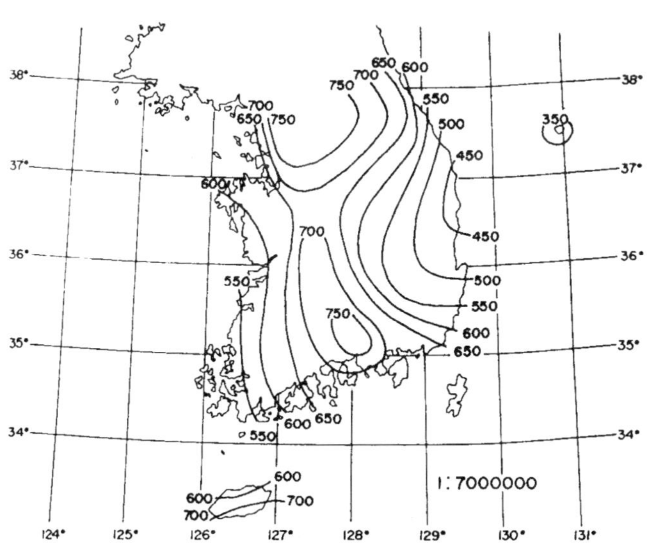

〈그림 10-3〉 우리나라의 여름철(6~8월) 평균 강수량(1951-80)

* 자료: 한국기후표(1982)

〈표 10-1〉 주요 유역별 수자원 부존량(연평균)

구분	단위	전국	한강	낙동강	금강	영산강	기타
유역 면적	㎢	98,447	26,219	23,852	9,886	2,798	35,692
연평균 강수량	㎜	1,159	1,200	1,106	1,200	1,272	1,149
부존량	억㎥	1,140	310	260	120	35	415
손실량	억㎥	510	140	110	52	18.5	189.5
유출량	억㎥	630	170	150	68	16.5	225.5
유출율	%	55.3	54.8	57.7	56.7	47.1	54.3
홍수시 유출량	억㎥	450	110	110	52	13	165
평상시 유출량	억㎥	180	60	40	16	3.5	60.5

자료: 수문학(윤용남, 1984)

<표 10-1>은 우리나라 주요 유역별 수자원 부존량을 나타낸 것이다.

낙동강 유역은 연평균 강수량이 1,106㎜로서 수자원총량이 260×10^8㎥이다. 이 중 홍수시 유출량이 110×10^8㎥로 전체 유출량의 73%를 차지해 효과적인 수자원의 관리에 어려움이 많다.

낙동강의 하상계수는 1:372로 콩고강(1:4), 라인강(1:14) 등에 비해 매우 크게 나타나며 이는 유량의 변화가 큼을 의미한다.

2. 홍수의 발생양상

홍수란 우수가 하상을 따라 모두 배수되지 못하고 주변 경지를 침수시키는 현상으로 정의할 수 있다. 각 수위관측소에서는 주변 경지가 침수되기 시작하는 수위를 지정홍수위로 설정하고 있다. 건설부 산하 각 수위관측소에서는 이 지정홍수위를 넘는 홍수가 발생되었을 때 매시간 수위관측을 실시하고 있다.

본 연구에서는 현풍 수위관측소의 수위자료를 분석대상으로 하고, 필요에 따라 상류부의 낙동, 하류부의 삼랑진 수위관측소의 수위자료도 비교 분석했다. 이는 현풍 수위관측소가 낙동강의 중류에 위치하고 있어 낙동강 유역 홍수의 특성을 대표할 수 있고, 다년간에 걸친 풍부한 수위 관측 자료를 갖고 있기 때문이다. 삼랑진보다 하류의 수위관측소는 조류의 영향을 받기 때문에 순수한 홍수위 분석에 부적당하다.

홍수의 특성분석은 수위와 관련된 수문학적 분석과 침수지역의 범위와 관련된 지형학적 분석으로 나눌 수 있고, 후자는 전자의 결과에 의해서 분석이 가능하다. 홍수의 수문학적 분석대상은 홍수의 빈도(frequency), 시기(seasonality), 크기(magnitude), 지체시간(duration), 첨두수위 도달간격(flood-to-peak interval), 유속(velocity), 하중(load) 등이다.[5)]

낙동강 유역에서 지난 21년간(1963~1983년) 발생한 85개 홍수의 발생양상을 보기 위해서 이들 홍수의 발생빈도, 시기, 크기를 분석했다.

1) 홍수의 발생빈도

<표 10-2>는 홍수의 연도별 발생빈도와 현풍 수위관측소보다 상류 유역의 대표 지점으로 선정한 대구의 연강수량을 동시에 나타낸 것이다. 홍수의 발생횟수는 총 85회로서 연평균 4.05회이다. 이 빈도는 한강보다는 약간 낮지만, 금강·영산강에 비해 발생빈도가 높다.[6)]

홍수의 발생빈도는 해에 따른 변동이 심해 연 7~10회가 있는가 하면, 연 1회 정도로 낮은 빈도를 보이는 해도 있다. 그러나 매년 한 번 이상 홍수가 발생하였다.

홍수의 발생빈도와 대구의 연강수량을 비교해 보면 연강수량이 많은 해일수록 홍수의

〈표 10-2〉 연도별 홍수 발생 빈도

연도	발생빈도	연강수량 (대구)	연도	발생빈도	연강수량 (대구)
1963	7(회)	941(㎜)	1975	4(회)	1,044(㎜)
1964	5	904	1976	3	734
1965	1	1,014	1977	2	770
1966	2	934	1978	5	1,013
1967	2	911	1979	3	1,018
1968	3	803	1980	10	1,196
1969	4	1,231	1981	4	995
1970	6	1,319	1982	2	835
1971	3	723	1983	6	1,003
1972	7	1,205	계	85	20,672
1973	1	864	평균	4.05	984
1974	5	1,215	* 연강수량은 기상연보에서 발췌		

5) 이문종, op. cit., 28.

6) 연평균 홍수 빈도는 한강이 4.48회, 금강이 3.06회, 영산강이 3.58회이다. (강승삼, 「영산강 유역의 홍수해」, 63쪽).

발생빈도가 대체로 높게 나타났다. 그러나 1963년처럼 연강수량이 941㎜인데도 홍수가 7회나 발생한 해가 있는가 하면, 1965년처럼 연강수량이 1,014㎜인데도 1회만 발생한 해도 있었다. 이는 홍수의 발생빈도가 연강수량에 반드시 정비례하지 않고, 홍수 발생빈도는 호우성강우와 밀접한 관계가 있음을 암시한다.

2) 홍수의 발생시기

<표 10-3>은 85개의 홍수를 순별로 분류한 것이고, <그림 10-4>는 이를 도화한 것이다. 낙동강의 홍수는 3~9월에 걸쳐 발생하고 있으나, 7·8·9월에 78%가 집중되어 있다. 홍수의 발생빈도가 가장 높은 달은 7월로 28회(전체의 33%)이고 다음이 22회의 8월(26%), 16회의 9월(19%)순이다. 낙동강 유역의 이러한 홍수의 하계 및 7월 집중률은 한강 유역에 비해 낮다.7)

월별 홍수의 발생빈도와 월평균 강수량(1951~80년 사이의 30년 평균치)사이에는 높은 상관관계가 있음을 알 수 있다. 그러나 비슷한 강수량을 갖는 6월과 9월을 비교해 보면 9월에 비해 6월에 홍수의 발생빈도가 낮게 나타났다. 이는 6월의 강우는 장마초의 지속성강우인데 비해 9월의 강우는 호우성강우가 많기 때문인 것으로 판단된다.

순별 홍수의 발생빈도를 보면 7월 상순부터 8월 상순 사이에 전체의 42.3%가 집중되어 있고, 최대 peak는 전체의 14.1%를 차지하는 7월 중순에 나타났다. 이 시기는 장마전선의 남북 진동 시기와 일치한다. 2차 peak는 8월 하순에 나타났는데 태풍의 통과가 빈번한 시기와 일치한다. 8월 중순경에 홍수의 발생이 적어지는 것은 북태평양 고기압의 확장에

〈표 10-3〉 순별 홍수 발생빈도(1963~83)

단위 : (회), (%), (㎜)

월	3			4			5			6			7			8			9			계
순	상	중	하	상	중	하	상	중	하	상	중	하	상	중	하	상	중	하	상	중	하	
빈도	1	0	1	1	2	3	2	0	3	1	0	5	8	12	8	8	4	10	5	8	3	85(회)
(비율)	2(2)			6(7)			5(6)			6(7)			28(33)			22(26)			16(19)			(100%)
월평균강수량 (대구)	48.1(㎜)			81.4			75.9			118.6			227.4			178.5			120.4			1,005.3

* 월평균 강수량(1951~80년의 30년 평균치)는 한국기후표(1982년)에서 발췌

7) 한강 유역의 홍수는 7·8·9월에 88%가 발생하고, 7월에 50%가 발생한다(중앙기상대, 「한강 유역 홍수의 기상요인별 분류」, 4).

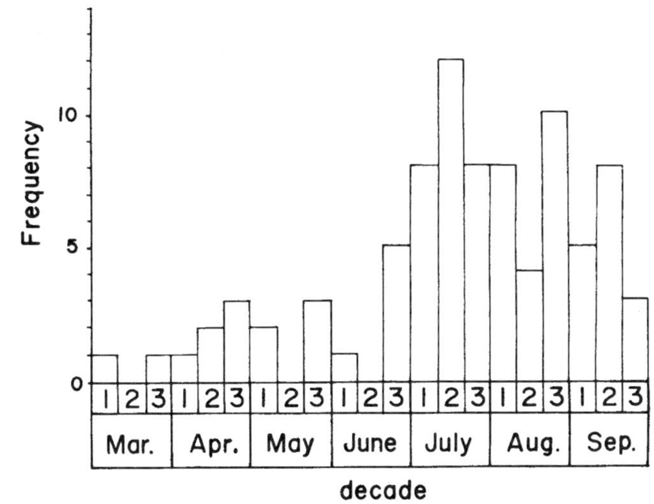

〈그림 10-4〉 홍수의 순별 분포도(1963-1983)

따라 우리나라가 그 영향권에 들기 때문이다. 5월 중순에서 6월 중순 사이에는 홍수의 발생빈도가 낮게 나타났다.

3) 홍수의 크기

홍수의 크기는 수위(water level)와 유량(discharge)에 의하여 결정되고, 일반적으로 수위와 유량은 비례관계에 있다.[8] 수위와 유량의 규모는 곧 홍수의 피해 정도를 암시하는 주요 지표이므로 홍수의 발생양상을 밝히는 데 필수적 요소가 된다.

<표 10-4>는 홍수 크기를 발생 시기별로 분류한 것이다. 홍수의 크기를 수위 1m 간격의 계급으로 구분해 볼 때, 저홍수위일수록 발생빈도가 높게 나타나 수위 5~5.9m의 홍수가 전체의 32%를 차지했다. 수위 9m 미만의 홍수는 76회로 전체의 90%를 차지하며 거의 매년 3~4회 정도 발생하고 있다. 그리고 수위 9~9.9m의 홍수는 7회로 이 규모의 홍수는 3년에 1회씩 발생하였고, 수위 10m 이상의 홍수는 2회로 10년에 1회씩 발생하였다.

홍수의 크기별 발생시기를 보면 수위 8m 이상 홍수는 24회 발생하였는데, 이 중 71%가 7·8월에 집중되어 있고 그 다음으로 9월에 비교적 높은 발생빈도를 보였다. 그리고 3·4월에는 수위 8m 미만의 홍수만 발생되어 큰 홍수가 일어나지 않았다.

8) 추성구, op. cit., 178쪽.

〈표 10-4〉 크기별 홍수 발생빈도

월 / 순 / 수위(m)	3			4			5			6			7			8			9			계	
	상	중	하	상	중	하	상	중	하	상	중	하	상	중	하	상	중	하	상	중	하	빈도	비율
5-5.9				1	1	1			1			1	2	4		4	1	5	2	3	1	27(회)	32(%)
6-6.9	1					2	2					1	2	2	1		1	2	2	1	2	19	22
7-7.9			1						1	1		1	1	2	4	2				1		15	18
8-8.9									1			1	2	2	1	2	1	2		3		15	18
9-9.9												1	1	2	1		1	1				7	8
10이상															1				1			2	2
계 순별	1	0	1	1	2	3	2	0	3	1	0	5	8	12	8	8	4	10	5	8	3	85 (100%)	
계 월별	2(회)			6			5			6			28			22			16				

3. 홍수를 유발한 기압계 분석

1) 홍수를 유발한 기압계 분류

홍수는 단기간의 집중호우에 의해서 발생한다. 우리나라에 집중호우를 유발하는 기압계(pressure pattern)는 태풍, 저기압, 전선으로 나눌 수 있다.[9] 태풍과 저기압의 분류는 용이하지만 저기압과 전선의 구분에는 약간의 난점이 있다. 본 연구에서는 천기도의 조사에서 현저한 저기압성순환(circulation)이 있는 경우는 전선을 동반하고 있었다할지라도 저기압으로 분류하고 정체전선, 기압골 및 중부 이북을 통과한 저기압이 전선을 동반하고 그 전선이 남부지방을 지날 때는 전선으로 분류했다.

<표 10-5>와 <그림 10-5>는 낙동강 유역에 홍수를 유발한 기압계(pressure pattern)의 출현시기별 분포를 나타낸 것이다. 총 85회의 홍수 중 전선에 의한 것이 42회로 49%, 저기압에 의한 것이 29회로 34%, 태풍에 의한 것이 14회로 17%를 차지하고 있다. 이는 홍수가 태풍에 의한 것보다 전선과 저기압에 의한 것이 지배적임을 나타낸다.

홍수를 유발한 기압계의 출현 시기는 기압계의 종류에 따라 많은 차이가 있다. 전선은 6월에서 9월 사이에 주로 출현하면서 2번의 peak를 갖고 있다. 제1 peak는 7월 중순에,

9) 중앙기상대 기상연구소, 「낙동강 유역 홍수의 기상요인별 분류」, MR-75-1, 1975, 7.

〈표 10-5〉 기압계별 홍수 발생빈도

월 / 순 / 기압계		3			4			5			6			7			8			9			계	
		상	중	하	상	중	하	상	중	하	상	중	하	상	중	하	상	중	하	상	중	하	빈도	비율
태 풍													1	1	1	1	1	2	4	1	1	1	14(회)	17(%)
저기압		1		1	1	2	2	2		3	1		1	1	1		3	1	1	2	5	1	29	34
전 선							1						3	6	10	7	4	1	5	2	2	1	42	49
계	순별	1	0	1	1	2	3	2	0	3	1	0	5	8	12	8	8	4	10	5	8	3	85 (100%)	
	월별	2(회)			6			5			6			28			22			16				

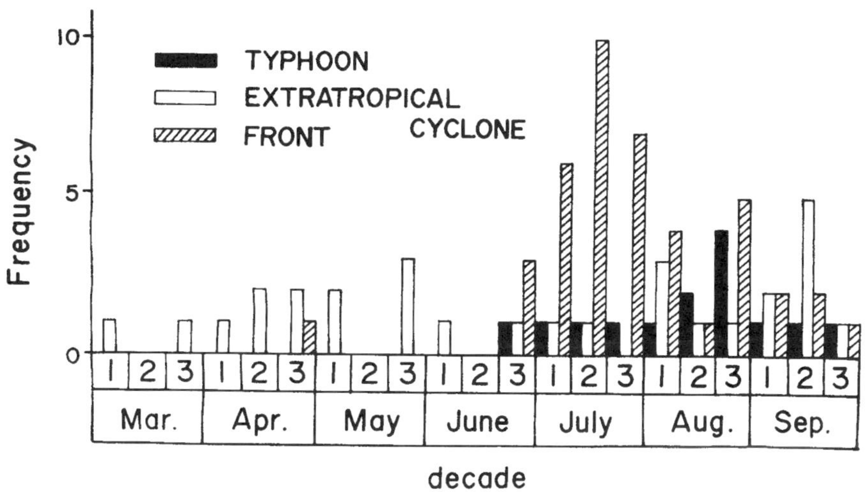

〈그림 10-5〉 홍수를 유발한 기압계의 순별 분포도(1963-83년)

제2 peak는 8월 하순에 나타났다. 전자는 초여름의 장마전선, 후자는 가을의 장마전선의 활동시기에 해당된다.

홍수를 유발한 저기압은 3월에서 9월 사이에 다른 기압계보다 비교적 고른 분포를 보이고 있으나, 4·5월과 9월에 비교적 높은 출현 빈도를 보이고 있다. 이는 봄·가을의 강수는 저기압의 통과에 기인한다는 사실과 잘 일치한다.

태풍은 홍수를 유발하는 3가지 기압계 중에서 빈도가 가장 낮다. 태풍에 의한 홍수의 발생시기는 8월 하순을 정점으로 6월 하순에서 9월 하순 사이에 분포를 보이고 있다.

2) 기압계별 홍수의 특성

홍수를 유발하는 기압계의 종류에 따라 홍수의 발생양상이 달라진다.

<표 10-6>은 기압계별 홍수의 크기를 나타낸 것이다. 전선과 저기압에 의한 홍수는 저홍수위일수록, 태풍에 의한 홍수는 고홍수위일수록 발생빈도가 높아지고 있다. 태풍에 의한 수위 5~5.9m의 작은 홍수도 4회나 있었다. 이들 홍수는 태풍이 중국 대륙에 상륙해서 열대성 저기압으로 바뀐 후 우리나라에 발생한 호우에 의해서 나타났음을 천기도 분석에서 알 수 있다. 따라서 이들 홍수는 태풍으로 분류되어 있어도 사실은 저기압에 의해서 발생한 것으로 볼 수 있다. 현풍 수위관측소의 경계수위인 10m를 넘는 홍수는 태풍과 장마전선에 의해서만 발생되었다.

<표 10-7>은 홍수를 유발한 기압계별 발생 홍수위의 평균치이다. 저기압, 전선, 태풍에 의한 홍수위의 평균치는 각각 6.73m, 7.09m, 7.78m이었다. 태풍에 의한 홍수는 발생빈도에 있어서 세 기압계 중에서 가장 낮지만 많은 피해를 가져오는 큰 홍수를 가져오기 때문에 중요시된다.

우리나라에 호우를 유발한 저기압은 발생지역에 따라 양자강 유역의 저기압형, 황하 유역의 저기압형으로 나눌 수 있다.[10)]

〈표 10-6〉 기압계별 홍수의 크기

첨두수위(m) / 기압계	5~5.9	6~6.9	7~7.9	8~8.9	9~9.9	10이상	계
태 풍	4(회)	1	1	4	3	1	14(17)
저기압	9	9	6	4	1		29(34)
전 선	14	9	8	7	3	1	42(49)
계	27(32)	19(22)	15(18)	15(18)	7(8)	2(2)	85(100%)

〈표 10-7〉 기압계별 평균 홍수위

기압계	저기압	전선	태풍
발생빈도(회)	29	42	14
평균홍수위(m)	6.73	7.09	7.78

10) 중앙기상대 기상연구소, 「호우를 중심으로 한 기상특성별 일기도 분류」, MR-73-1, 1973, 10.

〈표 10-8〉 홍수를 유발한 저기압의 분류

저기압의 유형	양자강 저기압	황하 저기압
빈도(회)	12	11
비율(%)	52	48
평균홍수위(m)	6.95	6.55

<표 10-8>은 낙동강 유역에 홍수를 유발한 두 저기압형의 출현빈도와 두 저기압에 의해서 발생한 홍수의 평균수위를 나타낸 것이다. 두 저기압형의 출현빈도는 비슷하게 나타났고, 이들에 의해 발생한 홍수의 평균수위도 양자강 저기압형이 6.95m, 황하 저기압형이 6.55m로서 거의 비슷하다. 즉 저기압에 의한 홍수의 발생빈도와 크기는 저기압의 발생지역에 따라서는 큰 차이를 보이지 않았다.

정성호(1977)는 우리나라에 영향을 미치는 태풍의 경로를 동해 북상형(E_1형), 대한해협 이동에서 북동진형(E_2형), 남해안 상륙형(S형), 서해 북상 후 서해안 상륙형(W_1형), 서해 북상 후 북서진형(W_2형), 남해 북서진 후 서해 북상형(W_3형), 중국 경유 후 서해안 상륙형(W_4형)으로 나누었다.[11]

<표 10-9>는 낙동강 유역에 홍수를 유발한 14개 태풍을 위의 태풍 통과 경로 유형에 따라 분류하고, 태풍의 통과로 인해 발생한 홍수의 평균수위를 나타낸 것이다. 낙동강 유역에 홍수를 가장 빈번히 유발시킨 태풍의 경로는 3번씩 홍수를 일으킨 E_2형과 S형이다. E_1형과 W_1형의 태풍은 각각 2번, W_2형과 W_3형은 각각 1번 홍수를 유발시켰다. 태풍의 통과로 인해 발생한 홍수의 평균수위도 홍수의 발생빈도와 같이 E_2형, S형, E_1형, W형 순으로 9.78m, 9.25m, 7.45m, 6.27m로서 낮아진다. 낙동강 유역에 자주 큰 홍수를 유발하는 태풍의 경로는 E_2형과 S형이었다.

〈표 10-9〉 홍수를 유발한 태풍의 경로 분류

태풍의 경로	E_1	E_2	S	W_1	W_2	W_3	W_4
빈도(회)	2	3	3	2	1	1	2
비율(%)	14	21	21	14	7	7	14
평균홍수위(m)	7.45	9.78	9.25	6.63	5.86	7.42	5.17

11) 정성호, 「태풍경로에 따른 한반도의 강수분포특성」, 한국기상학회지, 제13권, 제1호, 1977, 31~34쪽.

4. 홍수곡선의 분석

1) 홍수위의 상승 · 하강 · 지속시간

홍수시 연속적인 수위 변화를 나타낸 곡선을 홍수곡선(flood curve)이라 한다.[12] 홍수곡선은 강우에 대한 유역의 반응을 종합적으로 나타낸다. 즉 강우의 형태, 진행방향 등 기후특성과 유역의 경사, 지표의 피복상태, 지질상태 등 유역의 지형특성이 홍수곡선에 반영된다.[13]

하천의 최상류에서 출수가 한 번의 연속 강우에 기인한 경우 홍수곡선의 파형은 확률곡선과 비슷하다. 홍수파가 하류로 이동함에 따라 하폭이 증대되어 차차 파고는 낮아지고, 파장은 길어져 상류지점의 홍수파를 수평으로 잡아당긴 형상을 갖는다.

이러한 홍수곡선의 분석을 통해서 홍수위의 상승·하강·지속시간을 구할 수 있고, 첨두수위와 홍수위의 상승 · 하강 · 지속시간 간의 회귀식을 구할 수 있다.

본 연구에서는 홍수곡선을 분석함에 있어서 한국수문조사연보에 수록된 많은 홍수곡선 가운데 확률 곡선에 가까운 것만 분석대상으로 삼았다.

<표 10-10-1, 2, 3>은 낙동강 유역의 상·중·하류에 위치한 낙동, 현풍, 삼랑진 수위관측소의 홍수곡선(낙동-47개, 현풍-34개, 삼랑진-21개)을 분석하여 첨두수위별 홍수위의 평균 상승시간, 하강시간, 지속시간을 나타낸 것이다. 홍수위(flood stage)는 각 수위 관측소의 지정홍수위 이상의 수위로 정의했다.

홍수위의 상승시간(또는 첨두수위 도달간격: flood-to-peak interval)은 지정홍수위(낙동-4.00m, 현풍-4.50m, 삼랑진-3.50m)에서 첨두수위(또는 최고수위)에 도달할 때까지의 시간을 말한다. 홍수위의 상승시간은 홍수방지(flood proofing)와 비상대피(emergency evacuation)를 위한 인간의 적응시간(adjustment period)을 제한한다.[14] 홍수의 피해는 홍수위의 상승속도가 빠를수록 커진다. 낙동, 현풍, 삼랑진의 홍수위의 상승시간을 비교해 보면 동일한 첨두수위일지라도 상류에서 하류로 가면서 상승시간은 하강 및 지속시간과 같이 길어진다. 즉 첨두수위 6.5～7.5m의 홍수일 경우 현풍의 평균 상승시간은 29시간인 데 반해 삼랑진에서는 42시간이었다. 또 높은 첨두수위일수록 홍수위의 상승시간이 길어지나, 현풍에서는 수위 10.5m 이상, 삼랑진에서는 수위 8.5m 이상의 홍수에서는 오히려 상승시간이 그

12) 원태상, 『하천공학』(서울: 문운당, 1973), 79쪽.

13) 鮮干仲皓, 『水文學』(서울: 東明社, 1983), 162～166쪽.

14) 이문종, op. cit., 32.

〈표 10-10-1〉 첨두수위별 홍수위의 상승 · 하강 · 지속시간(낙동)

지정홍수위:4.00m

첨두수위 \ 시간	상승	하강	지속	조사대상수
4 ~ 5(m)	14	24	39	4(개)
5 ~ 6	21	38	58	23
6 ~ 7	24	52	76	8
7 ~ 8	30	67	97	11
8 ~ 9	31	61	92	1
평균	24	48	72	47(전체)

〈표 10-10-2〉 첨두수위별 홍수위의 상승 · 하강 · 지속시간(현풍)

지정홍수위:4.50m

첨두수위 \ 시간	상승	하강	지속	조사대상수
5.5 ~ 6.5(m)	27	37	65	12(개)
6.5 ~ 7.5	29	44	73	5
7.5 ~ 8.5	30	57	87	4
8.5 ~ 9.5	34	73	107	9
9.5 ~ 10.5	45	77	122	2
10.5이상	35	67	102	2
평균	33	59	93	34(전체)

〈표 10-10-3〉 첨두수위별 홍수위의 상승 · 하강 · 지속시간(삼랑진)

지정홍수위:3.50m

첨두수위 \ 시간	상승	하강	지속	조사대상수
3.5 ~ 4.5(m)	30	30	60	4(개)
4.5 ~ 5.5	31	42	73	4
5.5 ~ 6.5	33	61	94	5
6.5 ~ 7.5	42	78	120	4
7.5 ~ 8.5	37	100	136	3
8.5이상	34	123	157	1
평균	34	72	107	21(전체)

아래 첨두수위에 비해 짧아진다. 이것은 이들 첨두수위 이상의 홍수가 대체로 강우의 지속시간이 짧고, 높은 강우강도를 갖는 태풍에 의해 발생하기 때문이다.

홍수위의 하강시간은 첨두수위에서 다시 지정홍수위로 되돌아오는 데 걸리는 시간이다. 낙동강 유역에서는 홍수위의 상승시간에 비해 하강시간이 약 2배 정도 길게 나타났다. 홍수위의 하강시간도 상승시간과 마찬가지로 동일한 첨두수위인 경우 상류에서 하류로 갈수록 길어지고, 첨두수위의 상승에 따라 하강시간이 길어진다. 그러나 상승시간과 같이 현풍에서는 수위 10.5m 이상, 삼랑진에서는 수위 8.5m 이상의 홍수에서는 오히려 하강시간이 짧아진다.

홍수위의 지속시간(또는 지체시간)은 지정홍수위에서 첨두수위로 올라갔다가 다시 지정홍수위에 되돌아오는데 소요되는 시간이다. 즉 홍수위의 상승시간과 하강시간의 합이 홍수위의 지속시간이다. 첨두수위 6.5~7.5m의 홍수시, 현풍과 삼랑진에 있어서 홍수위의 평균 지속시간은 각각 73시간, 120시간이다.

<그림 10-6-1, 2, 3>은 현풍 수위관측소에 있어서 첨두수위와 홍수위의 상승·하강·지속시간 사이의 산포도(scatter diagram)와 회귀식을 나타낸 것이다.

첨두수위와 홍수위의 상승시간 간의 상관계수(correlation coefficient)는 0.559로서 비교적 높은 상관관계를 나타내었다.[15] 첨두수위(X)와 홍수위의 상승시간(Y1) 간의 회귀식은 $Y_1=4.244+3.419X$이고 0.1%의 유의 수준에서 T검정을 해보면 $t=3.814>t(32, 0.01)=3.646$으로서 유의성이 인정된다.

첨두수위와 홍수위의 하강시간 간의 상관계수는 0.862로서 높은 상관관계를 나타내었

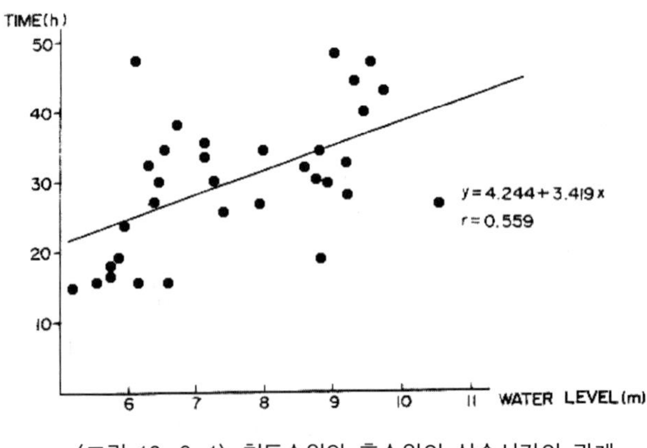

〈그림 10-6-1〉 첨두수위와 홍수위의 상승시간의 관계

15) 오택변, 『사회과학 데이터 분석법』(나남도서출판, 1984), 180쪽.

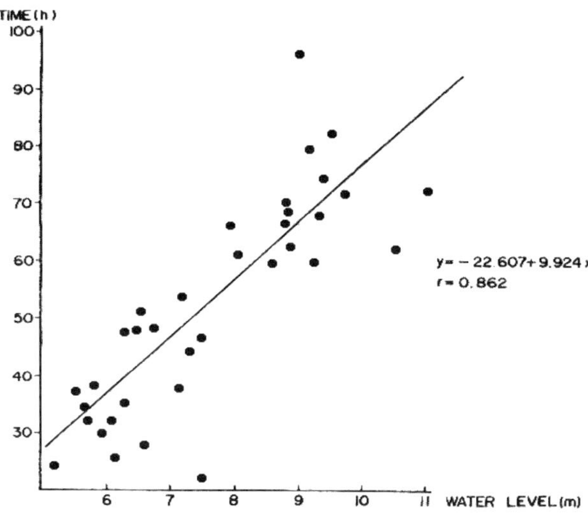

〈그림 10-6-2〉 첨두수위와 홍수위의 하강시간의 관계

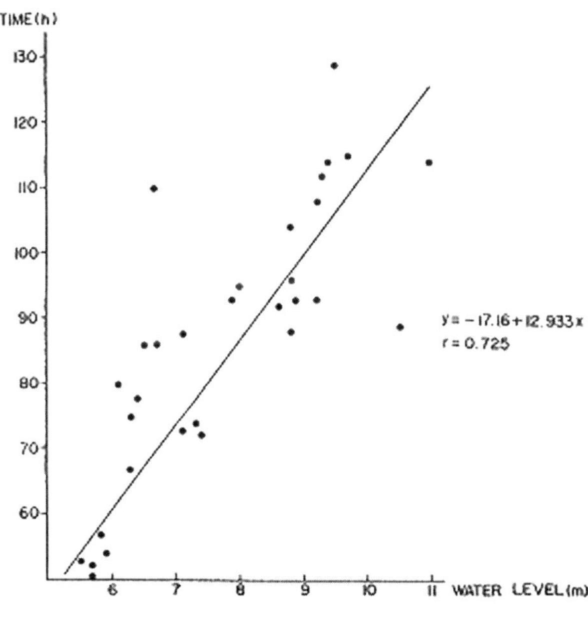

〈그림 10-6-3〉 첨두수위와 홍수위의 지속시간의 관계

다. 또한 첨두수위와 홍수위의 상승시간 간의 상관계수에 비해 월등히 상관계수가 높게 나타났다. 이는 수위의 상승은 강우강도와 강우의 지속시간 등 다양한 기상특성에 영향을

받는데 반해, 수위의 하강은 유역면적과 형태 등 동일한 지형특성에 영향을 받기 때문이라 생각된다. 첨두수위(X)와 홍수위의 하강시간(Y2)간의 회귀식은 $Y_2 = -22.607 + 9.924X$이고 0.1%의 유의 수준에서 T검정을 해보면 $t = 9.618 > t(32, 0.001) = 3.646$으로서 유의성이 인정된다.

첨두수위(X)와 홍수위의 지속시간(Y3)간의 상관계수는 0.725이고 회귀식은 $Y_3 = -17.16 + 12.933X$이다. 0.1%의 유의 수준에서 T검정을 해보면 $t = 5.954 > t(32, 0.001) = 3.646$으로서 유의성이 인정된다.

이상에서 얻어진 각 회귀식에 의하여 홍수의 크기별 홍수위의 상승·하강·지속시간을 대략 계산할 수 있어, 하천 주변 경지의 침수시간을 예보하는 데 이용될 수 있을 것이다.

지정홍수위부터 하천 주변의 저습지는 침수되기 시작해서 수위 상승에 따라 침수지역의 범위를 차츰 넓혀 가게 된다. 침수로 인한 농작물의 피해는 침수시간에 따라 달라진다. <표 10-11>은 농경지의 침수시간에 따른 농작물의 피해율을 나타낸 것이다. 만약 예상 첨두수위와 홍수위의 지속시간(또는 농경지의 침수시간), 예상첨두수위와 침수 농경지 면적 간의 정확한 관계식이 산출된다면, <표 10-11>을 이용해 침수로 인한 농작물 피해액을 사전에 예측할 수 있을 것이다.

<표 10-12>는 현풍 수위관측소에 출현한 홍수의 첨두수위별로 각 수위별 홍수위의 평균 지속시간을 나타낸 것이다. 예를 들면 조사 기간 동안 첨두수위 8~9m의 홍수가

〈표 10-11〉 침수시간별 농작물 피해율(%)

농작물 \ 기간	1일	2일	3일	4일	5일	6일	7일	비고
벼	14.12	32.11	47.44	54.90	62.18	-	-	* 피해율 추정 경작시기(파종기, 성숙기, 수확기), 침수기간, 침수심 및 유속 등의 영향을 고려하여 추정함
콩	9.18	17.27	23.28	28.49	31.35	-	-	
옥수수	29.82	60.34	65.82	67.96	68.23	-	-	
감자	8.89	12.35	15.42	16.03	20.01	22.81	25.01	
낙화생	30.50	54.93	55.24	61.76	-	-	-	
양배추	39.77	56.03	61.11	61.75	-	-	-	
무우	8.49	13.94	17.45	19.13	22.46	25.82	28.40	
파	9.63	13.85	17.33	20.83	22.27	25.60	28.10	
참외	32.25	45.15	48.33	53.75	-	-	-	
호박	46.95	51.44	55.52	61.78	-	-	-	
오이	8.99	12.56	15.17	15.19	-	-	-	
토마토	5.73	15.55	23.60	26.20	18.20	22.17	24.32	
시금치	6.79	9.51	10.16	11.32	-	-	-	

* 자료: 「한강 유역 성과 보고서」, 1969.

〈표 10-12〉 수위별 홍수위의 지속시간(현풍)

수위(m) \ 첨두수위(m)	5-6	6-7	7-8	8-9	9-10	10이상
5m이상(13.46m)	37(시간)	60	65	84	108	92
6m이상(14.46m)		28	40	63	83	79
7m이상(15.46m)			14	45	64	65
8m이상(16.46m)				26	46	54
9m이상(17.46m)					22	43
10m이상(18.46m)						29
조사대상수	4(개)	6	4	6	5	2

( )는 현풍 수위관측소의 영점표고 8.46m에다 수위를 더한 하천 주변 농경지의 고도임

6회나 있었고, 수위 5, 6, 7, 8m 이상의 평균 지속시간이 각각 84, 63, 45, 26시간이었음을 나타낸다.

수위별 홍수위의 평균 지속시간을 통해서 하천 주변 농경지의 고도별 평균 침수시간을 알 수 있다. 현풍 수위관측소의 영점표고는 8.46m이다. 따라서 첨두수위 8~9m의 홍수시 해발고도 16.46m의 농경지는 평균적으로 26시간 침수되고, 15.46m의 농경지는 45시간, 14.46m의 농경지는 63시간, 13.46m의 농경지는 84시간 침수됨을 알 수 있다. 첨두수위가 높아질수록 특정 홍수위 이상의 지속시간 이 길어진다. 그러나 수위 10m 이상의 홍수시는 수위 9~10m의 홍수에 비해 오히려 수위 5m, 6m 이상의 지속시간이 짧아진다. 이는 수위 10m 이상의 홍수가 짧은 기간에 높은 강우강도를 갖는 호우에 의해서 발생하기 때문이라 여겨진다.

2) 첨두수위의 출현유형

하천 유역에서 홍수로 인한 피해가 가장 넓고, 크게 나타나는 시각은 첨두수위(또는 최고수위, peak water level)가 나타나는 시각이다. 홍수의 피해를 줄이기 위해서는 첨두수위의 출현시각을 정확히 예보하는 것이 필요하다. 각 수위관측소의 연속적 수위자료를 동일한 좌표축에 놓고 홍수곡선을 그려 보면 수위관측소의 첨두수위의 출현시각과 그 시차를 알 수 있다. 이러한 수위관측소 간의 첨두수위의 출현선후유형(이하에서는 첨두수위의 출현유형이라고 칭함)과 그 시차는 유역내의 강우의 공간적, 시간적 분포유형에 따라 다양하게 나타난다. 만약 강우의 공간적, 시간적 분포유형에 따라 수위관측소 간의 첨두수위의 출현유형과 그 시차를 정확히 예보할 수만 있다면 홍수예방에 큰

〈표 10-13〉 첨두수위의 출현유형

유형	상선하후형	하선상후형	상·하동시형	계
빈도(회)	8	3	2	13
비율(%)	62	23	15	100

기여를 할 수 있을 것이다.

본 연구에서는 그 기초 작업으로 지역 간 첨두수위의 출현유형을 분류하고 사례연구를 통해 그 시차를 구해보고자 한다.

낙동강 유역에서 발생한 85개의 홍수 중 낙동강의 상·중·하류에 위치한 낙동, 현풍, 삼랑진 세 수위관측소의 연속적 홍수위 자료가 모두 나와 있는 홍수는 13개뿐이다. 이 13개의 홍수를 사례로 해서 세 수위관측소 간의 첨두수위의 출현 유형을 다음의 세 가지로 분류할 수 있다.

① 상류에서 하류로 내려가면서 첨두수위가 순차적으로 나타나는 것 (상선하후형으로 칭함)

② 하류에서 첨두수위가 먼저 나타나고 상류 쪽에 늦게 나타나는 것(하선상후형)

③ 상·하류에 거의 동시에 첨두수위가 나타나는 것(상 · 하동시형)

<표 10-13>은 낙동, 현풍, 삼랑진 수위관측소 간의 첨두수위의 출현유형에 따라 조사대상 13개의 홍수를 분류한 것이다. 상선하후형이 8회로서 62%를 차지해 출현빈도가 가장 높았다. 홍수시 기압계의 특성을 조사해 본 결과, 이 상선하후형은 저기압이 중 · 남부지방을 통과할 때나 장마전선이 남하할 때 나타났다. 하선상후형은 3회로서 23%를 차지하였다. 이 유형은 태풍이 남해안과 남해 해상을 통과할 때, 장마전선이 남해상에서 북상할 때 나타났다. 상·하동시형은 2회로 15%를 차지하고 있다. 이 유형은 태풍이 남부와 서해 해상을 통과했을 때 각각 한 번씩 나타났다.

<그림 10-7-1, 2, 3>은 낙동, 현풍, 삼랑진 세 수위관측소간의 대표적인 첨두수위의 출현유형을 나타낸 것이다. <그림 10-7-1>은 상선하후형에 속하는 83년 7월의 홍수시(장마전선의 남하) 첨두수위의 출현을 나타낸 것이다. 낙동, 현풍, 삼랑진 순으로 나타난 첨두수위의 출현시차는 각각 12시간이었다.

<그림 10-7-2>는 하선상후형에 속하는 74년 7월의 홍수시(남해안으로 태풍 통과) 첨두수위의 출현을 나타낸 것이다. 삼랑진, 현풍, 낙동 순으로 나타난 첨두수위 출현시차는 각각 4시간, 8시간이었다.

<그림 10-7-3>은 상·하동시형에 속하는 82년 8월의 홍수시(서해해상으로 태풍 통과) 첨두

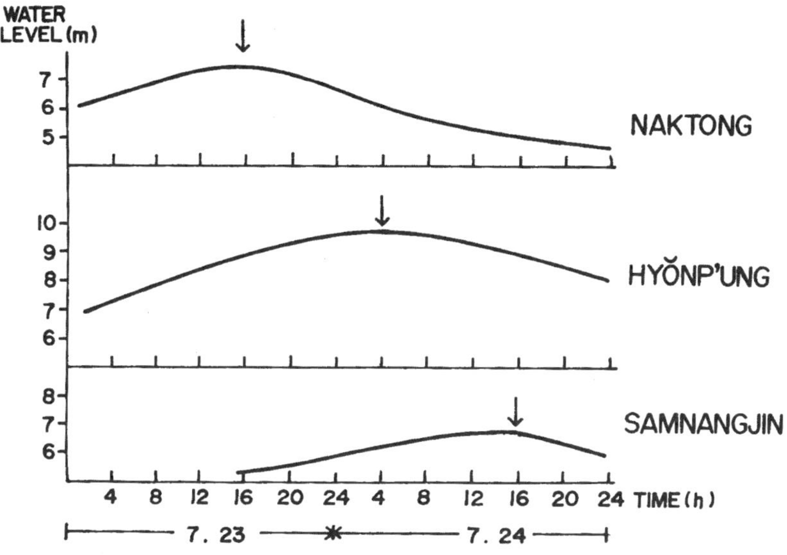

〈그림 10-7-1〉 상선하후형(83. 7. 23~24)

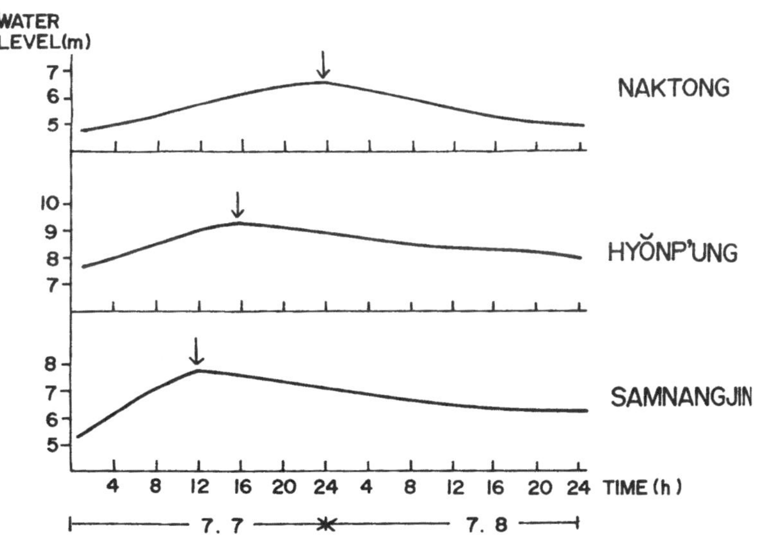

〈그림 10-7-2〉 하선상후형(74. 7. 7~8)

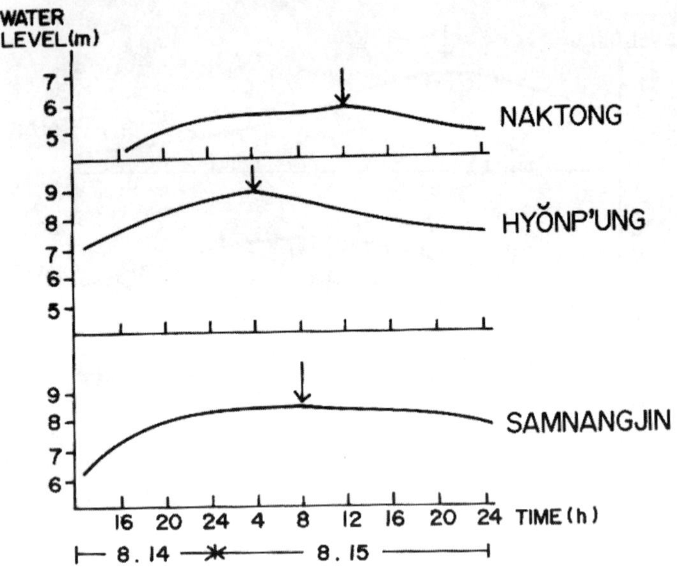

〈그림 10-7-3〉 상 · 하동시형(82. 8. 14~15)

수위의 출현을 나타낸 것이다. 먼저 현풍에 첨두수위가 나타나고 4시간 뒤에 삼랑진에, 다시 4시간 뒤에 낙동에 첨두수위가 나타나 다른 유형에 비해 그 시차가 크지 않다.

첨두수위의 출현유형별로 선정된 각각 한 개씩의 홍수가 각 유형을 대표하지는 않는다. 그리고 첨두수위 출현의 지역 간 시차도 같은 첨두수위의 출현유형일지라도 많은 시간 차이가 있어 홍수예보에 직접 적용하는 데는 무리가 있다. 하지만 더 많은 수위자료를 축적하고, 강우분포에 따른 보다 세분화된 첨두수위의 출현유형 분류가 진전되고, 지역 간 첨두수위의 평균적 출현시차가 획득된다면 홍수예보에 크게 기여하리라 생각된다.

3) 태풍 Agnes호 통과시 홍수의 특성

태풍 Agnes호는 81. 9. 1~3일 사이에 남해 해상을 통과하면서 남부지방에 많은 강우를 가져와 현풍 수위관측소에서는 조사기간 중 두 번째 큰 홍수인 수위 10.73m의 홍수를 일으켰다. 태풍 Agnes호는 낙동강 유역에 가장 빈번히 큰 홍수를 가져오는 남해 북동진형(E_2형)의 경로를 가진 태풍이므로 낙동강 유역에 있어서 태풍에 의한 홍수의 특성을 밝히기 위해서 사례로 분석했다.

<그림 10-8>은 태풍 Agnes호 통과시 6시간 강우량의 분포도이다. 강우대는 태풍의

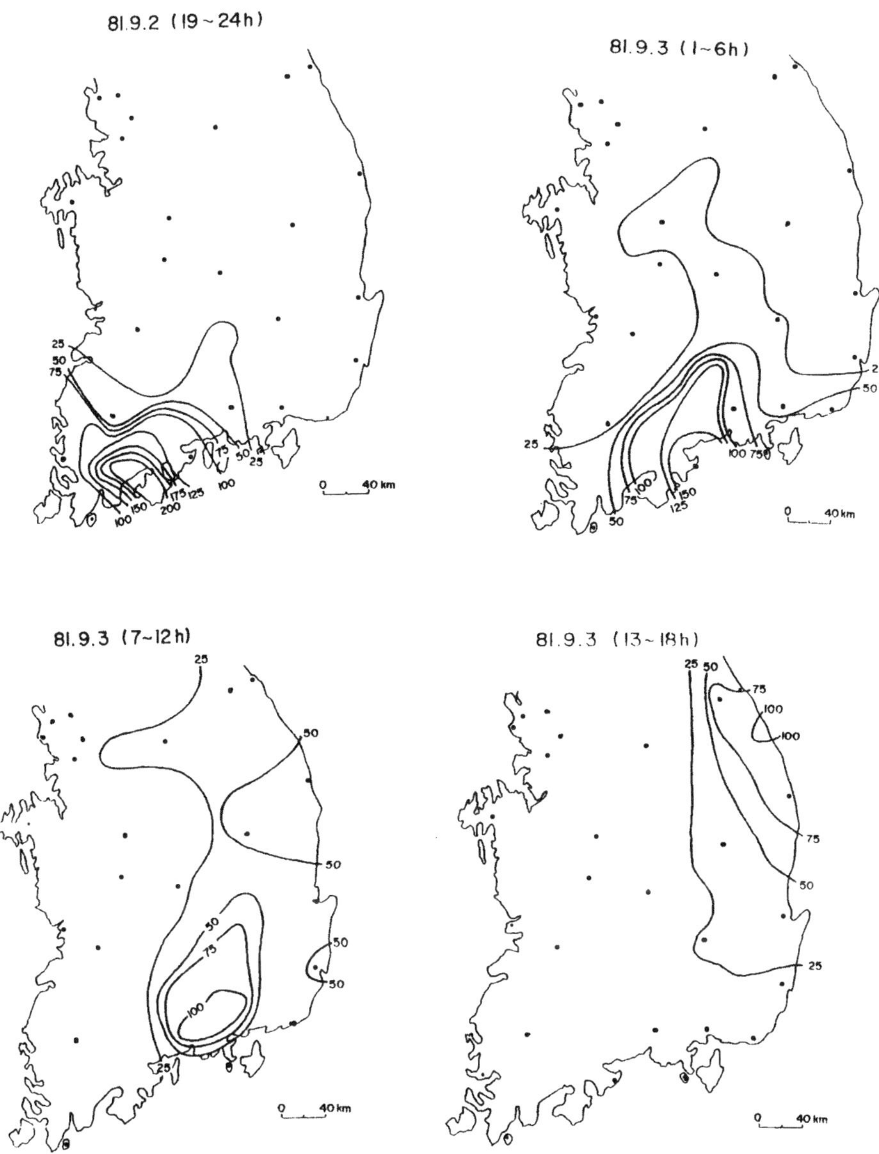

〈그림 10-8〉 태풍 Agnes호 통과시 강우대의 이동(81. 9. 2~3)

진행방향과 거의 평행을 이루면서 남부지방의 남서부에서 북동부로 이동했다.

<그림 10-9>는 태풍 Agnes호 통과시 시우량의 분포와 영산강 유역의 나주, 섬진강 유역의 구례, 낙동강 유역의 삼랑진 · 현풍에 있어서의 홍수곡선을 나타낸 것이다.

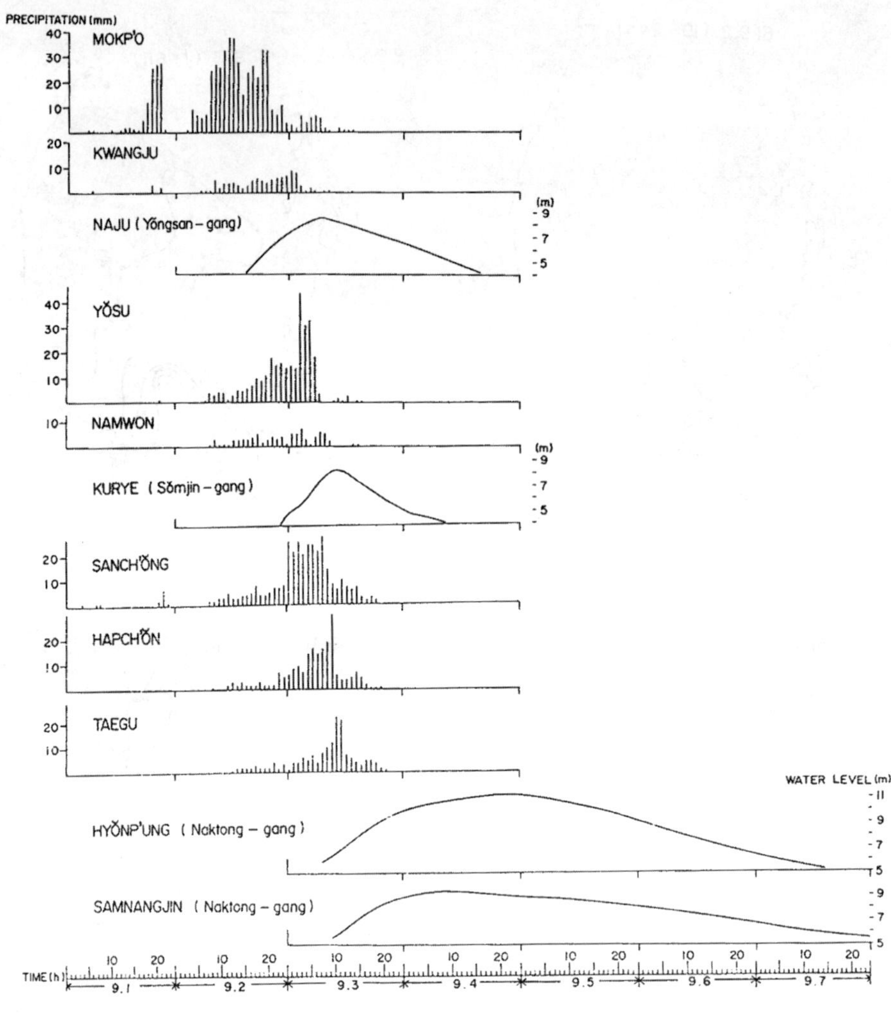

〈그림 10-9〉 태풍 Agnes호 통과시 시우량 및 홍수곡선(81. 9. 1-7)

하천 유역의 최대시우량과 첨두수위의 출현에는 시차가 있다. 태풍 Agnes호 통과시 영산강 유역에 위치한 목포의 최대시우량과 나주의 첨두수위가 출현한 시차는 20시간, 섬진강 유역에 위치한 여수와 구례간의 시차는 9시간, 낙동강 유역에 위치한 대구와 현풍의 시차는 37시간이었다.

수위관측소간의 첨두수위의 출현은 강우대의 이동방향에 따라 서에서 동으로, 남에서 북으로 가면서 순차적으로 나타났다. 즉 영산강의 나주에 첨두수위 출현 4시간 뒤에 섬진강의 구례에 첨두수위가 출현했고, 구례에서 첨두수위가 출현하고, 22시간 뒤에 낙동강의 삼랑진에 첨두수위가 출현했다. 낙동강 유역에서는 하선상후형으로 삼랑진의 첨두수위 출현 14시간 뒤에 현풍에 첨두수위가 출현되었다.

이러한 첨두수위의 출현시차는 태풍의 경로, 이동, 속도에 따라 다르게 나타나겠지만, 낙동강 유역에서 빈번히 큰 홍수를 가져오는 남해 북동진형(E_2형)의 경로를 가진 태풍의 경우 거의 이러한 강우대의 이동과 첨두수위의 출현유형과 시차를 보일 것으로 사료된다.

5. 요약 및 결론

1. 낙동강 유역(현풍 수위관측소 기준)에서는 지난 21년간(1963~83년) 연평균 4.05회의 홍수가 3~9월 사이에 발생하였는데, 발생빈도의 제1 peak는 7월 중순에, 제2 peak는 8월 하순에 나타났다. 홍수의 크기별 발생빈도를 보면, 수위 9~9.9m의 홍수는 3년에 한 번, 수위 10m 이상의 홍수는 10년에 한번 꼴로 발생하였다. 그리고 수위 8m 이상의 큰 홍수의 71%가 7~8월에 집중되어 있었다.

2. 홍수를 유발한 기압계의 출현은 전선(49%), 저기압(34%), 태풍(17%) 순으로 낮아졌으나, 이들에 의해 발생한 홍수의 평균수위는 태풍(7.78m), 전선(7.09m), 저기압(6.73m) 순으로 낮아졌다. 전선에 의한 홍수는 7월 중순과 8월 하순에 peak를 가지며 6~9월 사이에 발생하였고, 저기압에 의한 홍수는 3~9월 사이에 고른 분포를 보였다. 태풍에 의한 홍수는 8월 하순을 peak로 해서 6~9월 사이에 발생하였는데, 큰 홍수를 빈번히 가져오는 태풍의 경로는 남해 북동진형(E_2형)과 남해안 상륙형(S형)이었다.

3. 낙동강 유역의 홍수곡선의 특성은 다음과 같다.

① 첨두수위가 높을수록, 홍수위의 상승·하강·지속시간이 길어졌고, 태풍에 의한 홍수는 다른 기압계에 의한 홍수보다 이들 시간이 짧았다.

② 홍수위의 하강시간은 상승시간에 비해 약 2배 정도 길었다.

③ 현풍 수위관측소에서 첨두수위(X)와 홍수위의 상승시간(Y_1), 하강시간(Y_2), 지속시간(Y_3)간의 회귀식은 각각 $Y_1=4.244+3.419X$, $Y_2=-22.607+9.924X$, $Y_3=-17.16+12.933X$이었고, 첨두수위와 홍수위의 상승시간 간의 상관계수에 비해 첨두수위와 홍수위의 하강시간 간의 상관계수가 훨씬 높았다.

4. 낙동강 유역의 낙동, 현풍, 삼랑진 수위관측소 간의 첨두수위 출현유형은 상선하후형, 하선상후형, 상·하동시형으로 나눌 수 있었으며 상선하후형의 출현(62%)이 가장 많았다.

5. 남해 북동진형(E_2형)의 경로를 가졌던 태풍 Agnes호(81.9) 통과시 강우대는 남서부에서 북동부로 이동했고, 나주(영산강)와 구례(섬진강), 구례와 삼랑진(낙동강) 간의 첨두수위 출현시차는 각각 4시간, 22시간이었다.

참고문헌

1. 단행본

건설부. 1963～83.『한국수문조사연보』.

김광식 외 14명. 1973.『한국의 기후』. 서울: 일지사.

김연옥. 1979.『기후학개론』. 서울: 정익사.

鮮于仲皓. 1983.『水文學』. 서울: 東明社.

원태상. 1973.『하천공학』. 서울: 문운당.

신용남. 1984.『수문학』. 서울: 청문각.

중앙기상대. 1984.『한국 태풍 80년보(1904～1983)』.

최영박 외 3명. 1981.『수문학』. 서울: 보성출판사.

한영호 외 4명. 1981.『현대기상학』. 서울: 진명문화사.

2. 논문

강승삼. 1980.「영산강 유역의 홍수해」. 지역개발논문집. 제19권. 경희대국토종합개발연구소. 61～74쪽.

권순찬. 1961.「양산천 수해의 지리학적 고찰」. 부산대개교15주년기념논문집. 293～307쪽.

김문일. 1978.「강수모델에 의한 태풍권내의 지점강수량산정」. 한국기상학회지. 제14권. 제1호. 7～20쪽.

김성삼. 1973.「우리나라 중부지방대홍수의 기상조건에 관하여」. 한국기상학회지. 제9권. 제2호. 73～85쪽.

김진면. 1972.「한국에 영향을 미친 태풍조사」. 한국기상학회지. 제8권. 제1호. 39～48쪽.

김태희. 1975.「홍수피해예상조사방법론에 관한 연구」. 응용지리. 제1권. 제1호. 한국지리연구소. 55～80쪽.

김희종. 1967.「낙동강 유역의 강우특성에 대한 연구」. 동아대동아논문집. 제4집. 363～406쪽.

문승의·김성열. 1978.「동계전선통과에 따른 남한의 강수분포특성」. 한국기상학회지. 제16권. 제2호. 1～12쪽.

양진석. 1980.「남한의 우기 호우에 관한 연구」. 청주대논문집. 제13집. 75～84쪽.

이광호·김문일. 1982.「집중호우의 종관기후학적 연구」. 한국기상학회지. 제18권. 제2호. 11～17쪽.

이문종. 1974. 「4대강 유역 주민의 홍수에 대한 Perception연구」. 지리학. 제9호. 대한지리학회. 55~66쪽.
_____. 1974. 「한강의 홍수와 그에 대한 적응유형에 관한 연구」. 지리학. 제7호. 대한지리학회. 24~39쪽.
이병곤·김일곤. 1978. 「한국의 기상재해 지역구분」. 경북대 문리논총. 제5집. 51~67쪽.
정성호. 1977. 「태풍경로에 따른 한반도의 강수분포특성」. 한국기상학회지. 제13권. 제1호. 31~37쪽.
중앙기상대 기상연구소. 1975. 「낙동강 유역 홍수의 기상요인별 분류」. MR-75-1. 1~30쪽.
중앙기상대 기상연구소. 1978. 「집중호우 상습지역에 대한 조사연구」. MR-78-3. 1~30쪽.
_____. 1983. 「태풍진로연구」. MR-83-2. 1~257쪽.
_____. 1973. 「한강 유역 홍수의 기상요인별 분류」. MR-74-1. 1~30쪽.
_____. 1973. 「호우를 중심으로 한 기상특성별 일기도 분류」. MR-73-1. 1~28쪽.
정창희. 1972. 「우리나라 지역에서의 태풍의 동태에 관한 연구」. 문교부연구보고서. 1~38쪽.
정창희·전종갑. 1977. 「우리나라 부근에서의 온대성저기압의 발달조건에 관한 연구」. 한국기상학회지. Vol.13. No.1. 1~12쪽.
정창희 외 3명. 1982. 「우리나라에 홍수를 초래한 태풍에 관한 연구」. 한국기상학회지. 제18권 제1호. 23~47쪽.
최영박. 1954. 「영남지방의 강우특성(I)」. 청구대논문집. 제7집. 1~9쪽.
_____. 1955. 「영남지방의 강우특성(II)」. 청구대논문집. 제8집. 329~352쪽.
최영박·이순탁. 1956. 「홍수예보에 대한 연구(1)-낙동강을 중심으로」. 청구대논문집. 제9집. 207~229쪽.
추성구. 1972. 「금강하류의 홍수. 그 유형에 관한 연구」. 공주사대논문집. 제10집. 169~185쪽.
Byung Kon Lee. 1981. "Statistical and Synoptic Studies of Heavy Rain in Korea". *Geographical Reports of Tokyo Meteorological Uni*. No.16. pp.1~48.
M. Hamuro et al. 1969. "Precipitation Bands of Typhoon Vera in 1959(Part I)". *Journal of the Meteorological Society of Japan*. Vol.47. No.4. pp.298~309.
H. Hamuro et al. 1970. "Precipitation Bands of Typhoon Vera in 1959(Part II)". *Journal of the Meteorological Society of Japan*. Vol.48. No.4. pp.3~117.
福井英一郎. 1970. 「日本における豪雨の分布」. 地理學平論. 43-10. pp.581~593.

CHAPTER

11

만경강 연안 충적평야의 지형 발달*

1. 서언

현 충적평야 하의 충적층에는 최종빙기 최성기 이후의 환경변화와 평야지형의 형성 과정이 기록되어 있다. 충적층의 퇴적상 검토 및 그 퇴적물 분석(^{14}C연대, 퇴적물 입도, 화분, 규조 등의 분석)에 의하여 완신세의 고환경과 충적평야 형성 과정을 복원할 수 있다.

한국에 있어서 충적평야 연구는 아직 시작의 단계에 있으며, 이와 같은 충적층 분석 방법에 의한 충적평야 지형 발달을 연구한 논문은 많지 않다. 조사 지역에 대한 지형 연구는 권혁재(1975)의 연구가 있다. 이 연구는 취락의 입지, 토지 이용, 홍수 시 수문 기록 등의 자료를 기초로 충적평야의 지형 분류 및 기재를 하고 있다. 몇 개의 충적층 노두 및 boring data를 이용, 충적층 내부 구조를 논하고 있으나 퇴적물 분석 자료 및 연대 자료가 뒷받침하고 있지 못하여 완신세의 해수준 및 퇴적 환경 변화, 충적층 내부 구조 등에 관해서는 충분히 구명하지 못했다.

황해의 해수준 변동에 관해서는 박용안(park, 1984)의 연구가 있다. 이 연구는 10,000년 B.P.경에 해수준이 -10m 부근, 6,000년 B.P.경에 -4m 부근에 있었던 것으로 보고하고 있다. 그러나 이 보고는 필자가 동해안에서 복원한 해면곡선(曺, 1980) 및 세계의 일반적 경향(10,000년 B.P.경에 약 -30m, 6,000년 B.P.경에 현 수준)과 많은 차를 보이고 있다. 이

*조화룡, 1986, 경북대학교 교육연구지, 28, 19~35쪽.

차를 황해안의 지반 운동으로 해석해도 난점이 있다. 즉 만일 황해안이 침강하고 있다면 6,000년 B. P.경의 해수준이 현 수준 이하인 것은 설명되지만, 10,000년 B.P.경의 해수준은 -30m보다 오히려 더 아래에 있어야 한다. 반대로 만일 황해안이 융기하고 있어서 10,000년 B. P.경의 해면을 지시하던 수준이 세계 일반 경향보다 약 20m 높게 나타났다면 6,000년 B.P.경의 해수준은 +10m 이상에 있어야 할 것이다. 중국의 왕정태 외(1982)의 황해지역 해수준 변동연구에서그린 10,000년 B.P.경에 해면이 -30m 부근에 6,000년 B.P.경에 현해수준보다 약간 위에 있었음을 보고하고 있다.

본 연구는 호남평야의 중심부에 해당되는 만경강 연안 충적평야를 대상으로 퇴적물 분석적 방법을 활용하여 충적층의 퇴적 구조를 밝히고 퇴적시의 해수준과 지형 환경을 추정하여 충적평야의 형성 과정을 지형학적 관점에서 구명하려 했다. 추가하여 퇴적장의 조건이 다른 동·서해안 충적평야에 대한 필자의 기존 연구(曺, 1978; 1985)와 비교하여 서해안의 충적평야 형성의 지역성을 밝히고자 하였다.

2. 지형 및 지질 개관

호남평야는 만경강과 동진강 중・하류의 충적평야를 말한다. 그러나 이보다 북쪽에 있는 대강(大江)인 금강도 후술하는 바와 같이 그 하구 퇴적물이 조류에 의해서 만경강 및 동진강 하구의 만 쪽으로 이동된 것으로 보여 금강도 호남평야 지형 발달에 기여하고 있음이 밝혀졌다. 이들 세 하천의 자료는 <표 11-1>과 같다.

이들 하천의 발원지이자 호남평야 동쪽에 접한 진안고원은 퇴적암(백악기의 경상누층군) 및 편마상 화강암(Jura계) 지질로 된 표고 500～600m의 고원이고, 이 진안고원 서쪽에 접한 호남평야의 기반은 화강암(Jura계) 지질로 된 표고 50m 이하의 낮은 구릉지이다. 따라서 진안고원과 그 서쪽의 화강암지대와 경계선은 경사 변화부를 형성하고 있다.

〈표 11-1〉 호남평야의 하천 자료

하천명	주류의 길이(㎞)	유역면적(㎢)	하상종단구배(‰)		
			하류	중류	상류
금강	401	9,859	0.19	0.56	3.00
만경강	99	1,602	0.22	0.76	10.30
동진강	45	1,034	0.36	5.17	15.38

〈표 11-2〉 호남평야 연안의 조석자료

지명	지리좌표	조차(m)	
		대조승	소조승
위도	35 37 / 126 01	6.0	4.6
고군산도	35 49 / 126 24	6.1	4.7
군산	35 59 / 126 43	6.2	4.8
장항	36 00 / 126 41	6.2	5.0
죽도	36 02 / 126 32	6.5	4.9

만경강과 그 지류 전주천, 동진강과 그 지류 원평천은 이들 경사 변환부에 선상지를 형성하고 그 하류 쪽으로 가면서 화강암의 기반을 개석하여 비교적 넓은 범람원을 형성하고 있다.

각 하천의 하구는 만입 하구의 특색을 갖고 앞바다에는 저조위시에 노출되는 삼각주 모양의 tidal flat가 넓게 형성되어 있다. 이 지역의 조차 자료는 <표 11-2>와 같다.

3. 지형 분류

지형 분류는 지형도(1/5만, 1/2.5만, 1/5천), 항공사진(1/2만), 퇴적물 입도분석, 현지 조사를 기초로 분류했다. 근년 하천의 직선화 공사, 경지 정리 등이 이루어져 미지형이 많이 개변된 것을 감안하여 1915년 전후에 편집된 고지형도(1/5만)를 기도(基圖)로 지형 분류도를 작성했다(그림 11-1).

만경강이 동부 산지로부터 서부 화강암지대 구릉지로 나오는 곳에 봉동읍이 위치해 있고, 충적평야는 이 봉동읍보다 하류부에 넓게 형성되어 있으며, 3개의 지형 단위로 구분할 수 있다. 봉동읍에서 삼례읍까지는 선상지성 충적평야, 삼례읍에서 만경읍 부근까지는 배후습지, 자연제방으로 된 범람원평야, 만경읍보다 하류부는 tidal flat와 그것을 간척해서 된 평야로 이루어진 연해평야이다.

선상지성 충적평야는 봉동읍을 선정, 삼례부근을 선단으로 한 길이 10㎞, 폭 3㎞, 정도의 선상지로서 선정부의 표고 35m, 선단부의 표고 10m, 평야면의 경사 2.5‰ 전후의 지형면을 이루고 있다. 현재의 유로는 제방에 의해서 고정되어 있지만, 평야면에는 망상 유로의 흔적이 남아 있고, 사력 퇴적물로 된 미고지가 다수 분포하고 있다.

삼례읍보다 하류부의 범람원에는 평야면의 경사가 0.2‰ 전후로 완만해진다. 여기에서도 현재의 유로는 제방에 의해서 직선화되어 있지만 평야면에는 구유로의 흔적이 남아

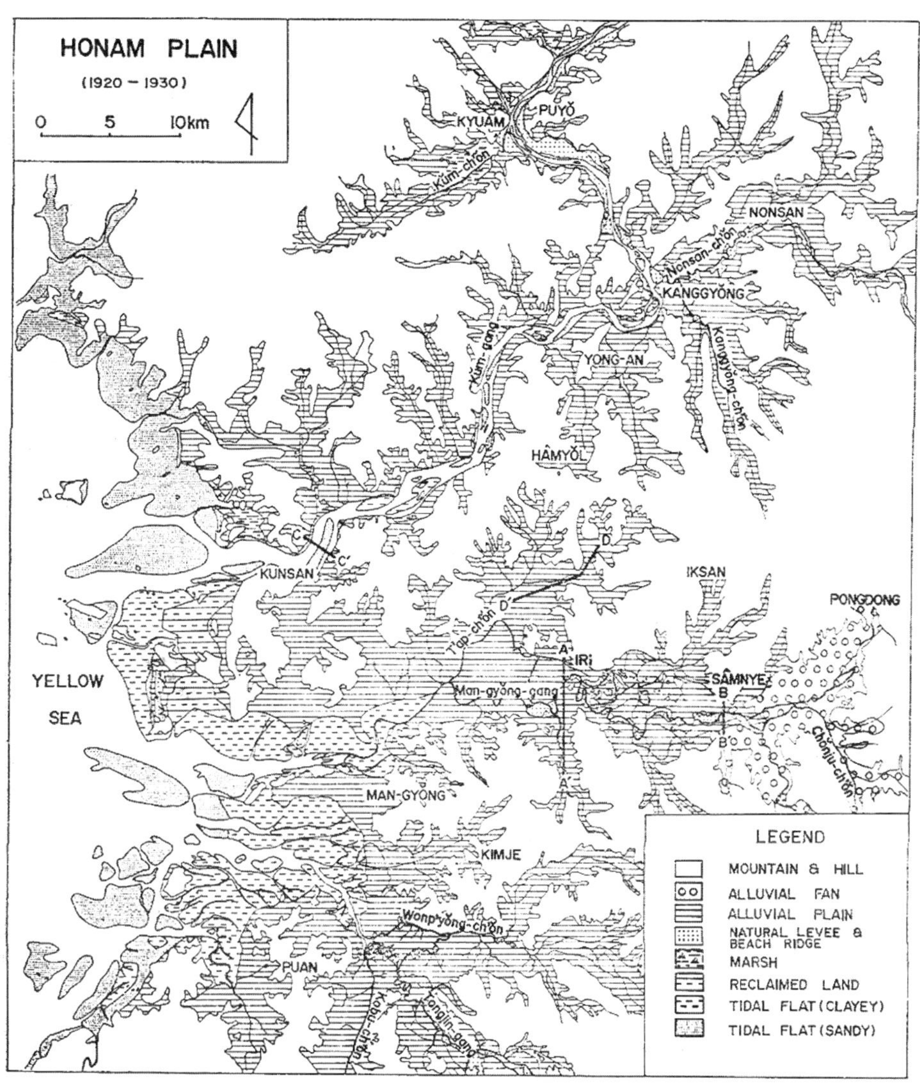

〈그림 11-1〉 호남평야의 지형 분류도

있다. 이 유로에 연해서 평야면과 비고 1～2m의 미고지가 형성되어 있어 과거 곡류했던 만경강의 구유로가 형성한 자연제방으로 판단된다. 이 미고지의 퇴적물은 사질이고 배후의 평야부는 부식질을 포함한 실트질이다.

연해평야로 이름 붙일 수 있는 대략 만경읍 서부지역은 tidal flat가 육화된 것, 혹은 tidal flat를 간척해서 된 평야로 자연제방의 분포를 볼 수 없다. tidal flat는 육지 쪽에서부터 salt marsh, mud flat, mixed flat, sand flat로 구분된다(Hans, 1975). 본 지역에서 그린 1916년 편집된 지형도를 보면 고조위 정선 부근에 salt marsh와 mud flat가 형성되어 있고 저조위 정선 부근에 sand flat가 인정된다. 현재는 salt marsh의 거의 대부분, mud flat의 상당한 부분이 간척되어 논으로 이용되고 있다.

tidal flat의 퇴적물은 주로 홍수 때 하천에 의하여 바다로 운반된 것에 기원하지만 이것이 매일 반복하는 창조류(flood current)와 낙조류(ebb current)에 의하여 재운반 퇴적해서 형성된 것이다. 이 재퇴적은 대하천의 하구부로부터 떨어진 파랑의 작용이 적은 내만에서 탁월하고, 이 경향은 특히 mud flat의 경우 현저하다.

만경강, 동진강 하구부의 tidal flat는 경기만의 것과 더불어 우리나라 최대급의 간석지 중의 하나이다. 이 tidal flat의 퇴적물 기원은 만경강, 동진강으로부터 뿐만 아니라 보다 북쪽에 위치한 금강으로부터 많은 공급이 예상된다. 그 이유는 ① 3개의 하천 중에서 금강이 가장 대강이지만 하구부의 tidal flat의 면적은 가장 좁고 sand flat로 주로 구성되어 있는데 비하여 만경강과 동진강은 하천의 규모에 비하여 넓은 tidal flat가 형성되어 있고 특히 동진강 하구에는 mud flat가 넓게 발달하고 있다(그림 11-1 참조).

② 수로국(1982) "한국 해양 환경도"에 의하면 이 해안에는 보류의 형태로 연안류가 연중 북쪽에서 남쪽으로 흐르고 있다.

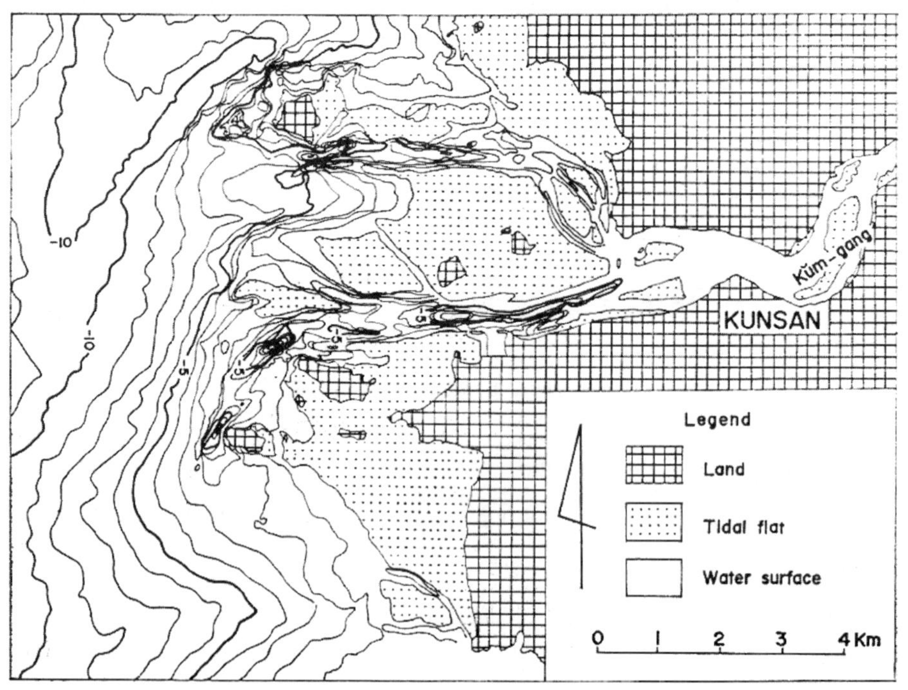

〈그림 11-2〉 금강 하구부의 등수심선도

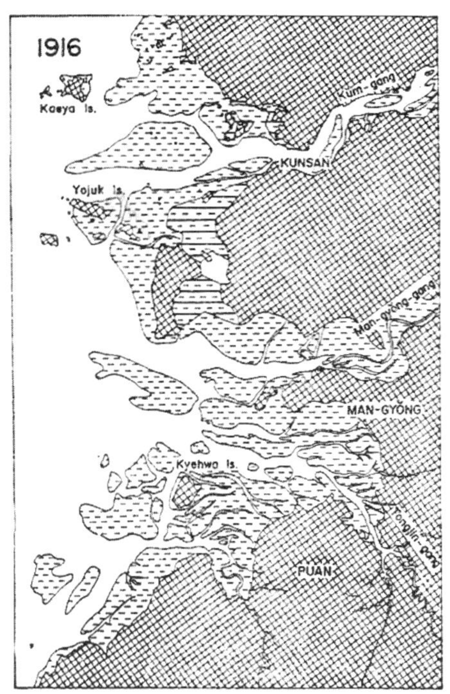

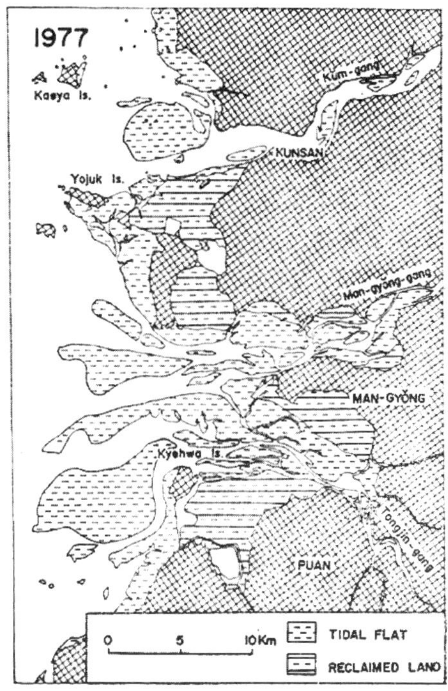

〈그림 11-3〉 만경 · 동진강 하구부의 tidal flat

③ 금강 하구부의 최심 수심선이 남쪽으로 구부러져 있다는 것(그림 11-2) 등을 들 수 있다.

1916년과 1976년 편집의 지형도에 의하여 tidal flat의 변화경향을 보면 금강 하구부에는 별로 바다 쪽으로 확대되어 있지 않지만 만경강 및 동진강 하구부에는 2～3㎞ 바다 쪽으로 확대해 있는 것을 알 수 있다(그림 11-3).

충적평야 표면 퇴적물의 입도 조성을 보기 위하여 만경강의 하구 부근에서부터 상류부 선상지가 시작되는 봉동읍까지 만경강 연변의 충적평야(자연제방, 구하도부 제외)에 대하여 등간격 표본으로 11개의 표본을 채취했다. 표본 채취 시 인공적 교란을 제거하기 위하여 구덩이를 파고 표면 하 70㎝ 부근의 퇴적물을 채취했다. 그 분석 결과를 <그림 11-4>에 제시하였다. 퇴적물은 삼례읍을 경계로 해서 하류부의 세립 퇴적물과 상류부의 조립 퇴적물로 구분된다.

삼례보다 하류부의 퇴적물은 평균입도(Mϕ) 5～7ϕ의 실트질 퇴적물이고, 특히 하구부로부터 이리시 동쪽의 금강동 부근까지(sample No. 1～5)는 상류로 갈수록 평균 입도가 세립으로 변하여 일반적 하천 연안의 퇴적물의 입도 변화와 역의 경향을 나타내었다.

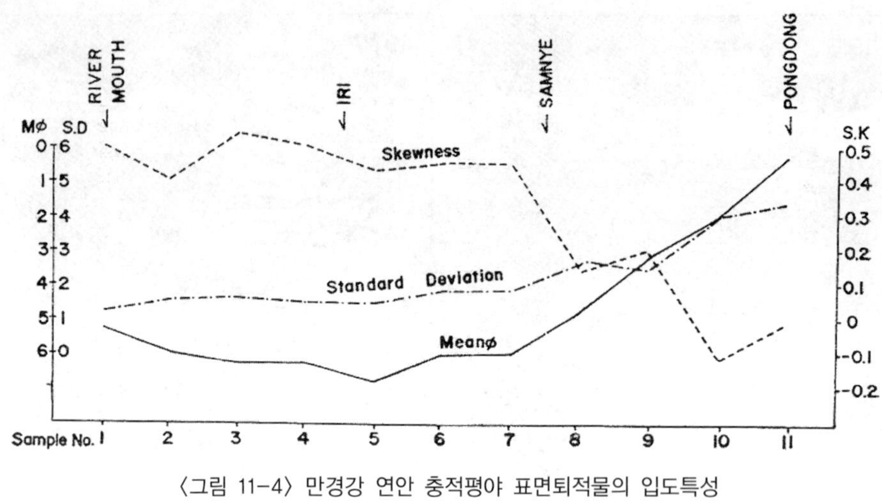

〈그림 11-4〉 만경강 연안 충적평야 표면퇴적물의 입도특성

분급도(SD)은 1~2로 비교적 분급이 잘되어 있고, 왜도(Sk)는 0.5 전후의 positive경향을 나타내어 세립 쪽이 집중적으로 분포해 있는 것을 보여준다. 삼례보다 하류부의 세립질 퇴적물의 이와 같은 입도 특성은 tidal flat의 특성과 유사하다. 만경강 하구의 평균조차는 약 4m, 최대조차는 7m에 달한다. 만경강에는 그 유로가 직선상으로 개변되기 전에는 대조시의 하천의 수위가 주기적으로 역류했다. 따라서 삼례보다 하류부의 퇴적작용에는 조류가 크게 작용하였을 것이 예상된다. 하구로부터 이리시 동부까지의 평균 입도의 역경향도 tidal flat의 sand flat로부터 mud flat까지의 입도 변화의 경향과 일치한다.

삼례보다 상류부의 퇴적물은 평균입도가 4.5~0φ의 사질이 중심이 되어 있으나, 역도 다수 포함되어 있고, 분급은 2.5~4.5로 나쁜 분급상태를 나타내었다. 왜도는 0 내지 약간의 negative경향을 나타내어 전술한 삼례보다 하류부의 퇴적물 특징과 크게 다르다. 이상의 퇴적물의 특징으로부터 삼례읍보다 상류부의 충적평야는 선상지적 충적 평야라고 판단할 수 있다.

4. 충적평야의 지하구조

호남평야의 지하 퇴적 구조를 보기 위하여 boring data에 의하여 아래와 같이 4개의 충적평야 횡단 지질단면도를 작성 검토했다.

1) 이리시 부근의 횡단면

호남선 철로의 복선 공사를 위하여 기존 노선을 연하여 boring 조사가 이루어졌다. 이 중 이리시로부터 남쪽 월봉리까지 만경강 연안 충적평야를 횡단하는 약 8㎞의 남북 구간에 대한 42본의 boring 주상도를 기초로 충적층 지질단면도를 작성한 것이 <그림 11-5>이다.

이 단면에서 평야면의 표고는 5m 이하이다. 기반암은 화강암으로 -15～-20m의 심도에서 나타나고, 그 위에 퇴적된 충적층의 층후가 동해 및 남해의 하구충적평야에 비하여 매우 엷은 것이 특색이다. 또한 이 기반암에는 매몰곡이라고 할 수 있을 만큼 특히 깊은 곳은 없으며 전면에 걸쳐서 완만한 기복을 갖고 있다. 기반암의 상부에는 두꺼운 기반암의 풍화대가 형성되어 있었다.

기반암의 풍화대 위에는 3～5m 층후를 갖는 역층이 퇴적되어 있는데 이것이 기저역층인 것으로 판단되었다. 이 역층의 역은 pebble, cobble급의 역이었고 matrix로 갈색의 조사(粗砂)가 퇴적되어 있었다. 역층 위에는 대개 청회색의 점토 및 세사층으로 되어 있다. 사층은 현 만경강의 하도 부근이 가장 두껍고, 양측으로 갈수록 엷어지는 큰 lens상으로 되어 있다. 그러나 만경강의 하도 직하에는 이 사층을 개석한 곡이 생겼고 이 곡에 다시 점토가 퇴적된 형태로 층상구조가 되어 있다. 점토층은 사층의 배후에 퇴적되어 있고 만경강의 북측에서는 기저역층의 상위에서부터 거의 표면까지 연속적으

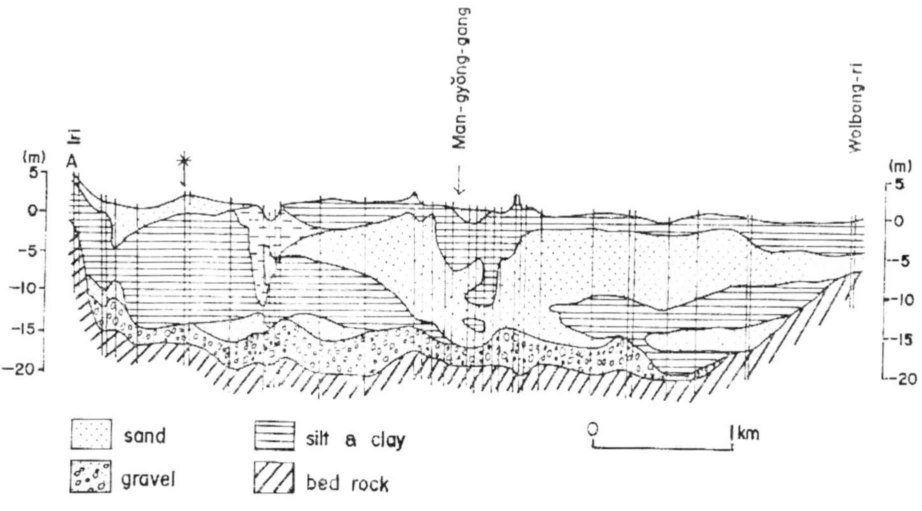

〈그림 11-5〉 이리시-월봉리 간 충적층 지질단면도

*표는 화분, 규조를 분석한 7번 boring의 위치

로 퇴적되어 있지만 남측에서는 2회의 사층이 협재해서 하부점토층, 중부사층, 상부점토층으로 나누어졌다.

만경강 북측의 7번 boring core를 입수할 수 있어 이를 분석해 본 결과 점토층에는 부식물을 포함하고 있고 후술하는 바와 같이 염생습지성 초본식물인 나문재(Suaeda glauca Bunge), 갈대(phragmites)의 화분이 전층을 통하여 많이 산출되고, 점토층은 산화철의 환원상태인 청회색을 보이고 있다. 그러나 그 상부의 3m 층후의 사층은 갈색을 나타내고 있다.

이상의 퇴적 구조로부터 사질 lens는 만경강이 상류로부터 운반해 온 사질 하천퇴적물이 조류에 의해서 펼쳐져 가면서 퇴적된 것이고, 그 배후의 점토층은 하천 부유물질 및 하구로부터 장조류가 운반해 온 이토가 조간대에 퇴적 환경 하에서 퇴적한 것으로 판단된다.

2) 삼례 부근의 횡단면

삼례읍은 만경강 하구로부터 약 50㎞ 상류부, 만경강 북안에 위치해 있다. 조선총독부 중앙시험소(1937)는 공업용 지하수 조사를 위하여 삼례읍 남쪽의 충적평야를 횡단하는 8본의 boring 조사가 이루어졌으며 이를 기초로 이 지역의 충적층 지질단면도를 작성했다(그림 11-6). 이 부근의 평야면 표고는 8m 전후이다.

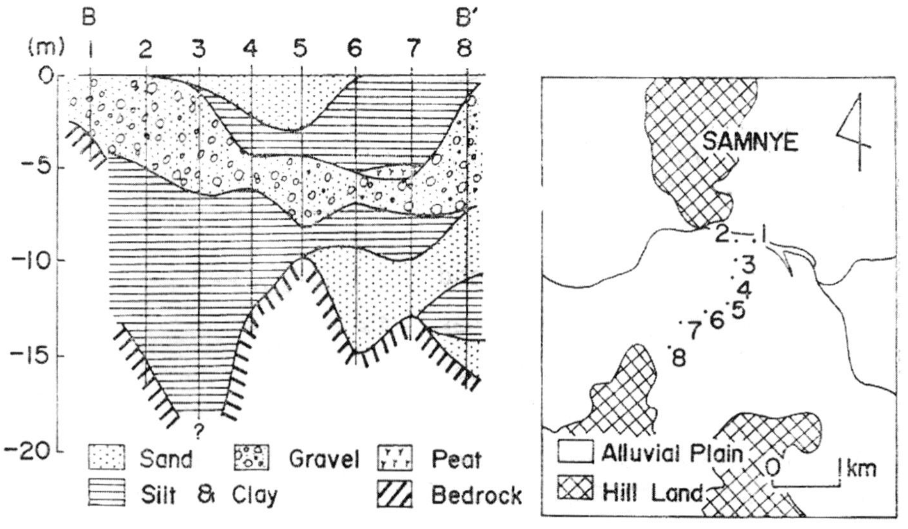

〈그림 11-6〉 삼례 부근의 충적층 지질단면도 및 위치도

기반암은 상당히 기복을 갖고 있고 3번 boring은 표면으로부터 -18.8m(표고 약 -11m)까지 내려가도 기반암에 도달하지 못했다. 이것은 최종빙기 최성기의 침식곡(현재의 매몰곡)이 이 부근에서 곡저 표고가 -10m이하였다는 것과 후빙기에 이 침식곡이 충적층으로 메워졌다는 것을 말해주고 있다. 기반암 상위의 퇴적층은 하부로부터 실트・점토층, 사력층, 실트・점토층, 사층의 순으로 퇴적되어 있다.

우선 역층으로부터 생각해 보면 이 평야에는 지형 분류에서 언급한 것처럼 삼례읍보다 상류부는 선상지이고 현 하상에는 이 부근까지 역이 운반되어 있다. 1, 2번의 주상도에 사력층이 표면까지 연속되어 있는 것으로부터 단면도상의 역층은 만경강이 운반한 선상지성 퇴적물임을 알 수 있다. 4~8번의 주상도에서 이 역층을 다시 덮고 있는 토탄, 실트, 사층은 만경강 자연제방과 그 후면의 습지성 퇴적물로 인정된다. 역층보다 하위의 실트·점토층은 빙기에 형성된 침식곡이 후빙기 해면상승과 더불어 익곡된 환경하에서 퇴적된 tidal flat 퇴적물로 보여진다.

3) 금강 하구언

금강 하구언은 하구로부터 약 10㎞ 상류지점에 현재 건설 중에 있지만, 이 공사를 위하여 9본의 boring 조사가 금강을 횡단해서 이루어졌다. 이 boring 주상도에 의해서 이 부근의 충적층 지질단면도를 작성했다(그림 11-7).

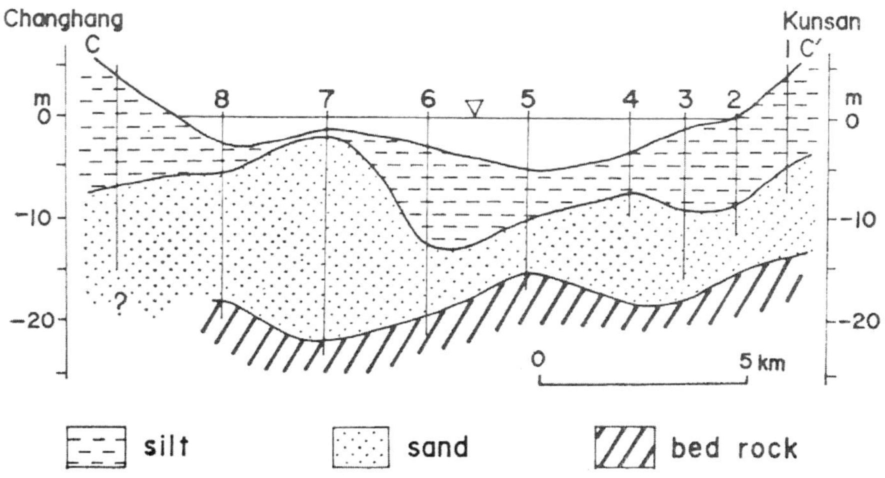

〈그림 11-7〉 금강하구언 부근의 충적층 지질단면도

기반암은 -20m 부근에 나타나고 최심부는 -22.5m이었다. 기반암 상위의 퇴적층은 기저역층이 거의 분포해 있지 않고 하부에 두꺼운 사층(층후 5~20m)과 상부의 실트층(층후 5~10m)로 퇴적되어 있다. 이 단면도에서 주목되는 것은 하천의 규모(주류의 길이 401㎞)에 비해서 기반의 심도가 얕고, 충적층의 층후가 엷은 것이다.

4) 탑천 연안 충적층 종단구조

탑천은 익산군 지역 낮은 구릉지에서 발원하여 만경강 하류부(하구에서 약2㎞ 지점)에서 합류하는 만경강의 한 지류이다.

<그림 11-8>은 hand auger(5m) 및 boring stick(2m)를 이용해서 조사한 결과로 작성된 탑천 연안의 충적층 지질종단면도이다. D지점은 합류점으로부터 13㎞ 상류부 황등리 부근이고, D′지점은 이보다 하류부 영창리 부근이다.

층상은 하부에 청회색의 실트 및 사질실트이고 상부는 갈색의 실트층으로 되어 있지만, 주상그림 1~4번의 지역은 상부와 하부에 유기질 실트층을 협재한 토탄층의 lens가 형성되어 있다. 주상그림 1의 boring core는 화분분석, 규조분석 및 14C년대 측정이 이루어졌으며 그 자세한 내용은 후술하기로 한다.

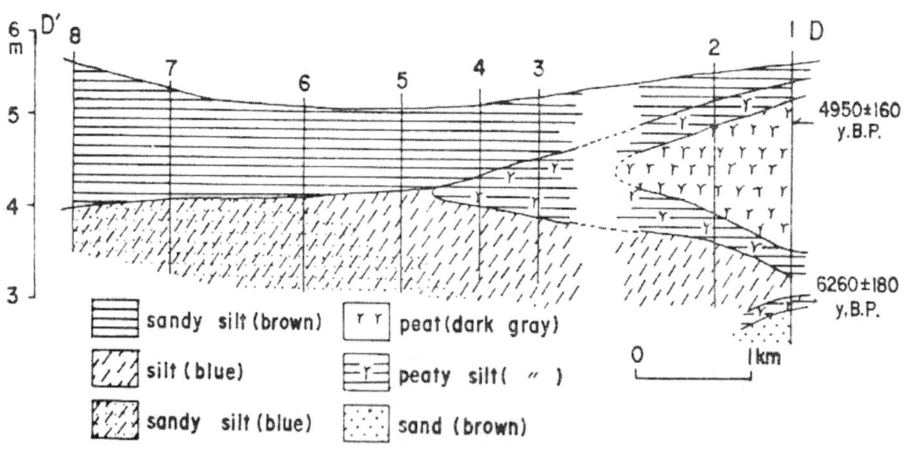

〈그림 11-8〉 탑천 연안 충적층 지질단면도

5. 퇴적 환경 분석

이 평야의 충적층 퇴적시의 환경을 검토해 보기 위하여 boring core에 대한 화분분석, 규조분석을 실시했다.

1) 화분분석

(1) 만경 boring core

만경 boring core는 전술한 호남선 복선공사를 위한 boring 중 이리시와 만경강 철교의 중간 위치에서 이루어진 7번 boring core를(그림 11-5 참조) 잠정적으로 칭한 것이다.

이 core의 화분분석 결과를 규조분석 결과와 함께 나타낸 것이 <그림 11-9>이다. 이 단면은 표면으로부터 -3m(표고 2m)까지는 사질실트로 되어 있으나, 그 아래 -3m로부터 -16.5m(표고 -11.5m)까지는 청회색 실트층으로 되어 있고, 그 아래는 2m 층후의 역층이 기반암을 덮고 있다.

화분화석은 청회색 실트층에 포함되어 있었으며 화분의 출현빈도가 매우 낮아서 1개의 präpharat당 80～220개의 화분을 읽을 수 있었다. <그림 11-9>의 화분 diagram은 건조된 시료 2g에 대한 절대화분수이다.

목본화분은 오리나무속(Alnus), 참나무속(Quercus) 화분이 우점종으로 되어 있다. 하부로부터 상부까지 화분 조성 변화에는 별로 특징이 없지만, 화분 출현율에는 특징이 보인다. 즉 기저역층 상부의 시료(sample No. 1)와 표고 -3m 부근의 시료(sample No. 4, 5, 6)에는

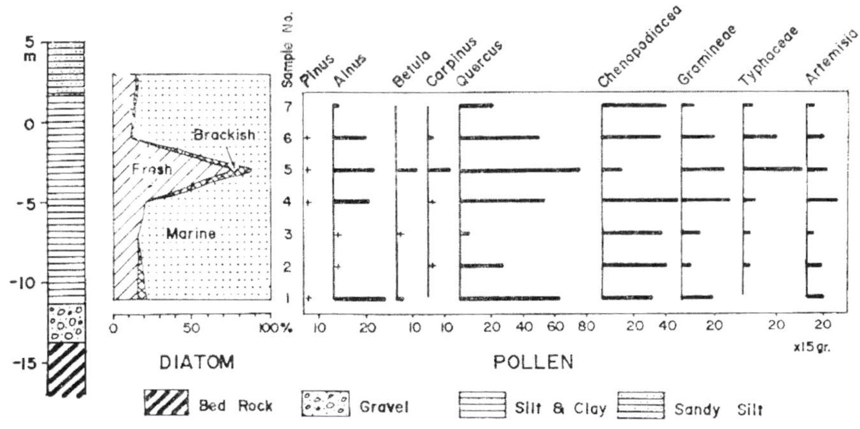

〈그림 11-9〉 만경 boring core의 화분 및 규조 분석도

비교적 목본화분이 많이 출현하지만 그 사이(sample No. 2, 3)와 상부(sample No. 8)에서는 출현율이 낮다.

초본화분은 명아주과(Chenopodiaceae), 벼과(Gramineae), 부들과(Typhaceae), 쑥속(Artemisia)이 많이 출현했다. 하부에서 상부까지 초본화분의 조성 변화에는 다음과 같은 특징이 나타났다. 즉 sample No. 5(표고 -3m)에서 명아주과 초본이 감소하고 그 대신 벼과, 부들과 초본이 이 부근에서 증가하고 있지만 그 외의 층에서는 명아주과 초본이 우점하고 다른 초본화분은 현저히 감소한다. 여기서 명아주과 초본의 대부분이 나문재(Suedaglauca Bunge)인 것이 현생 나문재 화분에 의해서 확인되었고, 벼과의 대부분은 갈대(Phragmites)였다. 염성습지의 초본 분포대를 보면 나문재는 가장 외측의 염수환경에 자생지를 갖고 있지만 갈대, 부들은 나문재보다 안쪽에 담수 및 기수 환경 하에 자생하고 있다. 따라서 표고 -3m 부근의 퇴적층에서 벼과, 부들과 화분이 증가하는 현상은 이 당시 상대적 해면 저하의 증거로 볼 수 있다.

(2) 황등 토탄층

황등 토탄층의 화분분석 결과를 <그림 11-10>에 나타내었다. 이 토탄층 단면은 표면으로부터 20㎝가 사질 실트로 된 표토이고 그 하위에 상부와 하부에 20㎝ 층후의 유기질 실트층을 협재한 약 2m 층후의 토탄층이 퇴적해 있다. 이 토탄층의 하위에는 50㎝ 층후의 청회색 실트층, 다시 그 아래 20㎝ 층후의 유기질 실트층이 있고 최하부에는 조사층(粗砂層)으로 되어 있다. 조사층 상부의 유기질점토(표고 3m)와 토탄층의 상부 시료(표고 5m)는 일본 동북대학 ^{14}C년대 측정연구실에 의뢰해서 절대연대를 측정한 결과

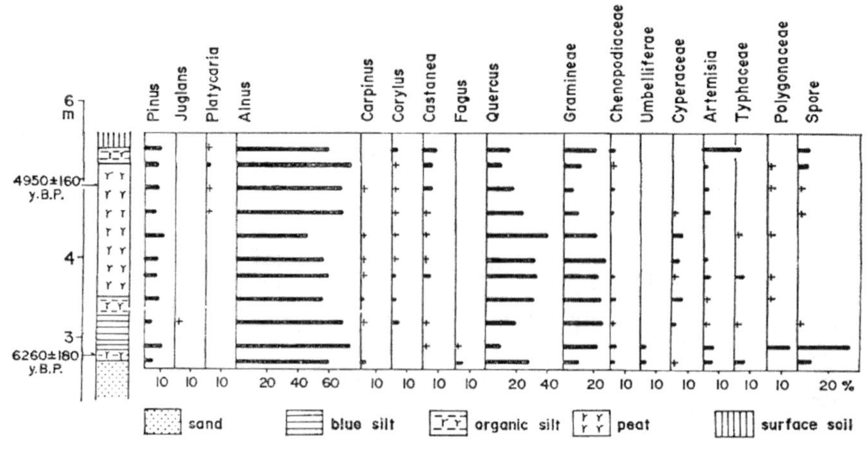

〈그림 11-10〉 황등리 토탄층의 화분분석도

전자가 6,260±180년 B.P.(TH-1113), 후자가 4,950±160년 B.P.(TH-1111)를 나타내어 이 토탄층이 6,000~5,000년 B.P.경에 형성되었다는 것을 알 수 있다.

목분화분은 오리나무속(Alnus)화분이 가장 많이 출현하여 전층에 걸쳐서 46~73%의 출현율을 나타내고 있었다. 다음이 참나무속(Quercus)이 10~40%, 소나무속(Pinus)이 10% 전후로 산출되었다. 특히 참나무속은 표고 3~4m 구간에 출현율이 높았다. 초본 화분은 벼과(Gramineae)가 주이고 다른 화분의 출현율은 낮았다. 벼과 화분이 많이 출현하는 위치는 표고 3~4.5m까지로 이 구간의 벼과 화분의 대부분은 갈대(Phragmites) 화분이었다. 그러나 표고 4.5m보다 상부는 출현율이 감소하고, 또한 갈대보다는 대형의 벼과 화분(아마도 재배벼일 것으로 판단됨)이 주가 되고 있다. 최상부(표고 5.4m)에는 쑥속(Artemisia)이 갑자기 많아지고 있다.

이상의 화분 및 ^{14}C년대의 결과는 이 지역이 6,000~5,000년 B.P.동안 습지 환경이었고 그 후 건육화되었다는 것을 말해주고 있다.

2) 규조분석

(1) 만경 boring core

전술한 호남선 복선 공사를 위한 boring의 7번 주상 core에 대하여 하부로부터 2m 간격으로 시료를 취하여 계 6개의 시료에 대하여 규조 분석을 실시했다. 규조 화석의 출현 빈도는 1 präpharat당 70~220개의 개체가 판독되었다. 그 결과는 <표 11-3>에 나타내었고, 생태별 출현 빈도율을 <그림 11-9>에 도화했다.

표고 -3m층을 제외하면 염수에 서식하는 규조가 대부분(72~82%)을 차지하여 염수 환경을 나타내지만 표고 -3m 시료에서는 담수성이 78%, 기수성이 11% 출현하고 염수성은 11% 밖에 출현하지 않아서 이 부근의 퇴적 환경은 담수 환경 및 기수 환경을 나타낸다. 이와 같은 경향은 이 boring core의 화분 분석에서 염성 습지성 나문재 화분 출현이 담수성 및 기수성 갈대로 바뀌는 경향과 잘 조화를 이룬다. 필자는 이 단면의 -11.5~-5m의 염수 환경을 규조 제Ⅰ분대, -3m 부근의 담수 환경을 제Ⅱ분대, -1~+2m의 염수 환경을 제Ⅲ분대로 구분했다.

(2) 황등 단면의 청회색 실트층

이 단면(그림 11-8)의 주상그림 1의 표고 3.5m 부근에 퇴적되어 있는 청회색 실트층에 대하여 규조분석을 했다. 그 결과 Melosira 속, Eunotia 속, Gomphonea 속 등 담수종이

〈표 11-3〉 호남평야 만경 boring core의 규조 분석표

Genus Species \ ecology \ depth(m)	ecology	+1	−1	−3	−5	−7	−9
Achnanthes exigua	F	1					
Actinocycius sp.	M					1	
A. Ehrenbergii	M		1			1	
A. moniliformis	M					1	
Actinoptychus splendens	M		1				
A. Undulatus	M	26	7		16	7	10
Amphora ovalis	F			31			
Anomoensis spp.		10	1	1	2		
Auliscus sp.	M	1					
Coscinodiscus spp.	M	18	21		11	9	5
C. argus	M					2	
C. asteromphalus	M					1	
C. centralis	M		1			1	
C. curvatulus	M						1
C. endoi	M					2	
C. excentricus	M		1			1	
C. Kutzingi	M				1		
C. marginatus	M					1	
C. nitidus	M				1	1	
C. nodulifer	M	2	4		1	4	4
C. perforatus	M				1		
Coscinodiscus radiatus	M		1		1		
C. Rothii	M	6	2				
C. tabularis	M					1	
Cyclotella spp.	F	5	17	2	2	6	15
C. comta	F	8					2
C. Rutzingiana	F	2		1	12	12	5
C. striata	M	30	46	2	11	15	43
Cynatopleura solea	F			6	2	1	
Cymbella sp.	F			1			
C. gracilis	F			2			
C. turmida var. borealis	F				4		
Diploneis bombus	M		1				1
D. elliptica var. ladogensis	F						2
D. Fusca var. pelagica	M					3	
D. oculata			1	9	36	6	11
D. smithii	M	18	16	1	46	35	24
D. weissflogii		1				3	4
Epithemia sp.	F		1			2	
Eunotia spp.	F	1		4	3		
Fragilaria sp.	F		2				
F. oceamica	M		1				
Gomphonema sp.	F		1				
G. constrictum var. capitata	F			1			
Melosira sulcata	M	23		1	29	12	2
Navicula spp.	FB	3					5
N. cuspidata var. ambigua	F			4			
N. elegans	M			3	7		
N. placentula	F		10	3		1	
N. radiosa	F			2			
N. ranosissma form amplia	M			10			
N. rhynchocephala var. germaoii	F			35			
Nitzschia spp.	BM			8			
M. amohibia	FB			1			
N. filiformis	FB			10			
N. spectabilis	B		6				
Raphoneis amphiceros	M	6				3	7
R. surirella	M	1	1		1		
Rhopalodia spp.	F			36	14		2
Roperia tesselata			1		1	1	1
Pinunlaria spp.	F			2	4		
Stauroneis spp.	F			8			
S. signata	F			4			
Stephanodiscus astraea	F				2		
S. carconensis var. pusilla	F					1	
Surirella sp.	F		1				
S. cuneata	M	15	19				
S. affinis var. minuta	FB M			1			
S. tabulata var. parva	BM	2					
Thalassiosira spp.	M	4	6		3		6
T. baltica	M						2
T. decipiens	M					1	
T. lineata	M	2	3				
T. oestrupii	M	3	1	1			
T. sp. 1	M	24	27	3	24	15	25
T. sp. 2	M				2		
T. symmetrica	M	1	4		2	1	
Triceratium spp.	M	2	3				

60%를 점하고 있지만 Thalassiosira 속, Coscinodiscus 속, Diploeis 속 등의 해수종도 많이 나왔다. 따라서 이 청회색 실트층은 조간대환경에서 퇴적된 퇴적물로 판단된다. 전술한 D-D ′단면(그림 11-8)에서 이 청회색 실트층의 상한 표고는 4.3m이다.

6. 해면 변동 검토

서해안에서 완신세의 해수준을 복원한 것은 박용안(1984, 1985)의 보고뿐이며, 이 해면 곡선도 연대 자료가 충분하지 못하고, 전술한 바와 같이 문제점이 많다. 그러나 6,000년 B.P.이전의 해면 변동에 관해서 검토할 필자 자신의 연대 자료가 없으므로 논의를 보류하고, 6,000년 B.P. 이후의 해면 안정기의 미변동에 관해서 기술해 보기로 한다.

박용안은 그의 해면 변동 곡선에서 6,000년 B.P.경에 해면이 -5m 부근에 있었던 것으로 보고하고 있으나, 필자가 조사한 탑천을 연한 충적층 단면(그림 11-8 참조)에서 해서 규조각을 포함하고 있는 청회색 실트층의 분포 고도가 +4.3m까지 나타나는 것과 그 바로 아래의 토탄층 연대가 6,260±180년 B.P.(TH-1113)이고 그 위를 덮고 있는 2m 층후의 토탄층 상부의 연대가 4,950±160년 B.P.(TH-1111)인 것으로 보아, 이 청회색 실트층은 6,000년 B.P.경에 조간대 환경하에서 형성된 것으로 판단되며, 이 지역의 대조차를 6m로 보더라도 평균 해면이 +1m 전후까지 상승된 것으로 판단된다. 또한 6,000년 B.P.경의 해수준이 현 해수준보다 높았다는 것은 왕정태 외(1982), 박승필(1981)도 주장하고 있다.

황등리 토탄층이 6,000년 B.P.경부터 형성되다가 약 5,000년 B.P경부터 형성이 중단된 것은 해수면의 저하로 인한 지하수면의 저하와 상관이 있는 것으로 판단되며, 만경 7번 boring core에서 표고 -3m 지점에 담수성 화분과 규조가 높은 비율로 출현하는 것 등은 일시적 해면 변화의 경향을 시사하는 것으로 판단된다. 이와 같은 환경 변화가 동해안의 경우(曺, 1980)에 4,000년 B.P.경에 해면이 -3m 정도까지 일시적 하강한 결과와 잘 대비된다. 박용안(1984)의 해면 곡선도 4,000년 B.P.경에 저해수준을 지시하는 연대 자료(SI-3916, 3917)가 있으나 박은 이를 무시하고 있다.

따라서 필자는 우리나라 동서 해안 간의 지반 운동의 차가 완신세의 해수준 변동 곡선에 반영될 만큼 크지 않을 것으로 추정되며, 서해안의 해면 변동 곡선도 동해안의 것과 유사할 것으로 판단된다.

7. 지형 발달 고찰

이상에서 분석 검토된 완신세의 해면 변동 및 퇴적 환경 변화를 기초로 호남평야의 지형 발달을 검토해 보기로 한다.

왕정태 외(1982)는 황해에서 최종빙기 최저 해수준을 -155m, 그 연대를 약 15,000년 전이라고 추정했다. 세계적인 일반 경향은 최후빙기 최성기를 18,000±3,000년 B.P.로 보고 이때의 해수준을 -100m 전후로 보고 있다.

최종빙기 최성기의 해면이 100m 전후로 저하했을 때 만경강과 동진강은 저하된 침식기준면에 대응하여 곡저를 개석 침식곡을 형성하였다. 현재는 충적층에 의하여 매몰되어 있지만 당시의 이 침식곡의 곡저 표고는 현 만경강 철교 부근에서 -18m 전후, 삼례읍 부근에서 -10m 전후이었다는 것이 충적층 지질 단면에서 인정되었다. 이와 같은 호남평야의 매몰곡의 심도는 동해안 포항평야에서 약 -40m(曺, 1978) 및 남해안의 낙동강 삼각주에서 -50~-70m(曺, 1985)에 달하는 매몰곡의 심도보다 얕은 것이 특색이다. 이는 황해가 원천(遠淺)한 바다이므로 빙기의 해안선이 현해안선에서부터 멀리까지(금강의 경우 약 160㎞) 후퇴했고 따라서 침식기준면 저하의 효과가 긴 연장천 구간에 분산되어 현재 호남평야 부근에서는 적게 작용했기 때문으로 판단된다.

최종빙기 최성기 이후 다시 기온이 상승되고 극지 빙하가 융해되어 해면이 상승하기 시작했으며 6,000년 B.P.경에 현재 수준에 도달했다. 이것은 탑천을 연한 충적단면에서 해서규조각을 포함한 청회색 실트층의 분포 고도와 그 상·하위에 분포한 토탄층의 ^{14}C년대로 인정되었다. 이 결과로 빙기에 형성되었던 만경강 및 동진강 침식곡은 해수에 익곡되어 해역은 현 하구부에서 훨씬 더 내륙 쪽으로 만입되었을 것이 예상되며, 만경강에서는 적어도 삼례읍 부근까지, 탑천에서는 황등리 부근까지 해수가 침입한 것이 충적단면의 층상 구조로 설명되어진다.

6,000년 B.P.를 전후해서부터 현재까지의 해면은 다소의 미변동을 인정하더라도 비교적 안정되어 있었다. 이 시기에 충적층이 이 익곡을 매적하는 과정을 통하여 광범위하게 충적평야가 형성되었다. 만경강 주류를 연하여서는 만경강이 상류로부터 운반해 온 풍부한 하천 퇴적물에 의하여 매적이 빨리 이루어졌지만 만경강에 합류하는 소지류를 연하여서는 퇴적물의 공급이 충분하지 못하여 습지의 환경을 넓게 형성하고 토탄이 형성되었다. 탑천의 황등리 일대의 토탄층이 그 한 예이다.

만경강 주류를 연하여 충적평야 형성은 하천이 동부 산지로부터 서부 저지로 나오는 곳(봉동읍 부근)에서부터는 역질의 퇴적물에 의한 선상지적 퇴적을 하면서 침식곡을 매적하였고, 하구부에서는 조간대 환경 하에서 하천이 운반한 세립 퇴적물과 조류가 운반한 세립 퇴적물에 의하여 mud flat → salt marsh → 육화의 과정을 통하여 충적평야가 형성되었다. 현재 이 두 지형의 경계부는 삼례읍 부근이다.

현재 만경강 및 동진강의 하구 충적평야는 그 하천의 규모에 비하여 넓은 충적평야를 형성하고 있다. 이는 이들 두 하천이 상류로부터 운반해 온 퇴적물에만 의해서 형성된 것이 아니라 금강이 운반한 퇴적물이 연안류에 의해서 남쪽으로 이동하고 이것이 다시 조류(창조류)에 의해서 해안 쪽으로 이동, 만경강과 동진강 하구에 mud flat를 형성해준 데 기인한 것으로 추정된다.

8. 요약

호남평야의 중심부인 만경강 연안 충적평야에 대한 완신세의 퇴적 환경 변화 및 충적평야의 지형 발달을 분석한 결과는 다음과 같이 요약된다.

1. 호남평야의 매몰곡 심도 및 충적층 층후는 동해 및 남해 연안의 하구 충적평야에 비하여 얕은 것이 특색이다. 이는 황해가 원천한 바다이므로 빙기에 침식기준면 저하의 효과가 긴 연장천 구간에 걸쳐서 분산된데 기인한 것으로 분석된다.

2. 약 6,000년 B.P.경에 해면의 위치가 +1m 부근에 있었다는 것이 해서규조각을 포함한 청회색 실트층의 분포고도로 밝혀졌다. 이 시기에 해면은 내륙 깊이까지 침입하여 만경강을 연하여 적어도 삼례읍 부근까지, 탑천을 연하여서는 황등리 부근까지 만입이 이루어졌을 것이 추정된다.

3. boring core의 화분, 규조분석 결과로부터 4,000년 B.P. 전후의 상대적 해면 저하(-3m 전후로 추정)의 경향이 밝혀졌다.

4. 6,000~5,000년 B.P.경까지 만경강에 합류하는 지류 주변에 습지가 넓게 이루어져 토탄이 형성되었다. 그러나 4,000년 B.P.경 해면의 상대적 저하로 토탄을 형성했던 습지 환경은 크게 감소되었을 것이 추정된다.

5. 충적평야는 빙기에 만들어진 침식곡이 후빙기 해진에 의하여 익곡되고 이 익곡이 충적층에 의하여 매적되는 과정을 통하여 형성되었다. 이때 매적의 양식은 익곡의 만두부에서는 선상지적 퇴적 양식에 의하여, 만구 쪽에서는 mud flat-salt marsh - 육화의 과정을 통하여 매적되었다.

6. 금강의 퇴적물이 연안류에 의하여 남쪽으로 이동, 그 후 조류에 의하여 해안 쪽에 재퇴적하는 과정을 통하여 만경강 및 동진강 하구 충적평야 형성에 많은 작용을 한 것이 추정되었다.

참고문헌

권혁재. 1975.「호남평야의 충적지형에 관한 지리학적 연구」. 지리학. 대한지리학회. Vol.12. 1~20쪽.

박승필. 1981.「한반도 후빙기의 해면변동에 관한 연구」. 서울대학 대학원 석사학위 논문. 46쪽.

조선총독부 중앙시험소. 1937.「군산·이리지역 시추 조사보고(공업용수 조사. 제3보)」. 11쪽.

曺華龍. 1978.「韓國浦項周邊海岸平野の地形發達」. 東北地理. 제30권. 제3호. 東北地理學會. 152~160쪽.

_____. 1979.「韓國東海岸における後氷期の花粉分析學的研究」. 東北地理. 第31卷. 第1號. 東北地理學會. 23~35쪽.

_____. 1980.「韓國東海岸における完新世の海水準變動」. 地理學評論. 第35卷. 第5號. 日本地理學會. 317~328쪽.

_____. 1985.「韓國 洛東江 下流 沖積平野の地形 發達. 東北地理」. 東北地理學會. Vol.37. 29~42쪽.

_____. 1985.「沖積層 下低의 侵蝕谷 形態 分析」. 洪淳完敎授 華甲紀念 論文集. 49~61쪽.

池田俊雄. 1964.「東海道における沖積層の研究」. 東北大地質古生物硏邦報. Vol.60. 1~85쪽.

王靖泰汪品先(米倉伸之. 米倉弓子譯). 1982.「中國 東部の晩氷期 更新世以來の海面 上昇と氣候 變化の關係」. 第四紀 硏究. 日本第四紀學會. Vol. 12-2. pp.101~114.

Fairbridge. R. W. 1961. "Eustatic change in sea-level". *Physics and Chemistry of the Earth*. Vol.4. pp.99~185.

Park Y.A. 1984. "Holodene sea-level history in the Yellow Sea. Korea". *Jour. of Korea Geol. Surv.*. Vol.20-3. pp.189~194.

CHAPTER

12

가조분지의 지형 발달*

1. 서언

가조분지는 행정구역상으로 경상남도 거창군 가조면에 해당되며, 거창읍의 바로 동쪽에 접해 있다.

지형적으로는 우리나라에서 많이 볼 수 있는 화강암 침식 분지로 동서 폭 약11km, 남북 폭 약 9km의 분지이다. 주위는 표고 1,000m 전후의 숙성산(899m), 오도산(1,134m), 두무산(1,038m), 비학산(1,126m), 이상봉(1,046m), 보해산(912m) 등의 고봉이 둘러싸고 있고, 중앙부는 표고 250-300m의 평지가 약 15㎢ 정도 형성되어있다. 이 분지의 물은 황강의 지류 가조천에 의해서 배수되고 있다. 가조천의 본류는 분지저의 서쪽을 치우쳐 거의 남북으로 흐르고, 대초성 부근에서 동쪽에서부터 흘러오는 지산천, 동북쪽에서 흘러오는 무명하천(본 연구에서 편의상 수월천이라 가칭키로 한다)을 합류하며, 분지의 주변산지를 지나는 구간은 협곡을 형성하고 있다(그림 12-1).

주변산지는 경사 30° 이상으로 급경사를 형성하고 있으나 산록부는 15° 이하의 완경사지가 형성되어 있다. 급사면 특히 비학산 주위에는 talus지형이 발달해 있고, 산록완사면에는 형성시기를 달리하는 수 단의 지형면을 인정할 수 있다. 또한 이 분지에는 우리나라 내륙지방에서 그 분포가 아주 드문 토탄층이 나타나 있다.

본 연구는 먼저 이 분지의 각종 지형면을 분류하고 토양, 퇴적물, 화분분석을 통하여

---

* 조화룡 · 장호 · 이종남, 1987, 제4기학회 1-1, 35~45쪽.

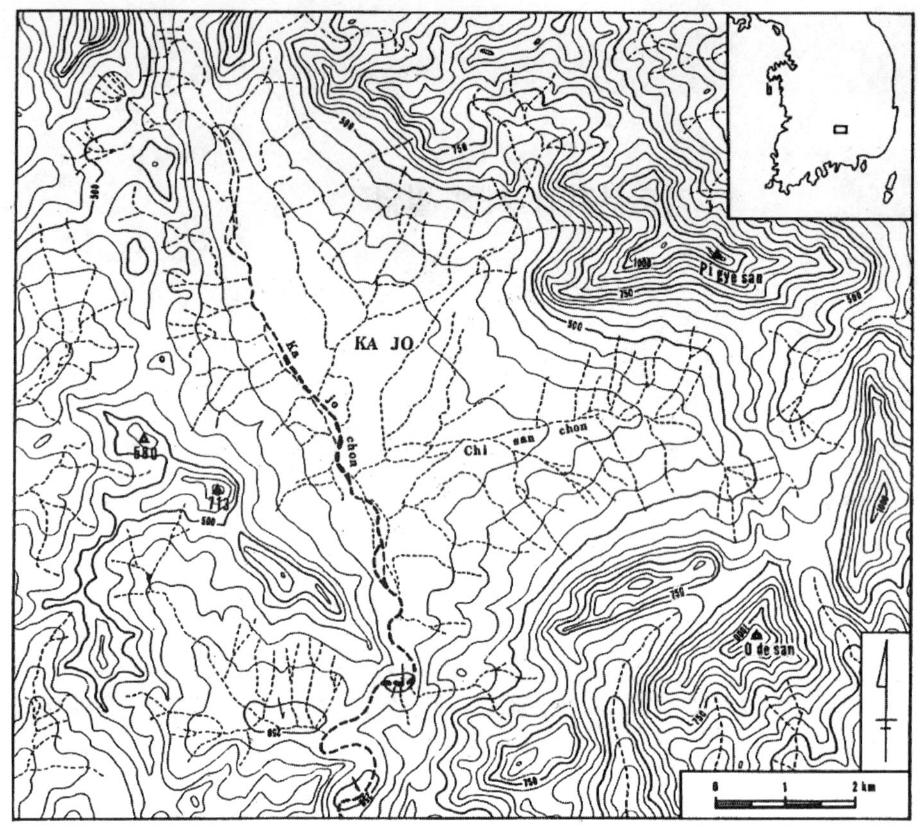

〈그림 12-1〉 조사지역 가조분지의 지형

각 지형면 형성 당시의 환경을 추정하는 한편, 토탄층의 cabon dating을 통하여 기준지형면의 형성시기를 알아내고, 이를 바탕으로 그 밖의 지형면 형성시기를 추정하며, 나아가서 이 분지 및 우리나라 산간분지의 지형발달 과정을 분석하는 데 그 목적을 두었다.

본 연구를 수행함에 있어서 지형분류는 장호가 주로 하고 조화룡 및 일본 北海道대학의 小野有五 씨가 조력했다. 화분분석은 이종남이 주로 하고 조화룡이 조력했으며, 토양분석은 일본 쯔쿠바 대학의 永塚鎭男 씨가 현장까지 답사하면서 지도해 주었다. carbon dating은 일본 東北대학 지리학교실 연대측정실에서 실시했다.

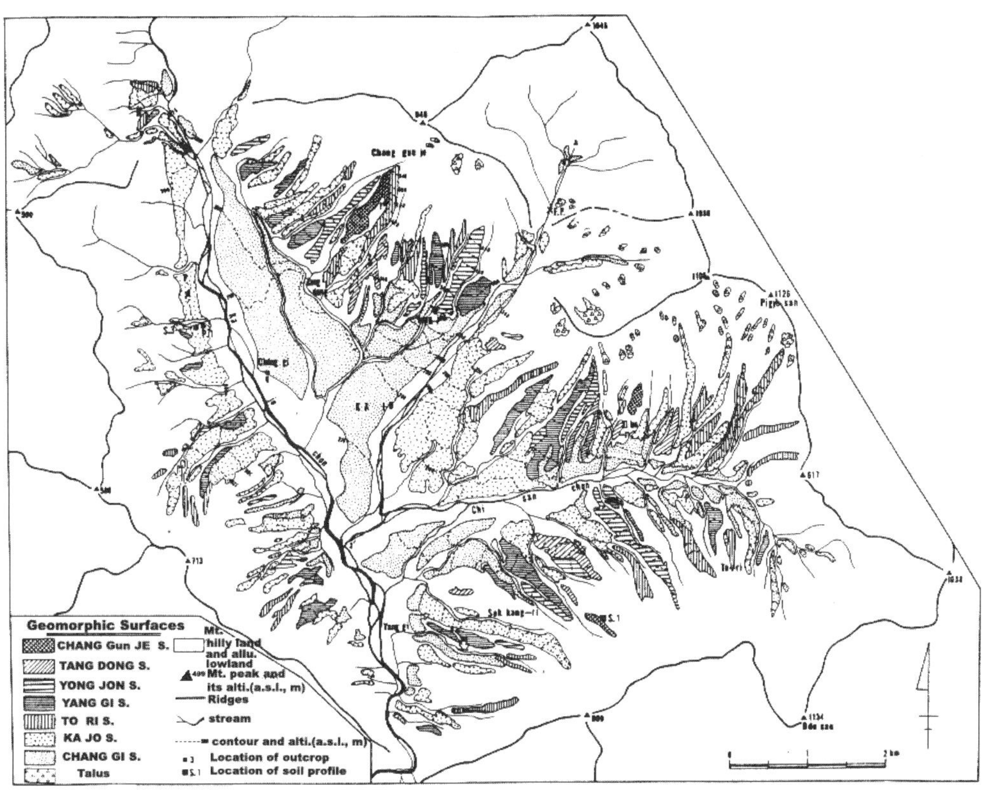

〈그림 12-2〉 가조분지의 지형분류도

2. 지형분류

지형분류는 항공사진(1/20,000)판독에 의하여 실내에서 예찰도를 작성하고, 현지에서 지형의 간이측량, 노두조사, 토양조사 등을 통하여 수정 보완하였다(그림 12-2).

지형면은 고위1 · 2면(H_1, H_2), 중위 1 · 2면(M_1, M_2)T면, 저위1 · 2면(L_1, L_2)의 7개 지형면으로 구분되었으며, 이들 각 지형면이 전형적으로 발달해 있는 지역명을 따서 장군재면(H_1), 당동면(H_2), 용전면(M_1), 양기면(M_2), 도리면(T), 가조면(L_1), 장기면(L_2)이라 했다(그림 12-2). 각 지형면의 특징은 다음과 같다.

1) 장군재면(H_1)

이 지형면은 장군재의 남쪽 산록, 일부리, 석강리에 단편적으로 남아 있다. 면의 평균 종단경사는 약 9°(160/1,000), 현재하상과의 비고는 약 60m이다. 원지형면은 심하게 개석을 받았으며, 단편적으로 남아 있는 원지형면도 파랑상의 완만한 기복을 형성하고 있다.

이 면의 말단부는 사면물질이 피복되어 있고 식생이 밀생해서 노두가 드물게 나타나 있다. 장군재 아래쪽 노두(그림 12-2의 Loc. 1)에 의하면 표토는 황갈색(10YR 6/6)이며, 표토 아래의 B층은 적색토(10R 4/8)이다. 적색토의 토양모재는 완전히 풍화된(지압으로도 부서질 정도) cobble급 각력의 역층이었다(그림 12-3). 석강리의 토양노두(그림 12-2의 S_1)에서도 풍화된 기반암(화강암)위에 완전히 풍화된 역층, 적색토, 황갈색토의 순서로 덮여 있다.

2) 당동면(H_2)

이 면은 장군재면 주위에 역시 단편적으로 분포하여 당동리, 일부리, 석강리에 분포하고 있다. 면의 평균 종단경사는 약 5°(82/1,000), 면의 말단부에서 현하상과 비고는 약 40m이다. 노두는 개석곡 주변에 많이 찾아 볼 수 있었다. 당동리 부근의 노두(그림 12-2의 Loc. 2)에서 표토는 황갈색이며 그 아래쪽 B층은 적색토(2.5YR 4/8)로 약 80㎝ 정도의 층후이고, 그 아래에 약 10m 층후의 풍화된 역층이 풍화된 화강암의 기반암 위에 퇴적되어 있었다. 역층의 역은 cobble급의 각력이고 역의 풍화정도는 H_1면보다는 좀 덜되었으나 해머로 약간 쳐도 부서질 정도였다.

3) 용전면(M_1)

이 지형면은 용전리 부근에서 전형적으로 나타나고 그 밖에 본 분지 산록 곳곳에 나타나지만 면의 면적이 넓지 못하고 역시 단편적으로 남아 있다. 용전리에서 이 면의 평균 종단경사는 약 7°(122/1,000)이고, 면의 말단부와 현하상의 비고는 25m이다. 용전리 부근의 노두(그림 12-2의 Loc. 3)에서 표토는 갈색(7.5YR 5/8)이고, 아래 B층은 적색토(5YR 5/8)이며 점토피복이 형성되어 있었다. 그 아래에 6m 층후의 역층이 퇴적되어 있는데 하부는 cobble급의 아원력으로 다소의 imbrication이 형성되어 있었다. 그러나 상부는 최대입경 60㎝의 boulder를 다소 포함한 cobble급의 각력층이었다. 역은 부분적으로 풍화되어 두꺼운 풍화각(weathering rind)을 수반하나 중심부는 미풍화된 심이 남아 있었다.

4) 양기면(M_2)

양기리, 일부리, 용전리에서 비교적 넓게 나타나고 그 밖에도 단편적으로 곳곳에 분포한다. 일부리에서 이 지형면 평균 종단경사는 약 7°(127/1,000)이고 면의 말단부에서 현하상과 비고는 약 20m로 나타났다. 양기리 부근 노두(그림 12-2의 Loc. 4)에서 표토는 황갈색(10YR 6/8)이고 그 아래 B층은 적색토(5YR 5/6)이다. B층 아래 분급이 나쁜 cobble, pebble급의 아원력이 약 9m 층후로 퇴적되어 있었다.

5) 도리면(T)

이 면은 도리, 대학동, 당동에 주로 분포하고 면의 종단경사가 12°(214/1,000)에 이르러 경사가 타면에 비하여 급하다. 표고가 높은 곳에서부터 시작하여 낮은 곳까지 이르는 좁고 긴 지형면이며, 타지형면이 하류로 갈수록 그 면의 폭이 넓어지는 경향과는 달리 거의 일정한 폭으로 하류까지 이르기도 하고 곳에 따라서는 하류로 갈수록 그 폭이 좁아지는 모양을 나타낸다. 이 지형면의 말단부는 그 하위의 가조면과 접하고 2-3m 애면으로 경계되어 있다. 노두는 거의 발견되지 않았으며, 표면에 직경 1m 전후의 거력이 흩어져 있는 것이 일반적이다.

6) 가조면(L_1)

이 지형면은 보편적으로 분포하고 있고 지형 원면이 잘 보존되어 있다. 가조천 및 대지류인 지산천, 수월천이 형성한 지형면은 종단경사가 1°(22/1,000) 전후로 완만하고 넓은 지형면을 형성하고 있는데 반하여 소지류를 따라서 형성된 면은 경사가 보다 급하게 나타나고 선상추와 같은 좁은 지형면을 형성한다. 이 지형면의 현하상과의 비고는 15m 전후이다.

풍화된 화강암의 기반암 상에 역층이 퇴적되어 있고 표면은 황갈색의 표토로 덮혀 있으나 적색토는 나타나지 않았다. 이 지형면에는 표토와 역층 사이에 토탄층이 협재해 있는 것이 특기할 사항이다. 토탄의 노두를 발견한 곳은 장기리의 2곳, 도리의 1곳(그림 12-2에 P로 표시된 곳)으로 소지류가 가조천 및 지산천에 합류되는 지점에 분포한다. 장기리 노두(그림 12-2의 5 및 P_1 로 표시된 곳)에서 표토는 갈색(10YR 4/5~7.5YR 4/6)으로 약 40㎝의 층후를 이루고 그 아래에 3.8m 층후의 비교적 두꺼운 토탄층이 형성되어 있었다. 그러나 이 토탄층은 순수한 토탄층으로 형성되어 있지 않고 2곳에 토탄질 사층이 협재하기도 한다. 이 토탄층의 redio-carbon dating 및 화분분석 결과는 다음 절에서 언급하기로 한다. 토탄층 아래는 3.5m 층후의 역층이 퇴적되어 있고 그 아래는 풍화된 화강암의 기반암으로 되어 있다. 역층의 역은 cobble급의 원력이 대부분이었다.

7) 장기면(L_2)

이 면은 분지저에 넓게 형성되어 있으며 표면경사가 매우 완만하다(8/1,000～34/1,000). 그러나 산록부 개석곡저에 형성되어 있는 것은 종단경사가 5° 전후였다. 이 면은 현하상과 비고 5～7m이다.

장기리 부근 노두(그림 12-2의 Loc. 6)에서 표토는 갈색(7.5YR 5/8)으로 엷게 형성되어 있고 그 아래 층후 3m의 사력층이 퇴적되어 있었다. 역은 pebble급이 주이며 원력이고 풍화가 거의 되지 않은 신선한 역이었다 .

장기면보다 저위에 현하상과 비고 2m 전후의 지형면이 분포하고 있으나 이것은 현하천에 의해서 만들어지고 있는 충적평야로 보인다. 주변산지 특히 비학산 사면에는 암석애추(rock talus)가 발달해 있고 이 애추사면은 가조면과 연속되는 것이 많다.

3. 화분분석 및 carbon dating

전절에서 분류한 각 지형면 중에서 저위Ⅰ면인 가조면에는 토탄이 퇴적되어 있었다. 이 토탄층에 대하여 화분분석과 carbon dating을 실시하여 이 지형면의 형성시기와 그 당시의 기후환경을 검토해 보기로 한다.

본 토탄층은 역층위에 형성되어 있다. 토탄이 형성되기 위해서는 항상 물에 잠겨 있거나 젖어 있는 조건이라야 가능하다. 그래서 역층이 지하수면보다 높은 위치에 있을 때, 다시 말해서, 단구화되어 있을 때는 수분이 모두 배수되어 버리기 때문에 이와 같은 환경이 될 수 없다. 그러나 역층이 지하수면 하에 있을 때는 전층이 물에 잠겨 있어서 역층 위에도 토탄이 형성될 수 있다. 따라서 본 토탄층의 형성시기는 가조면이 개석을 받아 단구화되기 전에 형성되었으며, 또 이 토탄층 중에 사층이 협재하는 것으로 보아 이 지형면의 퇴적 말기에 형성된 것으로 볼 수 있다. 토탄이 퇴적되어 있는 곳이 여러 곳이며, P_1지점에서는 그 층후도 두꺼우므로(약 4m) 이 토탄층의 형성은

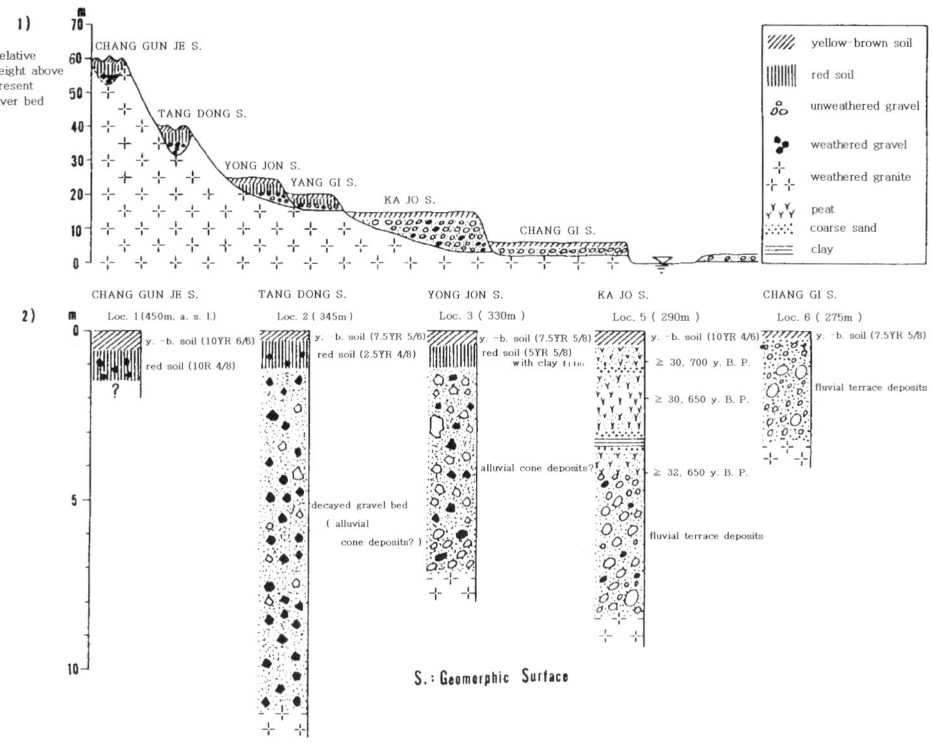

〈그림 12-3〉 각 지형면의 배열(1)과 노두주상도(2)

국지적으로 발생하는 일시적인 것이 아니고 저위 I 면이 형성될 당시 넓은 지역에 걸쳐 토탄이 형성되기 좋은 조건이었다는 것을 말해주고 있다.

1) 화분분석

약 4m의 토탄층 수직단면(그림 12-2의 P_1지점)에서 사층을 제외하고 비슷한 간격으로 22 sample을 채취하여 건조시킨 후 각 sample을 약 2g 정도 취하여 분석했다. 화학적 처리는 Ertman(1934)의 KOH-Acetolysis방법으로 처리하고, $Zncl_2$법에 의해 비중분리, glycerin jelly로 봉입하여 preparat로 작성했다.

매 sample당 목본화분이 100개 이상 되도록 검경했으며 만일 한 preparat로서 100개가 되지 않을 경우에는 100개가 될 때까지 2매, 3매 계속 검경했다. 총 목본화분을 기본수로 백분율을 환산하고 목본, 초본·포자를 분리해서 화분diagram을 작성했다(그림 12-4, 12-5).

화분의 출현빈도는 사질토탄층에는 preparat 매당 500개 미만으로 낮은 출현빈도를

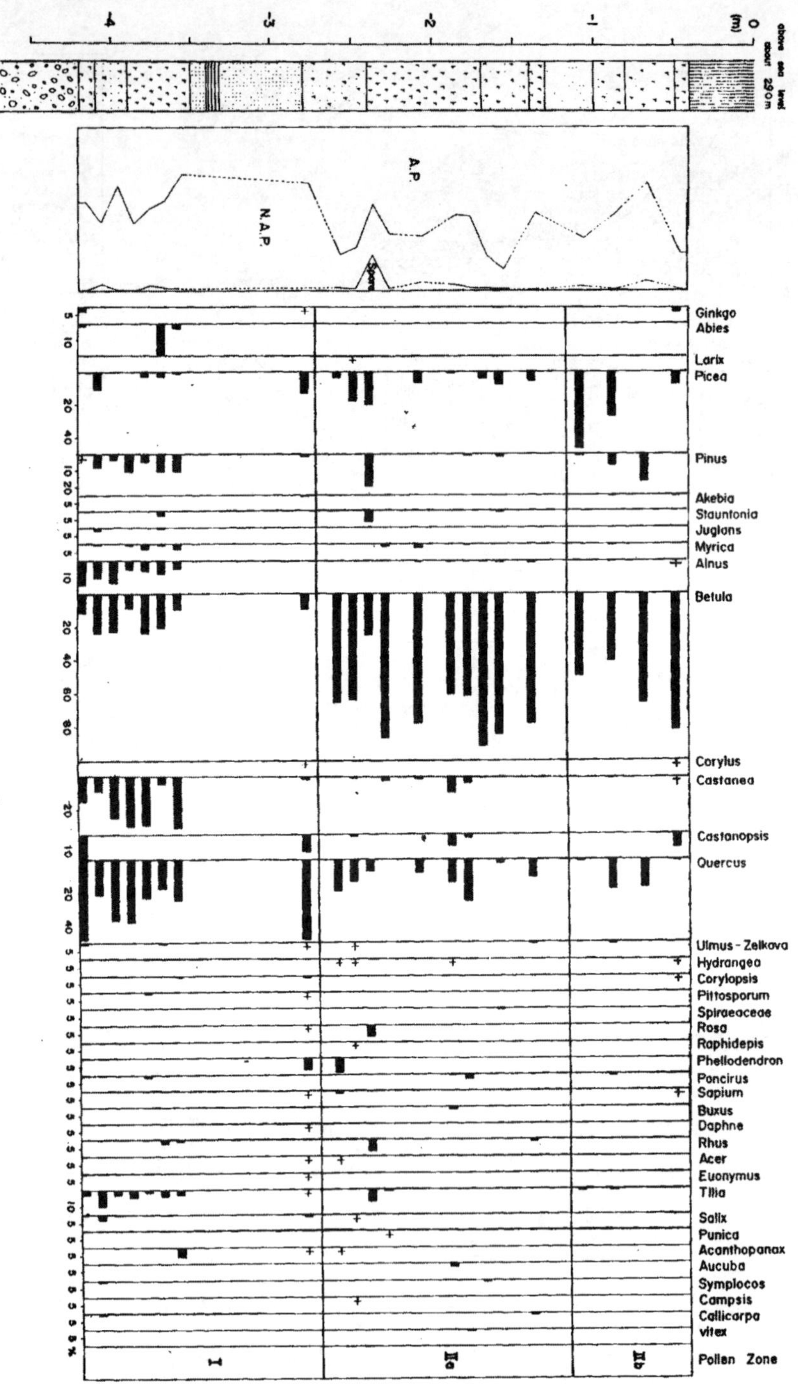

〈그림 12-4〉 가조분지 토탄층(P_1)의 화분 diagram(목본)

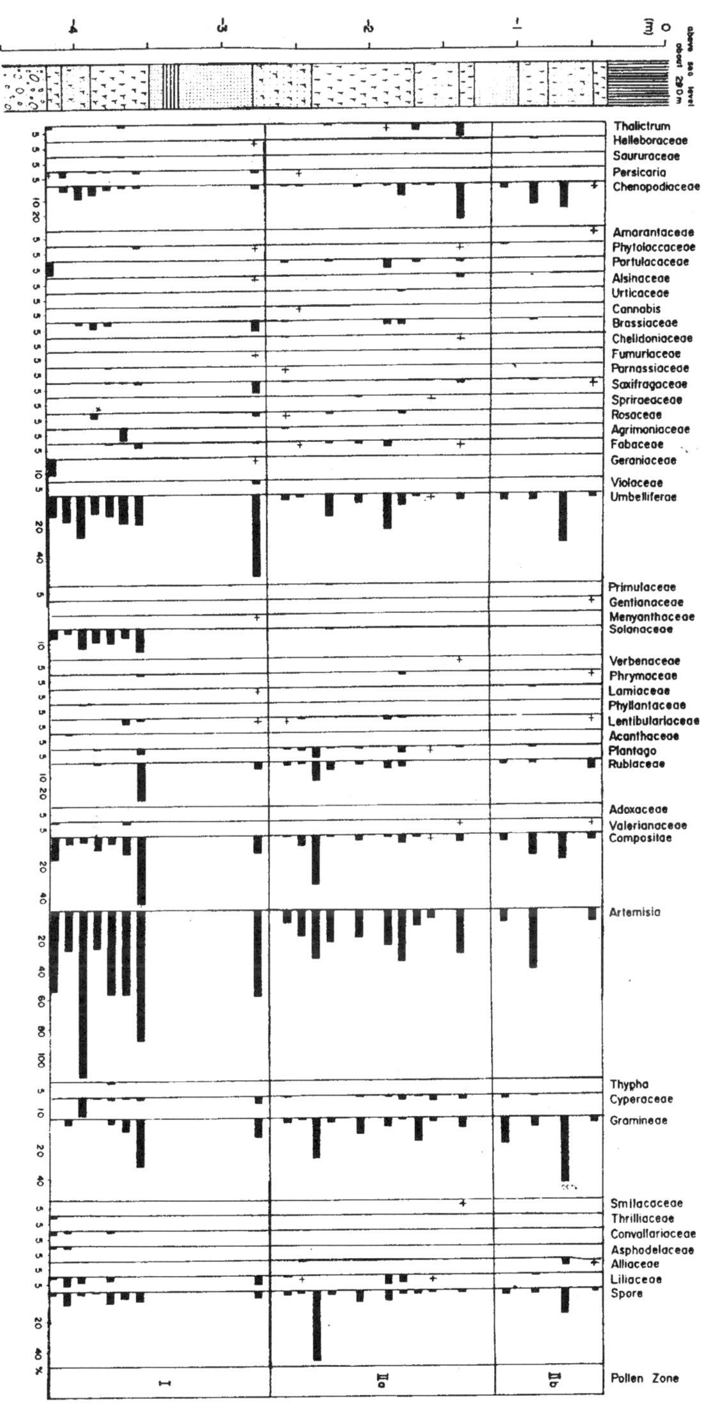

〈그림 12-5〉 가조분지 토탄층(P_1)의 화분 diagram(초본)

보이나 순수한 토탄층에는 높은 출현 빈도를 보여 -1.8m, -4.2m sample에서는 preparat 매당 1,000개 이상 출현했고, 다음으로 -0.4m, -2.1m, -2.2m, -3.3m에서는 500개 이상 출현했다. 그림 12-4, 12-5에서 볼 수 있는 것처럼 초본 48종, 목본 40종이, 그리고 포자가 식별되었다.

목본화분 중에서 특히 우세한 종은 Picea, Betula, Castanea, Quercus이고 Pinus, Alunus도 다소 출현했다. 본 화분 diagram에서 특징적인 것은 Betula와 Picea의 높은 출현이다. 지금까지 우리나라에서 발표된 화분분석보고는 완신세에 형성된 퇴적층에서 화분을 분석한 것이 주이며 이들 완신세의 화분diagram에서의 Betula와 Picea의 출현율은 매우 낮아서 거의 나타나지 않거나 가끔 나타나도 5%를 넘는 보고는 없다. 그러나 속초 영랑호 호저퇴적물 화분분석(塚田의 1977, 1978)에서 15,000년 B. P.경의 빙하기를 나타내는 하부층에서 Picea가 높은 출현율을 보이고 있다.

Picea는 가문비나무, 종비나무 등이 이에 속하며 상록 침엽수로 냉대림을 대표하는 수종이며, 표고 500m~2,000m 지역에 자생하고, 현재 우리나라 함북, 평북 및 고산지방에 분포하고 있는 수종이다.

Betula는 사스레나무, 박달나무, 자작나무 등이 이에 속하고 그 생태가 종에 따라서 다양하지만, 일반적으로 중부 이북에 분포하는 고산성 낙엽관목이다.

본 가조 토탄층의 화분조성에서 Betula가 20~80%를 차지하고, Picea도 10~40%까지 높은 출현율을 보이고 있는 것과, 전술한 바와 같은 이들 수종의 생태적 특징으로 미루어 볼 때 이 토탄층이 형성될 당시는 완신세보다 더 추운 갱신세 빙하기 중의 기후환경이었을 것으로 판단된다.

본 토탄층에 대하여 하부에서 상부까지 수종변화를 보면 하부(-2.8~-4.2m)는 Quercus, Castanea가 우점하고 있으나, 상부(-2.8m~표면)는 Betula, Picea가 우점한다. 따라서 -2.8m를 경계로 하부를 화분분대 I, 상부를 화분분대 II로 나누었다. 하부는 Quercus, Castanea, Alnus와 같은 온대 낙엽수림이 우점하고 있기는 하지만 완신세의 화분 diagram에서처럼 지배적으로 높은 출현율을 나타내지는 않으며, Betula가 20% 전후, Picea가 10% 전후로 출현한다. 따라서 하부층이 퇴적할 당시는 상부층이 퇴적할 당시보다 비교적으로 따뜻하기는 했지만, 그러나 완신세보다는 추운환경이었음을 알 수 있다. 이 시기에 Artemisia, Umbelliferae 등의 초본화분도 높은 출현율을 보인다.

상부층 즉 화분분대II에서는 Betula가 30~80%의 높은 출현율을 보이고 Picea도 20~40%로 증가 하는 반면에 Quercus는 20% 전후로 감소하고 ,Castanea는 더욱 감소해서 기후환경이 더욱 추워진 것을 나타낸다. 이 화분분대 II는 -1.3m를 경계로 그 하부(II$_a$)는

Btula가 절대 우점종이지만 상부(Ⅱb)는 Picea의 출현율이 상대적으로 증가하여 40%에 달할 때도 있다. Betula 중의 어떤 종은 Picea보다 한지에 자생하는 경우도 있지만 일반적으로 볼 때 Picea가 더 북쪽에 분포하는 냉대림임을 감안할 때 Ⅱb 분대는 Ⅱa분대보다 더 한랭한 환경이었다고 가정해 볼 수 있다.

이상의 화분분석 결과를 요약해 보면 본 토탄층은 완신세보다 더 추운 환경 하에서 형성되었고, 하부에서부터 상부로 갈수록 점차로 한랭화 되어가는 환경변화를 나타내고 있다는 것을 알 수 있었다.

2) Carbon dating

전술한 토탄층(그림 12-2의 P_1지점)의 형성연대를 알아보기 위하여 토탄과 토탄층에 묻혀 있는 목편을 채취하여 일본 동북대학 연대 측정실에서 방사능동위원소법에 의하여 절대연대를 측정했다. 시료에 2차적으로 부착된 불순물을 제거하기 위하여 시료를 염산에 넣어 끓이고 수세하여 남은 섬유질만으로 연대측정 시료로 사용했다.

연대측정의 결과는 다음과 같다. 표면하 1m 지점의 목편이 ≧30,700년B. P.(TH-1092), 표면하 2m 지점의 토탄이 ≧30,650년B. P.(TH-1093), 표면하 4m 지점의 토탄이 ≧32,050년 B. P.(TH-1094)이다. TH-1092와 TH-1093은 50년 정도의 연대의 역전현상이 보인다. 그러나 이것으로서 이 지층이 교란되었다고 단정할 수는 없다. Cabon dating은 ^{14}C의 반감기를 5,570년으로 하고 계산한 것이고 3~4만 년의 연대는 거의 측정의 한계치에 달하기 때문에 이와 같이 오래된 년대는 오차가 비교적 크다. 따라서 이 정도의 년대 차이는 오차의 범위 안에 든다고 할 수 있다.

이상의 3개의 년대를 기초로 판단해 보면 이 토탄층은 30,000년 B. P.경까지 형성되었으며 그 하한은 연대가 32,000년 B.P.로 나왔지만 이보다 더 오래되었을지도 모른다. 한편 가조면(L1)의 형성시기는 이 토탄의 형성기시보다 더 이전이지만 시간적으로 많은 차는 아닐 것으로 판단된다. 따라서 후술하는 바와 같이 Early Wűrm 빙기의 어느 시기로 판단된다.

4. 가조분지의 지형발달

1) 가조분지의 형성

가조분지의 형성은 우리나라에서 그 분포가 많은 화강암 침식분지의 하나이다. Precambrian기의 편마암(소백산 Complex)이 넓게 분포하고 있는 기반암 지역에 Jura기에 본 분지의 서부지역에 화강암(대보화강암)이 관입하고, 그 뒤 백악기에 본 분지의 동부지역에 경상누층군(신동층, 유천층)이 덮였다. 그 후 백악기 말기에 화강암(불국사화강암)이 가조분지의 중앙부에 관입하면서 주위의 기존 암석을 열접촉변질 시켰다. 화강암은 침식에 약하지만, 주변에 열접촉변질을 받은 암석은 침식에 강하다. 그 후 오랫동안 안정된 상태로 침식을 계속 받아 관입된 화강암이 노출됨에 따라 차별침식이 이루어졌다. 즉 중앙의 화강암은 쉽게 개석되고 하천에 의하여 침식된 산물이 제거되어져서 분지저를 형성한데 반하여 주변산지는 침식에 저항하여 높은 산지로 남아있게 되고 결과적으로 분지의 형태를 만들게 된 것으로 보인다. 가조분지가 분지의 형태를 취하게 된 것은 대개 제3기 말경이 아닐까 생각된다.

2) 분지저 각 지형면의 편년

본 분지저에는 고위1·2면, 중위1·2면, T면 저위1·2면이 형성되어 있고 그보다 아래쪽에 현성의 충적평야가 있다. 이들 각 지형면의 형성시기를 추정해 보기로 한다.

저위1면 상의 토탄층 cabon dating과 화분분석결과로부터 이 지형면은 30,000년 B.P.보다 이전의 가까운 시기에 형성되었고, 완신세보다 더 추운 환경하에서 형성된 것이라는 것이 밝혀졌다.

갱신세의 최종빙기(Last Glacial), 즉 Wűrm 빙기는 70,000년 B.P.에서 10,000년 B.P.까지로 일반적으로 인정하고 있다. 또한 이 Wűrm 빙기는 30,000년 B.P.를 전후한 다소 기온이 회복된 소위 Wűrm 아간빙기(Wűrm interstadial)를 경계로 Early Wűrm, Late Wűrm으로 나눈다. 이렇게 볼 때 가조분지의 저위1면은 Early Wűrm기에 산지에서 형성되었던 풍화산물이 하천에 의해서 운반되어 산록에 선상지상의 퇴적을 하여 형성된 것으로 판단된다.

또한 L_1면을 Early Wűrm빙기에 대비할 때 L_1면 바로 하위층인 저위2면(L_2)은 Late Wűrm에 대비되는 지형면으로 인정할 수 있다.

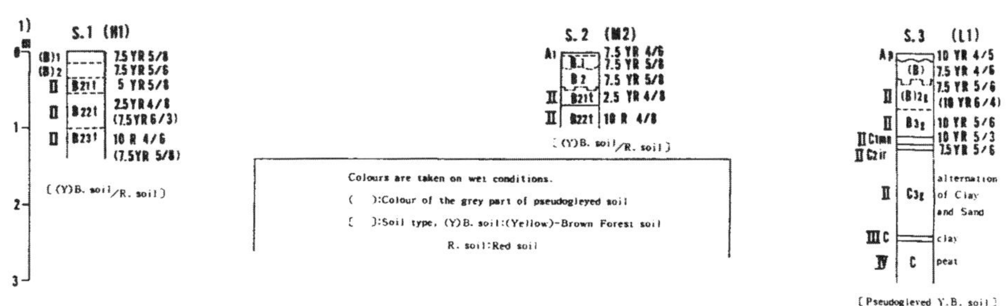

〈그림 12-6〉 가조분지의 토양단면도

다음으로 중위면, 고위면의 형성시기를 고려해 보기로 한다. 이들 면은 Wűrm빙기 이전에 형성된 것이며, 이들 지형면 상에 형성되어 있는 토양의 B층이 모두 적색토화되어 있다. 그러나 저위면에는 적색토가 분포해 있지 않다(그림 12-6). 적색토는 아열대 강우림 기후에서 나타나는 성대토양이고 현재의 우리나라 기후조건에서는 형성되지 않는 토양이다. 그러나 일본 관동지방에서 최종 간빙기(Riss/Wűrm interglacial) 및 그 이전에 형성된 지형면 상에는 적색토가 분포해 있으며, 이보다 뒤에 형성된 지형면상에는 적색토가 분포하고 있지 않는다고 보고되고 있다. 따라서 일본의 관동지방과 거의 비슷한 위도상에 분포하고 있는 본 지역에서도 중위 및 고위면상에 분포하고 있는 적색토가 Riss/ Wűrm간빙기 혹은 그 앞의 간빙기에 형성된 고토양으로 볼 수 있다. 그 적색화의 정도는 고위면의 것이 더 진전되어 있다.

단구역층의 풍화정도에 있어서도 고위면의 력은 내부까지 완전히 풍화되어 손으로 잡으면 부서질 정도이다. 그러나 중위면의 력은 풍화각이 두껍게 형성되어 있으나 내부까지 완전히 풍화되지는 않고 풍화되지 않은 심이 남아 있다. 따라서 빙기에 선상지성 퇴적이 활발히 이루어진다는 점, 적색토의 분포, 단구력의 풍화정도 등을 고려해 볼 때 중위면은 Riss빙기에 고위면은 Mindel빙기에 퇴적되었고, Mindel/Riss간빙기, Riss/ Wűrm간빙기에 각각 개석을 받아 단구화된 것으로 추정된다. 그러나 이들 단구면의 편년은 금후 절대연대 및 더욱 정확한 편년자료에 의하여 더욱 검토되어야 할 것으로 보인다.

3) 편년의 기준면으로 저위1면

앞에서 보아온 7개의 단구면 중에서 저위1면은 지형면이 확실하고, 면적이 넓으며 다른 산간 분지에서도 쉽게 찾아볼 수 있는 지형면이다. 예를 들면 안성분지의 '봉산리면',

구례의 '냉천리면', 위천분지의 '위천면', 강릉의 '금광평선상지', 속초 쌍천변의 '학사평면'이 이에 해당된다(장호,1987). 또한 속초 쌍천변의 '학사평면' 상에 퇴적된 토탄의 ^{14}C년대가 31,900±2,280년 B. P.(TH338)로(曺華龍, 1979) 가조분지의 년대 결과와 잘 일치하고 있다. 이와 같이 이 지형면은 형성연대와 퇴적당시의 환경이 Cabon dating 및 화분분석으로 밝혀졌으므로, 우리나라 산간분지 및 하천 상류부 단구의 편년을 위하여 기준면(key surface)으로 삼을 수 있을 것으로 판단되어 추천하는 바이다.

5. 요약

1. 가조분지는 화강암이 관입한 지역이 침식되는 과정상에서 열접촉변질을 받은 주변지질은 침식에 저항하여 산지로 남고, 중앙의 화강암은 쉽게 침식을 받아 분지저가 된 화강암의 침식분지이다.

2. 분지저에는 형성시기를 달리하는 7개의 지형면을 분류할 수 있었으며, 이들은 오래된 것부터 고위 1, 2면 중위 1, 2면, T면, 저위 1, 2면으로 분류되었다.

3. 저위 1면은 Carbon dating 및 화분분석에 의하여 Early Wűrm 빙기에 형성된 것이 판명되었다.

4. 저위 1면을 편년의 기준면으로 하고 토양의 토색(적색토의 분포여부), 역의 풍화정도를 고려하여 고위면은 Mindel 빙기에, 중위면은 Riss 빙기에, 저위 2면은 Late Wűrm 빙기에 대응하여 형성된 지형면으로 추정되었다.

5. 30,000년 B.P.경에 가조분지의 식생은 Betula가 우점종이었으며, Picea도 높은 출현율을 보였다.

참고문헌

김장남. 김정환. 1970. 1/5만 한국지질도 거창도폭. 국립지질광물연구소.

이종남. 1985. 「거창군 가조분지의 화분분석연구」. 경북대학교 석사논문. 31.

曺華龍. 1979. 「韓國東海岸 東草周邊の의 地形發達」. 西村嘉助先生退官紀念地理學論文集. 71~75쪽.

최승오. 권영일. 1970. 1/5만 한국지질도 구정도폭. 국립지질광물연구소.

永塚鎮男. 1975. 「西男日本の黃褐色土および赤色土の生成と分類에に關する硏究」. 農業技術硏究報告 B. 제26호. 133~257쪽.

中村純. 1967. 『花粉分析』. 古今書院. p.232.

塚田松雄. 金遵敏. 任良帝. 洪淳喆. 安田喜窓. 1977. 「韓國における環境變遷史 I 東草における植生史」. 日本第四紀學會講演要旨集 6. p.21.

Chang. Ho. 1987. “Geomorphic Develoment of Intermontane Basins in Korea.” A dissertation to the University of Tsukuba. p.118.

Ertman. G. 1934. Uber die Verwendung von Essigsäure-anhydrid hei Pollen-untersuchungen Svensk Bot. Tidskr. 28. pp.354~361.

CHAPTER 13

월송리 주변 연안 저지의 지형 발달*

1. 서언

경상북도 울진군 평해읍 월송리 해안에는 몇 열의 비치릿지(beach ridge)를 포함한 넓은 모래지형이 형성되어 있고, 이들 모래지형은 하천 하류부의 충적평야와 더불어 특징적인 지형배열을 보이고 있다. 본 연구는 이 지역의 모래의 공급이 어떻게 이루어졌는가를 밝히고, 이 연안저지(coastal low land)[1]가 후빙기 해진 — 익곡, 해면의 안정 — 매적 과정을 거치면서 어떻게 지형발달을 해왔는가를 고찰하였다.

본 연구를 위해서 항공사진 판독과 현지 조사를 통하여 이 지역의 지형을 분류하고, 각 지형별 퇴적물을 채취하여 입도분석을 하였으며, 몇몇 지점에 대해서는 보링(boring) 조사를 실시하였다. 또한 이 해안의 모래의 이동 경로 및 해빈(beach)의 성장 과정을 파악하기 위하여 구산리 일대를 중심으로, 이 지역에 오래 거주한 주민을 상대로 설문조사를 실시하였으며, 지형 계측도 실시하였다. 그러나 기반암에 도달한 보링자료와 편년자료를 얻지 못하여 지형발달을 충분히 구명했다고 할 수 없으며, 다만 뒤의 연구자를 위한 자료 제공에 의의를 갖고자 한다.

---

* 조화룡·송언근, 1991, 경북대학교 사범대학 교육연구지, 33, 47~58쪽.

1) 町田貞外(1981)의 지형학 사전에 의하면 '연안저지'는 정선과 배후고지 사이에 분포하는 저지의 총칭으로서 이 저지의 대부분은 해성 및 하구성으로 이루어져 있어 삼각주, 비치릿지, 사구, 해식대 등의 지형을 포함한다.

2. 지형 분류

월송리 주변은 대개 200m 이하의 낮은 구릉성 산지가 분포하고, 이 구릉성 산지를 개석하며 남대천과 황보천이 동류하여 동해에 유입한다. 남대천은 주류의 길이 27km의 강으로, 동해사면을 흐르는 하천 중에서는 비교적 큰 강이다. 상류역에서는 감입곡류를 하고, '안넙품' 부근에서는 현재 막 절단곡류를 하고 있는 등[2] 하각작용이 탁월한 좁은 곡을 형성하고 있다. 그러나 하류부 삼달리 부근에서부터 비교적 넓은 충적평야를 형성하여, 평해리 부근에 '안뜰', 월송리 부근에 '바깥뜰' 등의 충적평야를 형성하고 있다. 황보천은 주류의 길이 8km 정도의 짧은 하천으로 퇴적물의 공급이 풍부하지 못하여 넓은 충적평야를 형성하지 못하고 하구부가 비치릿지에 막혀 부분적으로 배후습지성 평야를 형성하고 있을 뿐이다.

<그림 13-1>은 1/25,000 지형도를 기본도로 하여, 1/18,000 축척의 항공사진 판독과 현지조사를 통하여 월송리 부근의 지형을 분류한 것이다.

비치릿지는 3열이 인정되는데, 여기서는 해안 쪽에서부터 내륙 쪽으로 가면서 차례로, 제1열, 제2열, 제3열 비치릿지로 가칭하기로 한다. 제3열 비치릿지 안쪽에도 자연제방인지 비치릿지인지 구별이 잘 안 되는 사질의 좁은 미고지가 형성되어 있다. 만일 이것도 비치릿지라면 제4열의 비치릿지라 할 수 있으나, 지형적으로 뚜렷하지 못하여 여기서는 무시하기로 한다.

제3열 비치릿지는 가장 오래된 것이며 넓은 폭으로 형성되어 있어 가장 넓은 쪽은 폭 600m에 달한다. 이 비치릿지는 황보천 하구를 막고, 월송리 부근의 구릉지에 접하여 형성되어 있으나 남대천 하구부까지는 연속되어 있지 않았다.

관동팔경의 하나인 월송정이 입지하고 있는 비치릿지가 제2열 비치릿지로 제3열과는 폭 약 100m 정도의 스웰(swale)을 사이에 두고 형성되어 있다. 제2열 비치릿지는 연속되지는 못하지만 남대천 하구부 충적평야를 가로질러 분포하고 있다.

제1열의 비치릿지는 가장 최근에 형성된 것으로 제2열과는 좁은 폭의 스웰을 사이에 두고 있다. 높이는 3열 중에서 가장 낮지만 비교적 연속성을 갖고 있다. 황보천 하구 북쪽에는 제2열과 제1열 비치릿지가 합해져서 나타나고 그 사이의 스웰을 인정할 수 없다. 그러나 이 합해진 비치릿지와 배후 구릉지 사이에는 스웰성 저지가 형성되어 있다. 전형적인 어촌인 '구산리'가 이 비치릿지 상에 입지하고 있으며, 그 전면에는 구산리 해수욕장이 개장되어 있다.

---

2) 송언근, 「왕피천 절단곡류의 지형 발달」(경북대학교 석사학위논문, 1988), 1~59쪽.

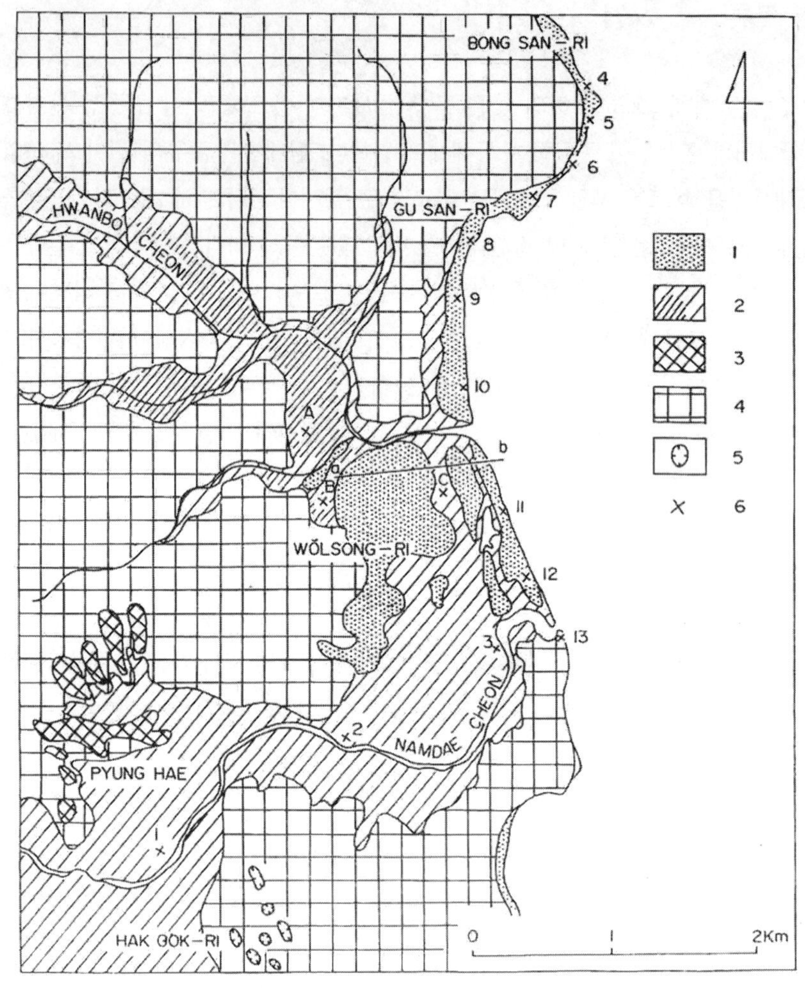

〈그림 13-1〉 월송리 주변 지역의 지형 분류도

1 : 비치및 비치릿지	2 : 충적저지	3 : 단구
4 : 구릉지	5 : 돌리네	6 : 시료채취지점

<그림 13-2>는 월송정 부근에서 이들 3열의 비치릿지를 가로질러 계측한 지형단면도이다. 각 비치릿지의 최고점은 제2열의 월송정 부근이 해발 9.1m로 가장 높고, 제3열은 바다 쪽이 급경사, 내륙 쪽이 완경사인 비대칭형을 이루고, 최고점 고도가 6.3m이며, 제1열은 2.7m에 불과했다. 비치릿지 간의 스웰, 혹은 그 후면의 배후습지의 표고는 1m 혹은 1.5m로 나타났다.

제1열 비치릿지에는 아직 식생이 피복되어 있지 않으며, 제2열은 송림으로 완전히

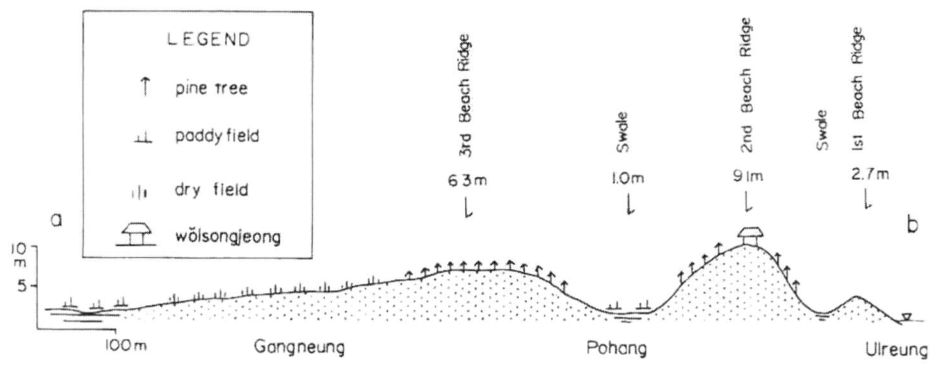

〈그림 13-2〉 a-b지점(그림 13-1 참조)의 지형 단면도

피복되어 있었다. 제3열에는 전면 높은 부분은 송림이 형성되어 있으나 후면은 취락입지, 밭농사로 토지이용이 이루어지고 있었다. 그러나 스웰과 그 밖의 충적저지에는 모두 논농사지역으로 되어있어 토지이용이 지형배열을 잘 반영하고 있었다.

남대천을 연하여서는 양안에 인공제방이 축조되어 있고 부분적으로 직강공사가 이루어져 원래의 자연 상태를 파악하기 어려웠으며, 자연제방으로 인정될 만한 미고지 지형은 거의 발견되지 않았다.

학곡리 동쪽 구릉지에는 조선계 석회암이 분포하며, 표고 150~200m에 걸쳐 평탄면이 형성되어 있고, 이 평탄면상에 다수의 돌리네(doline)와 우발라(uvala)가 형성되어 있다. 산록에는 곳곳에 석회암 용천(karst spring)이 분포하여 학곡리의 급수원이 되고 있으며, 석회동굴(영치굴)도 분포한다.

평해리 주변에는 현하상과 비고 10~20m에 달하는 단구가 분포하고 있다.

3. 퇴적물 조사

1) 퇴적물 입도분석

입도분석을 위한 퇴적물 시료(sample)는 달산리에서 남대천 하구에 이르는 해빈 퇴적물 10개와 평해리에서 남대천에 이르는 하상 퇴적물 3개, 배후저지에 해당되는 황보천 하류평야 B지점(그림 13-1 참조)의 보링코아(boring core)시료 4개에 대하여 실시하였다.

해빈의 퇴적물은 전빈의 평균적 퇴적물을 표면에서 채취하였고, 하상 퇴적물은 포인트

바(point bar) 쪽에서 식생의 피복이나 인위적 교란이 없는 퇴적사면의 중간 부분을 택하여 표면 퇴적물을 채취하였다.

퇴적물의 입도분석은 1ø 간격으로 표준분석채를 이용하여 분석하였으며, 보링 코아 퇴적물처럼 실트나 점토가 많은 시료는 Stoke의 공식에 의거 비이커에 의한 침강법으로 습식분석을 먼저 한 후에 표준분석채로 분류하였다. 평균입경, 분급, 왜도 등 대표치는 Inman의 공식에 의거 계산하였다.[3] 이렇게 분석한 결과가 <표 13-1>이고, 이의 빈도분포 곡선(frequency curve)과 누가곡선(cumulative curve)을 나타낸 것이 <그림 13-3>이다.

시료 1~3번은 하상퇴적물로서 채취지점이 충적평야를 흐르는 하류부 하상인데도 불구하고 이들 하상퇴적물은 력을 상당히 포함하고 있었다. 시료 1은 평해교 밑에서 채취한 시료로서 역이 전체 퇴적물의 약 34%를 차지하며, 빈도분포곡선도 쌍봉형(bi-modal)을 나타내고 있었다. 평균입경은 -1.55ø였고, 분급도 2.35 S.D.로 하상퇴적물로서는 좋지 못한 분급상태였다. 보다 하류 쪽에서 채취된 시료 2와 3도 약 20% 전후의 력을 포함하고 있으나, 평균입경은 -0.85ø, -0.65ø로 시료1보다는 세립화되었으며, 분급도 1.75 S.D., 1.55 S.D.로 보다 양호하게 나타났다. 그러나 이들 하상퇴적물의 입도 특성은 다음에 볼 해빈퇴적물과는 빈도분포곡선의 모양, 분급 등이 아주 다르게 나타나 구별되었다.

시료 4~13은 해빈퇴적물의 시료이다. 조사지역의 북단에 해당되는 달산리 해안의 시료인 4, 5는 평균입경이 -1.75ø, -1.83ø의 세력(granule)으로 평균입경만으로 보아서는 앞에서 본 하상퇴적물보다 약간 더 조립질이지만, 하상 퇴적물에서 많은 비중을 차지했던 -4ø, -3ø급의 력은 거의 나타나지 않았다. 또한 분급은 0.55 S.D., 0.83 S.D.로 매우 양호하고 빈도분포곡선도 단봉형으로 나타나 같은 크기의 입자가 밀집 분포해 있음을 나타낸다.

구산리 어항 방파제 바로 북쪽의 시료인 6, 7번 시료는, 평균입경이 -0.1ø 전후인 극조사(Very coarse Sand)로 그 북쪽 달산리 해안의 시료보다 입경이 줄어들었으나 분급이나 빈도분포곡선의 모양으로 봐서는 아주 유사했다.

보다 더 남쪽인 구산리 해수욕장에서 월송정 부근까지 해빈에서 채취한 8, 9, 10, 11의 시료는 평균입경이 0.3, 0.83, 0.83, 0.8ø의 조사(coarse sand)로 북쪽의 시료보다 더 세립화되었으며, 분급은 0.5~0.7 S.D.로 역시 비슷하게 나타났다.

조사지역의 가장 남부에 해당되는 남대천 하구 부근에서 채취된 시료 12, 13의 평균입

3) Inman, D. L., "Measures for describing the size distribution of sediments"(Sedimentary Petrology, 22, 1952), pp.125~145.

〈표 13-1〉 퇴적물 입도분석 결과

試料番號		φ Scale (%)															平均粒徑 (Mφ)	分級 (S.D)	歪度 (Sk)
		−4	−3	−2	−1	0	1	2	3	4	5	6	7	7	8이하				
河床	1	14.6	10.6	8.9	6.8	17.1	34.1	7.6	0.3	0.08							-1.55	2.35	-0.45
	2	0.8	11.2	8.5	12.0	23.7	30.8	11.7	1.0	0.2							-0.85	1.75	-0.6
	3	6	6	5.9	7.7	21.0	39.4	13.3	0.6	0.04							-0.65	1.55	-0.48
海濱	4			23.0	76.4	0.1	0.3	0.1	0.1								-1.75	0.55	-0.1
	5		2.6	36.2	45.2	12.1	3.4	0.4	0.2	0.2							-1.83	0.83	-0.1
	6			0.4	5.8	50.9	41.7	1.1	0.1	0.03							-0.09	0.74	0.04
	7				5.1	49.2	45.5	0.2									-0.1	0.7	0.03
	8				0.1	18.9	74.6	5.6	0.7	0.1							0.36	0.53	-0.08
	9				0.7	5.3	62.3	31.2	0.3	0.1							0.83	-0.68	0.19
	10				0.1	2.5	68.1	28.8	0.2	0.2							0.83	0.65	0.2
	11				0.5	3.6	69.4	26.3	0.1	0.05							0.8	0.6	0.4
	12					0.1	40.8	58.5	0.6	0.1							1.05	0.69	-0.14
	13				0.1	2.5	21.5	74.6	1.1	0.1							1.13	0.68	-0.28
垂直斷面	B_1		2.5	0.8	3.6	5.3	8.8	11.5	6.0	9.9	9.9	12.1	10.3	8.4	6.0	5.0	3.4	3.5	-0.06
	B_2				0.7	1.5	3.6	5.6	1.9	3.9	10.0	1.0	16.5	16.0	12.0	12.0	6.1	2.7	0.1
	B_3				0.4	1.6	7.7	27.8	6.2	2.6	4.0	6.9	13.8	10.8	8.0	10.0	4.3	3.6	-0.1
	B_4				0.4	0.9	20.2	62.9	7.5	2.9	2.9	2.3					1.4	0.7	0

경은 1.05, 1.13ø로 중사(median sand)에 속하는 입자들로 주로 구성되어 있었다.

이상에서 본 퇴적물 입도분석 결과를 요약하면, 하상퇴적물은 하구 부근까지 pebble급의 력을 포함하고 있고, 분급이 1.55~2.35 S.D.로 나쁜데 대하여, 해빈퇴적물의 달산리 돌단부를 제외하면 pebble급의 력을 전연 포함하고 있지 않고, 분급이 0.53~0.83 S.D.로

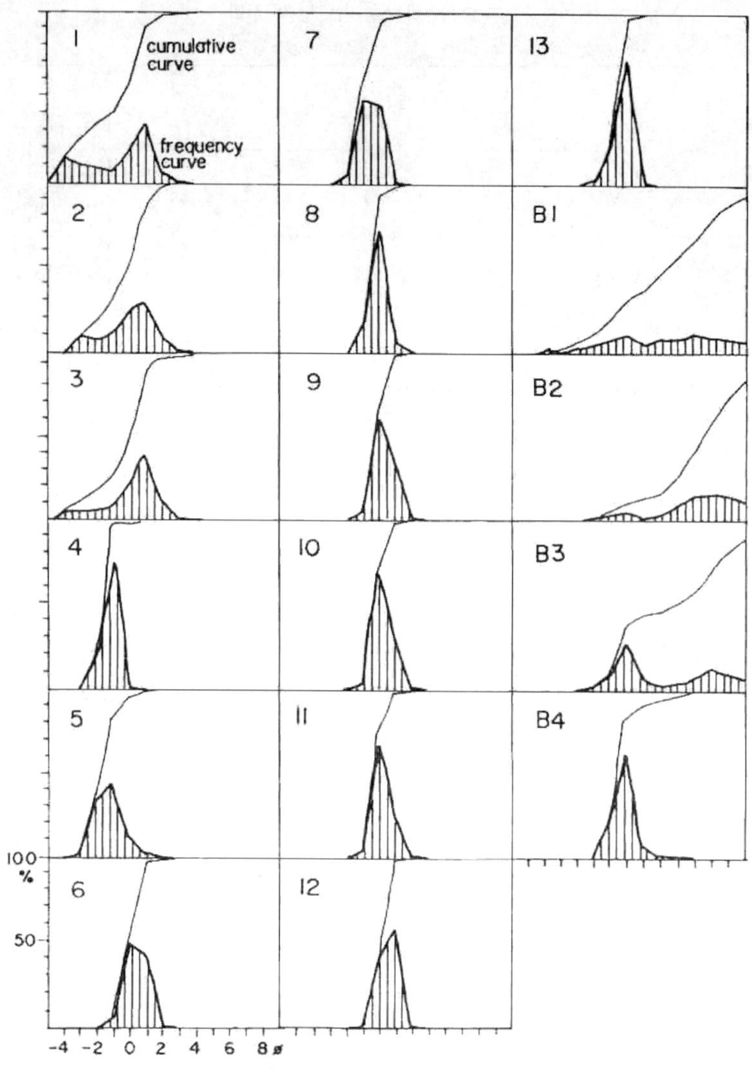

〈그림 13-3〉 하상(1~3), 해빈(4~13), 배후저지 수직단면(B1~B4) 퇴적물의 입도조성

매우 좋은 조사 및 중사이다. 이와 같이 남대천 하구부의 하상퇴적물과 그에 인접한 해빈의 퇴적물 특색이 서로 확연히 다른 것은 이 지역 해빈사 공급에 있어서 남대천의 역할이 크지 않다는 것을 의미한다. 또한 조사지역의 해빈사는 북쪽에서 남쪽으로 올수록 세력→극조사→조사→중사로 세립화되고 있는 경향을 보여 모래가 북쪽에서 남쪽으로 이동했을 가능성이 있다.

2) 배후저지의 보링조사

비치릿지 배후저지의 퇴적상 변화를 보기 위하여 3지점(그림 13-1의 A, B, C지점)에 대한 보링조사를 실시했다. A, B지점은 제3열 비치릿지의 후면에 해당되는 습지이며, C지점은 제2열과 제3열 비치릿지 사이에 형성된 스웰에 해당되는 곳이다. 이 세 지점은 현재 논으로 이용되고 있다. 보링조사는 5m 길이의 hand auger로 실시했다.

A지점의 퇴적 층상(그림 13-4의 A주상도)은 표면에서 지하 50cm까지는 경작으로 교란된 논흙이었으며, -50cm에서부터 교란되지 않은 흑회색 혹은 청회색의 실트층이 나타났는데, 이 층은 -270cm까지 계속되었다. 이 실트층에는 유기물이 많이 포함되어 있었는데, 전층이 균등하게 포함되어 있지 않고 유기물이 풍부한 흑회색의 층과 유기질이 비교적 적은 청회색의 층이 엷은 엽상으로 교대로 나타나고 있어서 많은 소환경변화가 있었음을 암시하고 있었다. 실트층 하부인 -270cm부터는 모래층이 나타나 -350cm까지 계속되었으나, 그 아래는 시료가 회수되지 않아서 더 이상 확인할 수 없었다. 이 모래층에도 유기질 실트층이 2～3회 엽상으로 협재되어 있었다.

B지점(그림 13-4의 B주상도)에서도 표면에서 -30cm까지는 교란된 논흙이었고, 그 아래 -30～-80cm까지는 갈색의 실트층이었다. -80～-110cm 깊이에는 갈색의 토색으로 모래와 세력을 포함한 실트층이 나타났다. -110～-200cm까지는 흑회색 혹은 청회색의 실트층으로 역시 엽상의 엷은 유기질층이 다수 협재되어 있었다. -200cm에서부터 -350cm까지 모래층이 나타났는데, 여기에서도 역시 -240cm 부근과 -260cm 깊이에 엷은 유기질 실트층이 협재되어 있었다. 그러나 하부로 갈수록 유기질의 양이 줄어들고 백색의 분급이 좋은 모래로 바뀌었다. 시료는 -350cm까지밖에 회수하지 못하여 그 아래 퇴적상은 알 수 없으나, 모래층은 상당히 더 계속될 것이 예상된다.

B주상퇴적단면에서 -80, -150, -200, -350cm 깊이의 각 시료를 입도분석하였는데, 그 결과는 <표 13-1>과 <그림 13-3>과 같다. 시료 B_1(-80cm지점의 시료)에서는 력에서부터 점토에 이르기까지 다양한 입경의 퇴적물이 섞여 있었고, 분급도 3.5 S.D.로 매우 나쁜 상태이다. 이와 같은 입도 특성과 갈색의 토색, 지형적 특색 등으로 미루어 보아 -80～-110cm의 퇴적물은 황보천의 하상퇴적물일 가능성이 크다. 시료 B_2(-150cm지점 시료)는 평균입경이 6.1ø로 실트질이 중심이며 유기질을 많이 포함하고 있는 점, 청회색을 띠고 있는 점 등으로 미루어보아 석호(lagoon)와 같은 수중환경에서 퇴적한 퇴적물로 추정된다. 시료 B_3(-200cm 지점의 시료)는 입경 1.5ø급을 중심으로 한 모래와 입경 6.5ø를 중심으로 한 실트의 2요소로 구성되어 있어서, 쌍봉형(bi-modal)의 빈도분포곡선을 나타낸

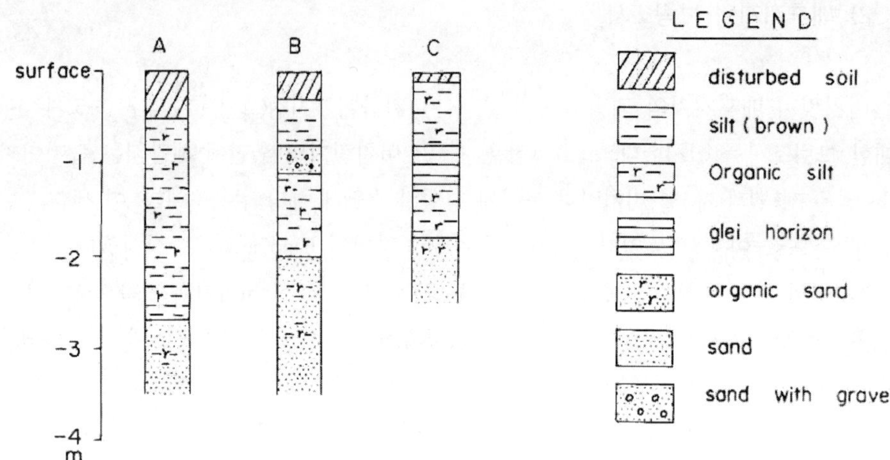

〈그림 13-4〉 배후저지 및 스웰의 보링 주상도

다. 따라서 이 퇴적물이 퇴적될 당시의 환경은 이보다 아래층을 형성한 퇴적환경(해빈의 제작용)에서부터 이보다 위층을 형성한 환경(석호와 같은 수중퇴적환경)으로 이행하는 점이적 환경하에서 퇴적된 것으로 판단된다. 시료 B_4(-350cm 지점의 시료)는 평균입경이 1.4ø이고, 분급이 0.7인 모래로 앞에서 본 현재 해빈의 퇴적물 특성과 유사한 퇴적물이다.

C지점(그림 13-4의 주상도C)에서는 표면하 250cm까지 보링했다. 표면에서 -10cm까지는 갈색의 실트였으며, -10～-80cm까지는 암갈색의 유기질 실트였고, -80～-120cm까지는 청회색의 glei-horizon이었다. -120～-180cm는 다시 암갈색의 유기질 실트였고, -180～-250cm까지는 모래층이었다. 이 모래층의 상부는 다소 유기질을 포함하여 검은색을 나타내었으나, 약 -200cm부터는 유기질이 전연 포함되어 있지 않은 밝은 색의 모래층이었다. 이와 같은 퇴적상의 변화로부터 이 지점은 처음에는 제3열 비치릿지의 전면에 위치한 비치의 일부였는데, 그 앞에 다시 제2열 비치릿지가 형성됨에 따라 배수가 막혀 습지가 형성되고, 한때는 어느 정도 수심을 갖는 수면이 되었다가, 다시 습지 그리고 현재의 논으로 바뀐 환경 변화를 가상할 수 있다.

4. 지형 발달

본 절에서는 앞에서 살펴본 지형분류와 퇴적물 분석 결과를 기초로 이 지역의 지형 발달을 고찰해 보기로 한다.

지금부터 약 15,000년 전에 있었던 최종빙기 최성기에 세계의 해면은 현재보다 100m 정도 낮았고, 이 낮아진 해면을 침식기준면으로 한 세계의 각종 하천들은 하류부에 깊은 침식곡을 형성했다. 그러나 그 후 후빙기의 기온 회복과 더불어 15,000~6,000년 전까지 일어난 해면상승 현상은 대부분의 하천들 하류부에 익곡현상을 일으켰다.[4] 이 지역 남대천과 황보천의 하류부에도 15,000년 전에는 깊은 침식곡이 형성되었고, 약 6,000년 전에는 익곡현상이 있었을 것이다. 이와 같은 관점에서 볼 때, 약 6,000년 전에 본 조사지역의 해안선은 <그림 13-1>에서 충적평야와 비치릿지들이 분포하는 지역이 모두 바다였다고 가정할 수 있고, 이렇게 볼 때 이 지역에는 동해안에서 흔하지 않은 깊은 만이 형성되었을 것이다. 약 6,000년 전부터 현재까지 해면이 현재의 높이에서 비교적 안정되어 있을 동안에 이 만은 두 하천이 상류에서 운반해온 퇴적물과 연안류에 의해서 운반되어온 퇴적물로 메워져서 현재에 이르렀으며, 이 두 방향의 퇴적물이 이 만을 메우는 과정이 바로 이 지역 해안 충적평야의 지형 발달 과정이다.

먼저 연안류에 의한 퇴적물의 운반에 대하여 살펴보기로 한다. 동해안은 해안선이 단조롭기 때문에 연안류의 형성에 좋은 조건을 갖추고 있다. 그러나 아직 이 연안류의 방향에 대하여 명백히 밝힌 연구가 없다. 연안류의 형성은 탁월풍의 방향과 밀접히 관련되어 있으므로 동해안의 풍향과 관련하여 연안류의 방향을 추리해 보기로 한다.

동해안에서는 해안선이 남북으로 형성되어 있고, 그 동쪽에 바다가 위치하고 있으므로 연안류 형성에 영향을 주는 바람은 NNE, NE, ENE, E, ESE, SE, SSE 방향은 동풍계열의 바람이다. 이 중 북동계열(NNE, NE, ENE)의 바람은 북쪽에서 남쪽으로 흐르는 연안류를 유발하고, 남동계열(ESE, SE, SSE)의 바람은 남쪽에서 북쪽으로 흐르는 연안류를 유발한다.

<그림 13-5>는 동해안에 위치한 강릉, 포항, 측후소와 동해중에 위치한 울릉도 측후소의 연간 풍향별 바람의 빈도를 나타낸 wind rose이다.[5] <그림 13-5>에서 서풍계열을 제외하고 동풍계열만 보았을 때, 북동풍계열의 출현빈도가 남동풍계열의 출현빈도에 비하여 탁월하여 강릉에서 3.2배, 포항에서 4.0배, 울릉도에서 6.3배로 나타나고 있다. 이와 같이 북동계열의 바람이 탁월한 현상은 이 지역의 연안류의 흐름을 자주 북쪽에서 남쪽으로 흐르게 하였고, 연안류를 따라 표류하는 모래의 이동도 북쪽에서 남쪽으로 이동하는 빈도가 높았을 것으로 추리할 수 있다.

권혁재(1977)[6]는 강릉 주변 해안의 모래가 북쪽에서 남쪽으로 이동되고 있음을 모래의

4) Fairbridge, R. W., “Eustatic change in sea-level”, (Physices and Chemistry of the Eart, 1961), pp.99~185.

5) 김광식 외, 『한국의 기후』(일지사, 1982), 356쪽, 427~428쪽.

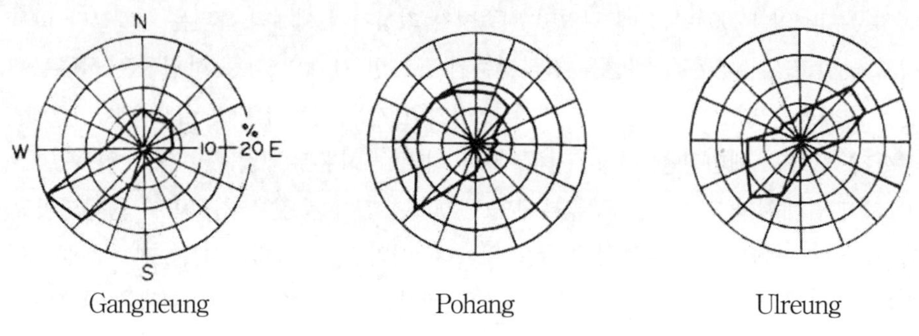

〈그림 13-5〉 강릉, 포항, 울릉도 측후소의 wind rose (자료 : 한국의 기후)

원마도 조사로 밝힌바 있다. 앞에서 본 조사지역의 해빈사 입도 분석에서 입경이 북쪽에서부터 남쪽으로 갈수록 세립화되고 있는 점은, 이 지역의 모래가 북쪽에서부터 남쪽으로 이동하고 있다는 것을 또한 설명해 주고 있다.

<그림 13-6>은 구산리 앞 해빈의 모습을 나타낸 것이다. 주민의 설문조사에 의하면 1950년대(6·25당시)의 해안선은 현재 해안선보다 33m 정도 뒤에 위치해서 현재의 철조망이 설치된 곳에 있었다고 한다. 1965년 방파제를 건설했는데, 이 방파제를 건설할 당시의 해안선은 <그림 13-6>에서 파선으로 나타낸 선과 거의 일치했다고 한다. 방파제를 건설한 후 약 25년이 지난 지금 방파제 북쪽의 해빈은 급속도로 그 폭이 넓어져 최대치를 나타내는 곳은 방파제 바로 북쪽으로 약 100m나 넓어졌다. 방파제 남쪽은 해빈의 평균 폭이 10~20m 정도 넓어졌고 수심도 얕아졌다. <그림 13-6>에서와 같이 방파제를 경계로 북쪽은 많이 확장되고, 남쪽은 보다 적게 확장되어 비대칭형의 해안선을 이루고 있는 것은, 이곳의 모래가 북쪽에서 남쪽으로 이동되고 있다는 것을 보여주는 또 다른 증거이다.

한편 방파제를 만들어 모래의 이동을 막으면 그 아래쪽 해빈은 침식을 받는 경우가 일반적이다. 그러나 본 조사지역에서는 방파제 남쪽이 침식되지 않고 오히려 퇴적이 계속되어 해빈의 폭이 확대되고 있다. 이 사실은 이곳으로 이동되는 모래의 양이 막대하다는 것을 또한 보여주는 것이다.

이와 같이 이 지역에 모래의 공급이 많은 이유를 다음과 같이 설명할 수 있다. 구산리 북쪽 해안 즉 구산리에서 왕피천 하구에 이르는 약 25Km의 해안은 비교적 굴곡이 없는 단조로운 해안선을 이루고 있다. 따라서 생산된 모래가 퇴적할 퇴적장이 없으므로

6) 권혁재, 「주문진~강릉 간의 해안지형과 해빈퇴적물질」(고려대 교육대학원 교육논총, 1977), 45~58쪽.

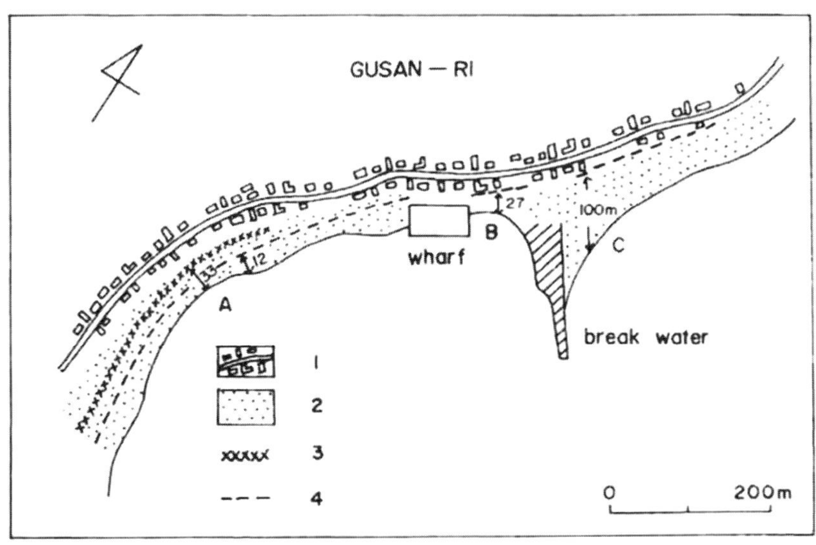

〈그림 13-6〉 구산리 해빈의 성장

1 : 취락 2 : 해빈 3 : 철조망 4 : 방파제건설직전 1960년대의 해안선

연안류에 밀려 남쪽으로 계속 이동해 오게 되고 구산리, 월송리 일대의 해안선이 움퍽 들어간 지역에 이르러 퇴적이 이루어지기 때문으로 판단된다.

해면이 현재의 높이에 이른 약 6,000년 전에 이 지역은 훨씬 더 깊은 만을 형성하였을 것이라는 것은 앞에서 언급한 바와 같다. 이때부터 북쪽 해안으로부터 이동해 온 모래가 이 만내에 이르러 퇴적되면서 제3열, 제2열, 제1열 비치릿지가 차례로 만들어졌다. 따라서 비치릿지 분포 패턴도 북쪽 해안에서부터 공급된 모래에 의하여 만들어진 모습을 나타내고 있다.

다음으로 하천과 관련된 지형발달을 고찰해 보기로 한다. 남대천은 큰 하천이므로 최종빙기 최성기에 넓고 깊은 침식곡을 형성했고, 또한 후빙기 해진에 의한 익곡도 넓고 깊은 만입을 형성했을 것이다. 그러나 소하천인 황보천의 경우는 이와 반대로 폭이 좁은 만입을 형성했음에 틀림없다. 따라서 황보천의 하구는 매적 초기에 비치릿지(제3열)에 의하여 막혀서 그 안쪽은 석호의 환경을 형성했을 것이 예상된다.

이와 같은 환경 변화는 보링단면 A, B에서 하부의 모래층이 현재의 해빈의 모래와 입도특색이 같고 중간의 유기질 실트층이 얕은 수심의 수중퇴적 환경을 나타내는 것으로도 설명될 수 있다.

그러나 남대천 하구부 충적평야 상에는 제3열의 비치릿지가 계속되어 있지 않다.

이것은 익곡 초기의 이곳의 만은 폭이 넓어서 비치릿지가 이 만을 가로질러 형성되기가 어려웠으며, 또한 부분적으로 연안류에 의해 공급된 모래가 있어도 하천이 상류로부터 운반해 온 퇴적물이 많아 이 하천퇴적물에 의해 해성 모래지형이 묻혀 버렸기 때문에 평야상에 미지형으로 남아 있을 비치릿지는 형성되지 못한 때문으로 해석된다. 그러나 그 후 남대천 하구의 매적이 계속되어 현재의 해안선 부근까지 전진되었을 때는 하천으로 운반된 퇴적물도 파랑의 작용을 강하게 받게 되고 해안을 따라 이동되는 모래도 이 해안까지 계속되어 비치릿지 제2열, 제1열을 형성한 것으로 판단된다.

5. 요약

1. 월송리 주변 연안저지는 후빙기 해진에 의해서 형성된 만입이 하천과 연안류에 의해 운반된 퇴적물로 매적 되어서 형성되었다.

2. 조사지역 해안의 모래는 북쪽에서 남쪽으로 이동되고 있다. 이것은 다음과 같은 사실로 증명된다.

    1) 동해안에는 북동계열의 바람이 남동계열의 바람보다 탁월하고, 이 북동계열의 바람은 북쪽에서 남쪽으로 흐르는 연안류를 유발하며, 이 연안류를 따라 모래는 북쪽에서 남쪽으로 이동된다.
    2) 조사지역 해빈사의 입경이 남쪽으로 갈수록 세립화되어진다.
    3) 구산리 방파제를 경계로 해빈의 성장률이 방파제 남쪽보다 북쪽이 훨씬 크다.

3. 조사지역에는 3열의 비치릿지가 형성되어 있다. 이들 비치릿지 퇴적물은 주로 연안류에 의하여 북쪽 해안에서 공급되었고, 남대천의 하천퇴적물은 비치릿지 퇴적물 공급에 크게 작용하지 못했다.

4. 매적 초기에 제3 비치릿지는 황보천 하구를 막아 그 안쪽에 일시적 석호가 형성되었다.

CHAPTER

14

밀양강 하류 충적평야의 지형 발달*

1. 서론

1) 연구목적

충적평야는 지형적으로 저평하고 하천에 인접해 있으므로 인간의 주요 경제공간이 되고 있다. 따라서 인간은 물이용의 편리성, 홍수피해의 안전성 등과 관련하여 충적평야의 미지형 분포와 지형변화에 깊은 관심을 가져왔다.

충적평야의 지형연구는 지형계측, 퇴적물 입도분석 등을 통하여 표면의 미지형을 세분하고 이의 지형발달을 분석하는 연구경향과, 보링자료 분석, 화분과 규조 등의 미화석 분석, carborn dating 등의 방법을 이용하여 후빙기 해면변동과 같은 퇴적환경과 관련한 충적층의 내부구조 및 지형발달을 분석하는 연구경향이 있다. 우리나라에서 전자와 관련된 연구는 권혁재(1773, 1974, 1975, 1976, 1977), 황유정(1979), 신윤호(1982, 1983), 김종일(1982), 박희두(1983), 손일(1983), 반용부(1985, 1986) 등의 연구가 있으며, 후자와 관련된 연구는 조화룡(1978, 1980, 1982, 1985, 1986), 황상일(1984) 등의 연구가 있다.

이들 연구 가운데서 특히 신윤호(1983)는 토평천 연안 충적평야 연구를 통해 낙동강본류가 소지류 평야 발달에 많은 영향을 주고 있으며 그 영향의 경계부에 소택지가 형성되어 있음을 밝혔다. 그러나 이와 같은 본류의 영향이 대지류 연안평야에는 어떻게 나타나고

---

* 손수영, 1992, 경북대학교 교육대학원 석사학위 논문

있는지에 대해서는 아직 연구된 바가 없다.

본 연구는 낙동강의 대지류 중의 하나인 밀양강의 하류 충적평야를 대상으로 ① 고지형도의 토지이용을 기초로 평야부 미지형을 분류하고, ② 하상과 평야부 퇴적물의 입도특성을 밝히며 이를 기초로 이 평야의 지형발달을 고찰하고, ③ 보링자료를 기초로 충적평야 내부구조를 검토하는 데 목적을 두었다.

2) 지질 및 지형 관찰

(1) 지질

조사지역은 지질적으로 경상분지 내의 한 소분지인 밀양아분지에 해당된다.[1] 따라서 지층은 경상누층군의 최상부층인 유천층군이 대부분을 차지하고, 뒤에 이를 관입한 불국사화강암이 곳곳에 노출되어 있는 구조를 갖고 있다(그림 14-1).

유천층군은, 백악기 중엽까지 수성 퇴적환경으로 계속되어 오던 경상분지에 백악기 말엽에 밀양, 유천지역을 중심으로 화산활동이 일어나, 수성 퇴적암 위에 중성 및 산성 화산암과 이와 관련된 응회암 및 이들 사이에 협재한 수성 퇴적암층으로 형성된 것이다. 화산암류는 다시 하부의 안산암질암(주사산 안산암), 상부의 유문암질암(운문사유문암)으로 나뉘며 안산암이 훨씬 넓은 지역을 덮고 있다.

이와 같은 지질들의 배열은 서부가 오래된 지층이고 동부로 갈수록 새로운 지층으로 배열되어, 밀양군과 창녕군의 경계부까지는 혈암 및 사암으로 된 진동층(鎭東層)이 분포하고, 밀양시 주변지역은 안산암질암이 분포하며, 동쪽 산지지대에 해당하는 운문산, 천황산 일대에는 유문암이 분포한다.

관입된 불국사화강암이 노출된 곳은 북쪽의 청도읍지역, 동북쪽의 동창천을 연한 지역과 상동면지역 및 서남쪽 상남면지역, 동남쪽의 만어산 일대에 나타나고 있다. 하천을 연하여서는 충적층이 분포하고 있는데 특히 밀양시에서 밀양강이 낙동강에 합류하는 곳까지는 폭 2~4㎞의 비교적 넓은 충적평야가 형성되어 있다.

조사지역의 동부산지에는 양산단층과 평행하는 북북동~남남서 방향의 밀양단층, 모량단층이 형성되어 있다. 지질도에는 나타나 있지 않지만 부곡리에서 삼랑진에 이르는 서북서~동남동 방향의 linement가 나타나 밀양, 모량단층과 직교하고 있다.

지질과 지형과의 관계를 보면 화강암 분포지역은 대개 분지 및 하곡이 형성되어

---

1) 밀양도폭 지질보고서, 1:50000, 한국동력자원연구소, 1988, 1~25쪽.

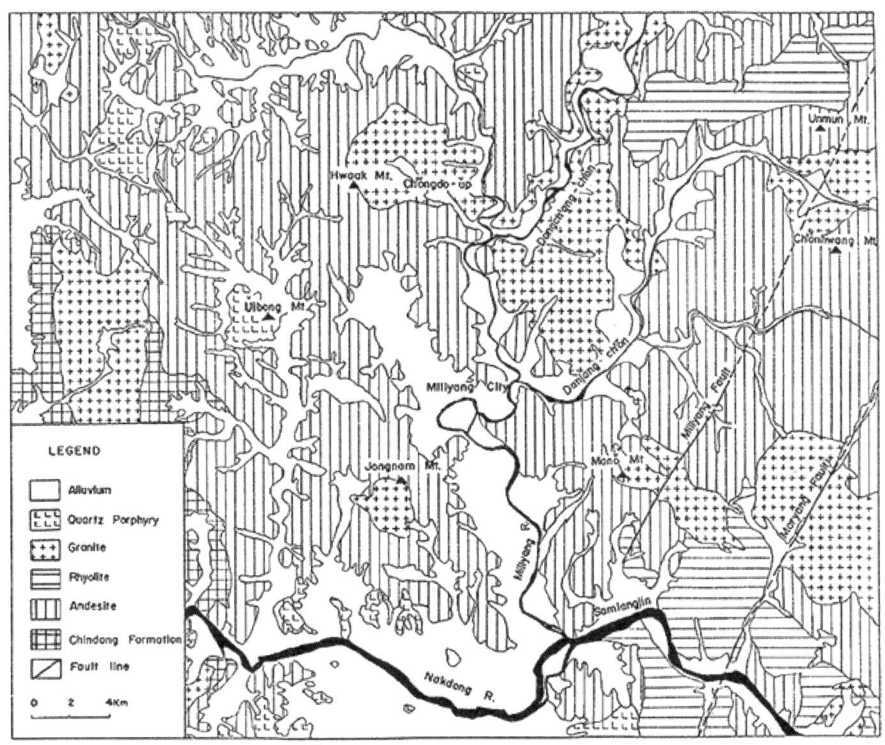

〈그림 14-1〉 밀양평야와 그 주변지역의 지질

* 자료 : 한국동력자원연구소 발행 1/5만 지질도 : 밀양, 영산, 유천, 청도도폭

있으며 경사가 완만하다. 안산암질암이 분포하는 지역은 고도가 높지 않은 구릉성 산지를 이루고 있고, 충적평야와는 가파른 경사변환을 보인다. 유문암질암은 비교적 고도가 높은 산지를 형성하고 있다. 단층선을 연하여서는 단층선곡으로 판단되는 직선에 가까운 곡지가 형성되어 있다.

(2) 지형

본 밀양강 유역분지는 북동부에 남부 태백산맥의 주 분수령을 이루는 가지산(1240m), 운문산(1188m), 천황산(1189m)등 1000m 이상의 고봉이 솟아있고, 여기서부터 남서쪽으로 갈수록 점차로 낮아져 밀양시 주변에는 만어산(670m), 용암산(686m), 낙화산(558m), 철마산(630m), 형제봉(505m), 종남산(664m), 덕대산(600m) 등의 600m 전후의 봉우리도 있으나 대부분은 500m 이하의 구릉지를 이루고 있다. 따라서 밀양평야를 형성한 퇴적물의

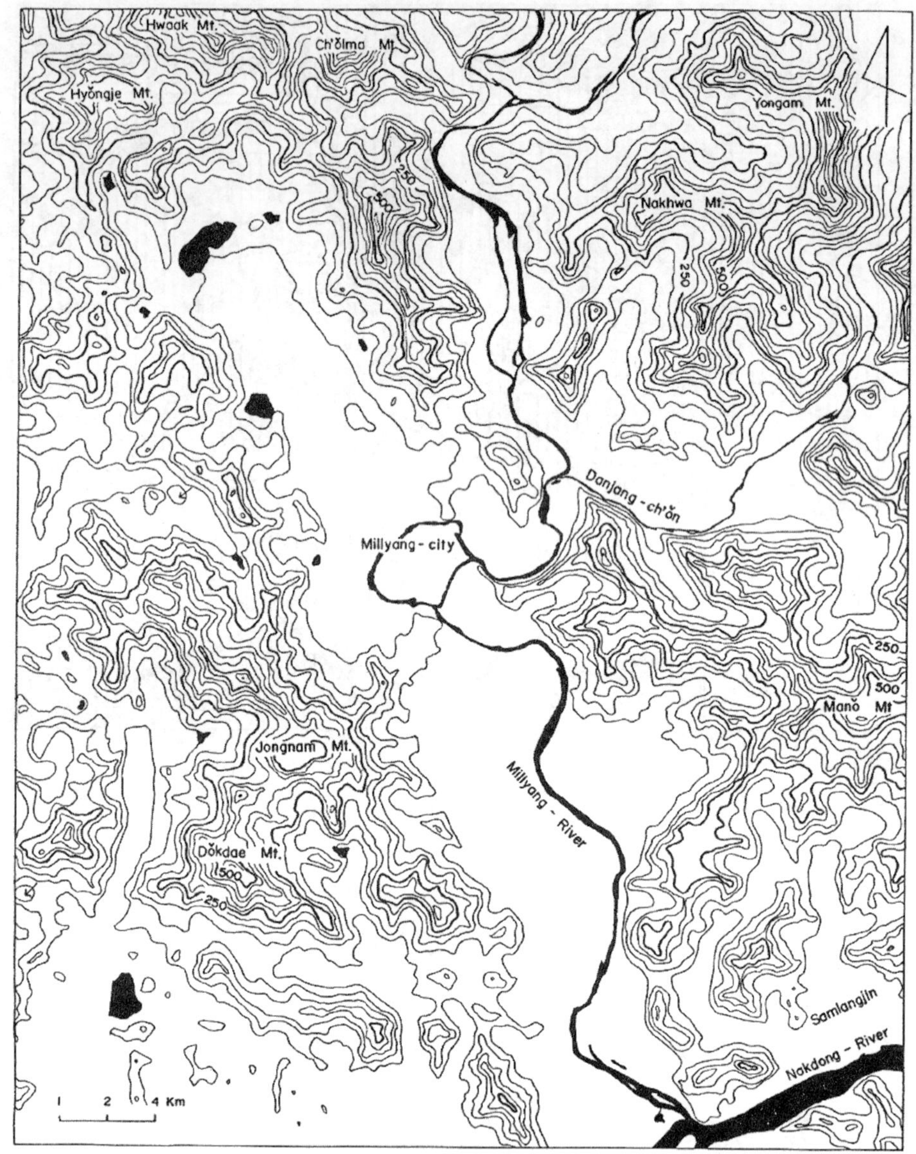

〈그림 14-2〉 밀양평야와 그 주변지역의 절봉면도(폭 250m 이하의 곡을 매곡)

대부분도 북동부 산지에서부터 공급된 것으로 볼 수 있다(그림 14-2).

밀양강은 월성군 건천읍 단석산(829m)에서 발원하여, 남서방향으로 흐르다가 유천 부근에서 북서쪽에서 유입되는 청도천을 합류하고, 여기서부터 유로는 남쪽으로 바뀌며, 밀양시 바로 북쪽에서 동부 산지에서 흘러오는 지류 단장천과 합류하고, 밀양시 부근에 이르러 크게 곡류하여 하중도를 형성하며, 삼랑진 부근에서 낙동강에 합류되는 총 길이 약 85㎞의 하천이다.

하상경사는, 고도가 높은 상류부에서는 약 70‰의 급격한 구배를 가지나, 월성군 산내면 신원리(하상고도 170m) 부근에서부터는 약 2.6‰의 다소 완만한 구배를 가지고, 단장천의 합류점(산외면 금천리 부근, 하상고도 20m)에서부터 낙동강에 합류할 때까지는 약 0.74‰로 아주 완만한 구배를 이룬다.

상류부에서는 곡저평야의 발달이 미약하나, 산외면 의곡리(하상고도 200m)부터는 곡저평야가 좁게 발달해 있고, 밀양시부근 부터는(하상고도 10m) 폭 2~4㎞ 전후의 상당히 넓은 충적평야를 발달시키고 있다.

2. 미지형의 분류

현재 평야부는 경지정리, 인공제방의 설치 등으로 평야부 미지형이 많이 개변되어 그 원형을 복원하기 어렵다. <그림 14-3>은 이와 같은 경지정리나 인공제방이 설치되기 이전인 1923년~1935년[2]에 편집된 1:50000 지형도를 기도(基圖)로 해서 토지이용과 관련하여 평야부 미지형을 분류한 것이다. 하천을 연하여 밭, 과수원, 대지로 토지이용되고 있는 부분을 자연제방으로 보고, 논으로 이용되거나 습지, 갈대밭(蘆田), 황지(荒地)로 되어있는 부분을 배후습지로 보았다. 이 중에서도 논으로 이용되는 부분을 배후습지①이라 하고 습지, 갈대밭, 황지는 배수상태가 더 불량한 것으로 판단하여 배후습지②로 분류하였다.

이렇게 보았을 때 현재 밀양시가지 부분의 용평동, 삼문동 일대는 모두 자연제방으로 분류되었고, 밀양강 본류를 연하여서 자연제방이 폭 넓게 나타났다. 배후습지는 자연제방과 구릉지 사이에 나타났으며, 부북천을 연하여서도 폭넓은 배후습지가 나타났다. 배후습지②는 평촌리 부근에서부터 밀양강이 낙동강에 합류하는 지점에 이르는 하류부에 특히 많이 나타났다.

밀양강은 단장천과 합류하는 지점에서부터 현 밀양역 앞에 이르기까지의 구간에서 분류와 합류를 반복하면서 여러 개의 하중도를 만들고 있다. 삼문동에서는 현재 지도에서는 찾아볼 수 없는 구유로가 존재하였으며, 내1동 쪽에도 구유로가 있었다.

---

2) 밀양도폭, 1924년; 유천도폭, 1923년; 영산도폭, 1935년; 청도도폭, 1932년에 편집

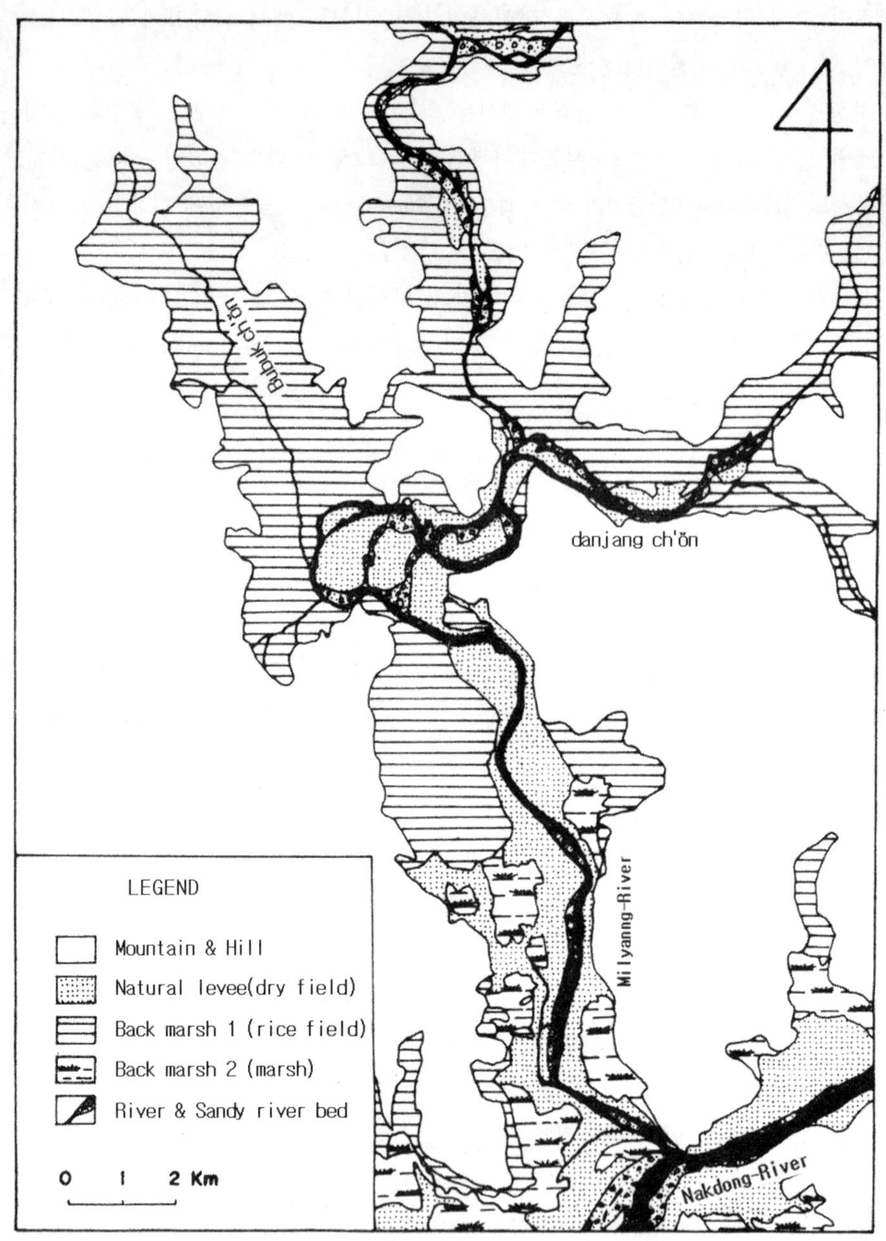

〈그림 14-3〉 밀양평야의 1923년~1935년 토지이용으로 본 미지형

* 자료 : 조선총독부발행 1/5만 지질도 : 밀양도폭(1924), 유천도폭 (1923), 영산도폭(1935), 청도도폭(1932)

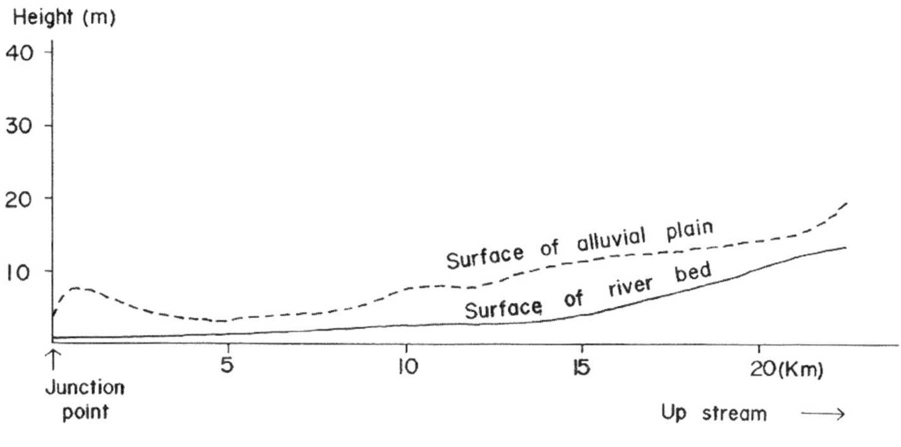

〈그림 14-4〉 밀양강 하상과 밀양평야면의 종단면

<그림 14-4>는 합류지점에서부터 상류 약 30㎞까지의 밀양강 하상종단면과 충적평야 종단면은 나타낸 것이다.

하상종단면을 보면, 합류점에서 상류 약 15㎞까지는 표고 2.5m 이하로 0.1‰의 완만한 구배를 나타낸다. 그러나 15㎞부터 약 25㎞ 지점까지는 구배가 급해져서 1~1.5‰를 나타내고, 다소 convex형의 종단면을 나타내고 있다.

평야부 종단면을 보면, 낙동강을 연하여서는 최고점 표고가 약 7m 정도인 자연제방이 형성되어 있고, 여기서부터 상류로 가면서 평야부 고도는 점차로 낮아져 합류점에서 약 5㎞ 지점에 이르러 최저를 이루는데 이 지점의 표고가 3.5m 이다. 5㎞ 지점에서부터 상류로 가면서 평야부 표고는 다시 점차로 높아지는데, 밀양시가지 부근에 이르러서 12m 전후의 표고를 나타낸다.

3. 퇴적물 분석

1) 시료채취 및 입도분석 방법

시료채취는 밀양강의 종단면을 따라 하상 퇴적물 9개 지점([A]~[I]), 충적평야 퇴적물 28개 지점([1]~[28]), 총 37개 지점에서 채취했다(그림 14-5).

하상 퇴적물은 식생이 피복되지 않은 point bar의 중간지점 (증수시에 자주 수면 하에 들어가는 지역)에서 채취했으며, 평야 퇴적물은 인간에 의해 교란된 표층을 제거하기

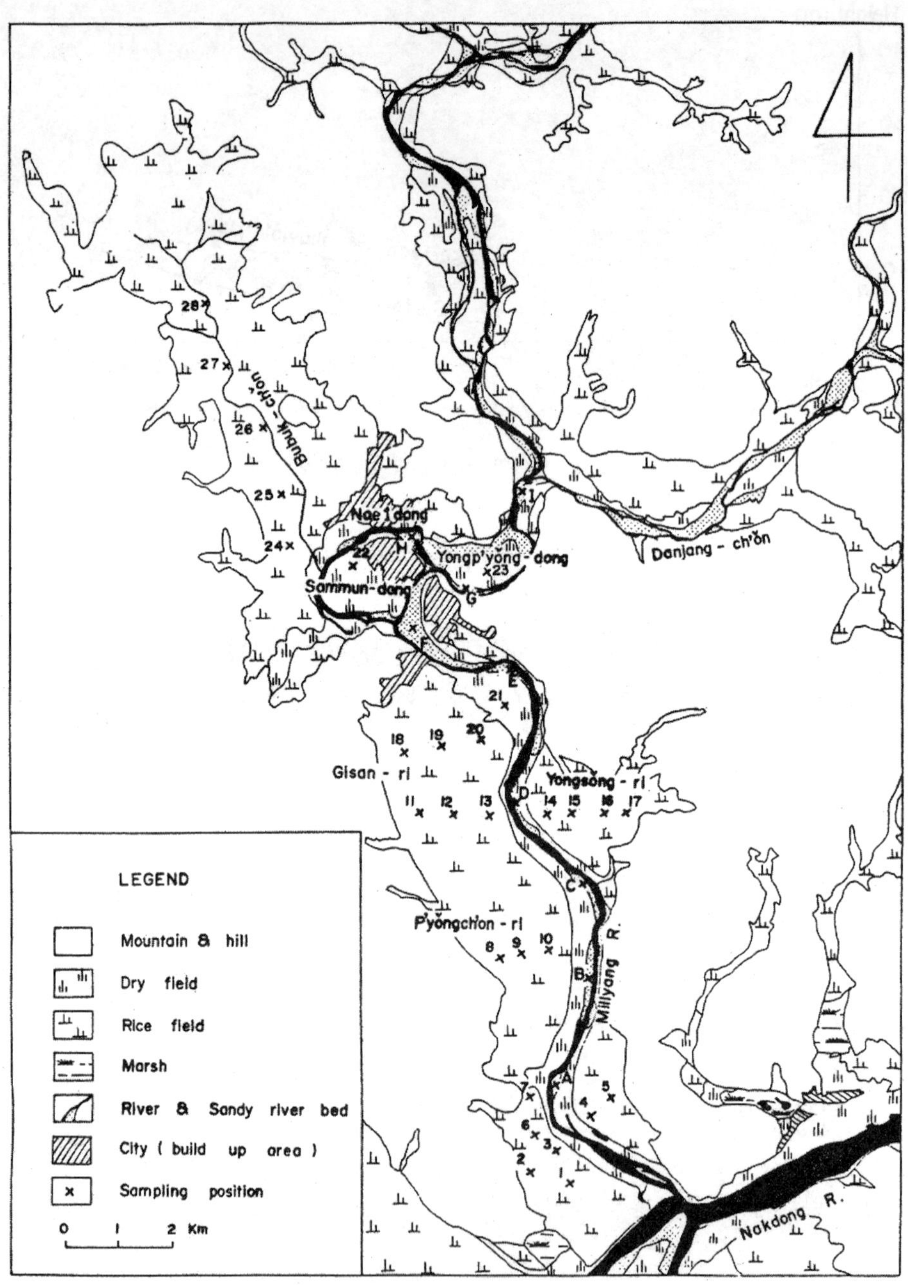

〈그림 14-5〉 밀양평야의 토지이용(1986)및 시료채취지점

위하여 50cm 이상 구덩이를 파고 그 아래의 교란되지 않은 층이라 인정되는 지점에서 채취했다.

입도분류는 φ scale 1의 간격으로, 실트 및 점토는 침전분석을 통해, 력질·사질은 표준분석채에 의해 분류했다. 침전분석은 Stokes, G.G.의 공식에 의해 비이커법을 적용하였으며 100g의 시료를 사용했다. 계량은 천칭(Dial-o-grambalance)에 의해 0.01g까지 측정했다. 분류된 결과에 대하여 φ scale별로 백분율을 계산하고, 이에 대하여 빈도분포곡선 및 누적분포곡선을 그리고, Inman, D.L.의 공식에 의해 중간치(Median φ), 평균입경(Mean φ), 분급(Sorting), 왜도(Skewness)를 계산하고 그 특색을 분석했다. 이들 각각의 계산 공식은 다음과 같다.

중간치(Md φ) : 빈도 50% 지점의 φ scale값

평균입경(Mφ) : (16φ + 84φ) / 2

분급(SD) : (84φ - 16φ) / 2

왜도(Sk) : (Mφ - Mdφ) / SD

그리고 정규확률지에 누적빈도분포를 투영하여 여기에 나타나는 각 분절을 기초로 퇴적 mechanism을 고찰했다.

2) 퇴적물 입도분석 결과

퇴적물 입도분석 결과 즉 입경별 백분율 및 중간치, 평균치, 분급, 왜도를 나타낸 것이 <표 14-1>[3])이고, 빈도분포를 나타낸 것이 <그림 14-6>이다. 다음에서 하상 퇴적물과 평야 퇴적물의 특색을 나누어서 살펴보기로 한다.

(1) 하상 퇴적물

하상 퇴적물은 단장천이 합류하는 지점에서부터 밀양강이 낙동강에 합류하는 지점까지의 밀양강 본류를 따라서 등간격으로 9개 시료를 채취한 것이다(그림 14-5 참고). 단장천이 합류하는 지점보다 상류부 밀양강에는 거력(boulder)[4])이 나타나기 때문에 입도분석에 어려움이 있어 생략하였다.

하상 퇴적물의 평균입경은, 가장 상류 쪽인 단장천이 합류하는 지점 [I]에서 -3.5φ이고,

---

3) 실험에서 -8φ 이하는 세분할수 없었다. 따라서 -8φ 이하의 세분은 빈도분포곡선에서 구했다. W: Weight(g), C: Cumulation(%), Mdφ : Median phi, Mφ : Mean phi, S.D.: Standard deviation, Sk: Skewness

4) Wentworth의 입경구분에서 -8φ 이하

〈표 14-1〉 밀양강 하상 및 밀양평야 퇴적물의 입도조성

Sample No.		φ Scale	-4.5	-3.5	-2.5	-1.5	-0.5	0.5	1.5	2.5	3.5	4.5	5.5	6.5	7.5	8 φ 이하						Md φ	M φ	S.D	Sk
																	8.5	9.5	10.5	11.5	12.5				
하상퇴적물	A	W				0.3	0.4	11.4	84.0	3.5	0.3	0.1										0.9	0.93	0.43	0.07
		C				0.3	0.7	12.1	96.1	99.6	99.9	100													
	B	W						2.2	90.9	5.8	1.0	0.1										1.0	1.0	0.4	0
		C						2.2	93.1	98.9	99.9	100													
	C	W					0.3	17.0	18.1	1.4	0.1	0.1										0.9	0.85	0.45	0.11
		C					0.3	17.3	98.4	99.8	99.9	100													
	D	W						0.5	15.4	25.1	22.9	11.2	6.0	5.0	4.7	9.2	4.0	3.0	1.5	0.7		2.9	3.8	2.3	0.39
		C						0.5	15.9	41.0	63.9	75.1	81.1	86.1	90.8	100	94.8	97.8	99.3	100					
	E	W						0.6	69.0	18.3	8.5	3.5										1.2	1.5	0.8	0.38
		C						0.6	69.6	87.9	96.4	99.9													
	F	W						0.4	74.6	20.0	4.3	0.7										1.25	1.45	0.7	0.29
		C						0.4	75.0	95.0	99.3	100													
	G	W	33.2	14.1	11.4	7.7	4.5	4.2	18.2	4.3	1.8	0.7										-3.2	-2	3	0.42
		C	33.2	47.3	58.7	66.4	70.9	75.1	93.3	97.6	99.4	100.1													
	H	W	22.0	8.7	17.4	13.9	6.5	4.3	20.0	4.7	1.9	0.6										-2.35	-2	3	0.12
		C	22.0	30.7	48.1	62.0	68.5	72.8	92.8	97.5	99.4	100													
	I	W	31.7	21.7	22.1	16.5	5.6	0.8	0.6	0.6	0.2	0.1										-3.65	-3.5	1.5	0.1
		C	31.7	53.4	75.5	92.0	97.6	98.4	99.0	99.6	99.8	99.9													
	1	W						0.1	4.0	14.1	13.3	7.5	8.7	12.4	18.1	21.9	13.0	7.0	1.9			5.7	5.15	2.85	-0.2
		C						0.1	4.1	18.2	31.5	39.0	47.7	60.1	78.2	100.1	91.2	98.2	100.1						

	Sample No. (φ Scale)		-4.5	-3.5	-2.5	-1.5	-0.5	0.5	1.5	2.5	3.5	4.5	5.5	6.5	7.5	8φ 이하						Md φ	M φ	S.D	Sk
																	8.5	9.5	10.5	11.5	12.5				
평야부 퇴적물	2	W						0.5	1.4	3.0	14.8	6.0	9.1	17.0	22.5	25.7	15.0	8.0	2.7			6.4	5.75	2.45	0.27
		C						0.5	1.9	4.9	19.7	25.7	34.8	51.8	74.3	100	89.3	97.3	100						
	3	W							0.5	0.4	5.1	14.4	18.7	19.1	18.1	23.7	15.0	7.0	1.7			6.1	6.1	1.9	0
		C							0.5	0.9	6.0	20.4	39.1	58.2	76.3	100	91.3	98.3	100						
	4	W							0.5	0.5	1.0	4.5	12.2	21.1	26.3	33.3	22.0	10.0	1.3			6.9	6.8	1.5	0.06
		C							0.5	1.0	2.0	6.5	18.7	39.8	66.7	100	88.7	98.7	100						
	5	W						0.2	1.5	0.9	1.7	5.7	14.3	22.6	26.0	27.1	20.1	7.0				6.9	6.45	1.55	0.29
		C						0.2	1.7	2.6	4.3	10.0	24.3	46.9	72.9	100	93.0	100							
	6	W						0.2	1.0	1.3	7	14.6	15.1	18.1	14.5	27.9	11.0	8.0	5.0	3.0	0.9	6.1	6.25	2.35	0.06
		C						0.2	1.2	2.5	9.7	24.3	39.4	57.5	72.0	99.9	83.0	91.0	96.0	99.0	99.9				
	7	W						0.4	1.2	0.8	6.0	13.5	19.0	21.5	14.3	23.3	10.0	6.0	4.0	2.0	1.3	5.9	6.2	2.1	0.14
		C						0.4	1.6	2.4	8.4	21.9	40.9	62.4	76.7	100	86.7	92.7	96.7	98.7	100				
	8	W					0.2	0.6	1.9	1.2	2.7	5.2	12.7	20.2	23.7	31.6	21.0	10.6				6.8	6.5	1.7	0.18
		C					0.2	0.8	2.7	3.9	6.6	11.8	24.5	44.7	68.4	100	89.4	100							
	9	W						1.2	5.0	2.0	1.8	1.7	7.1	22.4	28.1	30.7	23.0	7.7				6.8	6.6	1.5	0.13
		C						1.2	6.2	8.2	10.0	11.7	18.8	41.2	69.3	100	92.3	100							
	10	W						0.3	2.5	2.3	2.1	2.9	14.8	29.7	15.0	30.4	10.0	8.0	6.0	4.0	2.4	6.4	6.95	2.05	0.27
		C						0.3	2.8	5.1	7.2	10.1	24.9	54.6	69.6	100	79.6	87.6	93.6	97.6	100				
	11	W							0.3	0.3	4.8	17.3	23.8	16.5	12.4	24.6	10.0	7.0	4.0	2.6	1.0	5.7	6.2	2.1	0.24
		C							0.6	0.6	5.4	22.7	46.5	63.0	75.4	100	85.4	92.4	96.4	99.0	100				

	Sample No.	φ Scale	-4.5	-3.5	-2.5	-1.5	-0.5	0.5	1.5	2.5	3.5	4.5	5.5	6.5	7.5	8 φ 이하						Md φ	M φ	S.D	Sk
																	8.5	9.5	10.5	11.5	12.5				
평야부 퇴적물	12	W						0.1	1.0	0.8	1.7	9.9	22.3	19.1	16.9	28.2	12.0	9.0	5.0	2.2		6.25	6.55	1.95	0.15
		C						0.1	1.1	1.9	3.6	13.5	35.8	54.9	71.8	100	83.8	92.8	97.8	100					
	13	W						0.2	1.0	0.8	1.3	12.2	28.0	22.0	13.6	20.9	10.0	6.0	3.9	1.0		5.8	6.25	1.75	0.26
		C						0.2	1.2	2.0	3.3	15.5	43.5	65.5	79.1	100	89.1	95.1	99.0	100					
	14	W							0.1	0.5	22.5	32.3	15.3	10.4	6.4	12.4	5.0	4.0	2.5	0.9		4.3	5.1	1.9	0.42
		C							0.1	0.6	23.1	55.4	70.7	81.8	87.5	99.9	92.5	96.5	99.0	99.9					
	15	W						0.2	0.5	1.3	8.1	22.2	19.5	17.1	9.4	21.8	8.0	6.0	4.0	2.0	1.8	5.4	6.0	2.2	0.27
		C						0.2	0.7	2.0	10.1	32.3	51.8	68.9	78.3	100.1	86.3	92.3	96.3	98.3	100				
	16	W					0.2	2.1	4.5	4.9	10.5	11.5	12.7	18.1	12.5	23.0	10.0	7.0	4.0	2.0		5.7	5.55	2.65	0.06
		C					0.2	2.3	6.8	11.7	22.2	33.7	46.4	64.5	77	100	87.0	94.0	98.0	100					
	17	W			1.3	3.6	5.4	6.9	8.7	5.7	7.3	11.6	12.4	11.3	8.4	17.3	7.0	5.0	3.3	2.0		4.5	4.0	3.7	0.14
		C			1.3	4.9	10.3	17.2	25.9	31.6	38.9	50.5	62.9	74.2	82.6	99.9	89.6	94.6	97.9	99.9					
	18	W					1.1	0.4	0.6	1.0	8.4	17.5	18.0	16.0	14.0	23.0	11.0	7.0	4.0	1.0		5.7	5.95	2.15	0.12
		C					1.1	1.5	2.1	3.1	11.5	29.0	47.0	63.0	77.0	100	88.0	95.0	99.0	100					
	19	W						0.5	0.6	1.6	15.1	26.4	16.8	12.0	8.0	19.0	7.0	5.0	4.0	3.0		4.8	5.7	2.3	0.39
		C						0.5	1.1	2.7	17.8	44.2	61.0	73.0	81.0	100	88.0	93.0	97.0	100					
	20	W						0.6	6.5	13.5	24.0	19.9	11.5	5.5	7.5	11.0	6.0	3.5	1.5			3.8	4.5	2.3	0.3
		C						0.6	7.1	20.6	44.6	64.5	76.0	81.5	89.0	100	95.0	98.5	100						
	21	W							4.1	22.6	33.4	14.9	11.0	6.0	3.4	4.6	2.6	2.0				3.2	3.65	1.65	0.27
		C							4.1	26.7	60.1	75.0	86.0	92.0	95.4	100	98.0	100							

<table>
<tr><th colspan="3" rowspan="2">ϕ Scale
Sample No.</th><th rowspan="2">-4.5</th><th rowspan="2">-3.5</th><th rowspan="2">-2.5</th><th rowspan="2">-1.5</th><th rowspan="2">-0.5</th><th rowspan="2">0.5</th><th rowspan="2">1.5</th><th rowspan="2">2.5</th><th rowspan="2">3.5</th><th rowspan="2">4.5</th><th rowspan="2">5.5</th><th rowspan="2">6.5</th><th rowspan="2">7.5</th><th colspan="5">8ϕ 이하 4)</th><th rowspan="2">Md ϕ</th><th rowspan="2">Mϕ</th><th rowspan="2">S.D</th><th rowspan="2">Sk</th></tr>
<tr><th>8.5</th><th>9.5</th><th>10.5</th><th>11.5</th><th>12.5</th></tr>
<tr><td rowspan="28">평야부퇴적물</td><td rowspan="4">22</td><td rowspan="2">W</td><td rowspan="2"></td><td rowspan="2"></td><td rowspan="2"></td><td rowspan="2">0.4</td><td rowspan="2">0.3</td><td rowspan="2">0.8</td><td rowspan="2">15.0</td><td rowspan="2">34.2</td><td rowspan="2">28.0</td><td rowspan="2">8.6</td><td rowspan="2">2.8</td><td rowspan="2">3.1</td><td rowspan="2">2.2</td><td colspan="5">4.6</td><td rowspan="4">2.5</td><td rowspan="4">2.8</td><td rowspan="4">1.4</td><td rowspan="4">0.21</td></tr>
<tr><td>2.0</td><td>1.5</td><td>1.1</td><td></td><td></td></tr>
<tr><td rowspan="2">C</td><td rowspan="2"></td><td rowspan="2"></td><td rowspan="2"></td><td rowspan="2">0.4</td><td rowspan="2">0.7</td><td rowspan="2">1.5</td><td rowspan="2">16.5</td><td rowspan="2">50.7</td><td rowspan="2">78.7</td><td rowspan="2">87.3</td><td rowspan="2">90.1</td><td rowspan="2">93.2</td><td rowspan="2">95.4</td><td colspan="5">100</td></tr>
<tr><td>97.4</td><td>98.9</td><td>100</td><td></td><td></td></tr>
<tr><td rowspan="4">23</td><td rowspan="2">W</td><td rowspan="2"></td><td rowspan="2"></td><td rowspan="2"></td><td rowspan="2"></td><td rowspan="2">1.2</td><td rowspan="2">9.0</td><td rowspan="2">44.0</td><td rowspan="2">19.5</td><td rowspan="2">11.0</td><td rowspan="2">5.8</td><td rowspan="2">2.0</td><td rowspan="2">3.1</td><td rowspan="2">1.9</td><td colspan="5">2.5</td><td rowspan="4">1.4</td><td rowspan="4">2.0</td><td rowspan="4">1.4</td><td rowspan="4">0.43</td></tr>
<tr><td>1.5</td><td>1.0</td><td></td><td></td><td></td></tr>
<tr><td rowspan="2">C</td><td rowspan="2"></td><td rowspan="2"></td><td rowspan="2"></td><td rowspan="2"></td><td rowspan="2">1.2</td><td rowspan="2">10.2</td><td rowspan="2">54.2</td><td rowspan="2">73.7</td><td rowspan="2">84.7</td><td rowspan="2">90.5</td><td rowspan="2">92.5</td><td rowspan="2">95.6</td><td rowspan="2">97.5</td><td colspan="5">100</td></tr>
<tr><td>99.0</td><td>100</td><td></td><td></td><td></td></tr>
<tr><td rowspan="4">24</td><td rowspan="2">W</td><td rowspan="2"></td><td rowspan="2"></td><td rowspan="2"></td><td rowspan="2">2.9</td><td rowspan="2">1.5</td><td rowspan="2">1.8</td><td rowspan="2">4.9</td><td rowspan="2">4.2</td><td rowspan="2">6.6</td><td rowspan="2">13.5</td><td rowspan="2">20.0</td><td rowspan="2">15.1</td><td rowspan="2">12.0</td><td colspan="5">17.5</td><td rowspan="4">5.2</td><td rowspan="4">5.15</td><td rowspan="4">2.55</td><td rowspan="4">0.02</td></tr>
<tr><td>9.0</td><td>6.0</td><td>2.5</td><td></td><td></td></tr>
<tr><td rowspan="2">C</td><td rowspan="2"></td><td rowspan="2"></td><td rowspan="2"></td><td rowspan="2">2.9</td><td rowspan="2">4.4</td><td rowspan="2">6.2</td><td rowspan="2">11.1</td><td rowspan="2">15.3</td><td rowspan="2">21.9</td><td rowspan="2">35.4</td><td rowspan="2">55.4</td><td rowspan="2">70.5</td><td rowspan="2">82.5</td><td colspan="5">100</td></tr>
<tr><td>91.5</td><td>97.5</td><td>100</td><td></td><td></td></tr>
<tr><td rowspan="4">25</td><td rowspan="2">W</td><td rowspan="2"></td><td rowspan="2"></td><td rowspan="2">2.8</td><td rowspan="2">3.8</td><td rowspan="2">3.7</td><td rowspan="2">5.5</td><td rowspan="2">8.3</td><td rowspan="2">5.0</td><td rowspan="2">9.2</td><td rowspan="2">11.3</td><td rowspan="2">13.0</td><td rowspan="2">8.4</td><td rowspan="2">12.0</td><td colspan="5">17.0</td><td rowspan="4">4.5</td><td rowspan="4">4.05</td><td rowspan="4">3.55</td><td rowspan="4">-0.13</td></tr>
<tr><td>9.0</td><td>6.0</td><td>2.0</td><td></td><td></td></tr>
<tr><td rowspan="2">C</td><td rowspan="2"></td><td rowspan="2"></td><td rowspan="2">2.8</td><td rowspan="2">6.6</td><td rowspan="2">10.3</td><td rowspan="2">15.8</td><td rowspan="2">24.1</td><td rowspan="2">29.1</td><td rowspan="2">38.3</td><td rowspan="2">49.6</td><td rowspan="2">62.6</td><td rowspan="2">71.0</td><td rowspan="2">83.0</td><td colspan="5">100</td></tr>
<tr><td>92.0</td><td>98.0</td><td>100</td><td></td><td></td></tr>
<tr><td rowspan="4">26</td><td rowspan="2">W</td><td rowspan="2"></td><td rowspan="2"></td><td rowspan="2"></td><td rowspan="2"></td><td rowspan="2">0.8</td><td rowspan="2">6.0</td><td rowspan="2">19.8</td><td rowspan="2">17.3</td><td rowspan="2">11.5</td><td rowspan="2">9.5</td><td rowspan="2">6.9</td><td rowspan="2">5.7</td><td rowspan="2">11.5</td><td colspan="5">11.0</td><td rowspan="4">3.0</td><td rowspan="4">3.95</td><td rowspan="4">3.05</td><td rowspan="4">0.31</td></tr>
<tr><td>8.0</td><td>3.0</td><td></td><td></td><td></td></tr>
<tr><td rowspan="2">C</td><td rowspan="2"></td><td rowspan="2"></td><td rowspan="2"></td><td rowspan="2"></td><td rowspan="2">0.8</td><td rowspan="2">6.8</td><td rowspan="2">26.6</td><td rowspan="2">43.9</td><td rowspan="2">55.4</td><td rowspan="2">64.9</td><td rowspan="2">71.8</td><td rowspan="2">77.5</td><td rowspan="2">89.0</td><td colspan="5">100</td></tr>
<tr><td>97.0</td><td>100</td><td></td><td></td><td></td></tr>
<tr><td rowspan="4">27</td><td rowspan="2">W</td><td rowspan="2"></td><td rowspan="2"></td><td rowspan="2"></td><td rowspan="2"></td><td rowspan="2"></td><td rowspan="2">1.7</td><td rowspan="2">19.9</td><td rowspan="2">19.0</td><td rowspan="2">14.0</td><td rowspan="2">13.9</td><td rowspan="2">11.8</td><td rowspan="2">4.7</td><td rowspan="2">5.0</td><td colspan="5">10.0</td><td rowspan="4">3.2</td><td rowspan="4">3.75</td><td rowspan="4">2.55</td><td rowspan="4">0.22</td></tr>
<tr><td>4.0</td><td>3.0</td><td>2.0</td><td>1.0</td><td></td></tr>
<tr><td rowspan="2">C</td><td rowspan="2"></td><td rowspan="2"></td><td rowspan="2"></td><td rowspan="2"></td><td rowspan="2"></td><td rowspan="2">1.7</td><td rowspan="2">21.6</td><td rowspan="2">40.6</td><td rowspan="2">54.6</td><td rowspan="2">68.5</td><td rowspan="2">80.3</td><td rowspan="2">85.0</td><td rowspan="2">90.0</td><td colspan="5">100</td></tr>
<tr><td>94.0</td><td>97.0</td><td>99.0</td><td>100</td><td></td></tr>
<tr><td rowspan="4">28</td><td rowspan="2">W</td><td rowspan="2"></td><td rowspan="2"></td><td rowspan="2"></td><td rowspan="2">2.0</td><td rowspan="2">1.1</td><td rowspan="2">4.1</td><td rowspan="2">9.1</td><td rowspan="2">10.8</td><td rowspan="2">12.2</td><td rowspan="2">12.8</td><td rowspan="2">11.4</td><td rowspan="2">8.5</td><td rowspan="2">9.0</td><td colspan="5">19.0</td><td rowspan="4">4.3</td><td rowspan="4">4.6</td><td rowspan="4">3.2</td><td rowspan="4">0.09</td></tr>
<tr><td>8.0</td><td>6.0</td><td>3.0</td><td>2.0</td><td></td></tr>
<tr><td rowspan="2">C</td><td rowspan="2"></td><td rowspan="2"></td><td rowspan="2"></td><td rowspan="2">2.0</td><td rowspan="2">3.1</td><td rowspan="2">7.2</td><td rowspan="2">16.3</td><td rowspan="2">27.1</td><td rowspan="2">39.3</td><td rowspan="2">52.1</td><td rowspan="2">63.5</td><td rowspan="2">72.0</td><td rowspan="2">81.0</td><td colspan="5">100</td></tr>
<tr><td>89.0</td><td>95.0</td><td>98.0</td><td>100</td><td></td></tr>
</table>

바로 아랫 쪽인 밀양철교부근 [H], [G] 시료에서는 -2ϕ로 나타나 약간 세립화되었지만 거의 비슷하게 나타난다. 그러나 빈도분포도를 보면, [I] 시료에서는 pebble급 력이 중심인 단봉형(uni-modal)으로 나타났지만, [H], [G] 시료에서는 pebble급 력과 조립사(組粒砂)를 각각 중심으로 한 쌍봉형(bi-modal)의 빈도분포를 보여 퇴적물 조성이 다름을 알 수 있다.

밀양역 앞 예림교 위와 아래쪽에 해당하는 [F] 및 [E] 시료는 평균입경이 각각 1.45ϕ, 2.5ϕ로 나타났으며, 벌써 이 부분에서부터 력은 없어지고 사질로만 된 단봉형의 빈도분포를 보인다.

용성리 앞쪽의 퇴적물인 [D] 시료는 앞의 [E], [F]와 같은 사질 퇴적물에다 점토질퇴적물이 포함되어서 세립질 쪽으로 꼬리가 길게 늘어진 빈도분포를 나타내고 이 때문에 평균입경도 3.8ϕ로 크게 세립화되어 있다.

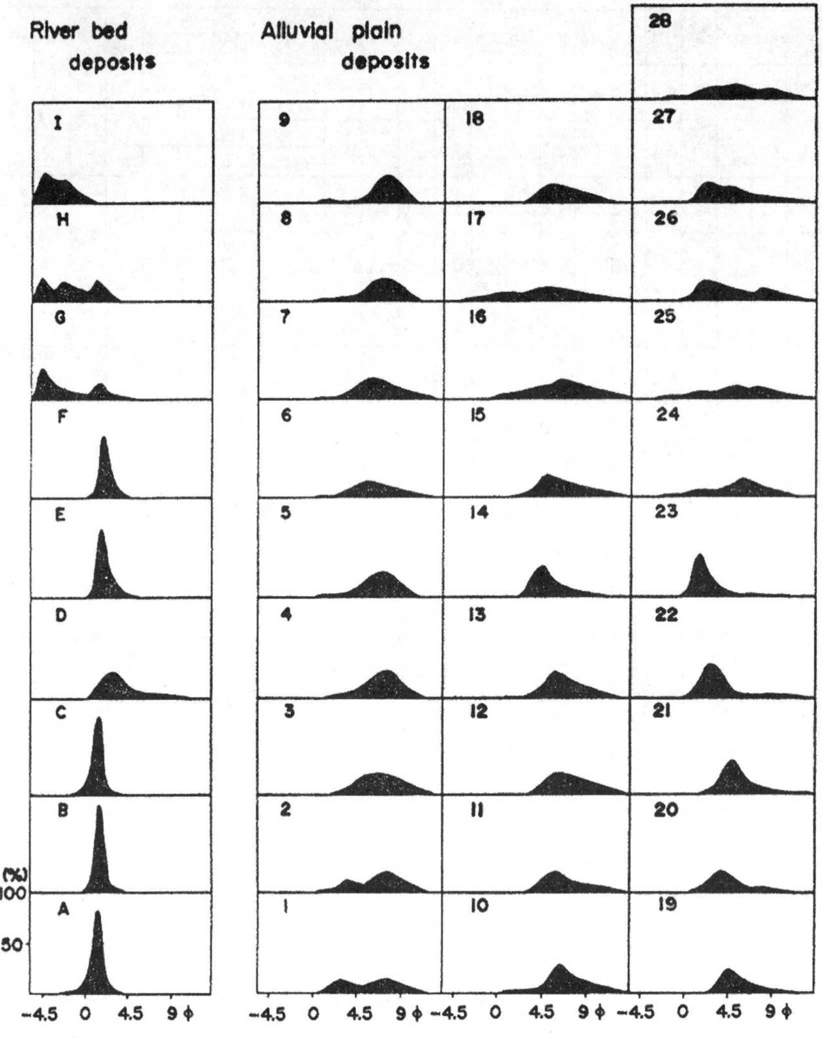

〈그림 14-6〉 밀양강 하상 및 밀양평야 퇴적물의 입경별 빈도분포도

보다 하류부 시료인 [C], [B], [A]의 평균입경은 각각 0.85ϕ, 1.0ϕ, 0.93ϕ이고 사질 중심의 단봉형 빈도분포를 나타냈다.

이상에서 살펴본 하상 퇴적물 평균입경의 종단변화를 하상종단면에 대비한 것이 <그림 14-7>이다.

하상 퇴적물의 평균입경은 상류에서 하류로 갈수록 세립화되는 것이 일반적인 경향이다. 그러나 본 조사지역에서의 퇴적물 평균입경은, 중간부분인 시료 [F], [E], [D]에서 가장 세립질로 나타나고 그보다 더 하류 쪽인 [C], [B], [A] 퇴적물은 더 조립질로 나타나

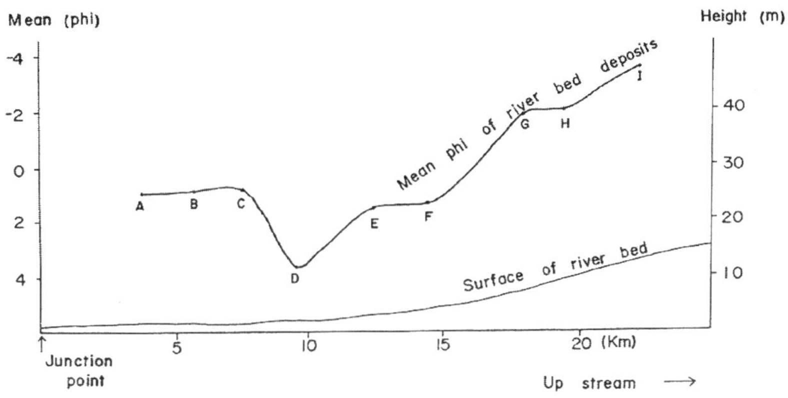

〈그림 14-7〉 밀양강 하상 종단면과 하상퇴적물 평균입경의 종단변화

일반 경향과 다른 경향을 나타내었다.

퇴적물의 분급(sorting) 분포를 살펴보면 조사지역에서 가장 상류부에 해당하는 [I] 시료는 1.5ϕ를 나타내었고, [H], [G] 시료는 3.0ϕ로 나타나 매우 낮은 분급상태를 보인다. 이와 같은 분급상태는 빈도분포에서 본 것과 같이, 력질의 퇴적물 그룹과 사질의 퇴적물 그룹이 혼재되어, 하상 퇴적물 중 유일하게 쌍봉형의 빈도분포를 나타내기 때문에 연유된 것이라 할 수 있다. 이보다 하류 쪽 퇴적물인 [F], [E], [C], [B], [A] 시료는 1.0ϕ 이하로 매우 높은 분급상태를 보이고 있는 데 대하여, 시료 [D]의 경우는 2.3ϕ로 낮은 분급상태를 보인다. 시료 [D]는 빈도분포에서 본 바와 같이, 사질이 중심이지만 실트 및 점토질이 상당히 혼재되어 빈도분포곡선을 세립 쪽으로 길게 연장시키고 있는데 이와 같이 세립질이 많이 포함된 것이 분급도를 낮게 한 원인이라 판단된다.

하상 퇴적물의 입경누적빈도를 정규확률지에 투영한 것이 <그림 14-8>이다. [I] 시료는 2분절로 나누어졌는데 아래쪽 분절은 -4~0ϕ에 이르는 력질 퇴적물로 95% 이상을 차지하고, 위쪽 분절은 5% 정도를 차지하며 사질로 이루어져 있다. 따라서 아래쪽 분절의 퇴적물은 rolling과 sliding 운동에 의해 운반되었고 윗 분절은 saltation 운동에 의해 운반된 것으로 해석할 때, 이 시료의 대부분은 rolling과 sliding 운동에 의해 운반되었음을 알 수 있다.

[H], [G] 퇴적물도 역시 2분절로 나타났는데 아래 분절이 약 70%, 위 분절이 약 30%를 차지하여, saltation 작용으로 운반된 퇴적물이 점차로 많아지고 있음을 알 수 있다.

[F], [E] 시료는 2분절이지만 사실은 아랫부분의 분절은 1% 미만을 차지하므로 거의

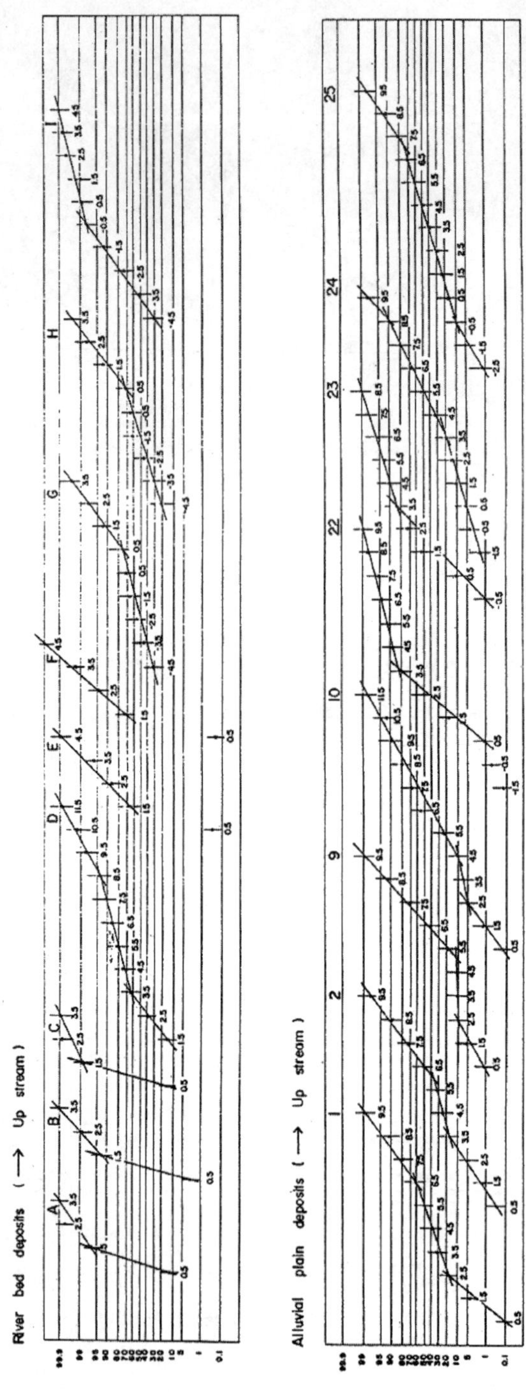

〈그림 14-8〉 퇴적물 입경의 누적빈도분포

대부분이 saltation 작용에 의해 운반·퇴적된 것으로 나타났다.

[D] 시료는 3분절로 나타났고, 아래쪽 분절은 1.5～3.5ϕ의 사질 퇴적물로 saltation 작용에 의하여 운반된 것으로 보이며 약 60%를 차지한다. 중간 분절과 윗 분절은 실트, 점토질로서 suspension 운동에 의해 운반된 것으로 보이며 약40%로 나타났다. 이와 같이 suspension 작용으로 운반된 퇴적물이 2분절로 나타나는 것은 퇴적물이 각각 다른 방향에서 공급될 때 잘 나타나는 경향이라 해석되어지고 있다.[5)]

[C], [B], [A] 시료는 입경 1～2ϕ의 조사(組砂)가 한 분절을 차지하고, 입경 3～4ϕ의 세사(細砂)가 또 한 분절로 소량을 차지하고 있다. 입경으로 보아 모두가 saltation 작용으로 운반된 퇴적물인데 2분절로 나타났다. 즉, 여기서도 역시 퇴적물의 운반방향과 관련 있는 것으로 해석할 수 있다.

하상 퇴적물의 왜도(Skewness)는 모두가 positive skewness(+)를 나타내어서 조립질 쪽의 분급이 세립질 쪽보다 좋은 것으로 나타났는데,[6)] 이것은 하상 퇴적물의 일반적 경향이다. 특히, 평균입경이 일반적 경향에 대하여 역경향을 나타내는 [F], [E], [D] 시료에서 positive 수치가 높게 나타났다.

지금까지 보아온 하상 퇴적물의 입도특성을 요약하면 다음과 같다.

① 하상 퇴적물은 밀양강이 낙동강에 합류하는 지점으로부터 약 9.5㎞ 상류지점의 것이 실트질을 포함한 모래로 가장 세립질이며, 여기서부터 상류로 갈수록 사.력이 중심이 되어 조립화될 뿐 아니라, 하류로 가면서도 사질 중심으로 조립화되는 경향을 보인다.

② 대부분의 빈도분포곡선은 단봉형이지만, 밀양시가지 윗쪽에서는 모래와 력쪽에 중심을 갖는 쌍봉형이 나타나고 있는데, 이는 하상 퇴적물이 력질에서 사질로 바뀌는 지점에 나타나는 특색인 것으로 판단된다.

③ 대부분의 하상 퇴적물은 분급이 양호하지만, 력질 중심에서 사질 중심으로 바뀌는 밀양시가지 주변 퇴적물과 홍수시 낙동강의 물이 역류하는 한계지점으로 보이는 용성리 앞 퇴적물에서는 나쁘게 나타났다.

④ 퇴적물 운반양식은 상류에서는 rolling과 sliding 작용이 대부분이고, 하류에서는 Saltation 운동이 대부분이지만, 평균입경이 가장 세립으로 나타났던 용성리 부근에서는 saltation 작용 외에 suspension 작용도 많이 작용한 것으로 나타났다.

---

5) Friedman, G. M. and Sanders, j. E., Principle of Sedimentology, New York: J.Willy and sons, 1978, pp.76～77

6) Friedman, G. M. and Sanders, J. E., op. cit., pp.74～76.

(2) 평야 퇴적물

평야 퇴적물은 28개 지점의 퇴적물을 채취하여 분석했다(표 14-1, 그림 14-5, 그림 14-6 참고). 평야 퇴적물은 빈도분포곡선의 형태에 따라 몇 개의 그룹으로 나눌 수 있다.

1그룹은, 밀양강의 지류인 부북천을 연한 평야 퇴적물인 [24], [25], [26], [27], [28], 용성리 주변 평야의 구릉지 쪽 시료인 [16], [17], 기산리 주변 평야의 구릉지 쪽 시료인 [18]로, 모두 8개 지점 퇴적물이다. 이 그룹의 퇴적물은 력에서 부터 실트, 점토에 이르기까지 넓게 확산되어 있고, 분급이 아주 나쁜 퇴적물 특색을 보인다. 이와 같은 특색은 사면 쪽에서 공급되는 사면퇴적물과 본류의 범람 퇴적물 등이 혼재되어 나타나는 것으로 판단된다.

2그룹은 밀양강이 낙동강에 합류하는 지점 부근의 시료인 [1], [2]로, 모래 쪽과 실트 쪽에 중심을 갖는 쌍봉형 빈도분포를 보이고, 분급도 2.45ϕ, 2.85ϕ를 나타내어 매우 낮은 분급상태를 보인다. 이와 같은 특색은 밀양강 기원의 퇴적물과 낙동강 기원의 퇴적물이 혼재하여 나타나는 결과로 판단된다.

3그룹은 나머지 모든 시료가 포함되고, 이들은 단봉형 빈도분포를 나타내며, 분급도 1~2 사이에 들어 평야의 타 시료와 비교해서 분급이 좋게 나타났다. 이들은 다시 3개의 아그룹으로 세분된다. 즉, 밀양강 하중도들에 해당하는 [23], [22] 시료는 거의 사질로만 이루어져 있고, 그 바로 아래쪽에 해당하는 [21], [20], [19], [14] 시료는 상류 쪽에 가까운 위치 또는 자연제방에 가까운 위치적 성격을 나타내어 사질과 실트질이 반반 정도이다. 나머지 [3], [4], [5], [6], [7], [8], [9], [10], [11], [12], [13], [15] 시료는 실트질이 중심이 된 배후습지 퇴적물의 특색을 나타낸다.

<그림 14-9>는 평야 퇴적물의 평균입경분포를 등치선(iso-line)으로 나타낸 것이다. 용성리 하중도와 삼문동 하중도의 퇴적물이 가장 조립질로 나타나서 평균입경 3ϕ 이하의 수치를 보인다.

이보다도 상류부이고 지류인 부북천 연변 평야 퇴적물의 평균입경은 4~5ϕ로 오히려 세립으로 나타났다. 이 같은 결과는 빈도분포곡선에서도 본 것과 같이 이 지역의 퇴적물은 부분적으로 사면에서 공급된 력을 포함하고 있으면서도 밀양강 범람에 의해 공급된 실트, 점토질이 포함되어 평균입경을 낮게 만든 것으로 보인다.

밀양시가지의 남쪽에서부터 밀양강이 낙동강에 합류하는 지점까지의 평야부에서는 평촌리 부근이 가장 세립질로 나타나 6.5ϕ 이상이고, 여기서 상류 쪽으로나 하류 쪽 그리고 하천 쪽으로 갈수록 평균입경이 조립화되는 경향을 보인다. 평촌리보다 상류 쪽으로 조립화되는 경향은 상류 쪽이기 때문에 당연한 결과이다. 밀양강 본류 쪽으로

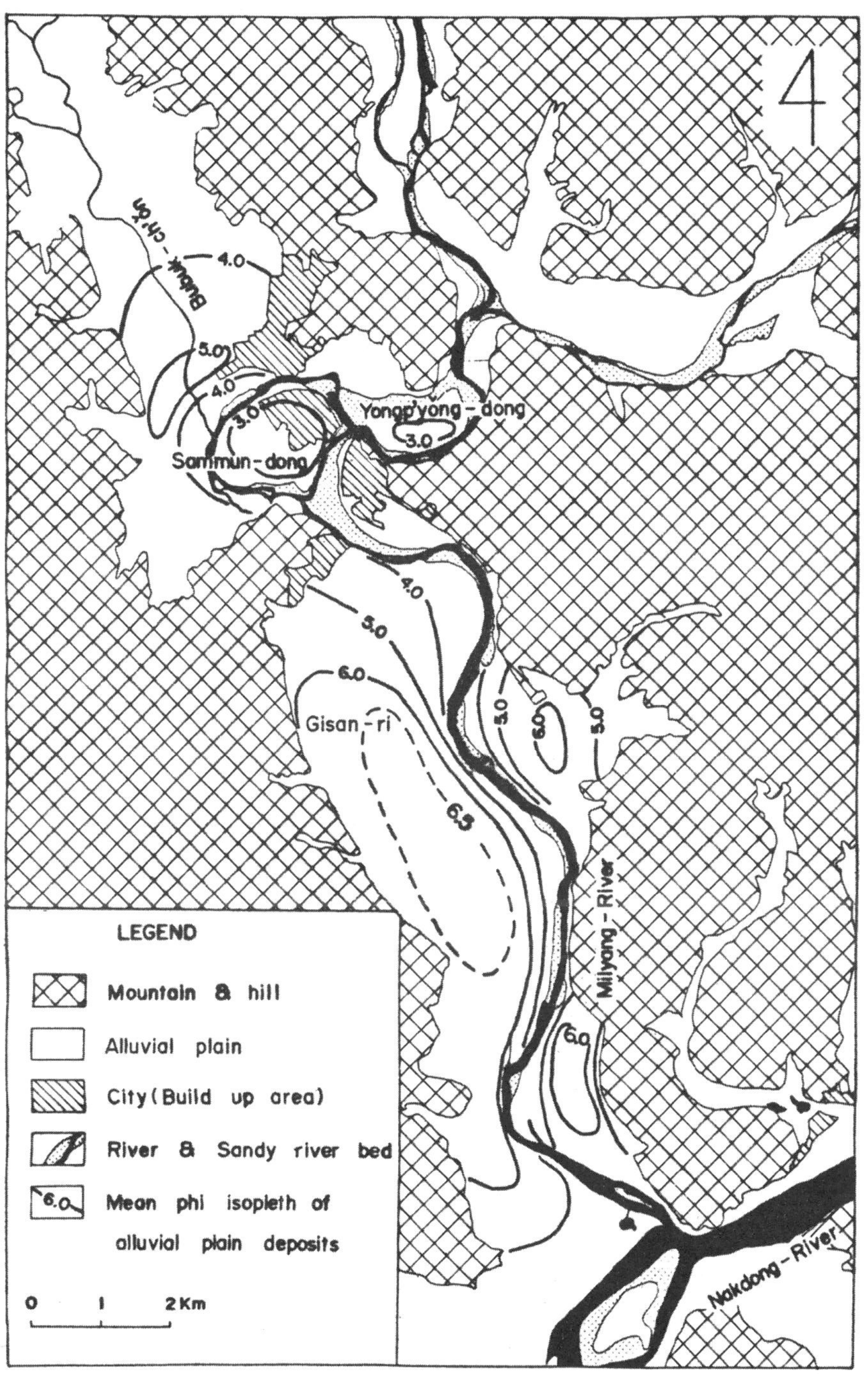

〈그림 14-9〉 밀양평야 퇴적물의 평균입경 분포

가면서 조립화되는 것은 밀양강의 자연제방과 관련된 결과이며, 하류 쪽으로 갈수록 조립화되어 지는 것은 낙동강의 자연제방과 관련되는 것으로 보인다. 즉, 본 밀양평야에서 가장 세립질 퇴적물로 되어 있는 곳은 평촌리 앞 평야인 것으로 밝혀졌다.

<그림 14-10>은 평야면과 퇴적물 평균입경의 종단변화를 나타낸 것이다. 평균입경이 가장 세립으로 나타난 곳은 밀양강이 낙동강에 합류하는 지점에서 6㎞ 상류지점에 나타나고, 여기서부터 상류 쪽으로나 하류 쪽으로 갈수록 평균입경이 커지는 경향이 있다. 이 경향은 앞에서 본 하상 퇴적물의 결과에서도 나타났다. 그러나 가장 세립질이 나타나는 위치가 하상 퇴적물에서는 합류점에서 약 9.5㎞ 상류지점인데 대하여, 평야 퇴적물에서는 6.0㎞ 상류에 나타났으므로 하상 쪽이 더 상류 쪽에 나타났다.

평야 퇴적물의 분급상태를 보면, 하천을 연한 지역에서 1～2ϕ로 상대적으로 높게 나타났고, 사면 퇴적물이 혼재하는 부북천 연변지역이나 구릉지에 인접한 평야 퇴적물은 2～3ϕ로 낮게 나타났다. 또한 낙동강과의 합류지점 부근에서도 2～3ϕ의 낮은 분급상태를 보인다.

정규확률지 상에서의 입경별 누적빈도분포(그림 14-8 참고)를 보면, 합류지점 주변평야 퇴적물인 시료 [1], [2]는 3분절로 나누어지는데, 가장 아래쪽 분절은 모래로서 20% 정도이며, 중간 분절 과 윗 분절은 실트 및 점토질로서, 시료 [1]에서는 중간 분절이 40%, 윗 분절이 40%이나, 시료 [2]에서는 중간 분절이 20%, 윗 분절이 60%를 나타내었다. 여기서 중간 분절 및 아랫 분절은 낙동강 본류 기원으로 보이며 윗 분절은 밀양강 기원으로 보인다.

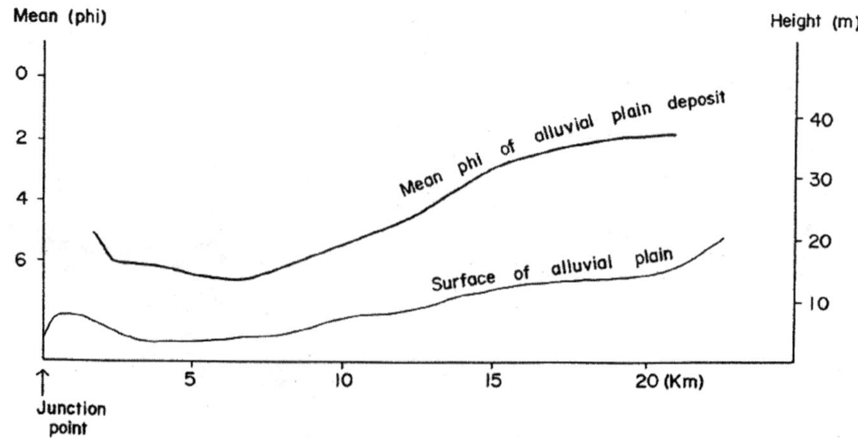

〈그림 14-10〉 밀양평야 종단면과 평야부 퇴적물 평균입경의 종단변화

시료 [9], [10]은 평야부에서 가장 세립질로 나타나는 퇴적물이다. 가장 아래쪽 분절은 입경 1～3ϕ의 조사(粗砂)인데 약 10% 정도를 차지하고 있다. 중간 분절은 입경 3～5ϕ의 세사(細砂)에 해당하는 분절로 누적곡선이 거의 수평에 가깝게 나타나 이 입경의 퇴적물이 거의 포함되어 있지 않다는 것을 나타낸다. 윗 분절은 입경이 6ϕ보다 세립인 실트, 점토질로서 본 퇴적물의 약 90%를 차지하고 있다. 이 그래프에서 아랫 분절은 밀양강 본류가 범람할 때 saltation 작용으로 공급된 것으로 보이며, 윗 분절에 해당하는 실트, 점토질은 suspension 작용으로 공급되어진 것으로 판단된다.

[22], [23] 시료는 밀양시가지 주변 평야의 퇴적물로서 크게 보아 2분절로 나타난다. 아랫 분절은 입경 4ϕ보다 더 조립질 퇴적물로서 약 80～85%를 차지하며 윗 분절은 실트, 점토질로서 20～15%를 차지한다. 이 시료는 하중도에 해당되는 평야부 퇴적물이므로 조립질이며, saltation 작용으로 퇴적된 퇴적물이 주축을 이루고 있음을 알 수 있다.

[24], [25] 시료는 부북천 주변 평야의 퇴적물로서 3분절로 나눌 수 있으나, 분절간의 경사변화가 크지 않고 옆으로 길게 누운 곡선을 나타낸다. 입경도 -2～10ϕ에 걸쳐 분포하고 있다.

이상에서 보아온 평야 퇴적물의 입도특성을 요약하면 다음과 같다.

① 평야부에서도 합류점에서 6㎞ 상류지점인 평촌리 부근 퇴적물이 가장 세립질로 나타났고, 여기서부터 상류 또는 하류로 갈수록, 그리고 밀양강 본류쪽으로 갈수록 조립화되는 경향이 나타났다.

② 평야 퇴적물은 세립질쪽이 분산되어 있어서 하상 퇴적물보다 일반적으로 분급이 나쁘고, 사면 퇴적물이 혼재하는 구릉지 인접 평야 퇴적물과 쌍봉형의 빈도분포를 보이는 합류점 부근 평야 퇴적물은 특히 나쁘다.

③ 빈도분포곡선의 특색은, 구릉지에 인접한 평야부에서는 력에서 점토에 이르기까지 넓게 확산된 빈도분포를 보이고, 합류점 부근의 퇴적물은 쌍봉형의 빈도분포 특성을 보이며, 그 밖의 것은 분급이 다소 양호한 단봉형 빈도분포 특성을 보인다.

④ 평야 퇴적물의 운반양식은, 밀양시가지 주변 평야에서는 saltation 운동이 대부분을 차지하고, 합류점 부근의 평야에서는 suspension과 saltation 작용이 반반을 차지하며, 가장 세립질 퇴적물이 나타나는 평촌리 평야에서는 suspension 작용이 대부분을 차지한 것으로 분석되었다.

3) 보링자료 분석

본 밀양평야에서는 보링자료가 풍부하지 못했다. 자료를 얻을 수 있었던 것은 제2 밀양교 건설 당시에 조사한, 밀양강을 횡단하는 4공의 보링자료와 기산리 평야부 오수처리장을 시설하기 위해서 실시한 1공의 보링자료이다(그림 14-11).

제2 밀양교 부근의 평야부 표고는 약 10m이고, 하상의 표고는 6m이다. 보링 주상도에 의하면 기반암은 표고 0~-2m 부근에 나타나고, 그 위 약 8m 두께의 퇴적물이 거력(巨礫)을 포함하는 층과 중·세력(中·細礫)으로 된 층으로 반복 퇴적되어 있으며, 표면 2m는 사층(砂層)으로 되어 있다. 이곳은 상류부 하상에 해당되므로 기반암은 상당히 높은 표고에 나타나 있고 그 위에 얹힌 퇴적물도 력층이 대부분을 이루고 있었다.

기산리의 보링자료에서는 표고가 제시되어 있지 않고 표면에서부터의 심도만 나타내어져 있었다. 표면에서 -31m 지점에 기반암이 나타나고 여기서부터 -19.5m 지점까지가

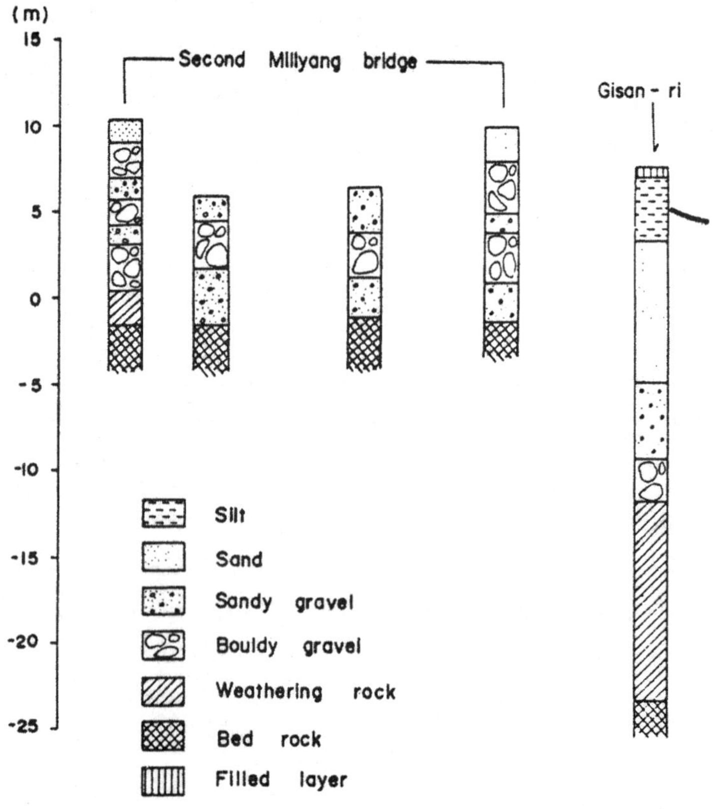

〈그림 14-11〉 밀양평야 충적층의 보링 주상도

기반암 풍화대이다. 그 위에 약 2.5m 층후는 거력을 포함한 력층, 력층과 사층이 호층을 이루는 퇴적상이 약 4m, 3.7m 층후의 유기질 실트가 차례로 퇴적되어 있다. 표면 약 60cm는 매립층이었다.

이 부근의 표고를 지형도에서 읽어보면 약 7～8m로 계산된다. 따라서 이 지역의 기반암의 표고는, 기반암 풍화대 표면까지를 계산해서 -12～-13m에 위치하고 있으며, 그 위에 약 20m 층후의 충적층이 퇴적되어 있다. 력층의 상한 표고는 -5～-6m로 계산되며, 이보다 윗쪽 12m 두께의 퇴적층은 모래.실트층으로 이루어져 있어 하상력이 직접 도달하지는 않은 상태가 계속된 것을 알 수 있었다.

4. 지형 발달 고찰

1) 충적층의 내부구조

하천의 하류부 충적평야는 대개 최종빙기 저해수준에 대응하여 형성되었던 침식곡이 해진에 의해서 익곡되고 이 익곡이 매몰되는 과정을 통하여 형성되었다.

조화룡은(1986), 낙동강 본류에서 최종빙기 침식곡의 곡저부에 해당하는 기반암의 심도가, 고령교 부근에서 표고 -10m, 남지에서 -27m, 구포에서 -52m로 나타난다고 했다. 이렇게 볼 때 밀양강이 낙동강에 합류되는 지점은 남지보다 약간 아래쪽이므로, 합류지점의 기반암의 심도는 약 -30m에 이를 것으로 볼 수 있다. 그러므로 낙동강에 합류되는 밀양강에서도 합류점 주변은 -30m 부근에 기반암이 나타나는 것으로 추론할 수 있다. 그러나 이 부근의 보링자료가 없으므로 확인할 수는 없었다.

보링자료로 확인된 기반암의 심도 즉 제2 밀양교의 -2m, 기산리의 -13m와 합류점에서 추정된 -30m를 기초로 밀양평야의 충적층구조를 도식한 것이 <그림 14-12>이다.

<그림 14-12>를 기초로 충적층 하에 매몰되어 있는 화석곡의 종단구배를 추정해보면, 합류점에서 제 2 밀양교까지 1～2‰로 나타나 현재 충적평야면이나 하상 구배에 비하여 훨씬 급한 것을 알 수 있다.

따라서 충적층의 층후도 합류점 부근에서는 최심부가 30m를 넘을 것으로 예상되며, 기산리에서는 20m, 제2 밀양교에서는 10m 층후를 나타내어 하류 쪽이 두껍고 상류 쪽으로 갈수록 얇어지는 쐐기 모양의 충적층이 형성되어 있다.

충적층의 구조도 보링자료가 적어서 상세한 논의는 할 수 없으나, 하부에는 력층,

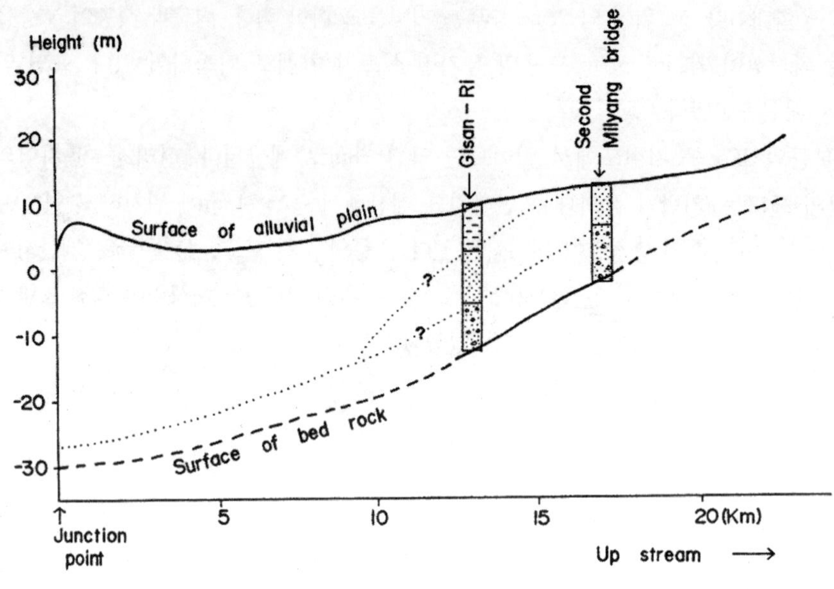

〈그림 14-12〉 밀양평야의 충적층 종단구조

상부에는 실트, 점토층으로 배열되어 있으며 력층의 두께가 제 2 밀양교에서 8m, 기산리에서 7m의 층후를 보인다.

2) 표면퇴적물 입도특성

본 평야의 하상과 평야 퇴적물에 대한 평균입경의 종단변화와 하상 및 평야면의 종단변화를 동시에 나타낸 것이 <그림 14-13>이다.

하천 퇴적물은 상류에서 하류로 갈수록 세립화되는 것이 일반적 경향이다. 그러나 본 평야의 하상 퇴적물이나 평야 퇴적물은 이와 같은 일반적 경향을 벗어나서 가장 세립의 퇴적물이 중간지점에 나타나고, 여기서부터 상류 쪽으로나 하류 쪽으로 갈수록 평균입경이 점차로 커지는 경향을 보이고 있다. 이와 같은 현상은 이 평야를 구성하고 있는 퇴적물이 단지 밀양강에 의해서만 공급된 것이 아니라 낙동강 본류 쪽에서도 공급되고 있음을 말해주고 있다. 평수위 때는 이와 같은 현상이 이루어지지 않지만 홍수위 때 낙동강 본류의 수위가 상승하면 낙동강의 물이 밀양강 쪽으로 역류하면서 퇴적물을 공급할 수 있다.

평야 퇴적물에서 가장 세립으로 나타나는 지점은 합류점에서 6㎞ 상류지점이고,

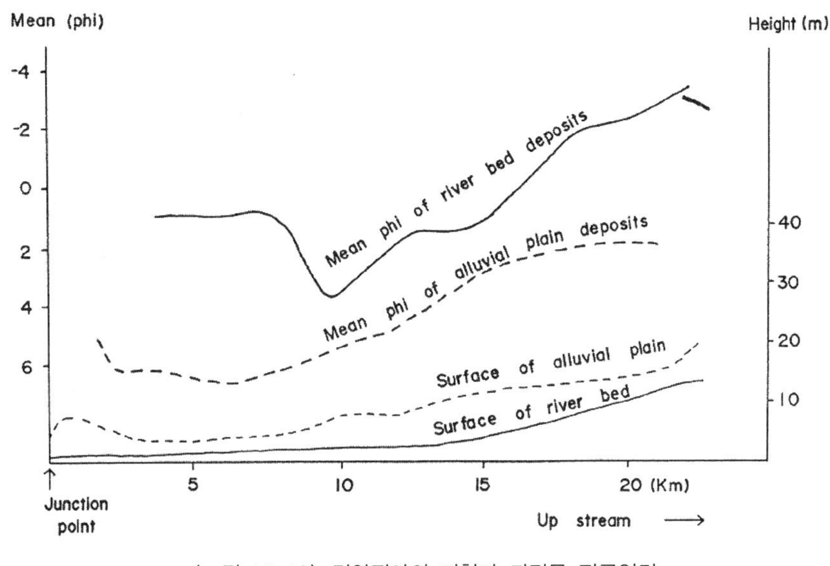

〈그림 14-13〉 밀양평야의 지형과 퇴적물 평균입경

하상 퇴적물의 경우는 합류점에서 9.5㎞ 상류지점에 나타나고 있다. 가장 세립의 퇴적물이 나타나는 이곳은 양방향(즉 밀양강 방향과 낙동강 본류 방향)에서의 퇴적물 공급이 평형을 이루는 경계부라 할 수 있다. 이렇게 볼 때 하상쪽이 평야부보다 더 상류 쪽에 나타나고 있는 것이 특색이다.

본 연구에서 하상 퇴적물 채취지점은 평수위 때 수면 하에 드는 지점이 아니라, 평수위 때는 노출되고 고수위 때는 침수되는 point bar 지점이라는 것을 명백히 밝혀둘 필요가 있다. 따라서 평수위 때 수면 하에 드는 퇴적물을 입도분석 했을 경우는 이와 다른 경향이 나타날 가능성이 있지만 본 연구에서는 시도해 보지 못했다.

충적평야 종단면은 퇴적물 평균입경 종단면과 잘 조화를 이루어, 평균입경이 조립으로 나타나는 곳은 높고, 세립으로 나타나는 곳은 낮게 나타나고 있다. 그러나 하상 퇴적물의 경우는 중간의 세립질 분포가 지형 종단면에 거의 반영되고 있지 않는 것이 특색이다.

합류점에서 약 17～23㎞ 상류 쪽 위치의 하상 종단면은 약간의 convex형 종단면을 보이고, 또한 평균입경의 종단변화도 이 부근에서 큰 경사변화를 보이고 있는데, 이것은 이 부근이 하상력 도달의 말단부라는 것과 깊은 관련이 있는 것으로 판단된다. 또한 이 부근의 하상 퇴적물은 그 상·하류 퇴적물보다 분급도가 아주 낮고, 력과 모래 쪽에 각각의 peak를 갖는 bi-modal(쌍봉형) 빈도분포곡선의 특색을 보인다.

5. 결론

퇴적물의 입도특성, 지형단면, 보링자료 분석 결과를 기초로 본 밀양평야의 지형 발달 특색을 요약하면 다음과 같다.

1. 밀양평야는 밀양강이 운반한 퇴적물과 낙동강 본류에서 범람된 퇴적물로 이루어진 평야로, 그 경계부는 합류점에서 약 5～10㎞ 상류지점이며, 이 부근의 퇴적물이 가장 세립질로 나타났고, 평야부의 표고도 가장 낮게 나타났다.

2. 밀양 시가지 부근에서 밀양강은 분류와 합류를 반복하여 많은 하중도를 만들고 있으며, 이곳에서 하상 종단면은 convex형이고 하상 퇴적물 빈도분포곡선은 쌍봉형으로 나타나며 퇴적물의 분급상태는 나쁘게 나타났다. 이 모든 것은 이 부근이 하상력 도달의 하한인 것과 관련이 있는 것으로 보인다.

3. 제2 밀양교 및 기산리의 보링자료와 낙동강 본류 쪽의 기존 연구결과를 종합하여 보면, 밀양평야에도 최종빙기에 형성된 침식곡이 충적층 밑에 존재하고 있으며, 후빙기 해진과 더불어 이 침식곡이 매적되면서 넓은 충적평야를 형성한 것으로 판단된다.

참고문헌

1. 단행본

권영식 외 5인. 1988. 『지형분석』. 교학연구사.

권혁재. 1987. 『지형학』. 서울: 법문사.

김기완. 박용진. 1964. 『1 : 50.000 청도도폭 지질보고서』. 국립지질연구소.

김남장. 이홍규. 1964. 『1 : 50.000 영산도폭 지질보고서』. 국립지질연구소.

한국동력자원연구소. 1988. 1 : 50.000 밀양도폭 지질보고서.

______. 1988. 1 : 50.000 유천도폭 지질보고서.

김우관. 1983. 『지형학』. 서울: 형설출판사.

조동규. 1988. 『자연지리조사법』. 서울: 교학연구사.

조화룡. 1987. 『한국의 충적평야』. 서울: 교학연구사.

Friedman, G. M. and J. E. Sander. 1978. *Principles of Sedimentology*. New York: J. Willy and son.

Rreading, H. G. 1982. *Sedimentary Environment and Facies*. N. Y. Elsevier.

Reineck, H. E. and I. B. Singh. 1980. *Depositional Sedimentary*. Berlin Herdelberg New York: Springer Verlag.

Lewis, D. W. 1983. *Practical Sedimentology*. Hutchinson Ross Publishing Company.

Schumn, S. A. 1972. *River Morphology*. Dowden Hutchinson & Ross Inc.

Ⅱ. 논 문

권혁재. 1974. 「한국의 하천과 충적평야」. 고대교육논의. 제1집. 고려대학교 교육대학원. 75~92쪽.

_____. 1973. 「낙동강 삼각주의 지형연구」. 지리학, 제8호. 대한지리학회. 8~23쪽.

_____. 1974. 「황해안의 간석지 발달과 그 퇴적물의 기원」. 지리학, 제10호. 대한지리학회. 1~12쪽.

_____. 1975. 「호남평야의 충적지에 관한 지리학적 연구」. 지리학, 제12호. 대한지리학회. 1~20쪽.

_____. 1976. 「낙동강 하류지방의 배후습지성 호소」. 지리학, 제14호. 대한지리학회. 1~8쪽.

_____. 1977. 「주문진-강릉 간의 해안지형과 해빈퇴적물질」. 고려대교육총론. 제7집. 고려대교육대학원. 45~58쪽.

김종일. 1982. 「영산강 유역의 범람원지형에 관한 연구」. 전남대학교대학원. 석사학위논문.

박희두. 1983. 「충주주변 범람원의 퇴적지형 연구」. 청주대학교 대학원 석사학위논문.

반용부. 1985. 「낙동강 삼각주의 퇴적물 입경분석」. 지리학연구. 제10집. 한국지리교육학회. 713~747쪽.

_____. 1986. 「낙동강 삼각주의 지형과 표층퇴적물 분석」. 경희대학교 대학원 박사학위논문.

손 일. 1983. 「하도변천에 의해 형성된 하안퇴적물에 관한 연구」. 지리학논총. 제10호. 서울대학교 사회과학대학 지리학과. 347~358쪽.

신윤호. 1983. 「토평천 연안 충적평야의 지형발달」. 경북대학교 대학원 석사학위 논문.

정상숙. 1984. 「금강 하류의 퇴적물 운반영력」. 충북지리. 제2호. 충북대학교. 사대지리교육과. 64~71쪽.

조화룡. 1982. 「우리나라 하구 충적층의 층상구조」. 경북대학교 논문집. 제33집. 경북대학교. 205~222쪽.

_____. 1985. 「우리나라 충적층 기저의 침식곡형태 고찰」. 홍순완 교수 화갑기념논문. 49~61쪽.

조화룡, 신윤호. 1982. 「해안평야 미지형 퇴적물의 입도조성-경상북도 동해안을 사례로」 지리학. 제25호. 대한지리학회. 1~14쪽.

최성길, 김일종. 1987. 「상맹방리 일대의 해안평야지형 연구」. 지리학. 제36호. 대한지리학회. 1~12쪽.

황상일. 1984. 「태화강 하류 충적평야의 지형발달」. 경북대학교 대학원 석사학위 논문.

황유정. 1979. 「안성천 하구의 충적지형 연구-입도분석을 통하여」. 지리학논총. 제6호. 서울대학교 사회과학대학 지리학과. 87~95쪽.

島津 弘. 1990. 「東北地方の 山地河川における礫徑變化に基づいた流路の區分」. 地理學評論. Vol.63. No.8. 日本地理學會. pp.487~507.

森山昭雄. 1977. 「大會川平野表層堆積物の粒度組成」. 地理學評論. Vol.50. No.2. 日本地理學會. pp.71~87.

_____. 1978. 「失作川平野表層堆積物の粒度組成」. 地理學評論. Vol.51. No.1. 日本地理學會. pp.60~71.

松本秀明. 1977. 「仙台附近の海岸平野における微地形分類と地形發達-粒度分析お用て-」. 東北地理.

Vol.39. No.4. pp.229~237.

Bridge, J. S. 1981. "Hydraulic interpretation of grain size distribution using a physical model for bedload transport." Journal of Sedmentary Petroload. Vol.51. No.4. pp.1109~1124.

Friedman, G. M. 1961. "Distribution between dune. beach and river sands from their textural characteristics." Jour. Sed. Petrology. Vol.31. pp.514~529.

Masahiko oya. 1970. "Geomorphological flood analysis on the Nakdong River basin southern Korea." Waseda University. pp.1~77.

Visher, G. S. 1969. "Grain size distribution and depositional process." J. Sed. Petro. Vol.39. pp.1074~1106.

CHAPTER 15

곡강천 유역의 지형 발달*

1. 서론

1) 연구목적

곡강천은 포항시의 신광면 마북리에서 발원하여 상류의 신광분지와 하류의 흥해분지를 유역으로 하면서 동쪽으로 흘러 칠포 해수욕장에서 동해로 유입되는 길이 26㎞의 작은 하천이다. 그러나 이 작은 하천은 신광분지와 흥해분지의 2개의 분지를 형성하고 있으며, 두 분지의 경계부와 바다로 유입되기 직전에는 협곡을 지나고 있다. 신광분지와 흥해분지에는 형성시기를 달리하는 하안단구들이 나타나고, 해안에는 사구지형과 해안단구가 발달하고 있다. 흥해분지 저에는 아주 평탄하고 넓은 충적저지가 형성되어 충적평야가 좁은 동해안에서 중요한 평야지대를 이루고 있다.

본 연구에서는 곡강천 유역분지에 대하여 지형 분류도를 작성하고 노두 조사와 boring 자료를 분석하여 이 유역분지의 지형발달의 일단을 고찰해 보고자 한다.

2) 연구방법

지형분류는 1/20,000 축척의 항공사진과 1/5,000 지형도로 먼저 조사지역의 지형분류

* 오화자·조화룡, 2001, 지리교육 12, 1~22쪽.

예찰도를 작성하고 이를 기초로 야외조사를 실시하여 수정, 보완함으로써 분류도를 완성하였다.

각 지형면의 형성시기와 퇴적환경을 검토하기 위하여 분류된 각 지형면별로 노두 조사를 실시했다. 노두 조사에서는 단구역층의 퇴적상과 역의 풍화정도를 밝혔으며, 표준토색첩[1]에 의한 토양색을 조사하였다. 또한 지형면의 개석 정도를 조사하고 Hand level로 하상 비고를 측정하여 지형면 상호간의 관계를 검토하였다.

건화엔지니어링 회사에서 실시한 boring자료[2]를 분석하여 흥해분지 충적층의 층상구조와 충적평야 형성과정을 검토했다.

3) 지질 및 지형개관

<그림 15-1>은 곡강천 유역 분지 및 그 주변 지역의 지질도이다. 곡강천 상류부에 해당되는 서쪽은 중생대 백악기, 중·하류부에 해당되는 동쪽 지역은 신생대 제3기 중신세 지층이 분포하여 지질이 서쪽에서 동쪽으로 갈수록 새롭다.

서부의 중생대 지질을 살펴보면, 북서부 기북면(杞北面), 죽장면(竹長面) 일대는 경상누층군의 유천층군에 해당되는 안산암(安山岩), 유문암(流紋岩) 등의 화산암이 분포하여 해발고도가 높고 사면경사가 급한 험준한 지형을 보이고 있다. 곡강천 유역 분지 분수령상에서 가장 높은 비학산(762m)도 안산암으로 이루어졌다. 북중부의 청하면, 유계리, 명안리 지역은 경상누층군의 최하부층인 신동층군에 해당되는 퇴적암으로 이루어져 북서부 화산암지대보다는 지형 기복이 완만하다. 신광분지 및 그 남서부 지역은 불국사관입암층군에 해당되는 화강암들이 분포한다. 화강암은 침식에 약하여 분지 지형 및 완만한 구릉지 지형의 특징을 보인다.

동부의 제3기 지질은 서쪽에서부터 천북역암층, 학림층, 흥해층, 이동층, 두호층, 여남층이 차례로 퇴적되었으며 하부 천북역암층은 육성층으로서 역암이며, 그 위에는 사암, 혈암들이 나타나고 동쪽으로 갈수록 세립화되며 모두 해성층이다. 이 제3기층들은 비교적 최근에 형성되었기 때문에 고결도가 낮으며, 융기량도 적어서 낮은 구릉지 지형 경관을 하고 있다.

곡강천 하구부 및 그 북쪽 해안을 따라 지경동화산암으로 불리는 중생대 지질이

---

1) 新版標準土色帖, 日本農林水産省農林水産技術協會事務局監修, 1992.

2) 포항시환경관리공단, 포항 흥해 하수종말처리시설 건설공사(T/K) 기본설계 토질조사 보고서, 2000.

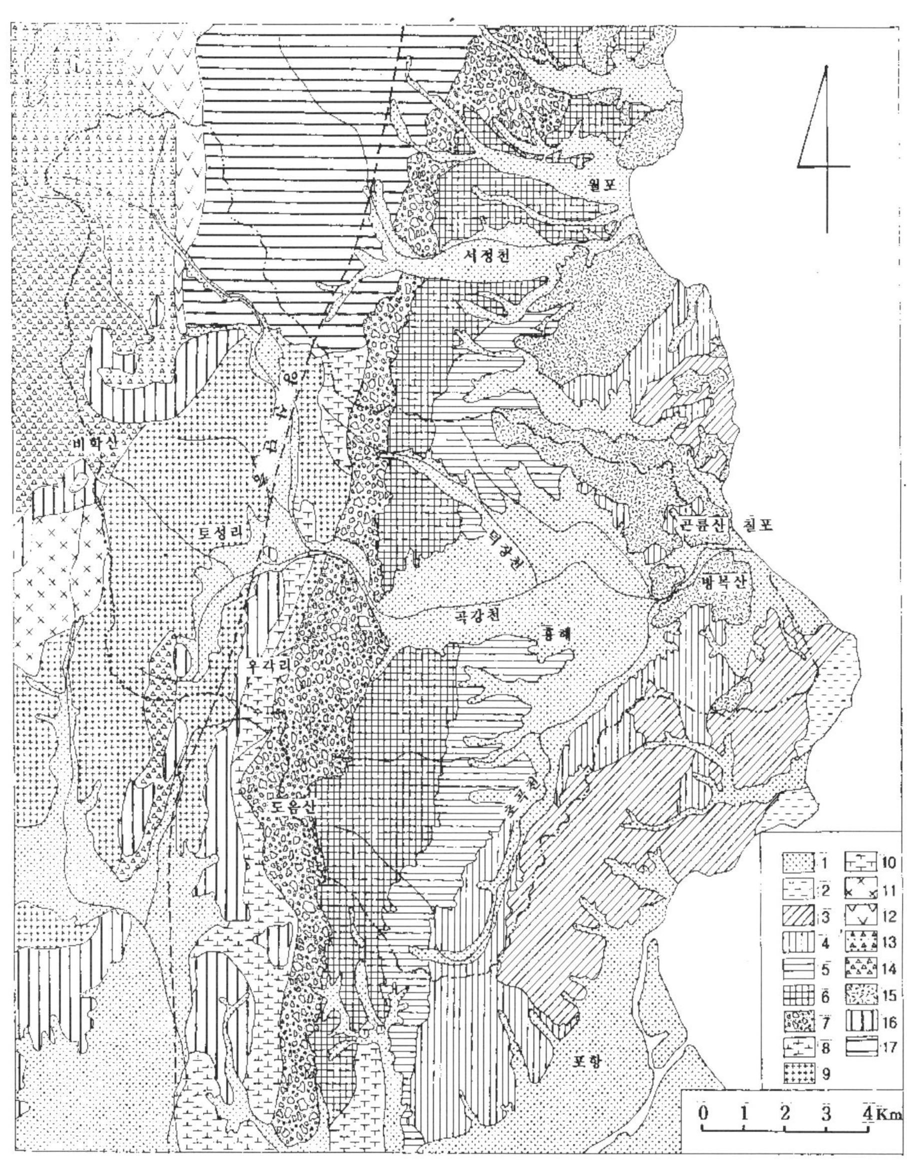

〈그림 15-1〉 곡강천 유역과 그 주변 지역의 지질

1. 충적층	6. 학림층	11. 화강섬록반암	16. 하양층군
2. 여남층	7. 천북역암	12. 보경사분암	17. 신동층군
3. 두호층	8. 규장암	13. 유문암	
4. 이동층	9. 흑운모화강암	14. 안산암	
5. 흥해층	10. 석영반암	15. 지경동화산암	

섬처럼 분포하여 상대적으로 험준한 지형을 이루고 있다. 신광분지 동쪽 가장자리를 따라 남북으로 양산 단층선이 지나는데 이 단층은 활단층으로 보고되고 있다(岡田 外, 1994).[3)]

지질별 지형 특징을 종합해 보면 유천층군에 해당되는 안산암, 유문암 및 지경동화산암은 상대적으로 높고 험준한 기복을 보이고 신동층군, 화강암지역, 제3기층의 순서로 고도가 낮아지고, 기복이 완만한 특색을 보여 이금삼(1999)[4)]의 기반지질과 지형특징의 관계에 관한 연구 결과가 이 유역 분지에서도 잘 일치되고 있음을 알 수 있다.

제4기 충적층은 신광분지 저와 흥해분지 저에 비교적 넓게 형성되어 있다. <그림 15-2>는 곡강천 유역과 그 주변 지역의 절봉면도이다. 이 절봉면도는 1/25,000 지형도를 기도로 하여 50m 간격의 등고선을 곡폭 250m 이하를 매곡하여 작성하였다. 곡강천은 포항시 신광면 마북리에서 발원하여 상류부는 신광분지, 하류부는 흥해분지를 관류하여 동해로 유입한다. 곡강천은 1/25,000 지형도를 기초로 하계망을 분석했을 때 주류 하천은 5차 하천으로 나타났고 주요 지류는 신광천, 덕장천, 초곡천 등이 있다.

신광분지와 흥해분지의 경계부에는 천북역암이 분포하고 있는데, 이 지역을 따라서 남북으로 길게 해발고도 300m 내외의 고주산, 도음산 등의 구릉성 산지들이 나타난다. 곡강천이 이 산지를 지나는 곳은 협곡을 이루고, 협곡의 동쪽 끝 부근의 협곡부는 현재 용연저수지가 축조되어 있다.

신광분지는 화강암 관입 지역이 곡강천에 의하여 개석되면서 형성된 화강암 개석분지이고, 또 이 분지의 남북으로 관통하는 양산 단층선도 이 분지 형성에 기여하여 분지가 남북으로 길게 형성되어 있다.

흥해분지는 제3기 지질분포 지역에서 서부의 천북역암으로 이루어진 산지와 해안을 따라 분포하는 지경동화산암이 만드는 산지에 둘러싸여 형성된 분지이다. 곡강천 하구 부근에는 하천이 지경동화산암 지대를 절단하고 지나는 좁은 협곡이 형성되어 있는데 특히 흥안리 부근의 약 700m 구간은 하천만 겨우 지나는 매우 좁은 협곡을 이룬다.

신광분지와 흥해분지에는 형성시기를 달리하는 하안단구들이 분포하고 있으며, 흥해분지 저에는 매우 넓고 평탄한 충적평야가 형성되어 있다.

---

3) 岡田篤正·渡邊滿久·佐藤比呂志·全明純·曺華龍·金性均·田正秀·池憲哲·尾池和夫, 「梁山斷層(韓國東南部)中央部の活斷層地形とトレンチ調査」, 地學雜誌, 103, 111~126쪽, 1994.

4) 이금삼, 「DEM을 이용한 한반도 지형의 계량적 특성과 기반암질과의 관계분석」, 경북대학교 대학원 박사학위 논문. 1999.

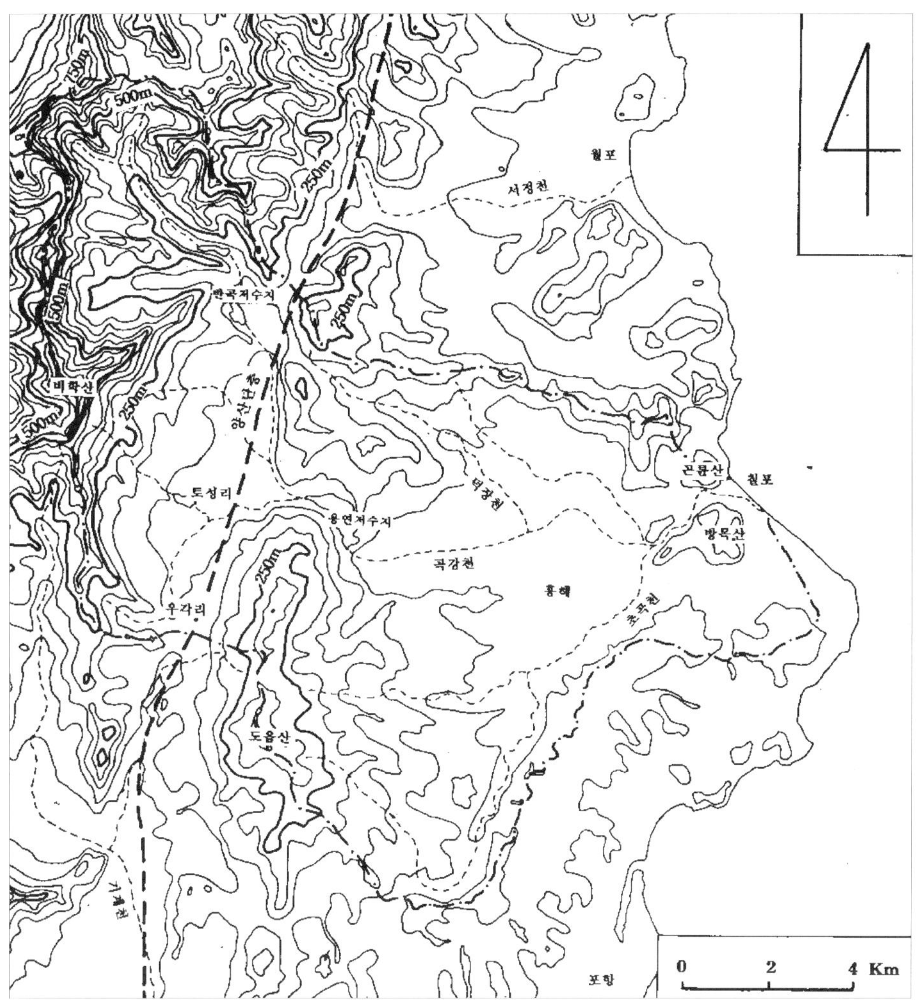

〈그림 15-2〉 곡강천 유역과 그 주변 지역의 지형(절봉면도)

곡폭 250m 이하 매곡, 주곡선 50m 간격

4) 선행연구

곡강천 유역 분지 전체를 대상으로 한 기존 연구는 아직 없다. 그러나 신광분지의 하안단구와 활단층에 관해서 조화룡(1997)[5]의 연구가 있으며, 곡강천이 바다에 유입되는 칠포리 지역의 해안 사빈에 대하여 정동준(1997)[6]의 연구가 있다. 이들의 연구 성과는

5) 조화룡, 「양산단층 주변의 지형분석」, 대한지리학회지, 제32권, 1호, 1~14쪽, 1997.

6) 정동준, 「영일만 주변해안의 해빈지형 변화」, 한국지형학회지, 제4권, 제1·2통합호, 1~15쪽, 1997.

〈표 15-1〉 가조, 위천, 안성, 구례, 강릉, 속초지역의 하안단구 분류 및 특성 요약 (장호, 1986)

분류	H_1	H_2	M_1	M_2	T	L_1	L_2
하상비고	50m 이상	30~40m	25m	20m		15m	6m
퇴적물 특징	모든 역이 풍화력	H1보다 덜 풍화된 풍화력	부분적으로 풍화	부분적으로 풍화		약간 풍화	풍화되지 않음
형성시기	Mindel빙기	Mindel빙기	Riss빙기	Riss빙기		최후빙기 (32,000년 전)	최후빙기 (18,000~15,000년 전)
토양	황갈색토/적색토, 적색토	황갈색토/적색토, 적색토	황갈색토/적색토, 적색토	황갈색토/적색토, 적색토	적색토	황갈색토	황갈색삼림토, 갈색 삼림토
침식, 퇴적관계	fill	fill	filltop	fillstrath	strath	filltop	fillstrath

뒤의 지형분류를 기술할 때 거론하기로 하고 여기서는 생략하기로 한다.

본 연구지역에는 하안 단구가 발달해 있고, 특히 흥해분지 저에는 비교적 넓은 충적평야가 형성되어 있으므로 이들의 지형발달을 비교 검토하기 위하여 우리나라 하안단구 연구성과와 충적층 층서 및 동해안 해수면 변동에 관한 기존 연구를 살펴보았다.

우리나라 하안단구에 대해서는 많은 연구가 이루어졌지만 그 중 장호(1986), 송언근(1993)의 연구가 대표적인 연구라 할 수 있는데 그 연구 결과를 소개하면 다음과 같다.

장호(1986[7])는 가조, 위천, 안성, 구례 등 우리나라 남서부 산간분지와 속초, 강릉 등 동북해안 지역을 대상으로 하안단구를 분류하고 그 지형면의 특색과 형성시기를 분석하였는데 그 결과는 <표 15-1>과 같이 요약된다.

송언근(1993[8])은 남한강 상류의 송천, 낙동강 상류의 반변천, 동해사면의 왕피천 유역의 하안단구를 표 2와 같이 분류하고, 역시 그 지형면의 특색과 형성시기를 논하고 있다.

이 두 사람의 연구에서 하안단구 지형면의 분류는 고위면을 H_1, H_2면으로 분류한 것은 동일하지만, 중위면은 장호는 M_1, M_2면으로 세분한데 대하여 송언근은 M면을 세분하지 않았다. 저위면은 두 사람 공히 L_1, L_2 두 면으로 분류하였다. 장호는 M면과 L면 사이에 T면을 설정하였고 송언근은 L_1과 L_2면 사이에 C면을 설정하고 있다. 하상비고가 일반적으로 송언근의 연구 대상 지역이 장호의 연구대상 지역보다 높게 나타나고 있으며 고위면으로 갈수록 그 차가 심하다. 이것은 송언근의 연구지역이 태백산맥

7) Ho Chang, "Geomorphic Development of Intermontane Basins in Korea", Doctor's dissertation of Tsukuba University, 1986.

8) 송언근, 「한반도 중남부지역의 감입곡류 지형발달」, 경북대학교 대학원 박사학위논문, 1993.

〈표 15-2〉 송천, 반변천, 왕피천의 하안단구 분류 및 특성 요약 (송언근, 1993)

분류	H_1	H_2	M	L_1	C	L_2
하상비고	80～250	42～100	26～50	13～24	7～18	7～13
단구면 특징	원면보존 50%이하	원면보존 50%이하	원면보존 50～70%	원면보존 70～90%	원면보존 70～90%	원면보존 80～90%
퇴적물 특징		풍화등급3～5	풍화등급3	풍화등급1～2	풍화등급1～2	풍화등급1
형성환경	지반융기	빙기와 간빙기의 교대에 따른 하천의 침식·퇴적양식의 차이에 의해 형성. C면은 곡류절단으로 발생한 천이점 이동으로 형성				
형성시기			Riss빙기	Early Würm빙기		Late Würm 빙기

융기축에 가까운 지역이기 때문인 것으로 추정된다. 각 단구면의 형성 시기는 두 연구자 모두 L_1면에 대한 탄소동위원소 절대연대를 근거로 L1면이 Early Würm기에 형성된 것으로 판단하고, 그보다 낮은 L2면은 Late Würm기에 형성되었으며, 그보다 높은 M면은 Riss빙기, H면은 Mindel빙기 혹은 그 이전에 형성된 것으로 추정하고 있다. 송언근은 단구면 원면의 보존율을 기초로 H면은 50% 이하, M면은 50～70%, L_1면은 70～90%, L_2면은 80～90%가 보존되어 있다고 했다. 장호는 각 단구면에 대하여 퇴적단구(fill)인가 침식단구(strath)인가 혹은 퇴적단구의 퇴적층의 일부가 침식되어 된 단구(fillstrath)인가의 관계를 분명히 해서 M_2면과 L_2면은 fillstrath면이고 T면은 strath면이며 그 밖의 면은 모두 fill면이라고 했다.

다음으로 우리나라의 해수면변동과 충적층 층서와 관련한 연구도 다양하지만 동해안 지역에 해수면 변동과 충적층 층서에 대해서는 靑華龍(1980)[9]의 연구가 대표적이라 할 수 있다. 이 연구에 의하면 우리나라 동해안의 후빙기(완신세) 해수면 변동은 <그림 15-3>과 같다. 해수면은 10,000년 B.P경에 -25m, 7,000년 B.P경에 -10m, 6,000년 B.P경에 현재 수준에 이르도록 급격한 상승을 하였으며 이 기간 동안 해안에는 익곡(溺谷)현상이 두드러져 바다가 내만(灣) 깊숙이 침입하는 해진현상이 일어났다. 그러나 6,000년 B.P경부터 해수면이 현재 수준에서 안정되어짐에 따라 익곡된 만입은 상류에서부터는 하천이 운반한 퇴적물로 점차로 메워지고 만구에서는 연안류에 운반된 퇴적물에 의하여 점차로 메워지게 되어 해안선이 후퇴(해퇴)하여 현재에 이르고 있다. 따라서 충적층의 층서도 후빙기 해진이 일어나기 전에 퇴적된 하천 및 해안 퇴적물인 기저 사력층, 해진이 일어난 뒤에 수중 퇴적된 중부 silt 혹은 점토층, 수면이 다 메워진 상태에서 퇴적된

9) 靑華龍, 「韓國東海岸における完新世の海水準變動」, 地理學評論 第53卷 臍5號, 317～328쪽, 1980.

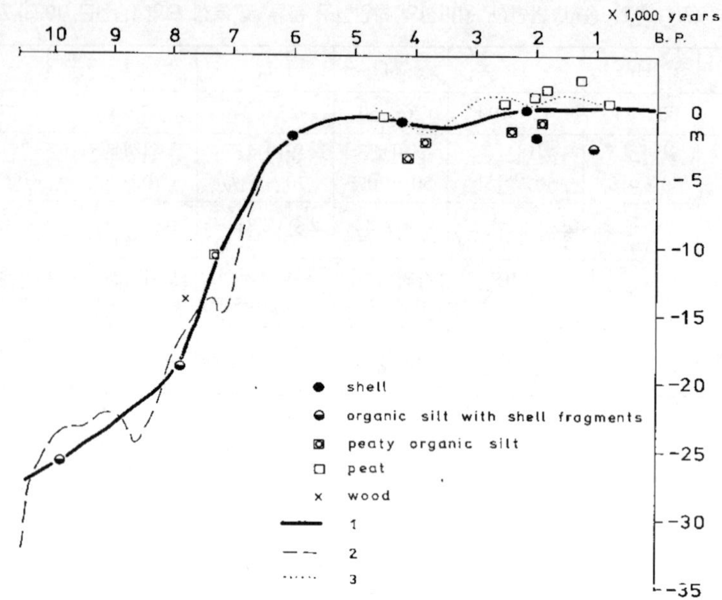

〈그림 15-3〉 한국 동해안에 있어서 완신세의 해수준변동 (曺華龍, 1980)

상부 사력층으로 나누어진다고 했다.

2. 지형면 분류

곡강천 유역 분지의 지형 분류도는 <그림 15-4>에 나타냈다. 본 유역 분지에서 상류부에는 하안단구가 발달해 있고 하류부에는 충적평야가 넓게 형성되어 있으며 해안에는 사구와 사빈이 발달해 있다.

1) 하안단구

곡강천 상류부 신광분지에는 죽성리(竹城里), 상읍리(上邑里), 안덕리(安德里), 만석리(萬石里), 토성리(土城里), 우각리(牛角里) 등 분지 주변 산록 대부분은 하안단구로 이루어져 있다. 그러나 흥해분지의 북부 가장자리 지역인 용곡리(龍谷里), 양백리(兩白里), 용전리(龍田里), 용천리(龍川里), 금장리(金壯里) 지역에만 하안단구가 분포하고 남부지역에는 나타나지 않는다.

이 하안단구들은 모두 곡강천의 본류성 단구가 아니고 이 하천에 합류하는 소지류들에

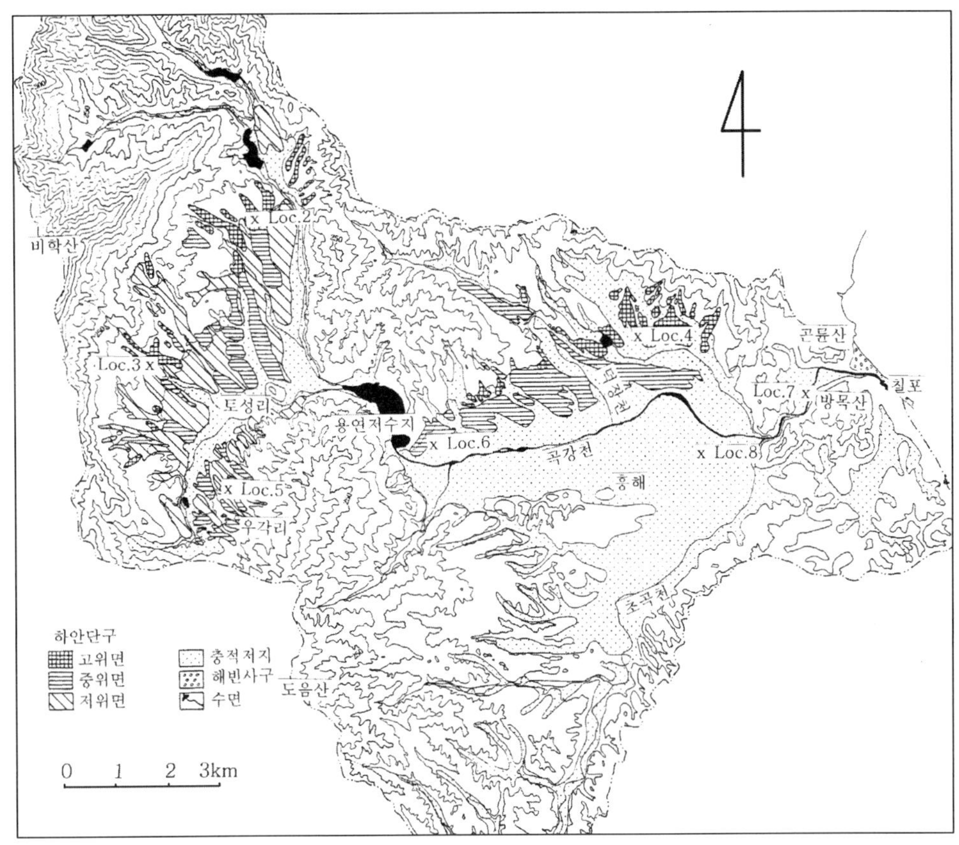

〈그림 15-4〉 지형면 분류도

의해서 시기를 달리하면서 형성된 선상지들이 개석되어 단구화된 지형면들이다.

곡강천 상류 신광분지는 주변산지가 높고, 양산단층이 분지 중앙을 남북으로 지나고 있기 때문에 선상지 발달에 좋은 조건을 갖추고 있어서 선상지 기원의 하안단구가 발달하였다. 그러나 흥해분지의 남부지역은 분수계를 이루는 주변산지가 해발고도 100m 전후의 낮은 구릉지로 이루어져 있고, 또 지질이 혈암 중심의 제3기층으로 이루어져 있으며 선상지를 형성할 역이 풍부하게 생산되지 않으므로 선상지가 거의 나타나지 않는다.

연구지역의 하안단구는 고위면, 중위면, 저위면으로 세분되었다.

(1) 고위면

신광분지 서쪽 비학산 산록에 해당되는 즉 만석리, 안덕리, 상읍리 지역에 단편적으로 분포한다. 산각과 연속되게 분포하여 낮은 분수령을 이루며, 파랑상의 표면경관을 보인다. 만석리 도로변 노두(Loc. 2)에는 Loess로 보이는 적갈색(2.5YR 5/8)의 실트층이 표면에서 50㎝정도 나타나고, 그 아래쪽에는 약 4m 두께의 pebble급 역층이 퇴적되어 있다. 이 역층을 구성하는 퇴적물들의 원마도와 분급 상태는 선상지 퇴적물의 특색을 보인다. 역의 풍화정도는 호미로 긁힐 정도로 풍화되어 있었다. 상읍1리 노두(Loc. 3) 에도 적색토가 두껍게 형성되어 있고 B층에는 망상반구조(호반문)가 발달해 있다.

흥해분지의 고위면은 양백리 뒤쪽과 용천리 주변지역에 분포한다. 용천리 국도변에는 높이 약 7m의 고위면 노두(Loc. 4)가 확인된다. 이 노두는 부분적으로 붕괴되어 식생이 피복되어 있기 때문에 두 지점의 노두를 연결하여 스케치한 것이 <그림 15-5>이다. 표면에 약 50㎝ 두께의 논흙이 있고 그 아래 약 60㎝ 두께의 적갈색 실트층이 형성되어 있는데 이 층에 망상반구조가 나타난다. 토색은 적갈색(2.5YR 4/8)으로 매우 적색화 되어 있다. 그 아래 2m 30㎝정도의 역층이 퇴적되어 있는데 퇴적물의 분급상태나 역의 원마도가 선상지성 퇴적물의 특색을 보인다. 화강암과 제3기층 기원의 역은 완전 풍화되어 있으나 규암역 같은 것은 풍화각이 들어 있을 뿐 완전 풍화되지 않았다. 그 아래 약 2m의 퇴적층은 분급이 양호한 가는 모래층으로 되어 있는데 부분적으로 적색 silt의 lens가 들어 있고 또 pebble급의 역이 수평 층리로 퇴적되어 있었다.

이상에서 살펴본 하안단구 고위면의 특색을 종합해 보면 지형면은 단편적으로 분포하고 적색화(2.5YR급)된 실트층이 표면에 두껍게 퇴적되어 있으며 망상반구조가 나타나고, 역은 거의 완전 풍화되었다.

(2) 중위면

신광분지의 안덕리에서 토성리 사이 지역, 그리고 우각리 주변 지역에 비교적 넓게 형성되어 있으며, 흥해분지에서는 용곡리, 양백리, 용전리, 용천리 지역에 분포한다. 대개 경지정리가 이루어진 논으로 이용되고 있어서 멀리서 보아서는 충적평야처럼 보이나 현지에서 실측해 보면 아랫면(저위면, 혹은 충적저지)과 비고 약 10m 전후의 단애면으로 경계되어 있고, 표면은 넓고 반듯하며, 말단부에는 개석곡이 들어 있다.

중위면에는 많은 노두를 찾아 볼 수 있는데 <그림 15-5>는 신광분지 우각리 남쪽에 분포하는 중위면이 소하천에 개석을 받으면서 형성된 노두(Loc. 5)이다. 약 10m 정도의 높이를 보이는 노두로서 아래쪽 약 4m는 세사 및 실트층 중심의 퇴적층이고 위쪽 6m는 역층으로 이 두 층 사이에는 부정합면이 존재하는 것으로 보였다. 표면에서 하부로 가면서 살펴보면 단구면 상에는 논으로 이용되고 있으며, 표면 약 50㎝는 경작활동으로

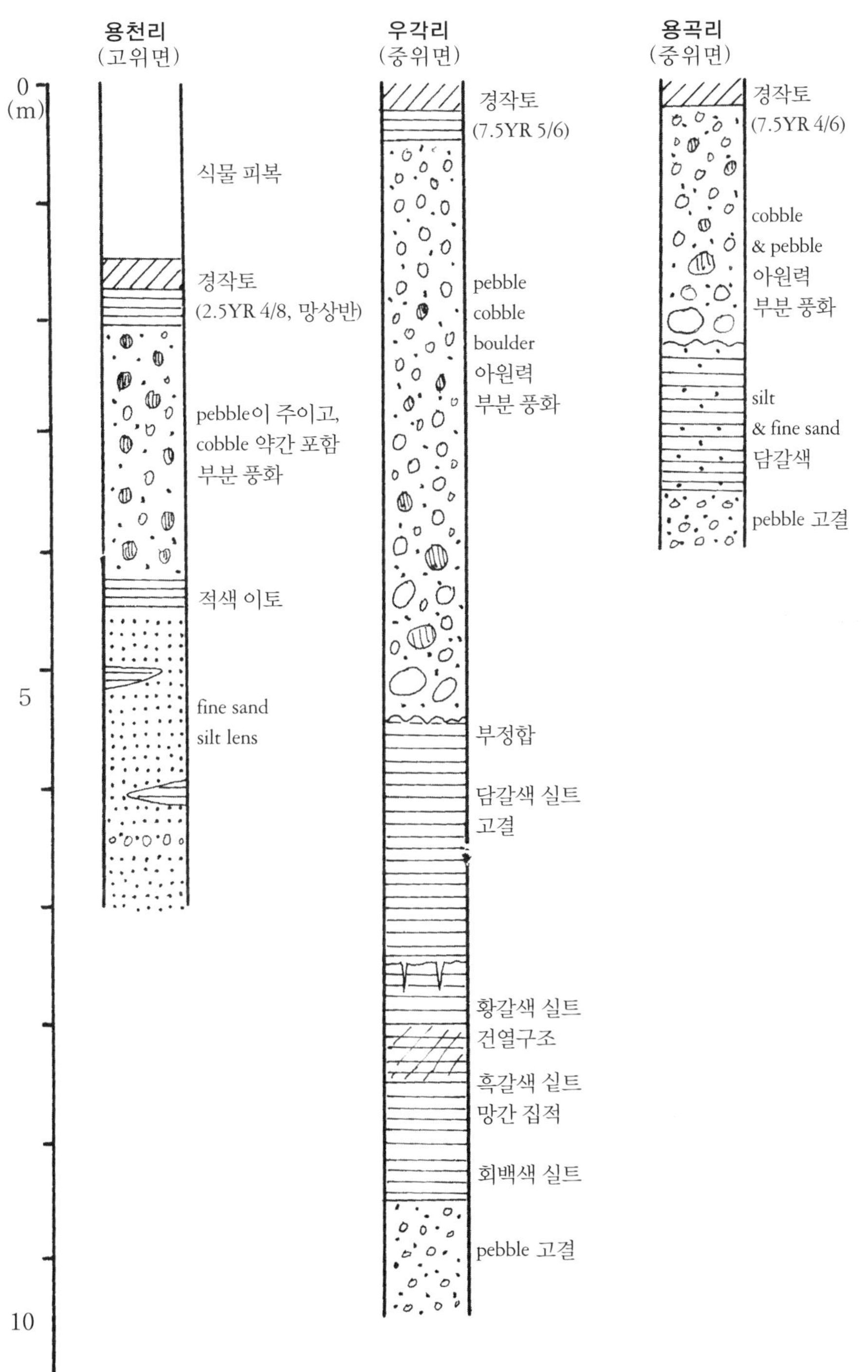

〈그림 15-5〉 흥해분지의 노두

교란된 논흙이다. 그러나 그 아래 약 50㎝는 명갈색(7.5YR 5/6)의 실트질 토양이 퇴적되어 있다. 이 아래 약 5m두께가 역층인데 역은 cobble과 pebble이 중심이며, 가끔 boulder급의 거력도 포함되어 있다. 아원력이며 부분 풍화가 이루어져 풍화각과 점토피막이 형성되어 있었다. matrix는 갈색의 사질 토양이다.

그 아래쪽은 부정합 관계를 보이는 면을 지나 담갈색이고 분급이 아주 좋은 세사 및 실트질 퇴적층이 수평층을 이루며 퇴적되어 있고, 그 아래 약 50㎝ 두께는 같은 종류의 퇴적물이지만 건열(乾裂)구조로 보이는 층이 나타나고 그 아래 다시 약 50㎝ 두께는 흑갈색의 고결된 층을 보이는데 아마도 망간 등이 집적된 층으로 보였다. 그 아래 약 1m 두께는 수중환경에서 형성된 것과 같은 회백색의 실트층이 그리고 그 아래는 세력을 포함한 고결된 역층이 나타난다.

<그림 15-5>는 홍해분지 용곡리 마을 동쪽 끝 부분에서 가옥의 뒤안까지 연결되어 있는 4～5m 높이의 노두(Loc. 6)이다. 표면 약 50㎝는 농경활동에 의해 교란된 silty loam이며, 그 아래 약 210㎝가 역층이다. cobble, pebble급의 아원력이고 풍화각이 형성될 정도로 부분 풍화가 이루어졌다. matrix의 토색은 갈색(7.5YR 4/6)이다. 아랫부분에 큰 역이 나타나고 뒤쪽으로 갈수록 점차로 세립화 된다. 역층 아래 1～1.5m의 실트 혹은 세사의 분급이 좋은 담갈색의 퇴적물이 퇴적되어 있는데 전체적으로 보면 lens 모양으로 퇴적되어 있다. 이 실트층 아래는 다시 pebble급 역 중심의 고결된 역층이 나타났다.

이상의 2개의 노두와 그 밖의 많은 노두의 퇴적상을 종합해서 살펴보면, 중위면은 넓고, 평탄한 지형면을 나타내며, 표면의 토양층이 두껍지 못하고, 토양색은 황등색, 등색 등 7.5YR 정도의 적색화가 이루어졌으며, 역은 풍화각 점토피막이 형성되어 있는 등 부분 풍화가 이루어졌다고 할 수 있다.

(3) 저위면

저위면은 신광분지에만 분포하고 있다. 이 면은 중위면을 개석한 곡저에 형성되어 있고 하상 비고가 상류 쪽에서는 7～8m에 이르지만 하류 쪽으로 갈수록 비고가 낮아져 충적저지에 수렴된다. 단구력도 거의 풍화를 받지 않고 신선한 상태이며, matrix도 거의 적색화, 고결화되어 있지 않다.

2) 충적저지

충적저지는 단구면 아래쪽에 분포하고 있으며, 현재도 하천이 크게 범람하면 흙탕물이 덮일 정도로 하상비고가 낮은 충적평야이다. 곡강천 유역의 충적저지는 신광분지에도 토성리 주변에 부분적으로 형성되어 있지만 면적이 크게 넓지 못하다. 그러나 흥해분지에는 분지저의 대부분을 차지하는 아주 넓은(남북 최대 폭 4㎞, 동서 최대 폭 7㎞) 충적저지를 형성하고 있다.

흥해 충적저지의 충적층 내부 층서 분석을 위하여 '주식회사 건화엔지니어링'이 흥해 평야에서 실시한 보링자료를 이용할 수 있었다. 이 보링은 포항시 환경관리공단의 발주로 흥해 하수종말처리시설 건설 공사의 기본 설계를 위하여 이루어졌다. 보링은 주로 곡강천 유로와 초곡천 유로를 따라 이루어졌으며 주 보링이 모두 32공(LH 1~32), 종말처리장 부근의 6공(SH 1~6), 주 펌프장 주변에 2공(PH 1~2)의 추가 보링이 이루어져 모두 40지점의 보링이 이루어졌다(그림 15-6 참조).

이들 보링자료를 기초로 곡강천 축(A~B단면)과 초곡천 축(A~C단면)으로 충적층 종단면도를 작성한 것이 <그림 15-7>이다. 보링 지점들이 충적층 밑에 묻혀 있는 침식곡(化石谷)의 가장 깊은 곳을 따라가면서 이루어지기란 어려우며, 특히 협곡부에서는 곡의 중심축에서 약간만 벗어나도 충적층의 심도가 훨씬 얕아진다. 따라서 충적층 종단면도 작성에 있어서도 곡의 중심축에서 많이 벗어난 것으로 판단되는 보링 주상도는 제외시키고 작성했다.

흥안리 협곡 바로 아래 평야부에서 이루어진 31번 보링 주상도는 이 평야에서 가장 깊은 충적층단면을 보여주는데 이 보링 당시 현장을 직접 참관하여 시료를 관찰했다.

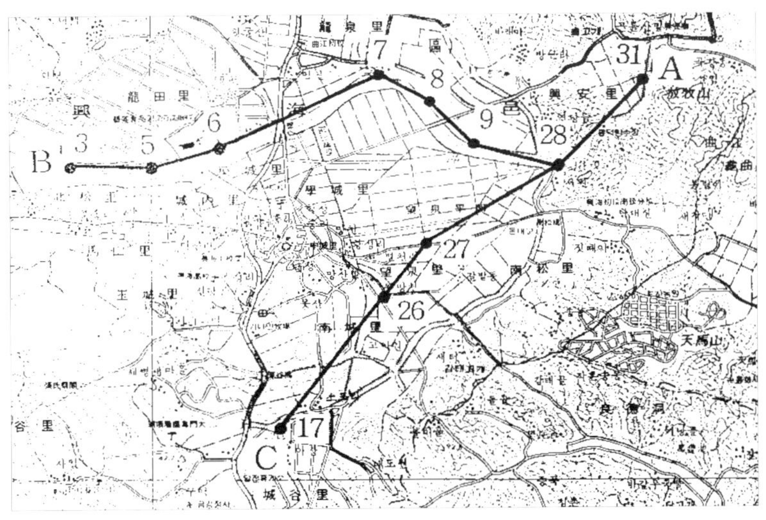

〈그림 15-6〉 흥해평야의 boring 위치도

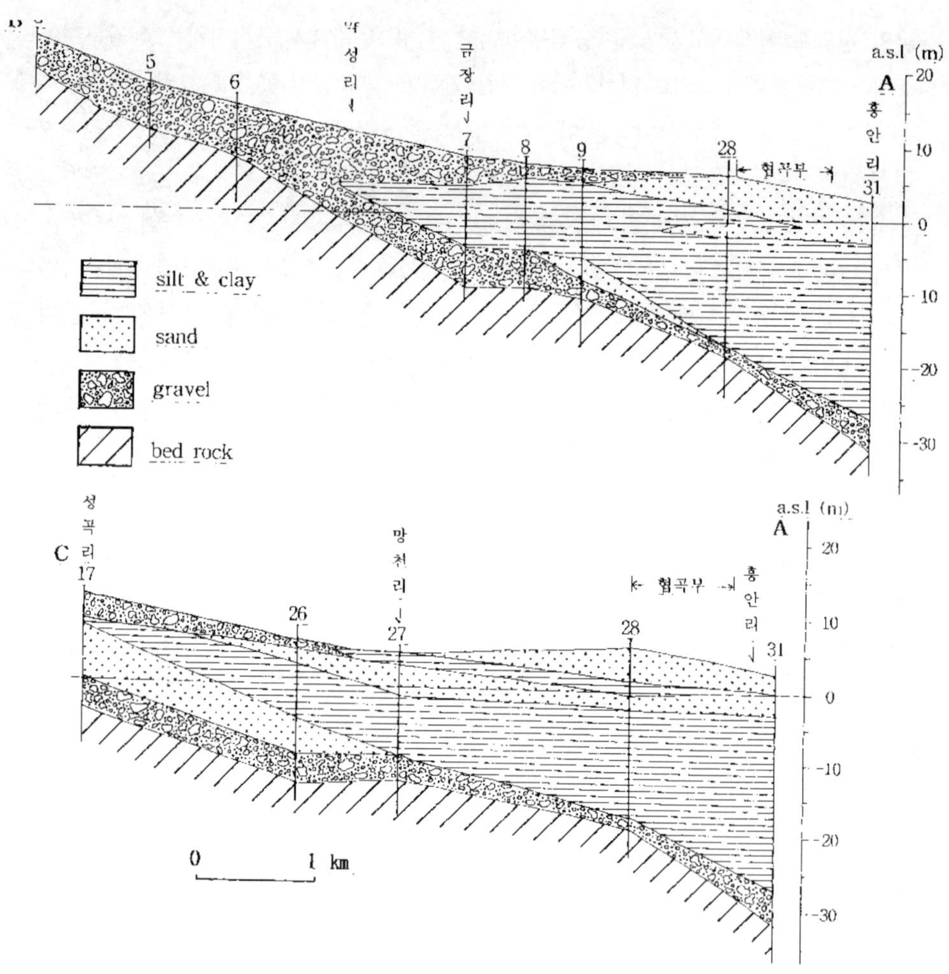

〈그림 15-7〉 흥해평야 충적층 종단면도

여기서 기반암은 -31m 부근에서 나타났으며, 약간 풍화된 석영조면암이었다. 그 위 4.4m두께의 층(-27.2～31.6m)은 모래 섞인 역층이었는데 하부에는 boulder급의 역도 포함되어 있었다. 그 위에 약 24m두께의 실트 섞인 점토층(-2.9～27.2m)이 아주 두껍게 형성되어 있었는데 분해된 유기질을 포함하고 있어서 암회색을 띠고 있으며, 30㎝ 관입에 N value가 1～4 정도로 아주 연약한 상태였다. 이층의 -14m 부근에 바다 조개 파편이 많이 포함되어 있었다. 그 위의 약 5.3m 두께의 층(-2.4～-2.9m)은 실트질이 약간 섞인 모래층이었는데 이것도 유기질을 포함하고 있어서 암회색이며, 특히 이 모래층의 하부에 바다조개 파편이 많이 포함되어 있었다.

이들 각층을 曺華龍(1980)의 충적층 층서명명법에 따르면 하부의 자갈층은 '기저사력층', 중부의 실트 섞인 점토층은 '중부 실트·점토층', 상부의 모래층은 '상부 사력층'에 각각 대비된다.

흥안리 협곡에 여러 구멍의 보링이 이루어졌지만 대부분은 곡의 최심부에 보링되지 못한 것 같다. 그러나 28번 주상도는 거의 곡의 중앙부에 보링이 되어서 깊은 심도를 보인다. 이 주상도에서 기반암은 -19m에 나타나고 그 위 약 1.5m 두께의 기저 사력층이 형성되어 있으며 그 위 다시 15m 두께의 점토가 퇴적되어 있고, 그 위에 1.8m 두께의 모래층, 1.9m 두께의 점토층, 최상부에 4.8m 두께의 모래층이 퇴적되어 있다. 상부 사력층 중에 끼여 있는 점토층은 해면의 미변동을 반영하거나 범람원 습지성 퇴적물로 曺華龍(1980)의 연구에서는 이를 상부 점토층이라 했다.

충적층 종단면도에는 이 31, 28번 보링 주상도는 A～B단면과 A～C단면에 모두 포함시켜 바다쪽 출발점으로 하고 있다.

먼저 곡강천 단면(A～B단면)을 살펴보면 화석곡의 기반암 심도는 흥안리 협곡 바깥쪽에 -32m, 협곡 바로 안쪽에 -19m, 금장리 부근 (7, 8, 9번 보링지점)에서 -10m, 그리고 6번 보링 지점에서 +7m인 것으로 보아 기반암의 심도 0m지점은 흥해 시가지 북쪽 약성리 부근으로 추정된다.

이 기반암 위에 퇴적된 기저 사력층도 2～5m두께로 계속되다가 약성리 부근에서 상부 사력층과 합쳐지고 있다. 중부 실트, 점토층은 하류 쪽이 두꺼워 24m나 되지만 상류로 갈수록 두께가 얕아져 금장리 부근에서 약 9m, 그리고 약성리 부근에서 끝나는 쐐기모양을 하고 있다. 상부 사력층은 하류 쪽은 모래인데 대하여 상류 쪽은 자갈로 되어 있다. 자갈층은 상류 쪽이 두껍고 하류로 갈수록 엷어져서 없어지고, 모래층은 이와 반대로 하류 쪽이 두껍고 상류로 갈수록 엷어져서 없어진다. 따라서 자갈층은 하천이 상류로부터 운반한 퇴적물로 보이며, 모래층은 파랑, 바람 등이 바다 쪽에서부터 운반한 퇴적물로 판단된다.

초곡천 단면(A～C)에서 화석곡 기반암 심도는 망천리 부근(26, 27번 보링지점)에서 -13～-14m이고 17번 보링지점에도 -4m에 이르러 0m에 해당하는 지점은 흥해 시가지 남쪽 성곡리 부근이 될 것으로 추정된다. 각 층의 배열상태는 대체로 곡강천 단면과 유사하지만 기저 사력층과 상부 사력층의 퇴적상이 조금씩 다르다. 기저 사력층은 상류에 역층 위에 두꺼운 모래층이 형성되어 있는 것이 곡강천 단면과 다르다. 상부 사력층은 상류 쪽에는 모래층, 역층으로 이루어져 있고, 망천리 부근부터 하류 쪽은 모래층, 점토층, 모래층으로 이루어져 소위 상부 점토층이 나타나는 것이 특색이다.

이상 각층의 퇴적환경을 추정하면 다음과 같다. 기저 사력층은 빙기 저해수준에 대응하여 침식곡 저에서 형성된 육성층이다. 그러나 중부 실트 점토층은 후빙기 해진에 의하여 침식곡이 익곡된 상태에서 수중퇴적으로 이루어진 것이 대부분이며 상류부 및 최상부 일부는 배후습지성 환경에서 퇴적된 것으로 추정된다. 상부의 역층과 사층도 익곡이 거의 매적된 뒤에 상류 쪽에서는 하천이 운반한 퇴적물에 의하여, 하류 쪽에는 파랑과 바람에 의하여 퇴적된 퇴적물로 추정된다.

3. 고찰

이 장에서는 앞에서 살펴본, 지질도, 절봉면도, 지형분류도 및 노두, boring data, 지형단면자료를 종합하여 곡강천 유역분지의 지형발달을 고찰해 보기로 한다.

1) 분지 지형 발달

곡강천 유역분지의 큰 윤곽은 신광분지, 흥해분지의 두 개의 분지가 형성되어 있다는 것과 이들 두 분지 경계부와 하구부 해안에 협곡이 형성되어 있다는 것이다.

신광분지의 형성은 일차적으로 주변지역이 침식에 강한 안산암, 유문암, 석영반암, 규장암, 역암 등으로 이루어져 있는데 대하여 분지 중앙부에는 침식에 약한 화강암이 분포하고 있어서 화강암 개석분지의 성격을 나타내고 있다. 2차적으로는 이 분지를 북북동-남남서 방향으로 가로지르는 양산단층이 지나면서 단층 파쇄대를 따라 유로가 형성되고 침식이 더욱 활발히 이루어져서 분지 모양이 북동-남서 방향으로 길게 형성되어 있다.

신광분지와 흥해분지 사이의 협곡은 침식에 강한 석영반암, 규장암, 천북역암 분포지대를 곡강천이 횡단하는 과정에 형성되었다.

흥해분지 주변은 대부분의 지질이 고결도가 낮아 침식이 잘되는 제3기 사암 및 혈암으로 이루어져 하천 주변을 따라 넓은 저지가 형성되고 분수령도 낮은 구릉지로 경계되어 있으나 유일하게 해안부근에 침식에 강한 중생대 화산암인 지경리화산암(산성화산암)이 분포하고 있어 이 지대를 곡강천이 지나면서 좁은 협곡을 만들고 있기 때문에 전체적으로 접시 모양의 넓고 얕은 분지를 형성하게 되었다.

곡강천은 비록 길이가 짧은 하천이지만 주류의 방향이 동서로 이루어져 남북으로 배열된 석영반암, 천북역암 지대를 횡단하면서 용연리 협곡을 형성하고 해안부근에는 지경리화산암을 절단하고 있는 것으로 보아 이들 지질이 지형에 반영되기 이전에 이미 유로가 형성된 선행하천이라는 것을 알 수 있다.

2) 단구지형 발달

단구지형은 현재의 침식기준면으로서는 설명되지 않으며, 현재 침식기준면보다 더 높은 위치에 면을 형성하고 있고, 이들 면들은 현재 하천에 의해 침식을 받고 있는 지형면들이다. 따라서 이들 지형면 들로서는 갱신세(更新世)의 이 분지의 지형발달을 살펴볼 수 있다.

이 유역분지의 하안단구들은 고위면, 중위면, 저위면으로 분류되며, 고위면은 많이 침식되어 그 분포가 단편적으로 나타나며, 역(礫)은 호미로 긁힐 정도로 거의 풍화되어 있고, 2.5YR 정도의 적색화된 토양이 나타나며, 망상반 구조를 보이고 있다. 이와 같은 특색을 선행연구(장호, 1986; 송언근, 1993) 결과와 비교해 보았을 때 Mindel빙기 혹은 그 이전에 형성된 것으로 대비할 수 있다.

중위면은 역이 부분풍화가 이루어졌고, 7.5YR 정도의 토양색을 보이고 있어 Riss빙기에 형성된 지형면으로 대비되었다.

저위면은 역이 거의 풍화되지 않고 토양도 적색화가 거의 이루어지지 않은 단구로 최종 빙기에 형성된 지형면으로 대비되었다.

이와 같이 이 지역의 하안단구들은 모두 빙기에 기후단구의 특성을 보이는 선상지성의 단구들이 차례로 형성되었다.

<그림 15-8>은 각 하안단구면의 곡강천 본류에 대한 비고를 나타낸 종단면도이다. 신광분지와 흥해분지의 경계 지점에 협곡이 형성되어 있고 이 협곡에 용연저수지가 만들어져 있어 하천의 종단면을 확실히 알 수 없지만 댐 하류 쪽은 대략 3m/1km의 구배를 이루고, 용연저수지 위쪽에서 반곡저수지 아래쪽까지의 신광분지에서는 대략 10m/1km의 구배를 이룬다. 토정리 부근에 작은 knick point가 나타날 뿐 그 밖의 지역은 평활한 포물선의 형태를 보인다.

충적평야는 흥해 부근에서 토정리에 이르는 구간에서 하상보다 2~3m 높아 하천이 충적저지를 약간 하각하고 있는 형태를 보이지만 그 밖의 지역은 충적저지면과 하상과의 고도차가 거의 없다. 그리고 하구에 역경사를 보이는 지형은 칠포리의 Beach ridge 및 사구가 만든 지형이다.

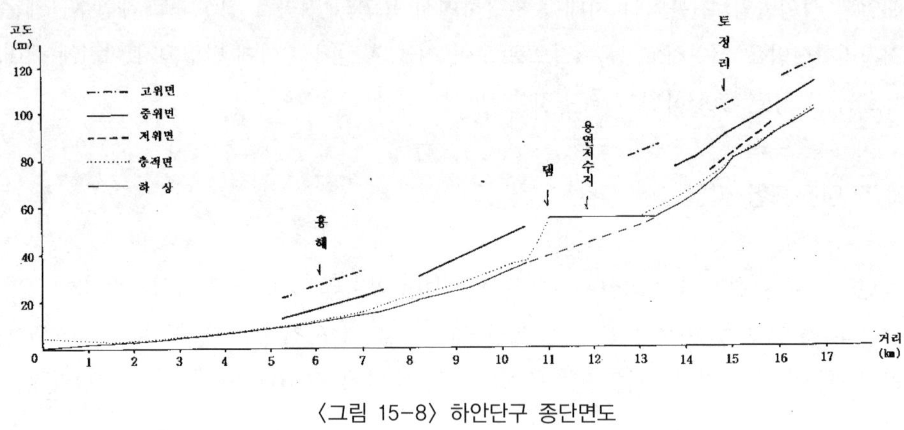

〈그림 15-8〉 하안단구 종단면도

저위면은 신광분지에만 나타나고, 하상비고가 상류부에서는 7~8m에 이르지만 하류로 갈수록 점차 낮아져 충적평야에 수렴된다.

중위면은 하상비고가 상류부에서는 10m, 용연저수지 위쪽과 아래쪽에서 약 15m 전후로 높아지고, 흥해 아래쪽에서는 4~5m로 낮아져 중앙이 높고 하류 쪽에서 수렴되는 종단형태를 보인다.

고위면은 하상비고가 상류에서 약 20m, 용연저수지 부근에서 28m, 하류에서 13m 전후로 낮아져 중위면과 마찬가지로 중앙이 높은 종단면형을 나타낸다.

이와 같이 중위면, 고위면의 하상비고가 중앙부에 높게 나타나는 것은 용연저수지 부분이 협곡이기 때문이라 추측된다. 그러나 협곡의 요소를 제거하였을 때 전체적으로 이 지형면들은 상류에서 하류로 가면서 비고가 낮아지고 있어서 하류로 갈수록 비고가 높아지는 간빙기 고해수준에 대응해서 형성된 지형면과는 전혀 성질이 다르며, 빙기 저해수준에 대응해서 만들어진 선상지 지형면이 개석을 받아 형성된 단구면이라 판단할 수 있다.

그래서 단구면의 종단면도 상류 쪽의 하상비고가 높고 하류 쪽으로 갈수록 낮아져서 수렴되고 있다. 해안선에 가깝게 위치하는 흥해분지에는 고해수준에 대응하는 하안단구도 나타날 가능성이 있으나 본 조사에서 발견되지 못했다. 다만 단구 노두에서 선상지성 역층 아래 분급이 아주 잘 이루어진 모래층이 자주 나타나는데 이것이 고해수준에 대응해서 퇴적된 것일 가능성이 있다. 그러나 이들은 모두 그 뒤의 선상지성 역층에 의해 묻혀져 버렸기 때문에 지형면으로 남아 있지 않은 것으로 판단된다.

3) 충적저지 발달

하천 하류부 충적저지는 대개 후빙기 해진에 의해 침수된 익곡이 6,000년 B.P.경부터 해면이 현재 높이에서 안정되면서 하천에 의해 운반되어 온 퇴적물에 의해 상류로부터 매적되면서 형성된 지형이다. 이와 같은 개념에서 볼 때 흥해분지에는 해진의 극상기 때 바다가 현재 흥해 시가지 앞쪽까지 들어와 내륙호수와 같은 경관을 이루었고 그 후 점차로 매적되어 현재의 충적저지가 된 것으로 추정할 수 있다. 보링자료에 의한 충적층 종단면도에서 충적층 밑에 묻혀 있는 화석곡의 기반심도 0m 지점이 곡강천을 따라서 약성리 부근에 나타나며, 초곡천을 따라서는 성곡리 부근에 나타나고, 또 중부 실트·점토층의 분포도 거의 이 부근까지 이르는 것으로 미루어보아 이와 같은 추정이 가능하다.

호수상태의 내만이 형성되었다는 것은 하구 가까이 흥안리 협곡이 형성되어 바다 쪽 출구가 아주 좁은 반면 안쪽은 분지저의 거의 대부분이 수면으로 형성되었을 것으로 가정하기 때문이다. 이 지역의 충적저지가 넓고 아주 평탄한 것도 이와 같은 호수형태의 내만이 매적되었기 때문인 것으로 판단된다. 보링 주상도에 나타난 중부 실트·점토층 모두의 토색이 암회색, 흑회색, 흑색으로 표기되어 있고 매우 연약한 것으로 기록되어 있는 것으로 보아 이층은 유기질 점토, 혹은 토탄성 점토인 것으로 판단되며, 이것으로 미루어보아 이 지역은 얕은 수심에 수초가 무성한 소택지 환경이 오래 계속되었다는 것을 추정할 수 있다.

4. 결론

본 연구는 곡강천 유역분지에 대하여 지형분류, 노두 조사, 보링자료 조사를 통하여 이 유역 분지의 지형 발달을 고찰했다. 주요 결과는 다음과 같다.

1. 본 유역 분지의 큰 윤곽은 지질분포와 관련되어 신광분지와 흥해분지의 두 지형단위로 이루어져 있다. 전자는 화강암 개석 분지 및 단층분지의 성격을 갖고 있고, 후자는 하구부에 경암이 분포하여 협곡을 만들고 있기 때문에 분지 지형이 되었다.

2. 이 유역 분지 상류부 및 지류 곡구에 기후단구성의 하안단구가 분포하는데 고위,

중위, 저위면으로 세분되었다. 각 단구의 토색, 역의 풍화정도 등 지형적 특성으로 미루어보아 고위면은 Mindel빙기 혹은 그 이전, 중위면은 Riss 빙기, 저위면은 Würm 빙기에 형성된 것으로 추정된다. 제3기 협암지대인 초곡천 유역에는 하안단구가 결여되어 있다.

3. 최종빙기 최성기 때 곡강천은 흥안리 부근에 -30m, 용천리 부근에 -10m, 약성리 부근에 0m에 이르는 침식곡이 형성되었다. 흥해 평야의 충적층 층상구조는 하부에 5m 전후의 기저사력층, 중부에 하류쪽에 두껍고(20m이상) 상류쪽으로 갈수록 엷어져서 없어지는 쐐기모양의 중부실트 점토층, 상부에 5m전후의 상부사력층으로 이루어져 있다.

이와 같은 충적층 층상구조로 이 평야의 완신세 환경변화를 복원해 보면 다음과 같다.

후빙기 극상기 때는 해진이 흥해 시가지 부근까지 이루어졌으며, 이때의 수면은 흥안리 협곡 때문에 내륙호수와 같은 내만을 이루었다. 해면이 안정된 6,000년 B.P 경부터 이 호수성 내만은 점차로 메워지면서 오랫동안 습지 경관을 이루었고 마침내 아주 넓고 평탄한 충적평야를 형성하였다.

참고문헌

1. 단행본

권혁재. 1997. 『지형학』. 서울: 법문사.

김우관. 2000. 『지형학』. 서울: 형설출판사.

조화룡. 1987. 『한국의 충적평야』. 서울: 교학연구사.

町田 貞. 1982. 『河岸段丘』. 東京: 古今書院.

矢澤大二·戸谷洋·貝塚爽平 編. 1974. 『扇狀地』. 東京: 古今書院.

『新版標準土色帖』. 1992. 日本農林水産省農林水産技術協會事務局監修.

2. 논문

박희두. 「1989. 남한강 중상류 분지의 지형연구-퇴적물 분석을 중심으로-」. 동국대학교 대학원 박사학위 논문.

손명원. 1985. 「반변천의 하안단구에 관한 연구」. 지리학연구, 10. 749~767쪽.

손명원. 1993.「낙동강 상류와 왕피천의 하안단구」. 서울대 대학원 박사학위논문.

송언근. 1993.「한반도 중·남부 지역의 감입곡류 지형발달」. 경북대학교 대학원 박사학위 논문.

오건환. 1980.「한반도 동서해안에 분포하는 해성단구면의 대비」. 부산여대논문집, 8. 부산여대. 157~170쪽.

_____. 1981.「한반도의 해성단구와 제4기의 지각변동」. 부산여대논문, 9. 부산여대. 377~415쪽.

_____. 1983.「구정선 고도 변화로부터 본 한반도의 제4기 지각변동」. 교육논집, 10. 부산대 사범대학. 245~253쪽.

우병영. 1984.「양산단층의 지형학적 연구」. 경북대학교 대학원 석사학위 논문.

이광률. 1999.「홍천강 중·하류의 하안단구 연구」. 경희대학교 대학원 석사학위 논문.

이금삼. 1999.「DEM을 이용한 한반도 지형의 계량적 특성과 기반암질과의 관계분석」. 경북대학교 대학원 박사학위 논문.

임창주. 1973.「영춘 지역 하안단구 연구」. 지리학연구, 1. 1~24쪽.

_____. 1990.「남한강의 하안단구에 관한 연구」. 동국대학교 대학원 박사학위논문. 1~139쪽.

정석교. 1999.「삼척 오십천 중·하류의 하안단구 지형발달」. 경희대학교 교육대학원 석사학위 논문.

曺華龍·岡田篤正·全明純·金性均·渡邊滿久·佐藤比呂志·田正秀·池憲哲·尾池和夫. 1994.「梁山斷層中央部의 活斷層地形과 Trench調査」. 한국지형학회지, 제1권. 2호. 67~83쪽.

조화룡. 1997.「양산단층 주변의 지형분석」. 대한지리학회지, 제32권. 1호. 1~14쪽.

정동준. 1997.「영일만 주변해안의 해빈지형 변화」. 한국지형학회지, 제4권. 제1·2 통합호. 1~15쪽.

최성길. 1984.「한국 동해안 냉천 하구부의 해면변동단구와 영일만 북안의 해성단구」. 지리학 논집. 제17권 1호. 61~73쪽.

황상일·윤순옥. 1996.「한국 동해안 영덕 금곡지역 해안단구의 퇴적물 특성과 지형발달」. 한국지형학회지, 제3권 2호. 99~114쪽.

曺華龍. 1979.「韓國浦項周邊海岸平野の地形發達」. 東北地理 제30권. 3호. 152~160쪽.

_____. 1980.「韓國東海岸における完新世の海水準變動」. 地理學評論, 제53권. 5호. 317~328쪽.

崔成吉. 1997.「韓國東海岸における後期更新世段丘地形の發達過程と最終間氷期の海水準」. 日本東北大學校 博士學位論文.

Ho Chang. 1986. “Geomorphic Development of Intermontane Basins in Korea”. Doctor’s dissertation of Tsukuba University.

岡田篤正·渡邊滿久·佐藤比呂志·全明純·曺華龍·金性均·田正秀·池憲哲·尾池和夫. 1994.「梁山斷層(韓國東南部)中央部の活斷層地形とトレンチ調査」. 地學雜誌, Vol.103. No.2. pp.111~126.

岡田篤正·渡邊滿久·鈴木康弘·慶在福·曺華龍·金性均·尾池和夫·中村俊夫. 1998.「蔚山斷層係(韓國東南部)中央部の活斷層地形と層露頭」. 地學雜誌, Vol.107. No.5.

CHAPTER 16

불국사 산맥 서사면의 단구 지형 발달*

1. 서론

1) 연구 목적

우리나라는 이른바 노년기 지형이 탁월하여 선상지 발달이 저조하다(권혁재, 1999).[1] 그러나 경주 부근에서 울산만에 이르는 불국사 산맥[2] 서사면 지역에는 형성 시기를 달리하는 선상지 기원의 단구면들이 연속적으로 발달해 있다. 또 이 지역은 활단층으로 논의되고 있는 울산 단층이 지나는 곳으로, 단층 운동과 선상지 발달 간에는 깊은 관련이 있는 것으로 예상된다. 그러나 지금까지 이들 선상지 기원의 단구면들에 대한 종합적인 연구가 없다. 다만 岡田篤正 외(1998),[3] 황상일,[4] 윤순옥 외(1999)[5]에 의하여

---

* 이윤화, 2001, 경북대학교석사학위논문.

1) 권혁재, 1999, 地形學(제4판), 法文社, 115쪽.

2) 立岩巖(1922)은 1/50,000 경주 도폭 지질도 설명서에서 '태백산맥과 동해안 사이에 표고 500m 전후의 佛國寺 山脈이 남북으로 달리고 태백산맥과 사이에 구조성의 내륙평야인 경주, 안강 평야가 발달해 있다'고 해서 불국사 산맥이란 이름을 처음 사용했다.

3) 岡田篤正, 渡邊滿久, 鈴木康弘, 慶在福, 曺華龍, 金性均, 尾池和夫, 中村俊夫, 1998, 「蔚山斷層係(韓國東南部)中央部の活斷層地形と斷層露頭」, 地學雜誌, Vol.107, No.5 (960).

4) 황상일, 1998, 「慶州 鰕洞 周邊의 扇狀地 地形發達과 構造 運動」, 한국지형학회지, 제5권, 제2호, 189～200쪽.

활단층 연구가 이루어지면서 활단층 노두가 나타나는 지역 부근에 단편적인 지형 분류가 이루어졌을 뿐이다.

따라서 본 연구에서는 이 지역에 발달해 있는 선상지 기원의 단구 지형의 특징을 조사하여 지형 분류도를 작성하고, 지형 발달을 고찰하는 것을 주목적으로 삼았다. 부차적으로 울산단층과 관련된 lineament를 분석하고, 이 lineament상에 단구 지형면 변위를 검토했다.

2) 연구 방법 및 자료

지형면 분류는 1/20,000 항공사진 판독과 1/5,000 지형도 독도에 의해서 먼저 실내에서 예찰도를 작성하고, 이를 근거로 현지 조사를 실시하여 수정·보완함으로서 지형 분류도를 작성하였다. 분류된 각 지형면 별로 노두 조사를 실시하여 퇴적상, 역의 풍화 정도, 토양색 등을 조사하고, 각 지형면의 형성 시기와 퇴적 환경을 검토했다.

지형면 개석 정도, 지형면 상호간 및 지형과 하상간의 비고를 측정하여 지형면 상호간의 상관 관계를 검토했다.

절봉면도, 항공사진, 지질도를 검토하여 lineament 및 저단층애(低斷層崖)로 판정되는 지형을 조사하여 이 지역에 있어서 울산단층의 활동흔적을 찾아보았다.

3) 연구 지역의 범위와 지형 및 지질 개관

우리나라 동남부 지역의 지형은 여러 개의 지질 구조선에 의해 특징되고 있는데, 특히 양산 단층과 울산 단층에 의해 크게 지배받고 있다.

양산 단층은 낙동강 하구에서 시작하여 양산, 언양, 경주, 신광, 청하를 지나 경북 영덕군 영해에 이르는 것으로, 연장거리가 200㎞이고 윤곽이 뚜렷하다.

울산 단층은 울산만 동안에서 시작하여 모화, 입실, 불국사를 지나 경주에 이르는 것으로, 연장 거리가 40㎞ 이상이다. 이들 두 단층은 최근 연구에서 활단층으로 인정되고 있다.[6)]

5) 윤순옥·황상일, 1999, 「한국 남동부 경주시 불국사단층선 북부의 활단층지형」, 대한지리학회지 제34권, 제3호, 231~246쪽.

6) 岡田篤正, 渡邊滿久, 佐藤比呂志, 全明純, 曺華龍, 金性均, 全正秀, 池憲哲, 尾池和夫, 1994, 「梁山斷層(韓國東南部) 中央部の 活斷層 地形と トレンチ調査」, 地學雜誌, 103-2; 岡田篤正 외, 1998, 전게서.

〈그림 16-1〉
불국사 산맥 주변 지역의 절봉면도

* 등고선 간격 50m, 곡폭 250m이하 매곡
* A, B, C, D지역은 그림 16-3, 16-4, 16-5, 16-6 지역의 범위

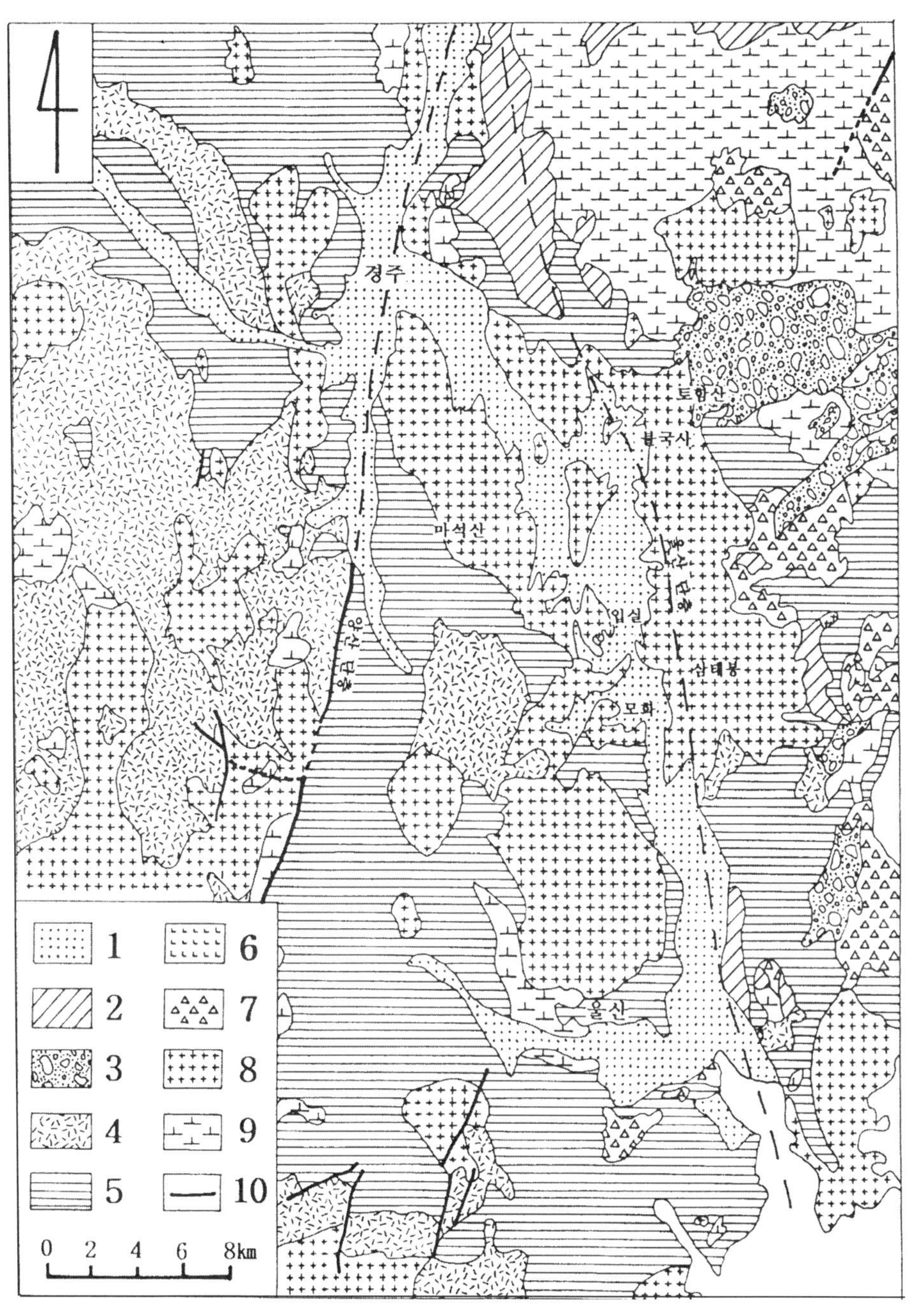

〈그림 16-2〉 불국사 산맥 주변지역의 지질도

1. 충적층 2. 연일층군 3. 양북층군 4. 유천층군
5. 하양층군 6. 현무암 7. 제3기 화산암 8. 불국사 화강암
9. 반암류 10. 단층선

본 연구 지역은 울산 단층이 지나는 경주시 하동에서 울산시 효문리에 이르는 불국사 산맥의 서사면 지역이다. 불국사 산맥은 포항 부근에서 시작하여 울산만 동쪽에서 끝나는 산맥으로, 형산(257m), 시루봉(503m), 토함산(745m), 삼태봉(619m), 동대산(444m) 등의 산들이 솟아 있다. 이 산맥의 동쪽 사면은 많이 개석되기는 했지만 개석곡을 메워버리면 전체적인 윤곽은 완사면인데 대하여, 서사면은 울산 단층의 단층애에 해당되어 급사면을 이룬다. 불국사 산맥의 서사면은 많은 소하천이 흐르면서 깊은 하곡을 형성하고, 산지를 벗어난 산록부에는 두터운 역층이 퇴적되어 형성시기가 다른 여러 개의 선상지들이 만들어졌고, 이들은 다시 하천의 개석을 받아 선상지 기원의 다양한 하안 단구를 형성하고 있다.

토함산에서 발원하여 불국사 주변의 서사면을 흐르는 소하천, 즉 신계천, 남천 등은 서쪽으로 흘러 형산강 상류에 유입되어 북쪽으로 흐른다. 토함산 남쪽의 말방, 개곡, 입실 지역을 흐르는 소하천, 즉 연안천, 냉천, 입실천, 모화천, 신천천, 송정천 등은 동강으로 유입되어 남류하여 울산 부근에서 태화강에 합류한다. 따라서 본 조사지역은 이 두 하천(형산강, 동강)의 분수계 주변 지역이기도 한데, 이 분수계 중에 가장 낮은 부분은 경주시 외동읍 북토리 신원마을 서쪽 논으로 표고 약 80m 정도이다.

이 지역의 기반암은 중생대 백악기의 퇴적암인 하양층군과 이를 관입한 불국사 화강암이 주를 이루며, 동부 일부 지역은 제3기층이, 그리고 서부 일부 지역은 백악기 화산암이 주축인 유천층군이 분포한다. 그러나 지형 분류도가 작성된 직접 조사 지역의 지질은 북부의 불국사 주변 지역, 말방-입실 지역 및 모화-농소 지역의 북부까지는 모두 불국사 화강암 분포 지역이다. 그러나 이보다 남쪽은 매곡리 부근에 좁게 대안리 안산반암이 분포하고, 효문리 일대는 제3기 역암이 분포하며 나머지 지역은 퇴적암인 울산층(하양층군)이 분포한다. 산록에는 이를 개석하여 퇴적한 제 4기층으로 이루어져 있다.

4) 선행 연구

본 연구 지역은 양산 단층과 더불어 우리나라에서 활단층으로 인정된 울산 단층이 지나는 지역이며, 이 지역에 선상지 기원의 단구면들이 발달한 것도 이 단층 운동과 관련이 깊다. 따라서 먼저 활단층에 관한 기존 연구를 살펴보고, 다음으로 우리나라 하안 단구의 연구를 살펴보기로 한다.

岡田 외(1998)는 울산 단층의 중앙부, 즉 경주시 외동읍 말방리와 개곡리 지역에서 단층 노두와 이 단층에 의한 단구면 지형 변위를 조사하였다. 그 결과, 이 단층은 제4기층

을 변위시키고 있는 활단층이며, 선상지 기원의 하안 단구 고위면을 15m, 중위면을 5m 정도로 변위시키고 있어서 0.1～0.08㎜/y의 변위 속도를 나타낸다고 하였다. 사곡지 부근의 단층 노두에서 단층면의 주향은 거의 남북 방향이고 동쪽으로 25～30° 경사져 있으며, 기반암인 화강암이 역층 위로 충상되어 있는 역단층임이 밝혀졌다. 이 연구에서 岡田 외는 고위면을 20～14만 년 전, 중위면을 6～5만 년 전, 그리고 저위면을 최종빙기 최성기에 형성된 면으로 추정하였다.

황상일(1998) 및 윤순옥 외(1999)는 울산 단층의 북부 하동과 진현동 부근의 단층 노두 조사, 단구면 분류 등을 통하여, 울산 단층이 말방리에서 진티마을까지는 남-북 방향으로 달리고, 진티마을에서 하동까지는 북서-남동 방향으로 형성되어 진티마을 부근에서 교차한다고 보고하고 있다. 또한 단층면의 경사가 하동 부근에서는 15° 정도의 예각이던 것이, 진티마을 쪽으로 가면서 점차로 경사가 급해져서, 진티마을 부근에서는 거의 직각에 가깝게 나타난다고 했다. 또 이 단층 운동에 의한 고위 단구면의 변위량을 9.5～10.5m, 중위면의 변위량을 6m 정도로 추정하고, 또 이들 단구면의 형성 시기를 고위면이 30～25만 년 전, 중위면을 20～14만 년 전으로 추정했다. 이것은 岡田 외의 연구에 비해 단구면의 편년을 더 오래된 것으로 보고 있으며, 결과적으로 단층의 변위 속도도 岡田 외의 계산보다 더 느린 0.03～0.043㎜/y을 주장하였다.

우리나라 하안단구의 분류 및 분류된 각 지형면의 특색, 형성 시기들을 종합적으로 고찰한 연구는 장호(1986), 송언근(1993)의 연구가 있다. 한편 조화룡(1997)은 같은 활단층인 양산 단층선을 연하여 발달한 하안 단구의 지형면을 분류하였다. 따라서 이 세 연구 결과를 여기에서 검토하기로 한다.

장호(1986)[7]는 가조, 위천, 안성, 구례 등 우리나라 남서부 산간분지와 속초, 강릉 등 동북해안 지역을 대상으로, 선상지 기원의 하안단구를 분류하고 그 지형면의 특색과 형성 시기를 분석하였다

송언근(1993)[8]은 남한강 상류의 송천, 낙동강 상류의 반변천, 동해사면의 왕피천 유역의 하안 단구를 분류하고, 역시 그 지형면의 특색과 형성시기를 논하고 있다.

이들 두 사람의 연구에서 각 단구면의 형성시기는 두 연구자 모두 L_1면에 대한 탄소동위원소 절대연대를 근거로 L_1면이 Early Würm기에 형성된 것으로 판단하고, 그보다 낮은 L_2면은 Late Würm기에 형성되었으며, 그보다 높은 M면은 Riss빙기, H면은 Mindel 빙기

7) Ho Chang, 1986, "Geomorphic Development of Intermontane Basins in Korea", Doctor's dissertation of Tsukuba University.

8) 송언근, 1993, 「한반도 중남부지역의 감입곡류 지형발달」, 경북대학교 대학원 박사학위논문.

혹은 그 이전에 형성된 것으로 추정하고 있다. 송언근은 단구면 원면의 보존율을 기초로 H면은 50% 이하, M면은 50~70%, L_1면은 70~90%, L_2면은 80~90%가 보존되어 있다고 했다. 장호는 각 단구면에 대하여 퇴적단구(fill)인가 침식단구(strath)인가 혹은 퇴적단구의 퇴적층의 일부가 침식되어 된 단구(fillstrath)인가의 관계를 분명히 해서, M_2면과 L_2면은 fillstrath면이고, T면은 strath면이며, 그 밖의 면은 모두 fill면이라고 했다.

조화룡(1997)[9]은 양산 단층선을 연하여 발달한 하안단구의 지형면을 분류하였다. 고위면 표토의 토색은 2.5YR 및 5YR의 적갈, 명적갈, 등색을 나타내고, B층에는 일반적으로 망상반(網狀斑)이 형성되어 있고, 단구력은 호미로 긁힐 정도로 완전히 풍화되어 있으며, matrix도 상당히 고결되었다. 중위면 표토의 토색은 황등색(7.5YR 8/8, 7.5YR 7/8), 혹은 등색(7.5YR 7/6)으로 부분적으로 적색화되어 있었다. 역은 점토 피막과 풍화각이 대부분 형성되어 있고, 가끔 완전히 풍화된 역도 포함되어 있고, matrix는 상당히 고결되어 있었다. 저위면은 적색화가 거의 이루어지지 않았고, 역도 거의 신선하고 matrix물질도 완전히 분리 상태에 있었다. 각 면의 형성 시기는 고위면은 Mindel/Riss 간빙기나 그 이전, 중위면은 Riss 빙기, 저위면은 최종빙기에 형성된 것으로 추정하였다.

2. 지형면 분류

1) 불국사 주변 지역

이 지역은 경주시 불국동의 하동리, 마동리, 진현리와 외동읍의 신계리, 괘릉리, 활성리에 해당하는 1/5,000지형도 4장의 지역이다. 괘릉리 지역에는 동서로 낮은 분수령이 있어, 이보다 북쪽은 영일만으로 유입되는 형산강의 지류 남천의 상류지역이고, 남쪽은 울산만으로 유입되는 동강의 최상류부에 해당된다. 이 지역의 기반암 지질은 모두 불국사 화강암이다.

본 연구에서 거론된 단구 지형은 형성된 뒤에 개석을 받은 지형이므로, 엄밀히 표현하면 선상지성 하안단구지형이다. 그러나 본 지형면 분류에서는 번잡함을 피하기 위하여 선상지로 약해서 기술하기로 한다.

불국사 산맥의 서사면에서 발원한 남천과 동천의 소지류들이 산지 산록에 선상지를 만들고 있는데, 북쪽으로부터 하동 선상지, 마동 선상지, 불국사 선상지, 진현동 선상지,

9) 조화룡, 1997, 「양산단층 주변의 지형분석」, 대한지리학회지, 제32권, 1호, 1~14쪽.

신계리 선상지, 괘릉리 선상지, 활성리 선상지로 크게 7개 선상지가 형성되어 있다. 이들 선상지들은 전체적으로 볼 때, 서로 옆으로 연결된 합류 선상지의 모습을 보인다. 한편, 각각의 선상지들을 살펴보면, 오래된 선상지를 개석하여 새로운 선상지가 그 전면에 만들어지고, 또 이 선상지가 개석되어 그 전면에 더 새로운 선상지가 만들어지는 형식이기 때문에, 하나의 선상지는 형성 시기를 달리하는 선상지가 중복된 복합 선상지라 할 수 있다.

따라서 오래된 순서로 고위면, 중위면, 저위면으로 나누어 분류도를 작성했다(그림 16-3). 고위면은 일반적으로 곡구 쪽에 분포하며 많이 개석되어 원면은 단편적으로 남아 있다. 그러나 남천과 동강의 분수령이 되는 괘릉리 선상지에서는 고위면이 전 선상지 지역에 분산되어 단편적으로 남아 있는 것이 다른 선상지에 비하여 분포상의 차이이다. 이 지역에서 고위면의 원면 보존 상태는 20% 전후에 불과하다.

이들 지역에 노두를 관찰한 지점은 분류도에 번호를 붙여 Loc.로 표시되어 있으며, 이들 노두의 특색을 요약한 것이 <표 16-1>이다.

고위면 표면의 토지 이용은 삼림으로 덮여 있거나, 공동묘지, 밭, 과수원 등으로 이용되고 있다. 평탄한 면에는 loess로 추정되는 균질의 실트층이 1m 전후의 두께로 형성되어 있으며, 이 실트층 일부에는 소위 호반(虎斑)이라 일컫는 망상반이 형성되어 있는 경우가 많다.

역층은 규암역과 같은 아주 강한 역을 제외한 대부분의 역이 호미로 쉽게 긁힐 정도로 완전 풍화의 상태이다. 표토 아래 B층의 토양색은 적색화가 많이 진전되어 2.5YR(적갈색), 10R(적색) 등의 토색을 보인다.

고위면은 상류 쪽에서는 하상 비고 20m 전후, 중위면과의 하상비고 5~10m로 높지만 하류 쪽으로 가면서 낮아져 중위면에 수렴되는 경우가 많다.

중위면은 단구화된 선상지면 중에서 가장 넓은 면을 형성하고 있다. 하천 연변에는 하천에 의해서 선단 부근에는 선단에서 들어온 개석곡에 의해 상당히 침식을 받고 있지만, 그래도 원면이 많이 보존되어 남아 있는 원면만으로도 선상지의 윤곽을 파악할 수 있을 정도이다. 원면의 보존 상태는 대략 70% 전후로 볼 수 있다. 불국사와 불국사 앞의 여관촌도 이 중위면 위에 건설되어 있다.

중위면의 토지이용은 일부지역이 밭으로, 그리고 또 취락이 입지하고 있기도 하지만, 대부분은 논으로 이용되고 있다. B층의 토색은 7.5YR(밝은 갈색 혹은 오렌지색)로 부분적인 적색화가 이루어져 있고, 역의 풍화 정도도 화강암이나 혈암 등은 상당히 풍화가 진전되어 있으나, 그 밖의 반암등 대부분의 역들은 풍화각이 형성되어 있거나, 점토피막이 형성되

〈그림 16-3〉 불국사 주변 지역의 지형면 분류도

〈표 16-1〉 불국사 주변 지역의 선상지 노두 목록

지형면 구분	위치 (Loc.No)	지명	층상구조 (층후단위 m)	토색	역의 풍화정도	토지 이용
중위면	1	하동	0~0.7: pebble을 포함한 사질표토 0.7~1.3: silt(loess가능성) 1.3~1.65: 조사층, 약한 bedding 1.65~1.9: silt, 網狀斑 1.9~2.15: pebble을 포함한 조사층 crack이 들어 있음 2.15~3.45: cobble을 포함한 砂層	황등색(10YR7/6) 등색(7.5YR7/6) 등색(5YR7/6)	완전풍화력 포함, 풍화각 형성	삼림
중위면	2	하동	0~0.2: 교란된 논흙 0.2~7.2: cobble과 pebble로 이루어진 역층 20㎝두께의 silt lens가 두 번 들어있음		풍화각, 점토 피막	논
중위면	3	마동	0~0.25 : 사질 silt, 교란된 논흙 0.25~0.75 : silt (loess의 가능성) 0.75~1.45 : 사질 silt, 網狀斑 1.45~12.15 : 사력층, cobble역 중심 가끔 boulder급 역도 포함	황등(10YR6/4) 명적갈(5YR5/8)	화강암역은 부분 풍화, 풍화각형성	논
중위면	4	마동	0~8 : 식생 피복 미확인 8~9 : 사력층 9~10.1 : 회색사층, 5~10㎝두께 peat층이 3번 협재 10.1~10.6 : 역층	회색(7.5Y6/1)	부분 풍화 부분 풍화	논
고위면	5	마동	0~1 : 균질의 silt층(loess가능성) 1~? : 역층	적색(10R4/6) 명적갈(5YR5/8)	완전 풍화	공동 묘지
중위면	6	진현리	0~0.3 : 교란된 논흙 0.3~10 : boulder를 가끔 포함한 cobble 중심의 역층, 아원력, 분급 불량	명적갈	화강암 풍화, 기타력 풍화각 형성	논
고위면	7	진현리	0~1 : 사질 silt 1~12 : boulder를 포함한 다양한 역종의 역층 아원력 및 아각력	적갈색	완전 풍화	삼림
중위면	8	진티	0~1 : silt 1~8 : boulder를 포함한 사질 역층, 아원력 분급 불량	명적갈(5YR5/8)	부분 풍화	밭
고위면	9	진티	0~1 : silt(loess가능성) 1~ : pebble급 역을 포함한 사질모래층	적갈(2.5YR4/8)	완전 풍화	밭
고위면	10	신계리	0~1 : silt 1~ : pebble급 아원력을 포함한 사질 실트층	적색(10R 4/8)	완전 풍화	밭
고위면	11	공정골	0~4 : 식생피복 미확인 4~4.5 : pebble을 포함한 모래층 4.5~4.8 : 토탄질 사층 4.8~5.3 : 거력을 포함한 역층	명갈(7.5YR5/8)	화강암, 혈암 완전풍화	밭
고위면	12	밤깟등	0~0.6 : silt(loess가능성) 0.6~1.6 : pebble을 간혹 포함한 silt 1.6~2.6 : pebble중심 cobble 가끔 섞인 역층 sand matrix	명적갈(5YR5/8) 암적(7.5R3/6)	완전 풍화	밭

어 있을 정도로 부분 풍화가 이루어져 있다. 아주 평탄한 면상에는 loess로 추정되는 실트층이 엷게 형성되어 있고, 망상구조도 부분적으로 나타나지만 고위면에 비해 그 두께가 엷어서 대개 50㎝ 이하로 나타났다.

저위면은 하곡을 따라서 중위면을 침식하여 형성된 소위 fillstrath의 좁은 하안단구로 나타나지만, 중위면을 벗어난 하류에서는 면적이 넓어져서 선상지 모양을 이룬다. 남천 상류의 한 지류인 신계천을 따라서 전형적으로 형성되어 있으며, 또 하동리 쪽에서는 상당히 넓게 형성되어 있다. 토양은 거의 적색화되지 않았고 역도 풍화되지 않은 신선한 상태이며, matrix 물질도 전혀 고결이 이루어지지 않았다.

황상일(1998)은 이 지역의 마동리(Loc. A), 진현리(Loc. B), 진티마을(Loc. C) 3곳에 활단층 노두를 보고하고 있다. 즉, saprolite 상태로 풍화된 화강암의 기반암이 단구역층 위로 비스듬히 밀고 올라간 역단층의 노두가 나타나 있으며, 이들 3지점을 연결하는 선(활단층선)을 따라 고위면과 중위면이 각각 10m, 6m정도 변위되어 있다고 보고하고 있다. 이와 같이 제4기 지형면인 선상지를 가로질러 형성된 저단층애는 하동 남쪽 중위면과 마동 선상지 북쪽 가장자리 고위면에서 잘 나타나고 있다. 이 연장선이 불국사 선상지를 지나는 곳은 여관촌 위쪽 주차장 지대인 것으로 보이나, 인공적인 개변이 심하여 확실하지 않다.

2) 말방-입실 지역

이 지역은 경주시 외동읍 말방리, 개곡리, 연안리, 입실리, 구어리 지역에 해당하는 1/5,000 지형도 4장의 지역이다(그림 16-4). 이 지역의 기반암도 모두 불국사 화강암 일 색이다. 이 지역에는 동강의 지류 말방천, 연안천, 입실천과 그 밖의 소지류들이 불국사 산맥 서사면 산록에 선상지를 형성하고 있다. 이들 선상지들의 지형면 배열 상태를 북쪽에서부터 살펴보면 다음과 같다.

말방천에 의하여 만들어진 말방 선상지에는, 고위면은 분포하지 않고 곡구에 접하여 중위면이 형성되어 있는데, 선상지 종단면 구배가 1㎞에 대하여 60～70m 높아질 정도로 비교적 급하다. 말방천은 이 중위면 중앙을 동서로 흐르며 협곡을 이룬다. 중위면 선상지 선정 부근 남측 곡벽에 약 15m 높이의 노두(Loc. 13)가 형성되어 있는데, 아래쪽 10m 높이는 풍화된 화강암의 기반암이고, 그 위 약 5m 두께의 역층이 형성되어 있다. 화강암과 역층 사이의 부정합면에 약 10㎝ 두께의 사질 토탄층이 형성되어 있다. 岡田 외(1998)에 의하여 측정된 이 토탄층의 절대 연대는 > 41,170y.B.P(NUTA3937)로 나타나, 이 단구가

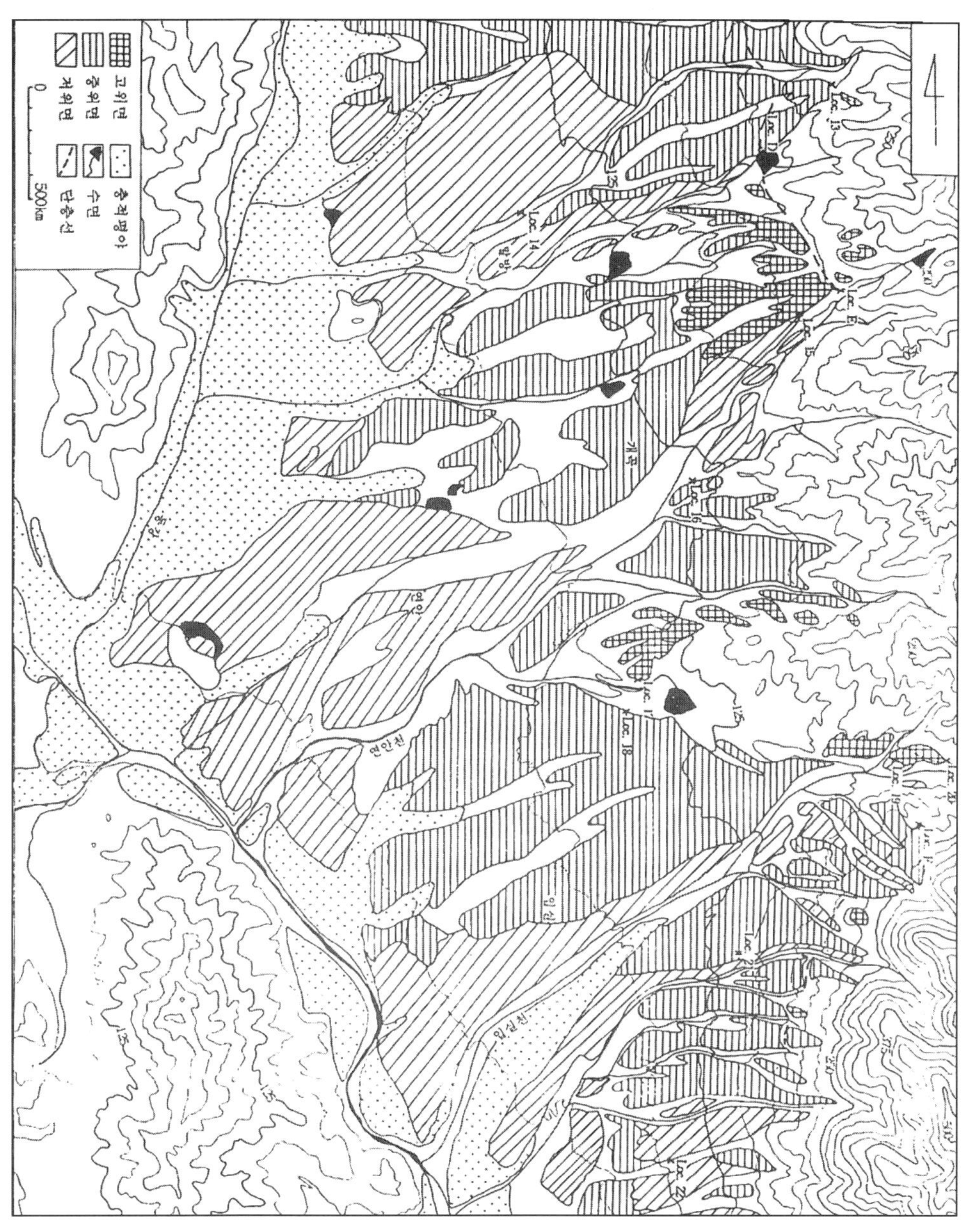

〈그림 16-4〉 말방-입실 지역의 지형면 분류도

4만 년 전보다 이전에 형성되었다는 것을 말해준다.

중위면에 협곡을 만들면서 서쪽으로 흐르던 말방천이 말방 2리 취락 부근에 이르러 보다 완만한 저위면 선상지를 다시 만들고 있는데, 이 선상지면의 종단면 구배는 1㎞에 대하여 20～30m로 높아져 중위면보다 훨씬 완만하다. 현재 말방천은 이 저위면을 다시 개석하고 있어, 단구면의 하상 비고는 5～10m이다.

말방선상지 남쪽의 연안 선상지는 연안천에 의하여 만들어진 선상지로 보인다. 고위면, 중위면, 저위면이 모두 나타나는데 그 배열이 아주 특징적이다.

고위면은 현재 연안천 유로와 많이 벗어난 북쪽 산록에 형성되어 있고, 중위면은 약간남쪽으로 이동하여 중류부에 형성되어 있으며, 저위면은 더 남쪽에서 현 하천을 끼고 하류부에 형성되어 있다. 이것은 연안천의 전체 유로가 남쪽으로 조금씩 이동하면서 이들 지형면들이 차례로 만들어진 것을 보여 준다.

말방 선상지와 연안 선상지 선정부 가까이에는 岡田 외(1998)에 의해서 활단층 노두가 발견되었다. 이들 노두는 사곡 저수지 북측(Loc. D)과 개곡리 저수지 아래쪽(Loc. E)에 나타나는데, 화강암이 역층을 비스듬히 타고 충상된 역단층 노두이다. 또한 이 두 노두와 연결되는 활단층이 선상지면을 변위시킨 저단층애가 인정되고 있는데, 이를 경계로 고위면과 중위면을 각각 15m, 5m씩 변위되어 있다고 보고하고 있다.

입실천 주변의 선상지는 입실천 본류가 형성한 본류성의 큰 하나의 선상지와 입실천 남쪽의 급사면 산록을 연하여 여러 개의 소하천들이 만든 지류성의 합류선상지가 형성되어 있다.

본류성 선상지는 중위면이 가장 넓고 완전한 선상지 모습을 이루고 있다. 선정에서 선단까지 약 2㎞, 선앙부 폭이 약 1㎞ 규모이다. 입실천은 이 중위면 남쪽 가장자리를 따라 흐르며, 다시 저위 선상지를 만들고 있다. 고위면은 중위면 선상지의 선정부 쪽인 토점리에 하상 비고 약 15～20m의 하안단구 형태로 단편적으로 분포한다.

입실천 남쪽 합류 선상지는 다음 지형 분류도(그림 16-5, 모화·농소 지역)의 북쪽지역까지 계속되며, 활처럼 휘어진 급사면의 산록을 따라 8개의 소하천에 의해 형성되었고, 또 이들 하천과 그의 지류들에 의하여 개석되고 있다. 경사가 매우 급하여 1㎞에 120m씩 높아지는 가파른 경사를 이룬다. 퇴적층은 거력을 많이 포함한 역이 중심이지만, 모래, 실트들도 섞여 있어 분급이 나쁘다. 역의 형태도 아원력 정도로 원마된 역이 있는가 하면, 각력도 포함되어 있다. 따라서 이들 선상지들을 형성한 퇴적물의 공급은 유수에 의한 운반뿐만 아니라, 토석류성의 mass movement에 의한 운반도 기여한 것으로 판단된다. 역의 풍화 정도와 토색도 다양한 변화를 보여 면의 분류에 어려움이 많았다.

일반적으로 역은 부분 풍화되어 있으며 토색은 7.5YR 정도의 적색화를 이루고 있다. 선단 쪽의 하층 퇴적물이 오래된 특색을 보이고, 선정 쪽의 상층퇴적물이 비교적 신선하다. 이것은 오래된 지형면을 새로운 퇴적물이 그 위를 계속 피복하고 있는 것으로 설명할 수 있다. 개석곡이 깊게 들어 있는 지형면은 표면까지 오래된 퇴적물의 특징을 보이지만, 같은 높이의 지형면을 같은 규모의 하천이 흐르는데도 개석곡이 아주 얕게 들어 있는 곳에서는, 표면 퇴적물이 아주 신선하다. 구어리 부근의 두 선상지는 그래서 저위면이 중위면을 피복하고 있는 형태로 지형면 분류를 했다.

이 합류 선상지의 가장 북쪽의 한 선상지면과 그 위쪽 구릉지 일부를 정지하여 주택단지를 만들고 있는 현장을 견학할 수 있었는데, 이 현장에서 단층 노두(Loc. F)를 관찰할 수 있었다. 표층이 모두 제거되고 화강암의 기반암 속에 나타난 단층 노두여서 역층과의 관계를 직접적으로 논할 수는 없지만, 넓은 폭에 걸쳐 3열의 단층점토와 dike가 나타난 노두였다. 주향은 북북동 방향(N20°E)이고 단층면은 동쪽으로 80～50° 기울어져 있다.

이 단층 노두로부터 산쪽 절단면을 보면 <사진 16-1>에서 볼 수 있는 것처럼, 동쪽의 두 절개면은 화강암이고, 서쪽의 한 절개면은 단구역층이며, 그 사이 즉, 단층선이 지날 것으로 예상되는 선으로는 곡이 형성되어 있다. 또 이 단층노두 남쪽의 선상지들의 선정부 가까운 곳에 지형면을 횡단하는 낮은 애면이 곳곳에 나타나는데, 단층노두와 이들 애면 각각을 연결하면 남남서쪽으로 완만히 휘어진 한 가상 단층선을 설정할 수 있다. 그러나 이것이 활단층과 관련된 지형인지 아닌지는 더 많은 조사가 이루어진 뒤에 확정될 수 있을 것이다.

말방·입실지역에서 조사된 노두들의 특징은 <표 16-2>에 정리되어 있다. 지형면별 토지 이용과 역의 풍화정도, 토색은 불국사 주변의 것과 대개 유사하다. 다만 입실천 남측 합류선상지상의 토지 이용은 경사가 급하여 중위면 및 저위면까지도 밭으로 이용되거나 삼림이 덮여 있는 것이 다르다.

<사진 16-2>는 송계리 국도변 주유소 뒷담에 나타난 노두(Loc. 23)이다. 이 노두에서 화석 ice wedge로 보이는 노두가 나타났다. 지층에 이질 퇴적물이 수직으로 박혀있는 쐐기 모양을 하고 있는 경우가 있는데, 이것은 건열(乾裂)에 의한 틈 사이에 다른 퇴적물이 들어가서 만들어지는 경우와 ice wedge가 형성된 후에 이질 물질이 들어가 만들어지는 경우가 있다. 전자의 경우는 우리나라에서 흔히 볼 수 있는데, 쐐기 모양의 이질 물질 바깥쪽 지층이 전혀 교란되지 않고 수평층을 이루는 것이 특징이다. 그러나 후자는 얼음쐐기가 여러 해 동안 동결・융해를 반복하면서 자라기 때문에, 옆으로 압력을 주어 바깥쪽 지층이 휘어지는 것이 특징이다. 본 노두에도 쐐기 모양의 이물질 바깥쪽 지층이 휘어져 있으므로 우리나라에서 보기 드문 얼음쐐기의 화석지형이 아닐까 추정된다.

〈사진 16-1〉 입실단층노두

이 단층 노두를 경계로 오른쪽 절개지는 역층이고, 왼쪽 절개지는 화강암 풍화대가 나타나 있다

〈사진 16-2〉 송계리 화석 ice wedge로 추정되는 노두

〈표 16-2〉 말방-입실 지역의 선상지 노두 목록

지형면 구분	위치 (Loc.No)	지명	층상구조 (층후단위 m)	토색	역의 풍화정도	토지 이용
중위면	13	말방	0～0.3 : 교란된 밭흙 0.3～5.3 : boulder를 포함한 역층, 아원력 5.3～5.8 : 사질 토탄 5.8～13.0 : 화강암 풍화층		부분 풍화	밭
저위면	14	말방	0～3.5 : 식생피복 미확인 3.5～4.3 : pebble급 역층 4.3～4.9 : 조사, bedding 형성 4.9～9.9 : 식생피복 미확인	황적갈	부분 풍화	논
고위면	15	개곡	0～1.5 : 균질의 실트(loess 가능성) 1.5～3.5 : boulder급 역을 포함한 역층 matrix는 모래 및 실트	암적색(10R3/6)	완전 풍화	밭
중위면	16	개곡	0～0.3 : 교란된 논흙 0.3～2.3 : 모래 2.3～2.5 : 토탄질 모래 2.5～2.9 : 모래 2.9～4.5 : 역층, 모래, 실트질 matrix 4.5～6.2 : 화강암 풍화층	담갈색 회색 황갈색(10YR5/6)	신선 부분 풍화력	논
고위면	17	연안	0～1.3 : 균질의 실트층 1.3～ : 역층	암적색(7.5R 3/6)	완전 풍화	삼림
중위면	18	연안			부분 풍화	논
고위면	19	토점	0～0.5 : 균질의 실트층 0.5～2.5: boulder급 포함한 다양한 역층 2.5～4.7 : 화강암 풍화층	적색(10R4/8)	완전 풍화	밭
고위면	20	토점	0～2.0 : pebble과 cobble의 역층 2.0～5.0 : 상부pebble급 역층, 하부로 갈수록 역이 굵어져 최하부는 boulder급 역층, 엷은 silt lens 5.0～7.0 : 화강암 풍화층	등색(7.5YR6/8)	부분 풍화 완전 풍화	삼림
중위면	21	입실	0～0.8 : 균질의 silt(loess가능성) 0.8～2.8 : pebble과 cobble의 역층	명적갈(5YR5/8)	화강암 풍화	밭
저위면	22	입실	0～2.0 : 식생피복 미확인 2.0～3.0 : pebble과 cobble,matrix Loose <부정합, 망간축척> 3.0～3.8 : pebble과 cobble matrix 부분고결, 하부에 사질 lens 3.8～ : pebble과 cobble	적색 matrix	신선한 역 부분 풍화력 완전 풍화력	삼림

3) 모화-농소 지역

이 지역은 경주시 외동읍 구어리, 모화리 지역과 울산 광역시 농소읍 중산리, 매곡리, 신천리, 호계리가 포함되며 1/5,000 지형도 6장에 해당되는 지역이다(그림 16-5).

동강 상류의 모화천, 회양천, 신천천 유역에 형성된 선상지들이다. 이 지역의 북부 2/3지역 즉, 구어리, 모화리, 중산리 지역은 기반 지질이 불국사 화강암이고 남부의 매곡리 부근에 좁게 대안리 안산반암이 분포하고 그보다 남쪽지역 신천리, 호계리 지역은 울산층(하양층군)으로 퇴적암이다.

이 지역의 선상지는 모화지역과 신천 지역으로 나눌 수 있다. 모화 지역 선상지의 공간 분포는 앞에서 본 입실천 주변의 분포 패턴과 유사한 점이 많다. 즉 모화천 북서쪽에 모화천 본류가 만든 크고 완전한 모습의 한 본류성 선상지가 형성되어 있고 모화천 남동쪽에는 여러 개의 지류들이 만든 선상지들이 옆으로 연결된 합류선상지가 분포한다. 모화천 본류성 선상지는 곡구를 중심으로 등고선이 동심원상을 보이며 원면의 보존 정도도 아주 높다. 모화천은 선상지 중앙을 흐르지 않고 남동쪽 가장자리로 흐른다.

노두가 쉽게 발견되지 않아 퇴적상을 확실히 알 수 없으나 북쪽 선단부쪽 노두(Loc. 24)에서 보면 역은 점토 피막이 형성되어 있고 어떤 것은 엷게 풍화각이 들어 있으나 비교적 신선하며 matrix 물질의 고결도, 적색화 정도도 매우 낮다. 따라서 노두의 퇴적상만으로 보아서는 저위면으로 분류해도 가능할 정도이다. 그러나 선단부가 동강의 범람원과 약 4～5m 비고의 애면으로 경계되어 있으며 이 선단부로부터 개석곡이 들어 있다.

또한 본 연구 지역에서 분포 면적이 가장 넓은 것이 중위면이라는 일반 경향을 고려해서 이 면을 중위면으로 분류했다. 고위면은 북쪽 산록에 단편적으로 분포하고 저위면은 모화천을 연하여 좁게 나타나다가 중위면을 벗어난 지점에서 선상지 모습을 이룬다. 본류선상지의 대부분을 차지하는 중위면은 경사가 완만하고 표토가 비교적 두꺼워 시가지가 형성된 부분을 제하면 전면이 논으로 이용되고 있다.

모화천 동쪽의 불국사 산맥의 주능선은 고도 500～600m로 남북으로 달리고 있으며, 이 산맥의 서사면이 아주 급경사를 이루고 있기 때문에, 모화에서 동쪽으로 향해 이 산맥을 보면, 마치 병풍을 쳐둔 것과 같다. 이 급사면은 아마도 울산 단층의 주단층애로 판단된다. 항공사진, 1/5,000지형도 판독으로 추정해 보면, 두 줄의 남북 방향의 단층선을 추정할 수 있고(그림 16-5 참조), 사면은 이 가상 단층선 부근에서 경사 변환을 하면서 단계적으로 낮아진다.

모화천 동쪽의 합류 선상지들은 이 불국사 산맥 서사면에서 발원한 여러 개의 작은

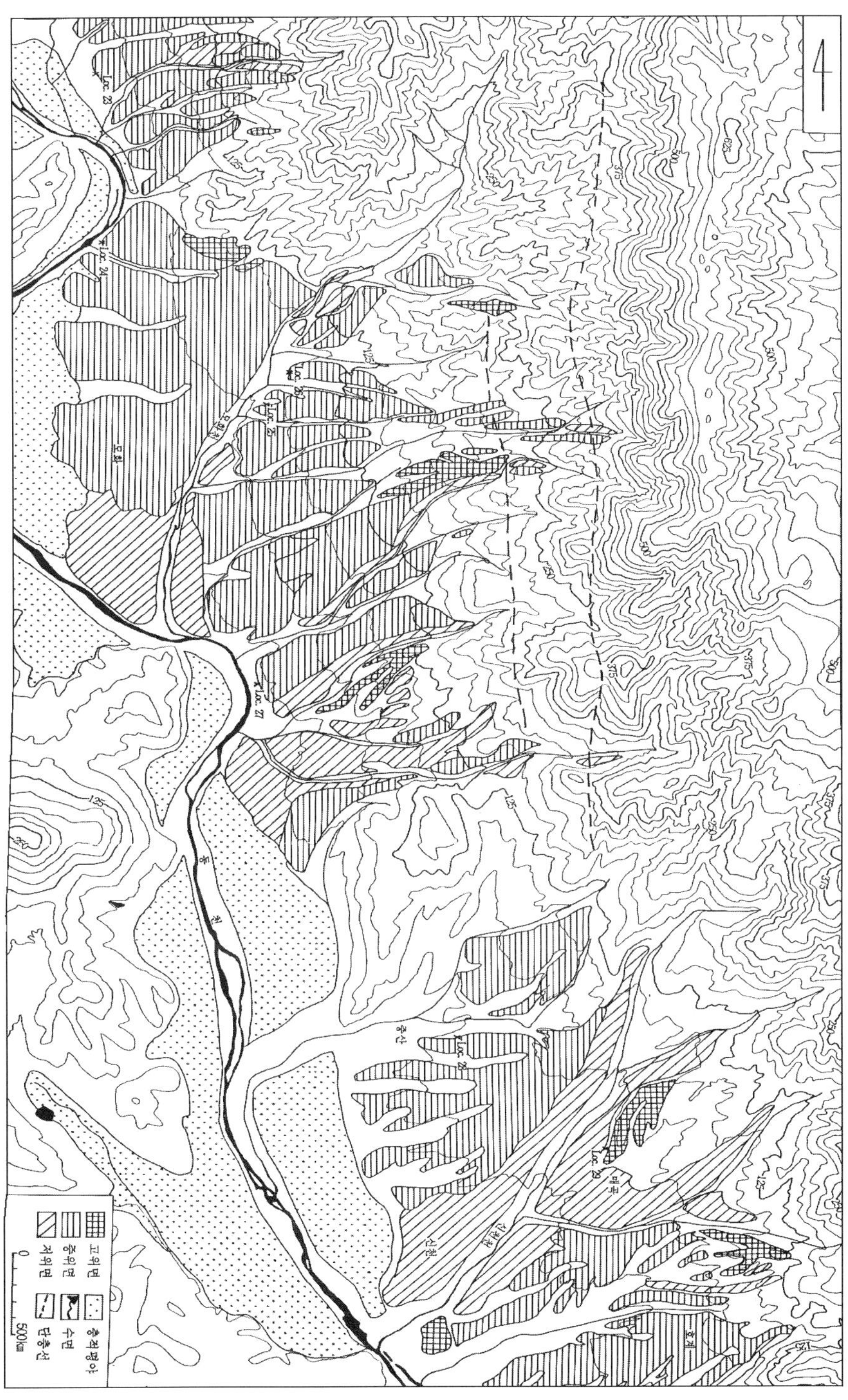

〈그림 16-5〉 모화-농소 지역의 지형면 분류도

〈표 16-3〉 모화 - 농소 지역의 선상지 노두 목록

지형면 구분	위치 (Loc.No)	지명	층상구조 (층후단위 m)	토색	역의 풍화정도	토지 이용
중위면	23	송계	0~0.3 : 교란된 밭흙 0.3~1.8 : pebble & cobble급의 역층 <망간이 집적된 부정합면> 1.8~2.4 : 사질 실트, 화석 Ice wedge로 보이는 구조가 여러 개 들어있음 2.4~3.9 : pebble급역층, matrix부분고결	명적갈(5YR5/8)	신선한 역 부분 풍화력	밭
중위면	24	모화	0~0.4 : 교란된 논흙 0.4~5.0 : boulder급 역을 포함한 역층 아원력, 분급 불량	적색화 거의 안됨	비교적 신선	논
중위면	25	모화	0~0.4 : 교란된 밭흙 0.4~1.6 : pebble & cobble급의 역층 matrix부분고결	명갈색(7.5YR5/8)	부분 풍화	밭
중위면	26	모화	0~0.3 : 교란된 밭흙 0.3~2.3 : 간혹 boulder를 포함한 역층 2.3~3.8 : pebble을 간혹 포함한 모래층, 층리구조가 나타남 3.8~7.8 : boulder급이 중심인 역층	적색화 거의 안됨 명갈색(7.5YR5/8)	비교적 신선 화강암역 완전풍화 반암,규암역 풍화각	밭
중위면	27	갓안	0~2.0 : 미확인 2.0~3.0 : cobble급역층, 아원력, 분급 불량		부분풍화, 풍화각 형성	밭
중위면	28	중산	0~2.0 : 실트, bedding,균열이 들어 있고 흑bend가 여러 열 들어있음 2.0~3.0 : pebble급 역층 3.0~5.0 : pebble & cobble급 역층 5.0~8.0 : 붕괴	황갈색	풍화력 부분 풍화	밭 (과수원)
고위면	29	신천	0~2.0 : 세력을 가끔 포함한 사질 실트 2.0~3.2 : cobble급 역층 3.2~3.9 : pebble급 역층 3.9~4.4 : 실트, bedding 4.4~5.4 : pebble & cobble급 역층 5.4~7.4 : 붕괴면	주황색	완전 풍화 완전 풍화 부분 풍화	밭

하천들에 의해서 만들어졌는데, 대개 아래쪽 단층선 부근에서 선정부가 시작되어 그 아래쪽에 형성되어 있다. 이 선상지면들은 좁은 골짜기들에 의해 개석되어 있는데, 선상지면과 곡저면 간의 비고는 5~10m 정도이다. 선정, 선앙 부근에 공장들이 많이 입지하고 있어, 자연 노두는 선단 부근에서 주로 관찰되었다. Loc. 26 지점의 노두에서,

아래쪽 4m 두께의 역층은 직경 1m 전후의 거력도 포함되어 있으며, boulder급 중심의 역층을 이루고 있는데, 화강암력은 완전 풍화에 가깝도록 풍화되어 있었다. 그 위 약 1.5m 두께의 pebble급 역을 조금 포함한 모래층으로 층리가 이루어져 있고, 토색은 명적갈색(7.5YR 5/8)이었다. 그 위의 약 2m 층은 cobble 중심의 역층으로 역은 거의 풍화되지 않았고, 토양색도 거의 적색화가 이루어지지 않았다. 이와 같이 이 지역에는 오래된 지형면을 새로운 퇴적물이 덮어, 새 지형면을 형성하고 있는 모습을 보인다. 넓은 면적을 차지하는 것은 중위면이고, 고위면은 선정부에 단편적으로 남아 있다. 저위면은 곡저에 좁게 하안단구의 형태로 발달해 있다. 면의 경사가 급하고 토질이 조립질이어서 많은 부분이 밭으로 이용되고 있으며, 일부 지역은 논으로 개간되기도 하고, 또 일부 지역은 묘지, 삼림지로 이용되고 있다. 최근에 공장들이 이 선상지 면상에 많이 지어졌다. 고위면은 모두 삼림으로 덮여 있다.

신천천은 안산반암 지역을 유역 분지로 하고 있다. 이 하천 주변의 선상지는 매곡리와 호계리 산록에 고위면의 단편이 남아 있으며, 중위면은 신천천 북쪽에 중산리와 신천리에 각각 1개씩 선상지가 형성되어 있다. 이들 중위면 선상지들은 선단부에서부터 들어온 개석곡에 의하여 선단부가 많이 개석된 형태를 보인다. 이들 중위면에는 가끔 과수원 등 밭으로 이용되는 곳도 있지만, 대부분 논으로 개간되어 있다.

저위면은 신천천에 접하여 좌우에 넓게 형성되어 있는데 지금까지 보아온 저위면과는 다른 특색을 보인다. 저위면을 지나는 신천천 하상은 폭이 넓고 온통 자갈로만 이루어졌고, 화강암역에서 볼 수 있는 모래와 거력은 거의 볼 수 없다. 이 저위면은 제방을 만들고 경지를 이루는 등 인공적인 정리가 이루어지기 전 자연 상태에는, 하천은 면상에 여러 갈래로 갈라져 망류 하도를 이루고 선상지가 계속 만들어지고 있었을 것처럼 보인다. 하상과 지형면간에 비고가 거의 없고 또 지형면은 전혀 개석되어 있지 않다. 따라서 중위면이 이 저위면과 접하는 쪽의 비고는 약 5m 정도로 낮다. 그러나 중위면이 저위면이 없이 개석곡과 접하는 쪽의 곡저와 지형면 간의 비고는 10~15m 정도로 크게 나타난다. 매곡리 앞은 이 저위면이 중위면의 개석곡 입구를 높게 막고 있어서, 이 곡의 물을 배수하는 작은 물길이 저위면을 가르고 형성되어 있다. 역은 신선하고 matrix의 적색화는 전혀 이루어져 있지 않으며 표토가 엷다. 따라서 이 저위면은 낮고 완만한 경사를 이루고 있으면서도, 토지 이용이 모두 밭으로 이용되고 있어 위쪽 화강암 지역에서는, 저위면은 말할 것도 없이 중위면의 대부분도 논으로 이용되고 있는 것과 대조를 이룬다. 이와 같이 다른 특색의 저위면이 형성된 것은 앞에서 본 것과는 다른 기반 지질적 요인과 관련된 것으로 판단된다.

4) 송정-효문 지역

이 지역은 울산광역시 호계리, 창평리, 송정리, 화봉리, 효문리에 이르는 1/5,000지형도 6장의 지역이다(그림 16-6). 동강의 지류 호계천, 송정천, 효문천 및 작은 지류들이 불국사 산맥의 산록에 선상지를 만들고 있다. 이 지역의 북부지역 기반 지질은 퇴적암인 울산층(하양층군)이며 남부 효문리 일대는 배후산지는 역시 울산층이지만, 선상지가 형성되어 있는 지역은 제3기 정자역암층이다.

호계리 주변 선상지는 호계천 북측에 넓은 중위면이 형성되어 있는데, 선단부가 개석곡에 의하여 많이 개석되어 있으며, 대부분이 논으로 이용되고 있다. 호계천을 따라서는 넓은 저위면이 형성되어 있는데, 앞에서 본 신천천에서와 같이 자갈이 풍부하고 신선하며, 하상과 지형면 간의 고도 차이가 거의 없다. 그러나 선단부가 그 아래 충적저지와 접하는 부분은 3~5m의 비고를 보인다. 농소읍 시가지가 이 저위면에 형성되어 있으며, 선정부 쪽에서는 밭으로 이용되고 있다. 이 저위면 남쪽 분수계 지역에 고위면이 비교적 넓게 형성되어 있는데, 앞의 다른 지역에 비하여 면적이 넓으며, 토지 이용도 대부분이 밭으로 이용되고 있다. 면의 분포 특성은 중위면과 유사하지만, 노두 조사(Loc. 30, 31)에서 자갈이 완전 풍화되어 있고, 토양색도 10R 정도로 매우 적색화되어 있어서 고위면으로 분류했다.

창평리 주변 선상지는 고위면과 중위면이 단편적으로 분포하고 저위면이 넓게 형성되어 있다. 저위면의 선정부는 하상비고 10m 정도나 되지만, 선단부는 충적저지와 수렴하는 형태를 보인다.

송정리의 송정천은 비교적 큰 하천으로 산지에서 나오는 곡구에 댐 즉 송정 저수지가 건설되어 있다. 송정 선상지의 북측과 남측에 고위면이 분포하는데, 북측의 것은 좁고 길게 형성되어 분수령의 모습을 이루고 남측의 것은 비교적 넓게 형성되어 있다. 고위면는 대부분 배밭으로 이용되고 있다. 이 남쪽과 북쪽의 고위면 사이에 종단면 경사 25m/㎞의 완만하고 넓은 지형면이 형성되어 있는데, 하천 주변 노두(Loc. 34)의 퇴적물 특성과 하상과 지형면 관계를 보면 전형적인 저위면의 지형 특성을 보인다. 그러나 북측 선단부 노두(Loc. 33)의 퇴적물 특색과 개석곡의 형태를 보면 중위면의 특색이어서 지형면 분류에 어려움이 많았다. 아마도 중위면이 형성되고 부분적인 개석이 이루어진 뒤 저위면 형성 시기에 상류로부터 많은 양의 사력이 운반됨으로서, 저위면 퇴적물이 중위면을 부분적으로 매몰하면서 이 지형면이 형성된 것으로 판단했다. 저위면이 중위면을 개석하면서 형성되는 것이 일반적인 경향인데 대하여, 이곳에서는 마치 범람원의 자연제방처럼

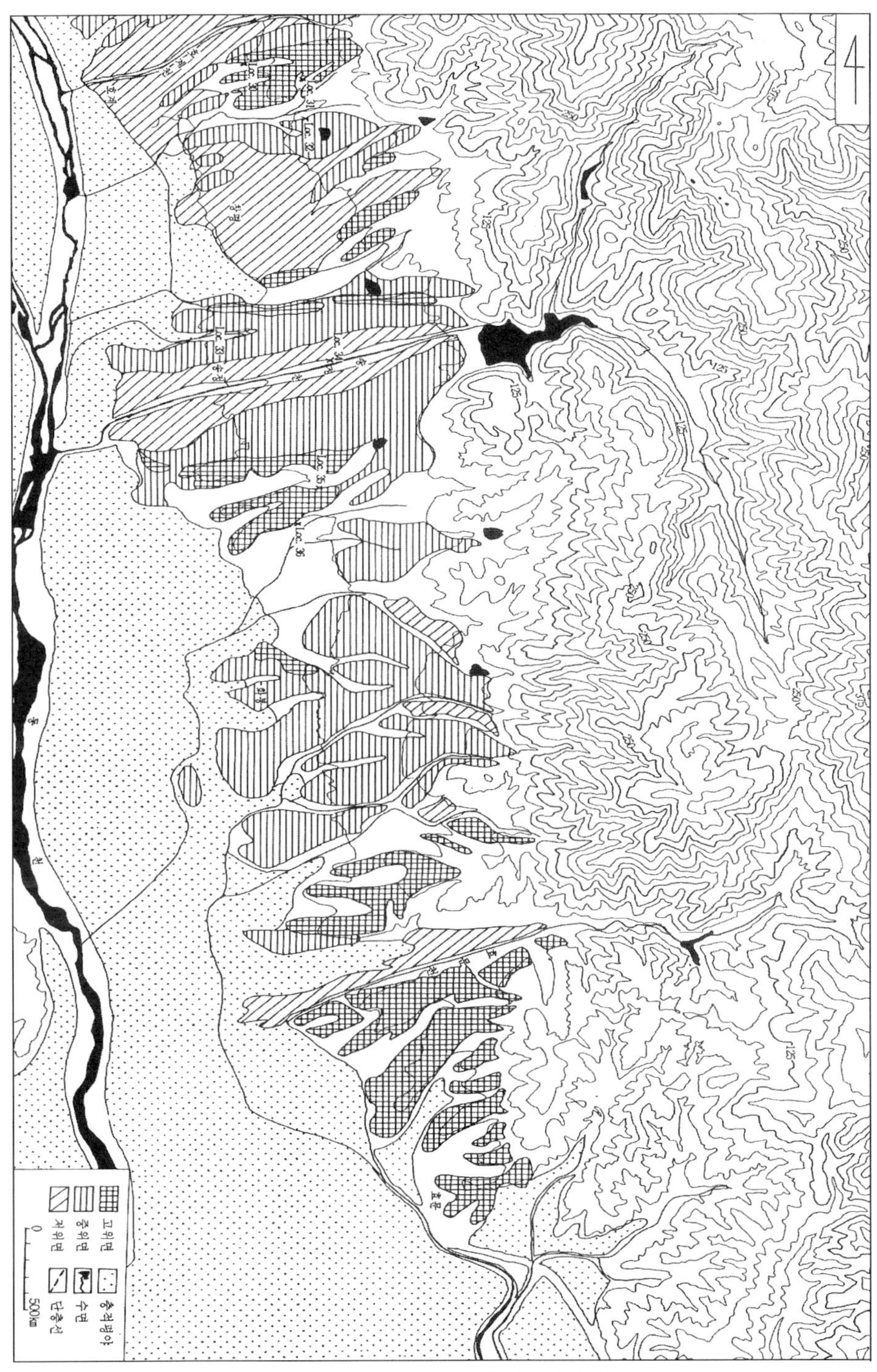

〈그림 16-6〉 송정-효문 지역의 지형면 분류도

〈표 16-4〉 송정-효문 지역의 선상지 노두 목록

지형면 구분	위치 (Loc.No)	지명	층상구조 (층후단위 m)	토색	역의 풍화정도	토지 이용
고위면	30	호계	0～0.3 : 교란된 밭흙 0.3～0.8 : pebble급 역층 0.8～0.9 : silt lense 0.9～1.7 : pebble & cobble급의 역층 1.7～1.9 : silt lense 1.9～2.9 : pebble급 역층 2.9～4.9 : 붕괴면	적등색(10R6/8)	완전 풍화 완전 풍화 완전 풍화	밭
고위면	31	호계	0～0.3 : 균질의 silt(loess 가능성) 0.3～1.0 : pebble 중심 역층 1.0～1.2 : granule급 역층 층리현상을 보임 1.2～1.9 : pebble 중심 역층 1.9～2.9 : 붕괴면	암적색(10R3/6)	완전 풍화 완전 풍화	밭
중위면	32	차일	0～0.4 : 식생피복 미확인 0.4～0.5 : cobble 중심 역층, 아원력, 분급 불량 0.5～0.8 : 식생피복 미확인		부분 풍화	논
중위면	33	송정	0～1.5 : 미확인 1.5～2.2 : pebble 중심의 역층		화강암완전풍화 반암, 규암역 풍화각 형성	논
저위면	34	송정	0～0.5 : 자갈을 많이 포함한 교란된 논흙 0.5～2.5 : pebble & cobble급 역층, 아원력, 분급 양호, matrix 완전 분리 2.5～3.5 : 붕괴면	적색화 전혀 안됨	신선	논
고위면	35	송정	0～0.8 : 균질의 실트 (loess가능성) 0.8～ : pebble중심 역층 토양이 많이 섞여 있음	명적갈(5YR5/8)	완전 풍화력	밭
고위면	36	송정	0～0.3 : 교란된 밭흙 0.3～2.3 : pebble급 역층, 아원력 토양이 많이 섞여 있음	명적갈(5YR5/8)	완전 풍화	밭

저위면이 부분적으로 높게 나타나는 지형을 이루고 있다. 이와 같은 현상은 현재까지도 상류에서부터 역의 공급이 충분하여 이런 지형을 만든 것으로 판단된다.

효문리의 북부 지역은 짧은 소지류들이 흐르며 넓은 중위면을 형성하고 있다. 그러나 남부지역은 정자역암이 분포하는 지역으로 높고 많이 개석된 고위면이 분포한다. 기반암이 제3기 역암이기 때문에 역암 자체도 아직 완전히 고결되어 있지 않고, 그 위를 덮고 있는 단구력은 많이 풍화된 상태여서 기반암인 역암과 단구력의 구별이 어려웠다.

또한 이 지역은 많은 공장들이 입지하고 있어서, 지형 조사에도 어려움이 많았다. 그러나 역암 지대가 개석되어 이루어진 구릉지로 보기에는 표면이 매우 평탄하다. 현 하상과의 비고, 개석 상태 등을 고려해서 이들 지형면을 고위면으로 분류했다. 그러나 이 지역만이 유독 고위면이 많이 남아있는 이유를 찾아내는 것이 과제이다.

3. 고찰

1) 선상지 지형 발달

선상지는 일반적으로 건조 분지의 주변 산지 산록이나 경사 급변점(Knick point)이 많은 변동대 지역에 많이 분포한다. 이러한 관점에서 볼 때 우리나라는 기후적으로도 지형적으로도 선상지 발달에 좋은 조건이 아니다. 따라서 우리나라에서는 선상지 분포가 흔하지 않다고 일반적으로 보고되고 있다.

그러나 본 조사 지역인 불국사 산맥 서사면에는 선상지가 연속적으로 형성되어 있고 형성 시기를 달리하는 선상지들이 중첩되어 있다. 이 지역이 우리나라의 일반적인 경향과는 달리 선상지들이 이렇게 발달한 이유는 울산 단층의 단층운동에 의해서 불국사 산맥이 형성되고 그 서사면이 단층애면에 해당되어 경사 급변부를 형성하고 있었기 때문이다. 더욱이 이 울산 단층은 활단층으로 그 운동량은 적지만 최근까지 운동을 계속한 것으로 보고되고 있어 선적인 경사 급변부가 시간이 지나도 계속 유지되었다는 점이 선상지 발달을 더욱 촉진시킨 것으로 해석된다.

2) 지형면 특성과 편년

지형면 분류 및 편년과 관련하여 고려된 요소는 loess성 실트층의 두께, 토양색, 역의 풍화 정도, 지형 원면의 보존 상태 및 표면 형태들이다. loess성 실트층이란 오래된 선상지나 단구 역층위에 분포하는 층리가 없고 균질의 실트만으로 퇴적되어 있는 층을 말한다. 유수에 의해서도 실트, 점토가 부유하중으로 퇴적될 수 있지만 모래나 잔자갈이 섞이고 층리를 보이는 것이 일반적이다. 1년에 몇 차례씩 황사현상으로 날려 온 작은 양의 황진이지만 이것이 수만 년, 수십만 년 동안 계속 쌓이면 상당한 두께의 층을 이룰 수 있을 것으로 본다.

成瀨敏郎 외(1985)[10]는 불국사역 남쪽 철로변에서 이와 같은 균질의 실트층을 분석하여 loess로 보고하고 있다. 이 loess성 실트층이 본 조사 지역의 고위면 노두에서는 1m 전후, 중위면에서는 0.5m 전후로 퇴적되어 있고 저위면에서는 거의 관찰되지 않아 지형면 별로 층후를 달리하고 있다. 물론 고위면, 중위면의 노두일지라도 loess성 실트층이 반드시 나타난 것은 아니며, 침식을 받아 없어진 경우도 많았다.

표층 아래 B층의 토양색은 고위면 노두에서 표준 토색첩의 7.5R, 10R, 2.5YR, 5YR계통의 적색, 암적색, 적갈색, 명적갈색을 나타내고 있으며, 중위면 노두에서는 5YR, 7.5YR, 10YR계열의 명적갈, 황등, 황갈색으로 나타나고, 저위면 노두에서는 적색화가 거의 이루지지 않은 2.5Y, 5Y계통의 회황색, 회갈색, 담황색 등의 색채를 보였다. 일본에서는 5YR보다 더 적색을 띤 토양(7.5R, 10R, 2.5YR, 5YR)을 적색토라 하며, 이것은 최종 간빙기(Riss/Würm간빙기)이전에 노출되어 한 간빙기 이상 적색화가 진전된 토양으로 보고 있으며, 이 토양의 분포는 일반적으로 고위면에 분포하지만, 관서 지방 일부 지역에서 중위면에도 분포하고 있다고 했다(松井健외, 1962).[11] 본 연구 지역에서도 적색토의 대부분이 고위면에 분포하지만, 5YR계통의 적색토가 중위면에서도 가끔 나타났다. 붉은색 토양에 흰색의 흐트러진 격자 모양의 무늬가 들어 있는 호반(虎斑) 혹은 망상반 구조는 loess성 실트의 일부에 형성되어 있는데, 고위면 및 중위면에서 관찰되었다.

역의 풍화 정도는 역이 대부분 호미로 쉽게 긁힐 정도로 풍화된 것은 '완전 풍화력'이라 하고, 제3기 혈암이나 화강암력 일부가 풍화되었지만, 그 밖의 대부분의 역들은 완전 풍화는 이루어지지 않아도 풍화각이나 점토 피막이 형성되어 있을 정도로 풍화된 역을 '부분 풍화'라 하며, 풍화각이나 점토 피막도 형성되지 않은 역을 '신선한 역'이라 분류했다. 조사 지역에서 고위면 노두의 역은 완전 풍화역이었으며, 중위면 노두의 역은 부분 풍화역이었고, 저위면 역은 신선한 역이었다. 역층이 높게 드러났을 때 일반적으로 부정합면 없이 연속된 경우에 표면에 가까운 쪽이 훨씬 더 풍화되었고, 아래쪽으로 깊이 내려가면 덜 풍화된 경향을 보인다. 따라서 본 연구에 기준을 삼은 것은 표층 가까운 쪽의 역의 풍화정도를 기준으로 하였다. 또 토양색이 5YR정도의 적색토이지만, 역의 풍화 상태가 부분 풍화 상태이면 중위면으로 분류하였다. 또한 본 연구 지역의 중위면 노두에서 역층 아래 부분에 토탄질을 함유한 엷은 모래 혹은 실트층이 한 차례

10) 成瀨敏郎, 井上克弘, 金萬亭, 1985, 韓國の低位段丘上に堆積するレス狀土壤. ペドロジスト, 29, pp.108～117.

11) 松井健·加藤芳郎, 1962, 日本の赤色土壤の生成時期·生成環境にかんする二·三の考察. 第四 紀研究, 2, pp.161～179.

혹은 세 차례로 나타나는 곳이 많이 관찰되었다. 이것으로부터 중위면 선상지의 형성 초기에 습지 환경이 많은 곳에서 형성되었고 그 위를 선상지 역층이 퇴적하여 중위면을 형성한 것으로 추정할 수 있다.

지형 원면의 보존 상태는 오래된 지형면 일수록 적게 남아 있고, 보다 나중에 형성된 지형면일수록 원면이 많이 보존되어 있다. 본 연구 지역에서 고위면은 그 분포가 아주 단편적이어서, 개석되기 전 선상지의 전체 모습을 상정하기 어려워 어느 정도 보존되어 있는지를 계산하기 어려웠다. 다만 남천과 동강의 분수령 부근에 형성된 괘릉리 선상지에서는 단편적으로 분산되어 있는 지형면을 연결하여 고위면 선상지의 윤곽을 잡을 수 있었는데, 여기서 약 20% 정도의 원면이 보존된 것으로 계산되었다. 중위면은 대체로 선상지의 윤곽을 파악할 수 있을 만큼 원면이 보존되어 있다. 대개 선정에서 선단을 가로지르는 주하천변이 개석되었고, 선단부에서는 두부 침식에 의해서 선정쪽으로 개석해 들어가는 얕은 개석곡들에 의해서 침식을 받고 있다. 입실, 모화 선상지등과 같이 원면이 많이 보존된 곳도 있고, 연안, 신천 선상지들처럼 많이 개석된 곳도 있지만 평균해서 약 70% 전후의 원면이 보존되어 있다. 저위면은 주하천을 따라서 개석을 받고 있지만, 선단부에서의 개석곡은 거의 인정되지 않아서 원면의 보존율이 아주 높다.

지형면의 표면 형태는 인간 활동에 의한 개변이 많이 이루어져 원래의 표면 형태를 알아보기 힘들었다. 다만 아직도 삼림이 덮여 있는 고위면의 경우 완만한 파랑상의 기복을 이루고 있었다.

본 연구 지역의 지형면을 바로 편년할 수 있는 절대 연대 자료는 얻지 못했다. 다만 이상에서 살펴본 각 지형면별 지형 특성을 우리나라 및 일본의 연구 사례에 대비하여 각 지형의 형성 시기를 다음과 같이 고찰했다. 이들 선상지들은 대체로 빙기에 형성되고 간빙기에 개석을 받은 기후 단구적 성격을 가지고 있는 것으로 볼 수 있다. 즉 빙기에는 기온의 저하 때문에 산지에 식생이 빈약하고 또 영하의 일수가 간빙기보다 많기 때문에 동파 현상(cryofraction)이 산지에서 활발히 일어나 퇴적물의 공급은 현재보다 왕성했을 것이 예상된다. 그러나 강수량은 줄어들기 때문에 하천은 산지에서 공급되는 퇴적물을 모두 운반하지 못하고 곡구에 퇴적하여 선상지를 만든다. 그러나 간빙기는 날씨가 따뜻해져 산지의 식생 밀도가 높아지고 동파에 의한 암설의 생산도 줄어들기 때문에 퇴적물의 공급은 줄어드는 반면에 강수량이 많아져 하천의 운반 능력은 높아지기 때문에 빙기 때 만들어졌던 선상지를 개석하게 된다.

이와 같은 관점으로 볼 때 저위면은 가장 가까운 빙기 즉 최종빙기(Würm빙기)에 형성된 것으로 볼 수 있다. 지역은 다르지만 저위면이 이 시기에 형성되어 있다는 것은 장호(1986), 송언근(1993)의 연구에서 절대연대로도 밝혀졌다. 중위면은 토양이 부분 적색화가 이루어지고 역의 부분 풍화가 이루어지는 점으로 미루어 보아 지형면이 형성된 뒤 한 간빙기를 지난 지형면으로 해석할 수 있어 Riss빙기에 형성된 것으로 편년했다. 고위면은 적색토가 형성되어 있고 역이 완전 풍화된 것 등으로 미루어 중위면보다 한 빙기 더 앞선 Mindel빙기 및 그 이전에 형성된 지형면으로 편년했다. 본 연구 지역의 이와 같은 지형면 편년은 지역은 다르지만 장호(1986), 송언근(1993), 조화룡(1997)의 연구들과도 일치한다. 그러나 이와 같은 편년은 추정일 뿐 절대연대에 의한 정확한 편년이 앞으로의 과제이다.

3) 기반 지질에 따른 지형차

본 연구 지역에서 모화보다 북쪽지역은 기반 지질이 모두 불국사 화강암 및 화강반암이고, 그 남부의 매곡리 지역은 안산반암이며, 또 그 남쪽 신천리, 호계리, 송정리 지역은 울산층으로 열접촉변질을 받아 경화된 퇴적암이다.

화강암 지역에서는 저위면의 면적이 좁고 이 선상지를 형성한 주하천이 현재 저위면을 침식하여 5m 전후의 하상 비고를 보인다. 그러나 안산반암 지역과 울산층 지역은 저위면이 상대적으로 넓게 형성되어 있으며 주하천이 저위면을 거의 개석하지 못하여 하상비고가 아주 적거나 거의 없다. 이는 화강암지역에서는 역보다는 모래를 많이 생산하기 때문에 이들 모래들이 더 하류로 쉽게 운반되는데 반하여 안산반암이나 울산층은 역을 많이 생산하고 이들 역들이 충분히 공급되며 멀리까지 쉽게 운반되지 않기 때문에 저위면을 넓게 형성하고 개석이 거의 이루어지지 않은 것으로 판단된다.

4) 단층 운동에 의한 지형면 변위

<그림 16-7>은 조사 지역의 절봉면도 상에 단층선으로 예상되는 lineament를 나타낸 것이다. 여기서 실선으로 표시된 것은 한국자원연구소 발행(1998) 1/250,000 지질도에 표현된 단층선이며 파선으로 나타낸 것은 본 연구자가 항공사진, 1/5,000 지형도를 기초로 추정한 lineament이다. 지질도에 표시된 울산단층은 울산만에서 입실 부근까지 한 개의 단일 단층선을 나타내고 있다. 그러나 항공사진과 지형도 분석에 의하여 lineament를 분석해 보면 울산단층은 여러 개의 단층선으로 이루어진 단층계인 것 같다. 岡田篤正

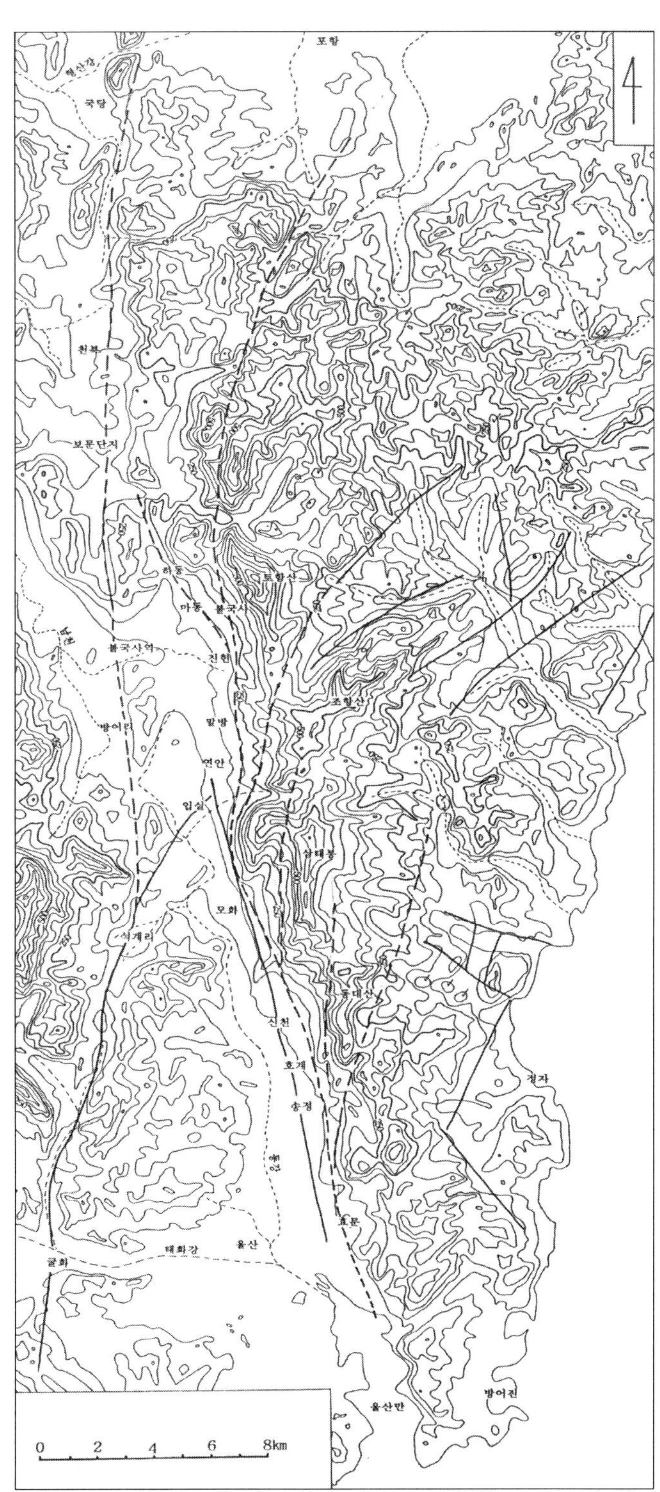

〈그림 16-7〉 불국사 산맥 주변지역의 lineament

* 실선은 1/250,000 지질도에 나타난 단층선
* 파선은 본 연구에서 추정된 lineament

외(1998)의 연구에서도 단층 분포도를 제시하지는 않았지만 울산 단층이 여러 개의 단층으로 이루어진 단층계라고 주장하고 있다.

본 연구자가 추정한 lineament의 분포 모습을 보면 울산만에서 불국사 산맥 서사면을 따라 북상하여 포항시의 대송리 쪽으로 계속되는 남-북 방향의 lineament가 있는데 이것이 울산 단층의 주lineament로 생각된다.

입실, 모화, 신천, 송정리 부근에서 이 주lineament로부터 4개의 지맥(支脈) lineament가 북북동 쪽으로 분기하면서 불국사 산맥을 비스듬히 절단하는 형태를 취한다. 또 이렇게 절단된 불국사 산지의 각 부록들은 동쪽의 것들이 단계적으로 남쪽으로 미끄러지고 있는 것과 같은 모습이 보인다. 울산 단층의 연구자들은 울산 단층이 역단층이라고만 보고하고 있는데 위에서 본 것과 같은 지맥의 분기, 지형 배열 특징 등으로 미루어 보아 울산 단층은 남쪽 부분에서 부분적인 주향이동 단층운동도 함께하고 있을 가능성을 보여준다.

또 하나의 지맥이 불국사 부근에서 진현동-마동-하동을 연결하는 북북서 방향으로 분기하고 있다. 울산 단층 주lineament 서쪽에 또 하나의 남북 방향 lineament를 설정할 수 있는데, 즉 울산시가지 서쪽 끝 굴화리에서 시작하여 석계리, 방어리, 불국사역 바로 서쪽을 지나 보문 단지, 천북리, 국당리로 계속되는 이 lineament는 울산 단층 주 lineament와 대략 평행하고 있다. 이 lineament상의 천북면 갈천리에서는 岡田篤正 외에 의하여 trench 조사가 이루어져 활단층 노두가 발견되었다.

본 연구 지역에서 단층 운동에 의한 선상지 지형면 변위는 말방리 부근에 岡田篤正 외(1998)의 연구, 하동-마동-진현동 일대에 황상일(1998) 및 윤순옥 외(1999)의 연구가 있으며 이들 연구는 고위면이 대략 10~15m 전후, 중위면이 5m전후로 변위되고 있는 것으로 보고하고 있다. 본 연구에서 추가로 입실 남쪽 합류 선상지 선정 부근에서 활단층 노두와 지형 변위가 관찰되었으나 단층이 제4기층을 변위시키고 있는 노두를 아직 발견하지 못했다.

4. 결론

본 연구는 경주시 하동에서 울산시 효문리에 이르는 불국사 산맥 서사면에 발달한 다양한 선상지 지형에 대하여 지형면 분류, 분류된 각 지형면의 특색, 울산 단층의 작용 등을 분석했다.

주요 결과는 다음과 같다.

1. 불국사 산맥 서사면에 우리나라에서 흔하지 않은 선상지가 연속적으로 그리고 형성시기를 달리하며 계속 형성되고 있는 것은 이 지역이 지금도 활동을 계속하고 있는 울산 단층의 단층애 전면에 해당되기 때문으로 판단된다.

2. 단구면은 고위면, 중위면, 저위면으로 분류되었다. 고위면은 단편적으로 남아 있고, 중위면은 가장 넓은 면적을 차지하지만 선단부로부터 개석곡에 의하여 많이 개석되어 있으며, 저위면은 중위면의 개석곡간과 그 전면에 형성되어 있다. 일반적으로 고위면은 삼림, 공동묘지, 과수원 등으로 이용되며, 중위면과 저위면은 논으로 많이 이용되지만 경사가 급한 지역, 지질적으로 역이 많이 공급되는 지역은 밭으로 이용된다.

3. 고위면에는 적색토와 완전 풍화력이, 중위면은 적갈 및 황갈색 토양과 부분 풍화력이 나타나고, 저위면은 토양의 적색화나 역의 풍화가 거의 이루어지지 않았다. 고위면과 중위면에는 loess로 보이는 균질의 실트층이 각각 1m 전후, 0.5m 전후로 쌓여있다. 위와 같은 각 지형면의 특색으로부터 고위면은 Mindel 빙기 혹은 그 이전, 중위면은 Riss 빙기, 저위면은 Würm 빙기에 형성된 것으로 추정했다.

4. 지질적으로 역을 많이 생산하는 안산반암 지역과 울산층 지역을 유역 분지로 하는 하천에서는 화강암 지역에 비하여 저위면이 넓게 형성되어 있고 주하천에 의한 면의 개석이 거의 이루어져 있지 않은 차이점을 보이고 있다.

5. 울산단층과 관련된 lineament는 긴 두열의 평행된 것과 이것으로부터 분기된 몇 개의 짧은 것이 식별되었다. 입실보다 남쪽의 이들 lineament의 분기 형태와 지형 특징은 이 단층이 부분적으로 주향이동 했을 가능성을 보였다. 이들 lineament들이 선상지면을 지나면서 저단층애를 형성하고 있는 곳은 기존에 연구된 말방 지역, 하동-마동 지역 외에 입실 지역 남쪽에도 가능성이 인정되었다.

참고문헌

1. 단행본

권혁재. 1997. 『地形學』(제4판). 法文社.

_____. 1997. 『자연지리학』. 법문사.

조화룡. 1987. 『한국의 충적평야』. 교학연구사.

吉川虎雄 · 杉村新 · 貝塚爽平 · 太田陽子 · 阪口豊. 1976. 『新編 日本地形論』. 東京大學出版會.

日本第四紀學會. 1977. 『日本の第四紀研究』. 東京大學出版會.

地田安隆 · 島崎邦彦 · 山埼晴雄. 장태우 옮김. 2000. 『활단층이란 무엇인가』. 경북대학교출판부.

町田貞. 1982. 『河岸段丘』. 古今書院.

矢澤大二 · 戶谷洋 · 貝塚爽平 編. 1974. 『扇狀地』. 古今書院.

2. 논문

박희두. 1989. 「남한강 중상류 분지의 지형연구-퇴적물 분석을 중심으로-」. 동국대학교 대학원 박사학위 논문.

손명원. 1985. 「반변천의 하안단구에 관한 연구」. 지리학연구. 10. 749~767쪽.

_____. 1993. 「낙동강 상류와 왕피천의 하안단구」. 서울대 대학원 박사학위논문.

송언근. 1993. 「한반도 중남부 지역의 감입곡류 지형발달」. 경북대학교 대학원 박사학위 논문.

오건환. 1980. 「한반도 동서해안에 분포하는 해성단구면의 대비」. 부산여대논문집, 8. 부산여대. 157~170쪽.

_____. 1980. 「한반도의 해성단구와 제4기의 지각변동」. 부산여대논문, 9. 부산여대. 377~415쪽.

_____. 1983. 「구정선 고도 변화로부터 본 한반도의 제4기 지각변동」. 교육논집, 10. 부산대 사범대학. 245~253쪽.

우병영. 1984. 「梁山斷層의 地形學的 硏究」. 경북대학교 대학원 석사학위 논문.

윤순옥 · 황상일. 1999. 「한국 남동부 경주시 불국사단층선 북부의 활단층지형」. 대한지리학회지, 제34권 제3호. 231~246쪽.

이광률. 1999. 「홍천강 중하류의 하안단구 연구」. 경희대학교 대학원 석사학위 논문.

이금삼. 1999. 「DEM을 이용한 한반도 지형의 계량적 특성과 기반암질과의 관계분석」. 경북대학교 대학원 박사학위 논문.

임창주. 1973. 「영춘지역 하안단구 연구. 지리학연구」. 1. 1~24쪽.

_____. 1990. 「남한강의 하안단구에 관한 연구」. 동국대학교 대학원 박사학위논문. 1~139쪽.

정석교. 1999. 「삼척 오십천 중하류의 하안단구 지형발달」. 경희대학교 교육대학원 석사학위 논문.

曺華龍 · 岡田篤正 · 全明純 · 金性均 · 渡邊滿久 · 佐藤比呂志 · 田正秀 · 池憲哲 · 尾池和夫. 1994. 「양산단층 중앙부의 활단층 지형과 Trench조사」. 한국지형학회지, 제1권. 2호. 67~83쪽.

조화룡. 1997. 「양산단층 주변의 지형분석」. 대한지리학회지, 제32권. 1호. 1~14쪽.

_____. 1978. 「韓國浦項周邊海岸平野の地形發達」. 東北地理, 제30권. 3호. 152~160쪽.

_____. 1980. 「韓國東海岸における完新世の海水準變動」. 地理學評論, 제53권. 5호. 317~328쪽.

정동준. 1997. 「영일만 주변해안의 해빈지형 변화」. 한국지형학회지, 제4권. 제1·2통합호. 1~15쪽.
Ho Chang. 1986. "Geomorphic Development of Intermontane Basins in Korea". Doctor's dissertation of Tsukuba University. pp.1~118.
최성길. 1984. 「한국 동해안 冷川 하구부의 해면변동단구와 영일만 북안의 해성단구」. 지리학 논집, 제17권 1호. 61~73쪽.
_____. 1997. 「韓國東海岸における後期更新世段丘地形の發達過程と最終間氷期の海水準」. 日本東北大學校 博士學位論文.
황상일. 1998. 「慶州 鰕洞 周邊의 扇狀地 地形發達과 構造 運動」. 한국지형학회지. 제 5권. 제2호. 189~200쪽.
황상일·윤순옥. 1996. 「韓國 東海岸 盈德 金谷地域 海岸段丘의 堆積物 特性과 地形發達」. 한국지형학회지, 제3권 2호. 99~114쪽.
岡田篤正. 渡邊滿久. 鈴木康弘. 慶在福. 靑華龍 . 金性均 . 尾池和夫. 中村俊夫. 1998. 「蔚山斷層(韓國東南部)中央部の活斷層地形と層露頭」. 地學雜誌, Vol.107. No.5. p.960.

CHAPTER 17

대구분지의 지형 분류*

1. 서론

1) 연구 목적

도시 지역의 지형과 지질에 관한 정보는 개인의 건조물 건설을 위해서나 도시 계획의 일환으로 공적인 토목 및 건축 공사를 하는 데 있어서 반드시 있어야 할 자료들이다. 그러나 도시에서 집약적으로 이루어진 인간 활동 때문에 지형이 많이 개변되고, 또 도시 건조물들이 지표를 덮고 있어서 그 아래의 지형이 자연 상태에서처럼 확연하지 못하고 모호하다.

이와 같은 현상은 대구분지에서도 마찬가지로 어디까지가 금호강(琴湖江), 신천(新川), 진천천(辰泉川) 등이 만든 충적평야이고 어디까지가 기반암이 침식되어 만들어진 구릉지인지를 구별하기 어렵다.

다른 한편으로는 도시 지역에서는 이와 같은 공사를 위하여 많은 boring 조사가 이루어지며, 또한 기초 공사를 위하여 땅을 깊이 굴착하는 경우가 많아서 이때 퇴적층의 두께, 퇴적물의 종류, 기반암의 심도, 기반암의 종류 등을 직접 관찰할 수 있다.

그러나 이들 귀중한 자료들이 개인별, 장소별로 분산 소장되어 있어서 단편적인 지식에 불과할 뿐이다. 땅을 판 현장도 기초 공사를 하는 짧은 기간 동안만 노출되고,

* 이기은, 2005, 경북대학교석사학위논문.

곧 묻혀 버리기 때문에 자료가 보존되지 않는다. 다시 말해서 도시 지역에서는 타 기능지역보다 밀도 높은 지형·지질 조사가 이루어지고 지하의 노두가 노출되지만, 이들 자료들이 분산되어 있고 일시적이어서 효과적으로 이용되지 못하고 사장되어 있다.

본 연구에서는 이와 같이 분산되고 일시적인 자료들을 수합, 정리하여 대구분지의 지형 분류에 적용하였다. 즉 대구 지역에서 지금까지 이루어진 boring data 중에서 수집 가능한 자료들을 수합·정리하고, 최근 2년 동안 대형 공사를 위하여 굴착한 토양 단면을 관찰하였으며, 이들 자료와 지형도 분석 자료를 바탕으로 대구분지의 지형을 분류하고 지형 발달을 검토해 보았다.

이때 대구분지는 광의로 보아 금호강과 백천 유역 분지를 합한 지역으로 정의되고, 협의로는 북쪽에 팔공산괴, 남쪽에 비슬산괴, 서쪽에 와룡산괴, 동쪽에 동부 구릉지군에 의해 둘러싸여 있는 분지를 말한다. 본 연구의 대상 지역은 1:25,000 지형도 동촌, 칠곡, 대구, 경산 4도폭에 해당되는 지역이며, 협의의 대구 분지 및 달성군을 제외한 대구 시역과 거의 일치한다.

2) 기존 연구

대구 분지를 대상으로 한 지형 연구의 기존 연구는 많지 않다. 최근 대구 북부 팔공산지의 지질 특성과 지형 발달에 대한 윤순옥 · 조우영 · 황상일(2004)의 연구가 있었으나, 이는 팔공산 일대에 한해서만 지질, 수문 환경, 지질 구조선의 분포, 제4기 기후 변화, 산지 사면 경사 특성을 검토하고, 화강암 산지 주변 소분지에 발달한 선상지 지형 발달 과정을 논의하였다. 또한 대구분지의 자연 환경과 선사 및 고대의 인간 생활에 대한 황상일 · 윤순옥(1998)의 연구에서는 대구분지의 자연 환경이 청동기 시대, 초기 철기 시대, 원삼국 시대~삼국 시대의 경지, 취락, 묘지 선정과 같은 인간 활동에 미친 영향을 검토하여, 도구의 발달, 토양 특성과의 관계, Holocene 기후 변화에 따른 범람원과 선상지의 홍수 가능성과 연관지어 대구분지에 살던 각 공동체의 생활양식 변화를 설명하였다. 그러나 아직 대구분지 전역을 대상으로 대구분지의 지형 발달 및 분류를 시도한 연구는 이루어지지 않았다.

대구분지 전역을 대상으로 대구의 지형 발달에 대한 소개는 대구 시사 제1권 제1편의 조화룡(1995)의 연구가 대표적이다. 조화룡은 제1편 자연적 기초의 제3장 지형편에서 대구분지의 범위를 규정하고, 대구분지를 북부 산지, 남부 산지, 중앙 저지로 구분하고, 다시 중앙 저지를 금호강 범람원, 신천 범람원, 팔거천 충적평야, 진천천 충적평야,

분지록의 선상지, 동부 구릉지와 침식 저지, 서부 침식 저지, 와룡산 구릉성 산지로 구분하여 기술하였다. 본 연구에서 중점적으로 다루게 되는 중앙 저지는 충적평야, 침식 저지, 구릉지로 삼분되는데, 그 기준으로 구릉지는 표고 100m 전후의 낮은 산지, 침식 저지는 표고 50~70m 전후의 파랑상 기복을 갖는 준평원상의 지형으로 보았다. 그러나 이 분류는 경험적인 분류로 분류의 명확한 근거는 제시하지 못했다.

3) 지질 개관

영남 지방은 소백산맥이 북서를 두르고 있는 구조 분지로 중생대 지층이 넓게 분포해 있다. 영남 지역의 지질은 서쪽으로부터 소백산 지괴, 경상분지, 포항분지로 나누어지며, 동쪽으로 갈수록 지질 시대가 새롭다. 이 가운데 대구는 경상분지 내에 위치하고 있다.

경상분지는 낙동강 본류의 동쪽 지역인 경상남·북도의 대부분을 포함하는 지역으로, 중생대 백악기(1.3억 년~0.6억 년)에 형성된 경상 누층군이 90% 이상을 차지하고 있다. 백악계는 육성 퇴적암인 신동층군과 하양층군, 이 위를 덮고 있는 산성 및 중성 화산암인 유천층군, 그리고 이들을 관입한 불국사 화강암으로 구분된다.

경상분지의 중앙에 위치하고 있는 대구분지의 지질은 분지저의 수성 퇴적암 지대, 남부의 화산암 지대, 북동부의 화강암 지대로 나누어지며, 지층의 형성 시기도 이 순서로 이루어졌다.

〈표 17-1〉 경상누층군의 구분 비교 (대구 시사, 1995)

<table>
<tr><th colspan="3">立岩(1929) 대구-경주 간</th><th colspan="3">장기홍(1975) 경상분지 남서부</th></tr>
<tr><td rowspan="4">경상계</td><td>불국사통</td><td>불국사화강암</td><td rowspan="4">경상누층군
(경상속)</td><td>불국사관입암군</td><td>관입암군</td></tr>
<tr><td rowspan="2">신라통</td><td rowspan="2">주사산분암
건천리층
채약산분암
대구층
학봉분암
신라역암</td><td>유천층군</td><td>화산암군</td></tr>
<tr><td>하양층군</td><td>진동층
함암층
신라역암
칠곡층</td></tr>
<tr><td>낙동통</td><td>칠곡층
진주층
하산동층
낙동층</td><td>신동층군</td><td>진주층
하산동층
낙동층</td></tr>
</table>

(1) 분지저의 수성 퇴적암 지대

대구 분지저의 수성 퇴적암의 지층명은 이 지역의 1 : 50,000 지질도를 작성한 立岩의 명명에 따르기로 한다.

대구 분지저의 수성퇴적암은 북서쪽에서부터 하산동층, 진주층, 칠곡층, 신라역암층, 학봉분암층, 대구층, 건천리층이 차례로 북동~남서방향으로 대상 배열하고 있고, 지층은 남동쪽으로 약 30° 경사져 있으며, 북서쪽에서 남동쪽으로 가면서 시기적으로 나중에 형성된 지층이다.

대구분지 북부 팔거천 일대의 지질은 진주층과 칠곡층인데, 진주층은 대구분지의 북서 가장자리 명봉산(明峰山, 402.1m)과 팔거천 상류 일대에 분포하며, 칠곡층은 팔거천의 중류인 북구 사수동, 매천동, 태전동, 구암동, 국우동, 도남동에 이르는 지역에 분포한다. 신라역암층은 학봉(278.3m)~서변동~함지산(函芝山, 284.9m)~노곡동~팔달동~달성군 서재리 북부 지역을 따라 분포한다. 이 층의 분포 지역은 그 주변보다 약간 높은 지형을 보이고 있다. 학봉반암층은 신라역암층의 남동쪽으로 신라역암층과 평행하게 이어지며, 응봉(450.2m)~왕산(161m)~동변동~서변동~조야동~상리동으로 연결되며, 금호강을 건너서 침산(砧山, 121.4m), 연암산(128m)도 이 지층이다. 대구층은 성서에서 안심까지 넓은 면적에 걸쳐 분포하며, 대구분지 중에서 시가지가 형성된 부분과 거의 일치한다. 지층은 주로 이암과 사암이며, 이층의 층후는 약 2,000m에 이른다. 이 지층의 분포 지역은 대구분지에서 충적평야를 제외하고는 평균 고도가 가장 낮은 구릉지를 이루고 있다. 건천리층은 대구분지 남동쪽 시지동~노변동~연호동 일대에 주로 분포하고 있으며 대구층보다 침식을 많이 받아 낮은 개석 곡지를 형성하고 있다.

(2) 남부의 화산암 지대

대구분지의 남쪽 경계를 이루는 산지는, 신천을 경계로 동쪽을 용지산괴, 서쪽을 앞산산괴라 한다. 이 두 산괴는 중앙 저지의 지질과는 다르게 중생대 백악기 말에 분출·관입한 화산암 지대이며, 남쪽의 청도군, 밀양시로 계속되는 소위 유천층군 분포의 북쪽 가장 자리에 해당된다.

용지산괴는 파동 쪽의 법니산(法泥山)을 제외하면 모두가 안산암질암과 안산반암으로 이루어져 있다. 그러나 앞산산괴 쪽은 앞산, 산성산(山城山, 653.4m), 최정산(最頂山, 850m)이 솟아있는 높은 부분은 안산암질각력암이며, 그 북부 산록부와 파동의 법니산 일대, 진천천 상류부 일대에는 규장암이 관입하면서 대구층의 일부를 포획(捕獲)한 지질 구조를 형성하고 있다. 이들 각각의 형성 순서는 안산암질암, 안산암질각력암, 규장암의 순이다.[1)]

(3) 북동부의 화강암 지대

대구분지의 북동부 지역 및 경산시, 영천시, 군위군 지역에 걸쳐있는 팔공 산지는 중생대 백악기 말에, 백악기 퇴적암을 관입한 불국사화강암으로 이루어진 산지이다. 이 화강암을 형성한 마그마가 관입하는 과정에서 접촉된 퇴적암은 열접촉변성작용을 받은 퇴적변성암으로 그 폭은 2㎞ 내외이다.

일반적으로 열접촉변질대는 화학적 풍화나 물에 대한 침식에 매우 강한 바위로 변질되기 때문에 침식에 저항하여, 관입된 화강암 지대를 둘러싼 환상(環狀) 산맥을 형성한다. 그러나 중앙의 화강암은 심성암이기 때문에 화학적 · 기계적 풍화에 약하여 오랫동안 침식을 받으면 결국 중앙 부분의 화강암이 모두 깎여나가고, 접촉변질경화대가 외륜산이 되어 분지가 된다. 그러나 팔공산지의 화강암은 아직도 주변의 접촉변성작용을 받은 퇴적변성암보다 더 높게 남아 주산체를 형성하고 있는데, 이는 관입 시기가 오래되지 않아 심층 풍화가 덜 이루어졌고, 관입암체가 너무 크기 때문이다.

팔공산괴의 가장 높은 분수계를 이루고 있는 불국사화강암 지역은 북서~남동 방향의 장축 약 24㎞, 북동~남서 방향의 단축 약 11㎞의 타원형을 이루며, 팔공산(八公山, 1192.8m)을 비롯한 해발고도 1,000m 내외의 높은 산지를 형성하고 있다. 그리고 이를 둘러싼 접촉변질경화대는 2㎞ 내외의 환상 산맥을 형성하고 있다.[2)]

(4) 하천 연변의 제4기층

제4기층은 하천을 연하여 운반 퇴적된 충적층으로 기반암을 부정합으로 엷게 덮고 있으며 아직 고결되지 않은 퇴적층이다. 이 중에서 갱신세 충적층은 현재 하천수가 도달되지 않은 높이의 고선상지, 하안 단구를 형성하고 있고, 완신세 충적층은 지금도 대홍수시에는 하천수가 범람되는 충적 저지를 형성하고 있다. 대구분지의 제4기층의 대부분은 완신세 충적층이다. 완신세 충적층은 금호강과 신천, 칠곡의 팔거천과 월배의 진천천을 연하여서 상당히 넓게 분포하고 있다.[3)]

1) 조화룡, 1995, 대구 시사 제1편, 대구: 대구광역시청, 27~33쪽.

2) 조우영, 2002, 「대구분지 북부 팔공산 지역의 지질에 따른 지형 발달의 특성」, 경희대학교 대학원 석사학위논문, 4쪽.

3) 조화룡, 33쪽 재구성.

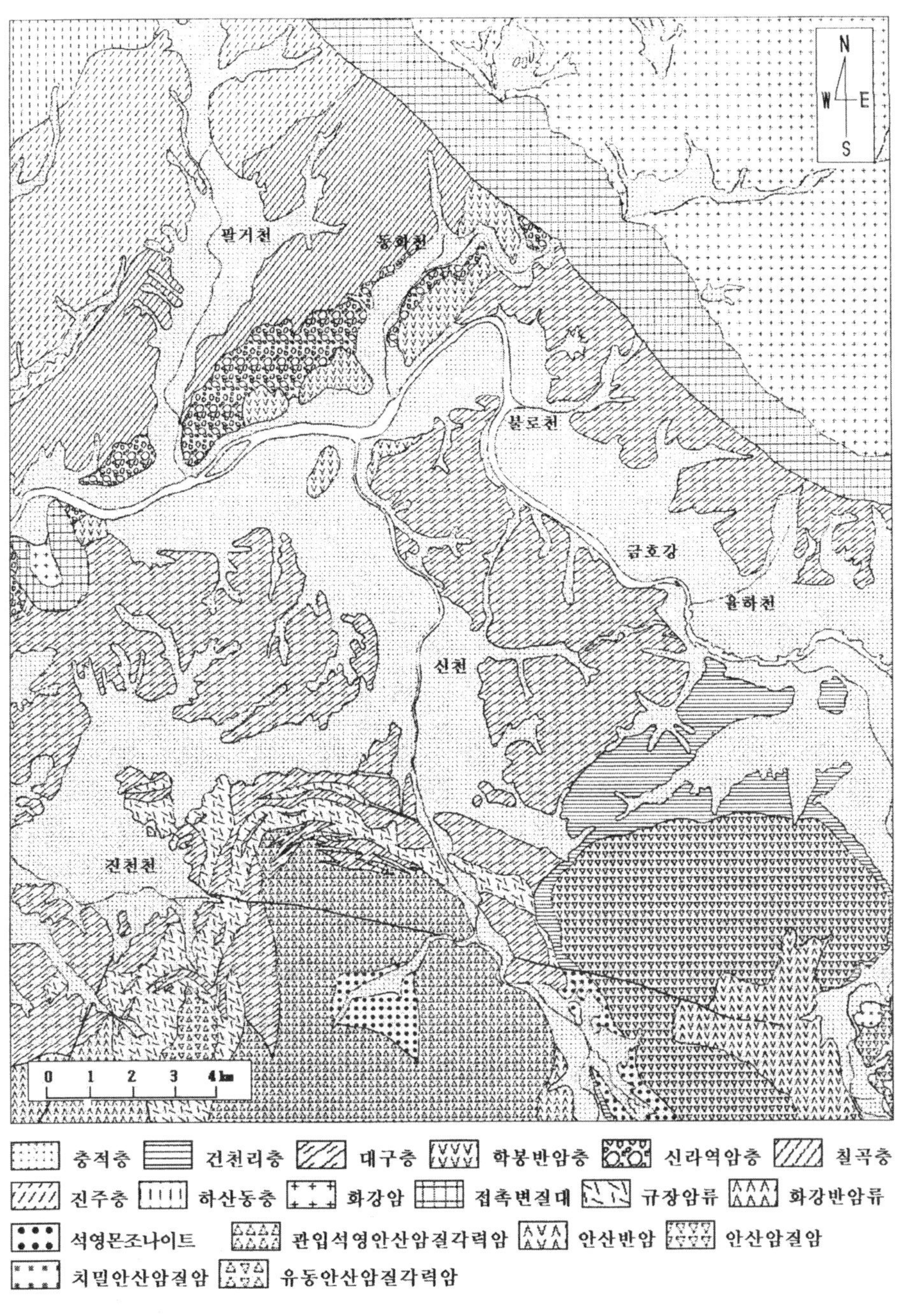

〈그림 17-1〉 대구 시가지 주변의 지질도

* 출처: 한국지질자원연구원 국가지질자원정보센터 발행. 1:50,000 대구(1999) 및 경산(1971) 도폭을 기초로 재구성.

2. 충적층 분석

대구분지에는 금호강 주변, 신천 주변, 진천천 주변 및 팔거천 주변 등에 충적평야가 형성되어 있다. 이들 평야에 퇴적되어 있는 충적층의 심도 및 퇴적상을 알아보기 위하여 boring data를 분석하였다. 수집된 boring data는 총 75건 618hole이다. 주요 지점의 것은 본문에서 주상도 혹은 충적층 단면도로 나타내었다.

1) 금호강 유역

금호강은 영천시와 청송군, 포항시의 경계부인 보현산(普賢山, 1,124m), 도덕산(道德山, 702.6m) 부근에서 발원하여 영천시를 지나 대구시 동구 숙천동 부근에서 대구분지에 들어온다. 금호강은 대구분지를 북쪽으로 치우쳐 동서로 가로지르며 서류하여, 달서구 파호동 부근에서 낙동강에 합류하는, 주류의 전장 116㎞, 유역 면적 2,110㎢인 낙동강의 대지류이다. 대구분지 내를 흐르는 금호강 주류의 길이는 약 32㎞, 평균 하폭은 300m

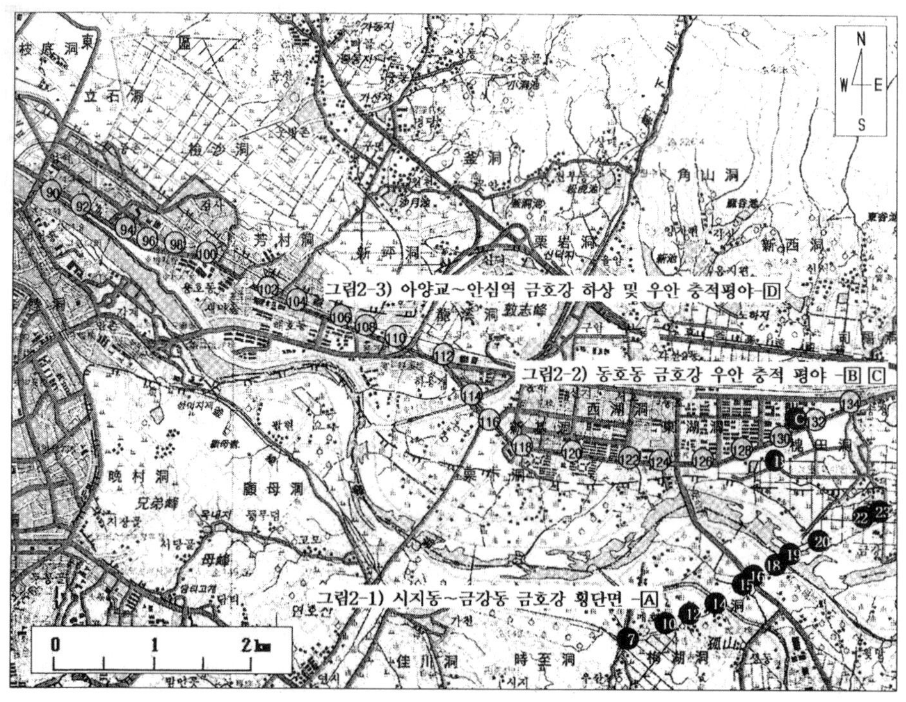

〈지도 17-1〉 금호강 유역(동구 일대) boring 위치도

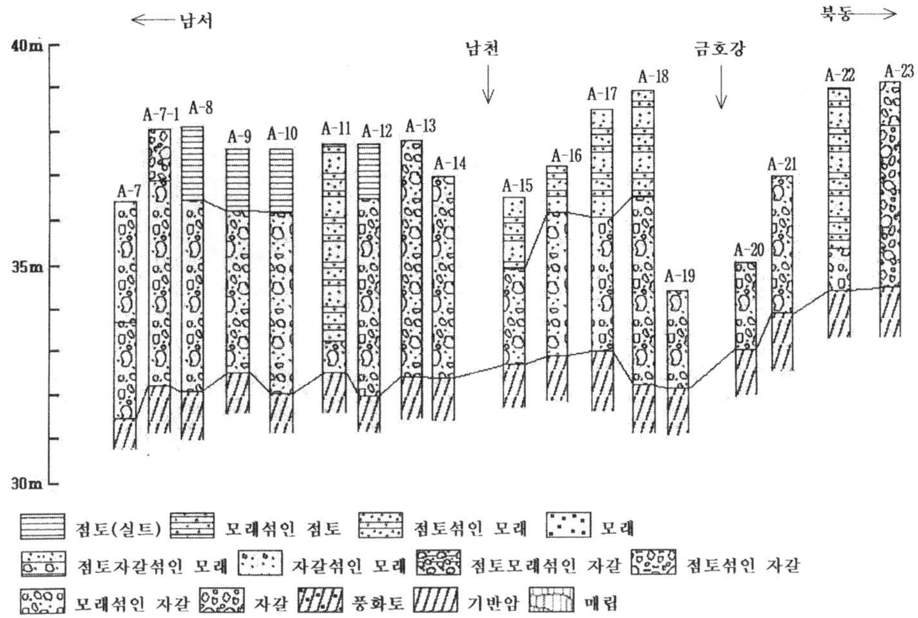

〈그림 17-2〉 시지동~금강동 금호강 횡단 구간 및 우안 충적평야의 보링 주상도

전후[4]이며, 지류로는 동쪽에서부터, 남천, 율하천, 불로천, 동화천, 신천, 팔거천 등이 있다.

금호강이 형성한 충적 지형의 분석을 위해 지하철 1호선 지질조사보고서(1991), 지하철 2호선 지질조사보고서(1994), 대구선 철도 이설 지질조사보고서(1996), 동호택지개발지구 및 동·서변택지개발지구의 지질조사보고서를 활용하였다.

(1) 시지동~금강동 일대 금호강 횡단 구간 및 좌 · 우안 충적평야

대구선(동대구~청천 간) 철도 이설을 위해 1996년 동대구에서 청천 간의 boring조사[5]가 이루어졌다. <그림 17-2>는 이 boring 조사의 안심 남쪽 금호강과 남천을 횡단하는 보링 주상도를 그린 것이다.

이 주상도에서 금호강 하상에 해당하는 A-19~A-20번 hole의 기반암의 고도는 약 32m이며, 기반암 위에는 2~2.5m 정도의 모래 섞인 자갈층만이 퇴적되어 있다. 이와

---

4) 조화룡, 45~46쪽 재구성.

5) 철도청, (주)동양응용지질, 대한광업진흥공사, 1996, 「대구선(동대구~청천 간)철도 이설 지질조사 보고서」.

같은 하상 퇴적층의 층후는 금호강의 규모를 고려할 때, 매우 얇은 것으로 평가된다.

하상을 벗어나 금호강 좌안 충적평야에 해당하는 남쪽 A-18번 hole에서는 기반암 위에 약 4m의 자갈층이 퇴적되어 있고, 상부는 약 2.5m의 실트 섞인 모래층이 퇴적되어 있다. 금호강 우안 충적평야에 해당하는 A-22번 hole에서는 기반암 위에 약 1m의 모래 섞인 자갈층이 퇴적되어 있고, 상부는 약 4m의 실트 섞인 모래층이 퇴적되어 있어, 금호강 좌·우안 충적평야의 충적층 층후는 6m 전후이다.

하천을 횡단하고 약 1.5㎞ 폭의 충적평야를 가로지르는 이 지역의 기반암의 고도를 보면 하상 부근의 가장 낮은 지점이 약 32m이며, 그 주변 충적평야에서도 32～34m의 높이를 나타내, 기반암 고도차는 2m에 불과했다. 다시 말해서 하천 하류부에서 흔히 발견되는 충적층 밑에 묻혀있는 화석곡의 형태가 이곳에서는 발견되지 않았으며, 거의 평탄한 기반암면을 나타내고 있는 것으로 보아, 이 일대의 충적평야는 금호강이 측방 침식을 하면서 하폭을 넓혀가는 과정에서 형성된 것으로 해석된다.

기반암 위의 충적층은 하부에 자갈층, 상부에 실트 섞인 모래 혹은 실트층으로 대별할 수 있다. 그러나 이 경계는 기반암에서와는 달리 상당한 기복을 보이고 있어 하천의 분류와 합류, 이동 등 변화가 많았던 것으로 해석할 수 있다.

기존의 안심 시가지와 금호강 사이, 즉 금호강에서 북쪽으로 1㎞ 떨어진 곳에 동호택지 개발지구가 조성되면서 여러 곳에서 boring 조사가 이루어졌다. 입수한 boring data는 영조아파트의 26개 boring hole, 상록아파트의 22개 boring hole, 반야월 이마트의 14개 boring hole이다.

이 가운데 상록아파트[6] 및 반야월 이마트[7]의 보링 주상도가 <그림 17-3>인데, <그림 17-2>의 북쪽 연장 지역에 해당된다. B-20～B-3번 hole은 상록아파트로, 기반암의 고도는 32～34m로, 앞의 금강동 지역과 비슷하다. 그러나 그 위에 퇴적된 충적층의 두께는 조금 더 두꺼운 7～8m의 층후를 가지고 있다. 하부의 자갈층의 두께는 거의 비슷하지만 세립화되어 있다. 그러나 자갈층 위에 2～3m의 점토층이 퇴적되어 있는 것이 다르며, 이것이 층후를 증가시킨 것으로 보인다.

C-24～C-32번 hole은 상록아파트의 북동쪽에 위치한 반야월 이마트의 boring data이다. 기반암의 고도는 32～34m로 역시 비슷하다. 그 위에 퇴적된 충적층은 하부 2～4m 정도는 boulder급 자갈이 섞인 pebble급 자갈이 퇴적되어 있고, 상부 6～8m는 점토층이 퇴적되어 있으며, 층후는 약 10m에 달한다.

---

6) 공무원연금관리공단, (주)신우CEC, 2000, 대구 동호지구 공무원 아파트 지질조사보고서.
7) (주)토담 건축사사무소, 2002, 대구 반야월 이마트 신축공사에 따른 지질조사보고서.

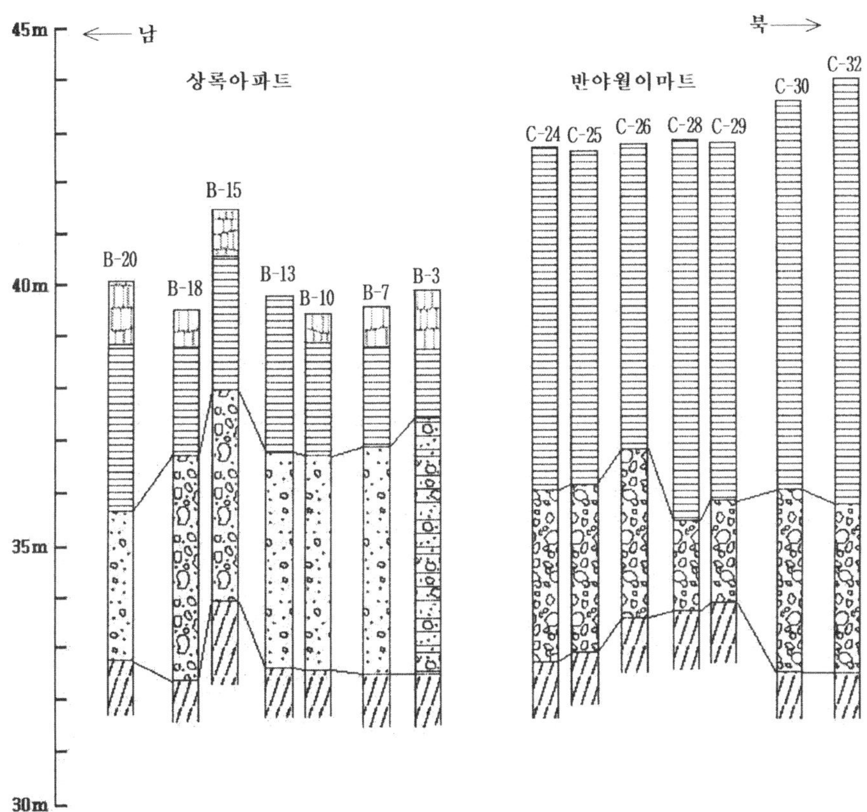

〈그림 17-3〉 동호동 금호강 우안 충적평야의 보링 주상도

<그림 17-2>와 <그림 17-3>에서 분석된 결과를 종합하면, 충적평야면의 고도는 금호강에서 북쪽으로 갈수록 완만하게 높아지지만, 기반암의 고도는 하상과 하상에서 1㎞ 북쪽으로 떨어진 우안 충적평야까지 32~34m로 고도차가 거의 없다. 그리고 층후는 하상에서 멀어지면서 점점 두꺼워져, 하상에서는 2~2.5m에 불과했지만, 하상에서 500m 정도 떨어진 상록아파트 지점은 7~8m, 하상에서 1㎞정도 떨어진 반야월 이마트는 10m에 달했다. 퇴적층의 하부는 모래 섞인 자갈층이 주를 이루며, 상부는 점토층이 나타나는데, 하천의 후면으로 갈수록 금호강 범람에 의한 상부 점토층이 두꺼워졌다.

(2) 아양교~안심역 일대 금호강 하상 및 우안 충적평야

대구 지하철 공사에서 대구 지하철 1호선 건설을 위해 1991년 실시한 boring 조사[8]를

8) 대구지하철공사, 1991, 지하철 1호선 지질조사보고서.

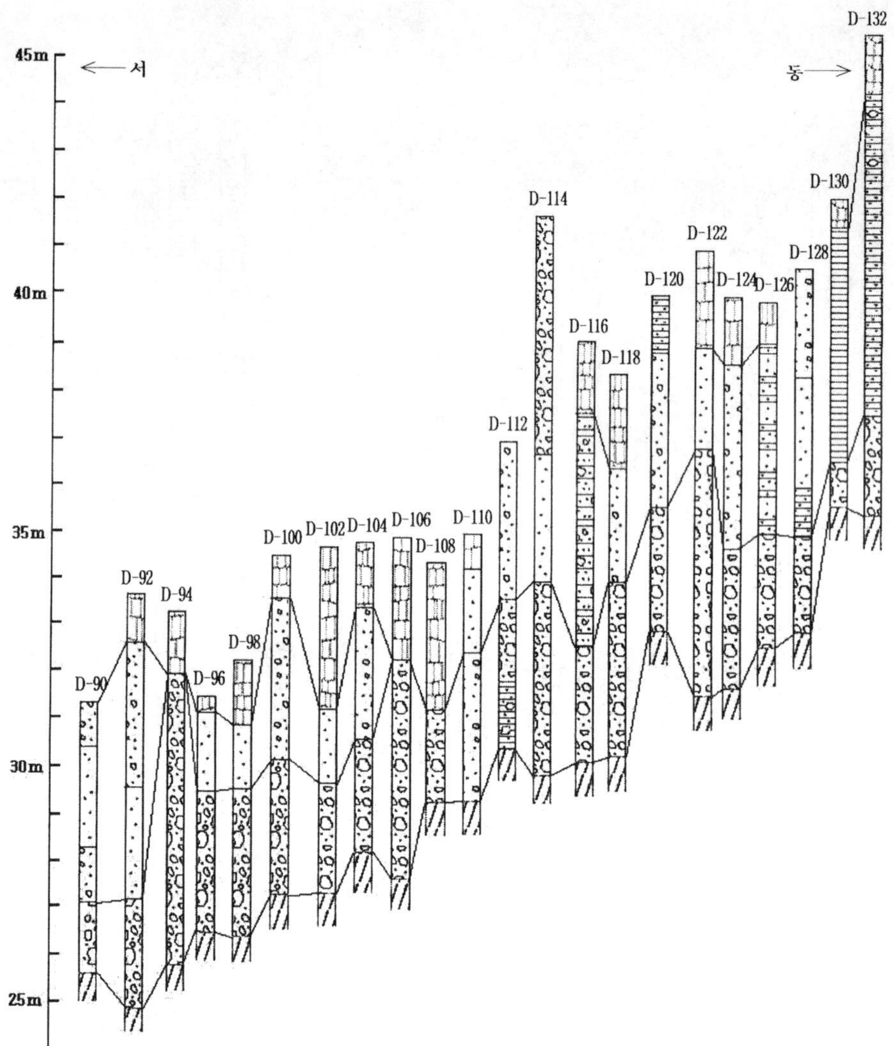

〈그림 17-4〉 아양교~안심역 금호강 하상 및 우안 충적평야의 보링 주상도

통해 금호강의 하상 및 금호강 우안 충적평야에 해당하는 boring data를 얻을 수 있었다. <그림 17-4>는 지하철 1호선을 따라 아양교에서 안심역까지의 보링 주상도를 그린 것이다. 이 구간은 금호강에서 1㎞ 내외의 거리를 두고 금호강과 동서로 평행하게 이어지며, 행정 구역상으로는 동구 입석동, 검사동, 방촌동, 용계동, 안심동, 신기동, 서호동, 동호동에 해당한다.

<그림 17-4>에서 D-90~D-94번 hole은 금호강을 따라 아양교의 북동쪽에서 동촌역의

남동쪽에 이르는 구간으로, 금호강의 하상과 연해있다. 동촌역의 북서쪽에 해당하는 D-92번 hole이 기반암의 고도가 약 25m로 가장 낮으며, 충적층의 층후는 약 8m였다. 하부는 모래 섞인 자갈층이, 상부에는 자갈 섞인 모래층이 나타나, 상부로 갈수록 세립화되는 경향을 보였다. 지표의 고도는 약 34m이다.

<그림 17-4>에서 D-96～D-126번 hole은 금호강의 우안(북동쪽)으로, 하상에서 100m～1.3㎞ 정도 북쪽으로 떨어져, 금호강과 동서로 평행하게 이어지는 구간으로, 96번 hole은 동촌 유원지의 북쪽, 126번 hole은 반야월역의 동쪽에 해당한다. 이 구간의 기반암의 고도는 26～33m이고, 지표의 고도는 32～42m로 약 10m 차를 보이며, 강의 상류에 해당하는 동쪽으로 가면서 완만하게 높아지는 모습이다. 충적층의 층후는 약 6m이며, 하부는 2～5m의 모래 섞인 자갈층, 상부는 1.5～5m의 자갈 섞인 모래층으로 구분되지만, 곳에 따라서는 자갈층이 상부에 다시 나타나기도 하고, 점토층이 퇴적되기도 한다.

퇴적물의 특색으로 볼 때, 하부 자갈층은 금호강이 측방 침식을 하면서 하폭을 넓혀가는 과정에서 형성되었고, 상부 모래층은 금호강에 인접한 자연 제방 퇴적 환경에서 형성된 퇴적층으로 추정된다.

충적층의 층후가 가장 얇은 곳은 D-108번 hole으로 층후는 1.9m에 불과하며, 가장 두꺼운 곳은 D-114번 hole으로 층후는 11.7m였다. D-114번 hole은 율하남교의 북동쪽에 해당하는 지점으로, 기반암의 고도는 약 30m이며, 하부에서부터 4m의 중립질 모래 섞인 자갈층, 2.6m의 중립질 모래층, 5m의 중립질 모래 섞인 자갈층이 나타났다. 지표의 고도는 42m이다. 이 지점은 금호강에서 1㎞ 정도 동북동 방향으로 떨어진 율하천변으로 금호강과 금호강의 지류인 율하천(栗下川)의 영향을 함께 받아 층후가 깊어진 것으로 판단되며, 상부의 두꺼운 자갈층은 율하천 퇴적물로 보인다. 또한 율하천에서 각각 우안과 좌안으로 400m 정도 떨어진 D-112번 hole과 D-116번 hole까지도 그 영향으로 약 7m의 다소 두꺼운 층후를 보였다. 이 지점의 기반암의 고도는 약 30m이며, 하부는 약 3m의 모래 섞인 자갈층, 상부는 약 4m의 자갈 섞인 실트질 모래층이 나타났다. 점토 혹은 실트는 유속이 거의 없는 정수 상태에서 퇴적하므로, 이 층의 상부는 율하천 범람시의 범람 퇴적물로 보인다.

<그림 17-4>에서 D-130～D-132번 hole은 각산역에서 안심역에 이르는 구간이다. 이 두 지점의 기반암의 고도는 약 35m이며, 하부는 약 1.5m의 모래 섞인 자갈층, 상부는 약 6m의 점토 및 모래 섞인 실트층이 퇴적되어 있다. D-96～D-126번 hole 사이의 퇴적층과는 달리 상부에 점토 및 모래 섞인 실트층이 두껍게 나타나는데, 이것은 배후 습지 토양의 특성을 보여준다. 지표의 고도는 42～45m이다.

전체적으로 보아 이 지역은 금호강 우안 충적평야의 자연 제방에 해당되는 지역으로 자갈, 모래 등 조립질 퇴적물이 대부분이고, 점토질이 부족한 특징을 보였다.

(3) 봉무동~동 · 서변동 일대 금호강 우안 충적평야

불로동과 봉무동 일대에 봉무 지방산업단지(패션 · 어패럴 밸리) 조성을 위한 팔공로 도로 확장 공사가 진행되고 있다. 이를 위해 2001년 실시된 boring 조사[9]를 통해 금호강의 우안 충적평야에 해당하는 팔공로 일대의 보링 주상도를 얻을 수 있었다. <그림 17-5>는 팔공로를 따라 봉무 공원 진입로에서 각각 남북으로 300m 정도 떨어진 지점으로, 금호강에서 1㎞ 정도 동쪽으로 떨어진 지점이다.

기반암의 고도는 21～23m로 앞에서 본 상류 지역보다 더 낮아졌으며, 기반암 위의 퇴적층은 하부 약 1.5m의 모래 섞인 자갈층이 퇴적되어 있고, 상부는 실트질 모래층과 점토질 실트층이 약 5.5m 정도 퇴적되어 총 7m의 층후를 보인다. 지표의 고도는 약 30m로 거의 차이가 없다. 퇴적물의 크기는 상부로 갈수록 세립화되며, 상부의 두꺼운 점토층은 금호강 범람시의 범람 퇴적물로, 이 점토질 퇴적물이 퇴적될 때 이 지역은

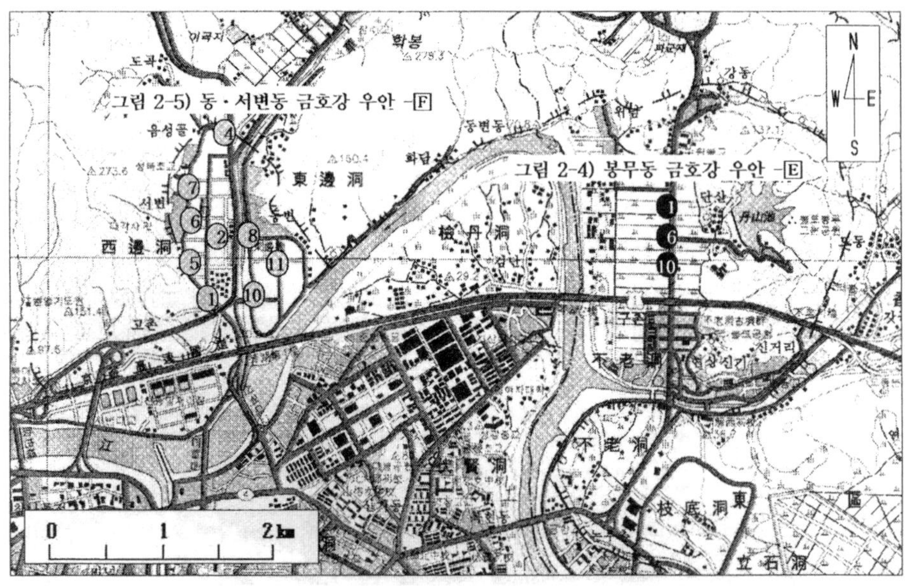

〈지도 17-2〉 금호강 유역(북구 일대) boring 위치도

9) (주)우대기술단 건축사사무소, 2001, 봉무 지방산업단지(패션·어패럴 밸리) 지하차도지역 토질조사 보고서.

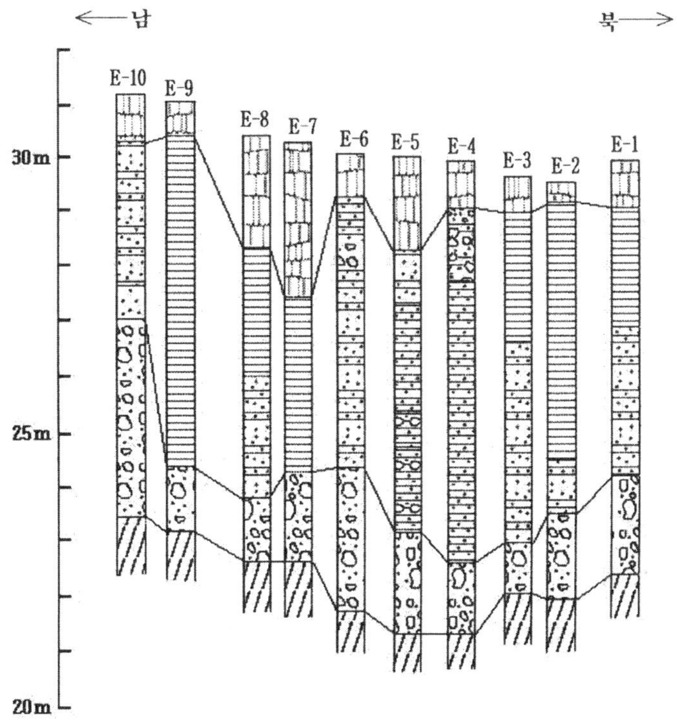

〈그림 17-5〉 봉무동 금호강 우안 충적평야의 보링 주상도

금호강의 배후 습지 환경이었음을 보여준다. <사진 17-1>은 봉무공원 진입로에서 팔공로를 따라 100m 정도 북쪽으로 떨어진 E-5번 hole의 노두로 모래섞인 점토층이 나타나고 있다.

동·서변동택지개발을 위해 실시된 boring 조사[10]에서, 동화천이 금호강으로 합류하는 동·서변동 일대의 보링 주상도를 얻을 수 있었다. <그림 17-6>은 금호강의 우안 충적평야이자, 동화천의 하상 및 동화천에서 500m 내의 좌·우안 충적평야에 해당한다.

동화천의 하상을 동서로 가로지르며 동화교의 동·서편에 해당하는 F-10번 hole과 F-1번 hole에서 기반암의 고도는 21m 정도이며, 하부는 약 4m의 실트 및 모래 섞인 자갈층, 상부는 약 2m의 실트 및 모래가 퇴적되어 총 6m의 층후를 보인다. 지표의 고도는 약 28m이다. 이보다 500m 정도 북쪽에 동화천의 하상을 동서로 가로지르는 동변교의 동·서편에 해당하는 F-8번 hole과 F-2번 hole에서 기반암의 고도는 23m 정도이며, 기반암 위에 4m의 모래 및 실트 섞인 자갈층과 3m의 실트 섞인 모래층이 퇴적되어

10) 대구도시개발공사, (주)금호엔지니어링, 1994, 동·서변지구 택지개발 기본 계획 및 실시 설계보고서.

〈사진 17-1〉 봉무 지방산업단지 지하차도의 노두

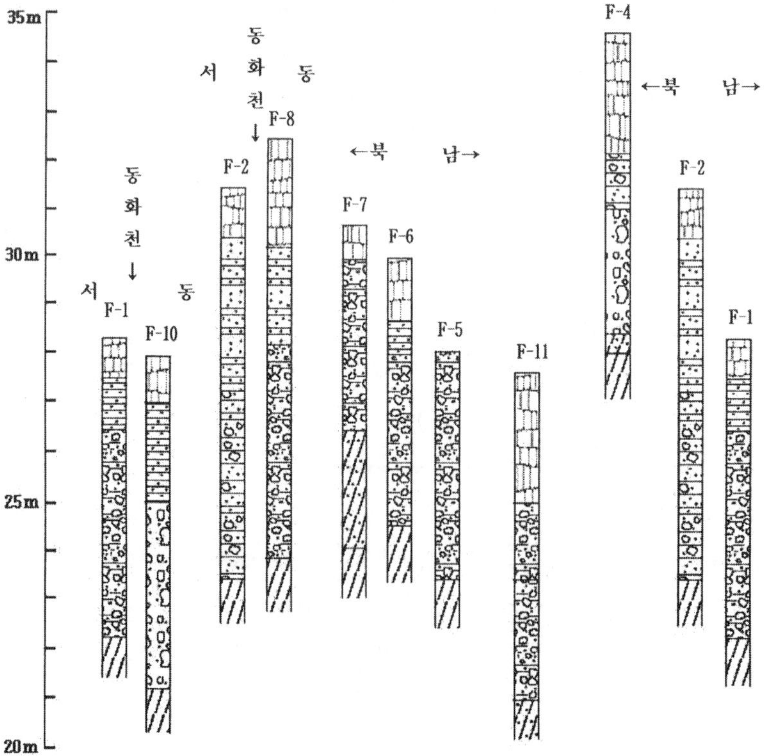

〈그림 17-6〉 동 · 서변동 금호강 우안 충적평야의 보링 주상도

총 7m의 층후를 보인다. 주변 지역에 비해 퇴적층이 두꺼운 편이며, 그 위에 약 2m의 매립층이 있어, 지표의 고도는 약 32m이다.

동화천의 좌안 충적평야에 해당하는 F-11번 hole은 동변동 주공아파트의 동편으로, 기반암의 고도는 약 20m이며, 기반암 위에 풍화암이 1.4m 얹혀있고, 그 위에 4m의 모래 및 실트 섞인 자갈층이 나타나며, 매립층이 2.8m 덮여있다. 동화천의 우안 충적평야에 해당하는 F-5번~F-7번 hole에서 기반암의 고도는 23~26m이며, 기반암 위에 약 4m의 실트 및 모래 섞인 자갈이 퇴적되어 있다.

동·서변택지개발지구의 전체적인 기반암의 고도는 20~28m로 동화천의 하류로 내려오면서 기반암의 고도가 낮아진다. 퇴적층의 층후는 약 5m 내외이며, 동화천 양안(F-2번, F-8번 hole)이 약 7m로 두꺼운 편이고, 동화천에서 500m 정도 떨어진 지점(F-11번, F-5번, F-6번, F-7번 hole)은 약 4m의 층후를 보인다. 이 지역은 동화천의 하류 지역으로, 점토보다는 동화천이 공급한 자갈과 모래가 주를 이루고 있으며, 최상부에 얇게 퇴적된 점토 및 점토 섞인 퇴적물은 동화천 및 금호강의 범람 퇴적물로 판단된다.

(4) 태전동~구암동 일대 충적평야

<그림 17-7>의 G-2~G-1번 hole은 대구과학대학의 북편 교차로 지점[11]으로, 팔거천에서 서쪽으로 1.3㎞ 정도 떨어져 있는 팔거천의 우안 충적평야에 해당한다. 기반암의 고도는 약 15m이며, 층후는 약 7.5m이다. 기반암 위에 약 3m의 자갈, 약 1.5m의 모래, 약 3m의 점토순으로 퇴적물은 상향 세립화된다. 퇴적층 위에는 약 3m의 매립층이 나타나며, 지표의 고도는 약 25m이다.

H-1~H-2번 hole은 칠곡동서2차아파트[12]로 팔거천에서 동쪽으로 300m 정도 떨어져 있는 팔거천의 좌안 충적평야에 해당한다. 기반암의 고도는 약 29m이며 기반암 위에 약 1m의 풍화토가 얹혀져있으며, 층후는 약 3m로, 자갈, 모래, 점토가 혼재된 퇴적층이 나타나며, 그 위에 매립층이 약 3m 정도 있어, 지표의 고도는 약 36m이다.

I-23~I-3번 hole은 칠곡4차화성아파트[13]로 팔거천에서 동쪽으로 500m 정도 떨어져 있으며 칠곡동서2차아파트에서 북동쪽으로 700m 정도 떨어져 있는 팔거천의 좌안 충적평야에 해당한다. 기반암의 고도는 약 33m이며, 층후는 약 2.5m로, 모래와 자갈이 혼재된 퇴적층이 나타나며, 그 위에 매립층이 약 2m 정도 있어 지표의 고도는 약 37.5m이다.

11) 국제지오컨설팅, 2001, 매천로(태전동~구마지선) 건설 공사중 지질조사보고서.
12) 국제지오컨설팅, 1994, 칠곡동서2차아파트 지질조사보고서.
13) (주)동방엔지니어링, 2000, 칠곡4차화성아파트 신축공사 지반·지질조사보고서.

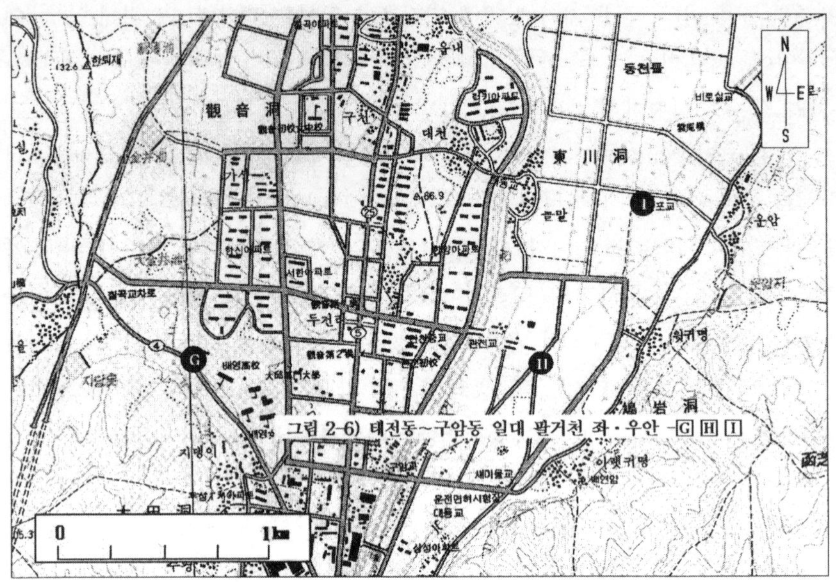

〈지도 17-3〉 팔거천 유역(칠곡 일대) boring 위치도

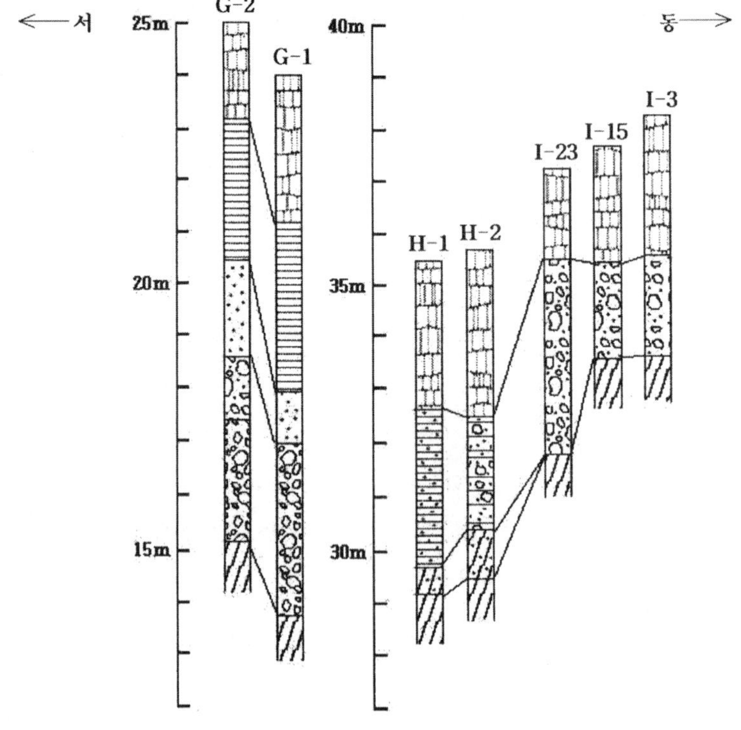

〈그림 17-7〉 태전동~구암동 팔거천 좌·우안 충적평야의 보링 주상도

(5) 강창교 일대 금호강 하상 및 좌 · 우안 충적평야

강창교 부근은 금호강이 낙동강에 합류되기 바로 직전의 지역이다. 이 지역에 대구 지하철 2호선 건설을 위해 실시된 1994년 boring 조사[14]를 통해 금호강의 하상 및 금호강 좌·우안 충적평야에 해당하는 보링 주상도를 얻을 수 있었다. <그림 17-8>은 지하철 2호선 다사읍 죽곡리에서 파호동 삼성명가타운 사이의 J-1-3번~J-3번 hole 사이의 보링 주상도를 그린 것이다.

이 주상도의 각 지점들은 기반암의 고도 분포 차가 큰데, 이를 모두 연결해보면 곡의 형태를 이루고 있어 상류 금강동의 경우와 대조를 이룬다. 그 중에서 가장 낮은 J-1번 hole은 강창교의 서쪽, 다사 제방의 동쪽에 해당하는데, 기반암의 고도는 약 1.5m로 거의 침식기준면인 해수면의 높이에 가깝다. 기반암 위의 퇴적층은 하부에서부터 약 7m의 약간의 boulder급 자갈이 포함된 모래 섞인 자갈, 약 4.5m의 세립 및 조립질 모래, 약 5m의 모래섞인 실트, 그 위 1.7m의 매립층의 순으로 총 16.5m의 층후를 보여, 수집된 boring data 가운데 퇴적층의 두께가 가장 두꺼웠다. 지표의 표고는 19.7m이다. 이 지점은 금호강의 중심 하상에서는 다소 벗어났지만, 하천 하류부 하상의 전형적인 형태를 갖추고 있다.

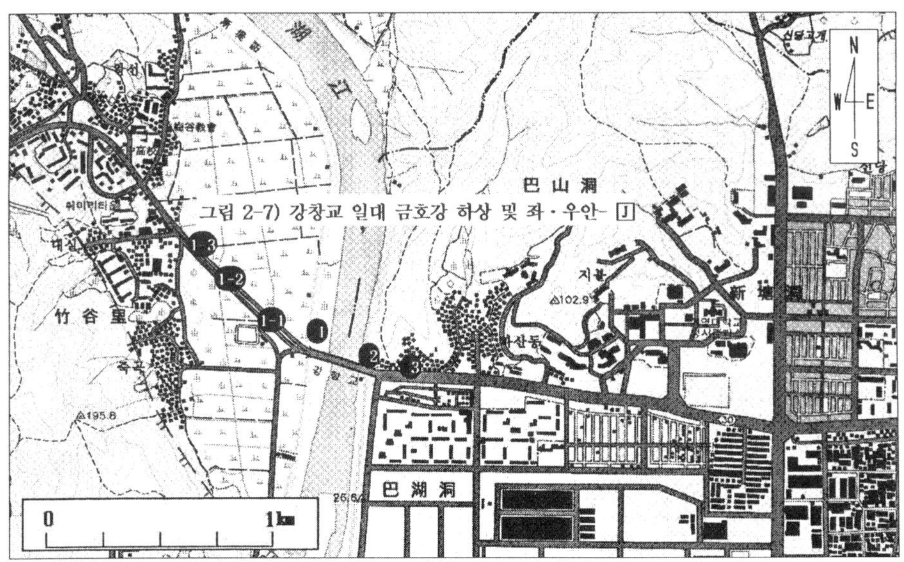

〈지도 17-4〉 금호강 유역(달서구 파산동 일대) boring 위치도

14) 대구지하철공사, 1994, 지하철 2호선 지질조사보고서.

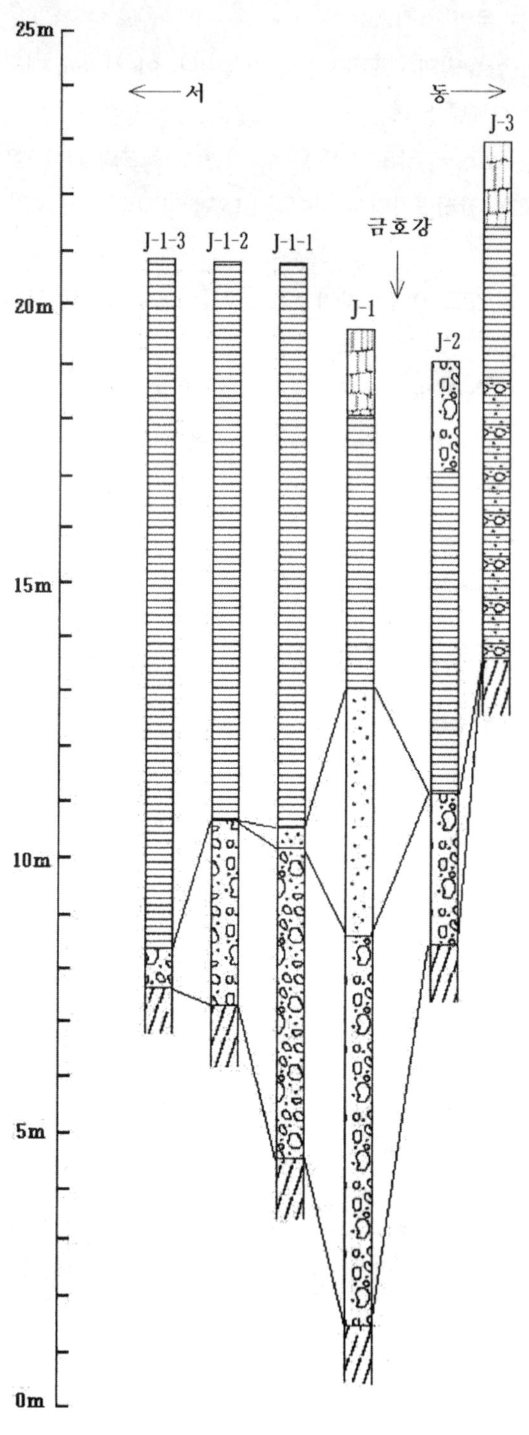

〈그림 17-8〉 강창교 일대 금호강 하상의 보링 주상도

금호강 하상의 퇴적물은 상향 세립화되는 모습을 보이는데, 이는 금호강의 하류부가 빙하기 해수면 하강시에 상류에 해당되어 자갈과 같은 조립질의 퇴적물이 퇴적되었으나, 후빙기 해수면 상승에 따라 흐름이 완만해지고 내만 상태가 되면서 모래, 점토순으로 세립질의 퇴적물로 변화되는 모습을 보여준다.

금호강 좌·우안 충적평야에 해당하는 J-3번~J-1-3번 hole사이의 기반암의 고도는 4.5~13.6m로 하상과 최대 12m의 고도차를 보인다. 이것은 금호강이 대구분지로 유입하는 동구 금강동 일대에서 하상 및 우안 충적평야의 고도차가 2m에 불과했던것과 비교할 때 훨씬 큰 고도차를 보여 뚜렷한 화석곡의 형태를 보이고 있다.

금호강 우안 충적평야의 하부는 1~5.5m의 모래섞인 자갈층이 퇴적되어 있고, 상부는 금호강 범람시의 범람 퇴적물인 점토층이 10~13m 정도 퇴적되어 우안 충적평야의 층후는 약 15m에 달한다. 금호강 좌안 충적평야는 기반암 위에 약 3m의 모래섞인 자갈층이 퇴적되어 있고, 상부는 약 6m의 점토층이 퇴적되어, 좌

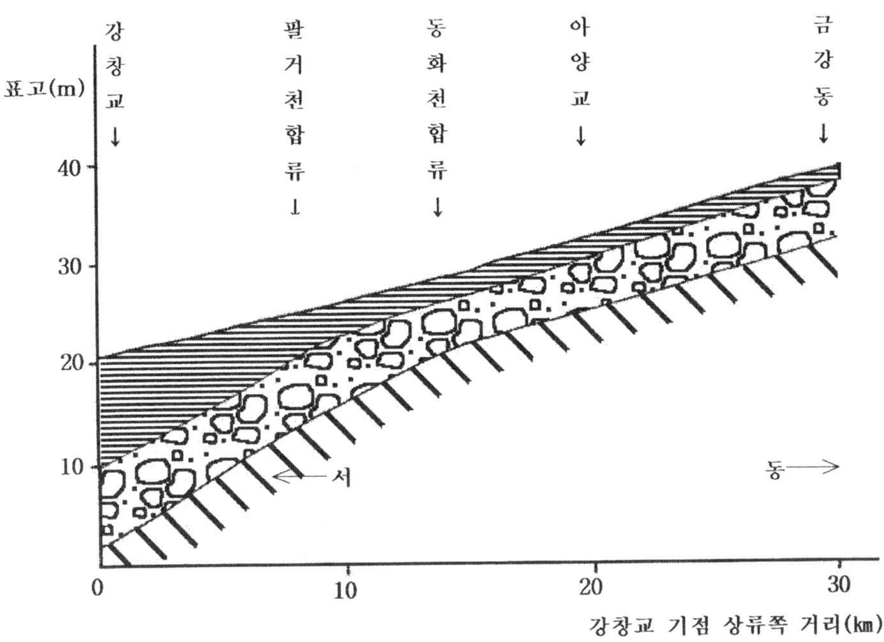

〈그림 17-9〉 금호강 유역(금강동~강창교)의 주상 단면도

안 충적평야의 층후는 약 9m에 달한다.

안심에서 강창교에 이르는 금호강 충적평야의 기반암과 충적층의 층상을 정리하면 다음과 같다.

충적층을 횡단하는 단면에서 충적층 밑에 묻혀 있는 기반암의 최저 고도는, 이 하천에 의한 하각 작용이 이 부근까지 이루어졌다는 것을 의미한다. 또한 횡단면에서 기반암의 고도를 옆으로 연결한 단면의 형태가 'V'자 형태의 곡을 이루는 경우가 있고, 작은 기복으로 평탄면을 보이는 경우가 있다. 전자의 경우는 하류 평야에서 빙기 저해수준면에 대응한 하각 작용의 결과로 형성되는 경우가 대부분이며, 후자는 침식기준면의 변화에 거의 영향을 받지 않는 중·상류부에서 오랫동안 하천의 측방 침식에 의해 곡폭이 넓혀졌을 때 나타나는 결과라 할 수 있다. 금호강 충적평야에서 안심 부근 횡단면에서는 후자의 특징을 보이나 강창교 부근 단면에서는 전자의 특징을 보인다. 강창교 부근의 기반암의 최저 고도는 1.5m로 거의 침식 기준면인 해수면의 높이에 가깝다.

또한 안심에서 강창교까지의 기반암의 고도와 충적평야면 고도의 종단 변화를 살펴보면 기반암의 고도가 금강동 부근 금호강 하상에서 32m, 아양교 부근에서 25m, 동·서변동 부근에서 21m, 강창교 부근에서 1.5m로 낮아져, 이 침식면의 종단 경사가 대략 1㎞에

1m씩 낮아지는, 즉 1‰이며, 이 종단 경사는 하류로 갈수록 더 급하게 나타난다. 그러나 충적평야면의 표면 고도는 안심 부근에서 38m 전후, 아양교 부근에서 32m 전후, 동·서변동 부근에서 28m 전후, 강창교 부근에서 22m 전후로서 충적평야의 종단 경사는 대략 0.5‰로 기반암의 종단 경사보다 훨씬 완만하다.

기반암 위에 퇴적되어 있는 충적층은 안심, 아양교, 봉무동, 동·서변동 부근에서 그 층후가 5～10m로 두껍지 않으며, 하천에서 후면으로 갈수록 또 하류로 갈수록 조금씩 두꺼워진다. 충적층의 층상은 하부 3～5m는 거의 자갈층으로 이루어져 있으며, 그 위에 모래 및 점토층이 얹혀있다. 퇴적물은 하천에서 후방으로 갈수록 세립화되어 반야월 이마트 부근에서는 점토층이 상당히 두껍게 나타난다. 강창교 부근에서는 충적층의 두께가 두꺼워져 최대 17m에 달하고 역시 하부에 자갈, 상부에 점토의 층준인데, 상부 점토층의 두께는 최대 13m에 이른다.

2) 신천 유역

신천은 대구광역시와 청도군의 경계가 되는 달성군 가창면 우륵리의 우미산(牛尾山, 736m)과 삼성산(三聖山, 668m)에서 발원하여 북동류하다, 우륵리 삼산교 부근에서 상원산(上院山, 674m)에서 발원한 또 다른 지류를 합류하여 북류한다. 이어서 신천 본류는 비슬산 북동록에서 발원한 오동천(梧洞川)을 가창면사무소 부근에서 합류하고, 상동교 부근에서 남부 산지의 하곡을 벗어나 대구분지 상으로 흘러나온다. 대구분지로 들어선 신천은, 병풍산(屛風山, 571m)의 북서사면에서 발원하여 북서류하는 범어천(泛魚川)을 동신교 부근에서 합류하여, 침산과 연암산 사이를 지나 무태교 부근에서 금호강에 합류하는 주류 길이 29.5㎞의 하천이다. 신천은 대구의 남부 산지에 해당하는 앞산산괴와 용지산괴[15] 사이의 좁은 골짜기를 흘러나와, 대구분지를 동서로 양분하며 여러 차례 유로를 이동 혹은 분류하면서 선상지성 퇴적물을 펼쳐 놓고 있다. 신천이 형성한 충적 지형의 분석을 위해 지하철 1호선(1991년) 및 2호선(1994년) 지질조사보고서와 수성구 및 북구 일대의 아파트 건설 현장의 지질조사보고서를 활용하였다.

---

15) 대구의 남부 산지는 북쪽의 대구분지와 남쪽의 청도분지 사이에 끼어있는 산지로 서남쪽의 비슬산(琵瑟山)이 주봉이며, 지질적으로는 거의 백악기 말에 분출·관입한 화성암이다. 특히 안산암, 안산반암, 안산암질각력암이 대부분을 차지하며 이들 암석의 분포 지역이 지형적으로 높은 산지를 형성하고 있다. 남부 산지는 신천과 그 지류 오동천에 의해서 깊게 개석되어 있어서 몇 개의 산괴로 세분될 수 있다. 즉 신천 동쪽은 용지산괴이며, 신천 서쪽은 다시 오동천에 의하여 남북으로 나누어지는데, 그 남쪽이 최정산괴, 북쪽이 앞산산괴이다(조화룡, 1995: 43～44쪽 재구성).

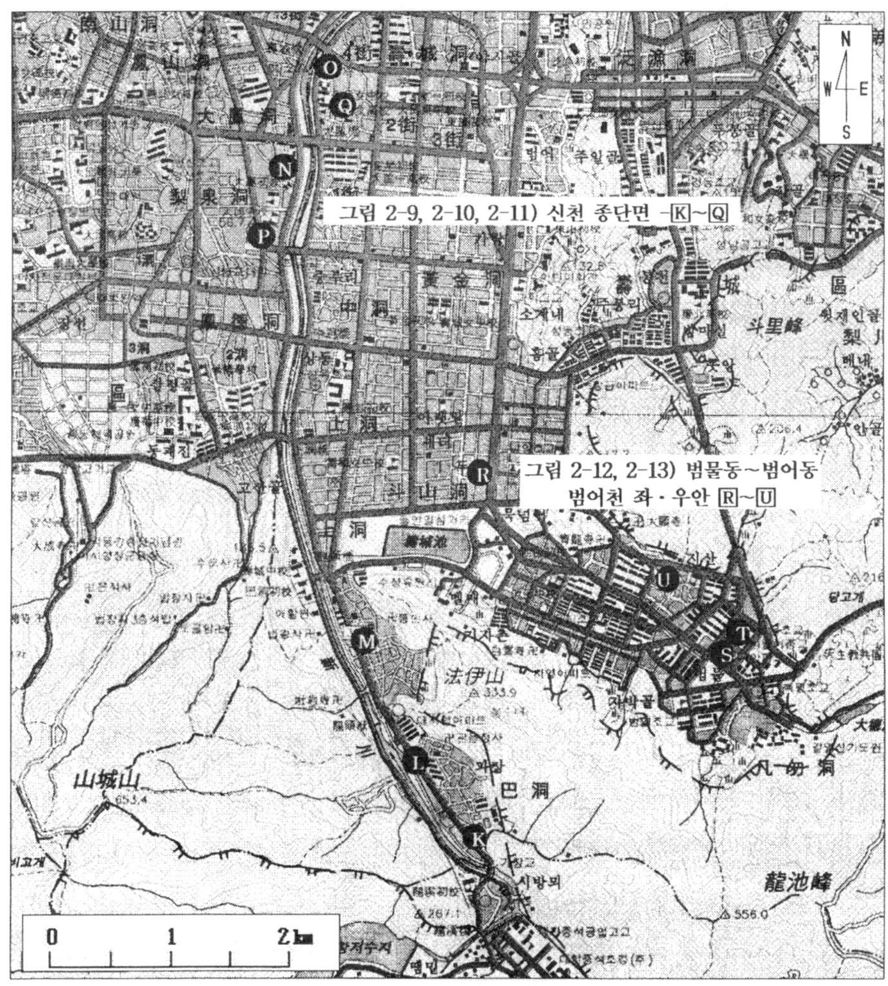

〈지도 17-5〉 신천 유역(수성구 일대) boring 위치도

(1) 가창교~수성교 일대 신천 종단면 및 좌 · 우안 충적평야

<그림 17-10, 17-11, 17-12>는 가창교에서 수성교까지의 신천 하상 및 좌·우안의 보링 주상도를 그린 것이다. 이 지역은 최근 수성학군의 인기와 더불어 대규모 아파트 건설이 곳곳에서 이루어지고 있다. 입수한 boring data는 최근 2년 동안 공사가 이루어졌던 파동화성아파트, 태왕리더스파동아파트, 파동실리안아파트, 이천주공아파트, 이천대성 유니드아파트, 수성동양엘레브아파트, 수성태왕아파트의 지질조사보고서이다.

<그림 17-10>에서 파동화성아파트 건설[16] 현장에 해당하는 K-1번~K-2번 hole은 신천의 상류로, 가창교 북쪽 신천 제방에 연해 있다. 입수한 2개의 boring hole을 보면,

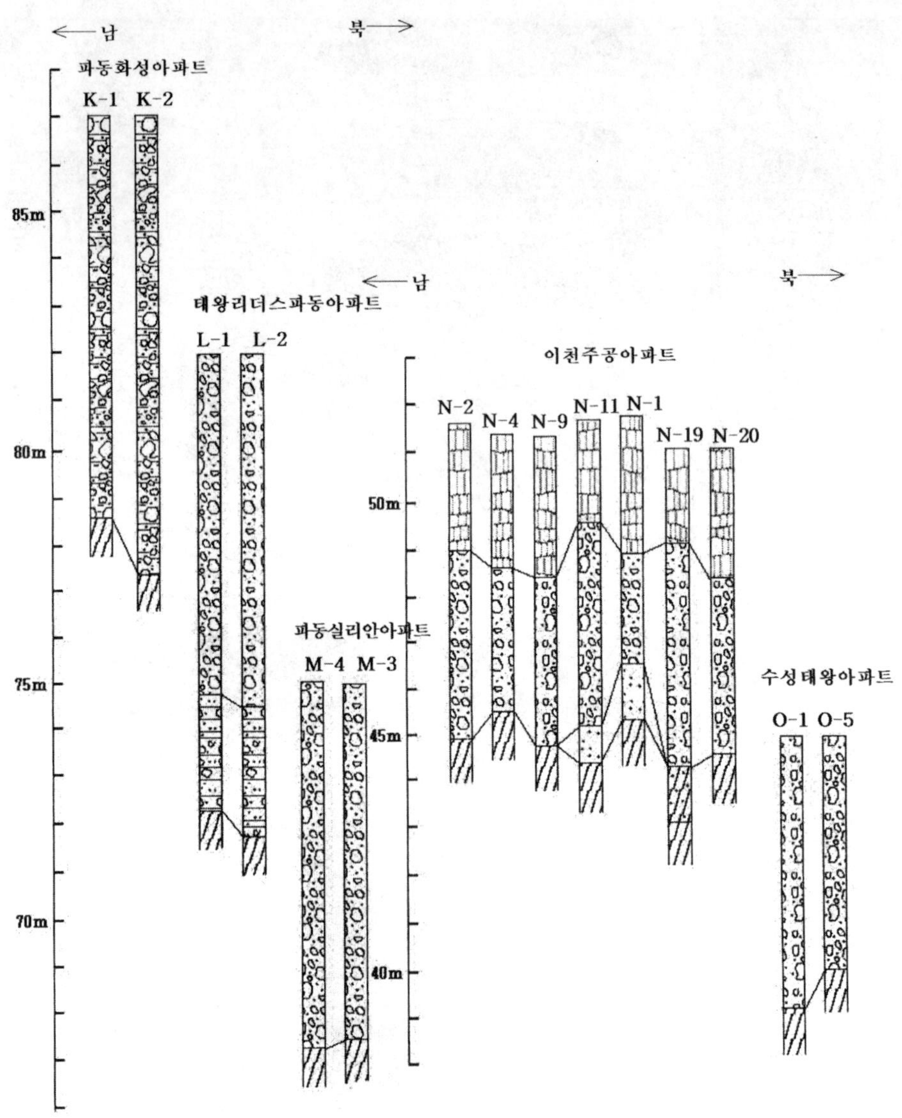

〈그림 17-10〉 가창교~파동 신천 종단면의 보링 주상도
〈그림 17-11〉 대봉교~수성교 신천 종단면의 보링 주상도

층후는 약 9m로, 기반암 위에 점토질 모래가 섞인 자갈이 퇴적되어있으며, 자갈은 cobble급이 주를 이루며, boulder급 자갈도 많이 섞여있는데, 큰 것은 입경이 1m에 달한다.

이보다 약 500m 하류 태왕리더스파동아파트 건설[17] 현장에 해당하는 L-1번~L-2번

16) 신세계건축, 2002, 파동아파트(파동화성파크뷰) 신축공사 지질조사보고서.

hole은 수성구 파동 신천 취수보 동편으로 신천 제방에 연해있다. <사진 17-2>는 대자연 시장 건너편의 노두로 신천과 100m 정도 동쪽으로 떨어져 있는 지점이다. 입수한 2개의 boring hole을 보면, 층후는 약 10m로, 하부는 약 3m의 점토 섞인 자갈층, 상부는 약 7m의 모래 섞인 자갈층이 퇴적되어 있다. 하부의 점토 섞인 자갈층에는 점토 속에 boulder급 자갈이 포함되어 있다. 상부의 모래 섞인 자갈층은 10㎝ 전후의 cobble급 자갈이 주를 이루며, 50㎝ 전후의 boulder급 자갈이 섞여 있고, 대부분이 아원력이다.

〈사진 17-2〉 태왕리더스파동아파트의 노두

또 다시 500m 하류에 위치하는 파동실리안아파트 건설[18] 현장에 해당하는 M-4번~M-3번 hole은 수성구 파동 신천 용두보 동편으로, 신천 제방에 연해 있다. 입수한 2개의 boring hole을 보면, 층후는 약 7.3m로, 기반암 위에 모래 섞인 자갈층이 퇴적되어 있다. 자갈은 cobble급이 주를 이루며, 다량의 boulder급 자갈을 포함하고 있다.

<그림 17-11>에서 이천주공아파트 건설[19] 현장에 해당하는 N-1번~N-20번 hole은 대봉교의 남서편으로 신천 제방에 연해 있다. 입수한 7개의 boring hole을 보면, 기반암 위에 약 4.5m의 모래 섞인 자갈층이 퇴적되어 있다. 자갈은 pebble~cobble급이 대부분이며, 일부 boulder급 자갈을 포함하고 있다. 이 지점은 신천의 좌안에 해당한다.

수성태왕아파트 건설[20] 현장에 해당하는 O-1번과 O-5번 hole은 수성교의 동편으로 신천 제방에 연해 있다. 입수한 2개의 boring hole을 보면, 기반암 위에 약 5m의 세립질 모래 섞인 자갈이 퇴적되어 있다. 이 지점은 현재는 신천의 우안에 해당하지만, 과거에는 신천의 하상에 해당한 것으로 보인다.

<그림 17-12>의 지점들은 각각 신천의 좌·우안 충적평야에 해당한다. 이천대성유니드아파트 건설 현장에 해당하는 P-6번~P-10번 hole은, 희망교에서 서쪽으로 300m 정도

17) (주)태왕건설, 2003, 태왕리더스파동아파트 지질조사보고서.

18) (주)삼우건설, 원일기술사사무소, 1996, 파동아파트 신축부지 지질조사보고서.

19) 대구도시개발공사, 1995, 95건설 대구 이천(2-2)지구 지반조사보고서.

20) (주)동방엔지니어링, 2002, 수성태왕리버뷰아파트 신축공사 지질조사보고서.

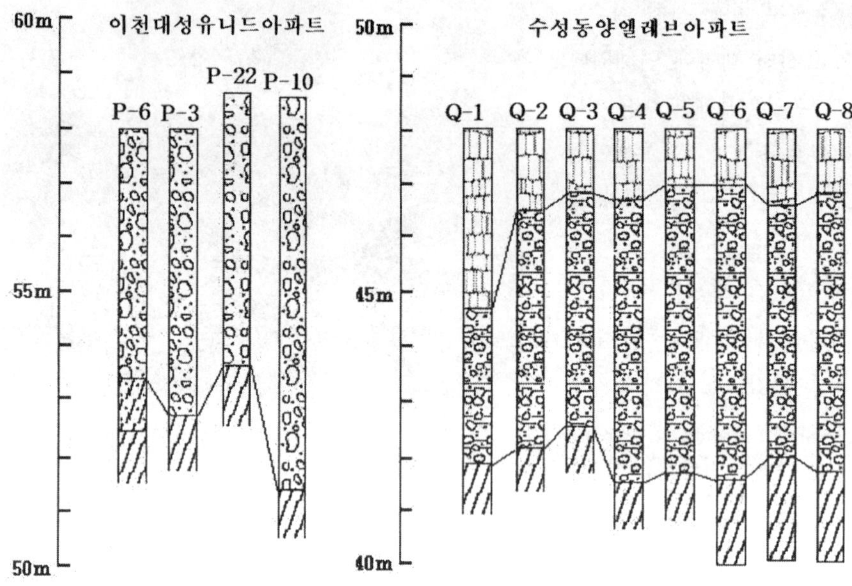

〈그림 17-12〉 희망교~대봉교 신천 좌 · 우안 충적평야의 보링 주상도

떨어진 지점으로, 신천의 좌안 충적평야에 해당한다(사진 17-3). 입수한 4개의 boring hole을 보면 이 지점의 층후는 약 6m로, 모래섞인 자갈층이 퇴적되어 있다. 주로 아원력의 pebble 및 cobble급 자갈이며, 일부 입경 70㎝에 가까운 boulder급 자갈도 섞여 있다. 층후는 신천에서 300m 정도 떨어진 지점이 약 7m이며, 400m 정도 떨어진 지점이 약 4m로, 신천 쪽의 층후가 3m 정도 더 두꺼웠으나, 퇴적물은 모두 모래섞인 자갈로 차이가 없었다.

수성동양엘레브아파트[21] 건설 현장에 해당하는 Q-1번~Q-8번 hole은 대봉교에서 북동 쪽으로 각각 200m 정도 떨어진 지점으로 신천의 우안 충적평야에 해당한다(사진 17-4). 입수한 8개의 boring hole을 보면, 기반암의 고도는 약 42m이며, 층후는 약 5m로, 실트질 모래섞인 자갈이 퇴적되어 있고, 그 위에 1m 정도의 매립층이 나타난다. 지표의 표고는 약 48m이다. 자갈은 대부분 3㎝전후의 pebble급 및 10㎝ 전후의 cobble급이며, 일부 입경 40㎝에 가까운 boulder급 자갈이 섞여 있다.

21) (주)동양건설, 2003, 대구 수성구 동양메이저 신축공사 지반조사보고서.

〈사진 17-3〉 이천대성유니드아파트의 노두

〈사진 17-4〉 수성동양엘레브아파트의 노두

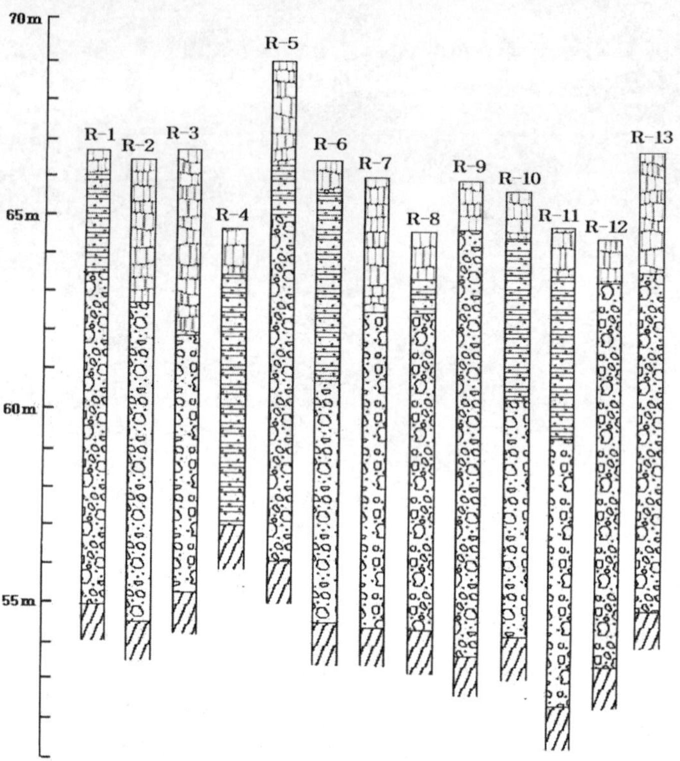

〈그림 17-13〉 범어동 일대 신천 우안 충적평야의 보링 주상도

〈사진 17-5〉 대우트럼프월드수성아파트의 노두

(2) 범물동~범어동 일대 신천 우안 충적평야

두산오거리에서 동대구로를 따라 200m 정도 북쪽에 건설중인 대우트럼프월드수성아파트[22]의 boring data를 통해 범어천의 좌안에 해당하는 보링 주상도를 얻을 수 있었다.

<그림 17-13>는 대우트럼프월드수성아파트의 13개 hole의 보링 주상도를 그린 것이고, <사진 17-5>는 현장 노두이다. 이 지점은 범어천의 하상 및 범어천의 좌안 충적평야에 해당하는데, 기반암의 고도는 53~57m로 범어천에서 멀어질수록 완만하게 높아졌다.

기반암 위의 퇴적층은 7~11m로 신천 충적평야의 다른 지점에 비해 두꺼운 편이며 대부분이 자갈층이나 곳에 따라 모래섞인 점토층이 표면에 3~4m 두께로 나타나는 주상도가 있어, 이것 역시 수성들 다른 지역과 퇴적상의 차이를 보이는 점이다.

이 밖에 범어천 유역 퇴적층의 자료가 되는 boring data로는 범물청구아파트, 범일중학교, 지산동서아파트의 보링 자료를 얻을 수 있었다.

<그림 17-14>의 S-1~S-6번 hole은 범물청구아파트[23]로 층후는 약 8m이며, 점토 및 모래섞인 자갈층이 퇴적되어있다. 자갈은 boulder급이 대부분이다. T번 hole은 범일중학교[24]로 층후는 약 6m이며, 모래 섞인 자갈층이 퇴적되어 있다. 자갈은 pebble~boulder급이 섞여있다. U-1~U-2번 hole은 지산동서아파트[25]로 층후는 약 7m이며, 점토 및 모래섞인 자갈층이 퇴적되어 있다. 자갈은 pebble~boulder급이 섞여 있다.

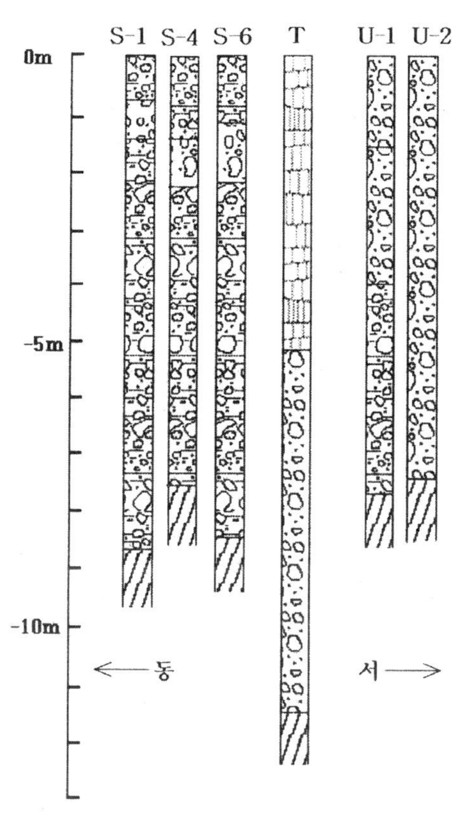

〈그림 17-14〉 범물동 일대 범어천 우안 충적평야의 보링 주상도

22) (주)대우건설, 2003, 대구 트럼프월드수성 신축공사 지반조사보고서.

23) 대성건업개발공사, 1991, 범물지구 청구아파트 신축 지반조사보고서.

24) 국제지오컨설팅, 1998, 범물여중 강당 신축부지 지질조사보고서.

25) 대성건업개발공사, 1992, 지산동서아파트 지반조사보고서.

(3) 반월당네거리~수성구청 일대 신천 횡단면

대구 지하철 2호선 건설을 위한 1994년 boring 조사[26]를 통해 신천의 하상 및 신천 좌·우안 충적평야에 해당하는 boring data를 얻을 수 있었다. <그림 17-15>는 반월당네거리(J-59번 hole)에서 달구벌 대로를 따라 수성구청(J-76번 hole) 사이의 보링 주상도를 그린 것이다.

현재 신천은 J-66번~J-67번 hole 사이를 흐르고 있는데, 이 지점의 기반암의 고도는 약 42m로, 그 좌우보다 오히려 높으며, 특히 반월당네거리에 해당하는 J-59번 hole보다 약 5m 정도 더 높다. 이와 같은 기반암의 고도로부터 현재 신천의 유로가 과거 신천의 유로와 달랐음을 유추할 수 있다. 전반적으로 충적층 아래 매몰되어 있는 기반암은 기복이 심하지 않고, 동쪽으로 갈수록 기반암의 고도가 높아졌다.

기반암 위의 퇴적층은 4~6m의 층후로 평야의 폭과 하천의 규모에 비해 엷은 편이다. 퇴적물은 대부분 자갈층으로 이루어졌고, 하천에서 멀리 떨어진 후면까지도 점토층의 퇴적이 두드러진 곳은 없다. 이것은 신천 좌·우의 수성평야가 선상지성 충적평야임을

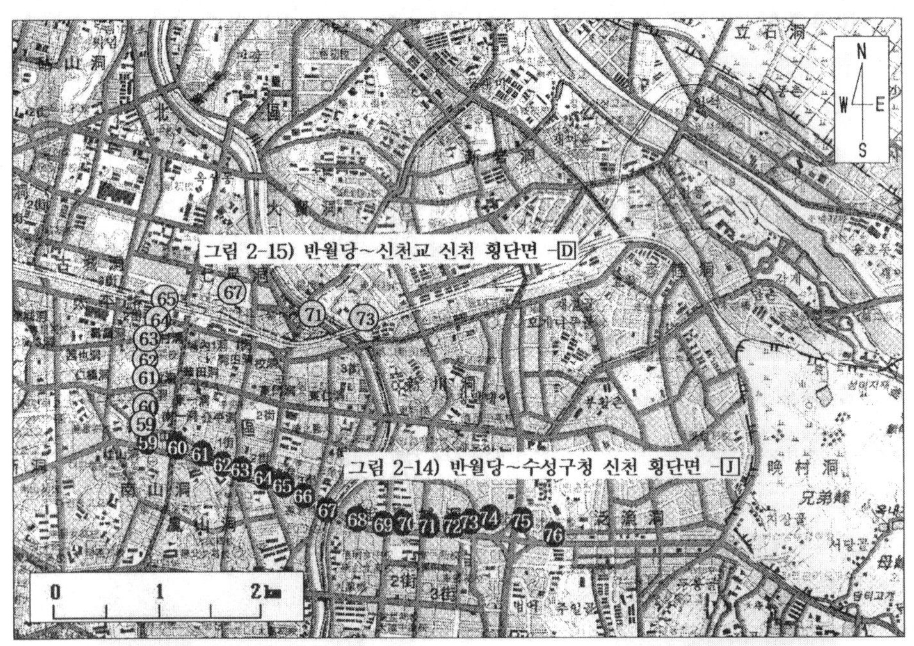

〈지도 17-6〉 신천 유역 횡단면 boring 위치도

26) 대구지하철공사, 1994, 지하철 2호선 지질조사보고서.

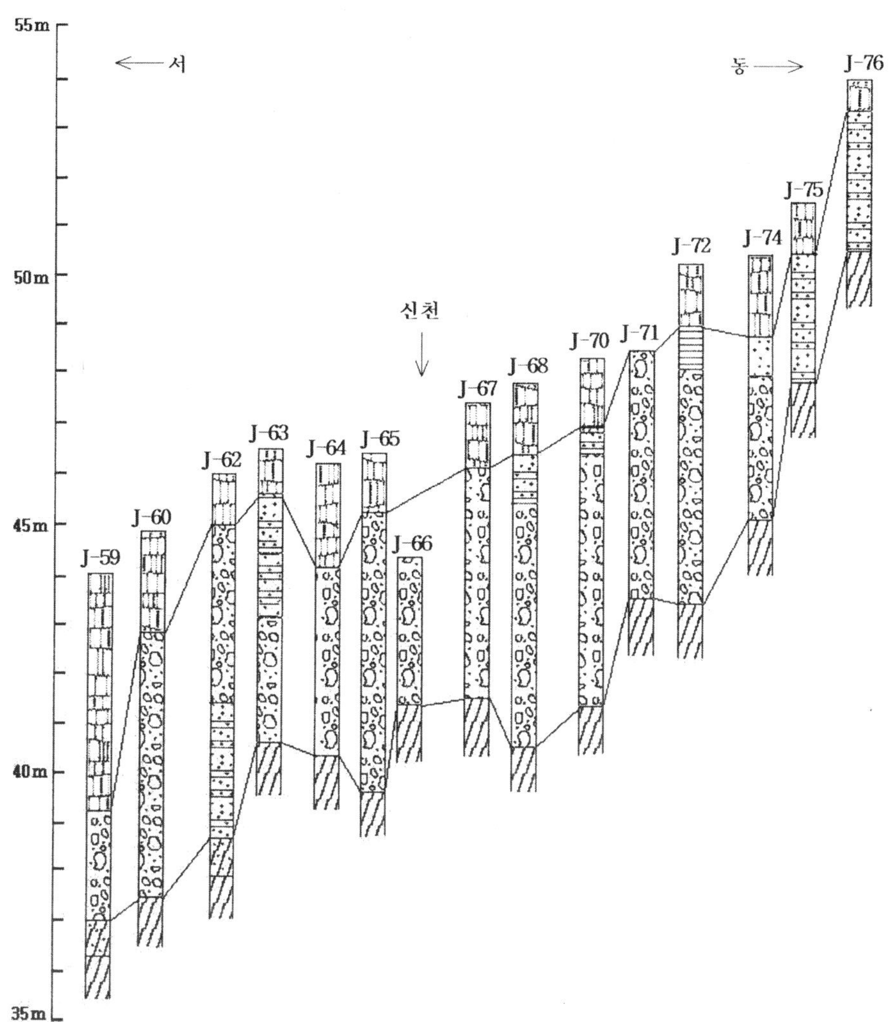

〈그림 17-15〉 반월당네거리~수성구청 신천 횡단면의 보링 주상도

반증하는 것이다. 또한 대부분의 보링 주상도에서 가장 윗부분에 매립층이 나타나고 있어 이 지역의 지형 개변이 많이 이루어졌음을 말해준다.

(4) 반월당네거리~신천교 일대 신천 횡단면

대구 지하철 1호선 건설을 위한 1991년 boring 조사[27]를 통해 신천의 하상 및 신천

27) 대구지하철공사, 1991, 지하철 1호선 지질조사보고서.

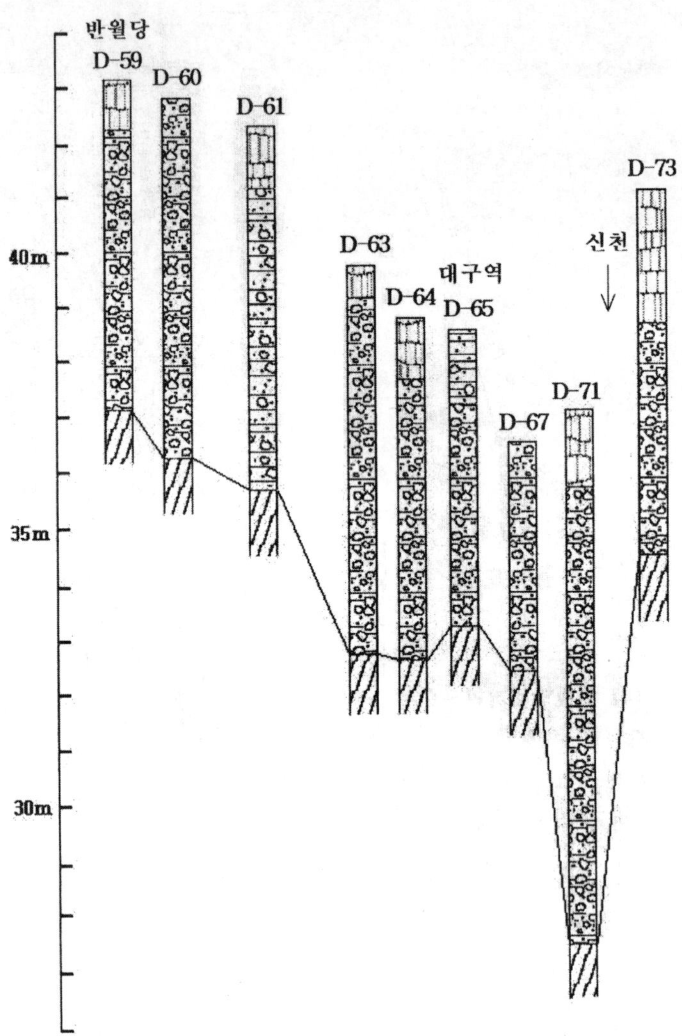

〈그림 17-16〉 반월당네거리~신천교 신천 횡단면의 보링 주상도

좌안 충적평야에 해당하는 boring data를 얻을 수 있었다. <그림 17-16>은 지하철 1호선 반월당네거리(D-59번 hole)에서 신천교 동편(D-73번 hole)까지의 보링 주상도를 그린 것이다. D-59번 hole에서 D-65번 hole까지는 반월당네거리에서 대구역까지 남북 방향의 단면이고, 다시 D-65번 hole에서 D-73번 hole까지는 대구역에서 신천교 동쪽까지 신천을 횡단하는 동서 방향의 단면이다.

남북 단면에서 기반암의 고도는 반월당네거리에서 37m, 대구역 부근에서 33m로 북쪽으로 가면서 점차로 낮아진다. 기반암 위에 퇴적물은 5～7m의 자갈층이며, 표면에 부분적으로 매립층이 덮여있다. 신천을 횡단하는 동서 단면에서는 신천이 지나는 D-71번 hole에서 기반암의 고도가 27m로 그 좌우의 34～35m에 비하여 7～8m나 낮아 침식곡의 형태를 보이고 있다. 이것은 앞에서 본 수성교 부근 신천 하상의 기반암 고도와 대조를 이루며, 기반암 위의 퇴적층도약 9m로 층후도 두껍고, 전층이 자갈층이다.

(5) 칠성동～침산동 일대 신천 하상 및 좌안 충적평야

신천 하류 오수관 설치 설계를 위해 2001년 실시한 boring 조사[28]를 통해 북구 칠성동～침산동 일대 신천 좌안 충적평야에 해당하는 boring data를 얻을 수 있었다. <그림 17-17>은 대구역 북편에서 침산동에 이르는 지점의 보링 주상도를 그린 것이다. 현재의 신천은 V-10번 hole의 동쪽을 흐르고 있지만, 기반암의 고도 및 층후로 보면, 현재 시티 공학이 위치한 침산의 동편인 V-9번 hole이 기반암의 고도가 약 24m로 주변 다른 주상도에 비해 약 5m 정도 더 낮고, 그 위의 퇴적층도 8.7m로 가장 두껍다. 퇴적층은 하부에서부터 1.6m의 자갈 섞인 모래, 3.3m의 자갈 섞인 점토, 3.8m의 모래 섞인 자갈 순으로 퇴적되어 있다. 그 밖의 주상도에서 퇴적층의 층후는 약 4m로, 모래 섞인 자갈층이

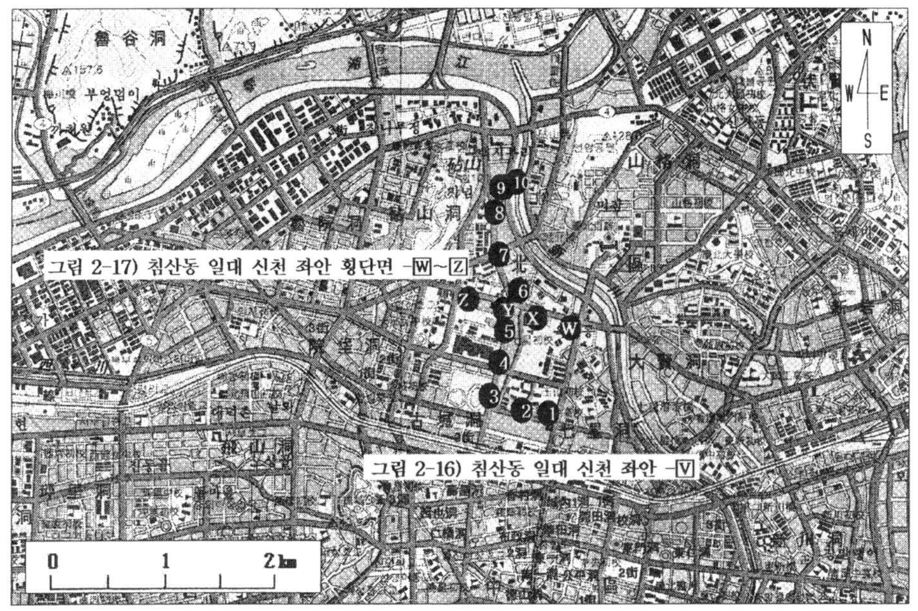

〈지도 17-7〉 신천 유역(북구 침산동 일대) boring 위치도

28) 국제지오컨설팅, 2001, 신천하류 오수차집관거 실시 설계 지질조사보고서.

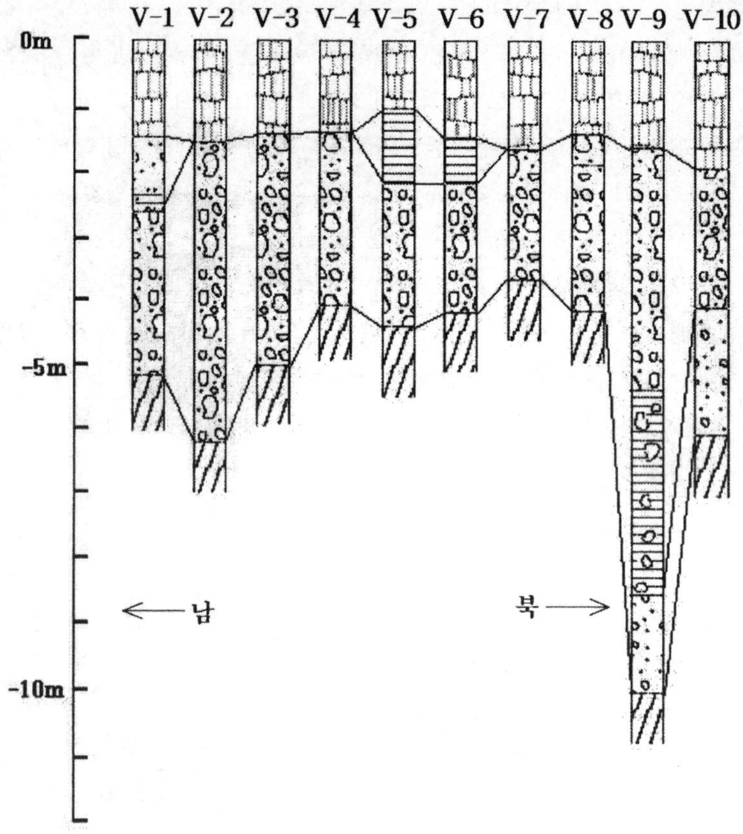

〈그림 17-17〉 칠성동~침산동 신천 좌안 충적평야의 보링 주상도

주를 이루며, 층후가 엷은 편이다.

이 밖에도 북구 침산동 일대에 현재 건설 중인 아파트 공사 현장을 찾아 이 일대의 boring data를 얻을 수 있었다. 입수한 boring data는 침산코오롱하늘채아파트의 26개 hole, 침산대우드림월드아파트의 10개 hole, 침산롯데캐슬아파트의 15개 hole, 침산동서아파트 3개 hole 등이다.

<그림 17-18>은 신천 도청교에서 남쪽으로 약 300m 떨어진 동침산네거리에서 침산남로를 따라 신천 좌안 충적평야의 보링 주상도를 그린 것이다. W-1~W-26번 hole은 동침산네거리의 남서편에 건설되고 있는 침산코오롱하늘채아파트[29]의 보링 주상도로, 이 지점은 도청교를 지나는 신천 하상에서 300m 정도 남쪽으로 떨어져 있다. 기반암의

29) (주)코오롱건설, 2003, 침산동코오롱하늘채아파트 신축공사에 따른 지질조사보고서.

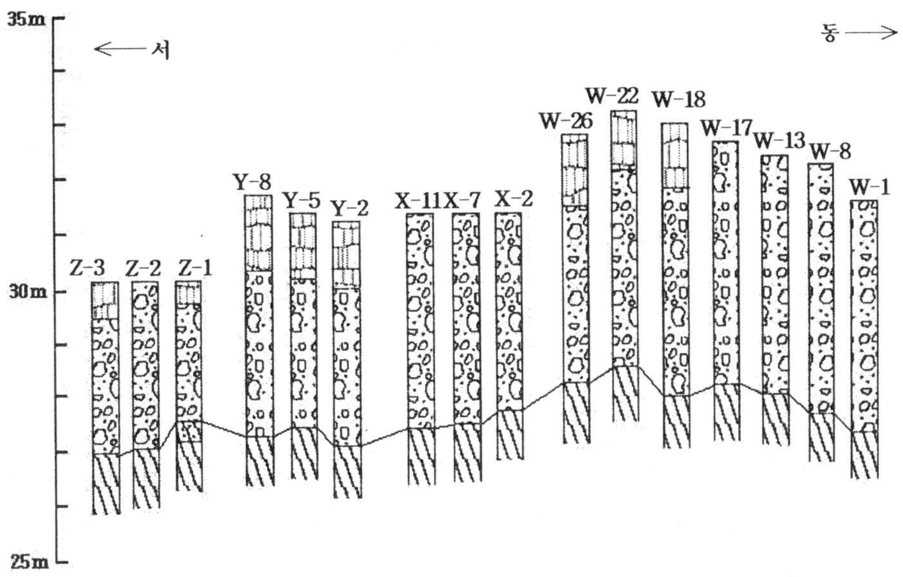

〈그림 17-18〉 침산동 일대 신천 좌안 충적평야의 보링 주상도

고도는 약 27m이며, 하상 쪽이 조금 낮으나, 거의 차이가 없다. 층후는 4~6m로, 모래 섞인 자갈층이 퇴적되어 있다. 지표의 고도는 약 33m이다. <사진 17-6>은 삼성르노자동

〈사진 17-6〉 침산코오롱하늘채아파트의 노두

차 침산점의 서편 노두로 상부에는 모래, 자갈, 모래, 자갈이 각각 0.4m, 0.4m, 0.5m, 0.7m 정도의 호층으로 나타나고, 하부에는 모래 섞인 자갈층이 약 3m 정도 나타난다. 자갈의 크기는 입경 1~10㎝ 전후의 cobble급 및 pebble급이 대부분이며, 가장 큰 것이 입경 15㎝ 전후이다.

X-2번~X-11번 hole은 침산코오롱하늘채아파트의 서쪽, 침산네거리의 남동쪽에 건설되고 있는 침산롯데캐슬아파트[30]의 보링 주상도이다. 이 지점 역시 기반암의 고도는 약 27m로 침산코오롱하늘채아파트와 거의 같다. 층후는 약 4m로 모래 섞인 자갈층이 퇴적되어 있으며, 지표의 고도는 약 32m이다.

Y-2번~Y-8번 hole은 침산네거리 남서편에 건설되고 있는 대우드림월드아파트[31]의 보링 주상도이다. 이 지점 역시 기반암의 고도는 약 27m이며, 층후는 약 3m로, 소량의 점토가 포함된 모래 섞인 자갈이 퇴적되어 있다. 자갈은 입경 1~8㎝에 이르는 cobble 및 pebble급이다.

Z-1~Z-3번 hole은 침산중학교 남쪽의 침산동서아파트[32]로 기반암의 고도는 약 27m이며, 층후는 약 3m로, 소량의 점토가 포함된 모래 섞인 자갈이 퇴적되어 있다. 지표의 고도는 약 30m이다.

경대교에서 침산남로를 따라서 나타나는 침산코오롱하늘채아파트~침산롯데캐슬아파트~대우드림월드아파트~침산동서타운으로 이어지는 신천 좌안 충적평야 횡단면에서 기반암의 고도는 약 27m로 거의 평탄하며, 충적층의 층후는 3~6m로 신천에서 멀어질수록 엷어진다. 퇴적층은 모래 섞인 자갈층으로, 자갈의 크기는 대체로 cobble 및 pebble급이며, 신천에서 500m 이상 떨어진 지점에는 소량의 점토가 섞여 있었다.

가창교에서 침산교에 이르는 신천 하상 및 좌·우안 충적평야의 boring data 분석 결과를 정리하면 다음과 같다.

신천 좌·우에 형성된 충적평야, 즉 신천 충적평야는 신천이 남부 산지에서 대구분지로 흘러나오는 두산오거리 부근의 평야면 고도가 약 65~70m, 신천이 금호강에 합류되는 침산동 부근에서 약 30~35m로 두 지점간의 고도차가 약 35m 정도이다. 이 두 지점간의 수평 거리를 약 9㎞로 볼 때 평야면의 종단 경사는 대략 1㎞에 4m씩 낮아지는 4‰이다. 이 수치는 앞의 금호강 충적평야 종단 경사의 약 8배에 달한다. 충적평야에서 4‰ 정도의 종단 경사는 대게 선상지로 이루어진 충적평야에서 흔히 발견된다. 충적층

30) (주)동방엔지니어링, 2001, 침산태평아파트 지질조사보고서.

31) (주)강서토질, 2002, 대구 침산동 대우드림월드Ⅲ 신축부지 지반조사보고서.

32) 대성건업개발공사, 1995, 침산동서아파트 지질조사보고서.

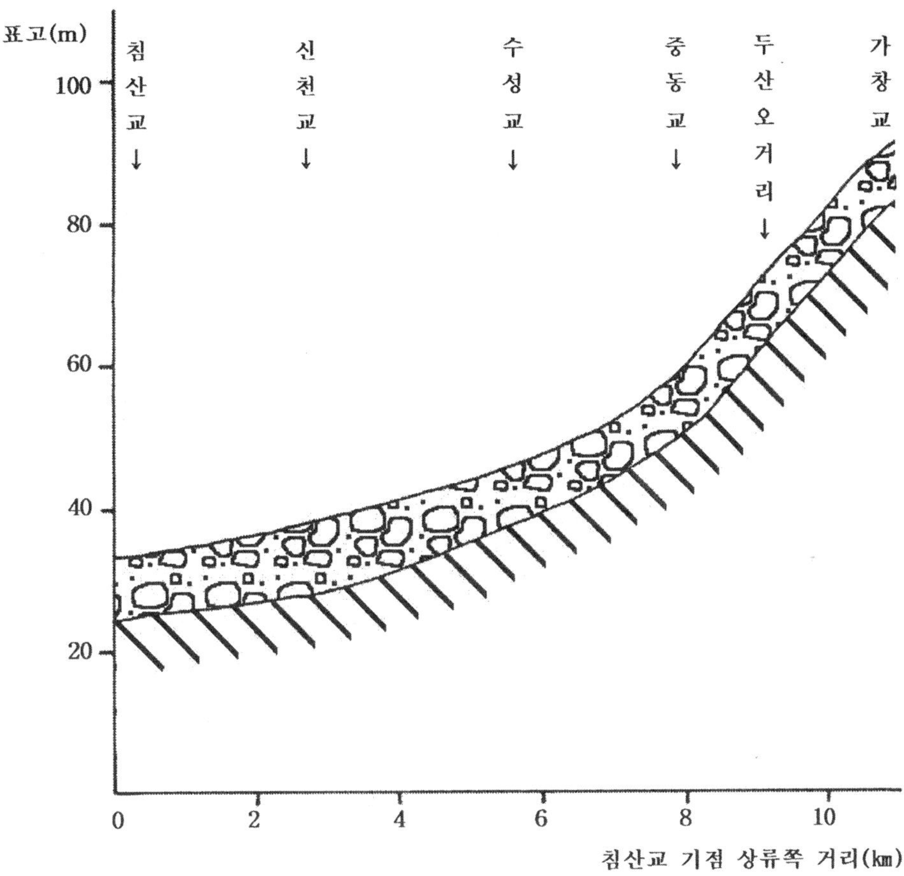

〈그림 17-19〉 신천 유역(가창교~침산교)의 주상 단면도

밑의 기반암의 고도도 두산오거리에서 53m 전후, 침산교 부근에서 22m로, 약 30m 정도 낮아져 기반암의 종단 구배도 평야면과 유사하게 나타났다.

신천 충적평야의 몇몇 횡단면에서 기반암의 고도 변화는 아주 적어서 완만한 침식면을 이루고 있으나, 신천교 부근과 침산교 부근에서 주변보다 약 5m 전후 깊은 침식곡이 형성되어 있는 것을 알 수 있었다. 그러나 수성교 부근은 신천 유로 쪽이 오히려 기반암 고도가 높아서 과거 신천의 유로가 이 부근에서는 현재와 달랐다는 것을 암시한다.

신천 충적평야의 퇴적층의 층후는 5m 전후로 엷다. 그러나 범어천 유역의 두산오거리 쪽과 매몰 침식곡이 나타나는 신천교 및 침산교 부근의 특정 주상도에서는 10m 전후의 층후를 보인다. 대부분이 자갈층으로 이루어져 있고, 자갈의 원마도 및 퇴적물의 분급 정도 등이 선상지 퇴적물의 특징을 보여주고 있다.

3) 진천천 유역

진천천은 앞산산괴의 산성산 서사면에서 발원하여 서쪽으로 곧게 흘러 화원 부근에서 낙동강에 합류되는 주류의 길이가 8.5㎞인 낙동강의 지류로 가창 단층선과 기내미 단층선의 지배를 받고 있다.[33] 산지 사면을 지나는 복수의 평행한 단층선들은 기반암의 파쇄를 촉진시키고 암석의 공급을 왕성하게 하여 선상지를 형성하는 퇴적물들을 공급하게 되고[34] 가창 단층선을 따라 흐르는 진천천은 이 퇴적물들을 최정산~앞산산괴[35]와

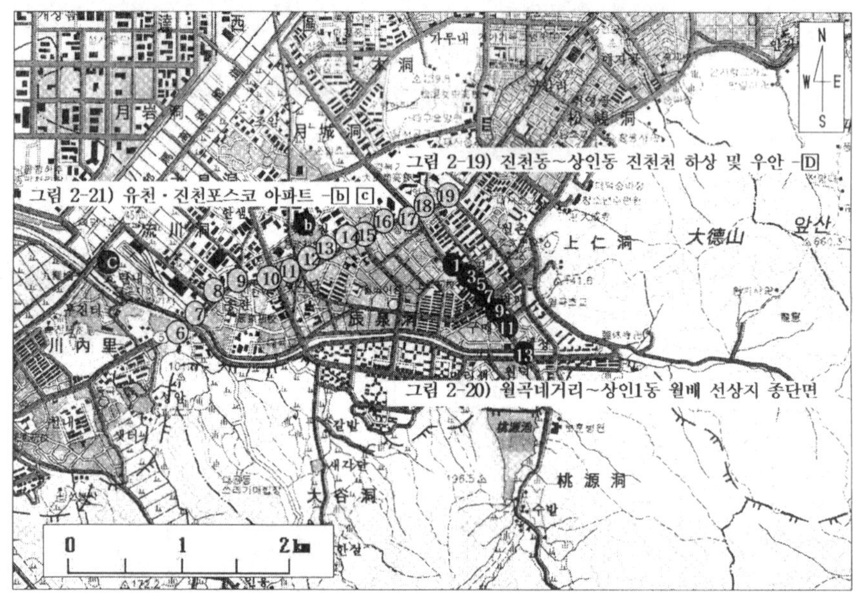

〈지도 17-8〉 진천천 유역(달서구 일대) boring 위치도

33) 가창 단층선은 N80° W방향으로 앞산 능선 남쪽 즉 월배~달마고개~가창저수지~용계리~행정리~비내고개~경산시 남천면 산전리에 이르고, 진천천의 상류는 이 단층선을 따라서 흐르고 있다. 기내미 단층선은 가창 단층선과 대략 직각으로 교차하는 방향인 N20° E의 주향으로 기산에서 대곡동까지 발달해 있으며 그 연장선은 월배 선상지 의 선앙부를 대체로 통과한다(조화룡, 1995: 49쪽).

34) 조우영, 14쪽.

35) 최정산~앞산산괴는 화산의 뿌리(화산경)라고 말해지는 침식에 대한 저항력이 강한 안삼암질각력암의 침식 노출부로서 크게 보아 돔의 형태를 취하고 있으며 이 안산암질각력암은 최정산(915m), 청룡산(793m), 앞산(659m), 삼필봉(550m)등의 산지 중 가장 높은 봉우리를 형성하고 있다(이금삼, 조화룡, 1998, 「경상도 지역에 있어서 지질별 지형 특성 분석」, 한국지형학회지 5(1) .1~19쪽).

대구분지의 지형·지질 경계에 발달한 경사 급변점을 중심으로 퇴적하여 월배 선상지를 형성하였다. 월배 선상지는 행정구역상 달서구 도원동, 상인동, 진천동, 유천동, 월성동, 대천동 일대에 해당한다. 진천천이 형성한 충적 지형의 분석을 위해 지하철 1호선 지질조사보고서(1991년)와 달성～상인 간 전력구 공사 지질조사보고서(1998) 및 달서구 지역 아파트 건설 현장의 지질조사보고서를 활용하였다.

(1) 유천교～대구지하철공사 일대 월배 선상지 횡단면

대구 지하철 1호선 건설을 위한 1991년 boring 조사[36]를 통해 진천천의 하상 및 월배 선상지에 해당하는 boring data를 얻을 수 있었다. 지하철 1호선은 월배 선상지의 선앙을 남서～북동 방향으로 가로지르고 있다. <그림 17-20>은 지하철 1호선 유천교의 D-6번 hole에서 월배로를 따라서 대구지하철공사의 D-19번 hole 사이의 보링 주상도를 그린 것이다. 이 지역은 진천천이 형성한 월배 선상지의 선앙을 가로지르고 있지만, D-6번 hole은 약간 선단 쪽으로 치우쳐있고, D-19번 hole은 약간 선정 쪽으로 치우친 위치이다. 행정 구역상으로는 진천동, 상인동, 월성동에 해당한다.

현재 진천천은 월배 선상지의 남쪽 가장자리를 따라 흐르고 있다. 진천천의 하상에 해당하는 D-6번과 D-7번 hole은 유천교의 남편과 북편으로 기반암 고도는 약 22m이며, 기반암 위에 자갈 섞인 실트질 모래가 6～7m 퇴적되어 있고, 지표의 고도는 약 30m이다. 기반암의 고도와 지표의 고도는 유천교에서 월배로를 따라 북동 방향으로 가면서 점차 높아져, D-19번 hole에서 기반암의 고도는 약 46m이며, 지표의 고도는 약 52m로, 월배 선상지의 북동쪽이 남서쪽에 비해 기반암의 고도는 24m, 지표의 고도는 22m 정도 더 높게 나타났다.

진천 네거리의 동편에 해당하는 D-11번 hole에서 상인네거리의 서편에 해당하는 D-17번 hole까지는 기반암 위에 점토 및 모래가 섞인 자갈이 약 6m 퇴적되어 있는데, 이 지점은 현재는 진천천의 유로와 600m 정도 떨어져 있지만, 월배 선상지가 형성되던 시기에는 진천천이 이 부근을 흐르며, 많은 자갈을 공급하여, 월배 선상지의 선앙 중심부를 형성한 것으로 보인다. 이와는 달리 월배 선상지의 동·서 가장자리에는 약간의 자갈이 섞인 실트질 모래가 퇴적되어 있는데, 월배 선상지의 동쪽 가장자리에 해당하는 D-18번과 D-19번 hole에는 약 5m, 서쪽 가장자리에 해당하는 D-6번에서 D-10번 hole에는 약 7m의 층후를 보였다. 현재 층후가 가장 깊은 곳은 진천네거리의 동편인 D-11번 hole로 층후는 약 9.3m로, 하부는 약 8m의 점토질 모래 섞인 자갈이, 상부는 1.3m의

36) 대구지하철공사, 1991, 지하철 1호선 지질조사보고서.

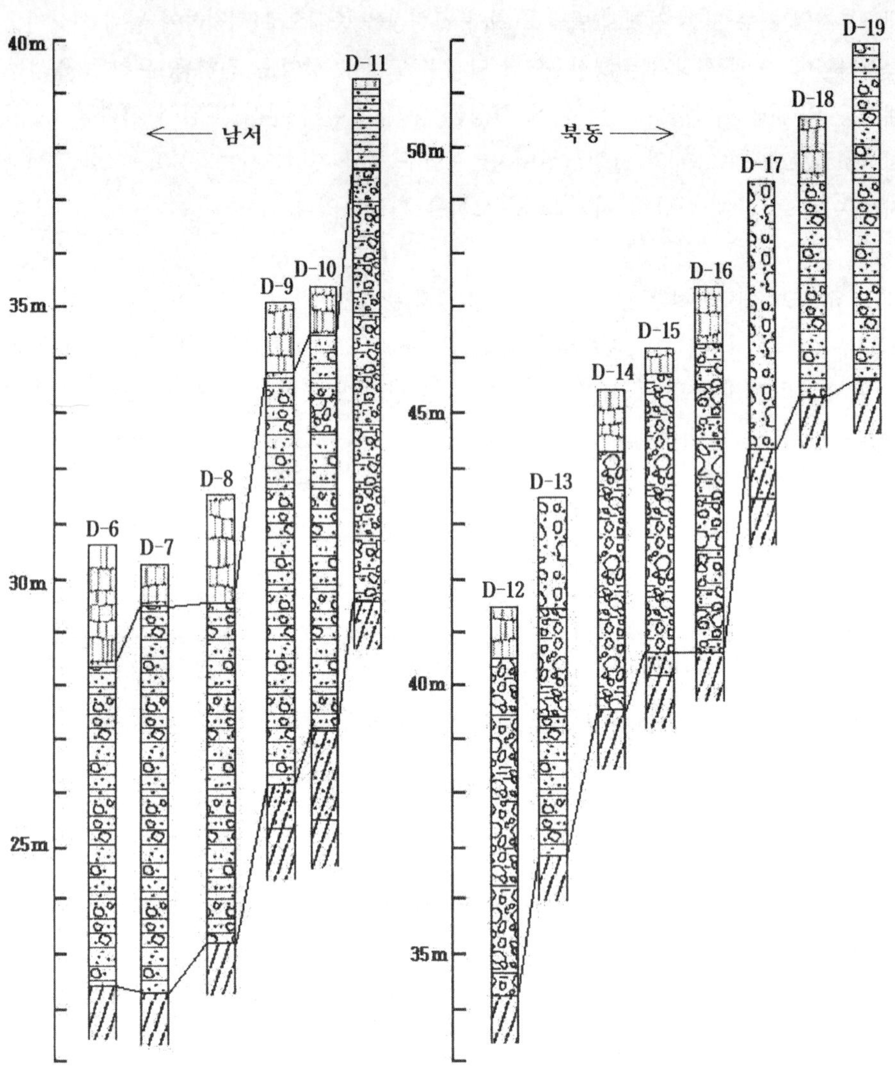

〈그림 17-20〉 진천동~상인동 진천천 하상 및 우안 충적평야의 보링 주상도

모래질 점토가 퇴적되어 있다.

(2) 월곡네거리~상인1동 보성맨션 일대 월배 선상지 종단면

(주) 국제지오컨설팅 회사에서 달성~상인 간 전력공사를 위해 실시한 1998년 boring 조사[37]를 통해 월배 선상지의 선정에서 선앙에 이르는 구간의 보링 주상도를 얻을 수 있었다. <그림 17-21>은 월곡네거리의 a-13번 hole에서 북서쪽으로 상인1동 보성맨션

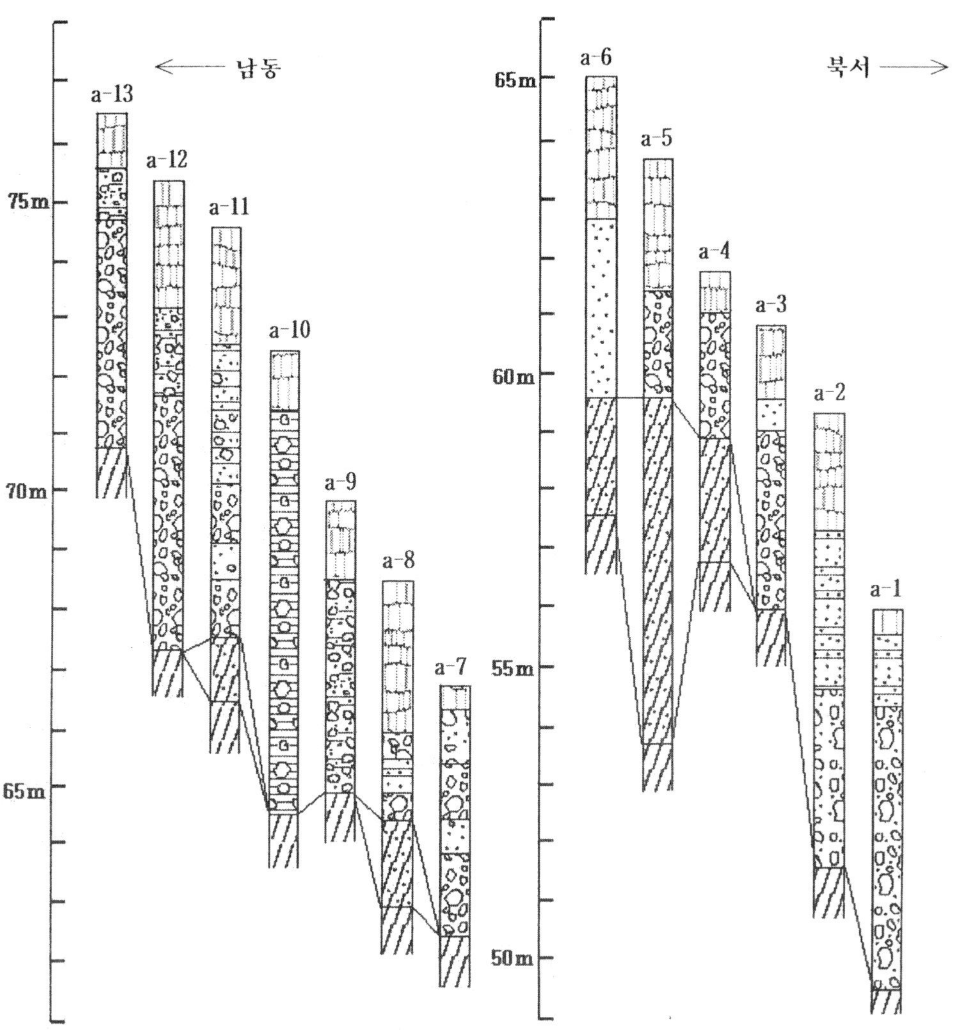

〈그림 17-21〉 월곡네거리~상인1동 보성맨션 월배 선상지 종단면의 보링 주상도

의 a-1번 hole 사이의 보링 주상도를 그린 것으로, 이 지점들은 월배 선상지를 다소 북동쪽 가장자리로 치우쳐 종단하고 있다.

월곡네거리에 해당하는 a-13번 hole에서 기반암의 고도는 약 70m이며, 지표의 고도는 약 77m이지만, 북서 방향의 선앙부로 내려가면서 기반암의 고도와 지표의 고도는 낮아져,

37) 국제지오컨설팅, 1998, 달성~상인 간 전력구공사 지질조사보고서.

a-1번 hole에서는 기반암의 고도는 약 49m이며, 지표의 고도는 56m로 둘 다 21m의 차를 보인다.

기반암과 풍화암 위에 0~6m의 풍화토가 얹혀있고, 충적층은 층후 2~7m로, 점토 및 모래 섞인 자갈이 퇴적되어 있다. 하부 2~5m는 boulder급 자갈이며, 상부의 1~2m는 점토 및 실트 섞인 모래가 퇴적되어 있다. 선정에 가까운 12번과 13번 hole의 층후는 약 5m이며, 하부 4m 정도는 boulder급 자갈만으로 퇴적되어 있으며, 상부 1m 정도는 실트질 모래 섞인 자갈이 퇴적되어 있다. 상류 쪽으로 갈수록 boulder급 자갈층이 두껍게 나타난다.

(3) 월성동~유천동 일대 월배 선상지 선앙 및 선단

<그림 17-22>의 b-1번~b-34번 hole은 월배초등학교 북쪽에 위치한 진천포스코아파트건설[38] 현장(사진 17-7)의 보링 주상도이다. 이 지점은 대구 지하철 1호선의 D-12번과 D-13번 hole에서 북서쪽으로 300m 정도 떨어져 있다. 기반암의 고도는 29~35m, 지표의 고도는 41~42m이다. 기반암 위에 약 5m의 풍화토를 얹고 있으며, 층후는 약 6m로, 점토 및 모래 섞인 자갈층이 퇴적되어 있다. 자갈은 10㎝ 전후의 cobble급 자갈이 대부분이며, 일부 30㎝ 전후의 boulder급 자갈이 섞여있다.

<그림 17-22>의 c-4번~c-6번 hole은 구마고속국도의 남동쪽, 구라교의 북동쪽에 위치한 유천포스코아파트건설[39] 현장(사진 2-8)의 보링 주상도이다. 이 지점은 월배 선상지의 선단에 해당하며 대구 지하철 1호선의 D-7번 hole의 북서쪽으로 900m 정도 떨어져 있다. 기반암의 고도는 15~17m이며, 충적층은 층후 약 7m로, 하부 3~5m는 실트 섞인 자갈이 퇴적되어 있고, 상부 약 3m는 모래 섞인 자갈이 퇴적되어있다.

진천천 유역 충적평야의 boring data를 정리하면 다음과 같다. 그러나 진천천 유역에는 보링 자료를 구할 수 있었던 월배 선상지 지역에 한정하여 논의할 수밖에 없었다.

월배 선상지의 퇴적층은 5~7m의 점토 및 모래 섞인 자갈층으로, 선정에는 boulder급 자갈이 주를 이루며, 선앙에 해당하는 월배로에는 cobble급 자갈이 주를 이루며 일부 boulder급 자갈이 섞여 있다. 선단에 해당하는 구마고속국도 부근은 cobble 및 pebble급 자갈이 섞여 있어, 선단으로 가면서 자갈이 세립화된다. 퇴적층의 두께는 선정은 약 5m, 선앙은 약 6m, 선단은 약 7m로 선단으로 갈수록 다소 두꺼워진다.

---

38) (주)종합건축사사무소 건원, (주)건축사사무소 도시건업, 2003, 대구 달서구 진천동 ○○아파트 신축공사에 따른 지질조사보고서.

39) (주)세방이앤씨(2003), 포스코더샵 유천 신축공사 지반조사보고서.

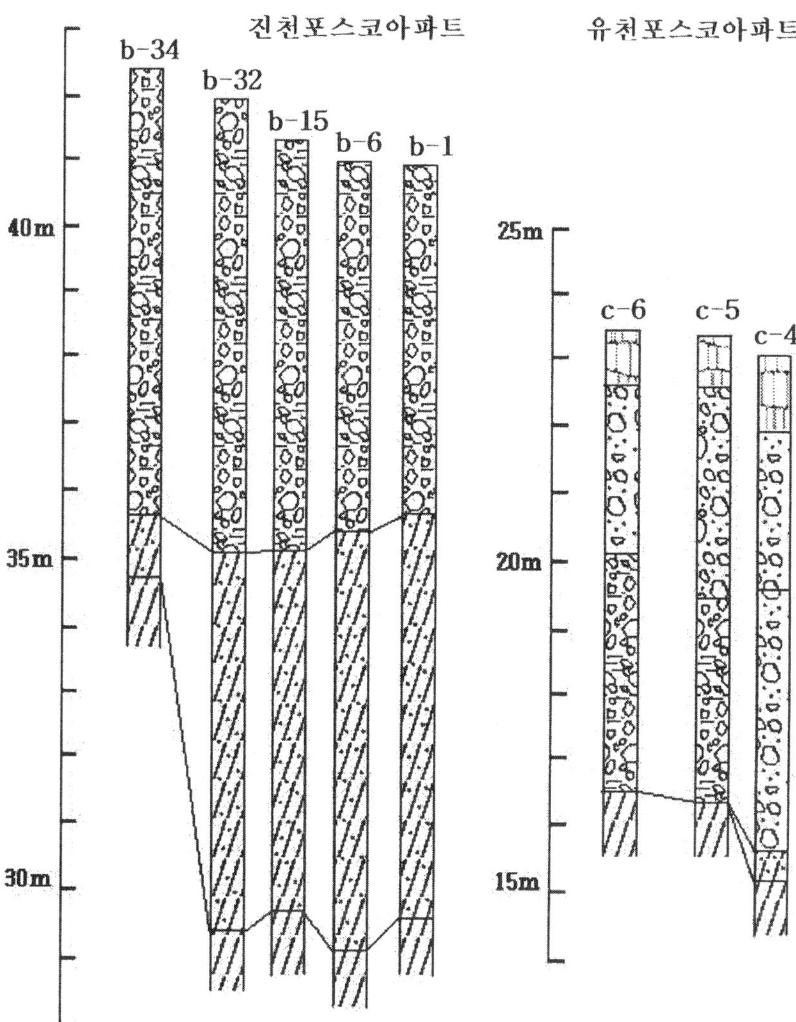

〈그림 17-22〉 월성동~유천동 월배 선상지 선앙 및 선단 보링 주상도

월배 선상지의 선정에서 선단까지의 길이는 약 3.5㎞이고, 선상지면의 고도는 선정에서 약 77m, 선단에서 약 23m로 종단 경사가 15‰로 상대적으로 종단 경사가 급한 편이다.

〈사진 17-7〉 진천포스코아파트의 노두

〈사진 17-8〉 유천포스코아파트의 노두

3. 지형 분류

1) 지형 분류 방법

본 절에서는 대구분지의 지형을 몇 가지 범주로 분류해 보고자 한다. 우선 크게 충적층을 얹고 있는 충적평야와 충적층을 얹고 있지 않으며 엷은 풍화토(대개 두께 30㎝ 이하)만 얹고 있는 침식 지형으로 나눌 수 있다. 이와 같은 구분은 앞 절의 보링 자료 분석 결과로도 가능하다. 그러나 침식 지형을 더 세분할 필요가 있다. 조화룡(1995)은 대구 시사 '자연적 기초' 편에서 대구분지의 침식 지형을 침식 저지, 구릉지, 산지로 분류하고 있으나 그 분류 기준을 명확히 하지 않고 있다.

본 연구에서는 이들 지형의 구분을 위하여 기복량을 계산하고 지형 구분 기준을 삼으려 했다. 기복량 계산을 위해서는 먼저 적정 방안을 설정해야 하는데, 본 연구에서는 이를 위하여 1:25,000 지형도를 기도로 고도생장곡선(高度生長曲線)을 그렸다. 즉 두류산 꼭대기와 앞산 꼭대기를 중심점으로 직경 1㎝ 간격의 동심원을 여러 개 그리고 동심원이 커져감에 따라 그 동심원 안의 기복량이 어떻게 변하는지를 도화하였다(그림 17-23, 17-24). 그림에서 증가하던 기복량이 plateau로 바뀌는 점의 방안 직경을 조사해 보니, 두 그림에서 다 같이 직경 4㎝ 방안에서 바뀌고 있었다.

이에 1:25,000 지형도 칠곡, 동촌, 경산, 대구 도폭에 4㎝ 방안(실제 거리 1㎞×1㎞) 594개를 설정하여 그 방안 안에 기복량을 계산하였다. 지형 경계부에서 한 방안 안에 두 종류의 지형이 포함되어 있을 때는 두 지형의 경계를 설정하고 따로 따로 기복량을 계산하였다.

동심원 직경(㎝)	동심원내 기복(m)
1	60
2	80
3	90
4	100
5	100
6	110
7	110
8	110
9	110
10	120

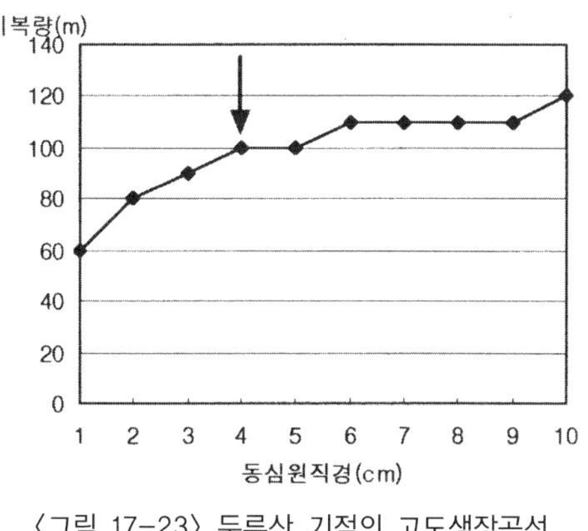

〈그림 17-23〉 두류산 기점의 고도생장곡선

동심원 직경(㎝)	동심원내 기복(m)
1	100
2	150
3	220
4	320
5	320
6	370
7	420
8	450
9	470
10	490

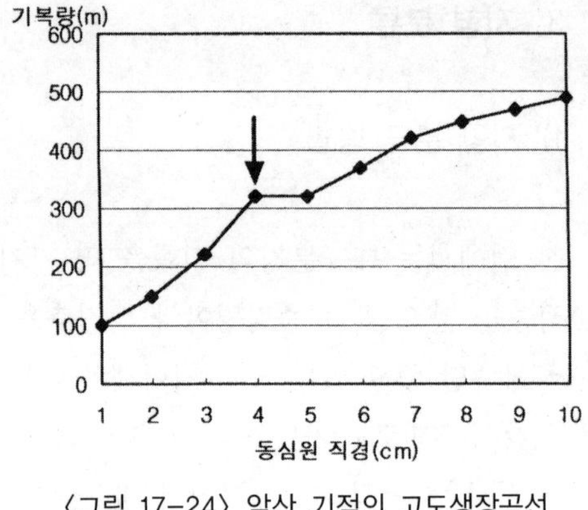

〈그림 17-24〉 앞산 기점의 고도생장곡선

<그림 17-25>은 기복량 10m 단위로, 기복량 빈도를 나타낸 것이다. 이 그림에서 기복량 빈도의 경사 변환점이 기복량 20m, 50m, 150m에 나타나고 있는 것이 발견되었다. 따라서 기복량 0∼19m, 20∼49m, 50∼149m, 150m 이상의 4계급을 나누어 지형 분류도를 작성한 것이 <그림 17-26>이다.

이때 기복량 19m 이하는 퇴적 지형으로 거의 충적평야와 일치하였다. 기복량 20m 이상은 침식 지형으로, 이를 세분하여 기복량 20∼49m는 저기복 구릉지, 50∼149m는 중기복 구릉지, 150m이상은 산지로 분류하였다. 이때 기복량 20∼49m의 침식 지형은 대구층의 침식면으로, 침식 저지, 침식 평야 및 구릉지로 혼용되어 명명되는 지형으로, 표고가 낮고 기복량이 작아 대부분이 시가지로 개발되었다. 반면에, 기복량 50∼149m의

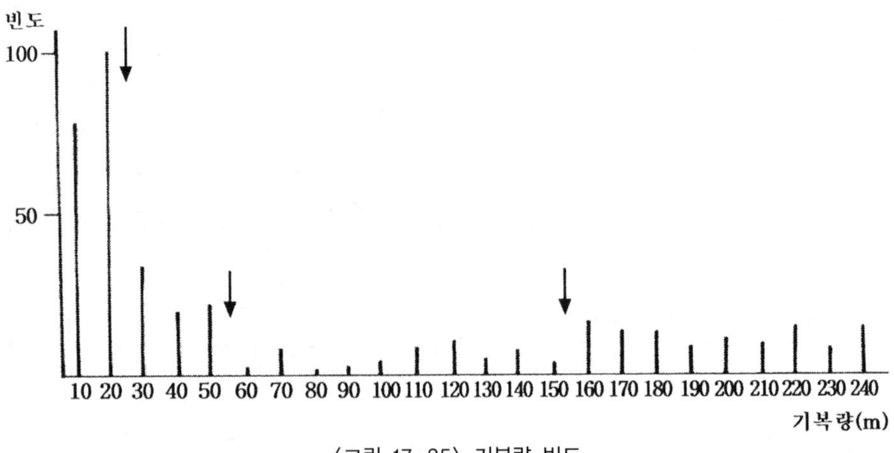

〈그림 17-25〉 기복량 빈도

침식 지형은 표고는 낮지만 기복량이 커 녹지 경관을 보이고 있어, 두 지형은 가시적으로나 기복량에 있어서 구분이 확연하다. 조화룡(1995)은 이 두 지형을 각각 침식 저지와 구릉지로 구분하여 기술하였으나, 여기서는 모두 구릉지로 구분하되, 전자를 저기복 구릉지, 후자를 중기복 구릉지로 구분하여 기술하고자 한다. 저기복 구릉지에 대응되는 용어로는 고기복 구릉지가 더 적합하나, 고기복이라 칭할 만큼 기복량이 크지는 않아 중기복 구릉지라 칭하기로 한다.

또한 남부 산지의 북쪽 산록과 북부 산지의 남쪽 산록을 따라 발달한 소규모의 선상지들은 20~49m의 기복량을 보였지만, 저기복 구릉지는 침식면이고, 선상지는 퇴적면이라 따로 구분하였다.

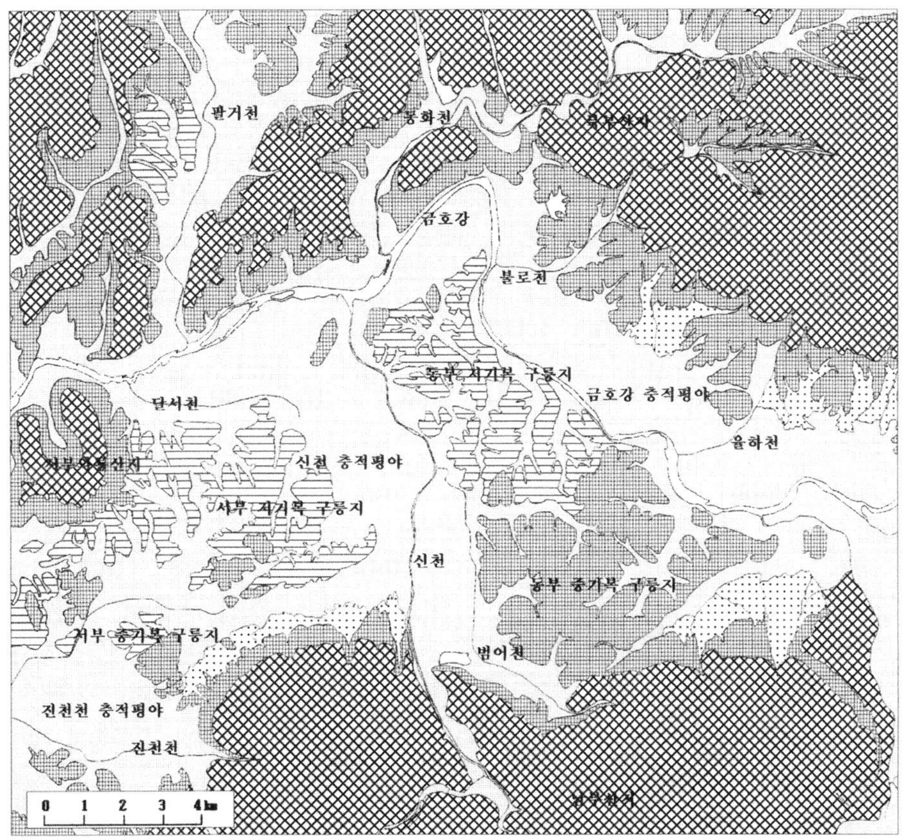

〈그림 17-26〉 대구분지의 지형 분류도

2) 분류된 각 지형의 특성

이 절에서는 앞 절들에서 보아온 지질 분석, 보링 자료 검토, 기복량 분석, 지형 분류 결과들을 각 지형 단위별로 종합 정리하고 고찰해 보기로 한다.

(1) 충적평야

이 지형 단위는 퇴적면이라는 측면에서 다른 침식 지형 단위들과 크게 구분된다. 또, 하천 연변에 형성된 지형으로 분류된 4지형들 중에서 표고가 20~80m로 가장 낮은 지형 단위이며, 기복량도 19m 이하로 가장 평탄한 지형 경관을 보인다. 대부분이 완신세에 형성된 범람원, 선상지성 평야이며, 갱신세 지형면들은 별로 보이지 않는다. 홍수 때 범람, 침수의 우려가 많은 점이 단점이지만 평탄한 지형적 이점 때문에 많은

〈사진 17-9〉 대구분지 모형 (제작: 경북대학교 사범대학 지리교육과 86 · 87학번)

부분에 시가지가 형성되어 있다. 대구분지상의 충적평야는 금호강과 신천, 팔거천, 진천천을 연하여 형성되어 있다. 금호강은 대구분지의 북부를 동서로 관류하며 동구~북구~달서구 일대에, 신천은 대구분지를 동서로 이분하여 북류하며, 수성구~중구~북구 일대에 상당히 넓은 충적평야를 형성했다. 금호강의 지류인 팔거천은 칠곡 지역에, 낙동강의 지류인 진천천은 월배 지역에 부분적인 충적평야를 형성했다. 또한 북부 산지의 남쪽 산록과 남부 산지의 북쪽 산록을 연해서는 소하천들의 곡구에 소규모의 선상지들이 연속적으로 형성되어 있다.

① 금호강 충적평야

금호강은 대구분지 상을 동서로 관류하는 가장 큰 하천으로, 대구분지 내에서 동쪽에서부터 남천, 율하천, 불로천, 동화천, 신천, 팔거천, 달서천을 합류하여 낙동강에 유입한다. 금호강의 충적평야에 해당하는 지역은 동쪽에서부터 동구 금강동, 신서동, 동호동, 서호동, 신기동, 방촌동, 지저동, 불로동, 봉무동, 북구 검단동, 동변동, 서변동, 침산동, 원대동, 노원동, 서구 평리동, 비산동, 달서구 파호동, 신당동, 월성동 일대이다. 이 가운데 동구의 동촌, 안심 부근은 2~3㎞의 폭으로 충적평야가 넓게 형성되어 있으며, 북구의 검단동, 노원동 일대에는 1~2㎞의 폭으로 형성되어 있다.

금호강 충적평야를 횡단하는 충적층 지질 단면을 통해, 금호강의 하상과 퇴적 환경을 추정해 보면, 안심 부근은 금호강 하상과 좌·우안 충적평야 간의 기반암 고도차가 크지 않고, 거의 평탄한 모습을 보이는데, 이는 침식 기준면의 변화에 거의 영향을 받지 않는 하천 중·상류에서 오랫동안 하천의 측방 침식과 측방 퇴적이 반복되면서 곡폭이 넓혀져 충적평야가 형성되었음을 말해준다. 이에 비해 강창교 부근은 기반암의 최저 고도가 1.5m로 침식 기준면인 해수면의 높이에 가까우며, 좌·우안 충적평야와의 기반암 고도차가 12m에 달한다. 이는 하천 하류 평야에서 빙기 저해수준면에 대응한 하각 작용의 결과 'V'자 곡이 형성된 것으로 보인다.

안심에서 강창교까지의 금호강 하상의 기반암 종단 경사는 1‰로, 하류로 갈수록 다소 급해졌다. 금호강 충적평야의 종단 경사는 0.5‰로 기반암의 종단 경사보다는 훨씬 완만하며, 또한 하류로 갈수록 오히려 완만해진다.

기반암 위의 충적층은 안심, 아양교, 봉무동, 동·서변동 부근에서 그 층후가 5~10m로 두껍지 않으며, 하천에서 후면으로 갈수록, 또 하류로 갈수록 조금씩 두꺼워진다. 충적층의 층상 구조를 살펴보면, 하부 3~5m는 거의 자갈층으로 이루어져 있으며, 그 위쪽에 모래 및 점토층이 얹혀있다. 퇴적물은 하천에서 후면으로 갈수록 세립화되어, 하천에서 약 1㎞ 가량 떨어진 반야월 이마트와 봉무동 일대에서는 점토층이 6~8m 가량 상당히 두껍게 나타났다. 금호강이 낙동강으로 합류하는 강창교 부근에서는 충적층의 두께는 최대 17m에 달했고, 역시 하부에 자갈, 상부에 점토의 층준인데, 상부 점토층의 두께는 최대 13m에 이른다.

1950년대 지형도를 통해 금호강 충적평야의 토지 이용을 살펴보면, 안심에서 동촌, 방촌동, 입석동, 검단동에 이르는 자연 제방은 과수원으로 이용되었는데, 특히 동촌 부근의 자연 제방은 폭 500m 전후로, 현 금호강 우안의 인공 제방과 대구선 철로 사이에 형성되어 있으며, 과거에 이곳은 대구 사과 생산의 중심지였다. 지금은 이 자연 제방상의 거의 대부분이 연속된 시가지로 바뀌었으며, 지하철 1호선이 통과하고 있다. 안심과 동촌 일대 자연 제방 후면의 배후 습지와 노원동, 원대동, 평리동 일대의 충적평야는 벼농사, 연밭, 토란밭으로 이용되었는데, 현재는 많은 부분이 시가지화 되었다 이와 같이 금호강 충적평야는 평야의 종단 경사, 충적층의 분포 특징, 토지 이용 등으로 미루어보아 자연 제방과 배후 습지가 분화된 범람원성 충적평야이다.

② 신천 충적평야

신천은 대구분지를 남에서 북으로 관류하는 하천으로 신천의 충적평야는 대구분지의 확장 과정에서 가장 먼저 도시화되었고 이와 함께 신천 본류를 제외한 지류들은 대부분이 복개되었으며, 신천 본류와 지류인 범어천, 그리고 달서천 역시 직강화됨으로써 원래의 모습을 잃어버렸다.

<그림 17-27>에서 실선으로 그려진 것은 현재(2002년 편집, 1:25,000 지형도) 노출된 물길이고, 점선으로 그려진 것은 고지도(1918년 편집, 1:50,000 지형도)에 나타난 물길이다. 현재 분지저 대부분은 도시 시설로 덮여있고, 작은 물길은 복개되어 있다. 고지도를 근거로 물길을 나누어 보니 신천과 달서천이 북동부의 물을 모아 금호강에 합류하고, 진천천이 남서부의 물을 모아 낙동강에 합류하여 그 사이에 분수계를 설정할 수 있었다. 시가지에 묻혀서 잘 인식되지 않는 이 분수계를 추적해 보면 다음과 같다.

즉 남부 산지에서 고산골 물은 신천으로 가고, 큰골물은 진천천으로 가서 고산골과 큰골 사이의 능선이 이 분수계의 시작이다. 이 분수계는 남부경찰서~영남대학교의과대학부속병원~심인중·고등학교~두류산(124.8m)~내당시장~중리시장~섬유기술연구원~법왕사~와룡산으로 이어지고 있다.

신천은 현재 가창교에서 침산교에 이르는 하나의 유로만을 유지하고 있으며, 인공 제방의 서쪽은 신천대로로, 동쪽은 신천동로로 이용되고 있다. 90여 년 전, 1910년대

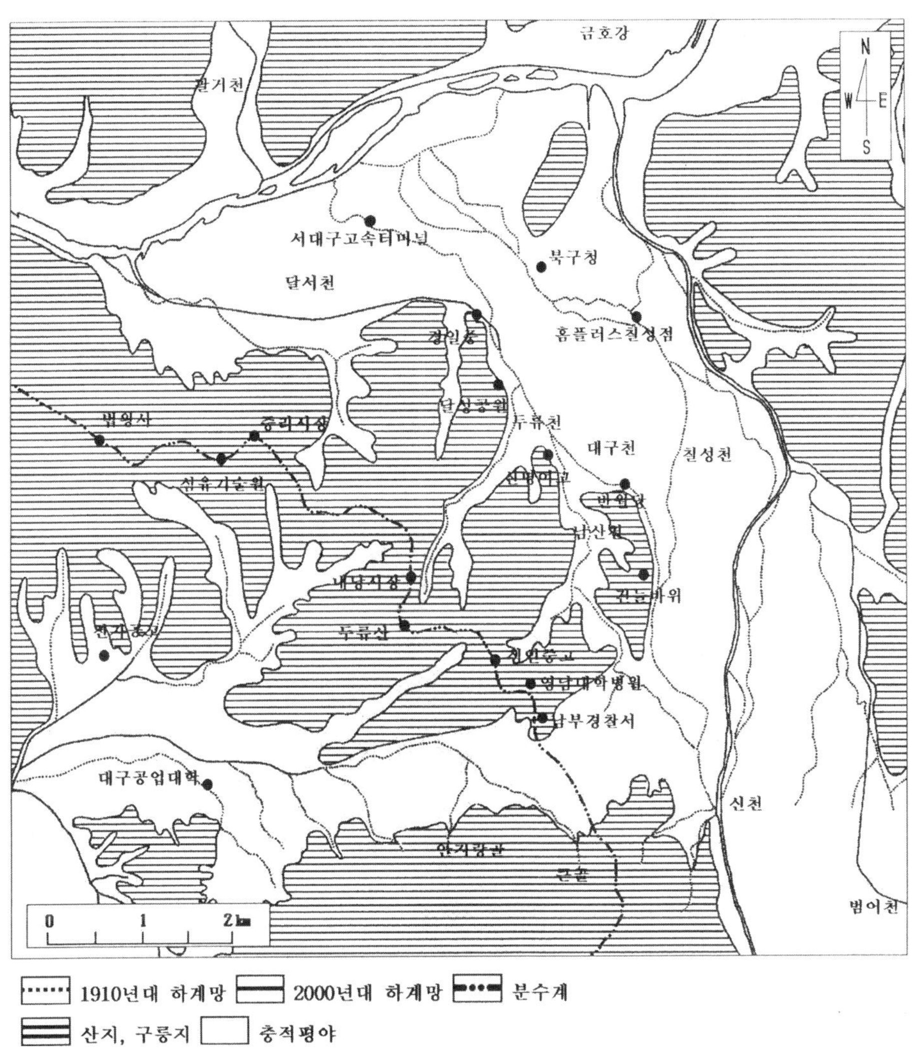

〈그림 17-27〉 대구분지상의 하계망도

지도에서도 지금의 신천 유로를 따라 하천이 나타나지만, 이밖에도 분류된 몇 개의 유로가 더 나타나고 있어, 과거 신천은 여러 번 유로를 바꾸며 흐르는 망류 하천이었음을 알 수 있다.

신천의 지류 가운데, 상동교 부근에서 갈라진 분류를 대구천이라 하는데 이 분류는 건들바위, 반월당, 달성공원 앞을 지나 팔달교 부근에서 금호강에 합류된다. 이 하천은 서부 저기복 구릉지의 동쪽 가장자리를 따라 흐르면서 건들바위 부근에서 볼 수 있는 것과 같은 하식애를 여러 곳에 만들고 있고, 기반암의 심도도 본류 쪽보다 깊어 과거에는 매우 큰 흐름이었음을 알 수 있다. 과거 이 대구천의 범람은 대구 읍성에 잦은 수해를 입혔고, 이에 1778년에 대구 판관 '이서'가 상동교 근처에서부터 제방(용두방천)을 막아 신천의 물이 대구천으로 유입되는 것을 막았다.

대구천의 건들바위 부근에서 또한 물길이 갈라져서 삼덕동, 칠성동, 북구청 쪽을 거쳐 몇 갈래로 갈라지면서 금호강에 유입되는 무명의 하천이 있었는데, 이 하천을 '칠성천'이라 이름하기를 제안한다. 그러나 이들 대구천, 칠성천은 용두방천에 의해 신천 본류의 물 유입이 막히면서 그 기능이 약화되고, 시가지가 확대되면서 남은 유로의 흔적이 지워지고 복개되어 사라졌다. 다만 서부 저기복 구릉지로부터 모여진 물들이 복개된 상태로 모여서 달성공원 앞쪽에서부터 노출된 달서천으로 흘러 금호강에 합류된다. 고지도상의 달서천은 평리동쪽에서 발원한 소하천이었는데, 현재의 달서천은 과거의 달서천을 인공적으로 연장시켜 과거 대구천의 유로와 연결시킨 것이다. 또한 범어천은 신천의 지류로 병풍산에서 발원하여 진밭골과 지산·범물지구를 지나 동대구로를 따라 북서류하다가 동신교 부근에서 신천에 합류된다.

이와 같이 신천이 여러 갈래로 분류하면서 형성한 신천 충적평야는 상동교 부근을 선정으로 하는 선상지성 충적평야이다. 따라서 종단 경사도 4‰로 금호강 충적평야보다 훨씬 급하고, 충적층도 대부분 자갈로 이루어져 있다. 신천교, 침산교 부근 하상에서 부분적인 침식곡이 인정되기도 하지만, 반월당~수성구청 횡단면에서는 침식곡의 형태가 나타나지 않으며, 신천 본류 쪽보다 반월당 쪽 기반암의 고도가 더 낮게 나타났다. 기반암 위의 충적층의 두께는 5m 전후이며 대부분이 자갈로 이루어졌고 점토층의 분포가 거의 없다.

③ 진천천 충적평야

대구분지 서·남쪽의 물을 모아 서류하여 낙동강으로 유입하는 하천이 진천천이다. 진천천 역시 직강화와 복개 공사로 인해 원래의 유로보다 훨씬 단순해진 모습을 보이고 있다. 진천천의 주류는 앞산산괴의 산성산 서사면에서 발원하여 서류하여 화원 부근에서 낙동강에 합류되는데, 가창 단층선의 지배를 받고 있어서 산지에서 곧게 흐르고 있으며, 하류에 월배 선상지를 펼쳐놓고 있다.

진천천의 북쪽 지류로는 앞산 북사면의 큰골, 안지랑골 물을 모아 성당동, 본리동 쪽으로 흐르는 물길과 와룡산 남·동사면에서 발원하여 용산동, 죽전동 쪽으로 흐르는 물길이 있는데, 이 두 물길은 장기동 부근에서 합쳐지고, 낙동강에 합류하기 직전 구라동 부근에서 진천천 주류와 합류된다.

진천천이 형성한 충적평야인 월배 선상지의 퇴적층은 5~7m의 자갈층으로, 선정에는 boulder급 자갈이 주를 이루고, 선앙에 해당하는 월배로에는 cobble급 자갈이 주를 이루며 일부 boulder급 자갈이 섞여 있다. 선단에 해당하는 구마고속국도 부근은 cobble 및 pebble급 자갈이 섞여 있어, 선단으로 가면서 자갈이 세립화된다. 퇴적층의 두께는 선정은 약 5m, 선앙은 약 6m, 선단은 약 7m로 선단으로 갈수록 다소 두꺼워진다.

월배 선상지의 선정에서 선단까지의 길이는 약 3.5㎞이고, 선상지면의 고도는 선정에서 77m, 선단에서 23m로 종단 경사가 15‰로 상대적으로 종단 경사가 급한 편이다. 월배 선상지의 동서 길이는 약 3.5㎞, 폭은 2㎞이다.

(2) 저기복 구릉지

이 지형 단위는 침식 지형 중에서 표고 40~80m로 가장 낮으며, 기복량 20~49m 범위로 경사가 완만하며, 침식 평야 혹은 침식 저지로 분류되는 지형이다. 그러나 침식 평야나 침식 저지라는 용어는 오랜 침식으로 평탄해진 지형이라는 의미로, 구체적인 지형 단위를 설명하는 용어로 적절치 않아, 여기서는 기복이 적은 구릉지라는 의미에서 저기복 구릉지로 칭하였다. 저기복 구릉지는 지질적으로 침식에 약한 이암으로 이루어진 대구층, 칠곡층, 건천리층의 분포 지역에 형성되어 있다. 작은 기복도 개석곡(開析谷)과 곡간지(谷間地) 간에 고도차가 대부분을 차지한다. 따라서 개석곡을 매적(埋積)해 버리면 보다 기복이 작은 파랑상(波浪狀)의 침식면이 된다. 대구분지의 저기복 구릉지는 신천에 의해 동서 두 부분으로 나누어지는데 동쪽의 것을 동부 저기복 구릉지, 서쪽의 것을 서부 저기복 구릉지로 부르기로 한다. 이들과 신천 충적평야와의 경계를 따라 서는 신천의 측방 침식에 의해 형성된 것으로 보이는 하식애(河蝕崖)가 곳곳에서 나타난다. 칠곡분지저에도 부분적으로 저기복 구릉지가 분포한다.

① 동부 저기복 구릉지

동부 저기복 구릉지의 표고는 대략 50m 전후이고, 높은 곳은 80m에 달하며, 기복량은 20~49m 범위이다. 동부 저기복 구릉지의 북쪽 경계는 금호강과 연암산이며, 남쪽 경계는 수성교에서 만촌네거리를 잇는 달구벌대로와 만촌네거리에서 북동 방향의 2군사령부를 경계로 동부 중기복 구릉지와 구분된다. 행정구역상으로 북구 복현동, 산격동, 동구 대현동, 신암동, 신천동, 효목동, 수성구 만촌 1·2동, 범어 2·3동 일대가 이에 해당된다. 저기복 구릉지는 얕은 개석곡에 의해서 다양하게 개석을 받고 있으며, 도시화의 과정에서 충적평야 다음으로 개발되어 시가지를 형성하고 있다.

② 서부 저기복 구릉지

서부 저기복 구릉지의 표고는 40～50m 범위이며, 기복량은 20～40m 범위로, 대체로 동부 저기복 구릉지보다 표고는 낮고 완만한 편이다. 서부 저기복 구릉지는 금호강, 신천, 진천천의 소지류들에 의해 개석을 받아 곳곳에 얕은 개석곡이 많이 들어 있다. 행정구역상으로는 서구 이현동, 평리동, 비산동, 중리동, 달서구 내당동, 죽전동, 두류1동, 남구 대명동, 중구 남산동, 대봉동, 대신동 일대가 이에 속한다. 서부 저기복 구릉지는 신천 좌·우안 충적평야와 더불어 일찍부터 대구 시가지로 개발되어 대구의 중심부를 이룬다.

(3) 중기복 구릉지

중기복 구릉지는 기복량이 50～149m이고, 표고가 150m 전후이며, 일부 지역에는 200m에 달한다. 이 지형은 이와 같이 표고는 비교적 낮으면서도 경사가 급하여, 시가지로 개발되지 못하고 부분적으로 공원 지역으로 개발되어 있을 뿐이다. 충적평야나 저기복 구릉지에서 산지로 바뀌는 점이 지역에 나타나며, 침산, 연암산처럼 지질적으로 경암이기 때문에 독립 구릉으로 형성되어 있는 곳도 있다. 대구분지의 중기복 구릉지는 동부 중기복 구릉지, 서부 중기복 구릉지, 북부 산록 중기복 구릉지로 나눌 수 있다.

① 동부 중기복 구릉지

동부 중기복 구릉지는 동부 저기복 구릉지와 남부 산지 사이에 분포한다. 개석을 받아 개석곡이 많이 들어 있으며, 이들 곡저에도 시가지가 개발되어 있다. 그러나 곡간지의 능선, 봉우리들은 경사가 급하여 아직 개발되지 못하고 있다. 이들 곡간지의 표고는 150m 전후로 봉고동일(奉高同一)의 면을 이루는데 이것은 북쪽의 동부 저기복 구릉지보다는 한단 높은 면을 이룬다. 따라서 기복도 더 심하여 60～140m의 범위이다. 북쪽 연암산과 침산은 저기복 구릉지 및 충적평야 중에 섬처럼 고립된 구릉지를 이루는데 이것은 경암인 학봉반암이 침식에 견디어 남은 잔구성 구릉지이다.

행정 구역상으로는 수성구의 범어동, 황금동, 만촌3동, 시지동, 원모동, 지산동 일대이며, 두리봉(215m, 황금주공아파트 동쪽), 모봉(150.6m, 담티고개 북쪽), 형제봉(195m, 남부시외버스터미널 북동쪽), 범어공원(139m), 시민공원(116m, 대구지방검찰청 동쪽), 연암산(128m, 경북도청 북쪽), 대불공원(105m, 종합유통단지 남쪽) 등이 대표적이다.

② 서부 중기복 구릉지

서부 중기복 구릉지는 와룡산 산록 지역과 침산(120m), 두류산(130.8m, 우방타워랜드),

금봉산(135m, 두류공원), 본리공원, 대구카톨릭의료원, 장기공원 등 저기복 구릉지 지역에 독립 구릉을 이루고 있다. 표고는 대략 100m 전후이며, 기복량은 50～80m 범위로, 동부 중기복 구릉지에 비해 분포 범위도 좁고, 평균 고도도 낮은 편이다. 이들은 침산공원, 두류공원, 본리공원, 장기공원 등 대구 시민의 휴식 공간으로 이용되고 있다.

③ 북부 산록 중기복 구릉지

북부 산지의 남록을 따라 대상으로 분포하며 산지로 점이하는 과정에 나타나는 중기복 구릉지들이다. 표고는 대략 120～220m 범위이며, 기복량은 60～140m 범위이다.

(4) 산지

산지는 가장 높고 험준한 지형 단위로, 표고 200m 이상, 기복량 150m 이상의 지역이다. 대구분지 북쪽과 남쪽의 북부 산지와 남부 산지로 크게 나눌 수 있으며, 서쪽에 소규모 독립 산지인 와룡산 산지가 있다. 이들 산지의 지질은 백악기 말에 병반 관입과 화산 분출에 의해 형성되었다. 지질 분포와 관련하여 대구분지의 지형 발달을 유추해 보면 다음과 같다.

백악기에 형성된 신동층군 및 대구층군들의 퇴적암이 낙동강 본류 동쪽 지역에 넓게 수평 지층을 이루고 있었는데, 백악기 말 이 지역에 팔공산을 중심으로 거대한 화강암의 병반 관입이 일어나면서 커다란 돔(dome)상 구조가 형성되었고 주변의 지질을 접촉 변질시켜 북부 산지를 형성하였다. 또한 서부의 와룡산 일대에서도 소규모의 화강암이 병반 관입을 하며 작은 돔상 구조와 접촉 변질이 이루어졌다. 한편 남부 산지 쪽에는 화산이 분출하면서 안산암질 용암과 화산 쇄설물이 쌓여서 높은 화산체를 이루었다. 이와 같은 구조 운동에 의하여 이 당시 대구 지역은 지질 구조적으로 분지 형태를 이룬 구조 분지였다. 그러나 이 구조 분지는 그 후 약 6,500만 년 동안 큰 구조 운동 없이 침식을 계속 받았으며, 중앙부에 이암을 주성분으로 한 수성 퇴적암(대구층)은 침식에 약하여 보다 많은 침식이 이루어져, 낮고 기복이 작은 분지저를 이루었다. 그러나 북부와 서부의 접촉변질대 지질 및 남부의 안산암질 화산암은 침식에 강하여 경사가 급하고 높은 산지로 남게 되었다. 요약하면, 대구분지는 백악기 말 구조 분지로 출발하였고, 그 뒤 오랫동안 지질의 경연에 따라 차별 침식이 이루어지며 분지 형태가 계속 유지된 침식 분지이다.

① 북부 산지

북부 산지는 불국사 화강암질로 구성된 주산인 팔공 산지와 이를 둘러싸고 있는 퇴적암의 열접촉 변성암으로 이루어진 환상 산맥으로 이루어진다.

팔공 산지는 대구분지의 북동부에서 북부에 걸쳐 형성되어 있는 거대한 화강암 산지로, 대구시 북구와 동구, 칠곡군 가산면과 동명면, 군위군 부계면, 경산시 하양읍, 와촌면에 걸쳐 있다. 주능선은 대체로 서북서~동남동 방향으로 가산(901m), 한티재(730m), 파계재(900m), 팔공산(1,192m)으로 이어지다가 관봉(冠峯, 갓바위, 851.8m)에서부터는 북에서 남으로 능성고개(310m), 환성산(808m)으로 이어진다.

팔공 산지는 해발 고도 500m 내외의 도덕산(道德山, 659.9m), 응해산(鷹蟹山, 518.2m), 응봉(鷹峯, 450.2m), 문암산(門岩山, 426.4m), 용암산(龍岩山, 368.7m), 능천산(綾泉山, 369m)으로 이어지는 환상 산맥에 의해 둘러싸여 있다. 이 환상 산맥은 팔공 산지의 불국사 화강암 관입시의 열접촉 변질을 받아 형성된 변성퇴적암으로 화강암 지역의 주변부와 대조적으로 사면 경사가 상대적으로 급하다.[40] 또한 환상 산맥의 변성암과 만나는 팔공 산지의 남·북사면 가장자리에는 넓은 합류 선상지로 구성된 여러 개의 소분지들이 분포한다.

또한 환성산과 관봉 사이에 형성된 능성 고개를 따라서 경산시 와촌면과 대구시 백안동을 잇는 도로는 단층선곡에 해당되는 지형으로, 이 단층은 동쪽의 경산시 와촌면 박사리~음양리~능성고개~대구시 능성동~도학동~용수동~송정동~칠곡군 동명면 기성리로, 동남동~서북서 방향으로 연결되고, 서쪽으로는 약목, 구미, 김천으로 계속되고 동쪽으로는 영천시 남쪽으로 계속된다. 능성 고개 동쪽의 접촉변질대의 변위로 추정해볼 때 단층선은 약 1,700m 정도 좌횡변위를 하고 있다.

② 남부 산지

남부 산지는 북쪽의 대구분지와 남쪽의 청도분지 사이에 끼여 있는 산지로, 서남쪽의 비슬산(1,084m)이 주봉이며, 신천 동쪽의 용지산괴, 신천의 남서쪽은 최정산괴, 신천의 서쪽은 앞산산괴로 연결되는 산지이다. 백악기 말에 분출·관입한 화성암 지역으로 특히 안산암, 안산반암, 안산암질각력암이 대부분을 차지한다. 이들 암석의 분포 지역은 지형적으로 높은 산지를 형성하고 있으며, 대구분지와 급사면을 이룬다. 남부 산지는 남천, 신천, 진천천등 비교적 큰 하천과 방사상으로 형성되어 있는 소하천들에 의해 개석되고 있으며, 이들 소하천들이 분지로 흘러나오는 곳에는 어김없이 선상지를 형성하고 있다.

40) 조우영, 4~7쪽.

또한 앞산 능선 남쪽의 월배~달마고개~가창저수지~가창면 용계리~가창면 행정리~비내고개~경산시 남천면 산전리에 이르는 동서 구간에는 가창 단층선이 통과하고 있다.[41]

③ 서부 와룡 산지

와룡산(臥龍山, 299.6m)은 대구분지의 서쪽 경계를 이루는 구릉성 산지로, 기복량은 200m 전후이며, 표고 250m 이상의 능선이 말발굽 모양으로 형성되어 있다. 중앙은 분지를 이루고, 북쪽으로 열려 있는데, 이와 같은 지형은 화강암이 소규모로 병반 관입을 하여 주위의 지질을 열접촉 변질시킨 결과이다. 접촉변질된 주변 경암부는 침식에 견디어 잔구성 구릉지를 만들었고, 중앙부의 화강암은 침식에 약하기 때문에 침식되어 분지저가 된 모식적인 화강암 개석 분지이다. 현재 와룡산 분지저는 대구시 쓰레기 매립장으로 이용되고 있다.

와룡산은 그 고도에 있어서 남부 및 북부 산지보다 훨씬 낮지만, 대구시의 서쪽을 막는 산지로, 협의의 대구분지의 분지적 지형 형성에 큰 역할을 하는 산지이다.[42]

4. 결론

첫째, 대구분지의 지형은 충적평야, 저기복 구릉지, 중기복 구릉지, 산지의 4지형 단위로 구분될 수 있다. 고도가 낮고 기복이 작은 충적평야와 저기복 구릉지의 대부분은 시가지화 되었으나, 중기복 구릉지는 고도는 낮지만 경사가 급해서 시가지화가 거의 되지 못하고 부분적으로 공원으로 이용되고 있다.

둘째, 금호강 충적평야는 종단 경사가 완만하고, 자연 제방과 배후 습지가 분화된 범람원성 충적평야이지만, 신천 및 진천천 충적평야는 종단 경사가 급한 선상지성 충적평야이다. 따라서 금호강 충적평야의 상부 충적층은 하천을 연하여 모래, 자갈 섞인 모래가 퇴적되어 있고, 후면으로 갈수록 점토로 변하여 상당한 두께에 달하지만, 신천 및 진천천의 충적층은 대부분 자갈층이고 점토의 분포가 아주 적다.

셋째, 대구분지의 충적층은 대부분 5~10m 두께이나, 금호강이 낙동강으로 합류하는 부근에서는 15~17m의 두께를 보인다. 하부 3~5m는 굵은 자갈로 이루어진 하부 자갈층

41) 조화룡, 42~45쪽 재구성.

42) 조화룡, 51쪽 재구성.

이며, 상부는 보다 세립화되어 자갈 섞인 모래층, 모래층 및 점토층으로 다양하며 그 두께도 지역에 따라 다르다.

넷째, 안심 부근 금호강 충적평야의 횡단면과 수성교 부근 신천 충적평야의 횡단면에서는 기반암 분포의 고도차가 아주 적고, 침식곡의 형태가 발견되지 않았으며, 충적층의 두께가 얇었다. 이것은 이 지역의 충적평야가 하천의 측방 침식과 측방 퇴적에 의해 형성되었음을 말해준다. 그러나 금호강의 강창교 부근과 신천의 신천교 및 침산교 부근에서는 침식곡의 형태가 충적층 아래 매몰되어 있으며, 특히 강창교 일대 매몰곡저의 고도는 1.5m로 해수면과 가까워 이들 지형들이 빙하기 저해수준에 대응하여 형성된 지형임을 말해준다.

다섯째, 과거 신천은 남부 산지를 벗어나면서 몇 갈래로 분류하였는데 가장 큰 분류가 대구천이다. 대구천은 상동교 부근에서 분류되어 건들바위, 반월당, 달성공원 앞을 지나 팔달교 부근에서 금호강에 합류되었다. 대구천은 서부 저기복 구릉지의 동쪽 가장자리를 따라 흐르면서 곳곳에 하식애의 흔적을 남기고, 기반암의 심도도 신천 본류 쪽보다 깊게 나타나, 한때는 신천의 중심 흐름이 된 때도 있었던 것으로 추정된다.

여섯째, 대구분지의 지형 발달은 다음과 같다. 백악기 대구와 그 주변 지역에 넓게 하성 및 호성의 퇴적암이 형성되었고, 백악기 말에 대구의 북동부와 서부에 화강암의 병반 관입이 이루어지고, 남부에 안산암질 화산이 형성되면서 구조 분지 지형을 이루었다. 그러나 그 후 현재까지 오랜 기간 동안 침식이 이루어지면서 북부와 서부의 접촉 변질을 받은 변성퇴적암과 남부의 안산암질 화산암은 침식에 강하여 산지로 남고, 중앙부의 이암질 수성 퇴적암(대구층)은 침식에 약하여 저기복 구릉지 및 중기복 구릉지를 이루어, 전체적으로 차별 침식의 결과로 나타나는 침식 분지가 형성되었다. 분지저를 동서로 가로지르는 금호강과 남북으로 가로지르는 신천이 침식된 기반암 위에 얇은 충적층을 퇴적하여 오늘에 이르렀다.

참고문헌

1. 단행본

권혁재. 1996. 『지형학』. 서울: 법문사.

대구시사편찬위원회. 1995. 『대구 시사 제1권』. 대구: 대구광역시청.

장기홍. 1985. 『한국지질론』. 서울: 민음사.

조화룡. 1987. 『한국의 충적평야』. 서울: 교학연구사.

2. 논문

신윤호. 1983. 「토평천 연안 충적평야의 지형 발달」. 경북대학교 대학원 석사학위 논문.

오건환. 1988. 「부산만의 매몰 지형」. 부산대학교 사대논문집 제16집. 169~185쪽.

윤순옥. 1979. 「월배 선상지에 대한 지형학적 연구」. 경북대학교 사범대학 학사학위논문.

윤순옥·조우영·황상일. 2004. 「대구 북부 팔공 산지의 지질 특성과 지형 발달」. 지질학회지 제40권 제1호. 77~92쪽.

이금삼·조화룡. 1998. 「경상도 지역에 있어서 지질별 지형 특성 분석」. 한국지형학회지 제5권 제1호. 1~19쪽.

조우영. 2002. 「대구분지 북부 팔공산 지역의 지질에 따른 지형 발달의 특징」. 경희대학교 대학원 석사학위논문.

황상일·윤순옥. 1998. 「대구분지의 자연환경과 선사 및 고대의 인간 생활」. 대한지리학회지 제33권 4호. 469~486쪽.

_____. 1999. 「대구분지의 선사 및 고대 인간 생활에 미친 Holocene 자연환경변화의 영향」. 한국고고학보 41집. 1~35쪽.

황상일·조화룡. 1995. 「사포해안 충적평야의 Holocene 퇴적환경변화」. 한국지형학회지 제2권 제1호. 1~8쪽.

3. Boring Data

국제지오컨설팅. 1998. 달성~상인 간 전력구공사 실시설계 지반조사보고서

동방지질. 2002. 대곡아파트 신축공사에 따른 지질조사보고서.

대구지하철공사. 1991. 지하철 1호선 지질조사보고서.

_____. 1994. 지하철 2호선 지질조사보고서.

도시개발공사. (주)금호엔지니어링. 1994. 동·서변지구 택지개발 기본계획 및 실시설계 지질조사보고서.

공무원연금관리공단. (주)신우CEC. 2000. 대구 동호지구 공무원아파트. 지질조사보고서.

(주)지지컨설턴트. 2001. 대구 동호지구 영조아파트 신축부지 지질조사보고서.

국제지오컨설팅. 2001. 매천로(태전동~구마지선) 건설공사 중 지질조사보고서.

(주)토담 건축사사무소. 2002. 대구 반야월 이마트 신축공사에 따른 지질조사보고서.

(주)우대기술단. 2001. 봉무 지방 산업단지(패션 어패럴 밸리) 지하차도지역 토질조사보고서.

(주)동양건설. 2003. 대구 수성구 동양메이저 신축공사 지반조사보고서.

(주)동방엔지니어링. 2002. 수성태왕리버뷰아파트 신축공사 지질조사보고서.
국제지오컨설팅. 2001. 신천 하류 오수차집관거 실시설계 지질조사보고서.
_____. 1997. 용계동아파트(용계동서강변) 신축부지 지질조사보고서.
(주)세방이앤씨. 2003. 포스코더샾유천 신축공사 지반조사보고서.
대구도시개발공사. 1995. 95건설 대구이천(2-2)지구 지반조사보고서.
(주)건원. (주)도시건업. 2003. 대구 달서구 진천동 ○○아파트(포스코더샾진천) 신축공사에 따른 지질조사보고서.
철도청. (주)동양응용지질. 대한광업진흥공사. 1996. 대구선(동대구~청천 간) 철도이설 지질조사보고서.
동방엔지니어링. 2000. 칠곡4차화성아파트 신축공사 지질조사보고서.
대성건업개발공사. 1994. 칠곡동서2차아파트 지질조사보고서.
_____. 1993. 칠곡동서아파트 지질조사보고서.
(주)강서토질. 2002. 대우드림월드Ⅲ 신축부지 지반조사보고서.
대성건업개발공사. 1995. 침산동서아파트 지질조사보고서.
(주)동방엔지니어링. 2001. 침산태평아파트(침산롯데캐슬오페라) 지질조사보고서.
(주)코오롱건설. 2003. 침산 코오롱하늘채아파트 신축공사에 따른 지질조사보고서.
(주)태왕건설. 2003. 태왕리더스파동아파트 지질조사보고서.
(주)삼우건설. 원일기술사사무소. 1996. 파동아파트(파동실리안) 지질조사보고서.
신세계건축. 2002. 파동아파트(파동화성파크뷰) 지질조사보고서.

Ⅱ. 제4기 환경 변화

충적층 내, 단구면상, 산지 습원에 분포하는 토탄지의 분포를 밝히고, 이들 토탄의 형성 시기, 화분 조성, 작열감량 등을 분석하고 있다. 가와지곡, 사포 해안, 도대천 유역의 퇴적 층상과 규조를 분석하고 있으며, 이를 바탕으로 제4기 후기의 해면 변동, 기후 환경 변화, 퇴적 환경 변화를 설명하고 있다.

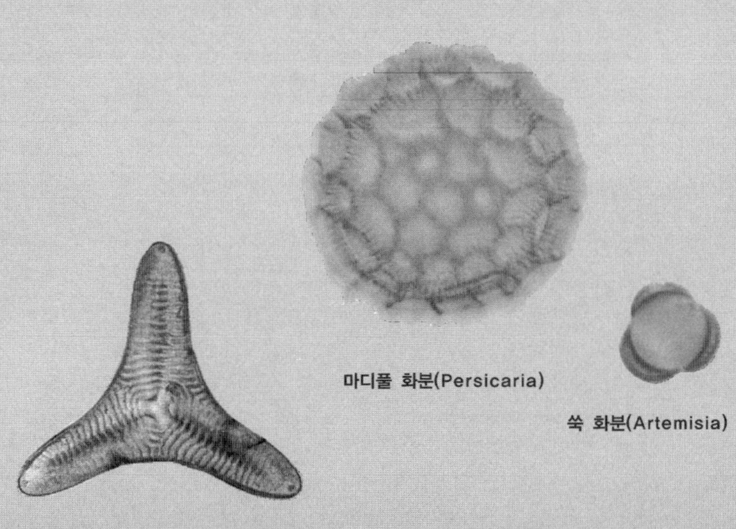

마디풀 화분(Persicaria)

쑥 화분(Artemisia)

염수 규조(Triceratium)

CHAPTER 1

한국 동해안에 있어서 후빙기의 화분 분석학적 연구*

1. 서론

필자는 수년간 한국 동해안 평야의 지형 발달(지형환경의 변천)에 대하여 조사를 계속해 왔다. 포항평야의 33m에 이르는 충적층의 보링코아를 분석할 때 화분분석도 같이 행하였고, 그 결과에 대해서는 일부 이미 보고된 바가 있다(曺, 1978). 그 후, 주문진과 방어진 평야에 있어서도 토탄층에서 샘플을 얻어 화분분석을 했다.

본 논문에서는 후빙기에 한국 동해안의 자연환경 변천을 명확히 하기 위하여 이 세 지역에서의 화분분석 결과에 塚田松雄 등(1977)의 한국 동해안 속초 남쪽 영랑호 호저퇴적물의 화분분석 결과를 추가하여 식생변천, 기후변동, 퇴적환경의 변화에 대하여 검토하였다. 또한 지금까지 한국에서 이루어진 화분분석 결과를 정리하고, 한국 후빙기 화분분대 설정을 시도하였다.

2. 과거 한국에 있어서 화분분석학적 연구와 문제

한국의 화분분석학적 연구는 그 수가 극히 적고, 1940년 山崎次男의 지리산 세석평전의 두께 15㎝ 토탄층의 화분분석이 한국에서 최초의 연구이다. 한국은 기후, 지질 및 지형적

* 曺華龍, 1979, 日本東北地理, 31(1), 23~35쪽.

조건이 산지에 습지가 형성되기 어렵기 때문에 山崎次男(1940)는 이 15㎝ 토탄층 발견이 특기할 만한 것이라고 기술했다. 그 화분분석 결과를 보면 소나무속(*Pinus*)과 참나무속(*Quercus*)이 단연 우세하고, 다른 수종의 혼재율은 극히 빈약해서 현재 산림 구성 상태와 잘 부합된다. 그리고 하부에서 상부로 가면서 소나무 화분은 증가하는 데 반하여 활엽수 화분은 감소하는 경향이 보인다고 하고, 그 원인을 남벌이나 산불에 의한 이차적인 산림의 성립, 특히 소나무를 중요하게 생각하는 한국인의 관습 등으로 설명했다(山崎, 1940). 그러나 필자가 분석한 화분조성으로 보면 상당히 옛날부터 이와 같은 식생조성이 관찰되었고, 야마자키가 언급한 원인 이외에 한층 근본적인 원인이 있었을 것으로 생각된다.

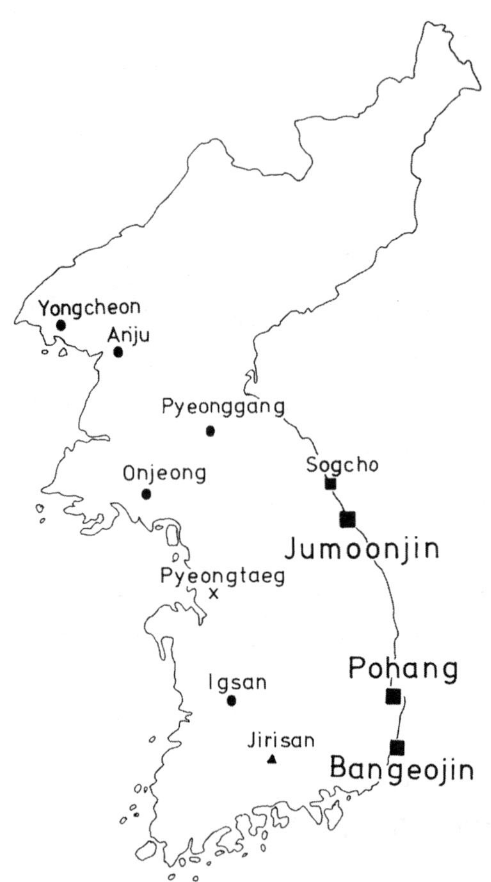

Fig. 1 Index map
▲; T. Yamazaki (1940) ●; S. Matusima (1941)
×; Oh Chi Young (1971) ▪; M. Tsukada
■; Author

〈그림 1-1〉

1941년 松島眞次는 주로 한국의 서해안 평야 12개소(익산; 3지점, 김포, 온정리; 4지점, 안주, 용천, 평강; 2지점 <그림 1-1>)의 충적층 중의 토탄층에서 화분분석을 했다. 서해안의 토탄은 지표에서 깊이 60~160㎝ 정도의 표토 아래 40~150㎝의 토탄층이 있다. 또한 그 아래 청회색의 실트가 보이는 것이 일반적이지만 장소에 따라 검은 실트가 계속된다고 기재하였다.

이들 토탄층의 화분조성으로 보면 소나무속(*Pinus*), 참나무속(*Quercus*), 오리나무속(*Alnus*), 버드나무속(*Salix*)이 전체의 90%를 차지하고, 용천과 평강에서는 예외적으로 가문비나무속(*Picea*)이 5%를 약간 넘는 출현율을 나타낸다. 松島(1941)의 논문에는 이 4개 수종만을 나타낸 화분 다이아그램이 실려 있고, 그 가운데 대표적인

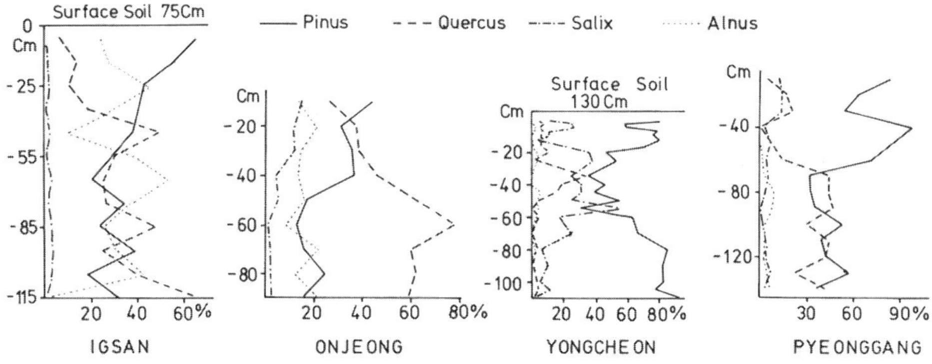

〈그림 1-2〉 Pollen diagram of western coastal plain, Korea(by S. Matusima 1941)

지점의 분석결과는 <그림 1-2>에 나타냈다. 松島는 이러한 결과를 다음과 같이 요약했다.

1) 조사지역 범위 내에서는 남부의 분석결과에 비해 북쪽일수록 *Pinus* 및 *Salix*가 감소하고 전나무속(*Abies*), 가문비나무속(*Picea*), 자작나무속(*Betula*)의 증가경향을 보인다.
2) 일반적으로 현재는 *Pinus*가 가장 우점하는 시대이고, 과거에는 *Alnus* 및 *Quercus*가 우세한 시대가 여러 번 반복되었음이 추론된다.
3) 화분조성으로 추론할 때 이들 토탄층은 약 10,000년 B.P.를 전후해서 형성되었을 것으로 생각된다고 기술했다.

그러나 최근 서해안의 만경강 하류 토탄의 ^{14}C연대 보고(박용안, 1969)와 필자의 동해안 몇 군데의 토탄층 ^{14}C연대측정 등, 보다 두꺼운 토탄층에서의 화분분석 결과로 고찰해 볼 때 松島가 화분분석을 행한 한국서해안의 토탄층은 10,000년 B.P. 전후에 형성된 것이 아니고 그보다 훨씬 뒤에 형성되었다고 생각된다.

山崎, 松島의 화분분석 연구 이후 최근까지 한국에서의 화분분석 연구는 이루어지지 않고, 공백기였으나 1971년 오지영은 평택지구 토탄층에서의 화분분석 결과를 보고했다. 그러나 그 결과에는 몇 가지 문제점이 있었다. 塚田 등(1977, 1978)에 의한 동해안 속초 주변의 영랑호 호저퇴적물의 화분분석은 한국에서 처음으로 절대연대를 갖춘 화분다이아그램이다. 이 다이아그램의 최하부에는 낙엽송속(*Larix*), *Picea*, *Abies*, *Pinus*(Haploxylon)가 높은 출현율을 보여, 이것이 15,000년 B.P.보다 오랜 지층이기 때문에 만빙기경 속초 주변에서는 아한대성의 침엽수가 생육했고, 그 이후 10,000년 B.P.부터는 *Quercus*가 우점하는 시대가 되었으며, 6,700년 B.P. 이후에는 소나무가 우점하는 시대가 되어 현재에 이르렀음을 밝혔다. 그러나 이 연구는 도작의 기원에 주요관심이 기울어져 상세한 화분분대 및 자연환경 변화에 대한 고찰은 충분하지 않았다.

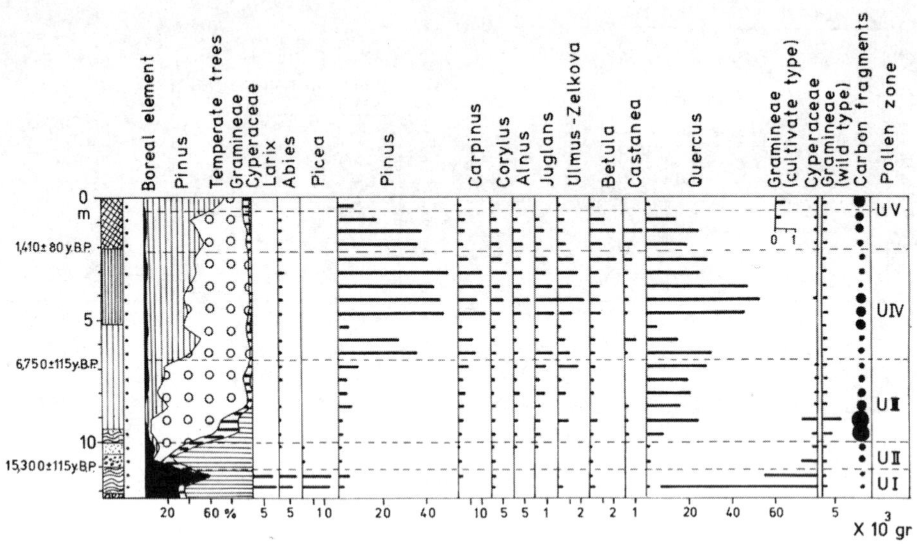

〈그림 1-3〉 Pollen diagram from Sogcho in Korea (by M. Tsukada et al.)

3. 조사지역의 지형과 식생의 기재

동해안에 위치하는 세 시료채취 지점은 <그림 1-1>에서 볼 수 있는 것과 같이 북위 35°에서 38° 사이에 위치하고 있으며(방어진 35°29′ 05″/129°25′ 47″, 포항 36°00′ 25″/129°22′ 31″, 주문진 37°53′ 20″/128°49′ 32″), 지형 및 현재식생 분포는 세 지점 간에 유사한 점이 많다.

샘플채취지점은 거의 현 해안선에서 0.5~1km 거리에 있고, 표고는 5m 이하(방어진 1.5m, 포항 2m, 주문진 2.7m)의 해안평야이다. 주변지형은 바다 쪽으로 열려 있고, 내륙부에는 100m 전후의 낮은 구릉지가 인접해 있는 것이 세 지점 모두 같다. 구릉지의 배후에는 주문진의 경우 한국의 척량산맥인 1,000m 이상의 태백산맥이 남북으로 달리고, 포항과 방어진에서는 한국의 해안산맥으로 언급되는 500m 전후의 불국사 산맥이 남북으로 달리고 있다. 주문진과 방어진 저지는 구릉으로 둘러싸여 있고, 5만분의 1 지형도에 표현될 정도의 하천은 존재하지 않으나 포항평야는 60km 정도의 형산강이 유입하고 있다. 샘플을 채취한 지점의 바다 쪽에서는 세 지점 공히 고도 3~5m의 빈제(浜堤) 내지 사구가 발달해 있고, 주문진과 방어진에서는 그 빈제에 의해 배후습지가 만들어져 토탄이 퇴적되었다.

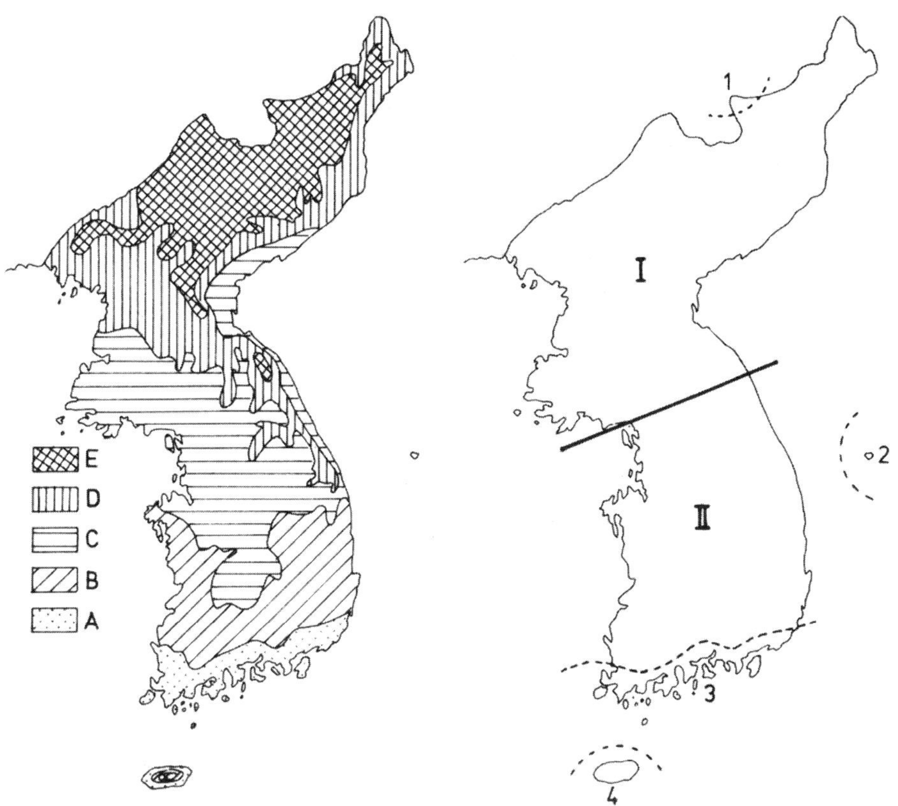

〈그림 1-4〉 Vegetation map of Korea(Yim, 1968)

A ; Warm temperate forest, zone.
B ; Cool temperate forest, southern zone.
C ; Cool temperate forest, central zone.
D ; Cool temperate forest, northern zone.
E ; Subarctic forest zone.

〈그림 1-5〉 Floral map of Korea(Oh, 1977)

; Whole Korean pattern.
I ; Northern part pattern.
II ; Central-southern part pattern.
1 ; Baegdusan pattern.
2 ; Dagelet pattern.
3 ; Southern sea side pattern.
4 ; Quelpart pattern.

한국의 현재 식생분포로 이미 발표된 한국의 두 개 식생분포도에서 조사지역 식생분포를 생각해 보았다. 임경빈(1968)에 의하면 한반도는 남해안 지방 및 제주도에 조엽수림대가 있고, 반도 북부의 백두산 주변의 고원지방 및 그 고원에서 남쪽으로 뻗친 척량산맥의 높은 지역이 아한대 침엽수림대에 해당하고, 그 밖의 반도부 대부분은 냉온대 활엽수림대에 속하며, 남해안과 제주도 지방이 난대림에 속한다(그림 1-4). 샘플 채취지점은 세 지점 공히 냉온대 낙엽활엽수림대에 해당하고, 방어진은 이 식물대의 남단에 위치해 있다.

최근 오수영(1977)은 한국 flora를 ① 전 한국분포형(Whole Korean pattern), ② 북부분포형(Northern part pattern), ③ 중남부분포형(Central-southern part pattern) ④ 제주도분포형(Quelpart pattern), ⑤ 울릉도분포형(Dagelet pattern), ⑥ 백두산분포형(Baegdusan pattern), ⑦ 남해안도서분포형(Southern sea side pattern)의 7개 flora로 구분하였다(그림 1-5). 샘플채취지점은 세 지점에서 공히 중남부분포형의 식물군락지역에 위치해 있으나 방어진은 남부도서분포형 지역에 인접해 있다. 샘플채취지점 부근의 구릉지는 세 지점 모두 현재 적송림이 분포해 있고, 활엽수는 거의 보이지 않는다.

4. 시료처리 및 검경

포항의 보링코아는 1m마다 10㎝ 코아를 취하여 플라스틱 통에 넣어 밀폐 보관하였다. 이 보링코아는 <그림 1-6>의 주상도에서 보이는 것과 같이 실트, 모래, 역층으로 되어 있어 화분의 함유율이 대단히 낮을 것이 예측되어 실트인 경우는 그대로, 모래, 역층의 경우는 그 매트릭스(matrix)만 각 50g을 300cc 비이커에 취하여 증류수와 10% KOH를

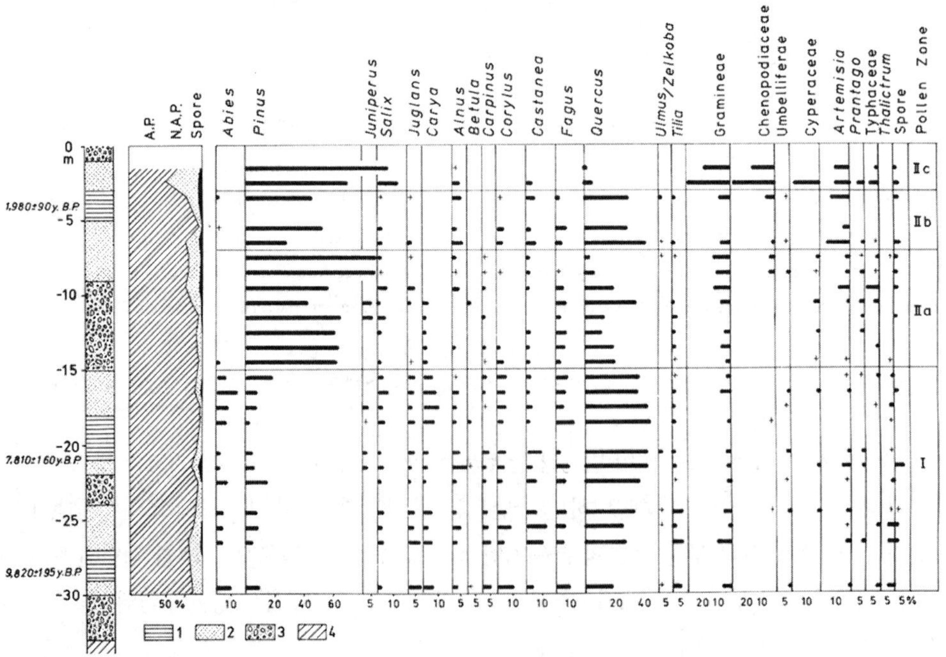

〈그림 1-6〉 Pollen diagram of Pohang

1. Silt 2. sand 3. gravel. 4. bed rock (Miocene)

〈표 1-1〉 Data for radiocarbon ages

Region	Sample No	Material	Altitude a.s.l. (m)	Radiocarbon age y.B.P.
Pohang	TH - 267	shell fragments	− 3	1980 ± 90
	TH - 268	organic clay	−19	7810 ± 160
	TH - 269	organic clay	−26	9820 ± 195
Jumoonjin	TH - 239	peat	+1.8	1860 ± 95
	TH - 240	peat	+1.2	1990 ± 100
Bangeojin	TH - 323	peat	+0.5	770 ± 90
	TH - 324	peat	−1.5	2350 ± 100
	TH - 325	peat	−3.5	4060 ± 120

수방울 넣어 혼탁액을 만들고, 그 상등액을 다른 비이커에 옮겨 농축한 후 화학적 처리를 하였다.

주문진의 토탄은 3m까지 트렌치를 파서 그 노두에서 10㎝마다 샘플링했다. 방어진은 밀봉식 핸드오거로 샘플링했다. 토탄시료는 약포지에 싸서 건조기에 넣어 8시간 건조시킨 것을 2g 채취하여 처리하였다. 화학적 처리는 Erdtman(1934)의 KOH-*Acetolysis*법에 따라 처리한 후, 화분을 농축하기 위하여 $ZnCl_2$로 비중분리하고, 글리세린으로 봉입했다. 화분다이아그램은 시료마다 200개 이상의 화분을 읽고, 수목화분을 기본수로 하여 백분율로 하여 나타내었다. 각 지점의 ^{14}C연대측정 결과는 <표 1-1>과 같다.

5. 결과

1) 포항지역

<그림 1-6>은 포항지역의 화분분석 결과를 나타낸 것이다. 주상도에 보이는 충적층은 깊이 33m로 실트층, 사층, 역층이 3회 반복 출현하고, 그 아래에는 마이오세(Miocene)의 혈암이 기반암으로 되어 있다. 이 단면 하부 실트층(-28m)의 ^{14}C연대가 9,820±195B.P.로, 약 10,000년 전부터 현재까지의 화분변화를 볼 수 있다. 화분 갯수는 실트층에서 많고, 역층에서는 적었다.

이 화분 다이아그램의 화분조성 및 수직적인 변화와 특색은 다음과 같다.

1) -15m 부근을 경계로 그보다 하부는 *Quercus*가 우점하고, 전 목본화분의 40～50%를 차지하며, *Pinus*는 10% 이하의 낮은 출현율을 보인다. 동시기에 *Alnus*, 개암나무속(*Corylus*), 호두나무속(*Juglans*), 가래나무과(*Carya*), 밤나무속(*Castanea*) 등 그 밖의 활엽수 화분도 상부층

보다 높은 출현율을 보인다. 이 경계의 절대연대는 불명확하지만 -15~-18m의 모래층(중부사층)과 연속된다고 생각되는 상류부 트렌치 단면의 사층 노두에서 취한 패각의 연대가 6,020±135년 B.P.였다.

2) -15m보다 상부층은 *Pinus*가 급격히 증가하고, 60~90%를 차지한다. 반대로 활엽수는 감소하는 경향을 보인다.

3) *Pinus*가 우세한 부분 중 -4~-6m 부근(상부실트층)에서 *Pinus*가 감소하고 *Quercus*가 증가하는 미세한 변동이 보인다. 이 실트층에서 채취한 패각의 ^{14}C의 연대가 1,980±90년 B.P.로서 약 2,000년 B.P. 전후이다.

4) 전 층을 통하여 초본화분의 출현율이 낮으나 -10m부터 벼과(*Gramineae*: 대부분 갈대속 *Phragmites*)와 부들과(*Typhaceae*)가 증가하기 시작하였고, 표층을 향하여 벼과(*Gramineae*), 명아주과(*Chenopodiacea*), 사초과(*Cyperaceae*), 쑥속(*Artemisia*) 등 초본류가 급격히 증가한다.

2) 주문진

주문진의 저지는 평탄하여 토탄층이 두꺼운 곳에서는 5~6m에 달하지만 도로 공사 때문에 교란되어 샘플링하기에 부적합했기 때문에 바다 쪽의 토탄층이 다소 얇은 지점에서 샘플링을 하였다. 토탄층의 하부 백색 사층은 해안을 향하여 얕아지는 경향을 보이고 있어, 지형적으로는 현저하지 않으나 이들 토탄이 빈제 후면 습지에 퇴적된 것이 매몰된 것으로 생각할 수 있다.

주문진 토탄층의 화분분석 결과는 <그림 1-7>에 나타내었다. 이 토탄층의 단면은 상부에서 -0.3m가 논흙이고, 그 아래 -0.4~-1.5m가 토탄층이다. 특히 -0.9~-1.5m까지의 토탄은 섬유질이 풍부하다. 더욱이 그 아래 -1.5~-2.8m까지는 토탄질 실트이고, -3.0m이하는 백색의 사층이 있다.

이 화분다이아그램의 화분조성 및 수직변화의 특징은 다음과 같다.

1) 전층을 통하여 *Pinus, Quercus* 2종이 60% 이상을 차지한다. *Pinus*는 -2.5m부터 -1.5m까지는 20% 이하를 나타내지만 그보다 상부와 하부에서는 높은 출현율을 보이고, 특히 상부 쪽은 *Pinus*가 우세하다. 한편 *Quercus*는 하부에서 높은 출현율을 보이고, 특히 50%에 이르지만 상부 쪽으로는 점차 감소하여 최상부에서는 10% 이하가 된다.

2) *Corylus, Alnus*는 *Pinus, Quercus* 다음으로 높은 출현율을 보이고, 특히 *Corylus*는 -1.5~-2.5m의 *Pinus*가 현저하게 감소한 시기에 정점에 도달한다.

3) 초본화분의 출현율은 하부에서 작고, 상부를 향하여 커지는 것이 포항의 경향과

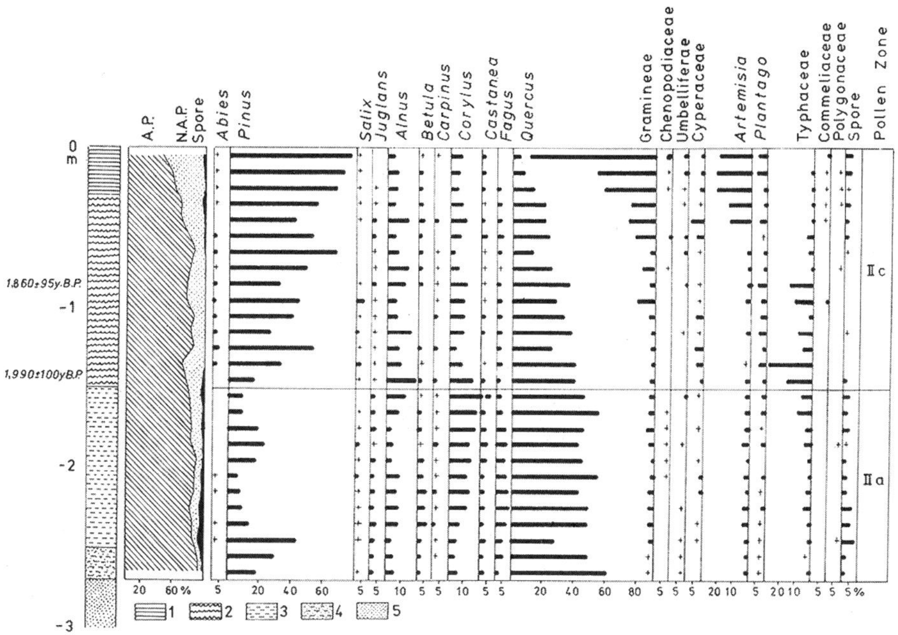

〈그림 1-7〉 Pollen diagram of Jumoonjin.

1. surface soil 2. peat 3. organic silt 4. organic silty sand 5. sand

유사하다. 특히 Typhaceae의 화분이 -0.9에서 -1.5m에서 높은 출현율을 보이고, 전술한 섬유질이 풍부한 토탄을 형성하였다. 그보다 표층에서는 Gramineae, *Artemisia*가 높은 출현율을 나타낸다.

이 단면에서의 ^{14}C연대를 <그림 1-7>에서 볼 수 있는 것과 같이 *Pinus*의 화분이 급격히 증가하고 Typhaceae의 화분이 정점에 이르는 -1.5m지점은 약 2,000년 B.P.를 나타낸다.

3) 방어진

방어진의 토탄층 화분분석 결과가 <그림 1-8>이다. 이 토탄층은 표면에서 -0.5m까지는 세력 및 모래가 혼합된 실트층이고, 그 하부 20㎝가 부식토이다. -0.7～-5.0m는 토탄층이고, 그보다 하부는 부식이토이다.

이 토탄 단면에서는 작열감량(Ignition loss)을 측정하여 <그림 1-8>에 나타냈다. 작열감량은 -2.6～-3.1m에서 최대이고, -0.9～ -1.0m에서 다음으로 높게 나타났으며, 특히 전자

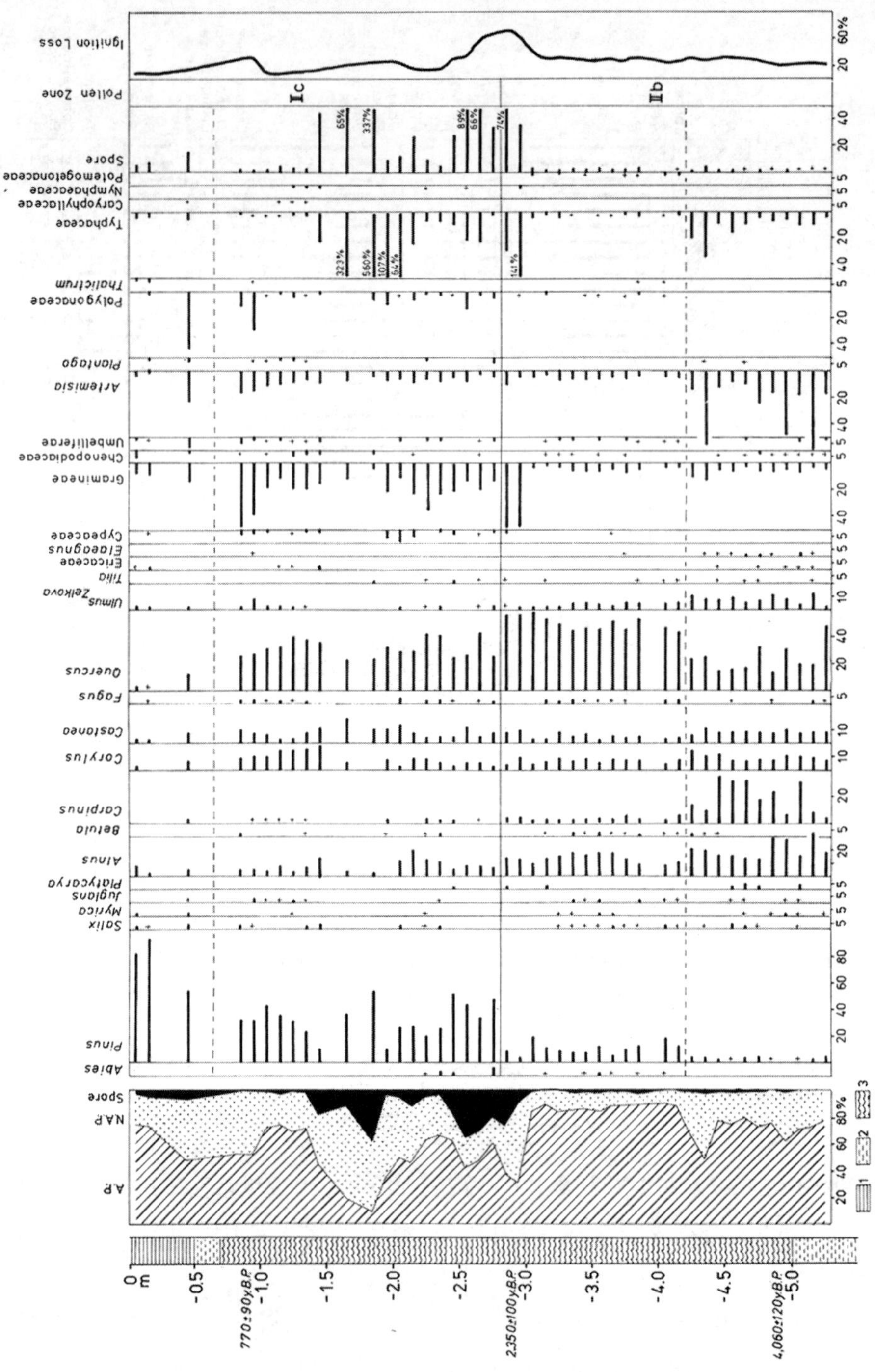

〈그림 1-8〉 Pollen diagram of Bangeojin

1. surface soil 2. organic silt 3. peat

의 경우는 70%의 높은 비율을 보였다. 이와 같은 변화는 후술하는 퇴적환경의 변화나 기후변화에 동반하는 초본, 포자식물의 증가 및 유기질의 미분해와 관계된다고 생각된다.

이 화분 다이아그램의 화분조성 및 수직변화의 특징은 다음과 같다.

1) *Pinus*의 화분은 최하부 -5.3~-4.3m까지는 5% 이하, -4.2~-2.9m는 10~20%의 낮은 출현율을 보인다. 그러나 -2.9m보다 상부는 어느 정도 변화가 있으나 높은 출현율을 보이고, 특히 표면부근은 80%를 넘는다.

2) *Pinus*가 가장 낮은 출현율을 나타내는 -4.3m 이하 층은 서어나무속(*Carpinus*), *Alnus*가 높은 출현율을 보이고, *Quercus*를 상회한다.

3) *Quercus* 화분은 전 층에 걸쳐 높은 출현율을 보이지만 그 정점은 -3~-4m에서 50~60%에 이르지만 그보다 상부는 표층을 향하여 감소한다. -4m 이하에서도 낮은 비율을 보이지만 이것은 2)에서 언급한 *Carpinus, Alnus*의 높은 출현율 때문에 상대적으로 비율이 낮아졌다고 생각된다. 그러나 최하부(-5.3m)에서 다시 높은 출현율을 보인다.

4) 이 토탄층에서는 앞선 두 지점에 비해 *Quercus* 이외의 활엽수 화분이 보다 높은 출현율을 보이고, 특히 느릅-느티나무속(*Ulmus-Zelkova*)이 높은 출현율을 보여 두 개의 peak를 나타낸다.

5) 초본화분은 -4m보다 하부층은 *Artemisia*와 Typhaceae가 높은 출현율을 보이고, -3m부터 -1m는 Gramineae(대부분 *Phragmites*), Typhaceae, 양치식물의 포자가 대단히 높은 출현율을 나타낸다. 특히 Typhaceae의 정점은 -1.5~-2.0m에 있다.

이 단면의 ^{14}C 연대는 -5.0m의 토탄이 4,060±120년 B.P.의 연대를 보여, 이 다이아그램은 약 4,000년 B.P.경부터 현재까지의 식생변천을 나타낸다. *Pinus*가 급증하는 층보다 0.2m 아래의 Gramineae, Typhaceae, Spore가 증가하기 시작하는 시기인 -3.0m지점의 ^{14}C연대가 2,350±100년 B.P.이다.

6. 고찰

앞서 말한 화분분석 결과에서 우선 조사지역의 후빙기 식생변천을 생각해 보았다. 필자가 채취한 시료의 연대 폭은 10,000년 B.P.에서 현재까지이고, 이보다 오랜 시기는 塚田(1977)의 연구결과를 인용하여 정리하였다.

조사지역의 10,000년 B.P. 이후의 식생변천은 *Pinus*와 *Quercus*의 증감에 따라 특징지어진다. *Pinus*와 *Quercus*의 큰 변화는 포항단면의 -15m지점이고, ^{14}C연대로 약 6,000년 B.P.경이다. 한국동해안 지방의 10,000년 B.P. 이후 현재까지의 화분분대를 이 6,000년 B.P.경을 경계로 하여 다음과 같이 두 개의 Stage로 구분하였다.

I : *Quercus* Stage (10,000~6,000년 B.P.)

II : *Pinus-Quercus* Stage (6,000년 B.P.~현재)

6,000년 B.P. 이후의 *Pinus*와 *Quercus*가 우세한 시기의 큰 경향은 하부에서 상부로 향하여 *Pinus*의 증가와 *Quercus*의 감소이다. 그러나 2,000년 B.P.경을 상한으로 하여 하한은 확실히 판별할 수 없으나 3~4,000년 B.P.까지의 시기에 이 큰 경향과 반대로 *Pinus*가 감소하고 *Quercus*가 증가하는 시기가 있다. 단면에서 보면 포항의 -4~-7m, 주문진의 -1.5~-2.4m, 방어진에서 -2.8m~-5.3m까지이다. 동서해안의 해안평야에 발달한 토탄의 형성 시기는 대략 이시기를 나타내고, 松島(1941)의 서해안 평야에서 행한 화분분석 결과도 이시기라고 생각된다. 따라서 필자는 6,000년 B.P. 이후 현재까지의 *Pinus*와 *Quercus*의 우세시기를 다음과 같이 3개의 Substage로 구분하였다.

IIa : 하부 *Pinus* Substage (6,000~3-4,000년 B.P.)

IIb : *Pinus-Quercus* Substage (약 3-4,000~2,000년 B.P.)

IIc : 상부 *Pinus* Substage (2,000년 B.P.~현재)

이와 같이 나눈 필자의 한국동해안의 화분분대를 塚田 등(1977, 1978)의 속초의 화분분대, 일본 中村純(1967), 유럽 Blytt, A.(1876)과 비교해 본 것이 <표 1-2>이다.

塚田 等(1977, 1978)은 약 6,000년 B.P. 이후를 절대 화분량으로 *Pinus-Quercus*의 최후 격감기(이 변화는 인류활동의 결과라고 한다)에 의해 UⅣ, UⅤ의 두 시기로 구분하였다. 그러나 필자는 10,000년 B.P. 이후 현재까지를, *Pinus*의 급증기인 약 6,000년 B.P.를 경계로 크게 두 개의 화분대(Ⅰ, Ⅱ)로 나누고, 6,000년 B.P. 이후(Ⅱ화분대)를 *Pinus-Quercus*의 출현율 변화에 기초하여 상술한 바와 같이 하부 *Pinus* Substage(IIa), *Pinus-Quercus* Substage(IIb), 상부 *Pinus* Substage(IIc)의 세 개의 아분대로 구분하는 것이 타당하다고 생각된다. 약 10,000년 B.P.부터 6,000년 B.P.까지에 대하여 필자의 화분분석 결과와 塚田 等(1978)의 그것은 유사하다. 필자는 10,000년 B.P. 이전에 대하여 논할 독자적인 자료를 갖고 있지 않으나 塚田 等의 결과나 中村의 구분으로 볼 때 큰 환경변화에 따른 현저한 식생변화가 있었던 것이 추정되고, 中村의 구분처럼 10,000년을 경계로 하여 그 전과 후를 더 높은 단위의 화분대로 구분을 할 필요가 있다고 생각된다.

현재의 한국식생으로 볼 때 화분에 나타나는 *Pinus*는 거의 적송이라고 생각된다. 沼田眞(1975)에 의하면 적송림은 수평적으로 한반도 전역에 분포하고, 수직적으로는 저지에서 산지까지 분포한다. 또한 자연조건이 나빠 다른 수목의 침입이 용이하지

〈표 1-2〉 Postglacial pollen chronology

Years B.P.	Scandinavia Blytt & Sernander: Divisions	Scandinavia Blytt & Sernander: Climate	Japan (Nakamura, J.)		Sogcho, Korea (Tsukada,M. etal.)		Eastern coastal region, Korea (Jo, W.)	
	Recent	Warm Dry	RIIb	Sudden increase of *Pinus*	U V	*Pinus*	IIc	Upper *Pinus*
1,000								
2,000	Subatlantic	Cooler Very wet Oceanic	RIIa	(Decreasing warmth period) Subalpine conifers invade deciduous forest	U IV	*Pinus Quercus*	IIb	*Pinus-Quercus*
3,000								
4,000	Subboreal	Warm Drier Continental	RII	(Warm period) Subalpine forest recedes, deciduous forest dominant			IIa	Lower *Pinus*
5,000								
	Atlantic	Mild Humid Oceanic			UIII	*Quercus*	I	*Quercus*
	Boreal	Warm Dry Continental	R I	(Transition period) Coniferous & deciduous forests				
10,000	Preboreal	Cool						
	Late Glacial	Cold	L	(Cold period) Subalpine coniferous forest	U II			
15,000								
					U I	*Abies Picea Larix Pinus*		

않은 노암지(露岩地), 뿌리가 드러나고 표토가 얕은 토지 등 건조하기 쉬운 빈영양의 토지에 입지한다. 이와 같은 현재의 적송 생태로 생각하면, 기후가 보다 건조하면 활엽수가 쇠퇴하고 적송이 증가하지만 습윤한 기후가 되면 활엽수가 우세해지고, 적송이 감소한다고 추정할 수 있다. 이와 같은 생각과 10,000년 B.P. 이후 한국 동해안의 목본화분 조성변화를 기초로 각 Stage의 기후를 추정해 보면 Stage I과 Substage IIb는 보다 습윤한 기후이고, IIa와 IIc는 보다 건조한 기후가 된다. 이와 같은 기후변동을 유럽의 후빙기 기후변동 연구결과와 비교해 보면 유럽의 Atlantic과 필자의 Stage I, Subatlantic과 Substage IIb가 대비되고 Subboreal과 IIa, Recent와 IIc가 대비되지만 시간적으로 약간의 차이가 인정된다.

版口 豊(1961)는 일본각지의 토탄지의 화분분석과 토탄의 분해도 분석결과에서 BC 5,000년(7,000년 B.P.)경부터 기온이 현재보다 높아짐에 따라 건조화하고, BC 1,000년(3,000년 B.P.)경에는 기후가 급변하여 기온이 저하하고 습윤했으나, 이 시대는 기원전후(2,000년 B.P.)에 끝난다고 하여 필자의 결과와 시간적으로 작은 차이가 있지만 기후변동 패턴은

잘 대비된다.

다음으로 6,000년 B.P.경부터 *Pinus*가 급증하는 것을 해면변동과 관련지어 생각해 봤다. 10,000년 B.P.경 현 해면보다 4~50m 아래 있었던 해면이 그 후 급격히 상승하여 6,000년 B.P.경 현 해면 수준, 혹은 그보다 4~5m 높은 수준까지 도달하여 그 후 비교적 안정되었다는 것이 많은 연구자에 의해 보고되고 있다. 6,000년 B.P.경 해안 부근에 위치해 있던 지점은 10,000년 B.P.경에는 상당히 내륙에 있었다고 생각되고, 10,000년 B.P.부터 6,000년 B.P.에 걸친 해진의 결과 염분을 포함한 해풍에 의해 활엽수가 쇠퇴하여 모래땅에 강한 *Pinus*가 증가한 것으로도 생각되어 6,000년 B.P.경의 *Pinus* 급증경향이 해안지방만의 경향인지도 알 수 없다. 적송은 남벌, 화전 등의 인간활동에 의해 자연의 산림이 파괴되고 토양침식이 진행되는 곳에 2차림으로 성립하는 경우가 많고 화분분석 결과에서 2,000년 B.P. 이후 현재를 향하여 *Pinus*가 증가하는 것은 야마자키(山崎, 1940)가 말한 것처럼 인간활동의 결과로 생각된다. 이와 같이 한국 동해안지역의 식생변천은 기후변동, 해면변동 및 퇴적환경변동, 인간활동 등이 종합적으로 작용한 결과로 생각된다.

다음으로 초본화분의 변화에 대하여 생각해 보았다. 초본화분의 변화는 국지적인 현상이다. 그러나 필자가 취급한 세 지점에서 공통적으로 두 가지 경향이 있다. 그 하나는 표면에 가까운 층에 Gramineae, Chenopodiaceae, *Artemisia*, Cyperaceae의 초본이 급격히 증가하는 경향이 있고, 다른 하나는 2,000년 B.P.경 Typhaceae, Gramineae(대부분 *Phragmites*)의 출현율이 높아지는 것이다. 전자는 인간활동에 동반하여 작물(벼과)이나 논 및 밭의 잡초에 유래하는 것으로 생각된다. 후자의 경우는 주문진, 방어진에서 특히 Typhaceae, Gramieae(대부분 *Phragmites*) 등 항상 물에 잠겨 있는 곳에서 자라는 식물의 화분이 많은 사실에서 동해안 평야의 저습지는 2,000년 B.P.를 전후해서 석호(lagoon)성 습지가 넓게 형성되었다고 생각되며, 이와 같은 변화는 상대적인 고해준에 기인하는 것으로 추정할 수 있다. Typhaceae의 화분이 높게 출현하는 층은 주문진에서 -0.9~-1.7m, 방어진에서 -1.5~-3.0m로 작은 고도차가 있다.

방어진 토탄층을 대상으로 하여 토탄의 성장속도를 계산하면 년 1.2~1.3㎜가 되는데 이것은 일본의 평균 1㎜보다 약간 빠르지만 유사하다.

7. 결론

이상에서 살펴본 한국 동해안 화분분석 결과를 정리하면 다음과 같다.

1. 10,000년 B.P. 이후 한국동해안 지역의 식생변천은 *Pinus, Quercus* 증감에 따라 두 개의 분대와 세 개의 아분대로 나누어진다.

   I. *Quercus* Stage (10,000~6,000년 B.P.)

   II. *Pinus-Quercus* Stage (6,000년 B.P.~현재)

   IIa. 하부 *Pinus* Substage (6,000~3-4,000년 B.P.)

   IIb. *Pinus-Quercus* Substage (약 3-4,000년~2,000년 B.P.)

   IIc. 상부 *Pinus* Substage (2,000년B.P.~현재)

2. 조사지역의 식생변천은 후빙기 기후변동에 크게 지배되었지만 부분적으로는 해면변동 및 인간활동의 영향도 가해졌다고 생각된다.

3. 식생변천으로 볼 때 10,000년 B.P. 이후 현재까지 보다 건조한 시기와 보다 습윤한 시기가 두 번 반복되었음이 추정된다.

참고문헌

Blytt, A. 1876. Essay on the Immigration of the Norwegian Flora during Alternating Rainay and Dry Periods(Kristiania) cited by G. Erdtman(1943).

G. Erdtman. 1934. "Ueber die verwendung von Essigsaeure-anhydrid bei Pollenuntersuchungen." *Svensk Bot. Tidskr*. 28. pp.354~361.

Fairbridge, R.W. 1961. "Eustatic changes in sea level." *Physics and Chemistry of the Earth*, 4. Pergamon press. pp.99~185.

藤則雄. 1966.「日本における後氷期の氣候變遷」. 第四紀研究, 5. pp.150~160.

曺華龍. 1978.「韓國浦項周邊平野の地形發達」. 東北地理 30. 153~160쪽.

松島眞次. 1941.「花粉統計による朝鮮の森林變遷の考察」. 日本林學會誌, 23. pp.441~450.

中村純. 1967.「花粉分析. 古今書院. pp.1~232.

Nakamura, J. 1952. A comparative study of Japanese pollen records. Research reports of the Kochi

University 1. pp.1~20.
沼田眞·岩瀨徹. 1975.『圖說日本の植生』. 朝倉書店. pp.1~178.
吳智泳. 1971.「平澤地區土炭의 花粉分析」. 生物學會誌(한국). 14. 66~73쪽.
吳修榮. 1977.「韓國維管束植物의 플로라 분포에 관한 연구」. *Nature and Life*, 7. 13~39쪽.
Park, Y. 1969. "Submergence of the Yellow Sea Coast of Korea and stratigraphy of the Sinpyungcheon marsh. Kimje, Korea." *Jour. Geol. Soc. Korea* 5. pp.57~66.
阪口豊. 1961.「北日本の完新世の氣候變化」. 地理學評論, 34. pp.259~268.
Shepard, F.P. and H.F. Suess. 1956. "Rate of Postglacial rise of sea level." *Science* 123. pp.1082~1083.
島倉已三郎. 1973.「日本植物の花粉形態」. 大阪市立自然科學博物館收藏資料目錄第5輯.
塚田松雄·金遵敏·任良在·洪淳喆·安全喜憲. 1977.「韓國における環境變遷史I 東草における植生史」. 日本第四紀學會講演要旨集6. 21.
塚田松雄·安全喜憲. 1978.「韓國における環境變遷史と農耕の起源」.「自然科學手法による遺蹟古文化財等の研究」. 昭和52年度年次報告書. pp.190~198.
山崎次男. 1940.「花粉分析による朝鮮南部樹種變遷に關する研究」. 日本林學會誌, 22. pp.73~85.
Yim, Y. and T. Kira. 1975. Distribution of forest vegetation and climate in the Korea Peninsula. *Jap. Jour. Ecology,* 25. pp.77~88.

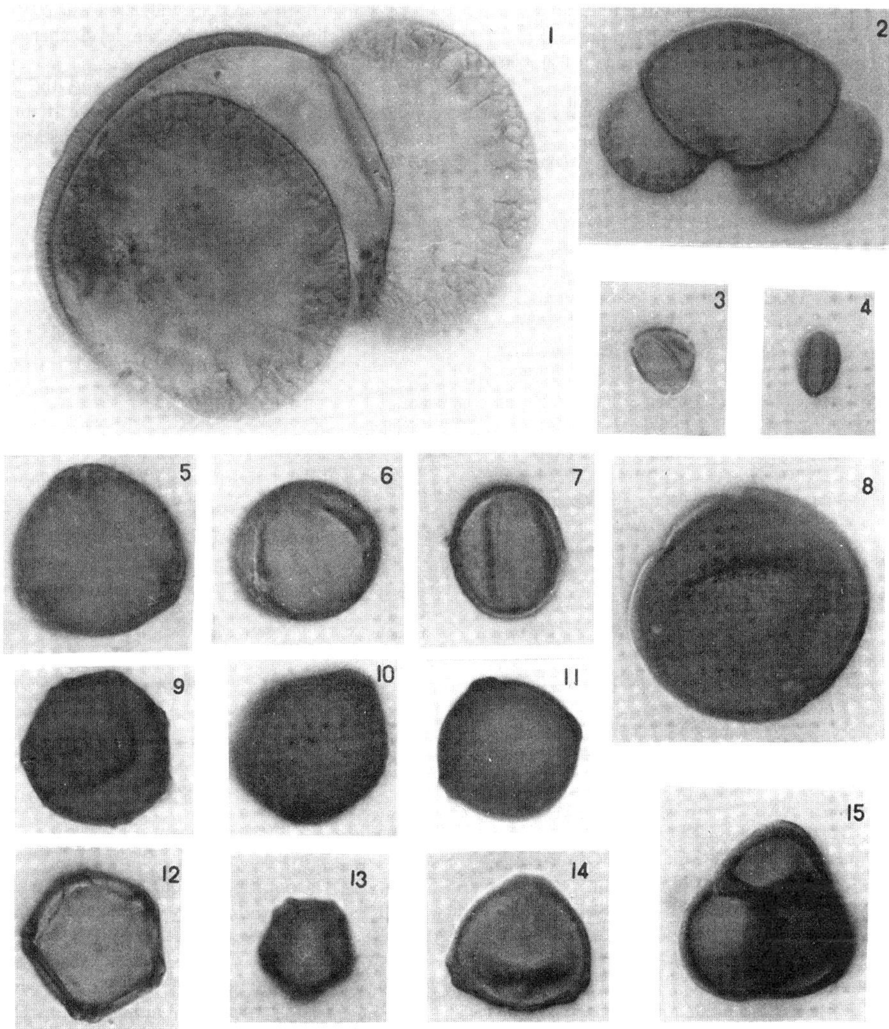

Plate. 1 Photomicrographs of pollen and spores from eastern coastal region, Korea(1)

1; *Abies* 2; *Pinus* 3; *Platycarya* 4; *Castanea* 5,6; *Fagus*
7; *Quercus* 8; *Carya* 9; *Juglans* 10; *Ulmus/Zelkova* 11; *Carpinus*
12, 13; *Alnus* 14; *Corylus* 15; *Ericaceae* (×600)

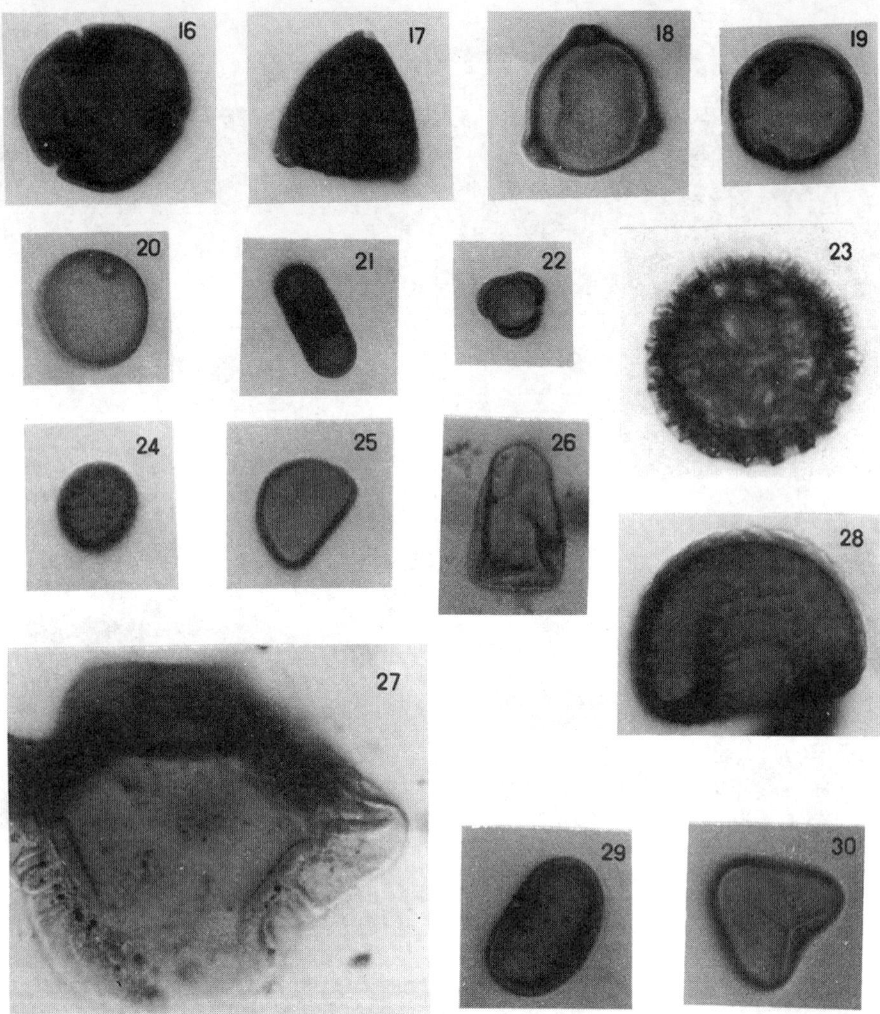

Plate. 2 Photomicrographs of pollen and spores from eastern coastal region, Korea(2)

16; *Tilia* 17; *Elaeagnus* 18; *Betula* 19; *Thalictrum*
20; Gramineae 21; Umbelliferac 22; *Artemisia* 23; *Persicaria*
24; Chenopodiaceae 25; Typhaceae 26; Cyperaceae 27; *Trapa*
28, 29; Fern spore(Monolete type) 30; Fern spore(Trilete type) (×600)

CHAPTER 2

한국 동해안에 있어서 완신세 해수준 변동*

1. 서론

한국에서의 완신세 해수준 변동 연구는 그 시작단계에 있고, 현재까지 적은 수의 연구가 보여 질 뿐이다(Park, 1969; Kim, 1973).

Park(1969)은 한국 서해안 신평천(김제부근)의 매몰 토탄층의 ^{14}C연대로부터 한국서해안의 침수속도를 6,500년 B.P.에서 4,700년 B.P.까지 연 1.4mm, 그 이후 현재까지는 연 0.4mm로 추정하고, 그 원인을 지반운동과 해면변동의 종합적인 결과라고 하였다.

Kim(1973)은 한국 동해안 남동부의 포항에서 울산간 하위 2단의 해성단구[1] · 정자리면(10～20m), 주전리면(3～7m)의 노두에서 채취한 목편과 토탄의 ^{14}C연대, 12,060±600년 B.P. 및 1,730±100년 B.P.로부터, 정자리면은 Allerӧd(알레뢰드)기에 형성되었다고 추정하고, 그때의 해수준은 현해수준에 도달해 있었다고 생각하고, 그 이후의 한국 남동해안에 있어서 지반융기(연 1.1～1.4mm)에 의해 단구화 되었다고 생각했다.

---

* 靑華龍, 1980, 日本地理學評論, 53-5, 317～328쪽.

1) 여기에서의 두 단의 해성 단구는 Kim(1973)의 구분에 의한 것이고, 뒤에 吳(1977)의 구분에서는 하위 주전리면은 인정하지 않았다. 더욱이 ^{14}C 연대가 그 단구면 형성 시기를 나타내는지의 여부는 불분명하다.

그러나 이러한 연구는 몇 개의 자료에 의해 한정된 범위에서 제한된 시대에 대해 개략적인 해수준 변동을 논의한 것이며, 그 결과에 대해서도 후술하는 바와 같이 큰 의문이 남는다.

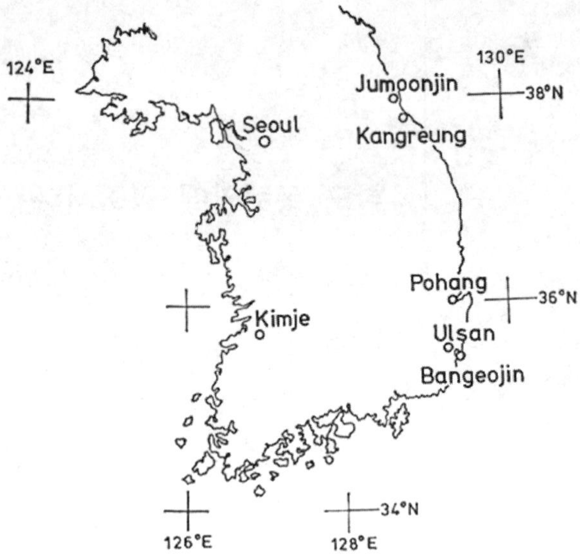

〈그림 2-1〉 조사지역 위치도

필자는 한국 동해안 강릉평야, 포항평야, 울산평야의 지형발달을 조사해 왔다(<그림 2-1>과 <그림 2-2>).

강릉평야(약 28㎢)는 조사지역의 북동부에 위치해 있고, 남대천(약 35㎞)에 의해서 함량되는 표고 10m이하의 충적저지이고, 해안부에서는 3열의 빈제(浜堤, beach ridge)가 발달하며, 제간습지에는 토탄층의 발달이 보인다(曺, 1979). 포항평야(약48㎢)는 조사지역의 중앙부에 있는 영일만 안쪽에 위치해 있고, 형산강(65㎞)에 의해 함량되는 표고 5m 이하의 충적저지이고, 비고 3m 이하의 빈제와 자연제방이 발달해 있다.

울산평야(32㎢)는 조사지역의 남동부에 있는 울산만 내에 위치해 있고, 태화강(길이 약 48㎞), 동강(길이 31㎞)에 의해 함량되고, 표고 5m 이하의 내만 삼각주 평야로 미고지의 발달이 극히 나쁘다.

필자는 이들 세 평야에서 채취한 수많은 시료 가운데 토탄, 목편, 패각, 패각을 포함한 부식질 실트, 토탄질 실트의 ^{14}C연대 측정[2)], 퇴적물의 입도분석, 토탄층의 화분분석 및 작열감량 분석을 행하고, 한국동해안에 있어서 완신세의 해수준 변동 경향을 연속적으로 복원하려고 시도하였다.

2) 본 논문에 사용된 ^{14}C연대는 일본 동북대학 이학부 지리학 교실의 연대측정장치에 의하여 필자가 계측한 것으로, 결과의 일부는 Omoto(1978)에 의해 보고되었다.

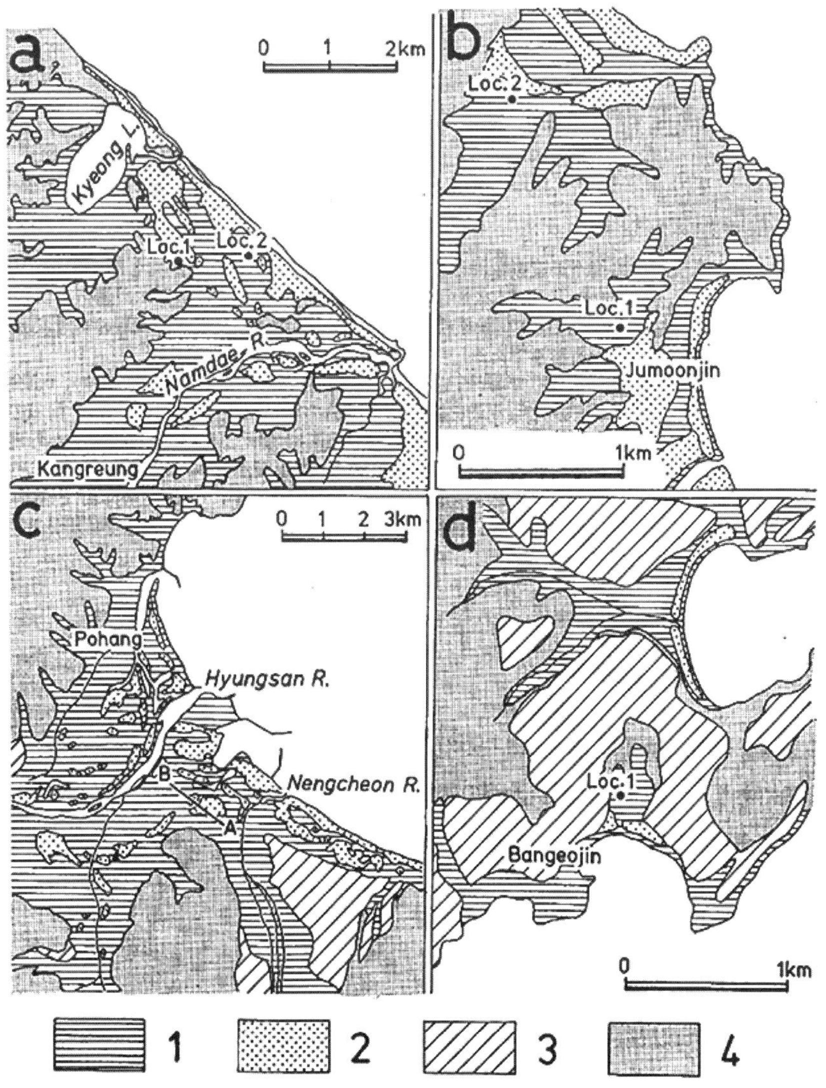

〈그림 2-2〉 조사지역의 미지형과 시료채취 지점

a: 강릉평야 b: 주문진 주변 c: 포항 평야 d: 방어진 주변
1: 충적 저지 2: 빈제 및 자연 제방 3: 단구(해성 단구, 하성 단구)
4: 산지 및 구릉

2. 10,000년 B.P. 이후의 해수준 변동

동해안 평야 가운데 특히 충적층에 관한 자료를 풍부하게 입수해온 포항평야에 대하여 충적층의 특징과 그것에 함유된 유기물의 14C연대로부터 주로 6,000년 B.P. 전후의 해수준 복원을 시도하였다. 또한 6,000년 B.P. 이후에 대해서는 토탄층의 발달이 좋은 방어진, 강릉 및 주문진의 토탄층 및 토탄질 실트를 기초로 복원을 시도하였다(그림 2–2).

1) 포항평야의 충적층과 그 ^{14}C연대

포항평야의 해안부에서는 공장 및 항만 공사 때문에 지질조사가 행해져, 기반의 심도, 익곡의 존재, 충적층의 층상변화 등을 알았다. <그림 2–3>에 의하면, 기반위에 기저역층(BG)으로 생각되는 역층이 있고, 그 위에 실트층(하부실트층LSi)과 역층(하부역층 LG), 또한 그 상부에 실트층(중부실트층MSi), 역층(중부역층MG)의 두 개의 퇴적 사이클이 나타나고, 그 상부에 두꺼운 사층(상부사층USn)이 얹혀 있다.

이 충적단면도의 A지점(35° 59′ 40″ N, 129° 23′ 50″ E)에서 공장 건설을 위해 폭 200m, 깊이 20m까지 굴착한 노두를 실재로 관찰할 수 있었고, ^{14}C연대 측정 시료와 각종 분석을 위한 퇴적물을 현장에서 채집 했다. B지점(36° 00′ 25″ N, 129° 22′ 31″ E)은 깊이 34m의 보링코아 전체를 입수하여 ^{14}C연대측정과 퇴적물 분석을 했다. B지점의 지표하 28.5m, 해면하 26m의 실트로부터 9,820±195년 B.P.(TH-269)의 절대 연대값을 얻어, 하부 실트층의 퇴적 시기가 약 10,000년 B.P.경임이 밝혀졌다.

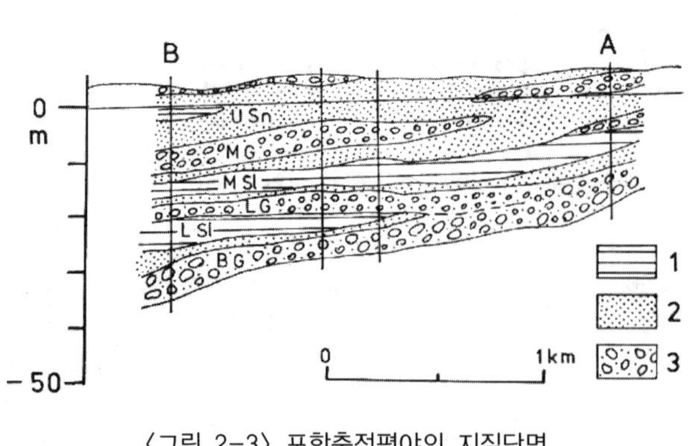

〈그림 2–3〉 포항충적평야의 지질단면

1. 실트층 2. 사층 3. 역층

A지점의 지표하 19m, 해면하 14.5m의 사층과 역층 사이에 큰 나무가 수많이 묻혀 있고, 그 목편에서 7,660 ± 160B.P.(TH-237), 그 2m 위의 패각을 포함한 실트로부터 7,870 ± 160B.P.(TH-266)[3], B지점의 지표하 21.5m, 해

〈표 2-1〉 한국 동해안평야의 14C연대자료

sample No	material	altitude a. s. l. (m)	radiocarbon age y. B. P.
TH-236(Pohang 1)	shell*	− 2	6, 020±135
TH-237(〃 2)	wood	−14	7, 660±160
TH-267(〃 4)	shell	− 3	1, 980± 90
TH-268(〃 5)	silt (shell frag.)	−19	7, 810±160
TH-269(〃 6)	〃	−26	9, 820±195
TH-331(〃 7)	shell*	0	2, 150±100
TH-239(Jumoonjin 2)	peat	+ 1. 6	1, 860±100
TH-240(〃 3)	〃	+ 1. 0	1, 990±100
TH-336(〃 4)	〃	+ 1. 3	1, 340±100
TH-337(〃 5)	peaty silt	− 2. 3	3, 820±110
TH-323(Bangeojin 1)	peat	+ 0. 5	780± 90
TH-324(〃 2)	peaty silt	− 1. 5	2, 370±100
TH-325(〃 3)	〃	− 3. 5	4, 100±120
TH-326(Ulsan 1)	shell*	− 1. 0	4, 210±120
TH-328(〃 3)	silt (shell frag.)	− 2. 5	1, 080± 90
TH-329(〃 4)	peaty. silt	−11	7, 240±160
TH-332(Kangreung 1)	〃	− 1. 0	1, 900±100
TH-333(〃 2)	peat	+ 0. 5	2, 530±100
TH-334(〃 3)	〃	− 0. 5	4, 560±120

* *Crassotrea gigas*(THUNBERG).

면하 19m의 패각혼합실트로부터 7,810 ± 160년 B.P.(TH-268)를 얻었다. 이러한 사실에서 중부실트층이 7,000~8,000년 B.P.경 퇴적되었음이 밝혀졌다. A지점의 지표하 6m, 현해면하 2m 지점에 패층이 있고, *Lucinoma annulata*(Reeve), *Batillaria Zonalis*(Bruguière), *Tapes(Amygdala) japonica*(Deshayes), *Crassotrea gigas*(Thunberg)의 조개가 식별되었다. 그 가운데 *Crassotrea gigas*(Thunberg)만을 선별하여 ^{14}C연대를 측정한 결과 6,020±132년 B.P.(TH-236)의 값을 얻어, 일본의 소위 조몬 해진(縄文 海進, 井關, 1958)의 시기와 대비할 수 있는 연대를 나타내었다. TH-266과 TH-236의 연대를 고려해 보면 7,800년 B.P.경부터 6,000년 B.P.

3) TH-237과 TH-266의 연대는 약간의 역전이 보이지만 시료의 종류 차이 때문인 것으로 생각되며, 오차의 범위 내이다.

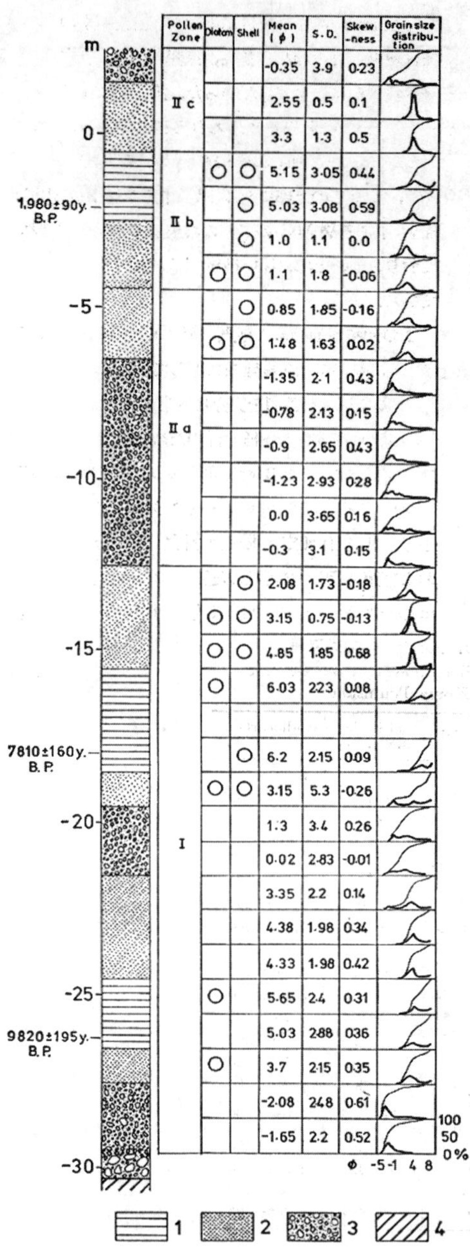

〈그림 2-4〉 포항평야 충적층단면 B지점의 boring core 분석

1. 실트층 2. 사층 3. 역층 4. 기반
입도 분석의 굵은 선은 빈도분포곡선, 가는 선은 누가곡선.

경까지 해면이 급격히 상승하였고, 이와 더불어 1,800년 동안 10m 정도의 퇴적이 이루어졌음을 알 수 있다.

또한 A지점, 지표하 4.5m(대략 현 해수준)의 사층과 역층 사이에 퇴적된 목편에서 3,730±110년 B.P.(TH-235), B지점의 지표하 5.5m, 현해면하 3m지점의 패각에서 1,980±90년 B.P.(TH-267)의 값을 얻었다. 이들 두 개의 연대로 생각해 볼 때 6,000년 B.P.이후부터는 해면이 비교적 안정되어 미약한 상하운동을 하면서 현재에 이르렀을 것으로 생각된다.

2) 방어진, 강릉 주문진의 토탄층 특징과 ^{14}C연대

방어진, 강릉, 주문진의 토탄층에 대한 ^{14}C연대측정 및 작열감량 분석 결과를 <그림 2-5>에 나타냈다. 방어진에서는 빈제의 발달이 나쁘고, 해안부근에 1열이 확인될 뿐이다(그림 2-2). 이 빈제의 내륙 쪽에 퇴적된 토탄층(39°29′05″N, 129°25′47″E)을 지표에서 -5.3m(해면하 4m)까지 샘플링을 했다. 이 토탄층은 최상부의 30cm정도의 얇은 표토를 제외하면 토탄과 토탄질 실트의 호층으로 이루어졌다.

이러한 토탄층의 표면하 5m, 3m, 1m의 토탄질 실트 및 토탄의 ^{14}C연대가 각각 4,100 ± 120년B.P.(TH-325), 2,370 ± 100년 B.P.(TH-324), 780 ± 90년 B.P.(TH-323)의 값

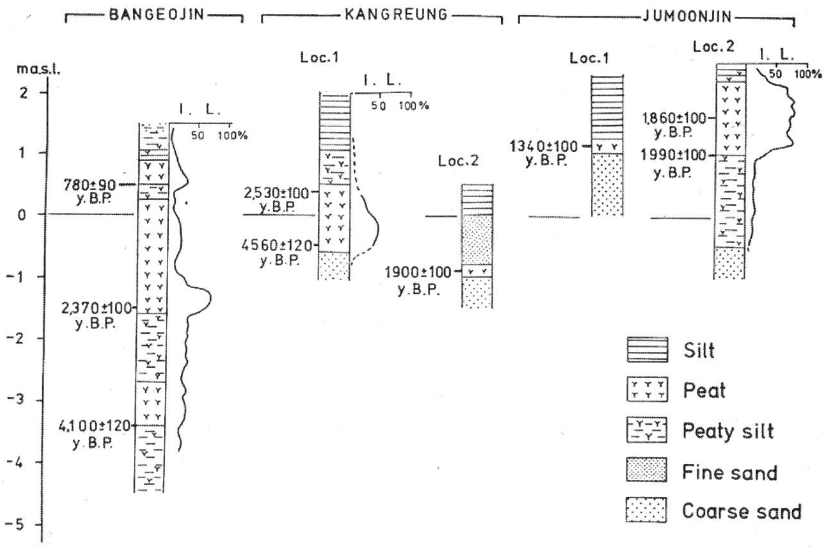

〈그림 2-5〉 한국동해안평야 토탄층의 ^{14}C연대와 작열 감량율(I.L.)

을 나타낸다는 사실에서 이 저지가 적어도 4,000년 B.P. 이후 700년 B.P.까지 해안부근의 수심이 얕은 소택지 및 저습지 환경을 반복했음이 밝혀졌다.

강릉에서는 가장 내륙에 위치하는 제1빈제열의 내륙 쪽(강릉Loc.1)과 제2 및 가장 바다 쪽에 위치한 제3빈제 사이(강릉Loc.2)에 토탄지가 분포해 있다(그림 2-2). 이러한 토탄층도 1m 전후의 표토에 매몰되어 있다. 한편, 이들 토탄층의 하부에는 각각 백색의 사층이 확인된다. 이 사층이 현해안의 모래와 입도조성이 유사한 사실에서 이들 토탄층 하부의 사층은 각각 바다 쪽에 위치하는 빈제의 기저부와 연속된다고 생각된다.

강릉 Loc.1의 토탄층의 ^{14}C연대는 4,260±120년 B.P.(TH-334), 2,530±100년 B.P.(TH-333)이고, 강릉 Loc.2의 토탄에서는 1,900±100년 B.P.(TH-332)의 값을 얻었다. 이들 연대 중에 토탄층 하부지점 연대는 각각 빈제의 형성시기를 암시하고 있다(그림 2-5).

주문진의 저지는 평탄하고 소규모의 빈제가 2～3열 발달한다(그림 2-2). 빈제군의 내륙 쪽에 분포하는 토탄층은 두꺼운 곳에서 5～6m에 달한다. 이 토탄층의 가장 두꺼운 곳은 도로 공사 때문에 교란되고, 샘플링이 부적절했기 때문에 바다 쪽 토탄층이 다소 얇은 두 지점(주문진Loc.1, Loc.2)에서 샘플링을 행했다. 두 지점과 토탄층 하부의 백색사층은 해안을 향하여 특히 얇아지는 경향을 보이고, 지형적으로 현저하진 않지만 이들 토탄이 빈제의 배후습지에 퇴적된 뒤에 매몰된 것으로 생각된다(그림 2-5).

주문진 Loc.1은 지표에서 -1.3m까지는 표토, 그 아래 0.2m 토탄, 특히 하부는 백색의 사층이다. 주문진 Loc. 2는 지표에서 -0.3m까지는 표토, 그 아래 -1.5m까지 토탄층이 있고, 그 가운데 특히 섬유질이 풍부한 것은 -0.7～-1.5m 사이이다. 다시 그 아래 -3m까지는 토탄질 실트로 되어 있고, 이보다 하부는 백색사층이 나타났다.

주문진 Loc.1의 토탄층에서 1,340±100년 B.P.(TH-336), 주문진 Loc.2의 섬유질이 풍부한 토탄층의 상하 토탄으로부터 각각 1,860±100년 B.P.(TH-239), 1,990±100년 B.P.(TH-240)의 ^{14}C의 연대치를 얻었다. 이들 연대에 의해서 주문진의 빈제군의 형성 시기는 강릉의 가장 바다 쪽 빈제의 형성기와 대략 동일하다는 사실을 알 수 있었다.

토탄의 작열감량(ignition loss) 분석은 건조한 토탄을 전기로에 넣어 700℃에서 유기질을 완전히 태운 후 남은 물질의 무게를 달아서, 연소에 의해 중량감소율을 백분율로 나타내었다. 작열감량률이 높은 것은 유기질의 포함률이 높은 것이고, 그 원인은 다음과 같은 것을 들 수 있다.

(1) 외부로부터 토탄지를 향하여 비유기질 퇴적물의 유입이 적은 경우
(2) 기후가 냉량, 습윤하기 때문에 유기질이 충분히 분해되지 않는 경우
(3) 토탄지가 물에 잠겨 공기의 유통이 충분하지 않기 때문에 분해가 진행되지 않은 경우
(4) 갈대, 부들 등 섬유질이 풍부한 수초가 토탄을 형성한 경우

<그림 2-5>의 세 개의 단면을 보면 작열감량이 2,000년 B.P. 전후가 가장 높은 값을 보여 70%에 달한다. 또한 4,000년 B.P. 전후와 약 1,000년 B.P.경에도 작은 극대기가 확인된다. 이러한 토탄층의 화분분석 결과(曺, 1979)에 의하면 2,000년 B.P.경 부들, 갈대의 화분출현율이 특히 높은 사실이나 기타 수목화분의 조성으로 부터도 기후의 습윤화를 생각할 수 있기 때문에 한국동해안에서는 작열감량의 증감은 적어도 (2), (3), (4)의 원인에 의한다고 설명할 수 있을 것이다.

3) 동해안의 해면변동 복원

강릉평야, 포항평야, 울산평야에서 구해진 시료 ^{14}C연대와 그 산출고도를 정리한 것이 <그림 2-6>이다. 여기에서 이 시료 가운데 패각 혼합실트나 패각의 ^{14}C연대와 그 산출고도를 연결한 곡선(굵은 선)이 본지역의 완신세의 개략적인 상대적 해수준 변동곡선으로 볼 수 있다. 이것에 의하면 한국 동해안의 완신세 해수준 변화는 10,000년 B.P.경 약 -25m, 7,000년 B.P.경 -10m, 6,000년 B.P.경 대략 현 해수준에 도달하는 급격한 상승 변화를 보이고 이 상승속도는 연간 평균 약 6mm가 된다. 6,000년 B.P. 이후 미약한

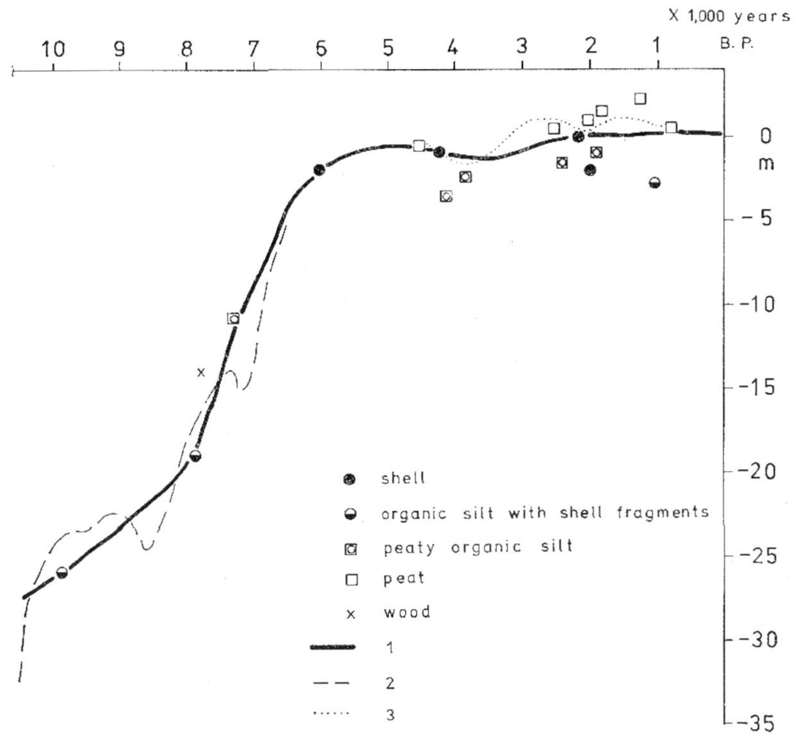

〈그림 2-6〉 한국 동해안에 있어서 완신세 해수준 변동

1. 개략적인 해수준 변동 곡선
2. 충적층의 입도 분석 결과로부터 추정되는 해수준의 미변동
3. 토탄층의 화분 조성 변화로부터 추정되는 해수준의 미변동

상하운동을 하면서 현재에 이르렀음을 알 수 있다.

그러나 후술하듯이 충적층의 층상변화로부터 해수준의 미변동의 존재를 확인할 수 있기 때문에 특히 자료가 적은 6,000년 B.P. 이전에 해수준이 여기에 그려진 해수준 변동곡선보다 수m 차이가 날 가능성도 있다. 여기에서 얻어진 상대적 해수준 변동의 개략적인 경향은 세계 각지의 연구 예(Bloom, 1977; 森脇, 1978)와 큰 차이는 보이지 않는다. 이러한 사실에서 완신세를 통하여 한국 동해안에 있어서 급격한 지각 융기는 인정하기 어렵고, Kim(1973)이 주장하듯이 완신세 후반에 있어서 연간 1.1～1.4mm에 이르는 융기 운동은 부정된다.[4]

---

4) 일본의 S면에 대비되는 것으로 생각되는 본 지역의 해성 단구의 고도가 40~50m로(曺, 1979 MS), 이것에 의하면 본 지역의 제4기 후반의 평균 융기 속도는 0.5㎜/y 이하이다.

3. 해수준 미변동 복원의 시도

동해안에서 복원된 완신세 해수준 변동경향을 더욱 상세하게 검토하기 위하여 10,000~6,000년 B.P.에 대해서는 충적층의 입도조성변화에 의해, 6,000년 B.P. 이후에 대해서는 토탄층의 초본화분의 조성변화로부터 추정하여 해수준 미변동의 복원을 시도하였다 (그림 2-4).

1) 퇴적물의 입도조성변화에서 추정되는 미변동

동해안 충적층의 대표적인 단면을 나타낸다고 생각되는 포항평야 단면 B지점의 보링 코아<그림 2-2>에서 1m마다 입도분석[5]을 행하고, 화분분대 및 패각, 규조[6]가 포함된 곳을 모두 <그림 2-4>에 나타내었다.

입도분석에 의하면 하층에서 상층까지의 입도분포는 급격한 변화가 없이 점차로 바뀌고 있으며, 3개의 퇴적 사이클이 확인된다. 이것은 池田(1964)가 도까이도(東海島) 충적층 연구로부터 밝힌 상대적 해수준 변동에 따른 퇴적상의 변화패턴과 잘 대비된다. 여기에서 분급이 가장 양호한 것은 평균입경 Φ3 전후이고, 이보다 평균입경이 크거나 작더라도 분급이 나빠진다. 또한 평균입경 Φ3을 갖는 퇴적물 내지, 그 바로 아래에 위치하는 세립질 퇴적물 중에 패각, 규조 화석이 보이지만 이 보다 위쪽의 평균입경 Φ3보다 조립의 퇴적물 가운데는 패각이 보이지 않는다.

이러한 사실로부터 이 지역에서는 평균입경 Φ3을 갖는 퇴적물이 해역과 육역의 경계부에서 퇴적되었다고 생각할 수 있다.

필자는 여기에서 해면변화의 경향을 보기 위하여 전술한 퇴적물 입도조성에 대한 퇴적환경변화의 경향을 도입하여 그 보링 단면에서 평균입경 Φ3보다 세립질인 것은 실선(개략적인 해면변동곡선)의 위에 (해면상승의 경향), Φ3 보다 조립질인 것은 실선의 아래(해면하강경향)에 있다고 보고, <그림 2-5> 중에 파선을 그렸다. 퇴적물의 평균입경은 쇄파대를 제외하면 일반적으로 수심이 클수록 작아지고, 육상에서는 전빈에서 후빈에

---

5) 입도 분석은 시료 약 100g을 사용하여 φ 5~φ 8의 세립질은 침강법(Stokes의 공식에 의한 비커법)에 의해서 실시했고, 4φ ~ -5φ 의 조립질은 표준분석채를 사용하여 1φ 간격으로 분석했다. 평균입경, 분급, 왜도는 Inman의 공식으로 구했다. 단면 중에 지표하 7m의 사층에는 화분 분대에서 확실한 경계가 있어 여기에 부정합면이 있는 것으로 생각된다.

6) 화분, 규조분석의 결과에 대해서는 이미 발표했다(曺, 1979; 曺, 1979 MS)

걸쳐 내륙을 향하여 커지는 경향이 확인된 사실(荒巻, 1971)에서 여기서는 만약 평균 입경이 Φ3보다 Φ1 떨어지는데 1m의 값을 주어 미변동 곡선을 복원해 보았다. 즉, 평균입경이 Φ3이면 0m, Φ6이면 -3m, Φ1이면 +2m의 값을 부여하여 미변동 곡선을 복원했다. 이렇게 복원된 미변동 곡선 파선이 해면변화의 모습을 그대로 나타내지는 않지만 어느 정도 해면변화의 경향을 나타낸다는 것을 확인 할 수 있을 것이다. 이것에 따르면 10,000년 B.P.부터 9,000년 B.P.까지 해수준의 일시적 안정기가 있고, 그 후 8,000～6,000년 B.P.까지 급격한 상승(10mm/y)경향을 읽을 수 있다.

2) 토탄층의 화분조성으로부터 추정되는 해수준미변동

6,000년 B.P. 이후에는 해면이 상대적으로 안정되어 입도분석 결과로서는 해면의 미동 검토가 불가능했기 때문에 필자는 토탄층의 ^{14}C연대, 화분분석 및 작열감량 분석결과로부터 토탄지의 환경변화를 검토하고, 그것에 따라 6,000년 B.P. 이후의 해면변동의 복원을 시도하였다.

그림 7은 방어진과 주문진의 토탄층의 작열감량분석과 화분분석 결과를 <그림 2-5>의 ^{14}C연대를 바탕으로 연대를 등간격으로 종축에 두어 도화하고, 토탄지의 환경변천을 검토한 것이다. 이것에 따르면 작열감량의 대소는 초본화분의 출현율의 그것과 대략 일치한다.

초본화분 조성의 변화에는 다음과 같은 3가지 경우를 들 수 있다. (1) 부들, 갈대 등의 소택성 식물의 화분이 증가하고, 쑥, 질경이, 명아주의 건륙성 초본식물의 화분이 감소하는 경우, (2) 부들, 갈대가 감소하고 반대로 쑥, 질경이, 명아 주 등이 증가하는 경우, (3) 양자 모두 감소하는 경우.

부들은 수심이 얕은 소택지에 번성하는 식물이고, 수심이 깊어도 물이 말라도 생육이 이루어지지 않는다. 이러한 점을 고려할 때 작열감량의 변화와 초본화분의 조성변화에서 복원한 식생변화를 기초로 토탄지의 환경변화를 추정하면 다음의 세 가지 패턴이 고려된다. 즉, 작열감량의 감소와 초본화분의 감소(소택성 식물과 건륙성 식물의 양쪽의 감소)는 해면상승에 의한 저습지의 석호(lagoon)화를 나타낸다고 생각된다. 작열감량과 초본화분 모두 증가하고, 초본 화분 중 부들 등의 소택성 식물화분이 우점하게 되고, 쑥, 질경이, 명아주 등의 건륙성 식물이 감소하는 것은 대략 해수준 근처에 수심이 얕은 소택지화를 나타내고, 해면은 상대적으로 안정되었다고 추정된다. 또한 작열감량이 감소함에도 불구하고 초본화분이 증가하고, 소택지성의 식물화분의 비율이 감소하는 경우는 저습지

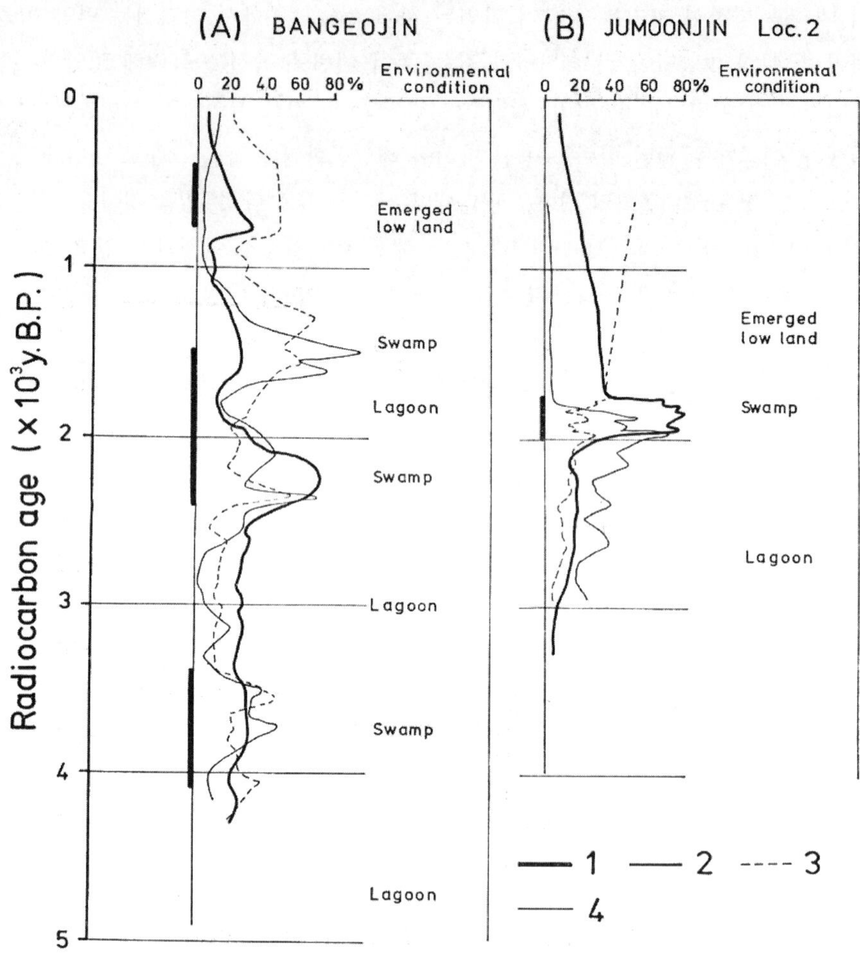

〈그림 2-7〉 화분분석의 주요한 결과와 그 결과에 의해 시사되는 환경 변화

1. 토탄 형성기 2. 작열 감량의 변화
3. 초본 화분의 조성 변화 4. 소택성 초본 화분의 조성 변화

가 해면의 하강 혹은 육성퇴적물에 의한 매적으로 건륙화 되는 환경으로 변했다고 생각된다.

이와 같은 작열감량의 변화와 초본화분의 조성변화로부터 복원된 환경변화의 패턴을 <그림 2-7>의 방어진의 예에서 읽어 해수준 변화를 추정해 보면, 5～6,000년 B.P.경 고해수준, 4,000년 B.P.경의 해면의 상대적 저하, 3,000년 B.P.경의 해면상승 및 2,300년 B.P.경에 걸쳐 약한 해면저하, 1800년 B.P.경의 작은 해면 상승과 그 후의 현해수준 부근에서의 해면의 정체가 고려된다. 한편 주문진의 토탄지에서도 지형조건의 차이에 따라 다소의 차이가 있기 때문에 약 2,000년 B.P. 전후에 유사한 환경변화가 있었다고 추정된다. 이와 같이 추정된 해면의 미변화 패턴을 <그림 2-6>에 점선으로 나타냈다.

3) 한국 동해안의 해수준 변동의 검토

세계 각 지역에서는 풍부한 자료로부터 완신세의 해수준 변동에 대해 많은 곡선이 그려져 있는데, 이것들과 한국동해안에서 얻어진 것에 대하여 약간의 비교검토를 하려 한다.

해면의 작은 변동으로서 10,000년 B.P. 이전부터 6,000년 B.P.까지 해면이 급상승하는 동안 10,000년에서 9,000년 B.P.경 해면의 일시적 정체기가 나타나고, 그 시기에 보링자료에서 보이는 -20m부근의 역층이 퇴적되었다고 생각된다. 동경만의 충적층 보고에서도 -20m부근에서 실트층 가운데 사층(하부사층)이 끼여 있고, 그 퇴적연대는 약 10,000년 B.P.로 추정되었다. 그 시대에 해면상승이 정체 혹은 약간의 강하가 있었고, 삼각주가 만들어 졌다는 사실이 나타나 있으므로 포항평야의 이 역층과 대응관계가 있는 것으로 생각된다. 여러 외국의 기존 연구 에도 이러한 사실이 인정되는 해면곡선이 많지만[7] 연구자 사이에 시간적인 약간의 차이가 보인다.

6,000년 B.P. 이후 해수준의 미변동은 5,000～6,000년 B.P.경의 고위해수준, 4,000년 B.P.경의 해면의 상대적 저하, 3,000년 B.P.경의 해면상승 및 2,300년 B.P.경의 작은 해면저하, 1,800년 B.P.경의 미약한 해면상승과 그 후의 현해면 부근에서의 정체가 관찰된다. 이 가운데 5,000～6,000년 B.P.경의 해진은 일본에서의 소위 조몬 해진에 상당하는 것으로 한국동해안에서는 현 해수준 가까운 위치에 자연 패층이 보이지만 현해면보다 높은 곳에서는 아직 관찰되지 않고, 현재까지의 data에서는 이러한 해진이 현해면보다 어느 정도 높았는지 하는 것은 논의하기 어렵다, 그러나 이러한 해진에 의해 강릉의 예와 같이 제1빈제열이 형성된 것이 빈제열의 내측의 토탄층의 ^{14}C연대로부터 추정된다.

2,800년 B.P. 전후와 1,800년 B.P. 전후의 고해수준은 전술하듯이 화분분석 결과에서 추정된 것으로 해안습지대가 석호(lagoon)의 환경으로 변하고 이 해수준에 대해 강릉, 방어진의 예와 같이 제2, 제3의 빈제가 형성되었음이 제간습지의 매몰토탄의 ^{14}C연대로부

7) Fairbridge(1961), Mörner(1969, 1971), Greensmith and Tuker(1973), Tolley(1974), Fujii and Fuji(1967), Kaizuka *et al.*(1977), Nelson and Bray(1970)

터 추정된다. 6,000년 B.P. 이후의 해수준 미변동에 대한 기존의 연구에는 일본과 세계도 다양하고, 일치점을 찾기가 어렵다. 그러나 필자의 곡선과 Einsele *et al.*(1974)의 모리타니아 해안의 연구결과는 해수준 절대고도에는 차이가 있지만 해면 상하시기에는 일치함을 확인하였다.

4. 결언

한국 동해안에 있어서 완신세 해수준 변동을 충적층의 층상 변화와 그 연대로부터 복원했다. 더 나아가서 해수준의 미변동을 10,000년 B.P.～6,000년 B.P.는 퇴적물의 입도 분포 패턴 및 패각, 규조각 출현 심도에 의해서, 6,000년 B.P.에서 현재까지는 습지성 초본 화분 조성 변화 패턴 및 패각, 토탄층의 출현 심도에 의하여 복원을 시도했다. 그 결과는 다음과 같다.

(1) 한국 동해안의 해수준은 10,000년 B.P.경에 약 -25m, 7,000년 B.P.경에 약 -10m, 6,000년 B.P.경에 거의 현수준에 달하고 그 뒤는 아주 작은 미변동을 반복하며 현재에 이르렀다.

(2) 전항의 한국 동해안 해수준 변동이 외국 여러 나라의 연구 사례와 거의 일치하는 것으로부터, 한국 동해안에는 완신세에 들어와서부터는 지반 운동이 거의 없이 안정되었다는 것을 생각할 수 있다.

(3) 10,000년 B.P.이전부터 6,000년 B.P.까지 해면이 급상승하던 기간 중에 10,000년 B.P.에서 9,000년 B.P. 사이에 해면의 일시 정체가 있어서 포항 평야에서는 -20m 부근에 역층이 퇴적했다.

(4) 6,000년 B.P.이후 해면이 안정된 시기에 3차례의 상대적인 고해면 시기가 있어, 이 고해면에 대응해서 빈제열이 형성되었다.

참고문헌

荒巻孚. 1971. 『海岸』. 犀書房. p.426.

池田俊雄. 1964. 「東海道における沖積層の研究」. 東北大古生物地質聯邦報, No.60. p.85.

井關弘太郎. 1958. 「日本における海面の相對的變化と沖積層」. 第四紀硏究, 1. pp.39~44.

吳建煥. 1977. 「韓半島南東部海岸の地形發達」. 地理評, 50. 689~699쪽.

青華龍. 1978. 「韓國浦項周邊平野の地形發達」. 東北地理, 30. 153~160쪽.

_____. 1979. 「韓國東海岸地域における後氷期の花粉分析學的硏究」. 東北地理, 31. 23~35쪽.

_____. 1979MS. 「韓國東海岸平野における地形發達」. 東北大學院修士論文(昭和53년도). 92쪽

沼田眞·岩瀨徹. 1975. 『圖說日本の植生』. 朝創書店. p.178.

三木五三郎·成瀨 洋·貝塚爽平. 1969. 『京葉工業地帶の地盤』. 千葉縣開發局. pp.1~65.

森脇廣. 1978. 「完新世における海水準變動の諸問題(諸外國の例)」. 地理評, 51. pp.176~187.

Bloom, A.L. 1977. Atlas of sea-level curves. International Geological Correlation Programme Project 61. sea-level project.

Einsele, G., Herm, D. and Schwarz, H.U. 1974. "Sea level fluctuation during the past 6,000yr at the coast of Mauritania". *Quaternary Research*, 4. pp.282~289.

Fairbridge, R.W. 1961. "Eustatic changes in sea level". *Physics and Chemistry of the Earth,* 4. pp.99~185.

Fujii, S. and Fujii, N. 1967. "Postglacial sea level in the Japanese Islands". *Jour. Geosci. Osaka City Univ.*, 10. pp.43~50.

Greensmith, J.T. and Tucker, E.V. 1973. "Holocene transgressions on the Essex coast, Outer Thames estuary". *Geologie on Mijnbouw*, 52. pp.193~202.

Inman, D.L. 1952. "Measures for describing the size distribution of sediments". *Jour. Sedimentary Petrology*, 22. pp.125~145.

Kaizka, S., Naruse, Y., and Matsuda, I. 1977. "Recent formations and their basal topography in and around Tokyo bay, central Japan". *Quaternary Res.*, 8. pp.32~50.

Kim, S.W. 1973. "A study on the terraces along the southeastern coast(Bangeojin-Pohang) of the Korea Peninsula". *Jour. Geol. Soc. Korea*, 9i. pp.89~121.

Moerner, N.A. 1971. "Eusatic changes during the last 20,000 years and a methods of separating the isostatic factors in and uplifted area". *Paleogegr. Paleocli. Paleoecol.*, 19. pp.63~85.

Nelson, H.F. and Bray, E.E. 1970. "Stratigraphy and history of the Holocene sediments in the Sabine-High Island area, Gulf of Mexico". in Morgan, J.P., ed. deltatic sedimentation, modern and ancient: *Soc. Eon. Paleontologist and Mineralogists Spec. Pub.*, 15. pp.48~77.

Omono, K. 1978. "Tohoku University radiocarbon measurements VI". *Science Reports Tohoku University, 7th series(Geography)* 28. pp.101~116.

Park, Y.A. 1969. "Submergence of the Yellow Sea coast of Korea and stratigraphy of the Sinpyungcheon Marsh, Kimje, Korea". *Jour. Korea Geol. Surv.* 5. pp.57~66.

Tooley, M.J. 1974. "Sea level changes during the last 9,000yr in North-West England". *Geogr. Jour.* 140. pp.18~42.

CHAPTER 3

한국의 토탄지 연구*

1. 서론

1) 토탄(土炭) 및 토탄지(土炭地)의 정의

토탄(peat)은 분해가 불완전한 식물 유체(遺體)가 퇴적해 있는 것을 말하고 토탄지(peatland)란 토탄이 퇴적해 있는 장소를 말한다. 형성 시기적으로 제4기에 형성되어 아직 미고결된 것을 말하고 제3기 이전에 형성된 고결된 석탄(갈탄, 역청탄, 무연탄)과는 구분된다.

토탄은 순수하게 식물유체로만 된 것도 있지만 일반적으로 형성 과정상에 무기질의 퇴적물이 다소 혼합되어 있는 것이 대부분이다. 식물유체가 50% 이상을 점하고 있는 것을 토탄이라 하고, 그 혼합된 물질의 종류에 따라 점토질 토탄, 사질 토탄, 화산회질 토탄이라 부르고, 만일 식물유체가 50% 이하일 때는 유기질 점토, 토탄질 사토(砂土) 등으로 명명되어진다.[1)]

토탄지는 그 형태 및 지하수위와 관련하여 고위토탄(Hochmoor), 저위토탄(Niedermoor)로 나누어진다.[2)] 고위토탄지는 중앙부가 주변부보다 높게 부풀어오른 형태의 토탄지를

---

* 조화룡, 1990, 대한지리학회지 41, 109~127쪽.

1) 阪口豊, 1974, 泥炭地の地學, 東京大學出版會, pp.1~3.

2) T. Aartolahti, 1965, Oberflächenformen Von Hochmooren und-ihre Entwicklung in südwest-Häme

말하며, 이 토탄지의 표면은 지하수면 보다 더 높게 형성되어 있다. 따라서 고위 토탄지는 연중 강수가 고루 분포하고, 안개가 많으며 공기가 항상 습윤한 지역에서 발달한다. 저위토탄지는 그 표면이 평탄하거나 중앙부가 다소 낮은 토탄지이며, 그 표면은 지하수면과 거의 일치한다.

토탄지는 형성되어 있는 장소의 지형적 특징에 의하여 평지토탄지, 고지토탄지로 구분된다. 평지토탄지는 해안토탄지, 범람원의 배후습지 토탄지, 와지토탄지, 애하(崖下) 토탄지들이 있고, 고지토탄지는 산지토탄지, 단구면상의 토탄지 등이 있다.

2) 토탄지의 형성

토탄은 식물유체의 생산량이 분해량을 앞지를 때에 형성된다. 그러나 여기에서 생산량의 다과(多寡)보다 분해의 억제작용이 더욱 중요하다. 식물유체의 분해는 박테리아 활동에 의하여 이루어지며, 이들 박테리아 활동은 충분한 산소의 공급과 높은 온도에 의하여 촉진된다. 따라서 토탄이 형성되기 위해서는 박테리아 활동이 억제되어야 한다. 그러기 위해서는 식물유체가 항상 물에 잠겨 있어서 산소의 공급이 억제되고 냉량한 기후조건이 요구된다. 얕은 수심의 소택지 혹은 지하수면이 항상 지표면 부근에 있는 습지에서 초본식물의 계속적인 성장을 통하여 식물유체의 공급은 계속적으로 이루어지지만 이들이 항상 물에 포화되어 있어서 산소의 유통이 효과적으로 이루어지지 않고 분해가 억제되어 토탄이 형성된다. 이와 같은 상태가 오래 계속되면 두꺼운 토탄층을 형성하고, 건조해지거나 깊은 수심으로 바뀌는 등 조건이 바뀌면 토탄의 형성은 곧 중지된다. 계속적으로 토탄층이 형성될 때 평균하여 연간 1mm 정도의 속도로 토탄층이 형성된다.

세계에서 토탄지가 국토면적에 차지하는 비율이 높은 국가를 열거하면 핀란드는 국토의 29.4%, 아일랜드와 스코틀랜드는 16.7%, 동·서독일 14.9%, 스웨덴 11.1%가 토탄지이다.[3] 이들 지역들이 토탄지가 넓게 형성되어 있는 것은 과거 빙하기에 대륙빙상이 덮였던 지역으로 빙하가 만든 와지에 물이 고여 호수성(好水性) 식물이 천이를 반복하면서 많은 식물유체를 생산하는 반면 서안해양성 기후지역으로서 냉량 · 습윤하여 식물유체의 분해가 억제되었기 때문이다. 이들 지역에는 또한 고위토탄지도 형성되어 있는 것이 특색이다.

---

und Nord-Satakunta. Fennia, 93, pp.1～263.

3) 阪口豊, 前揭書, pp.13～17.

3) 토탄지의 4기학적 연구의 의의

토탄지는 주로 식물학자들에 의하여 연구되어 왔으나 최근에 이르러 토탄지의 여러 가지 특성이 밝혀짐에 따라서 생물학에서뿐만 아니라 지리학, 지질학, 고고학적 관점의 연구가 요구되었다.

토탄지의 형성은 수수지(水收支)와 밀접히 관련되어 있으므로 주변의 지형 및 기후환경이 바뀌어 지면 토탄지는 민감히 반응한다. 이 때문에 토탄층을 아래층에서부터 위층까지 분석함으로서 과거의 지형 및 기후환경이 어떻게 변해왔는가를 복원할 수 있다. 또한 토탄지는 산소의 소통을 막기 때문에 토탄층 속에 묻혀 있는 물질을 잘 보존하는 특성을 가지고 있다.

전자의 경우는 토탄지가 형성되고 또 형성이 중지되는 것만으로도 환경 변화를 설명할 중요한 자료가 되지만, 토탄의 주상(柱狀) sample을 더욱 세밀히 분석하여 토탄지를 형성하고 있는 식물의 종류, 유기질의 포함 상태(Ignition loss분석),[4] 분해정도, 화학적 성분 등을 분석함으로서 이 토탄이 형성된 기간 동안의 환경변화를 유추할 수 있다. Blytt와 Sernander의 만빙기(晩氷期) 및 후빙기의 기후환경 변화의 연구[5]는 이와 같은 토탄층의 분해 정도를 분석하여 얻어진 연구의 예이다.

후자의 경우 토탄이 화석을 잘 보존하는 특성으로 micro한 화석의 경우는 화분(花粉), 규조(硅藻) 등이 있고, macro 화석으로는 수목(樹木), 동물 그리고 기타 고고학적 유적의 화석이 있다. 이 중에서도 특히 화분은 적은 양의 토탄 sample로도 많은 화분을 추출할 수 있고 또한 화분의 보전 상태가 매우 좋기 때문에 대부분의 화분분석은 이와 같은 토탄층을 sample로 해서 이루어졌다. 유기체뿐만 아니라 보통의 토양이나 퇴적층에서는 도저히 식별될 수 없을 정도의 엷은 화산회층도 토탄층 내에는 잘 보존되어 있고 식별된다.

또한 토탄은 유기질이므로 방사성 탄소동위원소(^{14}C)에 의한 절대연대를 측정할 수 있어서 그 토탄의 퇴적 당시의 연대를 알아낼 수 있다. 이와 같은 연대측정의 가능성은 화분 diagram의 편년, 토탄지에 포함되어 있는 고고학적 유적의 편년, 토탄지에 협재되어 있는 화산회층의 편년, 그 밖의 토탄지와 관련된 지형면이나 지층의 편년이 가능하게 된다. 울릉도의 대화산 폭발이 9,300년 B.P.경에 이루어졌다는 것도 일본 오끼섬(隱岐島)의 토탄층에 협재되어 있는 화산회층의 위와 아래의 토탄을 ^{14}C 연대 측정함으로써 밝혀졌다.[6]

---

4) 건조시킨 토탄을 연소시킨 후 그 중량감소의 비율을 분석하는 것으로 유기질이 많고 무기질의 포함정도가 적을수록 Ignition loss는 크다.

5) A. Goudie, 1979, *Environmental change*, Clarendon press, oxford, pp.95~99.

이상에서 본 바와 같이 토탄은 그 형성 당시의 각종 환경의 상태를 잘 반영하고 있으며, 많은 화석을 보존하고 있고 또한 많은 편년자료를 제공하고 있어 4기학 연구에 주요한 대상물이 된다.

4) 연구 목적 및 방법

앞에서 보아온 바와 같이 토탄지는 제4기학 연구에 있어서 많은 각종 단서를 제공해 주고 있기 때문에 북부유럽, 캐나다, 일본 등 각 지역에서는 토탄지 분석을 통한 4기학적 연구가 활발히 이루어지고 있다. 그러나 우리나라 토탄지는 이들 지역들만큼 풍부하게 발달해 있지 못하고, 또한 대부분의 토탄이 퇴적층 혹은 표토 아래 묻혀 있어서 쉽게 발견되지 않기 때문에 아직까지 연구에 많이 활용되지 못하고 있는 실정이다.

본 연구는 이와 같은 우리나라 실정을 감안하여 먼저 우리나라의 토탄지의 분포를 밝히는데 주안점을 두었으며 부차적으로 토탄형성의 적지, 형성과정, 형성시기, 토탄을 형성하는데 주로 기여한 식생을 밝히는 데 목적을 두었다.

본 연구를 수행하기 위하여 다음과 같은 방법을 적용하였다.

① 지형도 분석을 통하여 토탄 분포의 가능지를 선정하고, 현지조사에서 boring stick(2m)과 hand auger(5m)를 이용하여 분포지를 확인하고 지도화하였으며, 주요지점의 퇴적 주상도(柱狀圖)를 제시하여 토탄층의 층상구조를 밝혔다.

② Carborn dating 자료를 이용하여 토탄의 형성시기를 검토했다.

③ 주요 단면의 화분분석 자료를 이용하여 그 토탄을 형성하는 데 기여한 식생을 분석하였다.

2. 한국의 토탄지 분포

우리나라의 토탄지를 충적평야, 단구, 산지의 지형단위별로 그 분포를 조사하고 층상구조를 밝히기로 한다. 우리나라 대부분의 토탄지는 충적평야 그것도 해안 충적평야에 분포하며, 단구면과 산지에 분포하는 토탄지는 아직까지 밝혀진 지점 수가 적다.

---

6) H. Machida and F. Arai, 1983, "Extensive ash falls in and around The Sea of Japan from large late Quaternary eruption", *Jour. of Volcanology and Geothermal Research*, 18, pp.151~164.

1) 충적평야의 토탄지

(1) 평택 지역

평택 주변은 우리나라 서해안에서 토탄지가 가장 넓게 형성되어 있는 곳이다. 주요 토탄 분포지는,

① 평택군 현덕면, 오성면에 걸친 소위 안중(安仲) 주변지역

② 평택군 팽성읍의 원정리-추입리- 와룡리에 이르는 안성천 하류의 충적평야지역

③ 팽성읍 남쪽 '중심리들' 지역이다.

안중 주변 지역의 토탄지 분포를 지도화한 것이 <그림 3-1>이다. 안중 주변은 표고 50m 이하의 낮은 구릉지가 넓게 형성되어 있고 이 구릉지는 도대천과 같은 소하천의 본류와 지류에 의하여 개석(開析)되어 있으며, 개석 곡간(谷間)에는 좁은 충적평야가 형성되어 있다. 이 좁은 곡저 충적평야에서 0.4m～0.5m 층후의 표토 밑에 토탄이 묻혀 있어서 두꺼운 곳은 1.5m에 달한다. 그러나 도대천 본류의 하류구간 즉 충적평야의 폭이 넓은 곳에서는 0.3m 이하의 엷은 토탄층이 형성되어 있거나 그것마저도 나타나지 않는 경우가 많다. 두꺼운 토탄층이 형성되어 있는 곳은 현덕, 점촌, 상안중, 용두, 창동리 지역이다. 용두리 토탄단면에 대해서는 오지영(吳智泳, 1971)의 화분분석 보고가 있다.[7] 그러나 여기에서 한 가지 주의해야 할 것은 이들 토탄지의 토탄은 골프장의 비료로 사용하기 위하여 대부분이 인공적으로 채취되었고, 그 뒷자리는 객토로 메워져서 논농사를 하고 있기 때문에 교란된 자리를 잘못 조사할 가능성이 있다는 것이다. 따라서 교란되지 않은 지층을 찾기 위해서는 마을 주민의 협력을 받아야만 가능하다.

현덕리 앞 곡저 충적평야(<그림 3-1>의 Loc.1 지점)를 5m hand auger로 boring해 본 결과 표면에서 0.4m까지는 논농사에 의하여 교란된 회색점토이고, 그 아래쪽 -0.4～-2.0m의 약 1.6m 층후는 섬유질이 많은 토탄층이 형성되어 있었다. 토탄층 아래쪽 -2.0～-3.5m는 청회색의 끈적끈적한 점토층으로 소위 glei horizon이 형성되어 있었다. 청회색층 바로 아래쪽 0.3m는 토탄성 실트이고 다시 그 아래 0.7m 두께의 층은 갈색의 사력토이며, -4.5m에서부터 기반암이 나타났다.

이와 같은 퇴적층상 변화는 후빙기 해진에 의한 익곡과 그 후의 매적과정에서 나타나는 결과로 추정된다. 즉 최하부 사력(砂礫)층은 육상 풍화토 및 퇴적층이며, 하부 토탄성 실트층은 해진 초기에 습지환경에서, 그 위의 청회색 실트층은 해진의 극상기에 수심이 깊은 수역을 형성하여 아직 식물이 들어서지 못한 환경에서, 또 그 위의 토탄층은

7) 吳智泳, 1971, 「평택지구 토탄의 화분분석」, 생물학회지, 14호, 66～73쪽.

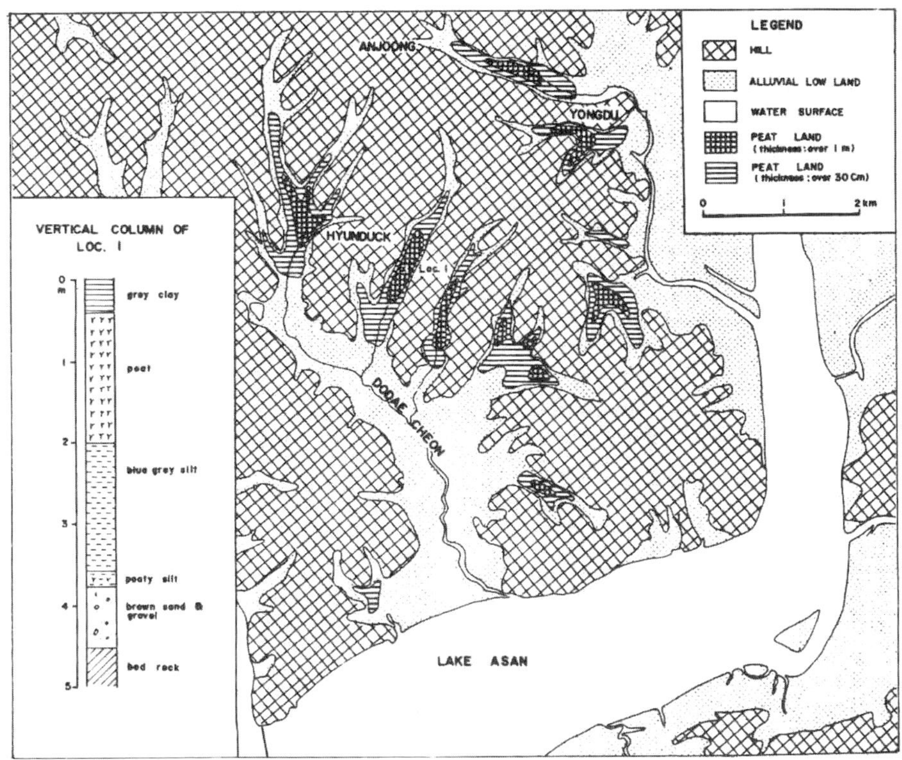

〈그림 3-1〉 평택군 안중 주변의 토탄지 분포도

매적에 의하여 점차로 수심이 얕아지고 호수성(好水性) 초본식물이 무성하게 자라는 습지환경에서 형성되었으며, 표토인 회색점토는 건육화(乾陸化)된 조건하에서 퇴적된 것으로 해석된다. 주변이 낮은 구릉지로 되어 있고 상류 유역이 짧기 때문에 퇴적물의 공급이 아주 적어서 익곡이 빨리 매적되어 버리지 못하고 오랫동안 습지환경을 유지한 것도 토탄지 형성의 호조건(好條件)으로 작용한 것으로 고려된다.

안성천 하류 충적평야 즉 평택평야에서는 현재 안성천이 흐르는 평야 중앙부에는 토탄지가 형성되어 있지 않고, 충적평야가 구릉지와 접하는 부근의 평야부에 토탄지가 형성되어 있다. 원정리 부근에서 0.3～0.5m, 추입리 부근에서 1.0m 전후, 와룡리 부근에서 0.3～0.5m의 층후를 보인다. 강 북쪽의 평택시 부근에도 0.2～0.4m 두께의 토탄층이 형성되어 있으나 남쪽보다 분포 면적도 좁고 층후도 엷다. 추입리 일대의 토탄도 많이 채취되고 교란되었다.

팽성읍 남쪽 '중심리들'에도 엷은 토탄층이 형성되어 있으며 특히 안정리와 송화리 사이의 좁은 곡저충적평야에는 1m 이상의 토탄층이 형성되어 있는 것이 확인되었다.

(2) 만리포

이 토탄지는 행정구역상으로 충남 태안군 소원면 막동(36° 48′ N / 126° 09′ E) 지역으로서 만리포 해수욕장과 천리포 해수욕장의 경계 지점 해안에 위치한다. 기반암으로 된 낮은 구릉지가 남서쪽 일부를 제외하고 마치 항아리처럼 둘러싸여 있고, 열려 있는 남서쪽도 표고 5m 전후의 사구에 의해 막혀 있다. 토탄이 묻혀 있는 곳은 표고 1m 전후의 충적저지이다.

해안 쪽 구릉지와 사구의 일부 지역에 '수목원'이라 이름 붙인 식물원을 귀화한 미국인이 경영하고 있는데, 이 식물원의 비료로 사용하기 위하여 토탄의 일부가 채취되었고 채취된 뒷자리에는 연못이 되어 있다. 연못의 남쪽 가장자리에 hand auger로 boring 조사해본 단면은 다음과 같다.

표면에는 -0.8m까지는 유기질 실트층이고 그 아래 -0.8m～-4.2m까지 토탄층이 형성되어 있었으며 그 아래 다시 0.2m층의 유기질 실트층을 지나서 밝은 색 조립질 모래가 계속된다. 주변의 지형과 퇴적단면의 구조로 미루어보아 이 토탄지는 사구에 의하여 전면이 막혀진 와지에 물이 고여 습지가 형성되고 이 습지에 호수성 초본식물이 무성히 자라면서 토탄이 형성되기 시작하였고, 또 사구의 성장과 더불어 습지환경이 오랫동안 계속되어 두꺼운 토탄층을 형성한 것으로 해석된다. 토탄지의 면적은 100×200m 정도의 좁은 지역이지만 토탄의 층후가 두껍다는 점에서 중요하다.

이 토탄을 형성한 주된 초본식물은 쑥속(屬; *Artemisia*), 화본과(禾本科; Gramineae)가 중심이라는 것이 화분분석으로 밝혀졌다.

(3)익산(황등)

전북 익산군 삼기면, 황등면에 걸쳐 소위 '수리조합들'이란 충적평야에 토탄지가 형성되어 있다. 이 충적평야는 만경강의 지류 탑천의 상류부에 해당하는 지역으로, 주변에 표고 50m 미만의 화강암으로 된 구릉지가 형성되어 있고, 평야부의 표고는 5～6m이다. 토탄은 율촌리 앞 평야부에서 최대의 두께로 약 2.0m 층후의 토탄이 형성되어 있고 이보다 상류 쪽으로 가거나 하류 쪽으로 갈수록 점차로 층후가 엷어지며 호남선 철로보다 하류 쪽에서는 거의 토탄지를 인정할 수 없다.

율촌리 앞 평야부(<그림 3-2>의 Loc.2 지점)의 boring 조사 결과를 살펴보면 다음과 같다. 표면 약 0.2m 사질 실트로 된 논흙이었고 그 아래쪽 약 0.2m가 유기질 실트이고, 그 아래쪽 약 2.0m가 섬유질이 풍부한 토탄층이었다. 토탄층의 아래쪽에 다시 0.2m 유기질 실트, 0.5m의 청회색 실트층, 0.2m의 유기질 실트층이 차례로 나타나고 그

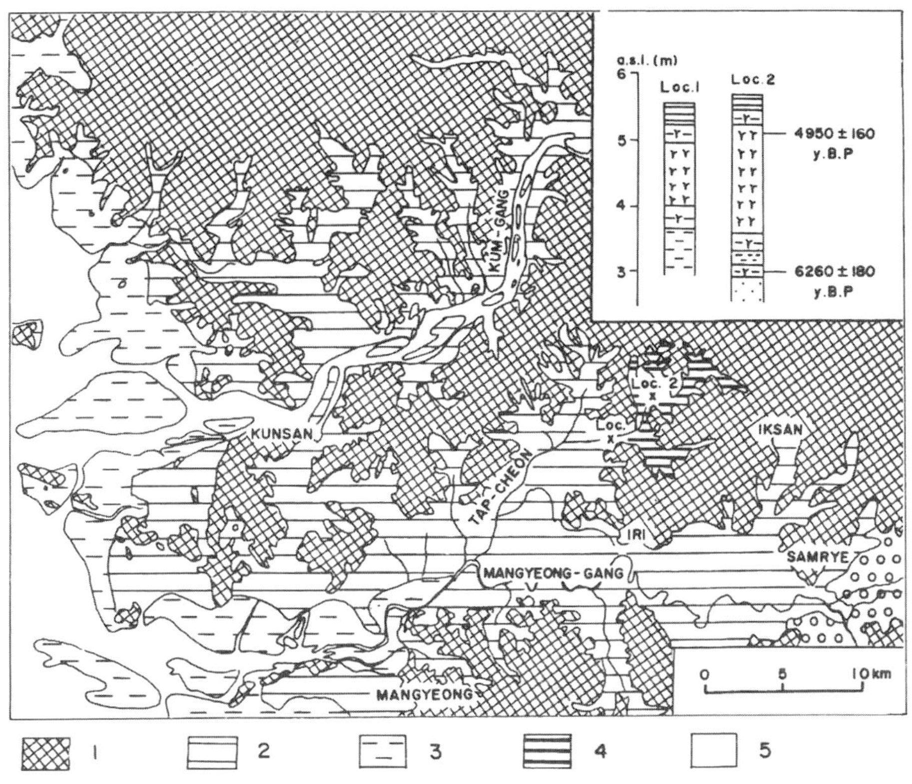

〈그림 3-2〉 익산(황등)의 토탄분포지와 주상단면도

1. 구릉지 2. 충적저지 3. 간석지 4. 토탄지 5. 수면

아래쪽은 전연 유기질을 포함하지 않는 백색의 조립질 모래가 계속되었다. 토탄층에는 오리나무속(*Alnus*)의 목본화분과 갈대(*Phragmites*)가 대부분을 차지하는 화본과(Gramineae) 초본식물의 화분이 주를 이루고 있었으며, 청회색 실트층에는 담수성 및 염수성 규조 화석이 많이 발견되었다.[8)]

이 boring 주상단면에서 표고 3m 부근의 하부 유기질 실트층과 5m 부근의 토탄층 상부를 Carborn dating한 결과 전자는 6,260±180년 B.P.(TH-1111), 후자는 4,950±160년 B.P.(TH-1113)의 연대를 얻었다. Boring 단면의 층상구조는 ^{14}C 연대를 기초로 미루어보아 이 토탄지는 후빙기 해진에 의하여 익곡 그리고 그 후에 매적되는 과정에서 형성된 것으로 판단된다. 즉 탑천이 만경강에 합류되는 쪽에서부터 본류성 퇴적물에 의하여 먼저 매적되고 결과적으로 탑천의 중·상류부에 해당되는 이 지역은 습지환경을 이루었다.

8) 조화룡, 1986, 「만경강 연안 충적평야의 지형발달」, 경북대 교육연구지, 28, 19~35쪽.

그 뒤 매적과정에 있어서도 주변부가 낮은 구릉지로 되어 있어 퇴적물의 공급이 왕성하지 못하여 이 습지환경을 상당히 오랫동안 계속되게 하였으므로 여기에 토탄지가 형성된 것으로 해석된다.

(4) 방어진

울산시 방어진2동 내진리에 위치한 토탄지이다. 지형적으로 동북서 3방향은 해안단구로 둘러싸여 있고 남쪽 바다 쪽 출구는 사구에 의하여 막혀 있으며, 토탄이 퇴적되어 있는 곳은 표고가 약 1.5m이고 평면규모가 200×500m 와지이다.

이 토탄지에도 토탄이 많이 채취되었지만 아직 교란되지 않은 곳이 부분적으로 남아 있어서 boring 조사를 통한 층상변화를 알 수 있었다(<그림 3-3>, Loc.1 지점). 표면에서부터 0.5m까지는 사질 실트이고 그 아래쪽 약 5m의 층상은 유기질 실트층과 토탄층이 3번 반복하여 나타났다. 토탄층은 표고 0.8～0.5m, 0.1～-1.6m, -2.7～-3.4m 수준에서 각각

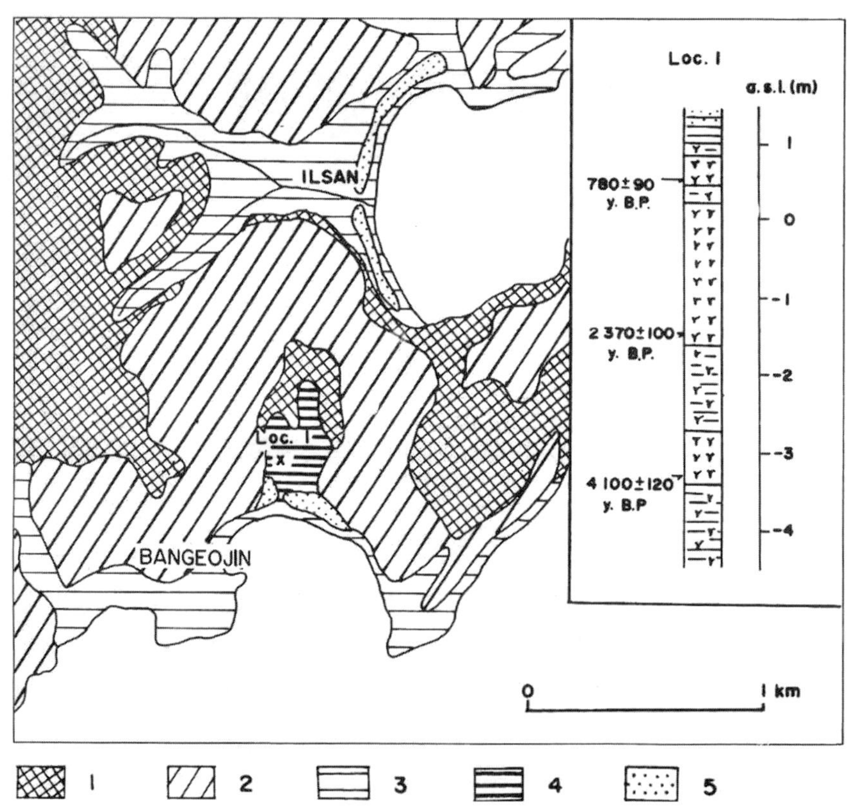

〈그림 3-3〉 방어진 토탄지와 주상단면도

1. 구릉지 2. 해안단구 3. 충적저지 4. 토탄지 5. 빈제

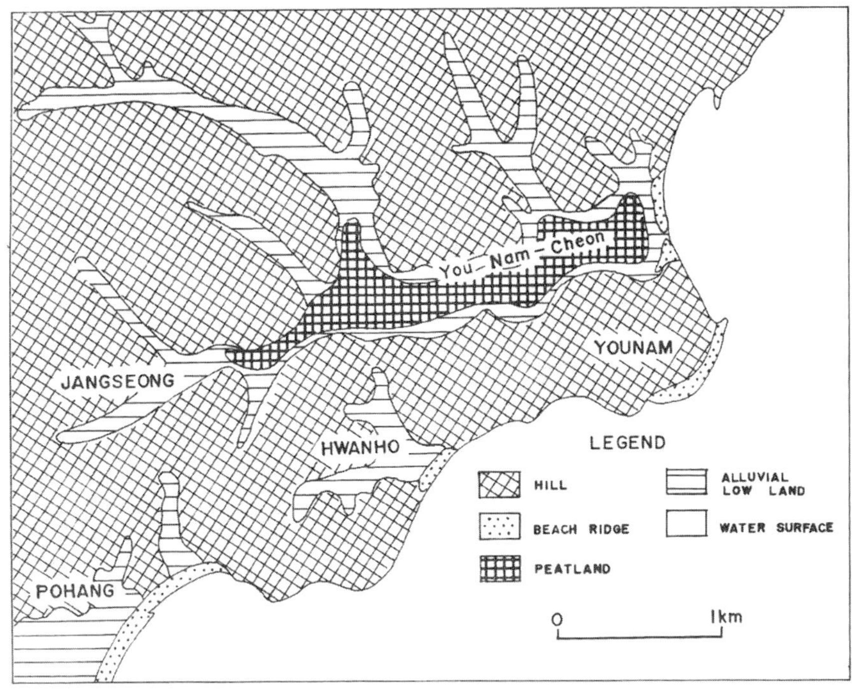

〈그림 3-4〉 포항(여남)의 토탄지 분포

퇴적되어 있었다. 가장 아래쪽 유기질 실트층은 -4.3m까지 계속되었으며 그 아래쪽 한계는 hand auger의 길이 5m를 넘기 때문에 확인하지 못했다.

이 주상단면의 토탄에 대하여 ^{14}C 연대측정을 해본 결과, 표고 -3.3m의 것이 4,100±120년B.P.(TH-325), -1.5m의 것이 2,370±100년 B.P.(TH-324), 0.5m의 것이 780±90년 B.P.(TH-323)의 연대를 나타냈다. 따라서 이 토탄지는 지형 및 형성 연대를 보아 후빙기 해진에 의하여 침수되고 그 후 전면이 사구에 막혀서 이루어진 늪지에서 약 4,000년 동안 호수성 식물의 천이과정을 통하여 형성된 것으로 해석된다. 이 토탄 단면에는 풍부한 목본 및 초본화분이 포함되어 있었으며 토탄을 형성한 주된 초본 식생은 갈대(*Phragmites*), 부들(Typhaceae)인 것으로 밝혀졌다.[9)]

(5) 포항 여남

포항시 동북쪽 변경에 위치한 여남천(길이 약 6km)이 형성한 충적평야(사포들)에 넓은 토탄지가 형성되어 있고, 두꺼운 쪽 토탄의 층후는 2～3m에 이른다(그림 3-4).

9) 曺華龍, 1979, 韓國 東海岸における 後氷期の花粉分析學的 硏究, 東北地理, 31(1), 23～35쪽.

이 평야에 두꺼운 토탄층이 형성될 환경조건은 다음과 같은 것을 고려할 수 있다. 첫째로 여남천은 길이가 짧을 뿐만 아니라 유역분지가 제3기 혈암으로 된 50m 전후의 낮은 구릉지로 되어 있어서 퇴적물의 공급이 왕성하지 못하다. 따라서 후빙기 해진에 의하여 이루어진 익곡이 효과적으로 메워지지 못했다. 다음으로 하구부 폭이 좁아서 익곡으로 이 평야가 좁고 긴만으로 되었을 때 만구사주가 일찍부터 형성되어 첫째의 조건과 더불어 사주의 안쪽이 오랫동안 석호 혹은 습지였다는 점이다.

(6) 강릉 주변지역

강릉 주변에는 운산리 일대, 초당동 지역, 주문진 지역에 토탄이 분포해 있었다.

① 운산리 일대 : 운산리는 행정구역상으로 명주군 강동면에 속하며 강동면과 강릉시의 경계부에 위치한다(그림 3-5).

섬석천의 하류부에 형성된 넓은 충적평야인 '월호평들'은 바다 쪽에 높은 beach ridge에 의해 막혀 있으므로 한때 석호였던 것이 매적되어 현재의 평야가 된 것으로 추정된다.

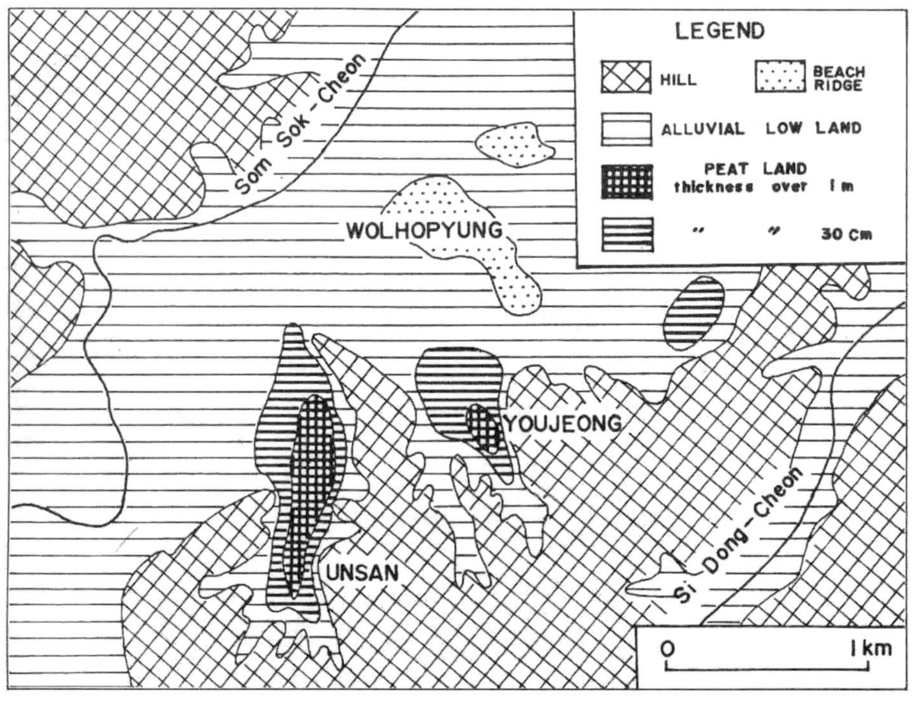

〈그림 3-5〉 강릉 운산리 주변의 토탄지 분포

그래서 이 평야의 여러 곳을 boring해 보았으나 beach ridge에 연한 지역과 섬석천을 연한 지역은 사질퇴적물이 탁월하고, 이 평야의 중심부에 해당되는 병산리, 월호평동 지역에는 사층과 암회색 실트층의 호층이 있을 뿐 토탄다운 토탄은 분포하지 않았다.

그러나 이 평야와 표고 50m 이하의 낮은 구릉지가 접하는 부분 혹은 구릉지의 소개석곡(小開析谷)에 해당되는 뒷개, 여정리, 운산리 지역에 토탄이 형성되어 있었다. 특히 여정리, 운산리 토탄지의 중심부는 층후가 2.0m를 넘고 지표면까지 토탄이 형성되어 있었다.

이 지역에 이와 같은 두꺼운 토탄층이 형성된 것은 상류가 거의 없는 짧은 곡이 후빙기 해진에 의하여 익곡된 후 곡의 출구 쪽이 섬석천의 왕성한 퇴적물 공급에 의하여 막혀졌으나 그 안쪽은 상류 쪽에서부터의 퇴적물 공급이 아주 미약하여 매적이 지연되면서 오랫동안 습지환경을 유지했기 때문으로 해석된다.

② 초당동 지역 : 강릉시 초당동 앞에는 몇 열의 beach ridge가 형성되어 있다(그림 3-6).

<그림 3-6>의 Loc.1은 가장 안쪽의 beach ridge가 구릉지에 형성된 소곡(小谷)의 출구를 막고 있는 형태를 취하고 있어 과거에는 이 곡간(谷間)이 습지환경을 형성했을 것이나 그 후 매적되어 논으로 이용되고 있다 . 이 논을 boring해본 결과 표면에는 약 1m 두께의 논흙이 형성되어 있고 그 아래 0.5m는 유기질 점토, 다시 그 아래쪽에 약 1.0m 두께의 토탄층이 형성되어 있었다. 토탄층의 아래쪽에는 현재 해변에서 볼 수 있는 백색의 조립질 사층이 형성되어 있었다. 이 토탄층의 상부와 하부를 carborn dating한 결과 하부는 4,560±120년 B.P.(TH-334), 상부는 2,530±100년 B.P.(TH-333)의 연대를 나타냈다.

Loc.2 지점은 현 해안선을 따라 형성되어 있는 beach ridge와 그 안쪽에 있는 beach ridge 사이의 제간습지(swale)이다. 표면하 1.5m 깊이에서 약 20cm 두께의 토탄이 형성되어 있는데, 이 토탄은 1,900±100년 B.P.(TH-332)의 절대연대를 나타냈다.[10)]

초당동 토탄지는 면적도 좁고 층후도 엷지만 제간습지 토탄으로 beach ridge의 형성시기와 평야의 확장 과정을 분석하는 좋은 자료가 된다.

③ 주문진 : 주문진읍 시가지 서편에 연하여 화강암의 낮은 구릉지가 분포하고 이 구릉지에 형성되어 있는 몇 개의 소곡(小谷)에 두꺼운 토탄층이 형성되었다(그림 3-7).

동해고속화도로가 이들 토탄지를 가로질러 설치되었는데 도로노반을 위한 성토의 무게 때문에 그 아래의 연약한 토탄층이 도로 양측으로 밀려 부풀러 올라 독특한 지형을

10) 靑華龍, 1980, 「韓國 東海岸における 完新世の海岸準 變動」, 地理評, 53-5, 317~328쪽.

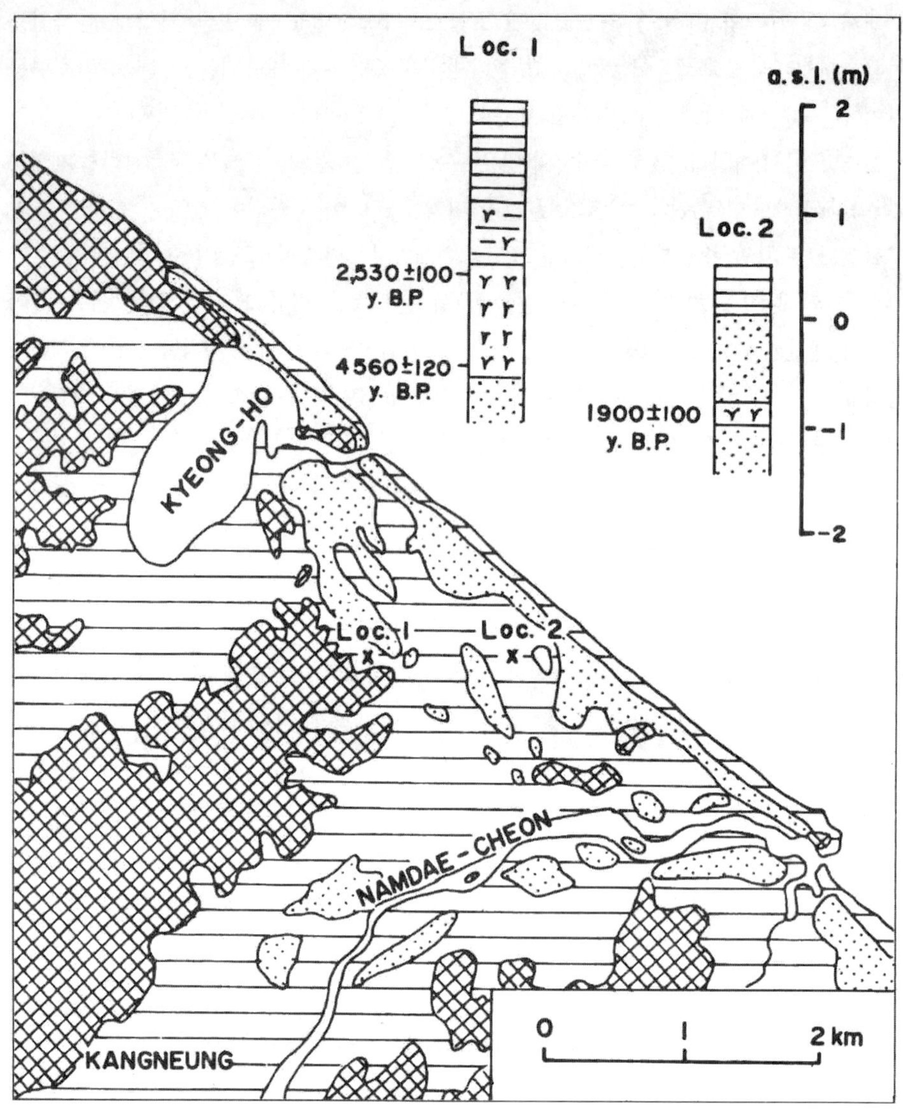

〈그림 3-6〉 강릉(초당동) 토탄지 분포와 주상단면도

나타낸다.

각 토탄지의 중심부는 2m가 넘는 두께의 섬유질이 풍부한 토탄층을 형성하고 또한 지표면까지 토탄으로 되어 있다. 그림 7의 Loc.1 지점의 층서(層序)는 표면으로부터 -0.3m까지가 토탄과 혼합된 논흙이고 그 아래 -0.4~-1.5m가 토탄층이었다. 특히 -0.9~-1.5m의 토탄은 섬유질이 풍부했다. 이보다 더 아래쪽 -1.5~-2.8m까지가 토탄질 실트이고 -3.0m

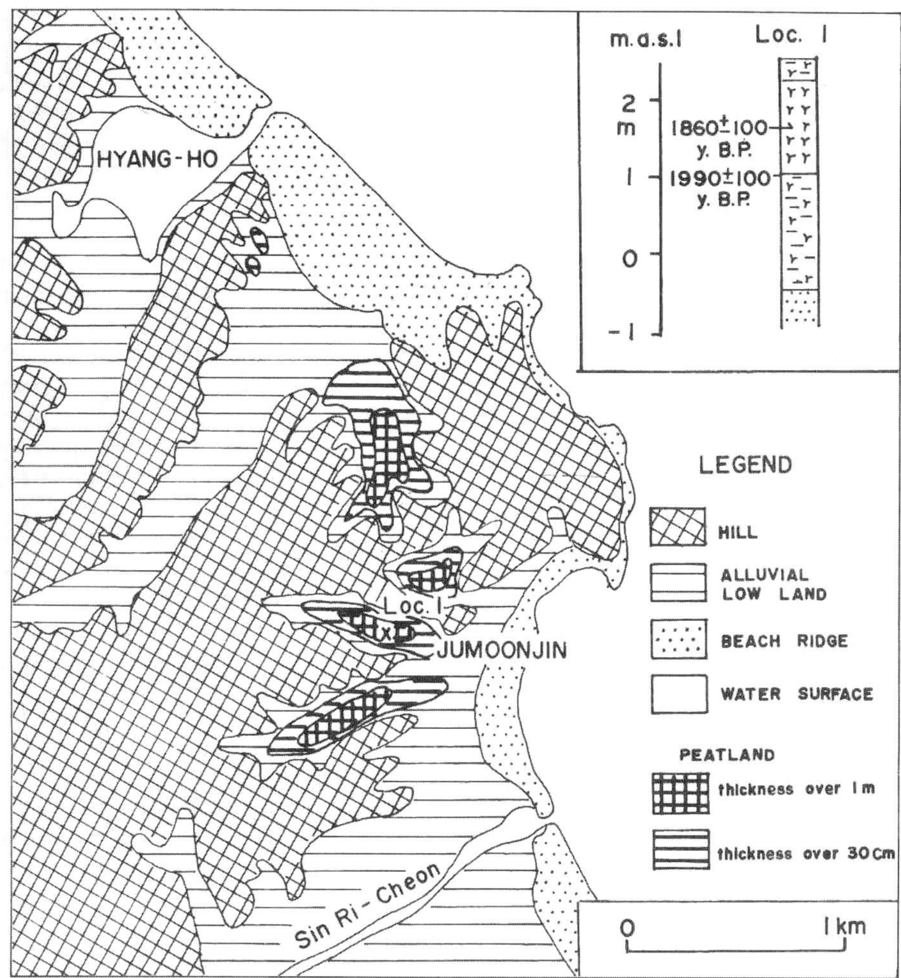

〈그림 3-7〉 주문진 주변의 토탄지 분포와 토탄층 주상단면

이하에는 백색의 사층이 계속되고 있었다. 이 지점에서의 토탄과 토탄질 실트층을 합하여 약 3m 두께로 형성돼 있으나 도로가 설치된 부분은 이보다 더 두꺼워 5m 정도의 층후가 된다고 주민은 말하고 있다.

섬유질이 풍부한 -0.9m 지점의 토탄과 -1.5m 지점의 토탄으로 carborn dating한 결과 전자가 1,860±100년 B.P.(TH-239), 후자는 1,990±100년 B.P.(TH-240)의 연대를 나타냈다. 화분분석 결과에 의하면 이 섬유질이 풍부한 토탄층을 형성한 주된 초본식물은 부들(Typhaceae)이며, 상부로 갈수록 갈대(*Phragmites*), 쑥(*Artemisia*)이 주종으로 바뀌고 있었다.[11]

주문진 토탄지는 동해안에서 그 면적이 가장 넓고, 층후가 두꺼우며, 교란이 적은 토탄지이다.

(7) 삼랑진 율동 소택지

범람원의 자연제방 후면에 나타나는 배후습지성 소택지에도 토탄지가 형성된다. 우리나라에 이와 같은 소택지는 낙동강 하류와 금강 하류지역에 다수 분포하고 있다.

율동 소택지는 낙동강 하류의 이와 같은 배후습지성 소택지 중의 하나로 삼랑진 시가지로부터 북쪽 약 1km 지점에 위치한다. 삼랑진 시가지가 위치하고 있는 부분이 낙동강 자연제방의 가장 높은 부분이고 율동소택지는 낙동강의 소지류 황천이 자연제방에 막혀 형성된 0.5×1.0km 규모의 소택지이다.

이 소택지의 2지점에 대하여 -5.3m까지 boring 조사를 실시했다. 표면에서 -1.6m까지는 흑갈색의 실트이고, 그 아래 -1.6~-5.3m는 암회색의 유기질 실트로 조직이 없고 끈적끈적한 토양으로 되어 있었다. -5.3m 보다 더 아래쪽은 퇴적상이 hand auger의 조사 한도를 넘어서 조사할 수 없었으나 여기까지의 퇴적상으로 미루어 볼 때 배후습지성 소택지에는 유기질 실트류의 퇴적물은 형성되어도 토탄으로 분류될 수 있는 퇴적물은 형성되지 않는다는 것을 알 수 있었다. 이와 같은 것은 보다 상류 쪽에 있는 우포소택지에서도 같은 결과를 보였다.

우리나라의 배후습지성 소택지에 효과적으로 토탄이 형성되지 않는 것은 이들 소택지가 하계에 하천의 수위가 높아질 때는 습지환경을 이루고 있으나 추-동-춘계의 저수위기에는 중심부 일부를 제외하고 가장자리의 대부분은 건조한 상태로 바뀌지며, 이 시기에 식물의 성장도 중지되고 또 퇴적된 식물유체도 지하수면이 낮아져서 산소의 소통이 잘되어 쉽게 분해되어 버리기 때문이라 추정된다.

2) 단구면상의 토탄지

단구면은 어떤 원인에 의해서든 그 면을 형성한 기준면이 저하되어 단화된 지형면이므로 일반적으로 지하수면이 낮고 따라서 토탄지 형성에 부적합한 지형면이다. 그러나 이 지형면이 단화되기 이전에는 지하수면이 표면까지 위치할 수 있으므로 토탄이 형성될 수 있다. 따라서 단구면 상의 토탄지는 그 단구면의 형성시기를 추정하는 데 유용한 자료가 된다.

---

11) 曺華龍, 1979, 전게서, 27~29쪽.

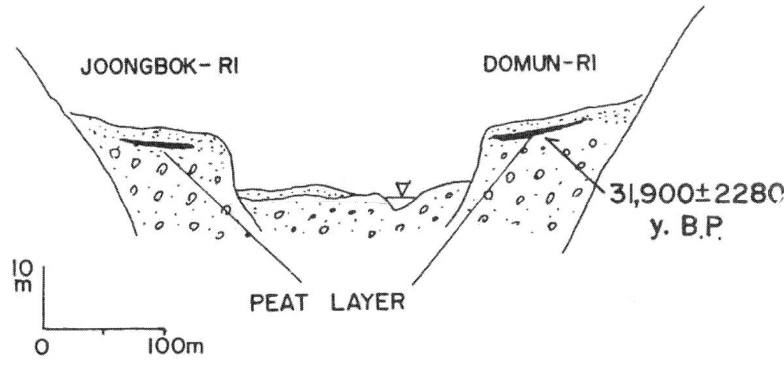

〈그림 3-8〉 속초 쌍천 양안의 하안단구와 토탄지 분포의 모식도

지금까지 2지역의 하안단구와 2지역의 해안단구에서 토탄지를 발견했다. 이들을 차례로 살펴보면 다음과 같다.

(1) 하안단구상의 토탄지

① 속초 쌍천

쌍천은 설악산에서 발원하여 설악동을 거쳐 속초시 남쪽에서 바다에 유입되는 작은 하천이다. 이 하천의 양안에는 현 하천의 하상과 비고 10～20m의 하안단구가 발달해 있고 특히 도문동과 중복리 일대에 그 폭이 가장 넓다.

도문리 앞 단구면에는 논농사가 이루어지고 있으며 당시 배수로 공사를 위하여 판 trench 노두에서 퇴적단면을 관찰할 수 있었다. 상부 1m는 사질양토의 논흙이었고, 그 아래쪽 0.5m 층후가 토탄층이었으며, 다시 그 아래는 엷은 실트층을 지나 두꺼운 력층(礫層)으로 이행되었다. 이 토탄이 국지적 분포인가를 확인하기 위하여 하천 건너편 대안의 pair 단구인 중복리 일대에 boring stick으로 확인해본 결과 약 1m 길이에서 층후 0.5m 전후의 토탄이 발견됐다(그림 3-8).

도문리 쪽 토탄을 carborn dating한 결과 31,900±2,280년 B.P.(TH-338)를 나타냈다.[12)]

② 가조분지

가조분지는 경남 거창군에 위치한 화강암 개석 분지이다. 이 분지에는 여러 단의 하안단구가 발달해 있다.[13)] 이들 단구 중 현 하천의 하상과 비고 10～20m인 저위

12) 靑華龍, 1980, 「韓國 東海岸 束草周邊の地形發達」, 退官紀念論文集, 71～75쪽.

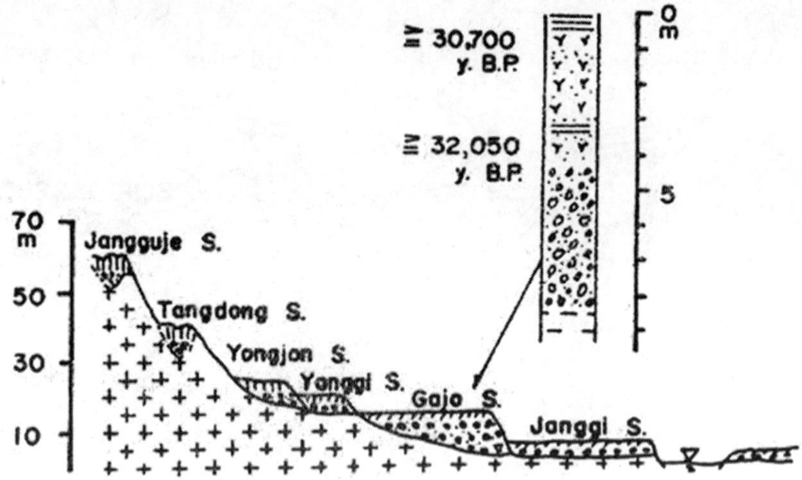

〈그림 3-9〉 가조분지의 하안단구 배열과 가조면상의 토탄지 주상단면도

1면상에 토탄이 형성되어 있는 것이 여러 곳에 발견되었다. 즉 가조천 서안을 따라 모덕리(장기리)와 율리, 지산천을 연하여 도리와 일부리 그리고 가조면 소재지 북쪽에 위치한 용전리 일대가 그것이다.

이 중에서 모덕리의 것이 가장 두꺼운 층후를 나타내는데 이의 층상구조를 보면 다음과 같다. 표면에서 -0.4m까지는 적황색의 밭흙이고, -0.4～-1.0m의 토탄, -1.0～-1.3m의 사층, -1.3～-2.8m의 토탄, -2.8～-3.5m의 사층, -3.5～-4.2m의 토탄, -4.2m 이하는 력층으로 이행된다(그림 3-9).

이 모덕리 토탄의 상부가 ≧ 30,700년 B.P.(TH-1092), 하부가 ≧ 32,050년 B.P. (TH-1094)의 연대를 나타냈다. 이 토탄을 형성한 주된 초본식물은 쑥(*Artemisia*), 미나리과(Umbelliferae), 화본과(Gramineae)였다는 것이 이 토탄의 화분분석으로 밝혀졌다.[14]

(2) 해안단구 상의 토탄지

① 청하

경북 영일군 청하면 용산리에 위치하며, 구정선 고도 약 15m의 저위단구면상에 분포하는 토탄지로, 소하천에 의하여 개석을 받아 나타난 노두에서 관찰된다. 석영조면암의

13) H. Chang, 1986, "Geomorphic development of intermontane basin in Korea". dissertation for the degree of doctor, Tsukuba Univ., pp.1～118.

14) 조화룡, 장호, 이종남, 1987, 가조분지의 지형발달, 제4기학회지, 1-1, 35～45쪽.

기반암 상에 2.4m 층후의 해성층이 퇴적되어 있고 그 위 약 1.0m 층후의 사질 토탄이 퇴적되어 있었으며 다시 그 위를 1m 층후의 사층이 덮고 있다. 이 토탄층은 이 지형면이 단구화되기 전에 제간습지성 환경에서 형성된 토탄으로 추정된다. 이 토탄의 ^{14}C 연대는 33,030±1,110년 B.P.를 나타냈다.

② 하시동

강원도 명주군 강동면 하시동에 분포하는 해안단구면 상에 분포하며, 장호(張昊, 1986)에 의하여 발견, 보고 되고 연대측정 되었다.[15]

단구력층 위에 약 2.5m 두께의 사층과 점토층이 호층을 이루고 있는데 이 호층의 하부 쪽에 약 0.2m 층후의 토탄층이 형성되어 있다. 이 토탄은 36,840년 B.P.보다 오래된 것으로 밝혀졌다.

3) 산지 토탄지

산지 토탄지는 그 분포가 제한되어 있다. 지금까지 조사된 것으로는 지리산, 대암산, 화왕산의 토탄지이다. 이들은 모두 산정부 평탄면상의 습원에 형성되어 있다.

지리산 토탄지는 세석평전에 위치하며, 야마자키(山崎, 1940)[16]가 최초로 발견한 것으로 층후 약 0.15m의 엷은 것이다. 야마자키는 이 토탄을 화분분석해 본 결과 소나무속(*Pinus*)과 참나무속(*Quercus*)이 우점종으로 나타나 현재의 삼림 구성 형태와 아주 유사하게 나타났다고 했다.

대암산 습원은 강원도 인제군 서화면과 양구군 동면의 경계부에 위치한다. 표고 1,150～1,300m의 산정부에 완경사지가 존재하고, 이 완경사지에 '큰용늪'과 '작은용늪'이라는 고지 습원이 형성되어 있으며 이끼(shpagnum), 사초(carex) 등의 식생이 자라고 있다. 토탄은 이 습원 아래에 0.6m 전후의 층후로 퇴적되어 있다. 히비노(日比野) 교수가 이 토탄의 화분을 검토한 바 있는데 그 화분조성 상의 특성으로 보아 이 토탄은 완신세에 형성된 것으로 추정했다.[17]

화왕산은 경남 창녕군 북동쪽 경계부에 위치하며 산정부에 600～700m에 걸쳐 완경사

15) H. Chang, 1986, 전게서, p.106.

16) 山崎次男, 1940, 「花粉 分析による朝鮮 南部の樹種 變遷に關する硏究」, 日本林學會誌, 22, pp.73～85.

17) 강상준(충북대학), 日比野紘一郎(日本宮城縣農業短期大學)의 미발표 연구

지가 형성되어 있다. 이 완경사지 중앙에 '용지'라는 습지가 형성되어 있고 표면하 약 1.0m 위치에 0.2m 층후의 토탄이 형성되어 있다.

3. 한국에 있어서 토탄지 형성

이 장에서는 2장에서 보아온 각 토탄지별 특성을 기초로 우리나라에 있어서 토탄지 형성 과정을 고찰해 보기로 한다. 먼저 우리나라의 지형, 기후 등 일반적 조건이 토탄지 형성에 어떻게 작용하고 있는가를 검토하고, 다음으로 토탄이 양호하게 형성되어 있는 곳의 지형과 퇴적장은 어떤 특성을 가지고 있는가를 살펴보며, 마지막으로 이들 토탄의 형성시기와 토탄지 형성에 주로 기여한 식생을 검토해 보기로 한다.

1) 일반적 조건

토탄지 형성에 유리한 지형적 조건은 습지를 형성할 와지가 많은 것이다. 와지가 많이 발달해 있는 지역은 과거 대륙빙상이 덮였던 북부 유럽과 캐나다 지역으로 빙식와지, 언지와지, kattle성 와지 등이 있다. 그러나 우리나라는 지질시대를 통하여 대륙빙상이나 곡빙하에 덮인 적이 없기 때문에 이런 유형의 와지는 찾아볼 수 없다.

빙하의 작용을 받지 않았던 지역일지라도 일본처럼 변동대에 위치하여 화산활동, 단층, 습곡운동이 활발히 일어나고 있는 지역에는 와지가 많이 나타난다. 그러나 우리나라는 안정된 지괴로 지각운동이 활발하지 않으며 또한 노년기 지형으로서 오랫동안 침식을 받아오면서 기존의 와지도 하식작용으로 깎여 나갔거나 퇴적물에 의해 메워져서 없어졌다. 따라서 우리나라는 지형적으로 토탄지 형성에 불리하다.

토탄지 형성에 유리한 기후적 조건은 식물유체가 쉽게 분해되지 않는 냉량습윤한 서안해양성기후, 습윤 대륙성기후, 툰드라기후이다. 기온적 측면에서 우리나라의 하계 고온은 bacteria 활동을 활발하게 하여 식물유체가 빨리 분해되고 축적되지 않는다. 추-동-춘계의 건조는 하계 다우기 중에 습지를 형성했던 곳도 이 시기에 수분이 모두 증발해 버리고 지하수면도 낮아져서 식물의 유체가 분해되어 버리고 축적되지 않는다.

이와 같이 우리나라는 지형적으로나 기후적으로 토탄 형성에 불리하여 북유럽이나 캐나다처럼 토탄지가 보편적이지 못하고 인접한 일본보다도 그 분포가 훨씬 제한되어 있다.

2) 토탄지의 지형적 특성과 형성 과정

본 절에서는 토탄지의 지형적 특성과 형성과정에 대하여 종합해 보기로 한다.

충적평야의 토탄지는 후빙기 해진으로 인한 익곡, 그 후 익곡의 매적과정에서 습지환경이 오랫동안 계속되었던 곳에 주로 형성되어 있다. 후빙기 전반에 있었던 급속한 해면상승은 수평적으로 해진현상을 일으켜 하곡이 익곡되고 해안선에는 심한 만입을 이루어 놓았다. 그러나 약 6,000년 B.P.경부터 해면은 현재의 높이에서 대략 안정됨에 따라 이들 익곡과 만입은 하천 및 파랑이 운반한 퇴적물에 의하여 점차로 메워지면서 현재에 이르렀다. 이 경우의 퇴적장은 퇴적물의 공급이 왕성한 곳도 있고 공급이 아주 미약한 퇴적장도 있다. 전자의 퇴적장에서는 익곡이 곧바로 매적되어 건륙(乾陸) 상태로 되기 때문에 토탄지가 별로 형성되지 않는다. 그러나 후자의 퇴적장에서는 오랫동안 습지환경을 유지했으므로 두꺼운 토탄층이 형성되어 있음을 알 수 있다. 퇴적물의 공급이 중정도인 경우는 엷은 토탄층을 형성하거나 토탄이라고는 할 수 없어도 유기질을 많이 포함한 퇴적층이 형성되어 있다.

이와 같은 관계 때문에 큰 하천의 본류 양안에는 토탄지를 찾아보기 힘들었으며, 소하천인 경우도 유역분지의 지형적 기복이 심하고 구배가 급한 하천에서는 토탄지 형성이 역시 어려운 것을 알 수 있었다. 이에 대하여 유역분지의 지형이 표고도 낮고 기복도 심하지 않는 소하천의 하류부에는 대개 토탄지가 형성되어 있었다. 이 경우에는 출구 쪽이 beach ridge에 의해 막혀있거나, 본류에 합류하는 곳이 높은 자연제방에 의하여 막혀있는 곳에서는 토탄지 형성에 가장 좋은 조건을 갖추게 된다. 조차가 큰 서해안의 경우는 퇴적물의 공급이 하천의 상류 쪽에서부터 운반될 뿐 아니라 밀물(창조류)에 의해서 바다 쪽에서도 운반되기 때문에 바다 쪽으로 넓게 열려 있었던 만에 형성된 충적평야에는 토탄의 형성이 미약하고 이 만에 합류되는 형태의 좁은 폭의 소지곡(小支谷)에 토탄이 형성되어 있었다. 평택군 안중 도대천의 경우가 이의 좋은 예이다.

우리나라 충적평야에 형성된 토탄지는 토탄층의 층위적 및 지형적 위치관계에 의하여 대개 4개의 유형으로 구분할 수 있었다. 그 하나하나를 살펴보면 다음과 같다.

① 충적층 기저 토탄(basal peat) : 해진과정에서 해진의 선단부에 습지가 형성되어 만들어진 토탄으로 이 습지환경은 계속되는 해진에 의하여 내륙 쪽으로 이동하게 되며 일단 형성된 토탄은 점차로 수면 하에 들기 때문에 토탄의 형성기간이 오래되지 못하고 결과적으로 엷은 토탄층이 형성된다. 또 뒤의 해면의 안정과 더불어 충적층에 의하여 매적되기 때문에 두꺼운 충적층 밑에 묻혀 있다. 충적층 기저 토탄의 이와 같은 형성과정

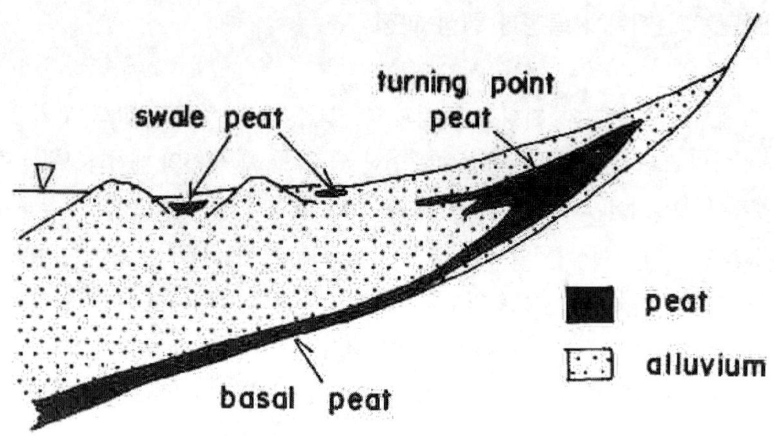

〈그림 3-10〉 충적평야 토탄의 세분

상의 특색 때문에 이의 분포고도와 형성연대를 측정함으로서 후빙기 해진의 과정을 복원할 수 있는 좋은 자료가 된다. 익산 boring 주상단면에서 모래층 바로 위를 덮고 있는 하부 토탄질 실트, 김제 원평천 하구부에서 표면 하 4m 부근에 퇴적해 있는 토탄층 등이 이 기저토탄의 예이다.

② Turning point 토탄지 : 후빙기 해면 상승으로 계속되던 해진이 약 6,000년 B.P. 경부터 해수면이 안정됨에 따라 해진이 중지되고 오히려 하천이 운반한 퇴적물로 익곡이 매적되는 과정을 통하여 해안선이 후퇴하게 된다. 이와 같은 해진에서 해퇴로 바뀌는 수준을 turning point라 하고 이 turning point 부근에는 오랫동안 습지환경이 계속되기 때문에 <그림 3-10>처럼 쐐기형의 비교적 두꺼운 토탄층이 형성된다. 그러나 퇴적물의 공급이 많은 대하천 본류 쪽 충적평야에서는 turning point 일지라도 습지환경이 오래 계속되지 못하여 두꺼운 토탄층을 형성하지 못하고 엷은 토탄층을 형성하거나 아예 형성되지 않는 경우가 많다. 반대로 퇴적물 공급이 활발하지 못한 소하천이나 대하천의 지류부에서는 습지환경이 오래 계속되어 두꺼운 토탄층을 형성한다. 익산, 평택, 방어진, 주문진 등의 토탄지가 이에 해당된다.

③ 제간습지 토탄지(swale peatland) : 제간습지란 beach ridge와 beach ridge 및 구릉지와 beach ridge 간의 습지를 말하며 이 습지 환경이 토탄을 형성한다. 제간 습지 토탄은 층후가 두껍지 못하고 국지적이다. 강릉의 초당, 송정의 토탄이 이에 해당되며, 이들 제간습지 토탄의 형성 연대는 beach ridge 형성시기와 평야의 확장과정을 설명해 주는 중요한 자료가 된다.

④ 배후습지성 토탄지(back marsh peatland) : 자연제방 후면의 배후습지에도 습지환경을 이루고 토탄지가 형성된다. 그러나 우리나라에서는 일찍부터 배후습지를 논으로 이용하여 습지성 자연식생이 계속 자라지 못했으며 또한 해수면과 거의 같은 높이의 해안충적평야와는 달리 내륙의 충적평야에는 추-동-춘계의 건조기 동안 지하수면이 지표면 아래로 떨어져버리기 때문에 토탄이 효과적으로 형성되지 못하였다. 율동소택지 등 몇 개의 낙동강 하류의 배후습지성 소택지 퇴적물을 boring 조사해 보았으나 gleihorizon이라는 토탄성 실트 및 점토는 두껍게 형성되어 있으나 토탄으로 분류할 수 있는 층의 발달은 미약하다.

단구면 상의 토탄지는 아직 확인된 수가 적지만 발견된 곳이 모두 동일수준의 면으로 분류되는 지형면상에 분포한다는 것이 주목할 만하다. 즉 토탄이 발견된 쌍천과 가조의 하안단구는 모두 현하천의 하상과 비고 10～20m의 단구이다. 청하의 해안단구는 구정선고도 약 15m의 저위면이 확실하나 하시동 단구는 고도가 조금 높고(25m) 구정선고도가 좀 불확실한 점이 있다.

한편 단구화된 사력단구 표면에서는 지하수위가 낮고 물의 배수가 아주 잘 이루어지므로 토탄이 형성되는 것을 고려하기 어렵다. 따라서 현재 단구면상의 토탄지는 이 지형면이 단구화되기 전에 형성된 것으로 보는 것이 타당하며 따라서 이들 토탄의 형성연대는 단구편년에 있어서 아주 중요한 자료가 될 것이다.

3) 한국 토탄지의 형성 시기

우리나라 주요 토탄단면의 ^{14}C 연대를 나타낸 것이 <표 3-1>이다.

먼저 단구면상에 분포한 토탄지의 형성연대를 보면 모두 3만년대 전의 시기를 나타내고 있다. 이것은 이들 단구면들이 대개 같은 시기에 같은 수준에서 형성된 하안단구, 해안단구라는 것을 말해주고 있다. 이 3만～4만년 B.P.의 시기는 최종빙기 중에 기온이 그 전과 후의 시기보다 따뜻했던 시기인 소위 최종빙기 중의 아간빙기에 해당되는 시기이다. 이 시기에 어떻게 토탄 형성에 좋은 조건이 되었는지 그것이 지형적 조건에 연유한 것인지 기후적 조건에 연유한 것인지 현재의 단계로서는 알 수 없다.

충적평야에 형성되어 있는 토탄의 형성 시기는 충적층의 형성과 그 시기를 같이한다. 그 중에서도 해진 과정에 형성된 충적층 기저토탄은 6,000년 B.P. 이전에 형성되었다. 제2제철 부지로 광양만 간석지를 시추조사 했을 때 한 시추공에서 토탄이 발견되었다. 즉 1.5m 수심과 30m 충적층 아래 4.7m 두께의 토탄층이 퇴적되어 있는데 이 토탄의

〈표 3-1〉 각 토탄지의 형성시기

區 分	地 名	座 標 (北緯/東經)	標 高 (m)	14C Age (Y.B.P.)	備 考
段丘面상 土炭地	東草(道門洞)	380943/1283358	약 70	31,900±2,280	曺華龍(1980)
	加祚(場基里)	354250/1275934	약 290	≧30,650 ≧32,050	曺華龍(1987)
	淸河(鉤鯨台)	361121/1292234	+10	33,030±1,100	曺華龍(本稿)
	江陵(下詩洞)	374445/1285746	약 25	≧ 36,840	張 昊(1986)
沖積層基底 土炭地	金堤(新坪川)	354430/1264500	−4.5 −5.1	6,100±200 6,520±120	朴龍安(1969)
	益山(黃 登)	355950/1265730	+3.0	6,260±180	曺華龍(1986)
turning point 土炭地	方 魚 津	352905/1292547	+0.5 −1.5 −3.5	770±90 2,350±100 4,060±120	曺華龍(1979)
	益山(黃 登)	355950/1265730	+5.0	4,950±160	曺華龍(1986)
	注 文 津	375320/1284932	+1.6 +1.0	1,860±100 1,990±100	曺華龍(1979)
swale성 土炭地	江陵(草 堂)	374650/1285505	+0.5 −0.5	2,530±100 4,560±120	曺華龍(1980)
	江陵(松 亭)	374650/1285548	−1.0	1,900±100	曺華龍(1980)

형성시기가 약 12,000년 B.P.의 연대를 나타냈다.[18] 그러나 이와 같이 형성시기가 오래된 토탄은 대개 해저에 분포해 있거나 충적층의 심도가 아주 깊은 곳에서 나타난다. 그러나 충적층의 심도가 얕은 대부분의 육상 충적평야의 경우는 10,000년 B.P. 이후의 연대를 보인다. 김제 원평천 하류 평야에서 4.5m 및 5.1m의 충적층 하의 토탄이 각 6,100±200년 B.P. , 6,520±120년 B.P.의 연대를 나타냈고,[19] 익산(황등)의 2.5m 충적층하의 토탄이 6,260±180년 B.P.를 나타냈다.

한편 충적층 기저토탄을 제외한 turning point 토탄, swale성 토탄 등은 모두 해수면이 안정된 이후에 형성된 것으로 6,000년 B.P. 이후의 형성시기를 보이고 있다. 산지 토탄지에 대해서는 carborn dating을 해본 것은 아직 없으나 지리산과 대암산 토탄의 화분조성으로 미루어보아 이들 토탄의 형성 시기는 모두 완신세인 것으로 추정된다.

18) 포철, 1982, 「광양제철소입지 지질조사중간보고서」, Drilling Log 39. ^{14}C 연대는 박용안(서울대학교)의 미발표 연구자료.

19) Y. A. Park, 1969, "Submergence of the Yellow Sea coast of Korea and stratigraphy of Sinpyeong-cheon Marsh, Kimje, Korea". *jour. Korea Geol. Surv.* 5, pp.57~66.

4) 토탄지 형성 식생

토탄에서 화분을 추출해 보면 많은 목본화분과 초본화분이 포함되어 있다. 오리나무속(Alnus)과 같이 토탄이 형성되는 습지환경에 자라는 목본도 있기는 하지만 대부분의 목본화분은 주변 삼림에서 날아든 것이며 직접 토탄 형성에 많은 기여는 하지 못한다. 이에 대하여 토탄의 주 섬유질을 형성한 식생은 초본식생이다.

지금까지 필자가 분석한 몇 개의 토탄지 화분분석 결과를 기초로 이들 토탄을 형성한 주된 식생이 무엇인가를 검토해 보기로 한다.

익산 토탄단면에서는 목본화분 중에 오리나무속(*Alnus*) 이 전층을 통하여 목본 총화분의 60% 이상을 차지하고 있어 이 토탄 형성에는 오리나무속도 기여한 것으로 보인다. 초본식물로는 단연 화본과(Gramineae) 식물의 화분이 전층에 높은 출현율을 보이는데 이 화본과 식물의 대부분은 갈대(*Phragmites*)인 것으로 밝혀졌다. 또한 최상부층에는 쑥속(*Artemisia*)이 많은 특색을 보였다.

만리포 토탄에서도 오리나무속이 20~30% 많은 출현율을 보이고 초본으로서는 화본과, 쑥속이 주종을 이루고 있었다.

방어진 토탄단면에서는 부들과(Typha-ceae)와 포자식물(Spore)이 절대 다수를 차지하고 있으며 화본과 식물, 쑥속이 2차적으로 많아서 이들 식물들이 이 토탄을 형성한 주 식물이다.

주문진은 섬유질이 풍부한 -0.9~-1.5m의 토탄을 형성한 식물은 부들과 식물이었으며 표면으로 갈수록 화본과 식물과 쑥속의 식물이 많다.

이상에서와 같이 해안 충적평야에 분포하는 토탄지 형성에는 부들과 갈대가 주축을 이루고 쑥속도 상당히 토탄 형성에 기여했음을 알 수 있다.

내륙분지 하안단구상에 형성된 가조(장기리) 토탄지의 화분분석에서도 쑥속, 미나리과(Um-belliferae) 식물이 주를 이루고 화본과 식물의 화분은 이들에 미치지는 못하지만 부차적으로 많다.

4. 결론

1. 한국은 지형적 · 기후적 조건이 불리하기 때문에 북부유럽, 캐나다, 일본처럼 토탄지가 넓게 형성되어 있지 못하다. 그러나 충적평야, 단구면상, 고지습원에 소규모의 토탄지

가 상당수 분포하고 있어서 제4기학 연구의 대상이 되고 있다.

2. 충적평야 토탄지가 우리나라 토탄지 대부분을 차지하며, 이 토탄지는 후빙기 해진에 의하여 익곡된 만입이 매적되는 과정에서 상류로부터 퇴적물의 공급이 빈약하고 출구 쪽에 사주나 자연제방에 의해 일찍부터 막혀서 오랫동안 습지환경이 계속되어 온 퇴적장에서 일반적으로 형성되어 있다. 분포가 확인된 토탄지 중에서 1m 이상의 층후를 나타내는 토탄지는 평택주변(안중, 추입리, 송화리), 만리포(막동), 익산(황등), 방어진, 포항(여남), 강릉(운산리), 주문진 토탄지다.

3. 충적평야 토탄지는 ① 충적층 기저 토탄지 ② turning point 토탄지 ③ 제간습지 토탄지 ④ 배후습지 토탄지로 세분되며, 이 중 turning point 토탄의 층후가 일반적으로 가장 두껍다.

4. 충적층 기저 토탄은 6,000년 B.P. 이전에 형성되었고 그 밖의 충적평야 토탄은 6,000년 B.P. 이후에 형성되었다.

5. 가조(장기리, 도리, 일부리, 용전리), 속초(도문리, 중복리)에 분포하는 하안단구면과 청하(구경대), 강릉(하시동)에 분포하는 해안단구면 상에 토탄지가 발견되었으며, 이들 토탄의 형성 시기는 최종빙기 중의 아간빙기에 해당하는 30,000~40,000년 B.P.의 시기를 나타냈다.

6. 고지습원성 산지토탄지는 대암산, 지리산, 화왕산에서 발견되었으며, 토탄의 층후가 엷고 화분조성의 특색으로 보아 형성 시기도 완신세인 것으로 추정된다.

7. 화분의 조성으로 미루어 볼 때 토탄지 형성에 주로 기여한 식생은 해안충적평야에서는 갈대(*Phragmites*), 부들(Typhaceae)이 주이고 쑥속(*Artemisia*)도 부차적으로 기여했다. 내륙 하안단구 토탄지에서는 쑥속과 미나리과(Umbelliferae)가 주종을 이루고 화본과(Gramineae) 식물이 부차적으로 기여했다.

CHAPTER 4

후빙기 후기 '가와지'곡의 환경 변화*

1. 서론

경기도 고양군 일산 지역에 신도시 건설을 위한 지표조사 과정에서 토탄지와 고고학적 유적이 발견되었다. 이에 한국선사문화연구소가 중심이 되어 조사단이 구성되고 이 지역의 고환경 복원과 고고학적 발굴 조사가 1991년 5월부터 시작되었고, 1992년 8월 1일 종합보고서 "자연과 옛사람의 삶"이 발표되었다.

필자들은 이 조사단의 일원으로 필자 중의 한 사람인 황상일을 참여시켜 가와지곡 충적층의 규조 환경을 보고하는 한편, 별도로 화분분석과 충적층의 층상 변화를 검토했다.

본 보고서는 "자연과 옛사람의 삶"에 이미 보고된 황상일의 '규조분석'을 중심으로 하고 화분분석 결과와 충적층 검토 결과를 추가하여 후빙기 후기의 해수면 미변동의 경향과 관련된 가와지곡의 환경 변화를 충적층 층상 변화, 규조, 화분의 조성 변화를 기초로 검토했다. 본 보고서에 사용된 ^{14}C 연대 자료와 일부 측량 및 시추자료는 원 보고서에서 인용하였다. 화분분석도 중앙대학교 최기룡 박사에 의하여 제1지역(성저리), 제3지역(새말)의 것도 분석 보고되어 있으나 제2지역(가와지)의 것은 발표된 바 없으므로 본고에서 분석 수록하였다.

---

* 조화룡 · 황상일 · 윤순옥, 1994, 한국지형학회지 제1권, 창간호, 3~16쪽.

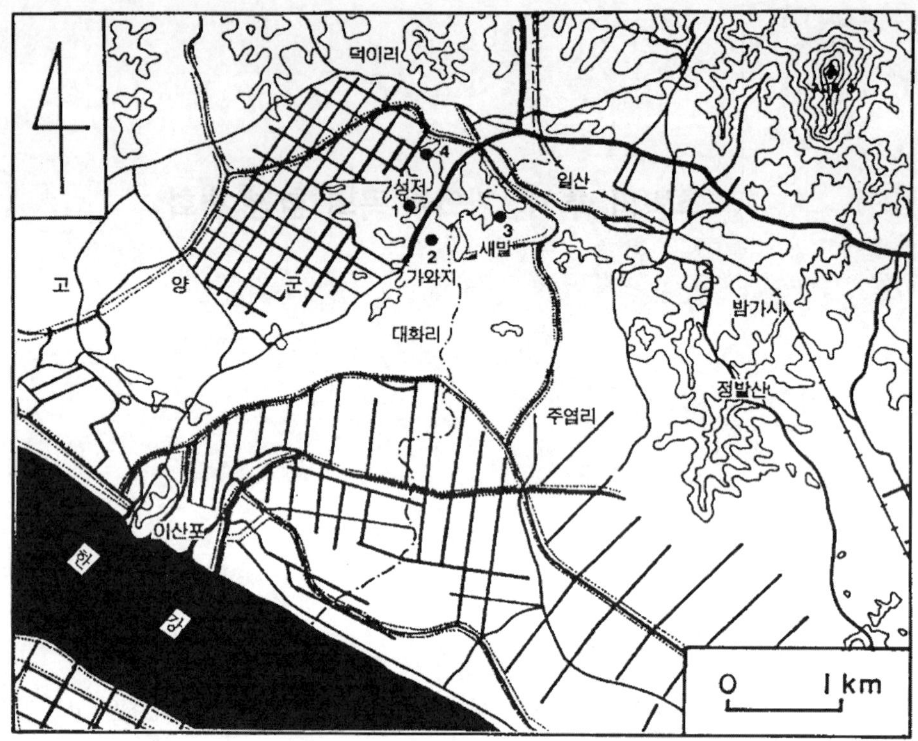

〈그림 4-1〉 연구지역 위치도

2. 지역 개관

가와지곡은 경기도 고양군 일산면과 송포면의 경계 지역에 위치하며 행정적으로는 송포면 대화리에 속한다(그림 4-1).

이 지역은 표고 50m 이하의 낮은 구릉지와 넓은 충적평야로 이루어져 있다. 구릉지는 선캠브리아기에 형성된 변성퇴적암인 편마암으로 이루어졌으며 표면에 풍화토양으로 덮여있다. 충적평야는 한강 우안에 발달한 한강의 범람원이다.

가와지곡은 구릉지 개석곡에 충적층이 매적된 곳으로 구릉지 쪽에서 시작하여 한강 범람원 쪽으로 열려있는 곡이다. 이와 같은 곡은 성저리 일대, 새말리 일대에도 있으며 이들 곡의 충적층에는 다 같이 해성층, 토탄층, 육성층을 인정할 수 있어 후빙기 해면의 미변동을 검토할 수 있는 좋은 조건을 갖추고 있다. 이들 세 곡에는 각각 최대 두께 1m 이상의 토탄층이 형성되어 있고 이들 토탄층은 범람원 쪽으로 가면서 점점 엷어져 소실된다.

가와지곡의 표고는 해발고도 6~8m이고 조사 단면에서부터 한강 본류까지의 거리는 3.0km이다. 이 부근의 한강은 하구에서 약 40km의 상류에 해당되지만 경기만 조석의 영향을 받고 있다.

일반적으로 한강에서 대조 시에 조석이 미치는 범위는 하구에서 서빙고까지였으나 현재는 골재 채취로 하상이 깊어져 뚝섬까지 그 영향이 미친다고 한다. 이 감조 구간에서 수위는 하루에 두 번씩 오르내리고 평균조차는 전류(김포군 하성면)에서 2.5m, 행주에서 1.5m, 한강 인도교에서 0.5m이다(권혁재, 1984).

따라서 전류와 행주 사이에 위치한 본 조사지역 부근의 평균조차는 2m 정도일 것으로 추정된다. 한강 수위 조사 자료(수문조사서)에 의하면 이 부근의 평균대조 시 고조위는 해발고도 4~5m로 나타난다. 그러나 홍수 시에는 8m를 넘기도 한다.

3. 규조분석

1) 규조의 일반적 생태

규조는 현미경으로 관찰되는 단세포 조류로서 황색식물문(Chrysophyta)에 속하며 크게 중심아강(Centriphytidae, Centricae)과 우상아강(Pennatiphytidae, Pennatae)으로 나뉜다. 전체 세포모양은 납작한 도시락과 같은 형태로 겉껍질(Epitheca)이 속껍질(Hypotheca)을 덮어씌우고 있는 모습을 하고 있다. 현미경에서 관찰되는 대부분의 모습은 겉껍질과 속껍질 가운데 하나를 보는 것이다. 껍질은 단단하게 규산화된 규산 중합체로 전체 모습은 원형, 타원형, 삼각형, 방추형, 유선형, S자형, 반타원형 및 기타 형태를 가지고 있으며 껍질 무늬도 매우 다양하다. 따라서 규조의 종분석은 이 형태와 무늬에 따라 이루어진다.

규조는 해수역에서 담수역에 걸쳐 습윤한 장소에 살며 종마다 적응하는 특정 염분농도 범위가 있다. 크기는 수㎛에서 1㎜ 정도까지로 물에 떠서 살거나 또는 수생식물이나 물속의 여러 가지 물질에 붙어산다. 어떤 종들은 홀로 살기도 하지만 또 다른 종들은 엉겨 붙어 띠 모양이나 별 모양으로 무리를 이뤄 살기도 한다.

규조는 염분농도, 빛의 양, 수온, 물의 흐름 및 오염도 등 환경 요인에 따라 민감하게 적응한다. 퇴적층 속에 포함되어 있는 규조를 분석하여 그 조성 변화를 검토하면 퇴적환경을 복원할 수도 있다. 즉 해수환경, 기수환경, 담수환경 중 어느 환경에서 퇴적된 것인지를 알 수 있으며, 더 나아가서 수온의 변화와 오염 상태 등도 알아낼 수 있다.

이와 같은 규조의 생태적 특징을 이용하여 최근에 규조분석은 층서학, 고생물학, 환경과학 등에서 과거 환경을 추정, 복원하는 데 많이 쓰이고 있다.

2) 시료 채취 및 규조분석 방법

(1) 시료 채취

본 연구에서 사용된 시료는 건설용 굴삭기로 구덩이를 판 다음 구덩이 자름면에서 발굴용 흙손을 이용하여 10cm 깊이마다 5cm의 두께의 퇴적물을 떼었다.

(2) 시료 처리

1) 시료를 건조기에 넣어 섭씨 100도에서 5시간 말린 뒤 2g을 뽑는다.
2) 시료가 든 250cc 시험관에 과산화수소(H_2O_2 30% 용액) 50cc를 넣고 10～15분 동안 끓여 유기물이 분해되고 입자가 완전히 해체되도록 한다.
3) 가열이 끝나면 증류수 100cc를 더하고 $Na_2C_2O_4$ 용액을 3～4 방울 넣어 흔들고 나서 2시간 동안 가라앉힌 뒤 윗물을 따라낸다.
4) 다시 증류수 100cc를 더하여 10～15초 가라앉힌 뒤 윗물을 다른 250cc 시험관에 따른다.
5) 4)의 과정을 3차례 되풀이한다.
6) 이렇게 모인 것을 적당한 비율로 묽게 하여 슬라이드 그라스에 1～2방울 떨어뜨려 햇빛에 말린다.

(3) 검경

검경은 현미경을 사용하여 주로 400배로 동정을 하고 크기가 작은 것은 1,000배로 보충하였다. 이때 규조각이 50% 이상 남아 있는 것을 계산하여 한 시료당 약 250～350개 정도 동정하였다. 규조의 동정에는 Hustedt(1930～66), Hendy(1964), Molder and Tynni (1968～73), Tynni(1975～78), Simonsen (1987)과 小久保(1960) 등의 문헌을 참고로 했다.

(4) 그림표 작성

염분 농도에 따라 해수종, 기수종 및 담수종으로 구분하여 그림표를 그렸다.

3) 규조분석 결과

가와지곡 2지구(이하 G2로 표시)의 주상도와 규조분석 결과를 나타낸 것이 <그림 4-2>이다. 본 지점 표면의 해발고도는 7.3m이고 여기서부터 3.7m까지 10cm 간격으로 시료를 채취했다.

본 지점의 층상구조를 보면 3.7m까지가 기반암(편마암)의 풍화토이다. 3.8~4.7m 사이는 자갈을 포함하는 모래층으로, 이 층은 다시 3.8~4.1m 사이에 왕자갈(cobble)을 포함하며 부식질이 약간 있는 흑갈색(2.5Y2/1~2.5Y3/1) 굵은 모래층과 4.2~4.3m 사이에 잔자갈(pebble)을 포함하며 부식질이 아주 많은 흑색(10YR2/1) 굵은 모래층 및 4.4~4.7m 사이에 부식질이 많이 포함되어 있고 자갈이 덜 포함된 흑갈색의 모래질 실트층으로 나뉜다.

4.8~5.3m까지는 회색 실트 혹은 점토층이다. 이 층은 다시 4.8~5.1m 사이에 회색(10Y4/1~7.5Y4/1)을 띠며 부식질이 약간 있는 실트 혹은 점토질 실트층과 5.2~5.3m 사이에 회색(7.5Y4/1)또는 흑갈색(10YR3/1)을 띠며 부식질이 많은 실트질 점토층으로 나뉜다.

5.4~6.2m까지는 토탄층으로 이는 다시 5.4~6.0m의 섬유질이 풍부한 흑갈색(10YR3/2) 토탄층(peat)과 6.1~6.2m의 점토가 포함된 흑색(5Y2/1)의 분해된 토탄층(peat)으로 세분된다.

6.3~7.0m에는 암회황색(2.5Y5/2)또는 올리브갈색(2.5Y4/3)을 띠며 부식질이 거의 없는 실트층이다. 본 지점에서는 5.6m, 5.9m, 6.1~6.2m에서 5개의 ^{14}C 연대 자료를 얻었는데 그 결과는 주상도에 나타낸 바와 같다.

규조는 4.3m 이하에서는 나타나지 않았으며 4.3~5.3m와 6.0~6.1m에 걸쳐 10개 층준에서 검출되었다.

4.3~4.5m에서는 Marine 규조와 Fresh 규조가 비슷한 비율로 출현하였다. 외양성종인 Thalassiosira sp.와 Coscinodiscus sp., 내만성 지표종군에 속하는 C. Stylorum, 담수 저생종(Benthic)인 Pinnularia sp., Cymbella sp. 및 Eunotia sp.가 골고루 출현하고 있다. 특히 해발고도 4.5m에서는 담수 Plankton 종이면서 기수역에도 발견되는 T. Fenestrata가 우점종으로 출현하고 있는데 이와 같은 규조 조성은 해면 상승에 따른 해진(Marine Transgression)으로 해수와 담수가 만나는 환경을 반영한다고 볼 수 있다.

4.6~5.3m에서는 Marine 규조가 70%, Fresh 규조는 20% 안팎으로 4.3~4.5m보다 Marine의 영향을 많이 받은 환경을 나타내고 있다. 즉 외양성 종인 Thalassiosira sp.와 Coscinodiscus sp.가 40% 정도로 우점종이며 C. Stylorum은 줄어들고 있다. 따라서 이때는 조용한 내만의 환경이라기 보다는 외해의 영향을 많이 받은 환경으로 보인다. 그리고 맨 윗부분인 5.3m에서는 미약하나마 Fresh 규조가 증가하고 Marine 규조가 감소하는

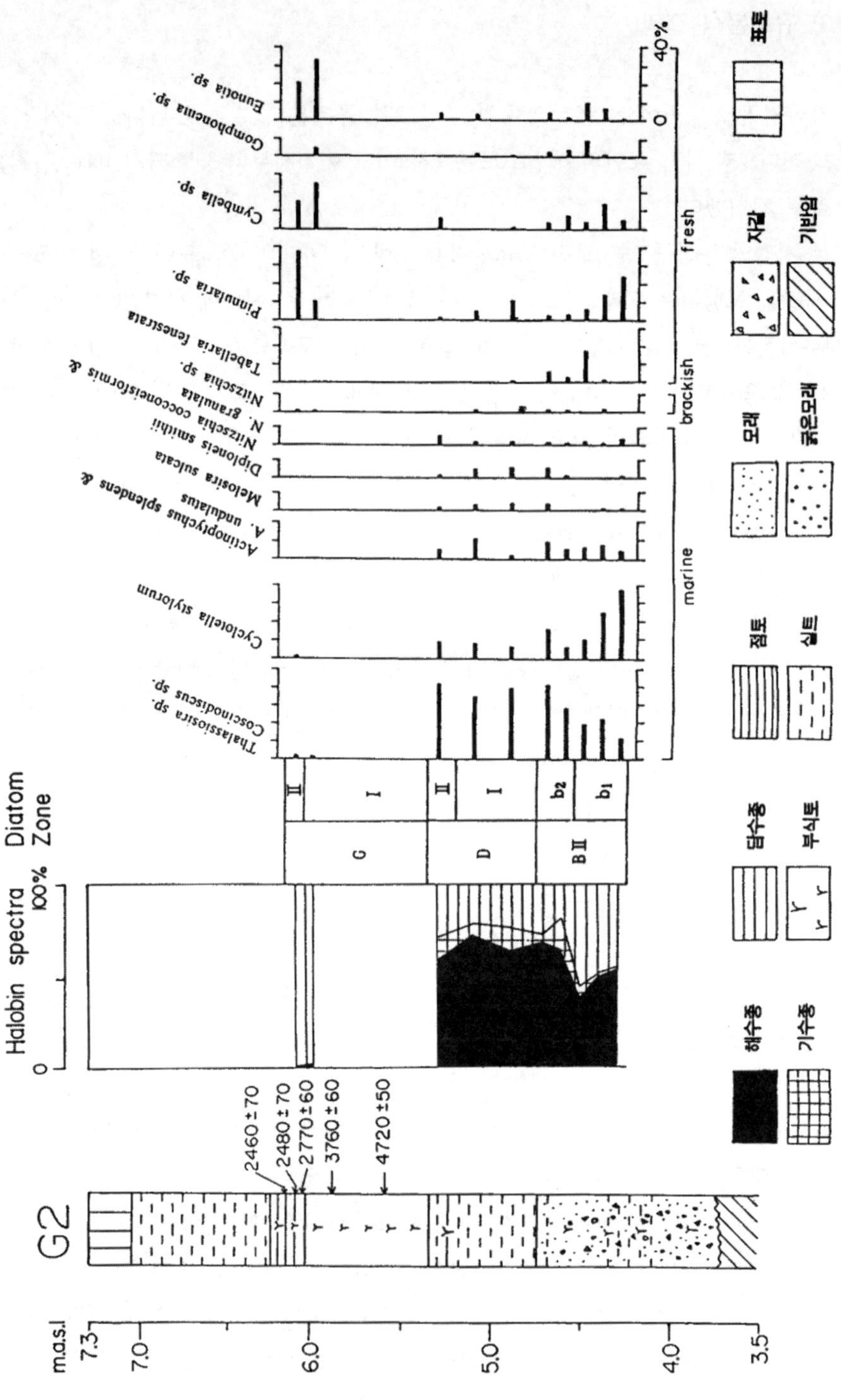

〈그림 4-2〉 가와지곡 제2지구 단면의 규조분석 결과

경향을 보이고 있다.

5.3～6.0m까지 섬유질이 풍부한 토탄층에는 규조각이 검출되지 않았다. 해발고도 6.0～6.1m 사이는 Fresh 규조가 98% 이상을 차지하고, Pinnularia sp., Cymbella sp. 및 Eunotia sp. 등 담수성 Benthic 규조들이 우점종을 형성하고 있다. 따라서 이층이 퇴적될 시기의 환경은 담수 습지환경으로 볼 수 있다.

6.1m 이상의 범람성 실트층에는 규조각이 검출되지 않았다.

가와지 1지구(이하 G1으로 표시)의 주상도와 규조분석 결과를 나타낸 것이 <그림 4-3>이다. 본 지점의 표층 해발 고도는 6.2m로 해발고도 3.5m까지 10cm 간격으로 연속 시료를 채취하였다.

퇴적물 층상 구조는 3.5～5.3m까지가 회색 계통의 실트질인데 4.7m를 경계로 하부는 암회녹색(10GY3/1 내지 10GY4/1)에서 암회황색(2.5Y4/2)의 색조를 띠며 부식질은 약간 포함되어 있다. 해발고도 4.7～4.9m에서는 부식질이 아주 많이 포함되고 덜 분해된 풀이 선 채 퇴적되어 있다. 이에 대해 5.0～5.3m에서는 회황색(2.5Y4/1)에 가까운 부식질이 아주 많이 포함된 실트질 점토로 되어 있다. 5.4～5.5m는 흑갈색(2.5Y3/1) 또는 검은색(2.5Y2/1)을 띠는 점토를 포함하는 분해된 토탄질이다. 5.6～5.9m는 암회황색(2.5Y5/2)에서 황갈색(2.5Y5/3)을 띠는 실트질로 부식질은 거의 포함되어 있지 않다.

본 지점의 ^{14}C 연대 자료는 약 4.5m와 4.3m에서 두 개의 결과를 얻었다.

규조분석은 18개 층준에서 행해졌다. 해발고도 3.5～4.9m사이에는 Marine 규조가 70～80%, Fresh 규조는 10% 안팎에 달한다. 우점종으로는 Thalassiosira sp.와 Coscinodiscus sp.가 40%, C. Stylorum이 10% 정도, A. Splendens와 A. Undulatus가 10% 정도를 차지하고 있다. 그리고 담수 Benthic 종인 Pinnularia sp., Cymbella sp. 및 Eunotia sp.는 거의 나타나지 않는다. 따라서 이 층준은 G2의 4.8～5.1m에 대비되며 외해의 영향을 많이 받은 환경으로 보인다.

5.0～5.3m 사이에는 Marine 규조가 줄어들고 Fresh 규조가 약 20% 정도 늘어나는 경향을 보인다. 특히 외양성 규조인 Thalassiosira sp.와 Coscino discus sp.가 약 20% 정도 줄고, 대신 담수 Benthic 규조들이 늘고 있다. 이와 같은 규조 조성 변화는 Marine의 영향이 상대적으로 감소하는 환경을 나타낸다고 볼 수 있다.

해발고도 5.4～5.5m에서는 Fresh 규조가 90% 이상, Marine 규조가 10% 이하의 규조 조성을 보이고 있으며 Bracknish 규조는 거의 없다. 이 층준에서는 Gomphonema sp.와 Eunotia sp.가 교대로 우점종을 보이고 있으며 Meidian circulareuar constricta와 Pinnularia sp.도 각각 10% 내외씩 출현하고 있다. 이들 대부분의 규조는 물속 바닥이나 식물

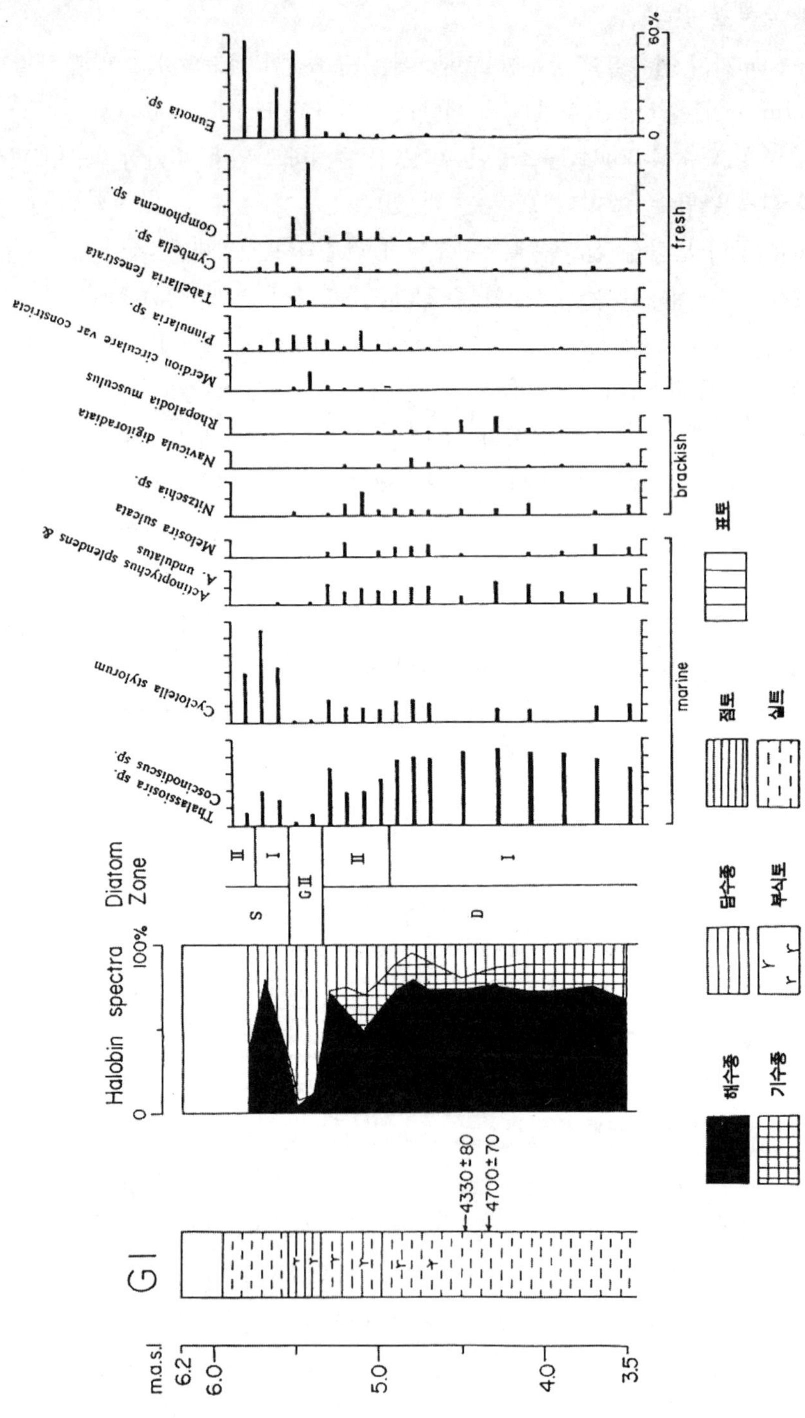

〈그림 4-3〉 가와지곡 제1지구 단면의 규조분석 결과

등에 붙어사는 종들로 이때의 환경이 담수 습지환경이었음을 반영하고 있으며, G2의 6.0～6.2m와 대비된다고 볼 수 있다.

해발고도 5.6～5.7m에서는 다시 Marine 규조가 50～80%의 우세한 비율을 보이고 있다. Talassiosira sp.와 Coscinodiscus sp. 대신에 C. Stylorum이 우점종이며 Fresh 규조 중에는 Eunotia sp.의 비율이 큰 편이다. 이와 같은 점으로 미루어 볼 때, 이 시기의 퇴적 환경은 3.5～5.3m와는 달리 보다 조용한 내만의 환경이었다고 볼 수 있으며 G2에서는 대비되는 규조층준이 없었다.

5.8m에서는 Eunotia sp.가 50% 이상을 차지하여 다시 Fresh 환경으로의 전환을 반영하고 있다.

G1에서 하류부로 약 350m 떨어진 곳에 일산 신도시 지하철역 공사를 위해 깊이 4.5m 폭 50m 정도 굴착한 노두가 있다. 이곳(G4로 표시)의 주상도와 규조분석 결과를 나타낸 것이 <그림 4-4>이다. G4의 표고는 해발고도 6.2m로 해발고도 1.8m까지 10cm 간격으로 연속 시료를 채취하였다.

퇴적물의 층상구조는 해발고도 1.8～3.5m가 Grayish Olive(7.5YR6/2) 내지 Olive gray(10Y5/2)를 띠는 실트층이다. 이 층에서는 많지는 않지만 까맣게 탄화된 부식질, 갈색의 미분해 유기물, 분해되지 않는 잔가지가 포함된 것을 관찰할 수 있었다.

1.5～1.8m에서는 지름 1～3mm 정도 불규칙하게 된 벌레구멍과 건열된 흔적이 있었다. 이들 표면에는 암적갈색(5YR3/2)의 점토질이 얇게 발라져 있었다. 3.6～3.7m에서는 흑갈색(10YR3/2)계통의 수분이 많이 포함된 실트질 점토층이다. 3.8～4.8m는 회색(7.5Y4/1 내지 7.5Y5/1)을 띠며 유기질을 많이 포함하고 있는 실트질 점토층이다. 4.9～5.8m는 회색(7.5Y6/1 내지 10Y6/1)을 띠는 유기질이 거의 없는 실트층이다. 이 지점에서는 ^{14}C 연대 자료를 얻지 못했다.

해발고도 3.7m 이하에서는 규조가 검출되지 않았으며 3.8～5.8m의 단면에서 15개 층준에 대해 규조분석을 행하였다.

규조 조성은 크게 둘로 나뉜다. 3.8～4.9m에서는 외양종인 Thalassiosira sp.와 Coscinodiscus sp.가 우점종을 나타내고 내만성종인 C. Stylorum과 M. Sulcata가 각각 10%, 15% 정도를 차지하고 있다. 그리고 A. Splendens와 A. Undulatus, Nitzschia sp.가 각각 10% 정도 출현한다. 이와 같은 조성에서 이 층은 G2의 4.8～5.3m와 G1의 3.5～5.3m에 대비되며비교적 외해의 영향을 많이 받는 환경이었음을 반영한다.

이에 대해 해발고도 4.9～5.8m에서는 C. Stylorum 비율이 60% 이상으로 우점종이며 A. Splendens와 A. Undulatus, M. Sulcata 및 Thalassiosira sp.와 Coscinodiscus sp.의 비중은

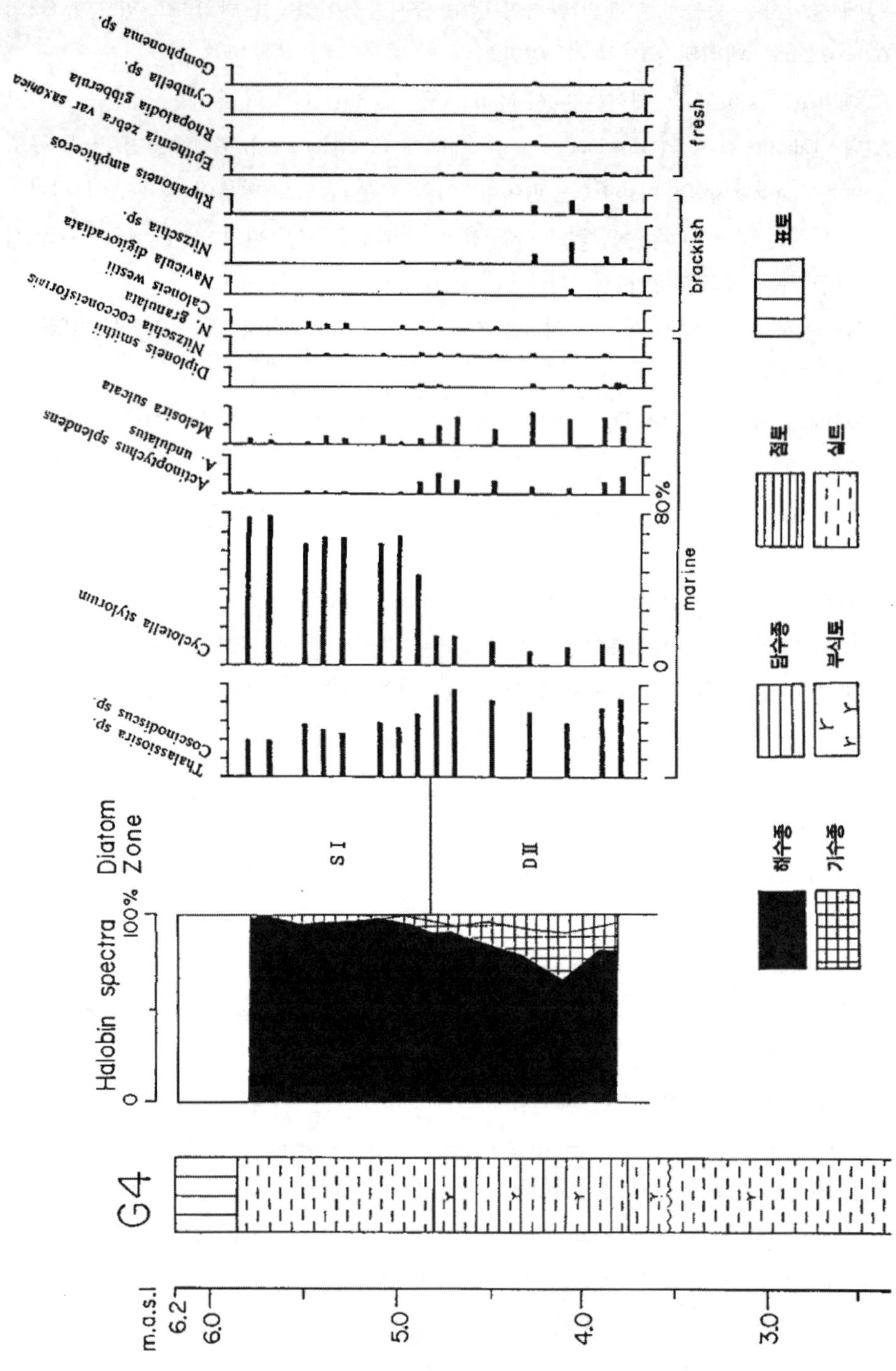

〈그림 4-4〉 가와지곡 제4지구 단면의 규조분석 결과

상대적으로 낮아지는 경향을 보이며 Caloneis Westii를 제외한 Brackish 규조와 Fresh 규조의 출현은 거의 없었다. 이와 같이 내만성종의 출현이 상부에서는 거의 80%에 이르는 점으로 볼 때 이 층의 퇴적 환경은 조용한 내만의 환경으로 추정할 수 있다. 이 층위는 G1의 해발고도 5.6~5.9m와 대비된다.

4. 화분분석

1) 시료 채취 및 화분분석 방법

화분분석은 G2 단면만 실시했으며, 시료 채취는 규조분석을 위한 시료 채취와 같은 방법으로 실시했다. 토탄층은 사료 2g을 사용했으며, 유기질층은 20g[1]을 농축하여 2g 정도 만든 뒤 사용하였다.

화학적 처리는 Erdtman(1934)의 KOH *Acetolysis*법으로 처리한 후 $ZnCl_2$로 비중 분석하고 Glycerin Jelly로 봉입하여 검경했다. 화분다이아그램은 시료마다 목본 화분 200개 이상을 읽어서 목본 화분을 기본수로 하여 백분율을 나타내었다.

2) 화분분석 결과

본 주상 단면에서 식별된 화분은 목본 화분으로 *Pinus, Juglance, Alnus, Betula, Carpinus, Corylus, Castanea-Castanopsis, Quercus, Ulmus/Zelkova, Tilia, Actinidia, Fraxinus, Magnolia*의 13개 종이 비교적 전층을 통하여 나타나며, 부분적으로 소량 나타나는 것을 합하면 모두 28종이었다.

초본 화분은 *Persicaria, Chenopodium, Thalictrum*, *Sanguisorba, Impatien*, Umbelliferae, Compositae, *Artemisia, Typha*, Gramineae 등 22종이 식별되었다.

본 화분 다이아그램 <그림 4-5>이 나타내는 식생 변화는 배수가 잘되는 일반 자생지의 식생이라기보다는 습지 환경이 광범하게 형성된 습지에서의 식생 변화라고 할 수 있다. 이렇게 판단하는 근거는 항상 물에 잠겨있는 환경에서도 잘 자랄 수 있는 Alnus(오리나무속)의 화분이 전층을 통하여 거의 80%를 차지하고 있기 때문이다. 따라서 이 화분

1) 농축은 20g의 시료를 비이커에 넣고 증류수를 첨가하여 혼탁액을 만든 뒤 그대로 침전시키고 건조시킨 뒤에 침전된 표면 부근의 2g 정도를 걷어내어 사용하는 방법을 적용했다.

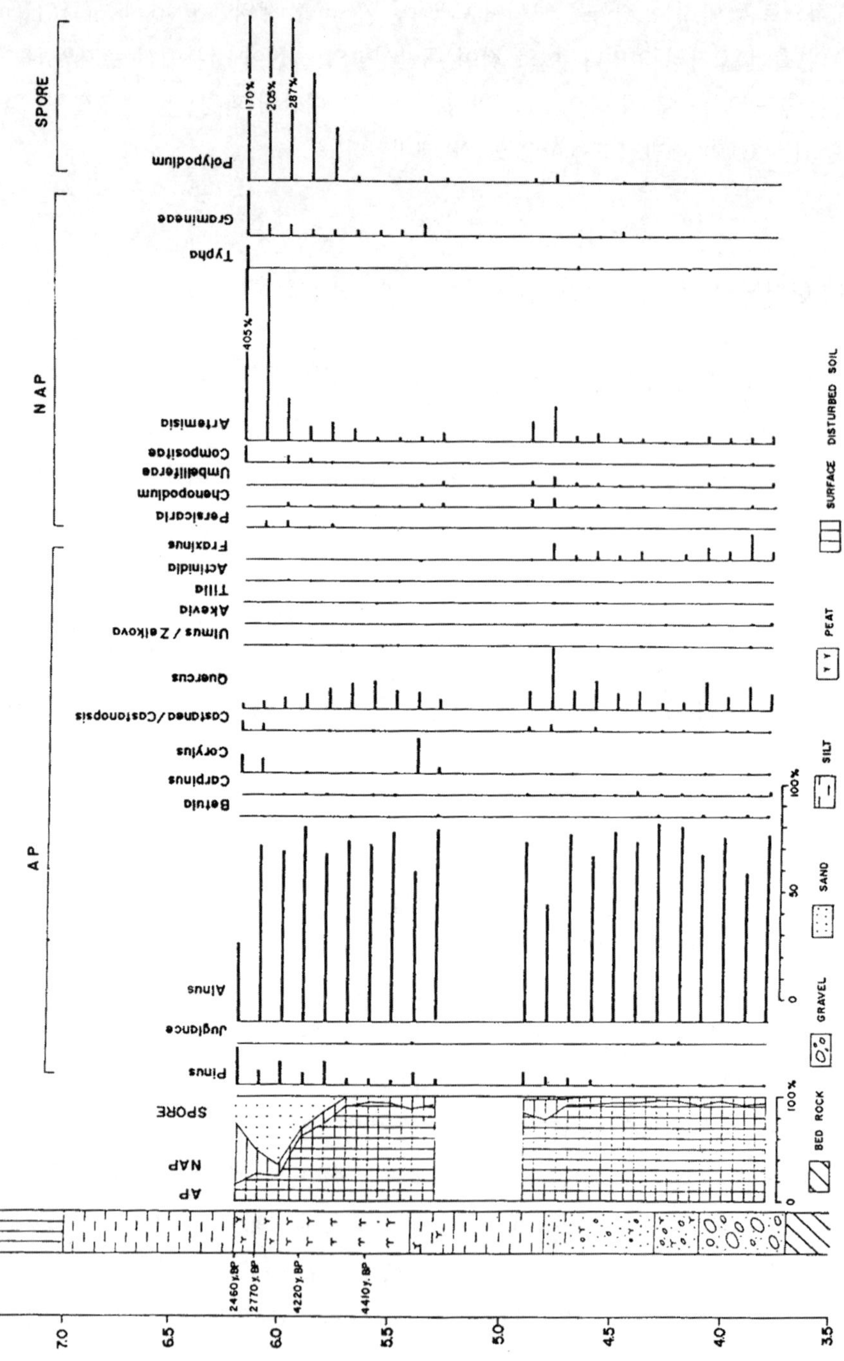

〈그림 4-5〉 가와지곡 제4지구 단면의 규조분석 결과

다이아그램은 후빙기의 일반적인 식생 변천을 논하는 데는 부적당하며 오히려 이 지역의 습지 환경이 어떻게 변했는가를 밝히는 데 유용하기 때문에 본고에서도 이 후자의 관점에 초점을 맞추었다.

먼저 화분이 산출량의 측면에서 살펴보면 토탄층(해발고도 5.4~6.1m)에서는 시료 1g당 목본 화분 1,000~4,000개가 포함된 것으로 계산되었다.2) 그러나 기저부 유기질 사력층(3.8~4.7m), 유기질 실트층(4.7~4.9m, 5.3~5.4m)에서는 시료 1g당 200~600개의 화분이 산출되어 토탄층의 1/5~1/7밖에 되지 않았다. 더욱이 해발고도 5.0~5.2m까지의 실트층과 6.3m 이상의 실트층 시료에서는 농축하여 분석해도 프레파라트당 몇 개 정도의 화분밖에 나오지 않았기 때문에 화분 다이아그램에도 이 부분의 것은 도식되지 않았다. 4.7~4.9m의 실트층에 화분이 적은 것은 이 층이 퇴적될 때 가와지곡에는 해진이 일어나 시료 채취 지점 부근의 식생이 거의 소멸되었다는 것을 의미하는 데 이것은 규조분석에서 이 층에 해서규조가 70~80%나 출현하는 것과 잘 어울리는 현상이다. 6.2m 이상에서 화분이 적은 것은 2차적인 해진, 그 후 한강의 주기적인 범람 등에 의하여 식생이 풍부하지 못했던 때문이라고 판단된다.

다음으로 아래층에서 위층으로 가면서 식생의 종별 구성비의 변화 특성을 살펴보기로 한다. 3.8~4.9m에서는 *Alnus*가 우점종이지만 *Quercus*(참나무속), *Fraxinus*(물푸레나무속)도 상당히 출현한다. 아마 이들 *Fraxinus*와 *Quercus* 화분은 구릉지에 형성된 삼림으로부터 공급된 화분일 것이다. 해발고도 5.0~5.2m 층에서는 식생이 현저히 줄어들었다가 5.3~5.8m에서 다시 식생이 풍부해지는데 이때에도 역시 *Alnus*가 우점종이지만 *Quercus*가 다음으로 많다. 그러나 *Fraxinus* 화분의 출현은 1% 이하로 줄어든다.

해발고도 5.8~6.2m까지는 *Quercus*가 점점 줄어들고 *Pinus*(소나무속)가 급속히 늘어나는 화분 조성을 보인다. 이와 같은 경향은 우리나라 동해안의 화분 조성 변화 연구 결과(曺華龍, 1979)와도 잘 일치한다. 또한 이 시기에 포자식물의 화분이 급속히 늘어나 목본 화분수의 2배에 달할 만큼 많아진다. 포자식물은 물이 차 있어도 불가능하고, 또 완전히 말라버려도 번성하지 못하며 오직 지표가 항상 지하수로 젖어 있으며 토양 속의 유기질이 아주 풍부한 환경에서 번성한다.

초본 식물도 하층에서는 별로 높은 출현을 보이지 않으나 6.0~6.2m 부근에서 *Artemisia*(쑥속), Typha(부들), Gramineae(벼과)들이 높은 출현 빈도를 보인다. 이와 같은 현상은 6.0m보

2) 시료 2g로 15개의 프레파라트를 만들 수 있으므로 1프레파라트에서 읽혀진 화분수×15÷2로 계산하였다. 그러나 농축 과정은 거친 것은 처음 사용한 시료가 20g이므로 프레파라트에서 읽혀진 화분수×15÷20으로 계산하였다.

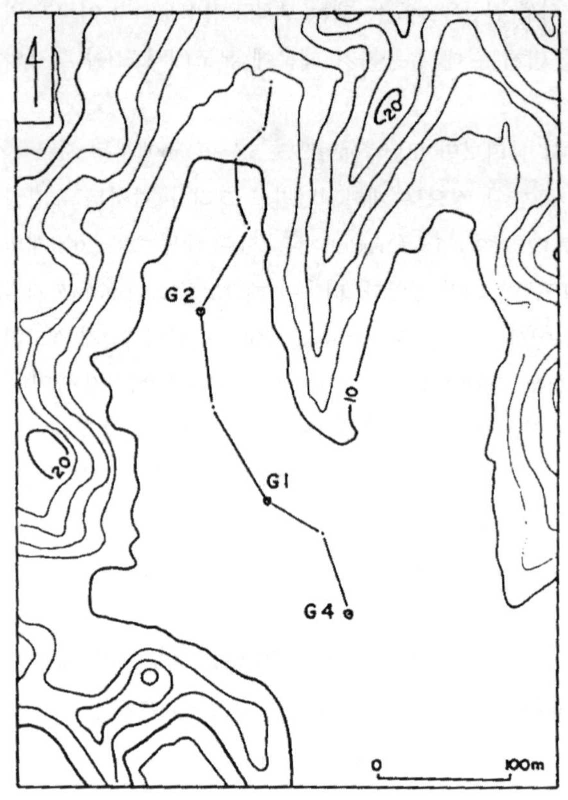

〈그림 4-6〉 그림 4-7의 단면 위치도

다 아래층이 퇴적될 당시는 수심이 있어 초본이 입지하기 어려웠으나, 6.0m 전후의 퇴적 당시는 초본이 입지할 수 있도록 지면이 노출되었다는 것을 의미한다.

5. 가와지곡의 충적층 층상 구조

이 지역의 층상 구조는 하부부터 기반암, 기저 I 층, 기저II층, 대화리층. 기와지토탄, 새말층의 6개 층으로 구분된다(그림 4-7).

기반암은 G2 주상단면에서 지표하 약 3.5m부터 나타나지만 하류 쪽 G1, G4에서는 주상 단면이 얕은 관계로 확인되지 않았다.

기저 I 층(B I)은 조사 지역 가장 하류 쪽인 G4에서 관찰되었다. 지표하 1~3m(해발고도 3.5~5m)에서부터 나타나고 바닥은 확인되지 않았지만 해발고도 1.8m까지 계속되는 것을 노두에서 관찰하였다. 이 층은 황회색에서 회색을 띠며 분급이 좋은 실트질 조성을 보이고 층속에 분해된 식물 유체, 벌레구멍 및 건열의 흔적이 있는 점 등으로 미루어 보아 G2에서 보이는 기반암 풍화층이 계속되는 것으로 보기 어려우며, 오히려 조간대 퇴적물의 특성과 닮았다. 그러나 본 퇴적물에서 규조각이 검출되지 않았고 연대 자료도 얻지 못했다. 이 층과 기저II층(B II) 및 대화리층 하부 사이에는 흙빛깔이나 퇴적물 입자 크기로 보아 부정합면이 있는 것으로 보인다.

위와 같은 점들을 종합해 볼 때, 이 층은 현재까지 밝혀진 성과로 단정할 수는 없지만 최종간빙기 고해면에 따라 이루어진 오래된 간석지 퇴적물(Old Tidal Deposit)의 가능성을 제안해 볼 수 있다. 기저II층은 상류에서는 두껍고 하류로 갈수록 얇아지는 쐐기 모양의 구조를 보이며, 입도 조성으로 보면 상류 쪽은 모래 자갈층을 이루고 하류로 갈수록

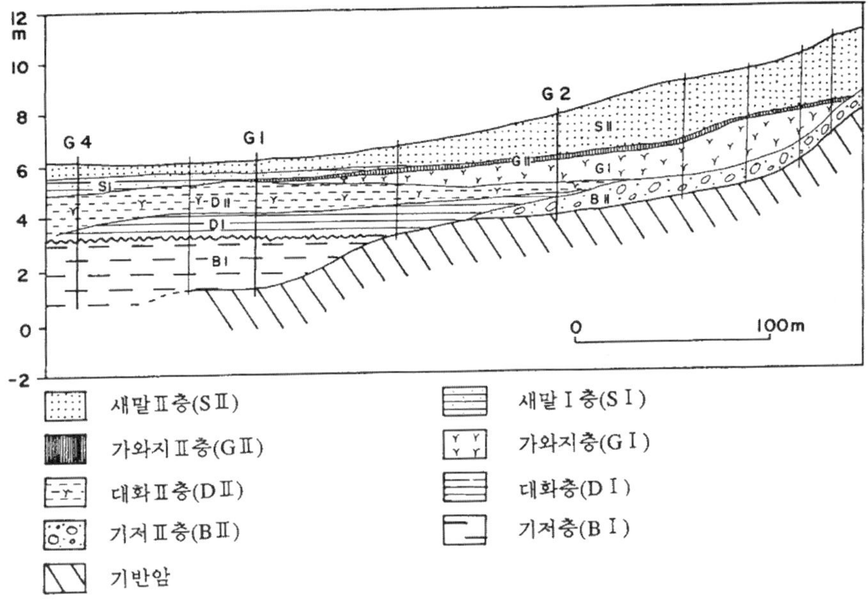

〈그림 4-7〉 가와지곡 충적층의 층상구조

가는 물질로 이루어져 점토질 실트가 된다. 기저Ⅱ층은 규조의 특색에 따라 하부의 기저Ⅱa, 상부의 기저Ⅱb로 나누어지고 기저Ⅱb는 다시 기저Ⅱb1, 기저Ⅱb2로 세분된다. 기저Ⅱa는 규조각이 나타나지 않고 굵은 모래 자갈의 입도 특성으로 보인다. 기저Ⅱb1은 해서규조류와 담수성규조가 비슷한 비율로 나타나며, 퇴적물은 모래질이 중심이다. 기저Ⅱ층의 최상부를 형성하는 기저Ⅱb2은 가는 모래, 실트질의 입도 조성을 갖고 해서규조 출현율이 70% 정도이다. 이 층에서 화분은 Alnus - Quercus - Fraxinus가 중심이다. 대화리층(D)은 회색에서 암회색빛의 실트로 이루어져 있고, 염수 환경을 반영하는 규조가 대부분을 차지한다. 상류부에서 하류부로 갈수록 담수규조가 줄어들고 염수규조가 늘어나는 경향을 나타낸다. ^{14}C연대로 볼 때 상류 쪽은 약 5,000년 BP경까지 퇴적되었지만 그보다 하류 쪽은 이후에도 계속 퇴적이 진행된 것으로 보인다. 이 층은 규조 조성과 퇴적물 특성에 따라 하부와 상부로 나누어 각각 대화Ⅰ층(DⅠ), 대화Ⅱ층(DⅡ)으로 이름하였다. 대화Ⅰ층은 암회색 실트질로 해서규조가 극상을 이루는 층준이며, 화분은 출현 빈도가 아주 낮아 곡내에 식생이 매우 쇠퇴한 시기로 보인다. 대화Ⅱ층은 암회색 실트질로서 부식질을 많이 포함하고 있으며, 해서규조가 점차로 줄어들고 담수규조가 늘어나며, 화분도 대화Ⅰ층보다 출현율이 높다.

가와지 토탄(G)은 상류에서 하류로 갈수록 얇아지는 쐐기 모양을 하고 있다. 섬유질이 풍부하며, 갈색을 띠는 하부(GⅠ)와 점토가 포함되고 완전히 분해되어 검은 상부(GⅡ)로 세분된다. 가와지Ⅰ층에서는 규조가 거의 나타나지 않았으며, 이 층준은 G2 단면에서만 인정된다. 가와지Ⅱ층은 G2에서 담수규조가 98% 이상으로 담수환경을 반영한다. 그러나 G1쪽으로 갈수록 염수규조의 비율이 약간 더 증가하는 경향을 보여주고 있다. 이 층은 곡의 하류부까지 연장되어 있다. 기와지층에서의 화분은 Alnus-Pinus가 목본의 주를 이루며, 특히 GⅡ층에서는 *Artemisia*, Gramineae 등 초본식물과 포자식물이 극상기를 나타낸다.

최상부의 새말층은 회색뻘층으로 규조에 따라 하부의 해성층(새말Ⅰ층, SⅠ)과 상부의 육성층(새말Ⅱ, SⅡ)으로 세분된다. 하부의 세말Ⅰ층은 G1, G4에서만 나타나고 G2에서는 나타나지 않으며 해서규조가 80~95%의 출현을 보인다. 새말Ⅱ층은 G1에서만 규조가 검출되며 표면으로 갈수록 황갈색의 토색을 나타낸다.

6. 가와지곡의 환경 변화

가와지곡 충적층 분석 결과를 종합한 것이 <표 4-1>이다.

규조분석에서 나타난 결과를 보면, 후빙기 해진에 따른 바닷물의 영향이 가와지곡에 달한 것은 기저Ⅱb_1층이 퇴적된 시기부터로 보인다. 따라서 기저Ⅱa층이 퇴적될 때까지는 Marine 환경이 이 곡에 이르지 못했고, 기저Ⅱb_1층이 퇴적될 때부터 해수와 담수가 교대되는 기수성 환경(Brackish)을 이루었고 기저Ⅱb_2층이 퇴적될 때는 이 곡이 바닷물의 영향 하에 있었다. 이때의 식생은 오리나무속이 주종을 이루고 참나무속과 물푸레나무속이 상당히 분포했다.

대화Ⅰ층이 퇴적될 때 가와지곡은 Marine 환경의 절정을 이루었고 대화Ⅱ층이 퇴적될 때 해면 상승의 둔화, 정지, 소폭의 저하 등의 결과로 부분적인 해퇴가 일어나는 시기로 추정할 수 있다.

Harggart(1987)는 Marine 영향의 감소는 유기질의 증가와 퇴적물의 세립화로 나타난다고 했다. 이와 같은 관점에서 볼 때, 대화Ⅰ층에서 대화Ⅱ층으로 퇴적상이 바뀌는 것은 Marine 영향의 감소를 시사하고 있다. 본 가와지곡에서는 이 층에서 ^{14}C연대를 얻지 못했으나 타 지역의 연대를 기초로 본 층의 형성 시기를 유추해 보면 6,500~5,000년 B.P.경으로 추정된다.

가와지층은 Marine 환경이 담수환경으로 바뀌는 시기에 만내에 토탄이 형성되면서

〈표 4-1〉 가와지곡의 퇴적환경 분석 종합

층상구분		퇴적물특성	규조상태	화분	형성시기	해면변동경향
새말층	SⅡ	황갈색 실트				
	SⅠ	회색 실트	내만성			
가와지층	GⅡ	분해된 토탄		*Alnus-Pinus Artmisia-Spore*	2,400-3,200년 B.P.	해퇴
	GⅠ	섬유질 풍부한 토탄		*Alnus-Quercus*	3,200-5,000년 B.P.	안정→해퇴
대화층	DⅡ	흑갈색 유기질 토탄	내만성			해진→안정
	DⅠ	회색 실트	회해성		5,600-6,200년 B.P.	해진
기저층	BⅡb_2	부식질 사질 실트	기수성→외해성	*Alnus-Quercus -Fraxinus*		해진
	BⅡb_2	부식질 역질 조사	기수성			해진
	BⅡa	역질 조사				
	BⅠ	황회색 실트, 건열과 벌레구멍			최종 간빙기?	

* 규조, 화분난의 공란은 규조 화분이 출현되지 않는 지층임

이루어진 층이다. 특히 가와지토탄은 토탄이 형성된 뒤에 지하수면이 내려가 이미 형성된 토탄이 분해된 것이므로 이 시기에 어느 정도 해면 저하가 이루어진 것을 추정할 수 있다. 가와지층에서의 ^{14}C 연대는 5,000~3,200년 B.P.의 연대를 얻었으며 가와지Ⅱ층은 3,200~2,400년 B.P.까지의 연대들을 얻었다.

가와지층이 형성될 때 해퇴 현상으로 평야 쪽으로 물러간 정선이 새말Ⅰ층이 형성될 때 다시 해진 현상이 일어났으며, 이때 가와지곡은 외해의 영향을 직접 받지 않는 비교적 조용한 내만의 환경이었음이 규조분석 결과로 인정된다. 이때의 해진은 수평적으로는 대화리층이 형성될 때보다 내만 깊이까지 이르지는 못했지만 해수면의 고도는 오히려 높았을 가능성이 있다. 그러나 이 층에서는 ^{14}C 연대 자료를 얻지 못하여 확실한 시기를 논할 수 없지만 2,400년 B.P. 바로 뒤에 일어난 일임을 알 수 있을 뿐이다. 그러나 이것도 새말Ⅱ층이 퇴적될 당시는 담수 퇴적 환경에 의하여 대치된다.

7. 요약

일산지역 '가와지'곡을 대상으로 충적층 층상구조, 규조 및 화분분석을 실시하고, 이를 통하여 후빙기 후기에 있어서 해수준의 미변동과 관련된 이 계곡의 환경변화를 검토하였다.

후빙기 해진은 약 6,000년 B.P.경에 '가와지'곡에 달했으며, 해진의 극상기는 대략

5,000년 B.P. 전후인 것으로 추정된다. 그 후 5,000~3,000년 B.P.까지 해면은 같은 높이로 비교적 안정되어 있어, 내만에는 토탄이 형성되고 오리나무속의 삼림이 무성하였다. 3,200~2,400년 B.P.까지 일시적 해면저하 현상이 있어 분해된 토탄지가 형성되었으며 쑥, 벼과, 포자식물들이 무성하였다. 그 뒤 소규모의 해진기를 거쳐 현재에 이르렀으며 한강의 주기적인 범람에 의하여 범람퇴적물이 1m 이상 퇴적되었다.

참고문헌

권혁재. 1984.「한강 하류의 충적평야」. 고대 사대 논문집, 제9집. 79~113쪽.

曺華龍. 1979.「韓國東海岸地域における後氷期の花粉分析學的硏究」. 東北地理, 31. 23~35쪽.

_____. 1980.「韓國東海岸における完新世海水準變動」. 地理學評論, 53. 317~328쪽.

황상일. 1984.「태화강 하류 충적평야의 지형 발달」. 경북대학교 석사 학위 논문. 45쪽.

小久保淸治. 1973.『浮遊硅藻類』. 東京: 恒星社厚生閣.

Ando, Kazuo. 1990. "Environmental Indicators Based on Freshwater Diatom Assemblages and Its Application to Reconstruction of Paleo-Environments." *Annals of the Tohoku Geographical Association*. 42. pp.73~88.

Erdtman, G. 1934. "Uber die Verwendung von Essigsäureanhydrid hei Pollenuntersuchungen Svensk Bot." Tidski., 28. pp.354~361.

Fujimoto, Kiyoshi and Ando, Kazuo. 1990. "Radiocarbon Ages Obtained from Upper Limit of Marine Deposits in Arakawa Lowland and Problems for Recognition of Paleosealevel." *Annals of the Tohoku Geographical Association*, 42. pp.152~160.

Fujimoto, kiyoshi and Ando, kazuo. 1990. "Reexamination if Late Holocene Sea-Level Changes in Japan." *The Science Reports of the Tohoku University*, 7th Series(Geography) Vol. 40 No. 2. pp.37~70.

Haggart, B. Andrew. 1987. "Relative Sea-level Changes in the Moray Fifth area. Scotland." In : *Sea-level Changes*. M.J. Tooley and Ian Shennan (Basil Blackwell Ltd.. Oxford).

Hendy, N. I. 1964. "An Introductory Account of the Smaller Algae of British Coastal Waters." Part, Bacillariophyceae(Diatoms). London.

Hustedt, F. 1927~62. *Die Kieselagen, Deutschlands, Ostorreichs und der Schweiz under Berucksichtigung der Ubrigen La nder Europas Sowie der Angrenzenden Meeresgebiete*. Leipzig: Akad. Verlag.

Ireland stephen. 1987. "The Holocene Sedimentary History of the Coastal Lagoons of Rio de Janerio State." Brazil. In : *Sea-level Changes*. M.J. Tooly and Ian Shennan(Basil Blackwell Ltd.. Oxford).

Kosugi. Masato. 1988. "Classification of Living Diatom Assemblages as the Indicator of Environments and Its Application to Reconstruction of Paleoenvironments." *The Quaternary Research*. 27(1). pp.1~20.

CHAPTER 5

사포 해안 충적평야의 Holocene 퇴적 환경 변화*

1. 서론

사포 충적평야는 포항시 북쪽 약 8km 지점에 위치하고 있으며, 그 규모는 길이 약 4km, 최대 폭 약 400m의 좁고 긴 충적저지이다. 주변에는 표고 50~80m의 제3기층으로 이루어진 구릉지가 분포하고, 이 구릉지에서 발원한 여남천(유로길이 약 5km)이 이 충적저지를 가로질러 흐르고 있다. 바다 쪽 출구에는 밭, 도로, 주거지로 이용되고 있는 beach ridge가 형성되어 있고, 그 안쪽에는 500×250m 규모의 갈대가 자라는 습지가 이루어져 있다. 이 충적평야의 2개 지점에서 밀폐식 hand auger(지름 8cm)로 boring을 실시한 결과 표면에서 최대 8m 깊이까지 Core를 회수할 수 있었다. 이들 boring core에 대하여 퇴적상을 검토하고, 규조분석을 실시한 결과 이 지역의 지형발달과 후빙기 해수변동의 경향을 검토할 수 있었으므로 그 결과를 여기에 보고하려 한다.

2. 퇴적상

사포지역에서 행한 boring지점은 <그림 5-1>에 표시되어 있고, 여기에서 얻어진 boring 주상도는 <그림 5-2>와 같다. 이 두 지점에서 boring은 모두 기반암까지 도달하지

* 황상일 · 조화룡, 1995, 한국지형학회지 2-1, 1~8쪽.

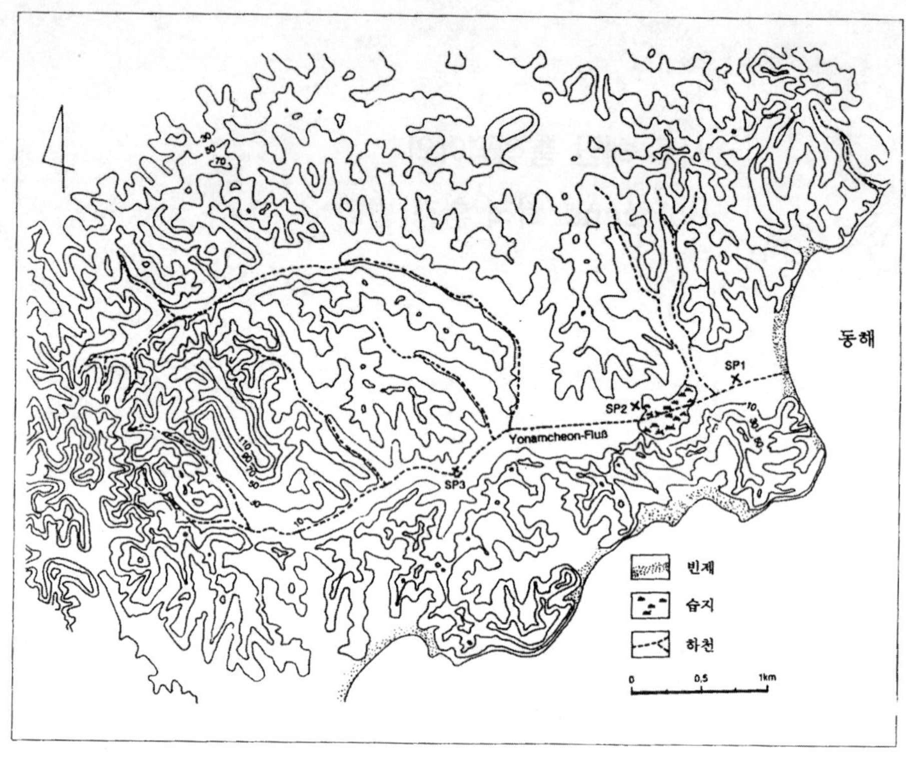

〈그림 5-1〉 연구지역 개관

못했으며, 특히 SP2지점에서는 표면으로부터 8m까지 boring했지만 기반암이나 기저역층이 나타나지 않고 유기질 silt층이 계속되었다. 주상도 SP1의 표층해발고도는 0.4m이다. 표층 20cm는 논농사로 인해 인위적으로 심하게 교란되어 있고, 0～-0.6m, -1.2～-1.8m는 회색 silt로 되어 있다. 0.2～0m, -0.6～-1.2m는 흑회색 organic silt층이고, 그리고 -1.8m 이하는 회색 silt가 협재하는 흑회색 organic silt로 되어 있다. 표층해발고도가 0.5m인 boring지점 SP2에서는 0.3～0m, -0.6～-1.2m, -1.7～-1.9m, -2.1～-3.3m사이에는 회색 silt, 0～-0.6m, -1.2～-1.7m, -1.9～-2.1m 그리고 -3.3m 이하는 흑갈색 organic silt로 되어 있다.

요약하면 표층 약 20cm 정도는 논농사로 인해 인위적으로 심하게 교란되었으며, 그 아래 2～3m 정도는 회색 silt와 organic silt의 호층을 이루고, 다시 그 아래쪽은 변화 없이 organic silt로 되어 있다.

사포충적평야의 해안 쪽 퇴적층(boring지점 SP1)에는 보다 내륙 쪽 퇴적단면(boring지점 SP2)의 퇴적층보다 전체적으로 유기질이 적게 포함되어 있으며, 이들 흑회색 organic silt층은 유기질이 아주 풍부하지만, 아주 잘 분해되어 식물의 섬유질은 전 층을 통하여 거의 찾아볼 수 없으며, compact하지 않다. 이것은 충적평야의 중앙부에서 boring이 이루어졌는데 과거 이 습지의 중앙부에는 수심이 있어 식생이 자리지 못하였지만 주변부에는 수심이 얕아 많은 습지성 식생들이 자라서 이들로부터 발생한 부식질이 중앙부로 이동되어 silt와 혼합되었기 때문에 이와 같은 특색을 나타낸 것으로 해석할 수 있다.

동해안의 다른 충적평야(포항, 울산, 강릉) 충적층 boring자료(조화룡, 1982; 조화룡 · 황상일 · 이종남, 1985)에서는 사력층이 다수 퇴적되어 있는 것으로 보고되고 있다. 그러나 이곳 사포에서는 지표면에서 8m 깊이까지 사력층이 전혀 나타나지 않는다. 이러한 사실에서 볼 때, 이 지역은 오래 전부터 현재까지 계속해서 수심이 있는 환경 또는 습지 환경이 유지되었다고 추정된다. 또한 여남천 유역분지가 신생대 제3기 혈암이므로 사력의 공급이 거의 없다는 것도 또 다른 이유가 되기도 한다.

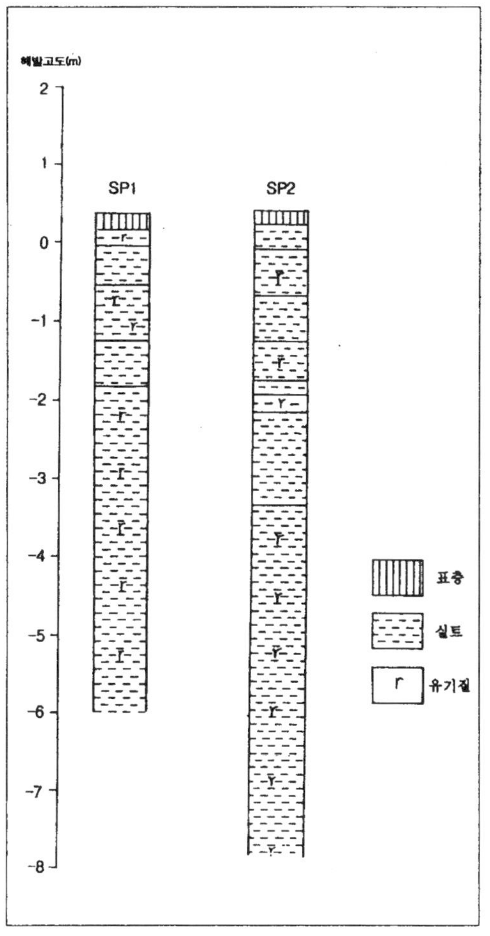

〈그림 5-2〉 사포 충적평야의 boring 주상도

3. 규조분석

규조분석은 주상도 SP2의 26개 층준에서 이루어졌으며, 그 결과는 <그림 5-3>에 나타나 있다. 규조동정은 광학현미경으로 400배 내지 1000배로 행해졌으며, 규조조성이 거의 변화가 없게 되었다고 판단될 때까지 최소 250개 이상의 규조개체를 확인하였다. 규조는 Hustedt(1953), Van der Werff(1960)와 Hedgepeth(1953)의 분류기준에 따라 담수규조,

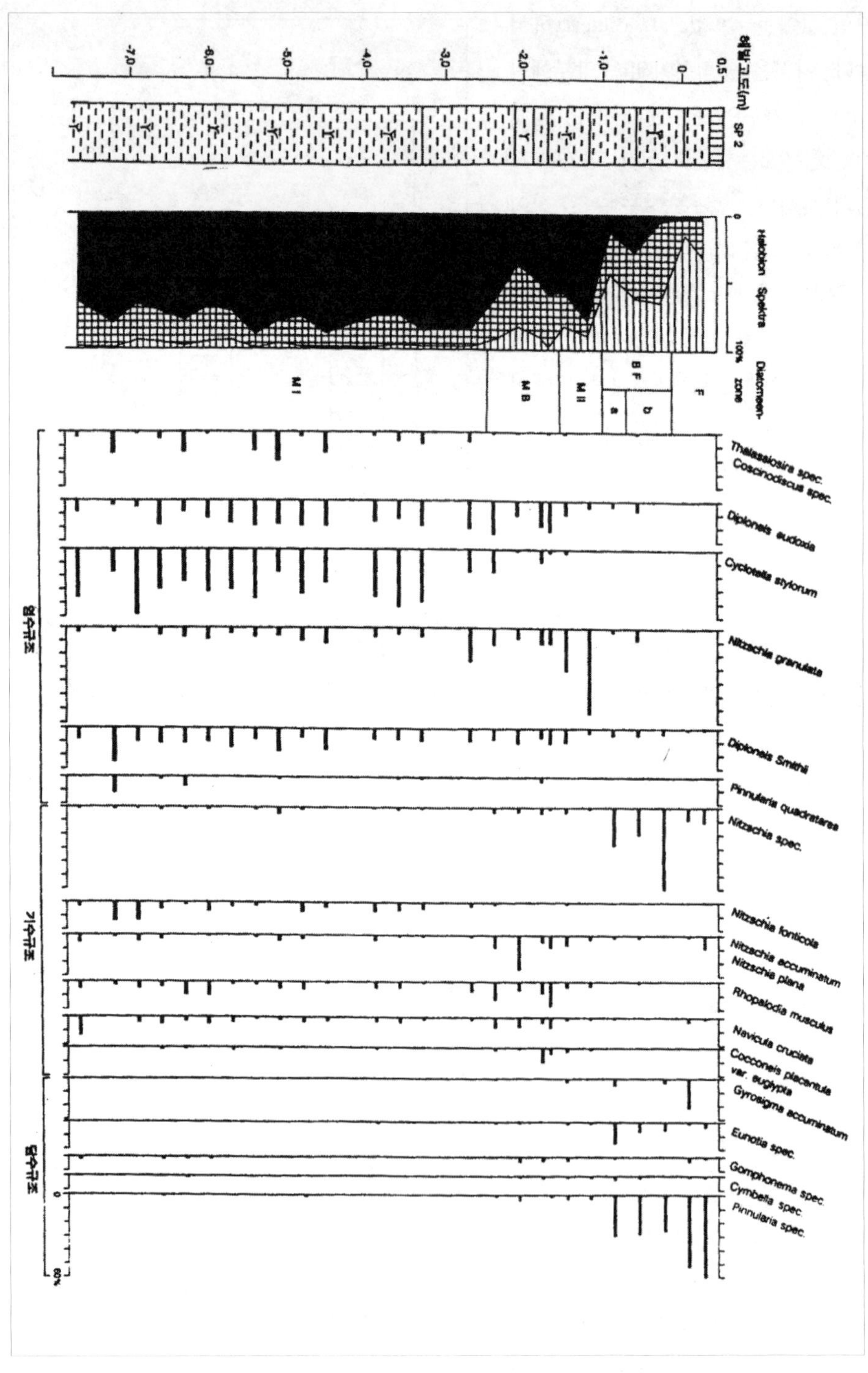

〈그림 5-3〉 사포 충적평야 주상도 SP2의 규조분석 결과

기수규조, 염수규조로 분류하였다. 규조조성 변화에 의하여 이 주상도는 MI, MB, MII, BF 그리고 F 등 다섯 개의 규조분대로 나누어진다. 여기서 M은 염수(Marine), B는 기수(Brackish), F는 담수(Fresh) 규조환경을 의미한다.

규조분대 MI : 이 분대는 염수규조 70% 내지 90%, 기수규조 20% 내지 30% 그리고 담수규조 2% 내지 5%로 구성되어 있다. Cyclotella stylorum과 같이 내만에 사는 규조들이 30% 내지 40%에 달한다. 이 분대의 가장 위층준에는 내만성 규조비율은 단지 20% 정도이다. Nitzschia granulata, Diploneis Smithii 그리고 Diploneis eudoxia 같은 간석지에 사는 규조들은 전체규조분대를 통해 약 40% 정도를 점하고 있다. 이들 중 Nitzschia granulata는 가장 위층준에서 25% 출현하고 있다. Thalassiosira속 및 Coscinodiscus속과 같은 외양성규조들은 -4.5m 이하에서는 약 15% 그리고 이 분대 나머지 부분에서는 10% 이하의 출현율을 보인다. 위에서 언급한 규조조성변화에서 볼 때 사포충적평야는 규조분대 MI가 퇴적되는 기간 동안 천해내만 환경이었으며 이 분대의 마지막 시기에는 사주에 의해 만입구가 막혀 석호환경이 되었을 것으로 추정된다.

규조분대 MB : 이 분대에서는 규조분대 MI에 비해 염수규조비율이 크게 감소했다. 그에 비해 기수규조와 담수규조 비율이 증가했다. 따라서 염수규조 30% 내지 60%, 기수규조 30% 내지 45% 그리고 담수규조 17 내지 85%를 차지하고 있다. 규조분대 MI에 비해서 간석지 지표종군 중 Diploneis eudoxia와 Diploneis Smithii의 출현율은 거의 변하지 않았으나, Nitzschia granulata는 다소 증가했다. 거기에 대해 Cyclotella stylorum과 같은 내만에 사는 규조들과 Thalassiosira속 및 Coscinodiscus속과 같은 외양성 규조들은 크게 감소한다. 이 규조분대의 최상부층에서는 위에서 언급한 규조들은 매우 적게 출현하고 있다. 기수규조들은 주로 Nitzschia plana accuminatum, Rhopalodia musculus, Navicula cruciata와 Cocconeis placentula로 이루어진다. 이 규조분대에 해당하는 시기에는 초기부터 거의 수심이 없는 습지에 사는 담수규조인 Pinnularia속, Cymbella속, Gomphonema속 그리고 Eunotia속이 나타난다. 이러한 사실들에서 볼 때 규조분대 MB는 규조분대 MI보다 염수의 영향을 더 적게 받았다고 볼 수 있다. 이 규조분대가 퇴적될 때는 해퇴의 시기에 대비되지만 전체곡저평야를 담수가 지배한 것은 아니다. 규조조성에서 볼 때, 이 분대가 퇴적될 당시 이 곡저평야는 석호 환경이었고, 사주 때문에 외해, 즉 동해가 거의 이곳에 영향을 미치지 못했을 것으로 추정된다.

규조분대 MII : 규조분대 MB와 비교해 보면 염수규조가 증가했으나, 기수규조는 감소했다. 그리고 담수규조는 거의 변하지 않았다. 간석지 지표종군 중에서 Nitzschia granulata가 30 내지 60%까지 증가했지만, Diploneis eudoxia는 감소했다. 외양성 규조와 내만에 사는 규조는 거의 발견되지 않았다. 이러한 사실에서 볼 때, 사포곡지평야는 이분대가 퇴적될 때 외해로부터 직접적인 영향은 거의 받지 않았다. 그러나 이 때 연구지역은 염수의 영향을 강하게 받는 석호환경이었다고 볼 수 있다.

규조분대 BF : 규조분대 MII에 비해 담수규조가 크게 증가했으며, 그 비율은 40% 내지 55%에 이르렀다. 기수규조는 30% 내지 60% 그리고 염수규조는 5% 내지 30% 정도 차지했다. 기수규조 중에서 Nitzschia속은 전체규모의 20% 내지 60% 정도 출현한다. 수심이 매우 얕은 저습지 환경에서 Benthic 및 부착성인 Pinnularia속과 Eunotia속도 역시 여전히 각각 25% 및 10% 정도 출현한다. 규조조성에 의하면, 이 규조분대는 2개의 규조아분대 BFa와 BFb로 나누어진다.

규조분대 BFa에서는 담수규조가 55%, 염수규조가 13%를 차지한다. 이 아분대가 퇴적될 때 해양의 영향은 매우 적었고, 석호는 담수의 영향을 상대적으로 강하게 받았다. 규조아분대 BFb에서 담수규조 비율은 약 35%로 전체 아분대에서 거의 변하지 않았다. 그러나 규조아분대 BFa에 비해 염수규조는 처음에는 30%까지 증가했으나 그 뒤에는 5%까지 감소했다. 이와는 대조적으로 기수규조는 처음에는 30% 정도였으나 후에는 60%까지 증가했다. 이와 같은 규조조성의 변화로 미루어 볼 때, 규조아분대 BFa와 비교해서 규조아분대 BFb가 퇴적된 기간동안 염수의 영향은 감소되었고, 해양의 영향은 처음에는 증가했으나 후에는 기수에 의해서 대체되었다.

규조분대 F : 이 분대에서 담수규조는 70% 내지 85%, 기수규조는 15% 내지 30% 그리고 염수규조는 2% 이하 출현한다. 이 분대에서는 Pinnularia속이 명확하게 우점한다.

이 분대에서 출현하는 담수규조들은 수심이 매우 얕은 저습지에 사는 Benthic 및 부착성종들이 대부분이다. 이런 사실에서 볼 때, 이 분대가 퇴적될 때 이 곡지평야는 Beach ridge에 의해서 동해와 완전히 격리된 저습지 환경이 형성되었다.

규조분석 결과에 의하면, 사포곡지평야에서 퇴적환경 변화는 다음과 같이 정리되어 질 수 있다. 규조분대 MI의 말기까지 얕은 내만의 환경이 계속되었다. 그 후 규조아분대 BFb의 말기까지 석호환경이, 그 후 습지환경이 거의 현재까지 계속되었다. 따라서 이 곡저평야에서는 이와 같은 안정된 퇴적환경들이 계속되었으므로, 규조분석 결과는 미세한 Holocene 해면 변동에 상응하여 일어난 환경변화의 경향을 잘 반영한다고 볼 수 있다.

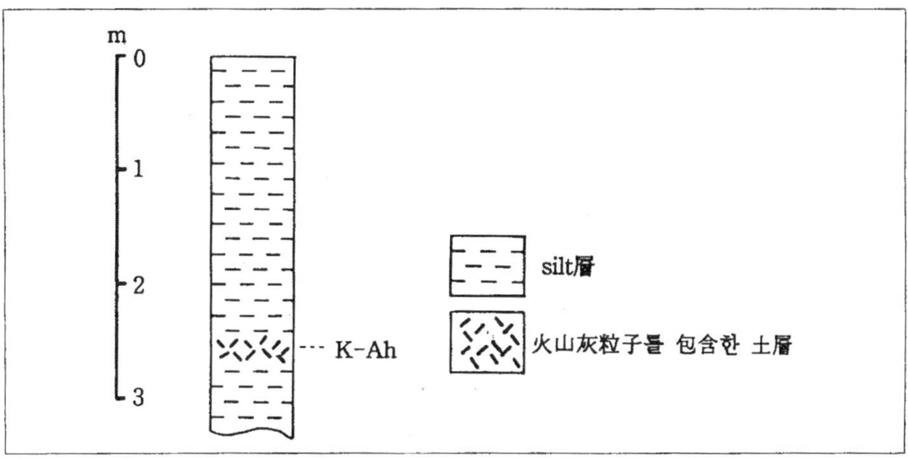

〈그림 5-4〉 사포지역의 구주지역 기원 Kikai-akahoya Tephra 산출층위(町田洋 *et. al.*, 1983)

4. 고찰

SP2의 주상도를 중심으로 이 지역의 지형발달을 고찰해 보기로 한다. 본 지역에서 이루어진 boring들이 기반암까지 도달하지 못하였으므로 이 충적저지의 확실한 기반암 심도는 알 수가 없다. 그러나 이 충적저지 중심부의 기반암 심도는 주상도 SP2의 퇴적상의 특징으로 보아 -8m보다 훨씬 아래쪽에 있음을 알 수 있다. 좁은 곡폭을 감안할 때, 충적층 아래에는 깊은 침식곡이 형성되어 있으며, 이것은 최종빙기 때 낮은 해수준에 대응하여 형성된 것으로 추정된다.

후빙기 해진과 더불어 이 곡에도 바닷물이 들어와 익곡이 되었는데 SP2 지점에서 -8m 정도 층준에 퇴적이 이루어지고 있을 때 이미 해진이 이루어져 있었고, 그 후 어느 정도 수심을 갖는 내만의 환경은 대략 -3m 부근의 퇴적이 이루어질 때까지 계속되었다. 이것은 -8～-3m 퇴적층에서 내만성 부유규조가 대략 80% 전후로 출현하는 것으로 설명된다.

본 지역에서는 충적층의 층위를 편년할 연대자료를 얻지 못했다. 그러나 町田 等(町田洋・新井房夫・李炳卨・森協廣・江坂輝彌, 1983)의 Tephra 연구에서 boring지점 SP2와 근거리에 위치한 지점의 boring 주상단면에서 표면하 약 -3m 부근[1]에 Kikai-Akahoya Tephra(약

1) 町田 等의 boring 주상도에서는 표면고도가 약 5m라고 표시하고 있다. 그러나 실제에 있어서 본 논문의 SP2지점과 표고차가 별로 없는 장소이다. 町田 等의 boring 조사 시에 필자(조화룡)도

6,300년 BP에 분출한 九州 기원의 광역화산회)와 유사한 화산성 유리질을 검출하였다고 보고하고 있다. 이렇게 볼 때 본 주상단면도에서도 -3m 부근이 약 6,000년 전에 퇴적되었다고 할 수 있다(그림 5-4>).

해발고도 -3m 층준 아래 부분의 퇴적상이나 규조의 생태적 조성이 변함없이 계속되었다고 해서 해면은 계속 정체 혹은 단순히 계속해서 상승했다고 단정할 수는 없다. 퇴적이 활발히 이루어지는 곳에서는 그와 같은 해면의 미변동에도 퇴적상에 곧바로 반응이 나타나지만, 퇴적속도가 늦은 곳에서는 해면이 일시적으로 낮아져도 여전히 퇴적면이 수면 아래에 있는 결과가 되어 해면의 미변동이 퇴적상에 반영되지 않을 것이다. 본 지역에서 -3m 이하까지 퇴적이 이루어질 때 퇴적환경이 후자의 경우와 같았을 것으로 추정할 수 있다.

해발고도 -3m보다 위쪽이 퇴적될 때 즉, 연대적으로 약 6,000년 BP 이후의 퇴적환경은 퇴적상이나 규조의 생태환경적 측면에서 약간의 Fluctuation을 보이고 있다. 규조생태환경으로 볼 때, -3m 이하 층준에서는 내만성 부유규조가 주를 이루고 있었으나 해발고도 -3～-1m 층준에서는 이질(泥質) 부착성 염수규조와 기수규조가 증가한다. 이와 같은 규조의 생태환경 변화로 미루어 보아 이 시기는 해안 쪽에 beach ridge가 형성되어 외해와 차단된 lagoon성 환경으로 바뀐 것이 아닌가 추정된다.

해발고도 -1m 이상의 층준이 퇴적될 때는 담수규조가 점차로 증가하여 0m 부근에는 거의 80% 이상을 차지하는 담수환경으로 바뀌었음을 알 수 있다.

사포 충적평야 주상도는 SP2의 규조분대를 울산의 규조분석 결과(황상일, 1984, p.45)와 비교해 본 것이 <표 5-1>이다. 이에 의하면 양쪽의 규조분대는 다음과 같이 대비되어진다. 규조분대 MI는 울산평야의 규조분대 MI, 규조분대 MB는 규조분대 MF 그리고 규조분대 MII는 규조아 분대 MIIa와 대비된다. 울산 충적평야에서는 사포곡저평야의 규조아분대 BFa, BFb 및 규조분대 F와 대비되어 질 수 있는 규조분대는 없다. 염수규조가 주를 이룰 때를 해진의 경향으로 보고, 기수규조 및 담수규조가 많아 질 때를 해퇴의 환경으로 보았을 때, 우리나라 동해안에서는 6,000년 BP 약간 뒤까지 해진이 계속되었고 4,000년 BP경에 소해퇴, 3,200년 BP경에 소해진이 일어났다고 볼 수 있다.

동참하였는데, 당시 boring지점의 해발고도를 면밀히 측량한 것이 아니라 1/2.5만 지형도로 추정하였다.

〈표 5-1〉 한국 동해안 울산, 사포 충적평야의 규조분대 비교

	Ulsan	Sapo	
	F	F	
		BFb	
2,910±120 →	M IIb	BFa	
3,090±110 → y.BP	M IIa	M II	
	MF	MB	
	MI	MI	← 6,300y.BP (K-Ah)

5. 결론

사포 충적평야는 동해로 유입하는 소하천인 여남천 하류에 형성된 습지성 충적저지이다. Boring 주상도 단면에 대한 퇴적상분석과 규조분석을 통하여 이 지역의 완신세 중기 이후의 지형 발달을 고찰했는데, 결론을 요약하면 다음과 같다.

1. 동해안의 일반적 경향과 달리 사포충적저지에는 8m 이상의 유기질 silt층이 연속적으로 형성되어 있었다. 이것은 여남천의 퇴적물 공급능력이 낮기 때문에 익곡(溺谷)이 해진시에 효과적으로 매적(埋積)되지 못했기 때문에 결과된 것으로 해석된다.

2. 규조군집의 생태환경의 변화로 미루어보아, 이 지역은 후빙기 해진으로 익곡되어 약 6,000년 B.P.까지는 내만의 환경을 이루었고, 그 뒤에 만구에 Beach ridge가 형성되면서 석호환경이 되었으며, 나중에는 담수성습지로 바뀌었다.

3. 이 지역의 완신세 중기 이후 규조생태환경의 변화과정이 울산지역의 그것과 잘 대비되었으며, 이 변화과정으로 미루어 보아 6,000년 B.P. 전후와 3,200년 B.P. 전후에 상대적인 미해진(微海進)의 경향이 있었음을 알 수 있었다.

참고문헌

조화룡. 1982.「우리나라 하구충적층의 층상구조」. 경북대학교 논문집, 33. 205~222쪽.

_____. 1987.『한국의 충적평야』. 서울: 교학연구사.

조화룡·황상일·윤순옥. 1994.「후빙기 후기 가와지곡의 환경변화」. 한국지형학회지, 1(1). 3~16쪽.

조화룡·황상일·이종남. 1985.「태화강 하류 충적평야의 지형발달」. 지리학 연구, 10. 785~800쪽.

황상일. 1984.「태화강 하류 충적평야의 지형발달」. 경북대학교 석사학위논문, 45쪽.

_____. 1992.「규조분석」. 일산신도시 개발지역 학술조사보고. 155~175쪽.

町田洋·新井房夫·李炳卨·森脇廣·江坂輝彌. 1983.「韓半島と濟州道でされた九州起元のテフラ」. 地學雜紙, 92(6). pp.39~45.

Bloom, A. L. and Y. A. Park. 1985. "Holocene sea-level history and tectonic movement, Republic of Korea." *The Quaternary Research,* 24(2). pp.77~84.

Hwang, S. I. 1993. "Holozaenes Sedimentationsmilieu der Kuestenebenen Koreas." Dissertation. Freiburg Univ..

Kelletat, D. 1989. *Physische Geographie der Meere und Kuesten*. Stuttgart(B.G. Teubner)

Koehn, W. 1989. "The Holocene Transgression of the North Sea as Exemplified by the Southern Jade Bay and the Belgian Coastline." *Essener Geogr. Arbeiten* 17. pp.109~152.

Park, Y. K. & A. L. Bloom. 1984. "Holocene Sea-level history in the Yellow Sea, Korea." *Jour. Kor. Geol. Surv.* 20(3). pp.189~194.

Reineck, H. E. & Singh, I. B. 1980. *Depositional Sedimentary Environments*(2nd Ed.). Heidelberg: Springer-Verlag.

Tooly, M. J. 1982. "Sea-level Changes in northern England." *Proc. Geol. Ass*, 93. pp.43~51.

Yoon, S. O. 1994. "Untersuchungen zur jungquartaeren Vegetationsentwicklung in den Flussgebieten des Gawaji-Dodaecheon-, Youngyang-, Unsan-und Jumunjin-Gebietes Suedkoreas." Dissertation. Freiburg Univ..

CHAPTER 6

제4기 후기 영양분지의 자연 환경 변화*

1. 서론

우리나라에는 토탄지가 별로 발달해 있지 않다. 그 이유는 지형적으로 안정된 지반이 오랫동안 침식을 받아 왔기 때문에 토탄지가 형성될 와지가 별로 남겨져 있지 않다는 점과 기후적으로 가을부터 그 다음해 봄까지 대기가 건조하여 토탄형성에 나쁘게 작용하는 점 등이다. 지금까지 우리나라에서 연구된 토탄지의 대부분은 후빙기 해진과 더불어 해안충적평야에 형성된 두께 수cm 내지 수m의 토탄으로 그 형성연대도 대부분 완신세 중기 이후의 것이다. 플라이스토세에 형성된 토탄은 그 분포지가 매우 적고, 층후가 얇은 것이 일반적이다.

우리나라의 토탄지 분포가 이와 같기 때문에 토탄으로부터 얻은 화분분석연구의 성과도 적고 그것도 대부분 시기적으로 완신세에 해당하는 것이다. 플라이스토세에 해당하는 화분분석연구는 Yasuda *et al.*(1980)와 Chang *et al.*(1982)의 속초 영랑호의 호저퇴적물로 연구된 17,000y. B.P. 이후의 것과 曺 外(1987)가 가조분지 저위 단구상에서 확인한 32,000~30,000y. B.P.경에 형성된 토탄층을 대상으로 한 화분분석연구가 있을 뿐이다.

그러나 영양주변 반변천의 절단감입곡류 구유로 상에 두께 약 7m의 토탄층이 확인되었고, ^{14}C연대측정 자료를 기초로 추정된 형성연대가 60,000y. B.P.~현재까지(일부 결층이 있긴 하지만)로 나타났다. 본 연구는 이 토탄을 시료로 화분분석을 하여, Würm빙기에서

---

* 윤순옥 · 조화룡, 1996, 대한지리학회지 31-3, 447~468쪽.

현세에 이르는 기간 동안 식생변천과 또 이를 기초로 한 기후변화를 추정해 보았다.

2. 연구지역 개관

본 연구 대상 토탄지는 경상북도 영양군 영양읍 삼지리 (북위 36°40′13″, 동경 129°08′03″)에 위치한다. 영양은 경북 북부 내륙에 위치하는 내륙분지로 동쪽에는 500～1,000m의 높은 산지로 막혀 있고, 서쪽과 남쪽은 500～600m의 구릉성 산지에 둘러싸여 있다(그림 6-1). 영양분지를 가로질러 흐르는 반변천(유역면적 1948㎢, 주류길이 120km)은 삼지리 부근에서 지류 하원천과 사이의 분수계를 절단하여 본류의 물이 지류 하원천 유로를 따라 흐르게 되어 삼지리에서 영양 남쪽까지 약 6km의 원래 유로는 구유로로 남게 되었다. 이 구유로는 절단된 뒤 신유로 쪽의 하상 저하로 인하여 단구화되어 현재 상류 쪽은 현하상과 18m, 하류 쪽은 7m의 비고를 보이고 있다. 토탄지는 상류 쪽 절단부에서 약 1km 거리에 있는 구유로 상이며, 이곳의 표고는 240m 정도이다.

이 지역에 토탄지가 형성된 것은 구유로 북쪽 산지에서 구유로 쪽으로 흘러나오는 소하천들에 의해 토탄지 위쪽(원당 부근)과 아래쪽(연지 부근)에 선상지성 퇴적이 이루어지면서 그 사이에 와지를 만들고 습지를 이루게 한 것이 원인인 것으로 판단된다.

오늘날 구하도상에는 벼농사가 이루어지고 있고, 피대지, 연지, 원당지의 저수지는 관개의 목적으로 이용되고 있다. 이들 삼지호 부근에 습지가 발달해 있다.

3. 퇴적상

삼지리 토탄지의 boring은 약 400m 거리를 두고 두 지점에서 실시되었는데, 상류 쪽의 것을 영양1(YY1), 하류 쪽의 것을 영양2(YY2)로 부르기로 한다. 보링은 밀폐식 hand auger로 이루어 졌다(<그림 6-2> 참조).

YY1은 표면의 해발고도가 240.2m인데 표면에서 8.0m 깊이까지 보링이 이루어졌다. -7.5m[1] 부근에서 부터 그 아래쪽은 역을 포함하는 sand층이 퇴적되어 있고, -7.5～-3m 사이는 흑갈색의 토탄층이 계속된다. 이 토탄층은 섬유질이 거의 없을 정도로 분해되었으며 compact한 상태이다. -3m에서 표면까지는 암갈색(7.5YR 3/4) 내지 청회색(10BG 6/1)을

1) 표면에서 깊이 8m를 의미함. 이하 '-'로 표현된 것은 이 표현에 준함.

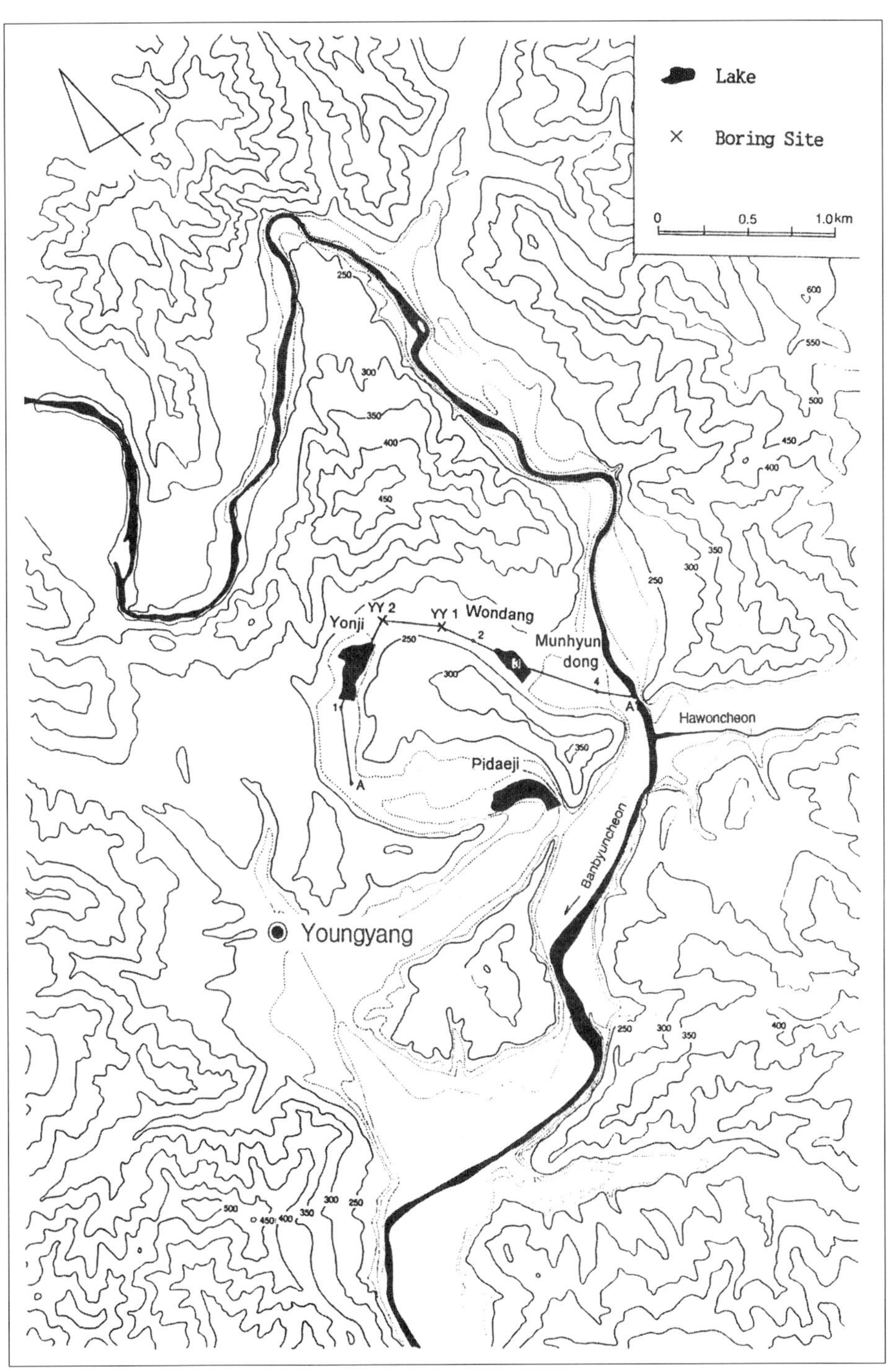
Lake
Boring Site
0
0.5
1.0km
Yonji
YY 2
YY 1
Wondang
Munhyun
dong
Hawoncheon
Pidaeji
Banbyuncheon
Youngyang

〈그림 6-1〉 연구지역

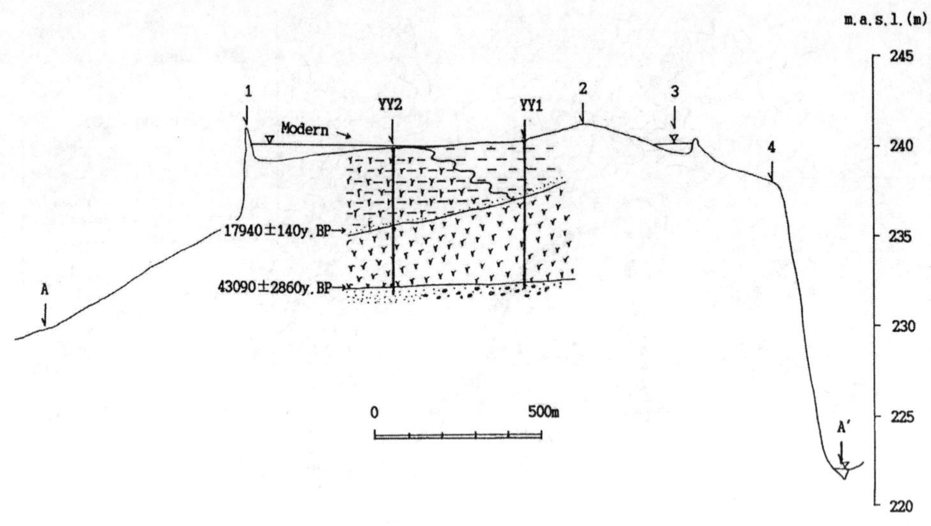

〈그림 6-2〉 반변천 구하도면(A~A' 간)의 종단면도

띠는 silty clay층으로 이루어져 있다.

YY2는 표면의 해발고도가 239.5m 인데 boring은 표면에서 7.5m 깊이까지 이루어졌다. -7m 아래쪽은 유기질이 전연 포함되지 않는 sand층이 퇴적되어 있으며, 그 위에 -7~-4m까지는 분해되어 섬유질이 거의 없고 compact한 토탄층으로 되어 있다. -4.0~-3.8m 사이는 유기질과 silt질을 약간 포함한 sand층이 퇴적되어 있고, 그 위쪽은 섬유질이 많은 미분해된 토탄이나 유기질 silt층이 -0.3m까지 계속된다. 두께 0.3m의 표층은 역을 포함한 유기질 silt로 되어 있다. YY2의 -4.0~-3.8m에 퇴적된 sand층을 경계로 그 위쪽과 아래쪽 토탄은 분해 및 compaction 정도가 매우 다르며, 후술할 화분분석 결과에서도 이 층을 경계로 위, 아래의 화분조성이 현저하게 변하고 있으므로, 이들은 부정합의 관계에 있는 것으로 판단된다. 따라서 이 부정합면 윗쪽의 토탄을 상부토탄, 아래쪽의 것을 하부토탄이라 부르기로 한다. YY1의 토탄 (-7.5~-3m)은 모두 하부토탄에 해당한다.

YY2 boring 주상도의 하부(-6.8m), 중부(-4.3m), 상부(-0.5m)에 퇴적된 토탄을 일본 동북대학 ^{14}C 연대측정실에서 측정한 결과, 각각 43,090±2,860y.BP(TH-1710), 17,940±140y.BP (TH-1711), modern(TH-1712)의 연대값을 얻을 수 있었다.

4. 화분분석

화분분석을 위한 präparat는 KOH, Acetolysis, $ZnCl_2$ 처리과정을 거쳐 만들어졌다. YY1에서는 하부토탄층만을, YY2에서는 상, 하부 토탄층이 분석시료로 이용되었다. 검경은 하부토탄층의 목본화분수가 상부토탄층에 비해 월등히 적어 목본화분(AP) 150개 내외가 될 때까지 하였고, 상부토탄층은 목본화분 비율이 크게 높아 목본화분(AP) 200개 이상을 검경하였으며 이를 기준으로 초본화분(NAP), Spore의 비율이 정해졌다. 화분 다이아그램은 Faegri & Iversen(1989)에 따라 Cumulative Diagram과 Composite Diagram(<그림 6-3, 6-6> 참조) 그리고 Resolved Diagram(<그림 6-4, 6-5, 6-7, 6-8> 참조)을 작성하였다. Cumulative Diagram은 총화분량에 대한 AP, NAP, Spore의 비율관계 규명에 유효하고, Composite Diagram은 개개 화분곡선의 기준점을 동일하게 둠으로서 식생의 상호 우점관계 규명에, Resolved Diagram은 개개 화분곡선의 변화과정을 살피는 데 유용하다.

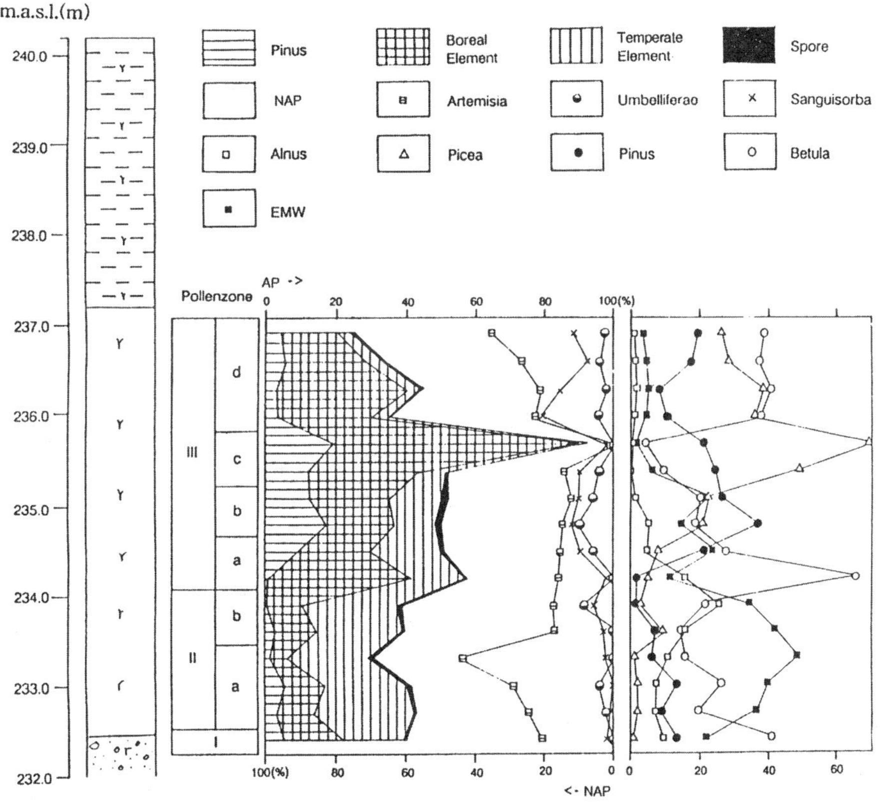

〈그림 6-3〉 Cumulative & Composite Diagram of Profile YY1

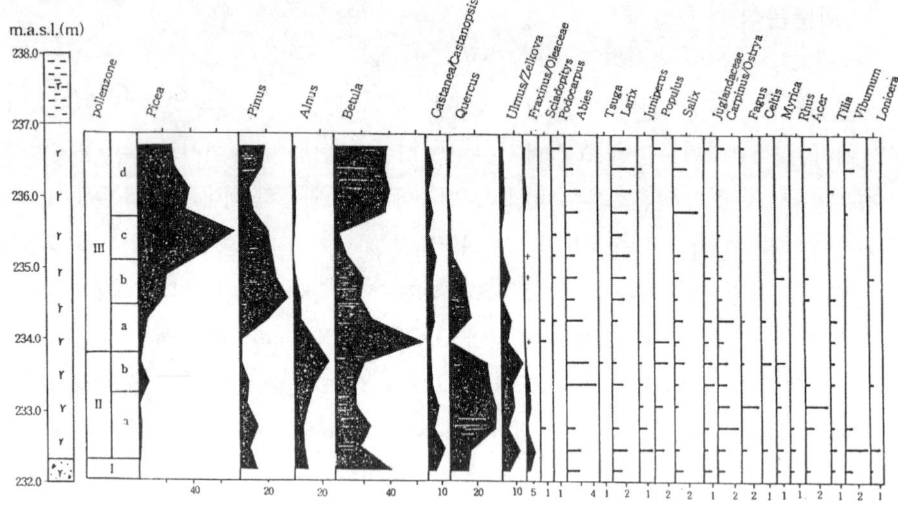

〈그림 6-4〉 Resolved Diagram of Profile YY1(AP)

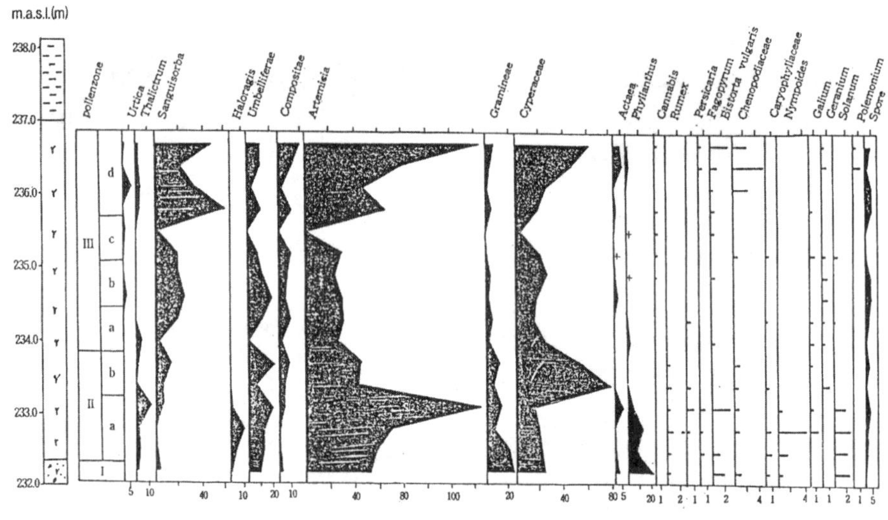

〈그림 6-5〉 Resolved Diagram of Profile YY1(NAP)

1) boring지점 영양1 (YY1)

이 boring 주상도 윗부분(해발고도 237.20m와 240.20m 사이)에는 매우 소량의 화분이 발견되어 화분 다이아그램에서 생략되었다. 따라서 검경은 아랫부분(232.20～236.90m)의 16층준에 대해 이루어졌다. 화분조성에 따라 3개의 화분대 및 아분대 즉, 화분대 YY1-I, 화분대 YY1-II (화분아분대 IIa, IIb)와 화분대 YY1-III (화분아분대 IIIa, IIIb, IIIc, IIId)로 구분되었다(<그림 6-3, 6-4, 6-5> 참조).

(1) 화분대 YY1-I(232.25~232.55m) : *Betula* 우점시기

*Betula*가 40.5%로 우점하고 *Pinus*도 12.8%를 차지하여, AP 중 한냉기후 지표수목의 비율이 상당히 높다. *Quercus*, *Ulmus*/*Zelkova*와 *Fraxinus*/*Oleaceae*를 포함하는 EMW[2)]는 총 27.6%이며, 그중 *Quercus*가 13.6%로 상대적으로 높게 출현하는 편이다. 온난습윤 지표수목인 *Alnus*가 9.1%이며, 온난건조 지표수목으로 볼 수 있는 *Castanea*가 4.1%로 비교적 낮게 출현한다.

NAP에서는 *Artemisia*가 가장 높은 비율을 점하여 52.9%. Gramineae 및 Cyperaceae가 각각 20 내지 25%, Chenopodiaceae 그리고 *Bistorta vulgaris* 및 *Solanum* 등이 각각 2~3%씩 출현한다.

(2) 화분대 YY1-II(232.55~234.05m) : EMW 우점시기. *Alnus* 절정기

전 시기를 통해 EMW(*Quercus* 25%, *Ulmus* 10%, *Fraxinus*/*Oleaceae* 2~5% 정도)가 약 40%로 크게 우점하고, *Alnus*가 증가하여 peak를 이룬다. 그밖에 *Carpinus*/*Ostrya*, *Castanea*, *Populus*, *Juglans*, *Fagus*, *Celtis*, *Corylus*, *Acer* 그리고 *Tilia* 등의 낙엽활엽수림의 비율이 다른 시기에 비해 상대적으로 높다. 반면 Betula의 비율은 약 20%로 크게 감소했고, Picea와 *Pinus*도 이 시기에 최소치를 나타낸다.

NAP의 비율은 화분대 I, II를 통하여 총 화분량의 60-70%로 비교적 높다. 그 중 *Artemisia*, *Cyperaceae* 그리고 Umbelliferae가 상당량을 차지하며, 특히 Gramineae와 *Phyllanthus*는 상대적으로 다른 시기에 비해 그 비율이 높다.

이 화분분대는 화분조성에 따라 2개의 아분대 IIa와 IIb로 나누어진다.

① 화분아분대 IIa(232.55~233.45m) : EMW 증가, *Artemisia* 절정기

EMW는 크게 증가하여 233.3m에서 41.1%를 차지하여 peak에 도달한다. 그 중 *Quercus*가 35%로 대부분을 점하고 *Ulmus*/*Zelkova*와 *Fraxinus*/*Oleaceae*도 이 시기에 최대치에 도달한다. *Picea*는 1~2%에 불과하다.

NAP로는 *Artemisia*가 급증하여 150%로 peak를 이룬다. 또한 *Haloragis*는 5~10%로

2) EMW(Eichenmischwald): 참나무혼합림. 유럽에서는 *Quercus*, *Ulmus*, *Tilia*, *Fraxinus*와 *Acer* 등이 그 분포나 기후조건이 유사하기 때문에 EMW로 총괄하는 경우가 많다.

이 시기에만 출현한다. 그 밖에 *Rumex, Bistorta vulgaris, Nymphoides* 그리고 *Solanum*의 출현율도 1~2%로 비교적 높다. Cyperaceae는 20% 내외에 불과하다.

② 화분아분대 IIb(233.45~234.05m) : *Alnus* 절정기, Cyperaceae 절정기, EMW 감소시기

여전히 EMW가 35~40%로 우점하고 있으나 감소경향을 나타내고, *Alnus*는 계속 증가하여 233.9m에서 25.5%로 절정기에 도달한다. *Betula*는 다시 20%를 넘으며 증가경향을 나타낸다. *Pinus*는 계속 감소하여 이 시기 말경에 2%이하로 최소치에 이른다.

NAP 중 *Artemisia*는 급감하여 40%에 불과하며 그 대신 Cyperaceae가 급증하여 80%가 넘게 출현하여 peak를 이룬다. *Phyllanthus*, *Haloragis* 그리고 *Solanum*은 거의 나타나지 않는다.

(3) 화분대 YY1-III(234.05~237.05m) : *Betula* → *Pinus* → *Picea* → *Betula* 절정기

한냉기후 수목인 Betula, Pinus와 Picea가 교대로 peak에 오르면서 우점하는 시기이다. 반면 낙엽활엽수림의 EMW, Alnus 및 Carpinus/Ostrya는 크게 축소되었다. 이전 시기에 비해 초본류는 총 화분량의 50%를 점하여 크게 감소했다. 그 중 Gramineae는 5%에 불과하고 *Thalictrum*과 *Haloragis*의 폐쇄곡선도 중단되었다. *Artemisia*와 *Cyperaceae*도 약 20% 가량 출현한다.

이 화분분대는 *Betula*, *Pinus*와 *Picea*의 우점시기에 따라 IIIa, IIIb, IIIc, IIId 네개의 아분대로 구분된다.

① 화분아분대 IIIa(234.05~234.65m) : *Betula* 절정기

*Betula*가 234.2m에서 65.2%까지 급격히 증가하여 peak를 이루는 대신 상대적으로 *Quercus*는 크게 축소되어 0.4%를 나타낸다. 이후 *Quercus*는 다시 증가하였으나, 화분분대 II 시기에 비해 크게 축소되어 20~23%에 그친다. *Ulmus/Zelkova*도 계속 감소하여 5~7%에 불과하며 *Fraxinus/Oleaceae* 의 폐쇄곡선은 중단된다. *Alnus*는 급격히 감소하여 234.5m 층준에서 4.6%까지 이르는 반면, *Picea*는 비로소 증가하기 시작하여 4.5%까지 도달한다.

② 화분아분대 IIIb(234.65~235.25m) : *Pinus* 절정기

234.8m에서 *Pinus*는 급속히 증가하여 35.9%로 peak에 도달한다. *Picea*도 계속 증가하여 235.1m에서는 20.6%까지 도달한다. 이때 *Alnus*는 계속 감소하여 1.2%에 이르고 EMW도 다소 감소하여 20%정도 점한다. *Larix*도 2% 정도까지 증가했다.

초본류의 경우 *Pinus*의 절정기에 *Sanguisorba*와 Umbelliferae는 20~25%로서 작은 peak를

이루고, Cyperaceae도 235.1m에서 26.7%를 차지하여 미약하나마 증가경향이 나타난다.

③ 화분아분대 IIIc(235.25～235.85m) : *Picea* 절정기

235.7m 층준에서 *Picea*가 70.7%로 peak를 이룬다. *Pinus*는 감소하여 약 20%, *Betula*도 계속 감소하여 3.6%까지 축소된다. EMW는 이 시기에 이르러 본격적으로 축소되었다. *Quercus*는 11%, *Ulmus*도 0.2%에 불과하다. 이 때 초본류도 크게 축소되어 총 화분량의 10%에도 미치지 못했다. *Sanguisorba*도 2.3%로 감소했고, Umbelliferae와 Compositae는 전혀 나타나지 않으며, *Artemisia*, Gramineae, Cyperaceae도 미량 출현할 뿐이다. Spore의 비율도 1%이하로 극히 낮아진다.

④ 화분아분대 IIId(235.85～237.05m) : *Betula* 확장기, NAP 확장기

*Betula*가 다시 세력을 회복하여 전시기에 걸쳐 약 40%로 크게 우점한다. Picea는 계속 감소하여 236.9m에서 26%에 이른다. *Picea*의 절정기 이후 크게 감소했던 *Pinus*는 *Picea*가 계속 감소하는 동안 다시 증가하기 시작하여 약 20%까지 도달한다. *Abies*는 1～2%, *Larix*는 3～4%수준을 유지한다. EMW의 출현율은 여전히 낮아 최대치가 5%에도 미치지 못한다. *Castanea*의 비율도 2～5%로 비교적 감소했다.

대부분의 초본류는 이 시기에 크게 증가하여 마지막 층준인 236.9m에서 peak에 도달한다. 즉, *Artemisia*, Cyperaceae와 Compositae는 급격히 증가하여 이 층준에서 각각 146.8%, 63.2% 그리고 18.2%까지 도달한다. 그 밖에 *Urtica*, *Thalictrum*, *Actaeae*, *Phyllanthus*, Chenopodiaceae, *Fagopyrum*, *Bistorta vulgaris*와 *Plantago* 등도 증가하였다.

2) boring지점 영양2 (YY2)

화분분석은 232.7～239.5m 사이의 24층준에서 실시되었다. 화분조성 및 영양1에서 이루어진 분석결과와 대비하여 화분대 YY2-III(IIIa, IIIb, IIIc, IIId), IV(IVa, IVb)와 YY2-V(Va, Vb, Vc)로 구분하였다 (<그림 6-6～6-8> 참조).

(1) 화분대 YY2-III(232.60～235.75m) : *Betula* → *Pinus* → *Betula* → *Picea* 우점시기

전 시기를 통하여 NAP가 70～80%를 차지한다. 그 중 *Sanguisorba*가 약 60% 그리고 *Artemisia*가 100% 이상의 높은 비율로 꾸준하게 나타난다. 또한 비록 변화는 심하지만 Umbelliferae가 20～100%, Gramineae가 10～80・90%로 상당히 높은 비율을 차지한다.

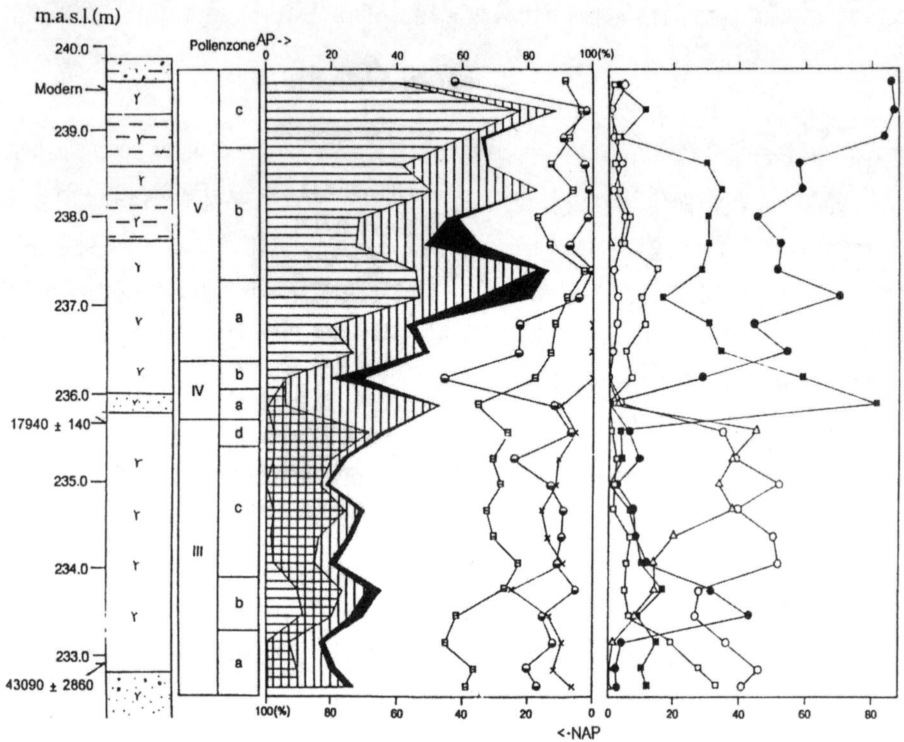

〈그림 6-6〉 Cumulative & Composite Diagram of Profile YY2

그밖에 Compositae가 10～20%, Cyperaceae가 10～30%, *Bistorta vulgaris*, Chenopodiaceae, *Thalictrum*, *Phyllanthus*, Actaceae 등이 각 5% 정도 출현한다. *Ultica*, *Galium*, *Lysichton*, *Geranium*, *Solanum*, *Xanthium* 그리고 *Polemonium* 등이 소량이지만 이 시기에 나타난다.

목본류 중에서 EMW를 포함하는 낙엽활엽수림의 비율은 매우 낮다. 한냉기후 지표인 *Picea*, *Betula* 그리고 *Pinus* 가 AP의 대부분을 차지하는데, 이들의 우점시기에 따라 이 화분분대는 4개의 아분대 즉, IIIa, IIIb, IIIc, 그리고 IIId로 나누어진다.

① 화분아분대 IIIa(232.60~233.35m) : *Betula* 우점시기

Betula가 232.9m에서 45.9%로 peak를 이루며 우점한다. 이 시기에 *Alnus*도 약 20～30%로 그 비율이 높다.

NAP중 *Artemisia*가 233.2m에서 268.3%로 peak를 이루고, Umbelliferae는 232.9m에서 100%로 peak를 이룬다. Compositae도 이 화분 아분대에서 약 20%로 최대치를 나타낸다.

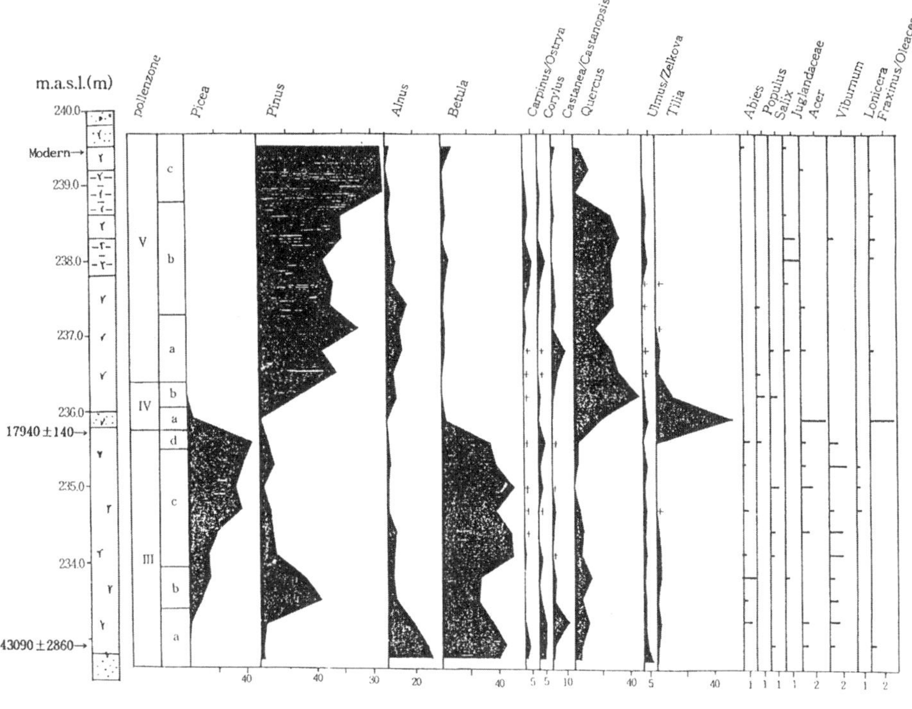

〈그림 6-7〉 Resolved Diagram of Profile YY2(AP)

② 화분 아분대 IIIb(233.35~233.95m) : *Pinus* 우점기

이 시기에 *Pinus*의 화분량이 급증하여 233.5m에서는 43.9%로 peak를 이룬다. *Picea*는 계속 증가하여 이 아분대 마지막 층준에서 14.6%까지 도달한다. *Pinus*가 급증한 대신 *Betula*가 30%로 축소된다. *Abies*가 1-2%로 출현한다. 그 밖에 *Alnus*, *Corylus* 그리고 *Castanea* 등은 감소되고 EMW는 별 변화가 없다. 이 시기에 NAP도 다소 축소된다. *Artemisia*가 급격히 감소되어 50%에도 미치지 못한다. Umbelliferae는 20% 이하로 감소되고, Compositae는 약 5%, Gramineae와 Cyperaceae도 감소하여 1%에도 미치지 못한다. *Phyllanthus*, *Persicaria*, *Bistorta vulgaris* 그리고 Caryophyllaceae 등은 이 시기에 현저히 감소한다. 그러나 *Sanguisorba*는 오히려 80%까지 증가했다.

③ 화분 아분대 IIIc(233.95~235.45m) : *Betula* 우점시기, *Picea*와의 경쟁시기

*Pinus*가 다시 급격히 감소하여 5-6%를 점한다. 그 대신 *Betula*는 다시 증가하여 약 50% 정도에 이르며 우점한다. *Alnus*는 계속 감소하여 1%에도 미치지 못한다. EMW도 미약하나마 감소한다. 반면 *Picea*는 급격히 증가하여 약 40%까지 도달하며, *Betula*와

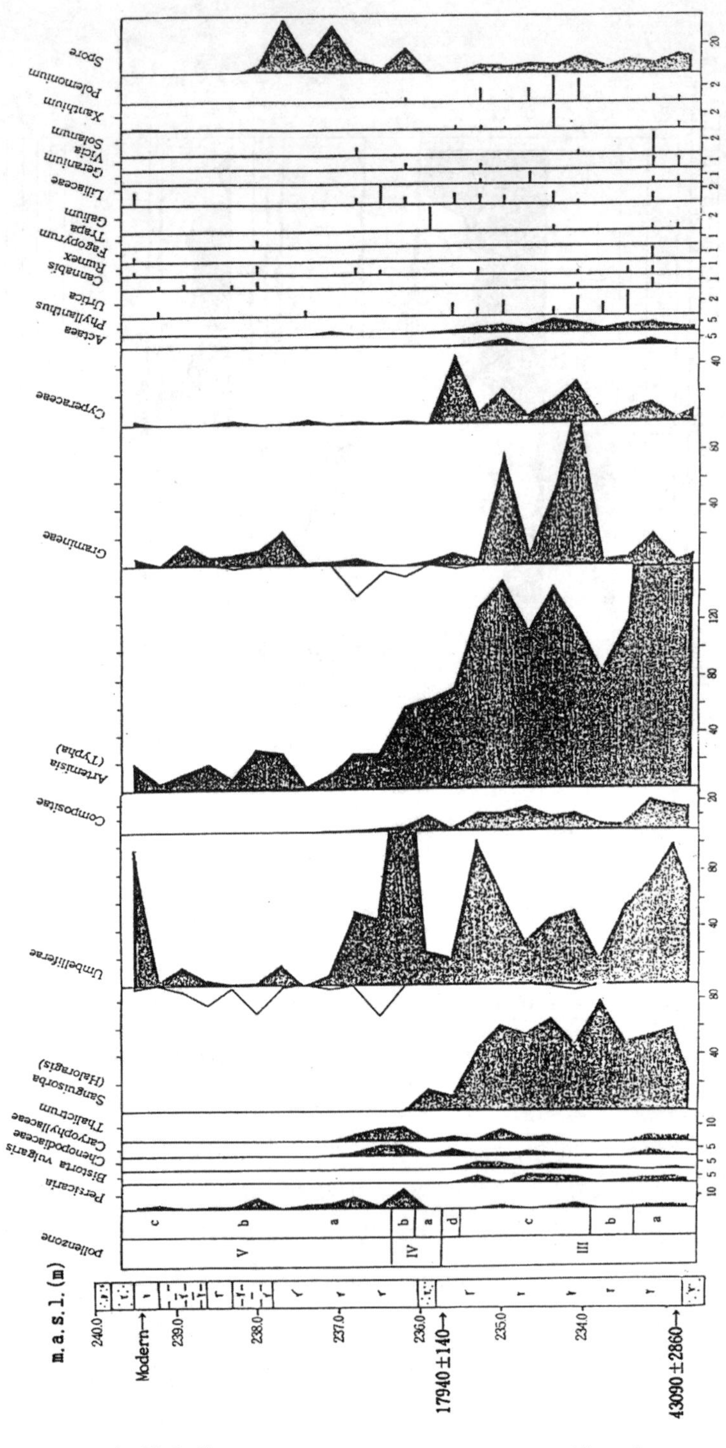

〈그림 6-8〉 Resolved Diagram of Profile YY2(NAP)

면상대칭관계[3])를 이루며 선두다툼을 벌인다.

NAP는 다시 우세해져서 *Betula*가 우점하던 화분아분대 IIIa시기와 유사한 패턴을 나타낸다. 234.1m층준에서 Gramineae가 120%로 peak에 도달하며 이 시기에 크게 확대된다. *Polemonium*이 2-3%까지 비교적 크게 증가한다.

④ **화분 아분대 IIId(235.45~235.75) : *Picea* 우점기**

*Picea*가 계속 증가하여 235.6m에서 44.8%로 peak를 이루면서 *Betula*에 우점한다. 이때 *Betula*는 상대적으로 감소하여 35%에 이른다. 기타 목본류는 별 변화가 없다. NAP는 크게 축소된다. 즉, *Sanguisorba*는 11.2%, Umbelliferae는 18.2%, *Artemisia*는 12.6% 그리고 Compositae는 2.0%까지 감소한다. 반면 Cyperaceae는 증가하여 50%로 peak를 이룬다. Spore는 이 시기에 거의 나타나지 않는다.

(2) 화분대 YY2-IV(235.75~236.35m) : EMW 시기

*Tilia*와 *Quercus*를 중심으로 *Ulmus*/*Zelkova* 그리고 *Fraxinus*/*Oleaceae*의 비율이 비교적 높아 EMW우점시기가 된다. 그중 *Tilia*와 *Quercus*가 화분대 구분에 영향을 미치며, 이들의 화분조성 변화에 따라 이 화분대는 2개의 아분대 IVa와 IVb로 나누어진다.

① **화분 아분대 IVa(235.75~236.05m) : *Tilia* 시기, Holocene로의 전환기**

*Tilia*가 급격히 증가하여 55.5%로 peak를 이루고, *Quercus*도 다시 증가하기 시작하여 18.5%에 이른다. *Picea*와 *Betula*는 급격히 감소하여 각각 3.7% 정도 출현한다. 초본류는 현저히 감소하여 Gramineae, Cyperaceae와 *Phyllanthus* 등의 폐쇄곡선은 중단된다. 그러나 *Sanguisorba*, Umbelliferae, Compositae 그리고 *Artemisia* 등은 여전히 화분아분대 IIId와 비슷한 비율로 출현하고 있다.

② **화분아분대 IVb(236.05~236.35m) : *Quercus* 우점시기**

*Quercus*는 급격히 증가하여 236.2m에서 46.3%로 peak를 이룬다. *Tilia*의 비율은 크게 감소하여 11.2%를 나타낸다. 반면 *Pinus*는 크게 증가하여 15.4%에 도달한다. *Alnus*도 다시 증가하기 시작하여 6.9%를 나타낸다.

NAP비율은 여전히 높아 총화분량의 80%를 차지한다. 그중 Umbelliferae가 221.7%로서 peak를 이룬다. *Artemisia*도 88.8%로서 여전히 높은 비율을 차지한다. *Persicaria*가 15%로

---

3) "면상대칭관계"란 거울에 상이 비치는 것과 같은 대칭관계에 있음을 뜻한다.

peak를 이루고 Caryophyllaceae와 *Thalictrum*이 각각 8%와 12%로 크게 증가했다. *Typha*도 6.9%로 크게 증가했다. 그러나 화분대 III에서 중심초본이었던 *Sanguisorba*, Compositae, Gramineae 그리고 Cyperaceae는 크게 축소되어 거의 나타나지 않았다.

(3) 화분대 YY2-V(236.35~239.80m) : *Pinus* 우점시기, 삼림시대

총 화분량에서 목본류가 차지하는 비율이 60-80%로 크게 증가하고, 절대 화분량도 화분대 I, II, III시기에 비해 2배 이상 증가했다.

목본화분량 중 *Pinus*가 전 시기에 걸쳐 크게 우점한다. 또한 이 시기의 중심수종인 *Quercus*와 면상대칭관계에 있다. 따라서 이 두 수종간의 증감변화에 따라 아분대를 구분하였다. 이 화분대는 Va, Vb 그리고 Vc 등 3개의 아분대로 나누어진다.

① 화분 아분대 Va (236.35~237.55m) : *Pinus* 확장기, *Alnus* 증가시기

*Pinus*가 급격히 증가하여 237.10m에서 69.9%로 peak에 달한다. 이 때 *Alnus*도 약 15%로 꾸준히 증가한다. 반면 EMW는 급격히 감소하여, *Quercus*는 15.4%, *Tilia*는 0.5%에 불과하며, *Ulmus*/*Zelkova*는 거의 나타나지 않는다.

전체적으로 NAP의 비율도 크게 줄어 237.10m에서는 총 화분량의 20%에도 미치지 못한다. Caryophyllaceae와 *Thalictrum*이 각각 5~10%정도 차지하다가 이 아분대 말기에는 사라진다. 30~50% 정도로 이시기 초본류의 상당비율을 차지하던 Umbelliferae와 *Artemisia*도 이시기 말경에 크게 축소된다. 이 시기동안 크게 증가하던 *Typha*는 236.80m층준에서 21.4%로 peak를 이루나 237.10m에서 폐쇄곡선이 중단된다. 반면, 대부분이 Polypodiaceae인 Spore의 비율은 크게 증가하여, 이 층준에서 26.1%로 peak를 이룬다.

② 화분 아분대 Vb(237.55~238.75m) : *Quercus* 및 다양한 수종의 낙엽 활엽수림의 증가시기

*Pinus*는 축소경향을 보이나 여전히 50%를 넘어 우점종이다. 이에 반해 *Alnus*는 5% 이하로 감소경향을 나타낸다. *Quercus*는 약 30%로 비교적 안정된 출현율을 보인다. *Ulmus*/*Zelkova*도 증가하여 2~3% 정도 출현한다. *Carpinus*/*Ostrya*와 *Corylus*도 4~5%까지 증가하고, *Juglans*도 폐쇄곡선을 이루며 2%가량 출현한다.

NAP의 비율은 화분 총량의 10~40% 사이에서 변화하며 이전 시기에 비해 크게 감소했다. 비교적 굴곡이 심한 편이다. 중심이 되는 초본류는 *Persicaria*, *Haloragis*, Umbelliferae, *Artemisia* 그리고 Gramineae 등이다. Gramineae는 이 시기부터 10~20%로 크게 증가한다. 기타 초본류들은 그 비율은 그리 높지 않다. 초기에 Spore는 237.7m에서

31.1%로 peak를 이루며 크게 증가하나 이후 소멸된다.

③ 화분 아분대 Vc(238.75~239.50m) : *Pinus* 확장기

*Pinus*는 다시 크게 증가하여 AP 중 85% 이상을 차지한다. *Quercus*는 현저하게 감소하여 2~10%에 불과하다. 239.50m에서 Umbelliferae가 100%까지 급증하고, *Artemisia*가 20%까지 증가한다. 이들을 제외한 다른 목본류와 초본류들은 그 비율이 매우 낮다. 이 층준에서 *Quercus*는 2.9%로 감소하고, *Betula*는 5%, *Castanea*는 2.5%까지 증가한다.

5. 고찰

1) 대비 및 편년

YY1, YY2 두 지점은 비교적 인접해 있음에도 불구하고, 퇴적상에 있어서 큰 차이가 있고 토탄의 화분조성에 있어서도 일견 상당한 차이를 나타내었다. 그러나 Composite Diagram에서 나타나는 AP의 우점시기를 대비함으로서 두 지점 간의 상호관계를 규명할 수 있었다.

결과적으로 연구지역은 5개의 화분대, 즉 화분대 I~화분대 V로 구분된다. YY1과 YY2의 두 지점에서는 공통적으로 화분대 III이 존재했으나, 화분대 I, II는 YY1에서만, 그리고 화분대 IV와 V는 YY2에서만 나타났다. 이들 각 화분대 및 아분대는 주로 목본화분의 우점시기로 구분되었고, 이들 우점수목들의 기후 및 기타 환경에 대한 생태적 특징에 따라 화분대가 구분되었다. 즉, 화분대 I은 한냉기후지표인 *Betula* 우점시기, 화분대 II는 *Quercus*를 주로 하는 온난기후지표인 EMW 우점시기, 화분대 III은 *Betula*, *Pinus*, *Picea* 등 한냉수목으로 구성되는 Boreal Element가 차례로 우점하는 시기, 화분대 IV는 다시 온난기후지표인 *Tilia*, *Quercus* 등 EMW 우점시기, 그리고 화분대 V는 침엽수인 *Pinus*의 우점시기이다. 이 5개 화분대는 다시 I, IIa, IIb, IIIa, IIIb, IIIc, IIId, IVa, IVb, Va, Vb와 Vc 등 12개의 아분대로 세분된다.

화분대 I, II, III은 compact하고, 섬유질이 심하게 분해된 하부토탄층에서 나타났고, 화분대 IVb와 V는 상부의 신선한 토탄층에 대비되었다. 퇴적상에서 부정합층으로 나타난, 하부토탄층과 상부토탄층간의 경계부 sand층은 화분아분대 IVa에 대비되며 *Tilia*우점시기로서 화분조성상에서도 점이기의 특성을 보인다.

또한 화분대 I, II, III은 NAP(Non-Arboreal Pollen) 시기로서 초본류의 비율이 매우 높고, 화분대 IVb와 V는 *Pinus*와 *Quercus* 등의 목본류가 월등하게 높은 비율을 차지함으로서 AP(Arboreal Pollen) 시기에 해당된다. 아분대 IVa는 NAP시기에서 AP시기는 이행해 가는 점이기이다.

화분대 I, II, III에서는 한냉기후의 지표로 언급되는 *Betula*, *Picea* 및 *Pinus* (다수의 P. pumila, P. koraiensis 등으로 간주되는 Haploxylon 포함)가 지속적으로 높은 비율을 차지하여 한냉했던 기후시기에 대비되고, 화분대 IV, V는 *Pinus* (P. densiflora 또는 P. thunbergii 등의 대다수의 Diploxylon 포함) 및 EMW가 우세하게 출현하여 온난했던 기후시기를 나타낸다.

화분 절대량에 있어서도 하부화분대 I, II, III의 화분총량은 상부화분대 IVb, V에 비해 상대적으로 적다. 그 경계층인 아분대 IVa의 경우, 출현하는 화분 절대량은 상,하부토탄층에 비해 극히 적어서 역시 과도기적인 특성을 보였다.

하부 화분대의 식생은 AP 중 가장 높은 비율을 나타내는 *Betula*가 *Alnus*와 함께 구하도상의 저습한 지대에 사는 목본류였고, *Pinus* 및 *Picea* 등 침엽수가 비교적 척박한 한냉기의 토양에서 주로 성장했던 것으로 보인다. 따라서 화분절대량이 낮고, 초본류의 비율이 목본류에 비해 매우 높은 하부화분대 형성시에는 상부화분대 형성기와 같은 삼림경관은 존재하지 않았고, Tundra지역과 같은 소림의 초지경관이 나타났을 것으로 간주된다.

탄소 연대측정 결과 YY2의 하부토탄층의 최하부, 즉 화분대 IIIa 초기의 시기는 43,000±2,100～2,860y.BP(TH-1,710)를 나타내고 하부토탄층의 최상부, 즉 화분대 IIId 말기는 17,940±140y.BP(TH-1711) 시기를 그리고 상부토탄의 최상부층에 해당하는 화분대 Va시기는 modern으로 측정되었다.

이상과 같은 사실에서 볼 때, 화분대 I, II 그리고 III은 플라이스토세의 마지막 빙기인 Würm빙기에 해당하고, 화분대 IV와 V는 홀로세에 대비되었다.

또한, 하부토탄층에 해당하는 화분대 I, II, III 및 이들 아분대 형성시기가 토탄층의 퇴적속도로 측정되었으며, 상부토탄층의 화분대 IV, V 및 아분대는 화분조성으로 그 형성시기가 유추되었다. 이들 편년과 대비는 다음 장에서 후술하고자 한다.

2) 식생 및 기후환경 변천

하부 화분대의 NAP는 주로 *Artemisia*, *Sanguisorba*, Umbelliferae, Gramineae와 Cyperaceae로 구성된다. 이러한 초본류는 당시 한냉한 기후시기에 삼림이 빈약한 가운데 번성했으며,

따라서 이 지역은 일사량이 충분했던 것으로 볼 수 있다. 이 시기 NAP 총량은 대략 AP의 150~200%에 달했다. 그 밖의 NAP로서 *Geranium*, *Phyllanthus*, *Solanum* 그리고 *Polemonium*은 비록 그 비율이 낮지만, 이 시기에 주로 출현하여 한냉기후 지표로서의 의미를 갖는다고 볼 수 있다.

이러한 초본류들은 그 비율에 있어서 YY1과 YY2 간에 다소 차이가 있다. YY1에서 NAP가 차지하는 비율은 총 화분량의 50~60%이고, YY2에서는 70~80%로서 YY2에서 NAP의 비율은 더욱 높다. 이와 같은 차이는 YY2지점에서 *Artemisia*가 YY1에 비해 대량으로 출현하는데, 그 원인은 두 지점 간의 미세한 환경차에서 기인된 것으로 보인다. 즉 보링지점 YY1은 동서로 뻗어있는 환류 구릉의 북 사면에 인접한 구 하도면 상에 위치하는데 반해 YY2는 배후산지의 남사면에 위치함으로서 보다 많은 수광량으로 인해 양지 식물인 *Artemisia*가 번성할 수 있었을 것이다(<그림 6-1> 참조).

화분대 I의 *Betula* 우점시기는 YY1의 최하부 모래층 위에 최초로 퇴적된 토탄층에서 나타났으나 232.4m의 한 층준에 불과하여, 속단하기 어려우나 비교적 한냉습윤했던 시기로 보여진다. 또한 EMW와 함께 *Alnus*, *Castanea/Castanopsis* 등의 비율도 다소 높은 편이다. 화분대 II로 향하는 점이기의 성격을 띤다.

화분대 II는 EMW우점시기인데 아분대 IIa에서는 Betula를 비롯한 한냉수목비율은 감소하였고, 반면 *Quercus*, *Ulmus/Zelkova*, *Fraxinus/Oleaceae*, *Alnus*, *Castanea/Castanopsis* 등의 온난성 수목들의 비율이 크게 높아졌다. 비교적 온난했던 기후환경이 화분대 II시기 동안 지속되었다. 아분대 IIa시기 동안은 *Artemisia*가 절정기에 이르는 것으로 볼 때, 기후는 온난화로 인해 다소 건조한 경향을 보인다. 후반기의 아분대 IIb시기에서는 EMW의 비율이 낮아졌으나, 오히려 *Alnus*는 최대치에 도달하였다. 이와 같은 경향은 온난한 가운데 점차 냉량 습윤한 환경으로 전환된 것을 반영한다.

화분대 III은 연구지역에서 나타난 전 화분대 가운데 가장 한냉하고 오래 지속된 기후시기로 특징지어지며, YY1, YY2에서 공통적으로 존재했다. 아분대 IIIa는 *Betula* 우점시기, 아분대 IIIb는 *Pinus* 우점시기로서 양지점에서 잘 대비된다. 그러나 아분대 IIIc에 이르러 YY1에서는 Picea 우점시기로, YY2에서는 *Betula* 우점시기로 나타나며, 이어 아분대 IIId시기에는 역으로 YY 1에서는 *Betula* 우점시기, 그리고 YY2에서는 *Picea*우점시기로 나타났다. 이러한 현상은 양 지역에서 식생 천이 과정의 차이에 기인한다.

YY1과 YY2에서 화분대 III시기 동안 퇴적된 토탄층의 두께는 공통적으로 3.0m이며, YY2에서 측정된 편년자료를 근거로 할 때, 시기적으로 약 43,000~15,000y. BP간에 걸쳐 퇴적되었으므로 토탄층의 퇴적속도는 0.107mm/y에 달한다.

〈표 6-1〉 Profile YY1과 Profile YY2 간의 화분대 대비

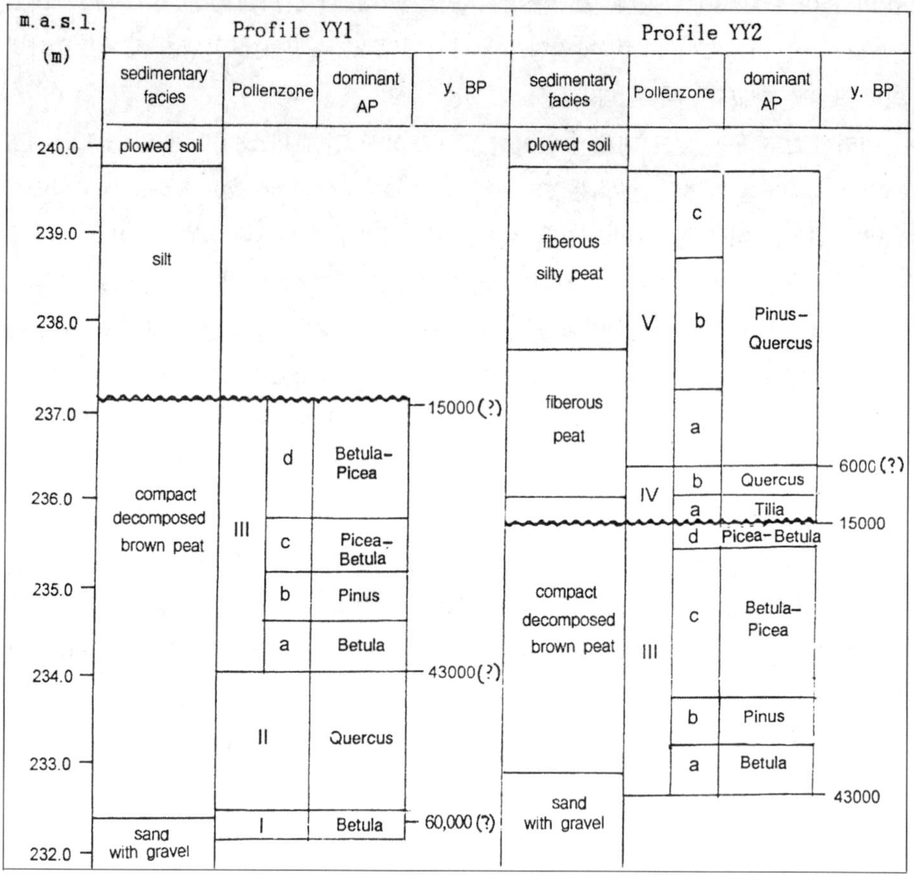

Profile YY1

m.a.s.l. (m)	sedimentary facies	Pollenzone		dominant AP	y. BP
240.0	plowed soil				
239.0–238.0	silt				
237.0	compact decomposed brown peat	III	d	Betula-Picea	15000(?)
236.0			c	Picea-Betula	
235.0			b	Pinus	
			a	Betula	43000(?)
234.0–233.0		II		Quercus	
		I		Betula	60,000(?)
232.0	sand with gravel				

Profile YY2

sedimentary facies	Pollenzone		dominant AP	y. BP
plowed soil				
fiberous silty peat	V	c	Pinus-Quercus	
		b		
fiberous peat		a		6000(?)
	IV	b	Quercus	
		a	Tilia	15000
compact decomposed brown peat	III	d	Picea-Betula	
		c	Betula-Picea	
		b	Pinus	
		a	Betula	43000
sand with gravel				

中村(1975)에 의하면 일반적으로 토탄층은 퇴적속도가 0.1~2.5mm/y이며, 평균 1.0mm/y에 이른다. 이렇게 볼 때, 화분대 I, II, III시기에 퇴적된 하부 토탄층은 퇴적속도가 매우 느리다. 이것은 토탄층이 상당히 분해되었고, 오랜 기간 동안 상부로 부터의 압력 등으로 인해 매우 compact하게 된 결과로 볼 수 있다.

위와 같이 계산된 토탄 퇴적률을 하부토탄층의 각 화분대에 대비하면, 그들의 형성 시기는 다음과 같다. 화분대 I은 약 60,000~57,000y. BP까지, 화분대 II는 57,000~43,000y. BP동안 그리고 화분 아분대 IIIa는 43,000~37,400y. BP간에, 아분대 IIIb는 37,400~31,800y. BP동안 형성되었다. 아분대 IIIc와 IIId는 두 지점 간에 다소 시기적으로 차이를 보인다(표 6-1).

YY1에서 우점 수목의 천이 과정은 아분대 IIIc의 Picea 우점시기에서 아분대 IIId의

Betula 우점시기로 다소 단순하게 이루어졌다. 그러나 이와는 달리 YY2에서는 보다 오랜 시기에 걸쳐 천이과정이 진행되었는데, 즉 아분대 IIIb의 Pinus 우점기 이후 아분대 IIIc 동안 우점한 *Betula*는 *Picea*와 지속적으로 심각한 경쟁관계에 있었고, 이후 아분대 IIId시기의 짧은 기간 동안 *Picea*가 최종적으로 우점하게 되었다. 토탄층의 퇴적속도에 따르면, YY1에서 아분대 IIIc는 31,800～26,200y. BP에 걸쳐 5,600년 동안, YY2에서 아분대 IIIc는 31,800～20,600y. BP의 약 11,200년 동안 계속되었다. Pollenzone은 생물층서학적 단위를 제공함으로써 "Biozone"이 되는 것이다. 따라서 비록 두 지역이 서로 인접하여 위치한다 하더라도 천이 과정은 다르게 진행됨으로서 아분대 IIIc, IIId의 수목 우점시기가 YY1과 YY2지점에서 다소 차이를 나타냈던 것으로 본다.

YY1에서 화분대 III시기를 통하여 나타난 *Picea*와 *Quercus*의 관계를 보면, 시종 *Picea*는 퇴적층의 상부를 향하여 점차 증가하고 *Quercus*는 감소함으로써 역의 상관관계에 있다. 지금까지 남한에서 행해진 화분분석 연구결과에서 *Picea*는 홀로세퇴적물 중에서 수목류 가운데 1%이하의 낮은 비율로 존재했다. 한반도의 여러 지역을 대상으로 연구한 Matusima(1941)의 화분분석 결과에 따르면, *Picea*는 북한의 평강, 용천 등지에서 5%까지 출현했지만, 그 밖의 지역은 아주 낮은 비율을 보였다. 그러나 Pleistocene 최종빙기 퇴적물에서는 비교적 높은 출현율을 나타내어 당시의 한냉한 기후환경을 나타내는 지표수목이 되고 있다. 예를 들면 가조지역의 30,000y. BP 경에 퇴적된 하안 단구상의 토탄층(조 외, 1987)과 17,000y.BP 경에 퇴적된 영랑호저 퇴적물에서(Yasuda et al., 1980, Chang et al., 1982) 높은 비율을 나타내었다.

Straka(1975)에 따르면 *Picea*는 북국형 대륙성 수목이다. 빙기를 통하여 중부 유럽으로 이동해 온 경로에 대한 확실한 증거나 가능한 추정은 볼가, 우랄, 카르파티아산맥 기슭, 남동부 알프스 주변부 등에서 찾을 수 있다. 후빙기가 진행되면서 *Picea*는 중부 유럽으로 이동해 왔다. 만빙기 동안 알레뢰드 변동기(Allerödwärmeschwankung)를 거치는 동안 북동부 알프스에서 눈에 띄게 번성했고, 보레알기에 이르러 동남부 유럽에서 빈번하게 출현한다. 그러나 *Picea*가 겨울이 온화한 해양성 기후를 싫어하여 서브아틀란틱기의 습윤했던 시기에는 확실하게 감소되었다.

Bartlein *et al.*(1986)에 의하면, 각종 화분의 출현확률은 연 강수량 및 7월 기온과 밀접하게 관련된다(그림 6-9). 즉, *Picea*의 최적 성장을 위해서는 7월 평균기온 12-15℃, 연 강수량 800～1,200mm이고 1,500mm를 넘지 않아야 한다. *Quercus*의 경우, 7월 평균기온 25℃, 연 강수량 1,000mm를 제시했다. Webb(1985)의 diagram에서는 *Picea*와 *Quercus*의 연 평균기온과 연 강수량간의 밀접한 관련성을 보여준다(그림 6-10). 즉, 연평균 4℃가 *Picea*와

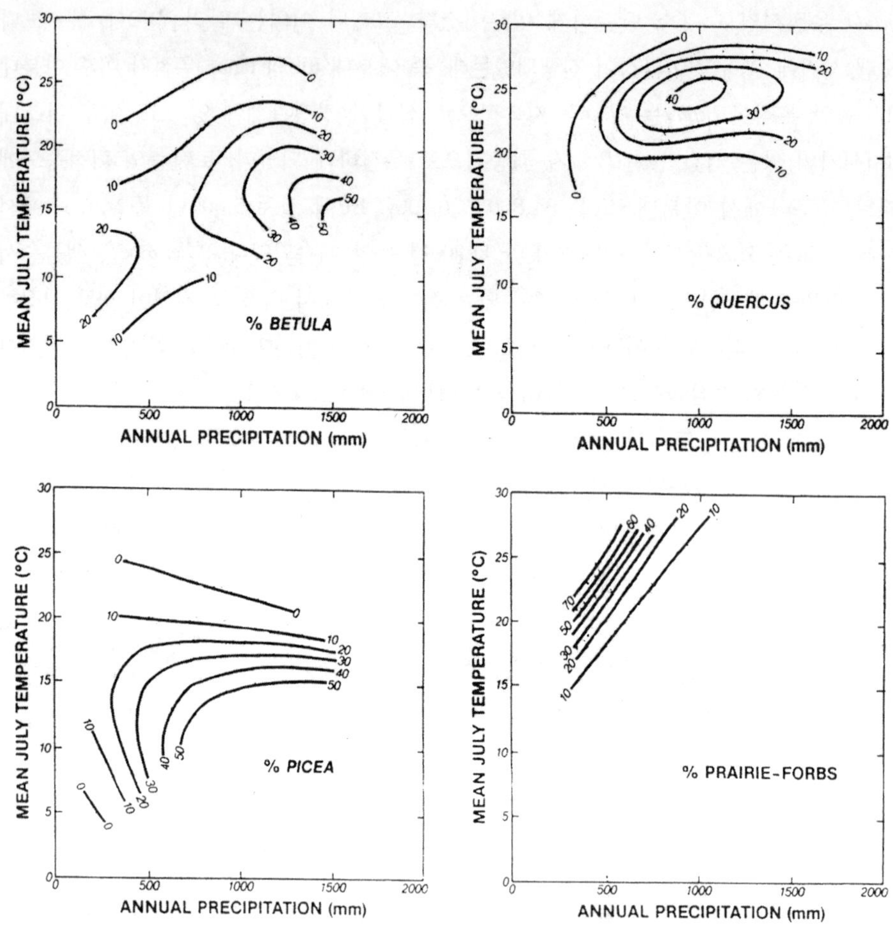

〈그림 6-9〉 Bartlein *et al*. (1986)에 의한 *Betula*, *Quercus*, *Picea* 및 초지식물화분의 온도 및 강수량에 따른 분포도

*Quercus*의 우점의 경계온도로 이보다 더 따뜻하면 *Quercus*가 우점하고, 더 냉량하면 *Picea*가 우점한다. *Picea*와 *Quercus*는 온도와 강수량에 대해 상호 반비례 관계에 있다. 이들의 관점에서 YY1 하부 화분대에 나타난 *Picea*와 *Quercus*의 증감 관계를 볼 때, 화분대 II시기이래 기후 환경은 점차 한냉해졌을 것으로 볼 수 있다.

*Betula*는 하부 화분대 거의 전 시기 동안 높은 비율로 나타나지만, YY1에서는 아분대 IIIc에서 Picea와 경쟁관계에 있었고, 이후 아분대 IIId시기에 *Betula* 우점기로 전환되었다. YY2에서도 아분대 IIIc, IIId에서 Betula는 높은 비율을 차지하며 *Picea*와 경쟁 관계에 있었다.

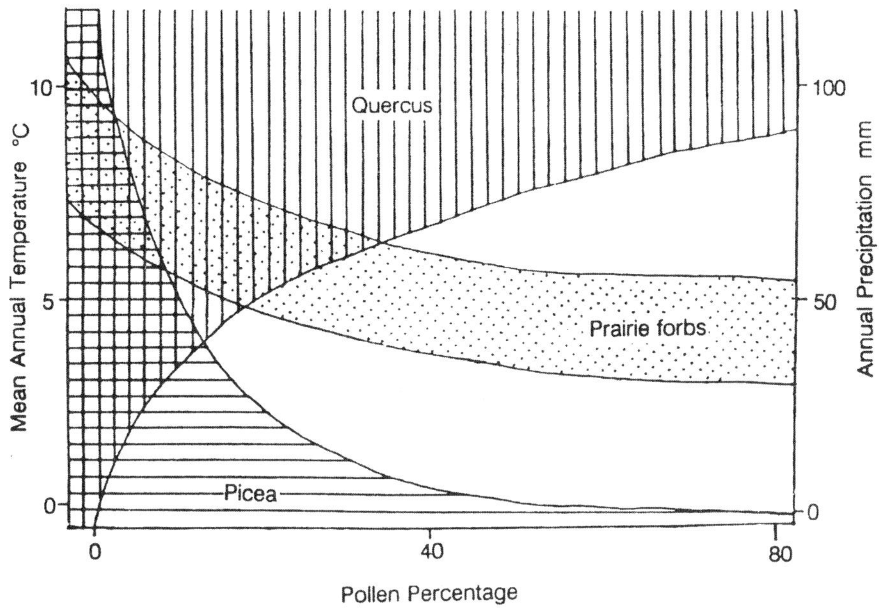

〈그림 6-10〉 Webb(1985)에 의한 Picea, Quercus 및 초지식물의 온도와 강수량과의 상관다이아그램

*Betula pendula*는 유라시아형의 성장요구량이 적은 한냉형 수목이다. 이는 벌목 및 화재로 인해 나타난 열린 공간상에 개척종으로서 중요성을 갖는다. 또한, *B. pubescens*는 유럽 시베리아형이며 스칸디나비아, 아일란드 및 그리인란드 등 극지 수목한계지역 그리고 고산지의 산림한계선까지 분포하여 추위에 대한 강한 저항력을 갖는 하부 식생이다. 그 성장적지는 습윤하고 유기질이 풍부한 토양이며, 저습지에서도 자주 출현한다(Straka, 1975). Bartlein *et al.*(1986)의 diagram에 의하면, *Betula*는 1,500mm정도의 많은 연강수량과 7월 평균기온 15℃를 적정온도로 하는 한냉습윤기후의 지표수종이다.

즉, 이들 수목의 화분조성에서 볼 때, 화분대 III시기를 통하여 기후는 점차 한냉해졌으나, 아분대 IIIc, IIId에서는 기온 저하로 인해 상대적인 습도는 증가했을 것이다. 또한 화분대 III의 마지막 시기는 Würm빙기의 절정기와 대비되어, 가장 한냉했던 시기로 볼 수 있다.

이 시기의 연구지역은 *Betula*와 함께 *Picea* 최성기를 나타내었으며, 이들 수목의 7월 최적 성장 요구온도로 미루어 볼 때, 현재의 연구지역의 7월 평균 기온을 약 25°C로 간주하더라도 10°C는 더 낮았던 것으로 추측할 수 있다.

아분대 IIId의 최상부층에서 측정된 연대와 曺華龍(1979), Yasuda *et al.*(1980)의 후빙기

화분분석 결과를 종합해 볼 때, 화분대 IVa는 약 15,000~7,000y. BP 간의 어느 시기에 형성된 것으로 간주할 수 있다. 이는 만빙기에서 완신세 초기를 포함하는, 즉, 만빙기의 Älteste Tundrenzeit에서 완신세의 Präboreal 간의 시기이다. Firbas(1949)에 의하면, 만빙기란 Älteste Tundrenzeit, Bölling, Ältere Tundrenzeit, Alleröd 그리고 Jüngere Tundrenzeit로 구분되고 있으나, 사실상 퇴적상에 결층이 있어 교란의 가능성이 있으므로 화분 조성으로 그 시기를 구분하는 것은 매우 어렵다.

또한 Bludau(1985)에 의하면, Algäu Alpen지역의 Ammergebirge에서 관찰된 완신세 초기의 Präboreal기에 형성된 퇴적층은 놀랄만큼 낮은 화분량과 퇴적층의 교란으로 저조한 화분분석 자료를 제공할 뿐 아니라, Boreal로의 이행기에도 이와 같은 지질적인 변화가 인정되고 있다. 연구지역에서 현저하게 나타나는 하부토탄층과 상부토탄층간의 퇴적학적, 古식물학적인 부정합 현상은 유럽과 유사하게 당시의 급격한 환경변화를 반영하는 것으로 추측된다.

이런 관점에서 볼 때, 화분아분대 IVa의 식생환경은 아분대 IVb로 가는 전환기이다. 즉, 이 시기의 화분 함유량은 극히 낮아 2cm^{3}당 51개의 화분이 동정되었다. 수목류로는 *Tilia*가 상대적으로 높은 비율을 차지했다. 이는 다른 화분대에서 극히 드문 현상인데, 아마 갑작스러운 후빙기 기후 온난화에 기인했을 것으로 보인다.

Yasuda *et al.*(1980)은 영양지역 화분아분대 IVa 시기와 유사한 영랑호지역 화분대 UII를 역시 홀로세로의 전환기로 인정했다. 이 층준이 sand와 세력으로 구성되었을 뿐 아니라 화분함유량도 낮았으며, 목본류 중 *Quercus*와 *Tilia*의 비율이 높아 연구 지역의 경우와 유사한 특색을 나타내고 있다. 아분대 IVa의 우점 수목인 *Tilia*는 아분대 IVb의 우점수목 *Quercus*와 함께 EMW 우점시기를 나타내어 화분대 IV의 동일한 범주에 넣을 수 있었다.

상부 토탄층에서 화분대 IVb는 *Quercus*를 주로 하는 EMW가 우점하고, 화분대 V는 *Pinus* (Diploxylon인 P. densiflora)가 우점하여 연구지역의 홀로세 식생환경을 대표한다. *Pinus*는 이 두 화분대를 통해 꾸준히 증가하여 화분대 V에서는 월등히 높은 비율을 차지하는데, 이러한 영양지역의 화분조성은 한반도 서해안 지역보다 동해안 지역과 잘 대비된다.

연구지역의 화분분석 결과를 동해안의 화분분석 연구결과와 비교하면, 연구지역의 *Quercus*가 우점하는 화분아분대 IVb의 토탄층은, 동해안지역 토탄층 퇴적속도를 감안할 때, 두께가 60cm로 매우 얇다. 이러한 사실은 아분대 IVa sand층 위에 이 시기 토탄층의 하부가 누락되었기 때문에 나타난 것으로 생각된다. 즉, 아분대 IVa에 계속된 지질학적인 부정합시기를 반영하는 것으로 볼 수 있다.

화분아분대 IVb가 시작되면서 *Pinus*가 높은 비율로 증가하지만, *Quercus*를 중심으로 하는 EMW 양에는 도달하지 못했다. *Tilia*의 비율도 여전히 높으며 *Alnus* 및 *Pinus densiflora*의 비율이 높아져 홀로세의 온난습윤한 환경이 본격적으로 조성되었음을 알 수 있다. 이러한 기후 환경은 갈색 삼림토의 생성에 영향을 미쳤고[4] 삼림지역이 확장되면서, 빙기의 하부 화분대의 주요 초본류였던 *Sanguisorba*, *Artemisia*, Gramineae와 Cyperaceae 등 초지식생경관은 점차 축소되었다. 또한 Umbelliferae와 *Typha*가 증가했던 것으로 볼 때, 습지로 공급되는 수분량도 다소 증가하였을 것이다. 이 아분대 YY2-IVb시기를 曺華龍(1979)의 포항지역 화분분석 결과와 대비하면, 화분조성으로 볼 때 그 형성시기가 약 6,000～7,000y. BP로 추정된다. 따라서 홀로세 초기에 해당되는 그 하부 약 3,000～4,000년 기간이 불연속 기간 속에 포함되었을 것으로 보인다.

화분대 V의 AP 비율은 전체화분량의 60～80%로서 NAP에 비해 절대적으로 높고, 화분조성도 단순하다. 또한 프레파라트당 검경된 화분총량이 하부토탄층의 2～3배에 달하므로, 화분대 V가 형성되는 동안 이곳은 수목류가 크게 번성한 삼림경관이 존재했음을 알 수 있다. 이는 당시에 기후가 온난하게 되어 수목의 개화능력이 크게 향상되었음을 뜻한다.

NAP 중 *Artemisia*, Umbelliferae, *Sanguisorba*, Compositae, Gramineae 그리고 Cyperaceae는 현저히 감소했으며, *Bistorta vulgaris*, Chenopodiaceae, *Phyllanthus, Solanum* 그리고 *Polemonium*도 거의 출현하지 않는다. 반면, *Persicaria*, *Haloragis* 그리고 *Typha* 등은 이 시기에 현저하게 증가하여 Gramineae와 함께 홀로세의 중심초본류가 된다. YY2에서 본 화분대 V는 약 3.5m두께로 상부토탄층에서 가장 두꺼운 층이며, *Pinus* 우점시기이다. *Pinus*는 *Quercus*와 함께 전체 수목류 중 80～90%를 차지하여, 이들이 당시 삼림형성의 주요 구성원이었다. 따라서 이 두 수목은 증감경향은 상호 면상대칭관계를 나타내므로, 그 변화에 따라 3개의 아분대로 나누어 진다. 즉, 아분대 Va에서 *Pinus*가 크게 증가하였다가 아분대 Vb에서 증가율이 둔화되었으나, 아분대 Vc시기에 그 절정기에 도달했다. *Quercus*의 비율은 그 역의 관계로 나타난다.

홀로세의 *Pinus*의 급격한 증가현상에 대해서는 몇몇 기존의 가설이 있으며, 기본적으로 *Quercus*에 대한 *Pinus*의 상대적인 증가현상은 기후의 냉량건조화 결과로 보고있다(曺 1979, Yasuda *et al.* 1980).

아분대 Vc에 이르러 *Pinus*는 크게 증가하였고, 초본류 중에는 특이하게 Umbelliferae가 높은 비율을 차지한다. 이로 인해 기타 식생은 거의 중요성을 갖지 못한다. 이와 같은

---

4) Iversen(1958a)과 Godwin(1959)에 의하면 mesocratische Boden-Elemente에 해당한다.

현상은 당시의 Pinus의 증가가 기후환경에 의한 것이라기보다 인간에 의한 벌목이나 화재에 연유한 이차림으로서의 성격으로 간주된다.

연구지역의 화분아분대 Va, Vb와 Vc의 화분조성특징은 曺華龍(1979)의 아분대 IIa, IIb 그리고 IIc와 공통성을 가지므로, 시기적으로 아분대 Va는 6,000~4,000y. BP, 아분대 Vb는 4,000~2,000y. BP 그리고 아분대 Vc는 2,000y. BP 이후로 잠정적으로 대비할 수 있다.

3) 한반도 중남부 내륙지방에 있어서 최종빙기와 후빙기의 기후변화

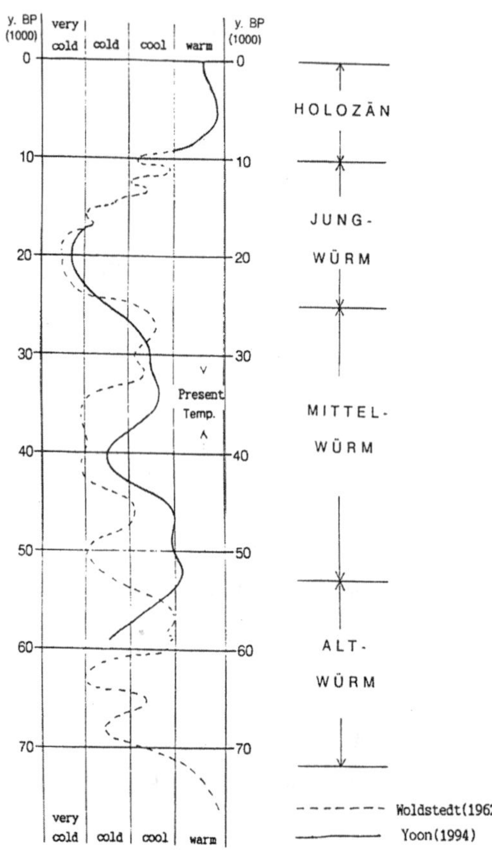

〈그림 6-11〉 영양지역의 마지막 빙기 및 후빙기의 가상기온 변화곡선

마지막으로 본 연구지역에서 화분분석으로 밝혀진 식생변천과정 및 ^{14}C연대측정결과와 기존의 밝혀진 지표수종(*Picea, Betula, Quercus* 등)의 생태적 특징연구를 기초로 60,000y.BP 이후 현재까지 한반도 중남부 내륙지방의 가상 기후변화 곡선을 복원하여 보았다(그림 6-11).

기후지표로서는 기온이 사용되었으나, 기온의 절대치가 아니라 Woldstedt(1962)가 선정한 '매우 한냉', '한냉', '냉량' 그리고 '온난'으로 구분했다. 이 그라프에 의하면, 40,000y. BP를 전후한 시기와 20,000y. BP를 전후한 시기에 기온의 저하현상이 나타나고, 특히 후자의 경우가 더욱 현저하다. 20,000y. BP를 전후한 시기의 기온저하는 최후빙기 최성기에 해당되는 것으로 볼 수 있으나, 40,000y. BP경의 기온저하를 소위 Early Würm으로 보아야 할 것인지는 확실하지 않다. 또 50,000y. BP의 온난기에 이어서 30,000y. BP를 전후한 시기에 기온의 상대적인 회복이 나타나는데 이 시기가 소위 Interstadial로 표현되는 아간빙기로 볼 수 있다. 특히, 화분대 II에서 EMW가 peak를 이루었던 50,000y. BP경은 Alt Würm에서 Mittel Würm으로 전환되던 시기로서 Haupt Interstadial로 간주된다.

10,000y. BP 이후의 후빙기 시기는 그 이전의 냉량 혹은 한냉수종이 주축을 이루던 것과는 달리 대부분이 온난수종으로 기온이 완전히 회복된 것을 알 수 있다.

특히, 화분대 II에서 EMW가 peak를 이루었던 50,000y. BP경은 Alt Würm에서 Mittel Würm으로 전환되던 시기로서 Haupt Interstadial로 간주된다.

6. 요약

영양부근 반변천이 절단감입곡류를 하여 생긴 구유로상에 약 7m두께의 토탄지가 형성되어 있다. 이 토탄지를 대상으로 boring 자료분석과 화분분석을 실시하여 토탄지의 지형발달과 제4기 식생 및 기후환경변화를 검토했다.

구유로상(연지와 원당지 일대)에 토탄지가 형성된 것은 주위산지에서 공급된 선상지성 퇴적물에 의해 구유로가 막혀 습지가 형성되었기 때문에 가능했던 것으로 볼 수 있다.

토탄층은 그 특징에 따라 하부층과 상부층으로 구분되며, 이들 사이에는 부정합관계가 있다. 탄소연대측정자료. 각 화분분대 화분조성상의 특징. 토탄퇴적속도 등으로 볼 때 하부토탄층은 대략 60,000년 BP경부터 퇴적되기 시작하여 만빙기까지, 상부토탄층은 완신세 중기경부터 거의 현재까지 형성된 것으로 추정된다.

boring지점 1(YY1)과 지점 2(YY2)의 토탄층 화분분석 결과는 수목류의 우점시기로 대비할 때, 총 다섯 개의 화분대(화분대 YY I, YYII, YYIII, YYIV와 YYV)와 12개의 아분대로 구분되었다. 두 지점 간에는 퇴적상뿐 아니라 화분조성에서도 일견 차이가 있다. 즉 공통적으로 화분대 III이 존재했으나 화분대 I, II는 주상도 YY1에서만 화분대 IV와 V는 주상도 YY2에서만 나타났다.

하부토탄층은 화분대 I, II, III시기를 포함하며 NAP시기로서 쑥(*Artemisia*)속, 오이풀(*Sanguisorba*)속, 미나리과(Umbelliferae), 벼과(Gramineae)와 사초과(Cyperaceae)등 초본류의 비율이 월등히 높고, 한랭기 수목으로 출현하는 가문비나무(*Picea*)속, 소나무(*Pinus*)속, 자작나무(*Betula*)속 등의 목본류를 포함하며, 이들 목본류의 절대화분량은 상부토탄층에 비해 극히 적어 삼림밀도가 낮은 Würm빙기의 식생경관을 나타내었다.

상부토탄층은 화분대 Ⅳb, Ⅴ시기를 포함하며, AP시기로서 *Pinus*와 *Quercus* 등이 높은 비율로 나타나고 절대 화분량도 많아 홀로세 온난기의 삼림경관을 나타내었다.

각 화분대 및 아분대 우점수목의 기후환경에 대응하는 생태적 특징으로 작성한 가상 기온변화곡선의 내용은 다음과 같다. 화분대 Ⅰ은 *Betula*-우점기로서 약 57,000년 BP까지 형성되었으며, 상대적 한랭기로 간주된다. 화분대 Ⅱ는 EMW우점시기로서 57,000～43,000년 BP에 형성되었으며, Alt Würm에서 mittel Würm으로 전환되는 Interstadial로 간주된다. 화분대 Ⅲ은 43,000～15,000년 BP간의 가장 오랜 시기를 포함하며 mittel Würm～Jung Würm기에 해당한다. 한랭기인 화분대 Ⅲ 시기 중에는 *Betula*, *Pinus*, *Picea* 등의 목본류가 교대로 우점하는데, YY1에서 *Quercus*와 *Pinus*의 화분조성 변화로 볼 때 아분대 Ⅲd시기가 가장 한랭하였을 것으로 추정된다. 화분아분대 Ⅳa는 하부 화분대와 상부 화분대간의 전환기층으로 피나무(*Tilia*)속 우점기로 나타나며, Holocene에 해당하는 화분대 Ⅳb와 Ⅴ는 약 7,000년 BP부터 현재까지 식생변화로 각각 *Quercus*와 *Pinus*가 우점하는 시기로 한국 동해안의 曺(1979)의 화분대 Ⅰ과 Ⅱ에 각각 대비된다.

Bartlein *et al.*(1986)의 diagram을 통해 볼 때 영양지역의 Würm빙기 최성기의 7월 평균기온은 현재보다 약 10℃ 더 낮았을 것으로 추측된다.

참고문헌

윤순옥. 1994. 「도대천 충적평야의 홀로세 퇴적환경」. 지리학총, 21·22. 1～22쪽.

曺華龍. 1979. 「韓國東海岸地域における後氷期花粉分析學的研究」. 東北地理, 31. 23～35쪽.

조화룡. 1984. 『한국의 충적평야』. 교학연구사.

조화룡 · 장호 · 이종남. 1987. 「가조분지의 지형발달」. 제4기학회지, 1(1). 35～45쪽.

조화룡 · 황상일 · 윤순옥. 1994. 「후빙기 후기 가와지곡의 환경변화」. 한국지형학회지, 1(1). 3～16쪽.

Barber, K. E. 1981. *Peat Stratigraphy and Climate Change*. Rotterdam: A. A. Balkema.

Bartlein, P. J., I. C. Prentice & T. Webb III. 1986. "Climate response surfaces from pollen data for some eastern North American taxa." *Jour. Biogeogr*, 13. pp.35～57.

Bell, M. & M. J. C. Walker. 1992. *Late Quaternary Environmental Change*. New York: Longman Scientific & Technical.

Birks, H. J. B. & H. H. Birks. 1980. *Quaternary Paleoecology*. London: Edward Arnold.

Bloom, A. L. & Y. A. Park. 1985. "Holocene sea-level history and tectonic movement, Republic of Korea." *The Quaternary Research*, 24(2). pp.77～84.

Bludau, W. 1985. *Zur Paläoökologie des Ammergebirges*. Rheinfelden: Schäuble Verlag.

Chang, C. H. & C. M. Kim. 1982. "Late-Quaternary Vegetation in the lake Korea." *Korean Jour. Botany*. vol. 25(1). pp.37~53.

Delcourt, H. R. & P. A. Delcourt. 1987. *Long-Term Forest dynamics of the Temperate Zone*. Heidelberg: Springer Verlag.

Faegri & Iversen. 1989. *Textbook of Pollen Analysis*, 4th ed. New York: John Wiley & Sons Ltd.

Firbas, F. 1949. *Spät- und Nacheiszeitliche Waldgeschichte Mitteleuropas nördlich der Alpen*. Bd. I-Jena: Gustav Fischer Verlag.

Frenzel, B. 1968. *Grundzüge der pleistozänen Vegetationsgeschichte Nord-Eurasians*. Erdwiss. Forschg., 1. Wiesbaden: Franz-Steiner-Verlag.

Klink, H. J. and E. Mayer. 1983. *Vegetationsgeographie*. Braunschweig: Westermann.

Matusima, M. 1941. "Betrachtung zur Waldentwicklung in Korea auf Grund von Pollenstatistik." *Jap. Jour. Forst.*, vol.23. pp.441~450.

Patrick, J., Bartlein, I., Prentice, C. & Webb III, T. 1986. "Climatic response surfaces from pollen data for some eastern North American Taxa." *Jour. Biogeogr.*, 13. pp.35~57.

Straka, H. 1975. *Pollen und Sporenkunde*. Stuttgart: Gustav Fisher Verlag.

Walter, H & Straka, H. 1970. *Arealkunde. floristische-. historische Geobotanik. Einfuerung in die Phytologie* III/2,2 Aufl. Stuttgart: Eugen Ulmer Verlag.

Woldstedt, P. 1962. "Ueber die Gliederung des Quartaers und Pleistozaens." *Eiszeitalteru. Gegenwart*, Bd. 23/24. pp.115~124.

Yasuda, Y., Tsukada, M., Kim, J. M., Lee, S. T. & Yim, Y. J. 1980. *Environmental changes and Agricultural Origin in Korea*. Jap. Min. Educ. Overseas Res. Rep:1-19.

Yoon, S. O. 1994. "Untersuchungen zur jungquartären Vegetationsentwicklung in den Flussgebieten des Gawaji-, Dodaecheon-, Youngyang-, Unsan- und Jumunjin-Gebietes Suedkoreas." Dissertation. Freiburg Univ..

CHAPTER 7

Holocene 중기에 있어서 도대천 유역의 퇴적 환경 변화*

1. 서론

도대천은 경기도 평택시 안중면의 낮은 구릉지에서 발원하여 현덕면을 가로질러 흘러 아산만(현재 아산호)으로 유입하는 주류길이 약 9km의 작은 하천이다.

도대천을 연하여 형성되어 있는 충적평야의 퇴적상을 보면, 청회색의 해성층과 검은색 토탄층이 다양한 형태로 퇴적되어 있어서, 이를 분석함으로서 후빙기 해진의 경향과 이 지역 충적저지의 지형발달을 밝힐 수 있을 것으로 예상된다.

따라서 필자들은 도대천을 따라 충적평야의 아홉 지점을 boring하여 퇴적상 변화를 밝히고, 동시에 퇴적물을 샘플링하여 규조와 화분분석 및 토탄층의 radiocarbon dating을 실시했다. 이들 분석결과를 기초로 한반도 서해안의 후빙기 해면변동과 충적평야의 지형발달을 고찰하였다. 규조분석 및 화분분석 결과는 이미 발표된 바 있으나, 기존의 연구결과를 종합하고 최근 밝혀진 절대연대자료 등을 추가함으로서 부분적으로 내용을 수정·보완하였다.

---

* 황상일 · 윤순옥 · 조화룡, 1997, 대한지리학회지 32-4, 403~420쪽.

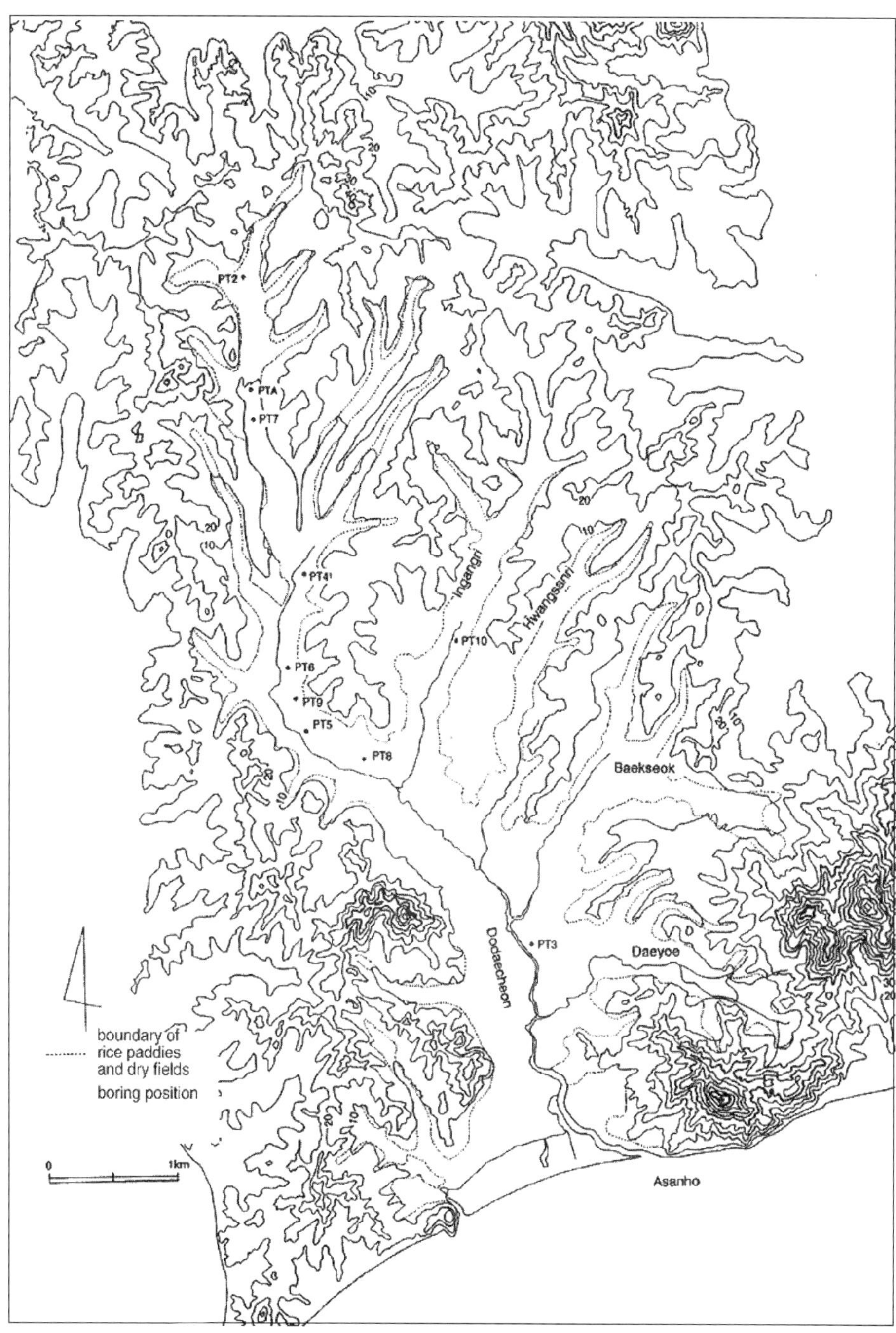

〈그림 7-1〉 연구 지역 및 boring지점 위치

2. 분석

1) 퇴적상

도대천 주변은 표고 50m 전후의 구릉지가 대부분이어서 유역분지에서 하천으로 유입하는 퇴적물량이 매우 적다. 도대천을 연한 충적평야는 상류부에서는 폭이 약 500m, 해발고도 약 10m이고, 하류부는 폭 약 1km로 하천의 규모에 비하여 비교적 넓으며, 해발고도는 약 5m로 낮은 편이다. 아산만은 조차가 커 대조차 약 8.5m에 이르기 때문에, 아산방조제가 설치되기 이전에 도대천의 하류 구간은 조류의 영향권에 있었다.

도대천을 연하여 실시한 boring 지점의 위치는 <그림 7-1>에 표시되어 있고, boring 주상도를 기초로 작성한 충적층 종단면도가 <그림 7-2>이다. 각 boring지점의 표고는 PT2 지점이 해발고도 13m로서 경사변환점 PTA 지점까지는 충적평야면이 완만하게 경사져 있으나, PTA에서 하구까지는 거의 평탄하다. 즉, PT7 부근이 해발 7.7m, PT4, PT6, PT5 지점은 모두 6m, PT8 지점은 6.4m, PT3 지점은 4.5m이다.

퇴적층은 오랜 기간 압력을 받아 상당히 고결되어 compact한 하부층과, 전혀 고결되지 않고 loose한 상부층으로 크게 나누어지는데, 양층 간에는 부정합의 관계가 있는 것으로 판단된다. 그 이유는 다음과 같다. ① auger의 굴착속도가 이 부정합면을 경계로 크게 변하여, compact한 층은 loose한 층의 굴착속도 약 1/10에도 못 미칠 정도로 상대적으로 단단하다. ② 퇴적물의 입경에 있어서 큰 변화가 없으면서도 퇴적물의 색조가 다르다. ③ loose한 층에는 화분, 규조화석이 검출되는데 대하여 compact한 층에서는 규조는 전연 검출되지 않고 화분은 소량 검출되나 분해가 심하게 이루어졌으며, 식생의 종도

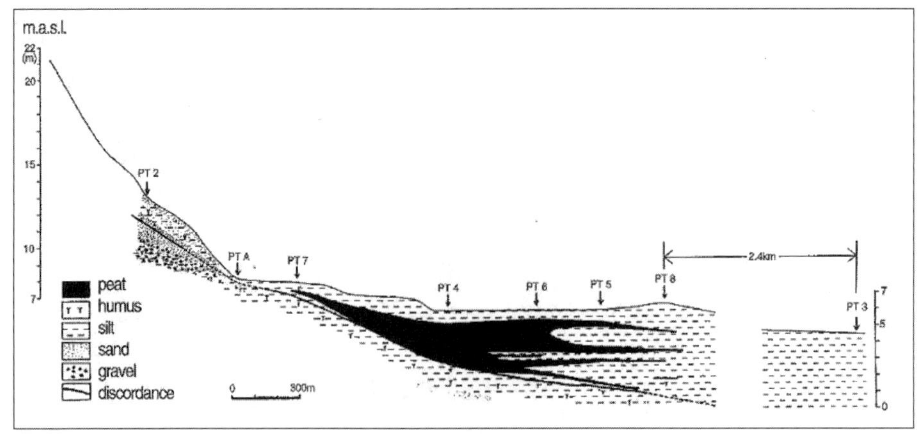

〈그림 7-2〉 충적층 종단면도

그 위쪽과는 아주 다르다. 이와 같은 점들로 미루어 보아 하부의 compact한 퇴적층은 현세(Holocene)가 아닌 갱신세(Pleistocene) 어느 시기에 퇴적된 것으로 보는 것이 타당할 것이다. 이 부정합면은 상류부 PT2, PT7지점에서는 표면하 1.2~1.5m 깊이에서 나타나지만, 하류로 갈수록 깊어져서 표면하 4~5m 깊이에서 나타난다.

상부의 loose한 층의 퇴적물은 경사 변환점 PTA 지점 상류 쪽에는 사질 및 사질 silt이지만, 그 하류 쪽은 silt층과 토탄층으로 이루어져 있다. 토탄층은 PT7 지점에서부터 나타나 PT4, 6지점에서 가장 두껍고, PT5와 8지점에 이르러서는 몇 갈래로 분기하는 특색을 보인다. 그러나 PT3 지점에 이르면 토탄층은 나타나지 않고 silt층이 연속적으로 퇴적된다.

전체적으로 경사변환점인 PTA 지점보다 상류 쪽 충적평야는 도대천의 퇴적물 및 육성퇴적작용으로 주로 형성되었고, 그 하류부는 조류의 작용 등 바다의 영향을 많이 받으면서 형성된 것으로 보인다. 특히 PT7에서 PT8 사이 층상변화는 정선의 미변동을 예리하게 반영하고 있으며, 다음의 규조분석과 화분분석의 결과를 통하여 보다 정밀하게 검토하고자 한다.

2) 규조분석

규조분석은 boring의 심도가 깊고 층상 변화가 다양한 3지점 즉, PT4, 6, 5에 대하여 실시하였다. 규조는 Hustedt(1953), Van der Werff(1960)와 Hedgepeth(1953)의 분류에 따라 염수규조, 기수규조 및 담수규조로 분류되었다.

(1) PT4

이 주상단면의 해발고도 2.7m 이하와 3.9m 이상에서는 규조가 검출되지 않았다. 따라서 해발고도 2.8~3.8m에 걸쳐 6개 층준에 대하여 분석을 행하였다(그림 7-3).

해발고도 2.8~3.4m의 silt를 포함하는 검은색의 분해가 진행된 토탄층에서는, 대부분 *Melosira italica*와 *M. granulata* 등 *Melosira sp.*가 우점종으로 출현한다. 이 종들은 담수의 정수상태인 곳에서 부유하며 사는 것들이다. 이 주상도의 대부분 층준에서 담수규조가 검출되었고, 3.4m에서만 2%의 염수규조가 검출되었다. 이것은 두 번째 토탄층과 세 번째 토탄층 사이에 있었던 해진의 영향으로 보인다. 이런 사실들에서 볼 때, 이 층준의 퇴적환경은 약간 수심이 있는 소택지 환경이었던 것으로 볼 수 있다. 해발고도 3.6m에서는 *Fragilaria sp.*가 우점종이며, 거의 담수부착성 종인 *F. construens*가 출현한다. 따라서

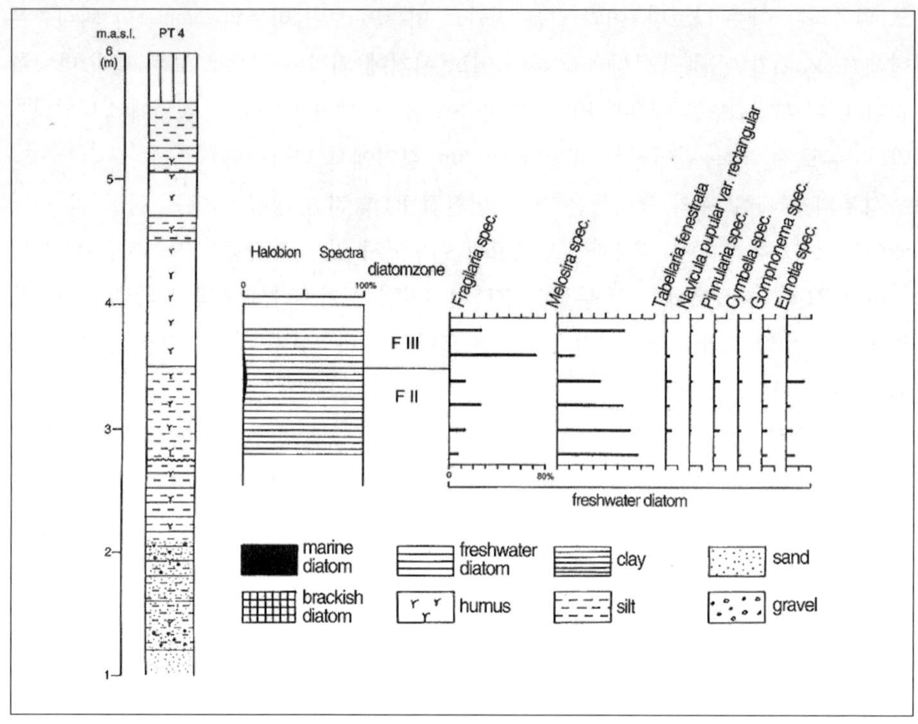

〈그림 7-3〉 PT4의 규조분석 결과

이 시기는 수심이 얕은 소택지 환경으로 추정된다. 3.8m에서는 다시 *Melosira sp.*가 우점종이고 규조조성도 해발고도 2.8～3.2m와 비슷하다.

이 주상도에서는 규조분대를 나누기 어렵지만, PT6과 PT5의 분석 결과와 비교해 볼 때, 2%에 불과하지만 염수규조가 검출된 표고 3.4m를 경계로 그 아래쪽은 FII, 그 위쪽은 FIII로 보는 것이 타당하다.

(2) PT6

주상단면의 해발고도 1.7m 이하에서는 규조가 검출되지 않았으므로, 해발고도 1.8m～5.45m까지 25개 층준에 대한 규조분석이 이루어졌다(그림 7-4). 규조의 생태별 출현빈도를 기초로 규조분대를 나누어 특징을 살펴보면 다음과 같다.

규조분대 MI : 염수규조 50～70%, 기수규조 약 20% 그리고 담수규조 10～30%의 조성을 나타낸다. 외양성 종인 *Thalassiosira sp.*와 *Coscinodiscus sp.*, *Acthinopthychus splendens*와 *A. undulatus*, 역시 외양성 종인 *Cyclotella stylorum* 및 *Melosira sulcata*가 비슷한 비율로 출현하고 있다.

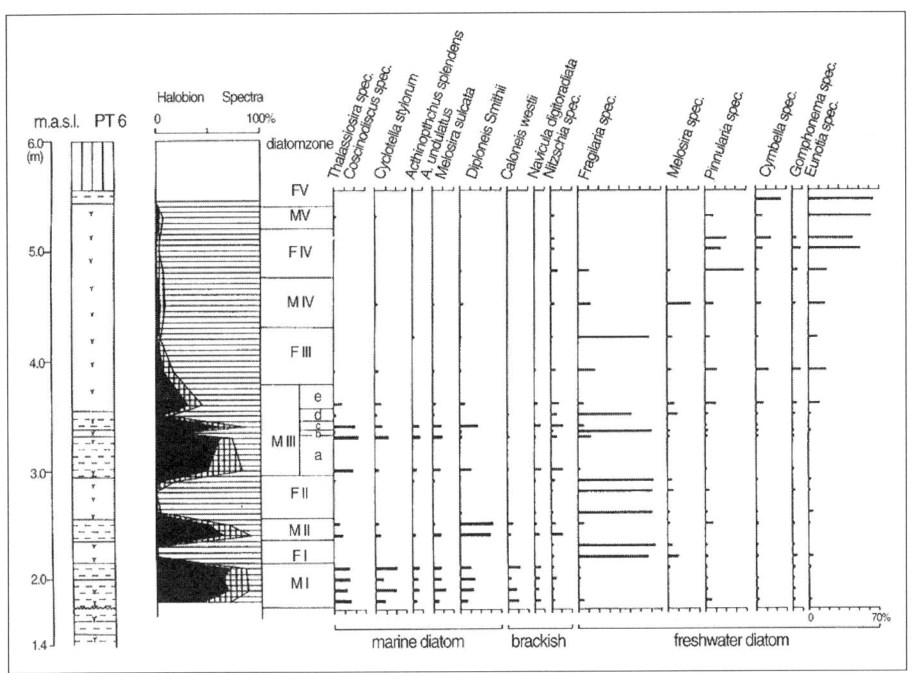

〈그림 7-4〉 PT6의 규조분석 결과

특히 해수니질 지표종이지만 기수역에서도 분포하는 *Diploneis Smithii*가 10~15%를 차지하고 있다. 따라서 이때 이 부근에는 기수역이 비교적 넓게 형성되었다고 볼 수 있으며, 이 규조분대가 형성될 때, 이 지점에 정선이 도달해 있었던 것으로 볼 수 있다.

규조분대 FI : *Fragilaria construens*가 주종을 이루는 *Fragilaria*속이 우점한다. 얕은 소택지 환경을 시사한다.

규조분대 MII : MI에 비해 *Diploneis Smithii*의 비율이 높이 증가한 데 비해, 다른 염수 규조들이 상대적으로 적게 검출되었다. 당시 이 지점에서는 해수 영향이 MI 때보다 약했으며 해진의 범위도 규조분대 MI 때에 미치지 못한 것으로 볼 수 있다.

규조분대 FII : 규조조성이 규조분대 FI과 거의 같다.

규조분대 MIII : 5개의 아분대로 나누어진다. MIIIa와 MIIIc는 MI과 거의 같은 규조조성을 하고 있다. 이에 반해 MIIIb와 MIIId는 FI 및 FII와 거의 같다. 따라서 이때 일시적인 해퇴가 있었다고 볼 수 있다. 규조아분대 MIIIe는 담수규조가 50~85%를 차지하여 담수환경에서 형성되었다. *Eunotia sp.*, *Pinnularia sp.*, *Cymbella sp.*및 *Gomphonema sp.* 등 호소습지 부착성 종들이 대부분을 차지하여, 소택지의 수심이 더욱 얕아진 환경에서 퇴적되었음을 시사하고 있다. 이 층준에는 염수규조가 10~30%로 비교적 높은 비율을 점한다.

이것은 퇴적작용이 진행되어 해퇴가 일어나 해안선은 물러났지만, 해수준은 계속 상승한 것으로 볼 수 있다.

규조분대 MIII보다 위쪽, 해발고도 대략 3.7m 이상의 규조분대 FIII부터 FV까지는 담수규조가 90% 이상을 차지하며 염수규조 0~5% 범위 내에서 변하고 있다. 이 5% 미만의 염수규조 미변화는 PT5에서 나타난 담수와 염수의 환경변화, 다시 말하면 해진과 해퇴의 환경변화에 대응하여 나타난 결과로 보인다. 즉, FIII, FIV 시기는 다음에 언급되는 주상단면 PT5의 FIII, FIV에 대비되는 해퇴기를 나타낸다. 그러나 MIV와 MV 시기는 염수규조가 5% 정도 포함되어 있는 규조분대로서 이 지점에서는 담수환경이지만, PT5에서는 MIV, MV에 해당되는 상대적인 해진기에 해당된다. 또 규조분대 FIII부터 FV까지의 담수환경은 표고 4.7m를 경계로 上下가 대조적이다. 즉, 아래쪽인 규조분대 FIII과 MIV는 *Fragilaria construens*가 주종을 이루는 *Fragilaia sp.*와 *Melosira sp.*가 우세하며, 그 위쪽인 규조분대 FIV와 MV는 *Pinnularia sp.*, *Eunotia sp.* 및 *Cymbella sp.* 등 호소습지 부착성 종들이 대부분을 차지한다. 이런 변화는 얕은 소택지환경에서 소택습지환경으로 변화했음을 의미한다.

규조분대 FV : *Eunotia sp.*와 *Cymbella sp.*가 대부분을 차지한다. 규조출현량도 많지 않고 퇴적층이 황갈색 silt인 점으로 미루어보아 범람성 퇴적물로 보인다.

(3) PT5

주상단면의 해발고도 1.4m 이하에서는 규조가 검출되지 않았으며, 해발고도 1.48~5.4m 사이의 27개 층준에서 규조분석을 실시했다(그림 7-5). 규조분대 별로 규조의 출현 양상은 다음과 같다.

규조분대 MI : 염수규조가 90% 이상을 차지하며, *Coscinodiscus sp.*, *Thalassiosira sp.* 및 *Cyclotella stylorum*이 우점종이다.

규조분대 FI : *Melosira sp.*, *Pinnularia sp.*, *Gomphonema sp.*와 *Eunotia sp.*가 거의 같은 비율로 출현한다. 그리고 퇴적층이 갈색 토탄에서 검은색의 유기질을 매우 많이 포함하는 silt로 변화한다. 이런 사실들로 볼 때, 이 곳은 얕은 소택습지 내지 소택지에 가까운 환경으로 변하였을 것으로 추정된다.

규조분대 MII : 2개의 아분대 MIIa, MIIb로 나누어 진다. 규조아분대 MIIa는 *Rhopalodia musculus*와 *Nitzschia sp.* 등 기수규조가 40%를 차지하여, 기수가 우세한 환경에서 퇴적되었음을 반영한다. 이 시기는 규조분대 FI과 아분대 MIIb의 과도기로 볼 수 있다. 아분대 MIIb는 규조분대 MI과 거의 같은 규조조성을 가지며 염수환경을 반영한다.

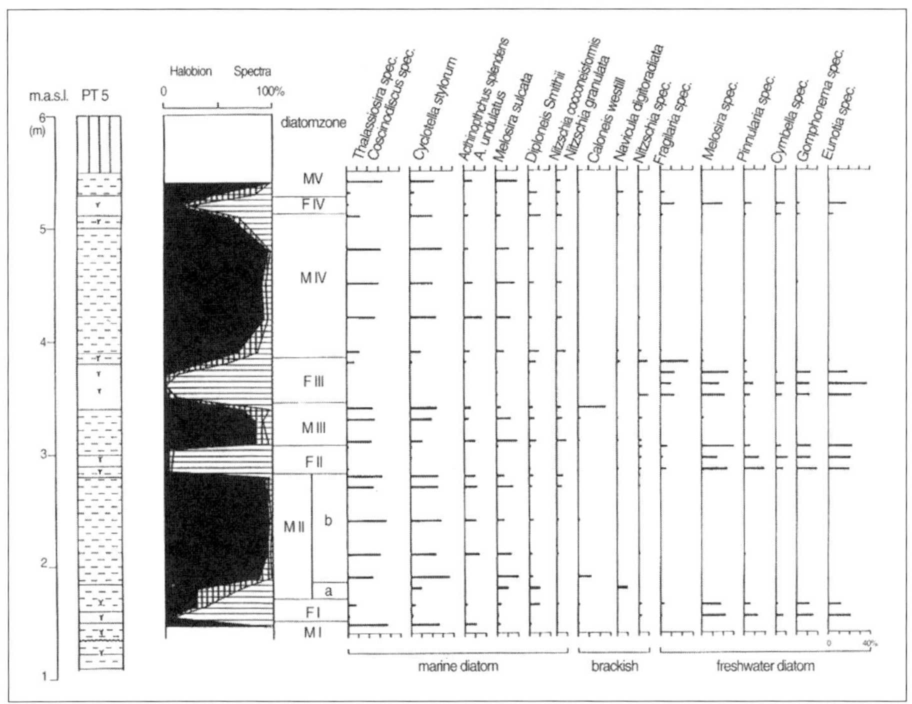

〈그림 7-5〉 PT5의 규조분석 결과

규조분대 FII : 규조분대 FI과 규조조성이 유사하다. 담수정수상태부유성 種인 *Melosira sp.*와 호소습지부착성 종인 *Pinnularia sp.*, *Cymbella sp.*, *Gomphonema sp.* 및 *Eunotia sp.*가 80% 이상 출현한다.

규조분대 MIII : 규조분대 MI 및 아분대 MIIb와 거의 같은 규조조성을 보인다. 그러나 가장 윗부분인 표고 3.4m에는 기수(α-mesohalob)에 분포하는 *Caloneis westii*가 25% 정도 출현한다.

규조분대 FIII : 담수규조들이 90% 정도 차지하고 있다. 규조분대 FI, FII와 규조조성이 비슷하나, *Fragilaria sp.*의 비율이 많이 증가했다. 그리고 이 분대의 가장 아래와 위에 기수규조인 *Nitzschia sp.*가 10% 정도 출현하여, 이때의 퇴적환경은 염수환경과 담수환경이 바뀌는 과도기였음을 반영한다.

규조분대 MIV : 대체로 규조분대 MI, 아분대 MIIb 및 규조분대 MIII와 비슷한 조성을 보인다. 다만 가장 아랫부분인 해발고도 3.9m와 윗부분인 5.1m에서는 담수규조 비율이 각각 15%, 30%에 이르러 퇴적환경이 바뀌는 과도기적 조성을 나타낸다.

규조분대 FIV : 5.2m에서 담수규조가 75%, 염수규조가 15%가량 출현한다. 규조조성은 규조분대 FIII과 비슷하며, 수심이 얕은 담수소택지 환경이었다.

규조분대 MV : 5.3m에서 염수규조 45%, 기수규조 40% 및 담수규조 15% 정도의 비율로 구성된다. 이런 규조조성은 담수환경과 염수환경의 중간적인 성격을 띠며, 해진이 이 부근에 도달한 것으로 간주된다. 해발고도 5.4m에서는 규조의 출현양이 매우 많으며, 염수규조가 98%를 차지한다. 이러한 조성에서 볼 때, 규조분대 MI, 아분대 MIIb 등, 이 지점의 다른 염수환경과 거의 같은 상태에 있었음을 알 수 있다.

(4) 규조분석 결과의 종합

부정합면 아래 compact한 Pleistocene 퇴적층에서는 규조가 전혀 출현하지 않았고, loose한 Holocene 층에서만 규조가 검출되었는데, 회색 silt 층에는 염수규조가 우세하고 토탄층에는 담수규조가 우세하며, 그리고 이들 사이의 유기질 실트층은 과도기적인 환경에서 퇴적된 것으로 보인다. 표면 가까이 황갈색 silt 층에는 PT6에서만 담수규조가 검출되었다.

3개 주상도에서 설정된 규조분대를 서로 대비시킨 것이 <표 7-1>이다. 가장 내륙에 있는 PT4에는 한 번도 염수환경에 놓인 적이 없었고, 중간에 위치한 PT6에서는 규조분대 MI, MII, MIII 세 번의 염수환경이 나타나며, 규조분대 MIV, MV은 실질적으로 담수환경에서 퇴적되었다. 그보다 해안 쪽에서는 담수와 염수환경이 계속된다. 즉, PT5에서는 규조분대 MI, MII, MIII, MIV, MV의 규조분대가 추가되어, 5번의 淡水환경과 5번의

〈표 7-1〉 규조분대 대비

<table>
<tr><th>PT 4</th><th colspan="2">PT 6</th><th colspan="2">PT 5</th><th>^{14}C 年代 (y. BP)</th></tr>
<tr><td rowspan="5">?</td><td colspan="2">FV</td><td colspan="2">?</td><td rowspan="2"></td></tr>
<tr><td colspan="2">MV</td><td colspan="2">MV</td></tr>
<tr><td colspan="2">FIV</td><td colspan="2">FIV</td><td>6,160</td></tr>
<tr><td colspan="2">MIV</td><td colspan="2">MIV</td><td></td></tr>
<tr><td colspan="2">FIII</td><td colspan="2">FIII</td><td>6,670</td></tr>
<tr><td rowspan="2">FIII</td><td rowspan="5">MIII</td><td>e</td><td colspan="2" rowspan="5">MIII</td><td rowspan="5"></td></tr>
<tr><td>d</td></tr>
<tr><td rowspan="4">FII</td><td>c</td></tr>
<tr><td>b</td></tr>
<tr><td>a</td></tr>
<tr><td colspan="2">FII</td><td colspan="2">FII</td><td>7,180</td></tr>
<tr><td rowspan="4">?</td><td colspan="2" rowspan="2">MII</td><td rowspan="2">MII</td><td>b</td><td rowspan="2"></td></tr>
<tr><td>a</td></tr>
<tr><td colspan="2">FI</td><td colspan="2">FI</td><td></td></tr>
<tr><td colspan="2">MI</td><td colspan="2">MI</td><td></td></tr>
</table>

염수환경이 반복되었다. PT6과 PT5의 절대연대치로 검토해 보면, 이들 해퇴 사이의 주기는 약 500년이었다.

3) 화분분석

화분분석도 규조분석이 행해진 주상단면 PT4, 6, 5를 대상으로 실시했으며, 그 결과는 <그림 7-6, 7-7, 7-8>과 같다. 하부 compact한 silt 층에서도 소량의 화분이 검출되었으나, 화분 diagram을 작성할 수 있을 정도로 충분하지 못하여 제외시켰다. 식별된 화분은 *Artemisia*, *Sanguisorba*, Compositae, Umbelliferae, *Phyllanthus* 등 NAP화분이 主이고, 가끔 나오는 AP화분은 *Picea*, *Betula*, *Quercus*, *Alnus*가 검출되었다. 이들 화분은 부정합면 위의 Holocene 층 화분보다 분해가 많이 되어 동정이 어려울 정도이고, AP 조성도 Holocene의 것과는 다르며, 영양지역 구하도에서 밝혀진 하부 Pleistocene 토탄층에서 보이는 화분조성의 특색을 오히려 닮았다. Holocene 층의 토탄층과 유기질 실트층에서 행한 지점별 분석결과는 다음과 같다.

(1) PT4

해발고도 2.7m에서 나타나는 부정합면 위에 총 2.5m 두께의 Holocene 토탄층을 대상으로 20㎝ 간격의 14개 층준에 대해 화분분석을 행하였다. 이 주상도는 중심수목인 *Alnus*와 *Quercus*의 AP가 NAP에 비해 크게 우세하게 출현하므로, *Alnus*와 *Quercus*의 우점시기에 따라 하부에서 상부로 가면서 화분대 I (*Alnus* 우점시기), 화분대 II (*Quercus* 우점시기) 화분대 III (*Alnus* 우점시기) 그리고 화분대 IV (*Quercus* · *Pinus* 확장시기)의 4시기로 구분되었다 (그림 7-6).

화분대 PT 4-I(*Alnus* 우점시기) : *Alnus*가 목본류중 50-80%를 차지하여 크게 우점하고, *Quercus*는 20-40%를 차지한다. 목본류 중 *Pinus*가 차지하는 비율은 5% 미만으로 매우 낮다. *Alnus*가 우점하는 가운데 *Quercus*의 화분조성 변화에 따라 4개의 아분대 Ib(*Quercus* 확장기), Ic(*Alnus* 확장기), Id(*Quercus* 확장기) 와 Ie(*Alnus* 확장기)가 구분된다. PT6과 PT5의 화분대와 대비한 결과, 아분대 Ia는 존재하지 않았으며, 따라서 이 지점에는 토탄지가 형성되지 않았음을 알 수 있다. 초본류로서는 *Artemisia*의 비율이 높다.

화분대 PT 4-II(*Quercus* 우점시기) : *Quercus*가 40-70%로 크게 우점하는 반면, *Alnus*는 크게 축소되어 10-30% 정도를 차지한다. *Pinus*도 화분대 I 시기에 비해 비교적 증가하여 5-10%에 이른다. 초본류로는 *Persicaria*가 전 시기를 통하여 증가하여 5% 이상을 차지하나,

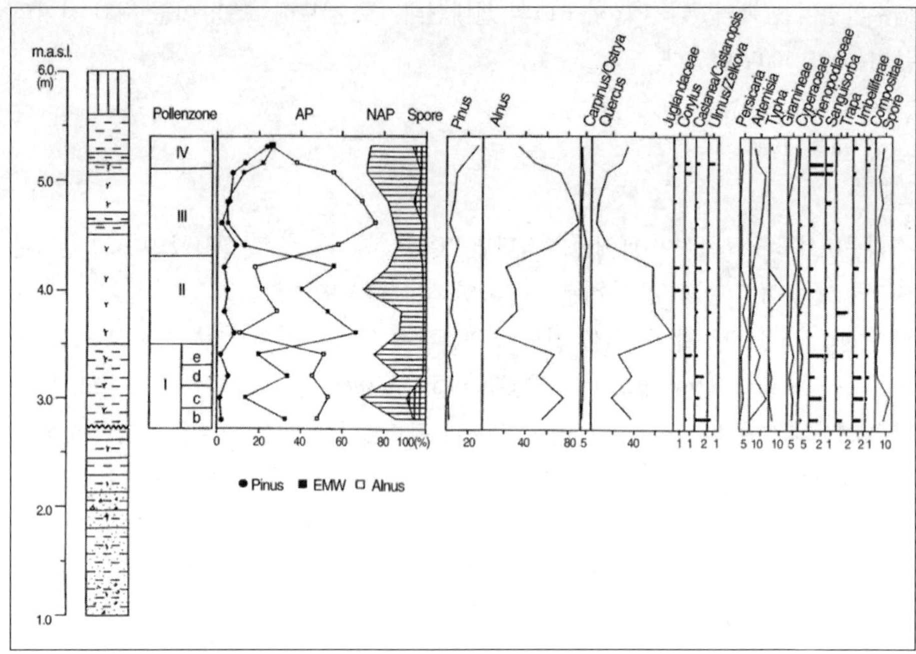

〈그림 7-6〉 PT4의 화분분석 결과

*Artemisia*는 이전 시기에 비해 감소되어 5% 정도 차지한다. 초본류는 *Typha*와 Cyperaceae를 중심으로 해발고도 4.0m 층준에서 현저하게 증가하여, 총 화분량 중 30%로서 전체 주상도에서 최대치를 나타낸다.

화분대 PT 4-III(*Alnus* 우점시기) : 전 시기를 통하여 *Alnus*가 AP 전체의 70-90%를 차지하며 그 비율이 크게 높다. *Alnus*와 면대칭관계에 있는 *Quercus*는 5-15%로 비율이 낮다. 초본류로는 *Artemisia*의 비율이 약 10%까지 증가했고, 말기에 Gramineae와 Chenopodiaceae가 증가한다.

화분대 PT 4-IV(*Quercus* · *Pinus*시기) : *Alnus*는 급격히 감소하면서, 말기에 증가한 *Quercus*와 같은 비율인 34%를 점한다. *Pinus*도 31% 까지 크게 증가한다. 초본류로는 Gramineae가 증가하는데 비하여 *Artemisia*는 감소한다.

(2) PT6

해발고도 1.5m에 부정합이 나타난다. 그러나 1.5-2.0m의 유기질 실트층에는 화분이 극히 미량 출현하여 화분 diagram상에서 제외시켰다. 따라서 해발고도 2.1m에서 5.5m까지 총 3.4m의 토탄층 및 유기질층을 대상으로 13개 층준에 대해 30cm 간격으로 화분분석을 행하였다.

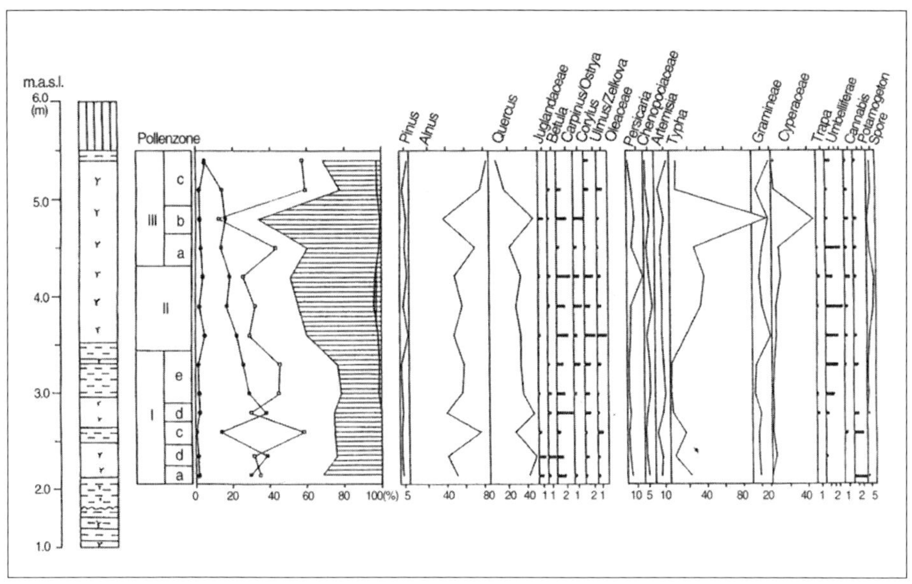

〈그림 7-7〉 PT6의 화분분석 결과

전체적으로 세 층준 즉, 해발고도 2.45m, 2.8m 그리고 4.8m에서만 *Quercus*가 우점할 뿐 나머지에는 *Alnus*가 우점한다. PT4와 PT5에 비해 초본류의 비율이 높아, 해발고도 3.5-5m에서는 *Typha*를 중심으로 *Persicaria*, Gramineae 그리고 Cyperaceae 등이 크게 증가하였다. PT6 지점은 *Alnus*와 *Quercus*의 화분조성을 기준으로 PT 4와 5의 화분대와 대비하여 화분대 I, II 그리고 화분대 III으로 구분되었다(그림 7-7).

화분대 PT 6-I(*Alnus* · *Quercus* 상호 우점시기) : 주요 수목인 *Alnus*와 *Quercus*가 교대로 우점하고, *Pinus*의 비율은 극히 낮아 2%에 불과하다. 초본류의 비율도 전체 총 화분량의 약 20%로서 매우 낮다. 본 화분대는 이들 주요 수목의 미변동에 따라 아분대 PT Ia(*Alnus*-우점기), PT Ib(*Quercus*-우점기), PT Ic(*Alnus*-우점기), PT Id(*Quercus*-우점기) 그리고 PT Ie(*Alnus*-우점시기) 등 5개로 나누어진다.

화분대 PT 6-II(*Alnus* 우점시기, 초본류 증가시기) : *Pinus*는 5% 정도로 화분대 I에 비해 다소 증가한다. *Alnus*는 화분아분대 Ie와 마찬가지로 목본류 중 약 60%를 차지하여 약 40%의 출현율을 보이는 *Quercus*보다 우점하고 있으나, 총 화분량에 대한 비율은 초본화분비율의 증가로 크게 낮아졌다. Typha, Gramineae 그리고 Cyperaceae를 중심으로 한 초본류가 총 화분량의 40%로 크게 증가하였다.

화분대 PT 6-III(*Alnus* · *Quercus* 상호우점시기) : *Alnus*와 *Quercus*는 상호우점하며 *Alnus*는

40-80%로 그리고 *Quercus*는 7-50%로 그 증감폭이 비교적 크다. 초본류도 *Typha*, Gramineae, Cyperaceae 및 *Persicaria*를 중심으로 증감변화가 현저하다. 아분대 IIIb 시기에는 *Typha*가 목본총화분의 105%, Cyperaceae가 50% 등의 초본류가 절정기에 이른다. 이들 식생의 증감변화에 따라 3개의 아분대 IIIa(*Alnus* 우점기), IIIb(*Quercus* 우점기), 그리고 IIIc(*Alnus* 우점기)로 나누어진다.

(3) PT5

해발고도 1.3m에서 부정합이 나타난다. 그 위에 해발고도 6.0m까지 총 4.7m 두께의 Holocene 충적층이 퇴적되어 있다. 이 가운데 분석을 행한 토탄층은 청회색 실트층에 의해서 네 개의 층으로 분리된다. 실트층에서는 화분이 거의 검출되지 않았으므로 네 층의 토탄층 내지 점이층인 실트질 토탄층을 대상으로 화분분석을 행하였고, 10cm 간격으로 총 18개 층준을 대상으로 하였다. 다이아그램 상에 나타난 화분조성에서 볼 때 대부분의 층준에서 *Quercus*가 50-60%의 출현율을 보여 30-40% 정도의 비율을 점하는 *Alnus*의 비해 단연 우점하고 있다. 그러나 청회색 실트층과의 경계부인 실트질 peat층 일수록 토탄층에서 보다 *Alnus*의 비율이 높아지며, 또한 Chenopodiaceae, *Artemisia* 그리고 Gramineae 등을 중심으로 하는 초본류의 비율도 높아진다. 청회색 실트층에서는 거의 화분이 검출되지 않았으나, PT4와 PT6의 화분분석 결과와 퇴적층 층상구조를 비교할 때, *Alnus* 우점기와 대략 대비되고, 전체적으로 역시 세개의 화분대 I, II 그리고 III이 구분되었다(그림 7-8).

화분대 PT 5-I(*Alnus*, *Pinus* 상호우점시기) : 이 화분대는 두께 2.1m에 달하나 해발고도 1.9-2.7m 사이 그리고 3.1-3.3m의 청회색 실트층에서는 화분이 거의 검출되지 않았고, 나머지 퇴적층의 9개의 층준에 대해 화분분석을 행하였다. 이 화분대는 화분조성으로 볼 때, 5개의 아분대 Ia(*Alnus* 우점기), Ib(*Quercus* 우점기), Ic(*Alnus* 우점기), Id(*Quercus* 우점기), Ie(*Alnus* 확장기)로 나누어진다.

화분대 PT 5-II(*Quercus* 우점시기) : 주상도 PT5에서 가장 두꺼운 토탄층인 약 40cm층후의 토탄층 형성시기에 해당한다. 해발고도 3.7m를 제외한 나머지 전층준에서는 *Quercus*가 55-60%에 달해 *Alnus*(25-50%)에 크게 우점한다. 이 시기 초기의 회색 실트층과의 경계부에서 Chenopodieae는 70%까지, *Typha*가 25%까지, *Artemisia*의 비율도 비교적 높은 20%에 이르고, Gramineae의 비율도 약 40%까지 높다.

화분대 PT 5-III(*Alnus*와 *Quercus*의 상호우점시기) : 하부 해발고도 3.85-4.95m 사이의 청회색 실트층은 화분이 검출되지 않았으나, PT4와 PT6의 화분분석 결과와 퇴적상에 대비해

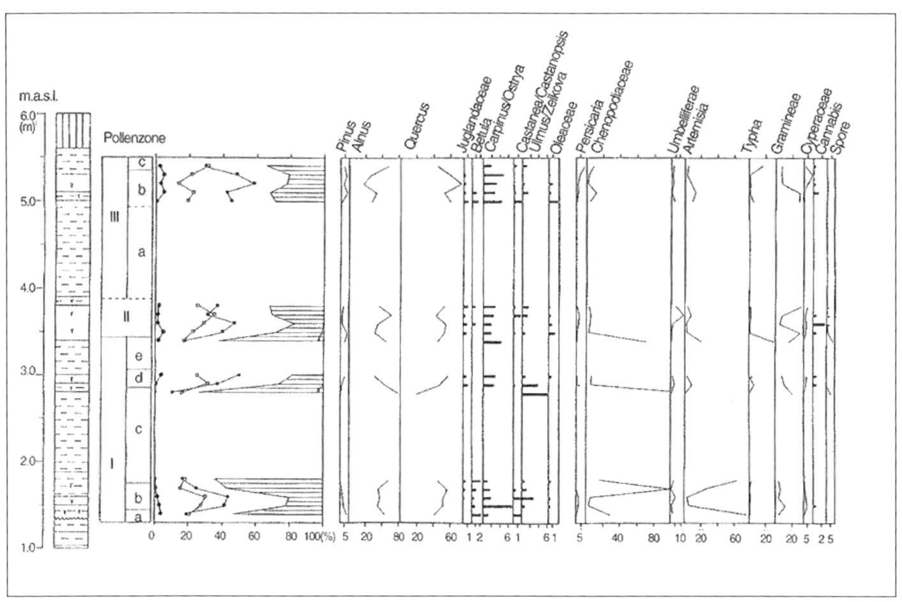

〈그림 7-8〉 PT5의 화분분석 결과

볼 때, 화분아분대 IIIa로 간주된다. 따라서 이 화분대는, 화분다이아그램 상에는 해발고도 5.0-5.4m 사이의 5개 층준에서 행한 화분분석 결과, 아분대 IIIb(*Quercus* 우점기)와 IIIc(*Alnus* 우점기)로 나누어진다.

(4) 화분분석 결과의 종합

Holocene 토탄층에는 일반적으로 많은 화분이 검출되었으나, PT5의 청회색 silt 층에서는 diagram을 작성할 수 있을 만큼 충분한 화분이 검출되지 않았다. 검출된 목본화분은 세 지점에서 전층에 걸쳐 *Alnus*와 *Quercus*가 중심이 되고, 그 밖의 수종은 모두 합쳐도 전체의 10%를 넘지 않는 경우가 대부분이다. 다만 PT4의 최상부 층준에서 *Pinus*가 30%에 이를 정도로 급속히 증가하는 것이 예외적이다.

연구지역 Holocene 퇴적층 중에서 습지, 토탄지환경에서 잘 자라는 수종인 *Alnus*가 전층을 통하여 높은 출현빈도를 보인다는 것은 이 지역에 습지환경이 광범위하게 이루어져 있었다는 것을 의미한다. 그러나 습지환경 수종인 *Alnus*를 제외시키고 보면 대부분의 삼림이 *Quercus*로서 우리나라의 동해안지역에서 밝혀진 후빙기 전기 즉, 10,000~6,000년 BP 시기의 식생환경과 잘 일치한다.

한편 중심수종인 *Alnus*와 *Quercus*는 전층을 통하여 경쟁관계에 있어, *Alnus*가 확장되면

*Quercus*가 축소되고, *Quercus*가 확장되면 *Alnus*가 축소되는 관계를 보인다. 이와 같은 경쟁관계는 기후변화로 그 원인을 찾기보다는 해퇴, 해진과 관련하여 습지환경이 확대, 축소되는 것과 밀접하게 관련된다고 본다. 즉, 해서규조각을 많이 포함하고 있는 silt층에는 *Alnus*가 우점하고, 토탄질 토양층 및 담수규조가 많은 층준에서는 *Quercus*가 우점한다. *Pinus*는 해퇴기에 대응하여 증가하는 경향이 있고, 특히 화분대 PT4-IV 시기에 증가하여, 토양 표층부에 집중적으로 출현했는데, 이는 해안선이 후퇴하여 해면의 영향이 미치지 않는 건륙환경을 나타내거나, 또는 인간의 영향이 집중적으로 가해진 곳에 이차림으로 존재했다고 볼 수 있다. 이와 같은 우점관계를 기초로 화분분대 별로 해진 · 해퇴의 경향을 추정할 수 있다<표 7-2～7-4>. 거의 전 시기 동안 해면의 영향권에 있었던 연구지역에는 초본화분의 출현빈도가 높지 않다. 그러나 PT5에서는 Chenopodiaceae가

〈표 7-2〉 주상도 PT4의 종합적 퇴적 환경 변화

海拔高度 (m.a.s.l.)	堆積相	D.Z.	硅藻環境(%)	D.Z.로 본 M.S.S.	P.Z.		植生環境		P.Z.로 본 M.S.S.	
6.0	表層									
	暗黃褐色 실트									
	粘土質 土炭				IV		Qu.-Al.-Pi.-Gr.		↓	
5.0	褐色 土炭				III		Al.-Qu.-Ar.		↑	
	粘土質 土炭									
4.0	褐色 土炭	F III	SA : 95이상	↓	II		Qu.-Al.-(Pi.) Pe.-Ty.		↓	
	暗褐色 실트질 土炭	M III	ZA : 2	↑	I	e	Al. 우점기	Al. 증가	↑	↑
						d		Qu. 증가		↓
						c		Al. 증가		↑
3.0						b		Qu. 증가		↓

D.Z. : 규조분대 Diatomeenzonen
M.S.S. : 해면승강 Meeresspiegelschwankung
P.Z. : 화분분대 Pollenzonen
SA : 담수규조 Süßwasserarten
BA : 기수규조 Brackwasserarten
ZA : 염수규조 Salzwasserarten
Al. : Alnus
Qu. : Quercus
Pi. : Pinus
Gr. : Gramineae
Ar. : Artemisia
Pe. : Persicaria
Ty. : Typhaceae
Cy. : Cyperaceae
Ch. : Chenopodiaceae
Sp. : Spore

〈표 7-3〉 주상도 PT6의 종합적 퇴적 환경 변화

海拔高度 (m.a.s.l.)	堆積相	D.Z.	硅藻環境(%)	D.Z.로 본 M.S.S.	P.Z.	植生環境	P.Z.로 본 M.S.S.
6.0	表層						
	黃褐色 실트	F V	ZA : 1-2 SA : 95 이상	↓			
	分解된 黑色 土炭層	M V	ZA : 5	↑	III c	Al.-Ar.-Gr.	↑
5.0		F IV	ZA : 1-2	↓	III b	Qu.-Al. Ty.-Cy.-Gr.	↓
	黑褐色 土炭	M IV	ZA : 5	↑	III a	Al.-Qu. (Ty.)-(Cy.)-(Gr.)	↑
		F III	ZA : 1-2	↓	II	Al.-Qu.-(Pi.) Ty.-Gr.- (Cy.)-(Sp.)	↑
4.0		M III e	ZA : 15-30 SA : 50-85	↑			
	灰色 실트	M III d	SA : 80	↓			
		M III c	ZA : 60, SA : 20	↑	I e	Al. 優占	↑
	褐色 土炭	M III b	SA :70-80, BA:10	↓			
3.0	灰色 실트	M III a	ZA : 50-60	↑			
	褐色 土炭	F II	SA : 90	↓	I d	Qu. 優占	↓
	灰色 실트	M II	ZA : 50-70, BA : 20	↑	I c	Al. 優占	↑
	褐色 土炭	F I	SA : 90	↓	I b	Qu. 優占	↓
2.0	灰色 실트	M I	ZA : 50-70	↑	I a	Al. 優占	↑

많이 출현하는데, 특히 해성층이 시작되는 층준이나 혹은 끝나는 층준에서 높은 출현 빈도를 보인다. 이 Chenopodiaceae는 서해안 간석지에서 많이 볼 수 있는 나문재(*Suaeda asparagoides*)일 것으로 판단되는데, 이와 같이 해안선의 위치변화를 예민하게 반영하고 있다. *Artemisia*는 *Alnus* 우점기와 Chenopodiaceae가 급증하는 시기에 증가하는 경향이 있어, 연구지역의 쑥속은 일반적으로 경작지의 잡초로 나타나는 경우와 달리 염생습지성의 *Artemisia maritima*로 생각된다. 또 PT4에 표고 4m, PT6에 표고 5m 부근에서 *Typha*, Cyperaceae 등 습지성 초본의 비율이 높은데, 이것은 규조분대 FIV시기에 형성되었던 담수성 습지와 관련되어, 해퇴기의 특징을 반영하는 식생환경으로 판단된다.

〈표 7-4〉 주상도 PT5의 종합적 퇴적 환경 변화

海拔高度 (m.a.s.l.)	堆 積 相	D.Z.	硅藻環境(%)	D.Z.로 본 M.S.S.	P.Z.	植 生 環 境	P.Z.로 본 M.S.S.
6.0	表層						
	灰色 실트	M V	ZA : 100	↑	III c	Al.-Gr.	↑
	分解된 黑色 土炭	F IV	SA : 80	↓	III b	Qu.-Al.	↓
	실트질 土炭				III b	Qu.-Al.	↓
5.0	灰色 실트	M IV	ZA : 60-90 SA : 10-20	↑	III a	花粉缺層	↑
4.0	有機質 실트	M IV		↑	III a	花粉缺層	↑
	褐色 土炭	F III	SA : 90 이상	↓	II	Qu.-Al.	↓
	灰色 실트	M III	ZA : 80	↑	I e	Ch.-Al.-Qu.	↑
3.0	褐色 土炭	F II	ZA : 90 이상	↓	I d	Qu.-Al.	↓
	有機質 실트	F II	ZA : 90 이상	↓	I c	Ch.-Al.-Qu.	↑
	灰色 실트	M II d	ZA : 90 이상	↑	I c		↑
2.0	腐植質이 豊富한 실트	M II a	ZA : 20-30, BA : 20	↑	I c	Al.-Qu.-Ar.-Ch.	↑
	褐色 土炭	F I	SA : 90 이상	↓	I b	Qu.-Al.	↓
	腐植質이 豊富한 실트	M I	ZA : 90 이상	↑	I a	Al.-Qu.	↑

4) carbon dating

이 지역 퇴적층의 편년을 위하여 PT6의 1지점과 PT5의 2지점에 대하여 토탄을 sampling 해서 일본 동북대학 이학부 연대측정실에서 연대측정을 실시했는데, 그 결과는 <표 7-5>와 같다.

〈표 7-5〉 탄소연대측정 결과

sample No	material	altitude (m.a.s.l.)	radiocarbon age (y. BP)
TH-1717 (현덕-3, PT5)	peat	5.2	6,160±40
TH-1716 (현덕 2, PT5)	peat	3.6	6,670±40
TH-1715 (현덕 1, PT6)	peat	2.7	7,180±50

3. 완신세 전기 도대천 유역의 해면변동

지금까지 본 각 퇴적층의 퇴적고도와 퇴적상, 미화석의 분석결과로 확인된 퇴적환경과 carbon dating으로 확인된 年代를 기초로 이 지역의 해수면변동곡선을 복원한 것이 <그림 7-9>이다.[1] 이 해면곡선은 평균고조위 해면의 위치변화를 나타낸 것이다. 따라서 평균해면은 아산만의 대조차가 8.5m이고 부분적인 해소현상의 효과도 인정되기 때문에, 그림에서 나타낸 평균고조위해면보다 약 4～5m 정도 낮은 위치에 있었을 것으로 추정된다.

복원된 해면변동곡선을 기초로 도대천 유역의 환경변화를 살펴보면 다음과 같다.

1) 최종빙기 최성기 이후 만빙기를 거쳐 계속된 후빙기 해진은 7,000년 BP경에 도대천 유역에 이르렀으며, 그 후 6,000년 BP까지도 전체적으로는 상승을 계속하여 현재 수준 혹은 현재 수준을 1m 정도 넘는 해발고도까지 도달하였다. 서해안에서 6,000년 BP경의 해수준이 현재 수준 혹은 현재보다 1m 더 높은 해발고도에 이르렀다는 연구결과는, 왕청태 外(1982), 조화룡(1986, 황등리), 황상일(1994, 일산)의 연구 등에서 인정되고 있다. 그러나 다만 박용안(1984, 1986)은 이 시기의 해면이 현재보다 5m 낮은 수준에 있었다고 주장하고 있다.

2) 이 시기의 해면상승은 평활한 상승을 한 것이 아니고, 수 m 규모의 작은 fluctuation을 반복하면서 상승했다. 이와 같은 미변동에 대응하여 상대적인 저해면 혹은 해퇴시에는 토탄층이 형성되고, 상대적인 고해면 혹은 해진시에는 청회색 silt층이 퇴적되었다.

3) 전 시기를 통하여 상대적으로 해진의 경향을 나타낸 시기는 7,600년 BP, 6,850년 BP, 6,400년 BP를 전후한 시기이고, 상대적으로 해퇴의 경향을 나타낸 경우는 7,400년 BP, 6,700년 BP, 6,150년 BP를 전후한 세 시기이다.

1) 연구지역에 대한 해면변동곡선은 Hwang(1993)에 의하여 규조분석 결과와 일산지역의 연구성과를 통하여 추정·복원된 바 있으나, 본 연구에서는 연대측정자료가 보완되어 완성되었다.

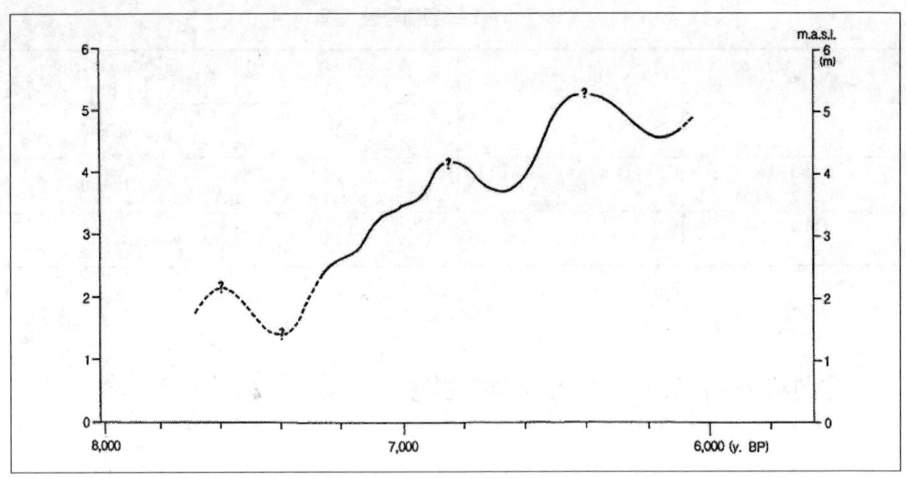

〈그림 7-9〉 도대천 충적평야 Holocene 해면(평균고조위) 변동곡선

4. 한반도 동·서해안의 토탄 형성시기와 분포고도

<표 7-6>은 지금까지 한반도 동·서해안에서 조사되어 carbon dating이 이루어진 Holocene 토탄의 목록이다. 서해안에는 sample이 19개나 되어 자료가 풍부하지만, 동해안은 5개 sample로 그 수가 적다. 이 자료들을 횡축에 형성연대, 종축에 분포고도를 한 좌표구간에 plotting한 것이 <그림 7-10>이다.

서해안의 sample들은 7,500년 BP경부터 3,000년 BP경에 형성된 것으로, 이들의 분포고도는 7,500년 BP경에 해당하는 것이 평균해면보다 약 2.5m높은 고도에 퇴적되어 있으며, 형성연대가 최근으로 옴에 따라 그의 분포고도가 점점 높아져, 3,000년 BP경에 퇴적된 것은 평균해면 보다 약 6.5m 높은 위치에 분포하여 전체적으로 하나의 그룹을 이루고 있다.

동해안의 것은 sample 수가 적어서 이들이 동해안 토탄의 형성시기와 분포고도를 충분히 반영하고 있는지는 알 수 없다. 동해안 토탄의 형성시기는 4,000년 BP경에서 700년 BP경까지이며, 분포고도는 오래된 것이 평균해면하 3.5m이고 나중에 형성된 것은 평균해면보다 1~2m 정도 높은 위치에 분포하여, 서해안 土炭에 비하여 형성시기가 늦고 분포고도가 낮다.

이와 같은 차이는 동해안과 서해안의 해안조건이 다르기 때문에 기인한 것으로 볼 수 있다. 즉, 서해안은 조차가 크고, 삼각형 만입의 내만에서 염생습지(salt marsh) 기원의

〈표 7-6〉 한반도 동·서해안에서 탄소연대측정이 이루어진 토탄 목록

해역	지역명	측정번호	해발고도(m)	지표면에서의 깊이(-m)	radiocarbon age (y. BP)
서해안	안중*1	TH-1717	5	1	6,160±40
		TH-1716	3.6	2.4	6,670±40
		TH-1715	2.7	3.3	7,180±50
	일산*2	B-45537	6.3	1.7	3,220±60
		B-46236	6.0	2.0	4,220±80
		B-46237	5.8	2.2	4,410±70
		B-46232	5.9	1.4	3,760±60
		B-46231	5.6	1.7	4,720±50
		B-45535	4.9	1.7	4,400±60
		B-46228	4.7	1.9	4,490±50
		B-48384	4.9	1.7	4,070±80
		B-48385	4.6	2.0	5,240±70
		B-48386	4.4	2.2	5,290±60
		B-48387	4.1	2.5	5,650±60
	황등*3	TH-1111	5.0	0.8	4,950±160
		TH-1113	3.0	2.8	6,260±180
	김제*4	Y-2605		1.9	4,740±120
		Y-2606		4.5	6,100±200
		Y-2607		5.1	6,520±120
동해안	주문진*5	TH-239	1.8	0.9	1,860±90
		TH-240	1.2	1.5	1,990±100
	방어진*6	TH-323	0.5	0.8	770±90
		TH-324	-1.5	2.8	2,350±100
		TH-325	-3.5	4.8	4,060±120

*1. 본 논문

*2. 한국선사문화연구소(1992), 「일산신도시 개발지역 학술조사 보고서」

*3. 조화룡(1986), 「만경강연안 충적평야의 지형발달, 교육연구지」(경북대학교), 28집, 19-35쪽.

*4. Park, Y.A.(1969), "Submergence of Yellow Sea coast of Korea and stratigraphy of the Sinpyeong-cheon Marsh, Kimje, Korea." *Jour. Korea Geol. Surv.*, 5, pp.57-66.

*5, 6. 靑華龍(1979), 「韓國東海岸地域における後氷期の花粉分析學的硏究」, 東北地理, 31, 23-35쪽.

토탄이 형성되었기 때문에 일찍부터 토탄지가 발달하였고, 또 분포고도가 높은 것은 고조위 혹은 해소(sea bore) 등의 고조위와 관련된 습지환경에서 형성되었기 때문이다.

그러나 동해안의 경우는 후빙기 해면상승이 거의 종료되어 해면이 안정되고 해안에 beach ridge가 형성되면서, 이 beach ridge 후면의 습지에 대부분 토탄이 형성되었기 때문에 서해안 보다 형성시기가 늦다. 분포고도도 동해안은 조차가 매우 적어서, 평균해면과 거의 비슷한 고도에서 형성되었기 때문에 서해안보다 낮게 분포한다.

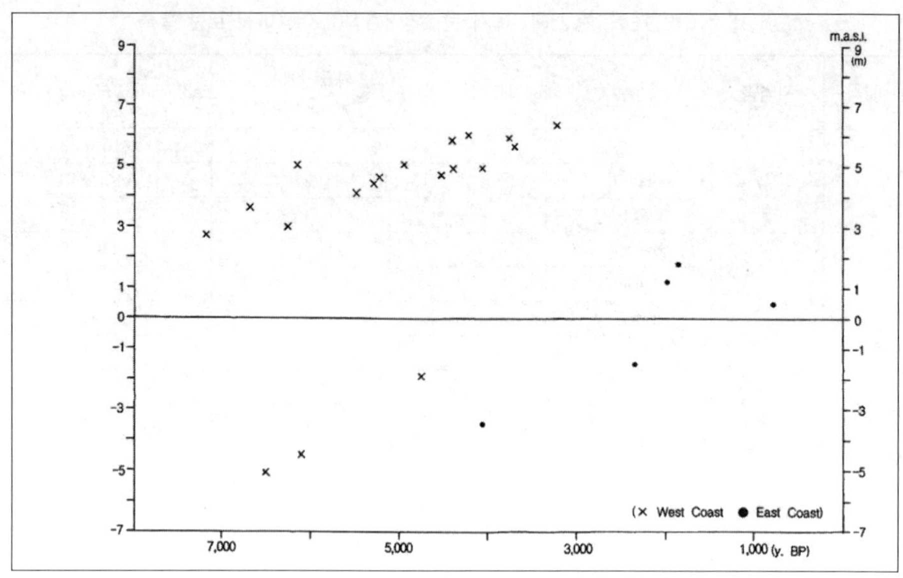

〈그림 7-10〉 한반도 동·서해안에서 이루어진 탄소연대측정 결과

해안 토탄지의 심도는 현 지표면에서부터 대략 -1m~-5m의 범위이다. 이보다 더 낮은 현재 해면 아래의 퇴적물 가운데 토탄이 퇴적되어 있는지 여부는 확실히 조사된 바 없다. 그러나 광양제철소의 건설을 위하여 광양만 간석지에서 112 공의 깊은 심도로 boring이 실시되었는데, 이 지질조사에서 3개의 boring hole의 -30~-35m부근에 토탄이 퇴적되어 있으나, 그 밖의 core에는 토탄이 보고된 바 없다. -30~-35m의 토탄은 Pleistocene에 형성된 것이며 Holocene의 것이 아니다. 이와 같은 사실로 미루어 보아, 후빙기 초기(약 10,000년 BP~7,000년 BP)에는 해진의 속도가 너무 빨라서 토탄이 효과적으로 형성되지 못했으며, 해진의 속도가 늦어지고 안정되었을 때 토탄이 형성되었다는 것을 알 수 있다.

5. 결론

완신세 중기에 있어서 도대천 유역분지의 퇴적환경변화에 대한 연구결과를 요약하면 다음과 같다.

1) 연구지역은 Holocene 중기 동안 5번의 담수환경과 5번의 염수환경이 반복되었으며,

해퇴들 사이의 시간적 간격은 약 500년이다. 부정합면 아래 compact한 Pleistocene 퇴적층에서는 규조가 전혀 출현하지 않았고, loose한 Holocene 층에서만 규조가 검출되었는데, 회색 silt 층에는 염수규조가 우세하고 토탄층에는 담수규조가 우세하며, 그리고 이들 사이의 유기질 실트층은 과도기적인 환경에서 퇴적된 것으로 보인다.

2) 검출된 목본화분은 전층에 걸쳐 *Alnus*와 *Quercus*가 중심이고, 그 밖의 수종은 모두 합쳐도 전체의 10%를 넘지 않는 경우가 대부분이다. 다만 PT4의 최상부 층준에서 *Pinus*가 30%에 이를 정도로 급속히 증가하는 것이 예외적이다.

연구지역 Holocene 퇴적층 중에서 습지, 토탄지 환경에서 잘 자라는 수종인 *Alnus*가 전층을 통하여 높은 출현빈도를 보인다는 것은 이 지역에 습지환경이 광범위하게 이루어져 있었다는 것을 의미한다. *Alnus*를 제외하면, 이 지역 대부분의 삼림이 *Quercus*로서 우리나라의 동해안지역에서 밝혀진 후빙기 전기 즉, 10,000～6,000년 BP간의 식생환경과 잘 일치한다.

3) 중심수종인 *Alnus*와 *Quercus*는 전층을 통하여 경쟁관계에 있다. 이와 같은 경쟁관계는 기후변화로 그 원인을 찾기 보다는 해퇴, 해진과 관련하여 습지환경이 확대, 축소되는 것과 밀접하게 관련된다고 본다. 즉, 해서규조각을 많이 포함하고 있는 silt층에는 *Alnus*가 우점하고, 토탄질 토양층 및 담수규조가 많은 층준에서는 *Quercus*가 우점한다.

4) 최종빙기 최성기 이후 만빙기를 거쳐 계속된 후빙기 해진은 7,000년 BP경에 도대천 유역에 이르렀으며, 해면은 그 후 소해진과 해퇴를 거듭하며 계속 상승하여 6,000년 BP경에는 현해면 또는 이보다 약 1m 정도 높은 수준까지 도달하였다.

5) 이 시기 동안 연구지역의 해면은 평활하게 상승을 한 것이 아니고, 수m 규모의 작은 fluctuation을 반복하면서 상승했다. 이와 같은 미변동에 대응하여 상대적인 저해면 혹은 해퇴시에는 토탄층이 형성되고, 상대적인 고해면 혹은 해진시에는 청회색 silt 층이 퇴적되었다. 전 시기를 통하여 상대적으로 해진의 경향을 나타낸 시기는 7,600년 BP, 6,850년 BP, 6,400년 BP를 전후한 시기이고, 상대적으로 해퇴의 경향을 나타낸 경우는 7,400년 BP, 6,700년 BP, 6,150년 BP를 전후한 세 시기이다.

6) 서해안의 후빙기 토탄들은 7,500년 BP경부터 3,000년 BP경에 형성된 것으로, 이들의

분포 고도는 7,500년 BP경에 해당하는 것이 평균해면보다 약 2.5m 높은 고도에 퇴적되어 있으며, 형성 연대가 최근으로 옴에 따라 그의 분포고도가 점점 높아져, 3,000년 BP경에 형성된 것은 평균해면 보다 약 6.5m 높은 위치에 분포하여 전체적으로 하나의 그룹을 이루고 있다. 동해안 토탄의 형성시기는 4,000년 BP 경에서 700년 BP경까지이며, 분포고도는 오래된 것이 평균해면하 3.5m이고 나중에 형성된 것은 평균해면보다 1~2m 정도 높은 위치에 분포하여, 서해안 土炭에 비하여 형성시기가 늦고 분포고도가 낮다. 이와 같은 차이는 동해안과 서해안의 해안조건이 다르기 때문에 기인한 것으로 볼 수 있다.

참고문헌

윤순옥. 1994. 「도대천 충적평야의 홀로세 퇴적환경」. 지리학총, 21·22. 1~22쪽.

_____. 1997. 「화분분석을 중심으로 본 일산지역의 홀로세 환경변화와 고지리복원」. 대한지리학회지, 32(1). 15~30쪽.

윤순옥·조화룡. 1996. 「제4기 후기 영양분지의 자연환경변화」. 대한지리학회지, 31(3). 447~468쪽.

曺華龍. 1979. 「韓國東海岸地域における後氷期の花粉分析學的研究」. 東北地理, 31. 23~35쪽.

_____. 1986. 「만경강연안 충적평야의 지형발달」. 교육연구지(경북대학교), 28. 19~35쪽.

_____. 1987. 『한국의 충적평야』. 서울: 교학연구사.

_____. 1990. 「한국의 토탄지연구」. 지리학, 41. 107~127쪽.

조화룡·황상일·윤순옥. 1994. 「후빙기후기 '가와지'곡의 환경변화」. 한국지형학회지, 1(1). 3~16쪽.

일산새도시 개발지역 학술조사 보고 I. -자연과 옛사람의 삶-. 1992. 한국선사문화연구소.

황상일. 1994. 「도대천 충적평야의 지형발달」. 지리학총, 21·22. 41~60쪽.

_____. 1995. 「GIS기법으로 복원한 일산지역의 Holocene 고지리」. 지리교육, 경북대 사대 지리교육과, 8. 113~130쪽.

황상일·조화룡. 1995. 「사포해안충적평야의 Holocene 퇴적환경변화」. 한국지형학회지, 2(1). 1~8쪽.

Bloom, A. L. & Y. A. Park. Holocene Sea-level history and tectonic movement. Republic of Korea. *The Quaternary Research*, 24(2). pp.77~84.

Hwang, S. I. 1994. *Holozänes Sedimentationsmilieu der Küstenebenen Koreas*. Diss. Univ. Freiburg.

Köhn, W. 1989. The Holocene Transgression of the North Sea as Exemplified by the Southern Jade bay and the Belgian Coastline. *Essener Geogr. Arbeiten*, 17. pp.109~152.

Park, Y. A. 1969. Submergence of Yellow Sea coast of Korea and stratigraphy of the Sinpyeong-cheon Marsh, Kimje, Korea. *Jour. Korea Geol. Surv.*, 5. pp.57~66.

Park, Y. A. & A. L. Bloom. 1984. Holocene Sea-level history in the Yellow Sea, Korea. *Jour. Kor.*

Geol. Surv., 20(3). pp.189~194.

Tooly, M. J. 1982. Sea-level Changes in northern England. *Proc. Geol. Ass.* 93. pp.43~51.

Hwang(Yoon), S. O. 1994. *Untersuchungen zur jungquatären Vegetationsentwicklung in den Flußgebieten des Gawaji-, Dodaecheon-, Youngyang-, Unsan- und Jumunjin-Gebietes Südkoreas.* Diss. Univ. Freiburg.

Ⅲ. 해안 지형 발달

동해안의 해안 비치 분포와 지형 변화, 융기 벤치, 노치에 대하여 논하고 있으며, 서·남해안의 갯벌 분포, 갯벌 지형 세분 및 지형 발달을 설명하고 있다. 또 경기만의 해저 지형을 밝혔다.

너도밤나무 화분(Fagus)

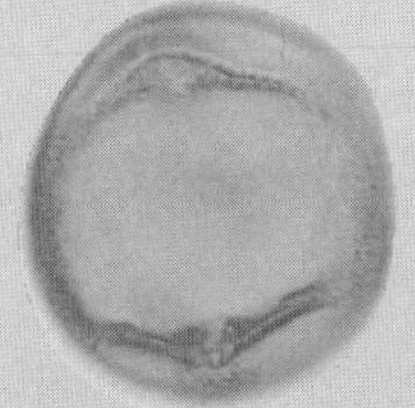

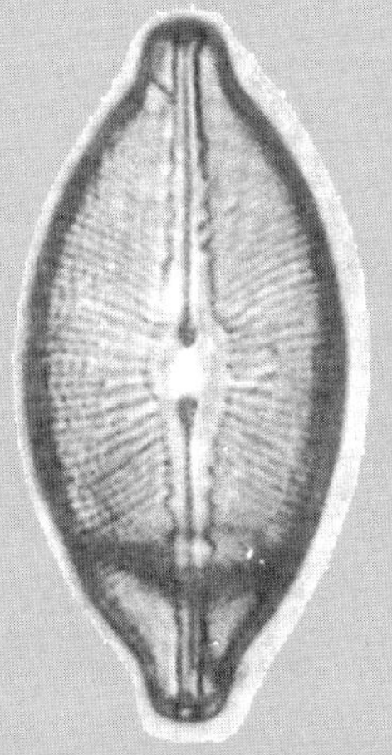

자작나무 화분(Betula)

기수성 규조(Navicula)

CHAPTER 1

경기만의 해저 지형*

1. 서언

경기만은 웅진반도와 태안반도 사이에 형성되어 있는 폭 약 100km의 거대한 만으로 이 만의 안쪽에는 해주만, 한강하구, 인천만, 아산만 등의 보다 작은 만이 형성되어 있다. 이 만으로 유입되는 하천으로는 한강, 임진강, 예성강, 안성천, 삽교천과 기타 소하천이 있는데, 이들 5개 하천의 유역면적만도 41,400㎢에 달해 막대한 육상퇴적물이 만에 운반된다. 한편 경기만은 우리나라에서 조차가 가장 큰 곳이며, 세계적으로도 조차가 크기로 손꼽히는 곳이다. 즉 인천만에서 대조승 8.6m, 덕적도에서 7.9m, 대연평도에서 6.8m에 이른다.[1] 이와 같이 경기만은 많은 퇴적물이 유입되고 조차가 크기 때문에 해저의 지형 또한 규모가 크고 확실하여 서해안 근해 해저지형의 모식지를 이루고 있다.

경기만 해저에 관한 해양, 지질적 연구는 한국 해양연구소[2] 동력자원 연구소[3] 등에서 부분적으로 이루어지고 있지만 아직 그 성과는 적으며 이제 막 시작의 단계에 있다고 할 수 있다. 더욱이 해저 지형의 분류, 편년 등에 관한 지형학적 연구는 아직 시도도

---

* 조화룡, 1992, 정관 이병곤 교수 회갑논문집, 57~70쪽.

1) 대한민국 수로국, 1984, 1/25만 해도「격렬비 열도에서 대청군도」부표

2) 해양연구소, 1981, 연안 환경도 작성 연구(경기만 해양지형 분야)

3) 동력자원 연구소, 1988, 천해저 쇄설성 광물자원정밀탐사 기술개발연구, 107쪽.

못한 채 전무한 상태이다.

본 보고는 수로국 발행 1/25만 경기만 해도(격열비 열도에서 대청군도까지)와 중국 해양국 편집 1/100만 「발해 · 황해 지세도」[4]를 기초로 도상(圖上)작업을 하여 경기만 해저지형의 분류를 시도하고, 이들 각 지형의 형성 · 발달을 제4기 말의 빙하성 해면변화와 관련시켜 추정하려 하였다. 그러나 이것은 단지 추정일 뿐 앞으로 해저 boring 등의 현지자료 분석에 의하여 확인 · 수정되어야 할 것으로 본다.

2. 황해 해저지형 개관

황해는 한반도와 중국 사이에 있는 바다로 크게 3부분으로 나누어 생각할 수 있다. 즉 요동반도 끝 여순에서 산동반도의 봉래를 연결한 선 안쪽의 '발해', 산동반도 끝에서 장산곶에 이르는 선 북쪽 해역인 '북황해', 그리고 그 남쪽 상해-제주도-목포에 이르는 선까지 해역인 '남황해'가 그것이다.

발해는 서, 남, 북쪽에 각각 발해만, 내주만, 요동만이 형성되어 있고 동쪽으로는 열려있는 바다이다. 해저의 대부분이 수심 25m 이하의 얕은 바다이고 중앙부를 따라 수심 30m 전후의 최심수역이 대상으로 형성되어 있다. 발해의 황해 쪽 출구인 봉래-여순 간의 해협 즉 발해해협에는 장도, 북장산도, 대흠도, 북황성도 등의 섬들이 일열로 연결되어 있고 이 섬들 사이에는 깊은 해부(海釜)가 형성되어 있다. 봉래 쪽에서는 이들 해부의 최대수심이 -35m 정도이나 여순 쪽으로 가면서 점차 깊어져 대흠도 북환성도 부근에서는 -50m, 여순 앞에서는 -65m에 이른다. 이와 같은 해부들은 만조 때 발해로 밀려들어간 바닷물이 간조 때 황해로 나오는 과정에서 좁고 섬이 많은 발해해협을 통과하면서 조류가 급해지고 와류를 일으켜 해저를 침식하여 생긴 것으로 판단된다. 여순 서쪽에는 조류가 만든 사퇴가 남-북 방향 및 북서-남동 방향으로 몇 열 형성되어 있다.

북황해 중앙 해저평원은 수심이 -20～-70m에 이르고 남동쪽으로 완만히 기울어졌으며, 비교적 평탄한 지형을 나타낸다. 그러나 압록강, 청천강, 대동강이 유입되는 북동부의 서한만 해저에는 조류가 만든 것으로 예상되는 좁고 긴 사퇴가 북동-남서 방향으로 약 20열 정도 형성되어 복잡한 해저지형을 나타낸다. 산동반도를 에워싼 해저는 수심 약 20m, 평균폭 약 30㎞의 해저대지가 형성되어 있고 이 해저대지 전면은 급한 경사를

4) 중화인민공화국, 국가해양국 제1 해양연구소, 1984, 1/100만 「발해·황해 지세도」

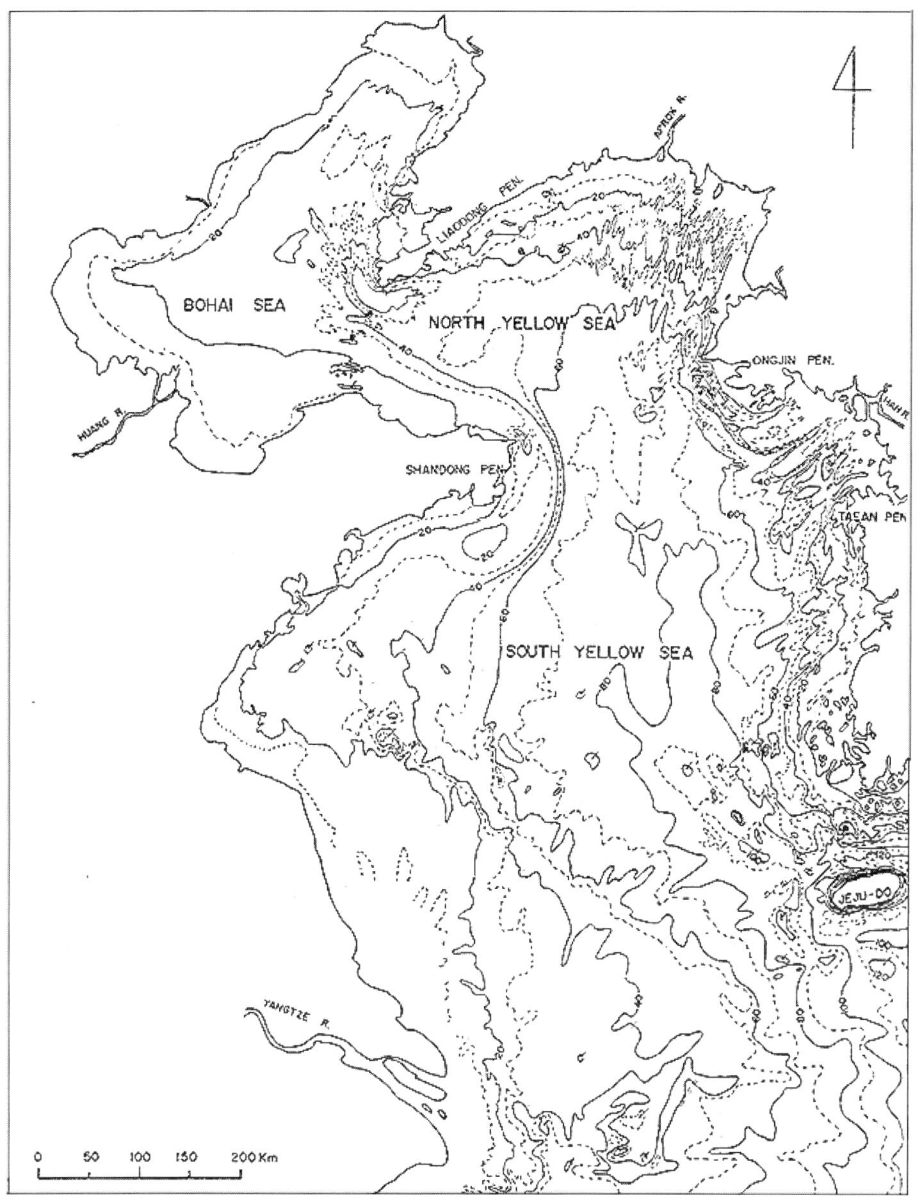

〈그림 1-1〉 황해의 해저지형도

* 수치는 수심(m)을 나타낸 것임
** 자료: 중국 해양국 편집 1/100만 「발해 · 황해 지세도」

이루어 북부에는 수심 -50m까지 남부에서는 -65m까지 낮아지다가 중앙 해저평원에 이르러 완만한 경사로 바뀐다. 이와 같은 급경사의 해저애면을 중국에서는 '성산각 침식 해저애'라 한다. 이 해저대지와 산동반도 말단부 사이에는 조류에 의하여 만들어진 것으로 보이는 해부가 연속적으로 나타난 성산각 전면에는 최대 수심 -82m에 이르는 해부가 형성되어 있다.

남황해의 최심부는 동경 124°~125° 사이에 형성되어 있는데, 경기만 군산만 앞까지는 -85m~-87m가 최대수심이나 흑산도 서쪽에 이르러 -100m를 넘는 최대수심을 보인다. 남황해의 남서부에는 양자강과 고황하[5]가 이룬 거대한 해저 침수삼각주 지형이 나타나 이것의 말단부는 제주도 부근까지 이른다. 이들 침수삼각주는 -60~-80m 수심을 갖는 하위의 지형면과 -30~-45m 수심의 중위지형면, -5~-20m 수심의 상위면으로 구분되며, 이 중에서 넓은 폭을 형성하고 있는 것은 중위면으로 가장 넓은 곳은 폭 200km에 달한다. 그러나 하위면은 중위면의 전면에 좁게 형성되어 있고, 상위면은 중위면을 덮고 있는 형태를 취하나 이 면을 형성한 하구도 현재의 양자강 하구가 아니고 보다 북쪽의 해안을 중심으로 한 하구가 만들어 놓은 것과 같은 지형 배열을 보이고 있다. 중국에서는 이 하위면을 '고황하 · 고장강 조기삼각주'라 하고 중위면을 중기, 상위면을 만기삼각주라 명명하고 있다.

3. 경기만의 해저지형 배열

경기만의 해저지형은 4수준의 해저평탄면과 이를 개석하는 곡 그리고 이 곡중에 형성된 해부들로 구성되어 있다(그림 1-2). 먼저 각수준의 이들 평탄면을 살펴보기로 한다. 기술의 편의상 높은 수준의 것에서부터 낮은 수준으로 가면서 제1면~제4면이라 가칭했다.

① 제1면(현재 해면수준의 평탄면) : 저조위 때는 노출되고, 고조위 때는 침수되는 대개 표고 +3m~-3m의 평탄면으로 현재 해수준 하에서 형성되고 있는 간석지이다. 그 아래 제2면과는 약간의 경사변환을 이루고 있는데 이들 두면 간의 관계는 제1면이 제2면을 피복하고 있는 형태를 취하고 있다. 갯골(tidal channel)에 의하여 여러조각으로 갈라져 있고 적은 내만이나 해안선에 접하여 형성된 것도 있다. 대연평도와 덕적군도를 연결하는

5) 과거에는 황하의 하류부가 산동반도 남쪽으로 유로를 취하여 양자강 하구에 인접한 곳에서 바다에 유입하였거나 때에 따라서는 양자강과 합류하는 형태를 취했을 경우도 예상된다.

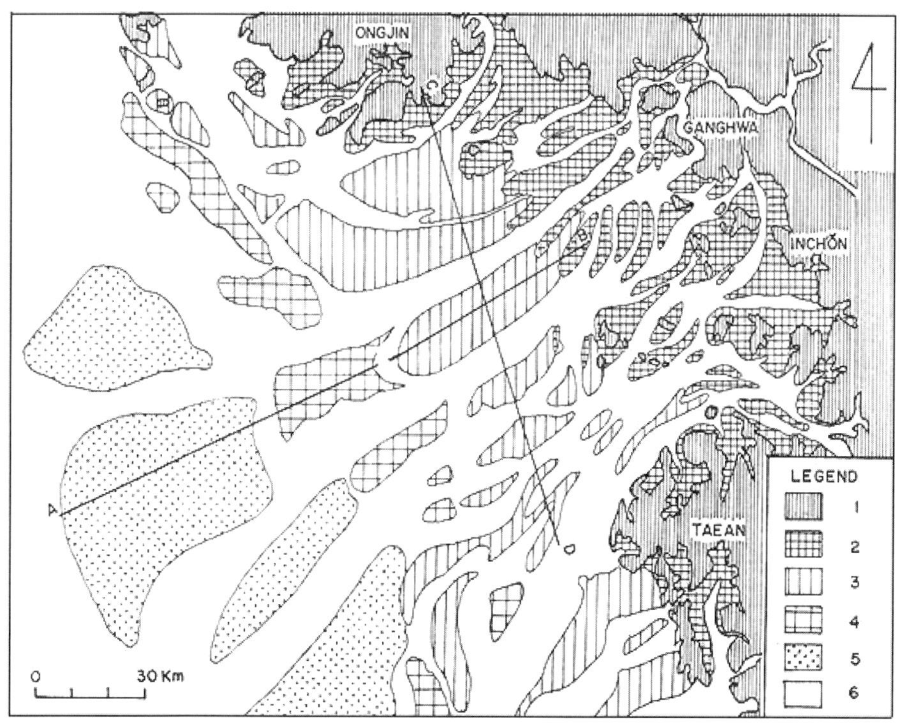

〈그림 1-2〉 경기만 해저 지형면 분류도

1 : 육지 2 : 제1면(+3～-3m) 3 : 제2면(-5～-20m)
4 : 제3면(-30～-50m) 5 : 제4면(-55～-75m) 6 : 개석지
* A-B, C-D선은 <그림 1-3>, <그림 1-4>의 단면선

선 안쪽에 대부분이 분포한다.

② 제2면(-5～-20m 수준[6])의 평탄면) : 제1면의 전면에 분포하고 있으며 넓은 면적에 확실한 평탄면 지형을 형성한다. 면의 종단구배는 0.3‰로 아주 완만하다. 동북동～서남서 방향으로 형성된 협곡에 의하여 여러 조각으로 분리되어 있지만 그 개개의 조각은 제1면에 비하여 훨씬 규모가 크다.

<그림 1-3>은 제2면 분포지역을 횡단하는 C-D측선의 단면도이다. 그림에서 볼 수 있는 것과 같이 이 지형면을 개석한 협곡은 중간 부분이 가장 깊어서 제2면과의 비고 약 30m에 달하며, 가장자리 쪽으로 갈수록 점차 얕아져서 10～20m의 비고를 보인다. 이 면은 하위의 제3면과 뚜렷한 경사 변환을 보이며, 이 면의 말단부는 백령도에서 안면도를 연결하는 선과 대략 일치한다.

6) 여기서 수심의 기준면은 해도를 기준으로 하였음으로 저조위면을 기준으로 하였다.

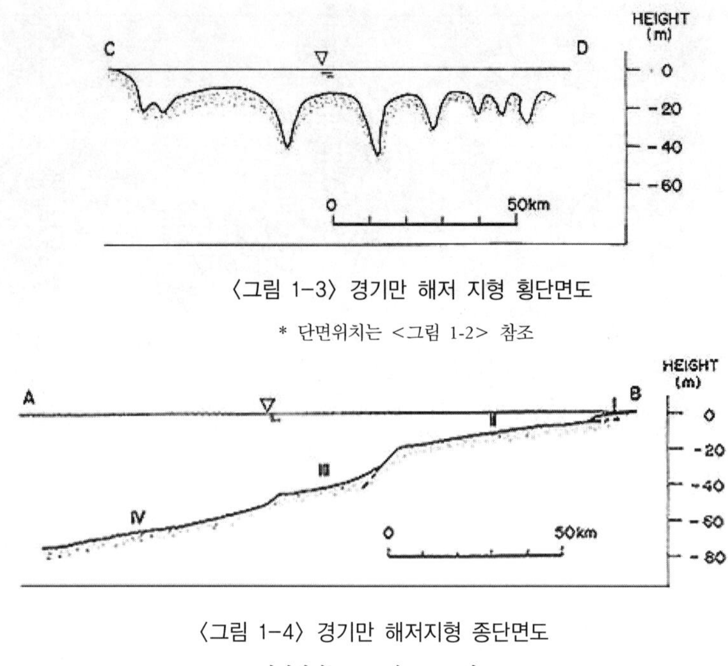

〈그림 1-3〉 경기만 해저 지형 횡단면도

* 단면위치는 <그림 1-2> 참조

〈그림 1-4〉 경기만 해저지형 종단면도

* 단면위치는 <그림 1-2> 참조

③ 제3면(-30～-50m 수준의 평탄면) : 제2면의 전면에 분포하고 있으며, 면의 폭이 좁다. 제2면과 10～15m의 급경사 애면으로 경계되어 있는데 공간적 배열의 특징으로 보아 이 급경사의 애면은 제3면과 관련 있는 해수면이 제2면의 전면을 침식하여 형성된 것처럼 보인다.

④ 제4면(-55～-75m 수준의 평탄면) : 제3면의 전방에 형성되어 있으며, 종단 경사가 완만하고, 비교적 넓은 면적을 차지하며, 제3면과 약간의 경사 변환부로 경계되어 있다. 분포 패턴이 중심성이 있고 부채꼴 모양을 하고 있어서 해수면이 이 수준에 있을 때 형성된 삼각주나 선상지적 퇴적이 이루어져 형성된 지형면처럼 보인다.

다음으로 이들 해저 평탄면 사이에 형성되어 있는 곡에 대하여 살펴보기로 한다. 경기만에서 밀물과 썰물이 들고 나는 길은 다음과 같이 5가닥으로 나누어진다.

① 안성천, 삽교천 하구에서 아산만을 지나 태안반도 서쪽을 연하여 형성된 수도로 해도에서는 이 수도를 '동수도'라 명명하고 있다.

② 한강 하구에서 김포반도와 강화도 사이에 형성되어 있는 염하를 지나 인천반도와 영종도 사이, 소야도와 소이작도 사이를 지나 '동수도'와 합쳐지는 수도로 해도에서 '서수도'로 명명되어 있다.

③ 한강 하구에서 강화도와 석모도 사이를 지나 덕적도 서편으로 연결되는 수도로 해도에서는 '북수도'로 명명되어 있다.

④ 한강 하구에서 교동도, 보음도 서쪽을 지나 남서 방향으로 계속되는 수도

⑤ 해주만에서 출발하여 옹진반도 남쪽을 연하여 계속되다가 백령도와 장산곶 사이로 빠져나가는 수도 등이다.

해저곡들은 이들 수도를 따라 형성되어 있는데 곡간의 평탄면과 비고는 평균 20~30m에 이르고 깊은 해부가 형성되어 있는 곳은 비고 50m에 이르는 곳도 있다.

해부(sea caldron)란 해저에 형성된 폐쇄된 타원형의 와지를 말하는데 이것은 조류에 의한 해저침식, 단층함몰, 침수하곡이 퇴적되다 남은 부분 등에 의하여 그 성인을 구하고 있다. 경기만의 해저에는 수도를 따라 많은 해부가 형성되어 있는데 특히 섬과 섬사이 혹은 해저 사퇴와 사퇴사이의 좁은 해협에 주로 형성되어 있음을 알 수 있다. 또 이런 곳에는 조류가 다른 곳에 비해 매우 빠른 것으로 나타났다. <그림 1-6>에서 덕적군도의 소야도와 소이작도 사이의 좁은 해협에 누에고치 모양의 해부가 형성되어 있는 것을 볼 수 있다. 이 해부의 최심부는 -75m이며, 조류의 유속은 최대 4.6knt이다.

4. 지형발달 토의

여기서는 앞에서 살펴본 4수준의 해저 평탄면과 해저곡에 대하여 형성시기, 형성과정 등의 지형발달을 퇴적상의 측면과 해수준 변동의 측면에서 토의해 보려 한다.

1) 경기만 해저의 퇴적상과 지형발달

해저퇴적물 조사는 많은 장비와 경비가 소요됨으로 필자 자신의 조사는 아직 이루어지지 못했다. 경기만에서 이루어진 퇴적물 조사는 1981년 해양연구소 팀에 의하여 이루어진 인천 앞바다 지역(그림 1-5의 A지역)의 조사[7]와 1988년 동력자원연구소 팀에 의하여 이루어진 덕적도, 용유도 사이 해역(그림 1-5의 B지역)의 조사[8]가 대표적이다.

해양연구소의 조사(1981)는 저질 퇴적물을 채취 입도분석하고, 탄성파 조사를 통하여 현재퇴적물의 층후를 추정하였다. 인천 앞바다의 해저 표면 퇴적물의 입도 특성을

7) 해양연구소, 1981, 전게서 주(2)

8) 동력자원연구소, 1988, 전게서 주(3)

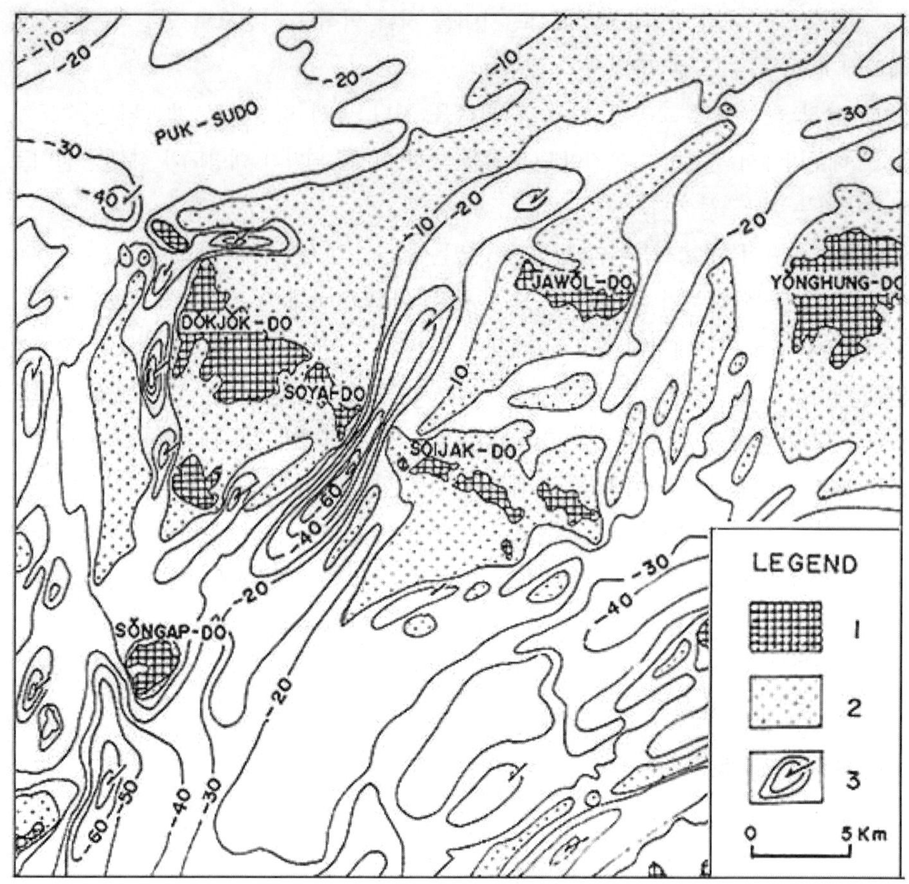

〈그림 1-6〉 덕적군도 주변에 형성된 해부

1 : 육지(섬) 2 : 수심 10m 이하의 얕은 바다 3 : 해부

보면 해안선에 연한 지역, 내만, 도서간 지대에는 실트 혹은 사질 실트 등의 세립질 퇴적물이 분포하고 보다 먼바다 쪽인 용유도 서쪽 지역에서는 중사, 실트질사 등으로 조립질이 분포한다. 갯골을 따라서는 대개 역질퇴적물이 분포하여 가장 조립질을 나타낸다. 퇴적물의 분급도 먼바다 쪽의 사질퇴적물은 0.5Ø 이하로 매우 높은 분급 상태를 보이나 용유도-영흥도선 안쪽의 실트질 퇴적물은 1～2Ø정도로 분급도가 낮으며, 갯골의 역질퇴적물은 더욱 낮아 2Ø 이상의 치를 보인다.

탄성파 조사에 의한 현재 퇴적물의 층후는 팔미도 남서부와 대무의도 남쪽지대에는 대개 20～30m 층후를 보이나 그 밖의 해역은 20m 이하이고 특히 갯골을 따라서는 10m 이하이며, 곳에 따라서는 노암 상태로 있는 곳도 있다.

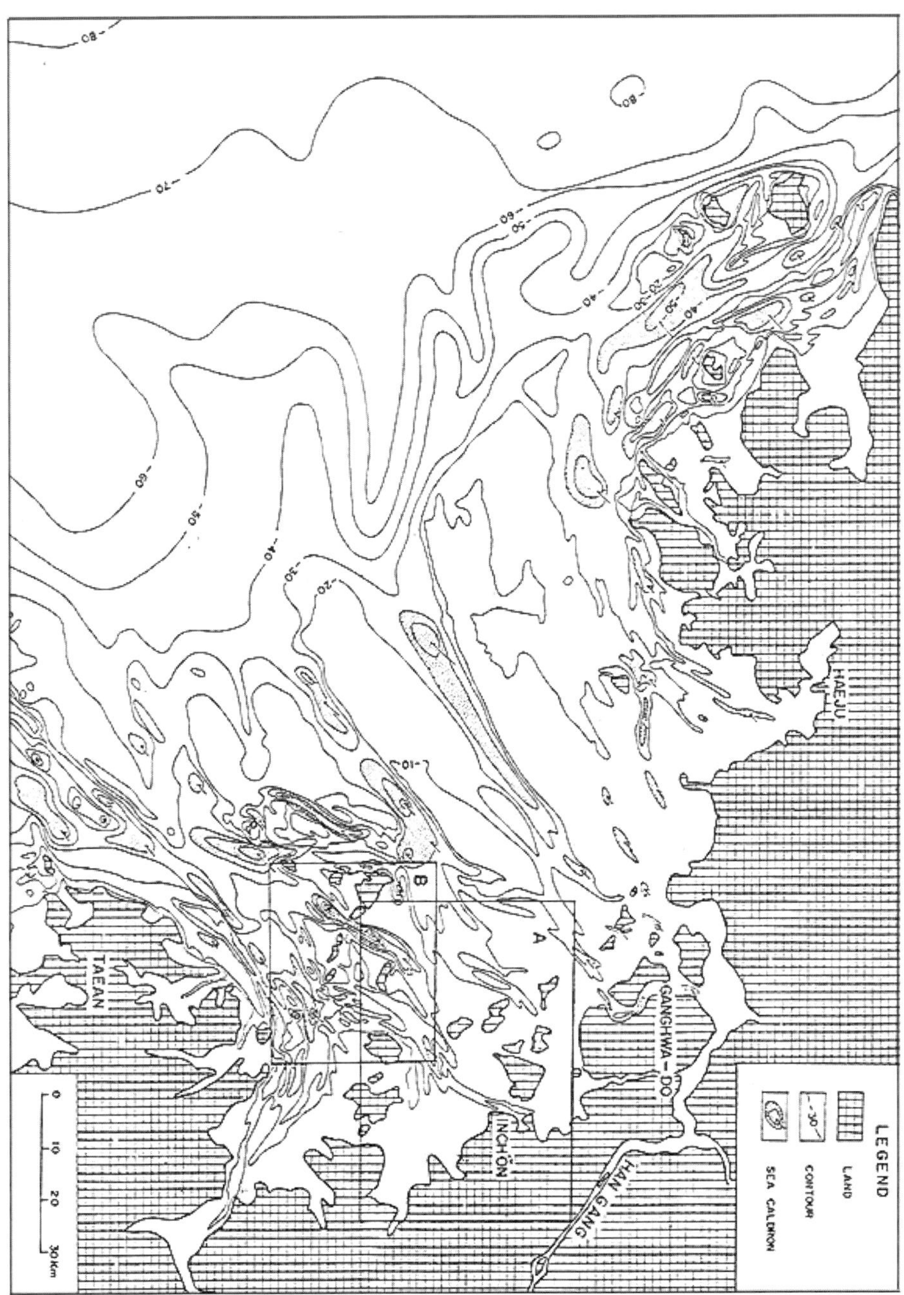

〈그림 1-5〉 경기만 해저지형도

* A 지역은 해양연구소팀의 조사(1981)지역, B 지역은 동력자원 연구소팀의 조사(1988) 지역
* 자료 : 수로국(1984) 1/25만 해도 「격렬비 열도에서 대청군도」

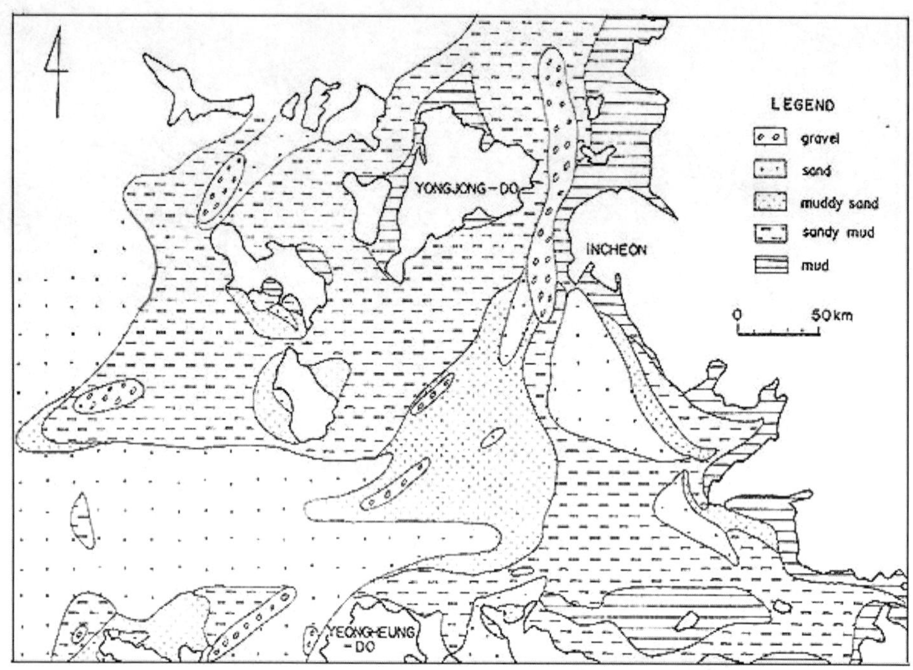

〈그림 1-7〉 인천 앞바다의 저질(底質)분포(해양연구소, 1981)

동력자원연구소의 연구(1988) 지역은 해양연구소 연구지역보다 약간 남서쪽으로 이동한 해역으로 덕적도와 영흥도 사이에 해당하는 지역이다. 여기서 나타나는 저질에서도 갯골을 따라서는 사질력 혹은 역질사의 조립질 퇴적물이 분포하고, 덕적군도와 영흥도 북쪽의 평탄면에서는 사질퇴적물로 이루어져 있다.

이 연구팀은 승봉도 북쪽의 해저 사퇴에서 boring 조사를 실시했다. 수심 7~15m인 지역에서 5공의 boring이 이루어졌는데 이 중 4개의 공에서는 1.5m~2.8m 깊이에서 패각을 포함한 역층에 도달하여 더 이상 boring을 하지 못했으며, 한 sample은 4.4m까지 boring 되었는데 부분적으로 패각이나 실트를 포함하지만 대부분은 세립질 모래로 이루어져 있었다.

이상의 두 조사 결과가 경기만에서 가장 대표적인 퇴적상 조사이긴 하지만 조사지역이 경기만 전체에 대해서 볼 때 해안에 근접한 일부지역에 제한되어 있고, 또한 boring조사도 미흡한 점이 많다. 그러나 이들 퇴적상으로 본 이 역의 지형 발달을 요약해 보면 다음과 같다.

① 이들 퇴적상이 조사된 지역은 필자의 지형면 분류에서 제1면에서 해당되는 간석지와 그 사이에 형성된 갯골이다. 간석지의 퇴적상 배열은 바다 쪽에서 해안 쪽으로

가면서 사질, 실트질사, 실트의 순으로 바뀌어 소위 sand flat, mixed flat, mud flat의 배열이 잘 이루어지고 있음을 알 수 있다. 또한 이와 같은 퇴적상의 배열은 간석지가 바다 쪽에서 밀려오는 창조류(漲潮流)를 따라 이동되는 퇴적물에 의해서 만들어진다는 것을 알 수 있다.

② 갯골 특히 해부에는 기반암이 노출된 곳도 있고, 그렇지 않으면 역질퇴적물로 이루어져 있다는 사실을 통하여 갯골 및 해부의 지형이 침식지형임을 알 수 있다. 역의 분포가 해부를 중심으로 섬처럼 분포하고 있는 것으로 보아 이들 역들은 조류가 급한 곳에서 간석지가 침식될 때 세립질은 침식되어 가고 이들 세립질 속에 포함되어 있던 역들은 운반되지 못하고 잔류하여 이루어진 잔류역층으로 보는 것이 타당한 것 같다.

③ 수심 7～15m하에 다시 1～2m 두께의 사층 아래에 퇴적 되어 있는 패각을 포함한 역층은 현재의 해수준으로서는 설명하기 어려우며 현재의 해수준보다 낮았던 과거 어느 시기의 것으로 보는 것이 타당할 것으로 본다.

2) 해수준 변동과 지형발달

제4기 말의 해수준 변동은 약 12만년 B.P.를 전후한 소위 최종간빙기에 해면이 대략 현재 수준에 있었고 그 후 최종빙기를 향해서 해면이 저하했다. 최종빙기의 해면은 4.5만년 B.P. 전후와 1.8만년 B.P.를 전후해서 크게 저하했으며 3만년 B.P.를 전후해서는 상대적으로 높았던 시기를 인정하고 있다. 이들 각 시기의 해면의 고도는 학자들 간에 많은 차이를 보인다. 즉 4.5만년 B.P. 전후(Early stage of Last Glacier)의 해수준은 -80～-50m로 보고 있으며, 3만년 전후(Inter-stadial of Last Glacier)의 상대적인 고해수준기의 해면은 최저 -50m 최고 0m까지 보고 있다. 1.8만년 B.P.(Last Glacier Maximum)의 해면은 최저로는 -150m, 최고로는 -80m를 주장한다.[9)]

최종 빙기 최성기로부터 현재로 향한 해진인 소위 후빙기 해진은 크게 보아 6,000년 B.P.경까지 계속되어 대략 현수준에 이르고 그 후 미변동을 인정하기도 하지만 대략 현재 수준에서 머물러 있었다. 그러나 이 후빙기 해진에 있어서도 몇 번의 정체기를

9) Emiliani, 1957, “Temperature and age analysis of deep sea cores”, *Science*, 125, pp.383～387; Kuwabara T. Matsui K. Yoshino M., Makinouchi T., 1982, “Sea level change and stratigraphy of the Atsuta Formation”, Quaternary Research Japan Asso. for the Quaternary Research, 22, pp.111～124.

인정하는 학자들이 많다. 즉 1.4만년 B.P.를 전후해서 정체기가 있었는데 이때의 해수준은 -50m부근에 있었으며, 1만년 B.P.를 전후해서 또 한 차례 정체기가 있었는데 이때의 해수준은 -30m에 위치한 것으로 보고되고 있다.[10)]

경기만에 형성되어 있는 각 수준의 평탄면도 이들 중의 어느 해수준과 각각 관련되어 형성된 지형면으로 보아야 할 것이다. 그러나 퇴적물 조사가 제1면 지역에서만 이루어졌고 아무런 편년자료를 얻지 못한 현재로서는 이들 각 면의 정확한 대비는 할 수 없으며, 다만 여기서는 그 가능성을 검토해 보는 정도에서 끝낼 수밖에 없다.

우선 제1면을 현해수준에서 형성된 간석지로 보는 데는 의심의 여지가 없다. 그러나 제2면이 문제의 면이다. 이 면은 경기만에서 가장 넓은 면적을 갖고 있는 평탄면이며 -5～-20m 수심에 걸쳐 분포한다. 면의 면적이 넓다는 것은 그 면을 형성한 해수준이 그만큼 오랫동안 그 위치에 머물러 있었다는 것을 의미한다. 그러나 후빙기 해면변동 과정에서는 -5～-20m 수준에서 그렇게 오랫동안 해면이 머문 시기를 상정할 수 없다. 그렇게 보는 이유는 후빙기의 해수준이 비슷한 수준에서 가장 오랫동안 머문 것은 현재의 수준으로서 이것은 약 6,000년 동안 계속되었다.[11)] 따라서 6,000년 동안 만든 제1면보다 훨씬 더 큰 제2면을 형성한 해수준은 -5～-20m 수준에서 6,000년 이상 머물러 있어야 하기 때문이다. 등고선과 지형면 배열을 자세히 검토하면 제1면은 제2면을 덮고 있고, 제3면은 제2면을 절단하고 있는 형태를 취한다. 만일 이것이 인정된다면 제2면은 제1면은 물론 제3면보다도 더 오래된 면이 된다. 이상과 같은 이유 때문에 필자는 제2면이 비록 그 표면에는 최근의 퇴적물을 어느 정도 얹고 있다 하다라도 그 면의 전체적인 형태가 이루어진 시기는 후빙기에서 찾기보다 그 이전, 멀리는 최종간빙기의 어느 시기로까지 거슬러 올라가야 할 것이 아닌가 하는 제안을 하고 싶다.

제3면은 제2면의 전면에 좁은 폭으로 형성되어 있으며 수심 -30～-50m에 걸쳐 분포한다. 면의 높이만을 고려할 때 이 면은 3만 년 B.P.를 전후한 최종빙기중의 아간빙기 해수준과도 대비될 수 있고 1만년 B.P.를 전후한 후빙기 해진이 일시 정체한 시기의 해수준과도 대비될 수 있다. 그러나 면상에 개석곡이 다양하게 들어 있어서 이들 개석곡은 이 면이 형성된 뒤에 다시 해면이 이 면 이하로 저하되었을 때 형성될 수 있으므로 전자의 해수준과 대비하는 쪽이 형편이 더 좋다.

10) Curray, J. R., 1960, "Sediments and history of Holocene Transgression, continental shelf, northwest Gulf of Mexico", in IGCP project 61, Atlas of Sea-level curves, C9.

11) 6,000년 B.P.에서 현재에 이르는 기간 중에 해수준의 미변동을 인정하는 학자들도 있으나 그 범위는 수m에 불과하므로 무시할 수 있다.

제4면은 -55～-75m 수준에 나타나고 면이 잘 보존되어 있으며, 삼각주형의 모습을 하고 있어서 최종빙기 최성기를 전후한 저해수준에 대응하여 형성된 침수삼각주로 볼 수 있다.

이상과 같이 각 수준의 면을 대비했을 때 면의 형성 순서는 제2면, 제3면, 제4면, 제1면의 순으로 형성된 것이 된다. 그러나 이 대비는 지형면의 특징과 해수준 변동과 관련하여 추정한 것이므로 앞으로 많은 boring 자료 및 편년자료로 더욱 검토되어야 할 것임을 부언해 둔다.

5. 요약

1. 경기만 해저에는 고도를 달리하는 4수준의 해저평탄면이 형성되어 있다. 높은 수준의 것에서부터 +3m～-3m 수준의 제1면, -5m～-20m 수준의 제2면, -30m～-50m 수준의 제3면, -55m～-75m 수준의 제4면이 그것이다.

2. 등고선 배열의 특징에 의하여 이들 지형면 간의 관계를 유추해 보면 제1면은 제2면의 육지 쪽 부분을 피복하고 제3면은 제2면의 바다 쪽 말단부를 절단하고 있으며, 제4면은 제2, 제3면의 개석곡 전면에 형성된 퇴적면으로 추정된다. 이와 같은 배열 관계가 인정되면 지형면의 형성 순서는 오래된 것부터 제2면, 제3면, 제4면, 제1면의 순이 된다.

3. 제4기 말 해수준 패턴과 관련하여 이들 각 해저평탄면의 형성시기를 추정해 보면 가장 넓은 폭으로 형성되어 있는 제2면은 최종간빙기 고해수준에 대응하여, 제4면은 최종빙기 최성기를 전후반 저해수준에, 제1면은 현 해수준에 각각 대응하여 형성된 지형면으로 추정할 수 있다.

CHAPTER 2

영일만 주변 해안의 해빈 지형 변화*

1. 서언

해안 사빈(coastal sand beach)은 해안에 파랑이 모래를 계속적으로 밀어 올려 만들어진 해안 퇴적 지형으로 해수욕장 등 인간의 위락 공간으로서 집약적으로 이용되고 있다. 사빈은 외해의 영향이 너무 강한 돌출부나 외해의 영향을 거의 받지 않는 깊은 만내에서보다 외해의 영향을 적절히 받는 얕은 만내에서 일반적으로 잘 형성된다. 파랑이 거칠 때는 부분적으로 침식되고 파랑이 다시 잔잔해지면 원래 상태로 회복되며, 장기간의 관점에서 보면 조금씩 바다 쪽으로 성장해가는 것이 자연 상태이다.

그러나 최근의 다양한 인간 활동은 이와 같은 자연적인 사빈의 보존 및 성장 과정에 충격(impact)을 주어 해안 사빈이 장기간에 걸쳐 계속적인 침식을 받고 있는 곳이 많다. 계속적인 사빈의 침식 작용은 사빈의 두께를 엷게 하고 사빈의 폭을 줄어들게 하여 해수욕장으로서의 환경이 나빠질 뿐만 아니라 해안의 각종 시설물이 붕괴의 위험을 받게 되는 등 심각한 환경문제를 야기시키고 있다.

동해안에서 해안단구의 연구는 비교적 많지만 해빈에 대한 연구는 별로 없다. 권혁재(1977)는 주문진~강릉 간의 해빈 퇴적물 연구에서 해빈 모래의 입도 분석과 원마도 분석을 통하여 해안의 사빈은 하천의 물질 공급에 의하여 함양되며, 바다로 유출된 하천의 운반 물질은 전반적으로 북에서 남으로 흐르며, 자연 상태에서는 하천의 물질

* 정동준·조화룡, 1997, 한국지형학회지 4-1.2, 1~15쪽.

공급이 해빈의 현상 유지에 충분하다고 설명하고 있다. 조화룡 외(1982)는 경북 동해안을 사례로 해안평야 미지형 퇴적물을 입도 분석하여 해빈 퇴적물의 입도 특성을 밝혔다. 부산수산대 해양과학연구소(1991)는 "포항 · 영일지구 주변 해역의 어업 피해 조사 연구 보고서"에서 포항 제철 건설 후의 영일만 주변의 어장, 어업 피해를 조류, 해류, 생물 조사, 해수 유동, 퇴적물 이동 등의 자료를 이용하여 밝히고 있다. 또한 이 연구에서 환호, 환여지역의 해안 지형 변화에 대해서도 부분적으로 조사하고 있으나 6개월간의 변화를 논하고 있으므로 기간이 너무 짧고, 또 비교 시기의 계절이 다르므로 해빈의 변화를 확실히 논하지 못하고 있다. 이상에서 보아온 것과 같이 해빈의 침식이 환경문제로 많은 논의가 되고 있음에도 불구하고 우리나라에서는 원론적인 지적만 있을 뿐 이 문제에 대한 학술적 연구가 거의 이루어져 있지 않은 것이 현실이다.

본 연구는 영일만과 그 주변(포항시 청하면 월포리~구룡포읍 장기곶)의 해안 사빈을 사례로 그 변화를 분석하고 그 원인을 고찰해보려 한다. 또 해빈의 변화가 해안 퇴적물 입도 특성에 어떻게 나타나는가를 분석하였다.

방법론적으로 해빈의 변화 상태를 파악하기 위하여 1968년 촬영 항공사진(축척1/20000), 1992년과 1997년에 각각 측정한 특정 지역 사빈 폭의 실측 자료 및 주민의 설문 자료가 활용되었다. 침식, 퇴적 등 해빈의 상태 변화가 해빈 퇴적물 입도 특성에 어떻게 반영되는지를 밝히기 위하여 1992년과 1997년 2차례에 걸쳐 60여 지점에 대한 해빈 퇴적물을 채취하여 입도 분석을 실시하였다.

2. 각 지역의 지형 특성 기술

먼저 논의의 근거를 마련하기 위하여 조사 지역 해안의 지형 특성을 지역별로 다음에 기술하기로 한다. 기술 순서는 북쪽에서부터 순차적으로 이루어졌다. 퇴적물의 종합적 분석 결과는 다음(3절)에서 기술하지만 본 절(2절)에서도 각 해안의 지형 특성을 명백히 밝히기 위하여 그 퇴적물 분석 결과의 일부를 미리 가져와 기술하기로 한다.

1) 월포만

월포만에는 남북 길이 약 2㎞, 평균 폭 100m의 넓은 사력빈이 형성되어 있어 월포해수욕장을 이루고 있다. 월포만으로의 퇴적물 공급은 이 만으로 유입되는 서정천과 월포천이

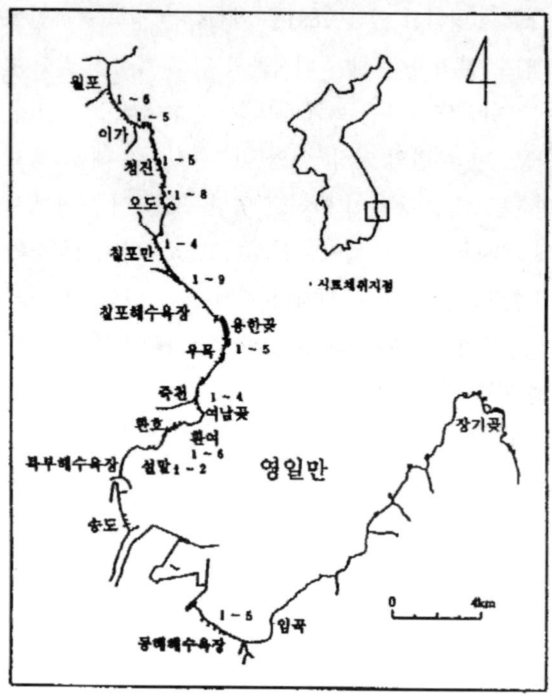

〈그림 2-1〉 연구지역 및 시료 채취지점

내륙에서 운반해 오는 경로와 북쪽(방어리)과 남쪽(이가리)의 해안 돌출부에서 해식에 의해 형성된 퇴적물이 해안을 따라 이동되어 만내로 운반되어 오는 경로의 두 경로를 생각할 수 있다. 이 만의 퇴적물은 아래쪽 칠포나 포항에 비하여 조립질로서 pebble급 역(礫)과 조사(粗砂)로 이루어져 있다. 현재 서정천과 월포천 하류부 하상에 pebble급 역이 많은 것으로 보아 이 해빈에 역이 많은 것은 이들 두 하천이 역을 많이 공급하기 때문인 것으로 보인다.

68년에 촬영한 항공사진에서 해빈의 폭을 측정하고, 1997년에 지상 실측을 한 자료와 비교하였을 때 해빈 폭의 변화가 별로 없이 비슷하였으며, 92년도 및 97년도에 각각 채취한 해빈 퇴적물을 입도 분석한 결과에서도 개별적으로는 변화 폭이 있으나 그 평균치에 있어서 큰 차이는 찾아볼 수 없다. 따라서 이 해안은 안정된 상태에 있는 사력빈 해안이라 할 수 있다.

2) 월포~칠포 간 돌출부 해안

월포만과 칠포만 사이에 돌출부에 해당하는 해안으로 이가리, 청진리, 오도리, 칠포리 해안을 포함한다. 거의 남북 방향으로 형성된 이 해안에는 군데군데 작은 beach의 poket을 형성하고 있긴 하지만 전체적으로 암석 해안의 경관을 이룬다. 해식애가 발달해 있고 해식애 밑에는 거의 암반으로 된 폭 100~300m의 파식대지가 형성되어 있다. 해안에서 이들 파식대지 끝까지는 아주 평탄하여 끝부분에도 수심 1m 전후로 아주 얕지만 이 끝 즉, 파식대지 말단부에서부터 바다 쪽으로는 수심이 갑자기 깊어진다. 이 해안은 침식해안의 특색을 보이지만 작은 beach poket의 퇴적물은 92년도 것에 비하여 97년도의 것이 오히려 약간의 세립화되는 경향을 보인다. 이와 같은 지형적 특징과 퇴적물 입도 변화의 특징으로 미루어 보아 이 지역은 과거부터 침식을 받아 오던 해안이지만 그 침식 속도가 가속화되고 있는 것이 아니라 오히려 둔화되어 안정화되어 가고 있다고 할 수 있다.

3) 칠포해수욕장

곡강천 하구에서부터 용덕리에 이르는 이 해안은 사빈의 길이가 약 3.5㎞, 폭이 약 100m 정도 되는 사빈해안으로, 규모면으로 보아서는 동해안에서 수위급에 해당되는 해수욕장이 형성되어 있다. 해빈 퇴적물은 중사 및 조사로 이루어졌고 그 후면, 특히 용덕리 부근에는 세사로 된 풍성사구가 폭넓게 형성되어 있다. 이 지역에 넓은 해빈 형성에는 이 해안으로 유입되는 곡강천이 상류의 신광분지 및 흥해분지의 화강암 쇄설물을 운반, 퇴적시킨 것이 크게 기여하였으며 부분적으로는 이 지역 북쪽의 침식해안에서 침식된 퇴적물이 연안류를 따라 이 해안에 운반, 퇴적시킨 것도 있을 것으로 판단된다. 사빈의 분포 패턴이 곡강천 하구에서 부터 시작하여 남쪽으로만 길게 이루어져 있고 북쪽으로는 거의 확장되고 있지 않으며 곡강천이 바다에 유입하는 형태도 남쪽으로 휘어져 있다. 이와 같은 현상들은 이 지역에 연안류가 북쪽에서 남쪽으로 흐르고 있다는 증거인데 뒤에서 다시 토론하기로 한다. 이 지역 역시 해빈의 폭에 있어서 큰 변화가 없고 퇴적물의 입도 특성에도 큰 변화를 보이지 않고 있어 안정된 사빈해안으로 분류되어 진다.

4) 용한, 우목, 죽천 해안

영일만을 이루는 남안의 돌출부를 장기곶이라 한다면 북안의 돌출부는 용한·여남곶이라 할 수 있다. 이 해안은 용한·여남 돌출부의 끝부분에 해당하며, 영일만 안쪽을 바로 향하고 있지는 않지만 영일만의 북안의 일부를 이루고 있기 때문에 만내의 환경 변화에 상당히 영향을 받을 수 있는 해안으로 판단된다. 용한, 우목, 여남 지역은 작은 beach poket이 있긴 하지만 전체적으로 볼 때 암석해안이 탁월하다. 그러나 죽천 부근 해안은 돌출부 중에서도 작은 만을 형성하고 있어서 좁은 사빈이 형성되고 있고 여름에 해수욕장으로 이용되고 있다. 이 해안에서 최근 몇십 년 동안에 침식이 심하여 가옥의

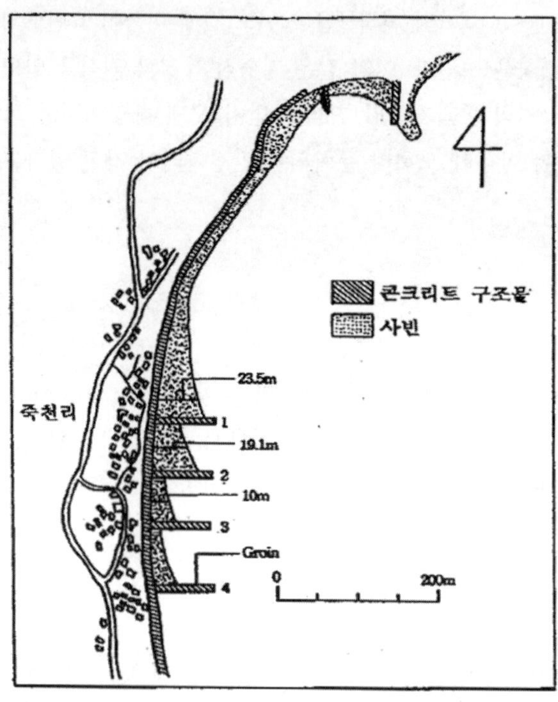

〈그림 2-2〉 죽천 지역의 groin과 사빈

붕괴를 막기 위하여 해안선을 따라 콘크리트 벽을 쌓고, 또 해안에서 돌출된 돌제(groin)를 설치한 곳이 많다. 이와 같은 구조물이 설치되어 있는 곳은 침식이 줄어들고 특히 돌출된 구조물의 북측에는 좁은 사빈이 형성되기도 하지만 그렇지 않은 곳은 침식이 계속되고 있다. 죽천 부근의 해안은 68년에 촬영된 항공사진 상에는 10~20m 폭의 사빈이 형성되어 있는 것으로 판독된다. 그러나 92년 현지조사에서는 선착장 부근에만 부분적으로 좁은 사빈이 존재할 뿐 선착장 남쪽에는 사빈이 없었다. 주민의 말에 의하면 94년 말 가옥과 도로의 붕괴를 막기 위하여 4개의 돌제를 설치한 후 조금씩 사빈이 형성되기 시작했다고 한다. 97년 8월 현재 평균 폭 15m 정도의 사빈이 형성되어 있으며, 역시 돌제의 북쪽 사빈의 폭이 넓고 남쪽은 좁아서 퇴적물 이동이 북쪽에서 남쪽으로 이루어지고 있음을 보여준다. 이 해안에서부터 퇴적물 입경이 커지고 92년 sample에 비해 97년 sample의 조립화 경향이 나타나기 시작한다.

5) 환여, 환호 해안

환여, 환호 해안은 여남 돌출부와 설말동 돌출부 사이에 끼여 있는 얕은 만으로 사빈해안을 이루고 있다. 이 해안은 만내를 바로 향하고 있는 해안으로서 사빈의 침식이 조사 지역 중에서 가장 두드러지는 곳이다. 여남포의 경우 68년에 촬영된 항공사진 상에는 사빈의 폭이 60m 정도 되나 현지조사에서는 10m 정도의 폭만 남아 있고 구성물질도 pebble급 정도의 자갈로 구성되어 있었다. 환여의 경우도 항공사진 상에는 40~

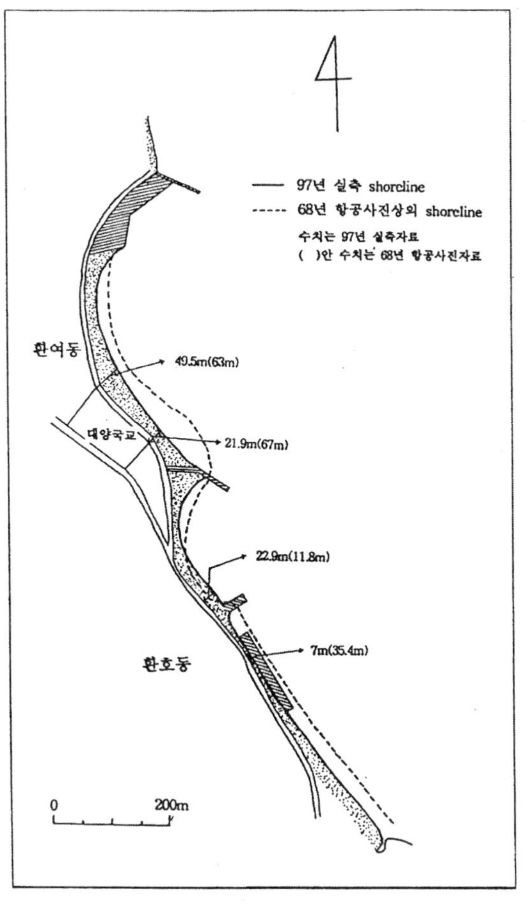

〈그림 2-3〉 환호 · 환여지역의 해안선 변화

50m 정도의 사빈이 존재하는 것으로 판독되나 실제조사에서는 해빈의 폭이 21m 정도이다. 환호의 경우도 92년 현지조사에서는 평균 사빈의 폭이 30m 정도 되었으나, 97년 조사에서는 평균 20m 정도로 사빈이 점차 소실되는 경향을 보여주고 있다.

특히 환호에는 더 이상의 사빈 소실을 막기 위하여 해안선에 평행하게 설치한 구조물 뒤 부분의 사빈 폭이 97년 조사에서는 약 7m 정도밖에 남아 있지 않았다.

6) 영일만 만두(灣頭) 퇴적해안

영일만 내에는 형산강, 냉천 등의 하천을 연하여 충적평야가 형성되어 있고, 이 충적평야의 해안선을 따라서 사빈해안이 형성되어 있다. 이 해안을 다시 세분하면 구 형산강 하구이고 현재 포항민항의 입구에 설치된 긴 방파제 북쪽 지역을 포항 북부해수욕장이라 하고, 그 남쪽에 형산강의 구 유로와 현재의 하구 사이 지역을 송도해수욕장이라 한다. 현 형산강 하구 남쪽에 바로 접하여 포항제철단지가 형성되어 포철항과 그 하역장들이 만들어져 있으며, 포철단지 남쪽에 다시 사빈이 남아 있는데 이 지역을 포항 동해해수욕장이라 한다.

포항 북부해수욕장은 포항항 방파제 북쪽의 항구동, 우창동, 두호동 일대 해안으로 모래해안이며, 해빈의 경사도 완만하고 폭이 넓어서 현재 포항에서 송도보다 해수욕장으로 더욱 각광받고 있는 곳이다. 68년에 촬영된 항공사진 판독과 97년 실측 결과에 의하면 이 해안을 반으로 나누었을 때 북쪽 해빈은 점차 소실되고 있으며, 남쪽의 해빈은 점차 성장하고 있음을 알 수 있다. 수산진흥원이 있는 지점을 해빈의 중간 지점으로 보았을

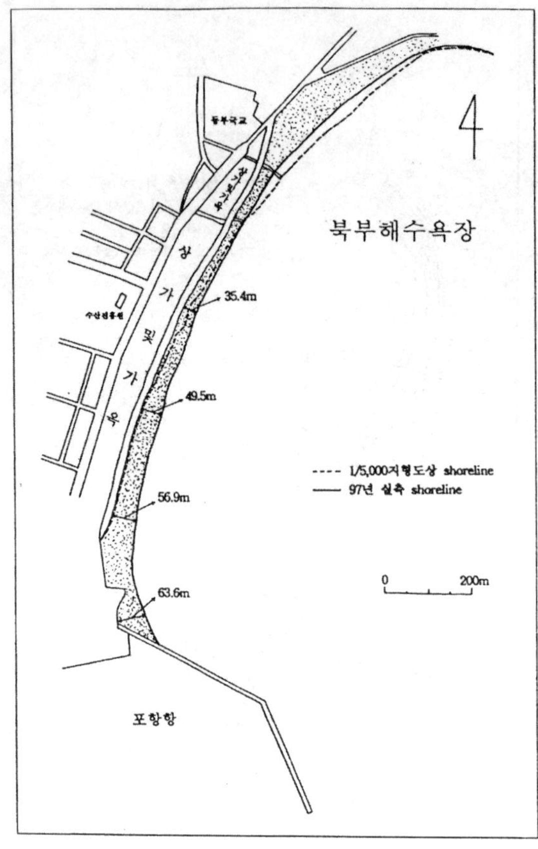

〈그림 2-4〉 포항 북부해수욕장의 해안선 변화

때 이 지점의 폭은 35.4m, 100m 남쪽 지점은 49.5m, 200m 남쪽 지점은 56.9m, 포항민항 방파제 바로 북쪽은 폭이 63.6m로 조사되었다. 주민과의 인터뷰에 의하면 과거에는 이 해안에 접해 있던 측후소 산 바로 밑까지 암반 해안(파식대지)이 형성되어 있었다고 한다. 그 증거로 지하수를 개발하기 위하여 깊이 4m 정도만 파면 바로 암반이 나타난다고 하였다. 76년에 북부해수욕장이 개발된 후 85년에 정선에 접하게 인명구조용 철탑을 세웠는데, 92년 현지 조사에서 측정해 본 결과 정선과 철탑 사이의 거리가 37m였다. 이는 1년 평균 5m 정도씩 해빈이 전진했다는 결과가 된다. 영일만 내 모든 지역이 침식이 일어나고 있는데 북부해수욕장 남쪽 지역에서의 해빈이 성장하고 있는 것은 특이한 현상으로 이는 매우 길게 축조되어 있는 포항민항 방파제와 물질이 북쪽에서 남쪽으로 이동되는 현상과 깊은 관련이 있을 것으로 판단된다.

송도해안은 그 남쪽에 포철이 입지하기 전인 1960년대만 해도 넓은 사빈과 맑은 해수로 동해안 제일의 해수욕장이었다. 그러나 포철이 설치된 후부터 사빈의 침식이 계속되었으며, 특히 1978년 12월 진파성의 큰 파랑에 의하여 크게 침식된 후 돌제 3개를 만들고 형산강 모래를 준설하여 원상 복구에 노력하였다. 그러나 그 후에도 사빈의 침식은 계속되었다. 92년과 97년의 현지조사에서 실측을 해 본 결과 소실 폭이 가장 큰 곳은 12m, 평균 소실 폭도 7～8m 정도 된다. 주민들에 의하면, beach의 폭이 해수욕장 개장과 상당한 연관성이 있어 매년 해수욕장 개장 전에 beach를 육지에서 바다 쪽으로 불도저를 이용하여 넓힌다고 한다. 68년에 촬영한 항공사진과 97년 현지조사에서의 실측 자료를 비교해 보면 항공사진 상에는 송도해수욕장 입구 상점에서 shoreline까지의 beach가 62m로 나타났으나(그림 2-5), 97년 실측자료에 의하면 45m, 북쪽 방사림 지역에서는 68년 사진 상에는 42m였으나 97년 실측자료에서는 14.5m로 나타났다. 이로 보아 매년 상당한 폭의 사빈이 소실되고 있음을 알 수 있다.

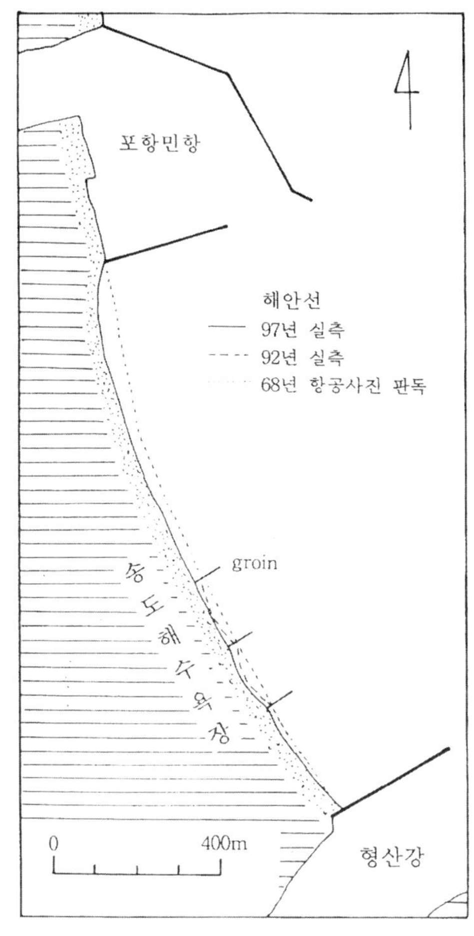

〈그림 2-5〉 송도해수욕장의 해안선 변화

포항 남부 해안이 동해해수욕장도 송도해수욕장과 마찬가지로 사빈이 소실되고 있는 해안이다. 주민들에 의하면 원래 해수욕장 앞바다에는 조개가 대단히 많았으며, 수심도 얕아 조개잡이로 생계를 유지하는 사람이 많았으나, 근래에는 수심이 점차 깊어져 상당한 타격을 받고 있다고 한다. 해수욕장 앞바다가 깊어진다는 것은 사빈이 침식을 받고 있다는 증거이다. 68년 항공사진과 비교해 보아도 사진 상에는 사빈의 최대 폭이 약 114m 정도 되었으나, 97년 현지 조사에서는 최대 약 80m였으며, 사구에서 해안선까지의 거리도 95m에서 60.6m로 약 35m 정도의 사빈 폭이 줄어들었다. 북부, 송도해수욕장은 92년의 퇴적물 분석 자료가 없어 비교할 수 없었으며 동해해수욕장의 해빈 퇴적물은 약간 조립화되어 있음을 알 수 있다.

7) 영일만 남안(임곡~장기갑)해안

이 해안은 전체적으로 암석해안으로 해식애와 파식대지로 이루어져 있다. 부분적으로 작은 만입부에 beach poket 형태의 해빈이 형성되어 있기는 하나, 구성물질은 자갈이 대부분이며 그 폭도 매우 좁아 5m 미만이다.

〈그림 2-6〉 영일만 주변 지역의 해안선 분류

8) 해안 지형 특성 종합

위에서 각 지역 별로 보아 온 해안에서 해안을 구성하고 있는 물질적 특성과 해안선의 전진과 후퇴 관계를 종합해서 나타낸 것이 <그림 2-6>이다.

구성 물질의 측면에서 사빈, 사력빈, 암석해안으로 나눌 수 있었으며, 서해안에서 쉽게 볼 수 있는 갯벌 해안, 염생습지 해안은 나타나지 않았다. 사빈해안은 칠포해수욕장과 영일만 내의 북부, 송도, 동해해수욕장에 형성되어 있다. 사력빈은 일반적으로 암석해안 사이 사이에 끼여 있는 작은 규모의 beach poket에서 볼 수 있다. 그러나 월포해수욕장은 이 만으로 유입되는 하천(서정천, 월포천)이 역을 바다까지 운반해 오기 때문에 규모가 큰 퇴적 해안이면서도 사력빈을 형성하고 있다. 암석해안은 돌출부에 형성되어 있지만 영일만 남안은 상당히 길고 직선에 가까운 해안임에도 불구하고 대부분이 암석해안을 이루고 있다.

다음은 해안선의 전진, 후퇴 관계를 종합해 보기로 한다. 돌출부 암석해안은 처음부터 침식이 이루어져 후퇴하고 있기 때문에 논의의 대상에서 제외하기로 한다. 사빈해안은 자연 상태에서는 퇴적이 계속 이루어져 전진하고 있어야 한다. 그러나 인공구조물의 영향을 크게 받는 두 지역(죽천, 북부해수욕장 남부)을 제외하고 대부분의 지역이 성장이 정지되어 있거나 침식을 받고 있다. 이것은 인간 활동의 충격이 해안에 작용하고 있기 때문으로 판단된다. 이 중에서도 용한곶을 경계로 그 북쪽 해안은 성장이 정지된 상태로 그 영향이 적게 나타나고 있는데 대하여, 영일만을 향하고 있는 용한-우목-죽천해안, 환여-환호해안과 영일만 내의 사빈들은 크게 침식을 받고 있다. 이와 같은 현상은 영일만 내에 해빈 침식을 크게 조장하고 있는 인간 활동이 있음을 암시한다.

3. 해빈 퇴적물 입도 특성

본 연구의 퇴적물 입도 분석은 1992년과 1997년에 각각 같은 지점의 시료(sample)를 채취하여 분석하였다. 1992년에는 60개 지점에서 시료를 채취했으나 1997년에 채취 시는 과거 채취 지점이 콘크리트로 포장되었거나 쓰레기 더미로 덮여 있어서 채취하지 못한 3개 지점을 제외하고 모두 57개 지점의 시료만을 채취했다. 시료들은 모두 모래 및 자갈 들이며 silt나 점토 성분이 포함되어 있지 않아서 체(표준분석체)분석만을 실시하였으며, 평균입경, 분급, 왜도의 계산은 Inman의 공식에 의거 계산되었다. 퇴적물 특성 분석은 퇴적물 그 자체의 특성보다도 5년 동안 어떻게 변했는가에 초점을 맞추어 평균입경, 분급, 왜도를 검토하기로 한다.

1) 평균 입경(Mean phi)

<표 2-1>과 <그림 2-7>은 조사 지역의 퇴적물 분석 결과를 나타낸 것이다. 월포, 이가, 청진 지역은 지점별로는 더 조립화된 지역도 있고 더 세립화된 지역도 있어 들쭉날쭉하지만 이를 평균해 보면 0.3ф 이하의 변화 폭을 보이고 있어 변화가 거의 없는 지역이라 할 수 있다. 이와 같이 들쭉날쭉한 것은 아마도 해빈, 즉 정단(berm)에 자갈과 모래가 균등하게 섞여 있지 않고 그 정단을 형성한 파랑 에너지의 강약에 따라 자갈, 모래 등이 대상으로 정단을 형성하고 있기 때문에 조금만 이동되어도 퇴적물 입경이 많이 변하기 때문이다. 오도, 칠포만 지역은 만입부에 해당되는 지역(오도 1, 3, 4와 칠포만 1, 2)의 퇴적물이 2～3ф폭으로 세립화되었으며 돌출부에 위치한 오도 5번 지역이 반대로 크게 조립화되었다. 그러나 그 밖의 지역(오도 2, 6, 7과 칠포만 3, 4)은 평균 입경의 변화 폭이 아주 작다. 따라서 전체적인 평균에 있어서도 오도 지역은 1.4ф, 칠포만 지역은 1.3ф 정도 세립화되었음을 알 수 있다. 칠포해수욕장은 곡강리에서 용한리에 이르는 약 4㎞ 길이의 거의 직선에 가까운 사빈해안이며 따라서 sample 채취도 등간격으로 9개의 시료가 채취되었는데 92년 퇴적물 전체 평균이 0.48ф이고, 97년 퇴적물이 0.63ф로서 거의 변화를 보이지 않고 있다.

돌출부에 해당되는 우목과 죽천은 전체적으로 조립화된 경향을 보여, 우목의 경우 1ф, 죽천의 경우 2ф 정도 더 조립화되었다. 그러나 단 죽천 2는 92년보다 훨씬 세립화되어 있는데, 여기가 바로 돌제(groin)를 설치하여 퇴적이 이루어진 지역이다.

환여, 환호 지역도 92년 시료는 대개 모래 중심이었는데 97년 시료는 pebble에서

〈표 2-1〉 영일만 주변 해빈의 퇴적물 입도 특성(상단은 92년, 하단은 97년 시료임)

지명	MΦ	S.D	S.K	지명	MΦ	S.D	S.K	지명	MΦ	S.D	S.K
월포1	2.05	0.65	0.00	오도6	1.75	0.55	0.27	지역 평균	-3.66	1.07	0.02
	2.00	0.50	0.60		1.38	0.28	-0.61		-4.63	0.71	0.17
월포2	0.98	0.68	-0.25	오도7	1.53	0.43	0.53	죽천1	-1.58	2.98	0.48
	-1.75	2.85	0.19		1.45	0.25	0.20		-4.98	0.73	0.03
월포3	-0.55	1.95	-0.44	오도8	-2.83	0.68	-0.19	죽천2	-3.50	1.20	0.42
	-1.10	3.20	-0.81		1.55	0.35	0.14		-1.35	3.55	0.75
월포4	-1.40	3.20	0.50	지역 평균	-0.93	1.18	0.22	죽천3	2.35	0.35	-0.14
	1.78	0.53	0.53		0.51	1.11	-0.16		-4.20	0.60	0.33
월포5	0.65	0.55	0.09	칠포1	-1.83	0.53	-0.06	죽천4	-1.40	3.20	0.44
	1.75	0.65	0.23		1.13	0.63	-0.19		-1.85	3.90	0.86
월포6	-1.85	2.35	0.45	칠포2	-1.38	2.45	-0.65	지역 평균	-1.03	1.93	0.30
	-1.03	1.18	-0.11		0.55	0.95	0.11		-3.10	2.20	0.49
지역 평균	-0.02	1.56	0.06	칠포3	0.88	0.78	-0.15	환여	1.80	0.70	0.14
	0.28	1.45	0.11		0.80	0.65	0.23	환호1	-4.23	0.58	0.29
이가1	-0.70	0.50	-0.10	칠포4	0.83	0.73	0.04	환여	2.30	0.50	0.10
	-2.00	1.95	-0.33		1.18	0.68	-0.18	환호2	2.00	0.70	0.14
이가2	2.05	0.65	0.00	지역 평균	-0.34	1.12	-0.21	환여	1.80	0.80	0.31
	0.30	0.80	-0.19		0.92	0.73	-0.01	환호3	0.13	2.53	-0.64
이가3	-1.43	0.98	-0.18	칠포해수	0.83	0.63	0.05	환여	0.95	0.65	-0.25
	-1.75	2.85	0.19	욕장1	0.98	0.63	-0.19	환호4	-1.85	1.25	0.04
이가4	0.20	0.70	-0.14	칠포해수	1.28	0.48	0.27	환여	2.20	0.60	-0.17
	-1.10	3.20	-0.81	욕장2	1.10	0.75	-0.27	환호5	-4.05	0.70	0.21
이가5	-1.98	1.93	0.11	칠포해수	0.78	0.68	0.04	환여	-1.55	3.20	0.50
	1.78	0.53	0.53	욕장3	1.23	0.63	-0.27	환호6	-4.90	0.70	-0.14
지역 평균	-0.72	0.98	-0.10	칠포해수	1.57	0.38	0.71	지역 평균	1.25	1.08	0.11
	1.75	0.65	0.23	욕장4	1.83	0.68	0.34		-2.15	1.08	-0.02
청진1	-0.05	1.35	-0.30	칠포해수	1.50	0.40	0.00	설말1	1.70	0.50	0.50
	-1.03	1.18	-0.11	욕장5	1.38	0.43	0.05		1.30	0.35	0.00
청진2	-1.15	0.95	0.05	칠포해수	1.08	0.48	-0.25	설말2	2.50	0.40	0.25
	0.28	1.45	0.11	욕장6	1.13	0.63	-0.35		2.85	1.45	-0.24
청진3	-0.48	0.73	0.10	칠포해수	1.93	0.68	0.49	지역 평균	2.10	0.40	0.38
	-2.00	1.95	-0.33	욕장7	0.95	0.65	-0.31		2.85	1.45	-0.12
청진4	-1.70	1.00	-0.10	칠포해수	1.68	0.58	0.31	송도	1.85	0.65	0.38
	콘크리트 포장			욕장8	1.15	0.65	-0.08		1.90	0.70	0.00
청진5	-2.70	1.10	0.36	칠포해수	1.78	0.63	0.52	동해1	1.88	0.68	0.19
	콘크리트 포장			욕장9	1.70	0.60	0.50		1.95	0.75	-0.07
지역 평균	-1.22	1.03	0.02	지역 평균	1.38	0.48	0.18	동해2	2.28	1.08	0.17
	-1.32	0.88	-0.17		1.27	0.63	-0.12		1.90	0.75	0.00
오도1	-2.63	1.83	0.45	우목1	-4.38	0.93	0.13	동해3	2.10	0.60	-0.25
	-0.18	1.53	-0.28		-4.85	0.55	0.27		1.80	0.60	0.25
오도2	-1.55	2.95	-0.61	우목2	-1.75	1.75	-0.29	동해4	1.85	0.65	0.15
	1.75	0.65	0.23		-4.25	0.65	0.23		1.70	0.50	0.20
오도3	-2.90	1.70	0.47	우목3	-3.40	1.30	0.23	동해5	2.13	0.53	-0.32
	-1.03	1.18	-0.11		폐자재로 매립				1.85	0.65	0.54
오도4	-2.78	1.48	0.22	우목4	-4.60	0.80	0.25	지역 평균	2.05	0.71	-0.01
	2.15	0.55	-0.09		-4.60	1.05	0.33		1.84	0.65	0.28
오도5	2.00	0.70	-0.21	우목5	-4.15	0.55	-0.30				
	-1.45	2.35	-0.53		-4.80	0.60	-0.17				

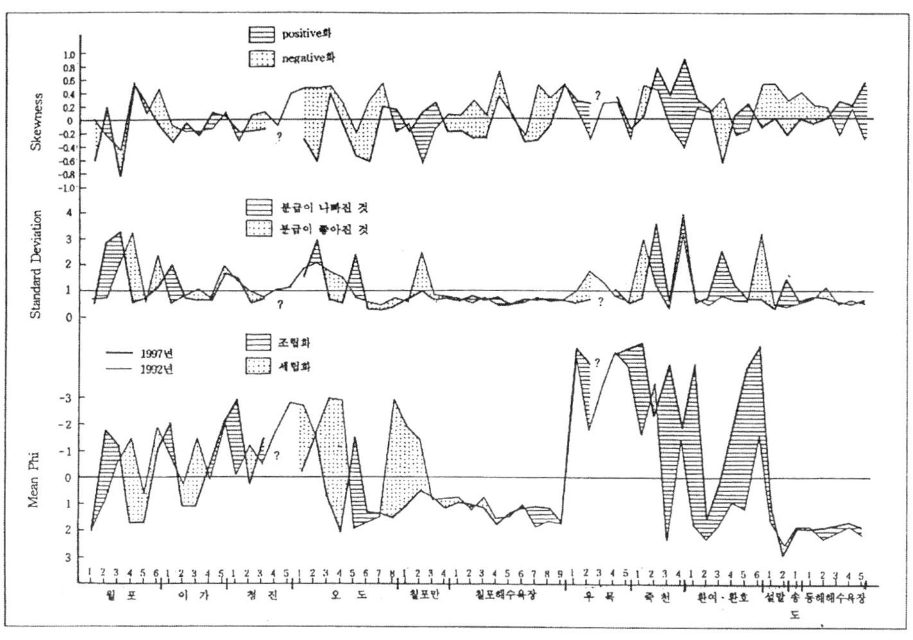

〈그림 2-7〉 영일만 주변 해빈의 퇴적물의 입도 특성 변화

cobble급의 자갈 중심으로 변하여 전체 평균 3.4φ폭으로 크게 조립화되었다. 그러나 2개의 방파제에 의해 보호된 지역인 2번 지역은 다른 지역이 크게 조립화되었는데도 불구하고 별로 변화하고 있지 않은데, 이것은 앞에서 본 해빈 침식의 경우도 위아래 지역은 많은 침식을 받았는데도 두 방파제 안에서 보호된 이 지역은 별로 침식되지 않은 것과 잘 부합된다.

포항 북부해수욕장과 송도해수욕장의 경우는 92년 시료가 없어서 비교하지 못한 아쉬움이 있다. 동부해수욕장은 5개 시료가 채취되었는데 전체 평균이 약 0.3φ 정도 더 조립화 경향을 보일 뿐이다.

지금까지 보아온 것을 종합해 볼 때, 월포에서 용한까지는 내만에서 약한 세립화와 돌출부에서 약간의 조립화 경향이 있기는 하나 전체적으로 92년 시료의 평균 입경이나 97년의 평균 입경에 있어서 큰 변화가 없었다. 그러나 영일만의 입구에 해당되는 우목, 죽천에서 1~2φ 정도 더 조립화되고 중간부에 해당되는 환여, 환호 지역에서는 평균 3.4φ의 차를 낼 정도로 크게 조립화되고 있음을 알 수 있다. 내만에 해당되는 북부, 송도, 동해해수욕장은 비교할 시료가 충분치 않아 확실치는 않지만, 비교가 가능한 동해해수욕장에서 약간 조립화되고 있음을 알 수 있다. 그리고 이 조립화되는 경향은 해빈이 침식되고 있는 경향과 높은 상관관계를 보이고 있다.

2) 분급(Sorting)

분급은 표준편차 S.D로 나타낸 퇴적물 집합 상태를 말하며, 그 수치가 작을수록 분급이 좋다.

조사 지역의 퇴적물은 해빈 퇴적물이므로 일반적으로 S.D 1 이하의 분급이 좋은 퇴적물이 대부분을 차지하며, 특히 사빈 퇴적물일 경우 더욱 그러하다.

92년과 97년 퇴적물 간의 분급 변화를 살펴보면 사력빈 및 역빈 지역에 그 변화가 심하게 나타나며, 같은 지역에도 분급이 크게 좋아진 곳, 크게 나빠진 곳이 반복되는 등 일관성이 없다. 이는 그 기간 동안 인공 구조물이 많이 건설되어 연안류의 흐름을 방해하여, 구조물 북쪽 지점에서는 건설 전보다 많은 물질이 퇴적되었고 남쪽은 많은 물질이 소실되었기 때문이다. 일반적으로 평균 입경이 92년 것보다 조립화된 지역은 분급에 있어서도 더 나빠진 경향을 보이며, 용한보다 북쪽 지역이 대개 그러하다. 그러나 92년 당시 퇴적물이 모래나 자갈로 되어 있던 곳에서 침식이 일어나 모래가 모두 유실되고 역빈으로 바뀐 지역은 평균 입경이 훨씬 커졌지만 분급은 오히려 좋아진 경우도 많이 있다. 이런 예는 돌출부에서 침식이 활발히 이루어지고 있는 우목, 죽천, 환여·환호 지역에서 두드러지게 나타나고 있음을 알 수 있다.

3) 왜도(Skewness)

왜도는 histogram이 어느 쪽으로 기울어졌는가를 나타내는 것으로 그 수치가 positive일 때는 평균 입경보다 조립 쪽의 분급 상태가 좋고 negative일 때는 세립 쪽의 분급이 잘 이루어져 있는 것을 나타낸다. 또한 왜도는 퇴적 환경에 민감한 반응을 보이므로 퇴적 환경을 규명하는데 편리한 자료로 이용된다. 즉 negative일 때는 퇴적이 진행되는 해안이며, negative와 positive가 혼합하여 존재하는 해안은 유동적인 해안임을 뜻한다.

그러나 조사 지역에서 92년과 97년의 왜도 변화는 평균 입경의 변화와도 분급의 변화와도 관련성을 찾을 수 없으며, 침식 · 퇴적과도 어떤 법칙을 찾을 수 없다. 연도별 분포 자체도 변화가 심하고 92년과 97년간의 차이의 변화도 아주 심하다. 따라서 조사 지역의 퇴적 환경은 매우 유동적이며 변화가 심하다는 결론밖에 얻을 수 없었다.

4. 토의

1) 해안 사빈의 침식 원인

안정을 이루고 있던 해안에서 어떤 시점을 경계로 사빈이 계속적인 침식을 받고 있는 것은 이 해안으로의 모래의 공급이 급속히 줄어들어 균형이 파괴되고 있거나 해저에 어떤 와지가 형성되어 모래가 그 와지 쪽으로 점차 쓸려 들어가고 있을 때 발생한다. 이와 같은 침식 현상은 파랑이 잔잔할 때는 별로 두드러지지 않지만 높은 파랑이 발생했을 때 크게 침식을 받으며 다시 파도가 잔잔해져도 원 상태로 회복이 이루어지지 않는다. 같은 과정이 반복되면 사빈은 계속해서 모래의 두께가 엷어져서 그 밑의 뻘이나 암반이 드러나게 되고, 사빈의 폭이 줄어들게 된다. 1960년대만 해도 태안반도의 만리포해수욕장은 사빈의 폭이 넓고 모래가 풍부하여 훌륭한 해수욕장이었다. 그러나 30년이 지난 1990년대의 이 해수욕장은 모래가 아주 엷어졌으며, 곳곳에 검은 색의 뻘이 드러나 많은 침식을 받았다는 것을 알 수 있다. 1960년대 포항 송도해수욕장, 부산 해운대해수욕장은 동해안의 대표적인 해수욕장으로 사빈의 폭이 100m를 넘었다. 그러나 1990년대 이들 해수욕장의 사빈 폭은 40～60m에 불과하리만큼 사빈 폭이 크게 줄어들었다.

다음에서 해빈 침식의 일반적인 원인을 정리해 보기로 한다. 먼저 모래 공급의 감소 측면에서 살펴보면, 해안으로의 모래의 공급은 두 방향에서 이루어진다. 그 하나는 하천에 의해서 내륙의 토사가 해안까지 운반되는 것이고, 다른 하나는 해안 돌출부에서 침식된 모래가 연안류 등의 흐름을 따라 만으로 공급되는 것이다. 하천이 바다로 퇴적물을 운반해 가는 것을 저지하는 인간 활동으로서 다음과 같은 것을 들 수 있다.

① 상류의 댐 건설 : 최근 들어 대하천이 산지에서 평야로 나오는 출구 부근에 대규모 다목적 댐을 건설하는 경우가 많다. 이 경우 산지에서 침식된 퇴적물의 대부분이 그 댐 안쪽에 퇴적되고 댐보다 하류로는 운반되지 않는다. 특히 조립 물질의 경우 더욱 그러하다. 본 조사 지역의 형산강 상류에는 대규모 다목적 댐이 건설된 것은 없다. 그러나 1970년에 경주 시가지 북쪽으로 유입되는 북천의 상류에 경주시의 상수원과 보문 관광단지의 선유장을 위하여 덕동호와 보문호가 건설되었다. 북천은 형산강의 한 지류에 불과하지만 높은 산지(토함산의 북서쪽)에서 발원하기 때문에 토사의 운반량이 많으며 이들 토사는 형산강과의 합류점 부근에 넓은 선상지를 형성할 만큼 그 양이 많았다. 그러나 지금은 이 두 호수 때문에 퇴적물의 공급이 중단된 상태이다. 그 밖에도

서면의 심곡제, 안강읍의 하곡지 등은 규모는 작지만 역시 같은 효과를 보인다고 할 수 있다.

② 중·하류 하천 양안에 제방 축조 : 노년기 지형의 큰 하천은 중·하류부에서 곡류를 하면서 공격 사면에 대하여 측방 침식을 활발히 하고 침식된 물질은 아래 쪽 퇴적 사면에 퇴적하는 과정을 반복하면서 점차적으로 물질을 위쪽에서 아래쪽으로 이동시켜 결국은 바다에 이르게 한다. 그러나 인간은 하천변의 경지를 보호하기 위하여 하천의 유로를 바르게 하고(직강공사), 그 양안에 제방을 쌓아서 측방 침식이 전연 이루어지지 못하게 함으로써 퇴적물이 바다로 운반되는 것을 간접적으로 막고 있다. 1914년 편집된 지형도에서 형산강은 본류가 상당히 곡류하고 있으며, 인공 제방을 거의 발견되지 않았다. 그러나 그 후 계속된 직강 공사와 인공 제방의 축조로 현재 평야부를 흐르는 하천은 본류나 지류의 구별 없이 거의 대부분의 구간에 인공 제방이 축조되어 있다.

③ 하상에서의 골재 채취 : 현대의 토목, 건설 공사에는 콘크리트 구조물이 많으며 이 콘크리트를 위한 골재로서 모래와 자갈이 이용되는데 이들의 대부분이 하천 퇴적물에 의존하고 있다. 형산강 하상에서 얼마나 골재가 채취되었는지에 대한 자료는 없다. 그러나 포항시 및 경주시 등 이 지역에 새로 건설된 건조물을 보면 많은 양의 골재가 하상에서 채취된 것을 추정할 수 있다.

하천에 의한 퇴적물 공급은 산지 사면에서의 퇴적물 생산량의 변화도 문제가 된다. 구릉지 개간, 도로 건설, 주택 단지 건설 등 각종 인간 활동은 사면 침식과 퇴적물 생산량의 증가에 기여한다. 그러나 또한 최근 몇 십 년 동안 국민 연료 체계가 신탄에서 연탄, 석유로 바뀌어감에 따라 산지의 식생 피복률이 훨씬 높아지고 이것은 또한 산지의 침식을 방지하고 퇴적물 생산량을 줄이는데 크게 기여하고 있다. 따라서 어느 쪽의 기여도가 더 높은 지는 연구된 바 없지만 서로 상쇄되는 것으로 볼 수 있다.

해안에서의 공급은 돌출부에서의 파식에 의해 생성된 쇄설물이 만 쪽으로 이동, 공급되어지는 것이다. 이와 같은 과정에서도 인간 활동이 작용하여 모래의 공급을 저해한다.

④ 돌출부 해안의 호안 공사 : 해안 돌출부에는 바다로 향한 전망이 좋으므로 일찍이 등대 등 항로 보조 시설이 설치되었고, 최근에는 호텔 등 위락 시설들이 많이 설치되어 있다. 파식에 의해 돌출부 해식애가 계속 후퇴되면 이들 시설들이 붕괴의 위협을 받게 된다. 이를 방지하기 위하여 인간들은 돌출부에 파도의 에너지를 줄이는 각종 시설을 하거나 콘크리트 구조물을 설치하는 등의 호안 공사를 하고 있다. 따라서 돌출부에서의 그 만큼 쇄설물의 생산이 감소되고 있다고 할 수 있다.

해수면 변동과 관련하여 볼 때도 후빙기 해진이 현재 위치에 이르렀을 때인 6,000년 전에는 해안에 풍화 산물이 많아 쉽게 파식을 받게 되고 많은 쇄설물이 생산되었다. 그러나 6,000년 전 이후 현재까지 해면이 거의 같은 높이에 머물러 있게 됨에 따라 풍화 산물들은 모두 침식되어지고 돌출부 해안선에는 모두 딱딱한 기반암만 노출되어 있기 때문에 침식이 쉽게 이루어지지도 않는다.

⑤ 방파제(breakwater), 돌제(groin), 부두(pier) 등의 시설물 설치 : 방파제는 외해로부터 높은 파랑을 막기 위한 목적으로, 돌제는 모래의 침식을 막을 목적으로, 부두는 선박의 접안을 목적으로 설치되지만, 이들 시설물들은 모두 해안선에 직각 방향으로 돌출된 시설물들로 모래의 이동 경로를 차단하고 있다.

⑥ 준설・준설 와지 : 준설은 얕은 해저의 퇴적물을 육상으로 끌어 올리는 작업이다. 준설은 각종 단지를 조성하기 위하여 제방을 먼저 만들어 두고 그 바깥 바다의 퇴적물을 퍼 올려 방조제 안쪽의 저지를 매립하는 과정에도 이루어지고, 항만과 이 항만으로 통하는 수로의 일정한 수심을 유지하기 위하여 항만 내와 수로 쪽의 퇴적물을 준설하는 것 등이 있다. 그 어느 것이나 평탄화되어 있는 해저 지형에 와지를 만드는 결과가 된다. 해저 어느 곳에 와지가 형성되어 있을 때 파랑이 잔잔할 때에는 많은 변화를 가져 오지 않지만 큰 파랑이 일어날 때는 다른 쪽의 모래가 이 와지 쪽으로 쓸려가 평탄화되기 때문에 심한 해빈의 침식을 초래하게 된다. 항만의 경우 이렇게 되어 항만과 수로가 다시 얕아지게 되면 준설이 다시 이루어지게 된다. 이때 준설된 물질을 침식된 해안으로 고루 보내지지 않고 새로운 단지 매립용으로 쓰이게 됨으로 해빈은 계속 침식을 받게 된다.

영일만의 해빈 침식도 위의 모든 경우의 요인들이 복합해서 나타나는 결과라고 할 수 있다. 그러나 월포, 칠포에서보다 영일만 내가 특히 두드러지게 침식을 받고 있다는 것은 형산강 유역이 곡강천 유역이나 서정천 유역보다 인간 활동의 영향이 더 두드러지며, 그 중에서도 포항제철항 건설과 이의 유지를 위한 계속적인 준설이 크게 영향을 미치고 있음을 알 수 있다.

2) 연안류의 흐름과 퇴적물 이동

본 연구에서 연안류의 흐름을 직접 조사하지는 못했다. 그러나 사빈의 형태와 해빈을 가로질러 바다에 유입되는 하천의 모양으로 연안류의 방향을 추정할 수 있었다. 즉 해안에 설치되어 있는 방파제, 돌제 부근에 퇴적된 사빈의 형태가 영일만의 북쪽 해안에서

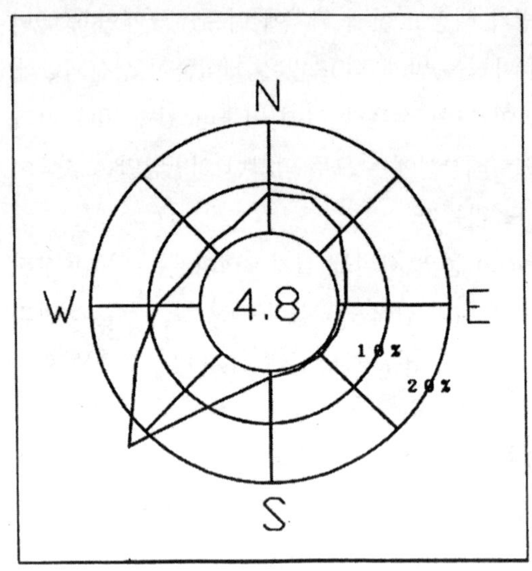

〈그림 2-8〉 포항의 wind rose

는 이들 구조물의 북측에 넓은 폭을 형성하고 있는데 대하여, 남측에는 폭이 좁거나 아주 없는 형태를 보이고 있으며, 또한 바다로 유입되는 하천의 끝부분이 곡강천 등에서 볼 수 있는 것과 같이 남쪽으로 휘어져 있기 때문에 연안류의 흐름이 북에서 남으로 흐르고 있음을 알 수 있다.

그러나 영일만의 남안, 즉 임곡에서 장기곶까지의 해안에는 해빈의 발달이 미약해서 확인할 수 없었다. 연안류는 조류, 해류 등에 의해서도 영향을 받지만 동해안에서는 조차가 작기 때문에 조류도 약하며, 해류도 만내이므로 영향이 크지 않을 것으로 예상된다. 이들보다는 파랑의 접근 방향과 해안선의 방향이 관련되어 발생하는 long shore current 및 beach drifting이 크게 작용할 것으로 추정된다. 포항 기상대에서 관측된 연간 풍향별 바람의 출현 빈도를 나타낸 것이 <그림 2-8>이다.

<그림 2-8>에서 볼 수 있는 것과 같이 이 지역의 제1의 탁월풍은 남서풍 계열이며 제2의 탁월풍은 북풍 및 북동풍 계열이다. 동해안에서 남서풍 계열은 육지에서 바다 쪽으로 불어 가는 바람이므로 연안류 형성에 별로 작용하지 못한다. 그러나 북동풍계는 바다 쪽에서 육지로 불어오는 바람이므로 연안류 형성에 크게 작용한다. 이 북동풍계는 풍속에 있어서도 동남풍계에 비하여 다소 강하다. 영일만 북쪽의 거의 남-북 방향으로 형성되어 있는 해안에 북동풍이 파랑을 몰고 오면 결과적으로 북에서 남으로 연안류를 발생하게 한다. 그러나 영일만의 남안, 즉 임곡에서 장기곶까지는 탁월풍의 방향과 해안선의 방향이 일치함으로서 오히려 장기곶 쪽에서 만 안쪽으로 연안류가 발생할 것이 예상되나 확인할 수 없었다. 이와 같이 영일만 북쪽의 연안류는 북쪽에서 남쪽으로 흐르며, 퇴적물 이동 역시 이들 연안류를 따라 북쪽에서 남쪽으로 이동되면서 독특한 해빈 지형을 형성하고 있다. 북쪽에서 남쪽으로의 물질 이동과 해안선 방향의 작은 변화는 해빈 형성 패턴의 한 특징을 보여준다. 즉 남북 방향의 해안선은 북동풍을 비스듬히 맞기 때문에 남쪽으로 흐르는 연안류 발생에 아주 효과적이며 해빈이 형성되지

못하고 침식된다. 그러나 그 아래쪽에 북서-남동 방향의 해안선이 형성되어 있으면 이 해안에서는 북동쪽에서 밀려오는 파랑을 바로 받으므로 연안류의 흐름이 약해지거나 정지되어지며 운반해 가던 퇴적물이 퇴적되어 해빈이 형성된다. 이와 같은 메커니즘은 칠포해수욕장의 사빈의 분포를 효과적으로 설명할 수 있게 한다. 즉, 곡강천 하구 북쪽과 남쪽 해안에 같은 모양으로 사빈이 형성되어 있지 않고 북쪽은 침식을 받고 있는 암석 해안이고, 남쪽은 폭이 넓고 긴 사빈이 형성되어 칠포해수욕장을 만들고 있다. 이것은 곡강천의 하구보다 북쪽은 남북 방향의 해안선을 이루고 있으므로 연안류가 강하게 발생하여 해안을 침식하는데 대하여 남쪽은 해안선이 북서-남동 방향으로 이루어져 있어서 연안류의 속도가 크게 떨어져 운반해 오던 퇴적물과 하구 퇴적물을 퇴적시키기 때문으로 해석된다. 죽천 쪽 해빈도 이와 같은 메커니즘으로 부분적인 설명이 가능하다.

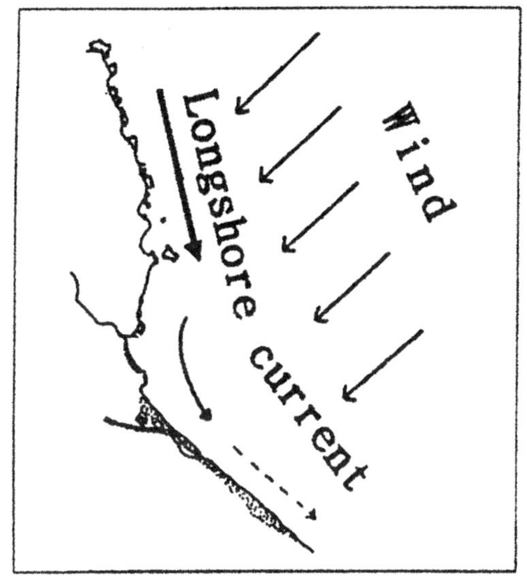

〈그림 2-9〉 연안류와 풍향과의 관계 모식도

3) 해빈의 침식과 퇴적물 입도 특성의 변화

월포, 칠포 등 해빈 폭의 변화량이 적은 지역의 퇴적물은 입경의 평균적인 변화의 폭이 아주 적었다. 그러나 침식이 활발히 이루어져 해빈 폭이 많이 줄어든 지역에서는 입경이 매우 조립화되는 경향이 나타났다. 그리고 이 경향은 사력빈으로 이루어진 죽천, 환여, 환호 지역에서 특히 두드러져 평균 입경이 2~3ϕ 정도 더 조립화되고 있었다. 그러나 동해해수욕장처럼 분급이 좋은 모래로만 이루어진 해빈의 경우 조립화 경향을 보이기는 하지만 그 변화 폭은 적게 나타났다.

입경이 조립화 경향을 나타내는 지역의 경우, 해빈의 침식이 두드러지지 않은 지역에서는 분급이 나빠지는 경향을 보이고, 해빈 침식이 왕성한 곳에서는 오히려 분급이 좋아지는 경향을 보인다. 이와 같은 사실은 특히 사력빈의 경우에 더욱 두드러진다.

왜도의 변화는 조사 지역에서 다양하게 나타나고 어떤 법칙성을 찾을 수 없었는데 이와 같은 현상은 퇴적 환경이 자연적인 상태가 아니고 인간 활동의 간섭이 컸기 때문이 아닌가 추정된다.

5. 결론

최근 수십 년 동안 해빈(Beach)의 침식이 두드러져 심각한 환경 문제를 야기시키고 있다. 이와 같은 해빈 침식의 주된 원인은 해안으로의 퇴적물 공급을 저해하고 침식을 조장하는 인간 활동들 때문으로 판단된다. 그와 같은 인간활동으로는 하천을 연하여 상류의 댐 건설, 중·하류의 직강 공사와 제방 축조, 하상에서의 건축용 골재 채취 등이 있으며, 해안에서는 돌출부의 호안 공사, 물질의 이동 경로에 돌제(groin), 방파제(breakwater), 부두(pier) 등 구조물의 설치, 항만 건설과 공단 조성을 목적으로 한 준설 활동 등을 들 수 있다.

조사 지역인 영일만 주변 해안에서 영일만 북쪽 인근 해안인 월포와 칠포해수욕장은 해빈의 성장은 정체되어 있으나 크게 침식을 받고 있지는 않았다. 그러나 영일만 내의 영향을 직접 받는 용한갑에서 동해해수욕장에 이르는 해안은 심한 침식을 받고 있어서 해빈의 폭이 계속 줄어들고 있다. 이와 같이 해빈 침식에 있어서 지역차를 보이는 것은 영일만 내에서 해빈으로의 퇴적물 공급을 저해하고 또 해빈 침식을 조장하는 인간활동이 매우 집약적으로 이루어지고 있음을 암시한다. 그 중에서도 특히 포항제철의 항만 건설과 이의 유지를 위하여 계속되어 온 준설 활동이 가장 큰 요인으로 고려된다.

심한 해빈 침식이 이루어지고 있는 해빈의 퇴적물은 현저히 조립화되고 있으며, 분급은 좋아지는 경향을 보인다. 조사 지역 해안에서의 해빈의 분포 패턴은 방파제나 돌제 등 구조물의 북측에 넓게 퇴적되고, 남측에는 좁고 침식을 받고 있는 현상과 바다로 유입되는 소하천의 유로가 남쪽으로 휘어져 있는 점들로 미루어 이 해안의 연안류와 물질 이동이 북쪽에서 남쪽으로 이루어지고 있음을 알 수 있으며, 이와 같은 현상은 북동계 탁월풍과 남북 방향의 해안선 때문에 발생하는 것으로 해석된다.

참고문헌

권혁재. 1977.「주문진~강릉 간의 해안 지형과 해빈 퇴적 물질」, 고려대 교육 논총, 제7집. 고려대 교육대학원. 45~58쪽.

김기덕. 1980.「형산강 하류의 지형 연구, 동국지리 제1호」, 동국지리학회. 34~41쪽.

부산수산대학교. 1991.「포항영일 지구 주변 해역의 어업 피해조사 연구보고서」. 44~190쪽.

조화룡 · 신윤호. 1982.「해안 평야 미지형 퇴적물의 입도 조성」. 지리학 25호. 1~14쪽.

Bowen, A. J. 1969. "The generation of longshore currents on a plane beach." *J. Marine Research.* v.27, n.2, pp.206~215.

Emery, K. O. 1961. "A simple method of measuring beach profiles." *Limnology and Oceanography.* v.6, pp.90~93.

King, C. A. M. 1972. *Beaches and Coasts.* New York: St. Martin's Ptrss, Inc., 2nd. ed., p.570

Komar, P. D. 1971. "The mechanics of sand transport on beaches." *Jour. Geophys. Res.* v.76, pp.713~21.

Komar, P. D., and Inman, D. l. 1970. "Longshore sand transport on beaches." *Jour. Geophys. Res.* v.75, pp.5914~27.

Shepard, F. P. 1952. "Revised nomenclature for depositional coastal features." *Amer. Assoc, Petroleum geologists Bull.* v.36, n.10, pp.1902~1912.

CHAPTER 3

한국의 간석지 분포*

1. 서언

간석지(tidal flat)는 조간대(inter tidal zone)에서 조류로 운반된 점토, 실트, 모래가 퇴적되어 만들어진 넓고 평탄한 퇴적지형으로 만조 때는 바닷물에 잠기고 간조 때는 노출된다. 대부분의 지도에서 간석지의 바다 쪽 범위는 평균 저조위 때 노출되는 선까지를 도화하고 있으므로 본고에서는 이와 같은 범위를 택했다.

우리나라 서·남해안은 조차가 크고 바다가 얕으며, 큰 강들이 많이 유입되고, 해안선이 복잡하며, 섬들이 많아 간석지 발달에 유리한 모든 조건을 갖추고 있다. 실로 우리나라에서 내 놓을 수 있는 세계적인 모식지형이 간석지 지형이라 할 수 있을 정도이다. 간석지는 또한 방조제를 막아 경지화할 수 있으므로 인구에 비하여 경지면적이 좁은 우리나라에서는 간석지가 경지개간에 가장 좋은 후보지이며, 그래서 오래전부터 많은 간척사업이 이루어져 왔다.

간석지는 이와 같은 중요성 때문에 농어촌 진흥공사, 자원연구소의 연구자들에 의하여 일찍부터 많은 연구가 이루어져 왔다. 그러나 이들 연구는 간척을 위한 기초자료로서 또는 해저자원이용을 위한 시각에서 연구된 연구들이 대부분이다. 지리학분야에서도 권혁재(1974, 1975), 박동원(1975, 1976, 1980), 반용부(1976, 1981, 1983)등의 간석지 지형 발달적 측면의 연구가 있고, 박용안 등 해양학 분야에서도 간석지 층서에 관한 연구가

---

1) 조명희·조화룡, 1997, 한국지역지리학회지, 3-2, 195~208쪽.

있다. 그러나 전체적인 시각에서 우리나라 간석지 분포 현황을 분석한 지리학 논문이나 이를 도화한 지도가 없어서 우리나라 간석지 분포를 전체적으로 이해하는데 어려움이 많다. 본 연구는 우리나라(남한)전체적 관점에서 간석지 분포와 간척현황을 밝히려 한다.

이를 위하여 일제 강점기에 편집된(1914~1918년 측량·편집도) 1/5만 지형도와 현재(1990~1996년에 편집, 수정)의 1/5만 지형도에서 간석지를 발췌하고 이를 축소하여 우리나라 간석지 분포도를 작성하고, Landsat TM 영상으로 보완 · 수정하였다. 우리나라의 간척의 역사는 고려 때부터 인 것으로 기록에 나와 있지만, 본 연구에서 간척지(reclaimed tidal flat)는 일제 강점기 편집된 지형도에서 간석지로 남아 있었던 부분이 현재 지도에서는 염전, 농경지, 공업단지, 도시용지 등으로 바뀐 부분 즉, 1914년 이후 간척된 간척지에 한정하였다. 이와 같이 작성된 간석지 및 간척지의 기본분포도를 GIS의 Arc/Info 프로그램으로 수치 데이터베이스화하여 지역별로 면적을 계산함으로서 이들의 분포현황을 밝혔다. 끝으로 이와 같은 분포 특색을 보이는 원인에 대하여 고찰하고 군산만을 사례지역으로 간석지의 경년변화, 과정을 검토했다.

2. 간석지 · 간척지 분포

1) 경기만

경기만은 넓게 보아 북쪽의 해주만, 남쪽의 아산만까지를 포함하여 경기만으로 보기도 하지만, 본고에서는 휴전선 남쪽에서 대부도-영흥도-자월도로 연결되는 선 북쪽지역으로 한정하여 경기만이라 하였다. 경기만에는 한강, 임진강, 예성강 등 큰 강이 유입되고 조차도 대조차가 8m 전후로 우리나라에서 가장 큰 지역이기 때문에 간석지 발달에 가장 좋은 조건을 갖추고 있다.

Arc/Info 프로그램으로 계산된 경기만의 간석지 면적은 612.4㎢, 간척된 것 241.7㎢로 총 854.1㎢이며, 간척률은 28.3%이다. 경기만의 간석지 분포는 다음과 같이 나눌 수 있다(그림 3-1).

① 교동도, 석모도, 볼음도를 포함하는 한강하구지역으로 간석지 면적은 183㎢나 되지만 간척은 거의 이루어 지지 않아서 10㎢에 불과하다. 휴전선에 매우 근접한 지역이기 때문에 간척이 별로 이루어지지 않았다. 한강 하구에서 간석지가 섬주위에 부착되거나 섬을 포획하기도 하고, 간석지만이 하중도의 형태로 형성되기도 하는데 이러한 형태의

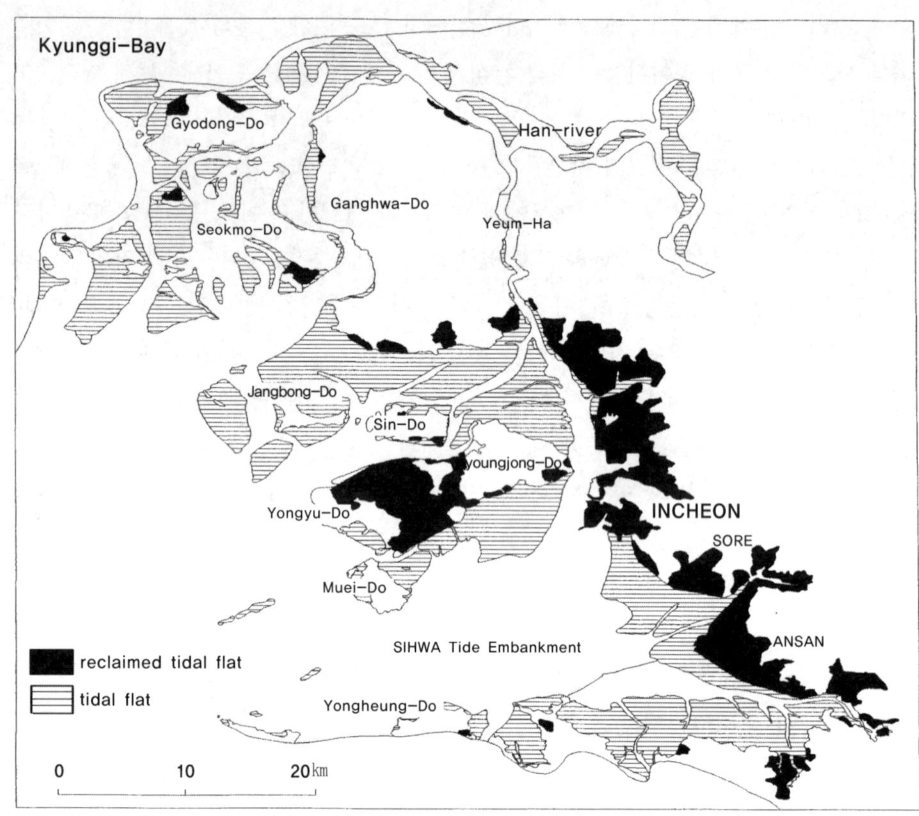

〈그림 3-1〉 경기만의 간석·간척지 분포

간석지를 도서형 간석지로 명명하기를 제안한다.

② 장봉도, 신도, 용유도, 무의도, 영종도 주변 지역과, 인천 북쪽 해안지역을 포함하는 염하하구지역은 간석지 면적 252㎢로 매우 넓으며 간척된 것도 140㎢로 역시 넓다. 역시 도서형의 분포패턴을 보인다. 이 지역의 대규모 간척은 인천시 북쪽해안을 따라 민간기업(동아)에 의해 1980~1989년까지 간척된 약 70㎢의 김포 간척지가 있고 1990년부터 영종도, 용유도, 삼목도사이의 간석지를 방조제를 쌓아 간척하여 신공항 부지를 조성하고 있는 약 43㎢의 영종도 간척지가 있다.

③ 인천과 대부도사이의 두 개의 큰 만입 즉 안산만(가칭)과 소래만 지역은 간석지 면적 177㎢, 간척지 면적 92㎢이다. 1987~1992년간 건설된 시화방조제에 의해 안산만 지역의 대부분 간석지는 이제 해수에 잠기지 않지만 아직도 갯벌상태로 남아있는 지역이 넓다. 현재도 갯벌상태 그대로 남아있는 것은 지도에서 간석지로 표시하고 농지 및 공업단지 등으로 개발된 지역만 간척지로 표시하였다. 따라서 전자도 간척지로 표시하면

안산만의 거의 대부분 지역이 간척지에 해당된다고 할 수 있다. 소래만 지역의 간석지는 과거 염전으로 많이 이용되었으나. 지금은 공업단지(기흥공업단지)로 주로 이용되고 있다. 안산·소래만 지역은 앞의 두 지역과 다르게 만의 양안을 접하여 간석지가 분포하고 가운데는 물길이 남아있는 형태인데 이와 같은 간석지를 내만형 간석지로 명명하기를 제안한다. 안산·소래만 쪽으로는 많은 퇴적물을 운반할 큰 하천이 유입되지 않으면서도 5~10㎞의 넓은 폭의 간석지가 발달해 있다. 이것은 아마도 대하천(한강) 하구에 인접한 위치와 내륙 쪽으로 깊게 만입된 조용한 내만환경이, 퇴적물의 공급적 측면에서나 퇴적 환경적 측면에서 유리하기 때문인 것으로 해석된다.

2) 아산만

아산만은 북쪽에 자월도-영흥도-대부도에 의해 경기만과 경계를 이루고 남쪽은 태안반도에 접해 있다. 아산만의 큰 윤곽은 내륙 쪽으로 깊게 만입되어 있고 바다 쪽으로 넓게 열려 있는 마치 나팔모양의 만이지만 세부적으로 보면 이 만의 남안과 북안을 따라 남양만, 가로림만 등 2차만이 연속적으로 형성되어 있고 이들 2차만이 온통 간석지로 채워져 있다(그림 3-2).

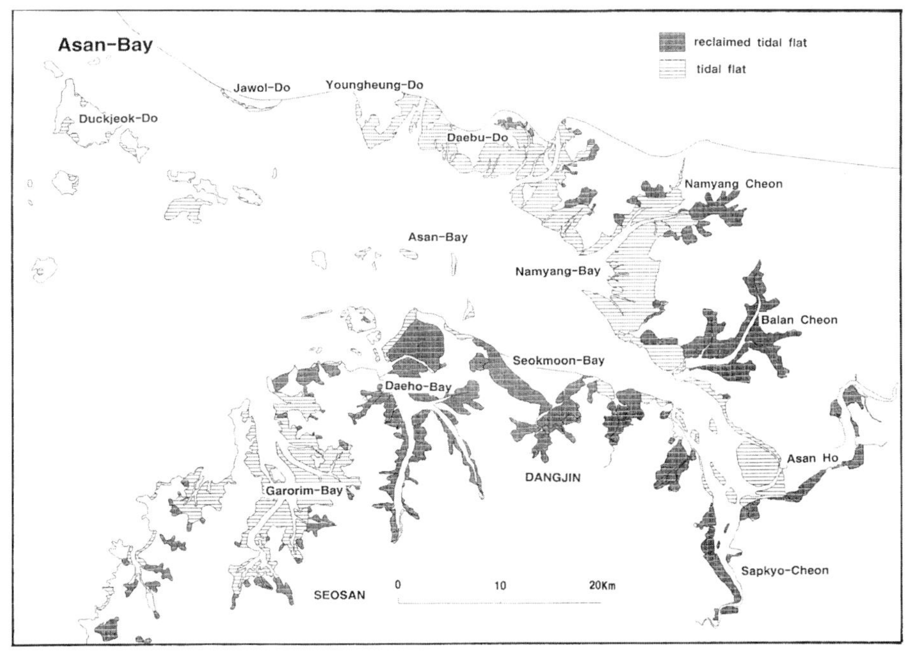

〈그림 3-2〉 아산만의 간석·간척지 분포

아산만은 경기만처럼 조차가 크고(대조차 8m), 안성천, 삽교천 등 비교적 큰 하천이 유입되며, 해안의 굴곡이 심하기 때문에 간석지가 넓게 형성되어 있다. 간석지 총면적은 364.6㎢, 간척지 면적 250.9㎢, 합계 615.5㎢이며, 간척률은 40.8%로 높게 나타난다. 주요 2차만을 살펴보면 다음과 같다.

영흥도에서 궁평리갑(화성군 서신면)까지의 간석지를 화옹지구(화성, 옹진)간석지라고 하는데 약 83㎢에 달한다. 그러나 간척은 10㎢ 미만으로 부진하다. 1991년부터 방조제 공사가 계속되고 있다. 남양천 하구에 남양만은 간석지면적 65㎢, 간척지 21㎢이지만 만구에 현재 방조제 공사가 계속되고 있어서 전부가 간척될 단계이다. 발안천 하구의 발안만에는 1973년에 남양방조제가 준공되어 일찍 간척된 곳으로 간척된 토지가 약 40㎢이다. 역시 1973년에 삽교천방조제, 1979년에 아산방조제가 준공되었다.

남안에는 대호만과 가로림만이 대표적이다. 이 두 만은 유입되는 하천이 거의 없으면서도 깊게 만입된 조용한 만으로 넓은 간석지가 형성되어 있다. 대호만은 대산면, 대호지면, 석문면 사이에 있는 깊은 만으로 1980~1991년간 간척하여 약 67㎢의 간척지가 조성되었다. 대호만 바로 동쪽의 대방천 하구의 석문만에는 1987년부터 10㎞에 달하는 방조제를 만들어 약 21㎢의 간석지가 조성되고 있다. 대호만 바로 서쪽에 있는 가로림만은 대호만보다 더 깊고, 안쪽이 넓으며, 입구는 좁은 만으로 약 75㎢의 간석지가 형성되어 있다. 그러나 이 만에서 간척된 부분은 안쪽에서 민간인에 의해 간척된 불과 7㎢에 불과하다. 가로림만이 간척되지 않고 남아있는 데는 용수문제, 입구의 깊은 수심, 조력발전의 후보지 등의 이유 때문에 아직도 간척이 부진한 것으로 판단된다. 인간의 훼손을 적게 받고 자연 상태로 잘 보존되어 있는 가로림만은 우리나라 간석지 연구의 주요 모식지역이 될 수 있다.

3) 천수만과 그 주변지역

천수만은 남북으로 길게 이어진 안면반도와 안면도 동쪽에 형성된 남북으로 긴 만이며, 이 만의 안쪽에는 부석반도(가칭)에 의해 동서의 두 만으로 갈라져 있다. 천수만 서북쪽에는 소원만(가칭)이 있고 남쪽에는 대천만, 염포만, 웅천만들이 있다(그림 3-3). 충청남도 서남해안에 해당되는 이 지역의 대조차는 6~6.5m이고, 이 지역으로 유입되는 하천은 광천, 대천, 웅천등이 있지만 아주 작은 하천들이다.

퇴적물의 공급이 적은 이 해안에서 외해에 면한 직선에 가까운 해안에는 간석지가 아주 좁은 폭으로 형성되어 있다. 그러나 만내에는 비교적 넓은 간석지가 형성되어 있으며 특히 천수만 안쪽에는 아주 넓은 폭의 간석지가 발달해 있다. 이 천수만내 간석지는 1980~1991년간 민간기업(현대)에 의해 간월도 부근에 방조제를 설치하여 약 160㎢에 달하는 우리나라 최대의 간석지가 소위 서산A지구 및 서산B지구의 이름으로 간척되었다.

북서쪽 소원만은 간석지 약 20㎢, 간척지 약 5㎢이며, 남쪽의 대천 · 남포만에서 약 20㎢, 웅천만에서 약 17㎢가 간척되었다. 이 지역의 간석지 총면적은 100.3㎢, 간척지 면적은 224.2㎢로 합계 324.5㎢이며 간척률은 69.1%로 가장 높게 나타났다.

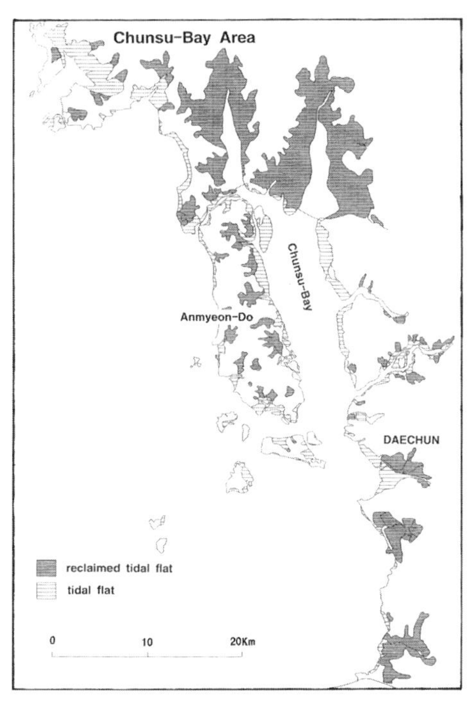

〈그림 3-3〉 천수만과 그 주변지역의 간석 · 간척지분포

4) 군산만과 그 주변지역

군산만은 마량리곶(서천군 서면)에서 변산반도사이의 만으로 그 앞쪽에는 고군산군도가 형성되어 있다. 이 만은 다시 마량리곶과 옥구반도 사이의 금강하구지역에 속하는 비인만과 그 남쪽의 만경강 하구에 전주포내, 동진강하구의 동진포내로 이루어져 있으며, 이 두 포내 사이에 진봉산곶이 돌출해 있다.

변산반도 남쪽에는 줄포만, 법성포만이 있다(그림 3-4). 전라북도 해안의 대부분을 차지하는 이 해안에는 금강, 만경강, 동진강 등 큰 강이 유입되고 조차도 5~6m에 달해 간석지형성에 좋은 조건을 갖추고 있다.

비인만은 금강하구에 직접 접해 있으면서도 깊은 만입이 없어 간석지의 폭이 좁다. 금강하구에도 하천의 규모에 비하여 간석지가 넓지 못하다. 금강하구에서 마량리곶가지 해안의 간석지 면적은 36㎢이며 간척도 거의 이루어지지 않았다.

그러나 만경강과 동진강하구 즉 전주포내와 동진포내 그리고 변산반도 남쪽 줄포만에는 넓고 모식적인 내만성 간석지가 형성되어 있다. 이들 지역은 아주 깊게 만입되어 조용한 내만 환경을 이루고 하천에 의한 물질공급이 왕성하여 넓은 간석지가 형성되어 있다. 옥구반도 끝과 전주포내의 간석지 면적은 간척된 것이 45㎢, 미간척된 것이 83㎢로

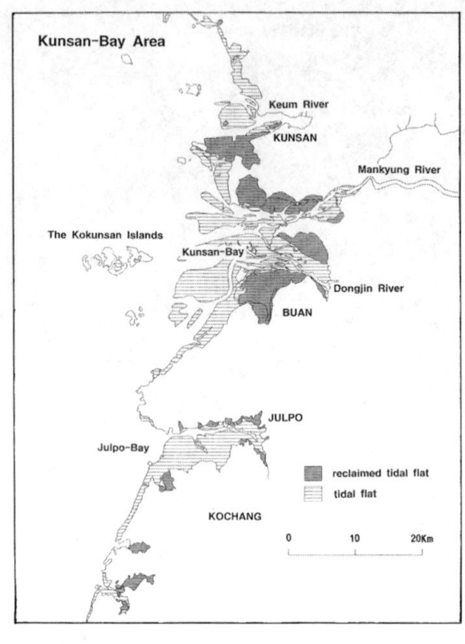

〈그림 3-4〉 군산만과 주변지역의 간석 · 간척지 분포

모두 128㎢이고, 동진포내 쪽은 간척지 55㎢, 간석지 130㎢로 합계 185㎢가 되어 매우 넓다.

군산만에는 일제 강점기부터 대규모 간척사업이 이루어졌다. 옥구반도 끝의 미옥 간척지는 1919년에 준공되었으며, 진봉산곶 남쪽의 광활면간척지(김제군)는 1930년에 준공되었다. 부안 서쪽 계화도 간척지는 해방 후 최초의 대규모 간척사업으로 1964～1979년에 걸쳐 이루어졌으며 약 40㎢의 농경지가 간척되었다. 이와 같이 군산만 지역은 일찍부터 대규모 간척사업이 이루어졌으나 개화도 간척사업 이후 대규모 간척사업을 하지 않아서 간척률이 다른 지역에 비하여 낮다. 그러나 1991년부터 착공된 새만금지구 간척사업은 옥구반도 끝 비응도에서 고군산군도 그리고 변산반도의 대항리를 잇는 대규모 간척사업이 추진되고 있다. 이 간척사업이 완공되면 약 210㎢의 새로운 간척지가 조성되어 기존의 간척지 약 100㎢와 합하여 우리나라 최대 규모의 간척지가 될 것이다.

주진천 하구의 줄포만은 간석지 면적 76㎢로 간석지에 의해서 만의 대부분이 채워져 있다. 그러나 간척된 면적은 14㎢에 불과하여 대부분의 간석지가 원형 그대로 남아 있다. 지형적으로는 간척하기에 아주 이상적이면서도 아직 간척이 이루어지지 못한 것은 용수문제와 양식어민의 보호를 고려한 것으로 추정된다. 따라서 줄포만은 가로림만과 더불어 우리나라 간석지 연구의 모식지라 할 수 있다. 군산만과 그 주변지역의 간석지 총면적은 348.6㎢, 간척지 면적 111.2㎢으로 총 459.8㎢이고 간척률은 24.2%이다.

5) 전남 서해안

전라남도 서해안은 우리나라에서 해안선의 출입이 가장 심하고 섬이 가장 많은 해안이다. 따라서 조차는 경기만이나 군산만보다 작은 4m 정도이지만 지형적으로 유리하여 도서형 및 내만형 간석지가 가장 넓게 형성되어 있는 지역이다. 이 지역의 간석지 면적은

685.1㎢, 간척지 333.5㎢으로 합계 1,018㎢이 되고 간척률은 32.7%이다(그림 3-5).

함평, 무안군 해안에 함평만, 해제만(가칭), 창포만이 있고, 이들 만에 내만성 간석지가 형성되어 있다. 함평만에 102㎢(간석지 82.1㎢, 간척지 19.5㎢), 해제만에 59㎢(간석지 55.2㎢, 간척지 3.9㎢), 창포만에 49㎢(간석지 20.0㎢, 간척지 28.6㎢)의 간석·간척지가 형성되어 있으며, 이 중에서 창포만이 비교적 넓게 간척되어 있다.

영암, 해남군에는 목포반도, 영암반도, 해남반도, 화원반도 사이사이에 영암만, 해남만, 황산만(가칭)이 깊게 만입되어 있고 만입형 간석지가 넓게 발달해 있다.

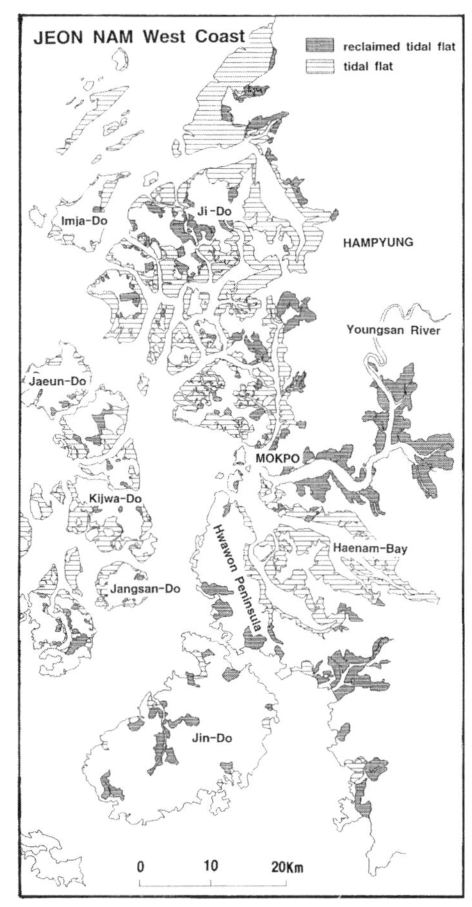

〈그림 3-5〉 전남 서해안의 간석·간척지 분포

영산강하구 영암만 입구에는 1978~1991년에 영산강 하구언을 건설하고 약 108㎢의 간석지가 모두 간척되어 있다. 해남만, 황산만 입구에도 현재 방조제(금호방조제 1, 2, 영암 방조제)가 건설되어 있어 이 만내에 형성되어 있는 약 150㎢의 간석지가 간척될 예정이다. 해남 서남쪽 해안에 있는 작은 만 즉 황산만에는 입구에 방조제(고선암방조제)가 건설되어 약 30㎢의 간석지가 간척되어 농경지로 이용되고 있다.

신안군은 전남 서남해안의 섬들로만 이루어진 군으로 수로를 경계로 2그룹의 도서군으로 이루어져 있는데 북동쪽에 임자도, 지도, 사옥도, 회도, 압해도 등으로 이루어진 도서군과 서쪽에 자은도, 암태도, 팔금도, 비금도, 하의도등으로 이루어진 도서군이다. 해안에 더욱 근접 분포하는 북동쪽 도서군 주변에 도서형 간석지가 더욱 폭넓게 형성되어 약 200㎢(간석지 164.2㎢, 간척지 35.0㎢)의 간석・간척지가 분포하며, 서남쪽 도서군에는 약 125㎢(간석지 98.2㎢, 간척지 27.0㎢)의 간석・간척지가 분포한다.

임자도 서북 측에는 북동-남서방향의 긴 해저 사퇴가 형성되어 있다. 각이사퇴, 오도사퇴, 낙월사퇴, 대치마사퇴등이 이들 사퇴들로서 특히 각이도, 낙월도 부근에는 이들

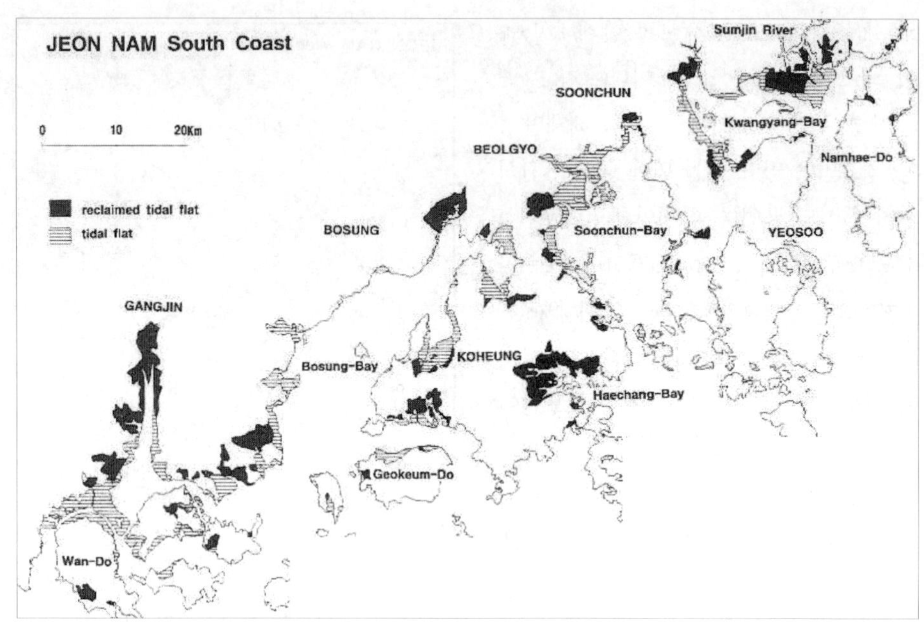

〈그림 3-6〉 전남 남해안의 간석·간척지 분포

사퇴들의 높은 부분이 저조시에 노출되어 간석지를 이룬다. 신안군의 간석지는 우리나라에서 도서형 간석지의 모식지라 할 수 있다.

6) 전남 남해안 간석지

전남 남해안도 해안선의 굴곡이 심하고 섬이 많다. 그러나 조차가 서해안보다 훨씬 낮은 2.5～3.0m로 간석지 발달이 서해안보다는 불량하며, 만의 안쪽 일부에만 내만형 간석지가 형성되어 있을 뿐 도서형 간석지는 두드러지지 않다(그림 3-6). 이 지역의 간석지는 5개의 만에 걸쳐 분포되어 있다. 가장 서쪽의 도암만에는 만의 규모에 비해 비교적 넓은 간석지가 발달해 있고(간석지 50.7㎢, 간척지 47.8㎢) 간척률도 높다. 보성만은 깊은 만이지만, 만의 중앙에는 간석지가 형성되어 있지 않고 만 양안에 형성되어 있는 2차적인 작은 만내와 보성강 하구에 형성되어 있다(간석지90㎢, 간척지 60㎢), 고흥반도의 해창만은 작은 규모의 만이지만 간석지가 넓게 발달하였고, 1978～1992년에 걸쳐 모두 간척되어 약 35㎢의 간척지가 형성되어 있다. 순천만도 역시 깊은 만이지만, 만 안쪽의 벌교천과 순천천 하구에 간석·간척지가 약 64㎢ 형성되어 있다. 광양만은 섬진강하구에 간석지가 넓게 발달해 있으며 이 중에 약 15㎢가 간척되어 제2포철 단지가 조성되었다.

전남 남해안지역의 간석지 총면적은 256.1㎢, 간척지는 208.1㎢로 합계 464㎢이 되고, 간척률은 44.8%로 높은 편이다.

3. 토의

1) 간석지 분포 종합

<표 3-1>은 우리나라의 간석지 및 간척지 분포를 종합한 것이다. 표에서 볼 수 있는 바와 같이 우리나라(남한)의 총 간석지자원은 약 3,800㎢이다. 이 중에서 약 36%에 해당하는 1,380㎢는 이미 간척되어 이용되어 있고 약 17%에 해당되는, 650㎢의 간석지는 현재 간척 중에 있으며 나머지 약 47%에 해당되는 약 1,800㎢ 지역이 자연 상태로 남아 있다. 공사 중에 있는 것까지를 포함하면 우리나라는 간석지 자원의 약 반 정도가 간척되게 된다.

지역별로 보면 전남 서해안 지역이 간석지 면적이나 간척지 면적이 다 같이 가장 넓게 나타났으며 전남 남해안까지 합하면 전국의 약 40%에 이른다. 그리고 그 다음이 경기만과 아산만이다. 간척률이 높은 지역은 천수만, 아산만, 전남 남해안이며, 공사 중인 것이 모두 간척되었을 때는 아산만, 천수만, 군산만이 60%를 넘게 된다.

〈표 3-1〉 우리나라 간석지 분포

지 역	간석지① (A)	간척 중② (B)	간척지③ (C)	합 계	간 척 률	
					C/D×100	B+C/D×100
경기만	486.4	126	241.7	854.1(22.4%)	28.3	43.0
아산만	177.6	187	250.9	615.5(16.2%)	40.8	71.2
천수만과 그 주변	100.3	-	224.2	324.5(8.5%)	69.1	-
군산만과 그 주변	148.6	200	111.2	459.8(12.1%)	24.2	62.7
전남 서해안	555.1	130	333.5	1,018.6(26.6%)	32.7	45.5
전남 남해안	256.1	-	208.1	464.2(12.2%)	44.8	-
경남·부산 해안	51.0	7	12.	70.0(1.8%)	17.1	27.1
합 계	1775.1	650	1381.6	3806.7(100%)	36.3	53.4

① 1996년 현재 간석지로 남아있는 것.
② 방조제가 건설되고 있거나 방조제가 건설되었지만 아직도 원래의 간석지 형상을 그대로 유지하고 있는 것.
③ 1914년~1996년 사이에 간척되어 간석지 원형이 변화된 것.

우리나라 간석지 자원조사는 1962년에 네덜란드 기술 용역단(NEDECO)에 의한 조사가 최초로 이 조사에서 간척가능 면적을 2,250㎢로 보고하였다. 다음으로 건설부가 해안종합 개발계획의 일환으로 1968～1972년간 4차에 걸쳐 자원조사를 하였는데 결론적으로 간석지 면적을 2,760㎢로 보고했다. 본고에서 조사된 간석지와 현재 간척중인 간석지를 합하면 약 2,425㎢로 이들 두 조사 결과의 중간정도의 면적이 본 연구결과로서 산출되었다.

그러나 그 뒤 1976년, 1980년, 1989년의 농업진흥공사조사는 각각 4,760㎢, 4,130㎢, 5,190㎢로 보고했고, 1979년 국토개발원 조사에서는 7,270㎢로 보고하고 있어 앞의 조사결과보다 훨씬 더 넓은 면적을 계산하고 있다. 농업진흥공사 등의 이와 같이 간척 후보지 면적계산은 본고에서 대상으로 한 평균 저조위 때 노출되는 간석지만을 대상으로 하지 않고 상당한 수심이 있는 수중지역까지 포함시키고 있기 때문이라 판단된다. 예를 들면 간척후보지 중에 '황해'및 '황해확장'이란 명칭의 후보지가 있는데 이 지구는 고군산군도-위도-안마도-임자도를 잇는 선 안쪽의 전북 부안, 고창군과 전남의 영광군 해안 전 지역을 포함하며, 1,753.4㎢의 면적을 계산하고 있다. 그러나 실제 이 해안의 간석지는 줄포만과 영광군 해안에 약 200㎢ 정도 분포할 뿐이며, 이 지역 해안 쪽 경계선 부근의 수심은 평균 저조위를 기준으로 -10m 정도의 수심을 보이고 있다.

2) 간석지 발달 조건

간석지 발달에 유리한 조건들은 일반적으로 ① 큰 조차 ② 얕은 바다 ③ 많은 토사를 운반하는 하천의 유입 ④ 깊게 만입된 만과 많은 섬들로 이루어진 복잡한 해안선을 들 수 있다.

① 조차 : 우리나라 서・남해안의 조차는 인천만과 아산만의 대조승이 8.6m로 최대를

〈표 3-2〉 우리나라 해안의 조차

*자료; 한국해양 개발주 「1997년판 조석표」

지 역		조차(m)		지 역		조차(m)	
		대조승	소조승			대조승	소조승
경기만	인 천	8.6	6.4	전남 서해안	목 포	4.1	3.2
	대연평도	6.8	5.2		대흑산도	3.3	2.6
아산만	덕적도	7.8	5.7	전남 남해안	완 도	3.5	2.6
	평 택	8.6	6.4		여 수	3.3	2.3
천수만 그 주변	고 정	7.0	5.2	경남·부산	진 해	2.1	1.5
	대 천	7.0	5.4		부 산	1.2	0.9
군산만 그 주변	군산외항	6.6	5.0	동해안	울 산	0.5	0.4
	안마도	5.1	3.9		목 포	0.3	0.2

보이고, 그 아래쪽으로 갈수록 점차 줄어들어 군산에서 6.6m, 목포에서 4.1m, 여수 3.3m, 부산 1.2m로 줄어든다. 북한의 경우 청천강 하구 즉 서한만에서 6m에 달하여 북한 최대치를 보이고 그 바깥쪽으로 갈수록 점차로 줄어든다(표 3-2).

조차의 조건만 보았을 때 간석지 발달에 유리한 순서는 경기·아산만, 천수만, 군산만, 전남해안, 경남해안 순이다. 해안선 1km당 간석지 형성 면적을 계산해 보면(표 3-4 참조) 대략 이 순위대로 간석지가 형성되어 있음을 알 수 있다.

② 바다의 깊이 : 바다의 깊이는 지역별로 산출하지 못했다. 그러나 황해의 평균수심이 44m이고, 남해의 평균수심은 101m로 황해 쪽이 훨씬 유리하다.

③ 배후지 유역면적 : <그림 3-7>은 각 해안으로 유입되는 하천의 유역면적을 나타낸 것이며 면적 계산은 1/100만 지도에서 구적계로 계측한 것이다. 한강과 낙동강이 유입되는 경기만과 경남해안의 배후지 유역면적은 각각 3.9만 및 2.9만㎢로 매우 넓다. 한강과 낙동강 같은 대강(大江)을 그 상류 및 중류에 많은 분지들을 지나면서 운반물질의 많은 양을 이들 내륙분지에 퇴적하기 때문에 그 유역면적에 비례하여 물질을 해안까지 운반한다고 할 수는 없다. 그러나 역시 유역면적이 넓으면 물질을 많이 운반하므로 간석지 발달에 유리한 조건이 된다. 그래서 경기만은 물질의 공급도 많고 조차고 커서 넓은 간석지가 형성되었다. 그러나 낙동강의 경우는 물질공급은 많아도 조차가 크지 않아서 간석지를 만들기보다는 삼각주를 만들고 말았기 때문에 간석지 면적은 아주 좁게 나타났다.

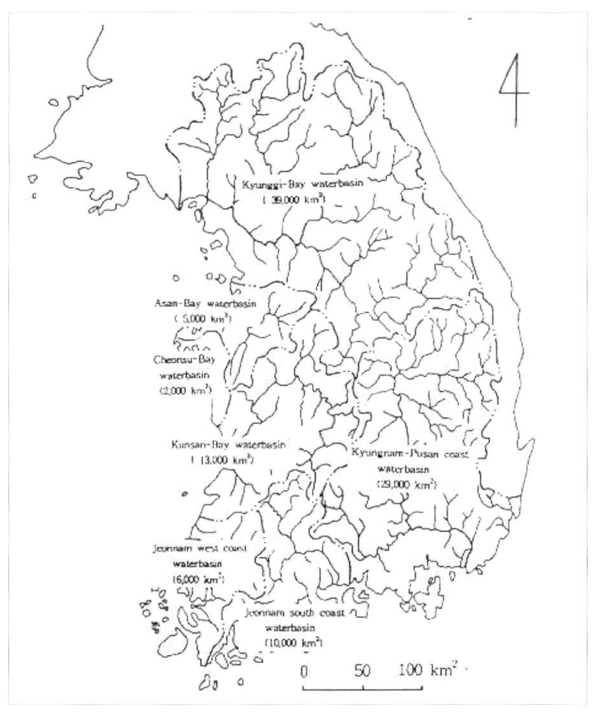

〈그림 3-7〉 해안 배후지 유역면적

군산만은 배후지 유역면적이 1.3만㎢로 넓고 또 금강, 만경강, 동진강 등 중규모의 여러 하천이 유입하기 때문에 해안에 물질공급이 아주 많을 것으로 추정된다. 그래서 해안선 길이에 대한 간석지 면적이 가장 넓게 나타났다(표 3-4 참조).

〈표 3-3〉 서남해안의 해안선 길이와 지절율

지역	해안선 길이(km)				지절율		
	육지부(A)	도서부(B)	합 계(C)	직선길이(D)	A/D	B/D	C/D
경기·인천	428.6	818.9	1,427.5	104	4.12	7.87	12.00
충 남	763.7	205.0	968.7	136	5.62	1.51	7.12
전 북	266.7	178.1	444.8	64	4.17	2.78	6.95
전 남	2,555.3	3,345.4	5,900.7	272	9.39	12.30	21.69
경남·부산	1,522.8	646.1	2,168.9	192	7.93	3.37	11.30

* 해안선 길이: 국토개발 연구원(1990), 해안편람
* 직선 길이: 해안의 굴곡을 무시하고 큰 윤곽선을 측정한 길이

천수만은 배후지 유역면적이 2천㎢로 아주 좁다. 그러나 간석지는 아주 넓게 발달해 있다. 따라서 천수만 간석지는 그 배후지역에서 공급된 퇴적물뿐 만 아니라 북쪽의 경기·아산만과 남쪽의 군산만에서 이동되어 간 퇴적물도 상당히 기여하고 있음을 추정할 수 있다.

이상에서와 같이 배후지 유역면적은 그 앞바다에 형성된 간석지 면적에 바로 반영되고 있지는 않지만, 인접된 바다까지 물질공급에 작용하는 한 필요조건이란 것을 알 수 있다.

④ 해안선의 복잡성 : 해안선의 복잡성은 해안의 큰 윤곽(직선거리)에 대한 실제 해안선 길이의 비 즉 지절률로 설명될 수 있다. 본고에서는 해안선의 길이를 실제 측정하지 못하고 국토개발연구원의 자료를 이용했으며 해안의 직선거리는 1/100만 지도에서 실측했다(표 3-3 참조).

해안선의 길이는 육지부 및 도서부 공히 전라남도가 탁월하게 길고 특히 도서부 해안선 길이가 더욱 그러하다. 이것은 전라남도 해안에 간석지 면적이 가장 넓은 것과 깊은 관계를 가지고 있다. 다음으로 해안선의 길이가 긴 것은 경상남도·부산 해안이지만 조차가 작고 앞바다가 깊어서 간석지 발달이 아주 부진하다.

그러나 각 지역별 간석지 면적을 해안선의 길이로 나누어 단위 해안선 길이에 대한 간석지 발달현황을 보면 경기·아산만은 0.83으로 높게 나타나는데 전남해안은 이의 1/3에 못 미치는 0.26정도로 단위길이에 대한 간석지 발달 면적은 조차의 크기와 잘 조화를 이루고 있다는 것을 알 수 있다. 다만 전북해안만은 0.91로 경기·충남보다 더욱 발달해 있는 것이 특이하다. 각 지역별 간석지 면적을 해안의 직선거리로 나누어보면 조차와 지절율의 영향을 동시에 알 수 있을 것으로 생각되는데 이 결과 전남해안이 5.5의 높은 수치를 보이며, 경기·충남과 거의 비슷하다. 더욱이 이것을 전남 서해안만을

〈표 3-4〉 단위 해안선 길이에 대한 간석지 면적

지 역 명	간석지 면적(㎢) (간석+간척지)	간석지 면적/ 해안선 길이(육지+도서)	간석지 면적/ 해안선 직선 길이
경기·인천	1,031.1	0.83	9.9
충 남	799.0	0.83	5.9
전 북	404.8	0.91	6.3
전 남	1,501.8	0.26	5.5
경남·부산	70.0	0.03	0.4

따로 떼어서 계산하면 경기만 수준에 이를 것이 예상된다.

이상 요소별로 검토한 결과를 종합해 보면 경기만과 아산만은 큰 조차, 얕은 바다, 많은 육상퇴적물의 공급, 비교적 양호한 해안 굴곡과 섬들의 분포 등 모든 조건을 고루 갖추고 있기 때문에 간석지가 넓게 발달했다.

군산만은 조차가 경기·아산만보다 약간 줄어들었음에도 불구하고 여러 개의 강이 많은 퇴적물을 공급하는 조건이 두드러져 단위해안선 길이에 대하여 가장 넓은 간석지가 형성된 지역이다.

전남 특히 전남서해안 지역은 조차는 경기·아산만 지역의 1/2로 줄어들었지만 해안선이 길고, 굴곡이 심하며, 많은 섬들이 인접 분포하는 등 해안선의 조건이 두드러지게 양호하여 우리나라에서 가장 넓은 간석지가 형성되었다.

경남·부산 해안은 해안선 굴곡도 양호하고 육상 배후지 면적도 매우 넓지만 조차가 아주 작고 앞바다의 수심도 깊어서 간석지 발달이 매우 부진하다.

3) 간석지 면적의 경년변화

간석지는 계속 성장해 가고 있을까? 간석지도 사빈처럼 침식을 받기도 하는가? 이와같은 문제는 지리학적으로나 환경 보전적 측면에서 매우 큰 관심사이다. 본고에서 이 문제에 대해 부분적인 고찰을 해보려 한다. 그러나 이 문제를 우리나라 전 해안을 대상으로 하기에는 자료가 불충분하여 자료가 가장 잘 갖추어진 군산만에 대하여 1916년, 1977년, 1996년의 간석지를 도화하고 그 면적을 계산한 것이 <그림 3-8>과 <표 3-5>이다. 1916년과 1977년의 간석지 분포는 각각 그 해에 편집된 1/5만 지형도를 기본도로 했으며, 1996년의 자료는 Landsat TM 영상(1996년 9월 1일 촬영)을 이용하여 비교사 분류(unsupervised classification)로 분류하고 이들을 기초로 간석지 분포도를 작성한 것이다. 또한 이들 자료를 Arc/Info 프로그램을 이용하여 면적을 계산하였다.

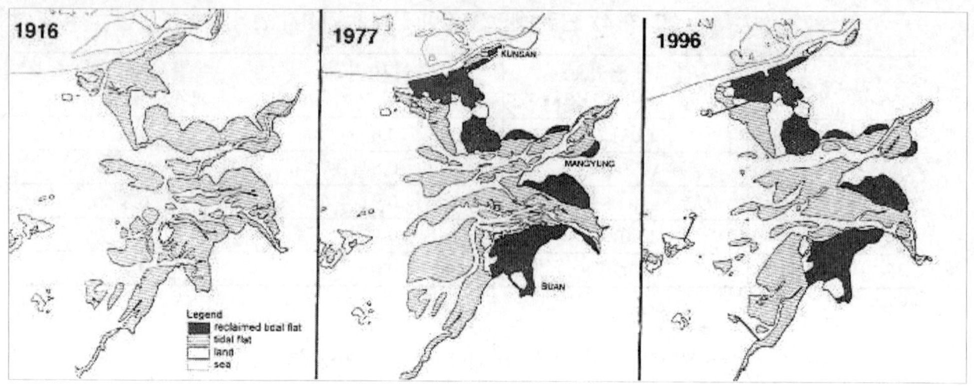

〈그림 3-8〉 군산만 간석지의 경년 변화

〈표 3-5〉 군산만 간석지의 면적변화(㎢)

연 도	간석지	간척지	계
1916	254.8	.	254.8
1977	205.0	104.8	309.4
1996	204.8	106.4	311.2

먼저 간석지의 형태적인 측면에서 간석지의 모양은 계속 변하고 있음을 알 수 있다. 1916년과 1977년을 비교했을 때 1977년에는 많은 간척이 이루어졌고 간석지 선단부가 1916년에 비해 바다 쪽으로 훨씬 더 전진했으며, 동진포내 쪽 중앙 물길이 훨씬 좁아진 것을 알 수 있다.

다음으로 1977년과 1996년의 것을 비교해 보면 1996년의 간척지가 과거의 작은 조각들이 연결되어 윤곽이 단조로워 졌으며 동진포 내의 중앙 물길이 남쪽으로 옮겨져 있다. 또한 남쪽(변산반도 대항리)방조제가 건설됨에 따라 간석지들이 이 방조제에 적응되고 있는 배열을 보이고 있다.

1916년 군산만(군산-변산 간 지역)의 간석지 면적은 254.8㎢이었으며 약 60년이 지난 1977년에는 간석지와 간척지를 합하여 309.4㎢로 간석지 면적이 약 54.6㎢ 증가하여 연간 약 0.9㎢씩 증가한 결과가 된다. 그러나 약 20년 뒤인 1996년의 간석지 및 간척지 면적은 311.2㎢로 1977년에 비해 불과 1.8㎢밖에 넓혀지지 않았으며 이것은 연간 0.09㎢씩 증가하여 앞의 것의 약1/10수준으로 그 성장속도가 줄어들었다. 위에서 계산된 수치 그 자체를 그대로 믿는 데는 기본도의 차, 도화과정의 오차 등이 고려되어야 하므로 무리가 있다. 그러나 간석지가 조금씩 성장하고 있다는 것과 그 성장 속도가 20C 전반보다 후반이 훨씬 둔화되었다는 경향은 인정할 수 있다.

성장속도의 둔화는 다음과 같은 2가지 측면에서 생각해 볼 수 있다. 그 하나는 20C 전반부에 이 지역에 간척사업이 활발히 이루어졌으므로 일부지역이 간척된 뒤에 남은 간척지가 재조정되는 과정에서 면적이 공간적으로 넓어졌으며, 20C 후반에는 이 지역에서 간척사업이 거의 이루어지지 않았으므로 많은 변화를 보이지 않고 있다는 가정이다. 또 다른 하나는 20C 후반으로 오면서 우리나라는 하천 상류에 댐건설, 하천의 제방공사, 하상에서의 골재 채취 등으로 하천의 퇴적물 운반 량이 크게 줄어들었으며, 한편으로 공업화, 도시화가 이루어지면서 공업단지, 주택단지를 조성하는 과정에서 해저 퇴적물을 준설하여 매립지를 만드는 등 간석지 퇴적물의 수지가 크게 변했다는 점을 들 수 있다. 그러나 이 생각은 앞으로 더 검토되어야 할 것으로 본다.

4. 결언

우리나라 서·남해안의 간석지 자원은 풍부하며, 이들의 상당 부분이 이미 간척되었거나 현재 간척중에 있다. 우리나라 서 · 남해안의 농업 용지, 공업 용지 중에서 이렇게 간척된 간척지가 차지하는 비율이 매우 높다.

본고에서는 우리나라 간석지의 지역적 분포현황을 거시적으로 파악하는데 중점을 두고 분석·고찰하였다. 앞으로 이를 기초로 간석지의 미지형, 퇴적물, 식생 등 미시적 측면의 분석을 계속하려 한다.

본고에서 밝혀진 내용을 요약하면 다음과 같다.

① 우리나라 간석지 자원은 1914년 이후 간척된 간척지를 포함하여 전남서해안 1,020㎢, 경기만 850㎢, 아산만 620㎢, 전남 남해안과 군산만 각각 460㎢, 천수만 320㎢, 경남 · 부산해안 70㎢의 순으로 형성되어 있어 총 3,800㎢이다. 이 중에서 현재 공사중인 것을 포함하여 아산만, 천수만, 군산만은 각각 60% 이상 간척되고 남한 전체 평균도 52.9%가 간척되게 된다.

② 간석지 발달 조건적 측면에서 보면, 경기만과 아산만은 큰 조차, 얕은 바다, 많은 육상 퇴적물 공급, 양호한 해안선 굴곡과 많은 섬들의 분포 등 간석지 발달의 조건을 고루 갖추고 있기 때문에 간석지가 넓게 발달해 있다. 군산만은 경기 · 아산만보다 조차는 좀 작지만 여러 개의 강이 많은 퇴적물을 공급하는 조건이 두드러져 단위 해안선

길이에 대하여 가장 넓은 간석지가 형성되었다. 전남 특히 전남 서해안은 조차가 경기만의 1/2 수준이지만 해안선이 길고 굴곡이 심하며 많은 섬들이 인접분포 하는 등 해안선의 조건이 두드러지게 양호하여 우리나라에서 가장 넓은 면적의 간석지가 형성되었다. 경남·부산해안은 해안선의 굴곡이 양호하고 육상 배후지 면적도 넓지만 조차가 아주 작고 앞바다 수심이 깊어서 간석지 발달이 부진하다.

③ 군산만을 사례로 간석지의 경년변화를 살펴본 결과 간석지 모양은 계속 변화하고 있으며 면적이 조금씩 늘어나고 있다. 그러나 20C 전반부에는 면적증가율이 비교적 높은 데 비하여 후반부는 면적 증가율이 훨씬 낮아졌다.

참고문헌

권혁재. 1975.「호남평야의 충적지형에 대한 지리학적 연구」. 지리학, 12. 1~20쪽.

_____. 1975.「한국의 해안지형과 해안분류의 제 문제」. 교육논총, 3. 73~88쪽.

박동원. 1975.「우리나라 서해안의 간석지유형(외국의 간석지와 비교하여서)」. 지리학회보. 14. 1~9쪽.

_____. 1976.「원격탐사방법에 의한 천수만 간석지 지형연구」. 지리학, 15. 1~15쪽.

박동원·유근배. 1980.「천수만의 갯골 형태에 대한 계량적 분석」. 지리학, 22. 1~9쪽.

반용부. 1981.「반월천 하구 간석지」. 지리학연구, 6. 1~18쪽.

_____. 1983.「삼목도와 방아머리의 해안지형」. 지리학총, 10. 38~47쪽.

해양연구소. 1981.「연안환경도작성연구(경기만: 해양지질분야)」. 133쪽.

건설부. 1990.「해안이용계획안(최종보고서)」. 878쪽.

농어촌진흥공사. 1991.『간척지이용에 관한 연구』. 494쪽.

_____. 1995.『한국의 간척』. 316쪽.

CHAPTER 4

한국 남동 해안의 미지형 발달*

1. 서론

1) 연구 목적

정선(汀線, Strand line, Shore line)은 해면이 육지와 닿는 선을 말한다. 본 연구에서 사용되는 정선 부근의 해안 미지형은 현재 해면의 정선 부근에서 파랑의 작용으로 만들어지고 있는 지형들을 말하며, 현재 해면은 해면이 현재의 높이에서 비교적 안정된 6,000년 전(B.P.)에서부터 현재까지의 해면을 지칭한다. 따라서 본 연구의 대상지역은 완신세(完新世, Holocene) 후기에 파랑의 작용으로 만들어진 지형이며, 갱신세(更新世)에 형성된 해안단구 등의 지형은 제외했다.

정선 부근의 미지형은 해안선이 바다 쪽으로 휘어진 돌출부에서는 파랑의 침식작용이 탁월하여 해식애, 해식대, 해식이암 등의 암석해안의 미지형이 발달하고, 해안선이 육지 쪽으로 휘어진 만에서는 파랑의 퇴적작용으로 사빈, 역빈 등 퇴적해안의 미지형이 발달한다.

본 연구는 방어진에서 대보에 이르는 해안을 대상으로 정선 부근 해안 미지형의 형태적 특징과 퇴적물 입도 특성을 밝히고, 지반 융기 해면변동 등과 관련하여 완신세 후기의 해안지형 발달을 고찰하였다.

---

* 전미혜, 2002, 경북대학교 교육대학원 석사학위 논문

2) 연구 방법

본 연구의 목적을 달성하기 위하여 본 연구와 관련된 문헌조사와 현지조사를 병행해서 실시하고, 여기서 얻어진 결과를 실내에서 분석하는 것으로 진행하였다. 현지조사에 앞서 국립지리원에서 발간된 1/25,000 지형도를 이용하여 절봉도를 작성하여 연구지역의 지형을 개관하고, 한국동력자원 연구소에서 발간한 1/50,000 지질도를 이용 연구 지역의 지질을 파악하였다. 지질도, 1/5,000 지형도를 이용 현지조사에 임하였다. 각 지점별로 지형을 분류하여 분포도를 작성하였고, 그 특성을 다음과 같이 관찰 · 분석하였다.

1) 기반암의 특성과 관련하여 해안 미지형 및 퇴적물 특색을 분석하였다.
2) 암석해안과 사력해안의 각종 미지형의 고도, 폭 등을 hand level로 측정하였다.
3) 해안의 퇴적물을 88샘플을 채취하여 입도 분석하고, 조사 지역의 해안 퇴적물의 입도 특성을 살펴보았다.
4) 각종 해안지형의 이용에 대해 조사하였다.

3) 기존 연구

우리나라에서 암석해안의 파식대, 노치 등 정선 부근의 미지형 연구로는 오건환(1985), 오영서(1989), 강현숙(1992), 배문주(1998)의 연구가 있다.

오건환[1]은 오륙도를 중심으로 연구했고, 오영서[2]는 부산만 암석해안의 파식지형을 연구하였다. 그러나 그 결론은 거의 같다. 이들의 연구에 의하면 부산만의 해식애는 고도가 2～70m이며 외해에 면한 곳에서는 30～70m로 잘 발달하며, 내만에서는 2～10m로 그 발달이 미약하고 같은 외해라도 파랑의 영향을 강하게 받는 곳에서 더 잘 발달했다. 해식애는 대부분 70°이상의 수직형의 해식애로 퇴적암을 기반으로 하는 두각지 및 선단에 잘 발달했으며 해식애 전반에는 시스택(sea stack, 해식이암)이 발달하는데 이들은 해식애의 경사와 일치하는 절리가 발달하고 있어 해식애가 주로 절리에 지배되고 있다고 말했다.

파식대는 27～30m, 17～20m, 9～10m, 4～5m, 0.5～1.5m의 5단으로 구분했다. 9m 이상의 파식대에서는 육상식생이 자생하고 있으며, 4～5m 파식대는 폭풍파 때 breaker에서 발생한 spray를 제외하고는 해수에 잠기는 경우가 없으므로 0.5～1.5m 파식대는

---

1) 오건환, 1985, 「오륙도의 형성과정」, 죽파 홍순완 교수 회갑기념 논문집, 63～81쪽.
2) 오영서, 1989, 「부산만 암석해안의 파식지형」, 부산대학교 교육대학원 석사학위논문.

현성 파식대로 그 이상은 융기 파식대로 추정했다. 최종간빙기에 27～30m의 파식대가 형성된 후 4회에 걸친 지반융기에 의해 4단의 융기 파식대가 현재의 위치에 나타난 것으로 보고 있다.

강현숙[3]은 삼천포 동안 덕명리 해안의 암석해안지형의 특색을 연구하였다. 해식애의 고도는 4～23m(평균 9.4m)로 다양하게 나타났는데, 육상 식생의 분포 고도 평균 3.4m를 기준으로 식생이 피복되지 않은 아래쪽은 활(活)해식애, 식생이 피복되어 있는 부분을 사(死)해식애로 구분하고, 활해식애는 현재의 파식 영력 하에서 형성된 것이고, 사해식애는 과거 지질시대에 형성된 것이라 했다. 해식애는 해안형태, 사면고도, 파랑의 성질에 따라 규모와 형태가 달라질 수 있으나 삼천포 지역은 기반암의 절리와 층리에 좌우되고 있다 했다. 노치는 해수면으로부터 2～8m지점에 형성되어 있는데 고도 2m를 기준으로 2m 이하는 현재 파식작용으로 형성된 것으로, 2m 이상은 과거 해수면이 높았던 시기에 형성된 것으로 보고 있다. 파식대도 노치와 마찬가지로 평균해수면으로부터 2m를 기준으로 현성 파식대와 융기 파식대로 구분했다. 현성 파식대는 대부분 저조위 때의 해수면과 고조위 해수면 사이에 발달하는데 연구 지역의 현성 파식대는 주로 고조위 부근에서 발달되어 있어 조석작용이 파식대의 형성에 영향을 미치고 있음을 말한다. 파랑의 영향력이 약한 만입 쪽으로 갈수록 파식대의 폭이 넓어진다 했다. 융기 파식대는 고도 2～10m로 다양하며 기반암의 층리면의 경사와 거의 일치하여 동남쪽으로 2°～7°경사로 기울어져 있다. 이는 기반암의 층리를 따라 형성된 구조적 파식대를 의미한다. 고위로부터 10～11m, 7～8m, 5～6m, 2～3m의 4단으로 구분했다.

배문주[4]는 고성군 자란만의 해안지형 특성을 연구하였다. 이 연구는 앞의 강현숙의 연구 결과와 거의 비슷하고 융기 파식대의 고도도 거의 비슷하다.

앞의 연구들에서 융기 파식대들의 고도와 형성 시기를 요약해보면 <표 4-1>과 같다. 먼저 위 저자들이 분류한 융기 파식대 4면 모두의 고도가 부산이 덕명리 · 자란만 해안보다 2배 가까이 높게 나타났다. 제1면은 부산만에서 27～30m, 덕명리 · 자란만 해안에서 15m 전후의 고도로 나타나며 최종간빙기에 형성되었다고 했다. 그러나 최근 최성길의 동해안 해안단구 연구에서는 최종간빙기에 형성된 해안단구를 저위Ⅰ면이라 하고 구정선 고도를 18m로 보고하고 있다.[5]

3) 강현숙, 1992, 「삼천포 동안의 해안지형 특성」, 부산대학교 교육대학원 석사학위논문.

4) 배문주, 1998, 「고성군 자란만 해안지형 특성」, 부산대학교 교육대학원 석사학위논문.

5) 崔成吉, 1997, 「韓國東海岸における後期更新世段丘地形の發達過程と最終間氷期の海水準」, 日本東北大學校 博士學位論文.

〈표 4-1〉 부산만과 덕명리 해안, 자란만의 지형면 대비

지역·지질 시대		부산만 (오건환 · 오영서, 1985)		덕명리 해안 (강현숙, 1992)		자란만 (배문주, 1998)	
		지형면	고도	지형면	고도	지형면	고도
제4기	최종빙기	융기파식대Ⅳ	4-5m	융기파식대Ⅳ	2-3m	융기파식대Ⅳ	2-3m
		융기파식대Ⅲ	9-10m	융기파식대Ⅲ	5-6m	융기파식대Ⅲ	5-6m
		융기파식대Ⅱ	17-20m	융기파식대Ⅱ	7-8m	융기파식대Ⅱ	8-10m
	최종간빙기	신암리단구 융기파식대Ⅰ	27-30m	덕명리단구 융기파식대Ⅰ	10-16m	융기파식대Ⅰ	15m

제Ⅱ, Ⅲ, Ⅳ면은 모두 최종빙기에 형성된 면으로 지반융기에 의하여 현재 높이에 이르렀다고 보고하고 있다. 학자들 간에 차이는 있지만 일반적으로 최종빙기의 해면은 -30～-100m 높이에 있었다고 볼 수 있는데 이 시기에 형성된 파식면이 현재 해면 위 2～20m 높이에 융기해 있으려면 융기량을 얼마나 설정해야 할 지 등에 의문점이 많다.

또 위의 연구 대상 지역의 융기 파식대는 모두 지층의 성층면을 따라 파식면이 형성되어 있어 본 연구 지역의 성층면을 자르고 형성된 파식면과는 다르다.

해안퇴적물 입도분석 연구는 조화룡 · 신윤호(1982)[6]와 조화룡 · 정동준(1997)[7]의 연구가 있다. 앞의 연구는 경상북도 동해안 퇴적물과 형산강 및 송천의 하천퇴적물을 대상으로 입도 분석을 했다. 하상, 자연제방, 빈제, 사구, 해빈의 5종류의 미지형 퇴적물을 분석했다. 이 중 해안퇴적물의 샘플은 주로 영일만과 그 북쪽 해안에서 채집했고 본 조사 지역에서는 4개의 샘플밖에 채집되지 않았다. 해안 부근의 퇴적물 중에서 가장 조립의 퇴적물은 빈제퇴적물이고, 분급이 가장 나쁜 퇴적물은 자연제방퇴적물이라고 했다. 사구퇴적물은 지역 간의 입경의 차가 적고 2Φ를 중심으로 분급이 아주 좋았으며, 각 퇴적물의 왜도는 하상이나 빈제퇴적물은 positive의 경향이 있고, 자연제방과 사구퇴적물은 negative의 경향이 있으며 해빈퇴적물은 0에 가까운 수치를 보인다고 했다. histogram의 모양은 하상, 자연제방, 빈제퇴적물은 쌍봉형(雙峰型)이 많고 넓게 퍼져 있으며 사구, 해빈 퇴적물은 단봉형(單峰型)으로 되어 있고 첨도가 높다. 특히 해빈퇴적물은 조립 쪽에 길게 연장되어 있다 했다. 이 연구는 지형 단위별 퇴적물 특성을 밝히는 데 초점을 맞추었으며, 퇴적물의

6) 조화룡 · 신윤호, 1992, 「해안평야 미지형 퇴적물의 입도 조성(경상북도 동해안을 사례로)」, 지리학 제25호, 1～14쪽.

7) 조화룡 · 정동준, 1997, 「영일만주변 해안의 해빈지형 변화」, 한국지형학회지, 제4권, 제1·2통합호, 1～15쪽.

지역특성을 밝힌 것은 아니다.

뒤의 연구는 영일만 주변 해안을 1992년과 1997년에 채집한 해빈퇴적물의 입도 분석을 통해 그 간의 퇴적물 특성 변화를 살펴보았다. 이 지역은 수 십 년 동안 해빈의 침식이 두드러지게 나타나고 있는데 이 원인은 해안으로의 퇴적물 공급을 저해하고 침식을 조장하는 인간활동들 때문으로 보고 있다. 즉 상류의 댐 건설, 중하류의 직강공사와 제방 축조, 하상에서의 건축용 골재 채취 등이 있으며, 해안에서는 돌출부의 호안공사, 물질의 이동 경로에 돌제(groin), 방파제, 부두 등 구조물의 설치, 항만건설과 공단 조성을 목적으로 한 준설활동 등을 들 수 있다. 영일만 북쪽해안은 해빈이 크게 침식을 받고 있지 않지만 영일만 내의 영향을 직접 받는 해안은 심한 침식을 받고 해빈의 폭이 계속 줄어들고 있다. 이는 인간활동이 매우 집약적으로 이루어지고 있기 때문이다. 심한 해빈 침식을 받고 있는 해빈의 퇴적물은 현저히 조립화되고 있으며, 분급은 좋아지고 있다. 연구 지역에서의 해빈의 분포 패턴은 구조물의 북측은 넓게 퇴적되고 남측은 좁고 침식을 받고 있는 현상과 바다로 유입되는 소하천의 유로가 남으로 휘어져 있는 것은 북에서 남으로 흐르는 연안류와 북동풍, 남북방향의 해안선 때문에 발생하는 것으로 해석하고 있다. 이 연구는 해빈 침식과 같은 지형 변화에 연구 주안점을 두었다.

갱신세와 완신세의 해수면 변동에 대한 연구는 세계적으로 아주 많다. 그러나 지역이나 학자들 간의 해면의 고도, 시기, fluctuation pattern 등에 있어서 다양한 차이를 보인다. 갱신세 해면 변동 중에서 거의 일반화되어 있는 것은 다음과 같다. 최종간빙기는 약 12만 년 전후였으며 이 시기에 해면의 고도가 현재 수준이거나 아주 약간 높았다는 주장도 있다. 최종빙기는 약 7만 년 전에서 1만 년 전에 있었으며 해면이 가장 낮았던 최종빙기 최성기는 18,000년 전으로 현재보다 100m 이상 낮았다.

우리나라에서 갱신세 해면 변동 곡선을 복원한 연구는 아직 없다. 완신세 해면 변동도 연구자 간 다양한 결과를 보고하고 있다. 이 중 거의 일반화된 내용은 1만 년 전의 해면은 -30m~-40m에 있었고, 6,000년 전에 현재 위치에 가깝게 왔으며 그 후에 현 위치에서 안정되었다는 것이다. 그러나 완신세 해면 변동은 율동하면서 상승했고 6,000년 전과 3,000년 전에 현재보다 다소 높았다는 주장을 하는 Fairbridge 등의 연구와 해면은 율동하지 않고 평활한 포물선을 그리며 상승했고 현재가 가장 높은 수준이고 6,000년 전에는 현재보다 -4m~-5m 높이에 있었다는 Shepard 등의 연구가 있다.[8] 우리나라에서도 曺華龍(1980)[9]의 동해안 해안 변동 연구는 전자의 경향을 다소 반영하고 있고, 박용안(1984)[10]의

8) Richard J. Chorley, Stanley A. Schumn, David E. Sugden, 1984, *Geomorphology*, Vol.15.

9) 曺華龍, 1980, 「韓國東海岸たおける完新世の海水準變動」, 地理學評論, 第53卷, 5號, 317~328쪽.

서해안 해면 변동 연구는 후자의 경향을 반영하고 있다.

2. 연구지역의 개관

1) 지질

조사 지역의 지질은 중생대 백악기 경상누층군과 신생대 제3계 및 제4계 지질로 이루어져 있어서 한반도에서 비교적 젊은 지질이 분포하는 지역이다(그림 4-1).

경상누층군은 퇴적암인 울산층과 규장암, 관입암인 화강암 및 화강반암으로 이루어졌는데 양포 이남 지역에 분포한다. 울산층과 규장암은 부분적으로 열접촉 변질을 받아 매우 단단한 바위로 변질되어 있다.

제3계는 역암, 함탄층 등 퇴적암과 응회암, 안산암, 조면암, 현무암 등 화산암으로 이루어졌는데, 화산암의 분포 면적이 넓다. 양포 이북지역에 주로 분포하지만 양포 이남 지역에도 정자동 주변, 읍천리 주변, 감포 주변에 분포하고 있다.

제4계는 화산암으로 현무암이 모포리 주변에 형성되어 있다. 충적층은 하천 연변과 해안 사빈에 분포한다.

조사 지역은 경상 지질분지와 포항 지질분지의 경계 지역에 해당되어 중생대 및 신생대 지질로 이루어진 지질적으로 젊은 지역이다. 오래되었고 경암지질은 남부에, 젊고 연암인 제3계는 북부에 주로 분포한다.

2) 지형

연구 지역은 울산시 방어진에서 포항시 대보(북위 35°28′~ 36°05′, 동경 129°24′~129°35′)에 이르는 직선거리 약 67㎞ 길이의 한반도 남동부 해안이다. 이 해안은 전체적으로는 직선상이고 단순한 편이나 대축적지도에서 자세히 살펴보면 작은 만과 돌출부가 많이 확인된다. 만에서는 사빈, 역빈 등 퇴적지형이 나타나고, 돌출부에서는 해식애, 해식대 등 암석 해안지형이 발달되어 있다. 그리고 이 지역은 우리나라에서 해안단구가 가장 잘 발달되어 있는 곳이기도 하다. 우리나라의 남동부 지역은 북북동-남남서 방향으로

10) Park, Y. A. and A. L., Bloom, 1984, "Holocene Sea-level history in the Yellow sea", *Korea. Jour. Korea Geol. Surv.*, 20-3, pp.189~194.

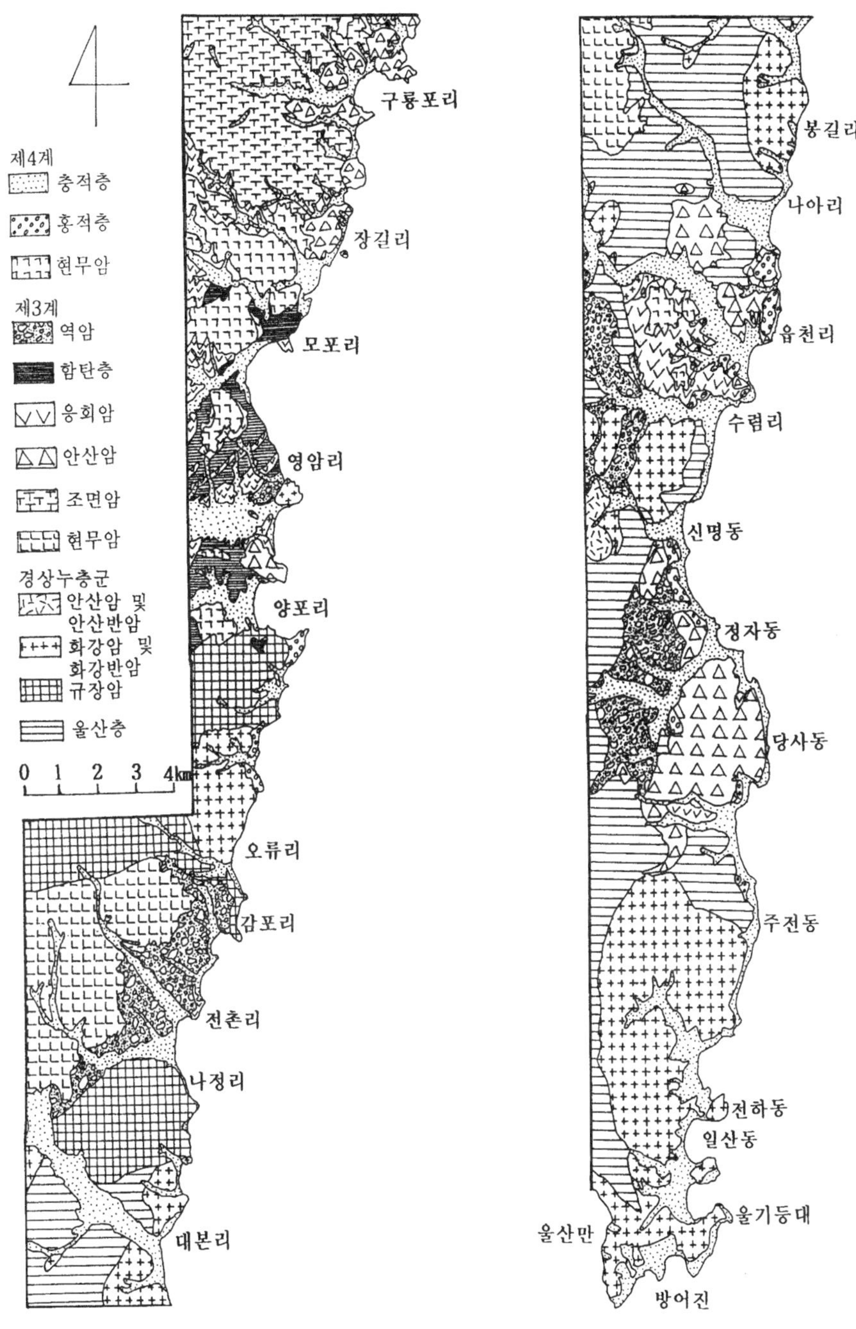

〈그림 4-1〉 한국 남동해안의 지질

수열의 지질구조선(lineament)이 분포하고 있으며, 방어진에서 장기곶 사이의 해안선도 이 구조선들 중 양산단층선과 주향을 같이하고 있다. 전체 동해안의 경관으로 보면 연구 지역의 해안선은 동남동 방향으로 외해에 돌출되어 있는 형태이다.[11]

<그림 4-2>는 연구 지역의 절봉면도이다. 이 절봉면도는 1/25,000 지형도를 기도로 하여 50m 간격의 등고선을 곡폭 250m 이하를 매곡하여 작성하였다. 이 절봉면도를 보면 제3기층이 주로 분포하는 양포 북쪽은 표고 250m 이하의 낮은 지형인데 반해 남으로 내려오면서는 지형이 보다 험준하다. 그것은 지질에서 본 것과 같이 양포 남쪽에 경암 지질이 많이 분포하기 때문이다. 특히 규장암과 울산층은 비교적 높고 험준한 지형을 보이고 있다. 연구 지역의 하천들은 대종천이 19.5㎞로 가장 길고 그 다음으로 하서천, 장기천, 대진천, 구평천들이 11～13㎞이고, 나머지는 유로길이 8㎞ 이하의 하천들로 대략 해안선에 직교하는 방향으로 흐른다.

3) 해황

조사 지역의 조차를 관측한 자료는 없으며, 한국해양개발주식회사 (1997) 조석표에 의하면 울산에서 대조승 0.5m, 소조승 0.4m이며 묵호에서 대조승 0.3m, 소조승 0.2m로 나타나 있다. 따라서 조사 지역은 울산과 접해 있으므로 울산과 비슷하지만 약간 작은 수치로 약 0.4m 정도일 것으로 추정된다.

해운항만청이 울산 미포항 외해에서 조사된 파고의 자료가 <표 4-2>와 같다. 여기서

〈표 4-2〉 미포항 외해의 월별 파고 출현율(1979～1982) (단위 %)

파고(m)	1월	2월	3월	4월	5월	6월	7월	8월	9월	10월	11월	12월	전년
0.0-0.4	50.1	46.4	41.2	35.9	52.3	45.1	51.6	31.6	39.9	46.8	54.1	57.4	46.0
0.5-1.9	26.5	33.0	32.2	27.5	29.5	35.8	31.5	29.0	31.6	23.4	27.6	24.1	29.2
2.0-2.4	3.2	3.6	4.0	5.8	2.4	2.5	1.6	5.6	2.5	3.2	0.8	2.4	3.1
2.5-2.9	2.4	1.8	0.8	1.6	0.8	0.8		0.8	4.2		0.8	0.8	1.2
3.0-3.4	0.8			1.6				0.8	1.7				0.4
3.5-3.9								0.8				0.8	0.2
4.0-								0.8					0.1
평균파고(m)	0.75	0.71	0.76	0.96	0.63	0.69	0.62	0.97	0.83	0.74	0.62	0.63	0.74

자료 : 해운항만청, 윤순옥·황상일(2000)에서 재인용

11) 윤순옥·황상일, 2000,「한국 남동해안 해안단구의 지형 형성 mechanism」, 대한지리학회지 제35권, 제1호, 17～38쪽.

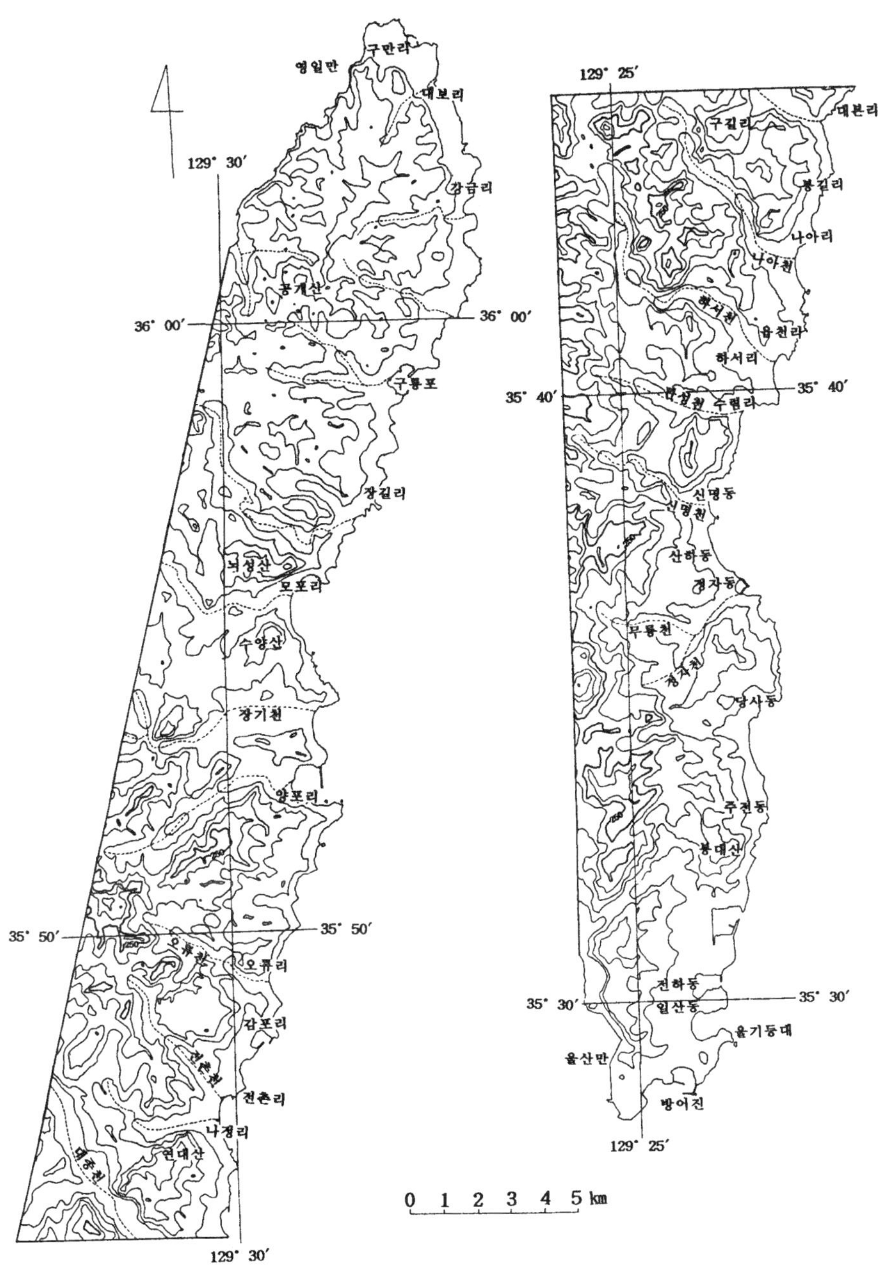

〈그림 4-2〉 한국 남동해안의 절봉면도

(곡폭 250m 이하 매곡, 등고선 간격 50m)

4월과 8, 9월에 파고가 높으며 평균 파고가 각각 0.96 m, 0.97m, 0.83m이다. 그러나 5, 6, 7월과 11, 12월은 파고가 상대적으로 낮다. 조사 지역은 울산 미포항 주변이지만, 외해에 바로 면하고 있기 때문에 미포항보다 다소 높을 것으로 예상된다. 따라서 파고가 높은 달의 평균 파고가 1.0~1.5m 정도에 이르지 않을까 추정된다. 파고가 큰 파랑은 대체로 북동~동북동 방향이다.

3. 해안 정선 부근의 미지형 분석

1) 암석해안과 사력해안의 미지형 용어

(1) 암석해안의 미지형

암석해안과 사력해안의 정선 부근의 미지형에 관한 용어는 학자들 간에 다양하게 사용되고 있다. 본 연구에서는 Johnson(1919)[12], 지형학사전(1981)[13], 오건환의 연구(1985)[14]를 기준으로 미지형 개념을 아래와 같이 정의하고자 한다.

• **해식대**(海蝕臺, abrasion platform)

해면 하에 형성되어 있는 기반암의 침식면으로 주로 쇄파(碎波)의 마식작용으로 형성된다. 정선 부근에서 바다 쪽으로 완만하게 경사진 평활한 면이다.

• **파식대**(波蝕臺, wave cut bench)

해식대보다 한 단 높고, 좁게 형성된 기반암의 파식면으로 해식애와 해식대 사이에 있어 마치 bench와 같다고 해서 bench 혹은 파식붕(波蝕棚)이라고 부르기도 한다. 조간대에서 고조위 파식대, 폭풍파에 의해서 형성된 storm bench 등이 있다.

• **파식와**(波蝕窪, notch)

정선이 머무는 곳에 파도의 침식작용이나 해수의 용식 작용에 의하여 해식애 기저부를 파고 들어간 미지형이다. 현재의 정선보다 높은 곳에 형성되어 있는 것을 융기 파식와라 하는데 이것을 통해 과거 지반의 융기와 해수면의 높이를 알 수 있다.

12) Johnson, D. W. 1919, *Shore Processes and Shoreline Development*(New York: Wiley).

13) 町田 貞 외 편집, 1981, 地形學辭典(東京: 二宮書店).

14) 오건환, 1985, 전게서.

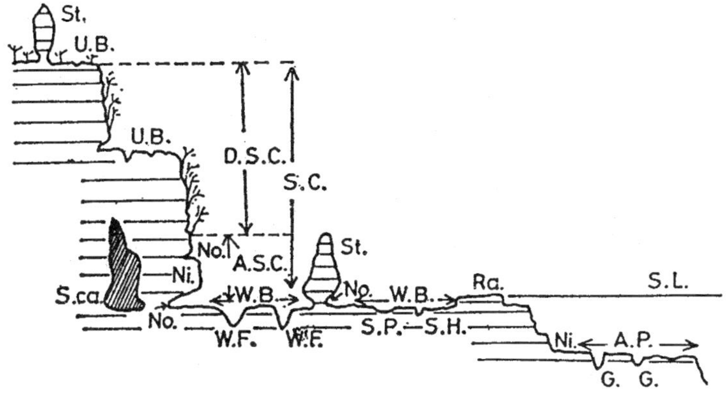

〈그림 4-3〉 암석해안의 미지형 명칭(오건환, 1985)

A.P.; abrasion platform (해식대)
A.S.C.; active sea cliff (활해식애)
D.S.C.; dead sea cliff (사해식애)
U.B.; uplifted bench(융기파식대)
S.ca; sea cave(해식동)
St.; sea stack(해식이암)
W.B.; wave-cut bench(파식대)
S.H.; solution hole
NO.; notch(파식와)
Ra; rampart
S.P.; solution pool
S.C.; sea cliff
S.L.; sea level
W.f.; wave furrow
G; groove
Ni; nip

• **융기 파식대** (隆起波蝕臺, uplifted bench)

과거에 형성된 파식대가 지반융기나 해면하강에 의해 현 해수면보다 높은 곳에 위치해 있는 것으로 현재의 해식 영력을 받지 않는다.

(2) 사력해안의 미지형

• **빈제** (濱堤, Beach Ridge)

파랑의 작용으로 형성된 모래 · 자갈로 된 퇴적지형으로 사빈의 안쪽을 따라 약간 높은 둑 모양으로 형성된 지형보다 높았던 해면이나 지반융기에 의해 형성되었고 현재의 파랑은 거의 도달하지 않아 식생이 피복되어 있거나 농경지 혹은 취락이 입지해 있다.

• **제간습지** (堤間濕地, Swale)

빈제와 빈제 사이에 이루어진 습지로 실트나 점토, 토탄 등이 퇴적되어 있다. 우리나라에는 주로 논으로 이용된다.

• **후빈** (後濱, Back Shore)

빈제와 정선 사이의 사빈 혹은 역빈으로서 일반적으로 해빈(beach)이라고 한다. 후빈에는 형성시기와 관련된 낮은 퇴적단이 있는데 이것을 정단(汀段, berm)이라 한다.

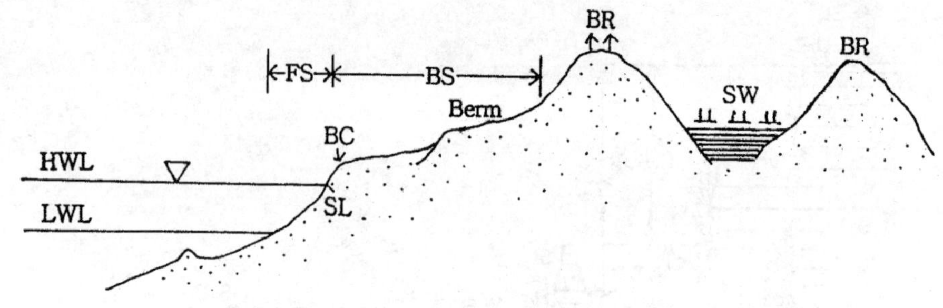

〈그림 4-4〉 사력해안의 미지형 명칭

BR : Beach Ridge (빈제)
BS : Back Shore (후빈)
SL : Shore Line(정선)
HWL : High Water Level
LWL : Low Water Level
SW : Swale(제간습지)
FS : Fore Shore(전빈)
BC : Beach Crest
Berm : 정단

• **전빈** (前濱, Fore Shore)

조차나 파랑 때문에 정선(Shore Line)이 오르내리는 곳으로 후빈보다 경사가 급하여 beach face라고도 한다. 그리고 전빈과 후빈의 경사변환부 능선을 beach crest라 한다.

2) 암석해안

<그림 4-5>는 조사 지역 해안의 분류도이다. 이 분류도에서 조사 지역 해안을 인공해안, 암석해안, 역빈해안, 사빈해안으로 분류했다. 인공해안은 해안선이 콘크리트 구조물로 이루어진 해안으로 현대중공업 주변과 월성원자력발전소 지역, 그리고 구룡포, 양포, 감포 등 항만이 형성된 해안에서 주로 나타난다.

조사 지역은 인공해안이 27㎞, 암석해안 50㎞, 사빈 · 역빈해안 32㎞로 암석해안이 비교적 넓게 발달된 해안이라 할 수 있다. 암석해안으로 표시된 지역은 완전히 암석으로만 이루어진 해안이 아니고 작은 포켓비치(pocket beach)를 포함하고 있어도 암석지형이 탁월한 부분을 암석해안으로 분류했다.

암석해안의 육지 쪽은 해식애가 형성되어 있고 바다 쪽은 파식대와 해식대 및 해식이암(海蝕離岩, sea stack)들로 이루어져 있다.

(1) 해식애

해식애는 파랑에 의해 기저부가 침식을 받으면 그 윗부분이 무너져서 만들어진 해안

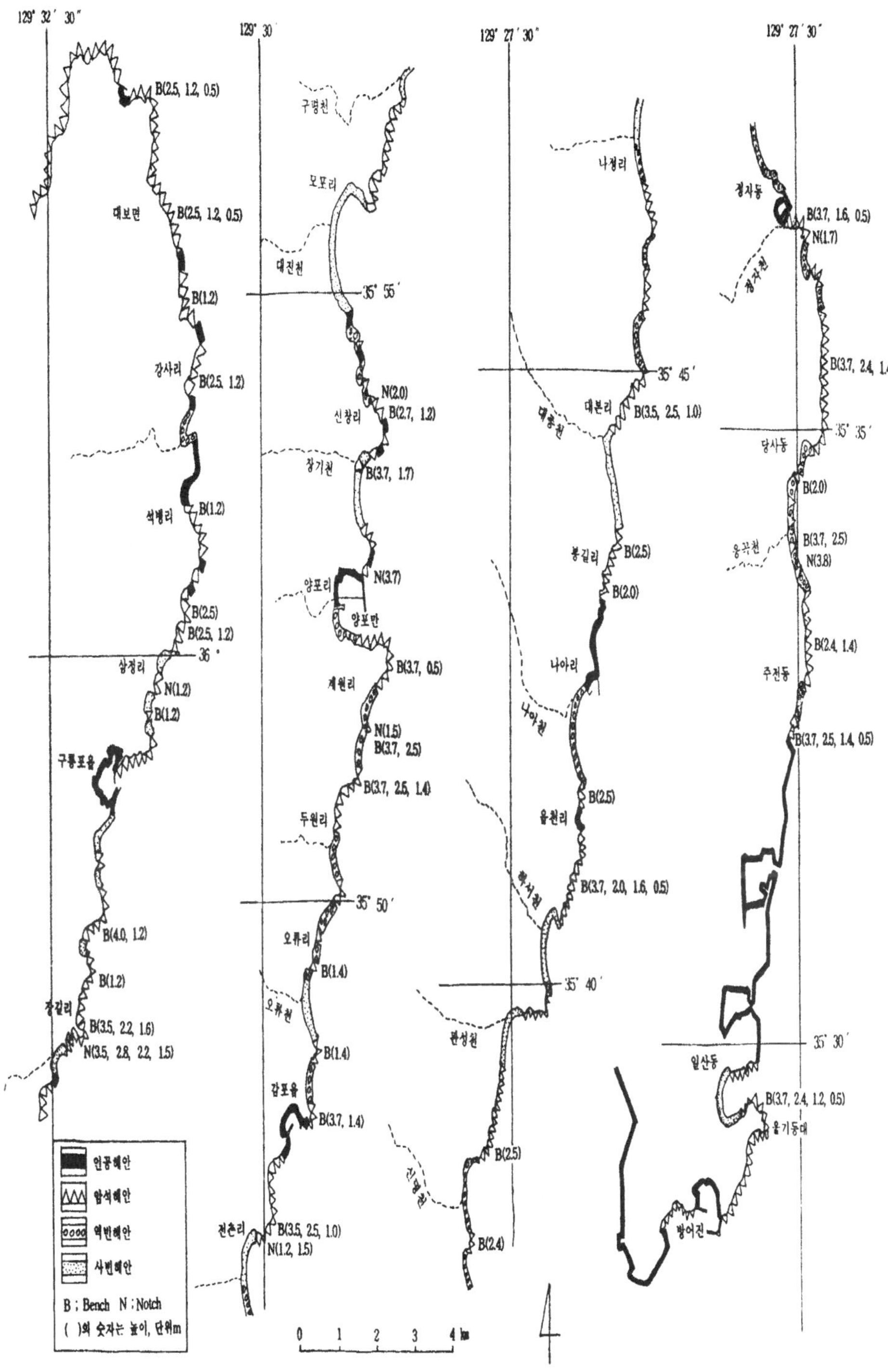

〈그림 4-5〉 한국 남동해안의 해안선 분류도

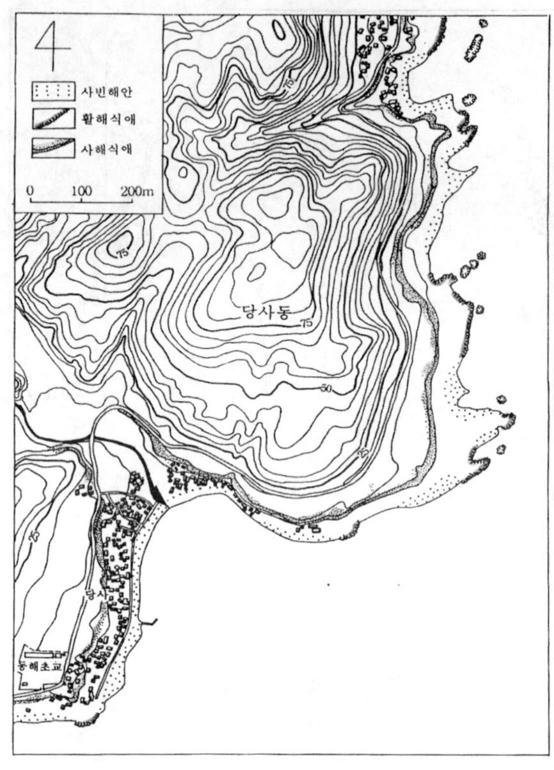

〈그림 4-6〉 당사동 지역의 사해식애와 활해식애

절벽지형이다. 오건환(1995)은 현재에도 기저부가 파식을 받고 있으며 애면에 식생이 전연 피복되어 있지 않고 노암 상태인 해식애를 활해식애(活海蝕崖)라 하고, 현재는 기저부가 파식을 받지 않고 애면에는 식생이 피복되어 있는 해식애를 사해식애(死海蝕崖)라 했다. 본 연구에서도 이와 같은 용어를 적용하지만 사해식애라 해도 완신세에 침식을 받아서 만들어진 것으로 판단되는 해식애만을 여기서는 논하기로 한다. 즉 갱신세에 만들어진 해식애인 단구애와 같은 것은 제외했다.

조사지역에서는 사해식애가 차지하는 비중이 훨씬 높게 나타났다. 즉 이들 사해식애 전면에는 대개 폭 50~100m 정도의 사빈, 역빈, 암반 등으로 이루어져 있고 해식애의 기저부에는 작은 어촌들이 입지해 있는 경우가 많았다(그림 4-6). 해식애의 높이는 10m 전후의 것이 대부분이었으며, 높은 것은 30~40m에 이르는 것도 있었다. 애면의 경사는 70~80°로 급하며 초본과 목본의 식생이 애면의 많은 부분을 덮고 있었다.

활해식애는 특히 돌출된 부분에만 형성되어 있기 때문에 단편적으로 나타나며 대부분이 5m 이하의 높이이고, 높아도 10m를 넘는 경우는 드물었다.

(2) 해식대

현 해면에 의하여 형성된 것으로 보이는 해식대(abrasion platform)는 해면상에 노출된 부분은 거의 없으며 해저에 넓게 형성되어 있다. 물밑에 있어서 그 폭을 일일이 측정하기는 매우 어려웠지만 장기면 영암리, 모포리 해안에서는 1/5,000 지형도에 해식대가 지도화되어 있을 뿐만 아니라 실제 해식대 말단부까지 걸어가 볼 수 있었다. 해식대는

〈사진 4-1〉 영암리 부근의 해식대

해안선에서 80m까지 수심 0.5m에 불과하다.

영암리에서 약 80m, 모포리 돌단부 앞에서 최대 130m 폭으로 형성되어 있으며 수심은 바다쪽 끝부분도 무릎을 넘지 않아서 약 0.5m에 불과했다(사진 4-1). 이와 같이 동해안 해식대는 조차가 거의 없기 때문에 경사가 아주 완만한 데 비해 조차가 큰 서해안에는 경사가 훨씬 급하여 동해안과 대조를 이루고 있다. 조사 지역에서 이와 같이 잘 발달된 해식대는 미역, 한천 등 해조류, 성게, 전복 등 패류, 광어 등 어류 양식장으로 이용되고 있다.

(3) 파식대

파식붕(波蝕棚, wave cut bench)이라고도 하며, 해식대보다 한 단 높게 그리고 좁게 나타나는 평탄한 암상면(岩床面)으로 일반적으로 벤치라고 하며, 폭이 좁고 단편적으로 나타난다. 이는 만조 때 고조위 해면에 의해 만들어지는 고조위 벤치, 폭풍파에 의해 만들어지는 폭풍파 벤치, 지반융기나 해면하강 때문에 생긴 융기 벤치 등이 있다.

조사 지역에서 관찰된 벤치와 노치는 해식애 기저부나 해식이암 상에서 관찰될 수 있었으며, 이들을 측정한 위치와 고도는 <그림 4-5>에 나타냈다. 이 중에 모식적으로 나타나는 지점들을 남쪽에서부터 살펴보면 다음과 같다.

울산시 동구 주전동 해안 돈방바위 주변은 울산층으로 이루어진 암석해안이 발달해 있는데 여기서 3.7m, 2.5m, 1.4m, 0.5m 높이의 벤치들이 인정되었다.

울산시 강동면 당사동 우가 마을 앞 동방섬 주변은 안산암으로 이루어진 암석해안이 발달해 있는데 여기서도 3.7m, 2.5m, 1.4m 높이의 벤치가 인정되었다. 남쪽 당사동 마을 동쪽 해안에는 구정선고도 3.5 m의 좁은 단구 지형면이 인정되었으며, 그 아래쪽에 1.4m 높이의 벤치가 형성되어 있었다.

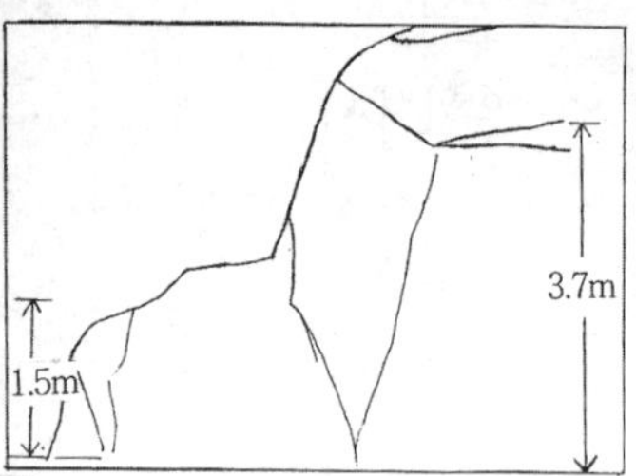

〈사진 4-2〉 주전동 1.5m 및 3.7m 파식대

〈사진 4-3〉 당사동 우가 마을의 0.5m, 2.5m, 3.5m 파식대

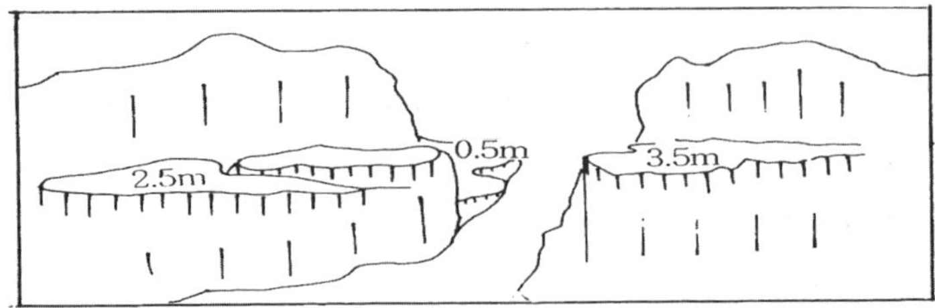

경주시 양남면 하서리에서 읍천리에 이르는 해안에는 안산암과 현무암으로 이루어진 암석해안이 이루어져 있고 현무암에는 주상절리가 발달해 있었다. 이 해안에는 0.5m면이 넓게 형성되어 있고 1.4m면도 비교적 넓으며, 2.0m, 3.7m면이 여러 곳에서 관찰되었다.

〈사진 4-4〉 하서리(진리)의 1.4m 파식대

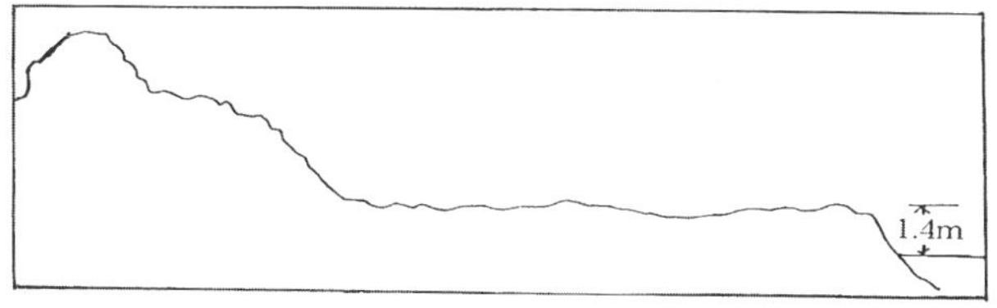

경주시 감포읍 대본리에는 규장암으로 된 암석해안이 넓게 형성되어 있는데, 면의 기복이 심하지만 전체적인 윤곽을 보면 1.4m면과 3.7m면이 있는 것을 인정할 수 있었다.

경주시 감포읍 전촌리는 제3기 역암층으로 이루어진 암석해안이 형성되어 있고, 3.5m, 2.5m, 1.0m의 벤치면과 1.2m, 1.5m 고도의 노치가 관찰되었다.

포항시 장기면 계원1리와 2리 사이의 해안은 규장암으로 된 암석해안으로 3.7m, 2.5m, 1.4m의 벤치가 여러 곳에서 관찰되고 소봉대 북쪽 해안에는 1.5m 높이의 노치도 관찰되었다.

포항시 남구 장길리 해안에는 안산암과 현무암으로 이루어진 암석해안이 형성되어 있고 1.2~1.6m면, 2.2~2.5m면, 3.5~3.7m면의 벤치가 여러 곳에서 나타나고 1.2~1.5m, 2.2~2.8m, 3.5m 높이의 노치도 여러 곳에서 관찰되었다. 조사 지역에서 벤치 및 노치지형이 가장 잘 나타나는 지역은 장길리와 하서리 해안이다.

위에서 살펴본 바와 같이 조사 지역에서 관찰되는 벤치와 노치의 고도는 기반암의 종류 및 지역과 상관없이 0.5m, 1.2~1.4m, 2.2~2.5m, 3.5~3.7m 수준에서 높은 출현빈도를 보이고 있어서 이 4개의 수준은 어떤 의미를 갖고 있는 것으로 판단된다. 0.5m면과 1.2~1.4m면은 보편적으로 나타나고 상대적으로 넓은 면적을 이루고 있으나, 2.2~2.5m

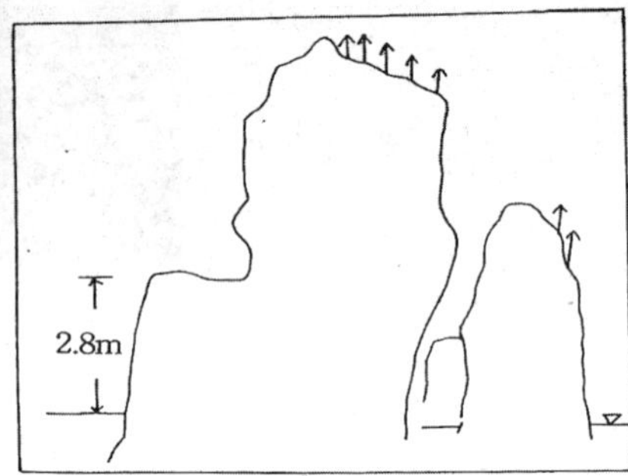

〈사진 4-5〉 신창리(장기천 하구) 시스택에 형성된 2.8m 파식대

면과 3.5~3.7m면은 출현빈도는 높지만 남아있는 면이 아주 단편적이다.

이들 벤치들의 하위 2면은 고조위 및 폭풍파와 관련되고, 상위 2면은 지반융기 및 해면변동과 관련되는 것으로 추정되지만 이 문제는 고찰에서 다시 검토하기로 한다.

3) 퇴적해안

(1) 퇴적해안의 형태적 특성

퇴적해안에는 모래로 이루어진 사빈해안, 자갈로만 이루어진 역빈해안, 자갈·모래가 섞여 있는 사력빈해안이 조사 지역에 나타나고, 서해안이나 남해안에서 볼 수 있는 이토의 갯벌이나 염생습지(鹽生濕地)해안은 나타나지 않았다. 주요 퇴적해안을 남쪽에서부터 살펴보면 다음과 같다.

울산시 동구 일산동의 해빈은 약 1㎞ 길이로 형성되어 있고 분급이 좋은 모래로 이루어진 사빈해안으로 일산해수욕장이 개장되어 있다.

울산시 동구 주전동과 당사동 사이의 옹곡천과 어물천이 유입되는 얕은 만에 약 2.5㎞ 길이의 역빈이 이루어져 있다. 이 역빈의 자갈도 상대적으로 굵으며, 크기가 고르다. 이 역빈 중간 중간에 섬처럼 노출된 바위가 있어 선돌바위, 노랑바위, 가는골바위,

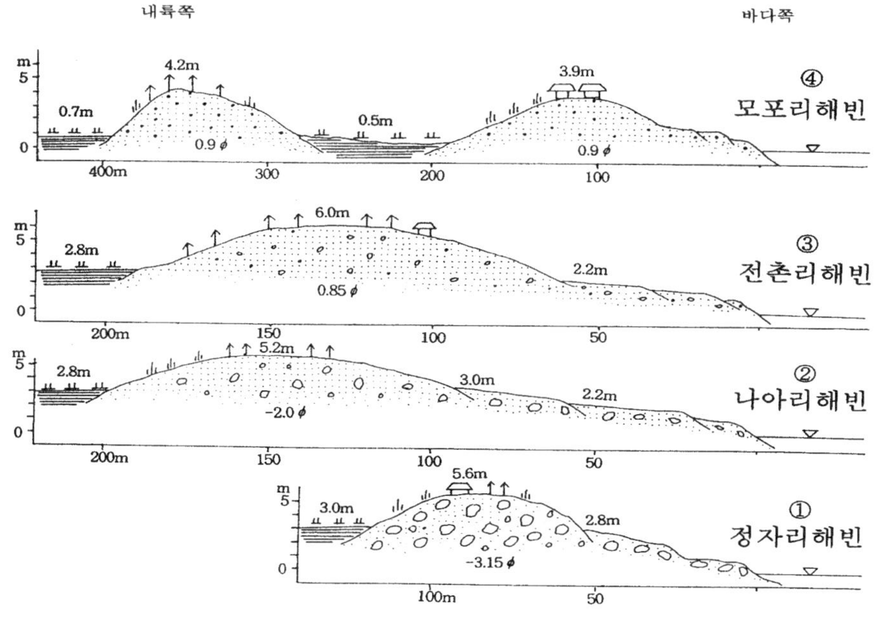

〈그림 4-7〉 한국 남동해안 해빈의 횡단면도

굴밑바위, 용바위 등의 이름이 붙여지고 있다.

울산시 북구 정자동과 신명리 사이 남북 약 3㎞ 해안에 역빈이 형성되어 있다. 비교적 굵은 자갈로 이루어졌지만 정자해수욕장이 개장되어 있었다. 이 해빈의 중모리 부근에서 해빈 횡단면을 측정하여 횡단면도를 작성한 것이 <그림 4-7>의 ①이다. 비치의 폭은 50m이며 정단(汀段, berm)이 계단식으로 형성되어 있고 경사가 사빈에 비하여 상대적으로 급하게 나타났다. 비치 뒤의 약 70m 폭은 비치릿지로 송림, 취락, 밭으로 이용되고 가장 높은 부분의 고도는 5.6m이다. 비치릿지 후면에는 하천의 충적저지에 형성된 논이 나타났는데 고도가 3.0m이다.

경주시 양남면 수렴리 관성천 하구 부근에 약 1㎞ 길이의 분급이 좋은 사빈이 형성되어 있으며, 여기에 관성해수욕장이 개장되어 있다. 경주시 양남면 하서리 하서천 부근에 약 1.5㎞ 길이의 분급이 좋은 사빈이 형성되어 있다.

경주시 양남면 나아리 나아천 하구에 약 1.3㎞ 길이의 역빈이 형성되어있다. 이 곳의 나아초등학교 북쪽 부분의 횡단면도를 작성한 것이 <그림 4-7>의 ②이다. 정선에서 약 90m 폭의 비치가 형성되어 있고 그 뒤의 약 110m 폭의 비치릿지가 형성되어 송림과 밭으로 이용되며, 이 곳의 최대 고도는 5.2m이다. 비치릿지 뒤의 논의 고도는 2.8m이다.

경주시 양북면 봉길리 대종천 하구에 약 1.3㎞ 길이의 사력빈이 형성되어 봉길해수욕장이 개장되어 있다. 이 해빈의 정선 부근에는 분급이 좋은 자갈로 이루어져 있고 그 뒷면 즉 후빈(後濱, back shore)에는 자갈이 약간 섞인 모래로 이루어져 있다. 이와 같은 경향은 앞에서 살펴본 신명천 하구에서도 나타나고 있다.

경주시 감포읍 나정리와 전촌리 사이에 나정천과 전촌천이 유입되면서 약 1.8㎞ 길이의 사력빈을 형성하고 있고, 나정해수욕장과 전촌해수욕장이 개장되어 있다. 나정교 바로 북쪽에서 측정된 해빈의 횡단면 구조는 <그림 4-7>의 ③과 같다. 비치는 약 60m 폭이며 그 뒤쪽에 130m 폭의 넓은 비치릿지가 형성되어 송림이 덮여 있으며 최고점의 고도는 6.0m였다. 비치릿지 뒤쪽의 논은 2.8m 고도이다.

경주시 감포읍 오류리 오류천이 유입되는 곳에 길이 약 1㎞의 사력빈이 형성되어 있고 오류(감포)해수욕장이 개장되어 있었다.

포항시 장기면 신창리 장기천 하구에는 약 1.3㎞ 길이의 사빈이 형성되어 있고 신창해수욕장이 개장되어 있다. 장기천 하구에는 다양한 모습의 해식이암군이 형성되어 장관을 이룬다.

포항시 장기면 대진리와 모포리 사이 대진천 하구에는 약 2.5㎞ 길이의 사빈이 형성되어 있다. 대진교 바로 북쪽 부분의 이 해빈 횡단면도를 작성한 것이 <그림 4-7>의 ④이다. 여기서는 2열의 비치릿지를 인정할 수 있었고, 그 사이에 제간습지(堤間濕地, swale)도 형성되어 있었다. 비치릿지의 고도는 대략 4m 정도였고 제간습지의 고도는 0.5m로 나타났다.

포항시 구룡포읍 삼정리에는 약 700m 길이의 사빈이 형성되어 있고 구룡포해수욕장이 개장되어 있다.

포항시 구룡포읍 석병리 북쪽 강사천이 유입되고 있는 곳에 약 800m 길이의 역빈이 형성되어 있다. 이 역빈은 아래쪽의 모래를 자갈이 완전히 덮어버린 형태를 취하고 있다. 이것은 아마도 최근에 강사천 하구에서 약 300m 상류 지점에 강사저수지댐이 형성되면서 하천에 의해 퇴적물 공급이 거의 중단되고 대신에 돌단부로부터 공급되는 역들에 의해서만 비치의 퇴적이 이루어지기 때문인 것으로 판단된다.

이상에서 살펴본 조사 지역의 해빈지형 특색을 종합해 보면 다음과 같다.

큰 규모의 해빈은 반드시 하천이 유입되는 곳에 형성되어 있으며, 비치릿지를 포함한 해빈의 폭은 100~200m 정도로 나타났고 비치릿지의 최대고도는 4~6m로 나타났으며 그 뒷면의 하천 충적저지의 고도는 3.0m 이하의 고도를 보였다. 비치릿지는 대개 1열로 이루어졌으나 모포리 해안에서는 2열의 비치릿지를 인정할 수 있었다.

양포보다 북쪽 해빈은 사빈이 탁월한데 대하여 양포보다 남쪽 해안은 역빈과 사력빈이 더 많이 나타났다. 역빈은 사빈보다 경사가 급하고 정단이 보다 뚜렷이 형성되어 있는 것이 특색이다.

해안 정선 부근에는 자갈로 이루어져 있고 그 뒷면 즉 후빈에는 모래로 되어 있는 해안 혹은 밑에 모래가 묻혀 있으나 표면에는 자갈로 덮여 있는 해빈들이 나타났는데 이들은 모두 하천의 퇴적물 공급이 감소되었기 때문으로 판단된다.

하천의 퇴적물 감소는 댐건설, 하천의 직강공사, 제방공사, 산지의 식생피복 등의 원인을 생각해 볼 수 있다.

(2) 퇴적물 입도 분석

① 샘플 채취

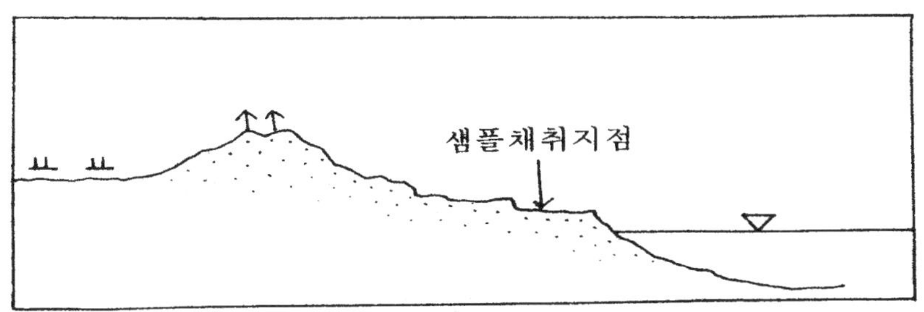

〈그림 4-8〉 샘플지점의 지형적 위치

샘플은 사빈이나 역빈의 비치크레스트(beach crest) 수m 뒤쪽에서 채취했다.

퇴적물의 입자구성이 같은 해빈에서도 위치에 따라 다른 경우도 많이 있었는데 이때는 그 해빈에서 평균적이라고 생각되는 부분을 택하여 샘플을 채취했다. 샘플은 방어진에서 대보까지 암석해안을 제외한 사빈이나 역빈에 대하여 등간격으로 64개의 샘플을 채취했다. 또 대표적인 사빈해안에 대하여 퇴적물입경의 종단변화를 알아보기 위하여 신명(新明) 지역과 전촌(典村)지역에 각각 12개씩 샘플을 채취했다. 샘플 채취 지점의 위치는 <그림 4-9>와 같다.

② 입도 분석

입도 분석은 Φscale 1의 간격으로 표준분석채에 의해 분석했다. 사빈의 종단면 분석에서 빈제(beach ridge) 뒷쪽 퇴적물의 경우는 실트 이하의 세립질이 다소 포함되어 있어서 비이커법에 의한 습식 분석을 실시한 후 채분석을 했다. 분류된 샘플의 계량은 Dial-o-gram balance로 1/100g까지 측정했다.

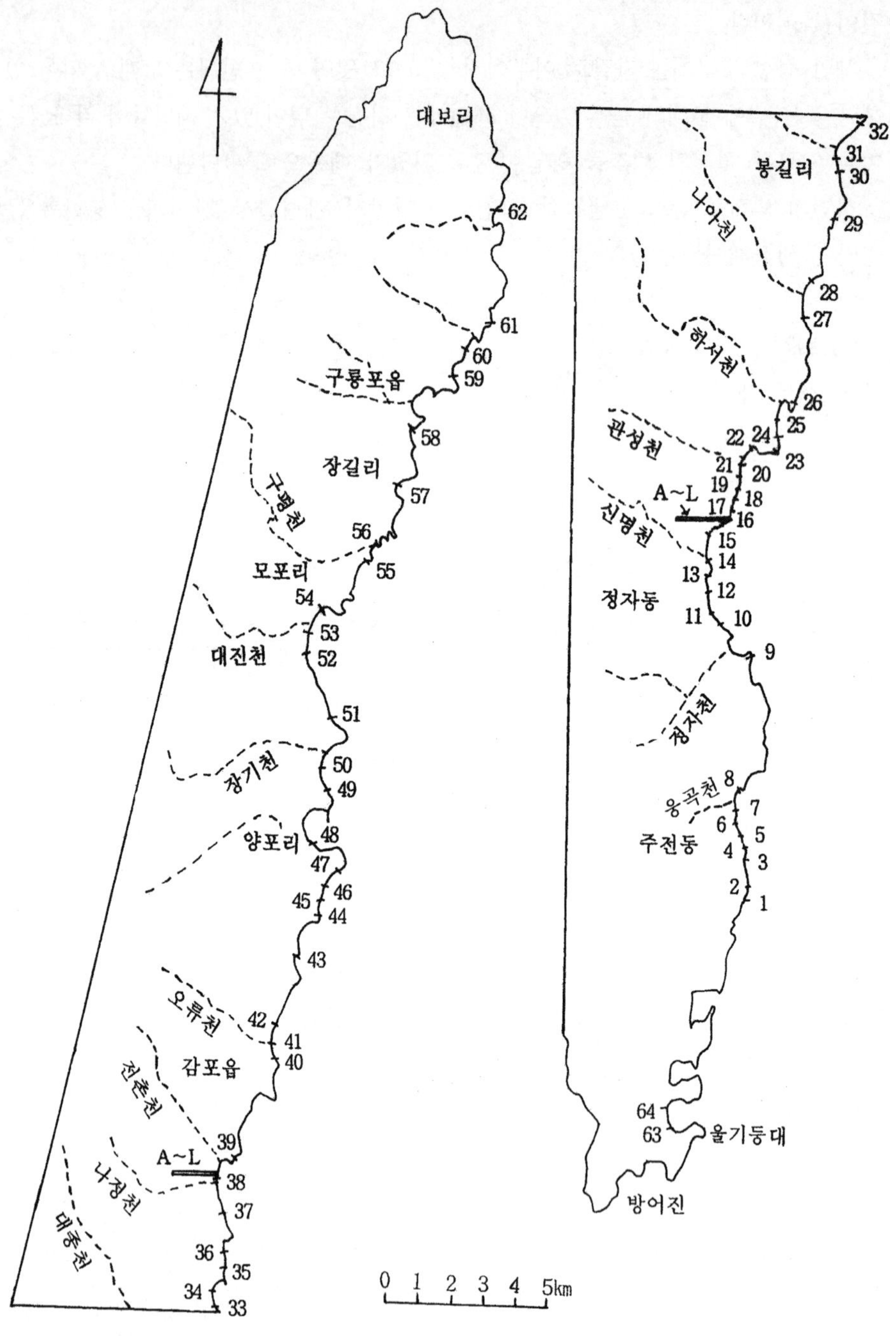

〈그림 4-9〉 퇴적물 채취지점

계량된 각 Φscale별 입자의 양에 대한 100분율을 산출하고 이를 근거로 histogram 및 누가 곡선을 그리고 그 특색을 분석했다(<그림 4-10> 참조). 이들 누가 곡선을 기초로 D. L. Inman의 아래 공식에 의하여 각 샘플별 평균입경(MΦ), 분급(S.D.), 왜도(Sk)를 계산한 것이 <표 4-3>과 같다.

$$M\phi = \frac{84\phi + 16\phi}{2}, \quad S.D. = \frac{84\phi - 16\phi}{2}, \quad Sk = \frac{M\phi - Md\phi}{S.D.}$$

③ 분석 결과

먼저 해빈 퇴적물의 전체적인 경향을 살펴보면 다음과 같다. 조사 지역 해빈 퇴적물에서 자갈의 최대 입경은 -6Φ(직경 64㎜)를 넘는 것이 없어 대부분의 자갈은 페블(pebble)급의 역(礫)이었다. 모래는 1Φ~ 2Φ(직경 0.5~0.25㎜)입경이 차지하는 비중이 높아서 조립질의 모래가 대부분이었다. 4Φ이하의 실트, 점토는 조사 지역 해빈에서는 나타나지 않았다. 이 지역이 이와 같은 입자 특성을 보이는 것은 조사 지역이 조차가 적고 깊은 내만이 없어서 파랑의 작용이 전 지역에 걸쳐 강하게 작용한 결과로 판단된다. 64샘플 중에서 자갈로만 이루어진 것이 25샘플, 자갈과 모래가 섞인 것이 16샘플, 모래가 23샘플로 분류되어 역빈과 사빈이 거의 반반을 이루고 있다.

분급 즉 S.D.는 0.4~0.7의 아주 좋은 분급을 보이는 것이 있는가 하면 3.0이 넘는 아주 나쁜 분급의 샘플도 있었다. 나쁜 분급을 보이는 퇴적물은 bi-modal histogram을 나타내는 퇴적물로 모래와 자갈이 섞여 있는 경우가 대부분이다. 즉 자갈로 된 샘플25개의 평균 S.D.는 0.8이고 모래로 된 23샘플의 평균 S.D.는 0.63으로 모두 분급이 좋다. 그러나 자갈과 모래가 섞인 16샘플의 평균 S.D.는 2.48로 아주 나쁘다. 즉 해빈 퇴적물이 하천으로부터 운반 공급되었든지 돌출부가 파랑에 깎여서 공급되었든지 한 방향에서만 공급된 퇴적물은 그 퇴적물이 자갈이든 모래든 상관없이 분급이 좋게 나타나고 있다. 그러나 두 방향에서 공급되어 두 population이 합쳐진 퇴적물은 bi-modal histogram을 보이고 분급이 아주 나쁘게 나타나는 것으로 설명된다.

왜도(skewness)는 negative skewness를 보이는 샘플이 30개, 0인 샘플이 10개, possitive skewness를 보이는 샘플이 24개로 negative의 경향이 높다. 따라서 조립질보다 세립질의 분급이 다소 양호한 것으로 나타났다.

〈표 4-3-1〉 한국 남동해안 퇴적물의 입경 특성 (계속)

ΦScale / SampleNo.		-5	-4	-3	-2	-1	0	1	2	3	4	MdΦ	MΦ	S.D.	Sk
1	W	27.2	6.6	1.3	0.5	0	2.9	19.3	40.6	1.6		0.6	-1.85	3.55	-0.69
	C	27.2	33.8	35.1	35.6	35.6	38.5	57.8	98.4	100					
2	W							3.7	87.8	8.5		1.5	1.5	0.4	0
	C							3.7	91.5	100					
3	W		8.9	14.0	32.3	30.6	11.6	2.6				-2.2	-2.3	1.7	-0.06
	C		8.9	22.9	55.2	85.8	97.4	100							
4	W		8.3	24.6	12.1	47.2	7.8					-1.9	-2.45	1.25	-0.44
	C		8.3	32.9	45.0	92.2	100								
5	W		10.0	53.9	31.3	4.7						-3.3	-3.15	0.75	0.2
	C		10.0	63.9	95.2	99.9									
6	W		35.1	59.3	5.6							-3.8	-3.85	0.65	-0.08
	C		35.1	94.4	100										
7	W	13.1	70.6	16.1	0.2							-4.5	-4.5	0.5	0
	C	13.1	83.7	99.8	100										
8	W	9.8	75.9	13.6	0.7							-4.5	-4.45	0.45	0.11
	C	9.8	85.7	99.3	100										
9	W			0.2	38.1	49.3	11.8	0.6				-1.8	-1.85	0.75	-0.07
	C			0.2	38.3	87.6	99.4	100							
10	W		2.1	6.9	13.7	33.6	24.6	10.2	7.2	1.1		-1.2	-1.15	1.35	0.04
	C		2.1	9	23.6	57.2	81.8	92.0	99.2	100.3					
11	W		11.4	51.7	35.2	0	1.7					-3.3	-3.15	0.75	0.2
	C		11.4	63.1	98.3	98.3	100								
12	W					0.5	4.7	90.3	2.5	1.0	1.2	0.5	0.5	0.4	0
	C					0.5	5.2	95.5	98	99	100.2				
13	W		17.5	33.6	44.5	4.4						-3.0	-3.2	0.9	-0.22
	C		17.5	51.1	95.6	100									
14	W		8.1	52.3	16.4	22.5	0.7					-3.2	-2.8	1.1	0.36
	C		8.1	60.4	76.4	99.3	100								
15	W		73.2	24.5	2.3							-4.3	-4.2	0.6	0.17
	C		73.2	97.7	100										
16	W	63.2	36.5	0.3								-5.2	-5.05	0.65	0.23
	C	63.2	99.7	100											
17	W	5.8	83.4	10.8								-4.5	-4.5	0.4	0
	C	5.8	89.2	100											
18	W	19.0	31.6	9.1	7.2	3.8	6.0	16.8	6.1	0.3		-4.0	-2.35	2.75	0.6
	C	19.0	50.6	59.7	66.9	70.7	76.7	93.5	99.6	99.9					
19	W		40.7	5.5	1.8	0.3	1.1	25.8	23.5	1.0	0.2	0	-1.6	3.0	-0.53
	C		40.7	46.2	48.0	48.3	49.4	75.2	98.7	99.7	99.9				
20	W		31.8	2.8	1.2	14.9	34.8	0.3	10.7	3.2	0.3	-1.0	-2.25	2.25	-0.56
	C		31.8	34.6	35.8	50.7	85.5	85.8	96.5	99.7	100				
21	W						0.6	22.0	69.4	7.7	0.4	1.4	1.3	0.6	-0.17
	C						0.6	22.6	92.0	99.7	100.1				

〈표 4-3-2〉 한국 남동해안 퇴적물의 입경 특성 (계속)

Sample No. \ ΦScale		-5	-4	-3	-2	-1	0	1	2	3	4	MdΦ	MΦ	S.D.	Sk
22	W		0.8	0	0	0	0.2	19.0	74.6	4.5	1.0	1.4	1.35	0.55	-0.09
	C		0.8	0.8	0.8	0.8	1.0	20.0	94.6	99.1	100.1				
23	W		5.3	38.6	39.4	16.4	0.3					-2.8	-2.85	0.85	-0.06
	C		5.3	43.9	83.3	99.7	100								
24	W	46.4	15.1	1.7	0.2	0	0.2	11.9	23.4	1.0	0.1	-4.8	-2.15	3.55	0.75
	C	46.4	61.5	63.2	63.4	63.4	63.6	75.5	98.9	99.9	100				
25	W		54.0	38.3	7.5	0.1						-4.1	-3.95	0.75	0.2
	C		54.0	92.3	99.8	99.9									
26	W							10.4	80.6	7.8	1.2	1.5	1.5	0.4	0
	C							10.4	91	98.8	100				
27	W			17.1	30.5	34	18.4					-1.9	-2.0	1.1	-0.09
	C			17.1	47.6	81.6	100								
28	W		14.5	84.8	0.8							-3.6	-3.6	0.4	0
	C		14.5	99.3	100.1										
29	W		20.4	0.7	0	0.1	0.2	29.2	47.4	1.9	0.2	1.0	-1.25	2.95	-0.76
	C		20.4	21.1	21.1	21.2	21.4	50.6	98	99.9	100.1				
30	W	14.2	18.5	9.0	2.4	1.1	0.7	29.2	24.2	0.7		0.1	-1.75	3.15	-0.59
	C	14.2	32.7	41.7	44.1	45.2	45.9	75.1	99.3	100					
31	W		40.1	3.7	2.0	1.9	2.2	5.6	39.4	4.6	0.5	0	-1.45	3.15	-0.46
	C		40.1	43.8	45.8	47.7	49.9	55.5	94.9	99.5	100				
32	W		2.0	9.6	16.0	77.6	0.8					-1.6	-1.75	0.55	-0.27
	C		2.0	5.6	21.6	99.2	100								
33	W		35.7	35	24.1	5.0	0.3					-3.6	-3.45	1.05	0.14
	C		35.7	70.7	94.8	99.8	100.1								
34	W		12.4	17.8	18.1	39.5	8.7	1.9	1.6			-1.9	-2.45	0.35	-0.41
	C		12.4	30.2	48.3	87.8	96.5	98.4	100						
35	W		8.0	23.7	36.3	23.4	8.7					-2.5	-2.5	1.2	0
	C		8.0	31.7	68.0	91.4	100.1								
36	W	20.4	57.9	21.6	0.1							-4.5	-4.45	0.75	0.07
	C	20.4	78.3	99.9	100										
37	W		4.5	12.2	72.1	11.2						-2.5	-2.55	0.45	0.11
	C		4.5	16.7	88.8	100									
38	W				0.6	1.8	7.0	52.7	36.2	1.4	0.2	0.8	0.85	0.75	0.07
	C				0.6	2.4	9.4	62.1	98.3	99.7	99.9				
39	W		1.2	2.0	13.5	83.2	0.2					-1.6	-1.6	0.4	0
	C		1.2	3.2	16.7	99.9	100								
40	W	33.8	12.0	1.9	3.7	17.0	21.2	8.6	1.6	0.3	0.1	-2.4	-2.9	2.6	0.19
	C	33.8	45.8	47.7	51.4	68.4	89.6	98.2	99.8	100.1	100.2				
41	W		15.7	15.3	4.4	1.1	11.7	27.1	23.3	1.3	0.1	0.1	-1.3	2.7	-0.52
	C		15.7	31.0	35.4	36.5	48.2	75.3	98.6	99.9	100				
42	W					0.6	29.7	67.4	2.3			0.3	0.15	0.65	-0.23
	C					0.6	30.3	97.7	100						

〈표 4-3-3〉 한국 남동해안 퇴적물의 입경 특성 (계속)

SampleNo. \ ΦScale		-5	-4	-3	-2	-1	0	1	2	3	4	MdΦ	MΦ	S.D.	Sk
43	W	36.4	6.7	0	0	0	0.3	18.1	38	0.4		0.4	-2.0	3.6	-0.67
	C	36.4	43.1	43.1	43.1	43.1	43.4	61.5	99.5	99.9					
44	W		14.3	2.4	20.3	63.0						-1.8	-2.25	0.95	-0.47
	C		14.3	16.7	37.0	100									
45	W		8.8	1.5	1.6	10.6	64.9	12.6				-0.6	-0.85	0.75	-0.33
	C		8.8	10.3	11.9	22.5	87.4	100							
46	W		31.0	22.5	14.5	13.6	18.0	0.4	0.2			-3.1	-2.7	1.8	0.22
	C		31.0	53.5	67.8	81.4	99.4	99.8	100						
47	W		1.9	1.0	0.2	0.6	15.8	67.3	12.8	0.4		0.5	0.4	0.6	-0.17
	C		1.9	2.9	3.1	3.7	19.5	86.8	99.6	100					
48	W		2.8	0.6	1.6	4.7	32.7	56.2	1.2	0.2	0.1	0.1	-0.05	0.75	-0.2
	C		2.8	3.4	5.0	9.7	42.4	98.6	99.8	100	100.1				
49	W				0.3	8.4	89.7	1.4	0.1			-0.6	-0.55	0.35	0.14
	C				0.3	8.7	98.4	99.8	99.9						
50	W				0.4	0.3	0.1	7.1	81.9	9.8	0.3	1.5	1.5	0.4	0
	C				0.4	0.7	0.8	7.9	89.8	96.6	99.9				
51	W			2.5	16.0	34.9	6.5	39.7	0.4			-1.1	-0.75	1.35	0.26
	C			2.5	18.5	53.4	59.9	99.6	100						
52	W				1.6	5.2	0.9	10.2	73.0	8.0	1.2	1.4	1.35	0.55	-0.09
	C				1.6	6.8	7.7	17.9	90.9	98.9	100.1				
53	W				0.6	7.3	7.3	29.9	52.0	2.6	0.4	1.1	0.9	0.9	0.22
	C				0.6	7.9	15.2	45.1	97.1	99.7	100.1				
54	W					0.1	0.2	0.5	35.1	56.4	7.7	2.3	2.15	0.75	-0.2
	C					0.1	0.3	0.8	35.9	92.3	100				
55	W						4.2	9.5	39.0	37.2	10	1.9	1.95	0.95	0.05
	C						4.2	13.7	52.7	89.9	99.9				
56	W					1.6	8.0	31.7	51.7	5.1	1.9	1.3	1.35	1.15	0.04
	C					1.6	9.6	41.3	93.0	98.1	100				
57	W					0.1	0.9	19.3	73.8	5.6	0.4	1.4	1.35	0.55	-0.09
	C					0.1	1.0	20.3	94.1	99.7	100.1				
58	W			0.4	0.7	1.6	44.7	43.9	8.7			0.5	0.05	0.75	-0.6
	C			0.4	1.1	2.7	47.4	91.3	100						
59	W				0.1	0.1	1.3	5.6	63.7	28.3	0.9	1.7	1.85	0.65	0.23
	C				0.1	0.2	1.5	7.1	70.8	99.1	100				
60	W						0.1	0.3	70.0	28.4	1.2	1.7	1.85	0.65	0.23
	C						0.1	0.4	70.4	98.8	100				
61	W				0.4	0.1	0.4	3.2	81.3	14.6		1.6	1.55	0.45	-0.11
	C				0.4	0.5	0.9	4.1	85.4	100					
62	W	23.8	48.6	16.8	7.8	2.7	0.2	0.1				-4.4	-4.3	1.0	0.1
	C	23.8	72.4	89.2	97.0	99.7	99.9	100							
63	W							27.3	64.8	6.9	1.1	1.3	1.25	0.65	-0.07
	C							27.3	92.1	99	100.1				
64	W		1.7	0.1	0.3	0.5	1.9	90	4.6	1.0		1.5	1.5	0.4	0
	C		1.7	1.8	2.1	2.6	4.5	94.5	99.1	100.1					

〈표 4-3-4〉 한국 남동해안의 퇴적물 입경 특성

Sample No. \ ΦScale			-4	-3	-2	-1	0	1	2	3	4	5	6	7	8	MdΦ	MΦ	S.D.	Sk
신명	A	W	68.5	15.9	1.8	0.7	3.9	5.0	3.7	0.4						-4.3	-3.9	0.9	0.44
		C	68.5	84.4	86.2	86.9	90.8	95.8	99.5	99.9									
	B	W	3.4	22.0	19.0	6.1	13.4	11.9	18.3	4.6	1.1	0.2				-1.1	-0.95	2.45	0.06
		C	3.4	25.4	44.4	50.5	63.9	75.8	94.1	98.7	99.8	100							
	C	W	5.9	16.2	22.6	16.9	16.6	12.1	6.9	1.5	1.0	0.4				-1.7	-1.4	1.9	0.16
		C	5.9	22.1	44.7	61.6	78.2	90.3	97.2	98.7	99.7	100.1							
	D	W	28.4	11.8	8.2	9.6	9.2	13.9	12.8	3.1	2.1	0.9				-1.9	-1.6	2.8	0.11
		C	28.4	40.2	48.4	58.0	67.2	81.1	93.9	97.0	99.1	100							
	E	W	16.2	12.3	10.9	7.9	9.4	14.1	18.1	5.3	4.1	1.8				-0.7	-1.15	2.85	-0.16
		C	16.2	28.5	39.4	47.3	56.7	70.8	88.9	94.2	98.3	100.1							
	F	W	4.6	9.1	23.2	13.9	9.9	12.9	16.2	5.5	3.4	1.3				-1.0	-0.6	2.3	0.17
		C	4.6	13.7	36.9	50.8	60.7	73.6	89.8	95.3	98.7	100							
	G	W	11.0	6.6	3.9	2.5	9.5	30.6	20.3	5.6	4.2	5.8				0.5	-0.6	2.6	-0.42
		C	11.0	17.6	21.5	24.0	33.5	64.1	84.4	90.0	94.2	100							
	H	W	19.2	7.3	4.1	4.9	12.8	18.4	19.3	9.5	4.2	0.2				0.1	-1.15	3.05	-0.41
		C	19.2	26.5	30.6	35.5	48.3	66.7	86.0	95.5	99.7	99.9							
	I	W	29.2	8.1	3.4	4.2	10.4	16.5	12.2	4.9	5.7	5.5				-0.5	-1.25	3.25	-0.23
		C	29.2	37.3	40.7	44.9	55.3	71.8	84.0	88.9	94.6	100.1							
	J	W			1.3	2.0	8.5	29.6	43.9	8.0	3.2	3.5				1.2	1.05	0.95	-0.16
		C			1.3	3.3	11.8	41.4	85.3	93.3	96.5	100							
	K	W			1.0	4.6	6.7	12.0	20.3	11.3	12.0	15.0	9.0	6.0	2.1	2.5	2.7	2.4	0.08
		C			1.0	5.6	12.3	24.3	44.6	55.9	67.9	82.9	91.9	97.9	100				
	L	W			8.5	7.5	8.1	13.0	20.7	9.6	10.0	9.0	7.0	4.0	2.6	1.6	1.85	2.85	0.09
		C			8.5	16.0	24.1	37.1	57.8	67.4	77.4	86.4	93.4	97.4	100				
전촌	A	W				0.2	8.7	52.9	35.3	2.7	0.3					0.8	0.85	0.75	0.07
		C				0.2	8.9	61.8	97.1	99.8	100.1								
	B	W				0.3	0.9	25.3	66.9	5.9	0.7					1.3	1.25	0.65	-0.08
		C				0.3	1.2	26.5	93.4	99.3	100								
	C	W	9.2	9.9	15.3	4.2	3.4	10.5	38.9	6.7	1.9	0.5				0.8	-0.75	2.55	0.02
		C	9.2	19.1	34.4	38.6	42	52.5	91.4	98.1	100	100.5							
	D	W	2.9	14.8	21.5	7.8	5.6	16	25	4.6	1.4	0.4				-0.5	-0.75	2.35	-0.11
		C	2.9	17.7	39.2	47	52.6	68.6	93.6	98.2	99.6	100							
	E	W	12.5	9.8	13.7	10.4	9.5	16.3	23.2	3.2	1.0	0.2				-0.6	-1.05	2.55	-0.18
		C	12.5	22.3	36	46.4	55.9	72.2	95.4	98.6	99.6	99.8							
	F	W		1.0	0.8	1.3	5.2	36.4	46.8	4.6	2.1	1.8				1.1	1.0	0.8	-0.13
		C		1.0	1.8	3.1	8.3	44.7	91.5	96.1	98.2	100							
	G	W		1.3	0.5	0.8	3.5	27.6	56.3	6.6	2.3	1.3				1.3	1.15	0.75	-0.2
		C		1.3	1.8	2.6	6.1	33.7	90	96.6	98.9	100.2							
	H	W	28.4	2.9	5.2	4.1	6.4	15.5	29.9	5.9	1.4	0.3				0.2	-1.35	3.05	-0.38
		C	28.4	31.3	36.5	40.6	47	62.5	92.4	98.3	99.7	100							
	I	W		11.8	6.7	9.0	16.3	22.5	23.7	6.4	2.8	0.9				0.3	-0.35	2.05	-0.02
		C		11.8	18.5	27.5	43.8	66.3	90	96.4	99.2	100.1							
	J	W			10.8	3.5	10.3	24.4	19.1	3.2	5.8	6.3	8.0	5.6	3.0	1.1	2.1	3.0	0.33
		C			10.8	14.3	24.6	49.0	68.1	71.3	77.1	83.4	91.4	97.0	100				
	K	W			3.2	2.8	5.5	15.7	18.5	8.0	13.5	10.7	9.0	8.0	5.1	2.5	3.0	2.7	0.19
		C			3.2	6.0	11.5	27.2	45.7	53.7	67.2	77.9	86.9	94.9	100				
	L	W			0.8	3.0	5.5	13.8	15.5	7.0	10.4	15.0	17.0	8.0	4.0	3.4	3.15	2.65	-0.09
		C			0.8	3.8	9.3	23.1	38.6	45.6	56.0	71.0	88.0	96.0	100				

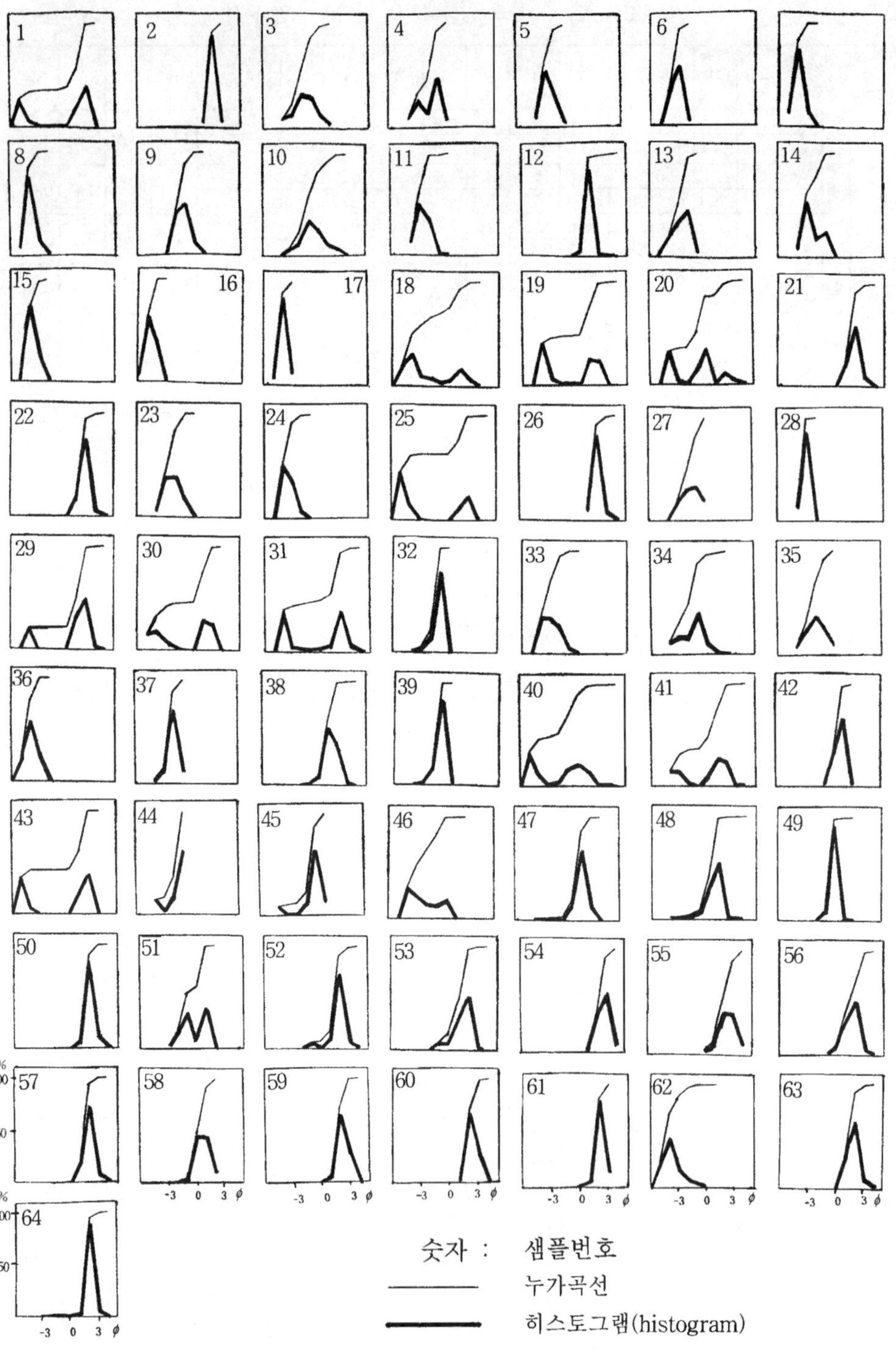

〈그림 4-10-1〉 한국 남동해안 퇴적물 입도 분포 히스토그램과 누가 곡선 (계속)

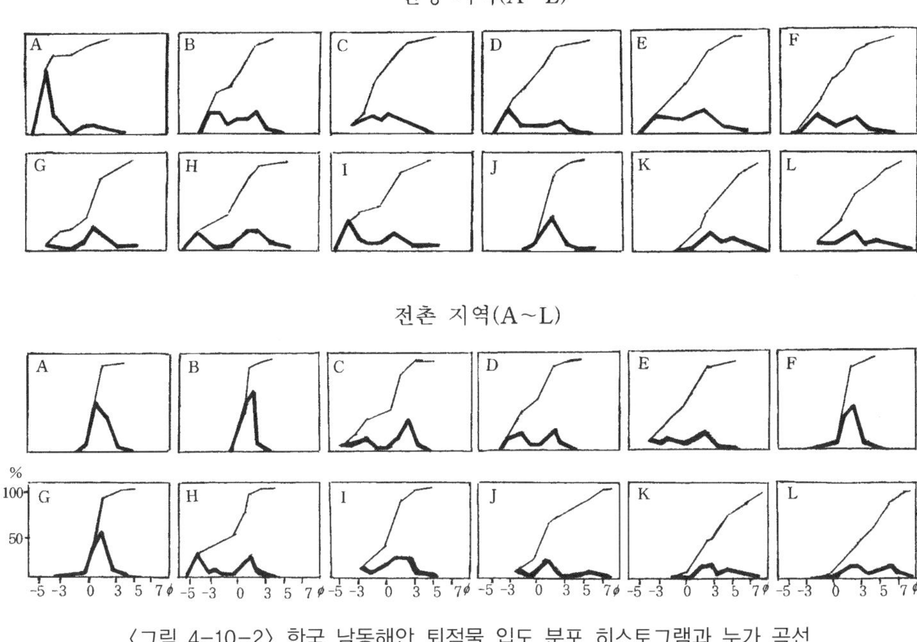

〈그림 4-10-2〉 한국 남동해안 퇴적물 입도 분포 히스토그램과 누가 곡선

다음으로 조사 지역의 해빈 퇴적물이 지역별로 어떻게 다르게 나타나는가를 살펴보면 다음과 같다(<그림 4-10> 참조).

전체적으로 보아 양포보다 남쪽은 역빈 즉 자갈로 된 해빈이 많이 분포하고 북쪽은 사빈 즉 모래로 된 해빈이 많다. 이것은 남쪽의 지형이 보다 험준하고 암석이 오래된 경암이 많은 데 기인한 것으로 해석된다. 즉 주전동 부근에서 바다로 흘러드는 웅곡천은 '새바지산' 주변에서 발원하여 하천의 종단구배가 급하고 협곡을 이루고 있으며 지질도 호온훼스(hornfels)화된 울산층(경상누층군의 하양층군)지질을 개석하기 때문에 굵은 자갈을 많이 생산한다. 그래서 주전동 주변의 3~8번 샘플은 입자도 크고 분급도 좋은 퇴적물이 형성되었다.

정자동 북쪽의 13~17번 샘플 지역에도 '동대산' 주변에서 발원한 신명천이 안산반암 지질(경상누층군의 유천층군)을 개석하면서 험준한 지형을 만들고 굵은 자갈을 해안에 많이 공급하기 때문에 입자도 크고 분급도 좋은 역빈을 형성한다.

32~37번 지역과 40, 41번 지역, 43~46번 지역은 경암인 규장암(경상누층군의 하양층군) 분포지역으로서 역빈이 형성되어 있다.

앞에 예를 든 웅곡천과 신명천 그리고 규장암 지질분포 지역을 제외하고는 일반적으로 하천이 유입되는 만에는 사빈이, 돌출부에 형성된 포켓비치(pocket beach)에는 역빈이 형성되어 있으며, 돌출부에서 만으로 이행하는 중간에는 모래와 자갈이 섞인 분급이 나쁜 퇴적물이 형성되어 있다.

하서리 해빈과 봉길리 해빈의 비치페이스(beach face)부근은 자갈로 이루어져 있고 그 후면의 후빈(back shore)에는 모래로 되어 있다. 이것은 하천의 퇴적물 공급이 왕성한 시기에는 전체가 사빈이었으나 최근에 하천의 직강공사, 산지의 식생피복 등으로 하천의 퇴적물 공급이 줄어들게 됨에 따라 이 자리를 주변의 돌출부로부터 파식을 받아 형성된 자갈이 만내로 이동되어 덮어가고 있어서 나타난 결과로 해석할 수 있다.

양포보다 북쪽은 대개 제3기 지질로 이루어져 있어 암석의 고결도가 낮고 지형고도 또한 낮아서 하천들의 종단구배가 완만해 하구에 많은 모래를 공급하여 사빈이 넓게 발달되었다.

그러나 62번 지역은 강사강에 댐이 건설되면서 하천의 물질공급이 완전히 막히자 돌출부에 형성된 자갈들이 만으로 이동되어 역빈을 형성한 것으로 해석된다.

조사지역 해빈에서는 해수욕장이 많이 개장되어 있는데 남쪽에서부터 일산, 주전, 정자, 관성, 나아, 봉길, 나정, 전촌, 오류(감포), 신창, 모포, 구룡포해수욕장이 2001년 여름에 개장되어 있었다. 이들 해수욕장은 대개 하천이 유입되고 사빈이 형성된 곳에 개장되어 있으나 정자, 나아, 나정해수욕장은 역빈이면서도 해수욕장이 개장되어 있었다.

신명과 전촌 해빈에서는 정선 부근에서 빈제를 지나 충적평야에 이르기까지 등간격으로 각각 12개 샘플(A~L)을 채취해 분석했다. 그 결과는 <표 4-3-3>과 <그림 4-10-2>의 끝부분에 표시되어 있다.

실트의 포함량이 상당히 많은 신명지역의 K, L샘플과 전촌 지역의 J, K, L지역도 하천의 범람에 영향을 받은 충적평야 퇴적물이다. 이를 제외한 바다 쪽 퇴적물에서 정선 부근의 퇴적물(신명의 A샘플, 전촌의 A, B샘플)과 빈제의 최고점 및 그 뒷면의 퇴적물(신명의 J샘플, 전촌의 F, G샘플)이 분급이 아주 좋게 나타나고 있으며 그 밖의 퇴적물은 대부분이 bi-modal histogram을 나타내며 분급이 나쁜 퇴적물로 나타났다. 정선 부근의 퇴적물은 그 퇴적물이 자갈이든 모래이든 파랑의 작용에 의하여 분급을 좋게 한다고 볼 수 있다. 빈제의 최고점 및 그 후면에 분급이 좋고 평균 입경이 1Φ전후의 퇴적물이 형성되어 있는 것은 바람에 운반되어 퇴적된 사구 퇴적물일 가능성이 크다.

이상에서 살펴본 해빈 퇴적물의 종단 변화를 종합하면 다음과 같다. 정선에 인접한 퇴적물은 장소에 따라 자갈일 수도 있고 모래일 수도 있지만 그 어느 것이든 분급이 좋은 퇴적물로 이루어져 있다. 정단 퇴적물은 일반적으로 분급이 나쁘다. 이것은 다양한 높이의 파랑에 의해 형성된 것이 섞여 있기 때문으로 판단된다. 빈제 퇴적물은 정단 퇴적물보다 일반적으로 세립화되고 분급이 좋아지는 경향이 있는데 이는 사구사의 퇴적과 관련이 깊은 것으로 판단된다. 빈제의 뒷면에는 실트질을 많이 포함하고 있는 하천의 범람지형이 형성되어 있다.

4. 고찰

지금까지 살펴본 조사 지역 해안 미지형 특징에서 다음과 같은 특징들은 완신세 후기에 이 해안에서 소량이나마 이수(離水)현상이 일어나고 있다는 것을 추정할 수 있게 한다. 즉,

① 해식애 중에서 사해식애가 많은 부분을 차지하고 그 전면에 역빈, 사빈, 암석빈이 좁은 폭으로 나타나는 것이 해안의 일반적 특징이다.

② 파식대 중에서 일부가 융기 파식대로 보이는 것이 있다.

③ 식생이 덮여 안정된 표고 5m 전후의 비치릿지(beach ridge)가 곳곳에 형성되어 있다.

이수현상은 지반이 융기하거나 해면이 하강할 때 나타나는 현상이다. 따라서 이 문제를 검토하기 위해서는 동해안의 지반 융기량과 해면변동을 먼저 검토해야 한다.

1) 동해안의 융기량 검토

갱신세 및 완신세의 동해안 융기량에 대하여 분명히 밝힌 연구는 아직 없다. 다만 동해안의 해안단구를 연구하는 과정에서 단구면의 높이와 그 단구면의 형성시기를 고려하여 융기량을 추정하고 있다. 최근 최성길(1997)은 동해안의 해안단구를 대상으로 많은 단면 측정과 절대 연대를 계산하여 저위 단구면의 고도와 형성시기를 분명히 하였다.[15)]

이 논문에 의하면 동해안의 해안단구 저위 I 면은 구정선 고도가 18m로 나타나고, 형성시기는 산소동위체 시스템의 5e시기에 해당하는 125,000년 전이며, 저위II 면은 구정선 고도가 10m이고 형성시기는 5a시기인 77,000년 전이라 했다. 또 이 두 시기에 해면이 거의 현재 해면의 높이였다고 보고 있다(그림 4-11 참조). 따라서 이 두 해안단구의

15) 최성길, 1997, 전게서.

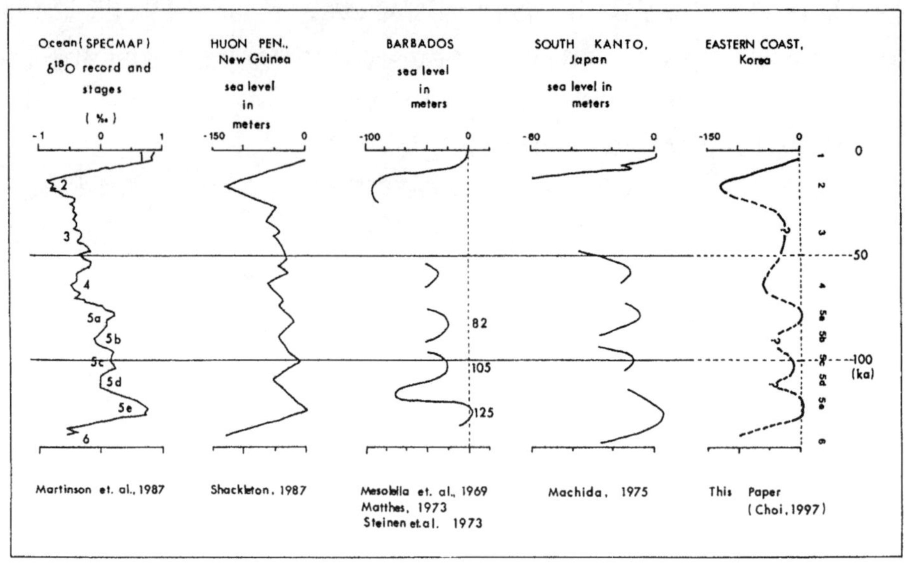

〈그림 4-11〉 한국 동해안의 단구지형에서 추정되어지는 130ka B.P.이후의 기후·해수준 변화와 지역적·지구적 규모에서의 기후 해수준 변화와의 비교 (최성길, 1997)

높이와 형성시기를 기초로 동해안의 융기속도를 계산하면 저위Ⅰ면의 경우 0.14㎜/년, 저위Ⅱ면의 경우 0.13㎜/년의 융기속도가 계산된다. 동해안이 이와 같은 속도로 계속 융기하고 있다면 완신세 10,000년 동안 약 1.4m 융기하는 것으로 계산된다.

2) 동해안의 해면변동

후빙기 해면변동은 앞의 기존 연구에서 밝힌 바와 같이 학자들 간에 다소의 견해차를 보인다. 동해안을 대상으로 해면변동곡선을 복원한 연구는 靑華龍(1980)의 연구 밖에 없으므로 본 연구에서는 이를 근거로 후빙기의 해면변동 경향을 살펴보기로 한다.

동해안의 해면은 10,000년 전에 -30m 부근에 있었고, 그 후 계속 높아져서 대략 6,000년 전에 현재의 높이에 이르렀으며 그 이후에는 작은 미변동을 하면서 현재 높이에서 안정되었다. 본 연구에서 거론하고 있는 해안 미지형들을 모두 해면이 현재 높이에 이른 6,000년 전에서 현재까지 즉 완신세 후기의 시기에 형성된 것들이라 할 수 있다. 정선이 현재 높이에 있지 않고 현재보다 낮았던 빙기나 후빙기 전반기에 형성된 정선 부근의 미지형들은 현재 해면 하에 모두 침수되었을 것이다. 앞의 간빙기 즉 최종간빙기 때 형성된 해식대 지형면들은 앞에 언급한 것과 같이 저위단구Ⅰ면, 저위단구Ⅱ면으로

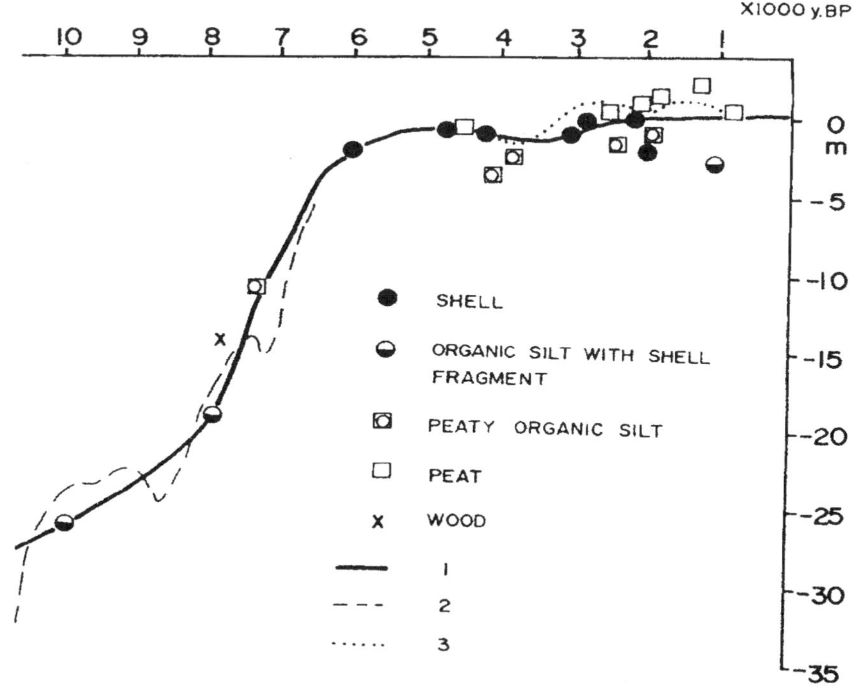

〈그림 4-12〉 한국 동해안에 있어서 완신세의 해수준 변동(**曺華龍**, 1980)

18m, 10m 높이에 가 있다. 6,000년 B.P. 이후의 해수준 미변동을 曺華龍(1980)[16]은 6,000~5,000년 B.P.경에 상대적 고해수준, 4,000년 B.P.경의 해면의 상대적 저하, 3,000년 B.P.경의 해면상승을 보고하고 있다. 그러나 이와 같은 미변동의 양이 얼마인지는 정확히 밝히고 있지 않다. 다만 그의 해면변동곡선에서 읽어보면 최대 폭 2m 정도를 상정할 수 있다.

3) 융기 파식대의 형성 메카니즘

조사 지역에서 파식대는 0.5m면, 1.2~1.4m면, 2.2~2.5m면, 3.5 ~3.7m면으로 분류되었다. 앞의 두 면은 보편적으로 분포하는 것으로 보아 고조위 및 폭풍파에 의한 것으로 현재 해면 높이로도 형성될 수 있는 것으로 가정할 수 있다. 오건환(1985)[17]의 연구에서도 0.5~1.5m 파식대는 현성 파식대로 분류하고 있다. 그러나 뒤의 보다 높은 두 면은

16) 曺華龍, 1980, 전게서.
17) 오건환, 1985, 전게서.

고도가 높고 bench의 형태로 단편적으로 분포하며, 또 두 단으로 확실히 나누어져 있는데 이것은 현재해면으로 설명하기는 어려우며 융기 파식대로 보는 것이 타당할 것 같다.

동해안의 융기 파식대가 계단상으로 나타나는 것을 간헐적 융기의 결과로 해석하는 학자도 있지만 그 가능성은 낮다고 할 수 있다. 실제 지반융기는 지진이 발생할 때마다 조금씩 변위하는 형태로 나타나며, 이것이 누적되어 융기속도가 된다. 그러나 한 번의 변위량은 일반적으로 아주 작아서 변동대에 위치한 일본에서도 수㎝ 단위의 경우가 대부분이다. 따라서 상대적으로 안정되어 있는 우리나라는 더욱 그 변위량이 적을 것으로 추정되어 간헐적 융기가 파식대의 단을 이루었다고 해석하기는 힘들다.

그러나 계속적인 지반융기와 해면의 미변동이 결합되면 해면이 상대적으로 높은 수준이 되었을 때마다 형성된 파식대가 계단상으로 나타날 수 있다. 즉 6,000~5,000년 B.P.경 고해수준이 만든 파식대와 3,000년 B.P.경의 고해수준이 형성한 파식대가 현재의 파식대보다 한 단, 그리고 두 단 높은 높이에 계단상으로 배열할 수 있다.

이와 같은 논리로 3.5~3.7m의 파식대가 6,000년 B.P.경에 형성된 파식대라고 보고 어떻게 이 파식대가 현재의 해면보다 3.5~3.7m 높이로 높아졌는지 그 고도 요인을 생각해 보았다. 먼저 동해안의 융기 속도 0.14㎜/년을 적용하면 6,000년 동안 융기량이 약 0.85m가 된다. 다음으로 현성이라고 볼 수 있는 파식대가 현 해면보다 0.5m, 1.2m 높이에도 형성될 수 있으므로 이 만큼의 높이를 더 추가할 수 있다. 그러나 이들 모두를 합해도 3.5~3.7m가 되지 않는다. 그렇다면 6,000~5,000년 전의 해면이 현재보다 다소 높았을까? 세계의 후빙기 해면변동곡선 복원 연구 중에 이 시기의 해면을 현재보다 수 m 높게 복원한 연구가 Fairbridge(1962)[18] 연구를 비롯하여 다수 있어 이 가능성을 제기할 수 있다.

그러나 본 연구에서는 이와 같은 고도 요인에 대해서 직접 분석한 자료가 없으므로 그 가능성만을 제시하여 앞으로의 연구 과제로 삼으려 한다.

4) 이수·침수 해안

Johnson(1919)[19]은 해안선을 이수해안과 침수해안으로 분류했다. 이수해안은 바다가 점차로 물러가고 바다 밑의 땅이 육지화 되어가는 해안이며, 침수해안은 육지가 점차로

18) Fairbridge, R. W, 1961, "Eustatic change in sea-level. Physics and Chemistry of the Earth", 4(1952), pp.99~185.

19) Johnson, D. W, 1919, 전게서.

바다 밑으로 침수되는 해안이다. 그렇다면 조사 지역의 해안은 이수해안일까? 이 문제는 Time Scale을 어떻게 하느냐에 따라 달라진다고 할 수 있다. 즉 갱신세 200만 년의 Time Scale로 보면 이 지역은 과거 해식대였던 해저가 현재 최대 높이 80m, 최대 폭 2㎞여로 드러나 있으므로 이수해안으로 보는 것이 타당하다. 그러나 최종빙기 최성기(약 18,000년 B.P.)에서 완신세 중반(약 6,000년 B.P.)까지의 시기에는 -100m로 낮아졌던 해면이 현재의 높이로 급속히 높아졌으므로 이 해안은 광범위하게 해침을 받아 침수해안이 되었다. 6,000년 B.P.로부터 현재까지 즉 완신세 후기에는 해면은 안정되고 지반이 완만히 융기하고 있으므로 높이에 있어서 수m, 폭에 있어서 수십m의 작은 이수 현상이 일어나고 있다.

5. 결론

방어진에서 대보에 이르는 한반도 남동해안을 대상으로 지형 계측과 퇴적물 입도 분석을 통하여 해안 정선 부근의 미지형 특징을 분석하고 이들의 지형 발달을 고찰했다. 주요 결과는 다음과 같다.

1. 해식애는 현재 파랑의 침식을 받지 않는 사해식애가 대부분이며, 그 전면에 좁은 폭의 사력빈 혹은 암석빈이 형성되어 있다. 사해식애의 높이는 10m 전후가 대부분이며 경사는 80°전후로 가파르다. 현재도 기저부에 파랑의 침식을 받고 있는 활해식애는 특히 돌출된 부분에 단편적으로 남아 있으며, 높이는 5m 전후가 대부분이다.

2. 해식대는 깊은 만을 제외하고 대부분의 해안에 형성되어 있고 넓은 곳은 100m를 넘는 폭으로 형성되어 있다. 현 해면 하에 형성되어 있는데 바다 쪽 끝 부분의 수심도 0.5m 정도로 아주 평탄하다. 해식대는 이 지역 주요 수산 양식장으로 이용되고 있다.

3. 파식대는 0.5m, 1.2～1.4m, 2.2～2.5m, 3.5～3.7m의 4수준이 높은 출현 빈도를 보인다. 전 2면은 상대적으로 넓고 보편적으로 분포하고 있어 고조위 및 폭풍파에 대응하여 형성된 것으로 판단했다. 후 2면 즉 2.2m～2.5m, 3.5～3.7m면은 융기 벤치로 판단된다. 이 벤치는 상대적으로 해면이 높았던 6,000년 B.P.경의 해면, 3,000년 B.P.경의 해면에 대응해서 형성되었으며 그 후 동해안에 계속되는 융기운동에 의하여 현재의

높이에 이른 파식대로 판단했다.

4. 하천이 유입되는 만에는 100~200m 폭의 사빈, 사력빈, 역빈이 형성되어 있고, 이들의 육지 쪽 가장자리에는 높이 5m 전후의 식생이 피복된 빈제가 형성되어 있다. 빈제열은 대부분 1열이지만 모포리 해안에는 2열이 식별되었다.

5. 해빈 퇴적물의 입도 특성은 다음과 같다.

① 양포보다 북쪽은 사빈이 탁월하고 남쪽은 역빈이 탁월하다. 이것은 남쪽의 지질이 보다 오래되고 경암이며, 지형도 험준하기 때문인 것으로 판단된다.

② 하천이 유입되는 만에는 사빈이, 돌출부 포켓비치에는 역빈이 형성되어 있으나 지질이 울산층, 안산반암, 규장암으로 된 해안에는 만에도 역빈이 형성되어 있다.

③ 사빈, 역빈 퇴적물은 S.D. 1 이하의 양호한 분급을 보이나, 사력빈은 bi-modal histogram을 나타내고 분급이 S.D. 2~3이 될 정도로 아주 나쁘게 나타났다.

④ 정선 부근에는 역빈이 그 후빈에는 사빈으로 된 해안이 자주 나타나는데 이것은 하천에 의한 모래의 공급이 감소되기 때문에 결과된 것으로 판단했다.

6. 사해식애의 분포 위치, 융기 파식대의 분포, 식생이 피복된 비치릿지 등의 특징들로부터 조사 지역 해안은 완신세 후기에 소량의 이수현상이 나타나고 있는데 그 양은 높이에 있어서 수m, 수평적 폭에 있어서 수십m로 판단했다.

참고문헌

1. 단행본

조화룡. 1987. 『한국의 충적평야』. 서울: 교학연구사. 219쪽.

町田 貞 외 編集. 1981. 『地形學辭典』. 東京: 二宮書店. 767쪽.

Johnson, D. W. 1919. *Shore Processes and Shoreline Development*. New York: Wiley.

Richard J. Chorley, Stanley A. Schumn, David E. Sugden. 1984. *Geomorphology*. New York. p.605.

2. 논문

강현숙. 1992. 「삼천포 동안의 해안지형 특성」. 부산대학교 교육대학원 석사학위논문. 41쪽.

배문주. 1998. 「고성군 자란만 해안지형 특성」. 부산대학교 교육대학원 석사학위논문. 55쪽.

오건환. 1985. 「오륙도의 형성과정」. 죽파 홍순완 교수 회갑기념 논문집. 63~81쪽.

오영서. 1989. 「부산만 암석해안의 파식지형」. 부산대학교 교육대학원 석사학위논문. 79쪽.

윤순옥·황상일. 2000. 「한국 남동해안 해안단구의 지형형성 메커니즘」. 대한지리학회지 제35권. 제1호 17~38쪽.

조화룡·신윤호. 1982. 「해안평야 미지형 퇴적물의 입도 조성 (경상북도 동해안을 사례로)」. 지리학 제25호 1~14쪽.

조화룡·정동준. 1997. 「영일만 주변 해안의 해빈지형 변화」. 한국지형학회지 제4권. 제1-2 통합호. 1~15쪽.

최성길. 1984. 「한국 동해안 冷川 하구부의 해면변동단구와 영일만 북안의 해성단구」. 지리학 논집. 제17권 1호. 61~73쪽.

青華龍. 1980. 「韓國東海岸たおける完新世の海水準變動」. 地理學評論, 第53卷. 5號. 317~328쪽.

崔成吉. 1997. 「韓國東海岸における後期更新世段丘地形の發達過程と最終間氷期の海水準」. 日本東北大學校 博士學位論文. 127쪽.

岡田篤正·渡邊滿久·鈴木康弘·慶在福·青華龍·金性均·尾池和夫·中村俊夫. 1998. 「蔚山斷層系 (韓國東南部) 中央部の 活斷層地形と斷層露頭」. 地學雜誌, vol.107. No.5. pp.664~658.

Fairbridge, R. W. 1961. “Eustatic change in sea-level.” *Physics and Chemistry of the Earth*, 4. pp.99~185.

Inman, D. L. 1952. “Measure for Describing the size Distribution of sediments.” *Journal of Sedimentary Petrology*, Vol.22. pp.125~145.

Park, Y.A. and A. L, Bloom. 1984. “Holocene Sea-level history in the Yellow sea, korea.” *Jour. Korea Geol. Surv.*, 20-3. pp.189~194.

CHAPTER 5

법성만 갯벌의 지형 및 퇴적물의 입도 특성 분석*

1. 서언

법성만은 전라남도 영광군 법성면에 형성된 만으로 흔히 법성포라 하며 불교 도래지, 영광 굴비, 조창의 근거지로도 유명하다. 법성만에는 길이 약 6㎞, 폭 약 1㎞의 갯벌이 형성되어 있는데, 규모는 작지만 염생 습지, 뻘 갯벌, 뻘·모래 혼합 갯벌, 모래 갯벌 등 다양한 갯벌 지형을 모두 갖추고 있어 갯벌 지형의 모식지라 할 수 있다. 또 육상에는 와탄천 및 구암천 하류에 길이 7~8㎞, 평균 폭 1㎞의 간척된 갯벌이 있어 육상 지형과 관련 연구가 용이한 지역이다.

본 연구는 법성만 갯벌의 퇴적물 및 지형 특색을 분석하여 갯벌 지형을 세분하고 지형 특성을 밝혔다. 정밀 해도와 연구자의 현지 간이측량자료를 바탕으로 갯벌의 개략적인 1m 간격 등고선도를 작성했으며, 45개의 표면 퇴적물을 채취하여 입도 분석을 실시하고 이를 기초로 갯벌을 구분하였다.

2. 법성만 개관

법성만은 전라남도 영광군(靈光郡) 법성면(法聖面)과 백수읍(白岫邑) 경계에 형성되어

* 이윤화·조화룡, 1995, 한국지형학회지, 12(1), 63~70쪽.

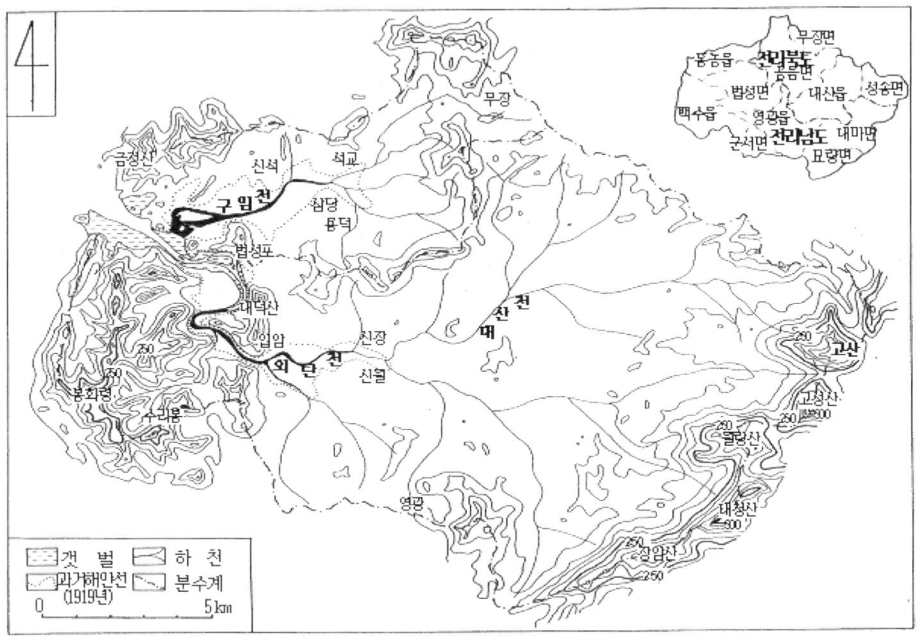

〈그림 5-1〉 법성만으로 유입되는 와탄천 유역 분지의 절봉면도

있는 좁고 긴 만으로 이 만의 북안에 법성리가 형성되어 있어서 이 만을 법성포 혹은 법성만이라 한다. 이 만으로 와탄천(瓦灘川)과 구암천(九岩川)이 흘러드는데, 지형적으로 법성만은 좁고 길게 형성되어 있고 양측에 산지가 받쳐 있어 와탄천의 하류부 하곡이 후빙기 해진에 의해 익곡(溺谷)되어 형성된 만으로 판단된다.

법성만에 대규모 간척 사업이 이루어지기 전인 1919년(大正7년)에 편집된 1/50,000 지형도를 보면 법성만은 현재보다 훨씬 더 내륙으로 들어와 와탄천을 따라서는 신월리(新月里)까지 만입되고 구암천을 따라서는 석교리(石橋里) 부근까지 만입되었다(그림 5-1).

법성만의 이와 같은 깊은 만입의 이점이 이용되어 고려 성종(成宗) 때 조창(漕倉)이 설치되어 영광, 흥덕(興德)등 14개 군의 전세(田稅)를 받아 정부에 조공했으며, 1918년에는 수군통제부가 이곳에 두어졌다(조혜종, 1982).

삼국 시대에는 동진의 승려 '마라난타'가 이 포구에 처음으로 도착하여 불교를 백제에 전한 성지이기도 하다. 법성포라는 이름도 여기서 연유된 것으로 추정된다. 법성포 앞바다는 우리나라의 주요 조기 어장이 형성되었고, 조기잡이 철인 4~6월은 법성포에 조기의 파시가 이루어진다. 이 조기를 잡아 염장한 것을 영광 굴비라 하여 오랫동안 대궐에 진상하였기 때문에 지금도 법성포는 영광 굴비의 집산지로서 명성이 높다.

그러나 1924년 일본인 가와사끼(川崎武之助)에 의해 진내리(鎭內里) 자갈금에서부터 칠곡리(七谷里) 목맥까지 약 500m의 방조제(이것을 전남방조제라 한다)를 건설하면서 구암천 하류부에는 약 801ha의 갯벌이 간척지로 바뀌었다(朝鮮總督府 土地改良部, 1929).

와탄천 하류부에는 일제시대 입암리(笠岩里)에 와탄언이 만들어지고 광복 후에 와탄천 배수 갑문이 만들어지면서 이보다 상류부가 간척되었고, 하류부인 구수리(九岫里)지역에도 반경 1㎞에 달하는 반원형의 구수 방조제가 만들어지면서 소드랑섬, 작은 소드랑섬을 포함하는 간척지가 형성되었다.

현재 법성만은 길이 약 6㎞, 최대폭 1㎞의 갯벌이 간척되지 않고 남아 있는데 salt marsh 및 mud flat, mixed flat, sand flat가 내만에서 만구 쪽으로 가면서 차례로 형성되어 있어서 갯벌 지형 발달의 모식지를 이루고 있다.

법성만에는 검조소가 없으며, 가까운 검조소가 안마도 검조소와 영광 검조소이다. 안마도(북위 32°21′, 동경 126°01′)는 법성포(북위 32°21′30″, 동경 126°27′)앞바다에 있는 섬으로 위도는 법성포와 비슷하지만, 경도는 상당히 다른 해중의 섬이고, 영광 원자력 발전소 안에 있는 영광 검조소(북위 35°25′, 동경 126°25′)는 해안에 있지만 위도가 법성포보다 좀 더 고위도에 있다. 그러나 해도에서 안마도 조석 검조 결과를 기준으로 해도가 작성되어 있어서 본 연구에서도 안마도 조석표로 법성만 조석을 설명하고자 한다.

<표 5-1>은 해양수산부에서 발간한 「한국연안 조석표」에서 2004년 1년 동안 매월 안마도의 삭한사리와 망한사리[1]의 최고조위와 최저조위를 나타낸 것이다. 가장 낮은

〈표 5-1〉 2004년 안마도 검조소 삭한사리와 망한사리의 조위 (단위 m)

일자		양력	1.10	1.23	2.8	2.21	3.8	3.21	4.7	4.20	5.6	5.19	6.4	6.18	7.3
		음력	12.19	1.2	1.18	2.2	2.18	윤2.1	7.18	3.2	3.18	4.1	4.17	5.1	5.16 5.17
조위	조고기준면 기준	고조	5.2	5.7	5.4	5.6	5.4	5.4	5.7	5.4	5.9	5.4	6.0	5.3	6.0
		저조	0.5	0	0.2	0	0.1	0.2	0.1	0.4	0.1	0.6	0.2	0.9	0.3
	평균해면 기준	고조	2.3	2.8	2.5	2.7	2.5	2.5	2.8	2.5	3.0	2.5	3.1	2.4	3.1
		저조	-2.4	-2.9	-2.7	-2.9	-2.8	-2.7	-2.8	-2.5	-2.8	-2.3	-2.7	-2.0	-2.6
일자		양력	7.20	8.2	8.18	8.31	9.16	9.29	10.16	10.29	11.14	11.27	12.13	12.28	
		음력	6.4	6.17	7.3	7.16	8.3	8.16	9.3	9.16	10.3	10.15	11.2	11.17	
조위	조고기준면 기준	고조	5.5	6.0	5.6	5.9	5.6	5.6	5.8	5.6	5.8	5.3	5.8	5.1	
		저조	0.9	0.3	0.7	0.3	0.5	0.4	0.3	0.4	0.1	0.5	0	0.6	
	평균해면 기준	고조	2.6	3.1	2.7	3.0	2.7	2.7	2.9	2.7	2.9	2.4	2.9	2.2	
		저조	-2.0	-2.6	-2.2	-2.6	-2.4	-2.5	-2.6	-2.5	-2.8	-2.4	-2.9	-2.3	

* 조고의 기준면 : 평균해면하 2.9m

1) '삭사리'는 음력 초승에 나타나는 대조이며, 이중에서 가장 큰 사리를 '삭한사리'라 이름했고, 음력 보름경에 나타나는 사리 중에서 가장 큰 사리를 '망한사리'라 이름했다.

조위는 양력으로 1월, 2월, 12월 삭한사리(음력 초2일)에서 나타나고, 조위는 평균 해면하 -2.9m까지 낮아진다. 따라서 이곳의 해도 수심기준면인 약최저간조위[2]는 평균 해면하 -2.9m로 보아야 하는데 해도에서도 같은 수치를 보이고 있다. 가장 높은 조위는 양력으로 6월, 7월, 8월 망한사리(음력 17일)에 나타나고 평균 해면보다 3.1m나 높아진다. 따라서 법성만의 약최고만조위는 평균 해면보다 3.1m 높으며, 따라서 이 지역 지형도의 해안선은 이 지역의 약최고만조위의 정선과 일치하며, 표고로 계산하면 3.1m가 된다. 또한 2004년의 법성만의 최대조차는 6m로 나타났다.

3. 법성만 갯벌의 지형 특성

<그림 5-2>는 해도「법성포 부근」(축척 1:12,000) 도폭을 기도로 하고, 현지 조사에서 실시한 간이 측량자료를 부분적으로 추가하여 그린 법성만 갯벌의 개략적인 1m 간격의 등고선도이다.

해도에서는 바닷물이 가장 많이 빠졌을 때(약최저간조위)의 정선(汀線)을 0m로 하고, 이보다 깊은 수심을 양수로 하고, 이보다 높은 부분을 음수로 하고 있다. 그래서 해도의 0m를 평균해면 즉 등고선으로 환산하면 「법성포 부근」 해도에서는 -2.9m가 된다. 따라서 <그림 5-2>의 등고선도를 해도의 등수심선도로 바꾸려면 -(표고+2.9)m를 해야 한다. 그래서 표고 0m는 수심 -2.9m가 되고, 표고 -2.9m는 수심 0m이며, 표고 -5m는 수심 2.1m가 된다.

설명의 편이를 위하여 법성만의 갯벌을 법성포 시가지 앞에 형성된 가장 안쪽의 갯벌을 '법성리 갯벌', 구시미 나루터에서 목맥까지 전남 방조제 앞에 형성되어 있는 중간 부분의 갯벌을 '진내리 갯벌', 구시미, 모래미, 대치미 앞쪽에서 돔배섬까지 연결된 만구쪽 갯벌을 '모래미 갯벌'이라 칭하기로 한다.

<그림 5-2>를 참고해 보면 법성만에서 해면이 1년 중 가장 낮았을 때, 즉 해면이 평균 해면 기준으로 -3m까지 낮아졌을 때, 만내 대부분의 면적이 갯벌로 드러나고 -3m보다 더 낮은 중앙 물길(갯골)이 만의 북쪽가장자리를 따라 좁게 형성되어 구시미 나루터까지 계속되지만 이보다 더 안쪽은 법성리 시가지 앞쪽을 따라 부분적으로 바닥이

2) 1년 중 2~3번 나타나는 최저간조위를 평균한 조위. 해도의 수심은 약최저간조위에서부터 계산된다. 약최고만조위는 1년에 2~3번 나타나는 최고만조위를 평균한 조위로 이 조위는 지형도의 해안선과 일치한다.

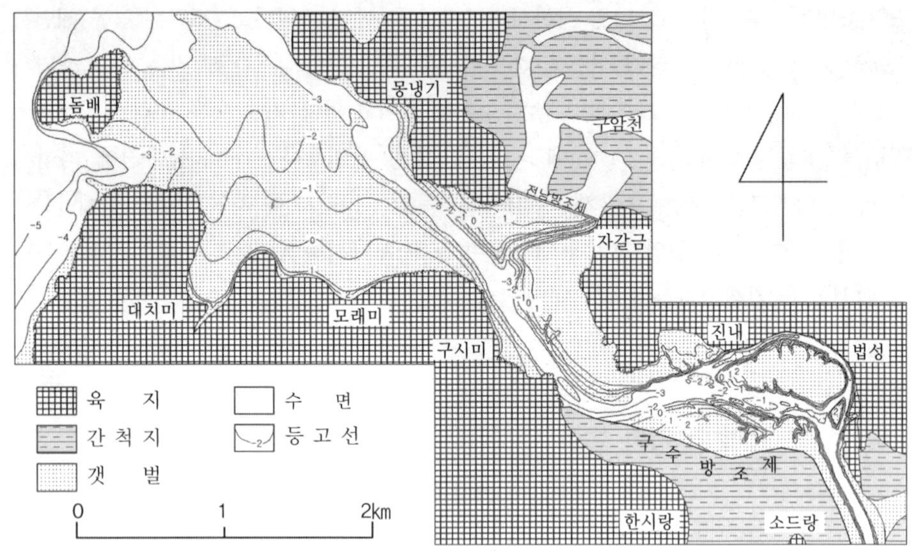

〈그림 5-2〉 법성만 갯벌의 등고선도

드러나 끊어졌다가 다시 나타나는 물길이 형성되어 있다.

해면이 1m 더 높아져서 -2m가 되었을 때를 가정하면 '모래미 갯벌'의 만구 쪽 상당한 부분이 침수되지만 '진내리 갯벌'과 '법성리 갯벌'에서는 중앙 물길의 폭이 아주 조금 넓어졌을 뿐, 거의 침수되지 않은 상태로 남아있다. 다만 중앙 물길이 법성포 시가지 안쪽 언목 부근까지 연결된 물길로 형성되고 '진내리 갯벌'에서도 전남 방조제 배수구 부근에서부터 중앙 물길까지 연결되는 새로운 물길이 나타난다.

해면이 2m 더 높아져서 -1m가 되었을 때를 가정하면, 만구 쪽 '모래미 갯벌'은 약 2/3 정도가 침수되고 사퇴가 부분 부분 드러난 상태이지만 '진내리 갯벌'과 '법성리 갯벌'은 물길의 폭이 약간 넓어졌을 뿐 그대로 남아있다. 다만 '법성리 갯벌'에서 하나의 물길이 더 생겨 법성리 쪽의 갯벌은 하중도의 형태가 되고, 새로 생긴 물길 남쪽에는 방조제를 연하여 형성된 동서로 긴 갯벌로 분리된다.

해면이 3m 더 높아져서 0m가 되었을 때에는 '모래미 갯벌'은 일부 사퇴의 꼭대기 부분만 남겨둔 채 거의 침수되지만, '진내리 갯벌'과 '법성리 갯벌'은 여전히 남아있다. 해면이 다시 5m 더 높아져서 2m가 되면 이번에는 '진내리 갯벌'이 대부분 침수된다. 그러나 '법성리 갯벌'은 하중도 형태의 부분과 방조제를 접한 부분의 갯벌이 여전히 남아 있다. 또한 법성리의 두 갯벌에는 다른 지역에서 볼 수 없는 염생 식물이 피복되어 있다. 이들 식물들은 대부분이 칠면초이고 부분적으로 나문재도 섞여 있다. 평균 해면보

〈그림 5-3〉 염생 습지

〈그림 5-4〉 갯골바닥과 갯벌표면과의 비고

다 2m 이상 높은 법성리 갯벌은 만조 때마다 침수되지 않고 상대적으로 높은 대조 만조 때만 침수된다.

법성만의 갯벌은 내만 쪽에서 만구 쪽으로 가면서 지형적 특징이 조금씩 달라진다. 가장 안쪽에 분포하는 '법성리 갯벌'의 지형은 그 규모는 작지만 마치 수평 지층의 고원이 개석되어 있는 것과 같다. 깊은 협곡과 같은 갯골, 절벽에 둘러싸여 있지만 윗면은 아주 평탄한 messa지형을 축소시켜 둔 것과 같은 갯벌 지형이 나타난다(그림 5-3). 법성리 앞 하중도 형태의 갯벌 지형은 평탄한 표면과 갯골과의 비고(比高)가 북쪽 갯골과 5m, 남쪽 갯골과는 4m정도이며, 갯골 쪽 사면의 경사는 북쪽의 경우 50° 전후, 남쪽 사면의 경우 약 30° 정도이다(그림 5-4). 주물길에서 갈라져 형성된 작은 물길도 'V'자형의 곡을 형성한다. 앞에서 언급한 것과 같이 이 갯벌 표면에는 염생 식물이 피복되어 있다.

'진내리 갯벌'은 전체가 중앙 물길 쪽으로 완만히 기울어진 지형을 나타내고 갯골이 형성되어 있으나, 갯골 바닥과 갯벌 표면과의 비고가 대부분 1m 이하로 크지 않고 또한 물길의 바닥이 평탄하고 많은 사행을 하고 있는 것이 특징이다. 다만 전남 방조제 배수구에서부터 중앙 물길까지 연결되는 물길은 예외적인 것으로 깊고 곡벽의 경사도 비교적 급하다. 이 갯벌에는 염생 식물이 거의 피복되어 있지 않으며, 게와 같은 구멍을 뚫고 사는 동물들이 많이 살고 있는 것이 관찰되었다.

'모래미 갯벌'은 아주 평활하고 갯골이 형성되어 있지 않으며, 표면에는 5㎝이하 높이의 물결무늬가 많이 발견된다. 그러나 높은 언덕에서 물이 들고 날 때를 관찰해 보면 물이 빠질 때 먼저 드러나고, 물이 들 때 늦게까지 남아있는 사퇴(砂堆)가 해안선에 평행되게 3~4열 형성되어 있음을 알 수 있다. 사퇴의 폭은 100m 전후로 넓지만 사퇴의 가장 높은 부분과 사퇴간 저지의 가장 낮은 부분간의 고도차는 1m 이하로 작아서 이들 사퇴 지형들을 경사 변환점이 없이 완만하게 형성되어 있음을 알 수 있다.

4. 갯벌 퇴적물의 입도 특성

1) 시료 채취 및 실험실 분석

조사 지역의 시료 채취는 현갯벌에서 이루어졌고 200m간격으로 100여 개의 시료를 채취했으나 분석 과정에서 유사부분은 생략하고 45개의 시료만 분석하였다. 표면 약 3㎝정도를 제거하고 깊이 약 10㎝까지 대략 300g 정도를 채취하였다.

분석된 45개 시료의 채취 위치는 <그림 5-5>에 표시되어 있다. 입도 분석은 먼저 시료를 건조시켜 계량하고, 습식 분석은 100g씩 분석하고 습식 분석 없이 체분석만 한 사질 퇴적물은 200g씩 분석하였다. 대부분의 시료는 4phi(ϕ) 이하의 세립질을 먼저 습식 분석으로 제거하고 그 다음 4phi 이상의 조립질을 체분석하였다. 습식 분석은 비이커에 의한 침강법으로 분석했다. 퇴적물 입경별 침강 시간은 수온에 따라 다른데,

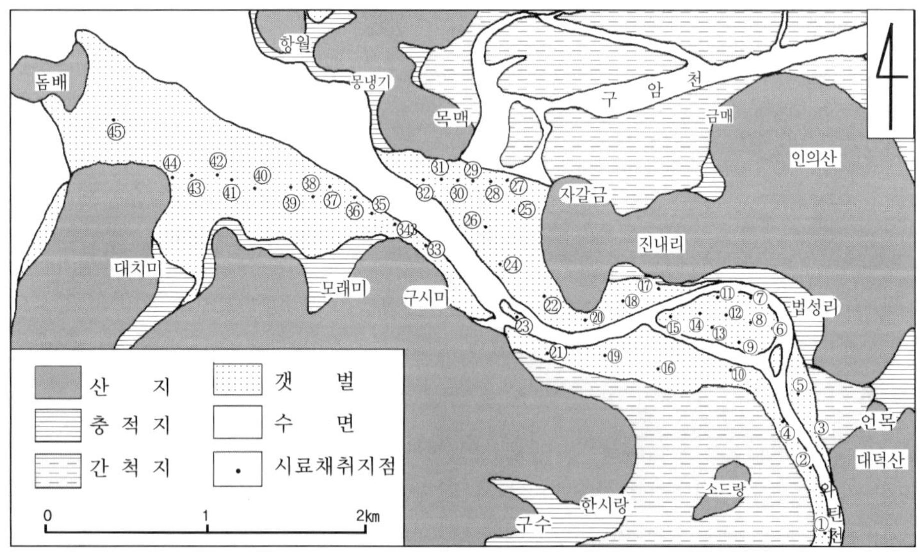

〈그림 5-5〉 법성만 갯벌의 샘플 채취 위치

이것은 G. G. Stokes의 공식[3)]에 의해 계산하여 사용하였다. 분석한 결과를 phi scale별로 입자 양에 대한 백분율과 누계 백분율을 구하여 histogram 및 누가 곡선을 그리고 이 누가 곡선을 기초로 D. L. Inman의 공식[4)]에 의하여 각 시료별로 중앙 입경(Mdϕ), 평균 입경(Mϕ), 분급(S.D.), 왜도(Sk)를 계산하였다.

2) 평균 입경

<그림 5-6>은 법성만 갯벌 퇴적물의 평균 입경 분포도이다. 소드랑,[5)] 언목, 법성리앞 갯벌이 가장 세립질로서 평균 입경 6phi 이상으로 나타났다. 염생 식물의 피복 밀도가

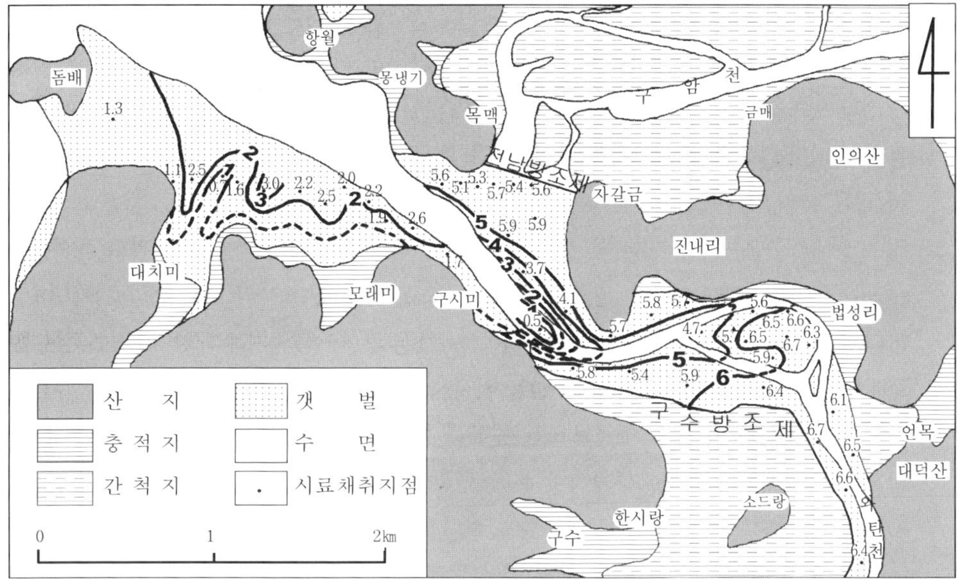

〈그림 5-6〉 법성만 갯벌 퇴적물의 평균 입경 분포도

3) 퇴적물 입경별 침강 시간을 계산한 G. G. Stokes의 공식

$$v = \frac{2}{9} g \frac{\sigma - \sigma 0}{\eta} r2$$

(v : 침강속도, g : 비중, σ : 입자의 비중, σ0 : 용액의 비중, r : 입자의 반경)

4) Mdφ = 빈도 50% 지점의 φ scale 값

$$M\varphi = \frac{84\varphi + 16\varphi}{2}, \quad S.D. = \frac{84\varphi - 16\varphi}{2}, \quad Sk = \frac{M\varphi - Md\varphi}{S.D.}$$

5) '소드랑' 및 이보다 아래쪽에 '작은 소드랑'이라는 지명이 있는데 이들은 모두 이 주변 지역이 간척되기 전에는 법성만에 있던 '소드랑 섬', '작은 소드랑섬'이었다.

높은 갯벌도 평균 입경 6 등치선 안쪽에 나타나며, 이보다 바깥쪽에는 성글어지고 곧 없어진다.

다음으로 구시미 나루터 주변과 전남 방조제 앞 갯벌 퇴적물의 평균 입경이 5phi~6phi 사이로 세립질이다. 전남 방조제 앞은 만의 위치상 중부 조간대에 해당되기 때문에 이보다 더 조립질 퇴적물 분포가 예상되는 지역인데 방조제가 막혀지므로 그 앞의 갯벌이 세립질의 뻘로 바꾸어진 것 같다. 뻘, 즉 silt질 퇴적물이 퇴적되는 환경은 흙탕물이 오랫동안 정지된 상태로 있는 것이 필요하다. 내만 즉 상부조간대는 밀물 때 바다 쪽에서 밀려온 흙탕물이 다음 썰물 때까지 수시간 정수 상태로 머물러 있으며 이 때 뜨짐 퇴적물(suspended load)인 실트질이 퇴적된다. 그러나 만구 쪽 즉 하부 조간대는 물이 들고 나면서 모래와 같은 밑짐 퇴적물(traction load)은 퇴적되지만 뜨짐 퇴적물은 정수 상태에 일시적으로 퇴적되더라도 뒤따라 발생하는 조류에 의해 침식되어 제거된다. 중부 조간대는 이의 중간 상태로 뜨짐 퇴적물과 밑짐 퇴적물이 혼합된 퇴적상을 보인다.

전남 방조제 앞 갯벌은 방조제가 건설되지 않았을 때는 중부조간대에 해당되어 밑짐과 뜨짐의 퇴적물이 혼합된 퇴적상을 이루었을 것으로 예상된다. 그러나 방조제가 막혀지면서 밀물 때 바닷물이 방조제안쪽 구암천 하류 쪽으로 더 올라가지 못하고 방조제 앞에서 정수 상태를 오랫동안 유지하기 때문에 뜨짐의 퇴적이 탁월하여 나타난 결과로 해석된다.

모래미, 대치미 앞 갯벌은 평균입경 3phi 이하로 중사 및 조사의 모래 갯벌로 이루어져 있다. 그러나 중앙물길 쪽으로 갈수록 2phi, 3phi로 세립화되고 해안 쪽으로 갈수록 1phi 전후로 조립화되는 경향을 보인다. 이것은 저조위 때 정수 상태가 중앙물길 부근이 더 오래되고 수심이 깊기 때문으로 판단된다. 또한 만을 가로지르는 방향으로 몇 개의 사퇴가 형성되어 있는데, 사퇴 부분은 조립질의 모래이고 사퇴와 사퇴 사이에 일종의 swale에 해당되는 부분은 점토가 섞여 보다 세립화되는 경향이 있다.

또한, 구시미 나루터 앞 중앙 물길 가운데 작은 하중도형의 갯벌이 있는데, 이 갯벌은 대조의 저조위 때에만 수면 위로 노출되는데 이 부분(시료 23)과 그 가장자리 퇴적물의 평균입경은 0.5phi 정도의 조립질 모래로 이루어져있다. 지형적으로 이 부분은 만의 폭이 좁아서 조류가 아주 빠를 것으로 예상되어지는데 이와 같은 빠른 조류 때문에 나타난 퇴적상으로 해석된다.

3) 분급

법성만 갯벌 퇴적물의 분급 상태를 나타낸 것이 <그림 5-7>이다. 분급(分級, sorting)이란

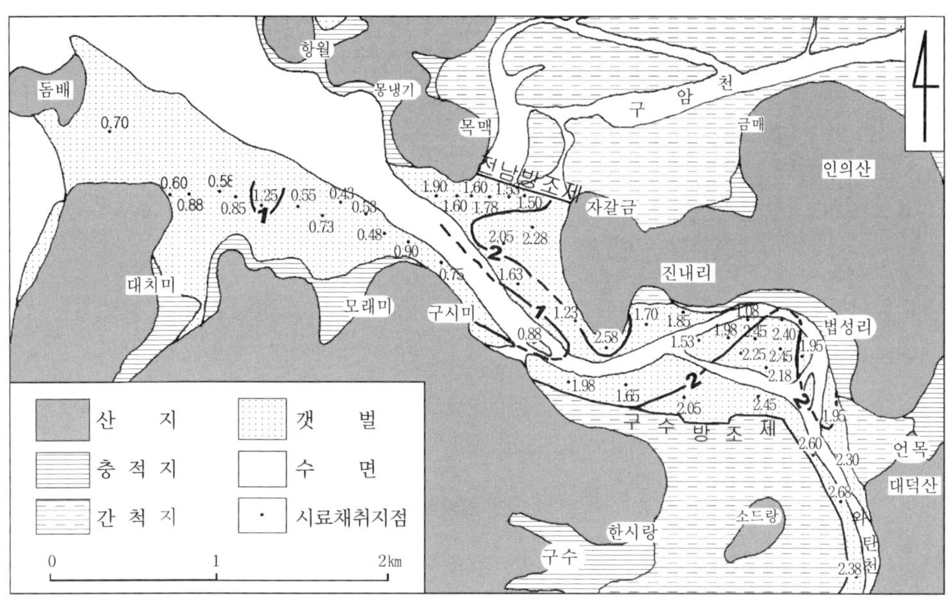

〈그림 5-7〉 법성만 갯벌 퇴적물의 분급 분포도

퇴적물 입자가 같은 크기의 것들로 모여 있어 퇴적물 입경분포가 평균 입경 주변에 집중되어 있는지, 아니면 다양한 크기의 입자가 섞여 있어 분포 곡선이 넓게 퍼져 있는지를 나타내며, 일반적으로 표준 편차(SD)로 표시한다. 표준편차가 2phi 이상이면 분급이 나쁜 것으로, 1phi 이하이면 분급이 좋은 퇴적물로 분류된다.

언목, 소드랑, 법성리 앞 갯벌 퇴적물은 분급이 나빠 2phi 이상이고, 전남 방조제 앞 갯벌 중에서도 동쪽 반지역에서 2phi 이상의 수치를 보인다. 한편 대치미, 모래미 앞 갯벌 퇴적물의 대부분은 1phi 이하로 양호한 분급 상태를 보인다. 이들 두 지역의 중간에 위치한 진내리 앞 갯벌과 전남 방조제 앞 갯벌의 서쪽 반지역이 1~2phi의 보통 정도의 분급 상태이다. 분급과 평균 입경 분포를 비교해 보면 평균 입경이 세립일수록 분급이 나쁘고, 조립일수록 분급 상태가 좋아지는 경향이 나타난다.

<그림 5-8>은 가로축에 평균 입경, 세로축에 분급을 둔 좌표에 45개 시료를 plotting하고 이들 두 대표치 간의 관계를 살펴본 것이다. 이 그림에서 회귀 방정식은 y=0.319 x +0.131로 나타났으며, 상관계수는 0.92로 비교적 높은 상관관계를 보이고 있음을 알 수 있다.

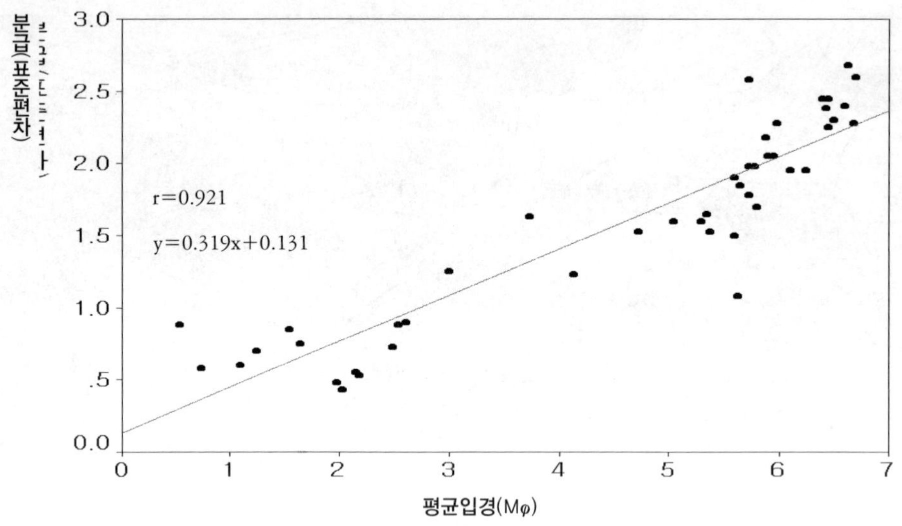

〈그림 5-8〉 법성만 갯벌 퇴적물의 평균입경과 분급 간의 상관관계

4) 왜도

왜도(歪度, skewness)는 퇴적물 입경 분포 곡선에서 평균 입경을 중심으로 어느 쪽이 더 확산되어 있는가를 나타내는 대표치이다. 왜도는 그 수치가 +이냐 -이냐에 따라 각각 positive skewness, negative skewness라 하고, 전자는 세립질 쪽의 퇴적물이 확산 분포하는 경우에 나타나고 후자는 조립질 퇴적물 쪽이 확산 분포할 때 나타나며 0은 좌우대칭의 histogram을 나타낸다(그림 5-9).

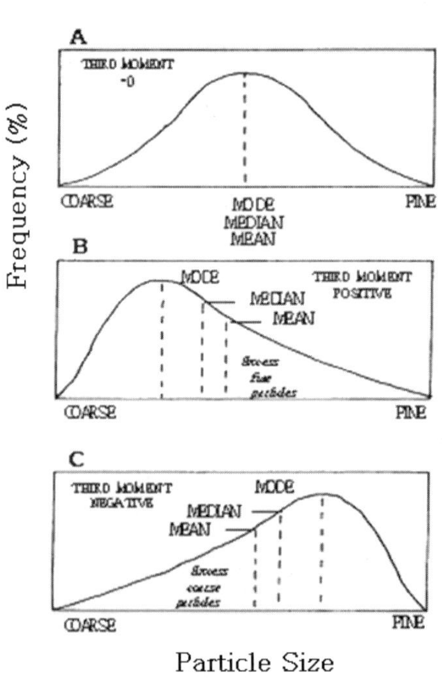

〈그림 5-9〉 왜도와 빈도분포곡선
(Friedman, G. M, 1978)

<그림 5-10>은 법성만 갯벌 퇴적물의 왜도를 나타낸 그림이다. 법성만 갯벌 퇴적물의 왜도는 구시미, 모래미, 대치미 지역 해안 쪽 사질 퇴적물과 구시미 나루터 앞 하중도형의 갯벌에서 negative skewness를 보이고, 그 밖의 대부분의 지역은

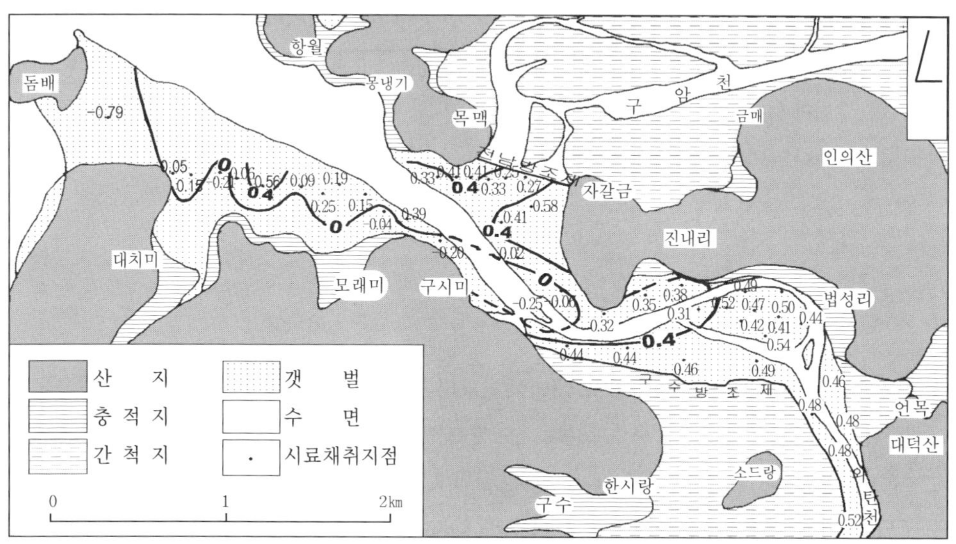

〈그림 5-10〉 법성만 갯벌 퇴적물의 왜도 분포도

positive skewness를 보인다. positive지역 중에서도 0.4 이상의 보다 탁월한 positive현상을 보이는 지역은 역시 내만의 상부 갯벌 지역과 전남 방조제 앞의 일부 갯벌 지역이다. 따라서 법성만 갯벌 퇴적물은 하부 갯벌의 해안 쪽을 제외한 모든 지역의 퇴적물은 세립질 퇴적물이 더 확산 분포하고 있음을 알 수 있다.

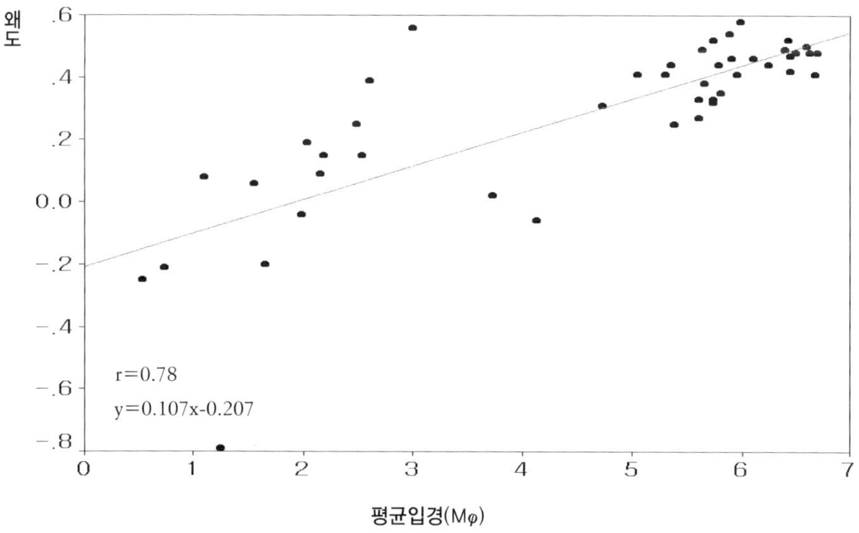

〈그림 5-11〉 법성만 갯벌의 평균 입경과 왜도와의 상관관계

<그림 5-11>은 가로축에 평균 입경, 세로축에 왜도를 둔 좌표에 45개 시료를 plotting하고 이들 두 대표치 간의 관계를 살펴본 것이다.

이 그림에서 회귀 방정식은 y=0.107 x -0.207로 나타났으며, 상관 계수는 0.78로 평균 입경과 분급의 상관관계보다 낮지만 그래도 비교적 양호한 상관관계를 보이고 있음을 알 수 있다.

5) 표면 퇴적물 특성에 의한 갯벌 구분

퇴적물 특성에 의해서 갯벌은 내만에서부터 만구 쪽으로 가면서 염생 습지(salt marsh), 뻘 갯벌(mud flat), 혼합 갯벌(mixed flat), 모래 갯벌(sand flat)로 나누어진다. 본 연구에서는 이 구분을 45개 시료의 입도 분석 자료를 기초로 silt와 모래의 경계인 4phi를 중심으로 4phi 이상의 세립질 퇴적물이 90% 이상을 차지하는 샘플 지역을 뻘 갯벌로, 4phi이하의 조립질 퇴적물이 90% 이상인 갯벌을 모래 갯벌로 구분하고, 어느 쪽에도 포함되지 않는 중간지역을 혼합 갯벌로 분류했다.

혼합 갯벌로 분류된 시료 중 15, 20, 22, 24, 31, 32번 시료는 실트가 중심 퇴적물이고 모래가 10~44%까지 포함되어 있는 것으로 중부 갯벌에 나타난다. 그러나 34, 40, 43번 시료는 모래가 중심 퇴적물이고 실트가 10~20% 정도 포함되어 있는 퇴적물로 하부갯벌의 중앙 물길 쪽에 분포한다.

뻘 갯벌은 염생 습지와 뻘 갯벌로 다시 나눌 수 있는데 이 경계는 현지 조사에서 염생 식물이 분포 상태를 조사하여 경계를 설정하였다. 법성만의 염생 식물은 대부분이 칠면초로서 피복도가 상당히 높고 넓은 면적에 걸쳐 형성되어 있다. 경계선 바깥쪽에도 성글게 염생 식물이 일부 분포하고 있기도 하지만 그 피복도가 아주 성글고 곧 그 분포가 사라진다. 이상과 같은 과정을 거쳐 분류한 결과도가 <그림 5-12>이다.

염생 습지(salt marsh)는 법성리 앞 하중도형 갯벌과 구수 방조제 앞 지역, 즉 법성만의 가장 내만 쪽 대략 표고 2m 이상 지역을 차지한다. 2004년 조석표(해양수산부 발행)를 이용하여 법성만과 가장 가까운 안마도 검조소에서 만조위가 5m(해발 2m) 이상되는 횟수를 1년간 집계해 보니 연간 224번으로 하루에 두 번씩 일년 총만조위 횟수 730번에 대한 약 31%이다. 만조위 유지 시간을 평균 2시간으로 계산하면 448시간이 되는데, 이것은 1년 총 8,760시간의 약 5%이다. 이 갯벌에 염생 식물이 형성되는 것도 해면상에 노출되는 시간이 침수되는 시간보다 약 20배나 더 길기 때문에 가능한 것으로 판단된다. Larsonner의 프랑스 Mont Saint-Michel 만의 연구에서도 supratidal zone의 salt marsh 형성은

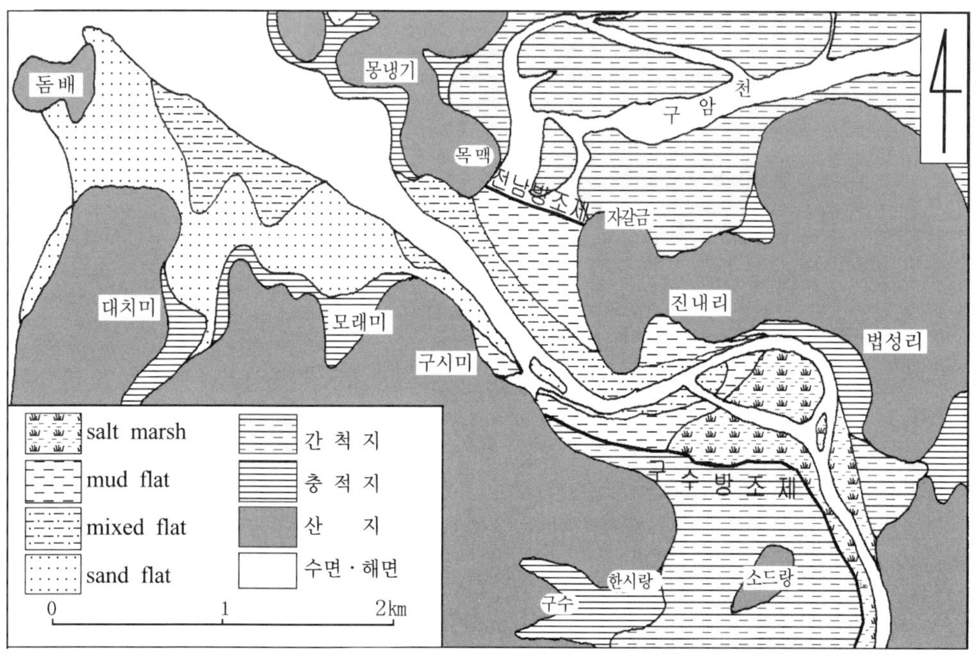

〈그림 5-12〉 법성만 갯벌 분류도

단지 전체 만조 횟수의 약 30% 정도인 대조의 고조위 때만 침수되는 지역에서 형성된다고 하였는데 본 지역의 31%는 이것과 아주 잘 부합된다고 할 수 있다.

구수 방조제가 형성되기 전에는 소드랑 섬 주변에도 염생 습지가 넓게 형성되어 있었다고 한다. 염생 습지가 형성된 갯벌의 지형적 특색은 표면이 아주 평탄한 반면에 물길 쪽에는 아주 가파른 애면을 이루어 마치 개석된 고원 지형과 같은 모습을 보인다. 법성리 앞 하중도형 갯벌 주변에는 약 5m 높이의 가파른 애면이 형성되어 있다. 이와 같은 지형이 형성될 수 있는 것은 점토의 점성과 염생 식물의 뿌리들이 평탄면을 유지할 수 있도록 하기 때문이라 생각된다.

뻘로 이루어졌으면서도 발이 깊게 빠지지 않고 다져져 있다. 염생 습지 퇴적물은 평균 입경 6phi 이상의 세립질 퇴적물이고 분급이 2.0phi 이상으로 아주 나쁘며, +0.4 이상의 높은 positive skewness를 보인다.

뻘 갯벌(mud flat)은 전남방조제 앞과 진내리 앞쪽에 형성되어 있는데 전체적으로 중앙 물길 쪽으로 완만히 기울어진 형태의 지형면을 보이고 발이 깊이 빠지는 뻘로 이루어져 있다. 갯골의 깊이가 일반적으로 1m 전후의 갯골이 형성되어 있다. 그러나 전남방조제 앞에서 구암천의 물이 배수되는 중앙 물길은 예외적으로 아주 깊게 형성되어

〈그림 5-13〉 혼합 갯벌

〈그림 5-14〉 모래 갯벌

있다. 뻘 갯벌 퇴적물은 평균 입경이 5～6phi이며 분급은 1.5～2.5phi 정도이고, 역시 positive skewness를 나타낸다.

뻘 · 모래 혼합 갯벌(mixed flat)은 중앙 물길에 접하여 좁게 형성되어 있다. 중부조간대의 혼합 갯벌은 실트 중심의 혼합 갯벌이고, 하부조간대의 혼합 갯벌은 모래 중심의 혼합 갯벌이다. 혼합 갯벌의 갯골은 그 깊이가 더욱 얕으며 곡벽의 경사도 완만하고 갯골이 심하게 사행을 하고 있는 것이 특징이다(그림 5-13). 이와 같은 사행은 밀물때 물이 들어가고 썰물때 물이 빠지면서 측방 침식이 일어나 형성된 것으로 판단된다. 혼합 갯벌에는 게, 갯지렁이 등 구멍을 파고 들어가 사는 동물이 많아 물이 빠졌을 때 많은 구멍이 형성되어 있는 것이 특색이다. 혼합 갯벌 퇴적물은 평균 입경이 2～5phi로 많이 굵어졌으며 분급도 0.8～2.0phi로 다양하고 역시 positive skewness를 보인다.

모래 갯벌(sand flat)은 대치미, 모래미 앞 지역 즉 하부조간대에 넓게 형성되어 있다. 모래 갯벌에는 갯골이 전혀 나타나지 않으며 높이 수㎝의 물결무늬가 나타나고 있는 것이 특색이다. 중앙 물길 쪽으로 완만히 기울어진 아주 평탄한 지형을 이룬다(그림 5-14). 모래 갯벌에 갯골이 형성되지 않은 것은 모래가 계속 무너져 곡을 형성할 수 없기 때문이라 생각된다. 모래 갯벌 퇴적물은 평균 입경이 2phi 이하로 굵고 분급도 1.0phi 이하로 아주 좋으며 negative skewness를 보인다.

〈그림 5-15〉 벗겨져 나가고 있는 여름뻘층

〈그림 5-16〉 모래 갯벌의 물결무늬

6) 갯벌 퇴적물의 계절 변화

갯벌의 퇴적물은 파랑의 에너지의 계절 변화에 따라 퇴적물 특색 또한 계절 변화를 보인다. 이와 같은 계절 변화는 만구 쪽 sand flat에서 두드러지며 파랑이 상대적으로 잔잔한 여름 동안은 sand flat위에 뻘층이 퇴적된다. 그러나 겨울에 북서 계절풍으로 파랑의 에너지가 강해지면 여름에 퇴적되었던 뻘층이 벗겨나가고 다시 모래층이 나타난다. 2004년 11월 16일에 현지 조사를 갔을 때 여름에 쌓였던 뻘층이 점차로 벗겨져나가고 있는 것을 많이 관찰할 수 있었다(그림 5-15). 사진에서 펜의 아래쪽 부분은 모래 갯벌이며, 펜 두께 정도의 여름에 퇴적된 뻘층이 벗겨져 나가고 있는 것을 보여준다. 겨울이 지난 3월경이 되면 이 뻘층이 모두 제거되고 모래 갯벌만 남는다.

<표 5-2>는 시료 34, 40, 41, 43번 지역에서 벗겨져 나가고 있는 뻘층(여름 퇴적층)과 벗겨져 나가고 드러난 인접한 모래층(겨울층)의 퇴적물 특징을 비교한 것이다. <표 5-2>에서 볼 수 있는 것과 같이 여름 퇴적물의 평균 입경이 겨울 퇴적물에 비해 1~3phi 정도 세립화되었고, 분급도 평균해서 1phi 정도 나빠진 것을 알 수 있다

〈표 5-2〉 법성만 하부 갯벌의 여름·겨울 퇴적물 특징 비교

sample No.	겨울 퇴적물		여름 퇴적물	
	평균 입경	분급	평균 입경	분급
34	2.6	0.9	3.63	1.78
40	3.0	1.25	3.95	1.37
41	1.55	0.85	4.40	2.60
43	2.53	0.88	3.98	2.03

5. 요약

다양한 갯벌 지형을 모두 갖추고 있는 법성만 갯벌을 대상으로 간이 지형 측량을 실시하고, 표면 퇴적물의 입도 분석을 실시하여 이 갯벌의 지형 및 퇴적물 특성을 밝히고 갯벌을 분류하였다. 주요 결과는 다음과 같다.

1. 상부 조간대 갯벌은 평탄한 표면과 깊은 갯골이 특징이며, 부분적으로 염생 식물이 피복되어 있다. 중부 조간대 갯벌은 중앙 물길을 향해 완만히 기울어져 있고 얕은 갯골이 부분적으로 사행한다. 하부 갯벌에는 갯골이 없으며 물결무늬가 형성되어 있으며 수 열의 사퇴가 형성되어 있다.

2. 갯벌 표면 퇴적물은 내만에서 만구 쪽으로 가면서 평균 입경은 커지고, 분급은 좋아지며, positive skewness에서 negative skewness로 바뀐다.

3. 하부 조간대에서 파랑 에너지가 약한 여름에는 엷은 뻘층이 퇴적되지만 파랑 에너지가 강한 겨울에는 모두 침식된다. 퇴적물 입도 특성의 차이는 여름 퇴적물이 겨울에 비해 평균 입경이 1~3phi 정도 더 세립이고, 분급은 1phi 정도 더 나쁘게 나타났다.

4. 법성만 갯벌은 내만에서 만구 쪽으로 가면서 염생 습지, 뻘 갯벌, 혼합 갯벌, 모래 갯벌로 분포되어 있다. 염생 습지는 표고 2m 이상 지역에 형성되어 있고, 칠면초가 높은 밀도로 피복해 있다. 혼합 갯벌은 중앙 물길 가까이 대상으로 분포한다.

참고문헌

고철환. 2002.『우리나라 갯벌의 규모와 간척, 한국의 갯벌 - 환경, 생물 그리고 인간』. 서울대학교출판부. 1~85쪽.

권혁재. 1974.「황해안 간석지 발달과 그 퇴적물의 기원 - 금강·동진강 하구간의 간석지를 중심으로」. 지리학 제10호, 대한지리학회지. 1~12쪽.

김여상. 1988.「한국 서해 천수만 사장포 해안의 조간대층의 퇴적 환경과 진화」. 서울대학교대학원 박사학위논문.

류상옥. 2003.「한반도 서해안과 남해안의 반폐쇄된 만에서 조간대 퇴적물의 계절 변화에 관한 비교 연구: 서해안의 함평만과 남해안의 광양만」. 한국지구과학회지, 24(6). 578~591쪽.

류상옥, 김주용, 장진호. 2001.「서해 남부 무안만의 표층퇴적물의 분포와 조간대 퇴적률」. 한국지구과학회지, 22(1). 30~39쪽.

박의준. 2000.「순천만 염하구 퇴적과정의 시·공간적 변이」. 서울대학교대학원 박사학위논문.

반용부. 1975.「京畿灣의 干潟地 發達과 그 開發 - 인천 및 영종도 해안을 중심으로 -」. 고려대학교대학원 석사학위논문.

신동혁. 1998.「한국 서해안 가로림만 조간대 퇴적환경과 홀로세 해수면 변동」. 인하대학교대학원 박사학위논문.

신상은, 강석범, 고영구, 박배영, 윤석태, 김주용, 오강호. 2002.「한반도 남서해안 상부조간대의 퇴적상 및 지구화학적 특성」. 한국지구과학회지, 23(8). 722~735쪽.

장진호. 1995.「한국 서해안 곰소만 조간대의 퇴적 작용」. 서울대학교대학원 박사학위논문.

장진호, 박용안, 한상준. 1996.「한국 서해안 곰소만 조간대의 제4기 층서와 해수면 변화」. 韓國海洋學會, 바다, 1(2). 59~72쪽.

조명희, 조화룡. 1999.「위성영상을 이용한 줄포만 간석지의 미지형 분류와 지형적 특성」. 대한원격탐사학회지, 15(3). 217~225쪽.

朝鮮總督府 土地改良部. 1929. 朝鮮の 干拓事業.

조혜종. 1982. 한국지명요람. 영광군편.

해양수산부 국립해양조사원. 2004. 조석표(한국연안).

해양수산부 국립해양조사원. 2004. 법성포 부근 해도.

Evans, G. 1965. "Intertidal flat sediments and their environments of deposition in the Wash." *Quart. Jour. soc.*, London, 121. pp.209~245.

Evans, G. 1975. "Intertidal Flat Deposits of the Wash, Western Margin of the North Sea." In: Ginsburg R.N.(ed.), *Tidal Deposits*. Springer-Verlag. New York, pp.13~30.

Friedman, G.M., Sanders, J. E. 1978. *principles of sedimentology*. Jone Wiley & Sons. pp.58~82.

Larsonneur, C. 1975. "Tidal deposits, Mont Saint-Michel Bay, France." In: Ginsburg R. N.(ed.), *Tidal Deposits*. Springer-Verlag. New York. pp.20~30.

Reineck, H. E. 1975. German North Sea Tidal Flats, In: Ginsburg R.N.(ed.), *Tidal Deposits*. Springer-Verlag. New York. pp.5~12.

CHAPTER 6

와탄천 유역 분지의 지형 발달*

1. 서언

한반도는 구조적으로 비교적 안정되어 있고 신생대 중신세 이후 완만한 속도로 융기하고 있으므로 지형의 대부분이 오랜 침식의 결과를 반영하고 있다. 특히 융기 축들과 거리가 먼 서해안 지역에서는 침식 과정에서 지질의 침식 저항도, 즉 차별 침식의 결과가 지형에 반영된 경우가 매우 많다.

한편 서해안 지역의 하천변 퇴적 지형은 하류부의 상당 부분이 갯벌을 인위적으로 간척하여 만들어진 간척지로서 상류부의 하천이 형성한 하성 충적지와 하류부의 해성의 갯벌 지형이 결합되어 있으며 이 경계를 분명히 하는 것은 서해안의 퇴적 지형을 이해하는 데 매우 중요하다.

위와 같은 두 가지 서해안의 지형적 특징을 잘 반영하고 있는 모식지의 하나로 전라북도 고창군과 전라남도 영광군을 유역 분지로 하고 있는 와탄천을 대상으로 이 유역 분지의 침식 지형과 퇴적 지형을 분석하고 지형 발달을 고찰하였다.

본 연구를 위하여 먼저 지질도를 분석하고, 다음으로 절봉면도, 기복량도를 작성 · 분석했으며, 현지조사에서는 노두 관찰과 boring stick에 의한 보링 조사를 실시하고 하상 퇴적물과 갯벌 퇴적물을 채취하여 실험실에서 퇴적물 입도 분석을 실시하였다. 또한 과거의 해안선을 추정하기 위하여 지명 유래를 분석하여 참고하였다.

---

* 이윤화 · 조화룡, 1995, 한국지형학회지, 12(1), 77~90쪽.

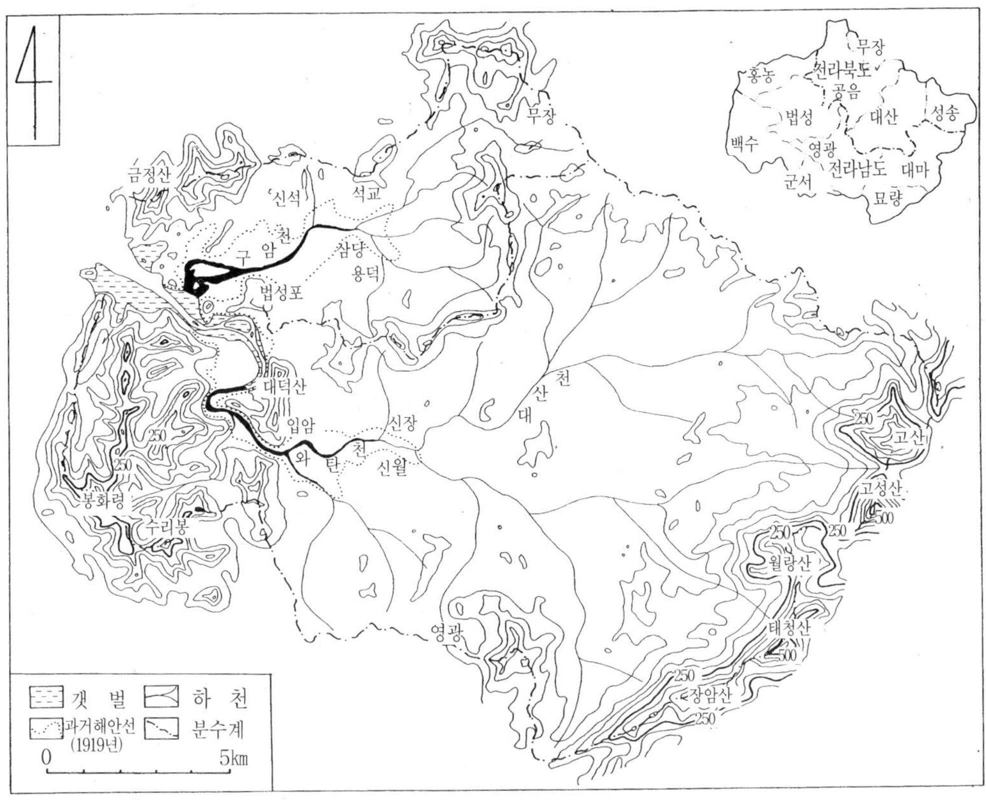

〈그림 6-1〉 와탄천 유역 분지의 절봉면도

2. 와탄천 유역 분지

와탄천(瓦灘川)은 노령산맥 서사면에서 발원하여 서쪽으로 흘러 법성만으로 유입되는 주류의 길이가 25.4㎞인 작은 하천이다. 그런데 법성만이 서해안 다른 하천의 하구에 형성된 나팔 모양의 만과는 달리 좁고 긴 하곡의 형태를 이루고 있어서 이 만의 만구까지 와탄천을 연장하면 약 30㎞의 길이가 된다. 또한 진내리 부근에서 법성만으로 유입되는 작은 하천 구암천(九岩川, 주류길이 17.2㎞)이 있는데, 법성만을 와탄천의 연장이라고 보면 이 하천은 와탄천의 지류라고 볼 수 있다(그림 6-1).

본 연구에서 와탄천 유역 분지라고 하는 연구 지역의 범위는 법성만으로 유입되는 와탄천과 구암천이 이루는 유역 분지를 대상으로 하였다. 이렇게 규정하였을 때 유역 분지의 면적은 281㎢이다. 행정적으로 이 지역은 전라남도 영광군의 홍농읍, 백수읍, 영광읍, 법성면, 대마면, 묘량면, 군서면 지역과 전라북도 고창군의 공음면, 대산면,

무장면, 성송면 지역에 해당된다.

와탄천의 수계는 와탄천 본류와 지류인 대산천, 군서천 등으로 이루어졌고, 수지상 하계망을 이루며 하류부의 본류는 부분적인 곡류 유로를 형성하고 있다. 구암천은 구암천 본류와 지류 칠암천으로 이루어져 있다.

3. 와탄천 유역 분지의 지질

와탄천 유역 분지에 해당하는 1/50,000지질도는 남부의 '영광', '가음도' 도폭은 작성되어 있으나 북부의 '법성포', '고창' 도폭은 작성되어 있지 않았다. 따라서 <그림 6-2>는 1/250,000 '광주' 도폭의 지질도를 바탕으로 일차적으로 작성하였고, 이미 작성된 부분의

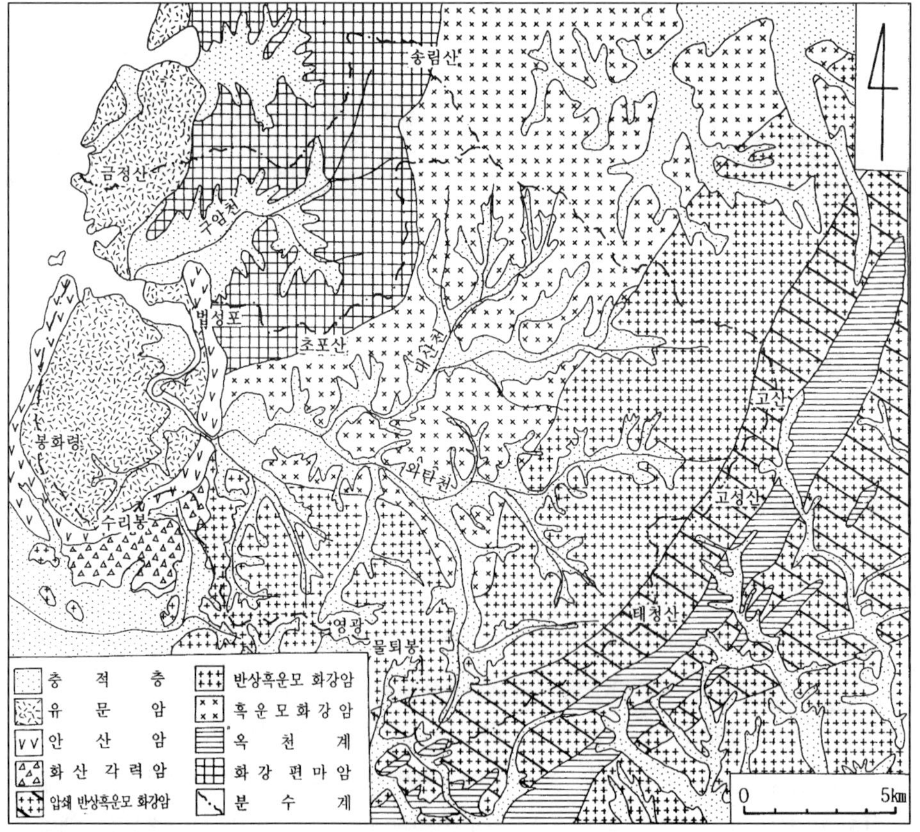

* 자료; 1/5만 영광, 가음도폭 및 1/25만 광주도폭 지질도

〈그림 6-2〉 와탄천 유역 분지의 지질도

1/50,000 지질도를 참고하여 부분적으로 수정 · 보완하였다.

와탄천의 발원지인 남동부 지역에는 고생대 말에 형성된 것으로 추정되는 천매암, 규암, 석회암으로 이루어진 소위 옥천층군의 지질이 북동-남서 방향으로 대상 분포하고, 이 옥천층군의 지질에 접하여 압쇄변질(壓碎變質)된 화강암인 반상(班狀) mylonitic 화강암이 분포한다. 이 반상 mylonitic 화강암은 화강암이 압쇄되는 과정에서 구성 입자들이 신장되고 재응결되어 풍화에 저항이 큰 변질된 화강암이 된다고 한다(최위찬, 1986).

이러한 압쇄변질 작용은 전주-무안의 구조선을 따라 예상되는 우수주향이동단층(dextral strike slip faulting)과 관련 있는 것으로 보고 있으며, 변질정도는 옥천계 편암들과 접한 부분이 높고 바깥쪽으로 갈수록 변질정도가 낮아진다고 보고하고 있다(장태우, 1984).

이들 옥천계 편암류와 압쇄 변질된 화강암 지대는 노령 산맥 남단부에 해당되어 고산(高山, 505m), 고성산(古城山, 546m), 월랑산(月朗山, 430m), 태청산(太淸山, 593m), 장암산(場岩山, 483m)등이 솟아 저평한 주변 지형과는 대조적으로 높은 산지를 이루며, 이들 산지를 연결한 주능선은 와탄천의 동남쪽 분수령이 된다. 이보다 서쪽 즉 와탄천의 중류 지역에는 반상흑운모 화강암, 흑운모 화강암이 차례로 북동-남서 방향으로 배열되어 있다.[1] 반상흑운모 화강암은 흑운모 화강암의 남동쪽에 분포하고, 대부분이 100m이하의 지형이지만 장자산(莊子山, 100m), 성산(城山, 146m), 관현산(觀賢山, 140m), 노인봉(老人峯, 190m), 물퇴봉(257m) 등 중기복의 구릉지를 이루는 곳도 있다. 반면에 흑운모 화강암은 반상흑운모 화강암의 북서쪽에 분포하고 대부분이 50m 이하의 고도를 보이는 파랑상의 저기복 구릉지를 이룬다.

구암천 유역 분지에는 선캠브리안기에 형성된 소백산 콤플랙스의 하나인 화강 편마암이 분포한다. 이 지질과 화강암의 지질 경계선을 따라 오봉산(五峯山, 162m), 초포산(初布山, 205m), 월산(月山, 200m), 송림산(松林山, 295m), 덕림산(德林山, 141m), 망덕산(望德山, 100m) 등의 경사가 급한 구릉성 산지가 형성되어 구암천의 분수령을 형성하고 있다.

와탄천 하류부 즉 해안 쪽에는 봉화령(376m), 수리봉(351m), 대덕산(大德山, 242m), 금정산(金井山, 237m)등으로 이루어진 표고 200~400m의 경사가 급한 산지가 형성되어 있는데 이를 '해안 산지'라 칭하기로 한다. 이 해안 산지는 중생대 백악기 말에 분출한 소위 유천층군의 지질이다. 중앙에 유문암이 분포하고 그 주변에 환상으로 안산암이, 그리고 바깥쪽에 화산 각력암의 순으로 배열되어 있다. 이들 지질의 분출 순서는 역으로 화산 각력암이 먼저 분출하고, 다음으로 안산암 그리고 마지막에 유문암이 분출했다.

충적층은 와탄천 본류와 대산천, 구암천을 연하여 분포하여 최대폭 1㎞ 정도의 충적

---

1) 1/250,000 지질도에서는 엽리상 화강암과 화강암으로 분류하고 있는데, 여기서는 1/50,000 영광 지질도폭의 명명법에 따라 전자를 반상흑운모 화강암, 후자를 흑운모 화강암으로 부르기로 한다.

평야를 형성한다. 중상류부 퇴적 평야는 하천 퇴적물로 이루어진 충적 평야이고, 하류부 즉 와탄천의 서당촌보다 하류 쪽 평야와 구암천의 석교리(石橋里)보다 하류쪽 평야는 갯벌이 간척되어 만들어진 간척 평야이다.

4. 와탄천 유역 분지의 침식 지형

1) 와탄천 유역 분지의 기복량 분석

와탄천 유역 분지의 침식 지형은 산지와 구릉지를 이루고 있다. 이들 침식 지형을 지질과 관련시켜 분석하기 위하여 이 유역 분지의 기복량을 분석했다.

<그림 6-3>은 와탄천 유역 분지의 기복량 분포도이다. 이 기복량 분포도는 1/25,000

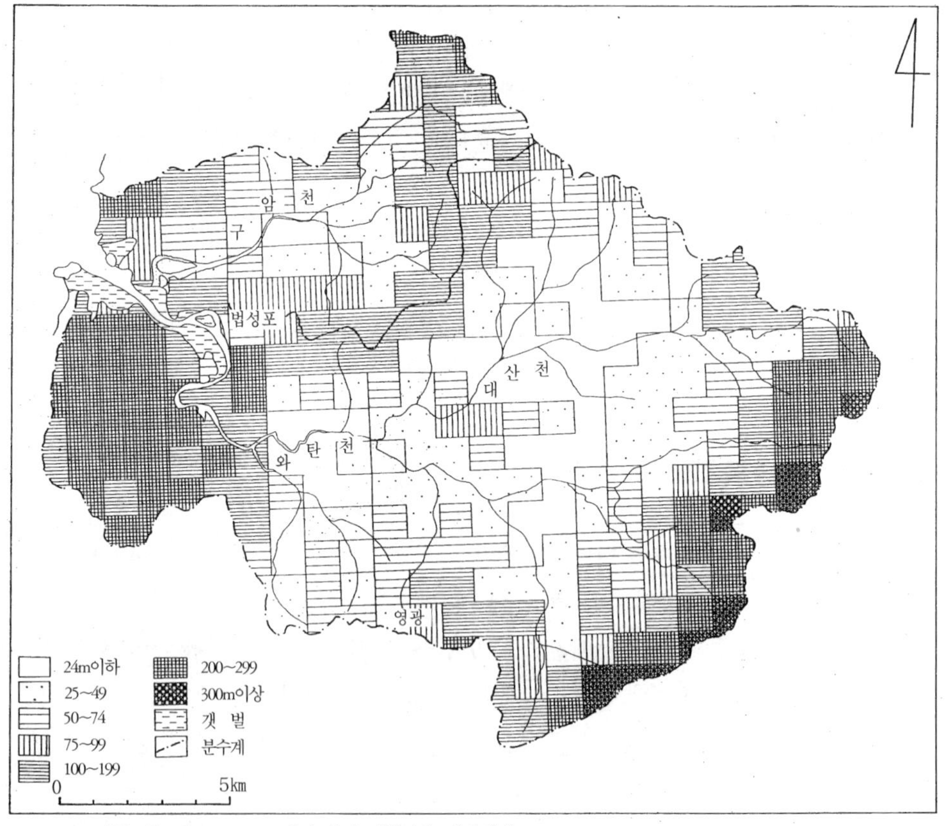

*1/25,000 지형도를 기도로 1×1㎞방안 내의 기복량을 계산했다.

〈그림 6-3〉 와탄천 유역 분지의 기복량 분포도

지형도에 1×1㎞ 방안을 설정하고 각 방안내의 최고 고도와 최저 고도 간의 차를 계산하여 작성하였다. 방안의 크기는 고도생장곡선을 그려서 방안의 크기를 정했다.

가장 큰 기복량을 보이는 지역은 압쇄변질 화강암(반상 mylonitic 화강암)지질이 분포하는 동남부 분수령 지대로 기복량이 200~400m에 달하는 산지를 이룬다. 다음으로 큰 기복량을 보이는 지역은 유천층군의 화산암으로 이루어진 해안 산지로 100~350m의 기복을 보인다. 유천층군이 이와 같이 고기복의 험준한 지형을 이룬다는 것은 이금삼(1999)의 연구에서도 지적한 바 있다. 세 번째로 기복량이 큰 지역은 구암천 유역의 화강편마암 지대로 50~200m의 기복량을 보인다.

본 유역 분지에서 분포 면적이 가장 넓은 화강암 지역은 기복량이 매우 낮게 나타나고 있다. 화강암 중에서도 동남쪽에 분포하는 반상흑운모 화강암의 기복량이 약간 높고 흑운모 화강암의 기복량이 가장 낮다. 흑운모 화강암 지역의 과반수(56%)지역이 20~30m의 기복량을 나타내고 있다.

<그림 6-4>는 지질별 기복량 빈도 분포를 그래프에 나타낸 것이며 지질명에 붙여진 숫자는 그 지질의 평균 기복량이다.

압쇄 변질 화강암의 평균 기복량은 293m, 유천층군의 화산암은 190.9m, 화강 편마암은 102.3m로 각각 약 100m 정도씩 차이를 보인다. 반상흑운모 화강암은 66.4m이고, 흑운모

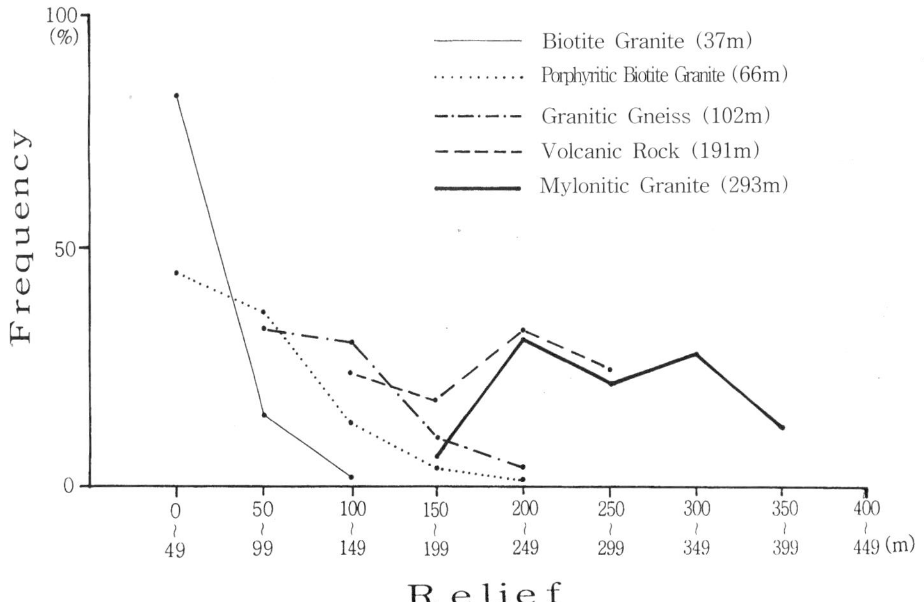

* ( ) 숫자는 평균기복량이다.

〈그림 6-4〉 지질별 기복량 빈도 분포

화강암은 37.4m로 가장 낮다.

기복량이 이와 같은 차이를 보이는 것과 같이 이 지역의 지형은 지질의 풍화 침식에 대한 차이를 전형적으로 반영하고 있다고 할 수 있다. 즉 풍화 침식에 강한 동부의 압쇄 변질 화강암과 서부의 화산암 분포 지역은 고도 200～500m, 기복량이 200～300m, 사면 경사가 10～35°에 이르는 산지를 이루고 대부분 삼림으로 덮여 있거나 부분적으로 노암이 들어난 지형을 이룬다. 동부의 이 산지는 노령산맥의 남쪽 일부이며, 그 연장이 북동쪽으로는 전주 남쪽까지 같은 지질·지형으로 계속된다. 서부의 해안 산지는 보다 북쪽에 '선운산 도립공원'지역, '변산반도 국립공원' 지역이 역시 같은 지질·지형의 특색을 보인다.

한편 심층 풍화 때문에 침식에 약한 화강암 분포 지역은 대부분의 지역이 고도 100m이하, 기복량 50m 이하, 사면 경사 1～2°의 저기복의 파랑상의 구릉지를 형성하고 있고 대부분이 밭농사 지역으로 이용되고 있다. 이와 유사한 지질·지형 특색을 보이는 지역은 보다 북쪽의 '고부' 주변 지역과 '김제' 주변 지역을 들 수 있으며 크게 보아 이 지형은 우리나라의 대표적인 침식 평야라 할 수 있다.

앞의 두 지질의 중간적인 성격을 갖는 화강 편마암 지역은 고도 100～200m, 기복량 100m 전후, 사면 경사 5～10°의 구릉지를 이룬다. 부분적으로 밭농사 지역으로 이용되지만 대부분은 삼림이 덮여 있다.

2) 대산천 주변의 저기복 구릉지

앞에서 언급된 흑운모 화강암 지대에 형성된 저기복 구릉지는 본 유역 분지에서는 전라북도 고창군 대산면 지역에 전형적으로 형성되어 있지만, 우리나라의 다른 지역에서도 이와 같은 지형들이 넓게 분포한다. 즉, 여주·이천 지역, 충주시 주변 지역, 김제시 주변 지역, 영주시 주변 지역, 거창군 지역, 남원시 주변 지역 등지에서 전형적으로 나타난다. 그래서 혹자는 우리나라의 이와 같은 지형을 '침식 평야' 또는 '침식 저지'라고 부르기도 한다.

<그림 6-5>는 1/25,000 지형도 영광도폭의 대산면 및 그 주변 지역의 절봉면 등고선과 지형 분류를 나타낸 그림이다.

절봉면 등고선 배열을 살펴보면 저기복 구릉지는 산지와 뚜렷한 경사 변환을 이루고 있음을 동부 중산리(中山里)에서와 서부 월산리(月山里)에서 확인할 수 있다. 산지 사면의 경사는 10～20°로 급한데 반하여 구릉지면의 경사는 1～2° 정도이다.

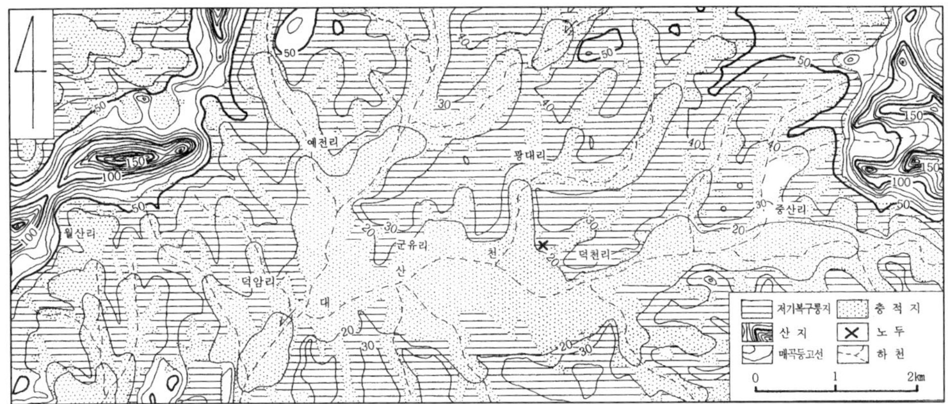

* 등고선은 10m 간격의 절봉면(250m 이하곡 매곡) 등고선임.

〈그림 6-5〉 대산천 주변의 저기복 구릉지

한편 충적 평야와의 경계도 군유리(郡儒里), 덕천리(德川里), 중산리(中山里에)서 볼 수 있는 것과 같이 등고선 간격이 조밀하여 낮은 애면을 이루고, 또한 사방에서 작은 곡에 의하여 개석을 받고 있음을 알 수 있다. 그러나 꼭대기면은 아주 평탄하여 종단 경사가 0.5° 정도로 아주 완만하다. 이와 같이 저기복 구릉지 지형은 전체적으로 보아 개석된 단구 지형과 유사하다. 그러나 면상에 역층을 얹고 있는 곳은 발견되지 않는다.

<그림 6-6>은 덕천리 부근에서 관찰된 노두로 하부 약 3m는 심층 풍화되어 saprolite로 이루어진 기반암이었고 그 상부에는 두께 1.5m의 적색(Hue 10R 4/6) 토양이 퇴적되어 있었다. 토양의 아래 부분에는 조립의 사질 입자가 약간 섞인 실트 혹은 점토이었으나 위쪽으로 갈수록 사질분이 없어지고 실트 및 점토만으로 이루어진 적색토가 퇴적되어 있었다. 이들 적색토는 토양속의 철분이 많이 산화된 토양으로 뢰스와 화강암 풍화토가 섞여 있는 것으로 판단되었다. 표토가 이와 같이 적색토임으로 이 구릉지 상에 개간되어 있는 밭들의 토양도 붉은 색을 띠고 있다.

3) 하류부에서 감입 곡류하는 와탄천

법성만을 포함한 와탄천의 하류 구간이 유천층군으로 이루어진 해안 산지를 감입 곡류하면서 가로지른다. 특히 입암리(笠岩里) 부근 약 1㎞ 구간에서는 고도 200m가 넘는 산지를 수직으로 개석하여 하상의 표고가 0m에 이르는 'V'자곡을 형성하고 하천만 지나가는 결상곡(缺床谷)을 형성하고 있다. 또 여기서부터 법성포 만구까지 곡은 곡류를 하고 있는 패턴을 보여 후빙기 해진에 의해 익곡되기 전 와탄천 하류와 법성만은 감입

〈그림 6-6〉 덕천리 저기복 구릉지의 노두

곡류곡이었음이 틀림없다. 현재의 지형 상태로만 와탄천 유로를 생각해 보면 군서면과 백수읍 경계 부근의 와탄천 남서부 분수령이 30m 이하로 아주 낮기 때문에 와탄천은 200∼300m 높이에 달하는 경암으로 된 해안 산지를 입암리에서 법성만의 만구까지 10여㎞ 구간을 침식하며 어렵게 지나지 않고, 이 남서부 저지를 따라 쉽게 흘러 그 남쪽에 흐르고 있는 불갑천에 합류하는 것이 바람직하다. 그러나 와탄천은 이와 같이 쉬운 코스를 택하지 않고 경암부의 높은 산지를 곡류하면서 가로지르고 있다.

와탄천이 이와 같은 유로를 형성한 것은 다음과 같이 추정할 수 있다. 신생대 초에 오랜 침식을 받아 한반도 전역이 준평원의 경관을 이루었을 때 와탄천의 선행 하천은 자유 곡류를 하고 있었고 이때는 동측의 화강암 지대가 서측의 화산암 지대(해안 산지)보다 높았기 때문에 자연스럽게 이와 같은 유로를 택했을 것으로 판단된다. 그러나 신생대 중신세 이후 한반도의 완만한 융기와 더불어 침식 부활 현상이 일어나 계속 침식되면서 풍화와 침식에 약한 화강암 지대는 빠르게 고도가 낮아져 평균 고도 50m 전후의 낮은 구릉지로 낮아졌지만 풍화와 침식에 강한 유문암 지대는 보다 하류부에 위치하면서도 침식에 저항해서 200～300m 고도의 산지를 이루게 되었다. 그러나 와탄천은 선행 유로를 해안 산지를 가로지르는 방향으로 형성하고 있었기 때문에 그 유로를 계속 유지하면서 화산암 지대를 하각하여 감입 곡류해 곡을 형성하였고, 후빙기 해진과 더불어 하류부 일부가 익곡되어 법성만이 된 것으로 추정할 수 있다. 본 연구 지역 북쪽의 선운산지를 남쪽에서 북쪽으로 가로지르는 주진천도 같은 지형 발달 과정을 겪은 것으로 해석할 수 있다.

5. 와탄천 유역 분지의 퇴적 지형

본 유역 분지의 퇴적 지형은 하천에 의해서 형성된 충적지가 하천의 중・상류부에 분포하고, 현재 하천의 하류부는 과거에는 내만 환경이었고 이 내만에 조류가 운반하여 퇴적한 갯벌이 넓게 형성되어 있었는데, 이들 갯벌이 인공적으로 방조제를 만들어 간척됨으로서 중・상류부의 충적 평야와 연결된 평야를 이루고 있다(그림 6-7). 일반적으로 이를 통틀어 충적 평야라 칭하고 있으며, 서해안 대부분의 충적평야 지형 배열이 이와 같다고 할 수 있다.

충적지는 구릉지 특히 저기복 구릉지 사이를 지나는 본류와 지류를 연하여 좁은 폭으로 형성되어 전체적으로 수지상의 분포 패턴을 보인다. 비교적 넓은 폭을 유지하는 곳이 영광읍 북동쪽 와탄천 본류를 연한 지역과 대산천 본류를 연한 대산면 지역으로 최대 폭 1㎞ 정도의 충적지가 형성되어 있다. 그러나 구암천 유역에는 충적지의 발달이 상대적으로 미약하여 상류부 본류와 지류곡간에 아주 좁게 형성되어 있을 뿐이다.

간척된 평야 면적은 와탄천 유역보다 구암천 유역에 훨씬 넓게 형성되어 있다. 구암천 유역의 간척지는 홍농읍과 법성면의 경계를 따라 동서로 6㎞, 폭 1～1.5㎞ 규모로 형성되어 있다. 와탄천 유역에는 신장리, 덕흥리, 입암리 지역과 법성만내 구수리 지역에 간척지가 분포한다.

1) 충적지와 갯벌의 경계

충적지와 갯벌의 경계는 후빙기 해진과 그 이후 해면의 안정과 관련하여 그 경계가

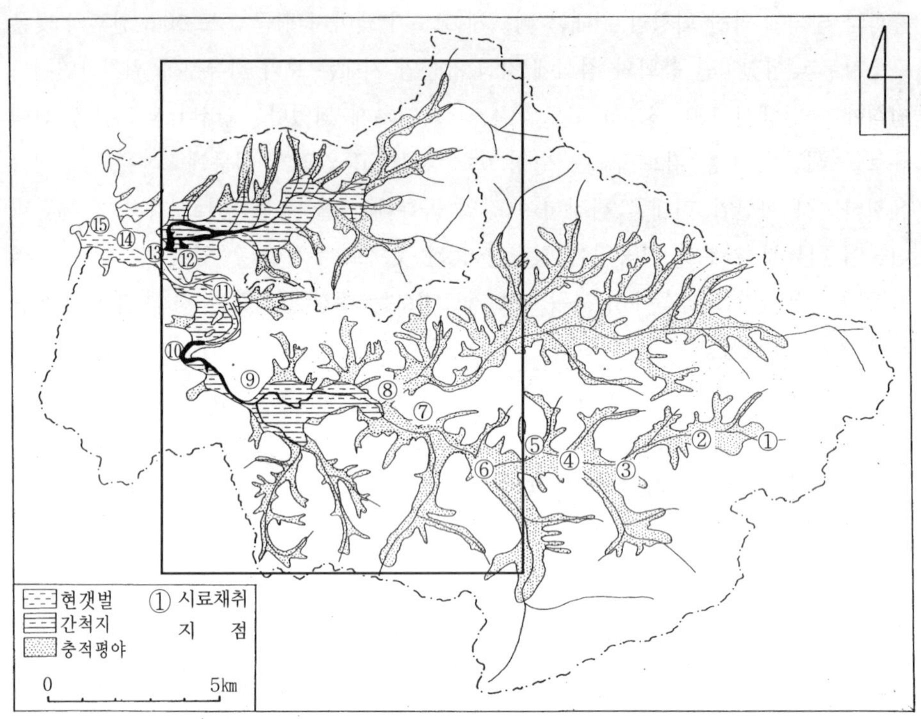

* 사각형 표시는 <그림 6-8>의 범위임.

〈그림 6-7〉 와탄천 유역의 퇴적 지형

계속 변해 왔을 것이 예상된다. 후빙기 해진이 극상기에 도달했을 6,000년 B.P.를 전후해서 충적지와 갯벌의 경계는 가장 내륙 깊숙이 이르렀을 것이고, 그 후 현재까지 해면이 상대적으로 안정된 기간 동안에는 내만이 만두에서부터 하성 충적층에 의해 서서히 메워지면서 바다 쪽으로 전진했을 것이 예상된다.

1919년 편집된 1/50,000 지형도에 의하면 그 당시 해면은 와탄천에서는 법성면 신장리(新庄里), 영광군 신월리(新月里)까지 들어와 있었고, 입암리(笠岩里) 앞과 구수리(九岫里) 앞에 넓은 갯벌이 형성되어 있었다. 구암천을 연하여서는 공음면 석교리(石橋里), 법성면 용덕리(用德里) 회룡 마을 앞까지 들어와 있었으며, 특히 신석리 앞과 석교리에는 넓은 염전이 형성되어 있었다. 그러나 1920년대에 일본인 가와사끼(川崎武之助) 씨에 의해 진내리(鎭內里) 자갈금에서부터 칠곡리(七谷里) 목맥까지 약 500m의 방조제(이것을 전남 방조제라고 한다)를 건설하면서 구암천 하류부에 약 801ha의 갯벌이 간척지로 바뀌게 되었다.

와탄천 지역은 일제시대 입암 협곡부에 '와탄언'이 만들어지고, 광복 후에 와탄천 배수갑문(1987~1997년) 및 구수리를 중심으로 반경 1㎞의 반원호에 해당되는 구수 방조제(1984~1985년)가 만들어져 넓은 지역이 간척지로 바뀌게 되었다(朝鮮總督府 土地改良部, 1929).

<그림 6-8>에서 볼 수 있는 것과 같이 1919년도의 해안선은 이때 편집된 지형도가 있으므로 추정이 가능하다. 그러나 그보다 더 이전 조선 시대, 고려 시대의 해안선은 이보다 더 내륙 쪽으로 만입했을 것이다. 이를 추정하기 위하여 영광군 및 고창군의 지명 유래를 조사했더니 지명에 포(浦), 진(津)이라는 지명이 붙어 있고 바다가 마을 앞까지 들어와 있었다는 지명들이 많이 나오는데, 이들 지명을 <그림 6-8>에 ◉로 표시하였다(영광군지편찬위원회,1994).

이런 마을들의 분포를 보면 1919년 해안선보다 더 내륙 쪽으로 바다가 들어왔음을 알 수 있다. 다만 영광군 묘량면 묘량천 변에 막해, 하화, 부성, 박주, 선동 등의 지명이 바다와 관련 있는 것으로 설명하고 있는데 너무나 깊은 내륙이어서 판단의 어려움이 있다. 막해(幕海)마을은 바다의 끝부분 즉 '막바다'가 변해서 된 지명이며, 부성(富城)마을은 배가 앞바다에 언제나 떠 있는 곳으로 浮船마을이었는데 뒤에 富城으로 개명했다 하며, 선동(船洞)마을은 옛날 바다였을 때 선창 마을이라 불렀다.

또한 본 연구에서는 길이 3m boring stick으로 1919년 해안선보다 내륙 쪽 충적 평야에 대해 boring조사를 실시하였다. 이 조사에서 깊이 3m이내에서 갯벌 퇴적물로 판단되는 청회색 실트 및 점토 퇴적물이 확인된 지점들에 대하여 <그림 6-8>에 ★로 표시하고 그 대표적인 주상도를 <그림 6-9>에 나타내었다.

<그림 6-9>에서 표면은 현재 논으로 이용되고 있었고 표층 0.5~1.0m 두께는 흑갈색의 교란된 논흙이었으며 그 아래쪽에 흑색의 유기질 점토, 청회색 실트, 그리고 고결된 잔적토 순의 주상도가 있는가 하면(1, 3번 주상도) 논흙 아래 바로 청회색 실트, 고결된 잔적토로 변하는 주상도도 있고(2, 4번 주상도), 청회색 실트질 모래가 나타나는 것(9,10번 주상도)이 있다. 이들 주상도에서 청회색 실트 및 청회색 실트질 모래는 갯벌 퇴적물의 특색을 보이며, 유기질 점토는 염생 습지 및 담수성 습지 퇴적물로 판단된다.

이상의 바다와 관련된 지명 분포와 보링 조사 결과를 바탕으로 해진 극상기의 해안선을 추정하고 <그림 6-8>에 짙은 색으로 표시하였다. 이 선은 하천 주류를 따라 1919년 해안선보다 2~3㎞ 더 내륙 쪽으로 전진한 것으로 나타났다.

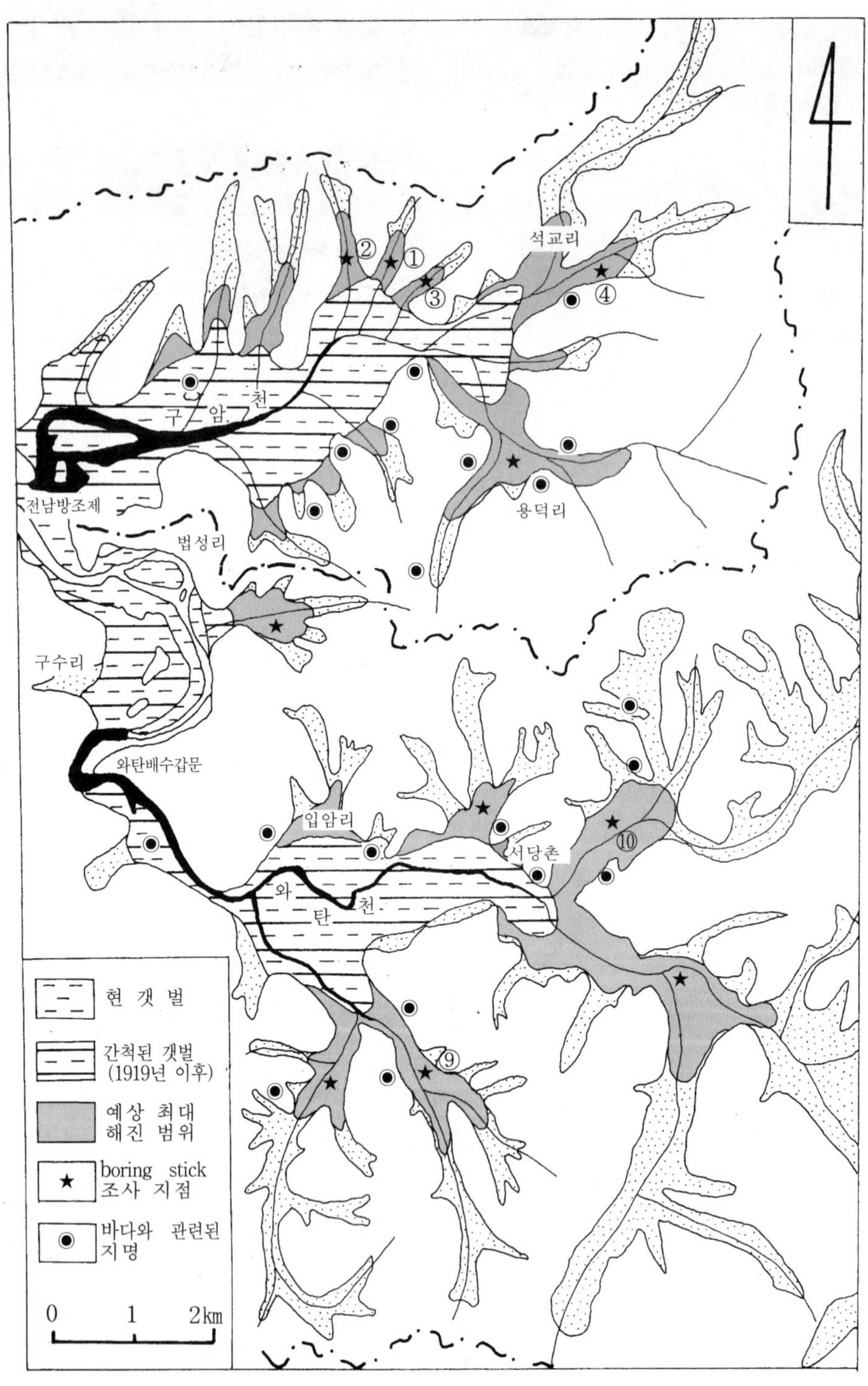

〈그림 6-8〉 예상 최대 해진 범위

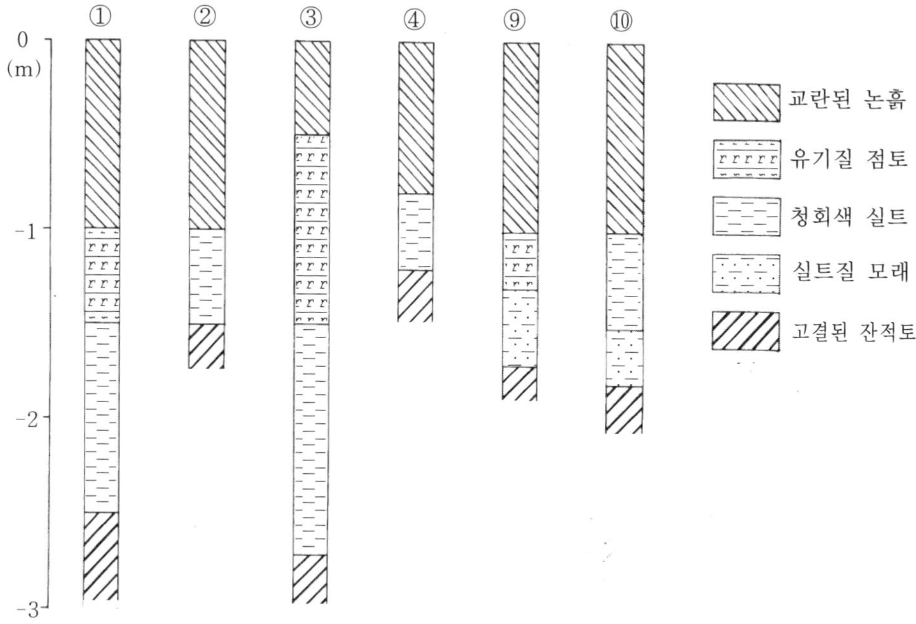

〈그림 6-9〉 boring stick 주상도

2) 와탄천 하상 및 법성만 갯벌 퇴적물의 입도 특성

와탄천 하상 퇴적물이 상류에서부터 하류로 가면서 어떻게 변하는지를 알아보기 위하여 하상 퇴적물을 채집하여 입도 분석을 실시하였다. 상류 성산리에서부터 와탄천 갑문까지 하상 퇴적물을 10개 지점에서 채집하고, 와탄 갑문 아래쪽에서 만구까지는 법성만으로 이 만에 형성된 갯벌 퇴적물을 일정한 간격으로 5개 지점에서 채집하였다. 시료 채취 지점은 <그림 6-7>에 나타내어져 있고 입도 분석[2)]한 결과는 <표 6-1>과 같다.

상류에서 채집된 ①~④번에서 채취한 시료는 역이 중심이고, 분급도는 ①번 시료를 제외하고 1.25~1.75phi 정도로 나타났다. 중류부 ⑤~⑦번 시료는 조사(粗砂) 중심의 퇴적물이고 분급도는 0.83~1.2phi로 상류 쪽보다는 다소 양호하다. 하류부 ⑧~⑩번

---

2) 실트, 점토질은 Stoke공식에 따라 1000cc 비이커를 이용한 침강법으로 분석하였고, 모래와 자갈은 표준 분석체로 분석하였다. 각 대표치를 산출한 공식은 다음과 같다.

중앙치(Mdφ) = 50%phi　　　평균치(Mφ) = (16%phi+84%phi)/2

분급(S.D.) = (84%phi-16%phi)/2　　　왜도(Sk) = (Mφ -Mdφ)/S.D.

〈표 6-1〉 와탄천 종단면 하상 퇴적물의 입도 특성

No. (sample)		입경별 빈도 · 누계																		대표치			
		-5.5	-4.5	-3.5	-2.5	-1.5	-0.5	0.5	1.5	2.5	3.5	4.5	5.5	6.5	7.5	8.5	9.5	10.5	11.5	Mdϕ	Mϕ	SD	SK
1	H	55.8	39.8	2.6	1.4	0.2	0.1	0.1												-5.60	-5.50	0.70	0.14
	C	55.8	95.6	98.2	99.6	99.8	99.9	100															
2	H		68.5	11.8	5	5.4	3.9	3.4	1.2	0.4	0.2	0.2								-4.75	-4.05	1.25	0.56
	C		68.5	80.3	85.3	90.7	94.6	98	99.2	99.6	99.8	100											
3	H		33.4	16.8	17.8	16.2	8.8	4.1	1.6	0.4	0.4	0.4								-3.50	-3.25	1.75	0.14
	C		33.4	50.2	68	84.2	93	97.1	98.7	99.1	99.5	99.9											
4	H			5.5	31.2	27.5	29.9	4.2	0.9	0.4	0.2	0.2								-2.00	-2.05	1.25	-0.04
	C			5.5	36.7	64.2	94.1	98.3	99.2	99.6	99.8	100											
5	H			0.5	3.2	23.4	32.4	26.5	10.1	2.8	0.8	0.3								-0.80	-0.78	1.20	-0.02
	C			0.5	3.7	27.1	59.5	86	96.1	98.9	99.7	100											
6	H				0.2	7.3	40.8	42.2	7.8	1.2	0.4	0.1								-0.50	-0.48	0.83	-0.02
	C				0.2	7.5	48.3	90.5	93.8	99.5	99.9	100											
7	H					2.5	18.6	44.9	28	4.7	0.8	0.5								0.15	0.18	0.98	0.03
	C					2.5	21.1	66	94	98.7	99.5	100											
8	H								0.3	0.5	3.2	30.6	28.6	15.2	11.1	10.5				5.15	5.45	1.55	0.19
	C								0.3	0.8	4.0	34.6	63.2	78.4	89.5	100							
9	H						0.7	0.5	1.7	2.4	4.7	30.1	27.7	13.5	9	9.7				4.8	5.23	1.53	0.28
	C						0.7	1.2	2.9	5.3	10	40.1	67.8	81.3	90.3	100							
10	H								0.2	0.7	4.6	42.7	21.2	11.1	8.2	11.3				4.50	5.35	1.55	0.55
	C								0.2	0.9	5.5	48.2	69.4	80.5	88.7	100							
11	H								0.1	0.1	1.4	30.3	25.5	12.8	6.4	6.3	6.2	5.9	5.0	5.20	6.40	2.45	0.49
	C								0.1	0.2	1.6	31.9	57.4	70.2	76.6	82.9	89.1	95.0	100				
12	H						0.1	0.1	1.4	7.3	17.4	34.3	26.4	9.7	1.9	1.4				4.20	4.13	1.23	-0.06
	C						0.1	0.2	1.6	8.9	26.3	60.6	87	96.7	98.6	100							
13	H					0.3	0.5	1.3	3.8	58.8	19.5	15.8								2.25	2.60	0.90	0.39
	C					0.3	0.8	2.1	5.9	64.7	84.2	100											
14	H							5.2	45.1	35.6	10.4	3.7								1.50	1.55	0.85	0.06
	C							5.2	50.3	85.9	96.3	100											
15	H						0.3	1.3	28.9	61.5	5.8	2.1								1.80	1.25	0.70	-0.79
	C						0.3	1.6	30.5	92	97.8	99.9											

H : 백분율　C : 누계 백분율　Mdϕ : 중앙치(median phi)
Mϕ : 평균치(mean phi)　SD : 분급(standard deviation)　Sk : 왜도(skewness)

시료는 실트 중심의 퇴적물이고, 분급도 1.5phi 전후로 다시 나빠진다. ⑪~⑮번 시료는 법성만 갯벌 퇴적물로 가장 내만에서는 평균 입경 6.4phi로 가장 세립의 실트질이었으나 만구 쪽으로 갈수록 점차로 퇴적물 입자가 커지고 모래미 부근에서는 모래로 바뀐다. 분급도 만두 쪽 ⑪번은 가장 나쁜 2.45를 보이지만 만구 쪽으로 갈수록 점차로 좋아져서 모래미 쪽에서는 1 이하의 분급을 보인다.

<그림 6-10>은 와탄천의 종단면도와 하상 퇴적물의 평균 입경을 도화한 것이다. 와탄천의 하상 종단면은 아주 완만한 포물선으로 나타나고 있어, 만구에서 약 10㎞ 내륙 지점의 하상 고도가 대조 만조위인 +3m이고, 만구에서 약 20km 내륙 지점의 하상 고도가 10m로 나타났다.

하상 퇴적물의 평균 입경 변화를 보면 상류 ①번에서 ⑦번까지 퇴적물이 하류 쪽으로

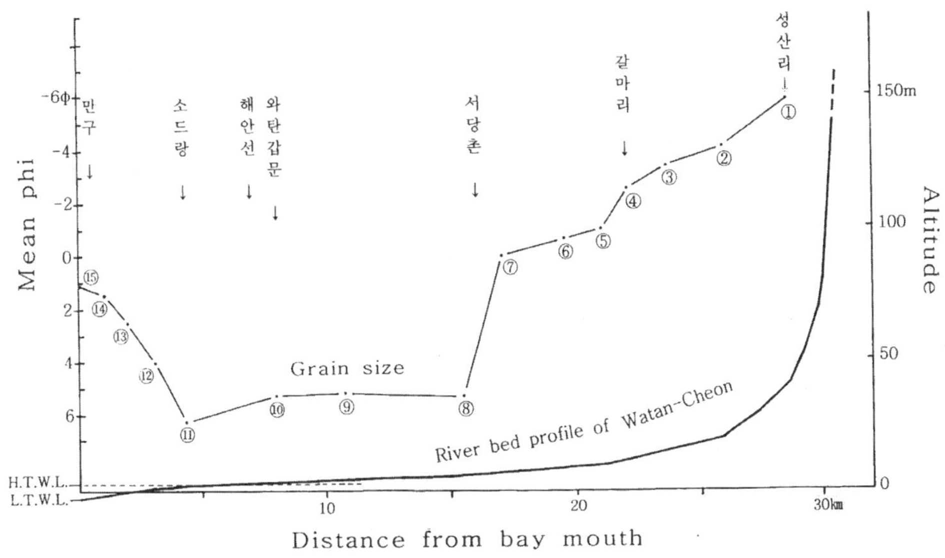

〈그림 6-10〉 와탄천 종단면과 하상 퇴적물의 평균 입경

갈수록 점차로 세립화 경향을 보이고 자갈과 모래로 하천이 운반한 퇴적물의 특색을 보인다. 그러나 만구에서 약 15.5㎞ 내륙에 위치하는 서당촌 부근 ⑧번 시료에서부터 퇴적물의 평균 입경이 급격히 세립화되고 이하 ⑪번까지는 평균 입경이 갯벌의 mud flat 퇴적물과 유사한 특색을 보인다.

따라서 ⑧번 서당촌 부근이 현재 하성 퇴적물과 해성 퇴적물의 경계임을 알 수 있다. 그러나 와탄천 갑문이 ⑨번과 ⑩번 사이에 설치되어 조수가 더 이상 하천으로 역류되지 못하기 때문에 시간이 지날수록 하성 퇴적물이 더 하류 쪽 하상까지 운반 퇴적될 것이 예상된다. 법성만의 만두부 즉 만의 가장 안쪽인 ⑪번 샘플이 가장 세립질이고 분급이 나쁘며 여기서부터 만의 입구 쪽 즉 만구 쪽으로 갈수록 이번에는 역으로 퇴적물의 입자가 커지는 결과를 보인다. ⑪번 지역이 mud flat이라면 ⑫번 지역은 mixed flat, ⑬~⑮번 지역은 sand flat 퇴적물의 특색을 보인다. 퇴적물의 이와 같은 배열은 조류가 바다 쪽에서 내만 쪽으로 퇴적물을 운반하기 때문에 나타나는 결과이다.

6. 요약

① 와탄천 유역 분지의 침식 지형은 기반 지질의 풍화 침식에 대한 저항, 즉 차별

침식의 결과를 잘 반영하고 있다. 반상 mylonitic 화강암으로 이루어진 동부 분수령 부근의 지형과 유천층군의 화산암으로 이루어진 해안 산지는 기복이 심하고 경사가 급한 산지를 이루고 있고, 화강편마암 지질로 이루어진 구암천 유역 분지는 중기복의 구릉지를, 반상흑운모 화강암 및 흑운모 화강암 지질로 이루어진 중앙부 대부분의 지역은 저기복의 낮은 구릉지를 이루고 있다.

② 흑운모 화강암 지질의 저기복 구릉지는 표면에 두꺼운 적색토를 얹고 평탄면을 이루고 있지만 충적 지형과는 경사 변환을 보이며 얕은 곡에 의해 침식을 받고 있다. 대부분이 밭농사로 이용되고 있는 이 저기복 구릉지는 우리나라 침식 평야를 대표하는 지형이다.

③ 와탄천은 하류부에서 높고 험준한 해안 산지를 가로지르며 감입 곡류를 하고 있다. 이것은 와탄천이 해안의 화산암 지대가 차별 침식에 의해 산지가 되기 전부터 흐르고 있었던 선행 하천이었음을 암시한다.

④ 와탄천 유역 분지의 퇴적 지형은 하천의 중·상류부는 하천이 운반 퇴적한 충적지이고 하류부는 조류가 운반 퇴적한 갯벌 지형이 간척되어 형성되었다. 이 두 지형의 경계는 현재 와탄천에서 신장·신월리 부근, 구암천에서 석교·용덕리 부근에서 찾아볼 수 있지만 해진의 극상기에는 이보다 2～3㎞ 더 내륙 쪽으로 이동되었을 가능성이 있다.

참고문헌

강대균. 2004. 「소하천 하류의 임해 충적평야－영광군의 불갑천을 중심으로」. 한국지형학회지, 11(1). 41～51쪽.

_____. 2004. 「소규모 임해 충적평야의 수리체계－불갑천 하류의 충적지와 해안 사구를 중심으로」. 대한지리학회지, 39(6). 863～872쪽.

한국자원연구소. 1997. 광주 지질도폭 설명서(1:250,000).

영광군지편찬위원회. 1994. 영광군지, 영광군.

이금삼. 1999. 「DEM을 이용한 한반도 지형의 계량적 특성과 기반암질과의 관계 분석」. 경북대학교대학원 박사학위논문

장태우, 황상구. 1984. 가음도폭 지질보고서(1:50,000), 한국동력자원연구소.

朝鮮總督府 土地改良部. 1929. 『朝鮮の 干拓事業』.

최위찬, 황상구, 김영범. 1986. 영광도폭 지질보고서(1:50,000), 한국동력자원연구소.

Ⅳ. 산지 지형 발달

카르스트 지형, 우곡 지형, 감입곡류 지형, 단층 지형에 대하여 논하고 있다. 감입곡류 지형에서 우리나라 감입곡류 하천의 분포 특성과 감입절단곡류의 지형 발달에 대하여 이야기하고 있고, 단층 지형에서는 양산단층과 울산단층을 연구하여 이들 두 단층이 우리나라에서 처음으로 보고되는 활단층임을 밝혔다.

양산 활단층 노두

CHAPTER 1

문경 지역 Karst 지형 연구*

1. 서언

1) 연구 목적

우리나라에는 고생대 Cambro-Ordovician 기에 속하는 조선누층군을 비롯하여 Pre-Cambrian 기의 변성퇴적암, 그리고 그 기가 확실치 않으나 대략 고생대로 보는 옥천계지층에 석회암이 넓게 분포되어 있다.[1] 석회암은 주로 방해석($CaCo_3$)의 형태로 존재하는 탄산염광물이 50% 이상인 암석을 가리키고 karst 지형이 발달하려면 탄산칼슘이 60% 이상, 충분히 발달하려면 90% 이상 포함되어야 한다[2]고 한다 이러한 관점에서 볼 때 karst 지형이 발달할 수 있을 만큼 충분히 탄산칼슘을 포함하는 지층은 조선누층군의 대석회암층이다. 이 지층의 주요 분포지역은 강원도 삼척·영월지역, 충청북도 단양·제천 지역, 경상북도 문경지역이다.

우리나라의 karst 지형 연구는 강원도 남부지역과 충청북도 북동부 지역에 대해서 주로 이루어졌고,[3] 문경지역에 대한 연구는 아직 없다. 문경 karst 지형은 그 분포에

---

* 김점득, 1983, 경북대학교 교육대학원 석사학위 논문.

1) 서울신문사, 『한국지지』(1980), 188쪽.

2) 권혁재, 『지형학』(서울: 법문사, 1981), 184쪽.

3) 정장호, 「한국의 Karst 지형－대화, 매포지구를 중심으로」(서울대학교 대학원 석사학위논문, 1962).

방향성, 하계망의 특색 등을 갖추고 있으나 현재 연구에는 이와 같은 측면의 연구가 이루어지지 않았다.

본 연구에서는 문경군 점촌읍, 호계면, 산북면 일대에 분포하고 있는 석회암지대를 대상으로 각종 karst지형의 분포 지형발달단계를 분석하고 본 지역의 지형과 주변의 비 석회암지대와의 곡형, 수계 등의 지형적 특성을 비교하여 이 지역의 지형적 특색을 밝히는데 일차적 목적을 두었다. 또한 doline의 장경과 단경, 구경과 깊이와 비고간의 상관관계 등 계량적 분석을 통하여 karst 지형의 일반론적 특성에 관하여서도 분석을 시도해 보았다.

2) 기존 연구

19세기 말부터 Europe에서 시작된 karst 지형연구는 A. Penk, J. Cvijic, D. E Martonne, Heim(1877)과 W. M. Davis와 A. Ground들에 의해서 karst 지형윤회에 관한 연구가 많이 이루어져 왔다.[4] 그 후 1930년대에 와서는 H. G. Lindner(1930)의 화학적 분석을 통한 karren 연구, W.A. Thornbury(1931), O. Lehmann(1932) 등에 의한 under ground water에 관한 연구, H. A. Meyerhoff(1938), C. A. Matott(1934) 등에 의한 tropical karst 등 karst 지형의 요소별 연구가 이루어졌다.

20세기 중엽에 이르러서는 Cotton(1948), Sweeting(1950) 등에 의한 석회동기원에 관한 연구가 이루어졌고, A. Bogli(1947), M. A. Moisley(1954) 등에 의한 karren에 대한 보다 미시적 연구가 이루어져 왔다.

근래에 와서 karst 지형 연구에 지형계측적인 방법이 도입되면서 지형발달에 대한 새로운 관점을 제시했다. 아직은 보편화된 것은 아니지만 S. Schumn(1956)에 의해서 산출된 elongation ratio는 P. D. Lavalle(1968), J. H. Jennings(1971), K. Paterson(1880)으로 이어지면서 凹지형의 분포 및 형태를 보다 계량적으로 연구하게 되었다.[5] 또한 karren에

서무송, 「한국의 Karst 지형-삼척일대의 지형발달을 중심으로」(경희대학교 대학원 석사학위논문, 1969).

강승삼, 「충북의 Karst 지형」(청주대학 논문집 제10집, 1977), 263~282쪽.

류재신, 「영월, 쌍용리, 연당리 일대의 Karst 지형에 관한 연구」(건국대학교 대학원 논문집 제3집, 1977), 259~268쪽.

4) 서무송, op. cit.(1969), 3쪽.

5) Paterson, K., "Closed Depressions in Limestone Areas: Some Teaching Approaches for the Physical Geography", No. 287, Vol. 65, Pt2, April(1980), pp.107~118.

대한 연구는 A. Bogli(1964), P. W. Williams(1966)로 이어지면서 영국 같은 나라에서 미지형적인 측면에서 연구가 되고 있으며, 지하용식(subterreanian limestone erosion)에 관한 연구는 I. Douglas(1968), A. F. Pitty(1968) 등에 이어 M. D. Newson(1971)에 이르면서 지하수계를 화학적 물질을 사용하여 분석하게 되었다.

우리나라의 karst 지형에 관한 최초의 연구는 정장호(1962)[6]의 「남한의 karst 지형」 연구이다. 그는 충북 단양군의 매포지역과 강원도 평창군 대화지역을 현지조사하고 그 여타지역은 지형도분석을 통해서 우리나라의 karst 지형분포 및 표고와 凹지형의 형태와의 관계를 논하고 있다. 그러나 형태분석에 있어서 doline의 벽경사 및 크기에 관한 관측자료의 보고는 없으며 시각적인 판단에 의한 것으로 사료된다. 서무송[7](1969)은 강원도 삼척일대의 karst 지형의 속명(俗名)을 고찰 고유의 우리말로 karst 지형에 대한 명칭을 붙였다. 석회동지형에 관하여 주로 관심을 갖고 있는 그의 연구로는 「한국의 동굴과 그 이차생성물에 관한 연구」(1977)와 「한국동굴의 Pisolite에 관한 연구」(1977)가 있다. 류재신[8](1977)은 영월 쌍룡리 일대를 중심으로 한 태백산지구의 지형 발달과정과 karst 윤회 및 karst phenomena의 분포와 형태를 개황적으로 기술하였으며, 강승삼[9]은 충북의 karst 지형에 대하여 karst지형의 일반론과 석회동굴의 분포 및 특성에 대해서 보고하고 있다.

이상에서 본 것과 같이 우리나라의 karst 지형연구는 강원도 남부, 충청북도 북동부지역에 주로 이루어졌으며, 분포적인 측면의 연구가 주이고, 형태에 관하여 일부 언급되고 있으나, 계측에 의한 계량적인 것이 아니고 시각적인 판단에 의한 것들이다. 그 분포를 구명함에 있어서도 지질분포와 karst지형 분포라는 대분포를 논했을 뿐 그 지역 내에서 구조선의 방향, 하계망과 같은 내부구조와 凹지형의 분포특색 등은 고찰되지 않았다.

3) 연구 방법

본 지역의 주 karst 지형은 凹지형(doline, uvala)이었다. 이들 凹지형의 분포 및 형태측정을 위하여 1:25,000 지형도와 1:20,000 항공사진(1980. 9. 22 촬영)을 적용, 분포기도를 작성하고 매凹지형에 대한 고유번호를 부여하여 장경과 단경을 측정했다. 1982년 8월부터 1983년

6) 정장호, op. cit.(1962).

7) 서무송, op. cit.(1969).

8) 류재신, op. cit.(1977), 259~268쪽.

9) 강승삼, op. cit.(1977), 263~282쪽.

8월까지 5차에 걸친 현지조사를 통하여 항공사진 판독에 의해서 작성된 기도를 수정보완하고 hand level에 의하여 凹지형의 깊이, clinometer에 의한 凹지형의 측벽경사를 측정하였다. 또한 현지조사에서는 카르스트 용천 및 석회동의 분포를 파악하였다.

석회암지역과 비석회암지역 간의 지형적 특색을 비교하기 위하여 1:25,000지형도를 base map으로 절봉면도, 경사분포도, 기복량도, 수계망도를 작성하고 항공사진 및 위성사진(LANDSAT. MSS 7 BAND)을 기초로 본 지역의 linearment도를 작성했다.

형태적 요소의 상관관계를 파악하기 위하여 凹지형의 장경과 단경을 이용 elongation ratio 값을 구하고 구경과 깊이 구경과 비고간의 상관관계를 작성 검토하여 형태적 특성을 구명했다.

4) 지질 및 지형개관

본 지역의 지질은 <그림 1-1>과 같다. 동남쪽이 가장 오래된 지층이고 북서쪽으로 가면서 점차로 새로운 지층이 경사 부정합으로 배열되어 있다. 즉 동남부에 Pre-Cambrian계의 화강편마암, 그 위를 조선계(Ordovician기)의 석회암, 평안계(석탄기)의 사암류, 대동계(Jura기)의 사암류로 분포한다. 그러나 이 위를 조선계의 석회암이 다시 나타나는데 이것은 over thrust에 의해서 하부층이 충상되어 상부층을 덮은 상태로 반복 노출된 결과이다. 그 후 백악기 대보운동의 결과로 화강암이 이상의 제층을 곳곳에서 관입하였는데 본 그림에서는 북부와 남부에 그 분포가 나타나 있다.

관입암을 제외한 이들 각 층은 대략 북동-남서방향의 주향을 갖고 북서쪽으로 경사지고 있다. 본 지역의 구조운동은 Ordovician 기 이전에 있었던 것으로 생각되는 습곡작용과 Jura기말 지각운동 및 백악기 말에 있었던 화성활동의 삼단계의 구조운동이 있었으며[10] 이 결과로 나타난 단층선(막곡단층, 문경단층 등), 향사, 배사축도 대략 이 북동-남서 주향방향을 따라 나타나 있다.

본 연구에 대상지역이 되는 대석회암통은 부곡리 일대에 비교적 광범위하게 분포하며 가끔 사암이나 shale의 협층을 갖기도 하고 층후는 1,000여m에 달한다. 석회암의 형태는 괴상 내지 판상이 대부분이다. 본 암은 관입 화강암 인접부에서는 규화되어 석회규산염암을 이루거나 결정질로 되었다. 주향은 습곡 등의 구조로 인하여 다소 변화하고 있으나 대략 N10°~60°E이고 서쪽으로 기울어졌다.[11]

---

10) 김남장 외 2명, 『지질도폭설명서』(문경: 과학기술처, 국립지질조사소, 1967), 24쪽.

11) 같은 책, 6쪽.

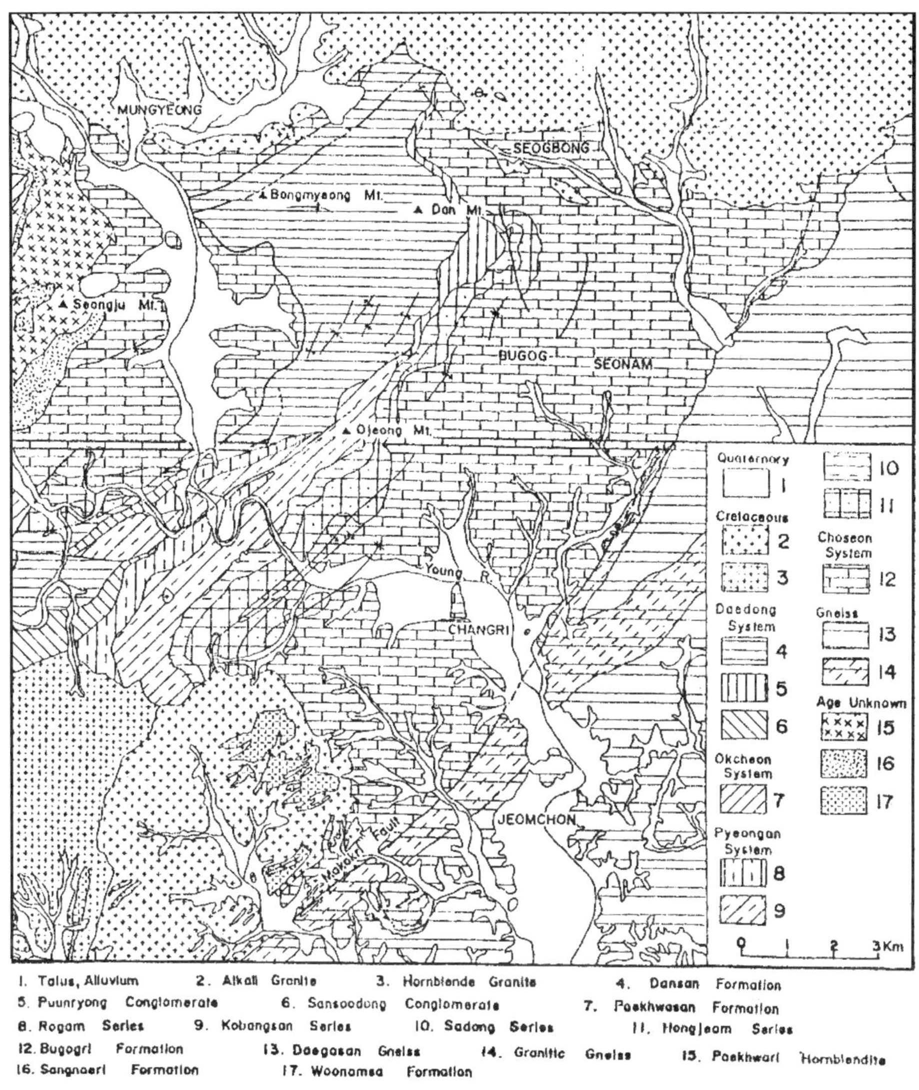

〈그림 1-6〉 지질도

지형은 구성암질과 지질구조를 잘 반영하고 있다. 지질에서 언급된 평안계 및 대동계의 사암이 침식에 강하여 높은 산지를 형성하고 지질구조 방향에 지배되어 조정령(700m), 단산(956m), 부운령(600m), 조정산(810m), 어룡산(600m), 조령(668m), 작약산(760m)을 연결하는 북동~남서 방향에 맥을 형성하고 있어서 문경분지와 점촌분지의 지형적 경계가 되고 있다. 석회암과 화강편마암 분포지역은 심한 개석을 받아 낮은 구릉지를 형성하며 문경분지와 점촌분지의 분지저를 이루고 있다.

낙동강의 한 대지류인 영강이 지질주향방향을 직각으로 절단하고 전술한 산맥을 횡단하는 곳에서는 심한 감입사행을 하고 있다.

본 연구의 대상지역인 호계면 일대의 석회암 지대는 표고 100m 내지 400m의 구릉지로서 북동~남서의 지질구조와 이와 직각으로 교차되는 북서-남동 구조선에 지배된 소하천들에 의해서 개석을 받아 노년기 지형 경관을 나타내고 있다.

2. 분석

1) 지형계측적 분석

지형의 일반적 특색을 파악하기 위한 목적으로, 또 지질 및 지형 형성 영력이 다른 지형과 상호 비교 검토하기 위하여 지형도를 통한 각종 지형계측 방법이 많이 적용되고 있다.

본 연구에서는 석회암지역의 지형이 주변 비석회암지역의 지형과 비교하여 볼 때 어떤 다른 특색을 갖고 있는가 하는 것을 개관해 보기 위하여 절봉면, 경사, 기복량, 수계분석을 행했다.

(1) 절봉면

절봉면 분석은 침식받기 전의 원지형을 복원하려 하거나 침식 결과 나타난 침식면 분석 기타 지형의 일반적 특색을 검토하기 위하여 많이 적용된다. 절봉면 작성에는 방안법과 매곡법이 있으며 방안법은 넓은 지역을 대상으로 할 때 적용되고 좁은 지역의 분석을 위해서는 매곡법이 많이 사용된다. 본고에서는 매곡법을 적용하였으며 1:25,000 지형도를 base map으로 해서 등고선 간격 50m마다 폭 250m 이하의 곡을 매곡해서[12] 작성했다(그림 1-2).

<그림 1-2>를 분석해 보면 석회암지대 북서쪽에 분포해 있는 사암지대는 높은 고도의 기복이 심한 장년기 지형의 특색을 나타내고 그 남동쪽에 석회암지대와 변성암지대는 400m 이하의 개석이 심히 이루어진 구릉성 저위면이 되어 있으며 북동부의 화강암지대는 이 양자의 중간 정도의 지형을 나타낸다. 조사대상지역인 석회암지대는 개석을 받기 전 원지형은 남서부의 100m에서 북동부의 300m에 이르는 남서부 쪽으로 완만하게

12) 매곡을 250m로 한 것은 고도생장곡선을 그려 이에 근거하여 정했다.

〈그림 1-7〉 절봉면도

기울어진 지형면을 가정할 수 있다. 현재 절봉면상에 가장 넓은 면적을 차지하고 있는 것은 100m～200m의 면이다. 이 석회암지대를 주변 다른 지질지역에 비해 보면 와지의 발달이 탁월하고 기복량이 심하지 않으면서도 지형배열의 방향성이 없고 주변 다른 지질지대보다 훨씬 복잡한 지형배열을 나타내는 것이 특징이다. 이와 같은 지형적 특색은 통일된 하계망에 의해서 지형이 형성되지 않고 지하로 스며들어가는 sinkhole[13)]에 의해 침식된 각종 석회암 凹지형에 의해서 일차적으로 개석 받은 지형이 뒤에 하천에 의해서 연결되었기 때문에 나타난 결과라고 사료된다.

(2) 경사

지형은 사면의 집합이기 때문에 경사는 지형의 특징을 나타내는 주요한 요소가 된다.[14)] 석회암지대가 비석회암지대와 비교하여 경사 분석을 행했다. 경사분석은 방안법을 적용했다. 1:25,000 지형도를 base map로 1㎝ 방안을 씌워서 각방안 안의 등고선의 수를 계산하고 다음 식에 의해서 경사를 구했다. $\tan\Theta = H/A \times n$ (단, A: 한 방안의 길이, H: 등고선 간격, n: 등고선 수)[15)] 이렇게 하여 계산된 5,016개의 방안의 자료를 기초로 조사지역의 경사분포도를 작성한 것이 <그림 1-3>이다.

본 지역의 평균경사는 19°21′으로 낙동강 전 유역 평균경사 12°21′[16)]에 비하면 높은 값을 보인다. 이것은 본 지역이 소백산맥 동남부에 연한 산악지대이기 때문이다. 본 지역의 지질대 별로 경사평균을 보면 평안계, 대동계의 사암지대가 25°30′으로 가장 급하고 다음으로 화강암관입지대가 20°19′, 석회암지대가 17°20′이며 화강편마암지대가 12°10′으로 가장 완만하다. 관입암을 제외하면 대략 암질의 강도를 나타내고 있으며 관입암인 화강암은 그 침식강도에 있어서 석회암이나 화강편마암보다 더 강하다고 할 수는 없으나 관입 당시에 만든 지형이 이 경사요소에 작용한 것으로 판단된다. 연구대상지역인 석회암지대의 경사분포를 보면 타암석지역과 비교하여 그 분포에 있어 같은 경사를 나타내는 면적이 넓게 나타나서 그 구조가 단순한 것이 특색으로 절봉면도에서 나타나는 것과는 대조적이다.

또 경사분포 배열이 북동~남서 방향으로 되어 지질구조 방향을 반영하고 북서부 사암지대와 접하는 지역에 경사가 낮은 지역이 대상으로 분포해서 지질변환점의 특색을 나타내고 있다.

---

13) karst depression에 물이 스며드는 구멍(흡입공)을 말하며 미국 등에서는 doline를 sinkhole이라고 함.

14) 中野尊正·吉川虎雄, 『地形調査法』(東京: 古今書院, 1958), p.34.

15) 식은 寺田寅彦法을 수정한 식임.

16) 김우관, 「낙동분지의 경사분석과 그 분포」, 낙동지리, 제6호(1981), 37쪽.

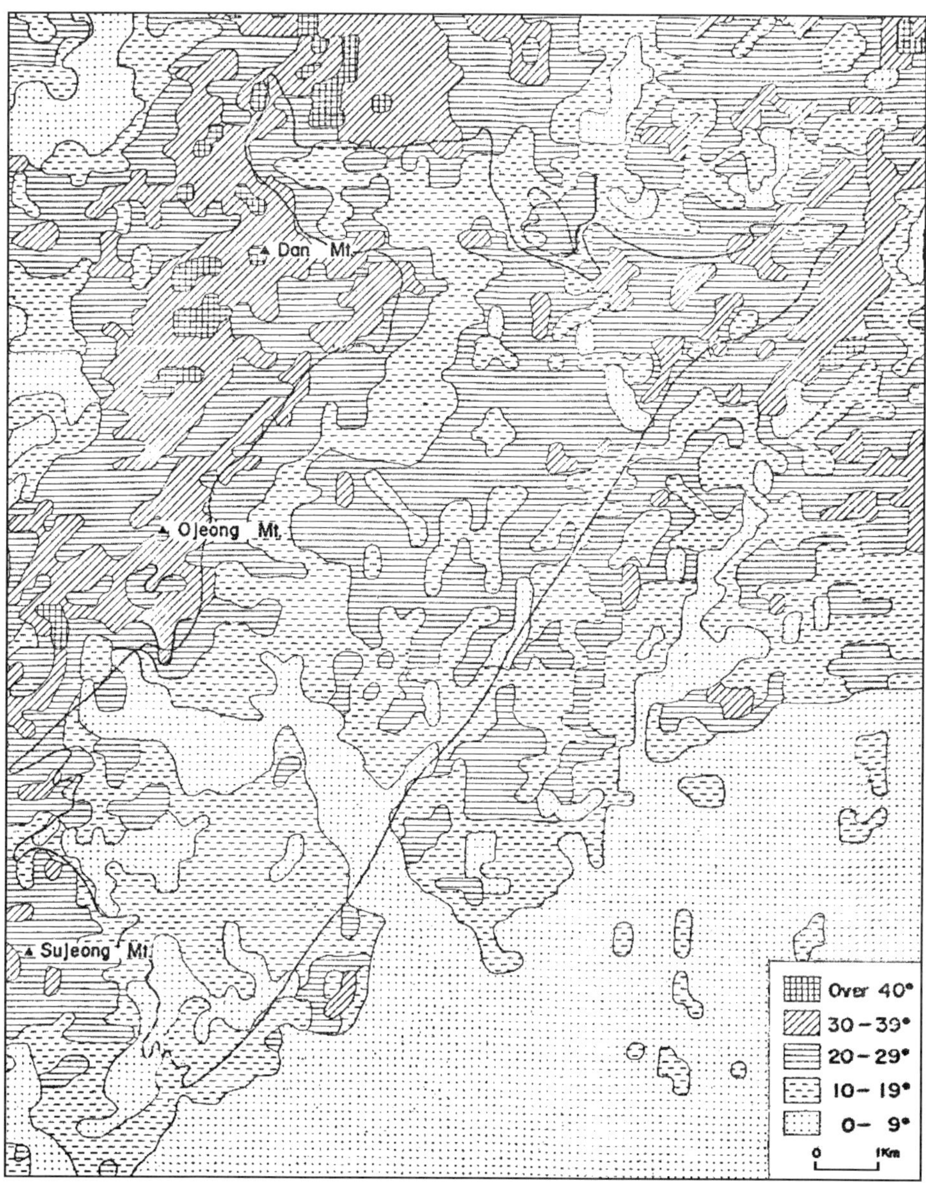

〈그림 1-8〉 경사분포도

(3) 기복량

단위면적에 대한 기복량의 계측 및 이를 도화하는 작업은 대상지역의 침식상태를 파악하고 주변지역과 비교하기 위한 수단으로 많이 적용된다. 본고에서는 1:25,000 지형도를 base map로 2㎝ 방안(실재 500m×500m)을 설정하고 각 방안에 해당되는 기복량(최고점과 최저점의 차)을 구하고 이를 도화한 것이 <그림 1-4>이다. 서북부 사암지대는

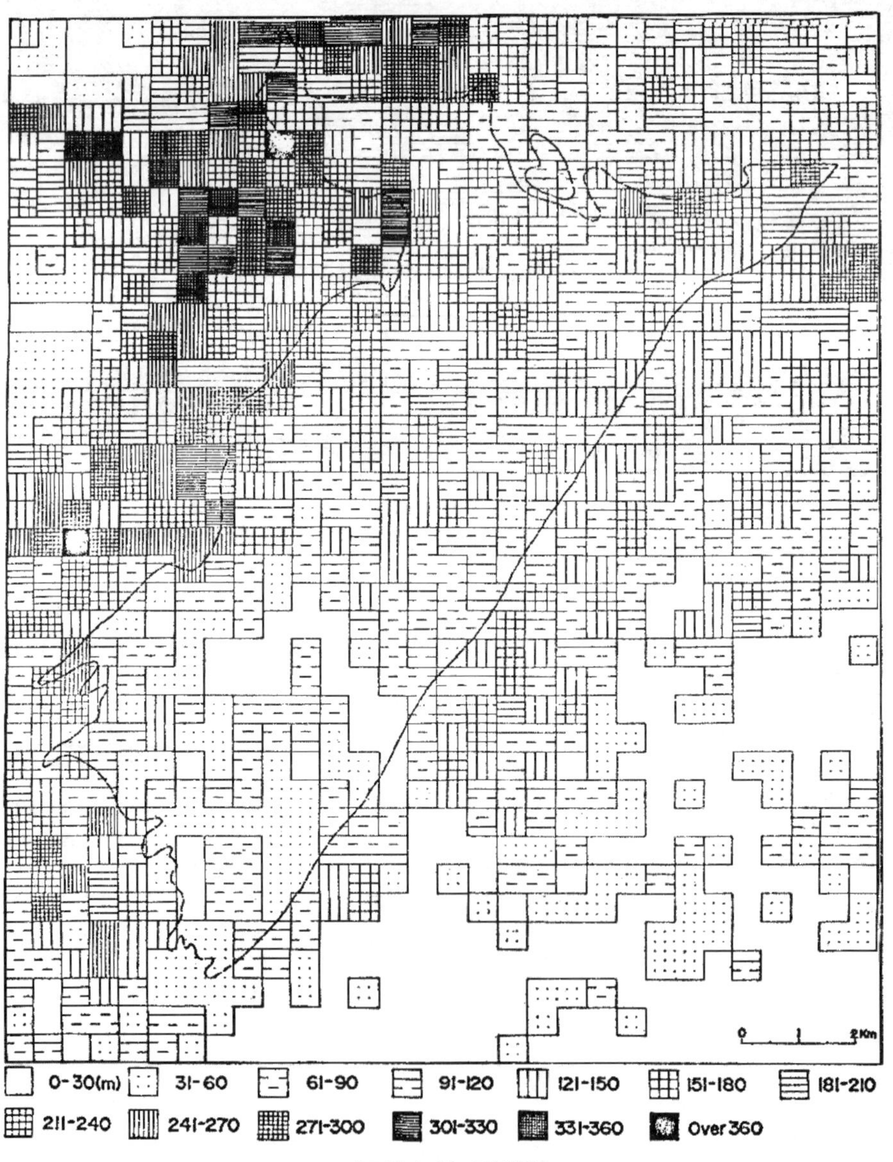

〈그림 1-9〉 기복량도

거의 200m 이상의 기복을 나타내며, 300m 이상의 기복을 보이는 지역도 상당한 면적을 차지하고 있다. 남동부의 석회암지대와 변성암지대는 대부분이 150m 이하의 기복량을 보이고 있고 북서부의 화강암지대는 이 양자의 중간적 기복량을 보이고 있다. 그러나 석회암지대와 변성암지대와의 차이는 뚜렷하지 않았다.

(4) 수계 및 곡지형

수계망의 pattern은 지표의 경사, 암석의 경연, 지질구조, 지반운동 등의 요소를 예민하게 반영한다.[17] 1:25,000 지형도를 base map로 한 조사지역의 수계를 도화한 것이 <그림 1-5>이다.

먼저 석회암지대와 주변 비석회지대와 비교해 보면 다음과 같다. 북서부 사암지대는 하계밀도가 낮고 석회암지대와 변성암지대는 전자와 비교하여 그 밀도가 훨씬 높게 나타난다. 이것은 암석의 경연도를 잘 반영하는 것이라고 생각된다. 석회암지대와 변성암지대를 비교하여 볼 때 그 밀도는 오히려 석회암지대쪽이 높게 나타났다. 암석의 경연의 입장에 볼 때 화강편마암이 석회암에 비하여 오히려 더 연암인데도 석회암지대가 그 밀도가 더 높은 것이 특이하다. 석회암지대의 하계밀도는 그 침식단계에 따라서 많이 좌우된다. 유년기 내지 장년기에 지표수가 지하로 잠입할 때는 하계밀도가 낮을 것이다. 그러나 노년기에 달하면 지하로 잠입했던 하계가 다시 노출 통일된 하계망을 형성할 때는 불규칙한 소지류가 많이 생겨 일반 타 지형에 비해서 더 밀도가 높아질 가능성을 인정할 수 있다. 본 조사지역의 화강암, 화강편마암지역보다 석회암지역이 하계밀도가 더 높은 것은 이와 같은 현상의 결과로 판단된다.

또한 그 하계망이 주변 사암지역이나 변성암지역은 완전한 수지상하계를 이루고 있는데 반해서 석회암지대는 훨씬 불규칙적이며 오히려 북동~남서 주향방향에 평행하는 유로가 탁월하고 이와 직교하는 지류 역은 본류가 직각으로 굽는 현상들이 나타난다. 이는 후술하는 바와 같이 이 석회암지대에 북동~남서방향과 이를 직교하는 linearment의 발달과 관계있는 것으로 사료된다.

본 지역에는 카르스트 용천과 석회동굴도 다수 분포하고 있다(그림 1-5). 카르스트 용천은 하천연안에 나타나며 어떤 하천은 이 카르스트 용천에서 시작되는 것도 있다. 따라서 본 구간에는 아직도 지하수계가 상당히 존재하고 있을 것으로 판단된다. 그러나 그 지하복류구간이 모두 짧고 장거리를 복류하는 대규모의 지하수맥은 상정되지 않았다.

한편 석회동굴은 본 지역에 7개(표 1-1)가 발달하고 있으나 규모가 크고 지하수가

17) 권혁재, op., cit., 102쪽.

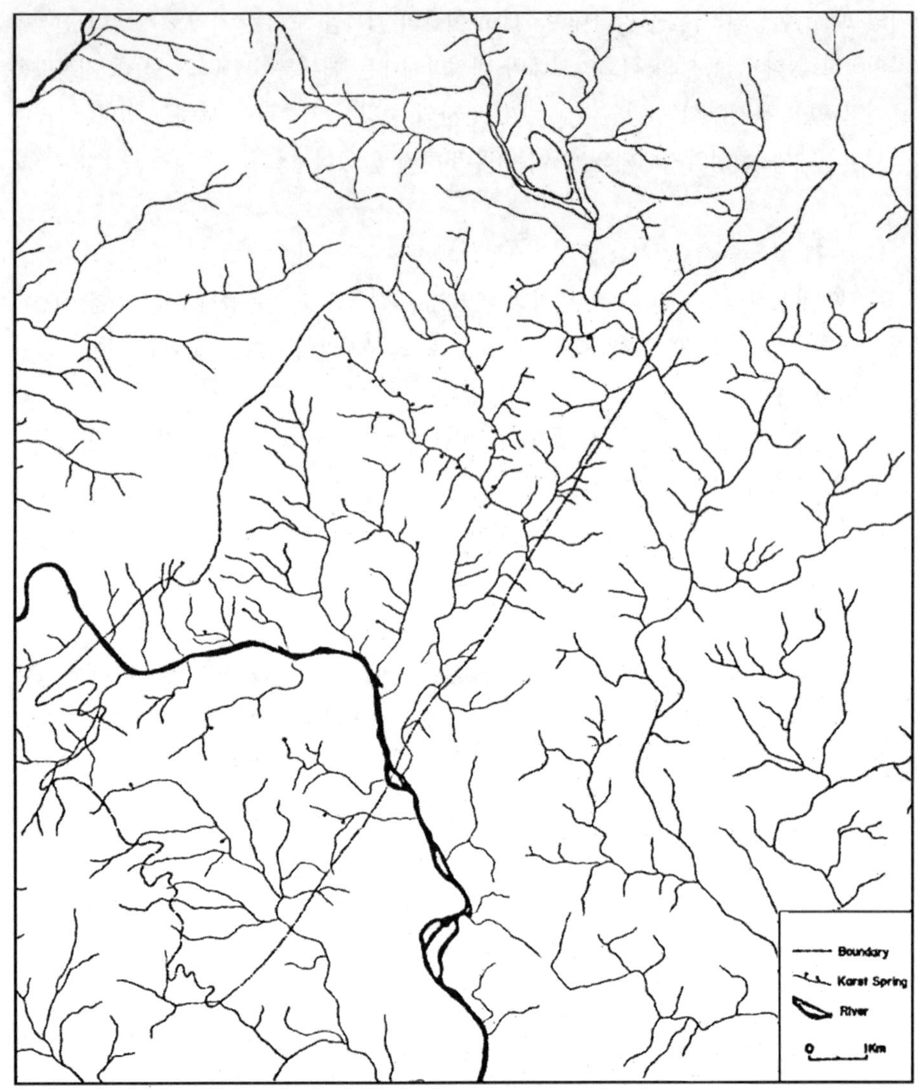

〈그림 1-10〉 하계망도

풍부하게 용출되는 동굴은 부곡리에 있는 부곡숫굴과 부곡암굴이다. 부곡숫굴은 전장 50여m의 수평굴로서 갱도와 석실로 구성되어 있고 동굴 내부에는 5m 높이의 폭포가 있으며, 석회화단구 종유석 등이 나타난다. 또한 부곡암굴은 부곡숫굴에서 서쪽으로 200m 지점에 위치하며 역시 수평굴이다. 풍부한 지하수가 동굴에서 용출하며 종유석과 같은 speleothem의 발달은 미약하며 단지 유석(flow stone)이 있는 정도이다. 용출되는 지하수는 부곡리 일대의 생활용수 및 관개용수로 이용된다.

〈표 1-1〉 석회동굴의 위치 및 규모

동굴명	소재지	표고	높이	폭	전장	비고
황사기굴	호계면 호계리	370m	2m	2.2m	185m	수직굴
굴골굴	산북면 석봉리	330m	3m	5m	118m	〃
부곡숫굴	호계면 부곡리	160m	3m	8m	50m	수평굴
부곡암굴	호계면 부곡리	170m	2.8m	2.5m	30m	〃
가도굴	호계면 가도리	120m	3m	2.5m	5m	〃
지천굴	호계면 지천리	140m	2.5m	1.5m	4m	〃
공평굴	점촌읍 공평리	100m	2m	20m	3m	〃

석회암지대의 곡지형은 우리나라의 일반 곡지형과는 차이를 보인다. 본 지역에서 볼 수 있는 것과 같은 표고 내지 기복을 가진 우리나라의 일반곡은 곡좌우 사면이 모두 cancave 사면으로 특징지어져 있고 그 사면은 곡저와 많은 경사변환을 갖지 않고 연속적인 것이 특색이다. 그러나 본 석회지역에서는 양곡벽사면이 convex 사면이고, 곡저는 이와 심한 경사변환을 갖고 거의 평면 상태로 남아있어 비석회지대의 곡형과 다른 특색을 갖고 있다.

또한 소지류의 종단면상에 경사변환점이 많이 나타나고 있는 것이 특색이다. 이와 같은 특색은 어떤 선상파쇄대를 따라 연속적으로 만들어진 doline가 용식이 진행됨에 따라서 연결되어 하나의 곡이 이루어졌기 때문에 결과된 것으로 본다.

2) karst 凹지형 분포

karst 지형에는 凹지형과, 凸지형이 있으나 우리나라 karst 지형에는 거의가 凹지형이고 凸지형의 발달은 미약하다. 본 조사지역에서도 거의 凸지형은 나타나지 않았다. 凹지형에서는 doline, uvala, polije 등이 있다. 본 지역에서 주로 나타나는 것은 doline와 uvala이고 polije는 거의 나타나지 않았다. 그러나 polije는 이미 개석되어 열린 곡으로 변했을 가능성이 많았다. 1:25,000지형도상에 나타날 수 있는 대규모의 凹지형은 7개에 불과했다. 그러나 1:20,000 항공사진을 판독하고 현지조사를 통해서 확인된 凹지형은 doline가 189개, uvala가 26개였다. 이외에도 지형의 특색으로 보아 개석되어 열려진 것으로 보이는 개석 doline도 다수 발견되었다. 그 분포도가 <그림 1-6>이다. 이 곡지형의 분포 특색을 평면적으로 고도별로 분석해 보았다.

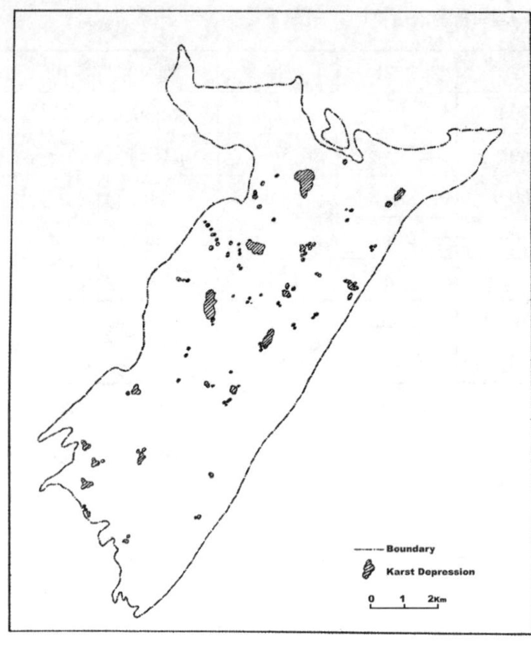

〈그림 1-6〉 凹지형분포도

〈그림 1-7〉 linearment 분포도

(1) 평면적 분포

영강을 경계로 해서 그 북동부 지역 즉 문경군 호계면에 해당하는 지역에 그 분포밀도가 높고 전체의 81%를 차지하며 그 남서쪽 점촌읍역에 해당하는 지역이 분포밀도가 비교적 낮다. 이는 호계면 지역이 평균고도가 더 높아서 석회암지대의 원면이 더 많이 남아있는 결과로 본다. 개개의 분포가 균등한 밀도로 분포하지 않고 무리를 이루어 분포하는 것이 특색이다. 이와 같이 무리를 지어서 분포하는 것도 석회암대지의 원면이 남아있는 곳에 집중적으로 凹지형이 생긴 때문이다. 또한 그 분포 배열을 보면 북북동-남남서 방향으로 어느 정도 선적배열이 보인다. 이와 같은 선적배열은 지질구조와 관계를 갖고 있을 것으로 보인다. 따라서 이와 같은 지질구조를 보기 위해서 항공사진을 통하여 linearment도를 작성해 보았다(그림 1-7)

본 지역에 발달한 linearment는 모두 negative linearment(음각선 구조)이며 NNE-SSW 방향의 본 지질의 주향방향과 평행하는 많은 linearment가 나타났으며 간혹 이를 거의 직각으로 교차하는 NW-SE의 linearment도 다수 나타났다. 이와 같은 linearment는 본 지역의 지질압력장의 공역구조(conjugate structure) 및 지층주향과 관계가 있는 것으로 사료된다. 이 linearment와 凹지형분포를 중복시켜보면 이 凹지형의 분포는 이 linearment에 매우 지배되어 있는 것을 알 수 있다. 지질선구조를 따라 파쇄대가 형성되고 지표수가 지하로 스며들 수 있는 공극이 이 파쇄대를 따라서 많이 생기고 따라서 본 지역의 凹지형의 분포가 이와 같은 선적구조를 하게 된 것으로 판단된다.

(2) 고도별 분포

본 지역의 doline와 uvale는 표고 100~380m 사이에 분포하고 있다. 본 지역의 석회암지대의 가장 높은 부분은 620m의 표고도 있으나 거의 400m 이상에서는 doline가 나타나지 않고 있다. 400m 이상의 표고를 나타내는 지역은 관입암 주변에서 석회암이 접촉변질하여 석회규산염암을 이루거나 결정질로 되었기 때문에 凹지형이 형성되지 않은 것으로 판단된다. 우리나라 타 지역 doline의 고도별 분포를 보면 최저고도는 전북 정읍군과 충북 단양군 매포면에서 각각 80m,[18] 30m[19]에서 나타났고 최고고도는 삼척군 하장면과 영월 쌍룡리 일대의 1,000m[20], 600m[21]까지 나타난다. 본 지역의 doline와 uvala의 분포고도를 고도별로 도식화한 것이 <그림 1-8>이다.

이 그림에 의하면 doline와 uvale가 다같이 200~250m 간에 가장 많은 분포를 보이고 있다. 이 고도별 분포는 현지조사에서 산정부에 발달한 凹 지형과 산록부에 발달한 凹 지형으로 두 집단으로 나눌 수 있다. 그래서 이 두 집단의 고도차는 약 70~80m 전후가 된

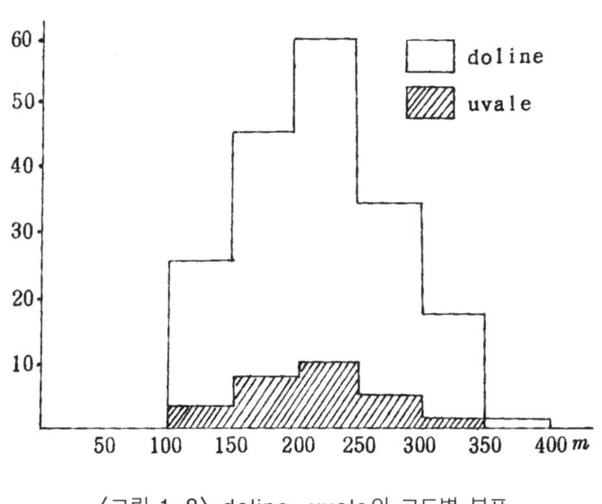

〈그림 1-8〉 doline, uvala의 고도별 분포

18) 김대경, 「Karst지형에 관한 연구」(전주교대논문집, 제12집, 1976), 181쪽.

19) 정장호, op. cit., 15쪽.

20) Ibid., 27쪽.

21) 류재신, op. cit., 263쪽.

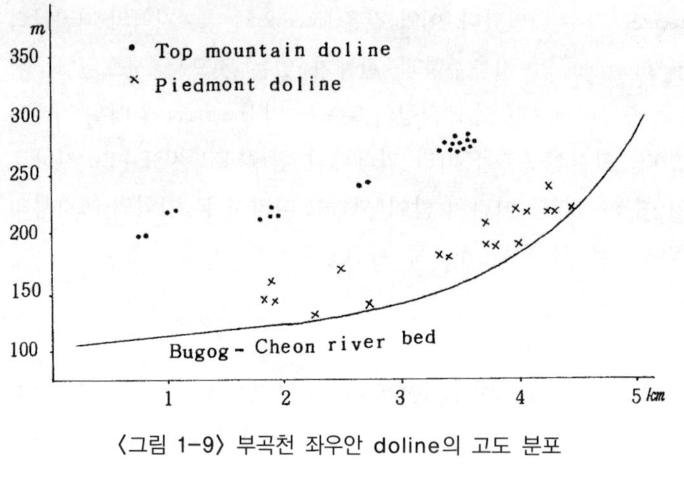

〈그림 1-9〉 부곡천 좌우안 doline의 고도 분포

다. 고도별 분포도에서는 절대고도에 의해서 작성되는 것이기 때문에 이와 같은 관계가 확연하지 않다. 따라서 凹지형분포가 탁월한 부곡천(부곡리 앞을 NE-SE방향으로 흐르는 하천) 양안에 분포한 凹지형을 하천의 종단면과 그 비고를 고려하여 투영한 것이 <그림 1-9>이다.

본 그림에서는 전술한 바와 같이 하천과 비고 수십m 지역에 분포하는 산록부 凹지형 집단과 하천과 비고 100m 전후에 분포하는 산정부 凹지형 집단이 잘 구분되어 나타나고 있다.

산정부의 집단은 석회암대지 원면과 관계있는 분포로 후술하는 바와 같이 형태적으로도 그 규모가 크며 또 깊이가 깊다. 산록부군은 과거 어떤 doline 열에 의해서 형성된 곡에서 하천이 하각을 계속함에 따라 하천과 비고를 갖는 산록부에서 2차적으로 형성된 것으로 판단되며, 따라서 그 규모가 작고 형태도 접시형(皿형)이다.

3) karst 凹지형 형태

karst지형에 대한 계량적 분석을 통하여 凹지형을 구성하는 제요소간의 어떤 법칙성과 형태의 유형화, 분포의 방향성 등을 분석하는 연구가 최근에 외국에서 이루어지고 있다.[22] 따라서 본고에서도 凹지형에 대한 이와 같은 계량적 분석을 시도했다.

(1) 평면형태

凹지형의 평면형태는 원형과 타원형, 구형(溝型)으로 나눌 수 있다. 조사지역의 189개의

22) Paterson, K. op. cit., pp.107~118.
Lavalle, P. D., "Some Aspects of Linear Karst Depression in South Central Kentucky", Ann., Ass., Am., Geogr., Vol. 57(1967), pp.49~71.

doline의 장경과 단경은 <표 1-2>와 같다.

장경은 대개 51~100m 것이 가장 많고 그 평균은 80m이고 최대는 237m까지 있었다. 단경은 26~50m의 것이 가장 많으며 그 평균은 45m이다. 이 양쪽을 합한 평균은 26~75m까지가 가장 많으며 그 평균은 57m이다. 따라서 본 지역에서의 doline 일반형태는 대개 장경이 단경의 배에 가까운 수치를 나타내는 타원 내지 장타원이다. 이 관계에 대해서 P. D. Lavalle(1967)교수는 Kentucky 지방의 중남부에 발달한 석회암 凹지형 연구에서 elongation ratio 값을 고안 적용하였다. 그에 의하면 elongation ratio는 doline의 단축에 대한 장축의 비로 나타내며 그 값이 낮으면 방향성이 없이 doline는 원의 형태를 나타나며 반면에 그 값이 높으면 선의 방향의 있으며 타원 내지 장타원 형태를 나타낸다[23]고 하였다. 그는 이와 같은 방법을 적용해서 凹지형이 지질구조선에 관계되는 형태를 구명했다.

〈표 1-2〉 doline의 크기별 수

크 기	장경	단경
1m~25m	8	38
26m~50m	34	102
51m~75m	64	35
76m~100m	41	12
101m~125m	20	
126m~150m	13	1
151m~175m	5	
176m~200m	2	
201m~225m	1	1
226m~	1	

조사지역의 189개에 대한 凹지형의 elongation ratio는 <표 1-3>과 같다. elongation ratio 값이 1.0인 완전한 원의 형태를 갖는 doline는 12개뿐이며 전체평균은 1.95로 대부분의 doline가 타원 내지 장타원임을 나타낸다. elongation ratio 1.9 이하가 107개로 전체의 57%를 차지하의 것이 82개로 43%이며 최대 5.0도 2개나 된다. 이와 같은 결과는 본 지역의 doline의 형태가 어떤 방향성을 갖고 있는 것으로 판단되어서 그 장축의 방향을 조사해서 rose diagram[24]으로 도식한 것이 <그림 1-10>이다.

〈표 1-3〉 elongation ratio 값과 doline 수

e.r.	doline수	e.r.	doline수	e.r.	doline수	e.r.	doline수
1.0	12	1.7	10	2.4	5	3.2	1
1.1	8	1.8	13	2.5	6	3.3	5
1.2	12	1.9	2	2.6	4	3.5	5
1.3	18	2.0	19	2.7	7	3.7	1
1.4	11	2.1	2	2.8	2	3.8	1
1.5	10	2.2	2	3.0	9	4.2	1
1.6	11	2.3	9	3.1	1	5.0	2

23) Lavalle, P. D., op. cit., p.53.

24) Paterson, K., op. cit., p.111.

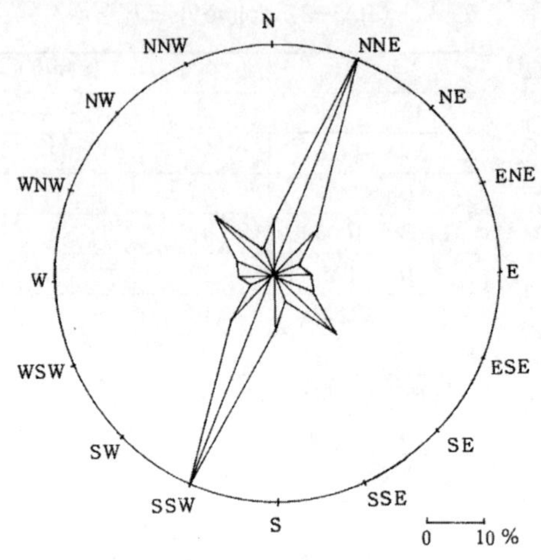

〈그림 1-10〉 rose diagram

〈표 1-4〉 결합 doline수 와 uvala수

결합된 doline수	uvala 수
2	10
3	6
4	2
5	3
6	1
10	2
14	1
17	1

그림에서 볼 수 있는 것과 같이 NNE-SSW 방향이 탁월하여 40.2%이고 NW-SE 방향이 15.9%로 이 양방향이 탁월하다. 이들 두 방향은 본 지역의 linearment의 두 방향과 정확히 일치한다.

doline가 2개 이상 서로 연결된 uvala는 전술한 것처럼 26개이다. 이들 개개의 uvala가 몇 개의 doline가 합해서 된 것인가를 나타낸 것이 <표 1-4>이다.

일반적으로 2~5개의 doline가 결합된 것이 대부분이며 10개 이상의 많은 doline가 복합된 것도 4개나 된다. 결합된 doline수가 적을수록 그 형태는 단순하여 누에고치형(cocoon type), 표주박형(표형)이 많으며 결합된 doline수가 많을수록 그 형태는 복잡한 구조를 나타낸다. <그림 1-11>은 호계리에 분포하는 uvala로서 표고 250m 평탄지에 10개의 doline가 결합되어 형성된 것으로 판단되며 형태는 장타원으로 복잡한 구조를 하고 있다. sinkhole은 폭 10m, 깊이 3m의 깔대기 모양으로 바닥 남쪽 가장자리에 분포하며 sinkhole 주변의 벽은 60° 내외의 급경사를 나타내고 있다.

<그림 1-12>는 표고 270m 산정에 발달한 부곡리의 uvala로서 14개의 크고 작은 doline가 linearment를 따라 결합된 것으로 3개의 sinkhole만 볼 수 있으며 이것들은 그 남쪽에 분포하는 부곡암굴과 부곡숫굴로 연결되어 있는 것으로 사료된다. 그리고 <그림 1-13>은 간곡리에 발달한 uvala로서 17개의 doline가 결합된 것으로 300m의 산정에 분포하며 폭 6m, 깊이 5m의 깔대기 모양의 sinkhole이 2개 발달하며 그 주변의 경사는 60°내외의 급경사를 이루며 낮은 곳에 위치한 sinkhole은 배수구가 적어서 강수량이 많을 시에는 일시적인 홍수를 형성한 흔적을 볼 수 있다.

각 doline의 sinkhole의 위치는 doline의 규모가 작은 것은 doline의 중앙에 위치하고

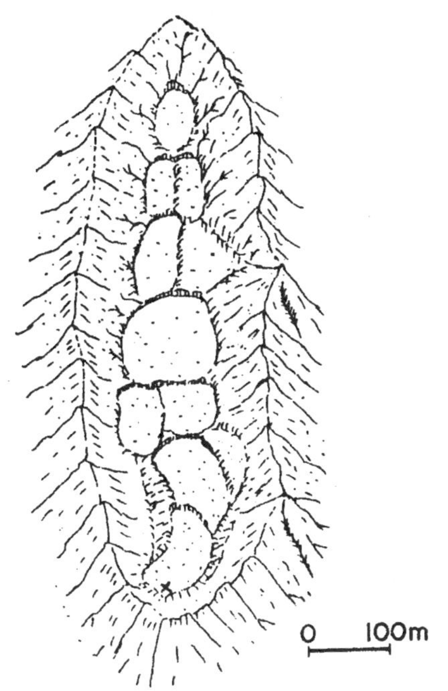

〈그림 1-11〉 호계리 uvala

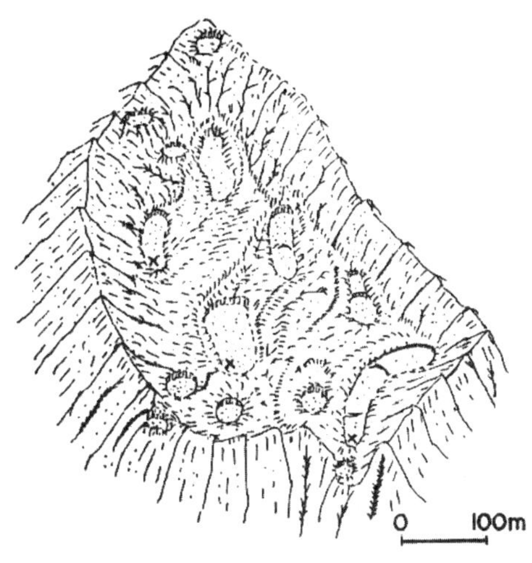

〈그림 1-12〉 부곡리 uvala

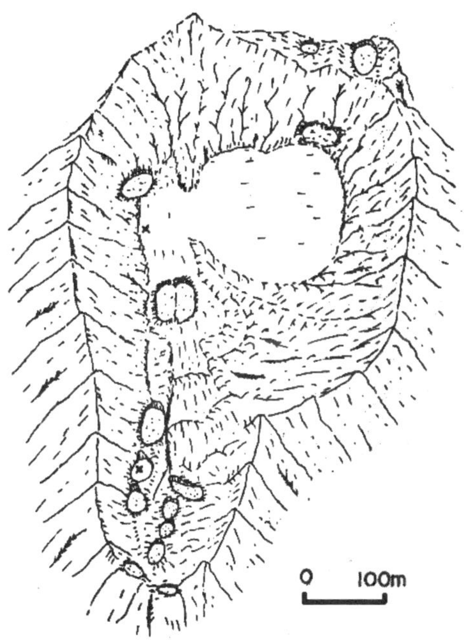

〈그림 1-13〉 간곡리 uvala

큰 것 및 uvala의 경우는 그 위치가 doline 바닥 한쪽 귀퉁이에 편재되어 sinkhole이 위치한 doline벽은 급경사를 이루고 있는 것이 특색이다.

(2) 단면형태

단면형태에 대하여는 J. Cvijic이 구경과 심도와의 비를 기초로 하여 다음과 같이 분류하였다. 구경이 심도의 10배 전후이며 측면경사가 10～12°일 때 명상(皿狀: 접시형) doline (Schussel-formige doline)라 하고 구경이 심도의 2～3배이고 측면경사가 30～40°일 때 누두상(漏斗狀: 깔떼기형) doline(Trichter-formige doline), 그리고 구경이 심도보다 적고 측벽이 수직에 가까운 형태를 정호상(井戶狀 : 우물형) doline (Brunnen-formige doline)의 3종으로 분류하였다.[25] 본 지역에서 이와 같은 것을 검증해

〈표 1-5〉 부곡천 일대의 doline 구성요소 측정치 및 형태

형	표고 (m)	구경 (m)	깊이 (m)	경사 (°)	형	표고 (m)	구경 (m)	깊이 (m)	경사 (°)
접시	240	100	10	10	깔대기	200	50	20	30
사발	180	104	20	24	〃	220	36	12	32
〃	180	44	13	22	〃	220	32	11	32
〃	230	52	8	20	〃	215	40	11	40
〃	215	44	9	20	〃	200	32	10	35
〃	215	60	11	20	〃	190	32	10	35
〃	225	64	13	22	〃	190	20	9	30
〃	190	48	8	15	〃	190	24	9	30
〃	190	40	11	25	〃	225	52	14	30
〃	145	48	13	20	〃	225	32	12	30
〃	145	56	14	22	〃	220	48	12	30
〃	190	48	12	24	〃	190	36	11	32
〃	190	72	15	25	〃	270	40	32	40
〃	170	72	10	20	〃	270	72	30	40
〃	170	36	9	20	〃	270	40	30	35
〃	170	72	13	15	〃	270	44	14	35
〃	170	74	12	20	〃	270	32	14	40
〃	170	32	13	20	〃	270	40	12	30
깔대기	220	50	20	30	우물	270	10	10	90
〃	270	36	13	30	〃	270	10	12	90

보기 위해 부곡천 양안에 분포해 있는 40개 doline에 대해서 깊이와 경사를 측정하였으며 이들의 각 측정치는 <표 1-5>와 같다.

이 sample 지역에 분포하는 doline는 접시형 doline는 1개, 깔대기형 doline는 20개, 우물형 doline는 2개이고, 접시형 doline와 깔대기형의 중간형인 사발형(발형 doline)은 17개로 나타났다. 이와 같은 각 형태들의 지형적 분포를 보면 전술한 산정부 doline군은 대개 깔대기형 doline와 우물형 doline가 많고 산록부 doline군은 접시형 doline와 사발형 doline가 대부분이었다. doline의 깊이와 구경과의 관계를 검토해 보기 위해서 횡축을 구경, 종축을 깊이로 해서 상관도를 작성한 것이 <그림 1-14>이다.

이 상관도에서 구경과 깊이의 상관계수는 0.42로 나타나 어느 정도 상관이 있기는 하나 매우 약하다. 그 형태는 지형적 위치와 관계가 있는 것으로 보이기 때문에 횡축을 하상과의 비고, 종축을 doline의 깊이로 하는 상관도를 작성해 본 것이 <그림 1-15>이다.

25) 정장호, op. cit., 29쪽.

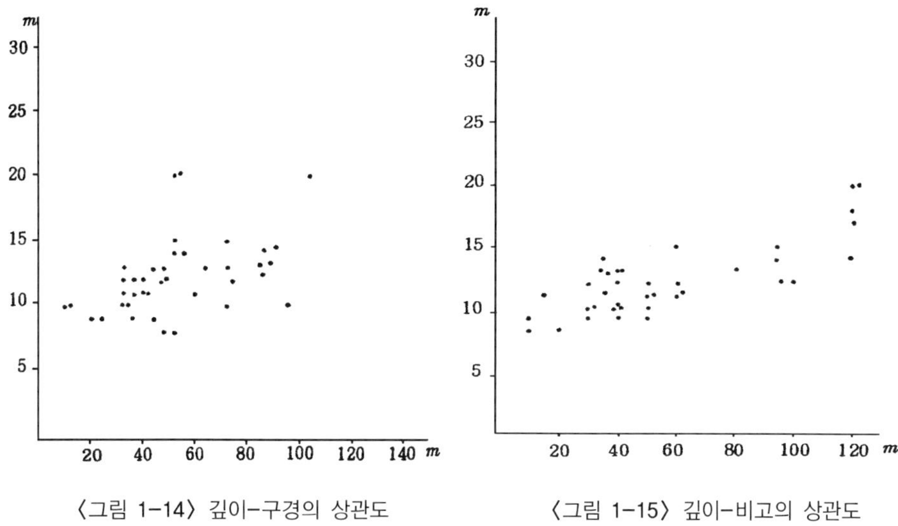

〈그림 1-14〉 깊이-구경의 상관도

〈그림 1-15〉 깊이-비고의 상관도

이 그림에서는 상관계수가 0.72로 상관이 높게 나타났다.

3. 고찰

이상에서 보아온 지형계측 및 karst 凹 지형의 분포, 형태분석을 통하여 본 지역의 형태적 특색 및 지형발달을 고찰해 보기로 한다. 먼저 본 조사지역이 karst 윤회상에 어느 단계에 와 있는가를 검토해 보기로 한다.

J. Cvijic에 의하면 karst 지형의 유년기는 석회암대지의 원면이 넓게 남아있고 곳곳에 doline가 형성되기 시작한 단계이고 장년기는 용식이 더욱 진전되어서 용식된 면이 원지형면보다 훨씬 넓게 발달하고 doline가 서로 결합하여 uvala가 되고 함몰 doline가 나타나고 지표수계가 서로 연결되지 않은 상태이다. 노년기가 되면 각종 凹지형이 서로 연결 열려서 지하수면과 거의 일치되는 저위의 평면이 넓게 나타나고 수계는 다시 통일된 수계로 나타나는 단계이다.

이렇게 볼 때 본 지역에는 석회암대지의 원면은 거의 부분적으로 나타나고 이곳에만 凹지형이 밀집해 있으며 doline가 결합된 uvala도 여러 곳에서 나타났다. 또한 확실하지는 않지만 지금 형성되어 있는 하곡이 과거 doline열이 서로 연결되어 곡이 된 것과 같은 지형 특색을 보이고 열려진 doline 로 판단되는 지형도 다수 나타나며 하계망은 짧은 복류구간을 인정되나 통일된 하계망을 이루고 있는 것으로 보는 것이 타당하다.

이와 같은 제 사실을 미루어 볼 때 본 지역은 침식윤회단계로 보아 만장년기 내지 노년기 단계에 와 있는 것으로 볼 수 있다. 그러나 이 지역은 원지형면이 된 석회암대지의 표고가 처음부터 낮았고 또 지금 하계망이 선행하천이 만든 곡이라고 한다고 보면 아직 초장년기의 단계에 있어서 uvala가 다수 형성되고 시간이 더 흐름에 따라 하계망이 점점 더 절단되어질 가능성도 인정할 수가 있다. 그러나 이렇게 볼 때는 지역 내 높은 고지에 석회암의 위층인 사암층이 얹혀 있어야 한다. 그러나 역내에는 그러한 노두를 전혀 발견할 수가 없었다. 따라서 역시 본 지역의 침식 윤회단계는 만장년기 내지 노년기에 달한 것으로 보는 것이 타당하다.

하계망의 밀도는 일반적으로 경암부가 밀도가 낮고 연암부에 밀도가 높은 것으로 보고되어 있다. 그러나 석회암과 같은 용식지형은 그 용식 및 지하복류 때문에 이와 같은 일반적인 원리를 적용할 수 없을 것으로 본다. 석회암지대의 하계밀도는 그 침식 단계에 따라서 크게 좌우되어 유년기나 장년기에서는 복류하는 구간이 많아서 그 밀도가 매우 낮게 나타날 것이며 노년기에 이들 복류하던 하천이 다시 노출되어 통일된 하계망을 형성할 때는 비교적 높은 밀도를 나타낸다는 것이 이론적으로 타당하다. 이렇게 볼 때 본 지역에서 하계밀도가 보다 더 연암인 화강편마암지대보다 석회암지대가 더 높을 수도 있으며 또한 이것은 이 지역이 karst 침식윤회가 매우 성숙되었다는 하나의 증거가 되기도 한다. 지형계측방법에 의해서 석회암지대와 타 암석지대를 비교해서 지역 차이를 찾아낼 수 있는 지표로서 하계의 밀도나 형태를 비교하는 것이 유용한 방법 중의 하나라는 것을 본 고찰에서 알 수 있었다.

본 지역에서 凹지형의 분포와 형태는 어떤 linearment와 깊은 상관관계를 갖고 있다는 것이 분포도와 elongation ratio에서 그리고 rose diagram에서 잘 나타났다. 이와 같은 보고가 우리나라에서 타 석회암지역에서는 아직 없다. 그러나 우리나라에서 석회암이 분포하는 지역은 대개 중생대 Jura기에 소위 대보운동에 의해 심한 지반운동을 받았고 따라서 본 지역과 같이 구조선이 많이 발달했을 것으로 사료된다. 따라서 타 지역에 凹지형 분포를 검토할 때 이와 같은 관점을 갖고 분석해 볼 필요가 있다고 생각한다.

또한 凹지형의 형태는 평면형태에 있어서는 지질구조의 방향성이 지배하고 단면형태는 지하수면에 대한 비고가 지배되어 다양한 형태로 나타난다는 것을 알 수 있다.

4. 결론

1. 본 지역의 석회암지대는 주변 비석회암지대와 비교해서 다음과 같은 특색이 나타났다.
   1) 절봉면도상에서 와지가 많이 나타나고, 지형배열이 복잡하다(그림 1-2).
   2) 평균경사 및 기복이 낮고 그 분포가 단조롭다(그림 1-3, 1-4).
   3) 하계밀도가 높게 나타나고 하계망자체가 불규칙적이다(그림 1-5).
   4) 곡벽사면은 convex사면이고 소지류의 종단면상에는 곡계가 많이 나타난다.
2. 본 지역의 凹지형 분포는 NNE-SSW 방향의 linearment에 지배를 받아 선적 배열을 하고 있고 산정부 분포군과 산록부 분포군으로 구별되었다(그림 1-9).
3. 본 지역의 凹지형의 형태적 특색은 다음과 같다.
   1) 본 지역의 凹지형은 주로 doline이고 uvala도 상당히 나타났지만 polije의 발달은 극히 미약하다.
   2) doline의 단면형태는 산록부에서는 접시형, 사발형이 주이고 산정부에는 깔대기형, 우물형이 대부분이다(표 1-5).
   3) sinkhole의 위치는 소규모의 凹지형에서는 그 바닥 중앙부에 있으나 대규모의 凹지형에서는 바닥 가장자리에 편재하는 경우가 많다.
   4) 깊이와 비고, 깊이와 구경간의 상관관계는 있으나 전자는 0.72로 상관이 높게 나타났으며 후자는 0.42로 상관관계가 높지는 않았다.
4. 본 지역 karst 지형의 지형발달단계는 지형배열의 복잡성, 개석 doline의 존재, 하계망의 특성으로 미루어 보아 만장년기 내지 노년기에 달한 지형으로 판단된다.

참고문헌

1. 단행본

권혁재. 1981. 『지형학』. 서울: 법문사.

국립지리원. 1980. 『한국지지』. 서울신문사.

김남장 외 2명. 1967. 『지질도폭설명서』. 문경: 과학기술처, 국립지질조사소.

김상호. 1975. 『지리학개론』. 서울: 일조각.

김서운 외 7명. 1968. 『현대지구과학』. 서울: 진명문화사.

김우관. 1980. 『지형학』. 대구: 연합출판사.

교대지리교육연구회. 1968. 『국토의 연구』. 대구: 형설출판사.

신병우·최승일. 1968. 『지질도폭설명서』. 상금곡: 국립지질조사소.

이성·김상욱. 1968. 『지질도폭설명서』. 함창: 국립지질조사소.

渡邊光. 1975. 『地理學』. 東京: 古今書院.

中野尊正·吉川虎雄. 1958. 『地形調査法』. 東京: 古今書院.

Finch, Vernor C., and Trewartha, Glenn, T. 1942. *Elements of Geography, Physical and Cultural*. New York and London: McGraw-Hill Book Company, Inc.

Kendall, H. M. and Glandinnig, R. M. and Mac Fadden C.H. 1962. *Introduction to Geography*. New York. Brulingams: Harcourt, Brace & World, Inc.

2. 논문

강승삼. 1977. 「충북의 Karst 지형」. 청주대학논문집, 제10집. 263~282쪽.

김대경. 1976. 「Karst 지형에 관한 연구」. 전주교대논문집, 제12집. 167~186쪽.

김우관. 1981. 「낙동분지의 경사분석과 그 분포」. 낙동지리, 제6호. 19~37쪽.

김항묵. 1977. 「천연기념물 제155호 성류굴의 지질학적 및 동굴형성물의 이색피막현상에 관한 연구」. 부산대학교 논문집, 제24집. 33~40쪽.

서무송. 1966. 「한국의 Karst 지형 - 려삼일미로 지역을 중심으로」. 지산선생 화갑기념논문집. 69~78쪽.

_____. 1969. 「한국의 Karst 지형 - 삼척일대의 지형발달을 중심으로」. 경희대학교 대학원 석사논문.

_____. 1977. 「한국동굴의 Pisolite에 관한 연구」. 지리학, 16호. 79~81쪽.

_____. 1977. 「한국의 동굴과 그 이차생성물에 관한 연구」. 창암 이민재 박사 화갑기념논문집. 374~396쪽.

류재신. 1977. 「영월, 쌍용리 - 연당리 일대의 Karst 지형에 관한 연구」. 건국대학교 대학원 논문집, 제6집. 259~268쪽.

정장호. 1962. 「한국의 Karst 지형」. 서울대학교 대학원 석사학위논문.

_____. 1966. 「한국의 Karst 지형」. 지산선생화갑기념논문집. 213~239쪽.

_____. 1975. 「Karst 지형」. 지리학, 13호. 1~7쪽.

홍시환. 1975. 「한국의 동굴」. 지리학, 13호. 8~12쪽.

홍시환 외 3명. 1977. 「우리나라 자연동굴의 현황과 이용에 관한 연구」. 산학협동재단학술연구논문. 31~75쪽.

Lavalle, P. D. 1967. “Some Aspects of Linear Karst Depression Development in South Central Kentucky.” *Ann. Am., Geogr.*, Vol. 57. pp.49~71.

Newson, M. D. 1971. “A Model of Subterranean Limestione Erosion in the British Isles Based on Hydrology.” Bristol Uni., March, pp.55~69.

Paterson, K. 1980. “Closed Depressions in Limestone Areas: Some Teaching Approaches for the Physical Geography.” No. 287, Vol. 65, Pt 2, April, pp.107~118.

Tomas, T. M. 1969. “The Limestone Pavements of the North Crop of the South Wales Coalfield with Special Reference to Solution Rate and Processes.” Institute of Britsh Geographers, No. 50, July, pp.87~105.

_____. 1971. “Gash-Breccias of South Pembrokeshire: Fossil Karstic Phenomena?” Institute of Britsh Geographers, March, pp.89~100.

William, P. W. 1966. “Limeston Pavements.” Transactions of the Institute of Britsh Geographers, Vol. 5. Feb, pp.155~172.

CHAPTER 2

한국의 우곡 지형 연구*

1. 서론

1) 우곡 지형의 정의와 문제의 제기

땅에 떨어진 빗물은 일부는 증발하거나 땅속에 스며들지만 대부분은 지표를 따라 흘러내린다. 이것을 지표유출(overland flow)이라 한다. 호우가 내린 뒤 지표유출은 처음 산정부에서는 엷은 막을 형성하면서 면적(面的)으로 흐르는데 이것을 포상류(sheet flow)라 하고 이에 의한 토양침식을 포상침식(sheet erosion)이라 한다. 포상침식 부분 말단부에서는 가늘고 긴 유로를 파면서 릴류(rill flow)가 현성된다. 릴류의 유로는 규모가 작기 때문에 강우시에는 존재하다가 겨울에 동결융해 작용으로 지워지기 때문에 일시적인 유로이다. 따라서 포상류와 릴류에 의한 토양침식은 면적침식(面的侵蝕)이다.[1)]

사면 기저부에서는 이러한 릴류가 결합하여 보다 크고 깊게 파여진 우곡(gully)[2)]을 형성하고 상류 쪽으로 발달해 간다. 우곡은 한번 형성되면 그 유로를 계속 유지하는 점에서 릴류와 구별되며, 그러나 강우시에만 물이 흐르고 강우가 끝나면 거의 물이

* 박경석, 1989, 경북대학교 교육대학원 석사학위논문.

1) 권혁재, 『지형학』(서울: 법문사, 1981), 269쪽

2) 우리나라에서는 우곡(雨谷), 우열(雨裂)이라고 하며, 미국에서는 gully외에 Arroyo라고도 하며, 이탈리아에서는 Calanchi, 아프리카에서는 dongas라고도 함. 그 외 ravine이라고도 불리고 있음

흐르지 않는다는 점에서 그 아래쪽의 하천(stream)과 구별된다. 따라서 우곡은 수계의 선적(線的)침식의 최상류부에 해당하는 지형이다.

우곡은 제3기 및 제4기 충적층, löss층, 화산재와 쇄설물층, 두터운 풍화층 등 비고결 쇄설물로 된 사면에서 식물피복이 빈약하고 집중호우가 발생하는 곳에 발달한다. 자연상태로는 반건조기후 지역에 우곡의 발달이 탁월하지만 산불, 벌목, 과목, 경작활동 등 인간에 의한 식생의 파괴가 우곡의 발달을 촉진시킨 예가 많다.

한 사면에 우곡이 형성되기 시작하여 점차로 수가 증가하고 규모가 커지면 사면의 원면은 점점 파괴되어 작은 기복이 심한 악지(badland)가 형성된다. 따라서 농경지 혹은 목장지로 이용되던 사면에도 우곡이 형성 발달하게 되어 결국은 전혀 경지로 이용될 수 없는 악지의 경관으로 바뀌게 된다. 캐나다 온테리오 주의 Elizabethville에는 1840년까지 삼림지였으나 1850~1860년에 이주민들이 나무를 베어내고 경지로 이용하자 19세기 말부터 토양침식이 격심해지고 1927년 대규모화된 우곡의 가속화된 침식으로 1942년에는 표토가 50~70% 제거되었으며 어떤 곳은 완전히 제거되기까지 했다.[3)]

이에 우곡의 형성, 발달과정을 분석하고 우곡의 발달을 억제하는 안정화 대책을 규명하는 것은 지형의 형성 발달을 밝히는 학문적인 측면뿐만 아니라 환경보전적인 측면에서도 매우 중요하다.

2) 연구 목적

우리나라는 인구에 비하여 경지가 부족하기 때문에 구릉지 및 완사면에 많은 농경지가 형성되어 있으며 이들 농경지는 우곡침식의 위험을 안고 있다.

1/50,000지형도[4)] 상에서 발견된 우곡은 46개 도폭에서 737개이며 그 분포상에도 특색을 보이고 있다.

'문제의 제기'에서 언급한 바와 같이 우곡침식은 구릉지 및 완경사지의 농경지에서 심각한 문제이며 우리나라에서도 많은 우곡이 형성되어 있는데도 불구하고 이에 대한 연구가 한편도 없었다.

본 연구에서는 우리나라 우곡의 분포상의 특색, 형태상의 특색을 밝히고 사례연구를 통하여 우곡의 발달과정을 분석하였다.

---

3) Hugget, R. & Meyer, I., *Agriculture*(London: Harper & Row Publishers, 1980), pp.125~126

4) 1918~1927년에 제작된 것임.

3) 연구 방법

본 연구에서는 다음과 같은 연구 방법을 사용하였다.

1) 1/50,000지형도를 기초로 전국(남·북한)의 우곡 분포도를 작성하고 부분적으로는 항공사진 판독 및 현지조사를 통하여 지형도상에 분포된 우곡을 확인하였다.

2) 우곡의 분포 특성을 밝히기 위하여

① HTK(hydrothermal coefficient)[5]를 계산하여 이들 수치와 우곡분포와의 관계를 밝혔다.

② 지질도를 이용하여 우곡분포와 지질과의 관계를 조사하였다.

③ 우곡이 있는 사면의 표고 및 경사를 계측하여 우곡분포지의 지형적 특색을 조사하였다.

3) 경산 남하동, 경산 내환동, 달성 와룡산, 합천 신기동, 달성 옥포, 건천 주사산, 거창 가조, 구룡포 우포, 경주 입실 지역의 현지조사를 통하여 폭, 길이, 사면경사, 형태 등을 계측하고 조사하였다.

4) 합천 신기동, 경산 남하동 우곡의 두부 윗사면에 핀(pin)을 설치하여 두부침식률을 조사하였다.

2. 우곡 지형의 연구사

우곡에 대한 최초의 연구는 1846년 영국인 Lyell에 의한 미국 조지아 주 Milledgeville 근처에 진행 중인 우곡의 연구이다.[6] 그는 연구 결과를 목판화와 간단한 문장으로 남겼는데 처음 우곡의 형성원인을 벌목으로 보았다. 벌목지역이 태양열로 건조되어 0.9m 깊이의 균열이 생긴 곳에 강우시 물이 들이닥쳐 침식이 시작되었으며 깊이 16.5m, 길이 270m의 크기로 발달하는 데는 20년이 경과하는 것으로 보았다.

1939년 Ireland의 Lyell 우곡연구에서 그는 처음 형성 원인을 도로 배수구를 통한 유출의 집중과 식생빈약으로 보았다.[7] 발달이 가속화되는 원인은 집중호우 시의 유출이 폭포처럼 떨어지면서 두부(頭部) 벽에 수분을 함유시켜 두부는 오목하게 침식되며 곧이어 상부 돌출부도 붕괴되어 우곡은 전진하게 된다고 했다. 우곡이 안정화되는 것은 강우가 두부침식활동을 어느 정도 하더라도 침식된 물질을 제거시킬 만큼의 강도가 아닐 때

5) 주 13), 14) 참조.

6) Ireland, H. A., "「Lyell」 Gully a record of a century of erosion", *Journal of Geology*, Vol. 47(1939), p.48.

7) Ireland, H. A., *op.cit.*, pp.47～63.

두부침식활동은 지체되고 침식된 물질은 사면을 형성하며 그 위에 식생이 우연히 자라서 피복되면 안정화가 이루어진다고 했다. 또한 그는 우곡의 최초 형성 시기를 알아보기 위해 우곡사면의 소나무 수령을 측정한 결과 우곡이 성장하여 상류로 갈수록 배수 유역면적이 줄어들기 때문에 우곡두부의 전진속도가 상류로 갈수록 더 느려진다는 사실도 발견했다.

1939년 미국의 토양학자 Bennett는 우곡화의 유형과 원인을 밝혔는데 우곡 형성 및 발달의 원인은 인간이 경작과 토지조성을 위해 산림을 벌목한 것이 가장 큰 원인이며 배수로의 불량, 광산개발, 도로건설, 가축이 무리지어 다니며 식생을 파괴시킨 것 등도 부차적인 원인이라고 했다.[8] 그리고 그는 우곡의 유형을 Channel 우곡, Waterfall 우곡, massmovement 우곡으로 나누었다. Channel 우곡 중에서도 침식당하기 쉬운 물질로 이루어진 사면에서는 U형 우곡, 하부토양이 점토질이면 V형 우곡, 표면 가까이 경암이 있으면 얕고 폭이 넓은 우곡이 형성된다고 했다. 그리고 우곡을 통제·조절하는 여러 가지 방안도 발표했는데 그 중 가장 좋은 방법은 식생으로 우곡 골짜기를 안정화시키는 것으로 보았다.

1966년 Denevan이 19세기에 뉴멕시코의 Rio Grande 지역의 가축수와 우곡의 관계를 연구하였다. 멕시코의 식민지개척자와 여행가의 보고와 목장감독의 탐문조사를 통하여 적절한 강우는 식생을 자라게 하여 상당수의 가축이 방목되어도 우곡발달이 활성화되지 않지만 과목이 중복되면 식생피복이 손상되어 호우 혹은 중간 정도의 강우에도 우곡화가 예상된다고 하였으며 또한 한발기가 있었고 빈번한 고강도의 강우가 있었는데도 우곡이 활성화되지 않았었다면 가축수가 적었다는 것을 밝혀냈다.[9] 따라서 그는 기후요소나 과목과 같은 인간 활동의 한 요소만으로는 우곡의 발달을 설명할 수 없으며 기후요소와 잘못된 인간의 토지이용으로 우곡이 활성화된다고 주장했다.

1972년 Mosley는 콜로라도 북부의 충적층 매적곡에 발달해 있는 불연속 우곡 시스템을 발견하고 우곡은 표면유출 및 Slumping과 같은 유수의 작용뿐만 아니라 바람의 영향 또한 중요하다고 했다. 식생피복이 빈약한 곳에서 바람에 의하여 흡식와지가 여기저기 형성되면 뒤에 유수가 우곡을 연결시키고 또한 연결된 우곡에서도 건계에는 바람이 침식작용에 크게 기여한다고 했다.[10] 그는 또한 1974년에 릴침식 실험에서 시간과 사면형

8) Bennett, H. H., *Soil Conservation*, (NewYork : MacGrow-Hill Book Company Inc., 1939), pp.506~534.

9) Denevan, W. M., "Livestock numbers in nineteenth-century NewMexico, and the Problem of Gullying in the Southwest", A. A. A. G., Vol. 57(1967), pp.691~703.

10) Mosley, M. P., "Evolution of a discontinuous Gully System", *A. A. A. G.*, Vol.62, No.4(1972), pp.655~663.

태에 따른 침식비율을 연구했다. 그 결과 사면의 형태에 따라 집수사면은 침식이 점증형이고 직선사면은 일정한 비율로 증가하며 산수사면은 점감형이라는 것을 밝혔다.[11)]

1976년 Gregory와 Park는 영국 Devon의 우곡 발달에 인간이 미친 영향에 대한 연구를 했다.[12)] 우곡이 특정 위치에서 급속도로 발달한 원인을 벌목이 일차적인 원인이지만 더욱 중요하게 영향을 미친 것은 유역 동쪽에 도로가 포장되면서 유출량이 증가하게 된 도로배수체계로 보았다. 우곡 형성시기가 도로 포장시기와 거의 일치함을 증명하여 인간활동의 영향으로 Devon우곡이 형성되었다는 결론을 얻어냈다.

1982년 체코슬로바키아의 Zachar는 우곡화의 속도에 영향을 주는 첫 번째 요소는 기후라 하고 강우의 빈도와 강도에 의해 식생의 비율과 우곡의 유형이 결정된다고 하였다. 그래서 그는 WS(available moisture)와 HTK(hydrothermal coefficient)를 계산하고 강우량이 적어 이 WS,[13)] HTK[14)]가 낮을수록 우곡이 많이 발생한다고 했다. 두 번째 요소는 토양으로 유수에 저항하는 정도가 토양에 따라 다르기 때문에 사질토양에서 löss, 점토질양토(clay loam), 중점토(heavy loam), 그리고 경결토(skeleton)로 갈수록 우곡의 침식력이 약해지며 최대의 우곡은 löss에 분포한다고 했다.

1983년 Hannam은 우곡의 특성을 분석하기 위해 한 개의 우곡을 44개 지점으로 세분하여 계측한 후 폭과 깊이의 비를 나타내는 F와 입자의 무게평균인 M지수를 사용하여 그 우곡이 삭평형작용이 우세한가 혹은 적평형작용이 우세한가를 밝혔다.[15)]

1987년 Crouch는 우곡을 안정화시키기에 적합한 식생을 알아내기 위해 18종의 버드나무속(salix)을 우곡에 심어 테스트함으로써 우곡의 안정화에 대한 구체적인 연구를 하였다.[16)]

---

11) Mosley, M. P., "Experimental study of Rill erosion", *Transaction of ASAE.*, Vol. 17(1974), pp.909~913.

12) Gregory, K. J. & C. C. Park, "The Development of Devon Gully and Man", *Geography*, Vol.61(1976), pp.77~82.

13) $W_s = \frac{R - R'}{t}$ t : 연평균 기온(℃)
R : 연강수량(mm)
R' : 30 (t + 7)

14) $HTK = \frac{\sum_{n=1}^{12} R}{\sum_{i=1}^{365} T}$ R : 월강수량(mm)
T : 10℃ 이상의 일기온(℃)

15) Hannam, I. D., "Gully Morphology in a Bathurst Catchment", *J. S. C. NSW.*, Vol. 39, No.2(1983), pp.156~167.

16) Crouch, R. J., "Willows for Gully Erosion Control in the Central Tableland of NSW", *J. S. C. NSW.*, Vol. 43, No. 1(1987), pp.28~31.

이와 같이 외국에서는 우곡의 발생 원인을 다각적으로 분석하였을 뿐만 아니라 그 형태분석, 안정화대책 등이 오래전부터 연구되어 왔다. 그러나 우리나라에서는 우곡에 대한 연구가 지형학에서는 물론 토양 및 농공학계에서도 연구된 사례가 없다.

3. 우곡의 분포특성

1920년대에 편집한1/50,000지형도에는 우곡이 도시되어 있었으며(그림 2-1) 대개 경상

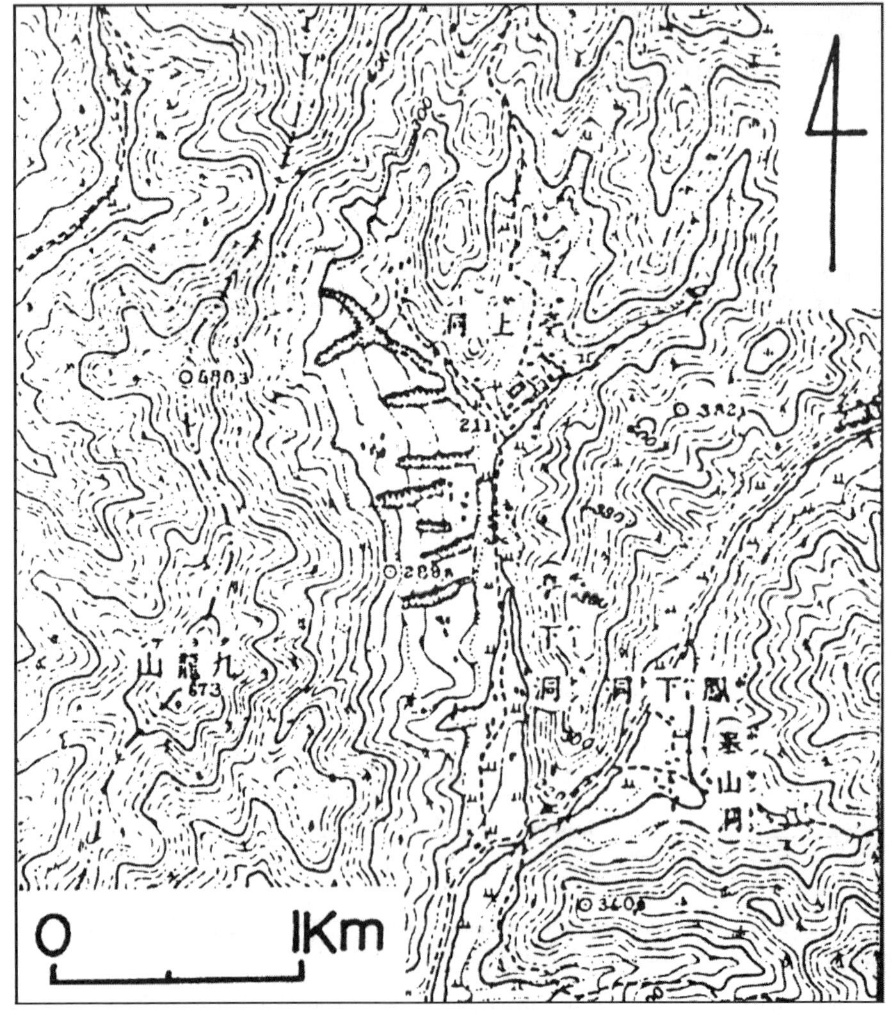

〈그림 2-1〉 청도군 운문면 정상동의 우곡

남·북도 지역에 분포한 곳을 현지 조사해본 결과 현재까지도 우곡이 형성되어 있음을 확인했다. 따라서 이 1/50,000지형도를 기초로 하여 우리나라의 우곡분포지역을 조사한 결과 남한의 20개 도폭, 북한의 26개 도폭, 총 46개 도폭에서 우곡이 발견되었으며 총 우곡 수는 737개였다(그림 2-2).

우곡이 많이 분포하는 지역은 경상남·북도, 대동강하류, 개마고원, 길주·명천 지역으로 크게 구분지울 수 있었다.

1) 강수량과 우곡

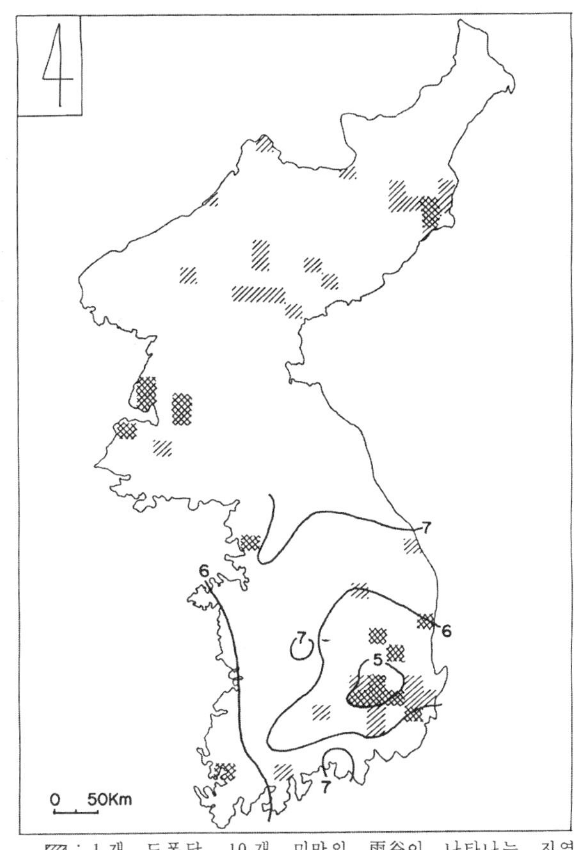

▨ : 1개 도폭당 10개 미만의 雨谷이 나타나는 지역
▩ : 1개 도폭당 10개 이상의 雨谷이 나타나는 지역

〈그림 2-2〉 우곡의 분포

이상과 같은 지역별 분포는 대개 우리나라의 소우지와 관계가 있는 것으로 나타났다. 체코슬로바키아의 Zachar(1982)는 10℃ 이상의 일평균 기온의 합과 연강수량과의 관계인 HTK(hydrothermal coefficient)를 상정하여 이 HTK가 낮을수록 우곡의 발달이 현저하다고 하고, 체코슬로바키아에서는 HTK가 1.25~2.5인 지역에서 우곡이 나타난다고 했다. 따라서 본 연구에서도 자료가 가능한 남한지역에 대하여 HTK를 계산한 것이 <표 2-1>이고 이를 기초로 HTK의 등고선을 우곡의 분포도와 함께 나타냈다(그림 2-2). <그림 2-2>에서 우곡의 분포밀도가 높은 대구 주변지역은 HTK가 5 이하로 나타나서 남한에서 가장 낮게 나타나는 지역이었으며, 한두 지역 예외는 있었지만 우곡의 분포는 HTK 6 이하의 지역에 나타나고 있다는 것을 알 수 있었다. 일기온 자료가 없는 북한지역은 알아볼 수 없었으나 우곡의 분포지역이 강수량이 적은 대동강 하류지역과 개마고원 지역인 것으로 봐서 같은 결과가 나타날 것으로 추정된다. 체코슬로바키아에서는 HTK가 2.5 이하 지역에서 우곡이 나타나는데

〈표 2-1〉 남한 각 지점의 HTK

地　名	Σt	ΣR	HTK
東　草	1,776.5	1,291.2	7.3
仁　川	1,829.5	1,150.7	6.3
水　原	1,857.6	1,327.8	7.1
瑞　山	1,934.5	1,189.7	6.1
蔚　珍	1,835.1	1,181.0	6.4
淸　州	1,947.2	1,219.3	6.3
秋　風　嶺	1,851.5	1,176.8	6.4
浦　項	2,046.0	1,084.2	5.3
群　山	1,980.3	1,186.3	6.0
蔚　山	2,032.8	1,277.7	6.3
忠　武	2,161.0	1,457.9	6.7
木　浦	2,143.6	1,127.2	5.3
麗　水	2,143.7	1,392.5	6.5
晋　州	2,123.6	1,571.5	7.4
大　邱	2,143.2	1,005.3	4.6
春　川	1,807.4	1,286.1	7.1
江　陵	1,931.1	1,382.8	7.2
서　울	1,968.4	1,364.8	6.9
大　田	1,966.2	1,368.6	7.0
全　州	1,966.4	1,290.0	6.6
光　州	2,168.8	1,316.3	6.1
釜　山	2,131.0	1,466.2	6.9

기초자료 : 한국기후표(1951～1980)

Σt : 일년 중 일평균 기온의 10℃ 이상분의 합

ΣR : 연강수량

HTK : $\frac{\Sigma R}{\Sigma t} \times 10$

우리나라에서는 6 이하 지역으로 그 수치가 다소 높게 나타났다. 이것은 체코슬로바키아는 서안해양성기후에 인접한 곳으로 강수량은 적지만 연중 고르게 분포하고 있는 반면 우리나라에는 강수량은 많지만 동계건조 및 하계집중강우가 나타나서 우곡형성이 용이하기 때문인 것으로 판단된다.

2) 지질과 우곡

우곡의 형성이 어떤 지질기반에서 잘 형성되는가를 알아보기 위하여 우곡분포 지역의 지질을 조사했다. 남한의 우곡이 분포하는 지역의 지질은 <표 2-2>에서와 같이 20개 지역 중 화강편마암 지역이 2곳, 화강암 지역이 5곳, 퇴적암 지역이 4곳, 제4기 고기하성층이 9곳으로 나타났다.

화강편마암 및 화강암 지대는 기반암이 심층풍화된 구릉지나 산록에서 나타났으며 고기하성층은 지형적으로 고선상지 혹은 애추사면 등 비고결 퇴적층이 두껍게 나타난 곳에 형성되어 있었다.

이상에서와 같이 우곡은 기반암이 심층 풍화된 곳이나 비고결 퇴적층에 주로 형성되어 있었으며 풍화층이 엷은 퇴적암지역에서는 그 분포가 비교적 적게 나타났다.

〈표 2-2〉 우곡 분포지역의 지질

地質	雨谷分布地域
花崗片麻岩	安義, 倭舘
花崗岩 (大寶, 佛國寺)	彦陽, 毛良里, 九山洞, 軍浦場, 榮山浦
堆積岩 (慶尙層群, 大同系)	大邱, 義城, 靈山, 丹陽
第四系 (古期河成層)	淸道, 慶山, 慈仁, 慶州, 朝陽, 寧海, 順天, 三陟, 高靈

3) 사면경사 및 표고와 우곡

우곡이 분포하고 있는 사면의 특색을 알아보기 위하여 지형도를 기초로 사면의 경사와 표고를 계측했다(표 2-3). 남한의 20개 도폭에서 선정한 47개 장소의 우곡분포사면의 경사를 계측한 결과 경사 5°~20°에서는 12개, 20°~25°에서는 3개의 우곡이 발견되었다. 우곡은 25°이하의 완사면에서 형성되며 그중 5°~10°사면에서 15개로 최대빈도를 보였고 85%가 5°~20°에 분포하고 있었다. 이는 Horton(1945)이 '경사3°~35°사면에 우곡이 가장 발 발달한다'고 한 사실에도 부합된다.[17)]

사면경사와 지질을 대비시켜 본 결과 고기하성층의 우곡 중 52%가 5°~10°사면에 분포하는 반면 그 외 기반암지역에서 최대빈도를 보이는 사면은 15°~20°로 다소 경사가 급한 곳에 나타나고 있었다(그림 2-3).

우곡분포 고도를 알아보기 위하여 선정된 47개 우곡을 대상으로 상부 끝의 고도와 하부 끝의 고도를 계측하여 우곡의 고도별 분포를 나타낸 것이 <그림 2-4>이다. 이들 우곡들은 표고 50m~250m에서 높은 출현빈도를 보이고 있다. 우곡의 길이는 긴 것은 1km를 넘는 것도 있으나 200~600m의 것이 가장 많아서 72%를 차지한다(그림 2-5).

이상에서 분석한 결과를 종합하면 우리나라의 우곡의 분포는 HTK가 6.0 이하인

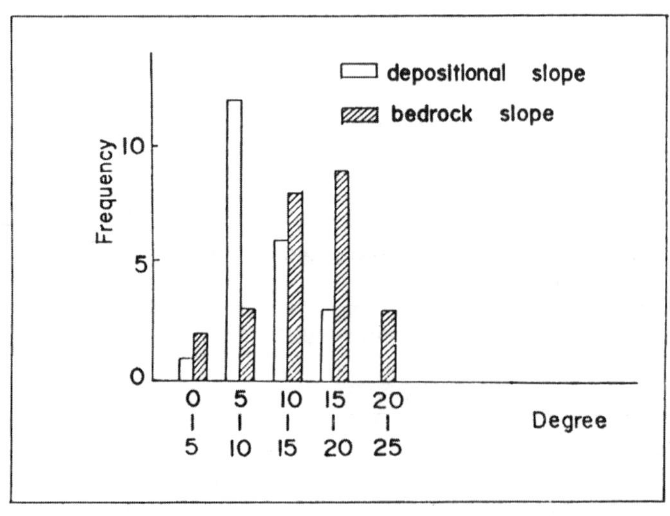

〈그림 2-3〉 사면 경사별 우곡의 출현빈도

17) Butzer, K. W., *Geomorphology from the Earth*(NewYok: Harper In Edition, 1978), pp.106~107.

〈표 2-3〉 각 지역 우곡의 계측자료

圖幅名	雨谷길이 (m)	分布高度 (m)	斜面傾斜 (도)	圖幅名	雨谷길이 (m)	分布高度 (m)	斜面傾斜 (도)
榮山浦	200	20 ~ 50	11.2	大邱	250	120 ~ 200	18.1
	200	20 ~ 80	16.1		300	120 ~ 260	25
順天	1,250	10 ~ 100	5.0		300	70 ~ 80	4.2
	500	80 ~ 220	11.2	慈仁	600	120 ~ 200	7.4
	350	40 ~ 120	15.5		200	180 ~ 230	9.5
安義	250	340 ~ 430	19.3		150	160 ~ 200	14.5
	250	380 ~ 460	4.0	毛良里	350	160 ~ 250	17.2
高靈	400	60 ~ 120	7.1		300	160 ~ 230	14.2
	400	60 ~ 160	7.4	慶州	550	130 ~ 210	8.4
	200	40 ~ 100	11.2		750	110 ~ 220	8.5
倭館	550	180 ~ 280	10.2		450	60 ~ 120	7.6
	350	60 ~ 130	11.2	朝陽	550	140 ~ 320	18.6
	500	40 ~ 140	11.2		700	160 ~ 320	12.5
靈山	550	10 ~ 140	13.2	義城	550	140 ~ 230	10.2
	250	120 ~ 160	10.2		350	120 ~ 240	14.5
	200	80 ~ 180	16.1	九山洞	450	320 ~ 390	9.6
淸道	750	80 ~ 140	5.2		300	440 ~ 490	8.3
	650	100 ~ 160	6.3	寧海	250	20 ~ 80	11.2
彦陽	300	140 ~ 240	18.2		250	10 ~ 80	17.4
	350	80 ~ 200	18.5	丹陽	650	240 ~ 500	21.5
慶山	500	100 ~ 180	9.2		500	220 ~ 440	23.4
	600	70 ~ 140	6.4	軍浦場	350	100 ~ 220	18.5
	700	100 ~ 220	9.4		250	40 ~ 110	15.4
三陟	350	200 ~ 230	4.5				

소우지역에 주로 분포하고 지형·지질적으로는 경사 5°~20°, 표고 50m~250m의 화강암 심층풍화대 및 비고결 퇴적사면에 주로 형성되어 있었다.

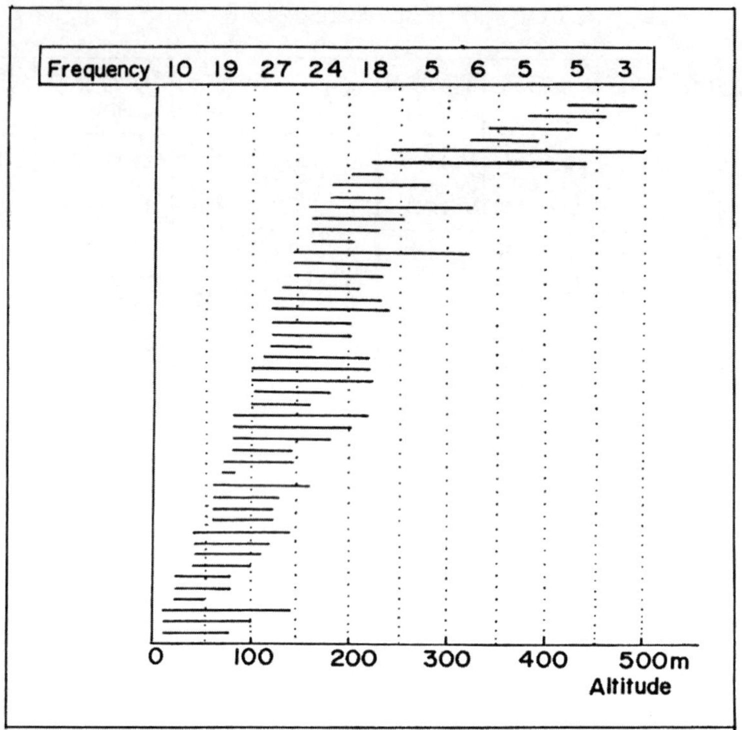

〈그림 2-4〉 우곡의 분포고도

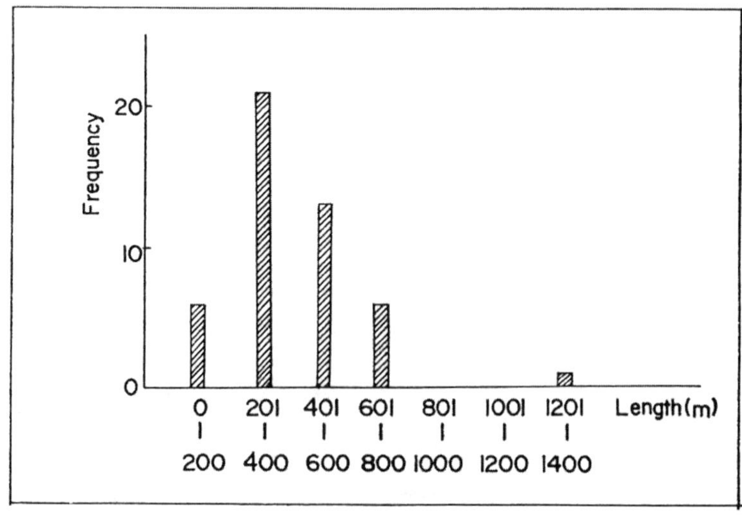

〈그림 2-5〉 우곡의 길이별 빈도

4. 우곡의 형태

우곡의 형태는 토양의 저항력, 강수량, 유역면적의 크기 및 특성에 따라 달라진다.[18] 필자는 주로 경상도 지역에 분포한 경산 남하동, 경산 내환동, 달성 와룡산, 합천 신기동, 달성 옥포, 건천 주사산, 거창 가조, 구룡포 우포, 경주 입실 지역의 우곡을 현지 조사했다. 그 중에서 1920년대에 편집된 지형도에 나타나 있고 형성시기가 오래된 것으로 판단되는 경주 입실지역의 우곡과 지형도상에는 나타나 있지 않고 현재도 활발히 형성되고 있는 합천 신기동 지역의 우곡에 대해서 그 형태적 특성을 상술하고 이를 기초로 우리나라 우곡의 특성을 종합해 보기로 한다.

1) 우곡형태의 사례연구

(1) 경주 입실 우곡

입실 우곡은 경주 입실리 동쪽 불국사산맥 서쪽산록에 형성된 선상지상에 분포해 있다. 1/10,000항공사진과 현지조사를 통하여 이 지역의 지형을 스케치한 것이 <그림 2-6>이다. 배후산지는 30°전후의 급사면이고 산록의 선상지는 12.5°의 완만한 경사를 이루고 있었다. 우곡은 이 선상지상에 두 열이 형성되어 있는데 동쪽의 것을 '송곳골'이라 부르고 있었으며 이 송곳골 우곡에 대하여 종단면과 횡단면의 간이측량을 실시하였다.

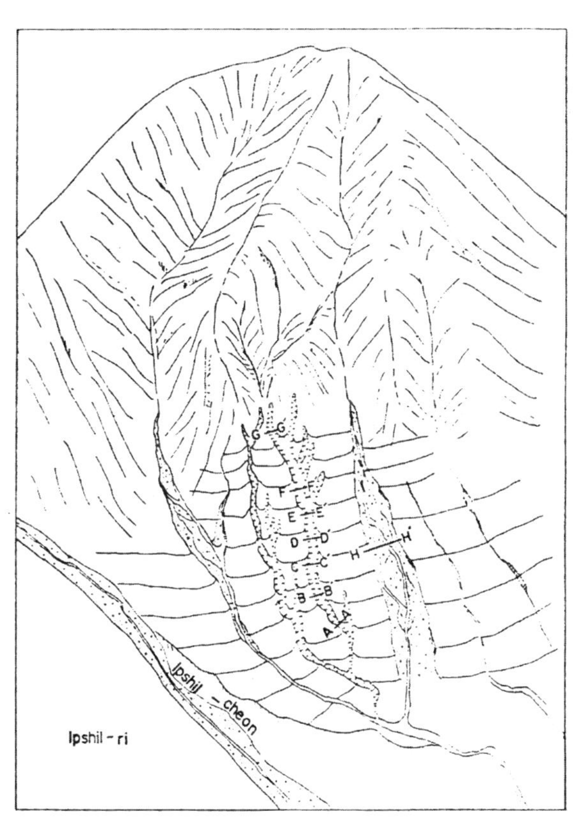

〈그림 2-6〉 경주 입실 우곡과 그 주변 지형

우곡의 평면적인 형태는 하천과 같이 수지상이지만 다음

18) Bennet, H. H., *op. cit*., p.507.

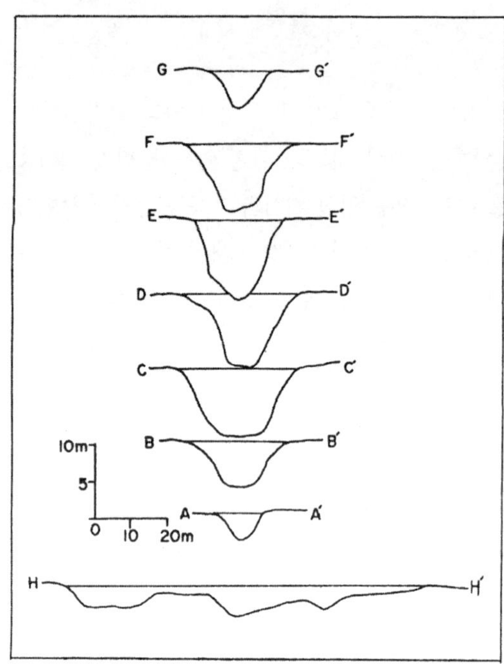

〈그림 2-7〉 경주 입실 우곡(A-A'~G-G'), 하천(H-H')의 횡단면도

*단면의 위치는 <그림 2-6> 참조

과 같은 것이 형태적으로 일반 하천과 다른 점이다.

① 우곡은 곡저에 퇴적물이 거의 없으며 급사면의 측벽과 곡두벽을 갖고 있다. 측벽에서는 가끔 Slump 현상이 일어난 곳도 관찰되었다.

② 중부에 최대의 폭과 최대의 깊이를 갖고 있었다. <그림 2-7>은 '송곳골' 우곡에 대하여 상·중·하부 각 지점의 횡단면과 그 동쪽에 있는 하천의 횡단면을 도식한 것이다. 우곡의 경우 하부 A-A′ 단면은 폭 13.6m, 깊이 3m정도로 얕은 곡이었고 이보다 더 하류 쪽은 점차로 얕아져서 하천과 차이가 없었다. 그러나 중부에 해당하는 C-C′~F-F′까지의 단면에서는 폭이 24~34m에 이르고 깊이도 10m 전후로 깊어져서 최대 규모의 지형을 나타내고 산지 쪽의 상부에 해당하는 G-G′ 단면에서는 폭 17m, 깊이 5m로 줄어들었다. 그러나 '송곳골' 우곡 동쪽에 위치한 하천의 횡단면 (H-H′)은 150m에 달하는 넓은 폭에 비하여 깊이 2~4m밖에 되지 않으며 망류하도를 형성하고 있다. 이와 같은 차이는 하천은 산지내부까지 형성되어 있는 곡과 연결되어 있어서 많은 퇴적물이 운반되어 이곳 하상에 퇴적되었기 때문이며, 우곡은 급사면에서부터 바로 시작되어 유량에 비하여 퇴적물의 양이 적어서 퇴적작용보다는 침식작용이 계속된 결과로 판단되었다.

③ 우곡의 종단면은<그림 2-8> 연속적이지 못하고 모식도<그림 2-9>에서 볼 수 있듯이 합류지점 바로 아래쪽에서 수량이 많아져 두부침식이 더욱 왕성해지기 때문에 경사변환점을 만들고 있으며 또한 합류를 하지 않아도 두부침식을 하는 경사변환부가 존재하며 이보다 하부 쪽은 우곡의 폭이 갑자기 커지는 특색을 나타내었다.

입실 우곡은 부분적으로 노두가 나타나기도 하고 Slump가 일어난 곳도 있었지만 대부분 곡벽과 곡저에 관목 및 초본식물이 피복되어 있어서 현재는 우곡 침식이 활발하지 못하고 비교적 안정되어 있는 우곡이라 할 수 있었다.

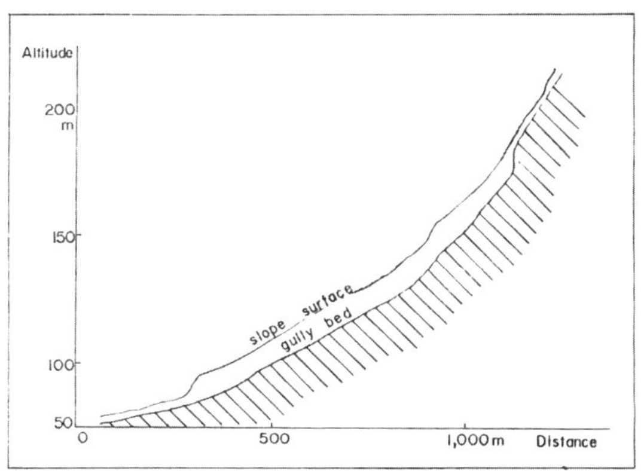

〈그림 2-8〉 경주 입실 「송곳골」 우곡의 종단면도

(2) 합천 신기동 우곡

합천 신기동 우곡은 합천군 용주면 신기동 동쪽 산록완사면상에 길이 130m, 100.5m에 이르는 두개의 우곡이다. 이 사면의 경사는 21.4°로 입실 쪽보다 훨씬 급했으며 두꺼운 사면퇴적물로 덮혀 있었고 밭농사지로 이용되고 있었다. 1/5,000 지형도를 확대한 1:1,250 지형도를 기본도로 이 두 우곡의 지형을 계측하여 지도화한 것이 <그림 2-10>이다.

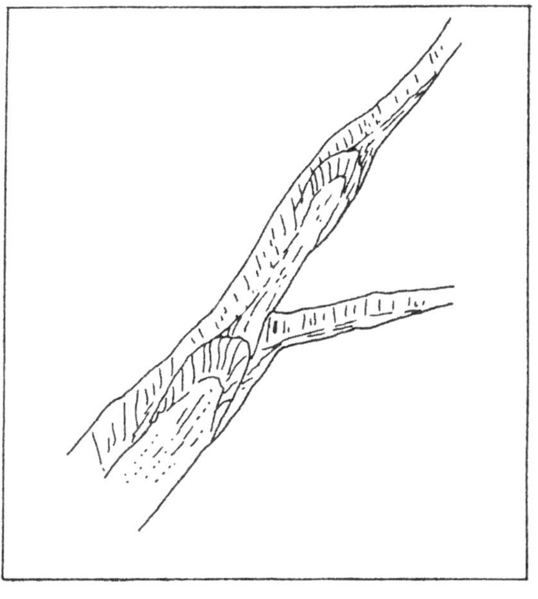
〈그림 2-9〉 우곡의 모식도

합천 우곡은 입실 우곡에 비하여 더욱 최근에 형성되었고 현재도 우곡의 침식이 활발히 진행되고 있는 모습을 보여주고 있다. 따라서 대부분의 곡벽사면은 식물이 피복되지 않은 노출사면이며 둑에 심어졌던 큰 나무들이 많이 넘어져 있는 것을 볼 수 있었다. 곡벽경사도 더 급하고 폭에 비하여 깊이도 깊게 나타났다. 두개의 우곡 중 동남쪽의 더 큰 B우곡에 대하여 하부에서 상부에 이르기까지 7개 지점에 대한 단면도를 작성한 것이 <그림 2-11>이다. 이 우곡은 하부에서는 폭 2m, 깊이 1m의 아주 작은 곡이었으나 상부로 감에 따라 곡폭이 넓어지고 깊이도 깊어져서 곡두부에는 폭 19m, 깊이 8m로 최대 규모를 나타내었다.

특히 곡두벽은 요형의 애면을 형성하고 곳곳에 Slump가 일어나 있었다. 이와 같은

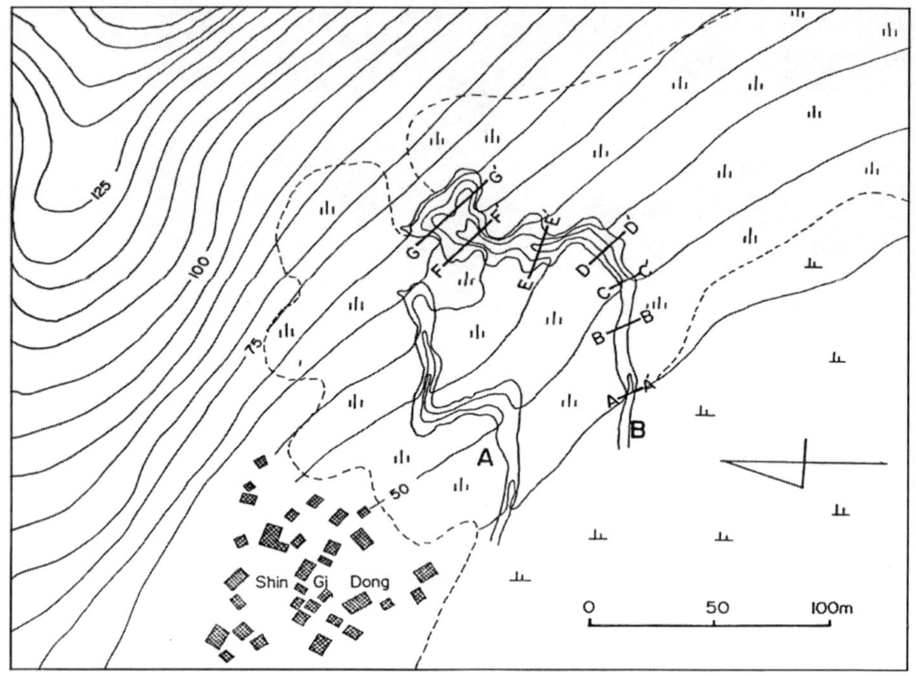

〈그림 2-10〉 합천 신기동 우곡의 지형도

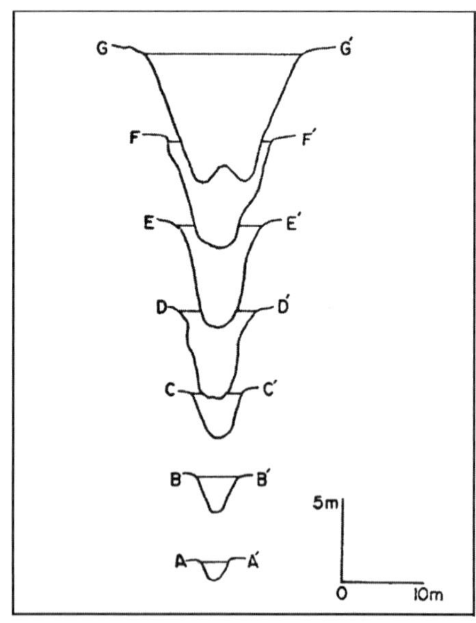

〈그림 2-11〉 합천 신기동 우곡의 횡단면도

지형의 형성은 사면을 흘러내린 물이 곡두부에서 폭포처럼 떨어지면서 사면의 기저부를 굴식한 점과 또 땅속에서 스며나오는 물이 애면의 아래쪽을 침식하여 요형애면(overhang scarp)을 만들고 결과적으로 윗부분은 slumping을 하게 되는 과정을 반복하면서 이와 같은 지형을 만든 것으로 판단된다. Bennett(1939)는 이와 같은 형태의 우곡을 waterfall 우곡이라고 명명했다.

입실지역에 비하여 이 지역은 우곡이 형성된 사면의 경사가 훨씬 급하고 퇴적물이 두꺼우며 퇴적물 중에 silt, 점토 등의 세립질이 많이 포함되어 있어서 이와 같은 조건들이 waterfall 우곡을 형성하는

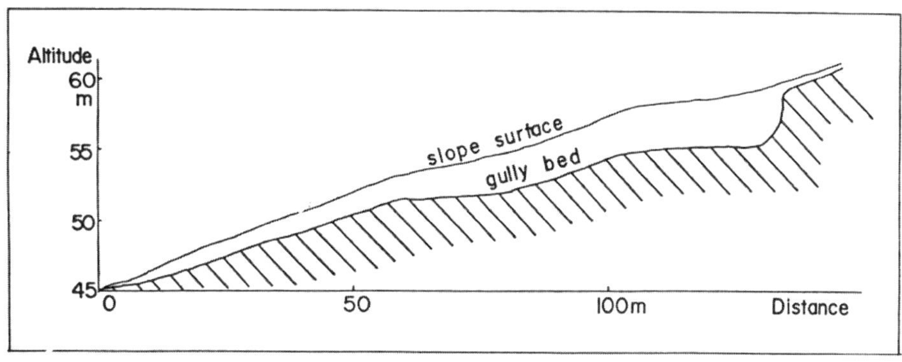

〈그림 2-12〉 합천 신기동 B우곡의 종단면도

데 관련이 있는 것으로 보이지만 이와 같은 것은 실험적 방법에 의해서 규명되어야 할 것으로 본다.

2) 우리나라 우곡의 형태 분류

Bennett에 의하면 우곡침식은 channel 침식, waterfall 침식, massmovement 침식에 의해 형성되어 각 작용의 이름을 따서 channel 우곡, waterfall 우곡, massmovement 우곡이라고 명명했다.

channel 우곡은 인공수로나 작은 곡, 가축이 다니는 길, 식생이 드물어서 된 천연수로로 유출이 집중되고 여기에 토양조건, 경사, 강우, 유역분지의 크기와 조건 등이 좋을 때 선적인 channel 침식에 의해 형성, 성장하게 된다. 그리고 두부로 유수가 집중되어 폭보다 길이의 성장률이 빠르다.

waterfall 우곡은 두부침식에 의해 상부로 전진하지만 두부에서는 폭포처럼 떨어지는 물에 의한 침식으로 두부로 갈수록 넓고 깊은 우곡을 형성한다(<그림 2-13> 참조). 이러한 waterfall 우곡은 자연수로의 둑에서나 침식함몰지에서 처음 시작되며 성장률은 토양의 특성, 폭포의 깊이, 유역면적의 크기에 의존한다.

massmovement 우곡은 earth flow, slide, slump 등의 massmovement 침식에 의해 지표에 교란이 일어나서 우곡이 형성된 것이다. massmovement 우곡은 경사가 급한 사면에서 처음 발생하기도 하고 다른 요인에 의하여 형성된 우곡이 성장하여 경사가 급한 분수계 부근에 이르면 massmovement 침식이 탁월하여 차츰 이 형태의 우곡으로 바뀌기도 한다고 했다[19](<그림 2-13> 참조).

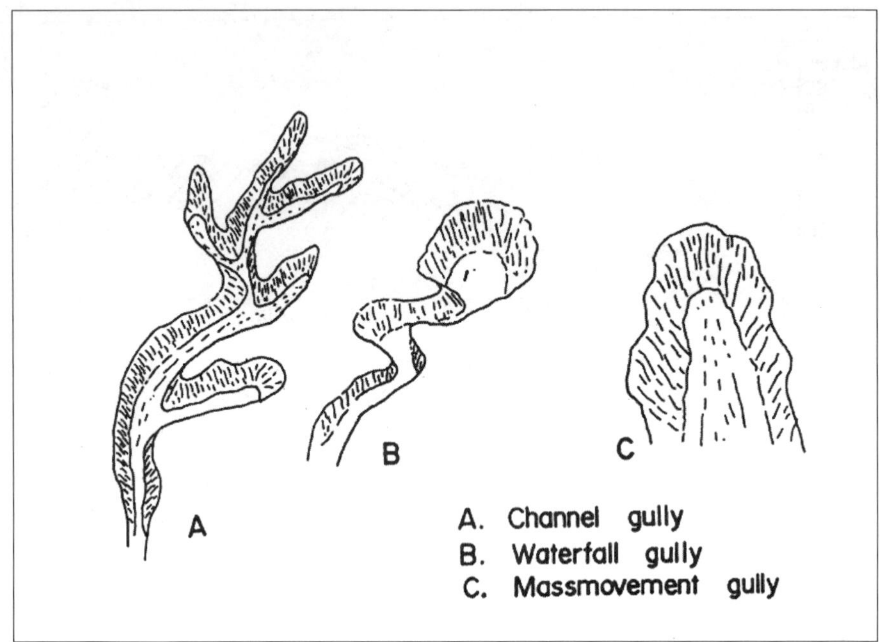

〈그림 2-13〉 우곡의 형태별 모식도

위의 분류에 비추어 보면 경주 입실 우곡은 대표적인 channel 우곡의 형태를 띠었으며 합천 신기동 우곡은 waterfall우곡에 속한다고 볼 수 있다.

이와 같은 기본 입장에서 우리나라의 모든 우곡을 현지조사와 지형도로 분석해 본 결과 대부분이 channel 우곡의 형태를 띠고 있으며, waterfall 우곡은 영산포, 합천 우곡이, massmovement 우곡은 안의, 단양 우곡이 비슷한 형태를 취하고 있다. channel 우곡은 경사 10°내외의 완만한 선상지나 talus 지형 중 특히 제4계의 부드러운 토양이 있는 곳에서 많이 나타나고, waterfall, massmovement 우곡이 나타나는 사면의 평균경사는 18.1°로 전 우곡지역의 평균인 12.4°보다 더 급경사로 나타났다.

5.우곡의 발달

본 장에서는 우곡의 발생, 활성화, 혹은 안정화 등과 같은 우곡의 발달에 관해 고찰해 보려고 한다. 기존연구에서 우곡의 발달은 자연적 요인과 인문적 요인으로 이루어지며

19) Bennet, H. H., *op. cit.*, pp.507~510.

이 두 가지 요인이 결합될 때 더욱 활성화한다고 했다. 자연적 요인으로는 기후의 건조화, 집중호우, 바람의 작용 등 다양한 요인이 있으며 인문적 요인으로는 벌목, 산불, 과도한 농지개발, 과목, 단지조성 및 도로건설과 같은 토목공사 등의 요인이 있다. 따라서 우곡의 발달은 이와 같은 여러 가지 요인이 복합되어 나타나기 때문에 우곡의 발생, 발달의 원인을 종합적으로 분석하기는 매우 어려우며 그 발달속도도 여러 해 동안 계속 관찰하여야만 알 수 있게 된다.

본고에서는 우곡이 촌락에 근접 위치해 있고 그 발달과정을 촌락주민의 탐문조사를 통하여 알 수 있었던 합천 우곡과 계속된 산불로 우곡이 발생하여 성장되고 있는 남하동 우곡과 비교적 안정화되어 가는 입실의 우곡을 사례로 우곡의 발달과정을 검토해 보았다.

1) 합천 신기동 우곡

필자가 신기동 주민 김복순(66), 최호(79), 김쾌용(53) 씨와의 탐문조사에 의해 지금부터 30년 전인 1958년의 우곡형태를 확대된 지형도상에 복원하고 그것을 현재 상태에 중복시킨 것이 <그림 2-14>이다. 길이는 A우곡이 15m, B우곡이 30m 더 성장해서 연평균 성장속도는 0.5~1m였다. 폭은 30년 전에는 뛰어서 건널 수 있을 정도의 0.5~1m이던 것이 현재 B우곡에서는 최대 폭 19m까지 확장되었다. 이와 같이 이 우곡은 waterfall 우곡이므로 길이의 성장률보다 폭의 성장률이 매우 컸다. Planimeter로 B우곡의 면적을 계산해 본 결과 30년 전의 우곡 면적은 254m²(77평)였고, 현재의 1,097m²(332평)로 30년 동안에 843m²(255평)나 우곡화되어 연간 약 28m²(9평)씩 경지가 감소되었다는 것을 알 수 있었다. 깊이는 30년 전에는 최대 1m 정도였다고 했는데, 현재 최대깊이는 9m에 이르고 있으므

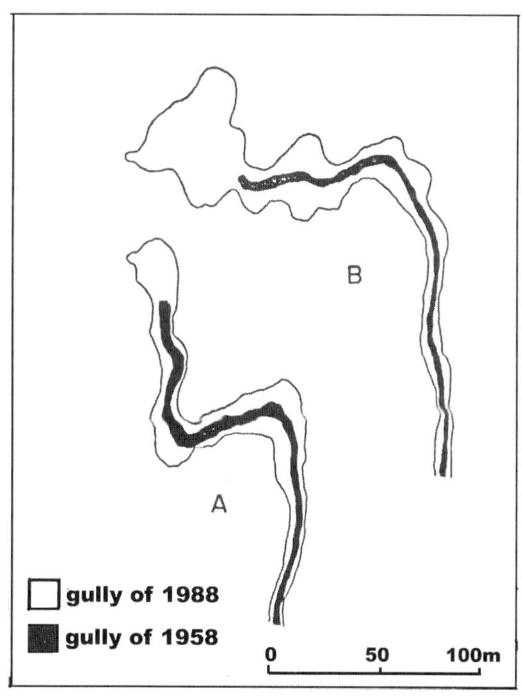

〈그림 2-14〉 합천 신기동 우곡의 성장

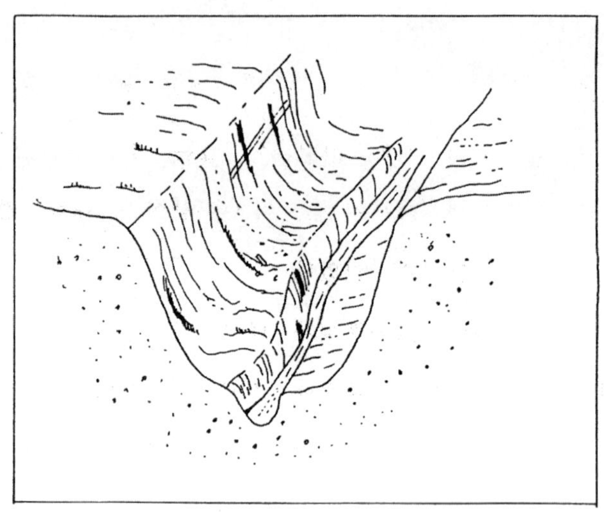
〈그림 2-15〉 우곡의 침식 부활 모식도

로 체적의 변화는 길이나 면적보다 더 크게 변한 것으로 추정된다. 물론 B우곡은 성장속도가 빠르고 waterfall 우곡의 형태이므로 상부로 갈수록 폭이 확대되어 경지의 침식률이 높은 경우이기는 하지만, 단일의 소규모 우곡이 이상에서 보는 바와 같이 막대한 경지를 침식하고 있다는 것을 알 수 있었다.

A우곡보다 B우곡의 성장속도가 빠른 것은 B우곡이 A우곡보다 집수사면에 위치하여 있기 때문에 결과된 것으로 판단된다.

1988년 5월 18일 B우곡의 두부에 침식핀을 설치하고 동년 9월 23일에 관측한 결과 여름 4개월 동안 20cm 전진한 것을 알 수 있었다. 그러나 이 성장률은 30년 평균보다는 적게 나타났는데 이것은 1988년 동기간에는 심한 호우가 적었음에 기인한 것인지 혹은 이 우곡의 성장속도가 최근에 이르러 둔화된 것인지 한해의 관측치로써 판별할 수는 없었다.

또한 신기동 동남쪽 고개부근에 또 다른 우곡이 형성되어 있었고 이 우곡의 말단부에는 자동차도로를 내기 위해 약 5m높이의 절토가 이루어졌다. 따라서 구 우곡의 침식기준면이 갑자기 5m 낮아졌기 때문에 원래는 다소 안정 상태에 있었던 우곡이 다시 활성화되고 있었다<그림 2-15>. 이것은 환경변화에 대한 배려 없이 이루어진 토목공사가 의외로 심한 환경파괴를 초래한 예이다.

2) 경산 남하동 우곡

경산군 하양읍 남하동 뒷산 약 0.5㎢의 남향사면(경사30° 전후)이 1980년에 1차 산불이 나서 식생이 파괴되고 금년 1988년 봄에 2차로 불이 나서 현재의 식생상태는 나무는 전혀 없고 1년생 초본이 띄엄띄엄 분포하지만 나출지가 더 많은 상태이다. <사진 2-1>에

〈사진 2-1〉 경산 남하동 우곡

서 보는 바와 같이 사면상에 4열의 큰 우곡과 무수한 작은 우곡들이 형성되어 있다. 그러나 주변에 현재 산림이 보존되어 있는 비슷한 사면에서는 이 같은 우곡을 찾아볼 수 없었다. 이것은 산불에 의한 식생의 파괴로 우곡이 형성된 사례이다.

3) 경주 입실 우곡

입실 우곡은 1920년대에 편집된 지형도와 1970년에 촬영된 항공사진을 비교해 보면

〈사진 2-2〉 경주 입실 우곡

〈사진 2-3〉 합천 신기동 우곡

항공사진상에서 우곡이 상류 쪽으로 더 확장되고 지류도 더 형성된 것으로 나타났다. 그러나 이 항공사진과 1988년에 촬영된 지상사진과 비교해 보면 항공사진상에서는 우곡의 곡벽에 식생이 거의 없고 윤곽이 뚜렷한 데 비해서 1988년 사진에서는 곡벽에 많은 식생이 피복되어 있어서 새로운 지곡은 보이지 않으며 전체적으로도 그 윤곽이 확실히 나타나지 않는다. 물론 이와 같은 비교는 지형도, 항공사진, 지상사진이 서로 다른 자료라는 점에서 비교에 문제는 있지만, 그러나 항공사진이 촬영된 1970년도까지는 이들 우곡이 성장하였고 그 이후에는 점차 안정화되고 있다는 경향은 파악할 수 있다. 현지조사에서도 부분적으로 slumping이 일어난 곳에는 나출지가 나타나 있지만 대부분의 곡벽은 식생으로 피복되어 합천이나 남하동 우곡보다는 성장이 둔화되고 거의 안정 상태에 있다고 볼 수 있었다. 합천, 남하동 같은 몇 개의 특정지역을 제외하고 현지조사를 해본 경상남·북도에 분포하고 있는 대부분의 우곡은 입실 우곡에서와 같이 비교적 안정 상태에 있는 것으로 나타났다. 이와 같은 현상은 일제시대와 해방 후 6.25동란을 전후한 시기는 남벌이 이루어졌고 사방공사에도 비교적 무관심했던 시기이므로 우곡이 활성화되었고 그 뒤부터는 우곡벽에 식림과 check dam의 설치 등 사방공사에 관심이 높아졌고 가정연료가 연탄으로 바뀌면서 산지의 식생피복상태가 더욱 좋아졌기 때문에 점차로 안정화되고 있는 것으로 추정할 수 있다.

6. 결론

지금까지 조사 분석한 우리나라의 우곡의 특성을 요약하면 다음과 같다.

1. 우곡의 분포는 HTK가 6.0이하인 소우지역에 주로 있으며, 지형·지질적으로 경사 5°~20°, 표고 50~250m의 화강암심층풍화대 및 비고결 퇴적사면에 주로 형성되어 있었다.

2. 우곡의 형태는 대부분이 channel 우곡이고 waterfall 우곡과 massmovement 우곡도 소수 분포하고 있다. 전자는 사면경사가 완만한 곳에서 후자는 보다 급경사에서 나타났다.

3. 대부분의 우곡은 현재 성장이 둔화되거나 안정화되고 있으나 산불 및 인간의 무관심한 토지이용 등으로 현재도 활성적인 우곡이 형성되는 곳도 있다.

참고문헌

1. 단행본

권혁재. 1981. 『지형학』. 서울: 법문사.

손일, 최정권. 1986. 『인간과 자연환경』. 서울: 신학사.

국립중앙기상대. 1982. 『한국기후표』.

Bennett, H. H. 1939. *Soil Conservation*. NewYork: MacGrow-Hill Bool Company Inc.

Bloom, A. L. 1978. *Geomorphology*. new Jersey: Prentice-Hill Inc.

Butzer, K.W. 1978. *Geomorphology from the Earth*. NewYork: Haper International Edit.

Fairbridge, R. W. 1968. *The Encyclopedia of Geomorphology*. NewYork: Reinhold Book Corporation.

Hail, J. R. 1983. *Apploed Geomorphology*. NewYork: Elsevier Scientific Publishing Company Inc.

Huggett, R. & I. Meyer. 1980. *Agriculture*. London: Happer & Row Publishers.

Morgan, R. P. C. 1980. *Soil Conservation : Problems and Prospects*. NewYork: John Wiley & Sons.

Monkhouse, F. J. 1966. *Princinples of Physical Geography*. London: University of London Press LTD.

Verstappen, H. T. 1983. *Applied Geomorphology*. Amsterdam: Elsevier Scientific Publishing Company Inc.

Zachar, D. 1982. *Soil Erosion*. Amsterdam: Elsevier Scientific Publishing Company Inc.

2. 논문

Alexander, D. E. 1980. "I Calanchi Accelerated erosion in Italy." *Geography*, Vol.65, No.287. pp.95~100

Alford, J. J. 1982. "San Vincente Arroyo." Anals of the Association American Geographers, Vol.72, No.43. pp.398~402.

Crouch, R. J. 1983. "The Role of Tunnel Erosion in Gully Head Progression." *Journal of Soil Conservation NSW.*, Vol.39, No.2. pp.148~155.

_____. 1984. "Small Weirs for Gully Control." *J.S.C. NSW.*, Vol.40, No.2. pp.88~93.

_____. 1987. "Willows for Gully Erosion Control in the Central Tablelands of NSW." *J.S.C. NSW.*, Vol.43, No.1. pp.28~31.

Denevan, W. M. 1967. "Livestock Numbers in Nineteenth-Century New Mexico and the Problem of Gullying in the South west." *A.A.A.G.*, Vol.57. pp.691~703.

Graham, O.P. 1984. "Gully Erosion." *J.S.C. NSW.*, Vol.40, No.1. pp.31~37.

Gregory, K. J., C. C. Park. 1976. "the Development of a Devon Gully and Man." *Geography*, Vol.61. pp.77~82.

Hannam, I. D. 1983. "Gully MorPhology in a Bathurst Catchment." *J.S.C. NSW.*, Vol.39, No.2. pp.156~167.

Ireland, H.A. 1939. "[Lyell] Gully a record of a Century of erosion." *Journal of Geology*, Vol.47. pp.47~63.

Leopold, L. B. 1978. "EL Asunto Del Arroyo." In Embleton, C(ed), *Geomorphology*. London: Oxford University Press. pp.25~39.

Mosley, M. P. 1972. " Evolution of a discontinuous Gully System." *A.A.A.G.*, Vol.62, No.4. pp.655~663.

_____. 1974. "Experimnetal Study of Rill Erosion." *Transaction of ASAE*, Vol.17. pp.909~913.

Schumm, S. A. 1956. "Evolution of Drainage Systems and Slopes in Badlands at Perth Amboy, New Jersey." *Geol, Soc, Ame, Bull.*, Vol.67. pp.597~646.

Tuan, Y. F. 1965. "New Mexico Gullies : A Critical Review and Some Recent Observations." *A.A.A.G.*, vol.56, No.4. pp.573~597.

CHAPTER 3

한국에 있어서 감입곡류 하천의 분포 특성*

1. 서론

1) 연구 목적

곡류하천은 그 하천이 흘러내리는 주변지역 및 하상의 지형적 특성에 따라 자유곡류와 감입곡류로 구분된다. 즉 충적평야 상을 제한을 받지 않고 자유로이 곡류하는 것을 자유곡류라 하고, 산지나 구릉지에서 기반암을 하각하면서 제한된 하곡을 따라 곡류하는 것을 감입곡류라 한다.

한반도의 중·남부지역에는 대규모적이고 모식적인 자유곡류는 없고, 단지 주요 하천의 하류부나 이곳으로 합류하는 지류에서 국지적으로 자유 곡류가 나타날 뿐이다. 그러나 이것도 인위적인 직강공사에 의해 대부분이 없어졌다. 이에 비해서 한강, 낙동강, 금강 및 태백산맥 동사면으로 흐르는 삼척의 오십천, 울진의 왕피천 등 주요 하천의 중·상류 유역에는 감입곡류가 넓게 발달해 있다. 또한 이들 감입곡류 주변에는 감입곡류의 형성과 한반도 지형발달과의 관계를 살필 수 있는 고위평탄면이 곳곳에 발달해 있다.

외국에서는 19C 말부터 감입곡류에 대한 연구가 활발하게 이루어져 왔다. 그러나 우리나라에서는 현재까지 이에 대한 연구가 부진하여, 감입곡류의 체계적인 발달과정이

* 송언근·조화룡, 1989, 한국제4기학회, 3(1), 17~34쪽.

나 주변지형과 관련시킨 연구가 적다.

본 연구는 우리나라에 발달해 있는 감입곡류를 대상으로, 그 지역적 · 지질적 · 하천차수적 · 고도적 분포 특성을 밝히는 데 주목적이 있으며, 이들 분포 특성과 관련하여 한반도 지형 발달의 일면을 고찰하는 데 부차적 목적이 있다.

2) 연구 방법

본 연구를 수행하기 위해 다음과 같은 방법을 적용했다.

1) 하천의 곡률도는 유로의 길이를 곡류대의 길이로 나눈 값으로써, 본 연구에서는 1/50,000 지형도를 기본도로 기본적으로 10km 간격으로 곡률도를 구했다. 그러나 곳에 따라서는 지역적 특성을 고려하여 더 짧은 구간의 곡률도를 구하기도 했다.

2) 1/50,000 지형도에서 곡률도 1.5이상이고 지형적으로 감입곡류를 하는 구간을 선정, 이를 토대로 우리나라 감입곡류하천의 분포도를 작성하고 지역적 분포 특성을 검토했다.

3) 1/250,000 및 1/50,000 지형도로 하천의 차수를 분류하고, 각 차수별 하천의 길이와 감입곡류 길이를 구하여 차수별 감입곡류의 발생률을 조사했다.

4) 1/250,000 지질도 및 지형도를 기본도로 하여 각 지질별 하천의 길이와 감입곡류의 길이를 구하여 지질에 따른 감입곡류의 발생률을 조사했다.

5) 1/50,000 지형도에서 감입곡류 구간의 고도를 구하여 고도별 분포율을 조사했다.

6) 1/250,000 지형도를 기본도로 매곡법으로 곡폭 7.5km 이하의 곡을 매곡하여 조사지역의 절봉면도를 작성하고, 이 절봉면도와 감입곡류 하천의 분포도를 대비하여 감입곡류와 한반도 지형 발달과의 관계를 검토하였다.

2. 기존 연구

기반암을 하각하면서 흐르는 감입곡류하천이 어떤 작용과 과정을 통해 발생하는가는 오랫동안 지형학자들의 주요 관심사이었다. 또한 감입곡류 하천은 그 주변의 지형발달사를 규명할 수 있는 하나의 단서가 됨으로써 한 지역의 지형발달을 규명하기 위한 수단으로써도 많이 연구되어 왔었다.

감입곡류 하천의 발달 과정을 처음으로 논하였던 Davis(1893)는 과거 준평원 상을 흐르던 자유곡류로부터 지반융기나 침식기준면의 저하로 회춘이 일어나고 이에 따라 선행유로를 통해 기반암을 하각하면서 감입곡류가 발생한다. 따라서 하천의 감입곡류는 2윤회 침식을 나타내는 지표라 했다.

Winslow(1893)는 Missouri주의 Osuge강에 대한 연구에서 감입곡류 하천은 측방침식과 동시에 하방침식의 결과로 생겼으며, 침식기준면의 상태는 이들의 발달을 설명하는 데 중요하지 않다고 하였다. 따라서 감입곡류가 자유곡류를 반드시 계승한 것은 아니라고 하며 Davis와 다른 견해를 제시하였다.

Rich(1914)는 처음으로 생육곡류(Ingrown meander)라는 용어를 사용하였으며, 굴삭곡류(Intrenched meander)와 생육곡류가 선행하천에서 발생하였는지를 결정하는 데는 융기율이 가장 중요하다고 보았다. 즉 급속히 융기할 때는 하방침식이 측방침식에 비해 빠르므로 유로 이동이 일어나지 않는다. 따라서 이 경우에는 굴삭곡류가 발달할 것이다. 반면에 융기율이 낮을 때는 측방침식과 이에 따른 유로 이동이 하각작용과 더불어 빠른 속도로 진행되기 때문에 생육곡류가 생기기 쉽다고 보았다. 따라서 생육곡류가 반드시 자유곡류에서 유래한 것은 아니라고 보았다.

Moore(1926)는 San Juan강과 Colorado고원의 감입곡류하천을 연구한 후 다음과 같은 결론을 내렸다. 감입곡류하천의 형태 및 발생과정을 결정하는 요인은 하천이 운반하는 하중의 양에 달려있다. 즉 경암지역으로 흐르는 하천은 under load가 되어 수직적으로 기반암을 깎는데 대해 연암지역에서는 overload가 되므로 하방침식과 동시에 측방침식이 일어남으로써 유로의 이동이 일어나게 된다. 결론적으로 준평원 바로 아래에 경암이 있을 때는 원래의 유로 pattern이 유지될 수 있지만 연암이 있을 때는 유로의 측면이동으로 원래 pattern을 유지할 수 없게 된다고 보았다.

Hack과 Young(1959)은 유역의 지질 및 지형이 상이한 Virginia주의 North Fork Shenandoah강에 대해 조사한 결과, 이 강은 Martinsburg층에서 현저한 굴삭곡류를 하며 곡류의 장축이 북서-남동방향으로 뻗어있는 절리면과 Prismatic 구조에 의해 통제를 받고 있다고 하였다. 또한 곡류구간에서 곡류파장이 자유곡류처럼 규칙성을 띠고 하상구배와 유로의 횡단면이 상류 혹은 지류로부터 유입하는 하상하중을 운반하는데 필요한 만큼 유지되고 있으며 곡류구간에서는 다른 구간에 비해 하상하중이 적어 하중의 운반에 필요한 energy보다 기반암을 굴삭하는 데 더 많은 energy가 소모되고 있었다고 하였다. 위의 연구결과에서 Hack은 Shenandoah강의 굴삭곡류는 선행하천의 회춘에 의해 형성되었다기보다는 암석의 공간적 배열과 이 암석에 대한 수리적 요인이 주요 요인이라고 했다.

Thonbury(1954)는 감입곡류하천을 하곡의 형태에 따라 두 가지로 분류했다. 즉 하곡의 횡단면이 거의 대칭성을 띠고 있는 굴삭곡류와 곡류의 바깥쪽 곡벽은 급경사의 공격사면, 안쪽에는 완경사의 활주사면이 있어 하곡의 횡단면이 비대칭적인 생육곡류가 있다고 했다. 또한 그는 생육곡류와 굴삭곡류의 발생원인의 차이는 아직 명확히 밝혀지지 않았지만 감입곡류하천을 회춘의 주요 증거로 간주하는데도 주의해야 한다고 했다.

Foweraker(1963)는 Ozak강에 대한 연구에서 자유곡류와 감입곡류에 대하여 곡률 반경이 적은 1차 meander arc와 1차 arc를 포함하는 더 큰 곡률반경을 갖는 2차 arc를 비교 조사하였다. 그는 1차 arc가 자유곡류에서 보다 감입곡류에서 더 많이 발견된 것을 근거로 감입곡류가 준평원상에서 흐르던 선행하천에서 유래한 것은 아니라고 하였다.

Blank(1970)는 Texas주 Mason County에서 발달해 있는 감입곡류에 대한 연구에서 이 지역의 감입곡류들은 석회암에서 현저하게 발달해 있고 모두 전형적인 생육곡류의 형태를 띠고 있다고 했다. 곡류의 형태는 angular mander로써 이는 소규모 단층과 절리의 영향으로 발달한 것으로 보았다. 그는 감입곡류가 범람원상에서 발달했던 자유곡류에서 유래하였다는 고전적 개념에 이의를 제기했지만 아직까지 만족할만한 설명을 내리지 못하고 Mason County 연구에서도 어떤 결론을 내리기 보다는 더 많은 문제점이 제기되었다고 했다.

Sherpherd와 Schumm(1974)은 상이한 조건을 가진 4개의 실험유로를 통해 감입곡류하천에 대한 실험을 실시하였다. 그 결과 충적층에서 곡류하는 실험유로에서 구배를 증가시킨 결과, 안정화된 bar를 제외한 bar들은 파괴되고 충적하상이 제거되면서 기반암이 노출되었다. 하상에 대한 하각은 안정화된 bar 주위에 집중되면서 원유로와 다른 불규칙적인 곡류 pattern을 발달시켰다. 또한 기반암으로 된 곡류유로에서 침식의 위치는 퇴적물이 모두 운반되는 경우에는 band의 안쪽이 최대 침식지점이 되지만 퇴적물이 퇴적된 후에는 band의 바깥쪽으로 최대 침식지점이 이동하였다. 그는 이와 같은 실험결과로써 감입곡류하천이 융기준평원에서 발생하였다는 가설은 받아들이기 어렵다고 했으며, 기반암에 대한 침식은 하천이 운반하는 하중의 양에 의해 조절된다고 보았다. 그러나 이 실험은 유로의 크기에 비해 곡율반경이 너무 좁은 것으로 자연상태의 법칙을 충분히 반영한 실험이었는지에 대한 의문점이 많다.

유럽에서는 감입곡류의 발생 원인으로써 지질 구조를 중시하였다. Vacher(1909), Flohn(1935), Blache(1940) 등은 감입곡류를 잘 발생시키는 지층을 조사하여 밝혔으며, 특히 Flohn은 암석의 성층상태를 주목하여 수평성층이 잘 이루어진 곳에서는 생육곡류가 잘 발달하고, 성층이 이루어져 있지 않고 등질로 된 곳에서는 굴삭곡류가 발달한다고 보았다.

일본에서는 감입곡류하천은 지반융기 등에 의한 침식기준면의 변화에 의해 발생하였다는 Davis적 관점에서 많이 연구되고 있다. 河內伸夫(1976)는 일본 추우고구(中國) 산지의 천입사행(穿入蛇行)의 분포, 사행파장과 유역면적과의 관계, 천입사행의 요인, 지질과의 관계를 검토하고 다음과 같은 결론을 내렸다.

첫째, 천입사행에는 침식평탄면 자체를 하각하는 형태와 침식평탄면의 경계부근에서 발달하는 형태가 있다. 전자는 굴삭사행 혹은 생육사행을 나타내며 침식평탄면상에 있었던 선행하천의 자유사행에서 발달한 가능성이 높고, 후자는 생육사행을 나타내며 반드시 자유사행에서 발달한 것으로 생각할 필요는 없다. 둘째, 자유사행의 파장은 천입사행의 값과 거의 같은 값을 나타내었다. 셋째, 고생층과 화강암 지역의 천입사행을 비교하면 고생층에서 곡폭, 사행대의 폭, 만곡도(彎曲度)는 적고 사행유로는 보다 규칙적이다. 그러나 천입사행은 모든 종류의 암석을 절단하면서 발달해서 특정 암석에 선택적으로 나타나는 것은 아니다.

또한 河內伸夫(1976)는 소뢰천(小瀨川)의 천입사행에 관한 연구에서 다음과 같은 사실을 밝혔다.

첫째, 소뢰천은 미영(彌榮)을 경계로 그 상류 화강암 분포지역에서는 직선상의 깊은 협곡이 형성되어 있으며, 미영하류의 중·고생층 분포지역에서는 현저한 천입사행이 발달해 있다. 둘째, 절리계의 주향은 유로 방향과 잘 일치하며, 지질은 사행을 2차적으로 제약한다고 여겨진다. 셋째, 소뢰천의 천입사행은 지치면(持峙面)이라는 침식면의 자유사행에서 유래하였으며, 해발 약 100m 지점에 활주사면 단구가 형성되어 있다는 등의 보고를 하고 있다.

이상의 제 외국의 연구 결과를 종합해보면, 감입곡류가 선행곡류유로를 이어받아 감입곡류를 하는지, 하각과정에서 곡류를 하게 된 것인지에 대한 논쟁은 아직 결론을 얻지 못했다. 그러나 굴삭곡류는 선행하천의 유로를 유지하고, 생육곡류는 2차적으로 많은 수정이 가해진 것이라는데 많은 의견이 집중되고 있다. 또한 지질은 유로의 유지 및 퇴적물 생산, 구조선의 제약 등으로 감입곡류에 크게 영향을 주고 있다는 것이 많은 의견이다.

우리나라에서는 감입곡류에 대해 체계적으로 연구되어진 논문은 거의 없고 단지 다른 주제의 논문에서 부분적으로 감입곡류에 대해 간략하게 언급하고 있을 뿐이다. 박동원·오경섭(1978)은 임계지역의 자연지리 조사에서 골지천과 임계천은 하곡의 형태가 대체로 대칭에 가깝기 때문에 지반융기작용에 의해 형성되었을 것으로 보았고, 이 두 하천의 합류점 이서(以西)의 남한강에서는 하곡이 비대칭성을 띠고 있어 지반융기인자의 작용에 비해 기후변동인자의 작용이 상대적으로 강화된 결과로 보았다.

김상호(1983)는 금강 본류의 곡류는 에치평원(etch plain)과정에서 풍화층을 매개로 해서 하천의 사행이 이루어졌다고 했다.

최병권(1983)은 평창강의 연구에서 곡류 band의 형태로는 아직까지 하방침식이 우세하게 일어나고 있어 굴삭곡류의 형태를 띠고 있다고 보았다. 곡류 band의 특성은 그 지역의 지질적 통제를 받으며, 유로의 이동은 거의 없고, 유로의 방향은 구조선의 방향을 반영하지만 절리의 주향과는 거의 관계가 없는 것으로 보았다.

이민희·장재훈(1984)은 한반도 중부이남 지역에 있는 주요 하천에 대해 곡류와 지질과의 관계를 검토한 결과, 우리나라에 분포해 있는 감입곡류는 대부분이 생육곡류의 형태를 띠고 있으며, 한강, 낙동강 상류의 일부 하천에서는 굴삭곡류와 유사한 형태를 띠고 있다고 하였다. 감입곡류는 편마암, 퇴적암류 지역에서 탁월하게 발달해 있고, 화강암 지역에서는 발생률이 극히 저조하며 특히 대보화강암지역에서는 감입곡류에서 자유곡류로 변해가는 과정에 있다고 했다.

윤인혁(1988)은 내성천과 위천 유역분지 연구에서 감입곡류는 대체로 6차내지 7차 하천과 같은 고차수 구간에서 나타나며, 편마암과 퇴적암 지역에서는 감입곡류가 잘 보존되어 있지만 화강암 지역에서는 보존되어 있지 않는데, 이는 경암인 경우 암석의 저항으로 인해 선행유로의 보존이 쉬운데 비해 연암지역에서는 선행유로가 쉽게 수정되어 버렸기 때문으로 결과된 것이라 했다.

감입곡류의 곡류경부의 절단과 관련한 연구로는 박종관(1984), 문승두(1983), 송언근(1988), 서화진(1988) 등의 연구가 있다.

3. 감입곡류의 지역적 분포

우리나라의 감입곡류하천 분포는 지역적으로 또한 하천유역별로 그 분포밀도가 다르다. 따라서 본 절에서는 감입곡류의 지역적 분포특성을 특히 우리나라의 대지형과 관련하여 검토해 보기로 한다.

<그림 3-1>은 곡률도 1.5 이상이고 지형적으로 감입곡류를 하고 있는 하천의 분포를 나타낸 것이다. 하계망은 1/250,000 지형도를 기본도로 했을 때 2차수 이상의 하계망을 나타낸 것이다. 곡률도는 1/50,000 지형도를 기본도로 계산하여 1/250,000 지형도에 옮긴 것이다.

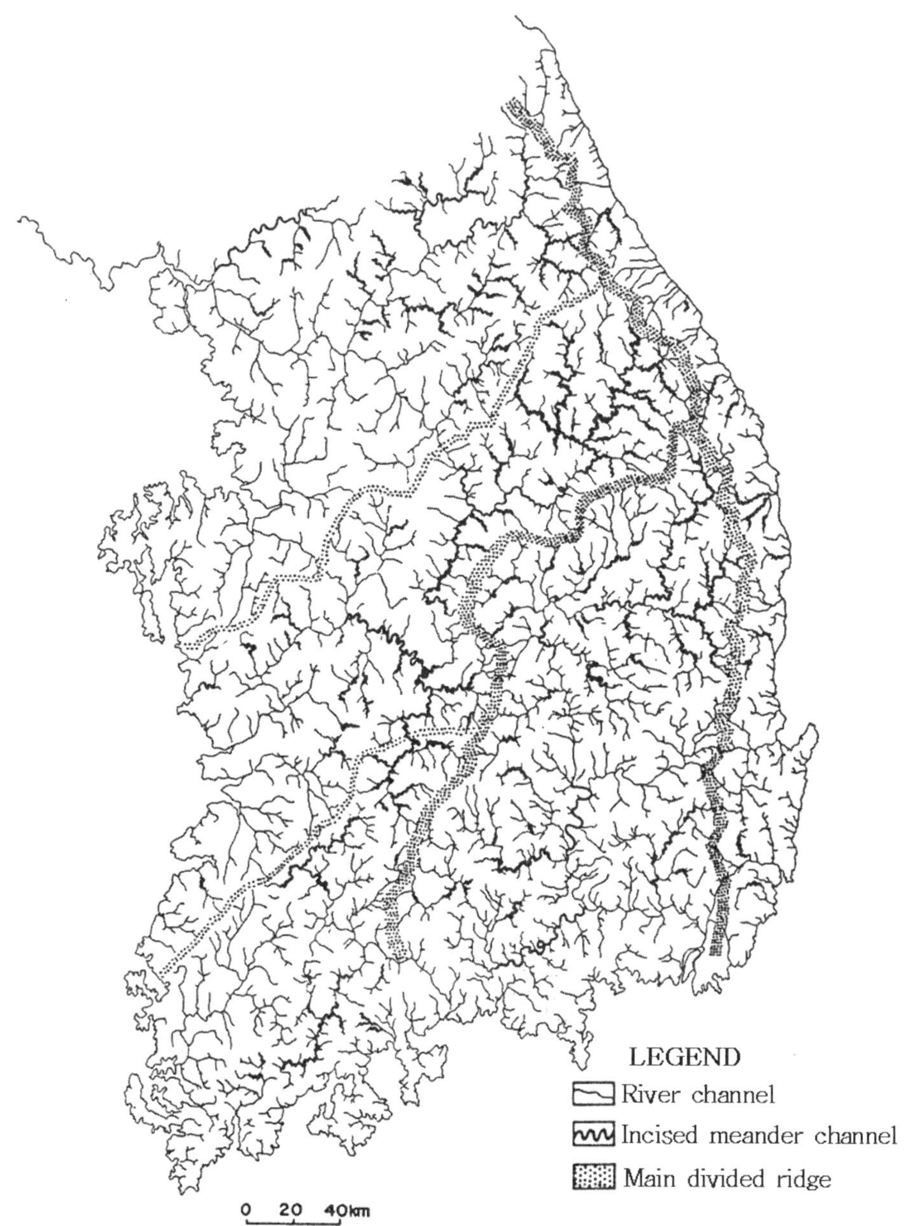

〈그림 3-1〉 Distribution of Incised Meander

한강 수계에서 남한강은 충주시보다 상류부가 심한 감입곡류를 하고 있다. 지류별로는 조양강, 평창강, 달천에서 발생률이 높으며, 본류 구간도 대부분이 감입곡류를 하고 있다. 그러나 충주시보다 하류 쪽은 지류 섬진강을 제외하고는 발생률이 매우 낮다.

북한강은 홍천강, 소양강 등의 지류와 춘천시 북쪽의 본류에서 높은 발생률을 보이고 있다. 전체적으로 한강수계에서 감입곡류의 발생률이 높게 나타나는 지역은 태백산맥 분수령과 충주-여주-양평을 잇는 선 사이에 드는 소위 영서 고원지역이며, 본류 달천의 경우는 소백산맥 서사면에 해당하는 지역이다.

금강은 발원지 진안고원에서부터 산지를 벗어나는 지점인 신탄진 부근까지 특히 본류구간이 심한 감입곡류를 하고 있으며, 지류 송천, 남대천, 벌곡천, 유등천 등에서도 높은 발생률을 보인다. 신탄진보다 하류 쪽 본류 구간에는 그 발생률이 아주 낮으며 차령산맥의 남동사면을 흐르는 짧은 본류에서 부분적으로 나타나고 있다. 전체적으로 볼 때 금강유역에서는 소백산맥의 서사면과 차령산맥의 남동사면을 흐르는 본류 및 지류 구간에서 높은 발생률을 보이며, 특히 본류 구간에서 많은 곡류를 하고 있는 것이 특색이다.

섬진강 유역은 본류에서는 순창보다 상류 구간에서 심한 감입곡류를 하고 있는데, 이 지역은 지형적으로 노령산맥의 남·동사면에 해당된다. 본류 보성강에서 또한 높은 발생률을 보인다.

낙동강은 광대한 유역면적에 비하여 감입곡류의 발생률은 낮다. 그러나 안동시 주변에서부터 상류 쪽 본류 구간과 반변천에는 아주 높은 발생률을 보인다. 안동시 서쪽의 북부 경북지방에는 부분적으로 나타나며, 소위 대구분지라고 하는 금호강 유역분지에는 거의 나타나지 않으며, 경남지역에서는 황강, 남강, 밀양강 지역에서 부분적으로 나타난다. 지형적으로 안동시보다 상류 쪽 본류와 지류 반변천 유역은 태백산맥의 서사면에 해당되고, 남강 본류 및 섬진강 지류 보성강 유역은 일부 학자가 주장하는 소위 한산산지에 해당된다. 소백산맥의 동·남사면에는 감입곡류의 발생률이 아주 낮은 것이 특색이다.

동해사면에는 감입곡류의 발생률이 낮다. 그러나 속초 남대천, 삼척 오십천, 마읍천, 울진 왕피천, 평해 남대천, 영덕 오십천, 울산 부근의 삼정천, 회야강 등에서 감입곡류를 보이고 있다.

이상의 것을 종합해 보면, 우리나라의 감입곡류 하천은 태백산맥의 서사면과 소백산맥의 북·서사면에 집중 분포해 있고, 남해안을 연하여 달리고 있는 한산산지에도 부분적으로 분포하고 있다. 그러나 태백산맥의 동사면과 소백산맥의 동·남사면에는 감입곡류의 발생률이 매우 낮게 나타나고 있다. 이 같은 특징은 화강암 개석분지의 발달(소백산맥의 동·남사면), 하천의 길이가 짧은 (태백산맥 동사면)것 등의 이유로도 부분적인 설명이 가능하나, 근본적으로는 한반도 지형을 형성한 지반운동의 축의 방향 및 그 성질 등과도 관련이 있는 것을 암시하고 있다.

〈표 3-1〉 The Occurrence Rate of Incised Meander in Each River (%)

Han-gang	15.9
Kum-gang	14.5
Somjin-gang	12.4
Nakdong-gang	8.4
East slope of T'aebak Mts.	5.5
The other	0.8
Average	9.2

<표 3-1>은 1/250,000 지형도상에 나타난 전 유로의 길이와 감입곡류하는 구간의 길이를 하천별로 나타낸 것이다. 북한강은 휴전선 남쪽 부분만 계측했다. 감입곡류의 발생률은 한강, 금강, 섬진강, 낙동강 순으로 나타나고, 특히 남한강은 가장 높은 발생률을 보인다. 이에 대하여 낙동강과 태백산맥의 동사면을 흐르는 하천들에는 낮은 발생률을 보이고, 영산강, 동진강, 만경강, 삽교천, 안성천 등 저지를 흐르는 하천에서는 감입곡류가 거의 나타나지 않는다.

4. 감입곡류와 지질과의 관계

감입곡류 분포도와 지질도를 대비시켜 본 결과, 지질적 특성이 감입곡류의 발생률에 영향을 주고 있는 것으로 보였다. <그림 3-2~3-4>는 변성암, 퇴적암, 화강암 분포지역별로 감입곡류의 분포를 나타낸 것이고, <표 3-2>는 각 지질별로 하천의 총길이와 감입곡류의 길이를 구하여 그 발생률을 나타낸 것이다.

우리나라의 지질 분포를 개관해 보면 Pre-Cambrian기에 형성된 변성암은 변성퇴적암과 화강편마암으로 구성되어 있고, 이들은 경기·소백산 육괴에 분포해 있다. 화강암은

〈표 3-2〉 The Occurrence Rate of Incised Meander by Geology (%)

SEDIMENTARY ROCK	14.3
Gyeongsang supergroup	10.9
Daedong supergroup	17.8
Pyeongan supergroup	23.0
Joseon supergroup	28.9
METAMORPHIC ROCK	13.8
GRANITE	6.2
Daebo granite	6.8
Bulguksa granite	6.0

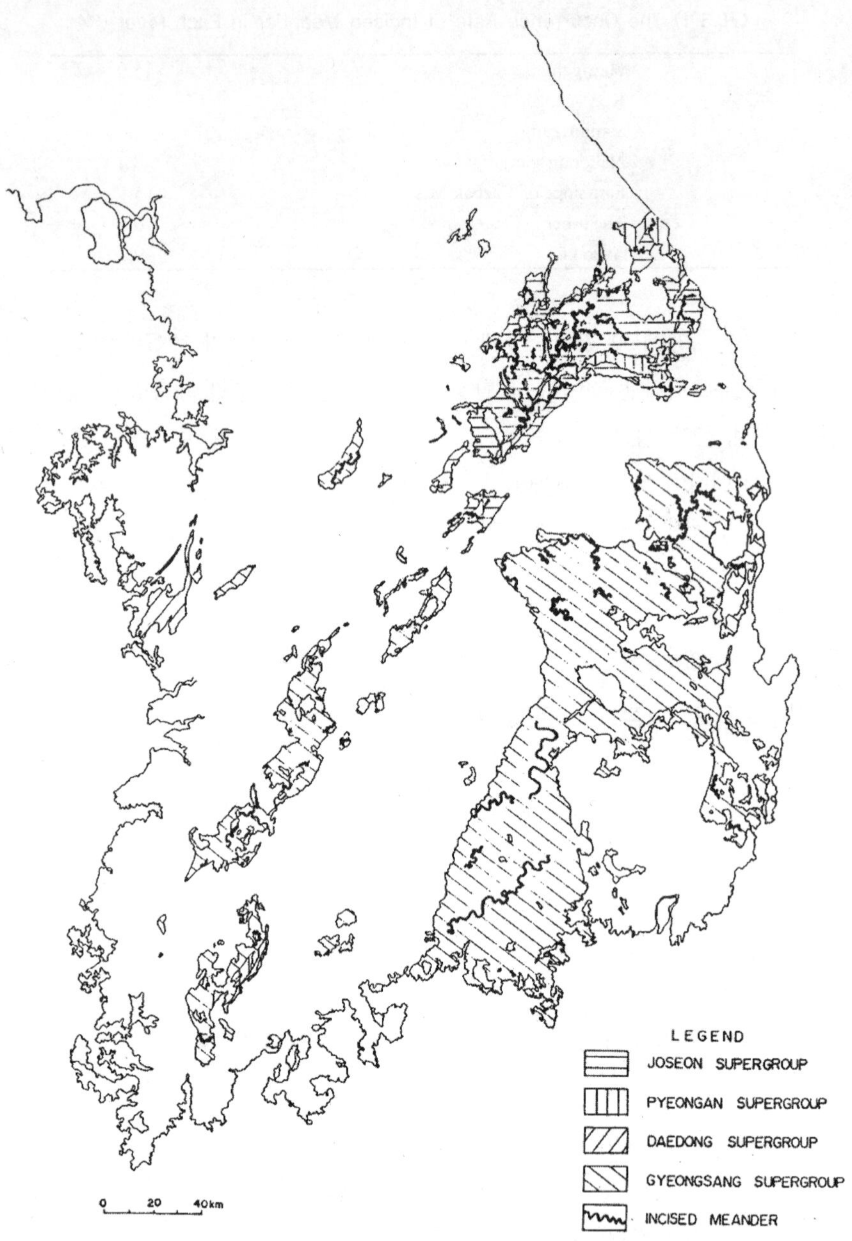

〈그림 3-2〉 Distribution of Incised Meander in Sedimentary rock

〈그림 3-3〉 Distribution of Incised Meander in Metamorphic rock

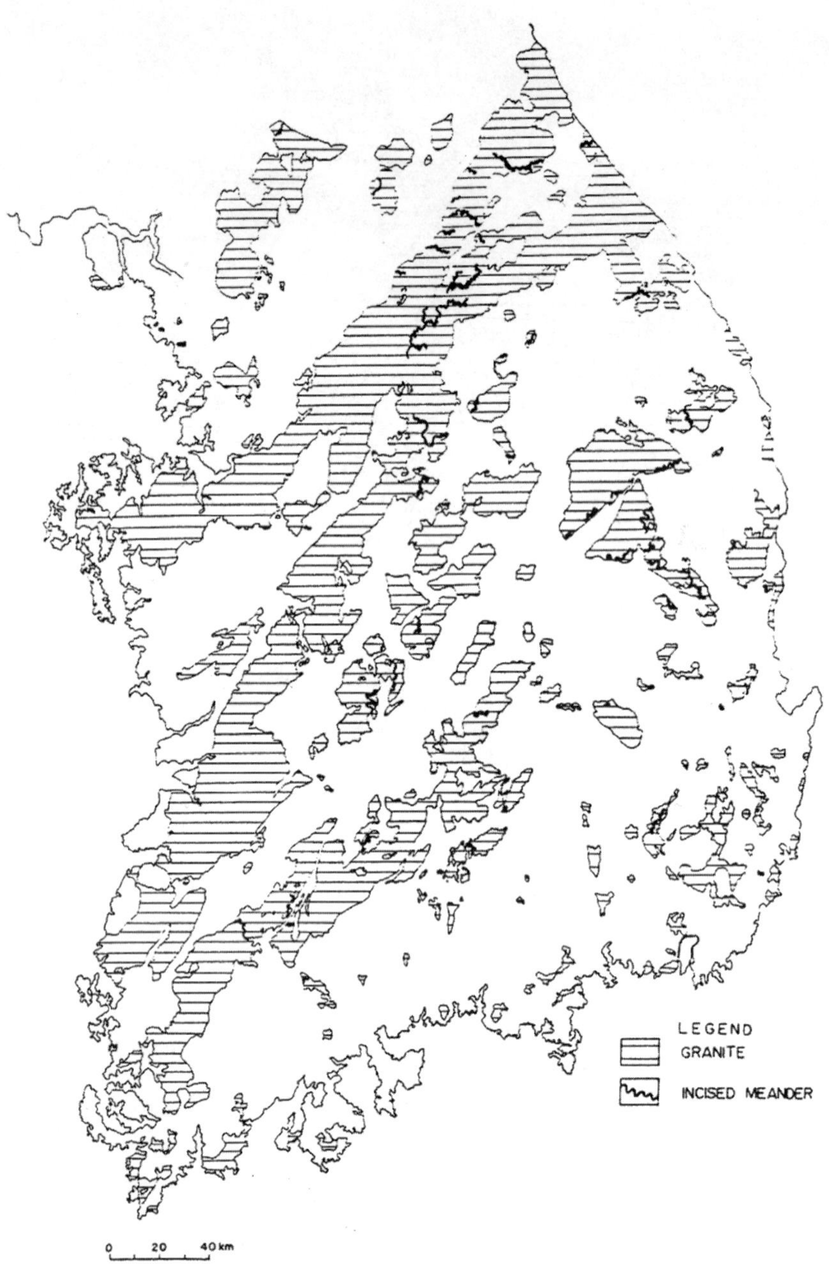

〈그림 3-4〉 Distribution of Incised Meander in Granite

중생대 쥬라기에 관입한 대보화강암이 대부분을 차지하며, 이들은 주로 중부와 서·남부 지역에서 지나(支那) 방향으로 대상 분포해 있다. 중생대 백악기에 관입한 불국사 화강암은 경상분지 지역에 소규모로 분산, 노출되어 있다. 퇴적암은 경상분지에 있는 중생대층인 경상계가 대부분을 차지하며, 남한강 중·상류 유역에는 고생층인 평안, 조선계가 복잡한 지층배열로 분포해 있다.

대분류 암질별로 볼 때, 퇴적암과 변성암의 경우 각각 그 발생률이 14.3%, 13.8%로 비슷하지만, 화강암 지역에서는 이의 반에 못 미치는 6.2%의 발생률을 보인다. 이와 같은 지질별 발생률의 차이는 선행유로가 곡류유로이었던지, 혹은 하각하면서 곡류를 하였던지 간에 기존의 유로를 유지하는 데는 풍화에 강한 암질이 유리하고, 또한 층상구조를 갖고 있는 암질일수록 곡벽이 잘 유지되기 때문에 유리하다는 가정 하에서 볼 때, 변성암과 퇴적암은 보다 풍화에 강하고, 퇴적암은 층상구조를 가지고 있기 때문에, 풍화에 아주 약한 화강암 지역에서 보다 감입곡류가 잘 보존되어 있는 결과를 나타냈다고 해석할 수 있다. 그러나 화강암 분포지역에서도 지형적 위치에 따라 상당히 높은 발생률을 나타내는 곳도 있다. 즉 한강 중·상류지역 즉 영서고원 지역에서는 화강암 지역에서도 10.3%의 발생률을 보인다.

한편 변성암과 퇴적암에서는 세분된 암질별로 발생률에 있어서 많은 차이를 보인다. 퇴적암 중에서는 조선계가 28.9%, 평안계가 23.0%로 매우 높고, 대동계가 17.8%로 비교적 높으며, 경상계는 10.9%로 퇴적암 중에서는 가장 낮은 발생률을 보인다.

이와 같이 퇴적암에서는 오래된 지질일수록 발생률이 높게 나타나고 있는데, 이것은 오래된 퇴적암일수록 경도가 더욱 높아진다는 점으로 해석이 가능하다. 그러나 2차적으로는 이들 지질의 지형적 분포 위치와도 부분적으로 관련이 있는 것으로 보인다. 즉 조선계와 평안계는 지형적으로 융기축에 가까운 위치인 영서고원 지역에 대부분이 분포하고 있는데 대하여, 경상계는 대부분이 상대적으로 고도가 낮은 경상분지에 분포하고 있어서, 지형적 위치가 조선계와 평안계에 발생률을 더욱 높여준 쪽으로 작용하였고, 경상계에서는 발생률을 낮게 하는 쪽으로 작용한 것으로 추정된다.

이밖에도 영월 부근의 남한강 본류 및 조양강과 그 주변 지류들에서와 같이 지질배열이 하천의 유로와 직교하는 곳에서 높게 나타나며, 화강암 지역의 경우 변성암이나 퇴적암과 접촉하는 경계부에서 높은 발생률을 보인다. 이와 같은 예는 내성천, 길안천, 속사천, 흥정천, 안동 이북의 낙동강 본류 등에서 찾아볼 수 있다.

이상을 종합하여 감입곡류의 발생률과 지질과의 관계를 요약하면 다음과 같다.

첫째, 감입곡류의 발생률은 조선계, 평안계, 대동계, 변성암, 경상계, 화강암의 순으로 높게 나타났다.

둘째, 감입곡류의 발생률은 풍화에 강한 암석일수록, 층상구조를 가지고 있을수록, 지질배열이 유로와 직교할수록, 타 암질과의 접촉부에 위치할수록 높게 나타난다는 것을 알 수 있었다.

5. 감입곡류와 하천차수와의 관계

감입곡류를 발생시키는 하천의 규모를 파악하기 위하여 1/250,000 지형도를 기본도로 조사지역의 하계망의 차수를 분류하고 차수별 감입곡류의 발생률을 조사하였다.

<표 3-3>에서 1/50,000 지형도를 기본도로 했을 때의 하천차수는 실제 지형도를 기초로 차수를 구한 것이 아니고, 낙동강유역분지의 경우를 참고하여 추산치를 수록한 것이다. 즉 1/250,000 지형도를 기본도로 하였을 때, 낙동강 본류는 6차수 하천이 되고(김우관, 1978), 1/50,000 지형도를 기본도로 하였을 때 본류가 8차수 하천으로 분류되어(UNDP, 1968) 전체적으로 2차수 정도의 차를 나타냈다.

전체 평균을 볼 때, 4, 5차 하천에서 감입곡류 발생률이 가장 높게 나타나 54.8%, 55.2%를 차지하고, 6차 하천에서 41.1%, 3차 하천에서 24.8%의 발생률을 보였다. 2차 하천 이하의 저차수 하천에서는, 2차 하천 5.6%, 1차 하천 0.4%로 급격히 낮아졌다.

1/250,000 지형도에서 1차 하천이란 1/50,000 지형도에서 3차 하천이 됨으로, 1/50,000

〈표 3-3〉 The Occurrence Rate of Incised Meander by Stream Order

	Occurrence Rate by Stream Order(%)						
Order River	First (Third)	Second (Fourth)	Third (Fifth)	Fourth (Sixth)	Fifth (Seventh)	Sixth (Eighth)	Seventh (Ninth)
Han-gang	0.8	14.4	35.7	80.0	90.2	47.1	0.0
Kum-gang	1.2	10.1	34.9	45.8	97.3	52.6	
Somjin-gang	0.0	7.7	34.1	63.3	52.6	0.0	
Nakdong-gang	0.3	2.3	18.6	54.1	43.9	32.7	
East Slope of T'aebak Mts.	0.3	5.7	33.2	27.5			
The Other	0.1	1.3	3.9	0.0			
Averge	0.4	5.6	24.8	54.8	55.2	41.1	0.0

* The Stream Orders are Classified by using 1/250,000 Topographical Map.
* The Stream Orders of Blank are Inferred in 1/50,000 Topographical Map.

지형도를 기준해서 3차 하천 이하의 저차수 하천에서는 감입곡류가 발생하지 않는다는 것을 뜻한다. 일반적으로 고차수 하천은 그 유로가 형성된 지 오래된 것이며, 저차수 하천은 보다 최근에 형성되었고 현재에도 형성되고 또한 그 유로를 확장하고 있는 것이라 할 수 있다. 이렇게 볼 때 현재 산지에서 형성되고 있는 유로는 감입곡류를 하지 않으며, 오래된 큰 규모의 유로에서만 감입곡류의 높은 발생률을 보이는 것을 알 수 있다. 높은 발생률을 보이는 4, 5, 6차수 하천은 대부분이 본류이거나 1차 대지류에 해당한다. 6차나 7차의 고차수 하천에서 4, 5차수 하천에서 보다 발생률이 상대적으로 낮아지는 것은, 이 차수에 해당하는 구간은 대하천의 하류부에 해당하며 지형적으로 침식기준면에 가까운 저산성 구릉지나 충적평야지대를 흐르는 구간이므로 감입곡류를 계속 유지하기 어렵기 때문인 것으로 해석된다.

하천 유역별로 볼 때 낙동강과 섬진강 유역은 평균치와 유사한 결과를 보인다. 그러나 한강의 경우 5차수 하천이 90.2%, 4차수 하천이 80.0%를 차지하며, 금강은 5차수 하천이 97.3%, 6차수 하천이 52.6%로 높은 발생률을 보이고 있다. 이와 같은 현상은 이들 하천의 이 차수에 해당되는 구간이 태백산맥 서사면 및 소백산맥 북·서사면에 주로 형성되어 있기 때문으로 판단된다. 태백산맥 동사면은 하천의 규모가 작아서 최대 차수가 3차 및 4차 하천으로, 이 4차와 3차 하천에서 높은 발생률을 보이고 있다.

6. 감입곡류의 분포 고도

감입곡류 구간의 현재 하상고도를 1/50,000 지형도를 기본도로 조사하였다. 또한 현 감입곡류하천이 하각을 시작할 당시의 지형 원면을 검토해 보기 위해서 1/250,000 지형도를 기본도로 곡폭 7.5㎞ 이하의 곡을 매곡하여 조사지역의 매곡절봉면도를 작성하고, 이 절봉면도 상에서 감입곡류의 고도분포를 조사하였다. 여기서 매곡할 곡폭(7.5㎞)은 고도생장곡선을 작성하여 결정한 것이다.

이와 같이 조사된 고도분포를 유역별로 나타낸 것이 <그림 3-5-1 ~ 3-5-5>이고, 이를 종합하여 고도별 빈도분포를 나타낸 것이 <그림 3-6>이다.

감입곡류구간의 현재 하상고도는 10~800m 범위에 걸쳐서 넓게 분포해 있다. 그러나 가장 높은 빈도를 보이는 것은 100~200m 고도이다. 지역별로는 태백산맥 서사면을 흐르는 하천에서 높은 고도를 보여 300m 이상의 고도를 나타내는 것이 45%에 이르지만 그 밖의 지역에서는 상대적으로 낮은 고도를 보인다.

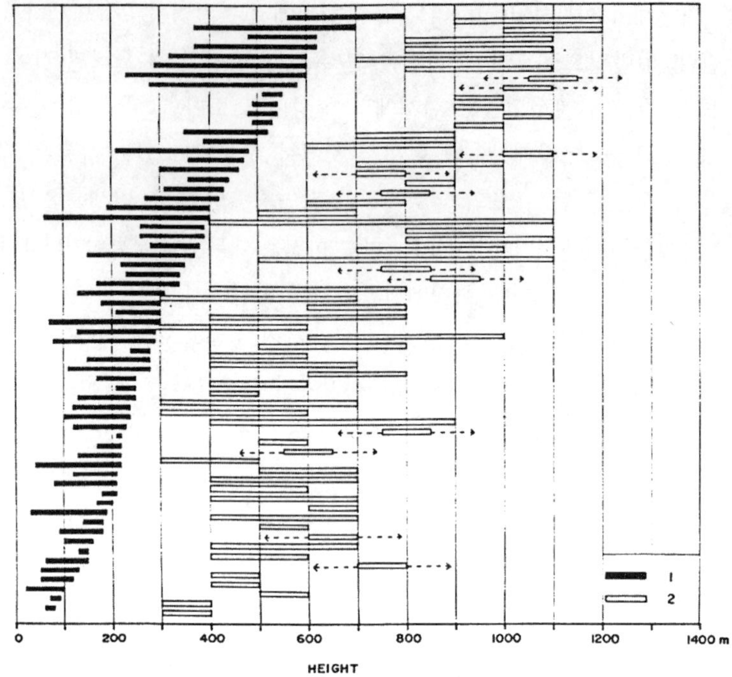

〈그림 3-5-1〉 Distribution Height of Incised Meander River Bed in Han-gang

1: Present River Bed.
2: River Bed on the Restored Map.

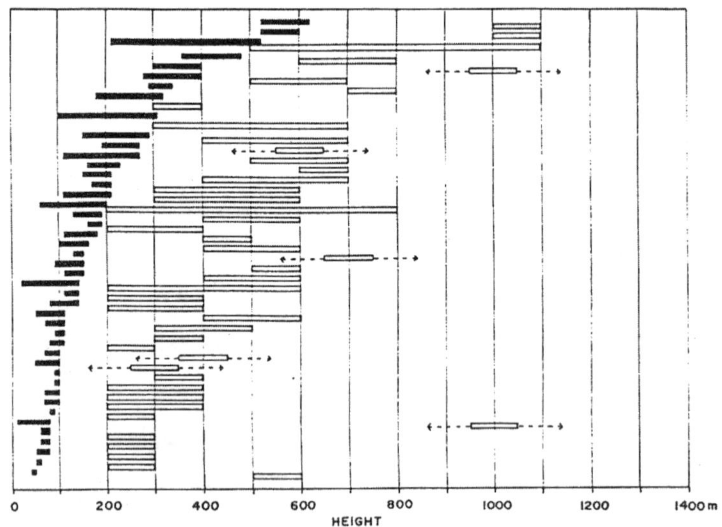

〈그림 3-5-2〉 Distribution Height of Incised Meander River Bed in Nakdong-gang.

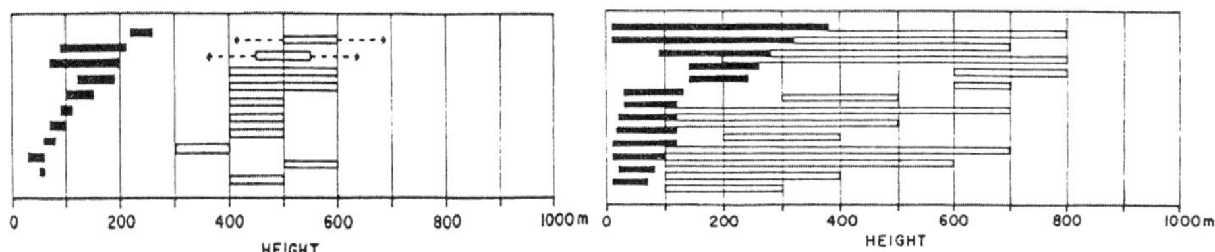

〈그림 3-5-3〉 Distribution Height of Incised Meander River Bed in Sonjin-gang.

〈그림 3-5-4〉 Distribution Height of Incised Meander River Bed in East Slope of T'aebak Mts.

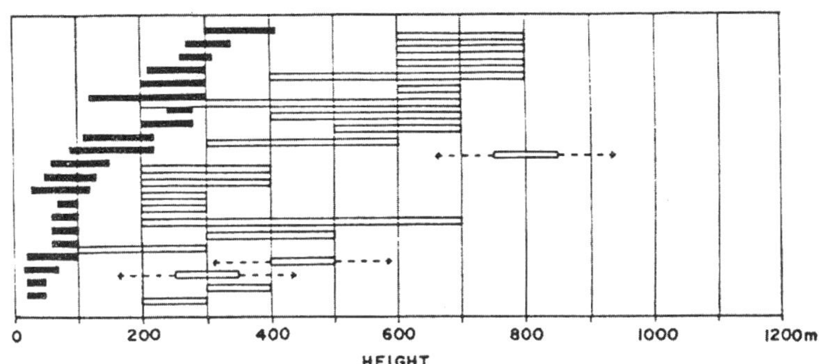

〈그림 3-5-5〉 Distribution Height of Incised Meander River Bed in Kum-gang.

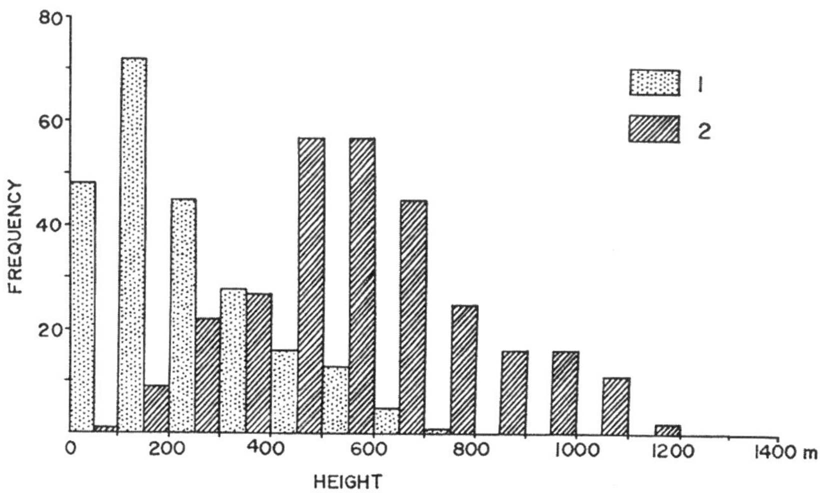

〈그림 3-6〉 The Occurrence Frequency of Incised Meander by Altitude

1: Present River Bed.

2: River Bed on The Restored Map.

절봉면도 상에서 감입곡류구간의 분포는 100~1,200m까지 나타나지만 400~700m에 집중 분포하고 있다. 특히 태백산맥 서사면의 한강 상류지역에서는 400~1,100m에 걸쳐서 높은 빈도를 보이는데, 이와 같은 고도는 이 지역의 고위평탄면의 고도와 대략 일치한다고 할 수 있다.

각 감입곡류 구간에 대하여 절봉면 상에서의 중간 고도와 현 하상에서의 중간 고도를 구하고 전자에서 후자를 뺀 값의 평균을 계산해 본 결과, 태백산맥 서사면의 한강유역에서는 약 400m이고, 그밖의 지역은 약 300m의 고도차가 나타났다. 따라서 절봉면을 감입곡류가 시작된 지형 원면이라고 가정할 때, 태백산맥의 서사면에서는 평균 400m, 기타 지역에서는 약 300m 하각이 이루어진 것으로 볼 수 있다.

절봉면 상에서 감입곡류 구간의 고도가 중류부가 상류부보다 더 높은 경우(도중의 점선 화살표시 한 부분)가 다수 나타나는데, 이것은 산능선을 하천이 횡단하면서 횡곡을 형성하는 경우가 대부분이다. 따라서 이 하천은 이 산능선의 형성(차별침식의 결과로 형성된 것이 대부분인 것으로 판단된다)보다 먼저 형성된 선행하천이란 것을 알 수 있다. 이와 같은 예는 내린천의 홍천군 내면에서 인제군 인제면 구간, 방대천의 진동~현리 구간, 홍천강의 홍천과 춘성군 남면 구간, 영강의 문경~점촌 구간 등에서 찾아볼 수 있다.

7. 감입곡류와 관련한 한반도의 지형 발달

한반도 중부 지방은 신생대 중기 이후 태백산맥을 축으로 한 비대칭습곡운동(小林貞一, 1931), 혹은 경동지괴운동(多田文男, 1941)을 하고 있다고 주장되어 왔다. 이와 같은 주장은 본 연구에서 밝혀진 감입곡류하천의 분포가 태백산맥 서사면에 집중 분포하고 있는 것으로 그 가능성이 더욱 높아졌다. 그러나 여기서 한 가지 더 주목되는 사실은 소백산맥에 있어서도 북·서사면에는 감입곡류가 높은 밀도로 분포하고 있는데 대하여, 남·동사면에서는 감입곡류의 발생률이 낮아서 태백산맥의 동·서사면이 대조적인 것과 유사한 결과를 나타낸다는 점이다. 절봉면도(<그림 3-7>)를 검토해 보아도 태백산맥 동사면과 소백산맥의 동·남사면은 등고선 간격이 밀접해 있는 경사변환점을 보이고 있으나, 이의 반대쪽 사면은 뚜렷한 경사변환점을 찾을 수 없을 만큼 점차로 변하고 있다. 한반도 중·남부 지방의 산맥 중 태백산맥과 소백산맥은 산맥세가 뚜렷하여 주분수령을 이루며, 단지 차별침식의 결과로 형성된 것으로 보이는 노령·차령산맥과는 구분된다. 이와 같은

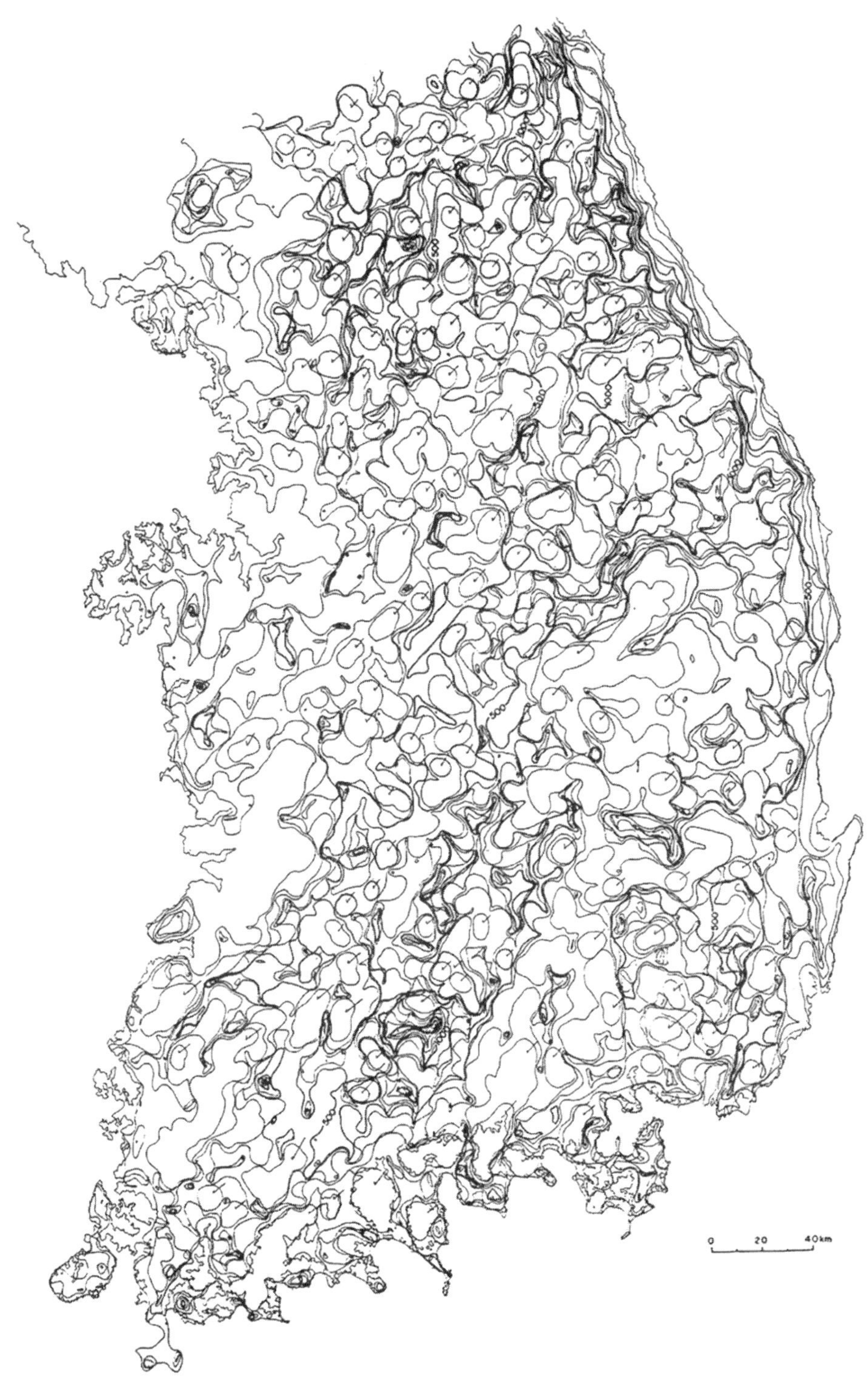

〈그림 3-7〉 Restored Map in The Study Area. (contour interval:100m, eliminated less than 7.5km valley)

점들을 고려해 볼 때, 소백산맥도 태백산맥과 같이 북·서사면이 완경사하고, 동·남사면이 급경사하는 비대칭 지반운동의 또 하나의 축일 가능성이 밝혀졌다.

태백산맥의 서사면에서 감입곡류하는 하천의 현재 하상고도는 주로 100~600m 고도에 분포하고, 이를 절봉면도에 투영하여 조사한 고도분포는 400~1,100m 고도에 주로 분포하는 것이 밝혀졌다. 이렇게 볼 때 이들 감입곡류하천은 가상의 절봉면을 약 300~500m 하각한 것이 된다. 또한 영서지방에서 고도 400~1,100m의 가상 정봉면의 고도는 吉川虎雄의 오대산면(900~1,000m), 대관령면(570m), 하진부면(380m)과 김상호(1973)의 고위면과 중위면에 해당하는 침식면이다. 따라서 우리나라 감입곡류 하천의 출발은 현재 400~1100m 고도에 있는 침식면이 과거 침식기준면에 가까운 고도에 있을 때 자유곡류하던 선행하천을 축으로 한 비대칭요곡운동과 더불어 하각하기 시작하여 현재에 이른 것으로 볼 수 있다. 그러나 현재의 감입곡류의 유로가 완전히 과거의 선행유로를 그대로 유지하고 있다고는 할 수 없으며, 감입곡류를 하는 과정에서 생육곡류를 하면서 곡류의 폭을 넓히기도 하고, meander core를 절단하기도 하면서 현재에 이른 것으로 판단된다.

우리나라의 감입곡류가 선행유로를 그대로 유지하지는 않지만 선행유로에서 출발하였다는 것은 감입곡류의 차수별 분포로서도 설명되어질 수 있다. 즉 우리나라 감입곡류는 본류 및 대지류에 해당되는 고차수 하천에 집중 분포하고 있으며, 1/50,000 지형도를 기준으로 한 3차수 이하의 저차수 하천에서는 전혀 나타나지 않는다는 점이다. 고차수 하천일수록 그 유로의 형성시기가 저차수 하천보다 오래된 것이므로 고차수 유로가 지반 융기가 시작되기 이전에 형성된 것이라는 확실한 증거는 없어도 저차수 하천에 비하여 지반융기가 시작되기 전에 있었던 선행하천일 가능성은 높다고 할 수 있다. 또한 현재 산지중에서 발생되고 있는 저차수 하천은 감입곡류를 하고 있는 하천이 없다는 사실은 지금과 같은 경사지에서는 곡류하던 선행유로를 답습하지 않고는 감입곡류가 이루어질 수 없다는 논리도 성립된다.

지질적으로 화강암 분포지역에서 감입곡류 유로가 적은 것은, 화강암 지역을 흘렀던 선행유로가 곡류를 하지 않았다는 관점으로 보기보다는 곡류하던 유로가 지반융기와 더불어 감입하는 과정에서 풍화에 약한 화강암의 곡벽이 쉽게 무너지기 때문에 곡류하던 선행유로를 유지하기 어려워 점차 직류하천으로 수정된 것으로 보는 것이 오히려 타당할 것으로 생각된다.

지금까지 검토된 결과를 종합해보면 감입곡류와 관련한 한반도의 지형발달은 일반적으로 신생대 중기 이전으로 보고 있는 시기에 침식기준면에 가까운 고도로 형성된 준평원면을 흐르던 자유곡류하천이 신생대 중기 이후부터 태백산맥과 소백산맥을 축으로 하는 비대칭요곡운동이 일어남에 따라 하천은 하각을 시작하여 현재 약 300~400m의 깊이로 하각하여 감입곡류를 형성하고 하천 간에 남아 있는 원면은 고위평탄면이 된 것으로 해석할 수 있다. 그러나 이와 같은 관점은 많은 가정을 기초로 한 것이므로 앞으로 더욱 검토되어야 할 것임을 부언하여 둔다.

8. 요약

1) 우리나라의 감입곡류의 분포는 태백산맥 서사면과 소백산맥 북·서사면에 집중 분포해 있고, 동해 사면과 소백산맥 동·남사면에는 상대적으로 감입곡류의 발생률이 낮다. 하천별로는 한강, 금강, 섬진강, 낙동강 순으로 나타나고 특히 남한강 상류에서 높게 나타난다.

2) 지질적으로 감입곡류의 발생률은 조선계, 평안계, 대동계, 변성암, 경상계, 화강암 순으로 높게 나타나고, 풍화에 강한 암석일수록, 층상구조를 하고 있는 지질일수록, 지질 배열이 유로와 직교(直交)할수록, 지질 접촉부에 위치할수록 높게 나타난다.

3) 1/25,000 지형도를 기본도로 한 하천차수 구분에서 감입곡류의 발생률은 5차, 4차, 6차 하천에서는 높은 발생률을 보이고, 이보다 차수가 높아지거나 낮아질수록 발생률이 급격히 낮아진다.

4) 감입곡류하는 하천의 현재의 하상고도는 100~200m 고도에 높은 빈도를 보이고, 절봉면도(7.5㎞ 이하의 곡을 매곡하여 작성)에서는 400~600m 고도에 높은 빈도를 보여 이 절봉면을 원면으로 가정할 때 300~400m의 하각이 이루어진 것으로 볼 수 있다.

5) 감입곡류의 분포적 특성으로 미루어 볼 때 태백산맥뿐만 아니라 소백산맥도 한반도의 비대칭 요곡운동의 축일 가능성이 큼을 시사하고 있다.

6) 가상 절봉면상에서와 하천차수별 감입곡류 분포 특성을 미루어 볼 때 현재 감입곡류하고 있는 유로는 과거 고위 및 중위 침식면을 흐르던 선행곡류 하천에서부터 유래한 것으로 보는 것이 해석에 유리하다.

참고문헌

김상호. 1961. 「한국 중부 지방의 지형발달」. 서울대학교 논문집(이공계), 제10집. 111~123쪽.

_____. 1973. 「중부 지방의 침식면 지형 연구」. 서울대학교 논문집(이공계), 제21집. 85~115쪽.

_____. 1977. 「한국의 산맥론」. 자연보호, 제19호. 1~4쪽.

김우관. 1979. 「낙동분지의 경사분석과 그 분포」. 경북대학교 문과대학. 문리학총, 제4권. 95~116쪽.

박동원·오경섭. 1978. 「임계지역의 자연지리」. 한국자연보존협회 조사보고서, 제13호. 41~57쪽.

박종권. 1984. 「구하도의 성인과 형성과정에 관한 연구」. 장안지리, Vol. 1. No. 1. 61~75쪽.

문승두. 1983. 「한반도 중남부에 분포하는 구하도의 유형분류에 관한 연구」. 건국대학교 대학원 석사 논문.

송언근. 1988. 「왕피천 절단곡류의 지형발달」. 경북대학교 대학원 석사논문.

서화진. 1988. 「감입곡류의 구하도 형성과정에 관한 연구」. 서울대학교 교육대학원 석사 논문.

윤인혁. 1988. 「기반암의 상이에 따른 유역분지의 지형특성」. 경북대학교 대학원 박사 논문.

원학희. 1966. 「한국 중부와 남부 지방의 지형면 대비」. 경희대학교 대학원 박사 논문.

이민희·장재훈. 1984. 「침식분지의 형성과 하천과의 관계」. 조동규교수 회갑논문집. 605~620쪽.

최병권. 1983. 「평창강의 Meandering에 관한 연구」. 동국대 대학원 석사 논문.

UNDP Naktong River Basin Survey Team. 1968. *Water Resources Planning in the Naktong River Basin* Vol. Ⅲ.

高山茂美. 1975. 『하천 지형』. 동경: 공립출판사.

河內伸夫. 1976. 「중국산지の천입사행」. 지리학평론, Vol. 49-1 pp.43~53.

_____. 1979. 「소뢰천의 천입사행」. 미영산래의 자연(종합학술 조사 연구보고) 별쇄. pp.221~225.

Gregory, K. J. 1977. *River channel change*. New York: John wiley & Sons. Inc.

Horace, R. B. 1970. "Incised Meanders in Mason County." Texas: *Geol. Soc. Am. Bull*. Vol.81. pp.3135~3140.

John, T.H. & Robert, S. Y. 1959. "Intrenched Meanders on The North Fork of The Shenandoah River." Virginia: Geological Survey Professional Paper 354-A. pp.1~10.

Schumm, S. A. 1972. *River Morphology*. Pennsylvania: Dowden. Hutchinson & Ross. Inc.

Schumm, S. A. & Shepherd, R. G. 1974. "Experimental study of River Incision." *Geol. Soc. Am. Vull*. Vol. 85. pp.257~268.

Thornbury, W. D. 1985. *Principles of Geomorphology*. New York: Hohn wiley & sons. Inc.

CHAPTER 4

한국에 있어서 감입곡류절단의 지형 발달*

1. 서론

감입곡류절단에 의해 단구화된 구유로는, 유로의 변화 과정과 하천의 퇴적 과정 등 하곡의 지형 발달을 설명할 수 있는 많은 단서들을 포함하고 있다. 특히 구유로의 구최심하상선상에 퇴적되어 있는 토탄층은, 우리나라 고기후 환경을 밝히는 단서를 제공할 뿐만 아니라, 내륙 지역에 분포하는 하안단구를 편년하는 기준면(key surface)의 역할을 함으로서 지형학적으로 중요한 의의를 갖고 있다.

본 논문은 우리나라에 분포해 있는 감입곡류절단을 대상으로, 그 분포적 특성과 곡류절단의 형성 요인 및 형성 과정을 밝히고, 퇴적물 분석을 통해서 곡류절단의 형성시기와 구유로의 지형발달 과정을 밝히는 것을 주목적으로 한다.

본 연구수행을 위하여 1) 1/25,000 지형도상에서 곡류절단을 선정, 분류하고 이를 1/20,000 항공사진 판독과 현지답사를 통해 수정, 보완하여 곡류절단의 분포도를 작성하였다. 2) 1/25,000 및 1/5,000 지형도 판독과 현지답사에서 hand level로 구유로와 현하상과의 비고를 측정하였다. 3) 1/20,000 항공사진 판독과 현지답사로 연구 지역의 지형면을 분류하고 고유로의 변화과정을 추적하였다. 4) Hand auger에 의한 boring과 노두 관찰을 통해서 구유로의 퇴적구조를 조사하였다. 5) 구유로에서 채취한 토탄을 일본 동북대학교 연대측정실에 보내어 방사성 탄소(^{14}C) 연대 측정을 실시하고, 이를 토대로 곡류절단의

* 송언근 · 조화룡, 1994, 지리교육 제7권, 1~23쪽.

형성 시기를 검토했다. 또한 토탄에 대한 화분 분석 결과를 인용하여 곡류절단시의 기후환경과 식생환경을 파악하였다.

2. 감입곡류절단의 분포

감입곡류는 자유곡류처럼 쉽게 유로 이동이 일어나지 않지만 생육곡류를 할 때는 유수의 측방침식에 의하여 유로가 측면 및 하류 쪽으로 이동하게 된다. 이 과정에서 유로의 이동을 제약하는 어떤 요인이 발생하여 곡률도가 증가하게 되면, 곡류경부의 폭이 좁아지게 되면서 곡류 절단이 발생하게 된다.

본 장에서는 우리나라에 분포해 있는 감입곡류절단을 유역별, 고도별로 그 분포적 특성을 살펴보도록 한다.

1) 유역별 분포

<그림 4-1>은 1/25,000 지형도 판독에 의해 1차적으로 곡류절단을 선정하고, 1/20,000 항공사진과 1/5,000 지형도 판독에 의해 2차적으로 확인하여 작성한 곡류절단지형의 분포도이다.

우리나라에 분포해 있는 곡류절단의 총수는 113개로 이들의 대부분은 태백산맥과 소백산맥의 양사면에 주로 분포해 있으며, 그 중에서도 서사면에 많이 분포해 있다. 특히 태백산맥 분수령과 충주, 여주, 양평을 잇는 선과의 사이, 즉 영서고원지역에 집중적으로 분포하여 지역적으로 편재한 특성을 보이고 있다.

각 하천별 분포 특성은 다음과 같다.

한강은 분포 빈도가 가장 높은 하천으로서, 우리나라 전체 분포의 43%를 점하고 있다. 이 중 73%인 36개의 곡류절단이 남한강 유역에 분포해 있다. 주요 지류별 분포를 보면, 남한강의 경우, 지류 중 최상류부에 위치해 있고 유역의 평균고도가 가장 높은 조양강과 소백산맥을 따라서 북동류하는 달천유역에 각각 13개, 9개로 가장 많은 곡류절단이 분포해 있다. 특히 조양강 지류인 송천과 골지천 그리고 달천 본류에서는 하나의 유로를 따라서 각각 5개, 4개, 7개의 곡류절단이 분포해 있다. 이들 다음으로 높은 분포를 보이는 하천은 평창강, 섬진강 이고, 각각 5개, 2개의 곡류절단이 발달해 있다. 이에 대해 남한강의 주요 지류인 청미천 유역에는 곡류절단이 나타나지 않고 있다.

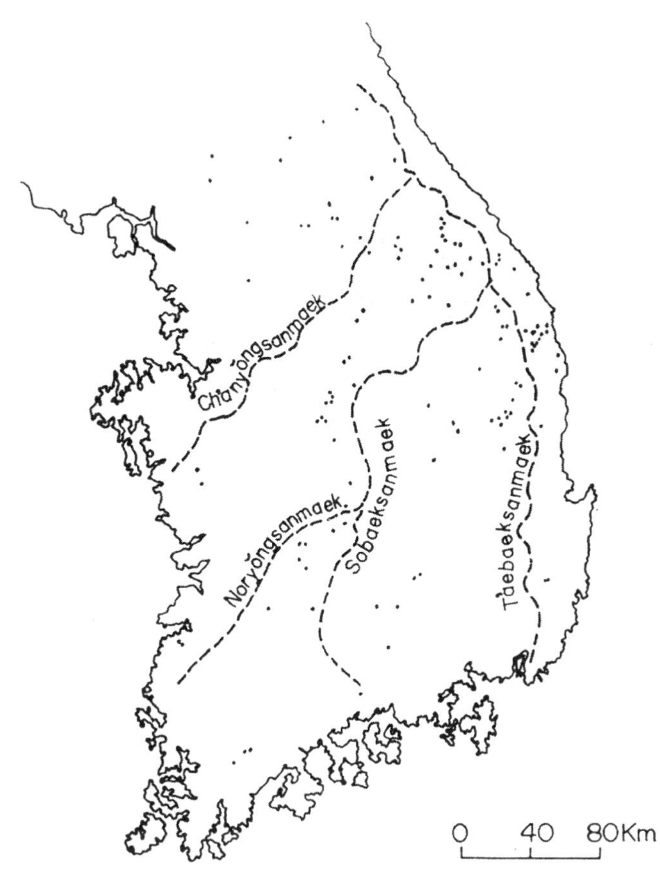

〈그림 4-1〉 감입곡류절단 지형의 분포도

그 외 나머지 곡류절단은 모두 남한강 본류에 연하여 분포해 있다.

북한강 유역에는 13개의 곡류절단이 분포해 있어 남한강에 비해 그 수가 현저히 적다. 그러나 이 숫자는 휴전선 이북 지역의 북한강과 다수의 인공호에 의해 수몰된 곡류절단이 조사에서 제외된 결과이다. 따라서 북한강 유역 전체에 발달해 있는 곡류절단의 수는 이보다 많을 것으로 추정된다. 휴전선 이남 북한강 유역에 발달해 있는 곡류절단의 대부분은 홍천강(5개), 소양강(5개)유역에 있다.

낙동강 유역에는 25개의 곡류절단이 분포해 있어 남한강 다음으로 많이 분포해 있다. 각 유역별 분포를 보면, 낙동강 상류에 속하는 안동시 이북의 본류 연안과 반변천 유역에 각각 6개, 9개씩 분포해 있어, 이들 두 유역이 전체의 60%를 점하고 있다. 따라서 안동에서 태백산맥 분수령 사이의 낙동강 상류유역에 곡류절단이 집중적으로 분포해 있다는 것을 알 수 있다. 안동보다 하류부에선 곡류절단의 분포율이 아주 낮아, 낙동강의 주요 지류인 위천, 내성천, 황강, 남강 유역 등에선 각각 1개의 곡류절단이 분포해 있고, 감천, 금호강 등에선 찾아볼 수 없다.

금강유역에는 10개의 곡류절단이 분포해 있다. 이들은 대개 소백산맥 분수령과 본류사이의 지류구간에 주로 분포해 있는데, 특히 진안고원 일대에 집중적으로 분포해 있다. 그러나 심한 감입곡류를 하는 본류 하곡을 따라서는 곡류절단이 거의 분포해 있지 않다.

섬진강과 영산강은 대하천이면서도 각각 2개씩의 곡류절단만이 분포해 있어 하천 규모에 비해 곡류절단의 발생률이 낮다.

태백산맥 동사면으로 흐르는 제 하천들에는 모두 20개의 곡류절단이 발달해 있다. 이들 곡류절단 중 삼척의 오십천, 울진의 왕피천유역에서만 13개의 곡류절단이 분포해 있어 대부분의 곡류절단이 이 두 하천유역에 편중해 있다는 것을 알 수 있다. 특히 왕피천 유역에는 10개의 곡류절단이 있고, 본류를 따라서만 7개의 곡류절단이 분포해 있어, 우리나라 하천 중 반변천, 달천 등과 함께 곡류절단의 발생빈도가 가장 높다. 그러나 이보다 남쪽에는 울주군 웅촌면 회야강에 1곳, 언양의 삼정천에 1곳이 있을 뿐, 울산에서 영덕사이에는 곡류절단이 전혀 나타나지 않는 특성을 보이고 있다.

2) 고도별 분포

곡류절단이 발생한 곳의 현·구하상 표고를 지형도에서 조사하여 고도별 출현빈도를 나타낸 것이 <그림 4-2>이다.

곡류절단이 발생해 있는 현하상 표고는 20～690m, 구하상 표고는 30～770m로 넓은 범위에 걸쳐서 분포해 있다. 분포빈도가 가장 높게 나타나는 곳은 현하상의 경우 20～100m 사이고, 그 다음은 100～200m 사이로 이 두 지점에서 전체의 약 58%를 점하고 있다. 구하상의 경우, 100～200m 사이에 가장 높은 빈도를 보이고, 그 다음은 30～100m 사이로, 이 두 표고지역이 전체의 약 68%를 차지한다.

감입곡류절단의 현하상 고도별 출현빈도와 감입곡류의 고도별 출현빈도를 비교한 것이 <그림 4-3>이다. <그림 4-3>의 A는 남한 전체의 것으로 감입곡류의 출현빈도가 가장 높게 나타나는 곳은, 현하상 표고로 보아 100～200m인 데 대하여, 감입곡류절단의 출현빈도는 분포곡선이 100m 정도 낮은 고도 쪽으로 이동해서 peak를 이루고 있다. <그림 4-3>의 B는 한강유역의 것으로 감입곡류의 최대 출현빈도나 감입곡류절단의 최대 출현빈도가 전국 평균보다 모두 높은 고도에 나타나서 전자가 200～300m, 후자는

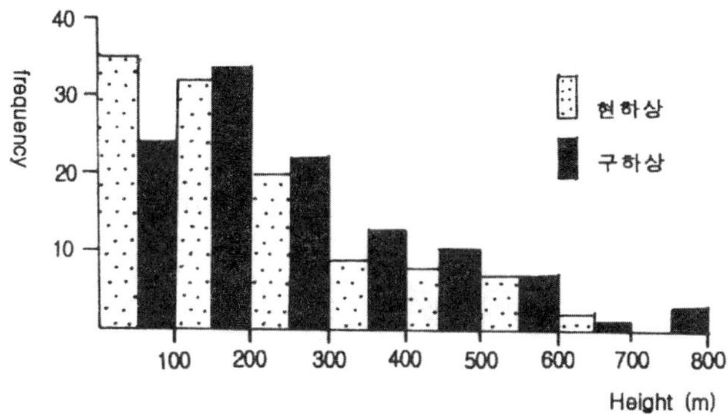

〈그림 4-2〉 감입곡류절단의 현·구하상 고도별 출현빈도

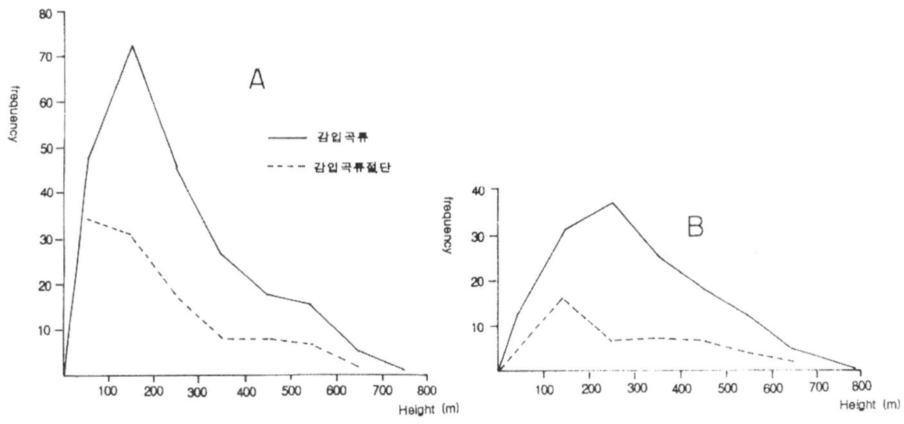

〈그림 4-3〉 감입곡류와 감입곡류절단 지점의 현하상 고도별 출현빈도

100~200m에서 나타나지만 여기서도 역시 감입곡류절단의 출현빈도가 약 100m정도 낮은 고도 쪽으로 이동해서 나타난다. 이 같은 특징은 감입곡류대가 형성되어 어느 정도 하류 쪽으로 이동된 뒤에 곡류절단이 이루어졌다는 것을 의미한다.

한편, 한강유역에서 곡류절단의 현·구하상 분포고도가 전국 평균에 비해 높게 나타나는 것은, 한강유역의 감입곡류가 대부분 영서고원에서 이루어지기 때문에 생긴 결과이다.

<그림 4-4>는 구유로의 최고 고도부와 현하상과의 비고로 본 곡류 절단의 고도별 출현 빈도를 나타낸 것이다. 절단된 구유로는 최근에 생긴 것(비고가 낮은 것)일수록 잘 보존되어 있고, 오래된 것(비고가 높은 것)일수록 침식에 의하여 해체되기 때문에 지형도에서 발견될 수 있는 숫자는 줄어든다. 따라서 곡류절단이 시간적으로 균등하게 일어났을 때는, 현하상과의 비고가 낮은 것이 가장 많고 높은 것일수록 그 숫자가

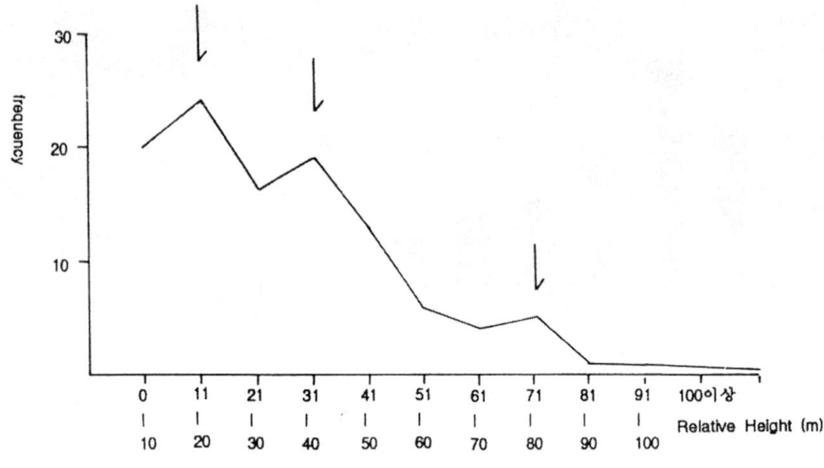

〈그림 4-4〉 감입곡류절단된 구유로의 현하상과 비고별 출현빈도

줄어드는 분포를 보일 것이다. <그림 4-4>에서도 이와 같은 경향이 보이나, 세부적으로 보았을 때 현하상과의 비고 11～20m, 31～40m, 71～80m에서 약간의 peak를 나타내고 있다. 이와 같은 분포 특성은 상대적으로 곡류절단이 잘 일어날 수 있는 시기가 있었다는 것을 암시한다. peak를 이루고 있는(곡류절단이 잘 일어났던 시기) 비고를 하안단구와 대비해 보면, 11～20m의 비고는 하안단구 저위 Ⅰ면(L1 면)과 대비되는 비고이고, 31～40m의 비고는 중위면(M면), 71～80m의 비고는 고위 Ⅱ면(H2 면)과 대비되는 비고이다. 따라서 이들 하안단구가 형성된 시기를 전후해서 감입곡류절단이 많이 일어난 것으로 해석할 수 있다.

3. 감입곡류절단의 양식

본 절에서는 감입곡류절단이 어떠한 과정을 통해 이루어지는지를 고유로의 변화과정을 통해 살펴보기로 한다.

1) 곡류대 이동의 제약에 의한 곡류절단

(1) 본류의 제약

홍천군 남면 용수리에는 어룡천의 곡류절단에 의한, 현하상과 비고 15m, 길이 2.4km의

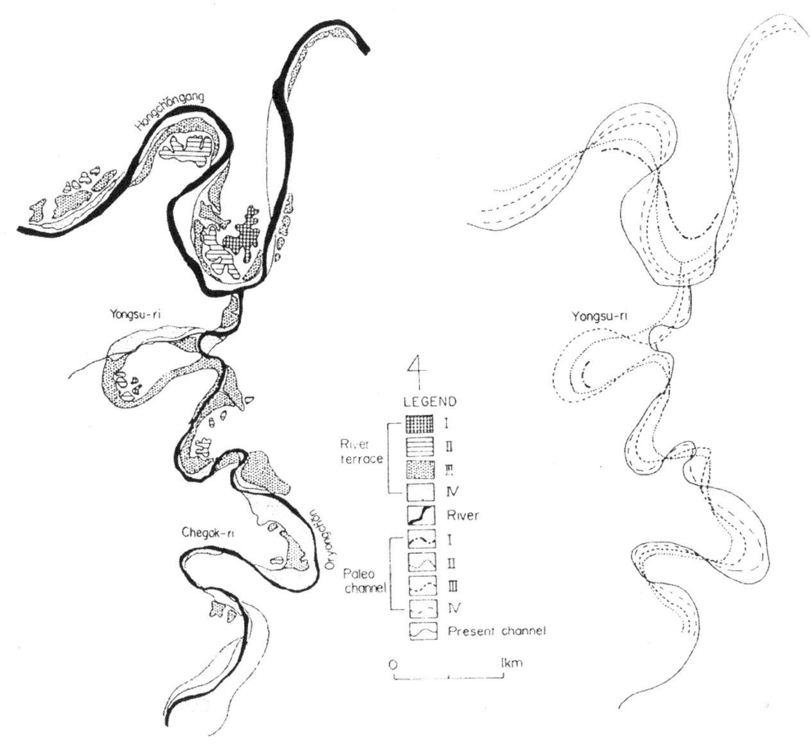

〈그림 4-5〉 어룡천 유역 지형면 분류도와 고유로의 변화과정

구유로가 있는데, 이의 절단부는 어룡천이 홍천강에 합류하기 대략 1km 전에 위치해 있다. 그리고 홍천강과 어룡천의 합류부 부근에는 4단의 하안단구가 발달해 있는데, 이들은 모두 활주사면 상에 분포해 있어, 곡류대의 성장과정과 유로변화를 추정할 수 있는 좋은 지표가 되고 있다.

<그림 4-5>는 홍천강과 어룡천 유역의 지형면 분류와 이들 지형면을 통해 복원한 고유로의 변화과정을 나타낸 것이다. 어룡천의 유로변화 과정을 보면, 단구 Ⅰ면에서 Ⅲ면으로 가면서 곡류대가 측면으로 이동하여 곡률도와 곡류반경을 점차적으로 증가시키고 있다. 이는 유로의 만곡부는 최대 측방침식지역으로 공격사면이 후퇴된 결과이다. 곡류대의 하류 쪽 이동은 용수리 상류에선 각 곡류대의 상·하류부에서 이동 방향과 이동률이 거의 비슷하여 곡류대의 측면 이동과정에도 일정한 곡류대를 유지하고 있다.

그러나 본류 홍천강과 합류되는 지점으로 오면서 상류부와는 다른 pattern을 보이고 있다. 즉 절단된 곡류경부 상류부에선 유로가 하류 쪽으로 이동하는 데 대해, 곡류경부 하류부에선 오히려 상류 쪽으로 이동하고 있다. 이로 인해 곡류경부 폭이 점차 좁아지면서

결국 곡류절단이 발생하게 된다. 이와 같은 현상은 지류(어룡천)가 본류(홍천강)에 합류되는 부근에서는 지류인 어룡천의 곡류대 이동이 본류인 홍천강에 의해 제약 받은 결과이다. 곡류대의 이동이 본류에 의해서 제약을 받는 이유는, 지류하천의 종단구배가 합류부에서 급격히 완화되는 점과 홍수 때 본류의 수위가 높아져 지류 하류부의 흐름이 정체, 혹은 일시적으로 역류현상이 나타나므로 결과된 것으로 사료된다.

(2) 지형·지질적 제약

<그림 4-6~4-8>은 청송군 진보면 합강리에서 영양군 일월면 섬촌리 사이 약 60km구간의 반변천 유역 지형면 분류도이고, <그림 4-9, 4-10>은 이 구간에 발달해 있는 하곡의 횡단면도와 하안단구를 통해 추적한 고유로의 변화 과정을 나타낸 것이다. 이 구간 내에는 6개의 곡류절단과 7면의 하안단구가 분포해 있는데, 곡류절단의 대부분은 지질·지형적 경계부와 두 하천의 합류부 부근에 집중적으로 분포해 있다. 이들의 분포 특성을 보면, 먼저 진보 부근에는 현하상과 10m, 23m, 60m의 비고를 갖는 3개의 구유로가 지역적(진보면 후평리, 진안리, 이촌리)으로 서로 인접하여 고도를 달리하면서 형성되어 있다.

진보 주변의 지형 특성을 보면, 진보면 흥구리에서 영양읍 감천리 사이는 양곡 간이 넓고 하곡의 횡단형이 비대칭적인 생육곡류를 하고 있다. 하곡의 활주사면 상에는 유로의 변화과정을 나타내는 수단의 하안단구가 넓게 분포해 있다. 이에 대해 곡류절단이

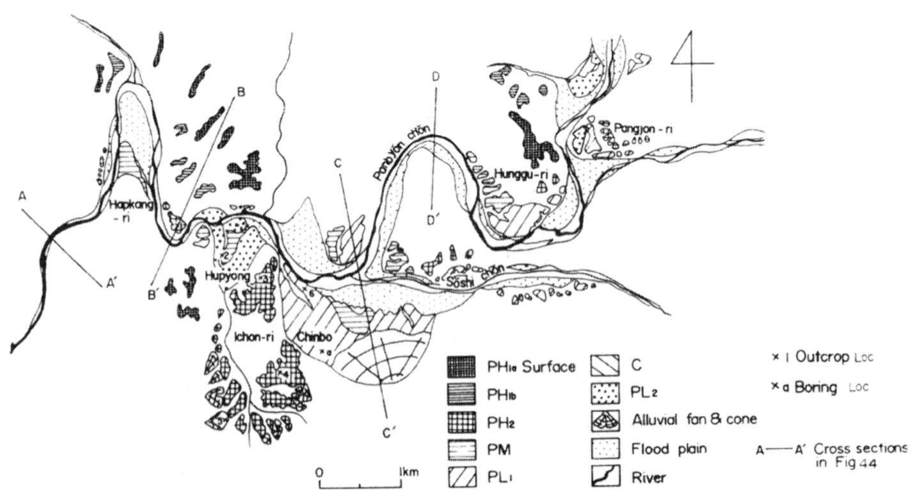

〈그림 4-6〉 진보 주변의 지형면 분류도

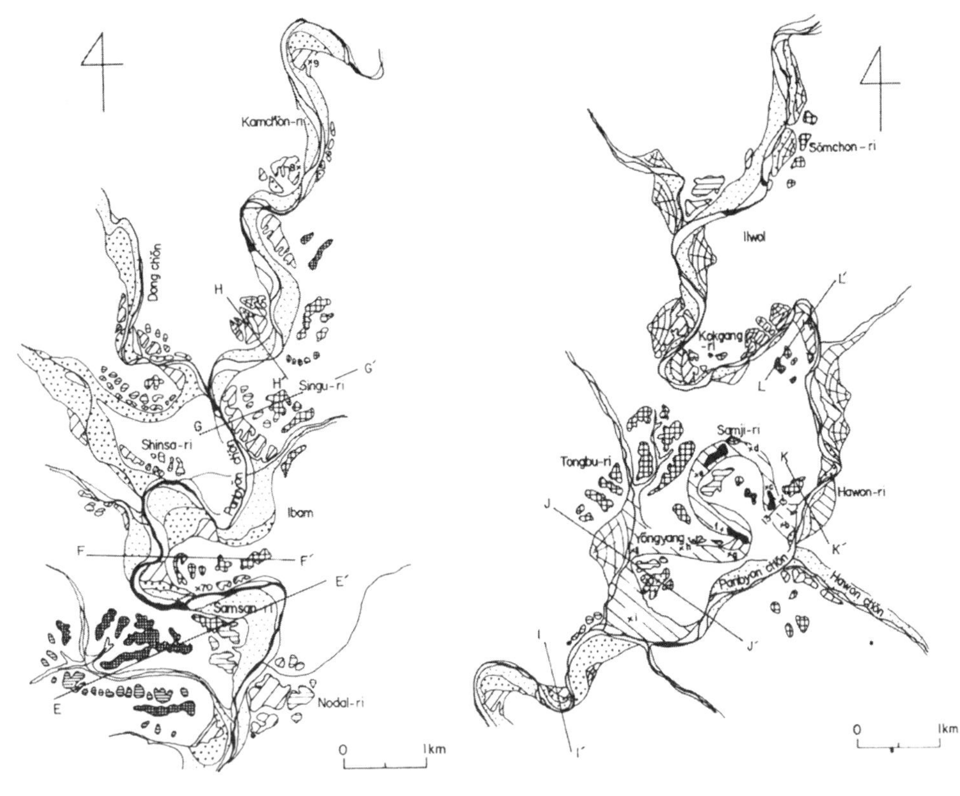

〈그림 4-7〉 입암주변 지형면 분류도

〈그림 4-8〉 영양주변 지형면 분류도

많이 발생해 있는 진보면 진안리 일대에는, 남쪽의 비봉산(671.0m), 북쪽의 광덕산(480.0m)에 둘러싸인 소규모 분지의 형태를 띠고 있으며, 분지상에는 하안단구와 범람원이 넓게 분포해 있다. 그러나 진안리에서 하류부로 갈수록 곡폭은 점차 좁아져, 합강리에선 굴삭곡류를 하는 좁은 협곡부를 이루고 있다(그림 4-9). 이와 같이 진보 주변의 하곡은 상류에서 하류로 가면서, 생육곡류, 분지, 굴삭곡류라는 상이한 형태를 띠고 있다.

진보주변 고유로의 변화과정(그림 4-10)을 보면, 진안리 상류의 흥구리에선 공격사면의 후퇴에 의한 유로의 측면이동과 곡류대의 하류 쪽 이동이 규칙적으로 변하고 있다. 이에 대해 진보부근에서는 유로변화가 불규칙적이고 곡류 진폭이 급격히 커지면서 곡률도가 높아지는 것을 볼 수 있다. 그러나 합강리 부근의 협곡부에서는 고유로들의 유로변화가 거의 일어나지 않고 좁은 하곡을 따라 수렴하는 상태로 흐르고 있다. 이와 같은 현상은 진안리 상류부에서 규칙적으로 하류로 이동해 오던 곡류대가, 합강리 부근의 협곡부에 의하여 제어되면서 협곡부 바로 위쪽(대개 작은 분지의 경관을 이룸)에서

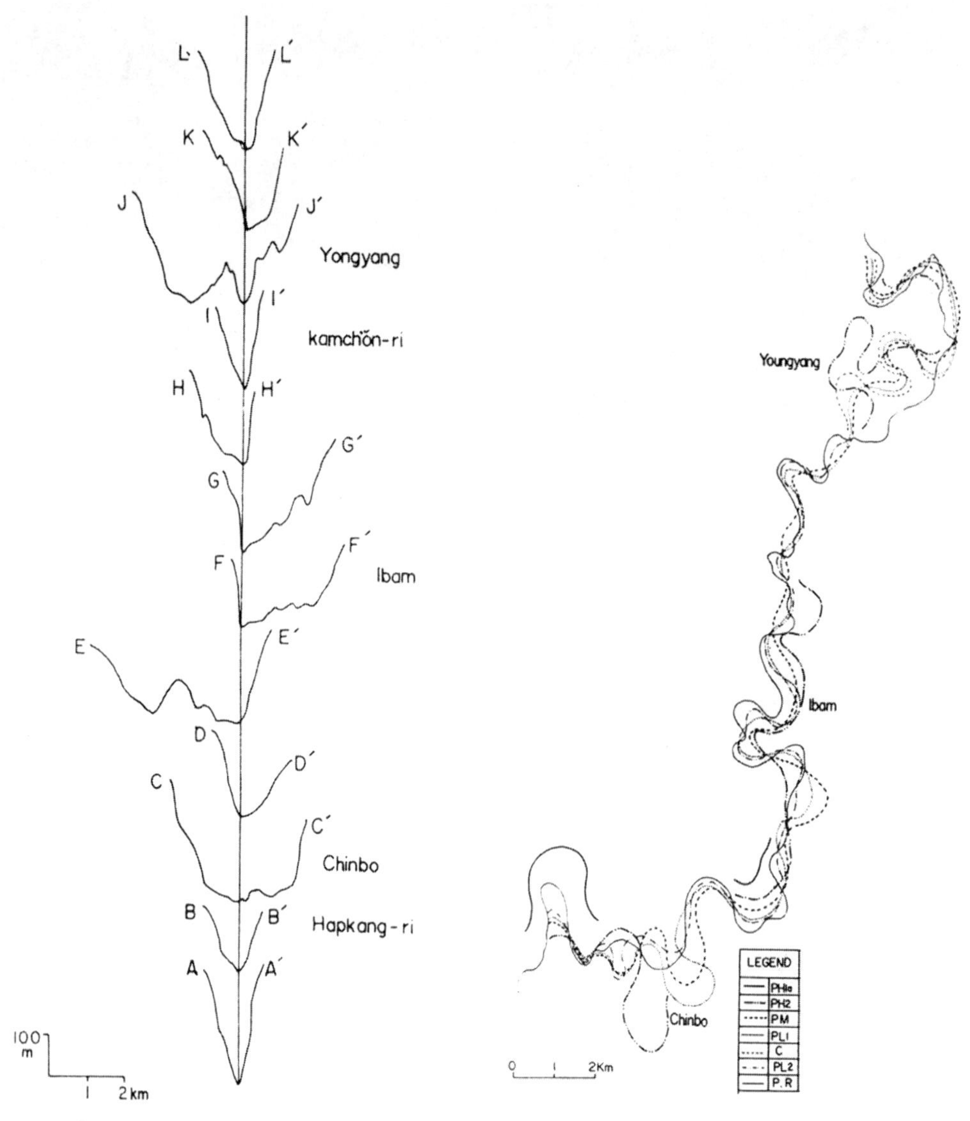

〈그림 4-9〉 반변천 유역 하곡의 횡단면도 〈그림 4-10〉 반변천 고유로의 변화과정

곡류반경이 커지면서 곡류경부가 절단되고, 새로운 유로 역시 시간이 흐르면서 곡류를 증가시켜 또다시 곡류 절단을 발생시키기 때문이다. 이 같은 협곡부의 곡류 절단은 하천이 경암부를 지날 때, 혹은 지형적으로 하천이 산맥을 절단하면서 지나는 횡곡의 경우에 나타난다.

2) 하천 쟁탈에 의한 곡류절단

<그림 4-8>에서 볼 수 있듯이, 일반적으로 영양읍 삼지리에서 서부리 사이에는 약 6.3km에 이르는 구유로가 발달해 있다. 곡류절단에 의한 구유로 상·하류 말단부의 거리는 대개 수m 내지 수십m이다. 그러나 영양읍 삼지리 구유로는 상·하류 말단부 간의 거리가 3km로 하나의 하천에 의해 절단되었다고 볼 수 없는 지형적 특성을 갖고 있다. 삼지리 곡류절단에 영향을 미친 두 하천, 반변천과 그 지류 하천인 하원천의 절단전 유로(<그림 4-8>과 <그림 4-10> 참조)를 보면, 반변천은 절단지점에서 크게 곡류하면서 지금의 구유로를 돌아 서부리로 흘러갔고, 지류인 하원천은 절단지점 아래쪽에서 그다지 곡류하지 않으면서 남서류하여 서부리에서 본류인 반변천에 합류하였다. 이 같은 지형적 특징으로 인해 <그림 4-8>과 <그림 4-10>에서 볼 수 있듯이, 하안단구 PH2면이 형성될 당시 절단지점 부근에 있었던 반변천과 하원천 사이의 분수계의 폭은 약 1km에 달했다. 이 같이 넓은 폭을 갖고 있던 두 하천 간의 경계는 PL면으로 오면서 두 하천의 곡류대가 성장함에 따라 점차 그 폭이 좁아지게 되면서 결국 절단되었다. 분수계의 절단이 이루어진 후에 반변천의 물은 절단지점에서부터 지류 하원천을 따라 흐르게 되고, 삼지리에서 서부리까지의 반변천의 원래 유로는 구유로로 남게 되었다. 이와 같이 절단지점에서 반변천은, 지류(하원천)쪽 하상이 본류(반변천) 하상보다 낮았으므로, 결과적으로 지류가 본류를 쟁탈한 형식을 취하고 있다.

영양 하류쪽인 입암면 신사리에는 지류 동천의 유로가 본류 반변천에 의해서 쟁탈되면서, 신사리에서 산해리사이 약 4.8km 구간에는 동천의 원유로가 구유로로 남아 있다(<그림 4-7>참조). 여기서는 지류 동천이 심하게 곡류하고 본류 반변천이 보다 직류하므로 지류를 본류가 쟁탈한 형식을 취하고 있다.

4. 구유로의 퇴적구조

감입곡류절단에 의한 구유로가 어떠한 퇴적환경을 거쳐 현재에 이르렀는가를 살펴보기 위하여, 현재 곡류절단이 진행 중인 구유로에서부터 절단된 지가 오래되어 대규모 홍수 시에도 본류의 물이 침수되지 못하는 구유로 등에 대해 Hand Auger에 의한 boring과 노두조사를 통해 구유로의 퇴적구조를 조사하였다. boring은 주로 구유로의 최심하상선으로 추정되는 지점을 따라 실시했다.

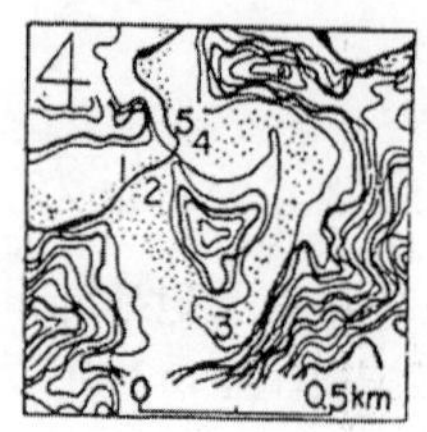

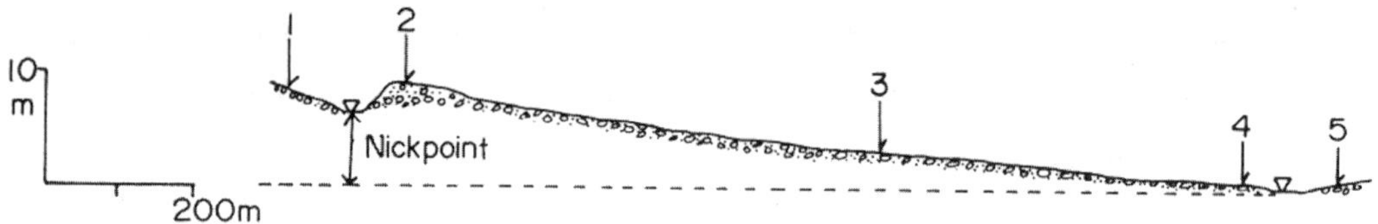

〈그림 4-11〉 평해 안넙품 구유로의 퇴적층 지질단면도

1) 평해 안넙품 구유로

울진군 온정면 안넙품의 구유로는 백암산(1003.7m)에서 발원하여 평해읍 월송리에서 동해로 유입하는 남대천(주류길이 27km)의 중류부에 있는 구유로이다. 구유로의 길이는 1.3km이며, 절단된 곡류경부상에는 약 7m 높이의 폭포(광품폭포)가 천이점을 이루고 있는 절단 초기의 것으로, 평수 시에는 현유로로만 물이 흐르지만 증수 시에는 구유로 쪽과 현유로 양쪽으로 물이 흐른다. 구유로 하상은 아직 절단전의 하상력으로 덮여 있다.

<그림 4-11>은 안넙품 구유로의 지질종단면도이고, 번호는 퇴적물을 분석한 지점이며, 입도 분석 결과는 <표 4-1>에 수록했다.

현유로 퇴적물인 1, 5번 퇴적물은 평균입경 -5.1ø , -5.8ø 로 pebble급의 역이며, 분급은 0.7, 0.5로 아주 좋다. 이에 대하여 구유로 퇴적물의 평균입경은 상류부(2번)에서 -1.7ø, 중류부(3번)에서 -2.7ø, 하류부(4번)에서 -4.1ø로 나타났으며 분급도 각각 2.9, 2.4, 1.4로 나타났다. 이상의 퇴적물 입경분포 특색을 다음과 같이 요약할 수 있다.

첫째, 현하상 퇴적물보다 구하상 퇴적물이 더 세립질이고 분급도 나쁘다. 이와 같은 현상은 홍수 때 현유로에서 범람된 물이 구유로로 흐르기 때문이다. 이 범람된 물을 따라 운반된 세립질 퇴적물이 구하상 역층사이에 퇴적됨으로써 평균입경을 세립화시키고 분급도 나쁘게 한 것으로 판단된다.

둘째, 구하상 퇴적물 중에서도 상류 쪽으로 갈수록 평균입경이 세립화되고 분급이 나빠진다. 이것은 구하상의 상류 쪽으로 갈수록 현하상에서 범람된 세립퇴적물이 더 많이 퇴적되기 때문에 결과된 것으로 보인다. 실제 구하상의 상류 쪽 말단부에는 현하상과 비고 2.3m의 사퇴가 소규모의 자연제방처럼 형성되어 있다. 이 사퇴의 퇴적물은 수직적으로 보아 하부에서 상부로 갈수록 세립화되고 있는 것이 보인다.

2) 웅촌 통천리 구유로

울주군 웅촌면 통천리 구유로는 양산군 웅산면 원효산(922.2m)에서 발원하여 울산만으로 유입하는 회야강(주류 길이 40km)의 중류부에 위치해 있다.

구유로 길이는 약 1.3km이며, 구유로 최고점의 표고는 42.5m로서 현하상과는 약 7m의 비고를 이루고 있다. 구유로 상류 말단부의 현하상과 비고는 5.6m이며, 현하상과는 경사 약 50~60° 정도의 애면으로 경계 지어 있다. 구유로 하류부는 현하상과 2.4m의 비고를 이루고 있으며, 완만한 경사로 현하상과 경계 지어 있다.

따라서 통천리 구유로는 평수시에는 현유로로 물이 흐르지만 소규모 홍수시에도 구유로 하류 구간이 침수되는, 절단 초기에서 중기로 이행하는 단계이다. 구유로상에는 논농사가 이루어지고 있지만, 하류 쪽 일부는 아직도 홍수의 범람이 잦아 황무지로 남아있다.

<그림 4-12>는 통천리 구유로에 대해 7본의 boring과 1곳의 노두 관찰에 의하여 작성한 지질 종단면도이다. 구유로 종단형은 구유로상의 최고점이 상류 말단에서 약 200m 정도 후퇴해 있어 비대칭 종단형을 나타낸다. 구유로 상류 말단 애면에서는 표면하

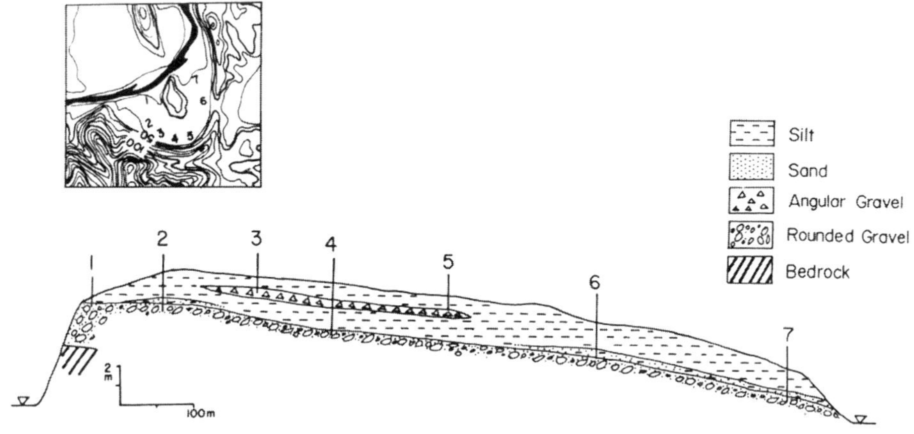

〈그림 4-12〉 웅촌 통천리 구유로의 지질단면도

-2.5m에서 3m 높이의 기반암이 나타났지만 그 외 구간에서는 기반암까지 도달한 boring 자료가 없어 기반암의 심도를 확인할 수 없었다. 그러나 구유로 하류 쪽의 현하상에서 기반암이 노출된 것으로 보아 대개 표층하 -3~-5m사이에 기반암이 나타날 것으로 추정된다. 기반암상에는 대략 2m전후의 역층이 퇴적해 있다. 이 역층의 종단형은 표층면 종단형과 달리 상류부에서 하류부로 갈수록 낮아지며, 역은 대개 pebble 및 cobble급의 원력이 황색의 중사(中砂)를 matrix로 퇴적되어 있다. 이들 역은 절단전의 하상력층으로서, 이 역층이 이루는 면이 구하상의 원면으로 판단된다. 역층상에는 30~40㎝ 층후의 엷은 sand층이 퇴적해 있고, 다시 그 위에 2~3m 층후의 범람원성 silt층이 퇴적되어 있다. 이들 퇴적층은 절단 후 오랫동안 홍수시에 현유로가 구유로 쪽으로 범람하면서 퇴적물을 쌓았다는 것을 나타낸다. silt층 속에는 30~50㎝ 두께의 역층이 lense상으로 협재해 있는데, 이들 역은 모두 각력질이고 배후산지 쪽으로 연결되는 것으로 보아 배후산지에서 운반된 사면퇴적물이 범람원성 퇴적물 속에 협재된 것으로 판단된다.

안넙품 구유로와 비교하여 본 통천리 구유로에서는, 이미 구하상력층은 표면에서는 볼 수 없으며, 그 위에 2~3m층후의 범람원성 silt가 퇴적되어 있어서 절단 후 상당한 시간이 흘렀다는 것을 알 수 있다. 또한 절단된 곡류경부상에는 절단 초기에 있었던 천이점이 상류 쪽으로 후퇴해 소실되었으며, 곡류경부상에는 과거 천이점의 흔적을 나타내는 암석단이 다수 나타난다.

3) 황간 원촌리 구유로

황간면 원촌리 구유로는 초강천 중류부에 위치해 있다. 구유로 길이는 2.4km이며 구유로 최고점의 현하상과 비고는 약 20m, 구유로 상류 말단부의 현하상과 비고는 9m, 하류 말단부의 현하상과 비고는 4m로 가운데가 높고 상·하류부로 갈수록 낮아지는 대칭적 종단면을 이루고 있다. 구유로상의 지형면으로는 구유로 원면과 선상지, 선상추 그리고 하안단구 등을 들 수 있다. 구유로 원면은 약 80~90%가 보존되어 있지만, 구유로 상류부에선 주변산지에서 흘러내리는 소지류에 의해 개석되어 원면이 파괴되는 과정에 있다. 구유로 중간부와 상류 일부 구간에선 선상지 및 산상추가 구유로면의 일부를 덮고 있어, 구유면 상에는 논농사와 밭농사가 함께 이루어지고 있다.

<그림 4-13>은 구유로면에 대해 6본의 boring과 1곳의 노두 관찰을 통해 작성한 구유로 퇴적층의 지질종단면도이다. 기반암은 상류 말단부에서는 표면하 -1.8m에서부터 나타나며, 높이는 약 7m이다. 하류 말단부에선 표면하 -3m에서 기반암이 나타나며

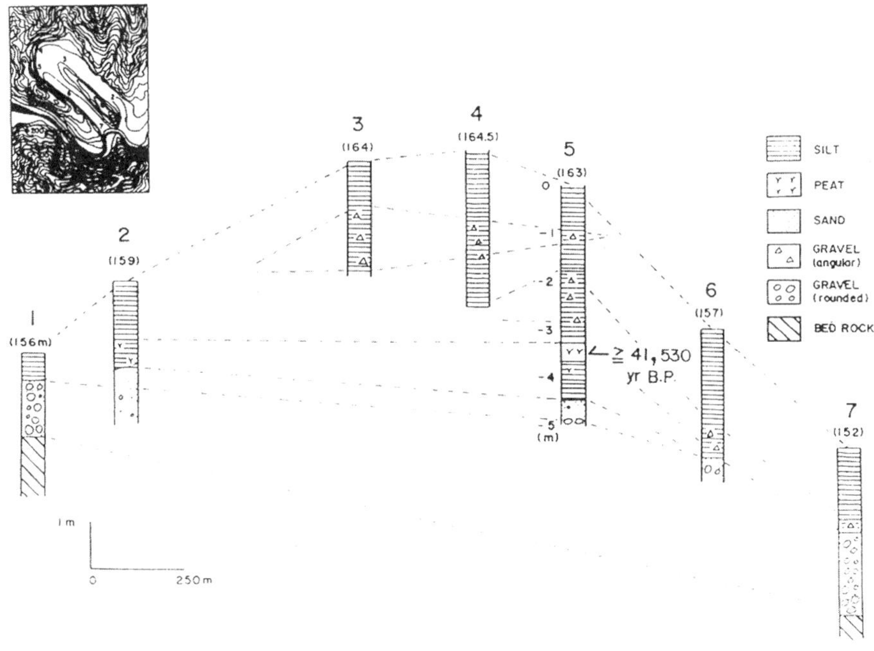

〈그림 4-13〉 황간 원촌리 구유로의 지질단면도

현하상과는 1m 정도의 비고를 이루고 있다. 그러나 그 외 지역에선 boring이 기반암까지 도달하지 못하여 기반암의 구배나 층후를 정확히 알 수 없지만, 기반암상의 역층 구배로 보아 상류에서 하류로 낮아지는 종단구배를 갖는 것으로 추정된다. 기반암상에는 1.5~3m 층후의 역층이 퇴적되어 있다. 이들 역은 대개 pebble내지 cobble급의 원력으로 황색내지 회색의 중사(中砂), 조사(組砂)를 matrix로 퇴적되어 있다. 역층상에는 30~50㎝ 층후의 세사(細砂)층이 덮여 있고, 이 sand층 위에는 30~50㎝ 두께의 sandy silt층이 있다. 이 층은 모두 흑갈색(10YR2/2), 암갈색(10YR3/3)을 띠고 있으며 분해된 유기질이 약간 포함되어 있다. 특히 5번 core에서는 표층하 -3.3m~-3.7m사이에 완전 분해된 암갈색의 peat층이 형성되어 있다. 이 토탄은 ≥41,530 yr.B.P.의 ^{14}C 연대가 측정되었다. 따라서 절단 후 이 시기까지 구유로는 배수가 불량한 상태를 유지했으며, 특히 5번 core 부근에선 오랫동안 습지 상태가 유지되었다는 것을 알 수 있다. 이 층상에서부터 표층까지는 모두 범람원성 silt층으로 되어 있는데, 층후는 구유로 중간부에선 3.5m이지만, 상·하류로 갈수록 점차 얇아져 상류 말단부에선 50㎝, 하류 말단부에선 1m로 얇아진다. 따라서 구유로상에 더 이상 범람원의 퇴적물이 쌓이지 않는 단계에서 구유로 상·하류

쪽에서부터 구유로면이 개석되어 진다는 것을 알 수 있다. silt 층 속에는 표층하 -1~-2m 사이 그리고 -2.7~-3.3m 사이에 쐐기모양의 역층이 협재해 있다. 이들 역은 모두 각력층으로 구유로 배후산지에서 이동한 선상지성 퇴적물이거나, 배후사면상의 talus가 이동하여 silt층 속에 협재된 것으로 보인다.

황간 구유로 boring 주상단면 3, 4의 퇴적물 입경변화를 보면(표 1참조), 하부에서부터 상부로 갈수록 평균입경이 세립화되는 경향을 보이고 있으나, 각력층이 포함된 부분(3단면의 -1.2m, 3, 4 단면의 -1.8m, -2.1m)은 그 위아래보다 조립화 되는 것이 두드러진다. 또한 가장 세립질로 나타난 것이 표면보다 아래쪽에 나타나서 평균 입경 6ø를 넘는 silt질로 이루어져 있다. 분급은 2S.D.~4S.D.에 이르는 아주 나쁜 분급상태를 보인다. 이 같은 퇴적물 입경변화는 영월 방절리 구유로에서도 잘 나타나고 있다.

황간 구유로는 앞의 통천리 구유로보다 더 오래 전에 절단된 것으로, 현재 대규모 홍수시에는 구유로의 일부 혹은 상당 구간이 여전히 침수되지만, 일반적인 홍수시에는 거의 범람되지 않는 단계이며, 구유로면 역시 개석을 받기 시작하는 단계에 있다. 그러나 대규모 홍수시에는 구유로 일부 혹은 전체가 여전히 침수되고 있다.[1)]

황간 구유로와 거의 같은 시기에 절단되었으며 지형발달 단계로 비슷한 것이 반변천의 삼지리 구유로와 진보 구유로 그리고 남한강의 방절리 구유로들이다.

4) 영양 삼지리 구유로

영양읍 삼지리 구유로는 반변천 중상류부에 위치해 있다. 구유로 길이는 6.3km이며, 구유로 최고점의 현하상과 비고는 18m이고, 구유로 상류 말단부는 14m, 하류 말단부는 5m의 비고를 이루고 있다. 구유로 최고점은 구유로 상류 말단부에서 약 800m 정도 하류 쪽으로 이동해 있어, 표면 종단형은 비대칭형을 띠고 있다. 구유로 원면은 약 80~90%정도 보전되어 있으며, 구유로 중간부에는 주변 산지에서 공급된 선상지, 선상추 퇴적물이 피복되어 있다. 구유로의 토지 이용은 대부분이 논농사로 이용되고 있다.

<그림 4-14>는 구유로면에 대해 8본의 boring과 3곳의 노두관찰을 통해 작성한 구유로의 boring 주상도와 지질단면도이다.

기반암은 상류 말단부에서는 표면하 -1.6m에서부터 나타나며, 약 13m 높이이다. 그러나 하류 말단부에서는 기반암까지 도달한 boring자료를 얻지 못해 정확한 기반암의

1) 황간 원촌리 및 영양 삼지리 구유로와 발달 단계가 비슷한 울진 외성산동과 영월 방절리의 경우, 1959년 사라호 태풍시 구유로의 절반 이상이 침수되었다.

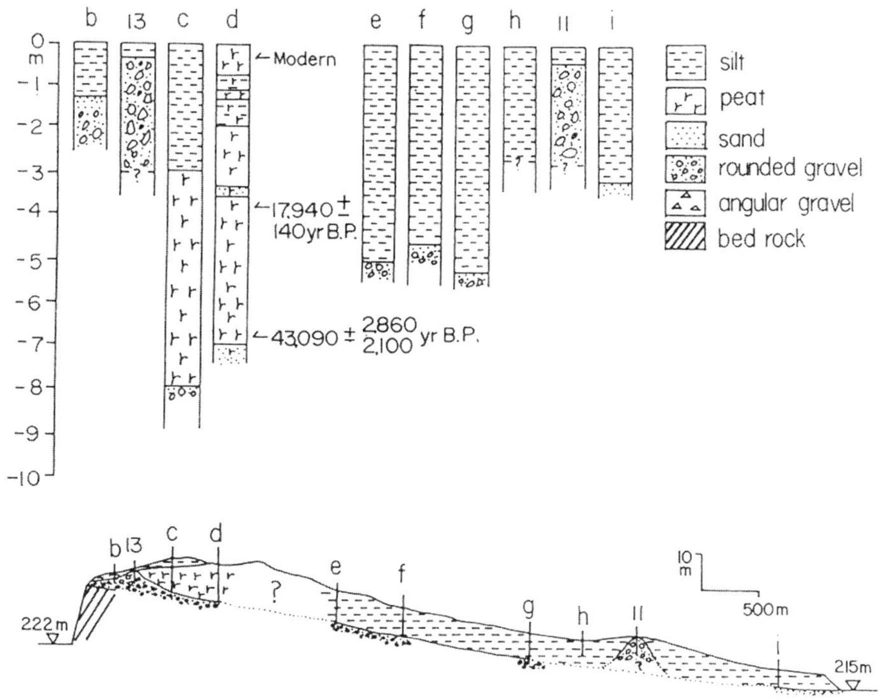

〈그림 4-14〉 영양 삼지리 구유로의 boring 주상도와 지질단면도

구배나 층후를 알 수 없지만, 기반암 상의 역층의 종단구배로 보아 상류부에서 하류로 가면서 낮아지는 종단구배를 이루는 것으로 추정된다. 기반암 상에는 최대 3m층후의 pebble 및 cobble급의 원력이 corse sand를 matrix로 퇴적되어 있어 절단전의 하상력층임을 알 수 있다. 이들 역은 대부분이 신선한 역이고 간혹 hammer로 살짝 치면 부서질 정도의 풍화력도 섞여 있다. 역층상에는 4~5m층후의 clay 및 silt로 된 범람원성 퇴적물이 퇴적해 있다. 그러나 이들 범람원성 퇴적물은 상·하류 말단부로 가면서 퇴적층후나 입경에서 변화를 나타내고 있다. 즉, 구유로 상류 말단부에선 1.6m 정도의 층후를 이루고 있어, 절단 후 우수나 주변 산지에서 흘러내리는 소지류에 의해 구유로 상류부가 개석받고 있음을 알 수 있다. 이에 대해 구유로 하류부는 표층에서부터 sandy silt, sand 층으로 되어 있어 중류부에 비해 입경이 조립화되어 있다. 이와 같은 특성은 하류부의 현하상과 비고가 4~5m로, 현하상과 비고 18m전후를 이루는 중류부에 비해 홍수시 보다 조립질 퇴적물이 퇴적된 결과이다. 삼지리 구유로에선 폭 150m, 길이 750m의 대규모 토탄지가 형성되어 있다. 주상도 c지점에선 표층에서 -8m에서 구하상력층이 나타나기 시작하였다. 표층에서 -2m까지는 암갈색(7.5YR3/4) 내지 청회색(10BG6/1)을 띠는

silty clay층으로 되어 있고, -3m～-8m 사이에는 층후 5m의 갈색의 분해된 peat층이 퇴적해 있으며, -8m하에서부터 구하상력층이 나타나기 시작하였다. 주상도 d지점의 퇴적구조는 표층에서 -30㎝까지는 흑갈색(7.5YR2/2)을 띠는 organic silt층으로 pebble급의 아각력이 간혹 포함되어 있다. -30～-60㎝ 사이는 섬유질이 풍부한 미분해된 peat층이며, -1.2m까지는 organic silt, silty peat층으로 전이되다가 -1.2～-1.5m 사이에 다시 섬유질이 풍부한 미분해된 peat층이 퇴적해 있다. -1.5～-2.1m 사이는 광물질을 포함한 섬유질이 거의 없는 silty peat층, 그리고 -2.1～-2.5m 사이는 중정도 분해된 peat층, -2.5～-3.8m 사이는 organic silt층이 나타났다. 이 층 하부 -3.8m～-4.0m 사이 20㎝에는 organic silty sand층으로, 그리고 -4.0m～-7.0m 사이에는 갈색을 띠는 섬유질이 거의 없는 peat층이 나타나기 시작하였다. 이상의 퇴적구조를 보면 -3.8～-4.0m 사이의 organic silty sand 층은 그 상부 peat층과 하부 peat층의 부정합면으로 추정된다. 이는 후술할 화분분석 결과에서도 이 층을 경계로 상·하위의 화분구성비가 상이하게 나타났었다. 주상도 d지점의 peat에 대해선 표층하 -6.7～-6.8m, -4.2～-4.3m, 그리고 표층의 peat에 대해 ^{14}C절대연대[2)]를 측정하였다. 그 결과 맨 하부 -6.7～-6.8m의 peat는 43,090yr.B.P., -4.2～-4.3m의 peat는 17,940yr.B.P. 그리고 표층은 modern으로 나타났다. 따라서 영양 구유로는 적어도 43,090yr.B.P. 혹은 그 보다 앞선 시기에 곡류절단이 일어났고, 그 후 천이점 이동과 하천의 하방침식에 의해 현하상과 14～18m의 비고를 갖는 단구로 남게 된 것이다.

5) 울진 상천동 구유로

울진군 서면 상천동 구유로는 태백산맥 동사면으로 흐르는 왕피천 중류부에 위치해 있다. 상천동 구유로는 길이 약 1km이며, 구유로 최고점의 현하상과 비고는 약 50m, 구유로 상·하류 말단부의 현하상과 비고는 24m, 20m이다. 따라서 절단 후 오랜 시간이 경과되면서 구유로 상·하류부가 20m이상 개석 받았다는 것을 알 수 있다. 구유로 원면은 대부분이 개석으로 소실되었으며, 구유로 상류부 일부에 단편적으로 남아 있다. 구유로의 대부분은 개석곡의 곡벽사면과 개석곡저면으로 되어 있으며, 구유로 중간부에는 배후산지에서 운반된 선상추 퇴적물이 구유로면을 덮고 있다.

<그림 4-15>는 2지점의 boring과 1지점의 노두 관찰을 기초로 작성한 상천동 구유로의 지질종단면도이다. 기반암은 대부분 지역에선 찾지 못했으나 하류 말단부에서 표층하 -50㎝ 부근에서 나타났다. 일반적으로 상천동 전단계의 구유로 하류부에선 대개 -5m

2) 절대연대 측정은 일본 동북대학교 연대측정실에 의뢰하여 측정하였다.

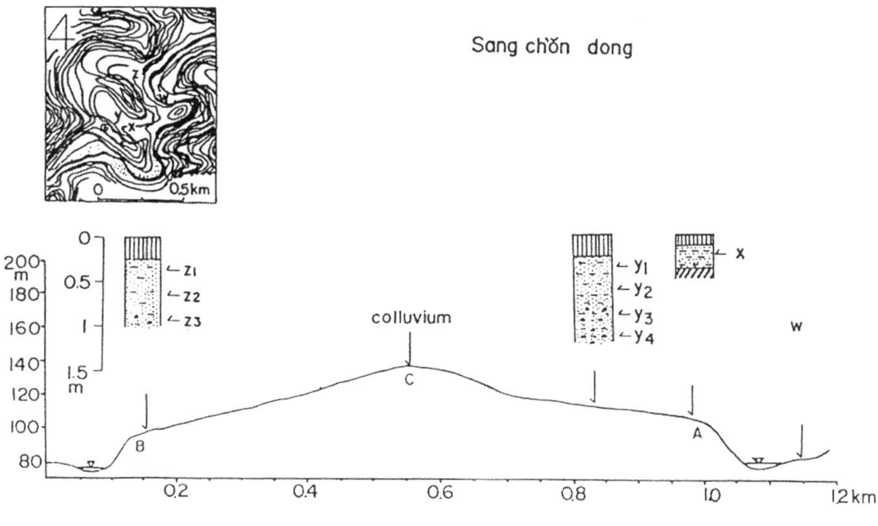

〈그림 4-15〉 울진 상천동 구유로의 지질단면도

〈표 4-1〉 구유로 퇴적물 입도 분석표

W : Weight Percentage C : Cumulative Weight Percentage

Location	depth (m)	sample No.		grain size distribution																Mdø	Mø	S.D	Sk
				øscale																			
				-6.5	-5.5	-4.5	-3.5	-2.5	-1.5	-0.5	0.5	1.5	2.5	3.5	4.5	5.5	6.5	7.5	8.5				
안넙품	0	1	w	22.1	60.3	11.8	4.2	0.8	0.4	0.2	0.1	0.1								-5.6ø	-5.1ø	0.7	0.7
			c	22.1	82.4	94.2	98.4	99.2	99.6	99.8	99.9	100.0											
	0	2	w			39.0	15.0	7.1	4.5	6.1	10.2	12.2	3.3	2.3	0.3					-3.3ø	-1.7ø	2.9	0.5
			c			39.0	54.0	61.1	65.6	71.7	81.9	94.1	97.4	99.7	100.0								
	0	3	w		6.8	25.3	14.9	12.3	10.0	12.6	11.3	4.2	1.1	1.1	0.4					-3.2ø	-2.7ø	2.4	0.2
			c		6.8	32.1	47.0	59.3	69.3	81.9	93.2	97.4	98.5	99.6	100.0								
	0	4	w		11.8	56.6	11.2	5.4	4.1	3.2	2.4	2.9	1.3	0.8	0.3					-4.8ø	-4.1ø	1.4	0.5
			c		11.8	68.4	79.6	85.0	89.1	92.3	94.7	97.6	98.9	99.7	100.0								
	0	5	w		83.8	11.2	3.9	0.7	0.2	0.1	0.1									-5.9ø	-5.8ø	0.5	0.2
			c		83.8	95.0	98.9	99.6	99.8	99.9	100.0												
황간 Loc3	-0.6		w				1.9	0.4	2.5	3.5	3.8	1.7	5.9	6.4	13.4	15.9	11.7	7.3	25.6	5.2ø	5.5ø	3.5	0.1
			c					2.3	4.8	8.3	12.1	13.8	19.7	26.1	39.5	55.4	67.1	74.4	100.0				
	-0.9		w					1.0	4.0	3.2	2.4	2.1	3.4	5.8	9.4	12.8	11.1	9.3	35.5	6.0ø	6.2ø	3.6	0.1
			c						5.0	8.2	10.6	12.7	16.1	21.9	31.3	44.1	55.2	64.5	100.0				
	-1.2		w				4.3	5.7	8.1	5.5	4.3	1.6	8.3	8.5	9.2	9.1	8.1	6.7	21.6	4.1ø	3.2ø	4.9	-0.2
			c					10.0	18.1	23.6	27.9	29.5	37.8	45.3	54.5	63.6	21.7	78.4	100.0				
	-1.5		w				3.4	3.1	6.6	5.5	6.9	11.9	7.8	8.1	8.9	7.3	6.9	7.5	16.1	3.1ø	3.3ø	4.3	0.1
			c					6.5	13.1	18.6	25.5	37.4	45.2	53.3	62.2	69.5	76.4	83.9	100.0				
	-1.8		w				3.4	13.5	14.1	10.0	9.2	5.6	7.0	5.5	7.2	5.5	7.0	3.0	9.0	0.5ø	1.7ø	4.2	0.3
			c					16.9	31.0	41.0	50.2	55.8	62.8	68.3	75.5	81.0	88.0	91.0	100.0				
	-2.1		w				8.2	11.6	12.9	8.2	6.9	4.3	7.8	5.9	6.9	4.9	6.7	4.0	11.7	1.1ø	1.9ø	4.7	0.2
			c					19.8	32.7	40.9	47.8	52.1	59.9	65.8	72.7	77.6	84.3	88.3	100.0				
황간	-0.6		w					1.1	0.3	0.5	1.3	2.9	4.0	6.7	12.2	16.7	13.4	12.4	28.5	5.8ø	6.1ø	2.6	0.1

Location	depth (m)	sample No.	grain size distribution øscale																Mdø	Mø	S.D	Sk
			-6.5	-5.5	-4.5	-3.5	-2.5	-1.5	-0.5	0.5	1.5	2.5	3.5	4.5	5.5	6.5	7.5	8.5				
Loc4		c						1.4	1.9	3.2	6.1	10.1	16.8	29.0	4.7	59.1	71.5	100.0				
	-0.9	w						0.3	0.3	0.4	0.4	3.1	5.0	13.9	19.5	17.6	11.9	27.6	5.9ø	6.5ø	2.5	0.1
		c							0.6	1.0	1.4	4.5	9.5	23.4	42.9	60.5	72.4	100.0				
	-1.2	w					0.3	0.4	0.7	1.7	1.7	4.7	6.3	13.3	17.4	12.5	9.3	31.7	5.8ø	6.5ø	3.0	0.2
		c						0.7	1.4	3.1	4.8	9.5	15.8	29.1	46.5	59.0	68.3	100.0				
	-1.5	w					1,8	1,3	1,0	3,0	1,6	5,8	9,4	18,0	17,0	12,1	9,1	20,9	5.0ø	5.5ø	2.7	0.2
		c						3,1	4,1	6,1	7,7	13,5	22,9	40,9	57,9	70,0	79,1	100.0				
	-1.8	w				1.3	6.0	6.8	3.6	3.5	4.1	10.4	12.6	14.4	10.0	6.1	5.4	15.8	3.7ø	3.3ø	4.3.	-0.1
		c					7.3	14.1	17.7	21.2	25.3	35.7	48.3	12.7	72.7	78.8	84.2	100.0				
	-2.1	w				4.4	4.5	6.7	5.5	5.2	3.2	4.5	8.9	12.7	10.6	8.1	5.9	19.8	41ø	3.3ø	4.8	-0.2
		c					8.9	15.6	21.1	26.3	29.5	34.0	42.9	55.6	66.2	74.3	80.2	100.0				
	-2.4	w					0.7	1.2	1.8	3.4	4.7	8.8	9.0	12.1	11.5	9.6	28.1	9.1	5.2ø	5.5ø	3.5	0.1
		c						1.9	3.7	7.1	11.8	20.6	29.6	41.7	53.2	62.8	90.9	100.0				
	-2.7	w					0.6	1.0	1.0	1.8	4.2	6.6	11.8	15.5	13.8	9.6	28.1	6.0	5.1ø	5.6ø	3.1	0.2
		c						1.6	2.6	4.4	8.6	15.2	27.0	42.5	56.3	65.9	94.0	100.0				
	-3.0	w					1.1	1.5	2.1	3.9	3.3	7.7	9.6	15.3	12.3	9.3	29.2	4.7	5.0ø	5.3ø	3.3	0.1
		c						2.6	4.7	8.6	11.9	19.6	29.2	44.5	56.8	66.1	95.3	100.0				
	-3.3	w				2.0	2.4	1.5	2.3	2.9	2.8	6.5	9.9	14.7	11.9	8.2	31.5	3.4	4.9ø	5.2ø	3.5	0.1
		c					4.4	5.9	8.2	11.1	13.9	20.4	30.3	45.0	56.9	65.1	96.6	100.0				
상천동	0	w		17.3	41.6	18.3	13.3	6.7	1.4	0.8	0.4	0.1	0.1						-4.7ø	-4.3ø	1.3	0.3
		c		17.3	58.9	77.2	90.5	97.2	98.6	99.4	99.8	99.9	100.0									
	-0.3	w					2.6	4.6	9.4	9.6	7.5	4.2	6.6	8.3	12.5	16.4	17.0	1.3	4.1ø	2.8ø	3.3	0.4
		c					2.6	7.2	16.6	26.2	33.7	37.9	44.5	52.8	65.3	81.7	98.7	100.0				
	-0.3	w					3.4	3.9	8.9	17.7	9.5	4.2	8.8	7.1	10.7	13.3	8.8	3.7	2.7ø	2.9ø	3.4	0.1
		c					3.4	7.3	16.2	33.9	43.4	47.6	56.4	63.5	74.2	87.5	96.3	100.0				
	-0.6	w						3.9	19.1	18.8	11.6	3.8	6.1	9.4	7.5	7.7	6.6	6.5	1.2ø	2.6ø	3.5	0.4
		c						3.9	23.0	41.8	53.4	57.2	63.3	71.7	79.2	86.9	93.5	100.0				
	-0.9	w			6.0	12.2	0.5	3.7	12.6	15.8	20.3	8.8	8.0	3.6	2.9	3.2	1.0	1.8	0.5ø	-0.4ø	3.4	0.3
		c			6.0	18.2	18.7	22.4	35.0	50.4	70.7	79.5	87.5	91.1	94.0	97.2	98.2	100.0				
	-1.2	w				4.6	10.9	14.6	20.1	13.7	8.3	2.3	3.5	4.4	3.1	5.4	1.0	4.1	-0.5ø	1.8ø	4.3	0.5
		c				4.6	15.5	30.1	50.2	63.9	72.2	74.5	78.0	82.4	85.5	90.9	95.9	100.0				
	-0.3	w					3.2	10.3	21.7	15.6	13.6	5.7	6.4	5.5	4.3	6.3	4.6	2.8	0.4ø	1.8ø	3.2	0.4
		c					3.2	13.5	35.2	50.8	64.4	70.1	76.5	82.0	86.3	92.6	97.2	100.0				
	-0.6	w					3.3	4.2	31.2	16.8	10.3	3.6	4.5	4.5	2.1	3.5	5.4	3.8	-0.3ø	1.4ø	2.9	0.6
		c					3.3	14.5	45.7	62.5	72.8	76.4	80.9	85.4	87.5	90.8	96.2	100.0				
	-0.9	w				4.0	4.4	12.2	28.4	19.3	10.8	3.3	3.6	3.3	1.5	2.3	3.8	3.1	-0.4ø	0.6ø	2.5	0.4
		c				4.0	8.4	20.6	49.0	68.3	79.1	82.4	86.0	89.3	90.8	93.1	96.9	100.0				

전·후의 퇴적층 아래에서 기반암이 나타나는 데 대해 상천동은 표층 부근에서 기반암이 나타나고 있다.이는 절단 후 오랜 시간이 지나면서 우수나 배후산지에서 흘러내리는 소지류 등에 의해 개석되어 범람원성 퇴적물이 제거된 결과로 보인다. 주상도 1, 2, 3번에 의하면 구유로 상·하류부에선 표층에서 -1.5m사이의 퇴적물은 평균입경 2.9ø~-0.4ø에 이르는 coarse sand로 되어 있고 granule 내지 pebble급의 각력이 섞여 있다. 이는 전술한 통천리와 황간, 영양에선 표층하 -3m정도까지 대부분이 silt층인 것과 크게 대조를 이루고 있다. 구유로 중간부는 정확한 층후는 알 수 없지만 대개 5m이상으로

보이는 각력층으로 되어 있다. 이는 주변산지에서 운반된 talus성 혹은 선상지성 퇴적물이 구유로면을 덮은 결과이다. 구유로의 대부분 지역은 밭농사 지역이고 취락도 구유로 상에 입지해 있다. 상천동 구유로 단계에서는 대규모 홍수시에도 구유로면은 더 이상 침수되지 않는다.

5. 감입곡류절단의 지형 발달

본 장에서는 전장들에서 살펴 본 곡류절단의 분포, 양식, 퇴적구조를 종합 고찰하여 감입곡류절단의 지형 발달을 요약해 보기로 한다.

1) 감입곡류절단의 발생과 발생 시기

감입곡류하천은 자유곡류처럼 쉽게 유로 이동이 일어나지 않지만, 유수의 측방침식에 의해 아주 천천히 곡류대가 하류 쪽으로 이동하게 된다. 이때 이 이동이 무엇인가에 의해 제약을 받게 되면, 곡류대의 상류부는 하류부로 계속 이동하지만 하류부에서 이동하지 못하거나, 이동률이 상류부에 비해 낮아지면서 곡류파장은 점차 좁아지게 된다. 이에 반해 곡류진폭은 커져 곡류산각이 점차 성장하고 곡류경부폭은 더욱 좁아지게 된다. 이 같은 과정을 거치면서 곡류경부는 결국 절단되어지게 된다. 이 같은 제약을 일으키는 요인으로는 지질·지형적 제약과 본류에 의한 제약을 들 수 있다.

지질적 제약은 유로를 가로질러 경암부가 분포할 때이고, 지형적 제약은 산맥이 유로를 가로질러 형성되어 있고 하천이 이를 절단하면서 횡곡을 형성한 때이다. 이 지형적 제약은 암석 분포대가 차별침식에 의해 산맥, 능선이 될 수도 있어서 지질적 제약과 맥을 같이하는 경우도 있지만, 경암대가 아니더라도 습곡작용, 단층작용으로 산맥이 형성될 수도 있으므로 이때는 그 성격이 다르다. 그 어느 것이든 지질·지형적 제약을 받고 있는 하곡에서는 협곡이 이루어져 있고 이보다 위쪽은 얼마간의 분지상의 지형을 이루고 있는데, 이 협곡 바로 위쪽에서 많은 곡류절단이 발생한다. 반변천의 진보부근이 그 대표적인 곳이며, 여기서는 몇 차례씩 절단이 반복해서 이루어졌다.

본류에 의한 제약은 지류가 본류에 합류되는 곳에서 나타나며 지류의 곡류대 이동이 본류에 의해 제약됨으로써 나타난다. 이 때 지류는 합류지점에 가까워질수록 상류 쪽에서의 곡류이동률이 하류에서의 이동률을 능가하여 곡류진폭의 증가와 곡류파장의 감소를 일으키고 이로 인해 곡류경부가 형성되며 그 폭이 좁아지면서 곡류절단이 일어난다. 홍천강의 지류, 어룡천의 용수리 구유로가 대표적인 본류 제약에 의한 곡류절단이다.

곡류절단은 위에서 본 것과 같은 곡류이동의 제약으로 곡류경부가 절단되는 것 외에도 본류와 지류가 근접해서 흐르면서 상호 그 사이의 분수령을 측방침식하고 결국 이 분수령이 절단되면서, 한 하천의 일부 구간이 다른 하천에 의해 쟁탈됨으로써 발생하기도 한다. 이의 대표적인 예는 반변천 삼지리 구유로이다.

다음에는 이상에서 본 것과 같은 곡류절단이 특히 많이 이루어진 어떤 다발기가 있었는지 여부를 검토해 보기로 한다. 앞에서, 절단된 구유로의 현하상과의 비고 분포에서 비고 11~20m, 31~40m, 71~80m의 고도에서 그 전후의 것에 비하여 출현빈도가 높게 나타났으며, 이것은 각각 하안단구 저위Ⅰ면(L1면), 중위면(M면), 고위2면(H2면)의 비고와 대비된다는 것으로 밝혀졌다.

하안단구면이 형성될 때는 부분적인 퇴적이나 상대적으로 측방침식이 왕성한 시기이며, 단구애가 형성될 때는 다시 침식부활이 일어나 하각되어 단구화된다고 볼 수 있다.

곡류절단은 언제라도 곡류경부가 절단되면 이루어지는 것으로 어떤 특정시기에 국한되어 일어난다고는 할 수 없지만, 그러나 측방침식이 왕성할 때에 훨씬 효과적으로 절단될 것으로 판단된다. 따라서 곡류절단의 다발기는 하안단구면이 형성될 시기와 상관관계가 높다고 할 수 있다. 실제로 우리나라에서 곡류절단된 구유로의 현하상과의 비고가 10~20m의 것이 가장 많으며, 이들 중 영양, 영월, 황간의 구유로에는 구하상력층 위에 토탄이 형성되어 있고, 이 토탄의 ^{14}C연대가 삼지리에서 43,090yr.B.P.(TH-1710), 방절리에서 44,580yr.B.P.(TH-1718), 황간에서 41,530yr.B.P.(TH-1719)로 측정되어 모두 45,000yr.B.P. 전후의 시기를 나타내고 있다(<표 4-2> 참조). 따라서 이들 곡류절단의 형성시기가 early wűrm 빙기라는 것을 알 수 있다.

다음으로 이들 곡류절단이 일어날 당시의 기후·식생환경을 알아보기 위해 영양 삼지리 토탄(d core)에 대해 화분분석을 한 것이 <그림 4-16>이다. 이 화분 diagram에서

〈표 4-2〉 구유로의 ^{14}C년대 자료

sample No.	material	relative height from present river bed(m)	radiocarbon age y. B. P.
TH-1710(Yongyang. d)	peat	18	43,090±2860 2,100
TH-1711(Yongyang. d)	〃	18	17,940±140
TH-1718(Yongwol. 5)	〃	16	≧44,580
TH-1719(Hwanggan. 5)	〃	20	≧41,530

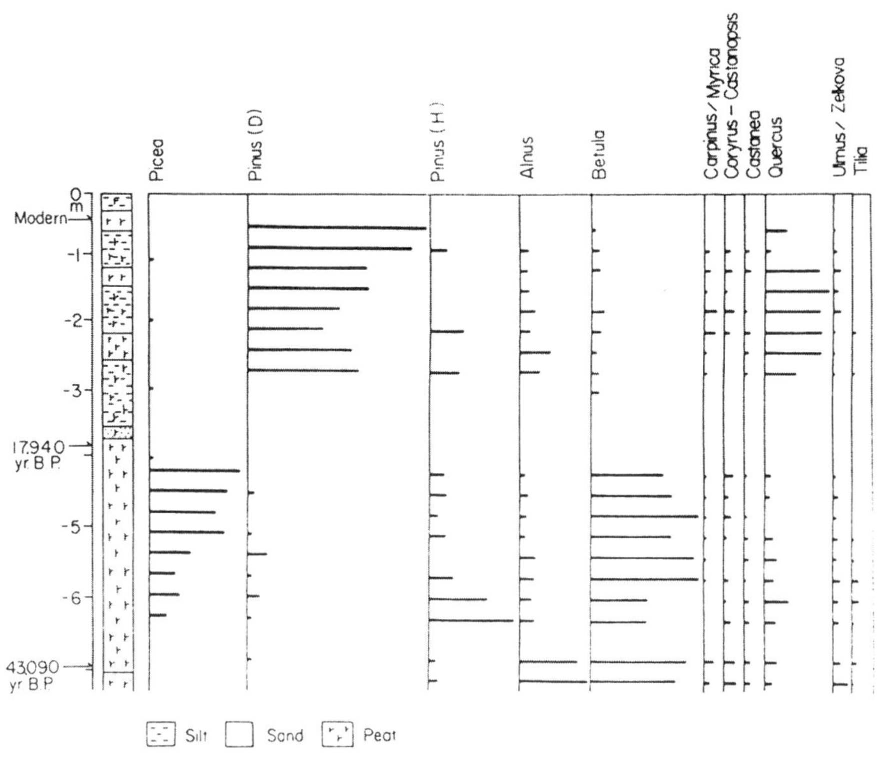

〈그림 4-16〉 영양 삼지리 boring 주상단면 d의 화분분석도 (윤순옥)

표층하 -3.8～-4.0m사이에 부정합면이 존재한다는 것이 화분조성으로 보아 나타나며, 이 부정합면 아래쪽은 현재 식생과는 전혀 다른 냉대림 계통의 가문비나무속(picea), 자작나무속(betula), 잣나무속(pinus(h))이 주종을 이루는 식물상을 보이고 있다.

그러나 위쪽으로 오면서 다소 기후가 회복되는 식생변화를 보이고 있다. 부정합면 위쪽의 식생은 육송(pinus (d)), 참나무속(quercus)이 주종을 이루고 있으며, 이는 현생식생과 큰 차이를 보이지 않는 식생구조이다. 따라서 곡류절단이 발생한 당시는 현재보다 더 한랭한 기후 환경이었다는 것을 알 수 있다.

이상의 사실에서 미루어 보아 빙기에는 산지에서 퇴적물 생산이 많으며 이것이 하천으로 운반되어 단구면이 형성된다는 주장(貝塚, 1977)과 본 논문에서 곡류절단의 다발기가 단구면의 형성시기와 일치한다는 주장이 잘 부합되며 더 나아가서 곡류절단의 다발기는 빙하기와 관련이 높다는 가설이 성립된다.

2) 감입곡류절단의 지형 발달 단계

전술한 구유로의 퇴적구조, 종단형의 변화, 토지이용 등을 토대로, 감입곡류절단에 의한 구유로의 지형발달 단계를 다음과 같이 3단계(그림 4-17)로 나누어 그 특징을 살펴보았다.

초기 : 곡류경부가 절단되면서 곡류산각은 고립된 곡류핵(meander core)으로 남게 되며, 새로운 유로의 형성으로 원유로는 구유로로 남게 된다. 곡류핵과 구유로 주변에는 절단전 유로의 이동과 하상의 저하로 몇 단의 하안단구가 발달해 있다. 절단된 곡류경부상에는 유로의 단축으로 천이점이 폭포로 나타나며 유로의 직선화로 하방침식력이 증대되고 이에 따라 폭포의 고도가 낮아지면서 현하상 고도도 낮아지게 된다. 따라서 곡류경부 상류의 현·구하상 비고가 생기면서 절단 당시와는 달리 평수시에는 현유로로만 물이 흐르고, 홍수시에는 현·구유로로 모두 물이 흐르게 된다. 그러나 이 단계에서는 곡류경부 하류쪽의 현·구하상 비고는 거의 나타나지 않는다. 구하상의 퇴적물은 절단전 원하상의 퇴적물이 그대로 노출되어 있고, 구유로의 종단형은 상류에서 하류로 갈수록 구배가 낮아지는 일반적인 유로의 종단형을 띠고 있다.

중기 : 천이점의 이동과 지속적인 하방침식으로 현하상은 기반암을 하각하여 현·구하상 경계부는 가파른 애면을 이루게 된다. 현·구하상 비고는 더욱 증가하고 곡류경부 하류쪽에서도 현·구하상 비고가 나타나면서 구하상은 현하상에 대해 단구의 형태를 띠게 된다. 현유로 주변에는 천이점의 이동에 따른 하상 저하로 하안단구가 발달하며, 이 하안단구는 상류로 가면서 점차 비고가 낮아지는 특성을 띠게 된다. 천이점이 소실되는 부근에는 작은 비고의 2차적 천이점이 많이 생기고 하안단구면들의 종단구배도 상류부에서 수렴하는 특성을 띠고 있다. 절단된 곡류경부의 하곡폭은 점차 넓어지지만 여전히 상·하류구간에 비해 폭이 좁다. 따라서 대홍수시에는 상류부의 물이 하류부로의 전달이 제어되면서 수위상승을 일으켜 구유로 전체 혹은 많은 지역을 침수시킨다. 구유로의 퇴적환경은 현·구하상 비고의 증가로 홍수시 실트나 점토질의 부유하중이 퇴적되면서 범람원성 퇴적지형으로 변하게 된다. 이 실트층 속에는 구유로 주변산지에서 공급된 사면퇴적물이 범람원성 퇴적물과 호층을 이루고 있다. 또한 구유로 일부 구간에선 선상지 내지 선상추 퇴적물로 덮히기 시작한다. 구유로의 토지이용은 논농사가 행해지게 된다. 구유로의 표면 종단형은 우수와 주변산지에서 흐르는 소지류에 의한 개석으로 구유로의 최고점이 점차 하류 쪽으로 이동하여 비대칭적인 종단형을 띠며 구하상의

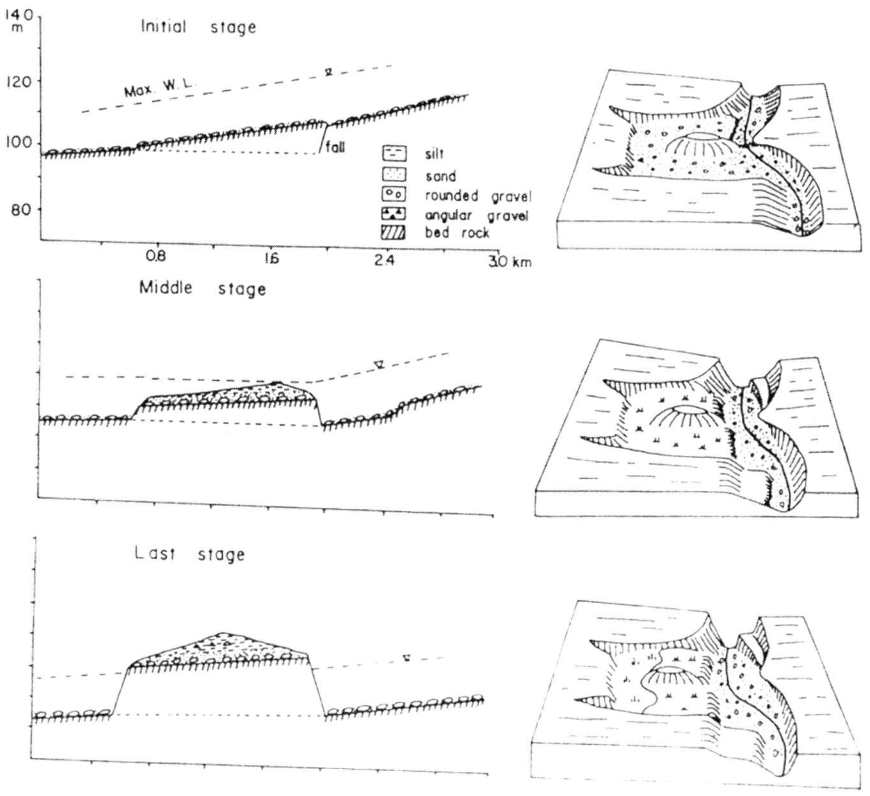

〈그림 4-17〉 구유로의 지형발달단계 모식도

구배도 점차 급해진다. 그러나 기반암의 구배는 여전히 절단초기의 구배와 같다. 구유로 상류부 일부구간에는 개석곡이 발달하기 시작하지만 개석은 미약하고 원면의 대부분이 남아있다.

말기 : 현유로의 하각이 더욱 진전되어 구하상은 더욱 높은 비고를 갖는 단구로 되어 대홍수시에도 본류의 물이 구하상에 이르지 못하는 단계에 이른다. 따라서 구하상에는 본류성 부유퇴적물의 퇴적은 더 이상 이루어지지 않는다. 구하상은 개석곡의 확장으로 원면의 대부분이 사라지고, 구유로의 퇴적환경은 중기에 형성된 범람원성 퇴적물상에 주변산지에서 이동한 사면 퇴적물과 주변산지에서 흐르는 소지류에 의한 선상지성 퇴적물이 피복되면서 점차 범람원성 퇴적지형은 사라지게 된다. 이에 따라 토지이용도 논농사에서 밭농사지역으로 변하게 된다. 구유로상 최고점의 하류 쪽 이동도 계속

이루어져 구유로의 거의 중간지점에 나타나고, 구유로의 표면 종단형은 거의 대칭적 형태를 띠며, 구하상의 구배도 가파른 형태를 띠게 된다. 구하상의 기반암층은 절단된 하상형태를 띠지만 기반암상의 역층은 표면 종단형과 유사한 모습으로 변한다. 이 단계에서는 구유로의 원지형이 거의 사라지게 된다.

6. 요약 및 결론

본 논문은 우리나라에 발달해 있는 감입곡류절단의 지형발달 과정을 밝히는 것을 주목적으로 하고 있다. 주요 연구 결과는 다음과 같다.

1. 우리나라에 분포해 있는 감입곡류절단의 총 수는 113개이며, 이들의 대부분은 태백산맥과 소백산맥의 서사면에 주로 분포해 있다. 특히 태백산맥 분수령과 충주, 여주, 양평을 잇는 선과의 사이, 즉 영서고원지역에 집중적으로 분포하여 지역적으로 편재한 특성을 보이고 있다.

하천별로는 한강, 낙동강, 금강 순으로 나타나며, 섬진강과 영산강에는 각각 2개씩만 분포해 있어 하천 규모에 비해 발생률이 낮다. 이중 한강이 전체 분포의 43%를 점하고 있으며, 남한강에 한강의 73%가 분포해 있다.

2. 곡류절단은 곡류대의 하류 쪽 이동이 지질, 지형, 본류의 제약 등으로 곡류경부가 절단된 것, 근접해서 흐르는 본류나 지류가 구배가 완만한 쪽의 지류곡 혹은 본류곡의 일부를 쟁탈함으로써 이루어진 것이 있다.

3. 곡류절단으로 이루어진 구유로의 현하상과의 비고로 볼 때, 11～20m, 31～40m, 71～80m의 비고에서 그 전·후의 것에 비하여 출현 빈도가 높으며, 이것은 각각 하안단구, L1, M, H2 면과 대비되는 비고이다. 따라서 곡류절단은 단구면이 형성되는 시기에 잘 이루어진다는 것을 알 수 있다.

4. 우리나라에서 곡류절단된 구유로의 현하상과 비고가 11～20m에 가장 많으며, 이들 중 영양, 영월, 황간 등의 구유로에서 채취한 토탄의 carbon dating 결과 45,000yr.B.P. 전후의 시기로써 early wűrm 빙기의 시기를 나타내고 있다. 따라서 하안단구와의 관계 및 carbon dating 결과로 볼 때 곡류절단의 다발기는 빙하기와 관련이 높다는 가설을 설정할 수 있다.

5. 곡류절단에 의한 구유로의 지형발달 단계는 다음과 같다.

1) 초기 : 곡류경부에는 천이점으로서 폭포가 형성되어 있고, 홍수때는 현·구유로

양쪽 다 물이 흐른다. 구유로에는 절단 전의 하상사·력이 그대로 있어 토지 이용은 되지 않으며, 구하상의 종단형은 상류에서 하류로 가면서 낮아지는 일반적 종단형을 띠고 있다.

2) 중기 : 곡류경부상에 있던 천이점이 상류 쪽으로 이동해 가고 이에 따라 구유로는 단구화되어 진다. 홍수 때는 여전히 현유로의 물이 범람하여 구유로상에는 범람원성 퇴적물이 퇴적되어지며 곳에 따라서는 토탄이 형성되어진다. 이 시기의 토지 이용은 논농사로 이용되며, 구유로의 종단형은 비대칭형으로 바뀐다.

3) 말기 : 큰 홍수 때도 구유로는 더 이상 범람되지 않으며, 구유로 원면은 주변산지에서 흘러내리는 소지류에 의하여 개석을 받는 한편 부분적으로는 사면퇴적물로 피복되어 구유로의 중간부가 가장 높은 대칭적인 종단형을 띠게 된다. 토지 이용은 밭농사 지역으로 바뀌게 된다.

참고문헌

박종권. 1984.「구하도의 성인과 형성과정에 관한 연구」. 장안지리, Vol.1. No.1. 61~75쪽.

문승두. 1983.「한반도 중남부에 분포하는 구하도의 유형분류에 관한 연구」. 건국대학교 대학원 석사논문.

송언근. 1988.「왕피천 절단곡류의 지형발달」. 경북대학교 대학원 석사논문.

서화진. 1988.「감입곡류의 구하도 형성과정에 관한 연구」. 서울대학교 교육대학원 석사논문.

河內伸夫. 1976.「中國山地の穿入蛇行」. 地理學評論, Vol.49-1 pp.43~53.

河內伸夫. 1979.「小瀨川の穿入蛇行」. 彌榮峽の自然(綜合學術調査研究報告. pp.221~225.

Gregory, K. J. 1977. *River channel change*. New York: John wiley & Sons. Inc.

Horace, R. B. 1970. "Incised Meanders in Mason County." Texas: *Geol. Soc. Am. Bull.* Vol.81. pp.3135~3140.

John, T. H. & Robert, S. Y. 1959. "Intrenched Meanders on The North Fork of The Shenandoah River." Virginia: *Geological Survey Professional Paper* 354-A. pp.1~10.

Schumm, S. A. 1972. *River Morphology*. Pennsylvania: Dowden. Hutchinson & Ross. Inc.

Schumm, S. A. & Shepherd, R. G. 1974. "Experimental study of River Incision." *Geol. Soc. Am. Vull.* Vol. 85. pp.257~268.

CHAPTER 5

양산단층의 지형학적 연구*

1. 서론

1) 연구 목적

한반도는 비교적 안정 지괴에 속해 있으므로 일본과 같이 변동대에 속해 있는 지역보다 단층운동이 미약하고 과거에 형성된 단층도 오랜 침식의 결과로 단층의 지형적 특색이 많이 소멸되어서 단층선을 설정하거나 변위를 논하기에는 어려움이 많다.

그런 가운데서도 한반도의 남동부 태백산맥 남동록(南東麓)에는 지형적으로 비교적 선명한 자인, 밀양, 모량, 양산[1], 울산, 일광단층 등 북북동-남남서 주향의 병행하는 단층군이 있다. 이 계열 단층의 주축이 되는 양산단층에 대해 가장 먼저 언급한 사람은 立岩 巖(1929)으로 경주지질도폭에서 경주 부근의 형산강 퇴적층하에 단층선이 묻혀 있을 것으로 가정하고 이 단층선은 남쪽으로 언양, 양산, 김해평야까지 이르며 북쪽으로 영일군을 지나 영덕군 북단까지 이르고 동해 해저로 연장되어 있을 것으로 보았다. 이 단층선의 주향은 N20°E이고, 경상누층군과 그의 기반암이 이루는 지질 경계와의

---

* 우병영(1982), 경북대학교석사학위논문.

1) 언양 단층이라고도 한다(이윤종·이인기, 한국지질도, 1:50,000 언양도폭설명서, 국립지질조사소, 1972, 17~18쪽; 김남장·진명식, 한국지질도, 1:50,000, 모량도폭설명서, 국립지질조사소, 1972, 14~16쪽).

주향, 호미곶에서 방어진에 이르는 해안선의 주향, 대마도 서쪽 해안선들이 이 주향과 깊은 관계가 있을 것이라고 언급하고 있다.

이들 단층의 변위에 관해서는 손치무 외(1978)의 동래·월내지질도폭에서는 양산단층의 동쪽 block이 상승하고 서쪽 block이 하강한 것으로 보고되고 있는 데 대하여 이윤종 외(1972)의 언양지질도폭, 김남장 외(1972)의 모량지질도폭에서는 이와 반대로 동쪽 block이 하강하고 서쪽 block이 상승하였다는 반대의 주장을 하고 있다. 최현일 외(1980)의 자원관리연구팀이 보고한 연구에서는 경주 부근을 hinge로 그 북쪽은 동쪽 block이 하강하고 경주의 남쪽은 동쪽 block이 상승한 pivot 단층으로 보고하였다.

이상과 같이 이들 단층의 변위에 관해서는 인접지질도폭 간에도 상이하고 학자 간에도 의견의 일치를 보지 못하고 있다. 이는 지질에서 단층선의 설정은 지질노두에 주로 의존하고 있는 데 비해 우리나라에서와 같이 비교적 오래된 단층은 노두가 남아 있지 않아서 지질적 방법에 의해 충분히 설명하기가 어렵기 때문이라 생각된다.

그러나 지형적 방법을 도입하여 항공사진 및 위성사진 판독을 통하여 lineament의 특성을 분석하고, 절봉면도 및 하계망도를 작성하여 지형적 특성을 분석하고 단층선을 따라 선상지와 애추 등의 퇴적지형을 분류하고 이들 지형의 분포 특성을 분석하여 단층의 성격을 검토할 수도 있다.

따라서 본 연구에서는 영해에서 낙동강 하구에 이르는 양산단층[2]을 중심으로 태백산맥 남동록 지역에 대하여 제 지형 분석 방법을 적용해서 이들 단층의 변위와 이에 따른 지형 발달을 검토하는 데 그 목적을 두었다.

2) 연구 방법

본 연구에서는 지질도폭 조사에서와 같은 소지역을 중심으로 분석하는 방법을 지양하고 태백산맥 남동록 전 지역(1/5만 지질도폭 23장에 해당하는 지역)을 대상으로 각 도폭 간의 단층변위의 상이한 주장의 원인을 검토하는 방법을 택했다.

이렇게 설정된 지역에 대하여 lineament 분포도, 지질분포도, 절봉면도, 하계망도, 퇴적지형 분류도를 작성하여 본 지역의 지형, 지질적 특성을 분석했다.

2) 立岩(1929)은 본 단층을 낙동강 하구에서 영덕 북부까지 연결된 것으로 암시하고 있지만 단층의 명칭은 제시하고 있지 않다. 그 후 이민성 외(1964)의 양산지질도폭에서는 본 단층을 양산단층, 이윤종 외(1972)의 언양지질도폭에서는 언양단층이라 명명하고 있다. 그러나 그 후 다수의 논문에서 양산단층이라고 일반적으로 명명되고 있으므로 본 논문에서도 양산단층이라 했다.

후술하는 바와 같이 이들 각 분석도는 본 지역의 주 단층선인 양산단층을 경계로 동서 간에 조화되지 않는 것을 발견했다. 필자는 그 원인이 양산단층선을 경계로 동서 block 간의 단층변위에 의한 것이라고 보았다.

따라서 각 분석도를 양산단층을 따라 절단하고 좌우를 남북으로 이동시켜서 조화되는 점을 찾는 방법을 적용하여 양산단층의 변위를 검토하고 이 지역의 구조운동을 분석했다.

최근 학자 간에 상반된 논쟁의 대상이 되고 있는 양산단층의 활단층[3] 여부의 지형적 증거를 찾기 위하여 양산단층을 연한 항공사진 판독과 현지 조사를 통하여 4기층의 변위 관계, 소하천의 offset 현상 등을 조사했다.

3) 지형 및 지질 개관

본 연구 지역은 한반도 남동부 태백산맥 남동록으로 행정적으로는 경상남·북도의 동부 지역에 해당한다. 이 지역의 지형은 NNE-SSW 방향의 지질구조선인 자인, 밀양, 모량, 양산, 울산, 일광 및 불국사단층에 의해 영향을 많이 받고 있다.

이들 지질구조선에 의하여 산지는 북북동-남남서 방향으로 병행하는 다수의 Block으로 나누어지며 서측으로부터 향로봉(928.0m)-주사산(630m)-운문산(1,188m)-정각산(829m)-만어산(670m) Block, 단석산(829m)-가지산(1,240m)-천황산(1,189m)-무척산(700m) Block, 백운산(835m)-고현산(1,033m)-신불산(1,209m)-염수봉(816m)-토곡산(817m) Block, 차술령(765m)-원효산(922m)-금정산(790m)-백양산(642m) Block, 토함산(745m)-삼태봉(650m) Block으로 나누어진다.

본 지역의 하천은 형산강, 양산천, 배내천, 내포천, 수영강, 회야강 등의 NNE-SSW 방향의 구조선을 따라 흐르는 하천과 이를 횡단하는 NW-SE 방향의 태화강, 대천, 남천 등의 하천이 발달해 있다. 하계망의 모양은 전체적으로 수지상을 나타내지만 부분적으로 직각상 또는 격자상을 나타내고 화강암이 관입한 지역에서는 방사상을 나타내기도 한다.

본 지역의 지질은 주로 백악기에 형성된 경상누층군으로 하부의 수성퇴적암층(하양층군), 상부의 중성, 산성의 화산암과 이와 관계있는 응회암 및 이들 사이에 협재한 퇴적암으로 되어있는 화산암군(유천층군)과 이 양지층을 관입한 관입암(불국사통)으로 구성되어 있다. 그리고 포항 부근 해안 지역에는 제3기층이 좁게 분포하고 있다.

---

3) 이기화·나성호(1983)는 양산단층이 지진발생 가능성이 큰 '활단층'이라고 발표한 데 반해 김성균·조동행(1984)은 양산단층의 미소지진을 관찰한 결과로 활단층이 아닐 가능성이 크다고 발표했다.

2. 지형 및 지질 분포

1) lineament의 분포

lineament라 함은 지표상에 나타나는 단일 혹은 복합의 선적인 지형이다. 이는 지표하의 현상 즉 단층, 층리, 열하 등을 반영하는 것으로 ① 지표의 급격한 변화 ② Tone의 급격한 변화 및 좁은 tone의 연속 ③ Texture의 변화 ④ 직선적인 하류(河流)의 형태 등으로 사진 상에 나타난다. 이러한 lineament에는 positive lineament와 negative lineament가 있다. 본 분석에서는 negative lineament만을 분석하였다.

본 lineament의 분석에 사용한 영상은 1972년 2월 13일에 Landsat-Ⅰ에 의해 촬영된 1:1,000,000 축척의 positive false color와 1:250,000의 band-7 영상 및 항공사진을 보조로 확대경과 육안으로 분석하였다.

본 연구 지역에서 판독된 길이 2㎞ 이상의 negative lineament를 지도상에 plotting한 것이 <그림 5-1>이고 이를 trend별로 길이를 나타낸 것이 <그림 5-2>이다.

총 155개의 lineament가 식별되었고 이들은 trend 별로 ① NNE~SSW trend(Trend A), ② ENE~WSW trend(Trend B), ③ NW~SE trend(Trend C), ④ WNW~ESE trend(Trend D)의 4 group으로 나눌 수 있었다. 이중 Trend A는 지형적으로 가장 뚜렷하고 그 길이가 탁월하게 길며 여타 group의 lineament를 절단하는 형태를 나타내고 있다. 본 조사지역에서 보고되고 있는 자인, 밀양, 모량, 양산, 울산, 일광단층들은 모두 이 lineament상에 놓여 있다. 또한 이 trend의 lineament들은 북쪽으로 갈수록 수렴되고 남쪽으로 갈수록 확산되는 형태를 취하고 있다.

Trend B, C, D는 길이가 짧고 지형적으로도 그 선적 구조가 Trend A처럼 선명하지 못하다. 또한 Trend B와 Trend C는 서로 직교하는 공액관계를 나타내고 있다.

이상과 같은 특색으로 미루어 볼 때 Trend B, C, D는 Trend A보다 시기적으로 먼저 형성된 것으로 보이며 Trend A는 그 후 자인, 밀양, 모량, 양산, 울산, 일광단층과 같은 NNE~SSW 주향을 갖는 단층을 형성하는 구조 운동에 의해 형성된 lineament로 판단되며 본 조사지역의 지형을 지배하는 주 구조선이 되고 있다고 할 수 있다. 이 구조선의 형성 시기는 정확히 논할 자료는 없으나 이들 lineament가 경상누층군과 불국사통을 절단하고 있는 것으로 보아 이 지역에서는 백악기 이후에 형성된 것은 분명하지만 제3기층의 분포가 협소하고 또 이를 절단한 뚜렷한 lineament가 없어서 제3기 중신세 이후까지 계속된 것인지의 여부는 분명하지 않다.

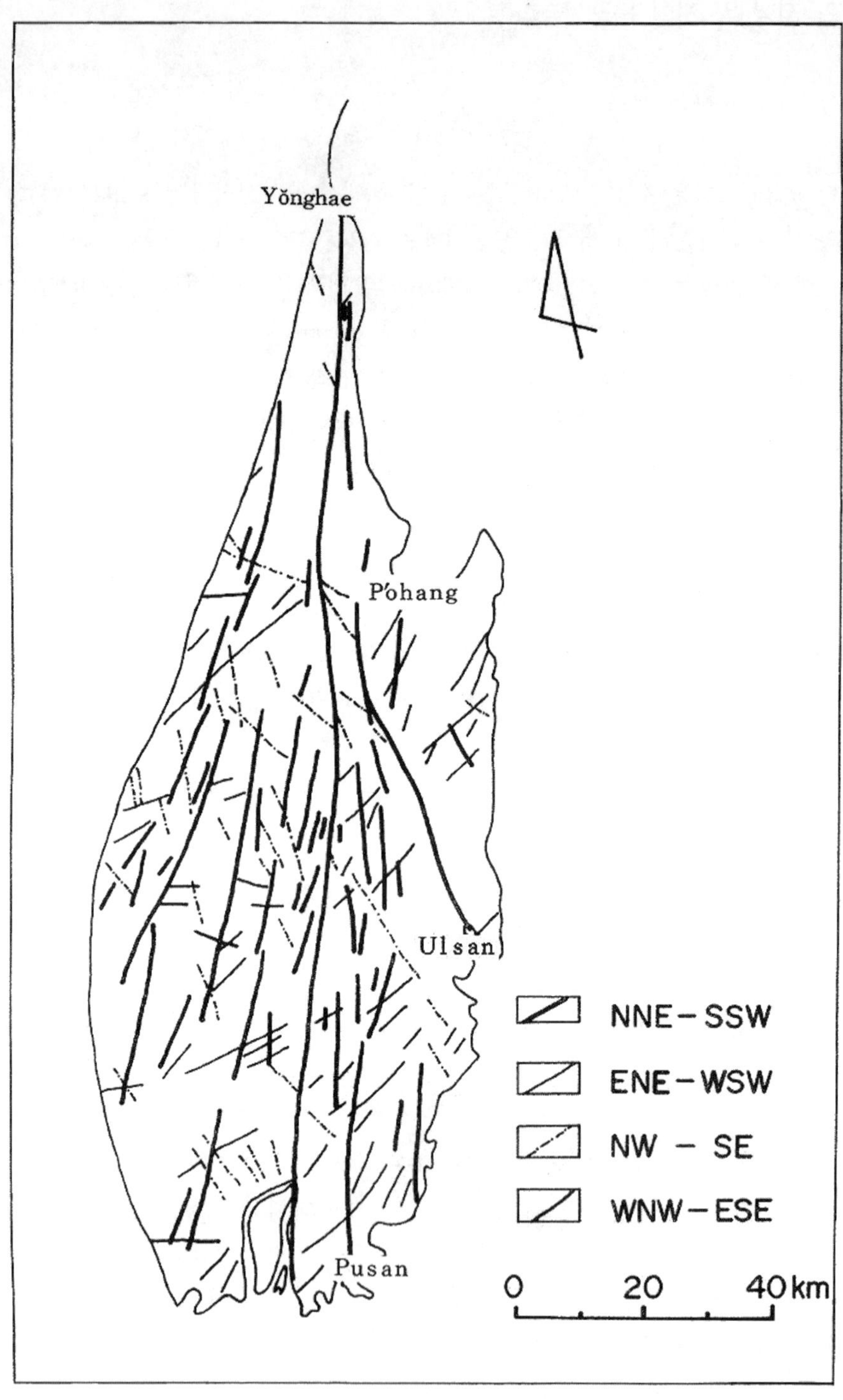

〈그림 5-1〉 Lineament 분포도

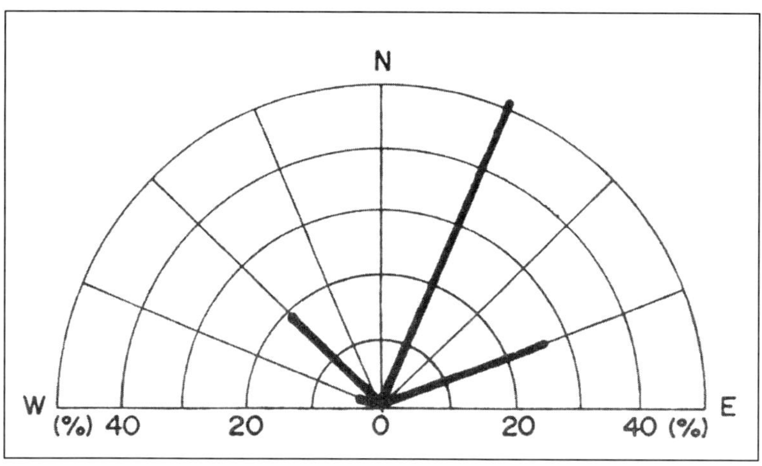

〈그림 5-2〉 Lineament의 trend별 길이 분석도

2) 절봉면의 분석

절봉면은 어는 지역의 산정에 접하는 가상적인 곡면을 말하며 침식 이전의 지반운동에 의하여 형성된 원지형면을 복원시키는 것이 된다. 절봉면의 높이는 어떤 지역이 받았던 지반 운동의 총화와 침식에 의한 산정의 저하량과의 대수화(代數和)를 나타내고 있다. 따라서 절봉면도는 지반 운동의 성질 및 구조지형적 단위로서의 대지형을 구분하기 위한 수단으로서도 많이 이용되고 있다.

절봉면 작성 방법에는 방안법과 매곡법이 있다. 방안법은 어떤 지역의 지형도를 적당한 단위 면적의 방안으로 나누어서 각 방안 내의 최고점을 찾아서 점을 찍고 개개의 점의 고도치를 이용하여 내삽법(內挿法)에 따라 등고선을 그려서 작성하는 방법이다. 매곡법은 가장 많이 출현하는 곡폭을 기준으로 하여 그보다 좁은 곡폭을 모두 매적함으로서 침식 이전의 지형을 복원하는 방법이다. 방안의 크기를 크게 하거나 메울 곡의 폭을 좀더 넓게 잡으면 소구조는 소멸되고 대구조만 나타날 것이라고 생각된다.

본 연구에서 절봉면도의 작성은 매곡법에 의하여 1:50,000 지형도를 기도(基圖)로 등고선 간격 100m로 0.5(그림 5-3-A), 4(그림 5-3-B), 8㎞(그림 5-3-C) 이하의 곡을 메워 3장의 절봉면도를 작성하였다.

<그림 5-3-A>에서는 자인, 밀양, 모량, 양산, 울산, 일광단층 및 불국사단층을 따른 저지가 선적구조로 확연히 나타나 있다.

<그림 5-3-B>에서는 자인 밀양, 모량, 울산, 일광단층은 일부 그 윤곽이 지워지고 양산단층과 불국사단층을 따른 저지의 윤곽이 더욱 뚜렷하게 나타난다.

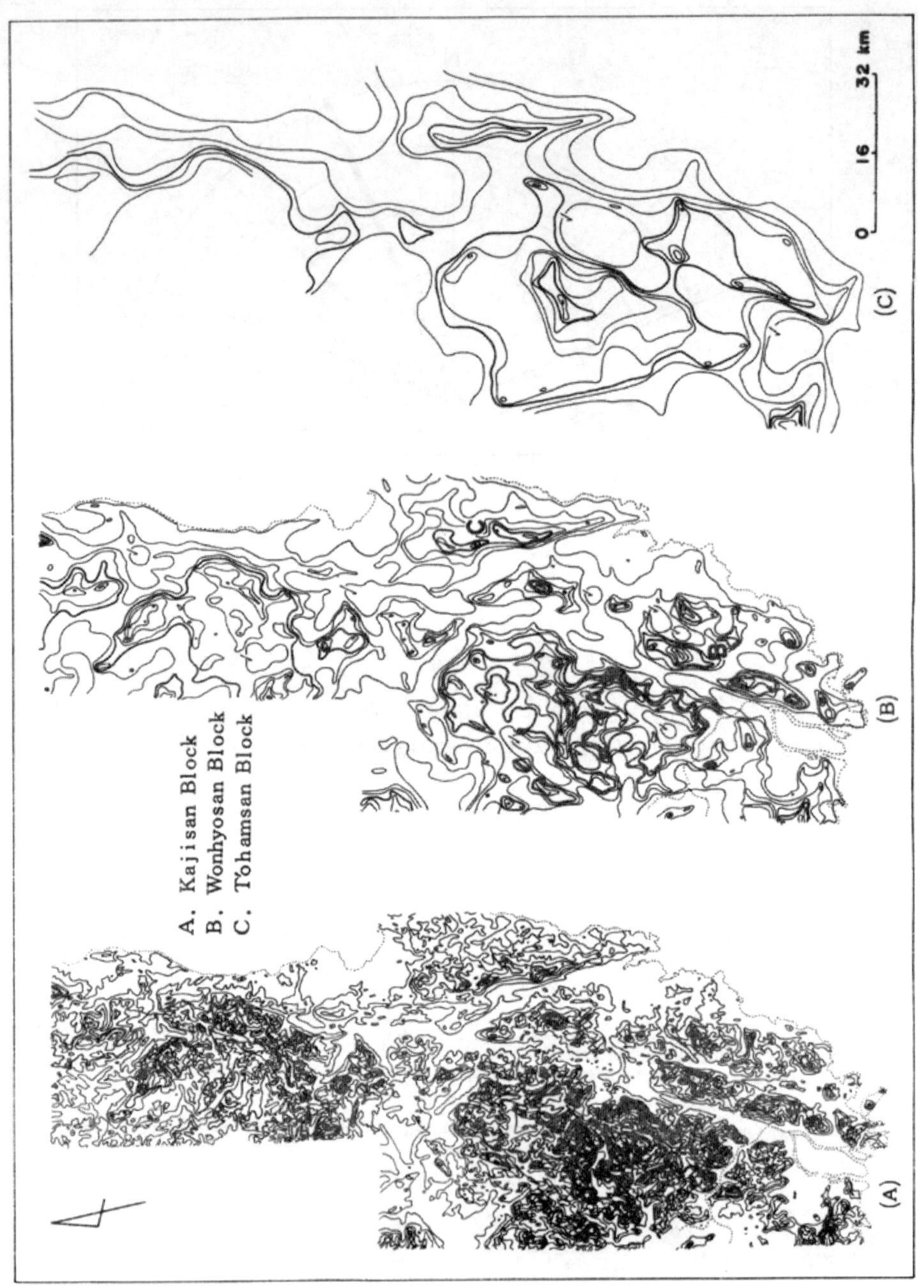
A. Kajisan Block
B. Wonhyosan Block
C. T'ohamsan Block
(A)
(B)
(C)
0 16 32 km

〈그림 5-3〉 절봉면도

<그림 5-3-C>에서는 양산단층과 불국사단층이 선적 구조로 뚜렷하게 나타나는 반면에 여타의 단층은 지워져 버렸다.

또한 이 절봉면도에서 본 조사지역은 3개의 block으로 구분되었다. 즉 양산단층 서쪽 Block(가지산 Block), 양산단층과 불국사단층 간의 Block(원효산 Block), 불국사단층곡과 양산단층곡은 안강 부근에서 수렴되는 형태로 나타났다. 따라서 본 지역의 지형을 크게 지배하는 중심 구조선은 양산단층곡과 불국사단층곡이라 판단된다. 또한 이들 각 block의 배열 형태를 보면 원효산 Block은 가지산 Block에 대해서 토함산 Block은 원효산 Block에 대해서 각각 남쪽으로 미끄러진 형태를 취하고 있다. 이렇게 본다면 이상의 두 단층은 우횡변위(right-lateral slip)를 한 결과가 된다. 양산단층의 우횡변위가 있기 전에 낙동강은 지금의 물금부근에서 남동류하여 동해로 유입되었던 것이 이 횡변위에 의해서 거의 직각으로 유로를 바꾸어 남서류를 하게 되고 김해 삼각주를 형성하고 있는 만을 형성하였다고 가정할 수 있다. 또한 불국사단층의 횡변위운동에 의해서 토함산 Block이 남쪽으로 미끄러진 결과로 울산만이 형성된 것으로 볼 수 있다. 본 두 단층선이 수렴된 북단에 해당되는 영해지역의 해안선의 특색과 영해평야를 형성하고 있는 영해만의 형성도 이와 같은 횡변위의 결과로 볼 수 있다.

이와 같은 관점에서 양산단층선을 따라 <그림 5-3-B>를 절단하여 그 동쪽 block을 약 25㎞ 북쪽으로 이동시켜서 작성해 본 절봉면도가 <그림 5-4>이다.

<그림 5-4>를 분석해 보면 가지산 Block과 원효산 Block이 하나의 block이 되고 단층선 좌우의 고도 분포도 잘 일치하고 있다. 경주 북서쪽의 표고 400～500m 고지와 단층 동측의 경주와 울산 사이에 분포하는 표고 400～500m 고지로 이루어지는 block도 서로 접하여 block의 모양이나 표고에 있어서 동서 간에 조화를 이룬다. 또한 양산단층을 경계로 좌우에 분포하는 북서～남동 방향의 저지 배열도 잘 조화를 이루고 있다. 즉 태화강 상류부가 이루는 저지와 양산천의 지류인 송정천이 흐르는 저지가 연결되고 대천을 연한 저지와 태화강이 이루는 저지가 연결되면 기계천의 저지와 불국사단층곡이 연결되는 것으로 나타났다. 그러나 그 이북의 동서 관계는 별로 조화를 이루지 못한다. 이것은 토함산 Block이 별도의 우횡변위를 했을 가능성이 있어서 이에 기인한 것으로 판단된다. 또한 낙동강 하류부도 양산단층에 의해서 원효산 Block이 우횡변위를 하기 전에는 <그림 5-4>에서 볼 수 있는 것과 같이 남동류하여 물금 부근에서 바다로 유입되는 형태를 나타내고 김해 지대는 동쪽으로 열려있는 단순한 만의 형태를 취하고 있다.

〈그림 5-4〉 우횡변위 이전의 가상 절봉면도

3) 지질 분포 특성의 분석

조사지역에 대한 23장의 1:50,000 지질도를 연결하여 작성한 지질도가 <그림 5-5>이다.

지질도 간의 암석 판정이 서로 다른 것을 그대로 도화했기 때문에 그림 간의 연결이 잘 안 되는 부분이 많이 있었지만 그대로 작성했다.

전술한 양산단층과 불국사단층에 연하여 그 좌우의 지질 분포가 서로 다른 것이 특색이다. 특히 양산단층을 연하여 그 동서 지역의 지질 분포가 우횡변위한 특색을 보여주고 있다. 예를 들면 하양층군의 경우 양산단층의 동쪽에서는 언양 부근에 분포하고 서쪽에서는 월성군 안강읍, 현곡면, 건천읍 일대에 분포하여 약 25㎞의 우횡변위를 나타내고 있다. 양산단층의 동쪽 양산군 하북면 원효산 주변의 지질 배열은 그 서쪽과 조화를 전혀 이루지 못하고 이 지역을 약 25㎞ 북쪽으로 이동시키면 본 단층선 서측의 울주군 두서면 고현산 동록의 지질 및 지형 배열과 아주 잘 조화되어 나타난다.

또한 경주 남산 부근의 지질

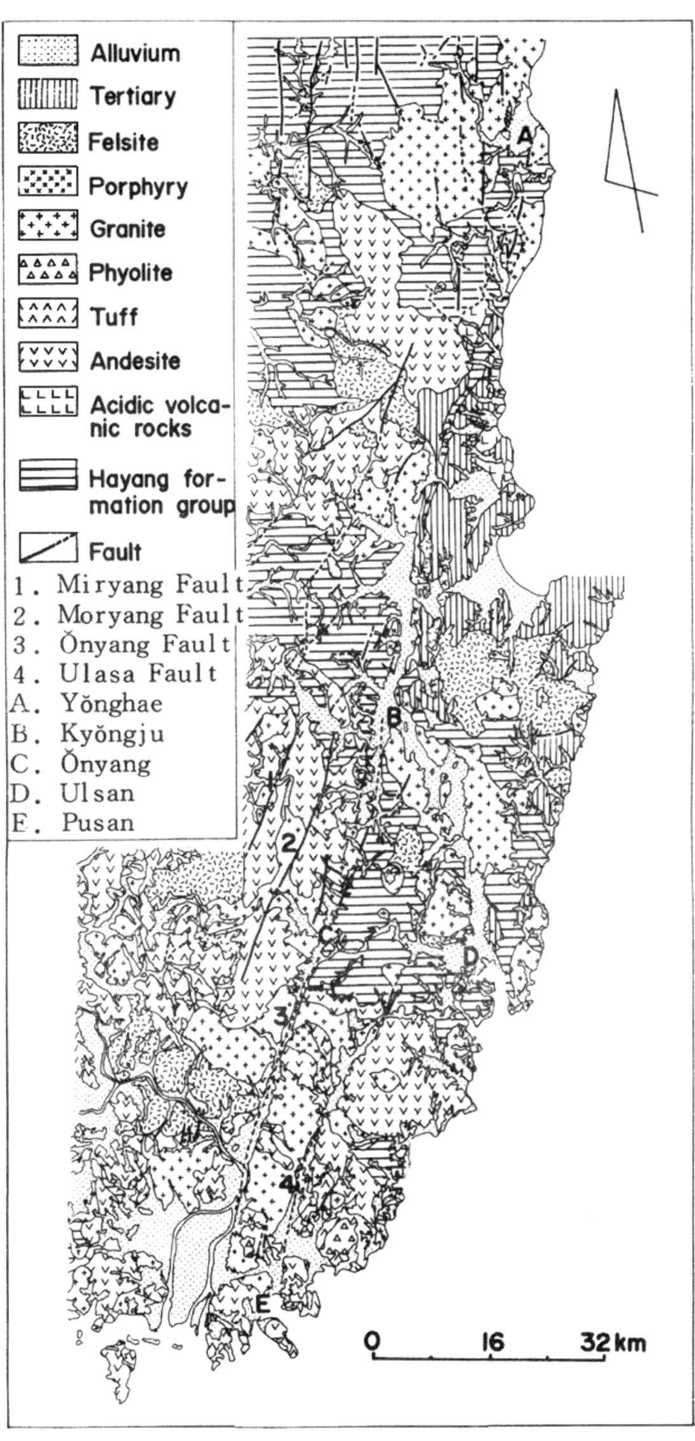
Alluvium
Tertiary
Felsite
Porphyry
Granite
Phyolite
Tuff
Andesite
Acidic volcanic rocks
Hayang formation group
Fault
1. Miryang Fault
2. Moryang Fault
3. Ŏnyang Fault
4. Ulasa Fault
A. Yŏnghae
B. Kyŏngju
C. Ŏnyang
D. Ulsan
E. Pusan
0 16 32km

〈그림 5-5〉 지질도

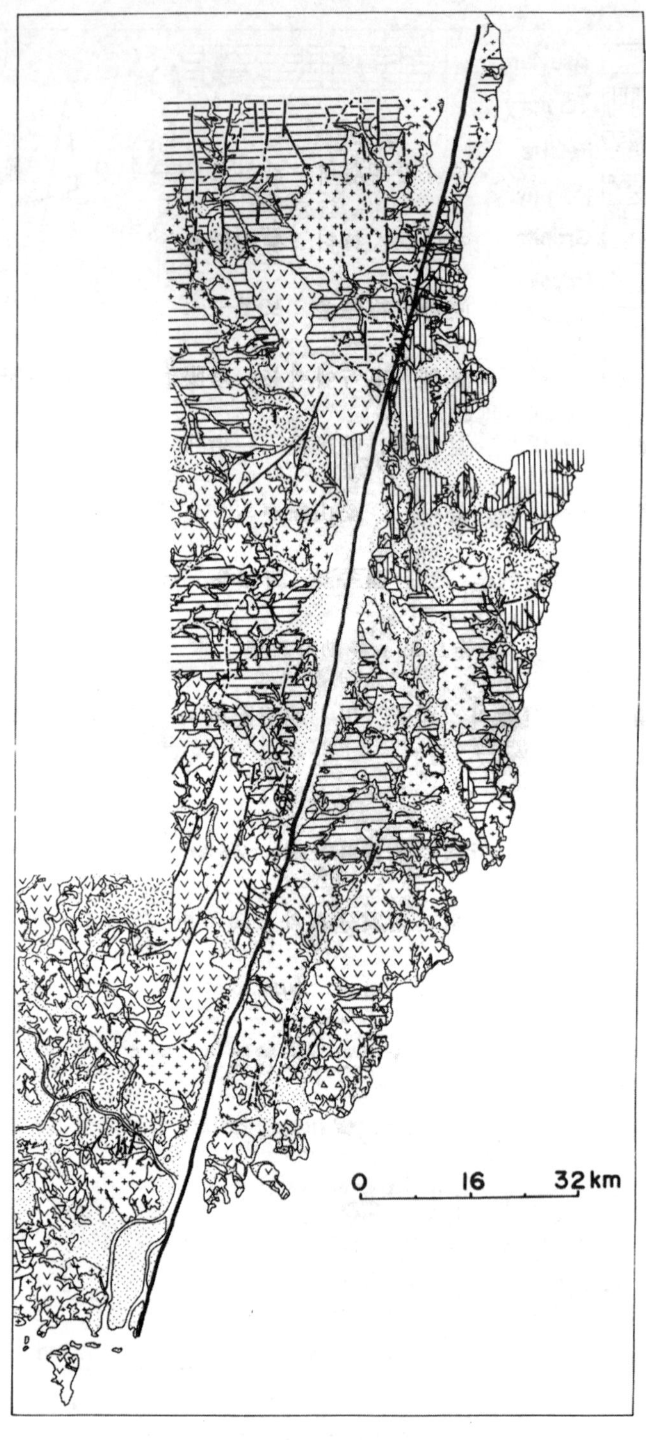

〈그림 5-6〉 우횡변위 이전의 지질도

을 약 25㎞ 북쪽으로 이동시키면 본 단층선 서쪽 기계 부근의 지질 분포와 조화를 이루고 있다. 따라서 본 지질도를 양산단층선을 따라 절단하여 그 동쪽 부분을 약 25㎞ 북쪽으로 이동시켜서 작성한 지질도가 <그림 5-6>이다. 이 그림에서 보면 단층선 양측의 지질이 조화를 잘 이루고 있는 것을 볼 수 있다.

4) 하계망의 특색

1 : 50,000 지형도를 기도(基圖)로 2차 하천[4] 이상의 하계를 도화한 것이 <그림 5-7>이다. 하천의 주류 및 대지류는 전술한 Trend A의 지배를 받아서 형성된 적종하천들로서 북북동~남남서 방향으로 유로가 형성되어 있다. 내포천과 밀양강의 상류 배내천은 모량단층을 따라서, 양산천과 형산강 상류부는 양산단층을, 수영강과 회야강의 상류부는 울산단층을, 태화강의 지류 동강과 형산강의 지류 남천은 불국사단층을 연하여 흐르고 있다.

이들 적종하천에 합류하는 지류들은 대개 직각으로 합류해서 격자상의 하계망을 형성하고 있다. 그러나 이 주향의 구조선의 영향을 받지 않은 하천은 양산단층을 동서로 횡단하는 태화강과 형산강의 지류인 대천이다.

하계망도 역시 절봉면도와 지질분포도에서와 같이 양산단층선을 따라 절단하고 동쪽을 약 25㎞ 북쪽으로 이동시켜 본 것이 <그림 5-8>이다.

이와 같이 이동시켜 본 결과 단층 동측의 태화강은 단층 서측의 대천과 연결되고 태화강 상류부는 양산읍 남동부 현재 경부고속도로가 양산에서 부산-동래에 이르는 협곡과 연결되며 이 협곡을 흐르는 동래천과 연결되어 동서가 조화를 이룬다. 현재 동래천이 수영강보다 작으면서도 동래천이 형성하고 있는 곡저평야와 곡폭이 수영강보다 더 큰 것은 이를 뒷받침하는 것이라 생각된다.

---

4) Strahler에 의한 수계망의 계급 구분에 의함

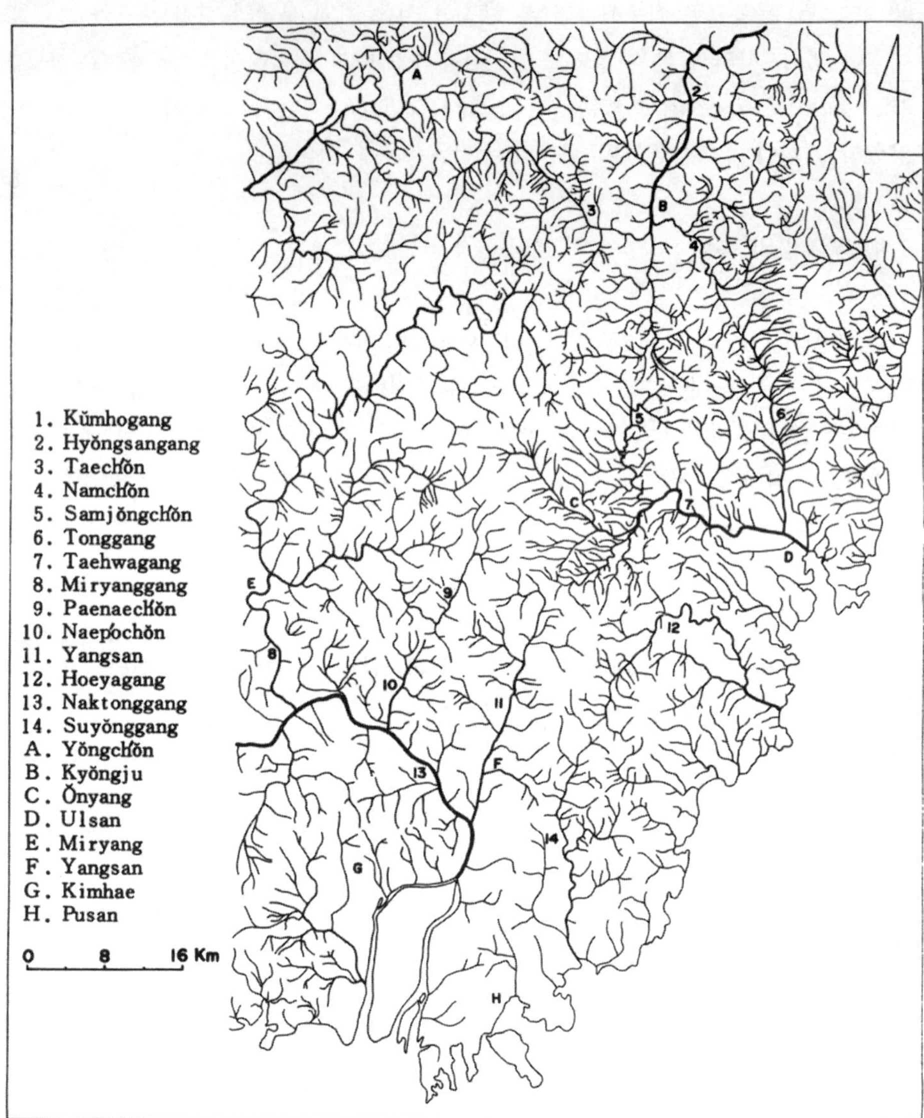
1. Kŭmhogang
2. Hyŏngsangang
3. Taechŏn
4. Namchŏn
5. Samjŏngchŏn
6. Tonggang
7. Taehwagang
8. Miryanggang
9. Paenaechŏn
10. Naepochŏn
11. Yangsan
12. Hoeyagang
13. Naktonggang
14. Suyŏnggang
A. Yŏngchŏn
B. Kyŏngju
C. Ŏnyang
D. Ulsan
E. Miryang
F. Yangsan
G. Kimhae
H. Pusan
0 8 16 Km

〈그림 5-7〉 하계망도

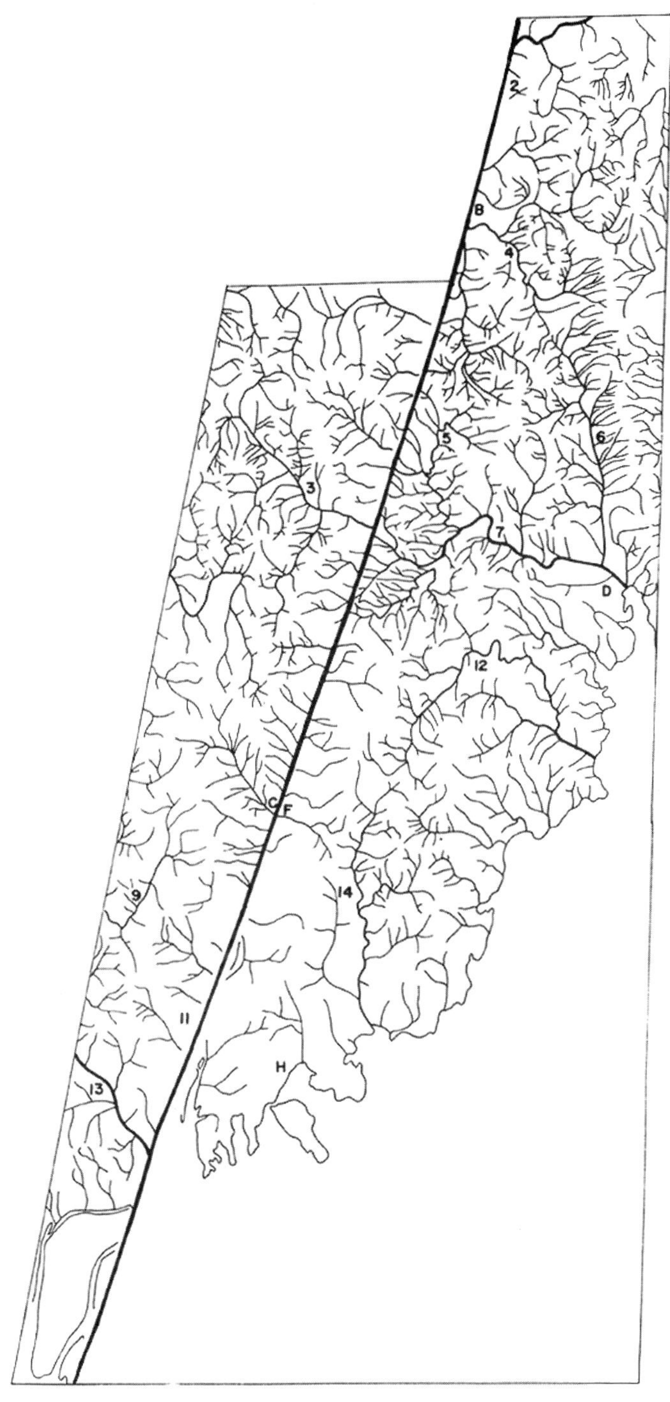

〈그림 5-8〉 우횡변위 이전의 가상 하계망도

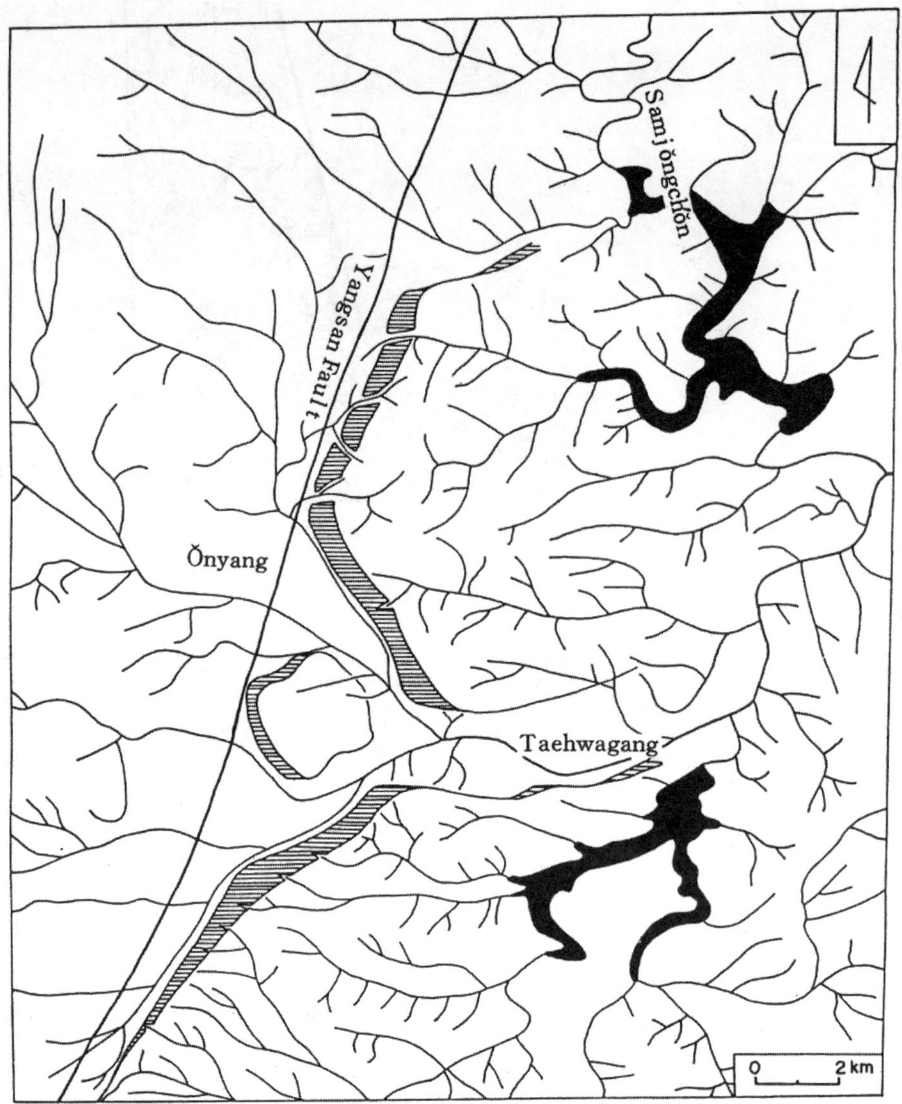

〈그림 5-9〉 언양 부근 지형 모식도

<그림 5-9>에서 보면 언양 부근의 태화강의 소지류가 양산단층선을 횡단하는 곳에서는 그 서측에 넓은 곡들을 형성하지만 동측은 하류부이면서도 협곡을 형성하고 있고, 또한 단층선 동측에는 표고가 40~50m의 애면이 연속적으로 분포하고 있다. 이와 같은 관계로 보면 단층선의 동쪽 block이 상승한 것처럼 보이지만 이 문제는 이것만으로 간단히 판정할 수 없다. 왜냐하면 단층선을 경계로 동서의 지질의 차이가 있어서 그

서측 부분은 불국사통 화강암으로서 침식에 약하여 넓은 저지를 형성할 수 있으나 동측은 백악기 수평층인 수성퇴적암으로 형성되어 침식에 비교적 약하다. 따라서 동쪽 block이 상승하지 않아도 차별침식에 의해 이러한 협곡과 애면이 형성되어질 수 있다. 이렇게 볼 때 이들 애면은 단층애라기보다는 단층선애라고 보는 것이 타당할 것이다.

또한 낙동강의 하류부 유로가 삼랑진에서 물금에 이르기까지는 남동류하다가 물금 부근에서 양산단층을 연하여 거의 90°에 가까운 선회를 해서 남서류하여 바다에 유입된다. 그러나 이와 같은 유로 변경을 단순히 낙동강 유로가 양산단층 구조곡을 따라서 유로가 변하였다고 보기에는 문제가 있다. 왜냐하면 현재 김해평야에 해당되는 지역에서 낙동강 본류의 동측은 직선상의 곡벽을 보이고 있지만 그 서측은 구조곡의 곡벽으로 볼 수 있는 지형이 없고 동쪽으로 열려 있는 단순한 만의 형태를 취하고 있기 때문이다.

만일에 물금 부근에서 현 낙동강 하류부까지가 단순한 구조곡이라면 양측에 곡벽을 갖는 선적 구조곡으로 되어 있을 것이다. 따라서 양산단층 동쪽 block이 우횡변위를 하기 전에 낙동강은 물금 부근에서 바다로 유입했을 것이고 현재 김해평야가 형성되어 있는 지역은 동쪽으로 열려있는 만에 불과했을 것이다. 그러나 이 동쪽 block이 우횡변위를 해서 남쪽으로 계속 미끄러짐에 따라 낙동강은 남서 방향으로 유로를 바꾸게 되고 현재와 같은 김해평야를 퇴적시킨 만인 남쪽으로 열린 만으로 그 형태를 바꾸어 놓았다고 볼 수 있다.

5) 단층선을 연한 지형 분류

본 연구 지역의 지형은 <그림 5-10>에서처럼 양산단층과 이에 병행하는 수개의 소단층군[5]에 의해 지배되고 양산단층선을 따라 좌우로 선상지와 애추의 발달이 현저하다.

이들 선상지와 애추는 양산단층을 따라 안강, 경주, 언양 부근 및 양산천을 따라 넓게 분포하고 이들 지역은 지질적으로 침식에 약한 화강암 분포 지역이 대부분이다.

또한 선상지와 애추는 양산단층을 중심으로 안강 부근에서는 이서(以西)에, 경주 부근에서는 이동(以東)에, 언양 부근에서는 다시 이서에, 양산천을 따라서는 동서에 하안단구 형태로 분포한다. 이와 같은 분포상의 특징은 양산단층에 대해 손치무 등(1978)이 이동(以東)이 상승하고 이서(以西)가 하강하였다는 주장과 이윤종 등(1972)의 이서(以西)가 상승하고 이동(以東)이 하강하였다는 주장 및 최현일 등(1980)의 경주 부근을 hinge로 한 pivot 단층설 등과는 선상지 및 애추의 분포가 조화를 잘 이루지 못한다. 그러나 이와 같은

---

5) 항공사진 상에서 판독된 lineament도 포함한다.

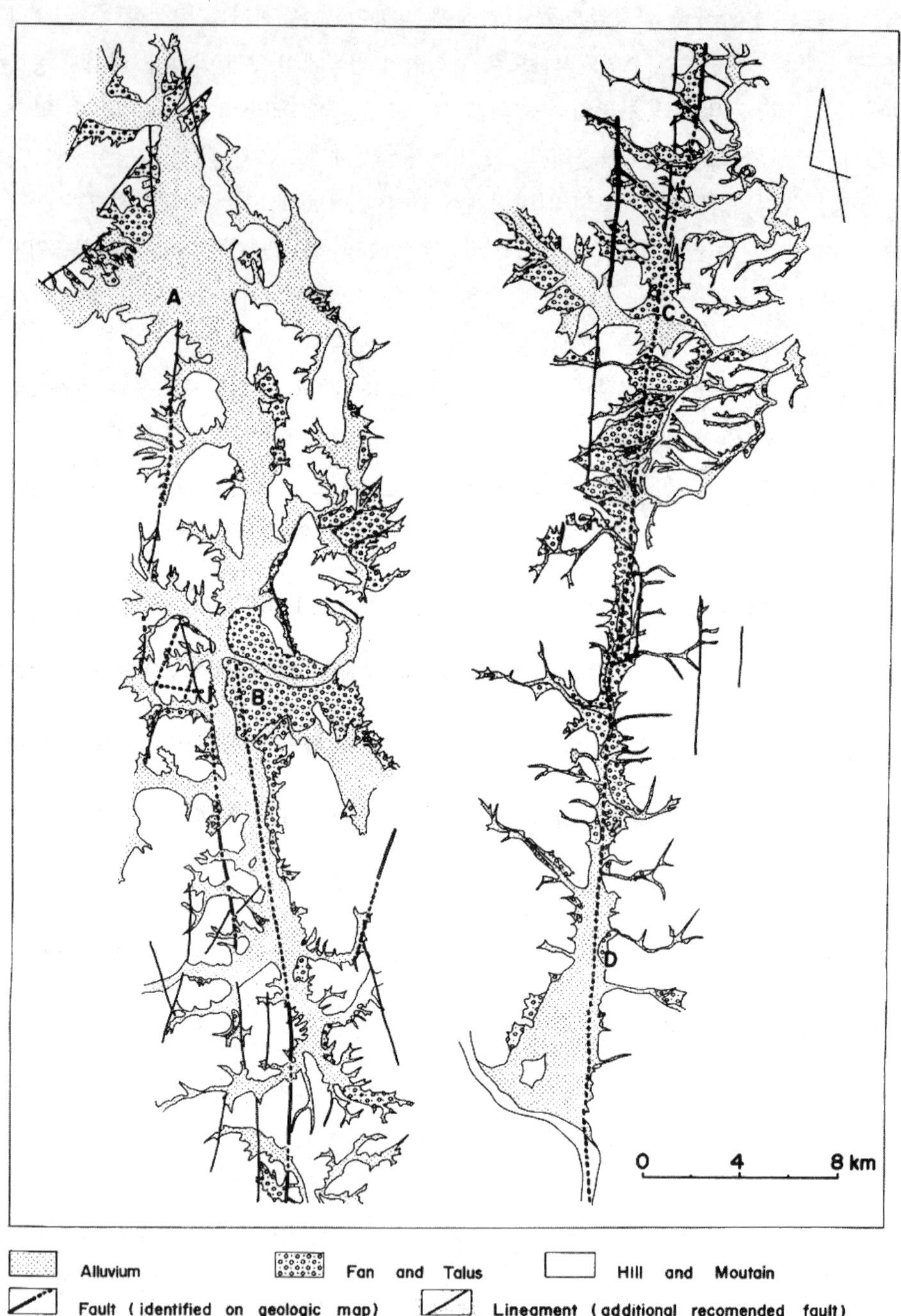

〈그림 5-10〉 양산단층을 연한 퇴적지형 분류표

단층을 연하여 이들 퇴적지형이 좌우로 분포하는 경향은 횡변위운동으로 고려해 보면 설명될 수 있다. 왜냐하면 단층이 상하운동을 한 지역에서는 상승 block 전면에 연속적인 선상지와 애추가 분포하지만 횡변위운동을 한 지역에서는 산지의 고저에 따라서 좌우로 분포되어질 수 있기 때문이다.

또한 양산단층을 따라 동서에 애면이 존재하는 것도 단층의 상하운동에 의해 형성되었다기보다는 횡변위운동에 의해서나 혹은 지질의 차이에서 나타나는 차별침식에 의한 단층선애적 성격을 나타내고 있다고 생각되며 특히 언양 부근의 하양층군이 선상지면에 대해 급한 애면을 이루어 하양층군의 block이 이서의 block에 대해 상승한 것처럼 보이지만 이는 횡변위운동에 의해서나 혹은 차별침식에 의한 단층선애라고 보면 상하운동에 의하지 않고도 애면의 형성이 가능하다. 이와 같이 양산단층은 그에 연한 선상지 및 애추의 분포상으로 보아 횡변위단층이라 판단된다.

3. 단층 변위 및 지형 발달 고찰

이상의 각종 분석 결과를 기초로 양산단층의 변위와 지형 발달을 고찰해 보기로 한다. 본 단층선 좌우의 지형 분포 특색과 지질 분포 특색으로 보아 본 단층선의 동쪽 block이 남쪽으로 약 25㎞ 정도 미끄러진 우횡변위를 한 것으로 판단된다. 그러나 이 단층선을 경계로 동서 block의 상하운동에 관해서는 거론할 증거를 찾지 못했다.

현재 단층선을 따라서 애면이 곳곳에 나타나지만 그 애면이 어느 한쪽 편에 일관되게 나타나지 않고 좌우로 교대로 나타나고 있다. 만일 어느 한쪽 block이 그 반대편 block에 대해서 상승운동을 했다면 애면은 상승 block 전면에 일관되게 나타났을 것이다. 그러나 양쪽에 교대로 나타나고 있기 때문에 이 애면이 상하운동의 결과로 나타나는 것으로 보기에는 어려운 점이 많다. 이들은 오히려 단층선애적인 특색을 나타내고 있어서 지질적 차이에 의한 차별침식의 결과로 보는 것이 타당할 것 같다.

경사진 지층이 단층선을 따라 횡변위를 하면 상하운동 없이도 <그림 5-11>과 같이 하위지층이 그 단층선 건너편에 분포하고 있는 상위지층보다 더 높은 위치에 나타나게 된다. 경주 부근의 하양층군은 일반적으로 남서쪽으로 경사져 있으며 이 부근의 하양층군이 양산단층을 따라 그 동쪽 block이 남쪽으로 횡변위를 했을 경우 이들은 언양 부근에서는 단층선 서부의 유천층군 하부보다 높은 위치에 놓이게 된다. 그리고 단층선을 경계로 좌우의 지형도 <그림 5-12>와 같이 산지 부근이 횡변위를 하여 반대편의 평야부에

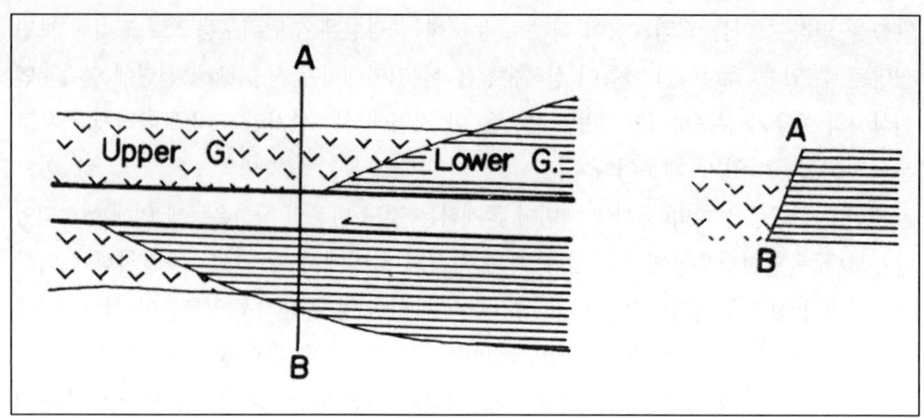

〈그림 5-11〉 지질 변위 모식도

이르면 그 block이 상승한 것처럼 보이고 전면에 애면과 선상지 및 애추를 형성하게 된다.

지질도폭 간의 상하변위의 상이한 주장도 이와 같은 횡변위의 관계를 고려하지 않고 도폭 내의 지형 및 지질분포 관계만을 고려했기 때문에 결과된 것이 아닌가 생각된다.

따라서 본 단층운동에 의한 좌우 block의 상하변위는 횡변위를 먼저 고려하고 횡변위 이전의 형태로 환원시킨 다음에 상하변위를 검토해야 된다고 본다.

양산단층선을 따라 약 25㎞의 우횡변위로 환원시키면 언양 동측의 하양층군으로

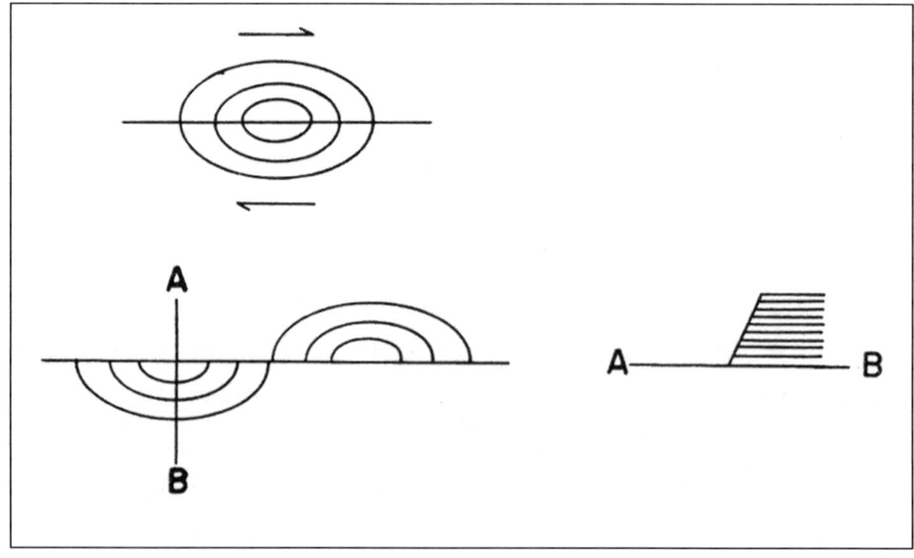

〈그림 5-12〉 지형 변위 모식도

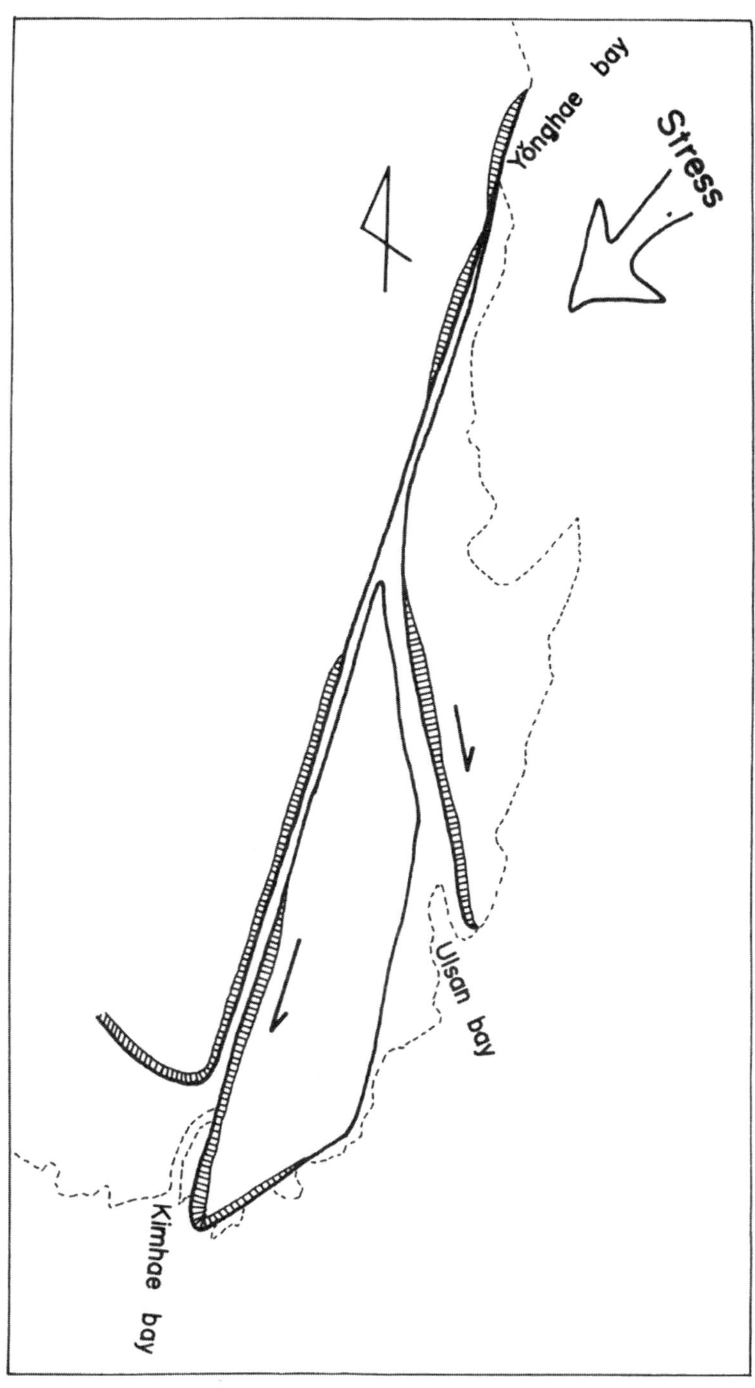

〈그림 5-13〉 응력장 모식도

된 구릉지와 경주 서측의 동일층군으로 된 구릉지가 연결된다. 이렇게 보았을 때 이 양 구릉지의 표고가 200m 전후로 본 단층선을 경계로 표고의 심한 차이를 보이지 않고 있는 것으로 보아 상하변위는 거의 없었던 것으로 나타났다. 그러나 이 문제는 지층의 대비 등에 의해서 더 세밀히 검토되어야 할 것으로 본다.

양산단층 우횡변위와 이 지역의 lineament 특히 NNE~SSW trend의 분포 특성으로 볼 때 이 지역의 응력장(stress field)은 <그림 5-13>에서와 같이 NNE~SSW 방향의 회전하는 응력이 작용한 것으로 가상할 수 있다. 그 결과로 원효산 Block과 토함산 Block이 남쪽으로 미끄러지면서 낙동강의 유로가 물금 부근에서 선회하게 되고 김해만, 울산만 및 영해만을 형성한 것으로 판단된다. 또한 언양분지, 경주분지, 신광분지 등도 이 단층선의 파쇄대를 따라서 형성된 분지로 판단된다.

최근에 양산단층에 대해서 활단층(active fault) 여부의 문제를 놓고 논쟁이 계속되고 있다. 활단층은 제4기에서도 단층작용을 계속한 것으로 정의할 수 있고 지형적으로 이를 검토할 수 있는 방법은 제4기층이 이 단층에 의해서 변위되고 있는가의 여부, 소하천의 offset 현상 등에 의해서 분석되어질 수 있다. 그러나 필자가 본 단층선을 연하여 항공사진 판독 및 현지조사를 통해서 검토해 본 결과로는 제4기층의 변위와 소하천의 offset 현상은 찾아볼 수가 없었다.

4. 결론

이상에서 분석된 결과를 기초로 양산단층의 변위와 그 지역의 지형 발달을 요약하면 다음과 같다.

1. 태백산맥 남동록 지역의 지형은 NNE~SSW 방향의 구조선에 의해서 지배되고 있다.

2. 양산단층은 지질, 지형, 하계망 및 선상지 혹은 애추와 같은 퇴적지형의 분포 특색으로 보아 약 25㎞ 우횡변위(right-lateral slip)한 단층이라 판단되어지나 수직 변위는 현저하지 않은 것으로 나타났다.

3. 양산단층을 활단층으로 볼 수 있는 지형적 특색은 없었다.

4. 충적층이 퇴적되기 이전의 영해만, 김해만은 양산단층의 우횡변위 결과로 형성된 것으로 판단된다.

참고문헌

1. 단행본

권혁재. 1981. 『지형학』. 서울: 법문사.

김우관. 1983. 『지형학』. 대구: 형설출판사.

金子史朗. 1966. 『구조지형학』. 동경: 고금서원.

立岩嚴. 1976. 『朝鮮-日本列島地帶地質構造論考』. 東京: 東京大學出版會.

三野與吉. 1968. 『自然地理調查法』. 東京: 朝倉書店.

矢澤大二, 戶谷洋, 見塚爽平 編. 1974. 『扇狀地』. 東京: 古今書院.

渡邊光. 1975. 『地形學』. 東京: 古今書院.

富田芳郎 編. 1956. 『自然地理Ⅰ』. 東京: 朝倉書店.

Billing, M. P. 1972. *Structural Geology*. New Jersey: Prentice-Hall. Inc..

Sabin, F. F. 1978. *Remote Sensing Principles and Interpretation*. San Francisco: W.H. Freeman and Company.

Short, N. M. 1982. *The Landsat Tutorial Workbook*. Washington, D.C.: U.S. Goverment printing office.

Siegal, B. S. and A.R. Gillespie. 1980. *Remote Sensing in Geology*. New York: John Wiley & Sons.

Tricart, J. 1974. *Structural Geomorphology*. London: Longman Inc.

Neyman, R. D. 1981. *Tectonic Processes*. London: George Allen & Unwin.

2. 논문

강필종. 1979. 「남한 인공위성 영상의 지질학적 분석Ⅰ」. 지질학회지, vol.15, No.2. 109~126쪽.

강필종. 1979. 「남한 인공위성 영상의 지질학적 분석Ⅱ」. 지질학회지, vol.15, No.3. 181~191쪽.

김성균·조동행. 1984. 「양산단층의 미소지진에 관한 연구」. 국토이용지질조사연구, No.832-5-08. 181~277쪽.

김종환·강필종·임정웅. 1975. 「Landsat-Ⅰ영상에 의한 경남지역 지질구조와 광상과의 관계 연구」. 국립지질광물연구소. 1~38쪽.

김종환·강필종·임정웅. 1976. 「Landsat-Ⅰ영상에 의한 경남지역 지질구조와 광상과의 관계 연구」. 지질학회지, vol.12, No.2 79~89쪽.

김주환. 1983. 「한국 동서지대의 지질구조와 지형발달과의 관계」. 연세대학교 대학원 박사학위논문. 1~243쪽.

손치무. 1969. 「한국의 지각변동에 관하여」. 지질학회지, vol.5, No.3. 167~210쪽.

엄상호 외. 1983. 「경상분지의 경상누층군에 대한 지질 및 지화학적연구」. 한국동력자원연구소. 1~124쪽.

이기화·나성호. 1983. 「양산단층의 미진활동에 관한 연구」. 지질학회지, vol.19, No.3. 127~135쪽.

장기홍. 1977. 「동해의 기원」. 복현지질. 제3호, 24~27쪽.

장기홍. 1977. 「경상분지 상부 중생계의 층서퇴적 및 지구조」. 지질학회지, vol.13, No.2. 76~90쪽.

장기홍. 1978. 「경상분지의 층서, 퇴적 및 지구조Ⅱ」. 지질학회지, vol.14, No.3. 120~135쪽.

최현일 외. 1980. 「울산지역 경상계 지층의 지질 및 지화학적 분석」. 자원개발연구소. 1~33쪽.

高橋英太郎. 1957. 「慶尙盆地の大構造」. 山口大學理科報告, vol.8. pp.87~92.

_____. 1958. 「慶尙盆地の大構造」. 山口大學理科報告, vol.9. pp.73~77.

_____. 1962. 「慶尙盆地の大構造」. 山口大學理科報告, vol.13. pp.45~48.

李倫鐘·植田良夫. 1977. "韓國, 彦陽附近 蔚山地域 花崗岩類のK-Ar年代." 岩石鑛物鑛相學會誌, vol.72. pp.367~372.

Fletcher, C. J. N. 1976. "Mineralization within the Gyeongsang Cretaceous basin Republic of Korea." *Anglo-Korean Mineral Exporation Group*. pp.1~20.

3. 지질도 및 지질도폭설명서

권영일·이인기. 1970. 한국지질도, 1:50,000, 도평지질도폭 및 동도폭설명서. 국립지질조사소.

김남장·진명식. 1972. 한국지질도, 1:50,000, 모량지질도폭 및 동도폭설명서. 국립지질조사소.

김상욱·박봉순. 1970. 한국지질도, 1:50,000, 영양지질도폭 및 동도폭설명서. 국립지질조사소.

김옥준·길영준·윤선. 1968. 한국지질도, 1:50,000, 청하지질도폭 및 동도폭설명서. 국립지질조사소.

박양대·윤형대. 1968. 한국지질도, 1:50,000, 울산지질도폭 및 동도폭설명서. 국립지질조사소.

박양대·윤형대. 1968. 한국지질도, 1:50,000, 방어진지질도폭 및 동도폭설명서. 국립지질조사소.

손치무·이상만·김영기·김상욱·김형식. 1978. 한국지질도, 1:50,000, 동래·월내지질도폭 및 동도폭설명서. 국립지질조사소.

엄상호·이동우·박봉순. 1964. 한국지질도, 1:50,000, 포항지질도폭 및 동도폭설명서. 국립지질조사소.

오인섭·정국성. 1975. 한국지질도, 1:50,000, 기계지질도폭 및 동도폭설명서. 국립지질광물연구소.

김민성·강필종. 1964. 한국지질도, 1:50,000, 양산지질도폭 및 동도폭설명서. 국립지질조사소.

이윤종·이인기. 1972. 한국지질도, 1:50,000, 언양지질도폭 및 동도폭설명서. 국립지질조사소.

이하영·김상욱. 1964. 한국지질도, 1:50,000, 김해지질도폭 및 동도폭설명서. 국립지질조사소.

이홍규·홍승호. 1973. 한국지질도, 1:50,000, 청송지질도폭 및 동도폭설명서. 국립지질광물연구소.

장태우·강필종·박석환·황상구·이동우. 1983. 한국지질도, 1:50,000, 부산가덕지질도폭 및 동도폭설명서. 한국동력자원연구소.

立岩嚴. 1924. 조선지질도, 1:50,000, 연일·구룡포 및 조양지질도폭 및 동도폭설명서. 조선총독부지질조사소, 제2집.

立岩嚴. 1929. 조선지질도, 1:50,000, 경주지질도폭 및 동도폭설명서. 조선총독부지질조사소, 제10집.

山成不二磨. 1924. 조선지질도, 1:50,000, 밀양 및 유천지질도폭 및 동도폭설명서. 조선총독부지질조사소, 제1집.

廣信江多波. 1937. 조선지질도, 1:50,000, 영해 및 영덕지질도폭 및 동도폭설명서. 조선총독부지질조사소, 제18집.

CHAPTER 6

양산단층 중앙부의 활단층 지형과 Trench 조사*

1. 서론

한반도에는 다수의 명료한 Lineament가 Landsat 영상에 의하여 인정되어 왔다(Kang, 1979; 星野·村岡, 1982). 이들 중에서도 특히 남동부의 양산단층(계)을 따라서 나 있는 Lineament는 직선성이 현저하고, 연장거리도 길고, 특히 선명한 것으로 주목되고 있다(星野, 1982; Hosino et al., 1982; 禹, 1984; Yoon and Kim, 1990).

이들 연구는 기반암을 절단하는 단층을 대상으로 했다. 양산단층(계)은 한반도 남동부를 북북동-남남서 방향으로 달리는 아주 큰 단층이다(<그림 6-1>). 이 단층을 따라서 명료한 직선상으로 연장되는 단층곡이 동반되어 있고, 동·서 양측의 산지 고도와 산지의 형상도 크게 다르다. 이 주단층과 다소 사교(斜交)하는 것을 포함해서 몇 가닥이 군을 이루어서 연결되어 있기 때문에 양산단층계 내지 양산단층대라고 부르는 것이 타당하다.

양산단층계는 부산 서쪽의 낙동강 하구로부터 북방의 영덕군 병곡면 영동 부근까지 계속되고, 육상부에서의 전장 약 200㎞에 이른다. 또한 본 단층계는 대마도의 서방 해저를 북북동-남남서 방향으로 연장되는 대마단층(村內·淺沼, 1969; 桂, 1992)과 더불어 지질 구조상으로 동해와 동지나해를 분리시키고 있다. 이 단층계를 따라서 기반암석 내에 폭 넓은 단층파쇄대가 동반되어 있고 이들의 변위량도 큰 것 등으로부터 이 단층계는

* 曺華龍, 岡田篤正, 全明純, 金性均, 渡邊滿久, 佐藤比呂志, 田正秀, 池憲哲, 尾池和夫, 1994, 한국지형학회지, 1(2), 67~83쪽.

한반도에서 아주 대규모의 것이고, 지학상 중요한 단층이라고 보았다(Um and Reedman, 1975). 더욱이 이 양산단층계는 동해의 형성과 발달에도 관련되어 있다는 것이 많은 연구자들에 의해서 지적되고 있다(Silitoe, 1977; Otsuki and Ehiro, 1978; Jolivet et. al., 1991).

양산단층의 활동 시기에 관해서는 최근 동해의 형성과의 관련으로부터 검토되어 4,200만~1,400만 년에 활동한 것으로 추정되고 있다(Jolivet et al., 1991). 한반도 남방 해역의 조사에 의하면 양산, 대마단층계 등의 북북동-남남서 방향의 단층에는 중신세 이후의 활동이 보고되어 있다(星野, 1985; 桂, 1992). 더욱이 갱신세 이후의 활동도 위성 영상의 선명성 등으로부터 예측하기도 한다(星野, 1985; Yoon and Kim, 1990). 그럼에도 불구하고 양산단층계를 따라서 제4기 후기의 운동에 관해서는 지형, 지질학적인 직접적인 증거는 아직 없으며 불명한 상태로 남아 왔다.

필자 등은 특히 양산단층계의 중앙부에 대하여 항공사진과 지형도(1/25,000, 1/5,000) 등을 상세히 판독하고, 현지에서 지형, 지질학적 조사를 실시했다. 이들에 의해서 단층변위지형과 지질(구조)의 특징 등 양산단층계의 제4기 후기에 있어서 활동성에 관하여 몇 가지 성과를 얻었으므로 여기에 보고한다.

2. 한반도 남동부의 지형·지질 개요와 양산단층계

1) 지형 개요

한반도 남동부는 산지와 저지가 교대로 나타나 소위 만장년기의 지형이 넓게 전개되어 있다. 천 수백m를 넘는 높은 산지는 없고 많은 산지로 세분되어 산재해 있다. 이들의 꼭대기나 능선은 상당히 예리한 사면의 교점, 접선을 이루지만 산록부에는 Pediment 모양의 완사면이 분포하는 경우가 많다. 하천을 연하여서는 충적평야가 폭넓게 발달해 있고, 현 하상으로부터 비고가 낮은 하성단구면이 부분적으로 인정된다.

양산단층계의 주변에는 산지(사면)가 비교적 급준하고 서측과 동측 간의 산지 고도가 다르다. 서측 산지의 최고고도는 1000m 이상에 달하지만, 동측에는 500m 이하의 구릉성 산지가 펼쳐져 있다. 양산단층계의 동측 울산 남방에서는 특히 산지 고도가 낮아져서 표고 100m 전후의 다수의 고립봉이 분포한다.

오(1977)는 한반도 남동부 해안에 분포하는 해성단구면과 그 퇴적물을 조사해서 그들의 지형 발달을 고찰했다. 그것에 의하면 평탄면은 고위, 중위, 저위의 해성단구면과 저지,

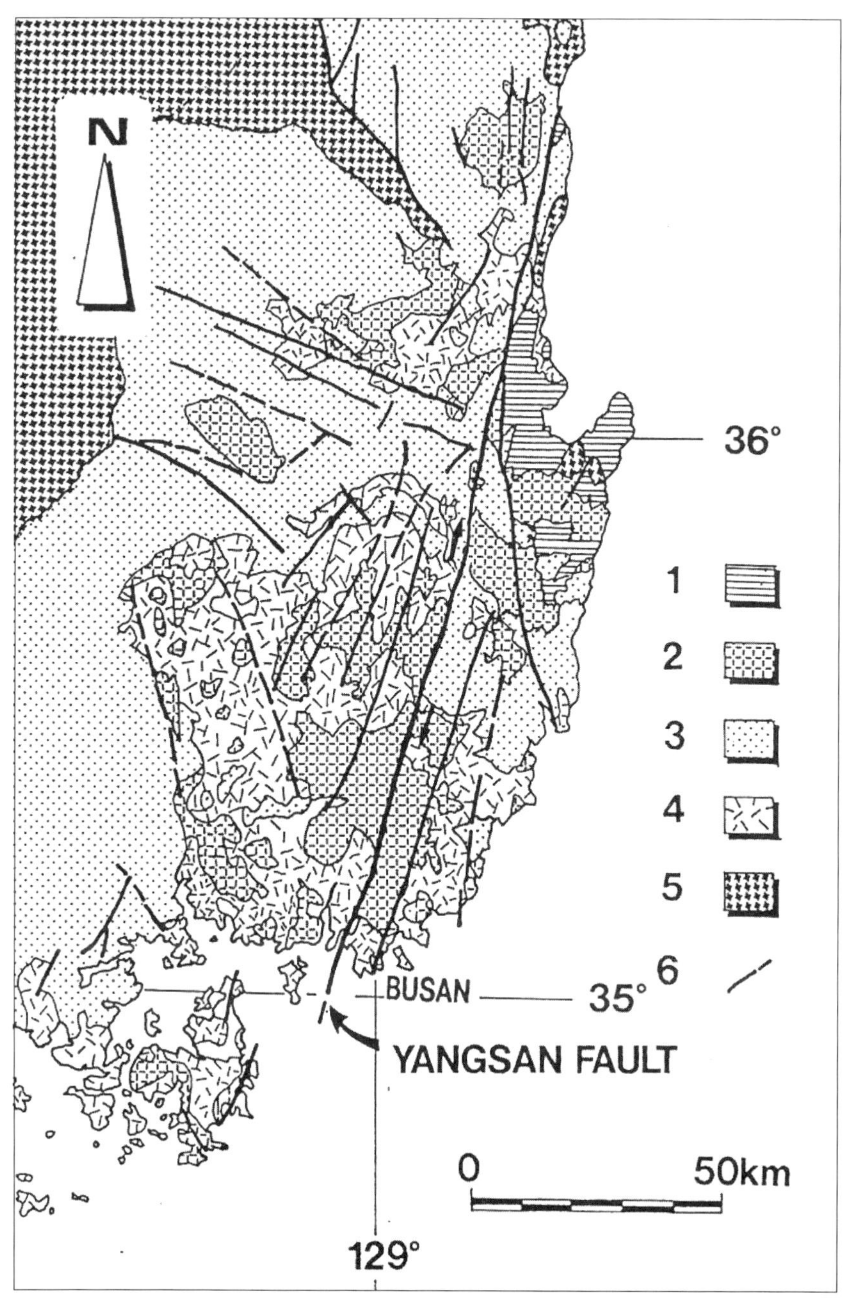

〈그림 6-1〉 한반도 남동부의 지질 개략도(Um & Chun 1984)

1: 제3계 쇄설암　　2: 상부 백악계~하부 제3계 화성암
3: 상부중생계 경상분지퇴적암　　4: 상부중생계 화산암
5: 제3기 화산암　　6: 단층

해저평탄면으로 나누어지고, 중위면의 형성 후에 불국사 단층(경주에서 울산만에 이르는 구조곡을 따른 단층)을 경계로 해서 북측이 약 10m 남측에 대하여 융기해 있지만, 저위단구면 형성 후에는 이 단층의 움직임이 인정되지 않는다고 하고 있다. 또한 포항만 남동의 해안선을 따라서도 북동-남서 방향의 모리령단층이 달리고 있어 반도부와 만입부의 Block적인 구조운동이 일어났다고 보고 있다.

본 조사지역은 해안으로부터 20~30㎞ 정도 내륙에 들어온 곳으로 경상남도 울주군 언양면 언양으로부터 남쪽의 양산군 하북면 박지리 부근에 이르는 지역이다(그림 6-2). 동쪽으로 흘러 울산만에 유입되는 태화강과 남류해서 낙동강에 유입되는 양산천의 유역에 속한다. 언양 부근에서부터 양산천 유역에 걸쳐서는 북북동-남남서 방향의 대지와 저지가 연속되고 그의 중앙부를 양산단층계가 달리고 있으며, 이것은 양산단층곡의 거의 중앙부에 상당한다.

2) 지질 개요

언양 주변에는 신구 수단의 하성단구면이 광범하게 분포하고 있어 이 양산단층계의 제4기 후기의 운동을 검토하는 데 아주 적당한 지역이다.

양산주단층의 동측은 일반적으로 표고 500m 이하의 구릉성산지를 이루고(그림 6-2) 여기는 하부 백악계의 신라층군에 상당하는 비해성의 쇄설암으로 구성되어 있다(이윤종·이인기, 1972). 또한 이것을 관입한 백악기 후기의 불국사화강암류가 분포한다. 주단층의 서쪽은 표고 1,000m를 넘는 급준한 산지 지형을 이루고 주로 백악계신라층군의 안산암을 주체로 하는 화성암류와, 동측에 비하여 광범위하게 분포하는 불국사 화강암류로 되어 있다.

3) 양산 단층

양산단층계는 한반도의 남동부를 북북동의 주향으로 종단하며, 그 양단은 해저까지 연장된다. 이 단층계는 직선적인 형태를 나타내고, 또한 연장거리도 긴 것으로 인공위성 영상 중에서 가장 선명한 Linement로 인식된다(Kang, 1979). 지형학적으로도 단층계를 연하여 명료하게 연속되는 직선상의 단층곡이 동반되어 동서 양측의 산지 고도 및 형상에 있어서도 크게 다르게 되어 있다. 또한 이 단층은 다소 사교하는 것을 동반하면서 1본(本) 내지 수본이 군을 이루어 양산단층계 내지 단층대를 구성한다.

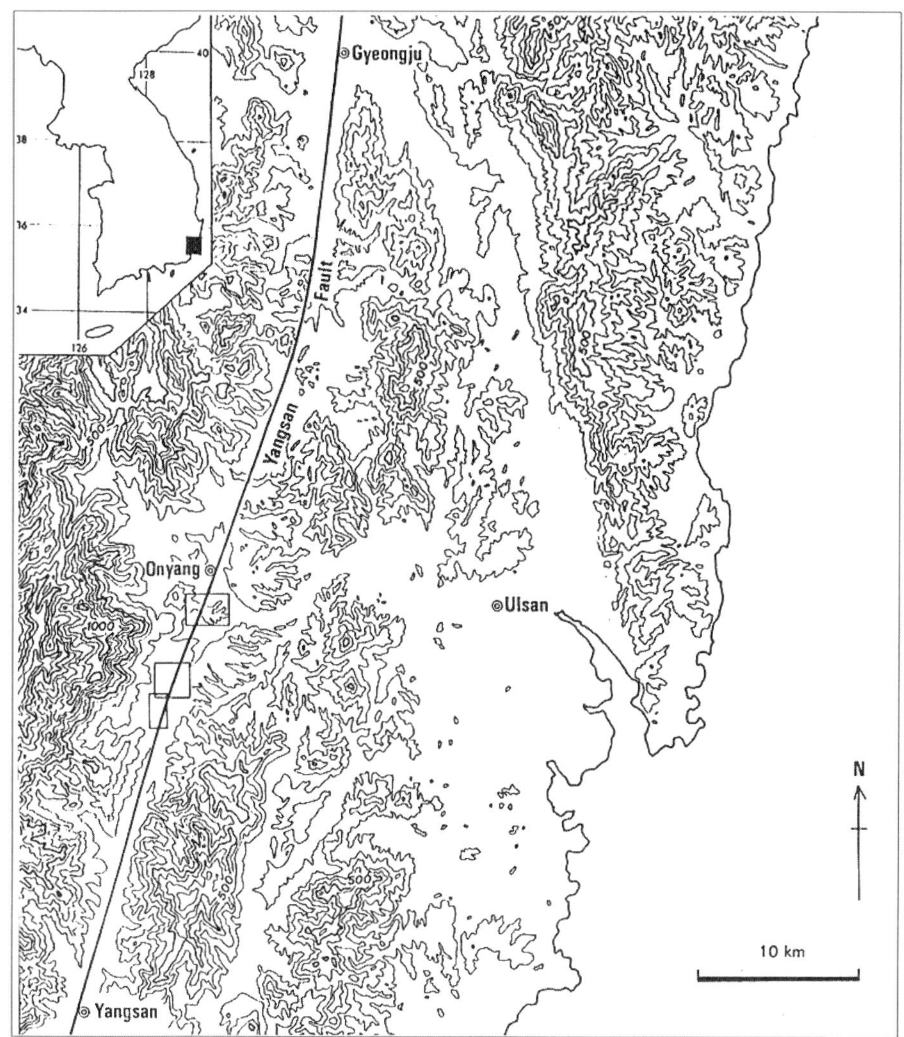

〈그림 6-2〉 조사지역의 지형개관과 양산 주단층

등고선 간격 100m, 사각형은 <그림 6-4~6-6>의 위치

양산단층계의 주변에는 주로 백악계의 암석이 분포하지만(그림 6-1) 단층 양측의 지질의 대응관계로부터 그의 수평 변위량이 추정되고 있다. Choi et al.(1980)는 양산단층의 중앙부 경주 및 울산 지역에 있어서 우횡변위량을 약 25㎞로 추정하고 있다. 또한 Chang et al.(1990)은 양산단층의 북부에서 우횡변위량을 35㎞로 보고 있다.

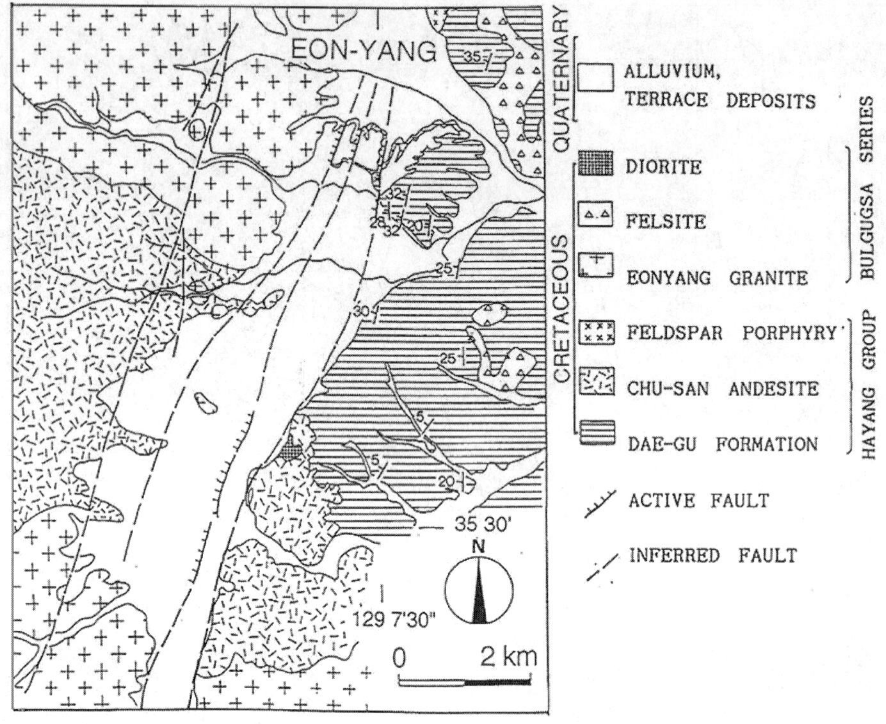

〈그림 6-3〉 양산 주변의 지질도와 활단층

양산단층계의 경사에 관해서는 단층 노두에서의 관찰(Hoshino and Kang et al., 1984; Lee et al., 1986)과 물리 탐사의 결과(Kim and Lee, 1987, 1988)로부터 거의 수직이라고 보고 있다. 양산단층계는 폭 넓은 단층파쇄대를 동반하며, 파쇄대는 Cataclastic한 변형이 탁월하며, 단층 Gouge를 주체로 한다. 이들의 파쇄대로부터 종래 보고되어 온 단층조선(斷層條線)은 저각의 것이 많다(Hoshino and Kang et al., 1984; 星野・村岡, 1982; Lee et al., 1986).

양산단층계의 활동시기에 관해서는 많은 논의가 이루어 졌다(Silitoe, 1977; Otsuki and Ehiro, 1978; Hoshino, 1985; Yoon and Kim, 1990; Chang et al., 1990; Jolivet et al., 1991). Chang et al(1990)은 양산단층계의 북부에서 이 단층이 4,500만 년 전후의 방사성 연대치를 나타내는 지경동 화산암의 규장질응회암을 변위시키고 있는 것으로부터 단층 활동시기를 4,500만년 이후라고 보고, 중신통의 연일층군이 이 단층을 덮고 분포해 있는 것으로부터 중신세 이후는 양산단층계의 주요한 활동이 종식되었다고 생각했다. 또한 Jolivet et al.(1991)은 포항 부근에 분포하는 하부 중신세의 암맥의 연구(Lee and Pouclet, 1988)와 양산단층계의 동측에 분포하는 제3계 등의 고지자기학적 연구(McCabe et al., 1988) 등으로

부터 양산단층계의 활동 시기를 4,200만~1,400만 년으로 추정하고 있다.

양산단층계의 단층운동 종료시기에 관해서는 이것을 덮고 분포하는 상부 신생계가 적기 때문에 명확히 말할 수는 없지만 대규모의 변위는 후기 중신세 이후는 없었다고 하는 견해(Hoshino and Kang et al., 1984)가 일반적이었다고 할 수 있다.

3. 하성단구면의 구분과 대비

양산단층계의 주변에 분포하는 하성단구면의 고도, 연속성, 개석도, 단구역층의 풍화 정도 및 적색토양의 발달 정도 등으로부터 고위면, 중위면, 저위면, 최저위면으로 구분 대비된다. 본 지역에는 Tephra, Loess, 화석 등 단구면 편년 자료가 아직 얻어지지 못했기 때문에 확실한 구분과 대비는 앞으로 더욱 검토할 필요가 있다.

이들의 하성단구면의 발달은 양산단층계의 중앙부 언양 남쪽지역(그림 6-2)에서 특히 양호하다. 또 양산단층의 활동을 나타내는 단층 변위 지형 및 지질 구조도 이 지역을 중심으로 해서 인정되기 때문에 이하에서는 이 지역의 하성단구면에 관해서 기술하기로 한다.

또한 구주(九州) 기원의 Tephra 중 鬼界 Akahoya(K-Ah)와 始良丹澤(AT)이 한국 동남부와 제주도의 일부에서 인정되었다(町田 외, 1983). 즉 포항 부근의 충적층 중(지표하 2.5-2.75m)에 K-Ah가, AT는 2개의 유적 내의 지층에 인정되었지만 지형면과 단구 퇴적층과의 관련 등은 아직 판명되지 않았다.

1) 고위면

고위면은 개석이 진척되어 있기 때문에 평탄면의 평면적 분포형은 수지상으로 되어 있고, 그 면상에는 일반적으로 파랑상의 기복이 보인다. 또한 그 구성층인 단구력층은 현저하게 풍화되어 지압으로도 부서지는 역(礫)이며, 지표에는 현저한 적색토양이 덮여져 있다.

상남면 수남리-삼남면 교동리에는 태화강과 그 지류 작천(酌川)과의 사이에 양 하천의 분수계를 이루는 구릉과 고위면이 분포하고 있다(그림 6-4). 동남 측에 위치하는 구릉의 정부(頂部)는 100~120m의 정고성(定高性)을 보이지만 구릉 정부에는 역층 등의 퇴적물은 인정되지 않는다. 여기에는 경상층군(신라통)으로 된 기반암이 서쪽으로 20~30°로 경사

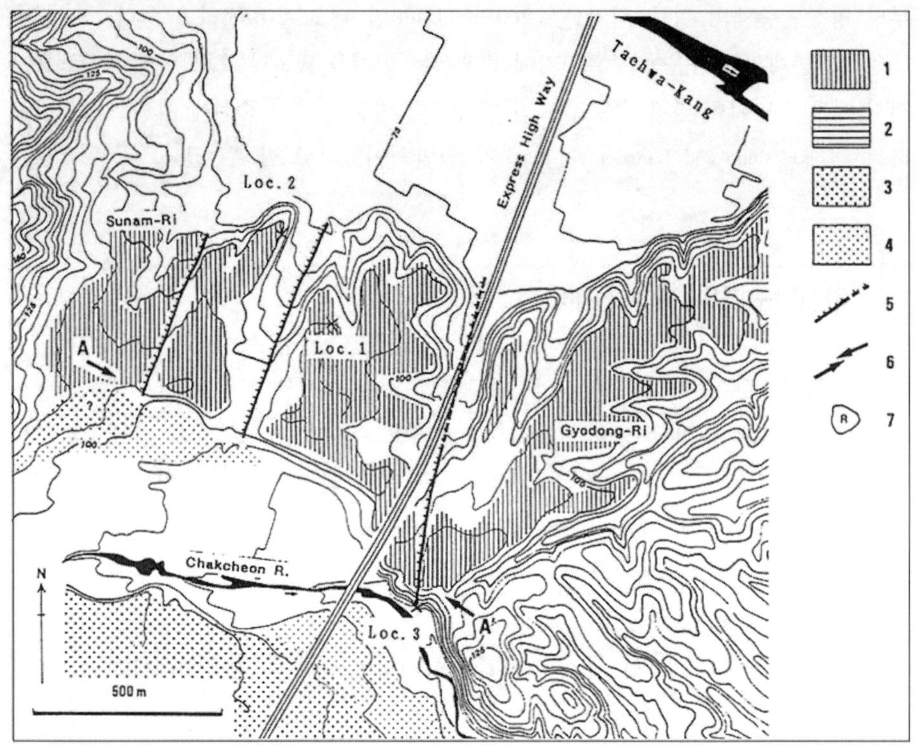

〈그림 6-4〉 울산군 상남면 수남리~삼남면 교동 부근의 지형분류도

1: 고위면　2: 중위면　3: 저위면　4: 최저위면
5:활단층　6: 지형·지질단면도의 위치　7: 저수지

져 있다. 서쪽의 고위면은 동북동 방향으로 완만히 기울어져 있는데 이것은 작천이 형성한 선상지성의 단구면이고, 그의 표고는 115m~90m이다.

<그림 6-4>의 loc.1과 loc.2에는 두께 6~7m의 단구력층과 이것을 덮는 두께 2m 정도의 적색토양층(5YR 4/8)이 관찰되었다. 역의 최대 입경은 40㎝ 정도이다. 아각력이 중심이며 완전히 풍화된 역이다. 역층을 덮는 적색토양층의 하반부는 호반모양이 발달한 범람성 Loam 상의 조직을 갖고, 균질이며 다져져 있다. 상반부는 비교적 느슨하여 저밀도이며, 풍성기원일 가능성도 있지만, 특별 분석을 하지 못한 현 단계에서는 그 모재와 성인을 단정할 수 없다. 고속도로 동측에서도 흩어져 있는 몇 개의 노두로부터 똑같은 단구역층 및 적색토양이 분포하는 것을 확인했다(<그림 6-7>의 A-A′).

삼남면 조일리 서측의 고속도로를 연하여서는 표고 155~160m의 고도에 평탄면의 보존이 약간 나쁜 단구면이 분포한다(<그림 6-5>의 중앙부). 풍화된 역층으로 구성되고

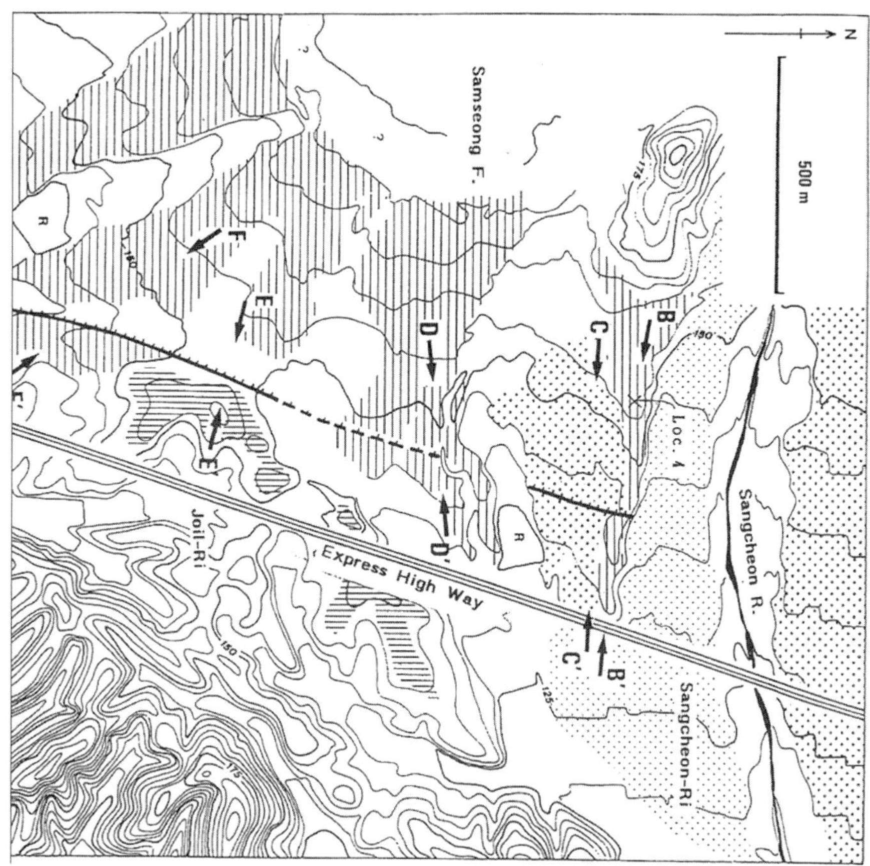

〈그림 6-5〉 울산군 삼남면 상천리~조일리 부근의 지형 분류도

범례는 <그림 6-4>와 같다.

지표부근에 적색 풍화각이 인정되는 이외에는 노두 조건이 나빠서 상세한 것은 알 수 없다. 그러나 후술하는 중위면보다는 높은 위치에 분포하는 것으로부터 고위면에 대비시켰다.

삼남면 하방리로부터 월평리 부근에는 표고 155~140m이고, 동쪽으로 완만히 기울어져 낮아지는 단구면이 분포한다(<그림 6-6>의 중앙). 이 단구면도 서측 산지로부터 유하(流下)하는 하천이 형성한 선상지성의 지형면이다. 이 단구력층은 아주 풍화되어 있어서 역(礫)은 지압(指壓)으로도 부서지며 Matrix는 점토화 되어 있다. 단구력층은 1~2m 층후의 적색토양에 덮여 있다.

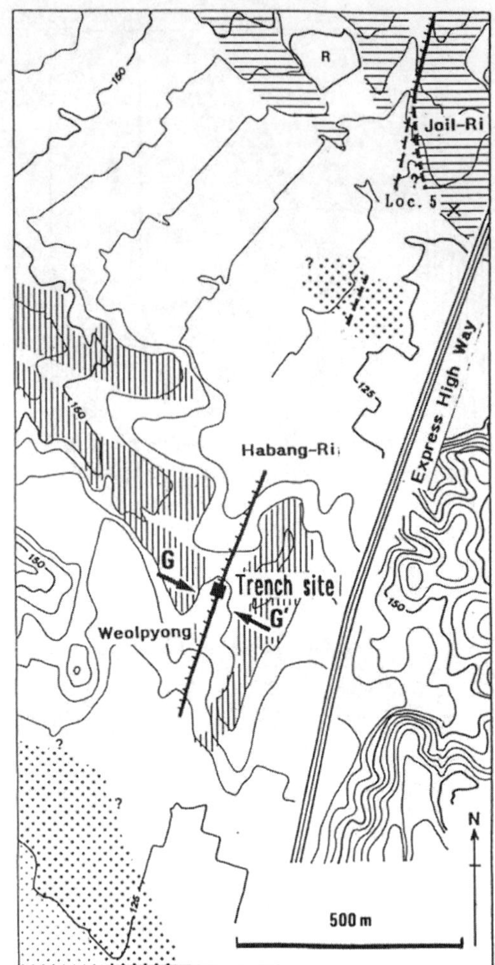

〈그림 6-6〉 울산군 삼남면 조일리~양산군 하북면 연지리 부근의 지형 분류도

범례는 <그림 6-4>와 같다.

2) 중위면

중위면은 약간 개석이 진척되어 있을 뿐 그 평탄면은 잘 보존되어 있다. 단구력층의 풍화 정도도 고위면보다는 덜 되어 있어서 풍화된 역과 더불어 딱딱한 역이 남아 있다. 적색토양도 인정되기는 하지만 적황색화의 정도가 낮고, 그 두께도 수 십 ㎝ 정도로 엷다.

삼남면 상천리의 삼성전관(주) 부근의 중위면은 동 내지 동남 방향으로 완만히 기우러져 있다. 이것은 과거 상천이 형성한 선상지면에 입지해 있다(<그림 6-5>의 중앙 서부). 이 단구면은 개석의 정도가 비교적 적고 평탄도가 높다. 상천 남측의 최저위면의 단구애를 따라서 두께 2m 정도의 단구력층과 심층풍화한 기반암이 관찰된다. 단지 여기서는 지표부근의 노출이 나빠서 표층부에 대한 상세한 것은 불명이었다. <그림 6-5>의 loc.4의 흙 채취장에서의 관찰에 의하면 중위면의 단구력층 두께는 2.5m 이상이고, 역의 배열에는 서에서 동으로의 와상구조(imbrication)가 인정된다. 역의 최대 입경은 25㎝ 정도이고, 아각력이 주이지만 입경 5~6㎝의 력이 탁월하다. 완전 풍화력은 7할 정도를 점하고, 풍화되지 않은 딱딱한 력도 남아 있다. 표층부의 두께 약 50㎝ 부분이 적색토양이다.

조일목장(<그림 6-6>의 loc.5)에는 인공적으로 판 와지(깊이 약 2.5m)가 조사 당시 있어서, 그 주위의 벽면에서 단구 구성층의 층상과 풍화 상태가 잘 관찰되었다. 여기에서는 개개의 력은 비교적 단단하고 전체적으로 력층은 별로 풍화를 받지 않고, 비교적 신선한 층상을 나타낸다. 두께 20㎝ 정도 이하의 토양층은 일반적으로 황색(2.5YR 5/6)을 나타내지만, 현저한 적색토양층은 인정되지 않았다.

3) 저위면·최저위면

저위면·최저위면은 거의 개석 받지 않고 신선한 역층으로 되어 있으며, 단구력층의 Matrix도 거의 풍화되지 않았다. 양단구면의 구별은 그들의 분포고도와 현 하상으로부터의 비고에 의해서 구분이 가능하다.

작천, 상천 등의 여러 하천을 따라서 발달한 것 중에서 상천 우안과 삼성전관(주) 동방의 상천 저수지의 북측(<그림 6-5>의 북부)에 발달한 저위면은 두께 2m 정도의 엷은 단구력층이 덮여 있는데 이 력은 거의 풍화되지 않았다. 또한 Matrix의 사질층은 명황갈색(10YR 6/6)을 나타내고 이 부분도 신선하다.

또한 하방리 주변(그림 6-5)에도 저위면·최저위면에 대비 가능한 하성단구면이 분포하지만 상세한 것은 불명이다.

4. 단층 변위지형과 지질 구조

조사지역에 있어서는 거의 북북동~남남서 방향으로 연장되는 몇 열의 낮은 애(崖)가 단구면상을 가로 자르고 있고, 잘려진 단구면은 어디서나 서측이 낮아져 있다(<그림 6-7>의 A-A′ 등). 이들 낮은 애의 서측에 분포하는 단구면이 형성 시대가 다른 단구면이라고 보기는 어려우며, 같은 시대, 같은 성인으로 형성된 동일면으로 보는 것이 타당하다. 또한 이들의 낮은 애를 하식애로 가정한다면 애하측의 단구면은 애의 주향에 일치해서 경사져 있어야 한다. 그러나 실제는 어떤 지역에 있어서도 낮은 애와 그 양측의 단구면은 다 같이 낮은 애의 주향과 직각 혹은 고각(高角)으로 교차하는 방향(동북동-동남동 방향)으로 기울어져 있다. 저애의 서측을 연하여 구유로로 보이는 지형도 보이지 않는다. 따라서 복수의 단구면을 가로 자르는 저애는 하식애로서는 설명되지 않는다. 더욱이 저애는 거의 직선상으로 배열하고 후술하는 것과 같이 그의 비고는 저위면에서 낮고 고위면에서 높다(그림 6-4~6-6). 즉 상하 변위의 누적성이 인정되는 것이다.

이 사실들은 이들 저애가 저단층애인 것을 의미한다. 양산단층계는 하성단구면을

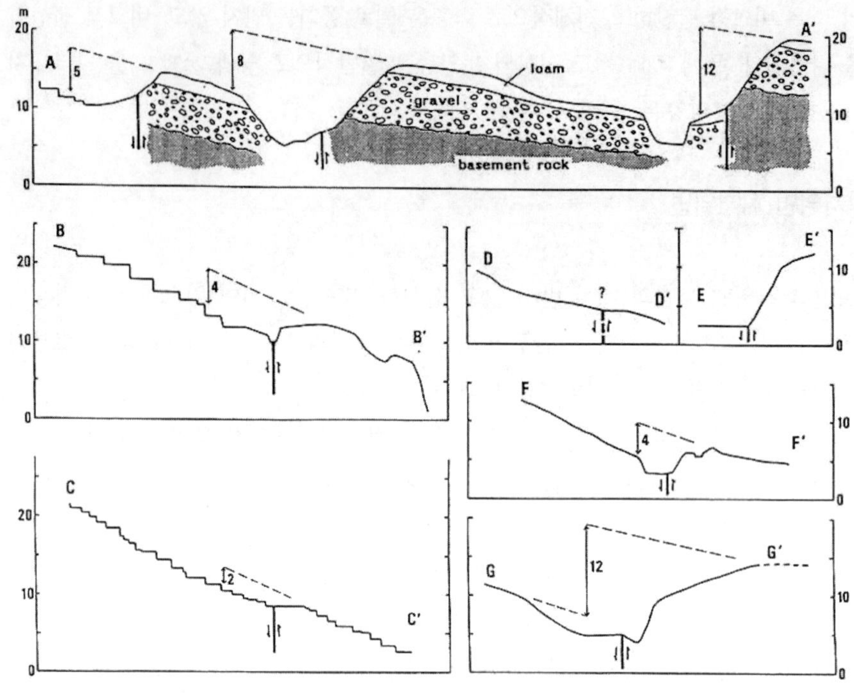

〈그림 6-7〉 양산단층계를 횡단하는 지형단면도

단면의 위치는 <그림 6-4~6-6> 참조

절단하고, 누적적인 변위를 일으키고 있는 것이 확실하다. 아래는 각 지역마다 활구조에 관련되는 지질구조와 양산단층계에 의한 각 단구면의 변위지형과 상하 변위량 등에 관해서 기술하기로 한다.

1) 삼남면 수남리~삼남면 교동리 부근

이 지역의 단구면에는 거의 북북동~남남서 방향으로 연장되는 3열의 저단층애가 인정된다. 이들의 저단층애 부근에는 노두 상태가 나빠서 단층 노두 그 자체를 인정하는 것은 불가능했다. 그러나 가장 동측 저단층애의 남방 작천천의 곡벽사면(<그림 6-4>의 loc. 3)의 관찰에 의하면 동쪽에서는 주향이 거의 남북이지만 서쪽에는 완만히 경사(25~30°W)하고 있는 경상누층군(대구층의 이암 우세의 이암 사암의 호층)이 저단층애에 가까워질수록 서서히 경사가 급경사로 바뀌고 단층(선)으로 추정되는 위치에서는 층리가 거의 직립하고 있었다(그림 6-7의 A-A′). 또한 그 층리면은 전단되어 있고, 이것에 연하여 거의 수평의 조선(條線)이 관찰된다. 이 노두로부터 10m정도 서방에는 불국사통의 화강암류가 분포하기 때문에 그 사이에 단층이 추정된다. 이 위치는 전술한 저단층애의 남측 직하에 해당한다. 따라서 경상누층군의 직립부 부근을 단층이 통과하고 있는 것은 확실하다.

5만분의 1 지질도(Lee and Lee, 1972)에도 이 부근에 추정 단층선을 긋고 있다.

Hosino et al.(1984)과 星野(1985)의 지질도에는 위의 3줄의 저단층애를 따라 단층선을 기입하고 있고(그림 6-3 참조) 인공위성 영상의 해석과 현지 조사로부터도 그들의 위치가 단층으로 인정되고 있다.

저단층애의 길이는 서쪽의 것이 약 0.4㎞이지만 중앙과 동측의 것은 약 0.6㎞이다. 단 이들의 길이는 고위면이 보이는 부분에만 인정된 것에 지나지 않으며, 단층은 더욱 북쪽과 남쪽으로 연장되고 있는 것으로 생각되어진다. 고위면에 인정되어지는 저단층애의 비고는 5~12m이고 서측이 낮다(그림 6-7의 A-A′). 가장 서측의 저단층애의 비고(약 5m)는 북쪽에서 조금씩 높아지고 있지만 그 부분에는 하식의 영향을 받고 있을 가능성이 있다.

2) 울산군 삼남면 상천리~삼남면 조일리 부근(그림 6-5)

이 지역에도 활단층이 통과할 것으로 예상되는 부근에는 노두 조건이 나빠서 직접적인 단층 노두는 볼 수 없었다. 그러나 상천 남쪽에 분포하는 최저위면을 연한 단구애에는 단층선의 추정 위치 부근에서 기반 암석 중에 다수의 소 단층이 통과할 가능성이 높다는 것을 보여주고 있는 것이다.

이 지역의 지형단면은 <그림 6-7>의 B-B′~F-F′에 나타내었다. 지표면은 주로 논으로 경작되고 있기 때문에 지형면은 계단상으로 되어 있는 부분도 있지만 단층선을 경계로 서측이 상대적으로 저하하고 있는 것을 쉽게 알아볼 수 있다. 중위면에서 인정되는 저단층애의 비고는 약 4m이다(B-B′~F-F′). D-D′에 있어서는 거의 상하 변위가 인정되지 않지만 지형적으로 불연속이 있는 것은 확실하다. 여기서는 인공적 개변에 의해서 변위지형이 불명확하게 되었을 가능성이 있다. E-E′에는 애의 비고는 10m 이상 달하지만 이것은 고위면과 중위면 간의 비고를 계측하고 있기 때문이다.

상천 저수지 북측의 저위면상(<그림 6-5>의 중앙 북부)에는 애상의 지형은 인정되지 않는다. 그러나 단층선이 통과할 것으로 추정되는 위치 부근에는 저위면의 경사는 거의 수평이고 동서 양측에서의 지형면이 동쪽으로 경사하고 있는 것과 비교해서 분명히 다르게 나타났다(그림 7의 C-C′). 이 부근에는 논으로 이용되고 있기 때문에 인공적인 지형 개변에 의해서 비고 수m 이하의 저단층애가 지워졌을 가능성이 높다. 여기를 동서로 가로지르는 단면 측정에 의해서 약 2m의 상하변위(서측 저하)가 추정된다.

3) 울산군 삼남면 하방리 부근(그림 6-6)

조일리 부근의 저단층애의 남쪽 연장부(<그림 6-6>의 중앙 북부)에는 저위면에 해당하는 단구면이 분포하고 그 위에 비고 수m 이하의 저단층애상의 지형(서측 저하)이 보이고 있다.

그보다 더 남쪽 연장부인 월평리 주변에도 북북동-남남서 방향으로 달리는 와지와 저애가 보인다(<그림 6-6>의 중앙 남부). 여기에는 고위면에 비고 약 12m의 저단층애가 형성되어 있다(<그림 6-7>의 G-G′). 이곳에는 단층(선)이 통과할 것으로 예상되는 위치에서 후술하는 것과 같이 Trench 조사를 실시, 활단층의 존재를 확인할 수 있었다.

5. Trench 조사

1) 조사의 경위와 결과

양산군 하북면 박지리 월평에는 1992년 11월 26일에 현지조사를 실시할 당시 활단층이 통과할 것으로 추정되는 장소에서 새 도로를 만들고 있었다. 그 한 쪽에 나타나 있는 절개단면에는 고위단구를 구성하는 역층과 기반암이 단층 관계로 접해 있는 것같이 보였다. 그래서 그 관계를 더 자세히 관찰하기 위하여 부근에 작업하고 있는 포크레인으로 단층선을 동서방향으로 횡단하는 소규모의 Trench를 팠다(<그림 6-6>의 trench site). Trench의 크기는 깊이 1m, 폭 1.5m, 길이 10m 정도에 지나지 않았지만 단구력층과 기반암과의 접촉 관계 및 양측의 지질을 자세하게 관찰할 수 있었다.

양측의 지질은 어느 쪽에서도 심층풍화를 받고 있어서 포크레인으로 거칠게 파진 굴삭단면은 호미로 쉽게 깨끗한 평탄면을 만들 수 있어서 마치 암석박편으로 관찰하는 것과 똑같이 단층 접촉부 부근의 수평, 수직 방향의 단면구조를 읽을 수 있었다.

이와 같이 해서 얻어진 양산 주단층의 단면(파쇄대)과 그 주변의 지질을 상세히 관찰해서 지도화한 것이 <그림 6-8>과 <그림 6-9>이다. 또한 지표면은 도로 건설 때문에

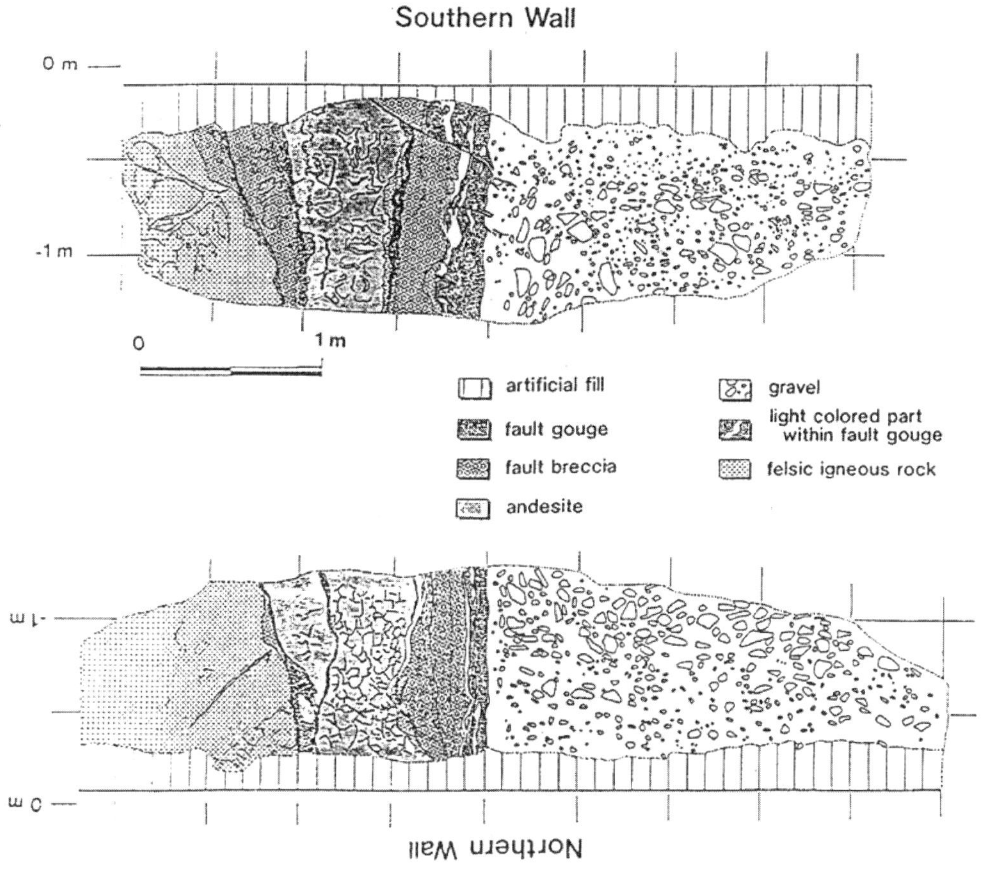

〈그림 6-8〉 양산단층 Trench의 Sketch(남 · 북 벽면)

* 위치는 <그림 6-5> 참조

이미 2m 정도 깎여 평탄화되어 있었으므로 토양층과 자연의 지형면과의 관계는 알 수 없었다. 이와 같이해서 판명된 단층 부근의 지질, 역의 변형, 부수된 단층(면), 파쇄대의 모양 등을 차례로 기술하면 다음과 같다.

2) 고위단구 역층

단층의 서측을 연하여 고위 단구력층이 분포한다. 이 퇴적물은 거의 전부가 역으로 되어 있고, 이 역은 아원~아각의 Cobble 급의 역을 주체로 하고 있다. 전체적으로 풍화, 점토화된 완전 풍화력으로 되어 있다. 풍화가 안 된 경질의 역은 아주 드물었다.

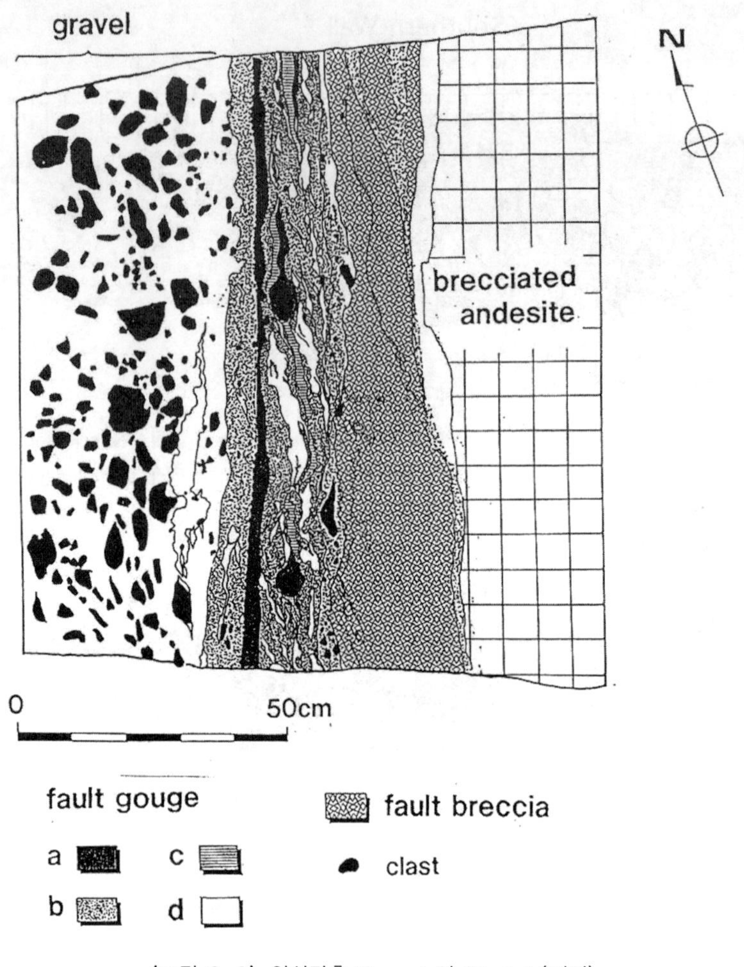

〈그림 6-9〉 양산단층 Trench의 Sketch(저면)

a: 암회색대 b: 회색대 c: 갈색대 d: 백색대

Matrix는 황갈색의 사질점토로 되어 있지만 역 자체도 심한 풍화를 받아 점토화되어 있었으므로 풍화되기 전의 Matrix 상태는 보다 더 조립질이었을 것으로 추정된다. 역의 입도, 층상, 역종 등으로 보아 이 역층은 서측 산지 기원의 선상지 력층의 일부인 것으로 추정된다. 이것은 동쪽으로 기울어진 고위단구면의 단구력층일 것으로 판단된다.

역층 중의 편평력은 단층점토대로부터 1m 정도 떨어진 위치에서는 그 장축이 거의 수평이지만 단층에 가까워질수록 고각으로 기울어지고 단층선에 바로 접한 부분에는 거의 수직으로 되어 있다(그림 6-8, 6-9).

3) 단층 점토대

기반암과 고위 단구력층과의 사이에는 폭 약 30㎝, 주향 25° E로 거의 수직방향으로 연장되는 단층점토대가 형성되어 있다. 전체로서는 암회색을 나타내고 있지만, 그 중에는 규장질화성암에 유래한 백색~담회색의 파쇄물질을 Lens상 혹은 호상으로 포함하고 있다(그림 6-8, 6-9). Trench의 바닥에는 평면적인 단층(파쇄대)의 단면이 관찰되어, 이 점토화한 백색 파쇄물의 조직에는 명료한 안행(雁行)배열의 구조가 인정된다(그림 6-9). 단층 점토대 내부에는 연성(延性)적인 변형이 탁월한 한편, 우횡변위하고 있는 것을 보여주고 있다. 그래서 단층조선이 전단대(剪斷帶) 중에 드물게 보존되어 있고 그 경사는 10° 이하인 것으로 추정되었다.

Trench 남벽에는 주단층으로부터 파생한 단층이 지표 부근에는 급격히 저각도화해 있고, 거기에서 단층 점토대를 변위시키고 있는 것이 관찰된다(<그림 6-8>의 하). 그 밖에는 거의 수평으로 연장되는 소규모의 단층이 단층점토를 변위시켜 그 연장부는 단구력층 중에 흰색 실무늬로 추적된다.

4) 기반암

규장질의 화성암과 염기성~중성의 화산암으로 이루어져 있다. 양자 모두 심하게 풍화를 받아서 전체적으로 점토화해 있다. 또 규장질 화성암과 염기성~중성 화산암과의 경계는 각력화되어 있고 단층점토를 협재함으로 양자는 단층관계로 접촉하고 있다. 5만 분의 1 지질도(Lee and Lee, 1972)에 의하면 규장질 화성암은 불국사통에, 또한 중성 화산암은 주산안산암에 속하는 것으로 판단된다.

6. 고찰

1) 변위의 누적성과 평균 상하 변위 속도

양산단층계는 고위면, 중위면, 저위면을 변위시키고 있다. 그의 상하 변위량은 각각 약 12m, 4m, 2m이다. 단지 삼남면 교동리 부근(그림 6-3, 6-4)에 있어서는 고위면에 3열의 저단구애가 인정되는데 그들 각각의 변위량을 합한 것이 총 변위량이라고 할 수도 있다. 어떻든 상하 변위량에는 분명한 누적성이 인정되어 적어도 고위면 형성 이후 양산단층은 여러 번의 활동이 있었다는 것을 알 수 있다. 고위면은 중위면의 3배 이상, 중위면은 저위면의 2배 정도의 Event를 경험한 것이 된다.

그런데 일본에 있어서는 최종 간빙기 최성기에 적갈색~갈색의 풍화대가 광범위하게 형성되었다는 것이 지적되고 있다(松井・加藤, 1962; 町田 외, 1987). 또한 현저한 적색토양층은 약 50만 년 전 이후의 온난기의 반복에 의해서 형성되었다고 생각되고 있다(Sakaguchi and Okumura, 1986). 이와 같은 지형형성의 연대 개념이 한국의 지형에도 적용된다고 한다면 고위면의 형성 연대는 50(-20)만년 전, 중위면은 십수만 년 전이라고 추정된다. 또한 저위면은 전술의 지형면의 상태나 퇴적물의 층상으로부터 최종빙기 중(수만 년 전)에 형성되었다고 추정된다. 하성단구의 형성 연대는 더욱 검토되어야 할 것이지만 아직 이들 단구면의 형성시기를 결정할 수 있는 연대 자료는 현재 상태로서는 아무것도 없다. 그러나 앞이 추정 연대가 실제 연대보다 10배 이상의 차는 나지 않을 것으로 생각된다.

각 단구면의 총 상하 변위량을 각가의 추정 연대치로 나누어본 결과 약 0.02~0.03㎜/y.의 변위 속도가 계산된다. 이 변위의 속도로 미루어 보아 양산단층계는 C급의 활단층일 가능성이 높다.

2) Trench 조사와 단층 파쇄대

단층 점토대를 사이에 두고 양측의 지형, 지질은 동측이 올라간 것을 나타낸다. 단구력층 중의 편평력의 장축은 단층을 향하여 동쪽으로 경사져 있다. 이 현상은 상하 방향의 움직임이 탁월한 경우에 생기는 역(礫)의 회전과는 역(逆)이 되고 있다. 따라서 단층의 횡변위 운동을 동반한 Negative flower structure의 일부로 보는 것이 타당할 것 같다. 단층의 선 모습도 횡변위가 탁월한 운동인 것을 시사하고 있다.

남측 벽면의 단층 파쇄대 상부를 가로 자르는 단층(<그림 6-8>의 상부 중앙)도 횡변위 운동을 보여주고 있으며, 이 단층을 사이에 두고 단층 점토대의 두께가 크게 변하고 있다. 이들의 저각의 단층은 단구력층 중에도 흰 선으로 인정된다. 단구력층의 Matrix는 처음의 퇴적환경을 남겨놓고 있지 않을 정도로 점토화되어 있는 것을 고려하면 이들의 저각의 단층은 단구력층의 Matrix가 점토화한 뒤에 형성되었다는 것으로 해석된다.

이상과 같은 결과로부터 우횡변위 성분이 탁월한 단층 운동이 추정된다. 또한 적어도

〈표 6-1〉 단구면의 추정 형성 연대와 변위량·평균 변위 속도와의 관계

단구면	추정연대(ka)	상하변위량(m)	변위속도(㎜/y.)
고위 단구	250 ~ 500	12	0.024 ~ 0.048
중위 단구	100	4 ~ 7	0.05 ~ 0.07
저위 단구	30 ~ 60	2 ~ 3	0.03 ~ 0.1

고위단구력층의 Matrix가 풍화작용에 의해서 점토화된 뒤에도 이 단층 파쇄대는 단층변위를 받고 있다. 이 고위면은 단층 근방에서 12m 정도 상하 변위를 받고, 횡변위 성분이 탁월한 단층운동이 Trench 조사로 추정되기 때문에 실제 이동은 적어도 수십m를 넘을 것으로 예상된다. 따라서 양산단층계의 실제 횡변위 이동속도는 전술한 평균 상하변위 속도보다 적어도 수배 정도 클 가능성이 높다.

3) Neotectonic 중의 위치

한반도에서 발생하는 천발지진으로부터 P축은 ENE-WSW이고, 압축성의 응력장에 있는 것이 밝혀져 있다(尾池, 1984; Xu et al., 1989; Jun, 1991). 이 P축 방향은 양산단층계의 우횡변위 운동을 허용할 수 있는 것이다. 이 응력장은 현재 거의 동서의 압축응력축에 놓여 있는 서남 일본과 조화적이다. 서남 일본에서 보이는 동서 압축은 0.5ma. 이후 현재화하는 것으로(藤田·太田, 1977), 그 이전의 수평 주 압축응력축은 거의 남북이었다(山元, 1991). 따라서 서남 일본의 동해 측에의 응력장이 한반도 남동부와 유사한 것이라면 양산단층계의 우횡변위 운동을 허용하는 응력장은 최신 지질시대로서 거의 제4기에 한정된다. 양산단층계의 평균 변위 속도가 구해진 상하 변위량보다 한 단계 큰 0.3m/y 정도로 보아도 이 단층계를 연한 수평 변위량은 백만 년에 300m 정도이다. 이것은 추정되고 있는 25~30㎞의 총 변위량과 비교하면 아주 적다. 따라서 양산단층계는 종래 지적된 것과 같이 제3기 전반에 주로 활동했고, 본 연구로 밝혀진 제4기 후기의 활동은 기존의 단층계가 재활동한 것으로 판단된다.

7. 결론

양산 단층의 중앙부에 대하여 항공사진 판독과 현지 지형, 지질 조사를 통하여 다음과

같은 사실이 밝혀졌다.

1. 양산단층계는 제4기(후기)에도 활동을 반복하고 있는 활단층이다. 따라서 이 단층은 그 좌우에 분포하는 고위, 중위, 저위의 각 하안단구면 모두를 상, 하 방향으로 누적적으로 변화시키고 있다.

2. 양산단층계의 중앙부에서 단구면의 변위로 미루어 볼 때, 동측이 상대적으로 융기하고 있다. 이것은 이 지역의 중지형적 산지고도의 분포와는 역이다.

3. 단층선은 현저하게 직선적으로 연장되어 있고, 단층면은 거의 수직이다. 이 단층계에 수반되는 파쇄대도 폭 수십m 이상으로 넓고, 현저한 단층 점토대와 변형대를 동반한다.

4. 편평역의 변형 형태에 의하면, 주향이동이 탁월한 단층 운동이 추정된다. 단층 점토대의 파쇄물질의 관찰에 의하여 우횡변위주향이동(right strike slip)이 인정된다.

5. 이들의 특징으로부터 양산단층계는 주향이동(우횡변위)이 탁월한 활단층으로 판명되었다. 단구면 및 퇴적물의 추정 계산치로부터 양산단층계의 평균 상, 하 변위 속도는 0.02～0.03㎜/y. 정도이고, 우횡변위의 평균 속도는 적어도 C급 상위(0.05～0.2㎜/y.) 정도이든지, 이것을 약간 상회하는 정도일 것으로 추정된다.

6. 저위 및 최저위의 단구면에서는 상하변위를 밝히기 어려웠다. 이들의 단구면 위에는 논으로 이용되고 있기 때문에 오랜 기간 동안 인공적으로 개변을 받아왔으며, 이들 단구면 위에서 1～2m 정도의 상·하 변위가 있었다고 해도 인공적 개변이 이를 지워버렸을 것이다. 따라서 이들의 최근에 형성된 단구면에서는 변위의 유무를 언급할 수 없었다.

참고문헌

見野和夫. 1989.「朝鮮半島の地震活動(1)」. 地震學會講演予稿集, 2. p.49.

桂忠彦. 1992.「對馬-五島列島周邊海域の海底地質」. 水路部研究報告, 28. pp.55～138.

南　明. 1979.「山蔭·對馬沖の堆積盆地の分布と性格」. 石油技術誌, 44. pp.321～328.

藤田和夫·太田陽子. 1977.「第四紀地殼變動」.『日本の第四紀研究』. 日本第四學會編. 東京大學出版會. pp.127～152.

尾池和夫. 1984.「東アジアの地震活動」.『アジアの變動帶-ヒマラヤと日本海溝の間』. 藤田和夫編著. 海文堂. pp.89～107.

山元孝廣. 1991.「日本列島の後期新生代巖脈群과 構造應力場」. 地質調査所月報, 42. pp.131～148.

星野一男. 1981.「梁山斷層の石油地質學的意味(演旨)」. 石油技術誌, 46. p.271.

_____. 1982.「韓國東南部梁山斷層」. 地質ニュ-ス, 332. pp.1～4(口繪寫眞).

_____. 1985.「寫眞で見る韓國の地層」. 地質ニュ-ス, p.366. pp.21～27

_____. 1985.「韓半島の構造運動の概略」. 地質ニュ-ス, 366. pp.21～27

_____. 村岡洋文. 1982.「Landsat映像で見る韓國の地質構造」. 地質調査所月報, 33. pp.420～421.

松井健. 加藤芳朗. 1962.「日本赤色土壤の生成時期·生成環境に關する二.三の考察」. 第四紀研究, 2. pp.161～179.

吳建煥. 1977.「韓半島 東南部 海岸の地形 發達」. 地理學評論, 50. pp.689～699.

禹柄榮. 1984.「梁山斷層의 地理學的 研究」. 慶北大學校 碩士學位論文. p.41.

李商万. 1983.「韓半島の地質とTectonic」.『世界の地質(岩波講座地球科學)』. 都城秋穗編. pp.355～384

立岩巖. 1976.『朝鮮-日本列島地代地質構造論』. 東京大學出版會. p.654.

町田洋·新井房夫·李炳卨, 森脇廣·江輝彌. 1983.「韓半島と濟州道で見出された九州起源の廣域 Tephra」. 地學雜誌, 92. pp.409～415

青華龍. 1978.「韓國 浦項 周邊 平野の地形發達」. 東北地理, 30. pp.153～160.

津末昭生. 1976.「日本及び韓半島の花崗巖類について」.『島弧と大陸との關聯から見た九州の構造發達史』. 日本地質學會西日本支部編. pp.51～59

村內必典·淺沼俊夫. 1969.「帶馬東方海域におけるSeismic profilerによる堆積層の研究」. 國立科學博物館專報, 2. pp.39～50.

韓國地質鑛物研究所. 1973. 1/250,000 지질도.【부산】【안동】

韓國動力資源研究所. 1981. 1/1,000,000 韓國地質圖.

_____. 1985.「韓半島의 地史」. 地質 뉴-스, 366. pp.7～15.

Chang, K., Woo, B. Woo, J. Lee, S. Park & K. Yao, 1990. "Cretaceous and Early Cenozoic stratigraphy and history of eastern Kyongsang Basin." *South Korea. Journal of Geol. Soc. Korea* 26. pp.471～487.

Choi, H., I., Oh, J. H., Shin, S. C. & Yang, M. Y. 1980. "Geology and geochemistry of the Gyeongsang strata in Ulsan area." Materials Bull. 20. Korea Inst. Geol., p.33.

Hoshino, K. et al.. 1984. "Research on interpretation of geological structures by remote sensing technique." ITIT(Project No. 8014). p.45.

Jolivet, L., Huchon, P., Le Pichon, X., Chamot- Rooke, N. & Thomas, C. 1991. "Arc deformation and marginal basin opening: Japan Sea as a case study." *J. G. R.* 96(B3). pp.4387-4384.

Jun. M. S. 1991. "Body-wav analysis for shallow intraplate earthquakes in the Korea Peninsula and Yellow Sea." *Technophysics* 192. pp.345~357.

Kang, P. C. 1979. "Geological analysis of Landsat imagery of South Korea." *Jour. of Geol. Soc. Korea* 15. No. 2. p.3.

_____. 1981. "Geological evolution of Korea and structural analysis of Korea transect area." *CCOP Bulletin* 14. pp.31~51.

Kim, N. J., Y. L. Kwon & M. S. Jin, 1971. "Geological map(1:50,000) of Moryang sheet and its explanatory text." *Geological Survey of Korea,* p.19+3.

Kim, Y. W., K. H. Kim & T. W. Chang. 1986. "Seicmicity of the Korea Peninsula(Ⅲ): Seismicity of the northern part of the Yangsan fault." *Journal. of Geol. Soc. Korea* 22. pp.347~365.

Kim, Y. W. & K. H. Lee. 1987. "A study on the structure of the Yangsan fault in the southern part of Kyeongju." *Jour. Korea Inst. Geol.* 20. pp.247~260.

_____. 1988. "A geoelectric study on the structure of the Yang-san fault in the south of Kyeongju." *Jour. Geol. Soc. Korea* 24. pp.47~61.

Kim, J. Y. & S. Yoon. 1988. "The occurrence of the Yangsang fault." *Jour. Sci.* 46. Korea: Pusan National Univ. pp.265~274.

Lallemonf, S. & L. Jolivet. 1986. "Japan Sea: a pull-apart basin?" *Earth Planet. Sci. Letters* 76. pp.375~389.

Lee, Y. J. & I. L. Lee. 1972. "Geological map (1:50,000) of Eonyang sheet and its explanatory text." *Geological Survey of Korea* P.32+6.

Lee, K. W. & Y. G. Jin. 1991. "Segmentation of the Yangsan fault system: Geophysical studies on major faults in the Kyeongsang Basin." *Jour. Geol. Soc. Korea* 27. pp.434~449.

Lee, K. W. & H. K. Kim. & T. W. Chang. 1986. "Seismicity of Korea Peninsula(Ⅱ): Seismicity of the nothern part of the Yangsang fault." *Jorn. Geol. Soc. Korea* 22. pp.347~365.

Lee, J. S. & A. Pouclet. 1988. "Le volcanisme neogene de Pohang(SE Coree), nouvelles contraintes geochronogiaues pour l'ouverture de la mer du Japan." *C. R. Acad. Sci. Paris* 307. pp.1405~1411.

McCabe, R., K. D. Min, J. Han, H. C. Jan & D. Lee. 1988. "Blocks rotations in southeast and east Asia." Paper presented at 1988 DELP Tokyo International Symposium, Tokyo Institute of Technology. Tokyo. Dec. pp.13~16.

Nash, D. F. 1979. "The geological development of the Northe Okinawa Trough area from Neogene times to Recent." *Jour. Japan assoc. Petro. Tech,* 44. pp.341~351.

Otsuki. K. & M. Ehiro. 1978. "Major strike-slip faults and their bearing on spreading in the Japan Sea." *Jour. Phys. Earth* 26. Suppl.. pp.537~556.

Sakaguchi, Y. & K. Okumura. 1986. "Interglacial climates and relic red soils in nothern Japan based on pollen records of Interglacial deposits in eastern Hokkido." Bullet. Dept. Geogr. Univ. of Tokyo 8. pp.29~48.

Shimazu, M., S. Yoon. & M. Tateishi. 1990. "Tectonics and volcanism in the Sado-Pohang Belt from 20 to 14 ma. and opening of the Yamato Basin of the Japan Sea." *Tectonophysics* 181. pp.321~330.

Sillitoe, R. 1977. "Metallogeny of an andean-type continental margin in South Korea: implication for opening of the Japan Sea." in M. Talwani and W. C. ptiman Ⅲ eds. *Island Arcs, Deep Sea Trenches and Back Arc Basins.* Maurice Ewing Ser. 1. AGU. Washington, D. C. pp.303~310.

Um, S. H. & H. Y. Chun. 1984. Tectonic map of Korea(1:2,000,000). Korea Institute of Energy and Resources.

Um, S. H. & A. J. Reedman. 1974. *Geology of Korea*. Geological and Mineral Institute of Korea. p.139.

Yoon. S. & J. Y. Kim. 1990. *Tectonic history of the Yangsan fault, south western part of the Korea Peninsula, Pacific Neogene Events, their timing, nature and interrelationship*. Univ. Toyko Press.

Xu, J. R., Z. X. Zhao, K. Olike & Y. Ishikawa. 1989. "regional characteristics of shallow earthquakes in and around China." Proc. Japan-China(Taipei) Joint Seminar on Natural Hazard Mitigation Kyoto, Japan. pp.41~49.

Yoon, S. 1992. "Paleoenvironmental change of the Tertiary Yangnam and Pohang basin of the southern Korea Peninsula." Mem. Geol. Soc. Japan 37. pp.117~124.

CHAPTER 7

양산단층 주변의 지형 분석*

1. 서론

Landsat 영상에 의하면 한반도에는 많은 lineament(선적구조)가 확인된다(강필종, 1979, 1981). 그 중에서도 경북 영덕군 영해 부근에서 청하, 신광, 경주, 언양, 양산을 지나 낙동강 하구에 이르는 lineament는 윤곽이 가장 선명하고 연장길이도 가장 길며, 직선성이 현저한 것으로 주목되는데 이것이 양산단층지형과 관련된다.

양산단층은 立岩嚴(1929)에 의해 처음으로 언급된 이래 많은 지질학적 연구가 이루어졌는데, 최근에는 한·일 조사팀에 의한 언양 부근의 조사에서 이 단층이 활단층임을 밝혔다(岡田 외, 1994 : 조화룡 외, 1994).

활단층이란 지금도 지진이 발생할 때마다 변위를 계속하고 있는 단층을 말한다. 여기서 '지금'이란 지질·지형학적으로 신생대 제4기를 말하며, 따라서 어떤 단층이 제4기 지층이나 지형면을 변위시키고 있는지 여부가 활단층 여부를 판정하는 데 가장 중요한 단서가 된다. 그러나 양산단층을 연한 지역의 제4기 지층이나 지형면에 대한 연구는 별로 이루어져 있지 않다.

본 연구는 양산단층을 연하여 제4기 지형 즉, 단구지형이 비교적 잘 나타나는 신광분지와 그 남·북 연장 지역, 언양에서 양산에 이르는 지역을 대상으로 지형면을 분류하고 편년을 고찰하였으며, 단층운동과의 관계를 검토하였다.

* 조화룡, 1997, 대한지리학회지, 32(1), 1~14쪽.

2. 지형·지질 개관

1) 지형개관

(1) Lineament분석

<그림 7-1>은 컴퓨터로 작성된 양산단층 주변지역의 음영기복도와 이를 기초로 lineament를 그린 것이다.

이 그림에서 양산단층(④)은 북북동~남남서 방향이며, 이와 거의 평행하는 방향의 많은 lineament가 양산단층선의 좌우에 몇 열씩 형성되어져 있다. 그러나 이 lineament들은 북쪽으로 갈수록 이 단층선에 수렴되고, 남쪽으로 갈수록 벌어져서 양산 단층을 축으로 마치 부채꼴 모양을 하고 있다. 이들 lineament의 일부 구간은 지질도에서 단층선으로 인정되고 있으나 대부분의 구간은 단층선으로 보고되지 않았다. 양산단층도 현재 일반적으로 전 구간을 단층으로 인정하고 있음에도 불구하고 지질도에서는 양산도폭과 언양도폭에만 인정되고 있으며, 그 명칭 또한 양산도폭에는 양산 단층, 언양도폭에는 언양단층으로 명명되어 있다. 기술의 편의를 위하여 주요 lineament의 명칭을 기존에 보고된 단층명, 혹은 지명을 붙여 명명하고, 다음과 같이 상술하기로 한다.

가장 서쪽에 형성되어 있는 밀양 lineament(그림 7-1의 ①)는 밀양 부근에서 시작되어 밀양강의 지류 동창천을 따라 북상하여 오봉산 바로 서쪽을 지나 영천시 고경면, 포항시 기계면, 포항시 죽장면, 영덕군 달산면, 병곡면 병곡리에 이르러 해안선을 따라 계속 북상한다. 전체 길이는 양산 lineament에 비견할 만하나 연속성은 양산 lineament보다 불량하다.

밀양 lineament 바로 동쪽에 모량 lineament(그림 7-1의 ②)가 형성되어 있다. 삼랑진 부근에서 시작하여 범도리, 남명리를 거쳐 운문산 바로 동쪽을 지나 경주시 건천읍에 이르는 것으로 짧지만 윤곽이 뚜렷하고 연속성이 좋으며, 거의 직선으로 이루어져 있다.

이현 lineament(그림 7-1의 ③)는 김해시 부근에서 시작하여 내포천, 배내천 하곡을 따라 북상하여 고헌산, 백운산 부근까지 추적되는 것으로 윤곽이 뚜렷하고 연속성이 좋다. 모량, 이현 lineament는 높은 산지 중에 형성되어 있어 곡폭은 좁으나, 마치 조각도로 홈을 파둔 것처럼 윤곽이 뚜렷한 것이 특색이다.

양산 lineament(그림 7-1의 ④)는 낙동강 하구에서 낙동강 본류, 양산천, 언양, 경주, 신광, 보경사, 강구, 영해에 이르는 것으로, 신광분지 남쪽은 깊게 개석되어 곡폭이

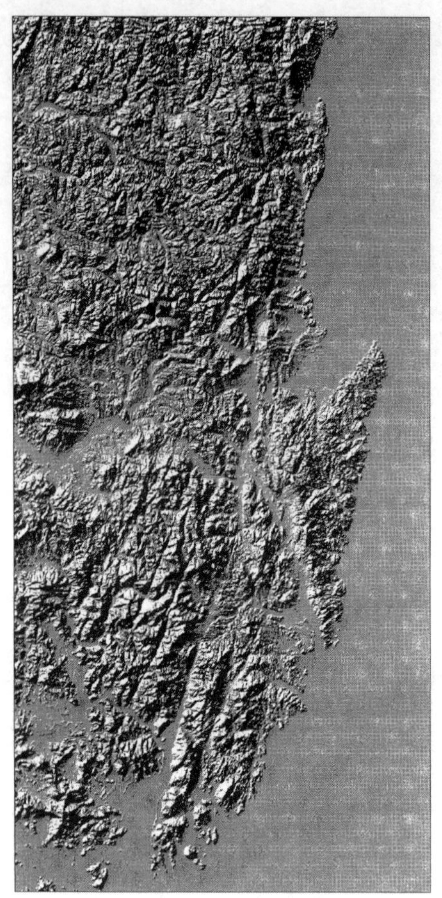

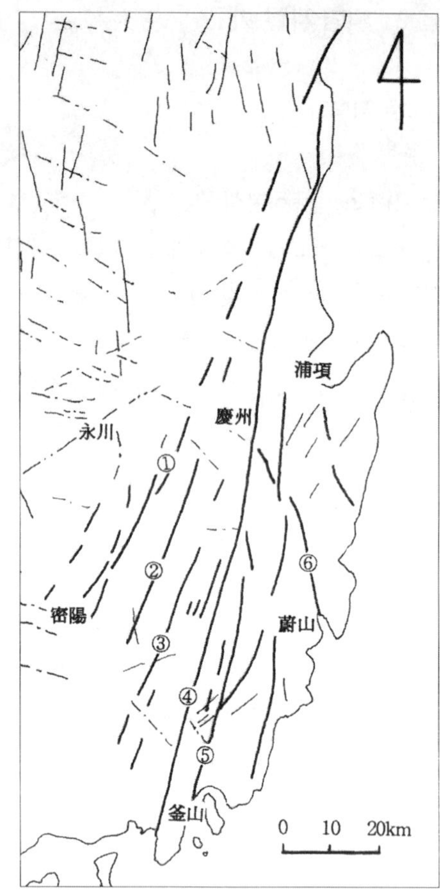

〈그림 7-1〉 양산단층 주변지역의 음영기복도와 lineament도

넓고 곡저가 낮으며 대부분의 구간에 곡저 충적평야가 형성되어 있다. 그러나 신광분지 북쪽은 개석도가 낮으며 윤곽도 불분명하다.

부산 lineament(그림 7-1의 ⑤)는 영도 서쪽 끝에서 시작되어 동래온천장을 지나 수영강, 회야강 하곡을 따라 북상 울산 서쪽을 지나 외동읍, 보문단지, 천북분지, 형산 서쪽까지 추적되는 것으로 많이 휘어져 있다.

불국사 lineament(그림 7-1의 ⑥)는 울산만 동안, 불국사 산맥 서쪽을 연하여 북상, 불국사, 천북분지를 지나 부산 lineament와 합쳐지는 것으로 이 lineament는 북북서 남남동 방향으로 방향이 그 밖의 것과 약간 다르지만 같은 구조운동으로 형성된 것으로 판단된다.

이상에서 기술된 북북동~남남서 방향의 lineament계 서쪽 영남지방 중앙부에는 서북서~동남동 방향의 많은 lineament가 형성되어 있으며, 영남지방 북서부지역에는 거의 남~북 방향의 lineament가 형성되어 있다. 그러나 이들 lineament는 윤곽이나 연속성이 양산 단층계열보다 훨씬 불량하고 양산 단층계에 의해 절단되고 있다. 따라서 이들 lineament의 원인이 된 구조운동은 양산계열의 것보다 더 오래된 것으로 해석할 수 있다.

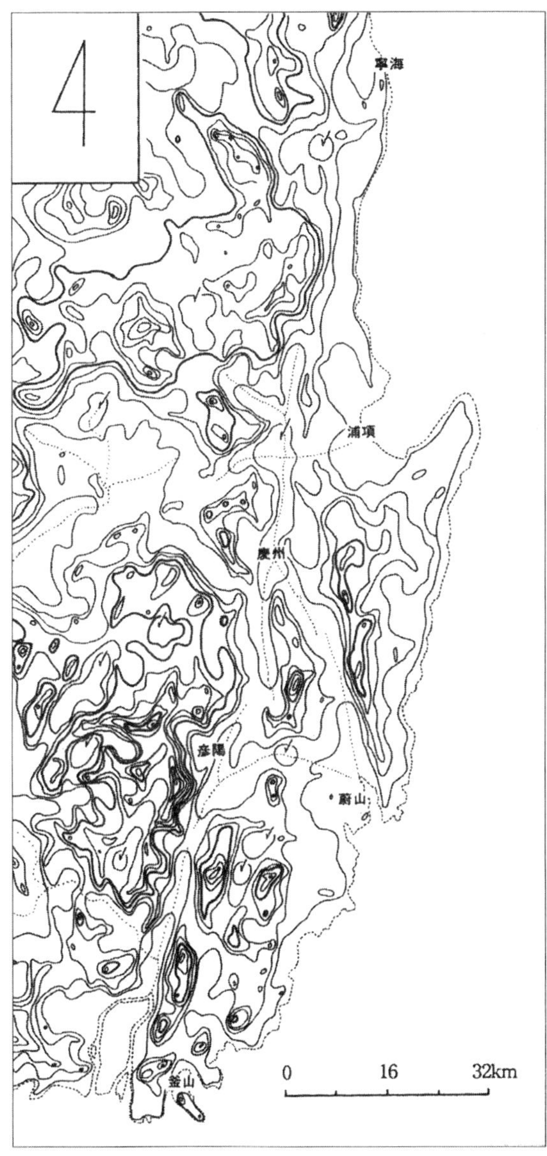

〈그림 7-2〉 양산단층 주변의 절봉면도

(등고선 간격 100m, 곡폭 4km 이하 매곡, 점선은 하천)

(2) 절봉면도 분석

<그림 7-2>는 양산 단층 주변지역의 절봉면도이다. 이 절봉면도는 곡폭 4km 이하의 곡을 매곡하여 등고선 간격 100m로 그린 것이다. 곡폭 4km 이하를 매곡하였으므로 앞에서 본 lineament 중 곡폭이 좁은 것은 절봉면도 상에서 부분적으로 나타나기도 하지만 불분명한 구간도 많다. 그러나 양산 lineament와 불국사 lineament는 그 윤곽이 뚜렷하여 이 두 lineament의 구조운동이 다른 것에 비하여 훨씬 컸던 것으로 추정할 수 있다.

양산 lineament 서쪽을 연하여 태백산맥의 축이 계속되어 북쪽에서부터 향로봉(930m), 비학산(762m), 도덕산(702m), 고헌산(1037m), 신불산(1209m), 토곡산(855m), 등의 고봉이 솟아 있고 ,양산 lineament 쪽으로 급경사를 이루고 있다. 이 lineament의 동쪽을 연하여서는 언양보다 남쪽에 원효산(920m), 금정산((801m), 백양산(641m) 등의 고봉

이 솟아 있고, 양산 lineament 쪽으로 급경사를 이루고 있다. 그러나 언양보다 북쪽은 비교적 낮은 지형이 계속되어 있다.

이와 같이 양산 lineament 동·서 주변 지형은 고도 분포에 있어서 조화를 이루지 못하고 있다. 경주 북쪽과 언양을 중심으로 한 지역에는 동쪽이 함락한 지형처럼 보인다. 그러나 물금지역에서부터 낙동강 하구까지는 동쪽이 서쪽보다 현저히 높고, 경사변환도 동쪽이 훨씬 뚜렷하여 서쪽이 함락한 것처럼 보인다. 그러나 한 단층선을 따라 나타나는 이와 같은 구조운동은 설명하기 어려우며, 우병영(1984)이 주장하는 것과 같이 우횡변위(right-strike-slip fault)로 설명하는 것이 훨씬 가능성이 높다.

불국사 lineament 동쪽을 연하여서는 토함산(745m)을 주봉으로 하는 소위 불국사산맥이 형성되어 서쪽으로 급경사를 이루고 있으나 동쪽으로는 완만히 낮아지고 있다.

이상에서 살펴본 lineament와 절봉면도의 특성을 기초로 한반도 동남부 지역을 양산 및 불국사 두 lineament에 의하여 3개의 지괴로 나누어 볼 수 있다. 즉, 양산 lineament 서쪽의 지괴(태백산맥 지괴로 가칭), 양산 lineament와 불국사 lineament 사이의 지괴(원효산지괴로 가칭),그리고 경주 북쪽의 양산 lineament와 불국사 lineament 동쪽의 지괴(토함산지괴로 가칭)가 그것이다. 지형의 고도 분포, 김해삼각주의 기반을 이루는 김해만, 울산만 등의 형성과 관련지어 볼 때, 태백산맥 지괴에 대하여 원효산지괴 및 토함산 지괴는 남쪽으로 밀려 내려온, 다시 말해서 양산단층과 불국사 단층이 우횡변위 단층운동을 하고 있는 것과 잘 조화를 이루는 지형배열을 하고 있다.

2) 지질개관

양산단층 주변의 지질은 소위 경상누층군(장기홍, 1977)으로 분류되는 백악계지층이 대부분이며, 동부 일부지역에 제3계도 분포하고 있다<그림 7-3>.

백악계는 육성퇴적암인 하양층군과 이를 덮고 있는 산성 및 중성화산암인 유천층군, 그리고 이들 지층을 관입한 불국사화강암으로 나누어진다. 양산 단층 서측의 대략 경주에서 안강까지는 하양층군으로 산지고도가 낮다. 그러나 안강보다 북쪽과 경주보다 남쪽은 안산암을 주체로 하는 유천층군과 이를 관입한 불국사화강암 및 반암류가 주로 분포하며 지형고도가 높게 나타난다. 한편 양산단층의 동쪽은, 경주에서 언양까지는 하양층군으로 500m 이하의 낮은 지형을 이루고, 언양보다 남쪽은 안산암과 화강암이 주체를 이루며 산지고도도 높게 나타난다. 경주보다 북쪽은 천북력암, 연일통 등 제3계 퇴적암이 주로 분포하고 있으며 지형고도도 낮다.

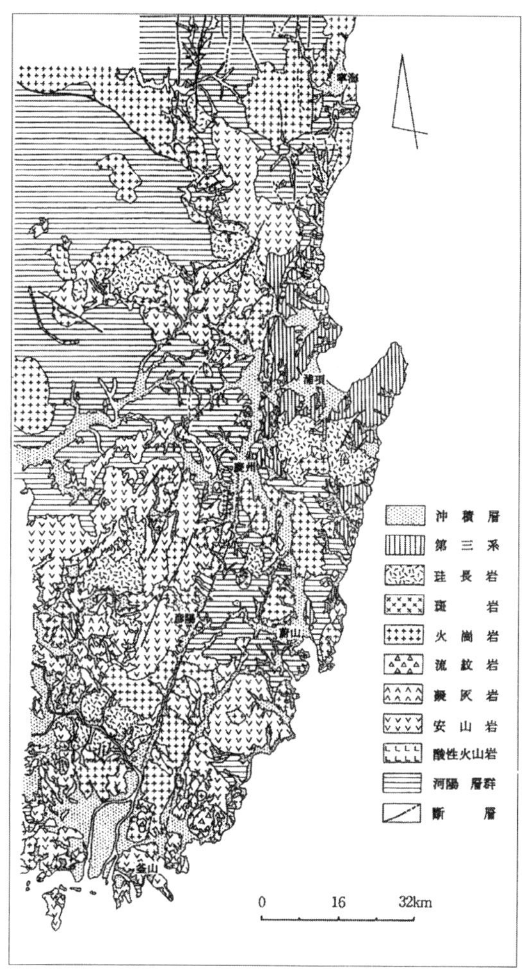

〈그림 7-3〉 양산단층 주변의 지질도

이와 같이 양산 단층을 경계로 동서간의 지질분포가 조화를 이루지 못하고 어긋나 있는 것은 양산단층의 횡변위단층운동의 가능성을 강하게 시사하고 있다. Choi et al.(1980) 및 우병영(1984)은 이와 같은 지질분포의 어긋남을 기초로 양산단층이 약 25km 정도 우횡변위했다고 주장하고 있으며, 장기홍 등(1980)은 양산단층 북부에서 약 35km 횡변위했다고 보고했다.

양산단층의 활동시기에 대해서는 많은 논의가 있다. 장기홍 등(1990)은 포항시 북동부와 영덕군 남부에 분포하고 45Ma 의 방사연대를 보이는 지경리 산성화산암이 양산단층에 의해 변위되고 있는 것으로부터, 양산단층운동은 45Ma 이후에 있었다고 보고, 다시 중신세의 연일층군이 이 단층을 덮고 분포하는 것으로부터 양산단층운동은 신생대 중신세 이후에는 주요 활동이 종식되었다고 했다.

Joliet et al(1991)은 포항부근의 중신통 암맥연구(Lee and Pouclet,1988), 양산단층 동측에 분포하는 제3계 등의 고지자기연구(McCabe et al., 1988; Kim and Yoon, 1988) 등을 종합하여 양산단층의 활동시기를 42～14Ma라고 추정하여 중신세까지 그 활동이 계속되었음을 시사하였다.

최근 필자도 참여한 한·일 양산단층조사팀의 조사과정에서 언양 부근 양산단층이 제4기까지 운동하고 있음을 시사하는 단구면 변위와 활단층노두를 발견하였으며(岡田 외, 1994; 조화룡 외 1994), 또한 불국사단층선상에 위치하는 경주시 외동읍 말방리에서 역단층의 활단층노두가 발견되는 등 점차로 이들 두 단층선이 현재도 활동하고 있는 활단층임이 논의되고 있다. 경주 북쪽 중신세의 분포가 양산 단층선의 동측에 한정되어 단층선에 임박해 분포하고 있는 지질분포 패턴도 중신세 이후에도 양산단층운동이 계속되었다는 설명을 유리하게 하고 있다.

3. 지형면 분류

지형면 분류는 소하천이 예상 단층선을 횡단하여 흐르는 곳에 발달해 있는 단구, 선상지 등 하성 지형면에 한정하였다.

대상지역은 이들 하성지형면이 모식적으로 나타나는 5개 지역을 선정 분류하였는데 북쪽에서부터 ① 청하 서정천 상류지역, ② 신광분지, ③ 단구리 지역, ④ 언양지역, ⑤ 양산천 중·상류 지역이다.

지형분류는 1/20,000～1/15,000 축척의 항공사진을 판독하여 실내에서 먼저 예찰도를 작성하고 현지조사를 통하여 지형면의 특색, 토양의 적색화정도, 역의 풍화정도 등을 조사하고, hand level에 의해 지형면 간의 비고 변화를 측정하였다.

먼저, 각 지역별로 지형면의 특색을 기술하고, 마지막에 이를 종합하여 지형면 분류를 종합 고찰하였다. 고위면, 중위면, 저위면 등 지형면의 명칭은 종합 고찰한 결론으로 붙여진 것이지만, 기술의 편의상 각 지역의 지형면을 기술할 때부터 이 명칭을 사용하기로 한다.

1) 청하 서정천 상류지역

서정천은 포항시 청하면 서북 경계지역에 있는 천령산(775m) 남동사면에서 발원하여 월포만에 유입되는 작은 하천이다. 이 하천의 중·상류부는 양산단층선을 따라 유로가 형성되어 있고, 유계리·서정리·명안리 일대에는 하성단구가 넓게 분포하고 있다(그림 7-4).

① 고위면 : 서정리 일대에 분포하고 있으며, <그림 7-4>에는 나타나 있지 않지만 동쪽으로 덕성리를 거쳐 해안에 위치한 용두리까지 계속된다. 안심저수지 서쪽 명안리 일대에는 단편적으로 분포한다.

이 면의 말단부는 곡저충적평야와 비고 20m 전후의 가파른 애면으로 경계되어 있으나 면상은 아주 완만한 경사(3‰)를 이루는 지형면이다. 그러나 산지에서 이면을 가로질러

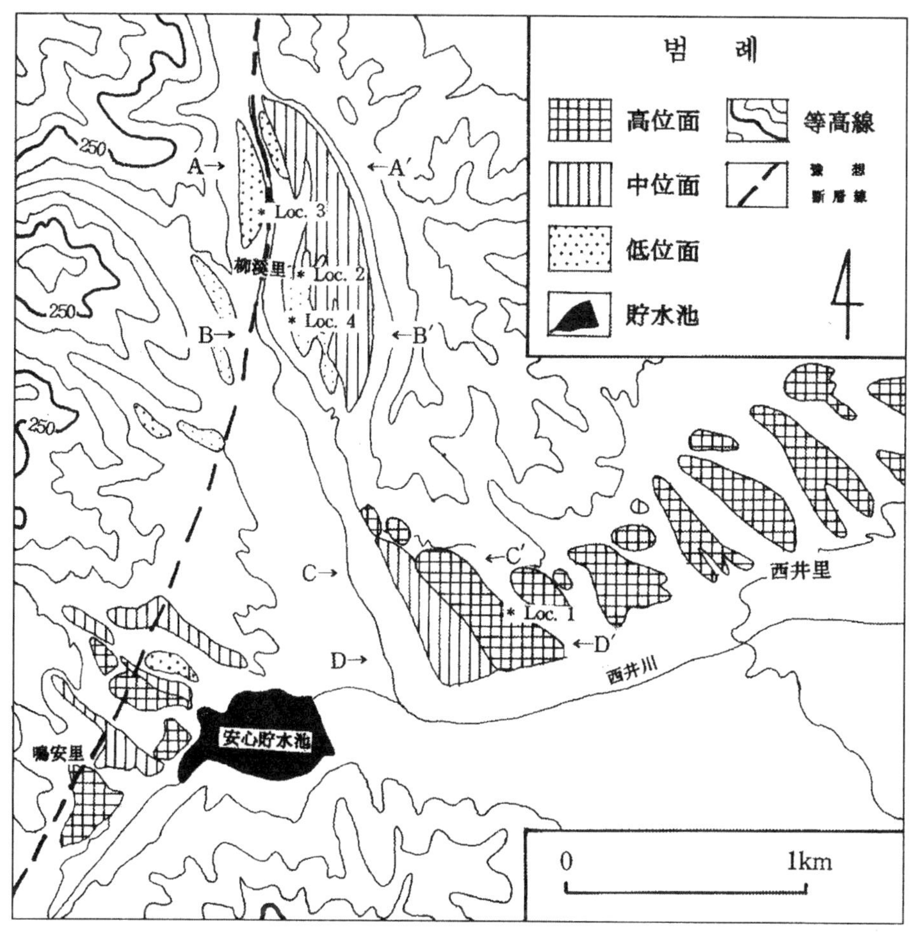

〈그림 7-4〉 청하 서정천 상류지역의 하성단구

흘러오는 소하천들에 의해 개석되어 여러 부분으로 나누어져 있다. 기반암위에 3~5m 두께의 역층이 퇴적되어 있는데 역은 pebble급의 아원력이 대부분이며 많이 풍화되어 있다. 표면의 토양은 명적갈색(2.5 YR 6/6)으로 많이 적색화되어 있다(Loc. 1).

② 중위면 : 유계리 동쪽에 넓게 형성되어 있어 곡구에서는 현하상과의 비고 30~40m로 높으나 하류 쪽으로 갈수록 비고가 점차 낮아져 청하 서부 초등학교 부근에 이르러 충적평야에 수렴된다(그림 7-5). 유계리 동쪽에는 높은 노두(Loc. 2)가 나타나는데 표토는 20cm정도로 얇으며, 그 아래쪽에 선상지성의 두꺼운 역층이 6~7m두께로 형성되어 있다. 다시 그 아래쪽에 갈색(7.5 YR 4/6)의 사질 실트층이 약 30cm 두께로 퇴적되어 있고, 그 밑에 보이는 부분만 약 1.5m 정도의 역층이 형성되어 있다. 사질 실트층

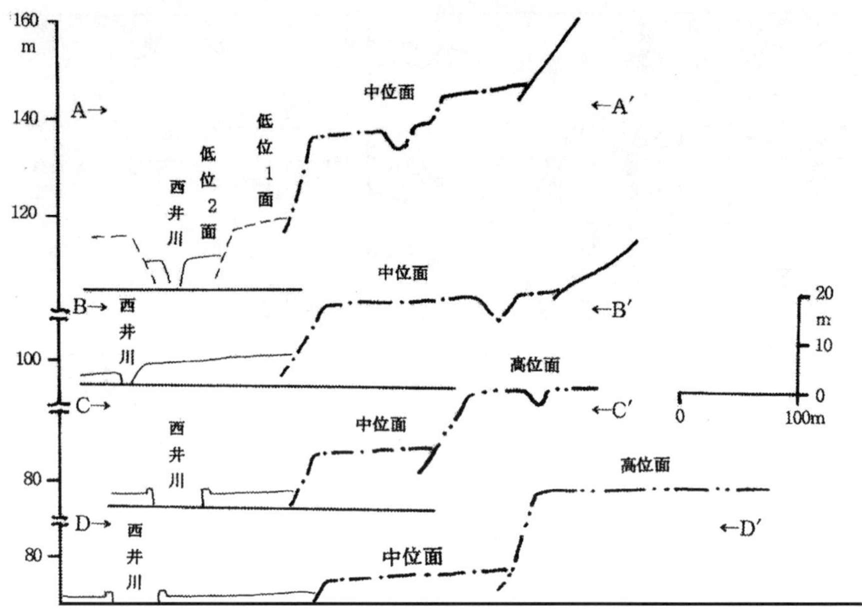

〈그림 7-5〉 서정천 연변 하성단구 종단비고변화

위쪽의 역은 점토피막이 형성되어 있으나 비교적 신선하지만 그 아래쪽의 역은 많이 풍화되어 있었다. 따라서 상하 역층은 퇴적시기가 다른 부정합 관계로 보이며, 아래쪽 역층은 고위면의 잔재로, 위쪽 역층은 그 위를 덮고 퇴적하여 새로운 면, 즉 중위면을 형성한 것으로 추정된다.

③ 저위면 : 저위면은 하상비고 10～15m의 L1면과 6～7m의 L2면이 인정되며, 특히 L2면은 단구역층이 1m 전후로 아주 엷고(Loc. 3 · 4) 기반암이 단구 비고의 대부분을 차지하는 침식단구였다.

2) 신광분지

신광분지는 행정적으로 포항시 신광면과 대략 일치하는 지역으로 곡강천 상류 유역이 대부분이며, 남부 일부지역은 기계천의 한 소지류에 의해 배수된다.

이 분지를 남북으로 양산 단층이 지나고 있어 분지의 형태가 남북으로 길게 이루어져 있다. 이 분지의 주변산지 산록에는 형성시기가 다른 선상지 기원의 단구가 다양하게

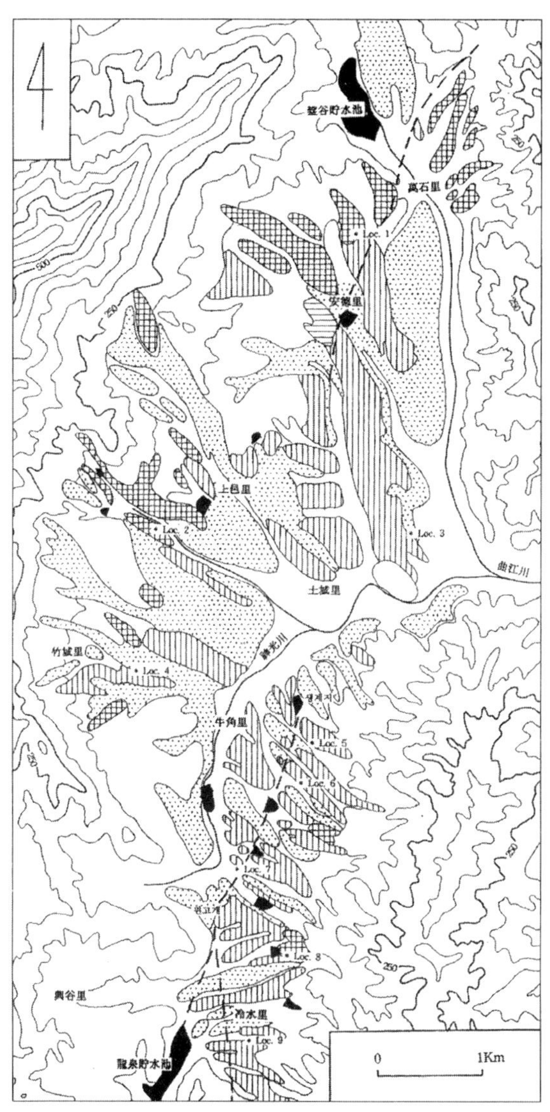

〈그림 7-6〉 신광분지의 하성단구

형성되어 있다(그림 7-6). 남부지역에는 냉수리, 우각리 일대, 즉, 분지 동쪽 산록에 단구지형이 다양하게 형성되어 있지만, 서쪽 흥곡리 일대는 단구지형이 없다. 그러나 북부지역의 죽성리, 상읍리, 안덕리, 만석리 일대, 즉 서쪽 산록에 다양한 단구지형이 형성되어 있으나 동쪽산록에는 거의 없다. 이와 같은 지형배열은 단층선이 지나는 위치와 깊은 관련을 갖는 것으로 판단된다.

① 고위면 : 만석리, 안덕리, 죽성리 등 서부 주변산지 산록에 주로 분포하고 동부 주변산지에도 단편적으로 분포하고 있다. 산각에 연속되게 분포하여 낮은 분수령을 이루며, 파랑상의 표면경관을 보인다. 만석리 도로변 노두(Loc. 1)에 의하면 표면 50cm 두께의 적갈색 토양(2.5 YR 5/8)이 형성되어 있고 그 아래쪽 약 4m 두께의 pebble급 역이 중심인 역층이 형성되어 있는데 원마도 및 분급상태가 선상지 퇴적물의 특색을 보이며, 호미로 긁힐 정도의 풍화된 상태이었다. 죽성리, 냉수리 노두(Loc. 2, Loc. 8)에도 적색토가 두껍게 형성되어 있고 B층에는 호반문이 발달해 있었다.

② 중위면 : 우각리, 냉수리 지역의 동부산지 산록에 전형적으로 분포하며, 개석을 받기 전에는 합류선상지 형태를 이루었을 것으로 보인다. 북서쪽은 경지정리가 이루어져 원면이 많이 변화되었지만 토정리에서 만석리까지에 그 아랫면과 10m 전후의 뚜렷한

애면으로 경계되어 있는 지형면이 상당히 넓게 나타나 있다. 하상비고 10~20m이고 말단부에는 개석곡이 많이 들어있지만 남아있는 원면은 비교적 평탄하고 논농사가 주로 이루어지고 있다. 중위면에서는 노두가 많이 나타나는데(Loc. 3, 4, 5, 6, 7, 9) 토양 B층의 토색은 황등색(7.5 YR 8/8) 혹은 등색(7.5YR 7/6)으로 상당히 적색화되어 있었으나, 표토의 두께는 50cm 전후로 두껍지 않다. 그 아래 역층은 보이는 부분만도 5~7m로 두꺼우며 가끔 그 아래쪽에 풍화된 화강암 등의 기반암이 노출되는 곳도 있다. pebble, cobble급의 역이 대부분이며 아원력, 아각력으로 이루어졌다. 점토피막과 풍화각이 대부분 형성되어 있고, 가끔 완전히 풍화된 역도 포함되어 있다.

우곡리 일대는 중위면들을 연속적으로 가로질러 절단하는 선구조가 있으며, 양산 단층의 방향과도 일치하여 주목되고 있다. 즉, 곡강천과 기계천의 분수령인 '원고개'에서부터 '생계지'라는 저수지까지로 그 중간에는 송내지, 오두지 등의 저수지가 있고 이 선구조를 따라 어떤 곳에는 깊은 우곡이 형성되어 있고, 또 어떤 곳은 좁은 폭의 저지로 중위면이 절단되어 있기도 하다. 지형면의 배열도 이 선 구조를 경계로 위·아래쪽이 다르게 나타나고, 고도의 차이도 다소 있는 것으로 보였다. 이 선구조가 단층운동의 결과임을 확증할 만한 지질적 증거는 아직 찾지 못했지만, 앞에서 언급한 것과 같은 지형적인 특색은 단층운동 때문인 것으로 해석하는 것이 유리하다. 만일 중위 단구면을 절단하는 이 선구조가 양산 단층운동으로 형성되었다면 양산 단층이 활단층이라는 또 하나의 증거가 된다.

③ 저위면 : 중위면을 개석한 곡저에 형성되어있고 하상비고가 상류 쪽에는 7~8m에 이르지만 하류 쪽으로 갈수록 비고가 낮아져 충적평야와 수렴된다. 단구력도 거의 풍화를 받지 않고 신선한 상태이며, matrix도 전혀 고결되어 있지 않은 상태이다.

3) 단구리 지역

이 지역은 신광분지 남쪽에 접해있는 지역으로 행정적으로는 경주시 강동면 단구리이다. 기계천의 지류 벽계천과 전곡천을 연하여 단구지형이 형성되어 있다. 전체적으로 오래된 선상지를 개석하면서 새로운 선상지를 만들어가는 형태의 단구배열을 보인다(그림 7-7).

① 고위면 : 하천을 중심으로 가장 바깥쪽에 pair로 분포하고 있으며 하상비고 약 20m이다. 대부분 송림지를 이루고 있으나 부분적으로 경지나 공원묘지(대명공원묘지) 등으로 토지이용이 이루어지고 있다. 31번 도로와 '앞실못' 저수지 사이 개석곡벽에

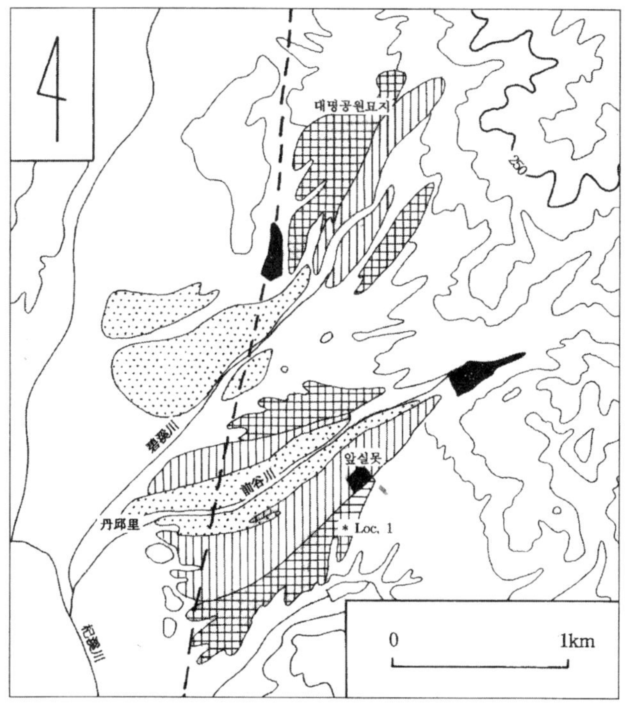

〈그림 7-7〉 단구리 지역의 하성단구

폭넓은 노두(Loc. 1)를 관찰할 수 있는데, 표면 약 2m 두께는 적색화가 진전된 명적갈색(2.5 YR 5/8)의 실트·점토층이 형성되어 있고, 그 아래 약 6m는 역층과 모래층이 호층을 이루고 있다. 역은 아원력이며 매우 풍화되어 있었고, matrix도 상당히 고결되어 있었다.

② 중위면 : 고위면 안쪽에 pair로 나타나며, 하상비고 10m 전후이다. 지형면의 보존 상태가 양호하나 노두는 쉽게 발견되지 않았다. 전곡 남쪽 중위면 말단부에는 중위면 위에 20~30m 고도로 솟아있는 분리구릉 3개가 나란히 줄을 지어 분포하고 있어서 이들 분리구릉 동쪽으로 단층선이 지나고 있을 가능성을 보이고 있다.

③ 저위면 : 벽계천에서는 고위면과 중위면 전면에 거의 완전한 선상지 형태를 이루며 형성되어 있으나 전곡천에서는 중위면 안쪽에 중위면을 개석하고 형성되어 있다.

4) 언양지역

단구지형이 다양하게 발달해 있는 지역은 언양에서 통도사 입구까지의 지역으로 울산시 삼남면의 교동리, 가천리, 상천리, 방기리 지역과 양산시 하북면 전지리, 신평리 지역이다. 이 지역은 신불산(1208.9m), 취루산(1058.9m) 등으,로 연결되는 높은 산지의 동쪽 사면으로 작천, 가천, 상천, 방기천 등 태화강 상류와 양산천 상류 지류들이 동쪽으로 흘러내리면서 형성시기가 다른 다양한 선상지성 단구지형을 형성하고 있다. 이 지역은 일견 경부고속도로가 지나는 연속적인 저지로 보이지만 두 곳의 낮은 분수령이 있다.

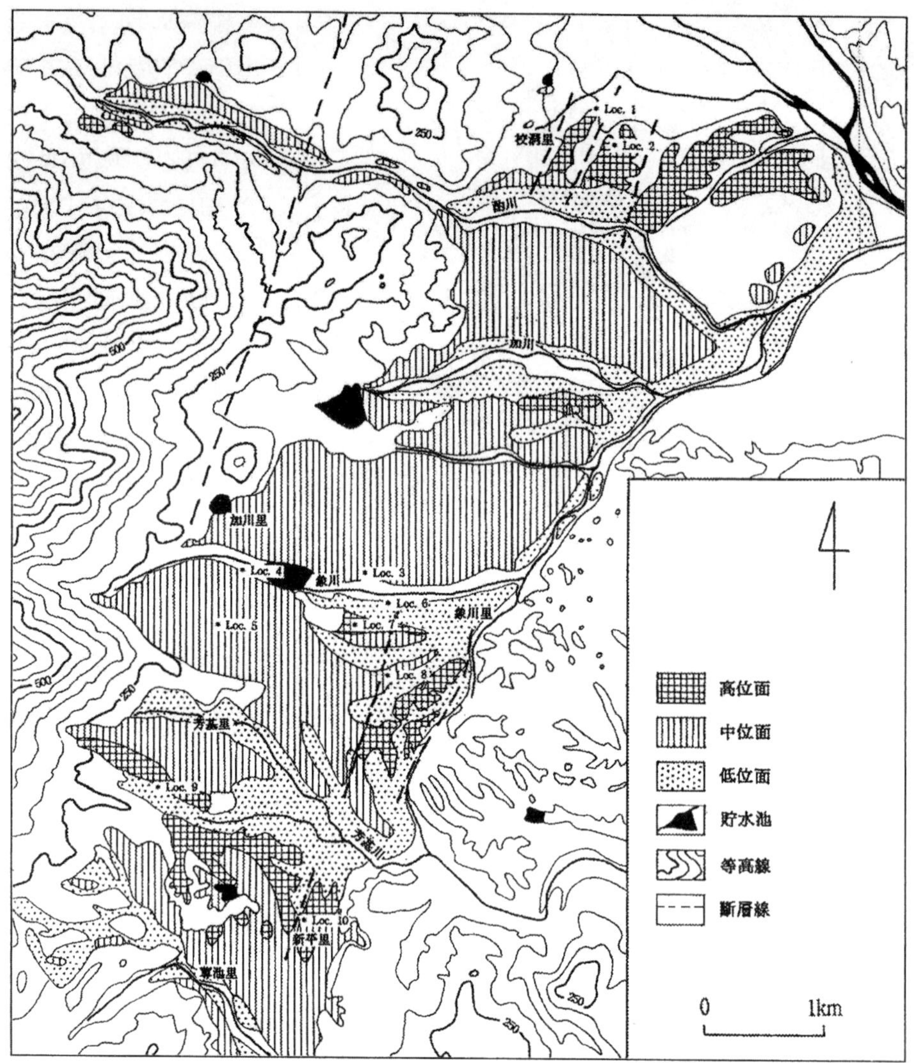

〈그림 7-8〉 언양 주변지역의 하성단구

신평리 부근이 양산천과 태화강(방기천)의 분수령이고, 방기리 조일목장 부근이 방기천과 상천의 분수령이지만 이 분수령은 모두 단구면으로 이루어져 있다(그림 7-8).

① 고위면 : 교동리 방기리 일대에 분포한다. 개석을 많이 받아 남아 있는 평탄면의 평면적인 분포 형태가 수지상이며 표면도 파랑상의 기복을 이루고 있다. 단구역층은 두껍고 완전히 풍화되어 있으며, 표면에는 두꺼운 적색토가 덮여있다. 작천과 태화강 사이 교동리 일대의 고위면은 고도 110~90m의 고도를 이루며, 지형배열의 특징으로

보아 작천이 만든 선상지가 개석을 받아 단구화된 것으로 보인다. Loc. 1지점에는 아파트 단지 조성을 위하여 고위면의 일부를 절개하는 과정에 훌륭한 노두가 나타났다. 표면에 1～1.5m 두께의 적색토(2.5 YR 5/8)가 쌓여 있고, 그 아래 약 17m 두께의 역층이 부분적으로 사질랜즈를 포함한 상태로 퇴적되어 있었다. cobble급의 역이 중심이며 가끔 boulder급의 역도 포함되어 있으며 아원력이고 표토 바로 아랫부분은 호미로 긁힐 정도로 완전히 풍화되어 있었으나 아래로 깊이 내려갈수록 풍화는 덜 된 상태였다. 이와 같은 현상은 땅 속 깊은 곳에서는 외기와 접촉할 기회가 적기 때문에 결과된 것으로 해석된다. Loc. 2지점에는 아래쪽 역층은 조금밖에 보이지 않지만 약 2m 두께의 적색토(5YR 4/8)가 역층 위에 퇴적되어 있었다. Loc. 7지점에는 국도를 새로 내는 과정에 노두가 나타났는데 표면에 약 50cm 두께의 적색토(2.5 YR 6/8)가 있고 그 아래 약 2m 두께의 역층이 보였는데 완전 풍화된 역이 대부분이었다. Loc. 9지점에는 많은 노두를 볼 수 있는데 표면 1m가 세력을 약간 포함한 적색토(2.5 YR 5/8)이고, 그 아래 3m가 boulder급에서 pebble급에 이르는 다양한 크기의 풍화된 역층이며, 다시 그 아래쪽에는 심층풍화된 화강암의 기반암이 나타났다. Loc. 10지점에도 두꺼운 적색토와 완전풍화된 역층을 보이는 노두가 있었다.

방기리 고위면은 3부분으로 나누어져 단편적으로 분포하고 있지만 전체적인 분포패턴으로 미루어보아 방기천이 만든 하나의 큰 선상지가 오랜 개석을 받아 지금과 같은 형태로 남아있는 것으로 판단된다.

② 중위면 : 넓은 분포 면적을 가지며, 선상지의 윤곽이 많이 남아있다. 면의 말단부에 일부 침식곡이 들어 있는 외에는 면의 보존상태가 아주 양호하다. 상천좌우에 삼성전관 공장이 설치된 지형면과 가천리 쪽의 지형면은 상천에 의해 20m 깊이로 개석되어 있으나 선상지의 윤곽이 뚜렷하다. 현 하상과의 비고는 상류 쪽이 약 20m로 높고 하류 쪽은 약 10m로 하류 쪽으로 갈수록 그 아래쪽 면과 수렴되고 있다. 지형면의 특색만을 보아서는 가조분지 등 내륙분지의 저위1면과 닮았으나 역의 풍화정도나 표토의 토색으로 보아서는 중위면의 특색을 보인다. Loc. 3은 국도의 가천교 바로 북쪽 도로변에 있는 노두로 표면 1m 두께의 황등색(7.5YR 7/8) 토양이 형성되어 있고 아래쪽에 역층은 모든 역에 풍화각이 형성되었고 완전히 풍화된 역도 부분적으로 섞여 있었으며, matrix는 상당히 고결되어 있었다. Loc.4지점에는 신촌 소류지의 댐을 축조할 당시 관찰된 노두로 17～18m 두께의 역층이 부분적인 bedding을 이루며 퇴적되어 있는 것이 관찰되었다. Loc. 5지점은 삼성전관에서 새로운 공장건설을 위하여 중위면을 절개한 높이 약 20m, 폭 300m의 노두가 나타났는데 아래쪽 3m～7m가 적색을 띠고 풍화가 상당히 이루어진

역층이 위쪽 10~15m가 앞에서 언급된 중위면 역층노두의 특색을 보이고, 표층 약 0.5~1.0m가 황등색의 실트, 점토층이 형성되어 있었다. 상부역층과 하부역층 간의 경계는 파상형의 경계를 보이고 색깔의 차이가 뚜렷한 것으로 보아 부정합면이며, 하부역층은 중위면의 역층에 매몰된 고위면의 역층일 것으로 추정되었다. Loc. 8 지점에도 작은 계류가 중위면을 개석하고 있는 곡벽에 역층 노두를 쉽게 찾아볼 수 있다. 이곳에서는 표토층은 20㎝ 전후로 엷지만, 그 아래3~4 m두께의 역층의 역은 풍화각이 형성되어 있고 부분적으로 풍화되어있는 아원력이었다.

③저위면 : 중위면이 개석된 곡간에 하상비고 7~8m의 지형면으로 아주 평탄하다. Loc.6지점 상천 옆 노두에서 하부 2m의 역층은 반 정도 풍화된 역과 황갈색 matrix로 이루어진 오래된 역층이고, 윗쪽 약 5m의 아랫부분에 역층이 노출되어 있었는데 아주 신선한 역이었으며 matrix도 적색화가 거의 이루어지지 않았다.

저위면 아래쪽에 하상 비고 4~5m의 지형면이 있지만, 주민들의 설문조사에 의하면 큰 홍수 때 가끔 침수된다고 하기 때문에 현하천의 범람원으로 분류했다. 그러나 일반적인 하천 하류의 범람원과는 달리 현재의 하천이 하상을 하각하고 있는 형태의 지형특징을 보인다.

상천 주변의 각 지형면을 계측하여 종단면 변화를 나타낸 것이 <그림 7-9>이다. 연속적으로 추적이 가능한 지형면이 중위면으로 상류 '장제리' 부근에서는 하상비고 18m이나 하류부'상천리' 부근에서는 10m에 채 이르지 못하는 비고를 보여 중위면은 역층의 두께가 두껍고 하부로 갈수록 비고가 낮아지는 특색을 보인다. 고위면은 추적되는 거리가 짧아서 단정하기는 어려우나 하상비고의 변화가 거의 보이지 않는다. 저위면도 중위면에 비해 현 하상과의 비고 변화가 적게 나타났다.

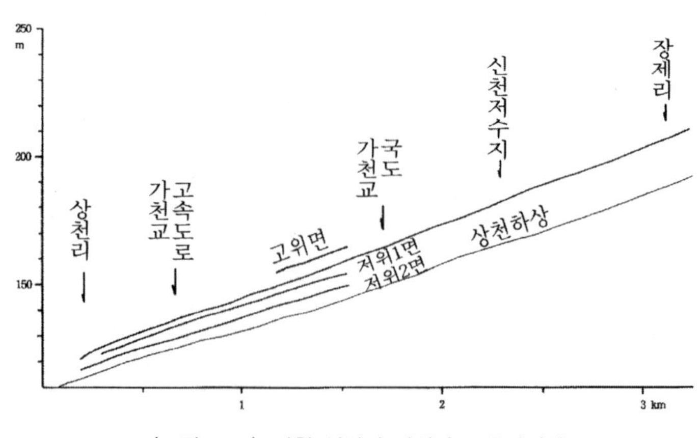

〈그림 7-9〉 가천 연변의 하성단구 종단변화

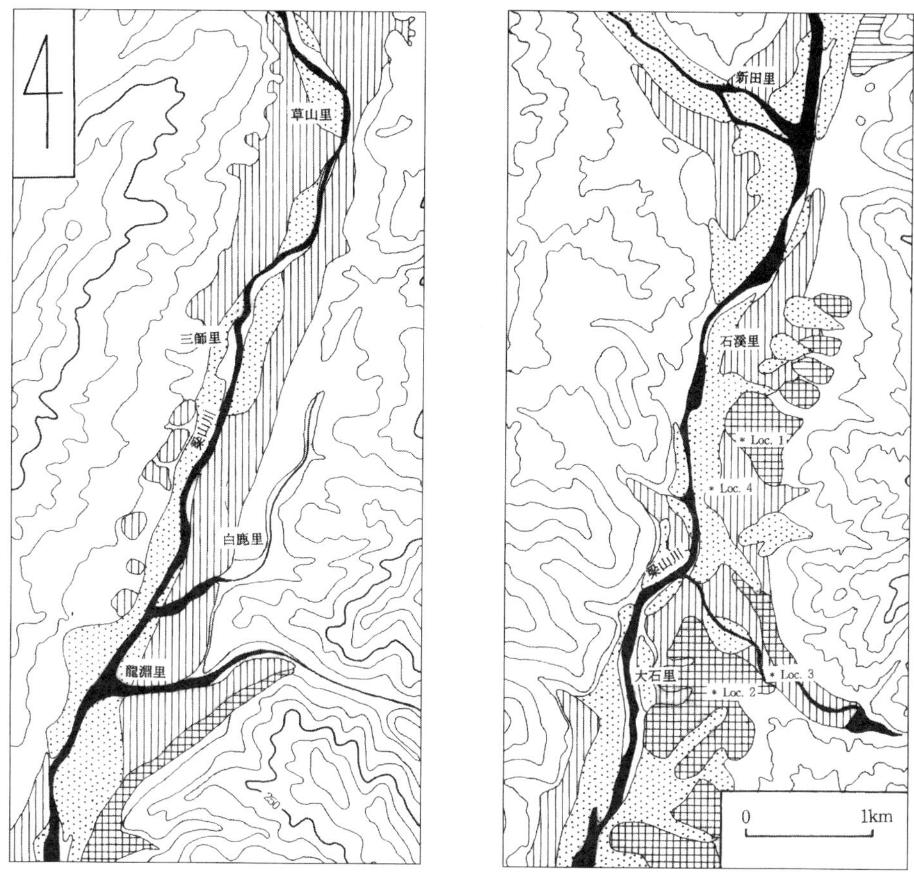

〈그림 7-10〉 양산천 중·상류지역의 하성단구

5) 양산천 중·상류지역

양산시 하북면 삼사리, 용연리와 상북면 석계리, 대석리 등 양산천 본류 하곡을 따라 단구지형이 형성되어 있다. 좁은 곡간에 형성되어 있어서 단구의 폭이 좁으며, 그 아래쪽은 지류성단구가 많다(그림 7-10).

① 고위면: 석계리와 대석리에 비교적 넓게 분포한다. 개석을 받아 개석곡이 깊게 들어있으며, 남아있는 단구면도 파랑상의 기복을 갖고 있어 밭으로 주로 이용되고 있었다. 본류와의 비고는 30～40m이다. 석계리 고속도로 횡단교량옆 노두(Loc. 1)에서 표토는 약 50cm의 두께로 명적갈색(5YR 5/6)을 나타내며, 그 아래 약 2m 두께의 역층은

pebble급의 아원력이 중심이며 거의 풍화된 역이었다. 대석리 덕운교옆 노두(Loc. 2)에서는 표면 1m 두께의 적색토(2.5 YR 6/8)가 형성되어 있고 그 아래 풍화된 역층이 형성되어 있었다.

② 중위면 : 전 구간에 걸쳐 분포하며 말단부의 본류하상과의 비고 10m 전후의 지형면이다. 삼사리, 백록리는 본류와 평행된 본류성 단구를 이루지만 그 아래쪽 용연리, 상삼리, 석계리, 대석리 일대에는 소지류의 선상지 형태의 단구가 많다. 원면의 보존상태가 양호하며 대부분이 논으로 이용되고 있다. 대석리 소지류변 노두(Loc. 3)에서 표토 30cm 정도는 엷고 황갈색(2.5 YR 6/8)이며, 그 아래 약 4m의 역층은 pebble 및 cobble급의 아원력으로 풍화각이 형성된 정도였다. 대석리 국도변 노두(Loc. 4)에서도 약 3m 두께의 역층 노두를 관찰할 수 있는데, pebble 중심의 아원력으로 부분풍화가 이루어졌고 matrix도 어느 정도 고결되어 있었다.

③ 저위면 : 본류를 연하여 본류와 하상비고 5~7m의 단구로 좁게 분포한다. 표토는 엷고 역은 거의 풍화되지 않고 신선했다. 석계리와 대석리 쪽에 선상추의 형태로 중위면을 피복하고 있는 지형이 있는데 경지와 취락이 입지하고 있어 현재도 형성되고 있는 것으로 보이지는 않는다. 역의 풍화정도가 저위면과 유사하여 같이 분류하였다.

4. 토의

1) 각 단구별 지형 특색 종합

조사지역의 단구면은 고위면, 중위면, 저위면으로 분류되었으며 곳에 따라서는 저위면이 1, 2면으로 세분되는 곳도 있었다.

각 지형면의 분포 패턴의 특색을 요약하면 고위면은 오랫동안 개석을 받아 남아있는 원면의 분포가 단편적이거나 수지상의 낮은 분수령을 이룬다. 면의 표면 형태도 파랑상의 기복을 보이고 있다. 중위면도 말단부 쪽에 개석곡이 많이 들어있으나 원면의 보존상태가 비교적 양호하다. 저위면은 중심하천에 의해 단구화된 이외에는 원면이 거의 보존되어 있다.

단구면상의 토양의 상태를 종합해보면 고위면에는 0.5~2.0m 정도의 두꺼운 토양층이 형성되어 있는데 이들의 토색은 2.5 YR 및 5 YR의 적갈, 명적갈 등색의 색조를 나타낸다. B층에는 일반적으로 호반문이 형성되어 있다. 중위면의 표면을 덮고 있는 토양은 두께가

50cm 전후로 고위면 보다 엷으며, 토색은 부분적으로 적색화가 이루어져 7.5 YR 계열의 등색, 황등색, 명황적갈색, 갈색 등의 색조를 보인다. 저위면은 표토의 두께가 30cm 전후로 더욱 엷고 적색화도 거의 이루어지지 않았다.

역층의 풍화 정도는 고위면에서는 호미로 모든 역이 긁힐 정도로 완전히 풍화된 곳도 있고 약 2/3정도의 역이 완전 풍화되고 나머지 1/3정도의 역은 완전풍화되지는 않았지만 풍화각이 두껍게 형성되어 있었다. 중위면의 역은 완전풍화된 역이 일부 섞여있기도 하지만 대부분의 역은 풍화각이 형성되어 있고 점토피막이 이루어져 있으며, matrix도 상당히 고결된 상태를 보인다. 저위면의 역은 거의 신선한 역이며 matrix 물질도 완전히 분리상태에 있었다.

이상의 특색을 종합해 보면 고위면은 아주 오래된 지형의 특색을 보이고 중위·저위면으로 오면서 지형 특색이 단계적으로 젊어지고 있다는 것을 알 수 있다. 본 지역 단구는 거의 대부분이 선상지성의 퇴적단구이므로, 어떤 한 시기에 퇴적면이 형성되고 그 다음시기에 이 퇴적면이 개석을 받아 단구화되는 첫 번째의 단구화 cycle을 지나고, 다시 그 개석곡저나 전면에 퇴적이 이루어지고 침식을 받는 두 번째 cycle, 또 세 번째 cycle이 반복되어 이와 같은 지형면이 형성된 것으로 볼 수 있다. 이와 같은 단구화 cycle을 어떤 time scale로 설명하느냐 하는 것이 문제인데, 다음 항에서 이 문제에 대해서 토의해 보겠다.

2) 각 단구면 형성 시기 추정

본 조사지역에서 단구 형성의 절대연대를 논할 수 있는 편년자료는 얻지 못했다. 따라서 토양의 토색, 역의 풍화정도, 단구면의 하상비고 등을 기존연구와 관련지어 각 단구의 형성시기를 추정해 보기로 한다.

하성단구는 상류 산간분지에는 빙기에 퇴적하고 간빙기에는 침식되어 형성되는 기후단구 성격의 단구가 형성되고, 해안에서는 간빙기 고해수준기에 퇴적되고 빙기 저해수준기에 침식되어 단구화되는 해면변동단구가 형성되어 이들 각각은 면의 형성시기가 서로 상반된다.(貝塚, 1997). 전자는 상류 쪽에 하상비고가 큰 두꺼운 퇴적단구를 이루고 하류 쪽으로 갈수록 비고가 낮아져 그 아랫면에 수렴되거나 몰입한다. 그러나 후자는 하류 쪽에 비고가 뚜렷하며 수렴되지 않는다.

본 연구지역의 하성 단구는 상류부는 기후단구의 성격을 띤 선상지성 단구가 대부분으로 장호(1986)의 소백산맥 동서쪽의 산간분지들의 하성단구와 성격상 유사한 점이 많다.

장호는 고·중·저위면을 각각 1,2면으로 세분했으며, 고위면은 지형면의 특색, 토색, 역의 풍화정도가 본 지역과 아주 유사하다. 그러나 중위면은 장의 중위면 보다는 다소 젊은 경향을 보이고, 저위1면보다는 좀 더 오래된 특성을 보인다. 이와 같은 차이는 단구면 분류상의 문제일 수도 있고, 또 지역과 기반암의 차이 때문에 발생하는 지역차일 수도 있어 금후 계속 검토할 문제이다.

장호(1986)가 연구한 소백산맥 산록 산간분지들 중에서 가조분지에 대해서는, 필자도 참여한 별도의 연구(조화룡 등, 1987)가 있다. 가조분지에는 저위1면상에 토탄층이 넓게 형성되어 있는데 이 토탄층의 carbon dating 결과가 35,000y.B.P를 나타내고 있으므로 저위1면을 최종빙기에 형성된 것으로 편년했다. 또한 고위면의 토양이 10R 혹은 2.5 YR 계열의 색조 정도로 적색화되어 있고, 단구력이 완전히 풍화된 것으로부터 이들 고위면은 적어도 2회 이상의 간빙기를 경과한 지형면일 것으로 추정하였다. 따라서 고위면은 Mindel빙기 혹은 Mindel/Riss간빙기, 중위면은 Riss빙기, 저위면은 최종빙기에 형성된 것으로 편년했다. 본 연구 지역의 단구도 토색, 역의 풍화정도, 지형면의 특색이 가조분지의 그것과 유사하여, 고위면은 Mindel/Riss간빙기나 그 이전, 중위면은 Riss빙기, 저위면은 최종빙기에 형성된 것으로 추정했다.

본 연구지역에서 청하 유계리의 고위면은 그 수준을 해안까지 추적할 수 있으며, 해안에서 약 30m의 고도를 보이고 있다. 동해안에서 해면변동 단구의 연구에 주력해온 최성길(1988,1991,1993)은 해안에서 17～20m의 고도를 갖고 있는 하성 및 해성단구를 최종간빙기보다 더 오래된 어떤 시기에 형성된 것으로 해석할 수 있어 앞의 편년 결과와 모순되지 않는다.

3) 양산 단층과 단구 지형

단층운동이 일어나 한쪽 지반이 상승하면 구 단층애의 전면에는 합류선상지 지형이 연속적으로 나타나게 된다. 또 이와 같은 선상지들은 빙하기와 간빙기가 반복되는 것과 같은 원인으로 퇴적물의 공급량이 늘었다 줄었다 하는 과정을 거치면서 퇴적물의 공급량이 많을 때 선상지가 형성되고, 반대로 퇴적물공급량이 줄었을 때 이미 형성되었던 선상지가 개석되어 단구가 만들어진다. 이와 같은 과정이 반복되면서 형성시기가 다른 여러 면의 단구지형이 형성된다. 본고에서 조사된 단구지형들도 양산단층을 연하여 이와 동일한 과정을 거치면서 형성된 것으로 볼 수 있다. 그러나 단구지형의 분포가 한쪽 면에만 한정되어 있지 않고 어떤 곳에서는 단층동쪽을 연하여 연속적으로 분포하고 있는 것이 특이하다. 이것은 아마도 양산 단층이 수직운동보다 수평운동이 탁월하여 단층애면이 동측에 나타났다 서측에 나타났다 하고 있기 때문인 것으로 해석된다.

양산단층의 활단층 여부를 판정할 수 있는 단구 지형면의 변위를 살펴보면 언양 지역에서는 교동리 일대와 조일리 일대의 고위면의 변위와 상천리의 중위면 변위가 이미 보고된 바(岡田외, 1994, 조화룡 외, 1994)있다. 이번 조사에서 신광분지 우각리 일대에 중위단구면을 가로지르는 선적구조가 단층운동과 관련이 깊은 것으로 생각된다.

5. 결언

양산 단층 주변의 지형을 lineament분포도, 절봉면도, 지질도 등을 개관하는 거시적 측면의 분석과 단층선을 연하여 발단한 세부지형에 대하여 항공사진 판독, 현지조사 등의 미시적인 분석을 실시하였다. 분석결과를 요약하면 다음과 같다.

1. 양산 단층을 축으로 그 좌우에 발달해 있는 북북동-남남서 방향의 밀양, 모량, 양산, 부산, 불국사 lineament는 우횡변위단층운동의 결과로 보이며, 한반도 남동부에서 일어나고 있는 가장 최근의 지각운동을 반영하는 것으로 판단된다.

2. 양산 단층은 lineament가 선명하고, 이 lineament를 연하여 합류선상지성 하성단구가 연속적으로 분포하고 있으며, 언양, 신광분지에서 이 단층선이 단구면을 변위시키고 있는 것으로 보이는 지형들이 관찰되어 활단층의 가능성이 매우 높아졌다.

3. 양산단층을 연하여 발달해 있는 하성단구는 고위, 중위, 저위면으로 분류되며 고위면은 Mindel/Riss간빙기 혹은 그 이전, 중위면은 Riss기, 저위면은 최종기에 단구면이 형성된 것으로 추정된다.

참고문헌

강필종. 1979. 「남한 인공위성 영상의 지질학적 분포 I」. 지질학회지, 15(2). pp.109~126.

우병영. 1984. 「양산단층의 지형학적연구」. 경북대학교 석사학위 논문. p.41.

立岩巖. 1929. 조선지질도. 1 : 50.000. 경주지질도폭 및 동도폭설명서. 조선총독부 지질조사소. 제10집.

장기홍. 1977. 「경상분지 상부경상계의 층서퇴적 및 지구조」. 지질학회지, 13(2). pp.76~90.

조화룡. 장호. 이종남. 1987. 「가조분지의 지형발달」. 한국제4기학회지, 1(1). pp.35~45.

최성길. 1991. 「한국동해안 냉천 하구부의 해면변동단구와 영일만 북안의 해성단구」. 지리학논집, 17(1). pp.61~73

_____. 1993. 「한국동해안에 있어서 최종간빙기의 구정선고도 연구: 후기 갱신세 하성단구의 지형층서적 대비의 관점에서」. 한국 제4기학회지, 7(1). pp.1~26.

貝塚爽平. 1977. 『日本の地形 '特質と由來'』. 東京: 岩派書店.

Chang. H. 1986. "Geomorphic Development of Intermontane Basins in Korea". Dissertation of University of Tsukuba.

Chang. K., Woo, B., Lee, J., Park, S and Yao, K. 1990. "Cretaceous and Early Cenozoic stratigraphy and history of eastern Kyongsang Basin, South Korea." *J. Geol. Soc. Korea,* 26. pp.471~487

Choi, H, I., Oh, J, H., Shin, S. C. and Yang, M. Y. 1980. "Geology and geochemistry of the Gyeongsang strata in Ulsan area." *Korea inst. Geol. Materials Bul*l., 20. p.33

Choi. S. G. 1988. "Fossil Cryogenic Structures in the Terrace Deposit of the Oship River, Samchok, Korea." The Scientic Reports of the Tohoku Univ. 7th Series(geography), Vol.38(2). pp.133~139

Jolivet, L., Huchon, P., Le Pichon, X., Chamot Rooke, N. and Thomas, C. 1991. "Arc deformation and marginal basin opening : Japan Sea as a case study." J. G. R., 96. B3. pp.4367~4384

Kang, P. C. 1981. "Geological evolution of Korea and structural analysis of Korea transect area." CCOP Bulletin, 14. pp.31~51.

Kim, J. Y. and Yoon, S. 1988. "The occurrence of the Yangsan fault." J. Sci. Pusan National Univ., 46. pp.265~274.

Lee, J. S. and Pouclet, A. 1988. "Le volcanisme nėogéne de Pohang(SE Coree), nouvelles contraintes géochronogiques pour lóuverture de la mer du Japon." C. R. Acad. Sci. Paris, 307. pp.1405~1411.

McCabe, R., Min, K. D., Han, J., Han, H. C. and Lee, D. 1988. "Blocks rotations in southeast and east Asia." Paper presented at 1988 DELP Tokyo International Symposium, Tokyo Institute of Technology, Tokyo. Dec. pp.13~16

CHAPTER 8

울산단층계(한국남동부) 중앙부의 활단층 지형과 단층노두*

1. 서론

한반도 단층계는 Landsat 영상으로도 명료한 lineament(선상구조 지형)로 잘 표현된다(Kang, 1979, 1981; 星野・村岡, 1982). 이것은 현실의 지형으로서는 저지나 곡지형이 연속적으로 추적되고, 그 가운데에서도 특히 한반도 동남단의 양산 단층계와 울산 단층계의 직선성이 현저하다(그림 8-1). 이것은 연장 거리도 길기 때문에 한반도의 주요 단층으로서 주목되고, 많은 연구가 이루어져 있다(星野, 1985 a, b; Hoshino et al., 1984 ; 禹, 1984; Yoon and Kim, 1990 ; Kyung, 1993). 전자는 NNE-SSW 방향이고, 후자는 NNW-SSE 방향으로 연속된다.

양산단층계는 단층지형의 직선상의 배열·수직의 단층면·단층구조 등의 모습으로부터, 우횡변위가 탁월하고, 동측의 지대가 상대적으로 융기하는 활단층인 것을 알 수 있다(岡田 등, 1994). 고위 단구면과 그 구성층인 역층을 절단하는 것은 1997년 춘계에 실시한 몇 개의 트렌치 조사사례에서도 밝혀졌고, 이러한 단층이 고위면 형성 이후에도 활동했음이 확실해졌다(岡田, 1997).

한편, 울산단층계에 대해서는 울산시가지 북부 부근에서 해성 고위면의 고도가 약 10m 북측이 높고, 상하 방향으로 어긋나 있음이 지적되었다(吳, 1977; Oh, 1981). 이것은

* 岡田篤正, 渡邊滿久, 鈴木康弘, 慶在福, 曺華龍 , 金性均, 尾池和夫, 中村俊夫, 1998, 「蔚山斷層(韓國東南部)中央部の活斷層地形と斷層露頭」, 地學雜誌, 107(5), pp.644~658.

단구면 형성 이후에도 단층활동이 존재했음을 시사한 귀중한 연구이다. 지금까지도 울산단층계를 따라 지질학적인 조사, 연구가 행해져(박·윤, 1968; 한국지질광물연구소, 1973; 한국 동력자원연구소, 1981, 1985) 왔으나, 변위지형이나 제4기 후기에 활동한 것을 나타내는 확실한 지질학적 증거는 얻어지지 않았다. 또한 Ryoo(1997)은 역층과 화강암류가 단층관계로 접촉하는 노두가 울산단층계에 존재한다는 사실을 지적했으나, 이러한 역층의 시대를 규명하지 못하고, 구조지질학적인 관점에서의 고찰에 그쳤다.

본 연구에서는 활단층의 변위지형이 울산단층계를 따라서도 존재하고, 단구 퇴적물을 분명하게 변위시키는 단층노두가 확인되었음을 보고한다. 이와 같은 제4기 말기의 새로운 단층활동에 관한 확실한 증거를 제출하는 것은 한반도에 있어서 최초이고, 이러한 지역의 활 구조나 지진활동을 고찰, 검토하는 것 이상으로 극히 중요하다. 한반도에 있어서 지구과학적인 중요성뿐만 아니라, 지진방재나 내진 건축을 고려하는 데 있어서도 이 연구의 의의가 크다.

2. 지형·지질 개요

한국남동부는 산지와 저지가 교차한 복잡한 지형배열을 이룬다(그림 8-1). 천 수백m 이상의 산지는 없고, 많은 산괴가 산발적으로 분포한다. 이들의 사면은 비교적 급경사이지만, 산록부에는 페디멘트(내지 암석상) 상의 완사면이 분포하는 곳도 많다. 하상부는 충적평야면이 폭넓게 발달하고, 현 하상으로부터 비고가 작은 하성 단구면이 부분적으로 확인된다.

경주시에서 울산시에 이르는 저지 동쪽의 산지는 표고 1000m 이하의 산정이 연속되고, 이러한 능선과 산록선은 대략 북북서-남남동 방향 내지, 남-북 방향으로 직선상으로 이어진다(그림 8-1). 이 능선 동측에는 표고 200～300m 이하의 구릉성 산지가 동서 폭 10km 이내로 형성되어 있고, 그 동쪽은 동해에 이른다.

이러한 산지의 서록에는 급경사면이 40km 이상 연속된다. 이러한 산록을 따라 1개 내지 몇 개의 단층이 나란히 달리므로, 이러한 단층군은 울산단층계라 부르고, 이러한 급사면은 울산단층애로 명명했다.

이러한 단층애 부근은 백악기 후기의 불국사 화강암류와 경상누층군의 신라통으로 구성되어 있다. 중신세의 연일통 정자역암도 국지적으로 분포하지만, 그곳의 지형은 저기복 산지를 이룬다. 이들의 산록부에서는 신구의 선상지면이 연속되고, 복합·합성

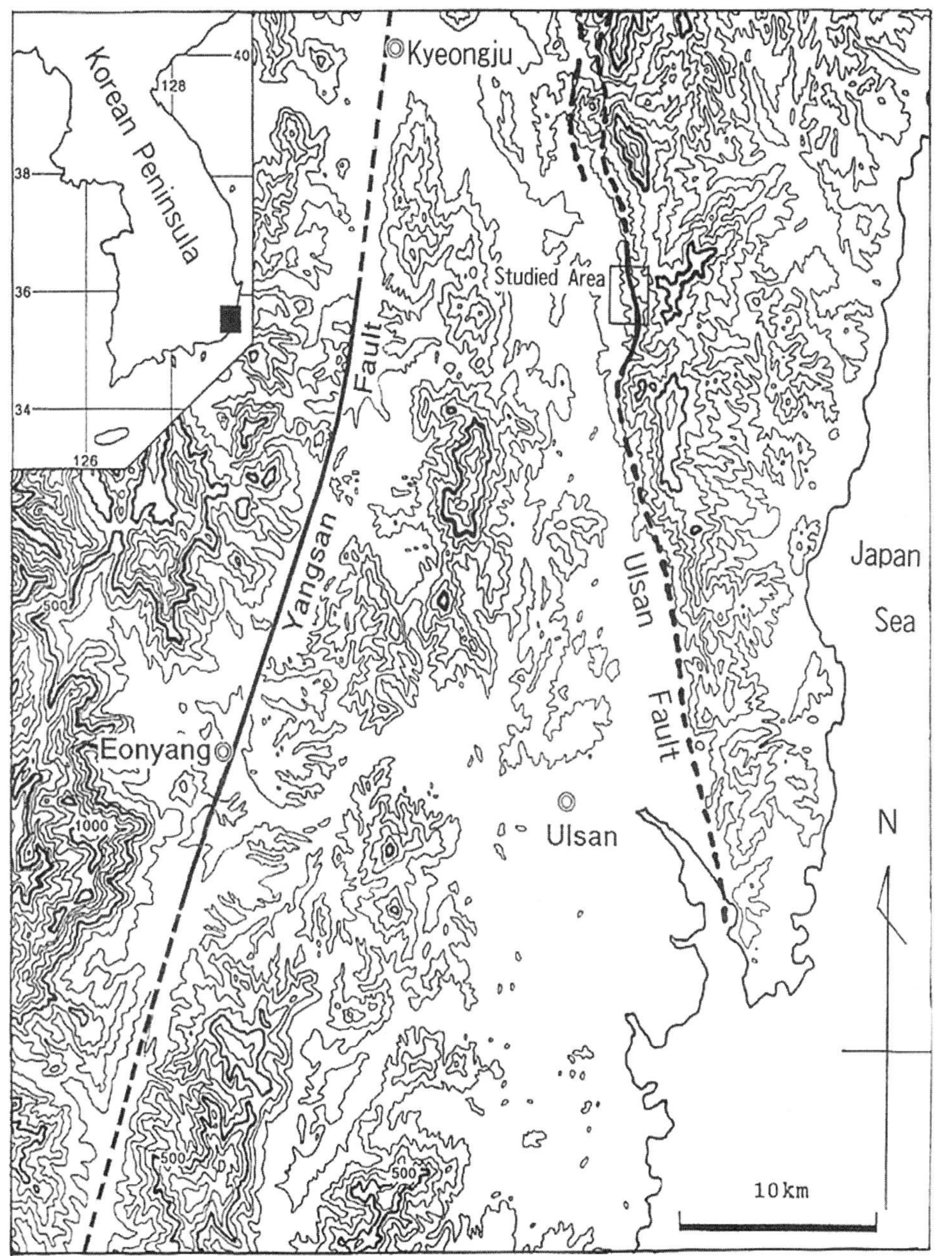

〈그림 8-1〉 한국동남부의 지형과 양산·울산단층계의 개략위치

그림의 등고선은 한국국립지리원발행의 25만분의 1 지세도에서 등고선간격 100m를 추출해서 작성한 것임. 울산단층계상의 네모표시는 <그림 8-2>의 범위를 나타냄. 지형에서 추정한 단층선은 양산 주단층과 울산 단층만을 나타냈다.

선상지로 발달하고 있다.

조사지역은 울산시의 북북서쪽 약 20km 부근이고, 울산단층애의 기부에 해당한다(그림 8-1). 이 지역에 있어서 항공사진이나 지형도(축척 1:25,000 및 1:5,000)를 상세히 판독하고, 지형·지질학적인 현지조사를 수회 실시했다. 그 결과 활단층의 변위지형과 지형·지질구조의 특징 등 울산단층계의 제4기 후기에 해당하는 활동성에 관한 몇 가지 새로운 성과를 얻었다.

3. 단구면의 구분·대비와 구성물

울산단층계를 따라 분포하는 하성단구면은 분포고도·연속성·개석도, 단구퇴적물의 층상·풍화정도, 및 단구퇴적물을 피복하는 고토양 등의 특징으로부터 고위면, 중위면, 저위면 등으로 구분된다(그림 8-2).

본 지역의 하성단구면은 지류가 유하하는 서쪽 내지 남서방향으로 경사져 있고, 상류부에서는 입경 1m 이상의 거력을 포함하는 것으로부터 토석류에 기인한 선상지면으로 형성되었다고 판단된다. 이러한 단구의 형성연대를 알기 위하여 유효한 테프라나 화석 등은 전혀 검출되지 않았다.

그러나 단구면 위에는 뢰스 기원으로 생각되는 세립 퇴적물로 된 토양층이 확인되고, 이것은 저위면으로부터 중위·고위면으로 갈수록 두꺼워지고 풍화정도도 증가한다. 이들 층후는 고위면에서는 두께 2m에 달하는 장소도 있다. 이들 토양층은 어디에서나 거의 균질한 세립의 실트질 사층이다.

成瀨 등(1985)에 의하면, 이러한 토양층 중에 AT화산재가 협재되어 있다고 한다. 또한, 토양층 중의 석영입자 ESR연대분석에 의하면, 이 주변에 노출된 기반암석의 연대에 비해 현저하게 오래된 것을 나타내고, 중국 황토의 수치역에 있다. 이러한 특징으로 볼 때, 토양층은 주로 중국대륙에서 기원을 갖는 뢰스로 생각된다(成瀨 등, 1996). 이들 퇴적물에 대해서는 현재 상세한 분석이나 측정이 이루어지고 있다.

1) 고위면과 구성물

고위면은 현저하게 개석되어 수지상의 분포형태를 보이고, 능선부분에만 폭좁은 평탄면으로 남아있다. 이러한 고위면은 울산단층을 경계로 하여 그 동쪽과 서쪽에는

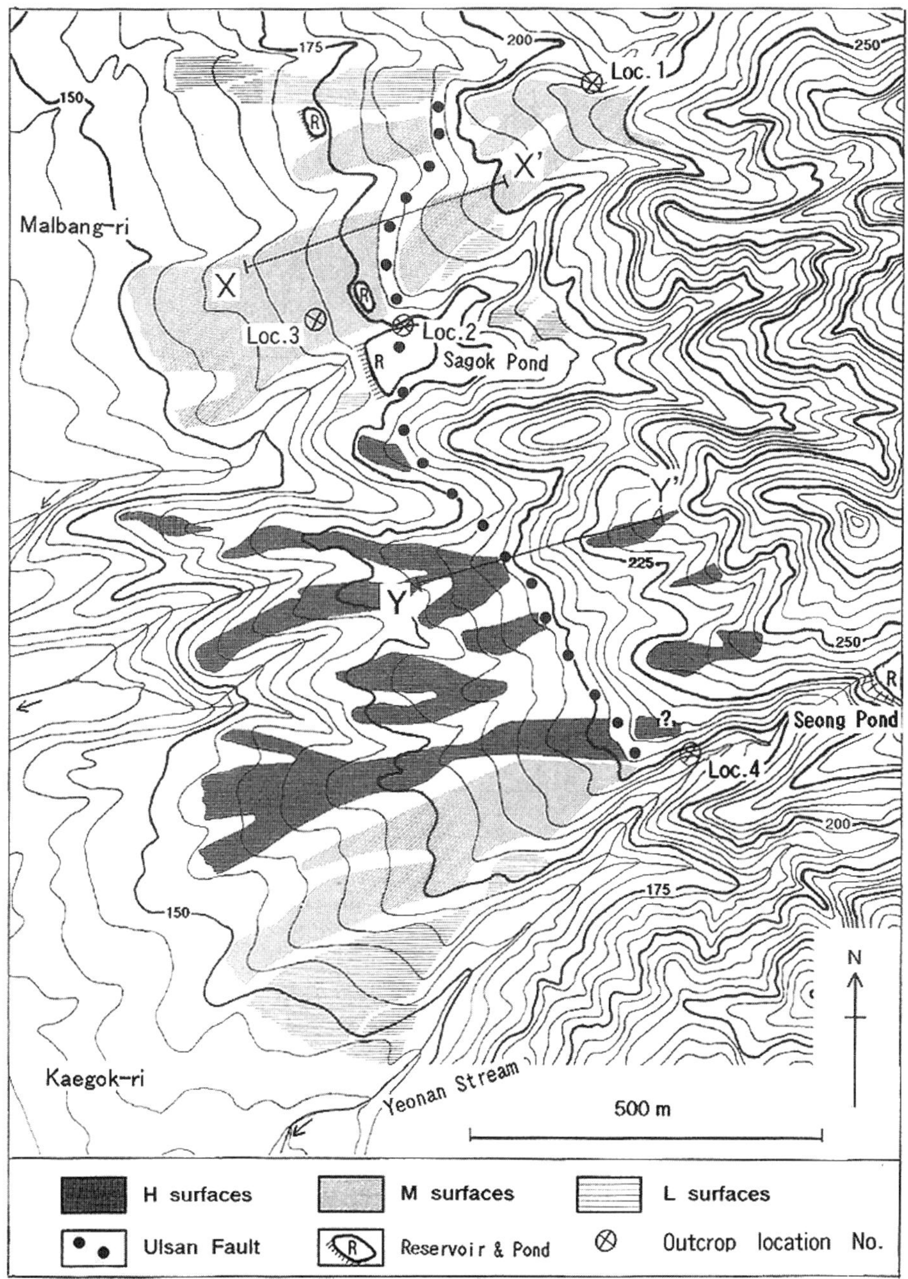

〈그림 8-2〉 울산단층계중부의 지형면 분류와 활단층

경상북도 경주군 외동읍 말방리에서 개곡리 집락부근의 지형면분류와 활단층(울산단층)의 위치
그림의 등고선은 5천분의 1 지형도에서 5m 간격을 추출. X-X'와 Y-Y'는 지형단면도(그림 8-6)의 위치

분포고도가 크게 달라진다. 동쪽에서의 분포고도는 표고 230～245m 이고, 여기에서는 평탄면의 보존상태가 특히 나쁘다(<그림 8-2>의 동부). 서쪽에서는 표고 205～155m에 고위면이 분포하고, 평탄면의 보존상태는 상대적으로 양호하다(<그림 8-2>의 중앙).

이들의 고위면은 대체로 서남서 방향으로 완만한 경사를 갖는다. 그 면위의 등고선으로부터 개석되기 이전의 원면을 추정하면, 일련의 선상지면이 복원된다. 더욱이 조립의 역층으로 구성되어 있다는 사실과, 단구 역에 와상배열이 확인되는 사실로부터도 고위면이 선상지로 형성되었음을 추정할 수 있다.

사곡지(<그림 8-2> 중앙부) 남쪽에서는 두께 6～7m에 이르는 단구역층이 관찰되지만, 노두가 작아서 전체 층후는 확실하지 않다. 역의 최대 입경은 1m 전후에 이른다. 아각력을 주로 하고, 작은 역은 완전한 풍화역이 되어 있다. 또한, 매트릭스도 점토화되어 있기 때문에 역층은 호미로 쉽게 절단될 수 있다.

2) 중위면과 구성물

중위면은 개석이 약간 진행되어 있지만 원면의 보존은 비교적 양호하다. <그림 8-2>의 북부와 남부에 모여서 분포한다. 중위면에서도 남북으로 달리는 울산단층계의 양쪽에서 분포고도가 달라진다.

이러한 단구역층의 풍화는 고위면의 그것보다 낮고, 일부는 풍화가 진행되고 있는 정도이다. 지표면 부근에는 두께 수십 cm이하의 적황색 토양(2.5Y 5/6)이 인정된다.

말방리 북동부 작은 골짜기 남측의 노두(<그림 8-2> Loc. 1)에서는 두께 약 5m의 단구 역층이 화강암류를 피복하고 있다. 이러한 단구 역층 기저부의 부정합면보다 약 1m 상부에 두께 약 10cm의 흑색 부식층이 보이므로, 그 상부의 ^{14}C연대를 AMS법으로 측정한 결과, >41,170년 BP(NUTA-3937)의 값을 얻었다. 이 부식층에 포함된 목재는 편평화나 탄화를 받지 않고, 섬유질이 명료하게 남아있다. 역층도 풍화역이 적고, 비교적 신선한 층상을 이룬다. 여기에서의 지표면 부근에서는 토양층이나 풍화각 등의 두께는 수십cm 이하이다.

말방리 동쪽의 사곡지 북측의 단층 노두(후술 : <그림 8-2> Loc. 2)에서는 단층 상반쪽의 중위단구 퇴적물이 단층에 의해 크게 변위·변형되어 있다. 이 가운데 포함된 부식질 실트층의 ^{14}C연대를 AMS법으로 측정한 결과, 30,150±290년 BP(Beta-113839)의 값을 얻었다. 이 연대는 예상된 중위단구 퇴적물의 값으로서는 젊다. 이 장소는 중위단구면의 남단에서 사곡지의 개석곡에 인접해 있다. <그림 8-2>에 보이는 것처럼 상류

쪽에 저위단구면이 있고 하곡을 연하여 있으므로, 연대측정한 지층이 중위면에서 저위면 쪽으로 형성과정에 국부적으로 퇴적된 퇴적물일 가능성도 있다.

3) 저위면 및 충적 단구면과 구성물

저위면 및 이보다 하위의 단구면은 거의 개석을 받지 않고, 현 하천을 따라 좁고 길게 분포한다.

저위면은 두께 2m 정도의 비교적 얇은 단구 역층으로 되어있다. 신선한 역만으로 구성되어 있고, 매트릭스의 사질층은 명황갈색(10YR 6/6)을 이루고, 거의 풍화가 인정되지 않는다.

成瀬 등(1985)는 본 조사역의 북쪽(불국사 입구 남쪽의 도로변)에서 본 지역의 저위면에 대비되는 하성단구면을 덮는 두께 40cm의 토양층 중에서 AT 화산회를 검출하고, 이 토양층이 최종빙기의 바람에 운반된 먼지(뢰스)라는 사실을 밝혔다. 따라서 여기에서의 저위면은 최종빙기 최성기 이전에 형성되었고, AT화산회가 강하한 24,000년 전경에는 단구화되었다고 할 수 있다.

개곡리 집락 북동부 연안천 상류의 Loc.4(그림 8-2)에서는 현 하상으로부터 비고 7～8m의 충적단구면이 인정되지만, 이 면은 국부적으로 발달하고, 그 폭도 좁아서 <그림 8-2>에서는 분포를 나타내지 않았다. 이 단구면은 침식이 심한 현 하상곡 상류의 곡 가운데에 있고, V자형을 이루는 곡저로부터 비고가 낮은 사실을 보더라도, 극히 최근의 시기에 형성되었음이 분명하다.

이것을 구성하는 단구역층은 후술하는 단층노두와 마찬가지로 하상변의 노두에서 보다 잘 관찰된다. 노두의 모습을 <그림 8-5>에 나타냈으나, 단구역층의 중부에 협재하는 부식질층의 ^{14}C연대는 2,410±80년 BP(NUTA-5260)로 측정되었다. 역연대(曆年代)의 교정치는 29.4%확률로 759-677BC가 된다.

이 노두의 북서쪽에는 단구면이 약간 급구배가 되고, 비고 약 2m의 낮은 애면이 보인다. 노두에서 약 20m 서쪽 부근에서 저애면의 기저부에 해당하는 지표면 바로 아래의 위치에서 흑색 부식토층을 채취했다. 그 ^{14}C연대는 730±90년BP (NUTA-5261)이고, (그림 8-5) 그 역연대 교정치는 70.7%의 확률로 1220-1319AD이다.

4. 단층변위지형과 단층노두

조사지역에 있어서는 중위단구면·고위단구면 모두 울산단층계를 경계로 분포고도가 불연속적으로 변화하고, 낮은 애면을 경계로 몇 번이나 산지(동) 쪽이 높아진다(그림 8-2). 단구면의 평면적인 형상은 서쪽으로 나무의 잎 모양으로 넓어지고, 그것은 낮은 애면을 경계로 동쪽과 서쪽에서 대략 동일하다. 또한, 구성층의 층상이나 층서도 공통점을 갖고, 양자는 대략 연속된 것으로 대비된다. 이러한 저애는 지형면의 신구에 의해 애의 높이가 달라지고, 단구면을 횡단하는 애지형으로 이어진다. 이것이 혹시 하식애라고 한다면, 애면 아래(서측)의 단구면에 애와 함께 이어지는 구유로 지형이 확인된다거나, 애의 주향방향(남북방향)으로 지형면이 기울어져 있다거나 하지만 여기에서는 그러한 현상이 확인되지 않고, 남쪽의 단구면은 동일한 기울기를 갖고 남서쪽으로 경사져 있다. 따라서 신구의 단구면을 횡단하는 저애는 하식애로 형성된 것으로 생각할 수 없다.

더욱이 저애는 대략 직선 내지 완만하게 만곡하여 배열하고, 그 비고는 저위의 지형면에서 작고, 고위의 지형면에서 크다(그림 8-2). 이러한 사실은 단층운동의 누적성을 나타내는 것과 다르지 않고, 이것의 저애가 저단층애라는 사실을 의미한다.

이상의 지형적인 특징에서 이것의 단구 형성기 및 그 이후에 울산단층계가 반복적으로 활동하고, 신구의 단구면에 누적적인 변위를 부여해 왔음이 확실하다.

이와 같은 지형적인 증거를 항공사진 판독으로 확인한 후에 현지 조사에서 노두를 통한 확인조사를 실시했다. 그 결과 이하에서 설명하듯이 단층 노두가 새로 발견되었다. 활 구조와 관련된 노두 및 지질구조와 울산단층계에 의한 각 단구면의 변위지형과 상하 변위량 등에 대하여 이하에 기술한다.

1) 사곡지 북안(말방리 집락의 동쪽)의 단층노두

경상북도 경주군 외동읍 말방리 집락의 동쪽에 사곡지가 있다. 이 북안의 노두(그림 8-2, Loc.2)에서 파쇄한 화강암이 역층 위에 밀려 올라간 모습이 관찰되었다(그림 8-3). 이곳의 단층면의 주향은 대략 남북 방향이고, 경사는 25～30°E이다.

상반 쪽에서는 중위면을 구성하는 사력층(층후 약 3m)이 화강암을 부정합으로 덮고 있다. 사력층 하부는 단구의 기저역층으로 중력에서 대력으로 구성되어 있다. 상부는 세력～소력, 및 부식질 실트가 섞여 있는 사층으로 이루어져 있으므로, 퇴적구조(층리)가

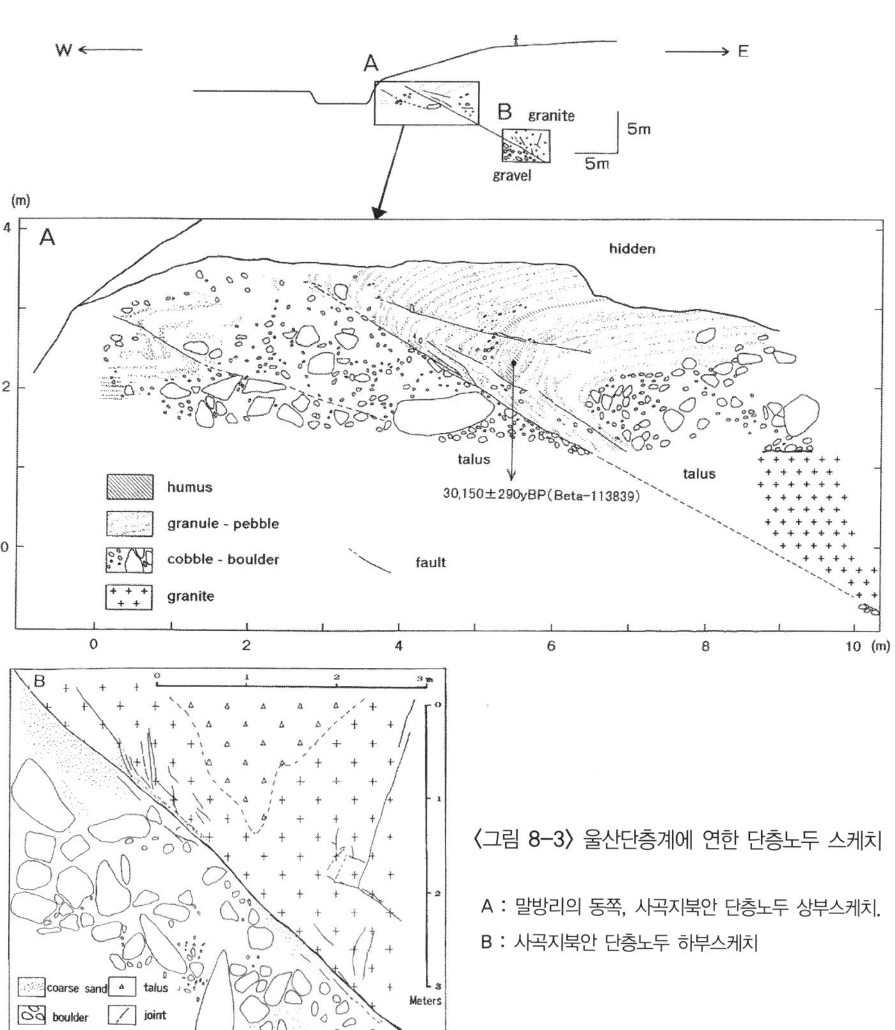

〈그림 8-3〉 울산단층계에 연한 단층노두 스케치

A : 말방리의 동쪽, 사곡지북안 단층노두 상부스케치.

B : 사곡지북안 단층노두 하부스케치

잘 확인된다(그림 8-3-A). 이러한 부식질 층의 ^{14}C연대측정치에 대해서는 전술했지만, 단층에 가까울수록 역층이나 사력층은 크게 만곡하고, 단층으로 급하게 절단된다. 특히, 실트 섞인 사층은 연속성이 좋아서 변위나 변형의 모습을 구명하기 쉽다. 약 30,000년 전으로 측정된 부식층은 거의 직립해 있다.

하반 쪽에서는 비고 약 7~8m의 노두 전체가 사력층으로 구성되어 있다. 노두 하부의 역층은 풍화가 잘 진행되어 있어, 중위면 구성층보다 오래되었을 가능성이 있다. 상부의 사력층은 상대적으로 신선하고 이 부분이 중위면 구성층으로 추정된다. 하반 쪽의 상부에서도 역이 세립화하고, 세력·소력이 탁월하며, 최상부에서는 사층·실트층을 협재한다(그림 8-3-A).

주단층면은 상술하듯이 동쪽으로 경사져 있다. 노두 하부에서는 명료한 단층면이 한 면뿐으로 이것을 따라서 연약한 폭 수십cm의 단층점토대가 동반되고 있다. 노두상부에 이르면, 상반의 역층과 사력층·부식질층이 이끌려오면서, 강하게 변형되어진다. 이러한 지층이 급경사한 부분에서는 병주·분기하는 수열의 단층이 동반되고 있다. 그 중부(^{14}C 연대측정치 부근)에서는, 사력층이 대략 직립하고, 역전하거나 하여, 폭 수십cm의 단층대가 되고 있다.

하반 쪽에서는 주 단층에서 분기한 1개의 단층이 있고, 사층·실트층의 변형상태로 볼 때, 이것도 역단층으로 생각된다. 주 단층과의 접합부 부근에서는 역이 많으므로, 단층(면)의 존부나 분기의 모습도 알 수 없다. 이 노두에서의 단층은 하부에서는 단일의 단층면을 보이지만, 상부에서는 전체로서 지표면을 향하여 확대되거나 하면서 분기한 예각 역단층군이 되어 있다.

또한, 이 사곡지는 동계에는 수문의 수선 등을 위하여 수위가 낮아져 있어서 노두 하부의 관찰이 용이했다. 일반적으로 만수상태에서는 노두가 수몰되므로 관찰할 수 없다.

2) 사곡지 북안의 트렌치 조사

상기의 사곡지 북안에서의 단층노두의 관찰·기재를 받아들여, Kyung et al.(1996)에 의해 트렌치 굴삭조사가 행해졌다. 굴삭장소는 노두의 북쪽 약 20m의 중위단구면 위이고, 대략 동서방향으로 조사 구덩이가 굴착되었다.

<그림 8-3-A>와 마찬가지로, 트렌치 하부에는 거대력이 노출되어 있으므로, 지표로부터 약 3m까지밖에 굴착될 수 없었으나, 대략 지표에까지 도달하는 단층이 관찰되었다. 이러한 트렌치 남벽면의 스케치가 <그림 8-4>이다. 단층은 사력층을 절단하여 동쪽으로 20～30°경사져 있다. 단층면은 하부에서는 1개이지만, 지표면을 향하여 수개로 분기한다(Kyung et al., 1996).

3) 연안천 하상(개곡리 집락 북동쪽)의 단층노두

연안천은 경주군 외동읍 개곡리 집락의 북동쪽을 남서방향으로 유하한다(그림 8-2).

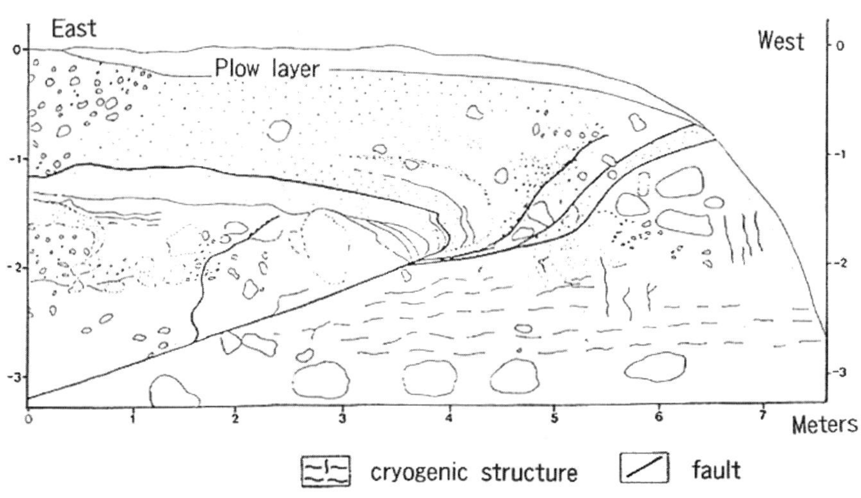

〈그림 8-4〉 울산단층의 Trench 벽면 스케치.

사곡지북안의 저단층애를 절단한 Trench 남벽면 스케치(Kyung et al., 1996).

상류는 산지(울산단층애)나 단구를 개석하고 있으므로, 하상이나 양측 곡벽에 노두가 연속적으로 관찰된다. 상류부에는 성지라는 못이 있고, 여기서 하류쪽 약 300m의 하상 북서쪽 노두(<그림 8-2> Loc. 4)에서 단층이 관찰되었다.

이 노두에서는 대략 풍화한 역층 위에 기반암인 화강암류가 충상되어 있다(그림 8-5). 단층의 주향은 NS(~NNW-SSE)이고, 경사는 25~30°E이다. 상반의 화강암류 쪽에는 병주하는 단층(파쇄대 · 점토대)이 몇 개나 동반하고 있으므로, 울산단층은 상당히 장기간에 걸쳐 활동해 왔음을 알 수 있다.

하반 쪽은 역층으로, 남쪽으로 완만하게 경사져 있으나, 단층에 가까워지면 인장력으로 변형을 받아 급경사가 된다. 매트릭스는 조사나 소력~중력을 주로 한 조립퇴적물이고, 부식질 층이나 점토질 층을 동반하지 않으므로, 이러한 퇴적 연대나 환경에 대해서는 명확하지 않다.

화강암과 역층의 경계를 이루는 주 단층의 상부에는 신기의 단구퇴적물이 보이지 않으므로(그림 8-5), 단구퇴적물과 단층변위의 연대와의 관계를 논의할 수 없다. 그러나 주 단층의 동쪽을 평행하는 단층군은 충적단구퇴적물로 부정합으로 피복되어 있고, 이 가운데 부식질 층의 ^{14}C연대의 값은 2,400년 BP이므로, 이 이후에 새로운 변위가 수반된 단층군은 아니다.

전술했듯이, 이 노두의 북서쪽 약 20m의 지표면근처에서 흑색 부식토층을 채취하여,

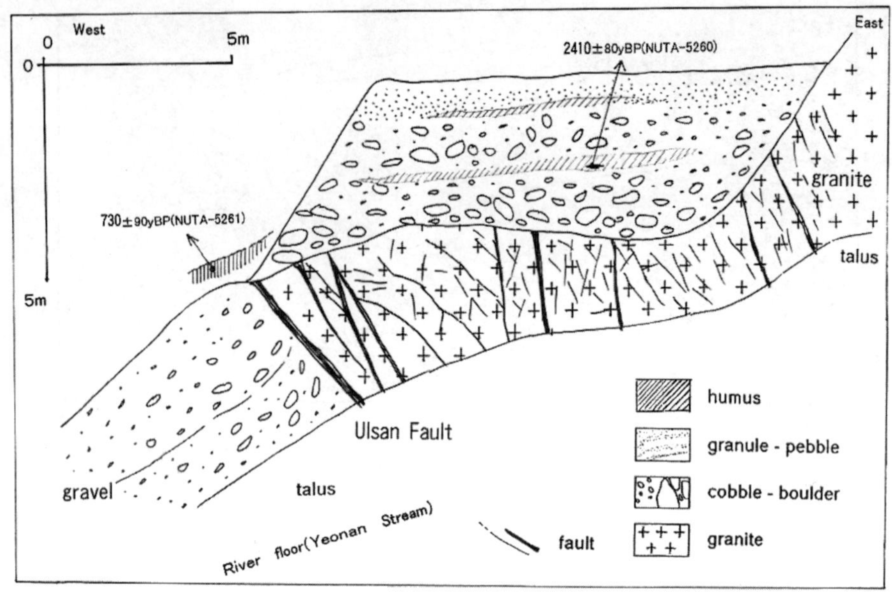

〈그림 8-5〉 개곡리 북동쪽, 연안천 하상의 단층노두 스케치

북측단층노두의 개략적인 모양을 표시함.

그 연대측정치(750년 BP)를 얻었다(그림 8-5). 단층 노두의 북서 연장에 해당하는 충적 단구면이 약간 급경사가 되어 있으므로, 이 부근은 저단층애일 가능성도 있다. 그 애록에 위치하는 지표면 아래에서 부식토층을 채취한 것이지만, 단구면 위에는 논을 만들 때 1m 전후의 인공적인 단차가 만들어져 있다.

<그림 8-5>의 노두에서는 단구 퇴적물이 주 단층을 피복하고 있지 않다. 이 연장 위의 단구면도 인공 개변을 받았기 때문에 1∼2m 이하의 상하 변위가 지형면의 형성 후에 있었는지, 어떤지는 알 수 없다.

이 부근의 충적단구면은 상당히 급구배이고, 현재에는 계단상의 논으로 개변되어 있다. 단구구성층은 거력을 포함하는 조립퇴적물이고, 이 퇴적 이후의 변위의 유무는 노두 조건의 제약도 있으므로, 지금의 단계에서 확정적으로 말할 수 없다. 그러나 <그림 8-5>의 주 단층의 상반쪽에 있는 충적단구 퇴적물은 주 단층 근처에서도 지층이나 역의 교란이 확인되지 않으므로, 이 퇴적 이후의 최근의 변위에 대해서는 부정적이다.

4) 저단층애의 지형종단면

지형면의 연속성, 저애의 방향과 위치, 단층노두의 위치 등으로 볼 때, 중위단구면과 고위단구면은 울산단층으로 절단되어지고, 그 사이의 저애는 저단층애로 보이는 것으로 이미 기술했다.

이러한 단구면 형성 이후의 상하변위량을 구하기 위하여, 저단층애에 대략 직교하고, 단구면의 최대 경사방향으로 횡단하는 간이적인 측량을 두개의 측선에서 실시했다. 그 가운데 하나는 말방리 집락의 동쪽에 해당하는 위치(사곡지 북안)에서 실시했다. 여기서는 중위 단구면 위에서 저 단층애를 자르고, 동북동-서남서 방향으로 약 400m에 걸쳐 측량했다(<그림 8-6> X-X'). 이러한 단면에서는 약 5m의 상하변위량이 중위단구면의 형성 이후에 생겨난 것을 알 수 있다.

사곡지 남쪽 약 200m의 고위면을 횡단하는 단면에서는 약 15m의 상하변위량이 구해졌다(<그림 8-6> Y-Y'). 고위면의 형성이후에 이 양에 해당하는 상하변위가 생겨난 것을 알 수 있다. 이와 같이 고위면은 중위면보다 크게 상하방향으로 변위하고 있다.

또한, 단층면의 경사를 고려하면, 상하변위량의 약 2배에 미치는 동서방향으로부터의 수평단축량이 추찰된다.

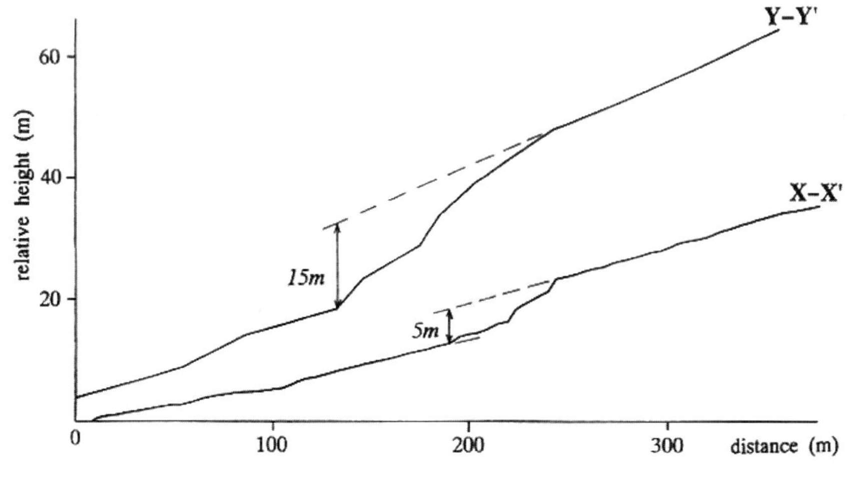

〈그림 8-6〉 울산단층 저단층애를 횡절단한 지형단면

Y-Y' : 고위단구면, X-X' : 중위단구면, 각단면의 위치는 <그림 8-2>의 가운데에 표시함.

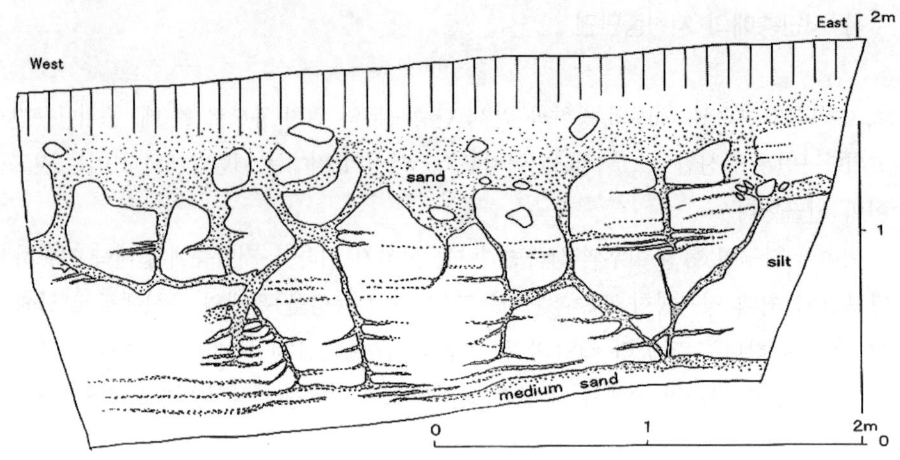

〈그림 8-7〉 말방리동쪽 단구퇴적물에서 보이는 액상화 현상 스케치.

중위단구퇴적물상부의 모래 · 실트층의 액상화 현상을 표시함.

5) 액상화 현상

말방리 집락 동쪽의 사곡지 북안 단층노두부근의 논 옆의 노두(<그림 8-2> Loc.3)에서는 중위면구성층의 상부가 관찰된다. 이 최상부층의 실트질 층이 액상화 현상에 의해 변형되어 있음을 확인했다(그림 8-7). 여기에서는 몇 개의 사맥(砂脈)이 하위실트질 사층을 기재로 하여, 위쪽으로 번개 모양으로 연장되고, 토양층 하부에서 나팔형으로 넓어지고 있다.

이와 같은 지질과 단면 형태로부터 이들 퇴적물이 지하수로 포화되었을 때 발생한 액상화 현상으로 보였으며, 이곳에서도 JMA진도계 V이상에 해당하는 격렬한 지진운동을 받은 증거로서 귀중하다.

5. 고찰

1) 울산단층계의 변위양식과 활동이력

울산단층애를 따라 급경사면이나 삼각말단면의 지형이 연속되지만, 이 기슭을 따라 복합·합성선상지가 발달한다. 이러한 개석선상지면(특히 중위단구면과 고위단구면)을 절단하는 저단층애가 단층애록을 따라 나타난다. 이것을 연하여 단층선은 북북서-남남동방향이지만, 상당히 만곡해 있다. 또한, 단층선이 단구면이나 하곡을 횡단하는 곳에서는 계통적인 굴곡이 인정되지 않는다.

변위지형의 연속성으로부터 인정된 단층선을 따라서 사력층을 절단하는 단층노두가 몇 개 지점에서 확인되었다. 이 가운데 말방리 동쪽의 사곡지 구간에서는 중위 단구면과 그 구성층이 절단되어 있다. 이 하부에서는 화강암류가 사력층 쪽으로 충상되어 있어, 접촉면이 잘 관찰된다. 상반 쪽의 사력층 상부는 약 30000년 전으로 추정되어 그 이후에도 단층활동이 있었음을 알 수 있다.

사곡지 북안 북측에서 행해진 트렌치 조사에서는 중위단구 퇴적물을 절단하는 역단층이 관찰된다(Kyung et al., 1996). 단층 하반의 퇴적물 상부에는 라미나상을 이루는 회백색 모래와 적갈색의 실트의 혼합층이 관찰된다. Kyung et al.(1996)은 이것을 최종빙기 최성기에 형성된 cryoturbation으로 보고, 그 형성시기는 한국의 기타지역의 연대측정치와 비교할 때 약 25,000년 전이 되고 있다. 따라서 그 후 적어도 3번의 단층활동(Event)이 있었음을 지적하고 있다. Kyung et al. (1996)의 논문은 속보적인 것이기 때문에, 상세한 Event를 인정할 근거를 기술하고 있지 못하다.

개곡리 북동쪽 단층노두에서는 화강암류와 약간 풍화한 역층과의 단층관계가 명료하지만, 이 주 단층은 충적단구 퇴적물로 피복되어 있지 않기 때문에, 이것과의 직접적인 관계는 알 수 없다. 또한, 이 부근의 충적단구면은 상당히 급구배이고, 논을 이루기 때문에 계단상으로 크게 지형이 개변되어 있어, 지형면 형성 이후 변위유무는 검토할 수 없다. 여기서의 단구퇴적물은 거력을 포함하는 조립역층이고, 트렌치 굴착조사도 용이하지 않다. 그러나 최신활동시기를 한정하는 데에는 중요한 장소로서 장래의 조사가 기대된다.

사곡지나 개곡리 북동쪽의 노두에서 관찰되는 것은 울산단층계가 역단층이 탁월한 단층운동이고, 그 최신활동은 제4기 말의 2~3만 년 이후이다. 금회 관찰된 단층노두에서, 단층운동의 Event를 해독할 수 있는 충분한 증거는 검출될 수 없었다. 따라서 활동이력에 대해서는 아직 확실한 자료가 얻어지지 않았고, 금후의 중요한 연구과제이다.

2) 변위의 누적성과 평균 상하변위속도

울산단층계는 중위면·고위면을 확실하게 변위시키고 있다. 그것의 상하변위량은, 각각 5m와 15m이다. 이러한 상하변위량에는 명확한 누적성이 인정되고, 울산단층계는 적어도 고위면 형성 이후에 수차례 활동이 있었음을 알 수 있다. 고위면은 중위면의 3배의 상하변위량을 갖고 더욱이 많은 Event를 갖고 경험한 것이 된다.

일본에 있어서는 최종 간빙기 최성기에 적갈색~갈색의 풍화대가 광범위하게 형성되었음이 지적되고 있다(松井, 加藤, 1962). 또한 현저한 적색토양층은 약 50만 년 전 이후의 온난기가 반복됨에 따라 형성되었다고 생각된다(Sakaguchi and Okumura, 1986).

일본열도의 해성단구면의 대부분은 제4기 후기에 있어서 간빙기의 고해수준기에, 산지 내에서 비교적 두꺼운 퇴적층을 동반하고, 광범위하게 발달한 하성 단구면은 제4기 후기 빙기에, 각각 형성되었음이 판명되었다(貝塚 등, 1995). 보통 잘 발달한 해성단구면군은 저위면군이 완신세(산소동위체 stage 1;Maritinson et al., 1987)에 중위면군은 최종간빙기(산소동위체 stage 5), 고위면군은 그 이전의 간빙기(산소동위체 stage 7)로 대분된다. 하성단구면군은 저위-중위면군이 최종빙기(산소동위체 stage 3~4)에, 고위면군은 그 이전의 빙기(산소동위체 stage 6) 등으로 크게 나누어진다.

이러한 각 stage에는 상세한 절대 연대치(2: 2만 년 전경, 3~4: 약 3~6만 년 전, 5: 7~12만 년 전, 6: 14~20만 년 전, 7: 22~27만 년 전)도 나와 있다(Maritinson et al., 1987). 한반도와 일본열도는 광역적인 지각운동이나 기복량 등에 차이가 있지만, 동일한 위도 및 기후대에 있고, 일부에 보이는 뢰스토양이나 화산회층에서 보더라도 상기의 지형면군의 대부분이나 stage 대응이 한반도에서도 적용될 수 있다고 판단된다. 이러한 연대관을 적용하면, 고위하성단구면의 연대는 20~14만 년 전, 중위하성단구면은 5~6만 년 전으로 추정할 수 있다. 또한, 저위하성단구면은 전술한 지형면의 상황, 퇴적물의 층상, ^{14}C연대측정치, 뢰스·화산회층 층서학적 대비 등으로 볼 때 최종빙기의 최성기(2~3만 년 전)에 형성되었다고 추정된다.

이러한 지형연대관을 한반도 지역에 적용하는 것은 상당히 편리하지만, 연구지역에 분포하는 하성단구면을 결정할 수 있는 자료는 현재의 경우 충분하지 않다. 토양층이나 화산회층 등의 분석에서 고찰중이지만, 이러한 추정연대와 실제연대가 상당히 차이가 날 가능성은 적다고 생각된다. 따라서 울산단층계의 상하 평균 변위속도를 계산하기 위하여, 다음과 같이 가정한다.

중위하성단구면과 고위하성단구면의 상하변위량 5m와 15m를 각각 추정 연대치별로 해서 (중위면: 5~6만 년, 고위면: 14~20만 년)로 나누면, 상하방향의 평균변위속도는 약 0.1~0.08 mm/yr가 된다. 따라서 상하평균변위속도에서 볼 때, 울산단층계는 C급 상위 활단층으로 구분된다.

3) 네오텍토닉스 중의 위치지움

(1) 광역 응력장

한반도에서 발생한 천발지진의 발진기구가 구해져 있지만, 그것의 최대 주 압력축은 ENE-WSW방향이고, 한반도는 압축성의 응력장에 있음을 명확히 하고 있다(尾池, 1984; Xu et al., 1989; Jun, 1991; Xu, 1994). 이러한 주 압력축 방향은 양산단층계의 우횡변위운동(岡田 외; 1994)을 허용한 것이다.

또한, 울산단층계는 북북서-남남동 주향으로, 동쪽으로 약 30° 경사지고, 횡변위를 거의 동반하지 않으며, 대략 순수한 역단층 운동을 나타낸다. 따라서 수평최대압축축은 울산단층의 주향과 직교하는 ENE-WSW 방향이 구해진다. 이러한 지진의 발진기구·양산단층계의 우횡변위·울산단층계의 역단층운동은 각각의 지표에 의해 얻어진 압축 방위이지만, 상호 대략 일치한다. 따라서 한반도는 제4기 이후에 이러한 광역 응력장에 위치하고 이러한 압축작용이 현재도 일어나고 있다고 할 수 있다.

더욱이 이러한 응력장은 현재 대략 동서의 압축 응력장에 위치하고 있는 서남 일본과도 조화적이다. 서남 일본에 보이는 동서압축은 0.5Ma 이후에 나타난 것으로(藤田·太田, 1977), 그 이전의 수평 주 압축 응력축의 방향은 대략 남북이었다고 한다(山元, 1991). 따라서 서남 일본의 일본해 쪽에 있는 응력장이 한반도 남동부와 유사하다고 한다면, 양산·울산단층계의 활단층 운동을 허용하는 응력장은 최신지질시대에는 대략 제4기로 제한된다.

(2) 지진활동과 활단층

현재 한반도에서는 소위 직하형의 대지진 활동이 상당히 낮은 수위에 있다. 그러나 역사시대를 거슬러 보면, 피해지진은 각 지에 상당히 발생했다(<그림 8-8>, Kyung and Lee, 1993). 특히, 조사지역(경주시~울산시) 부근에서는 여러 번의 역사적인 피해지진이 발생했다. 즉, 서력 779년 3월에 경주시 부근에서 MM진도 : Ⅸ, 1757년 10월에는 대보반도 기부(위도 35.9, 경도 129.5)에서 진도 : Ⅸ, 1643년 6월에 울산시 부근(위도 35.6, 경도 129.4)에서 진도 : Ⅹ의 지진이 발생했다. 이들의 발생지역은 양산단층계의 중앙부 부근이고, 울산단층계나 이것이 동쪽으로 경사져 있는 단층면위에 위치한다든지 하는 사실로부터, 이들이 활단층에 관련된 지진이었을 가능성이 높다.

또한, 1997년 6월 26일에 경주시 부근에 발생한 지진은, M=4.3, 진원의 심도는 약 14km이고, 진앙은 북위 35°48′, 동경 129°14′ 부근으로서, 조사지역과 가깝다. 발진기구

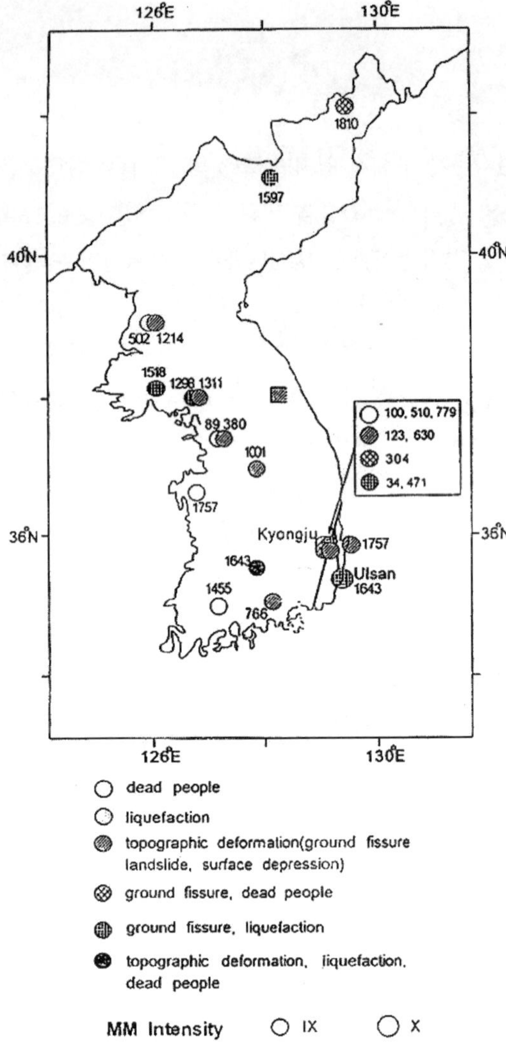

〈그림 8-8〉 한반도에서 발생한 역사대지진의 진앙

큰 피해를 일으켰던 MM진도계IX 이상의 역사지진의 진앙 분포를 나타냄.(Kyung et al., 1996에 의함)

는 불명하지만, 내륙 직하형의 지진이고, 양산이나 울산단층계에 연관되었을 가능성이 있다.

울산시·경주시·포항시는 한반도 남동부에 위치하고, 한국의 중요한 인구 밀집지 이며, 근대적인 공업도시이다. 이러한 도시의 내진 대책이나 도시 계획을 위해서도, 양산·울산 단층계의 더욱 상세한 조사가 필요하고, 현재도 조사 중에 있다(岡田 등, 1997).

6. 결론

울산단층계의 중앙부에서 항공사진 판독·지형도 해독을 행하고, 그 후 현지에서 지형·지질조사를 실시하여, 다음과 같은 사실을 밝혔다.

1. 울산단층계는 북북서-남남동 방향 내지 대략 남북 방향으로 달리고, 단층선은 약간 만곡해 있다. 이 선 위에서 중위면과 고위면이 변위되어, 동쪽이 융기한 상하 변위가 인정된다. 단층선을 횡단하는 단구애·하곡·선단 등에서는 계통적인 만곡 현상은 인정되지 않고, 아래의 단층노두에서의 상황으로 고려할 때, 이러한 활동양식은 전형적인 역단층이라는 사실을 알 수 있다.

2. 저단층애의 지형종단측량으로부터, 중위면은 약 5m, 고위면은 약 15m 상하방향으로 변위하고, 이들이 형성된 이후의 변위량이나 누적적인 변위가 인정된다. 단구면의 변위방향과 단층애의 방향은 일치하며, 동쪽의 산지역이 적어도 제4기 중엽부터 지속적으로 융기했음을 알 수 있다.

3. 조사지역에 발달하는 지형면은 아무래도 선상지성의 개석 하성단구면군이다. 이러한 단구면의 개석-보존상태·단구퇴적물의 층상이나 풍화정도・퇴적물을 덮는 토양층의 대비 등으로부터 중위면과 고위면의 형성연대를 개략적으로 추정했다. 그것에 의하면, 상하 평균 변위속도는 0.1～0.08m/1,000년 정도의 C급 변위이다.

4. 울산단층계를 따라 명료한 단층노두가 2개 지점에서 관찰되었다. 말방리 집락 동쪽에 있는 사곡지 북안에는 파쇄된 화강암이 중위면을 구성하는 역층 위에 충상되어 있다. 그 단층면의 주향은 대략 남북 방향이고, 경사는 25～30°E이다. 개곡리 집락 북동쪽의 연안천 하상(성지의 하류 약 300m) 북서쪽 노두에서도, 약간 풍화한 역층 위에 화강암류가 25～30°E의 경사로 충상해 있다. 양 노두에서는 퇴적물이 이끌림이나 탄화를 받아 크게 변형되어 있다.

5. 말방리의 사곡지 북안 노두에서는 상부가 약 3만 년 전으로 측정된 사력층도 확실하게 단층변위를 받았다. 이 북쪽에서 실시된 트렌치 조사에서도 지표면에 이르는 단층면이 확인되고, 최종빙기 이후의 복수의 활동이 관찰됨으로 울산단층계는 제4기 말까지 활동을 반복해 온 활단층이라는 것을 알 수 있었다.

6. 말방리 집락 동쪽 사곡지 북서노두에서는 중위면 구성층의 상부가 잘 관찰되고, 이러한 최상위층의 실트질 층이 액상화현상에 의해 변형되어 있다. 여기에서는 몇 개의 사맥(砂脈)이 하위의 실트질 모래층을 기재로 하여, 상위 쪽으로 번개 모양으로 연장되어 올라가고, 토양층 하부에서 나팔형으로 넓어지고 있다. 중위면 구성물은 그 퇴적 중 내지 직후에 액상화 현상을 받았음을 시사한다.

7. 대략 남북 방향의 울산단층계가 역단층성의 활단층이라는 점은, 연구지역도 동북동-서남서 방향내지, 대략 동서 방향으로부터 압축성의 광역 응력장에 위치해 있음을 시사한다. 이것은 북북동-남남서 방향의 양산단층계가 우횡변위를 보이는 것도 관련되

고, 동일한 응력장에 있음을 의미한다. 한반도 남부의 응력장뿐 아니라, 서남 일본이나 주변지역의 네오텍토닉스를 고찰하는 데에도 중요한 성과가 된다.

참고문헌

星野一男. 1985a. 「寫眞で見る韓國の地層」. 地質, 366. pp.21~27.

_____. 1985b. 「コリア半島の造構運動の概略」. 地質ニュス, 366. pp.28~42.

星野一男·村岡洋文. 1982. 「LANDSAT映像よりみた韓國の地質構造」. 地質調査所月報, 33. pp.420~421.

Hoshino, K., P. C. Kang *et al*. 1984. *Research on interpretation of geological structures by remote sensing technique*. ITIT(Project no. 8014). p.45

藤田和夫·太田陽子. 1977. 「第4紀地殼變動」. 日本第4紀學會篇. 『日本の第4紀研究』. 東京大學出版會. pp.127~152.

韓國地質鑛物研究所 Korea Institute of Energy and Resources. 1981. 100만분의1 韓國地質圖.

韓國動力資源研究所. 1985. 「コリア半島の地史」. 地質ニュス, 366. pp.7~15.

Jun, M. S. 1991. "Body-wave analysis for shallow intraplate earthquakes in the Korean Peninsula and Yellow sea." *Tectonophysics*, 192. pp.345~357.

貝塚爽平·成瀨 洋·太田陽子·小池一之. 1995. 『日本の平野と海岸(新版日本の自然 4)』. 東京大學出版會. p.248.

Kang, P. C. 1979. "Geological analysis of Landsat imagery of South Korea." *J. Geol. Soc. Korea*, 15. pp.109~126, pp.181~191.

_____. 1981. "Geological evolution of Korea and structural analysis of Korean transect area." *CCOP Bulletin*, 14. pp.31~51.

Kyung, J. B. 1993. "Correlation of earthquake occurrences with topography and lineament in the south Korea." *J. Korean Earth Science Society*, 14. pp.482~491.

Kyung, J. B. and K. W. Lee. 1993. "Pattern recognition study of large earthquake occurrences in the Korean Peninsula(II)." *J. Geol. Soc. Korea*, 29. pp.61~72.

Kyung, J.B., K. S. Oh and K. Oike. 1996. "Paleoseismological approach in the southeastern part of Korean Peninsula." 1996 Symposium on Seismology in East Asia Proceedings, Korea Inst., Geol. Mining & Materials. pp.38~47.

Maritinson, D. G., N. G. Pisias, J. D. Hayes, J. Imbrie, T. C. Moore Jr. and N. J. Shackelton. 1987. "Age dating and orbital theory of the ice ages : Development of a high-resolution 0 to 300,000-year chronostratography." *Quat. Res.*, 27. pp.1~29.

松井 健·加藤芳夫. 1962. 「日本の赤色土壤の生成時期·生成環境に關する二·三の考察」. 第四紀研究, 2. pp.161~179.

成瀬敏郎·井上克弘·金萬亭. 1985.「韓國の低位段丘上に堆積するレス狀土壤.」ペドロジスト29. pp.108～117.

成瀬敏郎·柳精司·河野日出夫·池谷元司. 1996.「電子スピン共鳴(ESR)による中國·韓國·日本風成塵起源石英の同情」. 第四紀硏究, 35. pp.25～34.

吳建煥. 1977.「韓半島南東部海岸の地形發達」. 地理學評論, 50. pp.689～699.

Oh, G. H. 1981. "Marine terraces and their tectonic deformation on the coast of southern part of the Korean Peninsula." *Bull. Dept. Geogr. Univ. Tokyo*, 13. pp.11～61.

岡田篤正·渡邊滿久·佐藤比呂志·全明純·曺華龍·金性均·田正秀·池憲哲·尾池和夫. 1994.「梁山斷層(韓國南東部)中央部活斷層地形調査」. 地學雜誌, 103. pp.111～126.

岡田篤正·渡邊滿久·鈴木康弘·成瀬敏郎·竹村惠二·慶在福·谷口薰·尾崎陽子·長井朋大·植木岳雪·下角哲也. 1997.「梁山斷層系南部(韓國)第4紀斷層運動評價」. 日本第4紀學會講演要旨集, 27. pp.80～81.

尾池和夫. 1984.「東アジアの 地震活動」. 藤田和夫編著.『アジアの變動帶 −ヒマラヤと 日本海溝間−』. 海文堂. pp.89～107.

朴陽大·尹亨大· 1968. 5만분1 지질도폭 '울산' 및 동설명서. 한국국립지질조사소. p.20.

Ryoo, C. R. 1997. "Fault system in the southeastern Korea: 'Kyongju' horsetail structure as a new synthetic interpretation." Lee, Y. and Kim, J.H. eds. Tectonic evolution of eastern Asian continent. *Geol. Soc. Korea, 50th Anniv., Int' Symp.*, pp.22～27.

Sakaguchi Y. and K. Okumura. 1986. "Interglacial climates and relic red soils in northern Japan based on pollen records of interglacial deposits in eastern Hokkaido." Bull. Dept. Geogr., Univ. Tokyo, 18. pp.29～48.

禹 柄榮. 1984.「양산단층의 지형학적 연구」. 경북대학교석사학위논문. p.41.

Xu, J. R. 1994. "Seismogenic stress field and tectonics in east Asia." Mem. Fac. Sci., Series of Physics, Astrphysical, Geophysics and Chemistry, Kyoto Univ., 39. pp.49～69.

Xu, J. R., Z. X. Zhao, K. Oike and Y. Ishkawa. 1989. "Regional Characteristics of shallow earthquakes in and around China." Proc. Japan-China(Taipei) Joint Seminar on Natural Hazard Mitigation Kyoto, Japan. pp.41～49.

山元孝廣. 1991.「日本列島の後期新生代巖脈群造構應力場」. 地質調査所月報, 42. pp.131～148.

Yoon, S. and J. Y. Kim. 1990. "Tectonic history of the Yangsan Fault, southeastern part of Korean Peninsula." Tsuchi, R. ed. : *Pacific Neogene Events, their timing, nature and interrelationship.* Univ. Tokyo Press. pp.151～160.

V. GIS 및 Remote Sensing

GIS와 Remote Sensing의 지리학적 이용 방법론을 제시하고 있다. DEM을 이용한 지질별 지형 특성 분석, 우리나라의 고도, 기복량, 경사 분석이 이루어졌으며, 위성 영상을 이용하여 충적평야의 미지형, 염성토와 비염성토, 간석지의 미지형 등을 분류한 사례를 소개하고 있다.

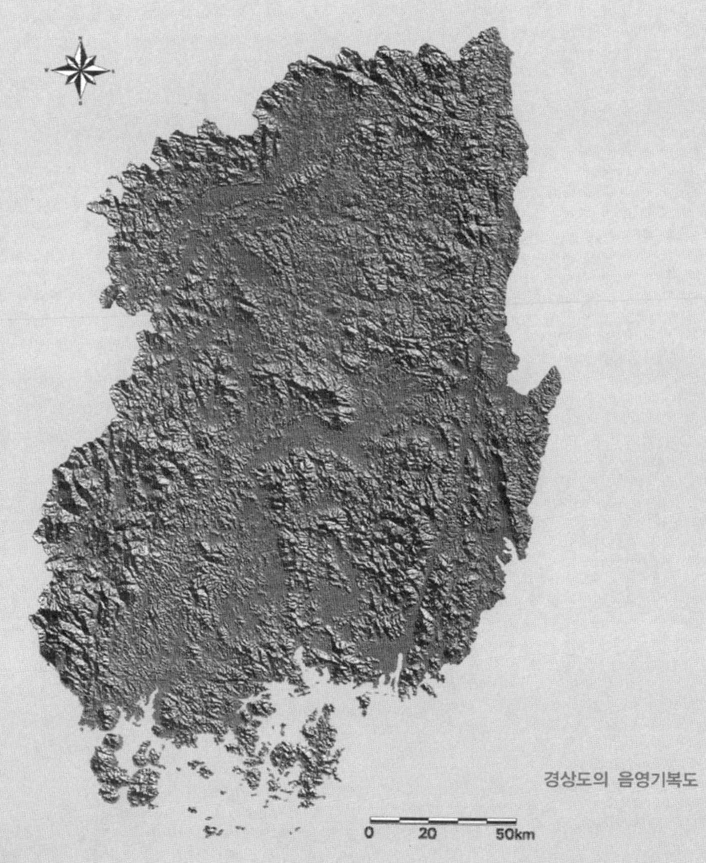

경상도의 음영기복도

CHAPTER 1

Landsat TM 영상을 이용한 충적평야 미지형 분류*

- 금호강 유역평야를 대상으로-

1. 서언

하천이 운반하던 퇴적물을 유로 좌우에 쌓음으로서 만들어지는 충적평야 즉 범람원상에는 퇴적물이 상대적으로 사력질이고 미고지를 이루는 자연제방과, 실트, 점토질의 저습지인 배후습지, 그리고 그 후면 산록부에 합류선상지의 3지형단위가 있다. 그러나 이들 범람원 상의 미지형들은 폭에 비하여 고도차가 적고, 두 지형 경계에 애면(崖面)이나 경사변환이 뚜렷이 나타나지 않고 점이적으로 바뀌기 때문에 지형분류도상에서 이들 미지형들을 분류, 도화하는 데는 어려움이 많다. 따라서 일반적으로 이와 같은 미지형 분류는 대축척 항공사진의 판독, 현지조사를 통한 지형관찰과 퇴적물 입도분석 및 토지이용 상태 등을 분석함으로써 가능하게 된다. 그러나 넓은 지역에 걸친 이와 같은 작업은 많은 경비와 시간을 요한다.

필자들은 금호강 유역분지의 지질, 지형 토지이용 등을 분석할 목적으로 이 지역의 Landsat TM 영상을 파장별로 조합하여 false color composite를 만들어보는 과정에서 범람원의 미지형을 잘 반영하는 것으로 보이는 false color 조합이 이루어졌으므로 이를 통하여 금호강 범람원의 미지형을 분류하고 검토해 보았다.

---

* 조명희·조화룡, 1996, 한국지역지리학회지, 2(2), 197～204쪽.

2. 영상의 선택과 처리

본 연구에 사용된 영상은 1992년 11월 11일에 촬영된 Landsat TM(Thematic Mapper) 영상으로 경상도의 대부분 지역을 cover한 scene(path 114, row 36)의 CCT(computer compatible tape)이다. 이 scene 중에서 금호강의 유역분지가 포함되는 부분(E128°24′, N36°07′: E129°06′, N35°43′)을 축척 1/130,000이 되도록 확대한 영상으로 육안분석을 실시했다. 그러나 본고에 게재된 사진은 '안심' 부근에서 '영천댐'에 이르는 금호강의 중류 부분이고 사진 축척도 게재 과정에서 축소되었다. 분석 범위를 이와 같이 선택한 것은 '안심'보다 하류 쪽 금호강 유역 평야에는 비행장과 같은 군사시설이 있고 또 대구시 시가지가 형성되어 있어 지형이 잘 분류되지 않고, 상류지역은 범람원이 좁고 미지형 분화가 잘 이루어져 있지 않으므로 본 연구에서는 제외시켰다.

False color composite는 여러 가지 band 조합을 해보았으나 band 2에 blue, band 3에 green, band 4에 red color filter를 씌워 만들었을 때가 미지형 구분이 가장 뚜렷하게 나타났다. 이들 band 2, 3, 4는 <표 1-1>에서 볼 수 있는 것과 같이 식생 구분에 유용한 band들이며 특히 band 4는 근적외 파장역으로 식물의 엽록소가 이 파장을 가장 강하게 반사하는 특성을 보여서 녹색 식물의 존재와 더 나아가서 식물의 활성도까지 섬세하게 반영하는 파장이다.

〈표 1-1〉 Land sat TM sensor의 band별 파장 영역과 그 이용

Band	파장영역(㎛)	이 용
1	0.45～0.52	coastal water mapping soil/vegetation differentiation deciduous/coniferous differentiation
2	0.52～0.60	green reflectance by healthy vegetation
3	0.63～0.69	chlorophyll absorption for plant species differentiation
4	0.76～0.90	biomass surveys, water body differentiation
5	1.55～1.75	vegetation moisture measurement
6	10.40～12.50	plant heat stress management other thermal mapping
7	2.08～2.35	hydrothermal mapping

자료: 조명희(1989)

3. 지형 분류

이상에서 작성된 위성 영상 상에서 하천을 연하여 펼쳐져 있는 평탄한 충적평야와 그 주변에 소기복을 나타내는 침식 구릉지는 지형적 기복만으로도 영상에서 쉽게 두 지형이 구분되어 일차적으로 분류할 수 있었다. 그러나 충적평야상의 미지형은 기복이나 지형 경사와 같은 직접적인 지형 특색으로 구분하는 것은 불가능했다. 그러나 각 미지형별로 토지 피복상태(land cover)[1]의 차가 나타나고 이 때문에 TM영상의 false color composite상에서 이들 미지형 간에 분광(分光)특성의 차이를 발견할 수 있었으므로 이를 이용하여 미지형 구분을 시도하였다.

일반적으로 자연제방은 사질토양이고 상대적으로 높은 지형으로 배수가 잘되어 밭농사, 과수원, 수목원 등으로 이용된다. 그러나 그 후면의 전형적인 배후습지는 상대적으로 낮은 지형이고 토질이 점토, 실트질이기 때문에 배수가 잘 되지 않으며, 벼농사 지역으로만 토지 이용이 이루어지고 있다. 배후습지와 구릉지 간에는 소하천의 선상지성 퇴적물, 구릉지로부터의 mass movement작용에 의하여 운반된 사면퇴적물, 그리고 본류의 범람원성 퇴적물로 혼합되어 이뤄진 지형으로 배후습지보다는 지형 고도가 다소 높고, 구릉지 쪽으로 아주 완만히 기울어져 높아지고 있다. 이런 지형을 김만정(金萬亭, 1984)은 합류선상지로 분류하였다. 이 지형이 다양한 기원의 퇴적물로 이루어져 있지만 본고에서는 편의상 김만정 교수의 명명 방법에 따라 합류선상지로 가칭했다. 이 합류선상지 지형의 토지 이용은 벼농사를 중시했던 과거에는 대부분 논으로 이용되었으나 밭작물의 경제성이 높아진 최근에는 상당 부분이 포도, 대추 등 과수원이나 채소밭으로 바뀌고 있다.

위성 영상이 촬영된 1992년 11월 11일에 금호강 범람원의 토지 피복 상태를 추정하기 위하여 1996년 11월 중순에 이 지역 토지 피복 상태를 살펴본 결과에 의하면 다음과 같다. 배후습지에 주로 형성되어 있었던 논에는 벼가 막 베어진 상태이기 때문에 엽록소를 가진 식물이 하나도 없는 나지 상태이고 따라서 false color composite상에 흰색 혹은 연한 청색으로 나타났다. 그러나 자연제방에는 이 시기에 무, 배추, 파 등 김장 채소가 밭에 부분적으로 남아 있고, 과수원일 경우에도 과수의 잎들이 대부분 떨어졌지만 부분적으로 가을비에 의하여 푸른 잎이 나와 있는 것이 많았다. 또 과수원 하층 바닥에는 가을 잡초들이 녹색을 유지하면서 아직 남아 있었다. 이와 같이 자연제방 상에는 이 시기에 녹색 식물의 요소가 많이 남아 있어 이들 엽록소가 band 4(근적외)에서 강하게

1) land use는 인위적이고 기능적인 면을 강조하는 데 대하여 land cover는 자연적이거나 인위적이거나 상관없이 지표를 점유하고 있는 물리적·형태적 특성을 말한다.

반사하고 결과적으로 false color composite에서 적색을 띠게 되며, 배후습지의 흰색과 대조를 이루고 있었다. 자연제방 중에서 특히 더 강한 농도의 적색을 나타내는 것은 아마 김장 채소가 남아있는 밭일 것으로 판단된다.

배후습지에서 구릉지 쪽으로 이행하는 소위 합류선상지에는 앞에서 언급한 것처럼 토지 이용이 논과 밭이 혼합되어 있기 때문에 이 시기에 녹색 식물의 요소가 자연제방보다는 적고, 순수한 논 지역보다는 많아서 false color composite의 색채도 자연제방보다는 농도가 옅고, 백색과 청색의 반문(斑紋)이 많은 등색(橙色)을 나타내고 있어 다른 지형 단위와 대조를 이루고 있다.

이와 같은 색조의 차이를 기초로 충적평야의 미지형을 분류한 것이 <그림 1-1>이고 분류 원도가 되었던 false color composite가 <그림 1-2>이다. 이상에서와 같은 false color composite의 미지형 단위별 색조의 차이는 11월 중순의 특징일 뿐이다. 만일 촬영시기가 이보다 더 이른 하절기의 시기에 촬영된 영상이었다면 배후 습지의 논 지역에도 녹색 식물로 피복되어 이와 같은 구별이 불가능했을 것이다. 또 이보다 더 늦은 동절기의

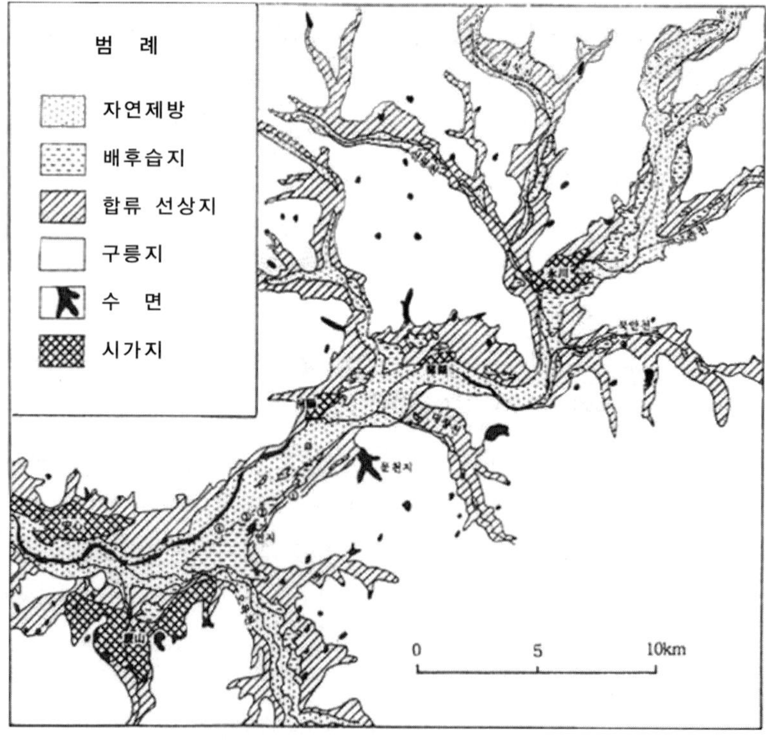

〈그림 1-1〉 금호강 유역분지의 미지형분류도

〈그림 1-2〉 금호강 유역분지의 Landsat TM 4/3/2 False Color Composite

시기에 촬영된 영상일 경우에는 자연제방상의 밭에도 채소가 수확되고 과수원 하층의 초본 식물도 추위로 인하여 생존하지 못하므로 미지형 단위별 색조의 차이가 두드러지지 않을 것이다. 다시 말해서 금호강 충적평야의 미지형 분류에 있어서 11월 중순의 영상이 유용하고 Landsat TM band 2, 3, 4의 false color 조합이 효과적이라는 것이 밝혀졌다.

아울러 본 조사지역에는 농업용 소 저수지가 많이 분포하고 있는데 이들 저수지 중에서 짙은 청색을 띠고 있는 것은 수심이 깊은 맑은 호수이고 녹색으로 많이 변색된 것은 수초가 호면을 덮고 있는 호수라는 것이 현지조사에서 밝혀졌다. 전자의 대표적 예는 문천지(文川池)를 들 수 있고 후자의 대표적인 예는 연지(蓮池)를 들 수 있다.

또한 분류도에 나타내지는 않았지만 주변 산지 및 구릉지의 색조가 갈색을 나타내는 지역과 적색을 나타내는 지역이 있어 대조를 이룬다. 특히 적색은 산록과 구릉지 쪽에 두드러지고 높은 산지 쪽은 갈색을 띠는 경우가 대부분이다. 그러나 팔공산 지역은 고산이면서도 산정 가까이까지 짙은 적색을 띠고 있다. 이와 같은 색조의 차이는 산지 삼림의 수종의 차이 때문에 연유된 것으로 보인다. 즉 적색을 나타내는 것은 이 시기에 엽록소를 가지고 있는 수종이 많은 삼림이고, 갈색을 나타내는 것은 이 시기에 단풍이 들었거나 이미 낙엽이 된 활엽수림이 많이 분포하는 삼림일 것으로 추정된다. 금호강 유역에서 이 시기에 푸른 잎을 가지고 있는 수종은 소나무가 대부분이며, 그 밖의 상록수림은 거의 무시할 정도의 양이다. 따라서 이 조합의 false color composite에서 적색의 농도를 수치 영상처리하여 분석하면 송림의 밀도가 높은 지역을 찾아낼 수 있을 것으로 판단된다.

4. 분류 결과의 검증

TM 영상의 false color composite로 분류한 충적평야 미지형 분류 결과가 타당한지 여부를 검증하기 위하여 현지 조사와 퇴적물 입도분석을 실시했다. 조사지역은 경산시의 하양읍과 진량면의 접경 지역은 환상동, 보인동 지역으로 금호 제3교에서 경산인터체인지에 이르는 경부고속도로 연변 지역이다. 현지조사는 TM 영상이 촬영된 시기와 계절적으로 거의 일치하는 1996년 11월 14일에 이루어졌다.

하천을 연하여 적색으로 나타난 지역(자연제방으로 분류)에는 사과밭, 관상수 식물원, 김장채소밭, 취락들이 입지하고 있었으며 환상동 취락들이 입지하고 있는 곳을 최고점으로 한 완만한 미고지(표고 45~47m)를 이루고 있었다. 그 후면에 백색으로 나타난 지역(배후습지로 분류)에는 벼가 이미 수확된 나지로만 이루어져 있었고 저평한 지형 경관(표고 44m 전후)을 보이고 있었다.

다시 그 후면의 백색 반문이 많은 등색(橙色)지역(합류선상지로 분류)은 벼가 수확된 논과 원래 논이었으나 포도나무, 대추나무들을 심어 밭으로 바뀐 것이 혼재되어 있었으며, 지형면은 구릉지 쪽으로 1~20° 정도의 완만한 경사로 점차 높아지고 있었다. 이들 각 미지형 단위별로 퇴적물 시료를 채취하여 입도분석을 실시했다. 퇴적물은 인간 활동에 의한 개변을 제거하기 위하여 표면에서 약 0.5~1m 정도 구덩이를 파고 그 아래쪽의 자연 층으로 인정되는 부분의 퇴적물을 채취했다. 습식분석과 표준분석절에 의한 입경을 분류·계량하고 이를 histogram으로 나타내고, 이를 기초로 Inman의 공식에 의해 평균입경, 도태계수(淘汰係數, sorting), 왜도(歪度, skewness)를 계산한 것이 <그림 1-3>이다.

합류 선상지(시료 1)의 퇴적물은 실트 및 점토의 세립질 group을 주로 하고 pebble급의 력(礫)을 종으로 하는 쌍봉형의 histogram을 나타내며 평균입경이 2.3φ이며, 도태계수

4.5로 분급이 나쁜 퇴적물이었다. 력(礫)은 각력, 아각력으로 구릉지 쪽에서 공급된 것으로 보이며, 실트 및 점토는 본류성의 비중이 높은 것으로 추정된다. 배후습지 중심부의 퇴적물(시료 2)은 실트 및 점토를 주로 하는 단봉형의 histogram을 보이며, 평균입경이 5.8φ, 도태계수 1.5로 다른 시료에 비해서 입경이 훨씬 세립질이고 분급도 좋다. 따라서 이곳의 퇴적물은 본류가 범람할 때 이 저지를 덮었던 흙탕물로부터 부유하중이 침전하여 공급된 것이 대부분이라는 것을 알 수 있었다.

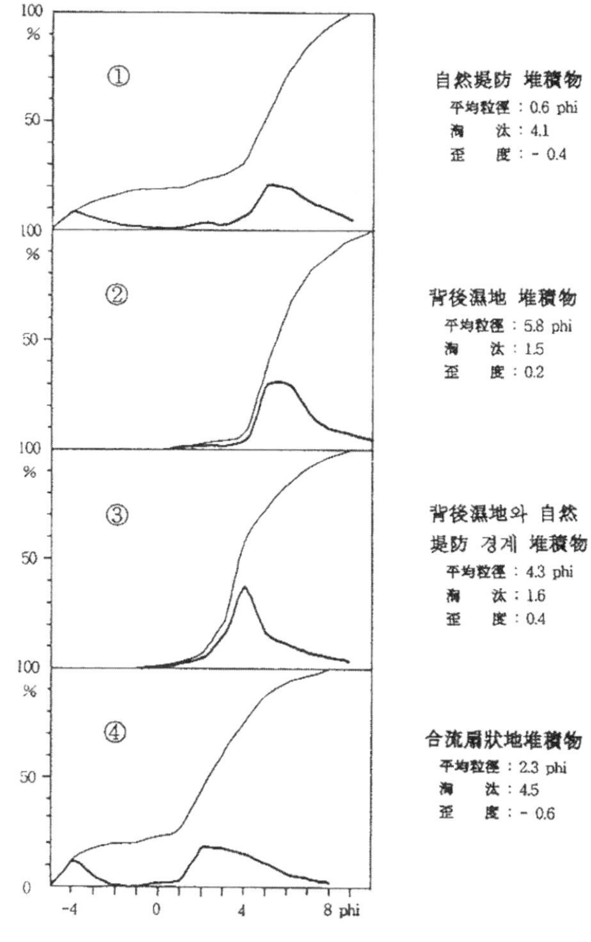

〈그림 1-3〉 금호강 범람원 퇴적물의 입도분석 결과

자연제방과 배후습지의 경계지점의 퇴적물(시료 3)은 시료 2와 histogram의 모양이나 도태계수와 비슷하지만 평균입경이 4.3φ로서 훨씬 조립질이며 모래와 실트가 반반 정도인 퇴적물이었다. 자연제방 중앙의 퇴적물(시료 4)은 모래·실트의 세립질 group과 pebble급의 력(礫)으로 이루어진 쌍봉형의 histogram을 나타내며, 도태계수가 4.1로 분급이 불량하였다. 력(礫)은 아원력으로 분류될 정도로 원마가 이루어져 있었다. 시료 채취 지점 인근에 건축물 기초 공사를 위하여 파여진 4m 깊이의 노두를 관찰할 수 있었는데 아랫부분은 분급이 좋은 사력층을 이루고 있었으나 표면으로 올수록 세립과 조립의 호층을 이루고, 표면 1m 정도의 퇴적물은 분석된 시료와 같이 세립질이 많고 부분적으로 력(礫)이 섞여있는 퇴적물로 이루어져 있었다. 이와 같은 퇴적상의 변화는 이 자연제방이 표면으로 오면서 점차 안정되어 가고 있음을 나타낸다고 할 수 있다.

이상에서와 같이 Landsat TM영상에 의한 미지형 분류 결과는 지형적 특색이나 퇴적물의 특색과 서로 상관성이 높다는 것이 검증되었다. 그러나 현지조사 지역과 퇴적물 시료가 제한되어 충분한 검증이 이루어졌다고는 할 수 없으며 앞으로 보다 더 많은 지역 및 시료의 분석을 통하여 계속 검증하려 한다.

5. 미지형의 분포 특징

금호강은 본류의 길이 118.4㎞, 유역면적 2087.9㎢로 낙동강의 여러 1차 지류 중에서 남강 다음으로 그 길이나 유역면적이 큰 대지류이다. 따라서 영천시, 경산시, 대구광역시역을 포함하는 광의의 대구 분지[2)]의 물을 모아 대구시 서쪽에서 낙동강에 합류한다. 영천시가지 부근에서 자호천(紫湖川), 고림천(古林川), 북안천(北安川), 화북천(華北川), 신령천(新寧川) 등 5개의 대지류가 합류되고 그 바로 아래쪽에 상대적인 협착부(狹窄部)가 있어 홍수 때 하천수가 이 협착부에서 부분적으로 막혀(daum-up) 영천시가지 주변에 넓은 범람원을 형성하였다.

그 아래쪽 하양 부근에서 청통천과 대창천, 경산 부근에서 오목천과 남천, 대구시에서 신천 등의 지류가 합류되면서 금호강 유역에서 가장 넓은 범람원을 형성한다. 그러나 대구시가지 서쪽 끝(와룡산 부근)에서부터 낙동강에 합류될 때까지는 협곡부를 이루어 범람원의 폭이 아주 좁다.

금호강의 범람원은 영천댐 아래쪽에서부터 크게 넓어져 폭 1～2㎞ 규모로 계속되다가 금호읍 부근에서부터 동촌까지 3㎞ 전후의 최대의 폭을 유지한다. 이 범람원 상에 발달한 자연제방은 안심-하양-금호 주변에서 약 1.5㎞ 폭으로 넓어져 연속적으로 나타나고 주변 배후습지에 대한 최고점의 비고는 2～3m 정도이다. 그러나 상류 쪽으로 가면서 자연제방은 폭이 좁아지고 비고도 낮아지며 지류 쪽으로 가면서는 연속성도 불량하다. 배후습지는 자연제방만큼 연속적이지 못하고 흩어져 분포하고 있으며, 오목천, 청통천, 북안천, 고촌천 등 큰 지류가 합류하는 곳 즉 자연제방 후면에 비교적 넓게 형성되어 있다. 이들 배후습지는 점토질이고 배수가 잘 안되기 때문에 밭으로 새로 개조되지

2) 대구분지는 광의로는 금호강 유역분지와 성주군 유역을 유역분지로 하는 백천 유역분지를 합한 팔공산, 보현산 남쪽의 경상북도 지역을 말하며, 협의로는 현재 대구시 시가지가 형성되어 있는 팔공산, 앞산, 와룡산 및 동부 구릉지로 둘러싸여 있는 지역을 말한다.

못하고 아직도 대부분이 논으로 이용되고 있다.

6. 요약

낙동강의 대 지류중의 하나인 금호강 유역분지를 대상으로 하여 Landsat TM 영상의 false color composite를 육안 분류하여 충적평야상의 자연제방, 후배습지, 합류선상지 등의 미지형 분류를 시도해 보고 검증하였다.

이를 위하여 1992년 11월 11일에 탐지된 Landsat TM 영상중의 band 2, 3, 4에 blue, green, red filter를 각각 씌워 조합한 false color 영상이 가장 효과적이었음이 규명되었는데, 시기적으로는 미지형별로 녹색식물의 밀도차가 가장 두드러지는 11월 중순의 영상이 가장 효율적이었다. 즉 배후습지의 논은 벼가 막 수확된 때이므로 나지상태였으나 자연제방 상에는 김장채소, 과수원의 하층 초본식물 등의 녹색식물이 상대적으로 많이 남아 있으며 합류선상지 부분은 논과 밭이 혼합되어 녹색식물의 밀도가 중간 정도로 분포하기 때문인 것으로 판단된다.

이와 같이 false color composite의 색조 차이를 이용한 미지형 분류 결과에 대해 sample 지역에서 현지 지형 조사와 퇴적물 입도분석을 실시하여 검증해 본 결과 충적평야 미지형 분류에 있어서 탐지 시기와 band 조합의 대응이 효율적으로 이루어진다면 TM 영상이 매우 유용하다는 것이 밝혀졌다.

참고문헌

조명희. 1989. 「Landsat TM영상에 의한 토지 피복분류」. 경북대학교 박사학위논문.

조화룡. 1987. 『한국의 충적평야』. 교학연구사.

Pain C. F. 1985. "Mapping of landforms from landsat imagery: an example from Eastern New South Wales, Australia." *Remote Sensing of Environment*. 17(1). pp.55~65.

Schreier, H. Goodfellow, L. C. and LauKalich, L.M. 1982. "The use of digital multi-date landsat Imagery in terrain classification." *Remote Sensing of Environment*, 12(1). pp.35~46.

Shasby M. B. and Carneggie, D. M. 1986. "Vegetation and terrain mapping in Alaska using landsat MSS and digital terrain data." *Photogrammetric Engineering and Remote Sensing*, 52(6). pp.779~786.

CHAPTER 2

Soil Property Analysis of Coastal Lowland using Landsat TM Image*

– The Case of the Kimhae Delta Plain of Korea –

1. Intorduction

As remote sensing techniques and their applications develop satellite image data which analyzes earth surface information such as landcover, landuse and others become more widely used. Recently a research classified a land cover using Landsat TM(Thematic Mapper) image of the Kimhae Delta, Korea(Jo, 1989). This research found a difference of tone in specific spectrum of paddy fields after harvest. However, ground observation does not make it possible for us to distinguish the tone difference. Based on the fact that soil property has any relationships with the tone difference after rice harvest in its TM image, this study conducts a soil grain size analysis and chemical contents analysis found some significant results.

2. Literature Review

Most earth surface is composed of soil and vegetation. Satellite image is detected from the characteristics of reflected electro-magnetic wave from the earth surface.

* Myung-Hee Jo, Yasuhiro Sugimori, Wha-Ryong Jo, 1997, J. Adv. Mar. Sci. Tech. Soci., 3-2, pp.133~140.

Satellite image is a very useful data to study soil and vegetation. In particular, Landsat TM image is very effective in detecting and identifying the chlorophyll of plants.

Olsen(1967) examined the relationship between soil fertility and cultivating method in Minnesota and Michigan using panchromatic and infrared aerial photo. Krist of and Zachary(1984) classified the soil and mapping of Morgan and Tippecanoe, Indiana and clarified that the quantity of organic matter, soil color, drainage network and landform were which have influence on soil reflectance the surface. Estes et al(1977) and Richardson and Wiegand(1977) measured soil moisture of California and Texas using microwave radiometer and Landsat MSS four bands. Tucker and Miller(1977) examined the impact of soil on plants in the area of Fort Collines, Colorado. Evans(1979) used panchromatic aerial photo in Measuring the characteristics of lowland soil and soil moisture change in East England. Cihlar(1980) examined the relationship between soil water and agriculture clusters of 12 cultivation areas of Alberta, Raymond, using airplane thermal scanner. Meier(1981) evaluated the relationship between soil moisture and landform of Rietholzbach mountain area of East Swiss using SLAR image. Imhoff et al(1982) classified soil units of semi-dry area near Green River city of Utah using the classification method of Landsat data. Kornblau and Cipra(1983) classified soils under mountain plants of Park County, Colorado using Landsat MSS classification technique. Ezra et al(1984) tried a computer analysis of Landsat MSS to show the relationship between plant classification and soil of Kern County, California. Wang(1985) measured the soil moisture change of Texas in satellite data and found that vegetation area shows a lower change in soil moisture. Wright and Birnie(1986) showed that SPOT data is more effective in detecting the change of surface soil than Landsat data in their study area of Lintrathen-Firth, Scotland. Satterwhite(1987) examined the spectroscopic characteristics of soil and plants of 25 Northern Nevada areas and showed that the ratio technique of Landsat TM 1-4 bands is the most efficient.

These researches mostly put focus on soil moisture, the quantity of organic matter, soil color, soil size component of sedimentary materials, soil erosion and related landform issues. This literature review shows that there is no research which analyze the chemical components of soil such as salinity.

3. Image Processing

The image used in this study is a CCT(Computer Compatible Tape) Landsat TM image of November 21, 1984. In its pre-processing, geometric correction was implemented to correct the distortion of image itself and register topographic map and coordinate with it. Also contrast stretch is implemented to increase the ability of classifying objects. In advance, this study examined the pre-processing images of each bands, analyzes false color composites which are made of three bands, and tried a supervised classification.

Because these analysis are interested to classify land cover of delta plain, which are applied to all land cover. However, this study selects soil related parts and explains them. The Kimhae delta plain, from which the image was detected, is composed of mainly agricultural land use. Vegetables such as green onion, parsley, radish and cabbage are cultivated on the ground and green house. But most area is paddy field. The research was done just after the rice harvest, this soil classification was carried out on paddy field in barren land except the area of vegetation and building.

On band 3 with sensor wavelengths of 0.63-0.69㎛, there appears a clear difference between paddy field Ⅰ and Ⅱ. A higher brightness was found in paddy field Ⅱ, which is a paddy field located down stream(Kimhae Gun, Jangyu Myeon)than paddy field Ⅰ which located upper stream(Daegeo 1 and 2 dong). Also a brightness difference appears on band 4 with sensor wavelength of 0.76-0.90㎛. However, the brightness of paddy field Ⅰ is higher than that of paddy field Ⅱ. On the other bands, there was no difference in brightness(Table 2-1).

Land cover was classified using supervised classification with maximum likelihood method(photo 2-1). For this purpose, we used composite image with band 3, 4 and 5 which have an ability of distinguishing classes. The land cover divided into 16 classes. And the sample areas which selected three to nine areas for each classes was inputed. In Photo 1, paddy field Ⅰ is shown to be yellow and paddy field Ⅱ appears to be yellow-brown. Removing other cover classes and selecting paddy field Ⅰ and Ⅱ, a classified figure is prepared(Fig. 2-1).

〈Table 2-1〉 Spectral characteristics of each paddy field in band 5, 4, 3, 2.

Band	5	4	3	2
Paddy I	75.47	43.76	36.81	30.82
Paddy II	74.81	40.66	38.13	30.85
Difference	0.66	3.10	1.32	0.03

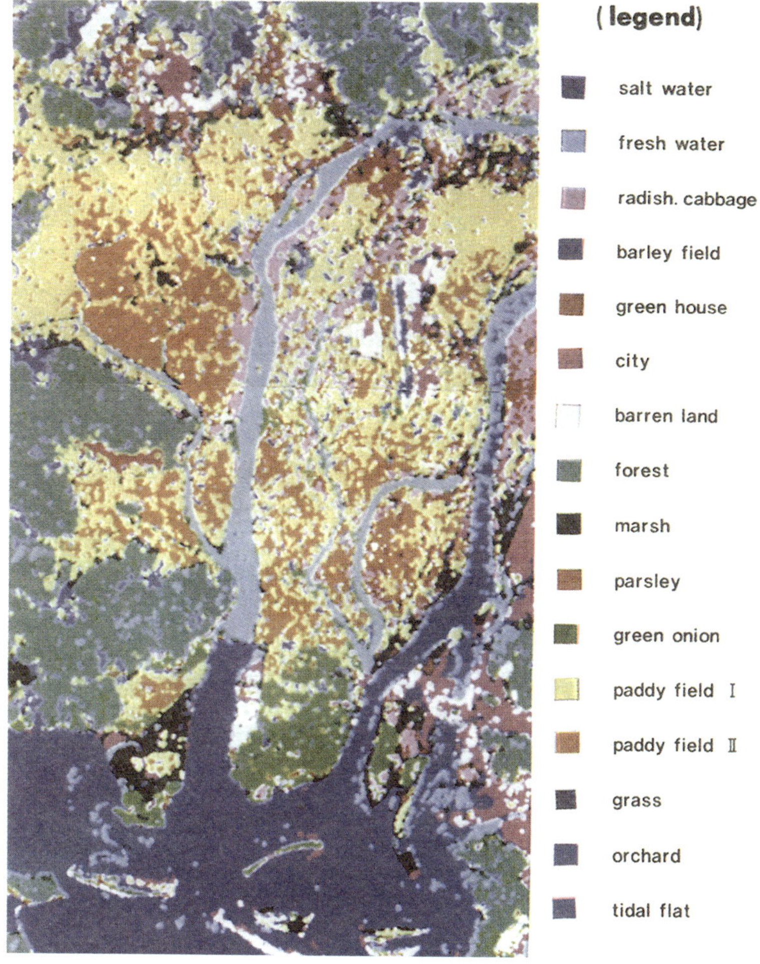

〈Photo 2-1〉 Image of land cover classification of Kimhae Delta by supervised classification of maximum likelihood method

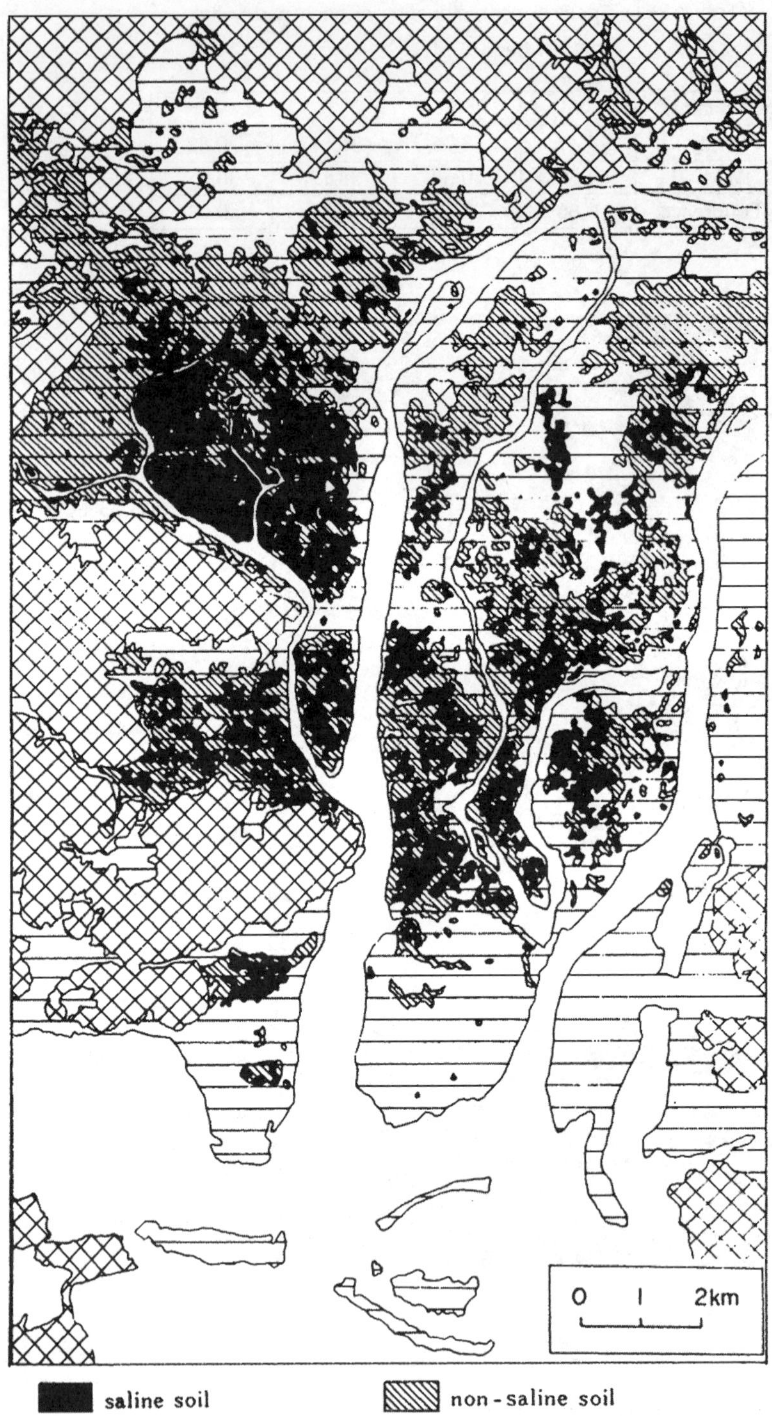

〈Fig. 2-1〉 Distribution of saline soil and non-saline soil in Kimhae Delta

4. Results and Discussions

After harvests, paddy fields shows a tone difference on TM image. This seems to be related to soil properties. There soil properties which is related with the tone difference are as follows; the difference in soil colors in connections with the difference in the quantity of organic matter the difference in soil moisture which is related with landforms and grain size components of sedimentary materials other difference in chemical soil properties.

To show the impact of soil properties on the tone-difference, this study collected soil samples from two areas of paddy field Ⅰ and three areas of paddy Ⅱ and conducted a soil grain size analysis and chemical analysis. The chemical analysis was conducted in November 1986 by the pedology laboratory, Kyungpook National University. The results are shown in <Table 2-2>. Samples 1 and 2 are from paddy field Ⅰ and samples 3, 4 and 5 are from paddy field Ⅱ.

According to soil grain analysis, clay takes the most part of all samples and silt takes the second higher portion of grain size texture. Only sample 3 has more sands than other samples. Because sample 3 has the most clay, these samples would show a tone difference, if it is related to the soil grain. Soil moisture could make a brightness difference in TM image. However, we can not tell the soil moisture when the image is detected. Although soil moisture is related to only soil grain size of sedimentary materials and landform. There was no difference in grain size.

Considering landforms, paddy field Ⅱ is the lowest among all paddies.

〈Table 2-2〉 Soil content analysis of Kimhae Delta

	Sample No.	Grain size texture			Chemical characteristics		
		Clay(%)	Silt(%)	Sand(%)	Na (me/100g)	Fe (me/100g)	So_4^{2} (%)
Paddy (I)	1	53.48	34.02	12.50	0.74 0.017%	95.25 0.095%	0.03
	2	53.17	38.52	8.31	1.07 0.025%	56.50 0.057%	0.15
Paddy (II)	3	43.32	30.55	26.13	4.03 0.093%	86.50 0.087%	0.17
	4	55.92	33.08	10.99	3.76 0.086%	100.25 0.100%	0.28
	5	74.74	20.84	4.43	3.67 0.084%	79.00 0.079%	0.17

According to the results of chemical analysis, paddy Ⅰ and Ⅱ do not show any difference in their soil contents of Fe and SO4. However, paddy Ⅱ has about 4-6 times more Na than paddy Ⅰ. Na is an indicator of distinguishing saline soil from non-saline soil. If the Na content is about 0.2%, the cultivation is impossible. Tidal flats have the Na content about 0.11% and non-saline soils have the Na content lower than 0.004-0.005%.

Comparing the chemical characteristics of paddy Ⅰ and Ⅱ, paddy Ⅰ has the 3-5 times larger Na than inland soil and 1/4-1/6 lower Na than paddy Ⅱ. Paddy Ⅱ has a little bit the lower salinity than tidal flats or almost the same Na content as them. Therefore, this paper named paddy Ⅰ as non-saline soil and paddy Ⅱ as saline soil. The distribution of non-saline soil paddy Ⅰ and saline soil paddy Ⅱ is shown in <Fig. 2-1>.

According to Jo's(1987) classification of Kimhae delta landform unit(Fig. 2-2), paddy Ⅰ appears around upper delta and delta basin areas. However, paddy Ⅱ appears around lower delta. Deltas are built up in the sea with deposits of rivers. Deposits are not saline soil only if they built up above the sea level. Even if deposits are piled up due to the inundation of the river, deposits exposed above the sea level are still not saline soil.

Among the Kimhae plain, the upper delta seems to be built up in this way, which includes natural levee and paddy Ⅰ. Lower delta is naturally a saline marsh lands because its elevation is relatively lower and it is covered by saline sea water in case of high tides or extraordinary flood tides. The 1/50,000 Kimhae topographic map published in 1917 shows that this area is mostly saline marsh land. The area has been cultivated into paddies, after the publication of the map. However, some delta area shows strong saline soil property.

Until these days, the classification of saline and non-saline is mainly dependent upon agrochemical experiments. There was not any classification based on remote sensing techniques. This study uses them and shows the possibility of soil classification using a new technique of remote sensing.

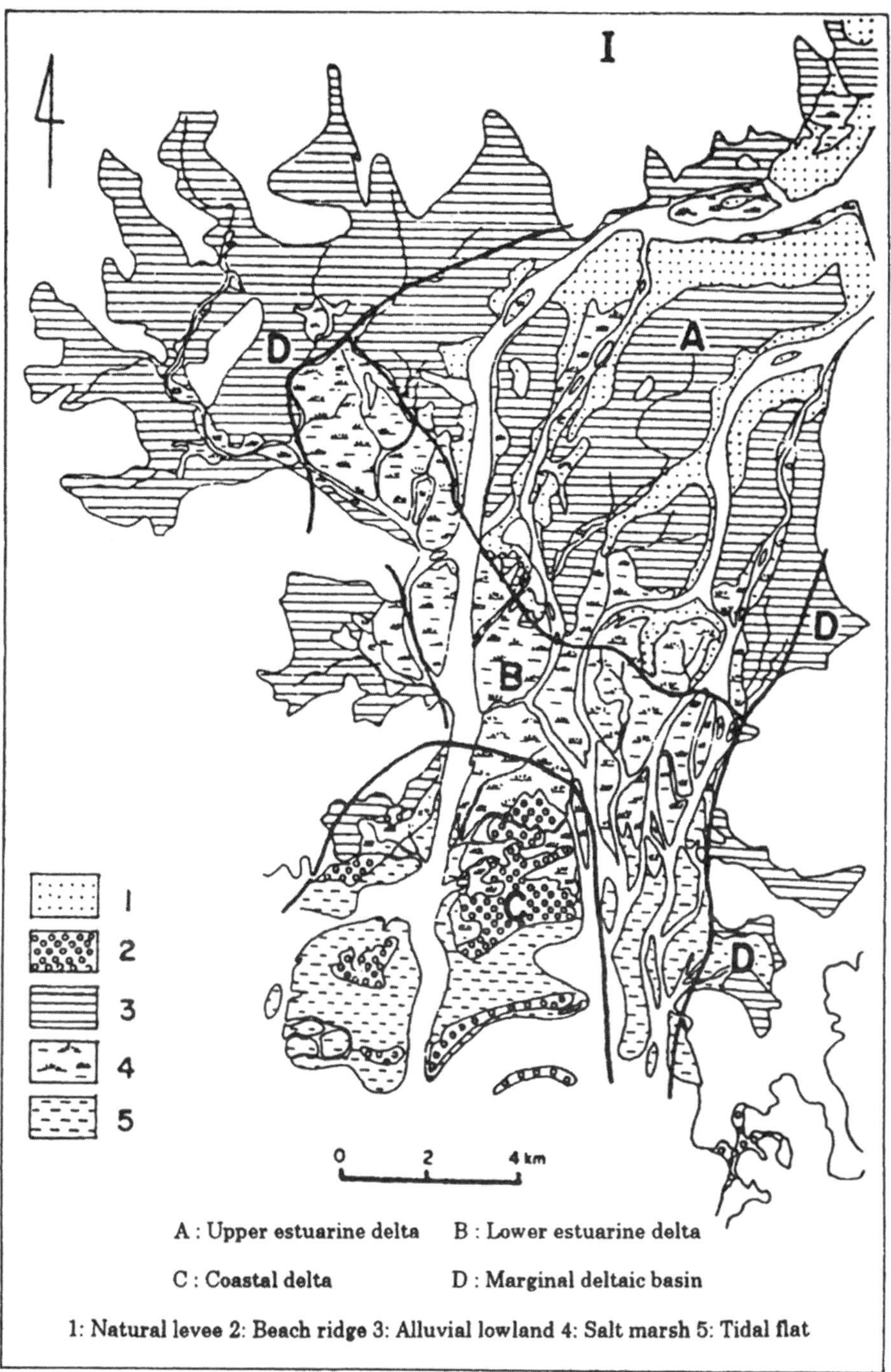

〈Fig. 2-2〉 Geomorphic unit classification of Kimhae Delta(Jo, 1987)

5. Summary

A Landsat TM image, detecting the Kimhae delta area as a sample of coastal lowland alluvial plain, shows that paddies after their harvest have different brightness. The difference clearly appears in band 3 and 4 spectral images. In order to examine the brightness difference, this study collected soil samples from two areas and conducted a soil grain size analysis and chemical analysis. The brightness difference could not be explained by the soil moisture, soil grain size composition and the quantity of organic matters. However, two areas showed a clear difference in their saline contents. Also, its distribution patterns of saline soil and non-saline soil go with the landform development of delta. Therefore this study concludes that the salinity difference make the brightness difference between two areas. However, this conclusion is based on inductive research, this study proposes to conduct an optical experiments to examine the brightness difference and supplement the existing theories following the experimental research results.

References

Cihar, J. 1980. "Soil water and plant canopy effects on remotely measured surface temperatures." *International Journal of remote sensing*, 1. pp.245~251.

Estes, J. E., M. R. Mel. 1977. "Measuring soil moisture with an airborne imaging passive microwave radiometer." *Photogrammetric Engineering and Remote Sensing*, 43, 10. pp.1273~1281.

Evans, R. 1979. "Air photos for soil survey in lowland England ; Factors assessing soil moisture content and discrimination of soil survey by remote sensing." *Remote Sensing of Environment*, 8. pp.39~63.

Ezra, C. E., L. R. Tinney and R. D. Jackson. 1984. Effects of soil. background on vegetation discrimination using Landsat data, 16. pp.233~242.

Imhoff, M. L., G. W. Petersen, S. F. Sykes and J. R. Irones. "Digital overlay of Cartographic information on Landsat MSS data of soil surveys." *Photogrammetric Engineering and Remote Sensing*, 48, 8. pp.1337~1342.

Jo, Wha Ryong. 1987. *Alluvial plain of Korea.* Kyohak Younku Sa. p.219.

Jo, Myung-Hee. 1989. "Land cover classification using Landsat TM image ; The case of the Nak-Dong River mouth area." Ph. D. Thesis, Kyungpook National Univ., Korea. p.154.

Kornblau, M. L. and J. E. Cipra. 1983. "Investigation of digital Landsat data for mapping soils under range vegetation." *Remote Sensing of Environment*, 13. pp.103~112.

Kristof, S. J. and A. L. Zachary. 1974. "Mapping of soil features from multispectral scanner data." *Photogrammetric Engineering and Remote Sensing*, 40, 12. 1427~1434.

Olsen, E. F. 1967. "Accuracy of Landuse interpretation from infrared imagery in the 4.5 to 5.5 micron band." *ANNALS of the Association of American Geographers*, 57, 2. pp.382~388.

Richadson, A. F. and C. L. Wiegand. 1977. "Distinguishing vegetation from background information." *Photogrammetric Engineering and Remote Sensing* 43, 12. pp.1541~1552.

Satterwhite, M. B. 1984. "Discriminating vegetation and soil using Landsat MSS and thematic mapper bands and band ratios." Proc. Soc. Photogramm. Tech. Pap. 2. pp.479~490.

Tucher, C, J. and L. D. Miller. 1977. "Soil spectral contribution to grass canopy spectral reflectance." *Photogrammetric Engineering and Remote Sensing*, 43. pp.721~726.

Wang, J. R. 1985. "Effect of vegetation on soil moisture sensing observed from orbiting microwave radiometers." *Remote Sensing of Environmen*t, 17. pp.141~151.

Wright, G.G., and R.V.Birnie. 1986. "Detection of surface soil variation using high resolution satellite data ; Results from the U. K. SPOT simulation investigation." *International Journal of Remote Sensing*, 7, 6. pp.757~766.

CHAPTER 3

위성원격탐사를 이용한 곰소만 간석지의 미지형과 퇴적물 입도 특성 분석*

1. 서언

곰소만은 전라북도 부안군과 고창군 사이에 위치한다. 이 만은 평균 폭(남-북) 5-6km, 길이(동-서) 17km의 만으로 수심이 얕아서 저조 때는 넓은 간석지가 드러나며, 주수로(main tidal channel)와 만의 입구도 수심이 2-3m에 불과하다. 곰소만에는 검조기지(檢潮基地)가 없기 때문에 이 만의 공식적인 조차가 발표된 것은 없다. 그러나 북쪽의 군산외항(대조승 6.6m, 소조승 5.0m)과 남쪽의 안마도(대조승 5.1m, 소조승 3.9m)의 조차 등으로부터 추정하면 곰소만의 대조차는 약 6m정도라 할 수 있다.

곰소만의 간석지 면적은 76㎢로 비교적 넓다. 그러나 간척된 간석지의 면적은 14㎢(18%)에 불과하여 남한 평균 간척률 50%에 비하여 매우 낮다. 따라서 곰소만은 대부분의 간석지가 원형 그대로 남아 있어서 충청남도의 가로림만과 더불어 우리나라의 간석지연구에 이상적인 대상지라 할 수 있다.

곰소만 간석지에 대한 연구는 장진호 외(1996)의 연구가 있다. 주진천 하류부를 중심으로 이루어진 연구이다. 그러나 주수로 북쪽 지역과 사천하류의 내만 지역에 대해서는 언급이 없어 곰소만의 간석지의 공간분포 특징을 종합적으로 살펴보는 데는 부족함이 있다.

본 연구에서는 곰소만 간석지를 대상으로 Landsat TM영상으로 간석지 미지형을 분류하

---

* 조화룡·조명희, 2000, 한국지리정보학회지, 3(1), pp.44~56.

고, 분류된 각 미지형의 지형 및 퇴적물 특성을 현지 조사, 실험실 분석을 통하여 검증하였다. 이와 같은 간석지의 미지형분류와 토양 및 지형의 검토는 간척계획수립과 간척된 후의 토지이용에 매우 유용할 것으로 사료된다. 영상의 선택을 위하여 RESTEC으로부터 최근 25년간 Landsat가 탐지한 list를 입수하고, 조석표에 의해 곰소만의 저조위시간과 위성영상탐지 시간이 가장 근접한 영상을 선택한 결과 1996년 9월 1일 영상이 선택되었다.

2. 영상처리 및 분류

1) 기법선택과 처리과정

영상의 전처리는 false color composite와 TM좌표를 기준으로 기하보정을 실시하고, 또한 영상의 강조(image enhancement)를 위하여 linear contrast stretch를 실시하였다.

본 연구의 대상지역인 간석지는 지형을 세분해둔 선행연구도 없으며, 지형적으로도 어떤 뚜렷한 경계가 있는 것이 아니다. 그렇지만 지형이나 퇴적물 입도조성이 만내에서 만구 쪽으로 갈수록 점차로 변해가고 있어서 만내지역과 만구지역을 비교하면 많은 차이를 보인다. 따라서 본 간석지 분류에서는 무작위로 추출된 화소(pixel) 자료를 clustering 하여 그룹으로 분할하는 unsupervised classification의 방법을 선택하였다.

Clustering이란 유사한 반사 특성값끼리 그룹화 하는 방법이다. clustering과정은 계층적 방법(hierarchical clustering)과 비계층적 방법(non-hierarchical clustering)으로 나누어지는데 본 연구에서는 후자에 속하는 ISODATA방법을 선택하였다.

2) 분류된 결과

위와 같은 과정으로 분류된 곰소만과 그 주변지역의 분류도가 <그림 3-1>과 같다. 이 지역은 10개의 class로 나누어졌고 바다 쪽이 크게 5개의 class, 육지 쪽이 대략 5개의 class로 구분되었다. 육지 쪽 부분을 제외하고 바다 쪽 부분만을 살펴보면, 먼저 간석지가 3개의 class(흑색, 주황, 적색), 해수면 부분이 크게 2개 class(연노랑색, 청색)로 나누어졌다.

이와 같이 나누어진 각 class가 무엇인지에 대해서는 본 연구에서 수행된 퇴적물 분석, 지형조사를 통하여 판정되어야만 할 것이지만, 잠정적인 결론을 미리 도출하여 각 class의 이름을 붙여보면 다음과 같다. 간석지의 가장 만내 쪽에 넓게 분포하는 class

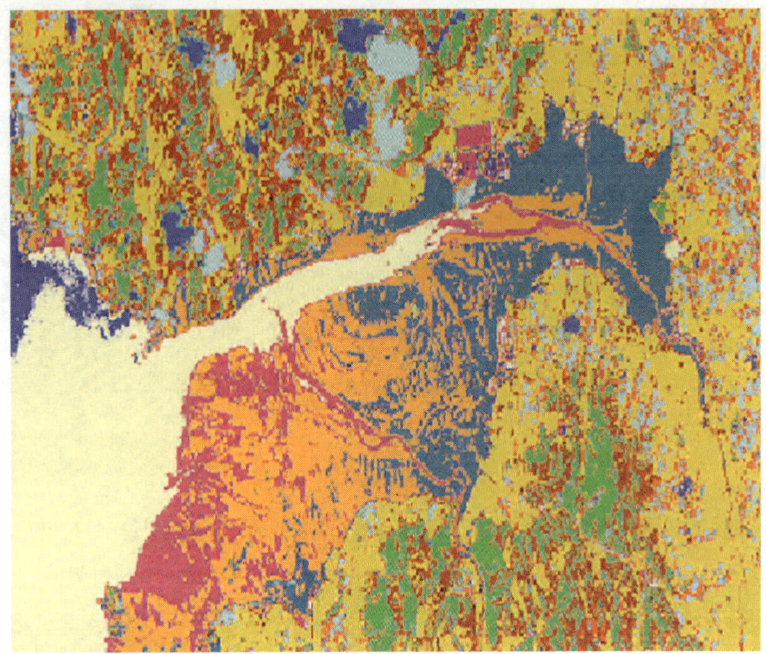

〈그림 3-1〉 Classification image of Gomso-Bay tidal flat and its land cover of surrounding area

I(흑색)은 mud flat, 중간에 분포하는 class II(주황색)는 mixed flat, 가장 만구 쪽에 분포하는 class III(적색)은 sand flat이며, 간석지에 바로 인접해 있는 해수인 class IV(연노랑색)는 얕은 수심의 혼탁된 해수이고, 그 바깥쪽의 해수인 class V(청색)는 보다 깊은 수심의 맑은 해수이다.

곰소 주변에 염전과 왕새우 양식장이 넓게 분포하는데 거의 바닥이 드러나 있는 염전은 sand flat와 같이 class III으로 분류되었고, 상당한 수심의 pool을 이루고 있는 왕새우 양식장은 깊은 수심의 맑은 해수와 같이 class V로 분류된 것이 특이하다.

간석지의 class I-III(mud flat, mixed flat, sand flat)와 해수면 class IV(얕은 수심의 혼탁 된 해수)에 대하여 각각의 면적과 band별로 density value를 측정해 본 결과를 <표 3-1>에 나타냈다. 간석지 면적은 mud flat와 mixed flat가 비슷한 면적으로 각각 27.4㎢와 30.2㎢이고 sand flat는 앞의 2개보다 면적이 좁아서 18.5㎢를 나타냈다.

다음으로 band별 분광 특성을 살펴보면 모든 class가 상대적으로 단파인 가시광역(visible)의 1-3band에서 density value가 높고, 장파의 적외선 영역인 4, 5, 7band에서 density value가 낮아 평균값이 70.4~108.8의 차이가 난다.

이와 같은 경향은 아마도 수분과 관계있는 것으로 판단되어지는데, 물은 장파에서

〈표 3-1〉 Density value of each class on the TM image in Gomso-Bay tidal flat

Class	area km2	Density value							
		Band1	Band2	Band3	Band4	Band5	Band7	Mean value	Difference*
Ⅰ (mud flat)	27.4	221.3	216.2	238.9	108.1	170.7	186.6	190.4	70.4
Ⅱ (mixed flat)	30.2	200.0	193.6	205.8	93.0	129.2	142.0	160.6	78.4
Ⅲ (sand flat)	18.5	178.2	185.4	193.4	85.4	83.6	83.6	78.0	103.4
Ⅳ(shallow water)	32.3	187.5	179.0	163.8	65.3	64.3	64.3	74.5	108.8

* The difference is the mean density value of short wave Bands(1, 2 and 3) minus that of the long wave Bands(4, 5 and 7 Bands)

흡수되므로 반사량이 적어서 density value가 낮고, 단파는 상대적으로 많이 반사되기 때문에 density value가 높게 나타난다. 그 차이는 혼탁한 해수인 class IV에서 가장 크고, class III, II, I쪽으로 갈수록 차가 줄어든다. 따라서 남아있는 수분의 함유량이 sand flat에서 mud flat로 갈수록 줄어든다는 것을 의미한다.

class별로 density value를 보면 class I이 가장 높은 density value를 보여 평균 190.4이고, class II, III, IV쪽으로 갈수록 value가 낮아져 class IV에서는 122.4로 나타났다. 이것도 역시 식생이 피복되지 않은 노출지에는 상대적으로 건조된 땅은 밝게 나타나고 수분함유량(soil moisture)이 많을수록 어두우며, 표면이 수면으로 완전히 덮여 있는 곳이 가장 어둡게 나타나는 결과로 설명될 수 있다.

다음으로 이들 4개의 class에 대한 각 band의 변별력을 살펴보기로 한다. class 간에 density value의 차이가 크게 나타나는 band는 변별력이 높은 band라 할 수 있다. 이와 같은 관점에서 band별 class 간의 density value의 차를 계산한 것이 <표 3-2>이다. <표 3-2>에서 class I과 II 간의 density value의 차이는 모든 band에서 상대적으로 크며, 특히 5, 7band에서는 아주 크게 나타났다.

class II와 III 간의 density value의 차는 5, 7band에서 크고 band 1에서는 중정도이며, 나머지 band에서는 작다. class III과 IV 간의 density value의 차는 3, 4, 5band가 중정도이며 다른 band에서는 낮다. band 4는 전반적으로 density value가 낮고 class간의 차도 작게 나타난다. 그러나 육지에서는 밝게 나타나 육지와 간석지간의 경계가 가장 뚜렷하게 나타난다. band 4는 근적외 영역 탐지 band로 식물의 엽록소(chlorophyll)를 강하게 반영하기 때문에 식생이 피복된 육상은 밝게, 그러나 식생이 거의 없는 간석지는 어둡게 나타난 것으로 해석할 수 있다.

결론적으로 간석지의 미지형 분류에는 5, 7band가 변별력이 가장 높고, 바다와 간석지

〈표 3-2〉 The density value difference per class of each band

	Band 1	Band 2	Band 3	Band 4	Band 5	Band 7
class I - class II	21.3	22.4	33.1	15.1	41.5	44.6
class II - class III	21.8	8.2	12.4	7.6	45.6	64.0
class III - class IV	-9.3	6.4	29.6	20.1	19.3	3.5

의 경계를 찾기 위해서는 band 3이, 육지와 간석지의 경계를 찾기 위해서는 band 4가 유용하다는 것이 밝혀졌다.

3. 분류된 지역의 퇴적물 입도 특성

전 절의 unsupervised classification에 의하여 분류된 간석지의 3부분이 퇴적물 특성상으로는 어떻게 다르게 나타나는가를 검토하기 위하여 줄포만 간석지의 표면퇴적물에 대하여 입도분석을 실시하였다. sample의 채집은 1997년 9월 5일-7일과 10월 3일-5일의 2차에 걸쳐 대조의 저조위 때 노출된 간석지의 표면에서 실시했으며, 갯골은 피하고 갯골과 갯골사이의 평탄면 상에서 실시하였다. 대략 등간격으로 총 42개 지점에 대하여 약 500g씩 sample을 채취하였다(<그림 3-2>참조).

입도별 분류는 4phi(ø)보다 더 세립질은 비중계법에 의해 분류하고 4phi보다 더한

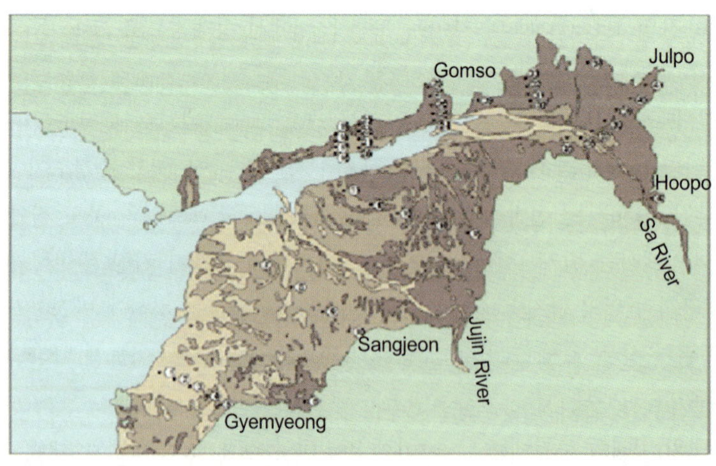

〈그림 3-2〉 Deposits sampling points on the Tidal Flat of Gomso-Bay

〈표 3-3〉 Grain size analysis of tidal flat deposits in Gomso-Bay

	Sample 수	평균 mean phi	평균 S.D.	평균 Skewness	5phi 이하 세립질 포함량 평균
mud flat	24	4.68	1.50	+0.075	34.67
mixed flat	13	4.13	1.20	-0.088	17.97
sand flat	5	2.93	0.73	-0.018	2.62

조립질은 표준 분석채에 의해 분류하였으며 그 결과는 <표 3-3>과 같다. 비중계법에 의한 결과에 의문점이 있는 sample(sample No 20 · 28)에 대해서는 비이커에 의한 침강법으로 재차 검증하였다. 비중계법 실험을 위하여 먼저 퇴적물의 비중을 계산해 본 결과 대부분의 퇴적물은 2.5±0.1 정도의 비중이었으나 내만 깊은 안쪽 지역의 sample인 33(구진), 42(후포)번의 sample이 3.0을 넘는 수치를 보여 특이하였다. 그러나 그 원인은 현재로서는 밝혀내지 못했다.

각 퇴적물을 phi scale 1간격으로 분류·계량하고 이를 백분율로 환산하여 단순빈도곡선(simple frequency curve)과 누가빈도분포곡선도(cumulative frequency curve)를 작성하였다. 이 누가빈도분포곡선을 기초로 Imman D.L.의 공식에 의거하여 평균입경(mean phi), 분급(standard deviation), 왜도(skewness)를 계산하였다. 이와 같이 계산된 각 지점의 평균입경, 분급, 왜도를 각 미지형 단위별

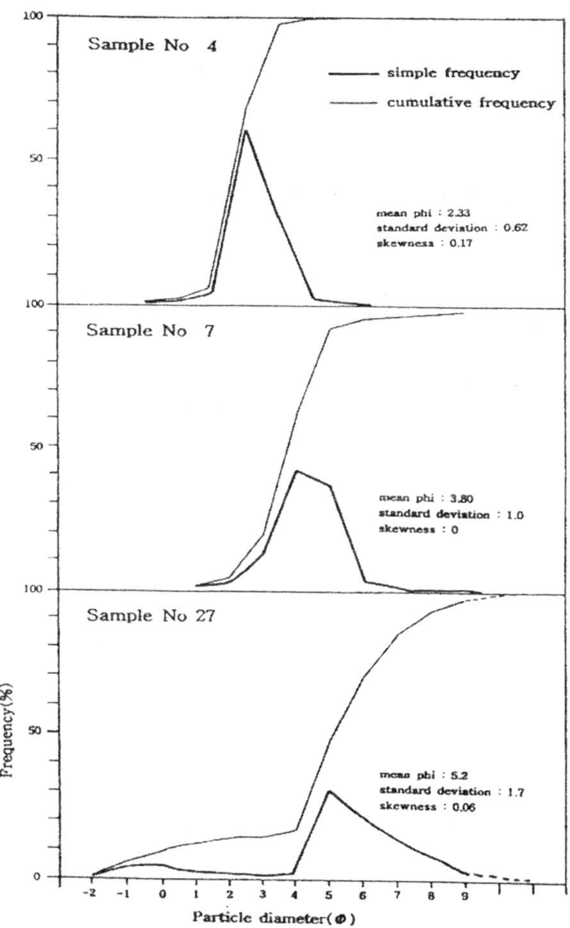

〈그림 3-3〉 Simple Frequency Curve and Cumulative Frequency Curve at sand flat(sample No.4), mixed flat(sample No.7), mud flat(sample No.27)

로 평균하여 <표 3-3>에 나타내었다. 이 표의 마지막 란에 5phi보다 세립질의 포함률(%)을 추가했는데 이것이 class I지역퇴적물 및 미지형 형성에 깊은 관련이 있을 것이라는 가정에서이다. 조류에 의한 퇴적물의 운반양식에도 하천에서처럼 조립질 퇴적물이 바닥으로 구르거나(traction) 뛰면서(saltation) 운반되는 바닥하중(bed load)과 세립질퇴적물이 혼탁류(turbidity current)상태로 물에 떠서 운반되는 부유하중(suspended load)이 있다.

일반적으로 모래와 자갈은 바닥하중으로 그리고 silt와 점토는 부유하중으로 운반되는 것으로 알려져 있다. 이를 검증해 보기 위하여 곰소 부근 (sample No. 29지점)과 줄포 부근(sample No. 40지점)에서 저조와 고조의 중간시점에 갯골을 따라 밀려오는 밀물의 표면에서(당시 수심 약 1m)각각 1liter씩의 혼탁류를 채집하여 48시간 침전시킨 뒤에 침전물을 건조하여 계량한 결과 각각 2.3g, 2.5g의 퇴적물이 나왔으며 이들은 모두 5phi 이하의 세립질 퇴적물이었다. 따라서 본 간석지에서 밀물 때 부유하중으로 운반되는 퇴적물은 5phi 이하의 세립질 퇴적물이라는 것이 밝혀졌다.

다음으로 퇴적물 분석결과와 분류된 지역과의 관련성을 검토해 보았다. <그림 3-4>는 위성영상 분류도상에서 퇴적물 평균입경의 등치선을 도화한 것이다. 그림에서 볼 수 있는 것처럼 평균입경은 만구 쪽은 조립질이고 만내 쪽으로 올수록 세립으로 변하는 일반적인 경향을 보이고 있다.

그러나 '두어물'과 같이 만구 쪽에 가까우면서도 2차적으로 만입된 작은 만의 안쪽에는 평균입경이 주변보다 훨씬 세립화 되어 있다. 더 자세히 정리하면 위성영상으로 분석된 간석지 class I 지역(mud flat)과 class II지역(mixed flat)의 경계는 평균입경 4phi의 등치선과 대략 일치하여 class I지역의 퇴적물은 평균입경이 4phi보다 세립질이며, class II, III지역의 평균입경은 4phi보다 조립질이다. 그러나 II지역과 III지역의 경계는 평균입경으로는 어떤 설정도 할 수 없다.

<그림 3-5>는 위성영상분류도 상에서 퇴적물 분급을 나타내는 표준편차 phi값의 등치선을 도화한 것이다. 만구 쪽은 분급이 0.6-0.7 phi S.D.로 아주 좋고, 만내 쪽으로 갈수록 분급이 나빠지며, 2차만의 안쪽은 더욱 나빠져 2.0phi S.D. 이상을 나타내고 있다. 위성영상으로 분류된 간석지 class I지역은 표준편차 1 phi보다 큰 즉, class II, III지역보다 분급이 나쁜 지역이다. 그러나 class II지역과 class III지역을 구분할 분급치는 분명하지 않다.

<그림 3-6>은 위성영상 분류도 상에 퇴적물 왜도 관계를 나타낸 것이다. 왜도는 positive skewness(+)지역과 negative skewness(-)지역으로 나누어졌다. 왜도는 분포곡선의 형태가 평균치를 중심으로 좌우대칭이면 0으로 나타나고, 왼쪽은 짧은 폭으로 집중되어 있는데 오른쪽은 넓은 폭으로 확산되어 있으면 positive, 그 반대일 경우는 negative로

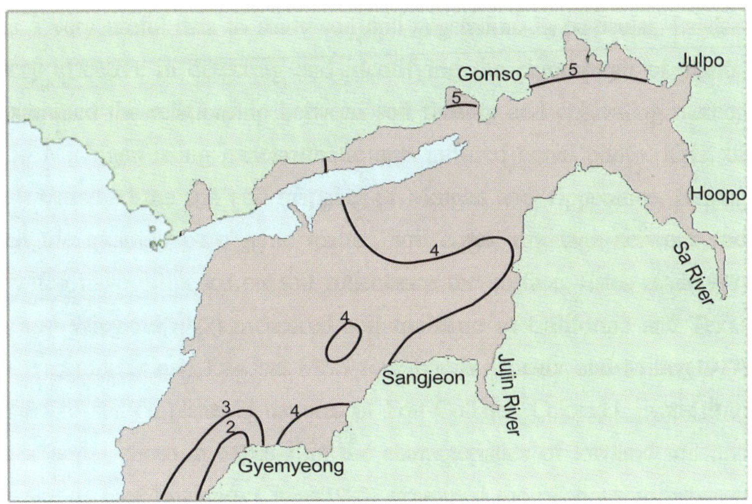

〈그림 3-4〉 Mean phi distribution of Gom-so tidal flat deposits

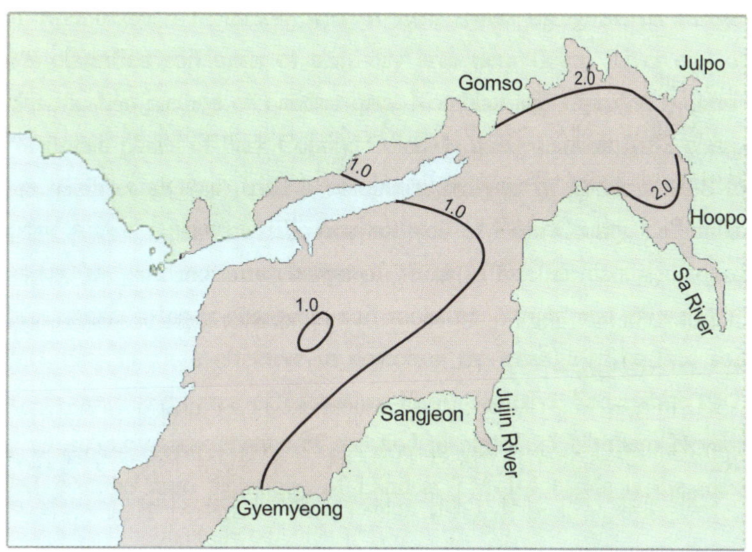

〈그림 3-5〉 Sorting (Standard Deviation) distribution of Julpo tidal flat deposits

나타나며, 그 비대칭의 경향이 크면 클수록 값이 많아진다.

퇴적물 입도별 중량분포곡선에서 왼쪽은 조립질이고 오른쪽은 세립질이므로 positive skewness를 보이는 퇴적물은 조립질 퇴적물 그룹이 집중분포하고 있는 데 대하여 세립질 퇴적물 그룹은 확산분포하고 있는 퇴적물이며, negative skewness를 보이는 퇴적물은

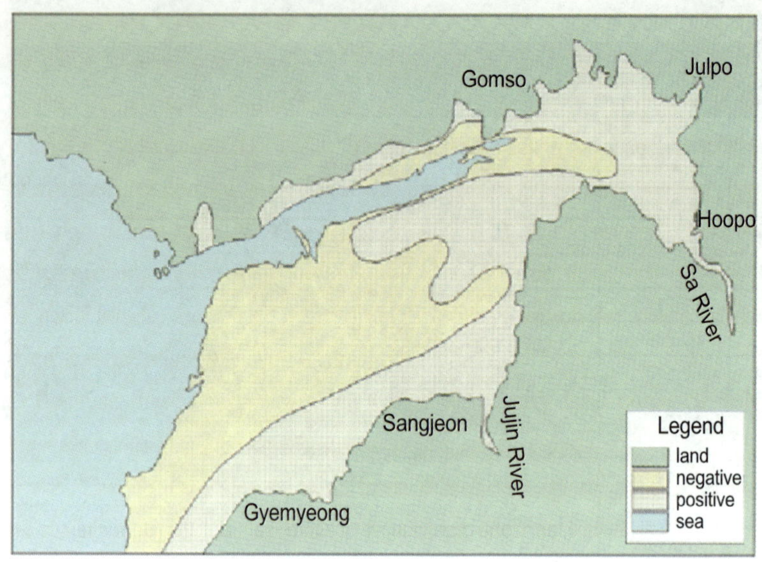

〈그림 3-6〉 Skewness distribution of Gom-so tidal flat deposits

그 반대이다.

<그림 3-6>에서 만구 쪽과 주수로(main tidal channel)쪽 퇴적물은 negative skewness를 보이고, 만내 쪽과 주수로에서 멀고 해안선에 가까운 쪽은 positive skewness를 보이고 있다. 위성영상으로 분류된 간석지 class I지역의 sample은 positive skewness를 나타내는 경향이 강하고, class II, III지역의 sample은 negative skewness를 나타내는 경향이 강하다. 그러나 skewness의 negative 및 positive의 경계가 위성영상으로 구분된 간석지 지역경계와 일치한다고는 할 수 없다.

<그림 3-7>은 각 지역 sample 속에 5phi 이하의 세립질 퇴적물이 얼마나 포함되어 있는가를 계산하고 이를 기초로 한 등치선을 위성영상 분류도 위에 그린 것이다. 앞에서 언급한 것과 같이 간석지에서 5phi 이하의 세립질 퇴적물은 밀물 때 부유하중으로 운반되는 것으로 분석되었다.

일반적으로 만구 쪽과 주수로 쪽은 이들 부유하중의 포함률이 낮게 나타나고, 만내 쪽으로 올수록 부유하중의 포함률이 높게 나타나며, 2차만의 안쪽에는 더욱 높게 나타나고 있다. 위성영상으로 분류된 지역과 관련시켜 볼 때 class III지역은 거의 대부분 10% 미만의 지역에 분포되어 있으며, class I지역은 20% 이상 지역에 대부분 포함되어 있음을 알 수 있다. class II지역은 10% 이하 지역과 20% 이상 지역에도 포함되어 있으나 중심부는 10%~20% 포함지역에 분포되어 있다.

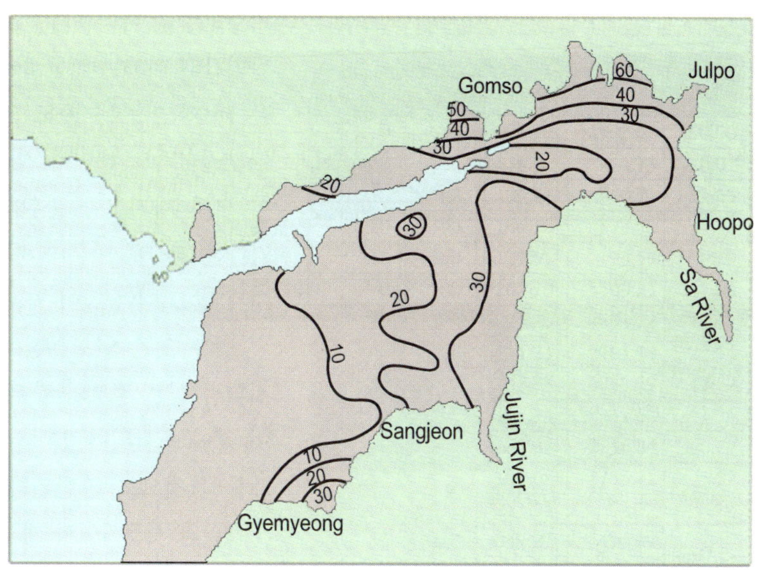

〈그림 3-7〉 The Percentage distribution for finer than 5phi of Gom-so tidal flat deposits

이상에서 검토해본 결과를 종합해서 위성영상으로 분류된 곰소만 간석지의 3개 지역 퇴적물 입도 특성을 요약하면 다음과 같다.

class I지역은 평균입경 4phi 이상이며, 5phi 이하의 세립질 퇴적물이 20% 이상 포함되어 있는 세립질 퇴적물로서 분급은 1S.D. 이상으로 나쁘고, positive skewness를 나타내는 경향이 강하다.

class II지역과 class III지역은 평균입경이 4 phi 이하의 조립질로서 분급은 1S.D. 이하로서 좋으며, negative skewness를 나타내는 경향이 강하다. 5phi 이하의 세립질퇴적물의 포함률은 정확히 일치하지는 않지만 class II지역은 10-20% 지역에, class III지역은 10% 이하 지역에 대부분이 분포하고 있음을 알 수 있다.

4. 분류된 지역의 지형특성

본 절에서는 위성영상으로 분류된 간석지의 3지역에 대하여 현지 지형조사로 밝혀진 지형특성을 기술하였다.

class I지역의 지상사진은 <그림 3-8>과 같다. <그림 3-8>에서 볼 수 있는 것과 같이 이 지역은 지형적으로 평탄한 표면과 이를 개석한 협곡을 축소해 둔 것과 같은

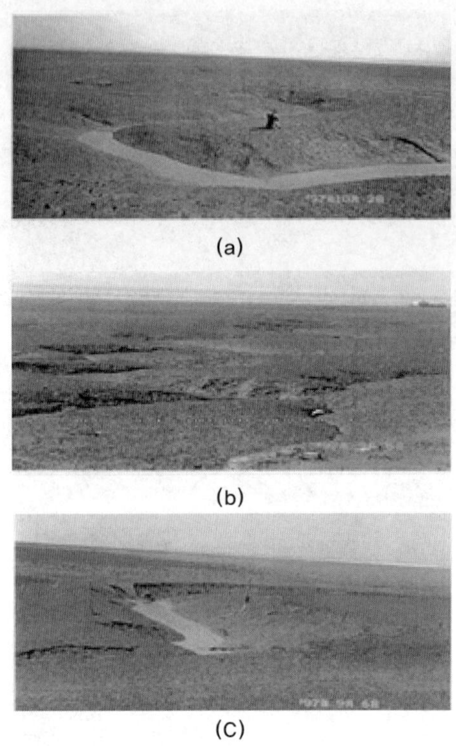

(a)

(b)

(C)

〈그림 3-8〉 Terrestrial photo of Class Ⅰ area (mud flat)

지형모양을 나타낸다. 갯골의 바닥과 평탄면간의 비고는 평균 2m정도이고 큰 곳은 3m에 이르는 곳도 있다.

갯골바닥도 해면이 가장 낮을 때는 물이 모두 빠지고 노출된다. 갯골의 벽은 가파른 경사를 이룬다. 갯골의 벽이 무너지지 않고 이와 같이 가파른 벽을 유지할 수 있는 것은 입도분석에서 볼 수 있는 것처럼 실트·점토와 같은 세립질 퇴적물이 많이 포함되어 있어서 점성이 강하기 때문인 것으로 판단된다.

갯골과 갯골사이의 개석되지 않는 평탄면은 기복이 거의 없이 아주 평탄하다. 이 평탄면의 표면에는 부분적으로 '나문재'와 같은 염생초본식물이 피복되어 있지만 피복되지 않는 곳의 면적이 더욱 넓다. 염생식물의 피복은 하천이 유입되는 곳 즉 주진천 및 사천의 하구부근에 비교적 넓게, 그리고 높은 밀도로 형성되어 있으나 '곰소' 위·아래쪽 만이나 '신복리' 부근 만에서처럼 육상하천의 유입이 없는 만에서는 거의 피복되지 않고 있다. 이와 같은 염생식물의 분포는 하천으로부터 질산염 등 식물의 영양분이 많이 공급되기 때문인 것으로 판단된다.

이상에서와 같은 지형특징과 전절의 퇴적물특징으로 미루어보아 class I지역은 'mud flat'이다. 내만 쪽 간석지 분류에서 salt marsh와 mud flat를 구분하는 경우가 많은 데 본 연구지역에서는 염생식물이 피복된 곳과 피복되지 않은 곳간에 뚜렷한 경계나 지형적 차이를 발견하지 못했으며, 위성영상의 unsupervised classification에서도 구분되어 나타나지 않았다.

class II지역의 지상사진이 <그림 3-9>이다. 이 지역에도 물이 빠지는 갯골이 있기는 하지만 class I지역에서처럼 뚜렷하지 못하다. 물길 바닥과 두 물길 사이의 높은 지점 간의 비고가 0.5m 이하로 얕고, 곡의 양측에서 아주 완만히 경사져 있어서 곡벽이 존재한다고 할 수 없다. 표면에 작은 돌기부가 있는 것이 특색이다. 이들 돌기부는

게, 낙지, 조개 등 구멍을 파고 사는 조간대 동물들이 흙을 일구어 놓은 뒤에 밀물이 다시 이 위에 작용하여 이와 같은 돌기부가 만들어진 것으로 추정된다.

퇴적물은 class I지역보다 모래가 훨씬 많아졌으나 아직도 실트질 등 세립질이 상당히 포함되어 있다. 따라서 class II지역은 모래와 실트가 혼합되어 있는 'mixed flat'로 판단된다.

class III지역의 지상사진이 <그림 3-10>이다. 이 지역에는 갯골이 없는 것이 특징이다. 퇴적물의 대부분이 모래이므로 점성

(a)

(b)

(c)

〈그림 3-10〉 Terrestrial Photo of Class III (sand flat)

(a)

(b)

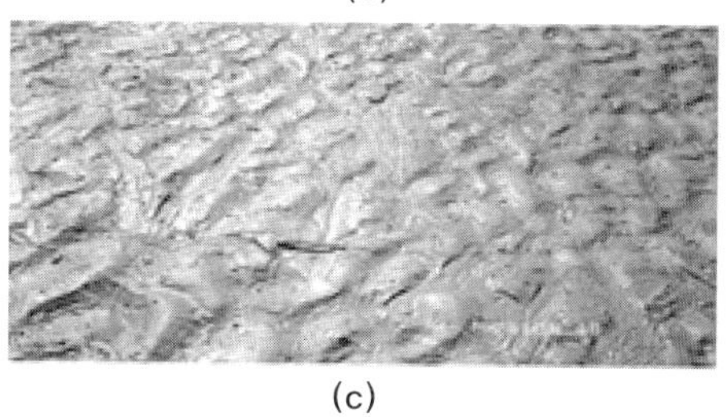

(c)

〈그림 3-9〉 Terrestrial photo of Class II area (mixed flat)

이 없어서 물길이 형성되더라도 곧 무너져서 남아있지 못한다. 표면은 5cm 전후의 기복을 이루는 물결무늬(ripple mark)가 있을 뿐 아주 평탄하다. 이 물결무늬는 바다 쪽으로 완경사이고 육지 쪽이 급경사를 이루는 비대칭이며, 밀물 때 만들어지는 것으로서 class III지역은 'sand flat'로 판단된다.

5. 요약

1. 간석지와 같이 주기적으로 해면 하에 잠기고 간조 때 노출되는 시간이 짧으며, 형태가 계속 변화해가고 있고, 지형간의 경계가 분명하지 못한 지형을 대상으로 미지형을 분류·계량하는 데는 satellite remote sensing이 효과적이었다.

2. 간석지는 training area를 선정하기가 어려우므로 supervised classification은 불가능했으며, non-hierarchical clustering ISODATA method에 의한 unsupervised classification을 실시해 본 결과 바람직한 분류결과를 얻을 수 있었다.

3. Landsat TM영상의 7개 band 중에서 간석지 미지형 간의 변별력은 5, 7band가 가장 높고, 육지와 간석지 간의 경계를 확연하게 보여주는 영상은 band 4이며, 해면과 간석지의 경계를 잘 보여주는 것은 band 3이었다.

4. Landsat TM영상의 unsupervised classification을 통하여 곰소만 간석지는 3class로 분류되었는데, 이들 각 지역에 대한 퇴적물 입도분석조사, 현지 지형조사를 통하여 검증해 본 결과 가장 만내 쪽에 분포하는 것이 mud flat이며, 중간이 mixed flat, 가장 바다 쪽이 sand flat임이 확인되었다. mud flat 일부에는 '나문재' 초본식물이 엷게 피복되어 있으나 본 분류에서 이의 피복된 지역과 피복되지 않은 지역 간의 영상의 차이가 전연 나타나지 않아 구분되지 않았다.

5. mud flat 퇴적물은 평균입경이 4phi 이상이고, 5phi 이상의 세립질이 20% 이상을 포함하는 세립질 퇴적물로서, 분급은 1S.D. 이상으로 나쁘며, positive skewness를 나타내는 경향이 강하다. mixed flat와 sand flat는 평균입경이 4phi 이하로 조립질 퇴적물이고, 분급은 1S.D 이하로 좋으며, negative skewness를 나타내는 경향이 강하다. 5phi 이하의 세립질 퇴적물의 포함율은 mixed flat가 10-20%, sand flat가 10% 이하이다.

6. 지형적으로 mud flat는 평균 기복 2m에 달하는 갯골과 평탄면으로 이루어진 데 대하여 sand flat는 평균기복 10cm 이하의 물결무늬가 발달한 아주 평탄한 지형이며, mixed flat는 이 양자의 중간 형태를 취한다.

참고문헌

장진호, 박용안, 한상준. 1996. 「한국 서해안 곰소만 조간대의 제4기 층서와 해수면 변화」. 한국해양학회지, 31(2). 59~72쪽.

조명희. 1989. 「Landsat TM영상을 이용한 토지피복분류 -낙동강하구지역을 사례로-」. 경북대학교 문학박사학위 논문. 154쪽.

조명희, 조화룡. 1997. 「한국의 간석지 분포」. 한국지역지리학회지, 3(2). 195~208쪽.

Budd, J. T. C. and E. Jmilton. 1982. "Remote sensing of salt marsh vegetation in the first four proposed Thematic Mapper." *International Journal of Remote Sensing*, 3(2). pp.147~161.

Ezra,C. E., L. R. Tinney and R. D. Jackson. 1984. "Effects of soil background on vegetation discrimination using Landsat data." *Remote Sensing of Environment*, 16. pp.233~242.

Khan, M. A., Y. H. Fadlallah and K. G. Al-Hinai. 1992. "Thematic mapping of subtidal coastal habitats in the western Arabian Gulf using Landsat TM data-Abu Ali Bay, Saudi Arabia." *International Journal of Remote Sensing*, 13(4). pp.605~614.

Klemas, V., D. Bartlett, and R. Rogers. 1975. "Coastal zone classification from satellite imagery." P. E. R. S., 41(5). pp.499~513.

Myung-Hee Jo. 1998. *A Geomorphological study on coastal land classification using satellite remote sensing and GIS*. Japan: Tokai University. p.124.

Yong Ahn Park, and Kyung Sik Choi. 1998. "Silty tidal rhythmites from the upper pleistocene sedimentary sequence, western coast of korea." *Journal of the Korean Society of Oceanography*, 33(3). pp.71~79

Wagle, B. G., and N. H. Hashimi.1 990. "Coastal geomorphology of Mahe Island, Seychelles." *International Journal of Remote Sensing*, 11(2). pp.281~288.

CHAPTER 4

경상도 지역에 있어서 지질별 지형 특성 분석*

1. 서론

한 지역의 지형은 내적으로 작용한 지각운동과 외적으로 작용한 각종 기구의 침식, 퇴적작용의 결과로 나타난다. 우리나라처럼 지반이 비교적 안정된 상태에 있는 지역에서는 침식지형이 지형경관의 대부분을 차지한다. 즉 침식과정에서 저항력이 큰 지질은 높게 남아 산지를 이루고 침식에 약한 암석으로 이루어진 곳은 많이 침식되어 저지를 이루게 되는 등 지질적 차별침식의 결과가 지형에 크게 반영될 것이 예상된다.

본 연구는 이와 같은 관점에서 기반지질이 지형에 미친 영향을 분석한 것이다. 대상지역은 경상남·북도 지역으로 이 지역은 지질적으로 백악기에 형성된 경상분지와 선캠브리아기의 오랜 지질인 소백산 육괴의 동·남쪽 반을 포함하는 지역이다. 먼저 지질별로 고도분포, 기복량, 하천밀도를 분석하고 이들 data를 지질 상호 간에 비교함으로써 각 지질이 지형에 어떻게 반영되고 있는가를 밝혔다.

2. 자료 및 방법

본 연구에 사용된 지질도는 자원연구소 발행(1995년) 1/1,000,000 지질도를 기본도로

* 이금삼·조화룡, 1998, 한국지형학회지 5-1, 1~19쪽.

하였다. 우리나라에서 발행된 지질도 중에는 이보다 더 대축척의 1/50,000 지질도가 있지만 아직 전 지역에 걸쳐서 작성되어 있지 않으며 또 지질도폭 간에 서로 맞지 않는 부분이 있어서 어려움이 많았다. 1/250,000 지질도는 본 작업에 적당한 축척이었으므로 처음에는 이 지질도(춘천·삼척·대전·안동·전주·부산·여수 도폭)를 기본도로 작업했다. 그러나 이 지질도에는 시대미상의 지질이 있고 또 지질 분류가 지형 특징으로 보아 석연치 않은 부분이 있었다. 그러나 1995년에 발행된 1/1,000,000 지질도에는 이들 문제가 모두 수정·보완되었으므로 1/1,000,000 지질도를 기본도로 하였다. 그러나 1/1,000,000 지질도에는 충적층의 분포지역이 따로 나와 있지 않아서 충적층에 관한 data는 앞의 1/250,000 지질도 작업에서 밝혀진 결과를 이용했다. 고도자료는 수치고도자료(DEM)를 이용했는데 본 연구에 이용된 DEM(Digital Elevation Model)은 DMA(Defence Mapping Agency)의 DTED(Digital Terrain Elevation Data) leval 1을 이용했다. 이것은 cell 간격이 100m×100m이고 이들 cell의 중앙의 고도를 1m 단위로 수록한 raster data이다. 남한 전체의 cell 수는 약 9,000,000이다. 따라서 이 DEM 자료를 ARC/INFO의 GRID에서 사용할 수 있도록 data를 conversion시킨 후 고도 10m 단위로 reclass했다. 이렇게 준비된 자료를 기초로 고도분포, 기복량, 하계망도를 작성했다. 기복량은 1㎞×1㎞ 방안에 최저고도와 최고고도의 차이를 계산한 것이다. 하계망은 고도자료에 의거해서 fill → flowdirection → flowaccumulation의 과정을 거쳐서 만들었다. 하천밀도도는 이렇게 작성된 하계망도에 의해서 작성했다.

지질도는 scanning 작업을 통하여 computer에 file화시키고 이 raster 형식을 Microstation을 이용하여 vectorizing한 후 workstation ARC/INFO에서 각 polygon에 label을 붙이고 속성을 입력해서 지질 data base를 구축했다.

분석은 지질도와 고도자료, 지질도와 기복량도, 지질도와 하천밀도도를 중첩하여 지질별 고도분포, 기복량분포, 하천밀도 분포를 파악하고 이것을 지질 간에 상호 비교함으로써 그 특색을 밝혔다.

3. 지질별 고도 분포

DEM 자료에 의거 방위각 45° 태양고도 35°인 경우의 경상도 지형의 음영기복도를 작성한 것이 <그림 4-2>이다. 소백산맥을 연하여 높은 지형이 형성되어 있으며 특히 가야산-지리산지역과 울진군 일대에 폭 넓은 산지가 형성되어 있다. 동남부지역에는

〈그림 4-1〉 지질도

* 범례 기호별 지질명은 <표 4-1> 참조

* 자료 : 한국자원연구소 발행(1995), 1/100만 지질도

〈그림 4-2〉 음영 기복도

비슬산-운문산-가지산-천왕산 등이 이루는 산지가 형성되어 있고 팔공산, 보현산지역은 각각 독립산지를 이룬다. 이들 산지 사이의 소위 경상도의 중앙저지에는 잔잔한 구릉지가 넓게 형성되어 있다.

이와 같은 고도분포가 지질과 어떤 관계를 가지고 있는가를 통계적으로 밝히기 위하여 지질도와 DEM을 중첩해서 경상도의 지질별 고도분포를 나타낸 것이 <표 4-1>이고 이를 요약한 것이 <표 4-2>이다. 평균고도가 500~600m 나 되는 지질도 있지만 이들은

〈표 4-1〉 경상도의 지질별 고도

지질시대		지층명		고도(m)				
				최저	최고	평균	㎢	%
전 체				10	1860	252.85	31933.17	99.95
신생대	제4기	Q_1	현무암 · 조면암	10	190	85.79	4.37	0.01
	신제3기	N	연일층군	10	480	69.22	495.23	1.62
	고제3기	CP	장기층군	10	820	170.72	357.60	1.17
		Pgr	남산화강암	10	370	77.48	89.46	0.29
중생대	백악기	Kgr	불국사 화강암	10	1160	257.98	3369.12	11.04
		K_3	유천층군	10	1210	250.37	4707.80	15.43
		K_2	하양층군	10	1100	177.15	6872.74	22.52
		K_1	신동층군	10	1180	167.62	3878.73	12.71
		K_0	묘곡층	300	440	360.33	1.53	-
	쥬라기	Jgr	대보 화강암	10	1400	335.15	2049.17	6.72
		Jgr_1	엽리상 화강암	40	920	207.31	1682.91	5.52
		J_1	대동층군	100	910	363.57	60.24	0.20
	트라이아스기	Tgr	화강암(삼첩기)	80	1320	494.75	451.23	1.48
고생대	페름기	P-T	평안층군	80	940	347.18	62.24	0.20
		PALgr	화강암(페름기)	10	1000	308.19	350.29	1.15
	석탄기	C	사동통	10	1050	376.41	20.37	0.06
		og_3	옥천층군	200	1010	618.86	13.56	0.04
	오오도비스기	O	대석회암통	70	1120	252.67	177.38	0.58
		og_2	옥천층군	130	1000	343.39	34.57	0.11
		PALv	염기성 화산암류	150	1380	487.73	86.20	0.28
	캠브리아기	E	양덕통	40	1410	576.95	69.65	0.23
원생대	중 기	PR_2	변성암	470	770	624.74	0.57	-
	전 기	PR_1		10	1340	474.70	516.59	1.69
		PRgr	화강 편마암	10	1170	472.73	627.94	2.06
		PRan		70	1040	310.43	219.90	0.72
시생대		AR_3	변성암	10	1580	367.34	642.17	2.11
		AR_2		10	1860	369.02	2062.70	6.76
		AR_1		10	1340	330.39	1602.28	5.25

〈표 4-2〉 경상도의 주요 지질별 평균고도 요약

<table>
<tr><th colspan="2">지층</th><th>면적비(%)</th><th colspan="2">평균 고도(m)</th></tr>
<tr><td colspan="2">신생계(제3계)</td><td>3.08</td><td colspan="2">108.56</td></tr>
<tr><td rowspan="5">중생계</td><td>불국사화강암</td><td>11.04</td><td>257.98</td><td rowspan="5">225.90</td></tr>
<tr><td>유천층군</td><td>15.43</td><td>250.37</td></tr>
<tr><td>하양층군</td><td>22.52</td><td>177.15</td></tr>
<tr><td>신동층군</td><td>12.71</td><td>167.62</td></tr>
<tr><td>대보화강암</td><td>12.24</td><td>277.50</td></tr>
<tr><td colspan="2">고생계</td><td>2.65</td><td colspan="2">348.97</td></tr>
<tr><td colspan="2">선캠브리아계</td><td>18.41</td><td colspan="2">374.70</td></tr>
<tr><td colspan="3">전체 평균</td><td colspan="2">252.85</td></tr>
</table>

산지 중에 좁은 면적이 분포하고 있어서 나타난 결과임으로 일반화할 수 없으며, 비교적 넓은 면적을 차지하는 지질을 대상으로 검토해 보기로 한다.

먼저 지질 시대별로 크게 나누어보면 선캠브리아기 지질은 분포 면적이 18%로 평균고도가 374.7m이다. 고생대 지질은 분포면적이 3%도 채 안되며 평균고도는 349.0m로 선캠브리아기 지질보다 약간 낮지만 큰 차이를 보이지 않는다. 중생대 지질은 74%로 넓은 면적을 차지하며 평균고도가 225.9m로 고생대 지질보다 100m 이상 낮다. 약 3%의 면적을 차지하는 제3계는 중생대 지질보다도 약 100m 이상 낮은 108.6m의 평균고도를 보였다. 이와 같이 오래된 지질일수록 평균고도가 높고 젊은 지질일수록 평균고도가 낮게 나타났다.

<그림 4-3>은 분포 면적이 비교적 넓은 지질에 대하여 이들 지질의 배열 상태와 면적비 및 평균고도를 동시에 나타내어 본 모식도이다. 서부의 선캠브리아기 변성암과 대보화강암(엽리상화강암 포함)으로 이루어진 지역은 지체구조상으로 소백산육괴에 해당되는데 여기에서 변성암은 평균고도가 374.7m인 데 대하여 화강암은 277.5m로 화강암 분포지가 약 100m 정도 낮아 변성암의 산지 중에 화강암 분포지는 산간분지를 이루고 있음을 알 수 있다.

지체구조상으로 경상분지에 해당되는 동부는 소백산육괴에 비하여 전반적으로 평균고도가 낮다. 그러나 이 중에서도 주로 화산암으로 이루어진 유천층군과 관입암으로 된 불국사화강암은 평균고도가 각각 250.4m, 258.0m로 경상분지에서는 상대적으로 고도가 높아 산지를 이루고 있다. 또한 여기서 화강암 분포지는 서부 변성암 지대에서처럼 상대적으로 낮은 고도를 보이지 않고 오히려 유천층군보다 약간 높은 평균고도를 보인다.

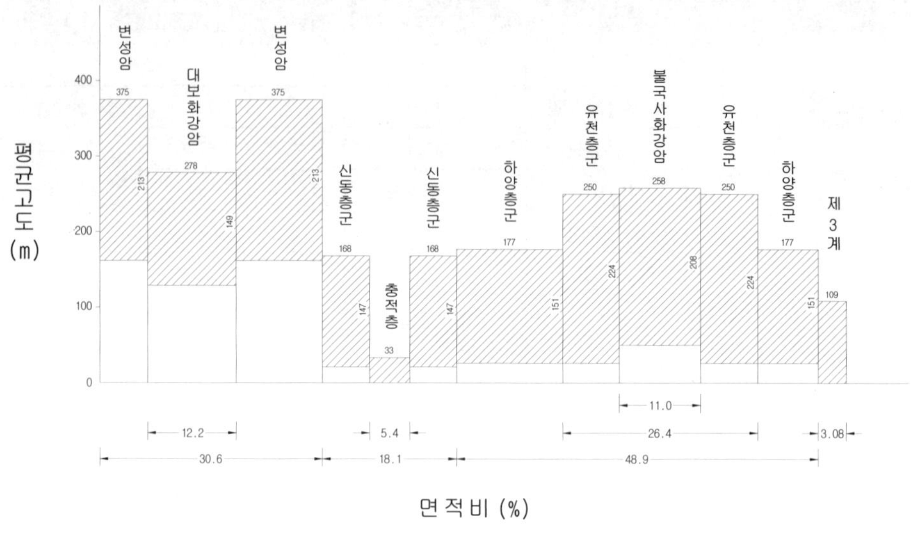

〈그림 4-3〉 경상도의 동서 지질배열과 지질별 평균고도 및 평균기복량 분포

* 빗금 친 부분은 평균기복량 분포

이와 같은 차이는 불국사화강암이 대보화강암보다 나중에 관입된 것으로 대보화강암 만큼 심층풍화가 이루어지지 않아 부분적으로는 분지지형을 보이는 곳도 있지만 대부분 지역은 팔공산괴처럼 아직도 높은 산지를 이루고 있는 경우가 많기 때문인 것으로 판단된다.

퇴적암인 신동층군과 하양층군은 각각 167.6m, 177.2m의 평균고도를 보여 낮은 구릉지를 이루고 있다. 더 오래된 신동층군이 뒤에 된 하양층군보다 약 10m 더 낮은 평균고도를 보이는데 이것은 신동층군이 침식에 더 약해서라기보다 하양층군은 영양분지에서처럼 태백산맥 서사면에 바로 접하여 분포하고 있는데 신동층군은 낙동강 본류를 연하여 분포하고 있기 때문인 것으로 판단된다.

충적층은 1/250,000 지질도를 기본도로 하여 면적과 평균고도를 산출한 것으로 면적은 약 5% 정도이고 평균고도는 33.3m로 가장 낮은 충적평야를 이루고 있다. 동해안에는 평균고도 108.6m의 제3계가 좁은 면적으로 분포한다.

이상에서 살펴본 것을 요약하면, 경상도의 지형은 변성암으로 된 서부산지와 화강암(대보화강암)으로 된 산간분지, 화산암(유천층군)·화강암(불국사화강암)으로 이루어진 동부산지, 퇴적암(신동층군, 하양층군) 및 충적층으로 된 중앙저지 및 제3계로 된 동해안 저지로 이루어져 있다.

4. 지질별 기복량 분포

경상도지역 DEM에 1㎞×1㎞ 방안을 씌워 방안 내의 최고점과 최저점의 고도차 즉 기복량을 계산하여 지도화한 것이 <그림 4-4>이다.

소백산맥과 태백산맥을 따라 기복량이 크게 나타나고 특히 천왕산, 가지산 일대에 가장 크게 나타나고 있다. 낮은 기복의 지역은 영주분지, 안동분지, 상주·함창분지, 안계분지, 선산분지, 광의의 대구분지라 할 수 있는 금호강 유역분지, 창녕-남지일대, 진주-사천지역, 진영평야, 김해삼각주, 영일만주변 지역이다. 지질도와 기복량도를 중첩하여 경상도의 지질별 기복량을 계산한 것이 <표 4-3>이고, 이를 요약한 것이 <표 4-4>이다.

고생계지질은 평균기복량이 212m로 비교적 높지만, 분포면적이 전체의 3%에 불과하여 크게 중요하지 않다. 분포면적이 전체의 10% 이상을 차지하는 주요 지질 중에서 평균기복량이 큰 것부터 순차적으로 나열해보면 유천층군, 선캠브리아계 변성암, 불국사화강암, 경상계퇴적암, 대보화강암 순이다. 변성암은 평균고도가 가장 높은 지질이므로 기복량이 크게 나타나는 것은 당연하다. 그러나 평균고도 순위를 크게 벗어나는 것은 유천층군과 대보화강암으로 전자는 평균고도에 비하여 평균기복량이 224.2m로 아주 크게 나타나 변성암보다 더 크게 나타났다. 후자는 평균고도에 비하여 평균기복량이 149.2m로 아주 작은 것이 특색으로 평균고도가 100m 정도 낮은 경상계퇴적암보다도 더 낮게 나타났다. 따라서 경상도에서 유천층군과 변성암지질의 분포지역은 사면 경사가 급하고 지형이 험준하며, 대보화강암 분포지역은 평균고도는 상당히 높으면서도 저기복의 지형경관을 보이고 있다.

<그림 4-3>의 평균고도 분포 모식도에서 위쪽에 빗금을 친 부분은 평균기복이 차지하는 부분을 나타낸 것이다. 제3계는 평균고도와 평균기복량이 거의 같아서 하방침식이 거의 침식기준면에 달한 것을 나타내고 있다. 신동층군, 하양층군, 유천층군, 불국사화강암은 평균고도와 평균기복량의 차이가 20～50m 정도의 작은 차이를 보여 침식이 많이 진전된 것을 나타낸다. 그러나 서부 소백산육괴에서는 평균고도와 평균기복량이 150m 정도나 차이를 보여 아직도 침식의 여지를 많이 남겨 놓고 있음을 알 수 있다.

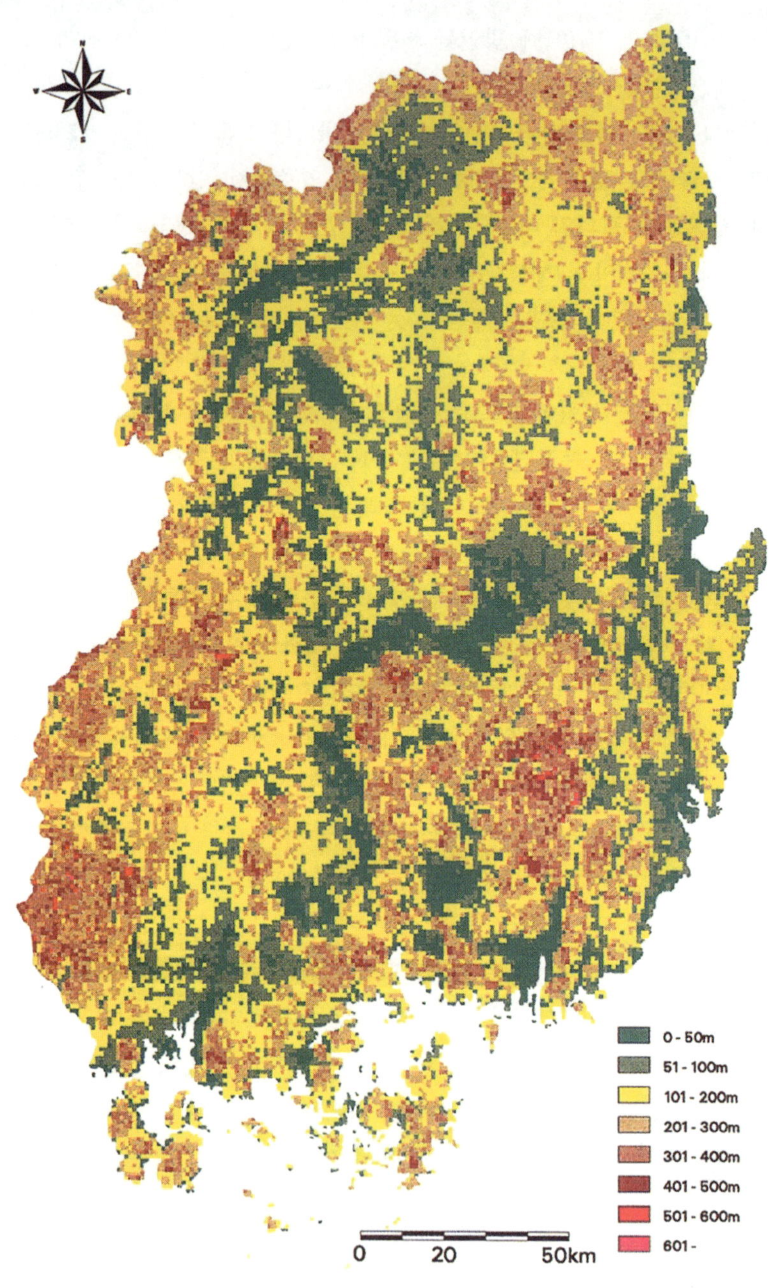
0 - 50m
51 - 100m
101 - 200m
201 - 300m
301 - 400m
401 - 500m
501 - 600m
601 -
0
20
50km

〈그림 4-4〉 기복량도

〈표 4-3〉 경상도의 지질별 기복량

지질시대		지층명		기복량(m)			면적	
				최저	최고	평균	㎢	%
전 체				0	580	181.49	31909.67	100.00
신생대	제4기	Q1	현무암 · 조면암	60	170	118.31	4.73	0.01
	신제3기	N	연일층군	10	300	99.77	516.71	1.63
	고제3기	CP	장기층군	20	390	146.70	373.58	1.17
		Pgr	남산화강암	10	300	129.55	93.59	0.29
중생대	백악기	Kgr	불국사 화강암	0	580	207.70	3509.25	11.04
		K3	유천층군	10	580	224.20	4893.22	15.39
		K2	하양층군	0	540	151.23	7165.98	22.54
		K1	신동층군	10	470	146.83	4045.29	12.72
		K0	묘곡층	100	210	135.93	1.62	-
	쥬라기	Jgr	대보 화강암	10	550	185.47	2136.84	6.72
		Jgr1	엽리상 화강암	10	550	105.08	1755.11	5.52
		J1	대동층군	40	450	251.04	62.52	0.20
	트라이아스기	Tgr	화강암(삼첩기)	30	480	239.29	470.09	1.48
고생대	페름기	P-T	평안층군	50	430	215.50	65.33	0.21
		PALgr	화강암(페름기)	30	460	197.12	365.86	1.15
	석탄기	C	사동통	70	420	215.64	21.09	0.07
		og3	옥천층군	90	520	354.34	14.23	0.04
	오오도비스기	O	대석회암통	10	450	173.20	185.14	0.58
		og2	옥천층군	80	440	248.49	35.82	0.11
		PALv	염기성 화산암류	130	550	286.93	89.93	0.28
	캠브리아기	E	양덕통	80	470	242.79	72.60	0.23
원생대	중기	PR2	변성암	290	370	337.02	0.57	-
	전기	PR1		30	510	223.51	540.53	1.70
		PRgr	화강 편마암	40	490	217.16	654.71	2.06
		PRan		40	570	245.00	229.41	0.72
시생대		AR3	변성암	10	550	218.99	668.39	2.10
		AR2		20	580	219.76	2150.94	6.76
		AR1		20	540	194.19	1674.28	5.27

〈표 4-4〉 경상도의 주요 지질별 평균기복량 요약

지 층		면적비(%)	평균 기복량(m)	
신생계(제3계)		3.08	120.34	
중생계	불국사화강암	11.04	207.70	173.76
	유천층군	15.43	224.20	
	하양층군	22.52	151.23	
	신동층군	12.71	146.83	
	대보화강암	12.24	149.20	
고생계		2.65	212.00	
선캠브리아계		18.41	213.47	
전체 평균			181.49	

5. 지질별 하천밀도

하천밀도를 구하기 위해서 먼저 DEM 자료로서 하계망도를 작성한 것이 <그림 4-5>이다. 이렇게 작성된 하계망도에서 낙동강 본류는 7차 하천으로 분류되었다. 기존의 연구에서 김우관(1978)의1/250,000 지형도를 기도로 한 낙동강 하계망도에서 낙동강 본류는 6차 하천으로 나타났고, UNDP(1968)의 1/50,000 지형도를 기도로 작성한 하계망도에서 낙동강 본류는 8차 하천으로 나타났다. 따라서 본 DEM으로 작성된 하계망도는 1/250,000 지형도보다는 더 대축척, 1/50,000 지형도보다는 소축척 지도 즉 약 1/100,000 지형도를 기도로 하계망도를 작성한 것과 같다고 할 수 있다. 지질별 하천밀도는 이렇게 작성된 하계망도와 지질도를 중복시켜 산출했으며, 그 결과는 <표 4-5>와 같고 요약한 것이 <표 4-6>이다.

경상도 전체의 하천밀도의 평균은 0.65㎞/㎢로 나타났다. 분포면적이 넓은 지질에 대하여 하천 밀도를 살펴보면 유천층군이 0.49, 소백산 편마암이 0.59로 각각 평균보다 훨씬 낮은 밀도를 보이고, 대보화강암은 0.72로 평균보다 훨씬 높은 밀도를 보인다. 그러나 불국사화강암, 경상계퇴적암 및 화강편마암은 평균과 비슷한 하천밀도를 보이고 있다.

하천밀도는 일반적으로 기반지질이 연암일 때는 높게 나타나고 경암일 때는 낮게 나타난다. 또 한편으로 경사가 급할수록 낮게 나타나고 경사가 완만하거나 평지에서 높게 나타난다. 이와 같은 일반적 원리에 비추어 볼 때 대보화강암 분포지역에 하천밀도가 높게 나타나는 것은 대부분의 대보화강암이 심층풍화를 받아 연암과 같은 성질을 보이며, 또한 앞 절에서 본 것처럼 기복량이 작기 때문에 결과된 것으로 해석된다. 같은 화강암이면서도 불국사화강암은 더 뒤에 형성되어서 심층풍화를 많이 받고 있지 않으므로 평균보다 높게 나타나지 않고 있다. 유천층군과 편마암 분포 지역에 하천밀도가 낮게 나타나는 것은 이들 암석이 상대적으로 경암이고 또 기복이 큰 지형을 이루고 있기 때문에 결과된 것으로 해석된다.

6. 토의

지금까지 살펴본 지질별 고도, 기복량, 하천밀도를 종합해 보면 다음과 같다.

경상도의 서·북 지역에 분포하고 있는 변성암은 분포고도에 있어서 가장 높고, 평균기

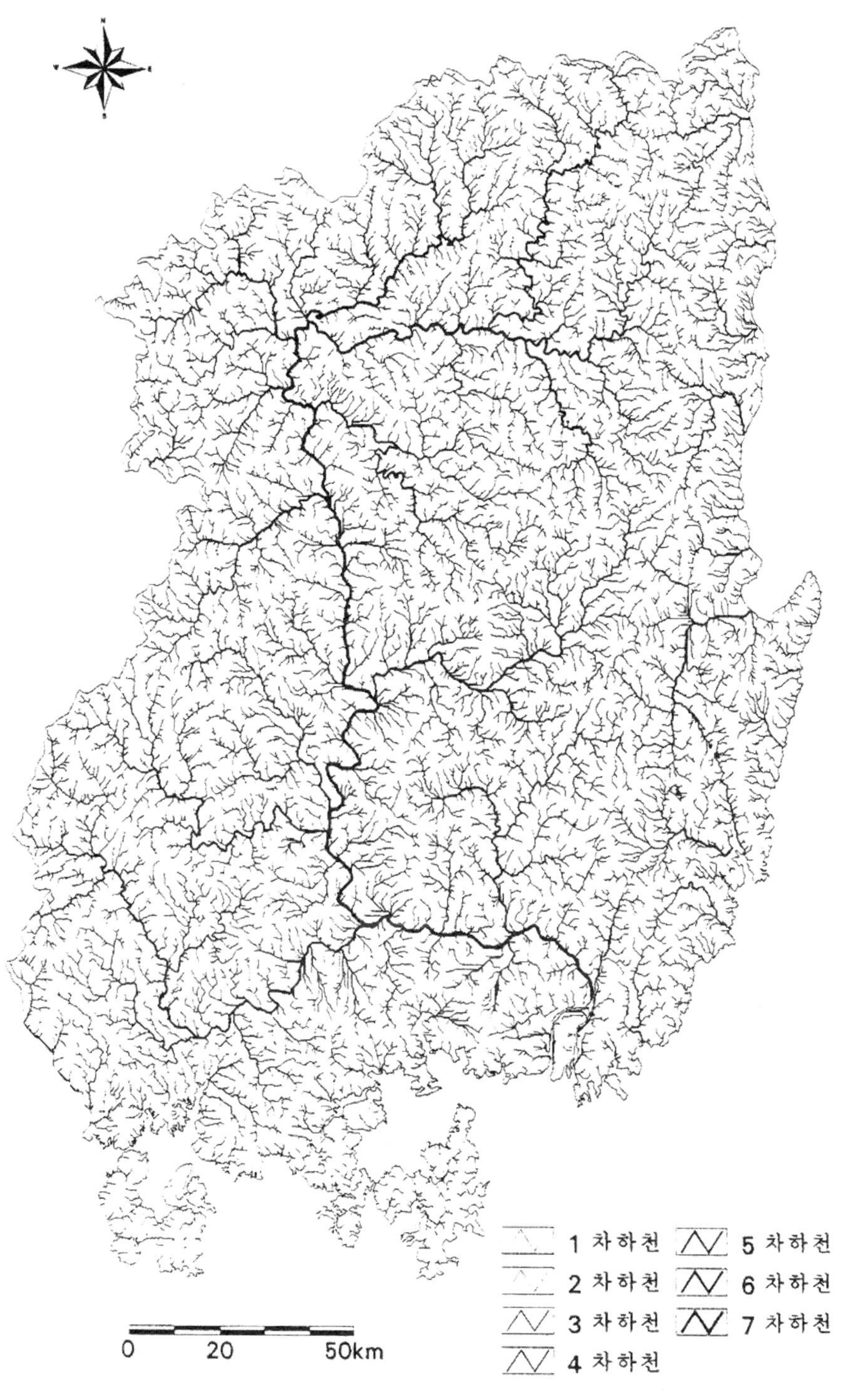

〈그림 4-5〉 하계망도

〈표 4-5〉 경상도의 지질별 하천밀도

지질시대	지층명	하천 길이 (km)	면적 (km2)	하천 밀도
합 계		20694.03	31908.30	0.65
제4기	현무암(Qb)	19.52	35.66	0.55
	충적층(Qa)	2302.84	1742.94	1.32
제3기	제3기화산암류(Tv)	108.79	164.93	0.66
	영일층군(Ty)	181.26	290.10	0.62
	양북층군(Tya)	111.71	154.27	0.72
백악기	마산암류(Km)	205.24	376.82	0.55
	반암류 기타(Kp)	642.94	1196.98	0.54
	불국사화강암(Kbg)	1941.51	2986.77	0.65
	중성 및 염기성 심성암류(Kpl)	22.37	38.43	0.58
	산성화산암류(Kav)	91.64	144.11	0.64
	중성화산암류(Kiv)	1809.66	3668.30	0.49
	능주층군(Kne)	112.47	206.83	0.54
	신라층군 상부(Ks_2)	599.67	1317.02	0.46
	신라층군 하부(Ks_1)	2959.59	4604.68	0.64
	낙동층군 상부(Kn_2)	1434.95	2312.43	0.62
	낙동층군 하부(Kn_1)	1528.83	2251.23	0.68
	시대미상 화강암(gr)	677.59	984.87	0.69
쥬라기	대보 화강암(Jg)	1363.38	1881.71	0.72
	편마상 화강암(Jgng)	432.29	713.07	0.61
시대미상	반심성암류(ha)	14.84	32.88	0.45
쥬라기	반송층군(Jba)	25.31	13.26	1.91
페름기	고방산층군(Pg)	0.65	41.54	0.02
	사동층군(Ps)	25.74	41.02	0.63
석탄기	홍점층군(Ch)	13.95	19.35	0.72
오오도비스기	영월층군(EOyl)	173.09	192.12	0.90
	대석회암층군(El_1, Ol_2, Ol_3)	1.95	5.72	0.34
캠브리아기	양덕층군 (Ey)	10.12	16.40	0.62
시대미상	중성 및 염기성 심성암류(pl)	320.28	520.73	0.62
선캠브리아기또는 고생대	옥천층군(og)	22.01	57.91	0.38
선캠브리아기	분천화강· 화강암질편마암(PEbgn, PEggn)	553.00	829.01	0.67
	소백산· 지리산 편마암(PEso, PEji)	2526.86	4317.57	0.59
	원남· 평해층군(PEpy, PEwe)	459.98	749.65	0.61

* 본 표의 지질은 국립지질 · 광물연구소 발행(1973년), 1/25만 지질도를 기도로 했음

〈표 4-6〉 경상도의 주요 지질별 평균 하천밀도 요약

지 층		면적비(%)	하천밀도(㎞/㎢)
신생계(제3계)		3.08	0.66
중생계	불국사화강암	11.04	0.65
	유천층군	15.43	0.49
	하양층군	22.52	0.60
	신동층군	12.71	0.65
	대보화강암	12.24	0.72
고생계		2.65	0.63
선캠브리아계		18.41	0.60
전체 평균			0.65

복량도 크고, 하천밀도는 낮게 나타나 침식에 강한 경암의 특성을 보여 주고 있다. 대보화강암은 평균기복량이 가장 적고 하천밀도도 높게 나타나 침식에 약한 지질의 특징을 보이고 있으나 고도 분포에 있어서 변성암 다음으로 높아 특이하다. 주로 백악기 화산암으로 이루어진 유천층군은 평균기복량이 가장 크고 하천밀도가 아주 낮게 나타나 침식에 강한 특성을 보이며, 분포고도는 서부 변성암보다는 낮지만 주변의 경상계퇴적암 지대 중에서 상대적으로 높은 고도를 보여 산지의 경관을 이루고 있다. 불국사화강암은 대보화강암과 비교해서 분포고도는 약간 낮지만 평균기복량은 크고, 하천밀도는 낮은 특성을 보여 대보화강암보다는 침식에 강한 특징을 보인다. 경상계퇴적암은 분포고도가 낮고 평균기복량도 적어 대부분의 지역이 낮은 구릉지 경관을 이루고 있다.

앞에서 본 경상도의 지질별 고도 및 기복량 분포를 차별침식의 결과로만 돌릴 수가 있을까? 이렇게 보기 위해서는 지반이 장기간 안정되어 있었거나 만일 지반운동이 있었더라도 전 지역이 균등하게 이루어진 것을 전제로 하지 않으면 안 된다. 경상도 지역은 태백산맥 축과 소백산맥 축을 따른 완만한 융기가 추정되고 있으나 이를 확실히 증명하고 그 양을 계산한 논문은 없다. 따라서 여기서 토의해야할 문제는 경상도의 서부 산지가 높은 고도를 이루고 있는 원인을 ① 이 지역이 변성암 지역이기 때문에 침식에 강하여 높은 산지를 이루고 있는지 ② 소백산맥을 축으로 융기운동이 계속되어 높은 고도를 유지하는지, ③ 앞의 2가지 경우가 합쳐져서 높은 고도를 이루고 있는지를 밝히는 것이다. 이를 밝히기 위해서는 지반운동이나 차별침식 그 어느 한쪽만 밝혀지면 다른 한쪽도 밝혀질 수 있을 것이다. 본 연구는 차별침식 쪽에 초점을 맞추어 분석했다. 그러나 경상도 지역만의 고도나 기복량의 평균으로 이 문제를 논하기보다는 지역을

넓혀 지질별 고도를 평균하면 국지적으로 다른 지반운동의 결과가 서로 상쇄되어 나타날 것으로 생각하고 지역을 위도 38°선 이남의 한반도 전역(이하 남한지역이라 부르기로 한다)으로 확대해 평균고도와 기복량을 산출했다. 그러나 이 목적을 위해서는 대상 지질의 분포가 어떤 특정 지역에 한정되지 않고 전국적으로 보편적인 분포를 보일 것이 요구된다. 이 요구를 충족하는 지질은 변성암(면적비 32.9%)과 대보화강암(면적비 25.3%)이며, 유천층군(면적비 11.6%)도 앞의 두 지질과 비교해서 남쪽에 편재되어 있기는 하지만 영남 및 호남 지역에 보편적으로 분포하는 지질로 간주할 수 있었다. 이와 같이 선정·조사된 3지질과 경상계퇴적암에 대하여 남한 평균과 경상도의 평균을 비교한 것이 <표 4-7>이다.

남한 전체의 평균에서도 변성암과 유천층군이 평균고도와 평균기복에 있어서 높게 나타나고 대보화강암과 경상계퇴적암이 낮게 나타나 전 2자가 침식에 강하고 후 2자가 침식에 약한 것으로 나타났으며, 그 경향이 경상도 지역의 경우와 같은 경향을 보였다. 그러나 경상도 지역의 소백산맥을 연하여서만 분포하는 변성암이나 대보화강암의 평균고도가 남한 전체 평균보다 각각 100m, 80m 정도 높게 나타나 이 지역이 융기하고 있음을 방증하고 있다. 태백산맥 융기축을 따라 주로 분포하고 있는 유천층군의 경우도 경상도의 평균고도가 남한 평균에 비해 약 40m 정도 높게 나타나 융기하고 있음을 나타내고 있다. 결론적으로 경상도의 서부산지 (소백산지괴)와 동부산지(태백산맥)는 침식에 강한 지질로 구성되어 있고 또 완만한 융기를 하고 있음으로 높은 산지를 이루고 있는 것으로 판단된다.

화강암 특히 대보화강암은 대부분이 심층풍화되어 있고 심층풍화된 암석의 경도로 보아 아주 낮은 고도를 이루고 있을 것이 예상되나 실제 고도분포는 변성암 다음으로 높게 나타나 있다. 이와 같은 현상은 화강암이 관입을 할 때 그 주변 암석이 열접촉변질을

〈표 4-7〉 남한 및 경상도 주요 지질의 평균고도와 평균기복량

		유천층군	경상계 (퇴적암)	대보화강암 (엽리상화강암 포함)	선캠브리아기 변성암
면적비(%)	남한	11.6	13.3	25.3	32.9
	경상도	15.4	35.2	12.2	18.4
평균고도(m)	남한	206.8	178.8	195.8	267.8
	경상도	250.4	174.1	277.5	374.7
평균기복(m)	남한	193.2	150.5	130.2	177.5
	경상도	224.2	149.6	149.2	213.5

받아 아주 강한 암석이 되고 이들 암석은 침식에 저항하여 높은 고도로 남아 있게 된다. 또한 이들 접촉 변질된 강한 바위에 둘러싸여 있는 중앙부의 화강암도 침식에 보호되어 높은 고도를 유지하고 있는 것으로 해석된다. 그러나 이와 같은 것은 화강암의 분포면적이 좁은 지역에서 일반적이다. 화강암의 분포면적이 넓고 출구가 넓게 열려 있으며, 하계망이 충분히 발달해서 화강암의 풍화산물이 충분히 제거되는 지역에서는 영주분지에서처럼 매우 낮고 기복이 작은 지형을 이룬다.

7. 요약 및 결론

경상도 지역의 지질별 지형분석 결과를 요약하면 다음과 같다.

1. 경상도 지역의 지질분포는 서부와 북부에 변성암과 대보화강암(엽리상화강암 포함)이 분포하고 중앙에 백악기 퇴적암(신동층군, 하양층군)이 분포하며, 동남부에 화산암(유천층군)과 불국사화강암이 분포한다.

2. 분포면적이 넓은 주요 지질별 평균고도 분포는 변성암, 대보화강암, 불국사화강암, 유천층군, 경상계퇴적암 순으로 고도가 높게 나타났다.

3. 평균기복량은 유천층군, 변성암, 불국사화강암, 경상계퇴적암, 대보화강암 순으로 크게 나타나 유천층군은 고도에 비하여 큰 기복량을 보이고 대보화강암은 고도에 비하여 아주 낮은 기복량을 보였다.

4. 하천밀도는 대보화강암이 높게 나타나고, 유천층군과 변성암지질에서 낮게 나타났으며 경상계퇴적암과 불국사화강암은 평균에 가까운 수치를 보였다.

5. 위도 38°선 이남의 남한지역으로 지역을 넓혀서 보편적으로 분포하는 변성암, 대보화강암, 및 유천층군의 분포고도와 기복량을 분석해 본 결과 변성암과 유천층군은 평균고도와 평균기복량에 있어서 높게 나타나고 대보화강암과 경상계퇴적암은 낮게 나타나 그 경향이 경상도 지역과 같게 나타났다. 그러나 소백산맥 축을 따라 분포하는 경상도의 변성암과 대보화강암의 평균고도가 이 지질의 남한 평균고도와 비교하여

약 100m 정도 높게 나타나고 있고, 태백산맥 축으로 분포하는 경상도 유천층군의 평균고도가 이 지질의 남한 평균고도보다 약 40~50m 높게 나타나고 있어서 이들 두 축을 따라 융기운동이 일어나고 있을 가능성이 보인다.

이상의 지질별 지형분석 결과로 기반 지질이 경상도 지형에 미친 영향을 다음과 같이 정리했다.

1. 변성암과 유천층군은 침식에 강하여 일반적으로 산지 지형을 이루고 있다. 특히 유천층군은 고도에 있어서는 변성암보다 낮지만 기복은 더 심하여 험준한 산지를 이룬다.

2. 대보화강암은 기복량이나 하천밀도로 보아 침식에 약한 지질이다. 그러나 주로 변성암 지대에 분포하고 있어 침식에 보호되고 있기 때문에 평균 고도는 높으며, 변성암 산지 중에 산간분지를 이루고 있다.

3. 불국사화강암은 주로 유천층군 분포 지역에 단편적으로 분포하며 유천층군보다 침식에 약한 경향을 보이나 대보화강암보다는 강하며, 주변 접촉 변질된 경암에 보호되어 상대적으로 높은 고도분포와 기복량을 보인다.

4. 변성암과 대보화강암이 주로 분포하는 서·북부지역과 유천층군과 불국사화강암이 주로 분포하는 동남부지역의 대부분이 높은 산지를 이루고 있는 것은 분포 암석이 침식에 강한 것이 일차적인 요인이지만 소백산맥 축과 태백산맥 축을 따라 융기운동이 일어나고 있을 가능성이 또한 보여 이것이 부차적인 요인으로 작용하고 있는 것으로 판단된다.

5. 경상계퇴적암은 평균고도와 기복량으로 보아 침식에 약한 지질로 나타났다. 그러나 이들 지질이 분포하는 경상도의 중부저지가 단순히 차별침식만으로 이루어진 것이 아니라 낙동강 본류의 유로가 이 지대를 통과하고 있고 또한 동부 및 서부산지의 상대적인 융기 등과도 관련되어 있을 것으로 판단된다.

참고문헌

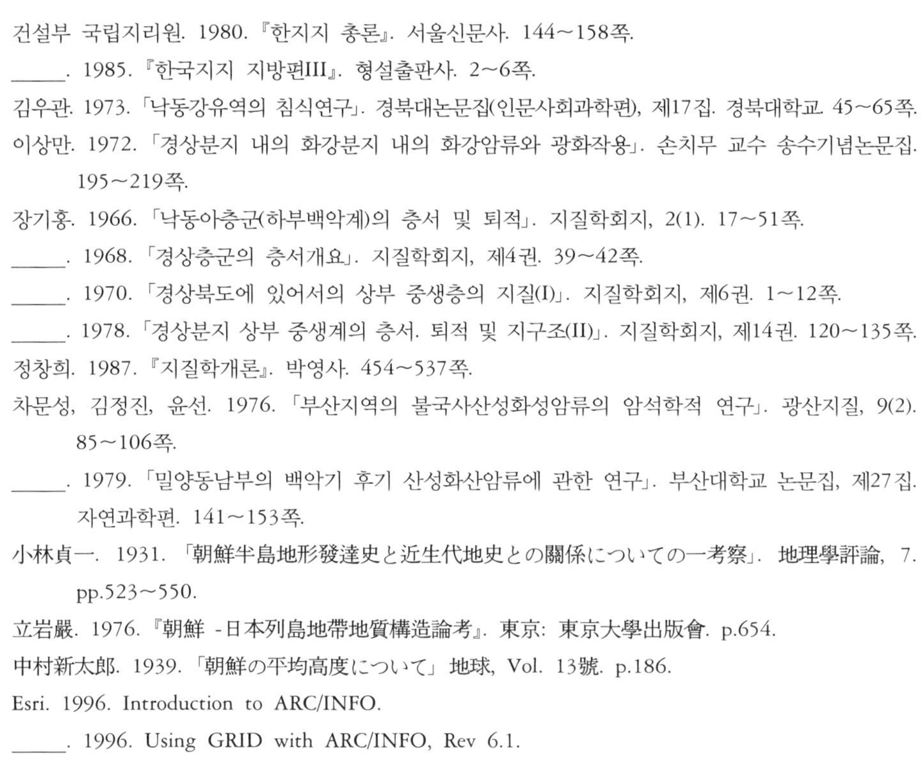

건설부 국립지리원. 1980. 『한지지 총론』. 서울신문사. 144~158쪽.

_____. 1985. 『한국지지 지방편III』. 형설출판사. 2~6쪽.

김우관. 1973. 「낙동강유역의 침식연구」. 경북대논문집(인문사회과학편), 제17집. 경북대학교. 45~65쪽.

이상만. 1972. 「경상분지 내의 화강분지 내의 화강암류와 광화작용」. 손치무 교수 송수기념논문집. 195~219쪽.

장기홍. 1966. 「낙동아층군(하부백악계)의 층서 및 퇴적」. 지질학회지, 2(1). 17~51쪽.

_____. 1968. 「경상층군의 층서개요」. 지질학회지, 제4권. 39~42쪽.

_____. 1970. 「경상북도에 있어서의 상부 중생층의 지질(I)」. 지질학회지, 제6권. 1~12쪽.

_____. 1978. 「경상분지 상부 중생계의 층서. 퇴적 및 지구조(II)」. 지질학회지, 제14권. 120~135쪽.

정창희. 1987. 『지질학개론』. 박영사. 454~537쪽.

차문성, 김정진, 윤선. 1976. 「부산지역의 불국사산성화성암류의 암석학적 연구」. 광산지질, 9(2). 85~106쪽.

_____. 1979. 「밀양동남부의 백악기 후기 산성화산암류에 관한 연구」. 부산대학교 논문집, 제27집. 자연과학편. 141~153쪽.

小林貞一. 1931. 「朝鮮半島地形發達史と近生代地史との關係についての一考察」. 地理學評論, 7. pp.523~550.

立岩嚴. 1976. 『朝鮮 -日本列島地帶地質構造論考』. 東京: 東京大學出版會. p.654.

中村新太郎. 1939. 「朝鮮の平均高度について」 地球, Vol. 13號. p.186.

Esri. 1996. Introduction to ARC/INFO.

_____. 1996. Using GRID with ARC/INFO, Rev 6.1.

CHAPTER 5

GIS기법에 의한 한국의 고도·기복량 분석*

1. 서론

1) 연구목적

최근 지리학의 연구에는 GIS 기법의 활용이 매우 활발하다. 지형학 연구에 있어서도 예외는 아니어서 지형도의 고도 정보를 digital data로 전환하여 컴퓨터로 지형을 분석한 연구가 속속 발표되고 있다. 지형도에 등고선으로 나타난 고도 정보를 digital data로 전환하는 작업에는 비록 좁은 지역일지라도 많은 시간과 노력이 요구되었다. 그러나 DEM(Digital Elevation Model)이 이미 작성되어 있는 것을 이용하면 매우 능률적이고, 넓은 지역에 대해서도 다양한 분석이 가능하다.

본 연구는 DTED(Digital Terrain Elevation Data) level 1 자료를 이용하여 우리나라 전체 및 각 지역별의 고도와 기복량을 산출하고 이를 기초로 우리나라 지형을 설명하려 한다. 지형 설명은 첫째로 고도별 면적비 누적곡선과 hypsometric curve를 작성하여 각 지역별 지형 침식단계(stage)를 밝히고 둘째로 절대고도 data와 기복량 data를 중첩하여 고고도이면서 저기복을 보이는 지역의 분포를 밝히는 데 역점을 두었다.

1) 이금삼·조화룡, 1998, 대한지리학회지 33-4, 487~497쪽.

2) 자료검증

본 연구에 사용된 DEM 자료는 DMA(Defence Mapping Agency)에서 작성한 DTED level 1이다. 이 자료는 위도 및 경도 3초 격자의 중앙 지점의 고도를 나타낸 raster data이다. 이 격자는 1/50,000 지형도에서 2㎜×2㎜ 방안의 방안법으로 고도 정보를 취한 것과 같으므로 매우 자세한 지형정보라 할 수 있다. 다만 100m×100m 방안의 중앙점의 고도 자료이기 때문에 그 방안 안의 최대고도보다는 약간 낮게, 최저고도보다는 약간 높게 나타나는 결과를 보인다. 그 차이는 100m×100m 방안 내의 지형 경사에 따라서 다르게 나타난다. 즉 평탄면일 때는 차이가 0이며, 경사가 45°일 때는 최대 50m까지의 차이를 보인다. 우리나라의 평균 경사인 11°를 적용하면, 최대 10m의 고도 오차가 발생한다. 따라서 저고도 지역은 일반적으로 완경사이기 때문에 고도의 오차가 거의 나타나지 않지만, 경사가 급한 봉우리를 이루고 있는 지역의 최고고도에는 고도 오차가 약간 나타난다. <그림 5-1>은 대구 근교에 있는 와룡산의 1/50,000 지형도와 DTED 자료로 그린 등고선도이다. 와룡산은 소규모의 화강암이 관입하여 접촉변질을 받은 후 차별침식으로 형성된 소규모의 분지(폭 1㎞)를 안고 있는 낮은 구릉성 산지이다. 지형 윤곽은 두 그림에서 아주 비슷하게 나타났다. 그러나 고도분포에 있어서 최저고도는 지형도나 DTED 자료 모두 20m로 나타나 차이가 없지만 최고고도에 있어서는 지형도에서 299.6m 인데 대하여 DTED에서는 250m로 나타나 약 50m 정도의 고도차를 보인다. 와룡산은 낮은 구릉지이지만 정상부의 지형 경사가 아주 급하여 상대적으로 큰 고도차를 보였다.

한편 동강유역의 지형분석(조화룡 외, 1998)에서 최저고도는 지형도 및 DTED 자료 공히 180m로 나타났으나, 이 지역의 높은 산인 오대산과 가리왕산의 고도는 지형도에서 각각 1563m, 1560m 인데 대하여 DTED 자료에서는 1520m, 1540m로 나타나 43m, 20m의 오차를 보인다. 비슷한 고도이면서 오차가 서로 다른 것은 오대산 정상부가 가리왕산 정상부보다 급경사를 이루고 있기 때문으로 해석된다. 와룡산과 동강유역의 비교에서 DTED 자료의 고도 오차가 고고도 지역으로 갈수록 비례해서 크게 나타나지 않으며, 오직 100×100m 방안 내의 지형 경사와 최고고도 지점의 위치가 그 방안의 중앙에 위치하느냐 주변부에 위치하느냐에 따라 오차가 달라지고 있다. 그리고 그 오차는 대개 50m를 넘지 않는 것으로 밝혀졌다.

이상에서와 같이 DTED 자료는 최대 ±50m 정도 고도의 오차를 인정할 수 있으며 폭 100m 이하의 작은 지형의 분석은 어렵다. 따라서 단구지형, 우곡지형, 붕괴지형 등 소규모의 세밀한 지형을 분석하는데 DTED level 1 자료를 이용하는 것은 문제가

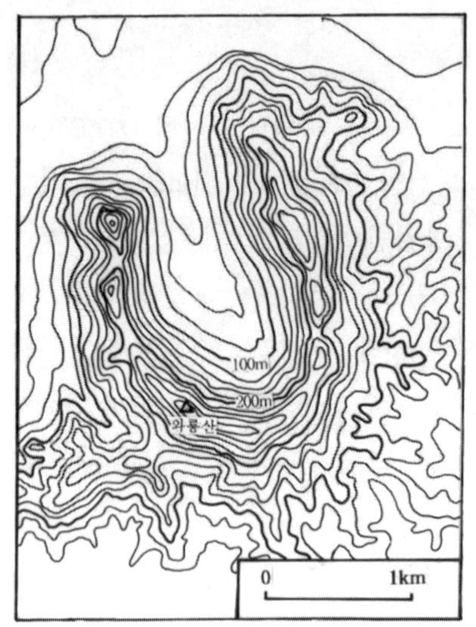

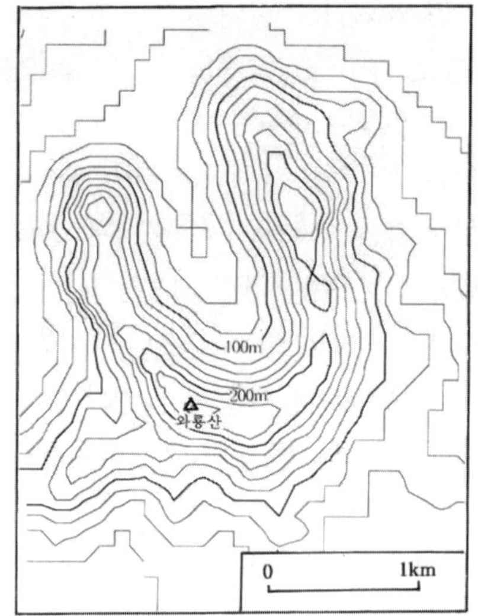

〈그림 5-1〉 와룡산의 지형도(좌)와 DTED 자료의 등고선도(우)

있다. 그러나 우리나라 전체 지형을 대단위로 나눈 지역별 혹은 지질별의 평균 고도, 평균 기복량, 평균 경사 등을 근거로 비교하여 지역성을 검증하거나, 지질별 차별침식 정도 등을 검증하는 데는 별로 문제될 것이 없을 것으로 판단된다.

3) 자료 처리

대상 지역은 한반도 전역과 제주도이며, 울릉도는 제외되었다. 지역별로는 평안도, 함경도, 황해도, 경기도, 강원도, 충청도, 전라도, 경상도, 제주도의 9개 대 지역으로 나누어 분석했다. 지역구분을 유역분지로 할 수도 있으나 우리나라의 대 하천들은 대부분 상류부는 산지를 흐르고, 하류부에서는 저지를 흐르기 때문에 이를 평균하면 뚜렷한 특징 없이 비슷한 결과를 보여 우리나라의 지형을 설명하는데 효과적이지 못하다. 그러나 우리에게 익숙한 행정구역은 어느 정도 지형적 특성을 달리하고 있어 한반도 지형을 보다 효과적으로 설명할 수 있을 것이라는 기대에서 이와 같이 구분했다. 그러나 자연적 경계가 꼭 필요한 hypsometric curve 분석은 각 지역을 대표하는 유역을 선택해서 분석했다.

본 연구에 사용된 DTED level 1 data는 post spacing 3.0sec, Ground Dist. ~ 100m, row×column 1200×1200, tile size는 1×1 degree이다. 자료의 전처리 과정은 다음과 같다.

경위도 1° 간격의 DTED source 자료를 ARC/INFO에서 TM도법으로 투영하고 TM도법으로 변환된 경위도 1° 단위의 각 file을 모두 합하여 한반도 전체의 고도 자료를 만들었다. 원자료는 고도 값을 1m 단위로 저장하고 있으나 자료의 양이 너무 방대하여 편의상 이를 고도 10m 단위로 reclass하였다. 지역 구분은 행정 구역도(대한민국전도:1/1,100,000, 한국관광지도:1/500,000)를 컴퓨터에 입력하여 작성했다. 지역별 분석을 위해서는 행정 구역도와 DEM 자료를 overlay하여 고도별 면적률과 누적률을 계산했다. 기복량은 고도자료를 1㎞ 방안으로 나눈 후 이 방안내의 최고치에서 최저치를 뺀 것이다.

2. 고도별 면적 분포의 특색

<표 5-1>은 한반도 전체와 각 지역의 고도별 면적비와 누적비를 계산한 후 100m 계급별로 묶어서 나타낸 것이다. 먼저 한반도 전체를 살펴보면 500m 이하가 68.1%, 500～1,000m가 18.9%, 1,000～1,500m가 9.4%, 1,500～2,000m가 3.3%, 2,000m 이상이 0.3%로 저변이 넓고 고도가 높아질수록 면적비가 급속히 줄어들고 있는 경향을 보인다. 500m 이하의 고도지역에 있어서도 200m 이하 지역이 대부분을 차지한다. 한반도의 평균고도는 433m로 종래에 인정하고 있었던 482m(中村新太郎,1939)에 비해 약간 낮다.

지역별 고도분포를 살펴보면 경기도와 황해도가 가장 낮은 고도분포를 보여 100m 이하 고도의 면적비가 전체의 반을 넘으며, 100m 이상의 고도별 면적비는 급속히 줄어드는 모습을 보인다. 평균고도도 127.7m, 153.8m로 우리나라에서 가장 낮은 지역이다.

다음으로 낮은 지역은 전라도와 충청도로 고도분포의 특색이 아주 유사하며 평균고도도 175.1m, 175.8m로 거의 같다. 그러나 전라도 쪽은 100m 이하 평야의 면적이 좀 더 넓은 대신에 충청도 쪽은 100～200m의 낮은 구릉지가 전라도보다 좀 더 넓은 지역 특색을 보인다.

경상도와 제주도의 고도분포는 서로 비슷하고 남한 전체평균(233.8m)과도 유사하다. 다만 제주도가 100m 이하의 저지 면적비가 경상도보다 높으며 또 700m 이상의 높은 고도가 차지하는 면적비도 제주도가 높다. 평균고도도 경상도는 250.6m, 제주도는 278.8m로 비슷하다. 평안도는 한반도 전체평균과 유사하며, 평균고도는 461.4m로 강원도보다 낮다. 경상도, 제주도, 평안도도 고도가 높아질수록 면적비가 줄어드는 경향은 앞에서 본 다른 지역들과 같다.

강원도는 100m 이하의 저지가 6.3%로 우리나라에서 가장 낮은 비율을 보이며, 100～

〈표 5-1〉 지역별 고도별 면적 비율

(단위: %)

지역	고도(m)	0 ~ 100	101 ~ 200	201 ~ 300	301 ~ 400	401 ~ 500	501 ~ 600	601 ~ 700	701 ~ 800	801 ~ 900	901 ~ 1000	1001 ~ 1500	1501 ~ 2000	2001 ~	평균고도
평안	면적비	23.3	11.4	9.1	8.8	8.2	7.4	6.4	5.7	4.8	3.8	9.6	1.4	0.1	461.4
	누적비	23.3	34.7	43.8	52.6	60.8	68.2	74.6	80.3	85.1	88.9	98.5	99.9	100	
함경	면적비	11.3	6.4	5.9	5.7	5.4	5.0	4.6	4.3	4.2	4.5	28.7	12.9	1.1	843.6
	누적비	11.3	17.7	23.6	29.3	34.7	39.7	44.3	48.6	52.8	57.3	86.0	98.9	100	
황해	면적비	53.9	20.7	10.6	5.6	3.6	2.2	1.5	0.8	0.5	0.3	0.3	-	-	153.8
	누적비	53.9	74.6	85.2	90.8	94.4	96.6	98.1	98.9	99.4	99.7	100	-	-	
경기	면적비	58.5	21.4	9.9	4.9	2.5	1.3	0.7	0.4	0.2	0.1	0.1	-	-	127.7
	누적비	58.5	79.9	89.8	94.7	97.2	98.5	99.2	99.6	99.8	99.9	100	-	-	
강원	면적비	6.3	9.3	12.3	13.8	12.4	11.9	10.5	8.9	6.4	4.0	4.1	0.1	-	496.4
	누적비	6.3	15.6	27.9	41.7	54.1	66.0	76.5	85.4	91.8	95.8	99.9	100	-	
충청	면적비	43.8	22.8	15.8	8.6	4.0	2.1	1.2	0.8	0.4	0.3	0.2	-	-	175.8
	누적비	43.8	66.6	82.4	91.0	95.0	97.1	98.3	99.1	99.5	99.8	100	-	-	
전라	면적비	50.6	17.2	11.9	8.2	5.1	2.8	1.5	1.0	0.6	0.5	0.59	0.001	-	175.1
	누적비	50.6	67.8	79.7	87.9	93.0	95.8	97.3	98.3	98.9	99.4	99.99	100	-	
경상	면적비	30.5	22.1	15.8	11.1	7.8	5.0	3.2	2.0	1.2	0.6	0.67	0.03	-	250.6
	누적비	30.5	52.6	68.4	79.5	87.3	92.3	95.5	97.5	98.7	99.3	99.97	100	-	
제주	면적비	37.6	18.4	12.2	8.5	6.1	4.3	3.1	2.2	1.8	1.4	3.6	0.8	-	278.8
	누적비	37.6	56.0	68.2	76.7	82.8	87.1	90.2	92.4	94.2	95.6	99.2	100	-	
전국	면적비	28.1	15.3	9.6	8.4	6.7	5.4	4.4	3.6	3.1	2.4	9.4	3.3	0.3	433.2
	누적비	28.1	43.4	53.0	61.4	68.1	73.5	77.9	81.5	84.6	87.0	96.4	99.7	100	

200m, 200~300m, 300~400m의 면적비가 각각 9.3%, 12.3%, 13.8%로 점점 늘어나고 400m에서 대략 800m에 이르기까지 10% 전후로 일정하게 변하고 있어 앞에서 본 다른 지역과는 현격하게 다름을 알 수 있다. 평균고도도 496.4m로 함경도 다음으로 높다.

함경도는 평균고도가 843.6m로 경기도, 황해도의 대략 6배, 강원도, 평안도의 대략 2배에 달한다. 고도별 면적비 분포에 있어서도 900m까지는 고도가 높아짐에 따라 면적비가 점차 줄어들다가 900m에서 1,300m까지는 다시 고도가 높아질수록 면적비가 늘어나는 특이한 경향을 보이고, 1,400m부터 다시 완만히 줄어들고 있다.

함경도와 강원도의 고도별 면적률의 변화가 이와 같이 여타의 지역과 다른 것은 이 두 지역의 지형특성이 여타 지역과는 다르다는 것을 의미한다. 그것은 단순히 평균고도

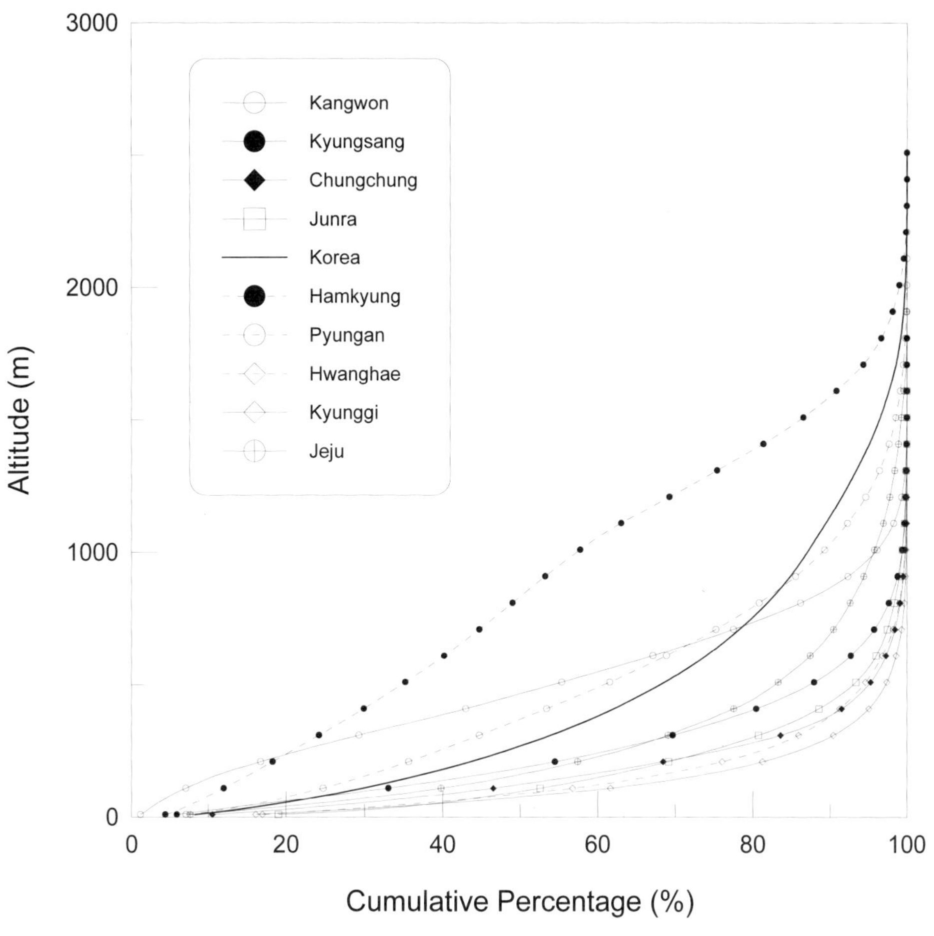

〈그림 5-2〉 고도별 면적비 누적 곡선

만 높은 것이 아니라 침식윤회의 단계가 다르고 고위 평탄면이 존재하는 등 근본적인 차이가 있기 때문이 아닌가 생각된다.

지역별 고도 분포 변화를 서로 비교해 보기 위해서 고도별 면적을 10m 단위로 누적하여 누적곡선을 그린 것이 <그림 5-2>이다. 그림에서 함경도와 강원도를 제외한 7개 지역은 다소 정도의 차이는 있으나 낮은 고도에서 경사가 완만하고 높은 고도로 갈수록 경사가 급해지는 凹형 곡선을 나타내고 있다. 그 중에서도 가장 심한 凹형 곡선을 보이는 것이 경기도와 황해도이고 그 다음이 충청도·전라도이며, 경상도와 제주도는 남한 평균과 유사한 곡선을, 평안도는 한반도 평균곡선과 유사한 곡선을 보인다. 그러나 강원도의 경우 100m 이하의 면적이 좁아서 경사가 급하고 凸형 곡선을 보이나 100m～800m

까지는 거의 등 간격으로 증가되어 그래프가 거의 직선의 형태를 보이며 800m 이상 지역에서부터 고도가 높아질수록 경사가 급해져서 凹형 패턴을 이룬다. 함경도는 1,000 m~1,500m 부근이 돌출해서 오히려 凸형 곡선을 이루고 있다. 이와 같이 강원도와 함경도가 여타 지역과 다른 특색을 보이는 것은 앞에서 언급된 것과 같이 지형 발달 단계가 타 지역과 다르다는 것을 의미하는데 이 문제에 대하여는 뒤에서 고찰하기로 한다.

3. 기복량별 면적분포의 특색

기복량은 방안의 크기를 달리함에 따라 다르게 나타난다. 방안을 크게 하면 상대적으로 기복량이 크게 나타나 지형의 큰 윤곽을 파악하는데 유리하다. 그러나 지형의 작은 변화는 지워져 버리기 때문에 파악할 수 없다. 본 연구는 1㎞×1㎞의 비교적 작은 크기의 방안을 선택했다. 이렇게 방안을 작게 함으로써 저지의 충적평야와 침식구릉지를 구분할 수 있고, 고고도 지역에 단편적으로 남아 있는 고위평탄면을 탐지할 수 있을 것이라는 기대에서이다.

행정 구역도와 기복량 자료를 overlay하여 기복량별 면적률과 누적률을 계산한 후 이를 기복량 100m의 계급별로 묶어서 나타낸 것이 <표 5-2>이다.

한반도 전체의 기복량 평균은 185.5m로 기복이 심한 편은 아니다. 그러나 고도별 면적 분포와는 달리 가장 하위 계급인 기복량 100m 이하 지역의 면적(면적비 25.0%)보다 100m~200m 지역의 면적(면적비 34.7%)과 200m~300m 지역의 면적(면적비 26.8%)이 더 넓게 나타나는 것이 특색이다. 이것은 한반도의 지형이 평야보다 100m~300m의 낮은 기복을 보이는 구릉성 산지가 많다는 것을 뜻한다. 한편 기복량 300m 이상의 지역은 13.5%에 불과하고 500m 이상의 기복은 거의 없는 것으로 나타나 한반도에는 매우 험준한 산지는 거의 없음을 보여준다.

지역별로 보면 제주, 황해, 경기, 충청, 전라도 지역은 기복량 100m 이하 지역의 면적비가 모두 40%를 넘어 최고치를 보인다. 특히 제주도는 100m 이하의 기복을 보이는 지역의 면적비가 76%에 달하며 평균 기복량도 82m에 불과하여 우리나라에서 기복이 가장 작은 지역이라 할 수 있다. 경상도와 함경도는 100m~200m의 기복을 보이는 지역 면적이 가장 넓으며, 강원도와 평안도는 200m~300m의 기복을 보이는 지역의 면적이 가장 넓다. 평균 기복량도 이와 같은 순서이다.

〈표 5-2〉 지역별 기복량별 면적 비율

(단위 : %)

지 역 \ 기복량(m)		100 이하	101～200	201～300	301～400	401～500	501 이상	평균 기복량
평안	면적비	20.6	31.0	31.2	14.3	2.6	0.3	203.4
	누적비	20.6	51.6	82.8	97.1	99.7	100	
함경	면적비	15.1	34.0	33.3	14.5	2.8	0.3	210.8
	누적비	15.1	49.1	82.4	96.9	99.7	100	
황해	면적비	41.0	37.1	14.4	6.0	1.3	0.2	142.2
	누적비	41.0	78.1	92.5	98.5	99.8	100	
경기	면적비	49.1	33.5	12.8	4.0	0.5	0.1	127.2
	누적비	49.1	82.6	95.4	99.4	99.9	100	
강원	면적비	10.5	31.1	36.7	17.7	3.6	0.4	228.9
	누적비	10.5	41.6	78.3	96.0	99.6	100	
충청	면적비	45.3	32.3	16.8	4.7	0.8	0.1	135.4
	누적비	45.3	77.6	94.4	99.1	99.9	100	
경상	면적비	27.9	36.2	24.4	9.6	1.7	0.2	175.9
	누적비	27.9	64.1	88.5	98.1	99.8	100	
전라	면적비	42.9	30.3	19.1	6.7	0.9	0.1	142.0
	누적비	42.9	73.2	92.3	99.0	99.9	100	
제주	면적비	75.7	19.5	3.9	0.7	0.2	-	81.88
	누적비	75.7	95.2	99.1	99.8	100	-	
전국	**면적비**	**25.0**	**34.7**	**26.8**	**11.2**	**2.1**	**0.2**	**185.5**
	누적비	**25.0**	**59.7**	**86.5**	**97.7**	**99.8**	**100**	

이것을 지형적으로 해석하면 황해, 경기, 충청, 전라도 지역은 고도도 낮고 기복량도 적은 노년기말 혹은 준평원의 지형 경관을 보이고 있으며, 강원도와 평안도의 지형은 우리나라에서 가장 험준한 지형이라 할 수 있다. 일반적으로 우리나라에서 가장 험준한 지역으로 생각되는 함경도의 경우는 고도는 다른 지역보다 2배～6배로 월등히 높지만 기복량은 강원도에 조금 못 미치고, 평안도와는 유사한 수치를 보인다. 이것은 함경도 지역이 함경산맥을 축으로 이루어진 경동성 융기 운동에 의해 개마고원에 고위평탄면 지형이 넓게 남아 있으며, 또한 백두산을 중심으로 한 용암대지가 형성되어 고도는 높으면서도 기복이 심하지 않는 고원지형이 차지하는 면적이 넓기 때문이라 해석된다. 제주도는 고도 분포에 있어서는 우리나라의 중간 정도이면서 기복량 분포는 아주 적은 특색을 보이고 있는데 이것은 현무암으로 이루어진 순상 화산이 개석을 많이 받지 않은 상태이기 때문이다.

4. 고고도·저기복 지역

고도 분포도와 기복량 분포도를 중첩시켰을 때 일반적으로 고고도 지역은 기복이 심하고 저고도 지역은 기복이 적게 나타나는 경향을 보인다. 그러나 강원도의 태백산지와 함경도의 소위 개마고원에는 고고도 이면서도 저기복을 보이는 일부 지역이 나타났다. 고위평탄면이나 용암대지의 가능성이 높은 이런 지역의 분포를 살펴보기 위하여 함경도와 강원도 지역에 대하여 고도자료와 기복자료를 중첩시켜 보았다.

먼저 고도자료를 분석해 본 결과 개마고원에서는 1,000m 이상의 고도지역이 고원의 주부를 이루고 있으며, 강원도에서는 500m 이상 지역이 주부를 이루고 1,000m 이상 지역은 단편적으로 분포하고 있었다. 따라서 함경도에서는 1,000m 이상 지역을 고고도 지역으로, 강원도에서는 500m 이상 지역을 고고도 지역으로 정하였다. 이들 고고도 지역에서 기복량이 대략 전국 평균의 기복을 보이는 200m 이하인 지역과 그 반인 100m 이하인 지역을 컴퓨터로 display하여 작성된 것이 <그림 5-3>과 <그림 5-4>이다.

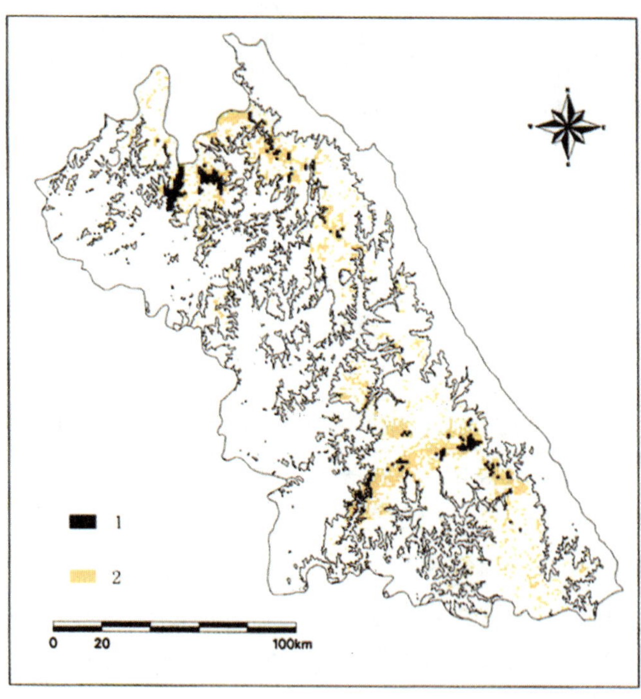

〈그림 5-3〉 강원도의 고고도 저기복 지역

* 해발고도 500m 이상의 고고도 지역에서 기복량 100m 이하를 나타내는 지역(1)과 기복량 100~200m를 나타내는 지역(2)

먼저 강원도의 남부를 살펴보면 횡성 부근에서 대관령에 이르는 영동고속도로를 연하여 동서로 고고도의 저기복 지형이 형성되어 있고, 대관령 남쪽에 대기리 주변지역(명주군 왕산면)과 대관령 북서쪽 자운리 주변지역(홍천군 내면)에 형성되어 있다. 이들 지역에서 200m 이하 기복 지역은 연속적으로 형성되어 있고 100m 이하 기복 지역도 단편적으로 나타나고 있다. 강원도의 북부지역에는 회양군 일대의 태백산맥 분수령 지역과 평강군 쪽에 연속된 고고도의 저기복 지역이 나타난다. 평강군 지역의 것은 용암대지와 관련된 고위평탄면이고 그 밖의 태백산맥 분수령 쪽에 형성되어 있는 것은 융기준평원 기원의 고위평탄면으로 보인다.

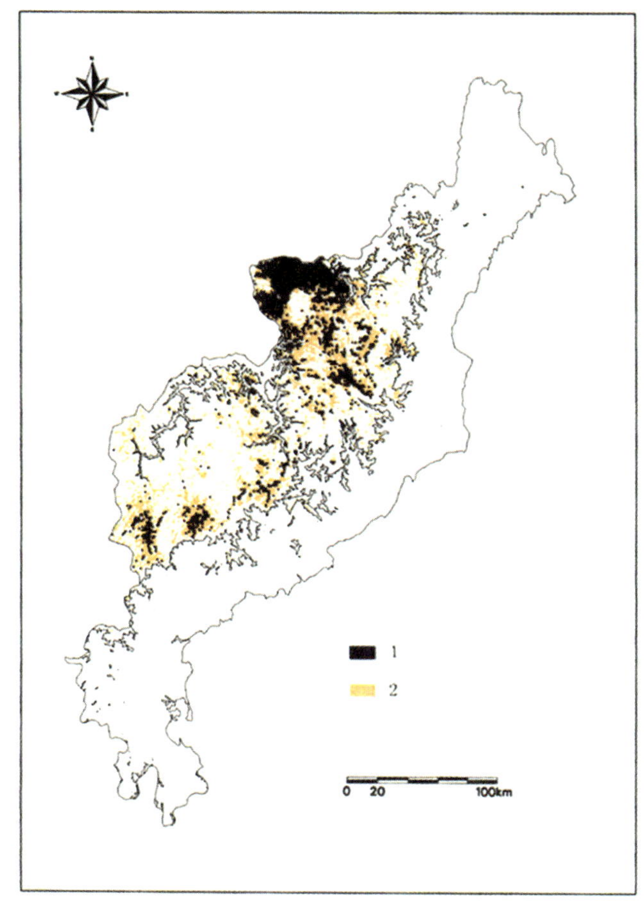

〈그림 5-4〉 함경도의 고고도 저기복 지역

* 해발고도 1000m 이상의 고고도 지역에서 기복량 100m 이하를 나타내는 지역(1)과 기복량 100~200m를 나타내는 지역(2)

함경도의 경우는 백두산을 중심으로 반경 약 60㎞ 지역에 걸쳐 저기복 지역이 형성되어 있고 마천령산맥을 따라서는 두류산까지 좀 더 돌출해 있는 분포 형태를 보인다. 백두산 주변의 저기복 지형은 백두산 용암대지이다. 용암대지 중에 기복이 심한 곳은 용암대지 상에 조면암질 용암 원정구가 솟아 있는 지역으로 백두산 지역과 남·북포태산이 솟아 있는 지역 등이다.

또 다른 고고도의 저기복 지역은 장진군(장진 주변), 신흥군(원풍 주변), 풍산군(창수원 주변)지역으로 모두 함경산맥 분수령의 바로 북쪽에서부터 형성되어 있다. 이들은 융기준평원성의 고위평탄면으로 분류된다. 함경도는 이와 같이 용암대지, 고위평탄면 등 고고도이면서도 저기복을 이루는 지형이 차지하는 비율이 높다.

5. Hypsometric curve로 본 한반도 각 지역별 침식단계

'Hypsometric curve'를 처음 고안한 사람은 Strahler(1952)로 한 유역분지의 고도 분포를 횡축에는 면적비, 종축에 고도율로 해서 누적곡선을 그린 것이다. 일본에서는 이 curve를 '면적 고도비 곡선'이라 번역하고 있다. 본고 <그림 5-2>에서 제시한 '고도별 면적비 누적곡선'과 다른 점은 본고에서는 고도를 실제고도를 이용한데 대해 Strahler는 고도를 최고고도에 대한 비율로 한 것이 다르다. 용도면에서 hypsometric curve의 장점은 지형의 발달 단계를 더 잘 나타내어 주는 것이지만 지형의 실제고도를 읽을 수 없는 단점이 있다.

Strahler는 이 hypsometric curve로 다음과 같이 지형발달 단계를 설명하고 있다. 즉 한 유역분지 지형이 개석이 많이 진전되지 않은 유년기 지형이면 이 curve가 凸형 곡선으로 나타나고, hypsometric integral이 1.0에 가까운 수치를 나타낸다. 그러나 개석이 진전되어 장년기 지형을 이루고 있으면 직선형(더 자세히 말하면 상단 일부는 凹형, 하단 일부는 凸형, 중간의 대부분은 직선형으로 나타나 중간 부분이 늘어난 's' 자형이 된다)이 되며 hypsometric integral은 0.5에 가까운 수치를 보인다. 잔구를 포함한 노년기 지형일 때는 凹형 곡선을 이루고 hypsometric integral은 0에 가까운 수치를 보인다고 하였다.

<그림 5-5>는 허천강 유역분지(4,954.3㎢)와 동강 유역분지(2323.3㎢), 홍천강 유역분지(1439.5㎢), 그리고 안성천 유역분지(1,523.6㎢)를 대상으로 hypsometric curve를 그리고 hypsometric integral을 계산한 것이다. 허천강 유역분지는 개마고원 지역을 대표하며 고고도 저기복 지형의 단편들이 상대적으로 많이 분포하는 지역이다. 이 유역의 hypsometric curve는 거의 직선에 가깝지만 저고도 지역에서 다소 凸형의 형태를 보이고 있고, hypsometric integral도 0.568로 0.5보다 약간 높은 수치를 보인다. 따라서 이 지역의 지형 진화 단계는 유년기 요소를 얼마간 내포한 장년기 지형이라 할 수 있어서 이른바 조장년기 지형이라 할 수 있다. 동강 유역분지는 강원도 지역에서 기복이 가장 심한 지역을 대표하는데 이 유역분지의 곡선은 Strahler가 제시한 장년기 지형의 패턴과 거의 비슷한 늘어진 's'자 형을 나타내고 integral도 0.482로 0.5에 아주 가까워 전형적인 장년기 지형을 나타내고 있다. 홍천강 유역분지는 산록 구릉지 지역을 대표하는데 이 지역의 곡선은 전체적으로 凹형을 보이며 integral도 0.317로 나타나 만장년기 혹은 초기 노년기의 지형 진화 단계라 할 수 있다. 안성천 유역은 경기도의 저위침식면을 대표하는데 이 지역의 곡선은 전형적인 凹형 곡선을 보이고 integral도 0.133으로 노년기 내지 준평원에 가까운 지형 진화 단계에 있다고 할 수 있다. 4개의 곡선 중에서 허천강, 동강, 홍천강의

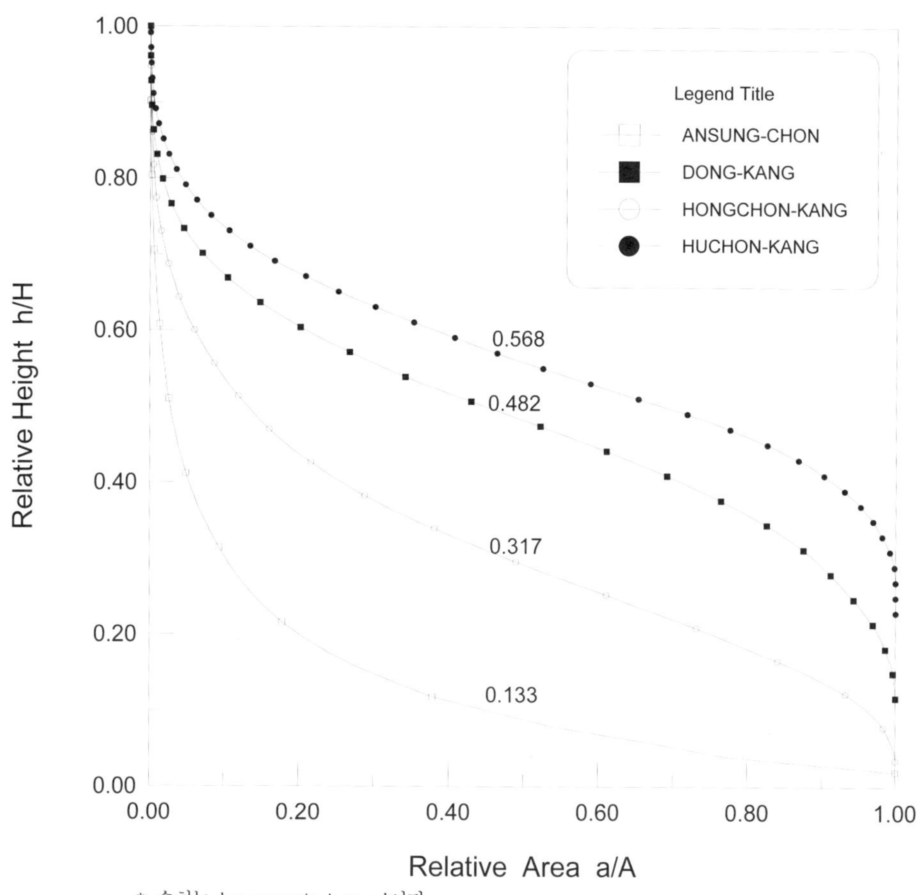

* 수치는 hypsometric integral이다.

〈그림 5-5〉 hypsometric curve

곡선은 저고도 부분에 凸형을 보이고 있어 협곡들이 존재하고 있음을 나타낸다.

<그림 5-2>와 <그림 5-5>를 참조하여 위의 가설로 우리나라 각 지역의 지형 침식 단계를 추론해 보면 다음과 같다. 황해도, 경기도, 전라도, 충청도, 경상도, 평안도는 고도별 면적비 누적곡선이 모두 凹형의 패턴을 보이고 있으므로 노년기 단계에 이른 지형이라 할 수 있다. 그 중에서도 황해도, 경기도는 침식이 가장 많이 진전되어 준평원에 가까운 지형이라 할 수 있으며, 평안도, 경상도는 6지역 중에서는 아직도 침식의 여지가 많이 남아 있다고 할 수 있다. 강원도는 앞의 6지역과 다르게 고도별 면적비 누적곡선이 200m보다 아래쪽은 약간의 凸형 상태를 보이고 200m에서 800~900m까지는 거의 직선형으로 나타나며 900m 이상에서는 凹형을 나타낸다. 따라서 강원도는 크게 보아 장년기 지형경관이라 할 수 있으며, 900m 이상에서 凹형을 보이는 것은 부분적으로 남아 있는

고위 평탄면 상에 계방산(1,577m), 오대산(1,563m), 황병산(1,407m) 등 잔구성 산지가 존재하기 때문에 결과된 것이라 할 수 있다. 함경도는 부분적인 凸형 곡선을 보이고 있어 유년기 지형이 많이 남아 있음을 알 수 있으며, 이들은 1,000～15,00m 고도의 고위평탄면과 백두산 용암대지인 것으로 해석할 수 있다. 제주도는 면적비 누적 곡선 상에서는 어떤 특징을 찾을 수 없었으나 고도 분포에 비하여 기복이 아주 적은 지형으로 나타나 개석을 별로 받지 않은 순상화산임을 알 수 있다.

6. 결론

앞에서 분석, 검토한 내용을 정리해 보면 다음과 같다.

1. DTED level 1의 DEM 자료는 마치 100m×100m 방안으로 작성한 절봉면도를 대상으로 지형을 분석한 것과 같아서 폭이 좁은 소지형을 분류·분석할 수는 없지만 넓은 지역을 대상으로 한 지형의 계량적 분석에는 아주 유용한 자료임이 밝혀졌다. 본고에서는 고도와 기복 요소만을 분석하였으나 이를 수계, 지질과 같은 다른 data base와 중첩함으로써 더 많은 계량적 설명을 할 수 있을 것으로 된다.

2. 한반도의 고도별 면적비는 500m 이하가 68.1%, 500～1,000m가 18.9%, 1,000～1,500m가 9.4%, 1,500～2,000m가 3.3%, 2,000m 이상은 0.3%로 고도가 높아질수록 면적비가 급속히 줄어들고 있어 침식이 많이 진전된 지형적 특징을 보인다. 지역적으로 황해도·경기도 지역은 그 경향이 더욱 두드러져 고도가 100m씩 높아짐에 따라 면적은 1/2 정도로 줄어든다. 그러나 강원도는 대략 800m까지, 함경도는 대략 1,500m까지 고도가 높아져도 면적이 줄어들지 않고 부분적으로는 아래쪽 고도의 면적보다 위쪽 고도의 면적이 넓은 역경향을 보이기도 한다. 이와 같은 지역 차이는 전자의 지역은 침식이 아주 진전되어 준평원에 가까운 지형경관이 되었기 때문이며, 후자의 지역은 아직 장년기 단계의 지형경관으로 부분적으로는 고위평탄면, 용암대지 등 원지형의 잔편도 남아 있기 때문에 나타나는 결과로 해석할 수 있다.

3. 한반도의 1㎞ × 1㎞ 방안의 기복량은 100～300m의 기복을 보이는 지역이 가장 넓어 61.5%를 차지하고, 300m 이상 기복을 보이는 지역은 13.5%에 불과하고 500m를

넘는 지역은 거의 나타나지 않는다. 기복량 100m 이하 지역의 면적비가 25.0%로 100~200m(34.7%) 및 200~300m(26.8%)의 기복 지역보다 오히려 작아서 고도 분포와는 다른 경향을 보인다. 이것은 한반도 지형의 대부분이 낮은 기복의 구릉성 산지로 이루어져 있으며, 저평한 넓은 평야나 험준한 높은 산지가 많지 않다는 것을 의미한다. 지역별로 평균 기복량이 가장 큰 지역은 강원도이고, 평안도는 평균고도에 비하여 기복량이 큰 지역이며, 함경도는 고도에 비하여 기복량이 크지 않고, 제주도는 우리나라에서 평균 기복량이 가장 적은 지역으로 나타났다.

4. 고도 분포도와 기복량 분포도를 중첩하여 본 결과 백두산을 중심으로 한 넓은 지역과 함경산맥 및 태백산맥의 분수령 부근에 단편적으로 고고도 저기복 지형이 나타나는데 전자는 백두산 용암대지이고, 후자는 융기준평원으로 해석되는 고위평탄면인 것으로 분석되었다. 일반적으로 우리가 접하는 지도는 채색에 의하여 지형의 고도를 나타낸 것이 많으며, 이와 같은 지도에 익숙한 우리는 백두산 부근이 우리나라에서 가장 험준한 지형경관을 보일 것으로 잘못 알고 있는 경우가 많다. 만일 절대고도와 기복량을 동시에 나타내는 범례를 사용한다면 이와 같은 문제는 해결될 것이다.

5. 고도별 면적비, 기복량별 면적비, 고도별 면적비 누적곡선 및 hypsometric curve를 기초로 우리나라의 각 지역별 지형 발달 단계를 설명해 보면 황해, 경기, 충청, 전라 지역은 평균고도가 낮고, 고고도로 가면서 면적 감소율이 높으며, 낮은 기복 지형이 발달해 있다. 또 hypsometric curve가 심한 凹형 곡선을 보이고 있어 침식이 많이 진전된 노년기 및 준평원에 가까운 지형 경관을 나타낸다. 경상, 평안도도 앞의 지역들과 유사한 경향을 보이지만 그 정도가 약간 덜하다. 따라서 이들 지역도 노년기 지형들이지만 앞의 지역들보다 침식의 여지가 많이 남아 있다고 할 수 있다. 함경·강원지역은 고도별 면적이 상당한 고도까지 비슷하게 나타나고, hypsometric curve가 직선에 가까운 형태를 보여 크게 보아 장년기 지형 경관을 보인다. 그러나 고위 평탄면의 잔편, 용암대지 등 유년기 요소가 부분적으로 남아 있으며, 이 경향은 함경도 지역이 보다 두드러지게 나타난다.

참고문헌

유근배. 1995. 『지리정보론』. 서울: 상조사. 89~91쪽.

조화룡·이금삼. 1998. 「GIS기법을 이용한 동강 유역분지의 지형 특성 분석」. 1998년 하계 한국지형학회 학술대회 학술발표 요지 및 답사자료집.

동경천문대. 1958. 이과년표.

小林貞一. 1931. 「朝鮮半島地形發達史と近生代地史との關係についての一考察」. 地理學評論, 7. pp.523~550.

立岩巖. 1976. 『朝鮮 -日本列島地帶地質構造論考』. 東京: 東京大學出版會. p.654.

中村新太郎. 1939. 「朝鮮の平均高度について」 地球, 13號. p.186.

Esri. 1996. Introduction to ARC/INFO.

_____. 1996. Using GRID with ARC/INFO Rev 6.1.

Strahler, A. N.. 1952. "Hypsometric(area-altitude) analysis of erosional topography." Bull. Geol. Soc. Amer., 63. pp.1117~1142.

CHAPTER 6

GIS기법을 이용한 동강 유역분지의 지형 특성 분석*

1. 서론

남한강 상류는 영월 부근에서 크게 두 갈래로 갈라지는데 동쪽으로 흐르는 대지류를 동강 혹은 조양강이라 하고 서쪽으로 흐르는 대지류를 서강 혹은 평창강이라 한다. 최근 수자원개발공사에서 동강댐 건설계획을 발표함에 따라 지역 주민과 환경보전 단체들의 반대가 심하다. 본 연구는 이 동강 유역분지의 지형 특징을 지질과 관련시켜 GIS기법으로 분석한 것이다. 자료는 DTED level 1과 수치지도화한 1/1,000,000 지질도를 이용하여 ARC/INFO로 처리하였다.

본 연구에 사용된 지질도는 자원관리 연구소 발행(1995년) 1/1,000,000 지질도를 기본도로 하였다. 지질도는 scanning 작업을 통하여 computer에 file화시키고 이 raster 형식을 Microstation을 이용하여 vectorizing한 후 Workstation ARC/INFO에서 각 polygon에 label을 붙이고 속성을 입력해서 지질 data base를 구축했다. 고도자료는 수치고도자료(DEM)로써, 이 DEM(Digital Elevation Model)은 DMA(Defence Mapping Agency)의 DTED(Digital Terrain Elevation Data) 중에서 leval 1을 이용했다. level 1은 cell 간격이 100m×100m이고 이들 cell의 중앙의 고도를 1m 단위로 수록한 raster data인데, 이것을 ARC/INFO의 GRID에서 사용할 수 있도록 data를 conversion시킨 후 고도 10m 단위로 reclass 했다. 이 자료에 의하면 동강 유역분지는 약 23만 개의 cell로 이루어져 있다. 이렇게 준비된 자료를 기초로 고도분포,

* 조화룡·이금삼, 1998, 한국지형학회지, 5-2, 93~107쪽.

기복량, 하계망도를 작성했다. 기복량은 1㎞×1㎞ 방안에 최고고도와 최저고도의 차이를 계산한 것이다. 하계망은 고도자료에 의거해서 fill → flowdirection → flowaccumulation의 과정을 거쳐서 만들었다. 하천밀도도는 이렇게 작성된 하계망도에 의해서 산출했다.

먼저 이렇게 출력된 고도 자료, 기복량 자료, 하천밀도 자료로 이 지역의 전체적인 지형 특징을 살펴보고 다시 지질도와 고도자료, 지질도와 기복량도, 지질도와 하천밀도도를 중첩하여 지질별 고도분포, 기복량분포, 하천밀도 분포를 파악하고 이것을 지질 간에 상호 비교함으로서 그 특색을 밝혔다.

2. 지질 분포

<그림 6-1>은 동강유역의 지질 분포도이고 이 분포도를 기초로 GIS기법으로 지질별 분포 면적과 고도 분포를 계산한 것이 <표 6-1>이다. 한편 동강 유역분지의 총면적은 2323.3㎢로 계산되었다. 본 유역분지의 지질은 pre-cambrian 지층이 약 9%, 고생대 지층이 66%, 중생대 지층이 25%로 이루어져 있어 고생대 지질의 분포가 탁월한 유역분지이다. 지질 분포를 오래된 지질부터 순서로 살펴보면 다음과 같다. 시생대 편마암(AR1)이 본 유역분지 북서쪽 끝 즉 오대산 주변지역에 분포하고 있으며, 원생대 화강편마암(PRgr)과 변성퇴적암(PR1)은 유역분지 동부 중앙 즉 골지천 상류지역에 분포한다.

고생대층은 하부 조선계 지질로 양덕통과 대석회암통, 회동리층이 있고 상부 평안계 지질로 사동통과 고방산통 지질이 있다. 양덕통은 조선계 최하부 지질로 규암, 셰일, 천매암으로 이루어졌고 강원도에서는 삼방산층이라고도 한다. 동대천, 동남천 상류지역에 분포한다. 대석회암통은 석회암, 규암, 셰일로 이루어졌고 유역분지의 중남부 지역 즉 정선군과 영월군지역에 넓게 분포하고 있다.

회동리층은 사일류리아기에 형성된 조선계 상부층으로 정선 북서쪽에 좁게 분포한다. 상부의 평안계 고방산통은 대부분 사암으로 이루어졌고 강원도에서는 황지층군이라고도 한다. 정선군과 평창군 경계 지역에 넓게 분포하며 남부 분수령 부근에도 좁게 분포한다. 그러나 석탄기 함탄층인 사동통은 고방산통과 대석회암통의 경계를 따라 좁고 긴 몇 열이 분포하여 정선탄전, 사북탄전 지대를 이룬다.

이 지역의 고생대 지질배열은 오래된 양덕통과 대석회암통을 중앙에 두고 뒤에 된 사동통, 고방산통이 남북으로 대칭 분포하고 있어서 습곡산지가 개석을 받았을 때 나타나는 지질배열의 특징을 보여주고 있다.

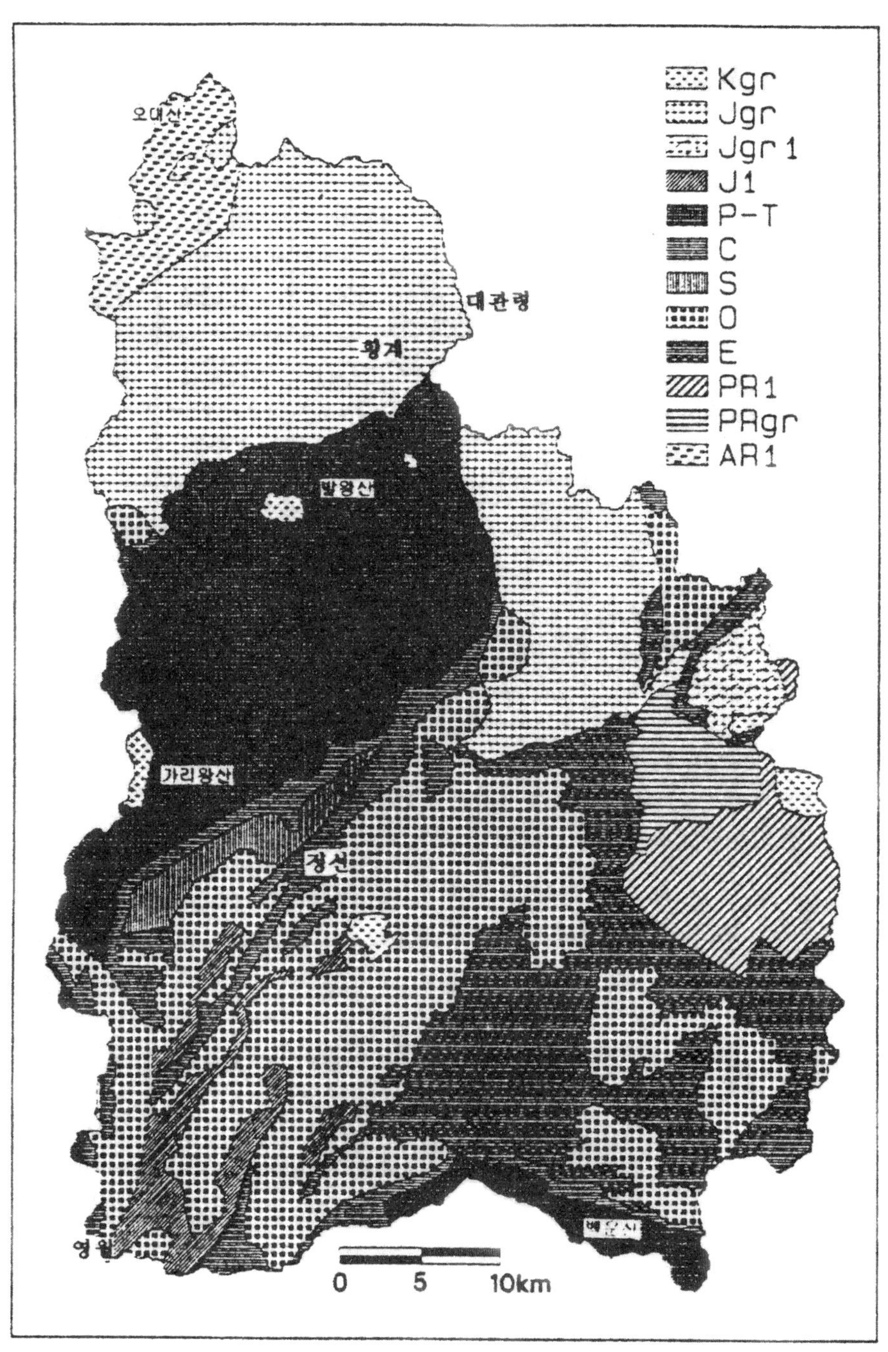

〈그림 6-1〉 지질도

* 범례 기호별 지질명은 <표 6-1> 참조

〈표 6-1〉 동강 유역분지의 지질 분포 및 지질별 고도 분포

지질시대	지층명			면적			고도(m)		
				㎢	%		최저	최고	평균
전 체				2323.27	100		180	1540	738.0
중생계	Kgr		불국사화강암	22.87	1.00	25.22	330	1360	903.3
	Jgr		대보화강암	468.43	20.16		390	1380	771.6
	Jgr_1		엽리상화강암	26.95	1.16		620	1200	838.1
	J_1		대동층군	67.41	2.90		190	970	477.1
고생계	평안계	P-T	고방산통	474.40	20.41	65.86	300	1540	835.1
		C	사동통(사암,셰일,석탄)	144.41	6.22		180	1310	611.5
	조선계	S	회동리층(석회암)	34.33	1.48		270	930	531.1
		O	대석회암통	565.23	24.32		180	1390	613.2
		E	양덕층통	311.96	13.43		360	1370	767.2
선캠브리안계	원생대	PR_1	변성암	100.57	4.33	8.92	560	1360	833.7
		PRgr	화강편마암	45.15	1.94		550	1300	926.2
	시생대	AR_1	변성암	61.56	2.65		650	1520	1010.8

중생계는 퇴적암인 대동계가 서남부 지역에서 좁게 대칭을 이루며 북동-남서 방향으로 배열해 있으며, 그밖에는 대부분이 관입암인 대보화강암(엽리상화강암 포함)으로 북부 대관령 주변의 평창군 도암면 지역과 북동부 정선군의 임계면 지역 및 명주군의 왕산면 지역에 분포한다. 불국사화강암은 단편적인 분포를 보인다.

3. 고도 분포

<그림 6-2>는 방위각 45° 태양고도 30°의 조건으로 만든 동강유역의 음영 기복도이다. 이 유역분지의 최저고도는 합류점 부근에서 180m이고 최고고도는 오대산(1563m), 가리왕산(1560m) 지역으로 1500m를 넘으며 유역 평균고도는 738m로 남한 평균 233.8m의 3배가 넘는 고도이다. 남한에서는 이 규모의 유역분지 중에서는 동강 유역분지가 아마 가장 높은 지형고도를 보이는 지역이 아닐까 추정된다.

동강유역 지형의 고도별 면적비를 살펴보면 <표 6-2>와 같다. 표고 200m 이하의 저지는 0.15%에 불과하며 표고 500m 이상의 지역이 84.7%에 달해 대부분의 지역이

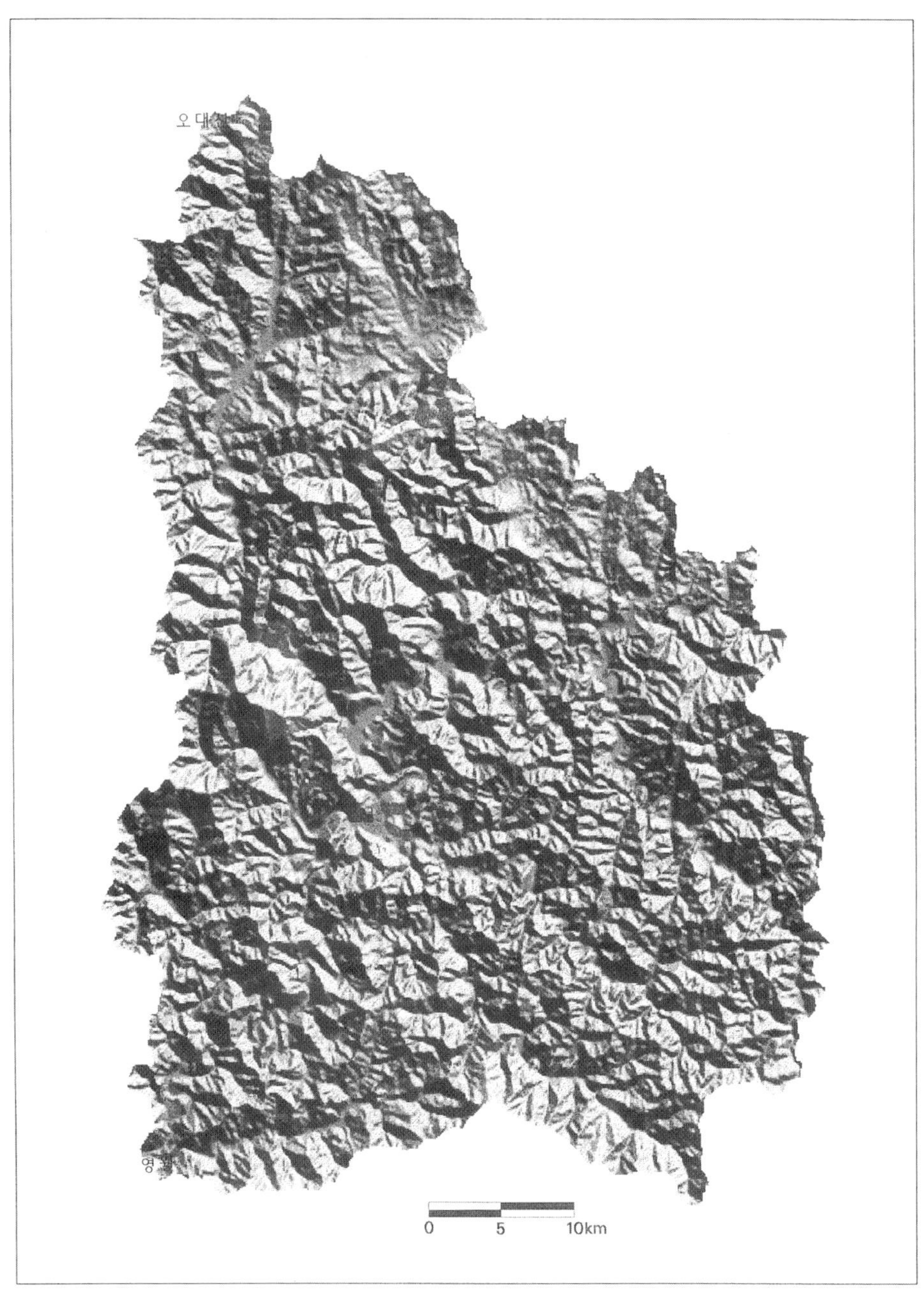

〈그림 6-2〉 음영 기복도

〈표 6-2〉 동강유역의 고도별 면적비

고도(m)	0-200	200-500	500-1000	1000 이상
면적(㎢)	3.5	353.8	1690.0	280.5
백분율	0.15	15.20	72.60	12.05

표고 500m 이상의 지역임을 알 수 있다. 1,000m 이상의 지역도 12%에 이른다.

지질별 고도 분포를 살펴보면(<표 6-1> 참조) 대동층군, 사동통, 회동리층, 대석회암통이 상대적으로 낮은 고도를 보여 477m에서 613m의 평균고도를 보인다. 조선계의 가장 하부층인 양덕통은 규암, 셰일, 천매암 등으로 이루어져 대석회암통보다 평균고도가 약 150m 정도 높은 767.2m로 나타났다.

페름기 사암, 셰일, 규암으로 이루어진 고방산통은 침식에 아주 강하여 더 높은 835m의 평균고도를 보이며 석회암지대와 대보화강암지대 사이에서 가리왕산(1560.6m), 발왕산(1458.1m) 등이 솟아 있는 상대적으로 높은 지괴를 이루고 있다.

대보화강암은 평균고도 771.6m로 고방산통이나 변성암보다는 낮지만 대석회암통보다는 높은 평균고도를 보인다. 그러나 대보화강암이 석회암보다 평균고도가 높은 것은 침식에 강해서라기보다 분포지역이 동강의 최상류 지역에 분포하고 있기 때문에 평균고도가 높은 것으로 판단된다.

선캠브리아기의 변성암들은 평균고도가 모두 높게 나타났으며 특히 오대산 부근에 분포하는 시생대 편마암은 평균고도 1010.8m에 달한다.

본 유역에는 북북동-남남서 방향의 lineament가 탁월하며 부분적으로 이와 거의 직교하는 서북서-동남동 방향의 lineament도 인정된다.

4. 기복량 분포

<그림 6-3>은 동강유역의 DEM을 1㎞×1㎞ cell로 나누어 cell 내의 최고치와 최저치의 고도차를 계산하여 지도화한 기복량도이고 <표 6-3>은 지질별 기복량별 면적비 및 평균기복량을 나타낸 것이다. 이 지역 평균기복량은 270.2m로 남한 평균 155.5m의 거의 2배에 가까운 기복량을 보인다.

분포 면적이 넓은 대보화강암, 고방산통, 대석회암통, 변성암의 기복량을 비교해 보면 다음과 같다.

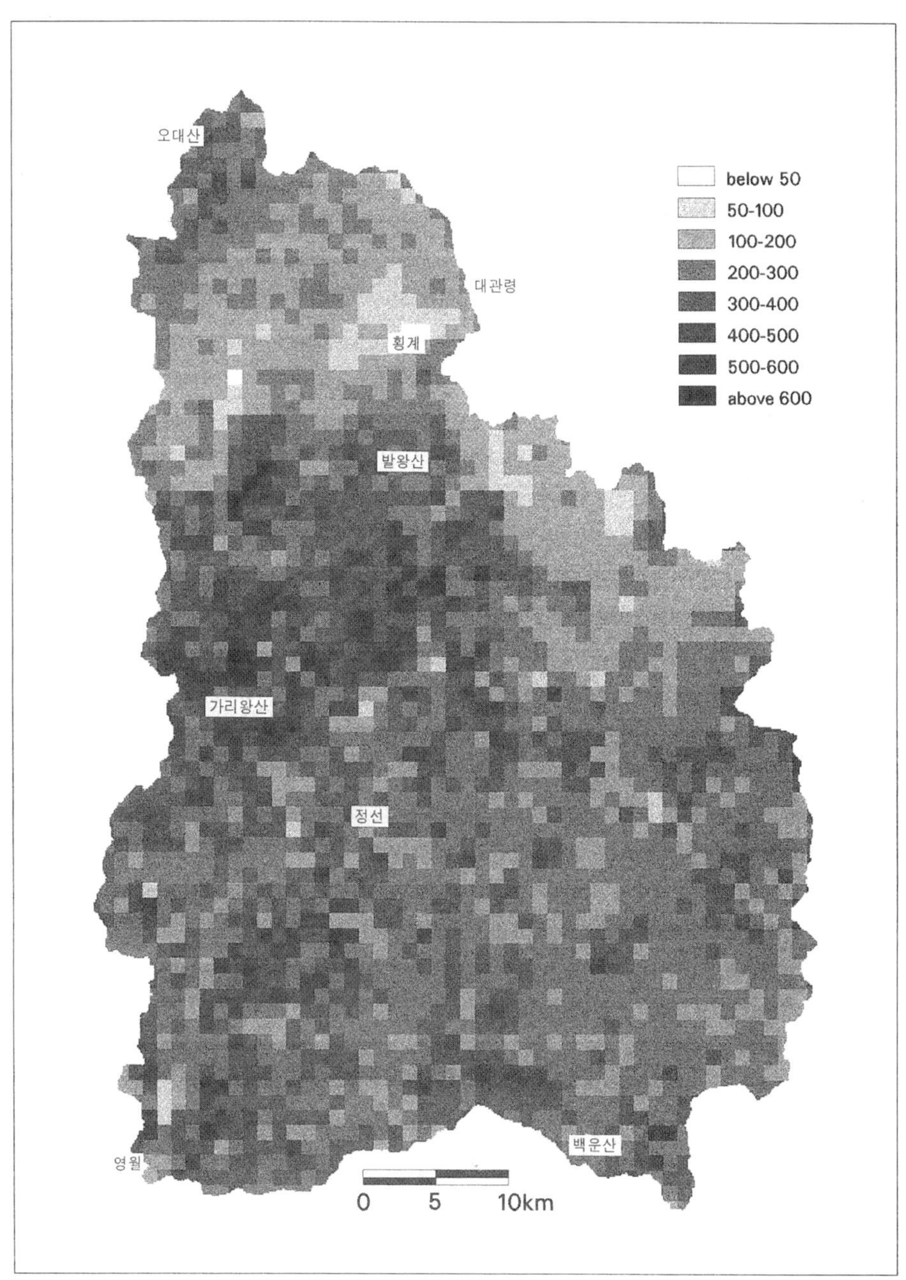

오대산
대관령
횡계
발왕산
가리왕산
정선
백운산
영월
below 50
50-100
100-200
200-300
300-400
400-500
500-600
above 600
0 5 10km

〈그림 6-3〉 기복량도

〈표 6-3〉 동강유역의 지질별 기복량별 면적비 및 평균기복량

지질시대	고도(m) / 지층명		백분율(%)								평균 기복량 (m)
			0~50	50~100	100~200	200~300	300~400	400~500	500~600	600~	
전체			0.12	2.44	22.75	41.58	24.52	7.31	1.18	0.08	270.21
중생대	Kgr	불국사화강암			1.39	43.04	42.01	12.41	1.15		321.94
	Jgr	대보화강암	0.61	10.21	57.30	25.99	4.92	0.96			183.27
	Jgr_1	엽리상화강암			32.28	60.07	7.65				231.06
	J_1	대동층군			11.17	38.92	40.49	7.97	1.44		309.56
고생대	P-T	고방산통		0.15	5.39	26.69	42.16	20.15	5.05	0.40	349.57
	C	사동통 (사암,셰일,석탄)		1.71	10.77	43.45	34.88	8.87	0.32		294.69
	S	회동리층 (석회암)			23.09	44.53	29.60	2.77			275.70
	O	대석회암통		0.69	16.95	49.41	25.54	7.15	0.26		276.50
	E	양덕통		0.04	22.26	57.80	18.37	1.41	0.12		250.81
원생대	PR_1	변성암		1.91	19.42	60.16	18.15	0.33	0.03		251.52
	PRgr	화강편마암			13.88	67.72	18.02	0.38			266.32
시생대	AR_1	변성암			6.62	59.15	30.69	3.55			286.28

대보화강암은 상대적으로 높은 고도를 보이면서도 기복량은 가장 낮게 나타나서 평균기복량이 183.3m이며 기복량 100m 이하의 지역도 10.8%에 이르고 전체의 약 80%에 해당하는 지역이 200m 이하의 기복량을 보여 고고도이면서도 저기복을 보이는 고위평탄면적 지형특색을 보인다.

그러나 페름기 사암이 주인 고방산통은 가장 큰 기복량을 보여 평균기복량이 349.6m 이고 약 70%에 해당하는 지역이 기복량 300m 이상이며 600m 이상의 기복량을 보이는 곳도 있어서 아주 험준한 지형 특징을 보인다.

대석회암통과 양덕통은 절대고도는 다른 지질에 비해서 낮으면서도 기복량은 상대적으로 커서 평균기복량이 각각 276.5m, 250.8m이다.

변성암은 평균고도는 앞의 조선계 지질들보다 훨씬 높으면서도 평균기복량은 비슷하여 251.5m, 266.3m, 286.3m로 나타났다.

5. 하천밀도

하천밀도를 구하기 위해서 먼저 DEM 자료로서 하계망도를 작성한 것이 <그림 6-4>이다. A. Strahler 방식으로 차수를 구분해 본 결과 동강의 본류는 5차 하천으로 나타났으며 오대천, 송천, 골지천, 동대천, 동남천 등 주요 지류는 4차 하천으로 나타났다. 분기율은 <표 6-4>와 같이 3.8~6.0 사이로 비교적 높게 나타났고, 4차 하천부터 심한 감입곡류를 하고 있다. 하천밀도(<표 6-5>)는 변성암, 고방산통, 사동통, 대석회암통의 분포지역에서는 상대적으로 낮게 나타나고 대보화강암, 엽리상화강암, 양덕통에서는 상대적으로 높게 나타났다.

〈표 6-4〉 동강의 분기율

차수	1차	2차	3차	4차	5차
갯수	522	114	23	6	1
분기율	4.6	5.0	3.8	6.0	

〈표 6-5〉 동강 유역분지의 지질별 하천밀도

지질 시대	지 층 명			하천길이 (km)	면적 (km²)	하천 밀도
전 체				1763.42	2323.27	0.76
중생계	Kgr		불국사화강암	15.27	22.87	0.67
	Jgr		대보화강암	388.23	468.43	0.83
	Jgr_1		엽리상화강암	24.03	26.95	0.89
	J_1		대동층군	50.48	67.41	0.75
고생계	평안계	P-T	고방산통	329.73	474.40	0.70
		C	사동통(사암, 셰일, 석탄)	102.45	144.41	0.71
	조선계	S	회동리층(석회암)	31.66	34.33	0.92
		O	대석회암통	415.08	565.23	0.73
		E	양덕통	253.94	311.96	0.81
선캠브리안계	원생대	PR_1	변성암	78.10	100.57	0.78
		PRgr	화강편마암	34.46	45.15	0.76
	시생대	AR_1	변성암	39.99	61.56	0.65

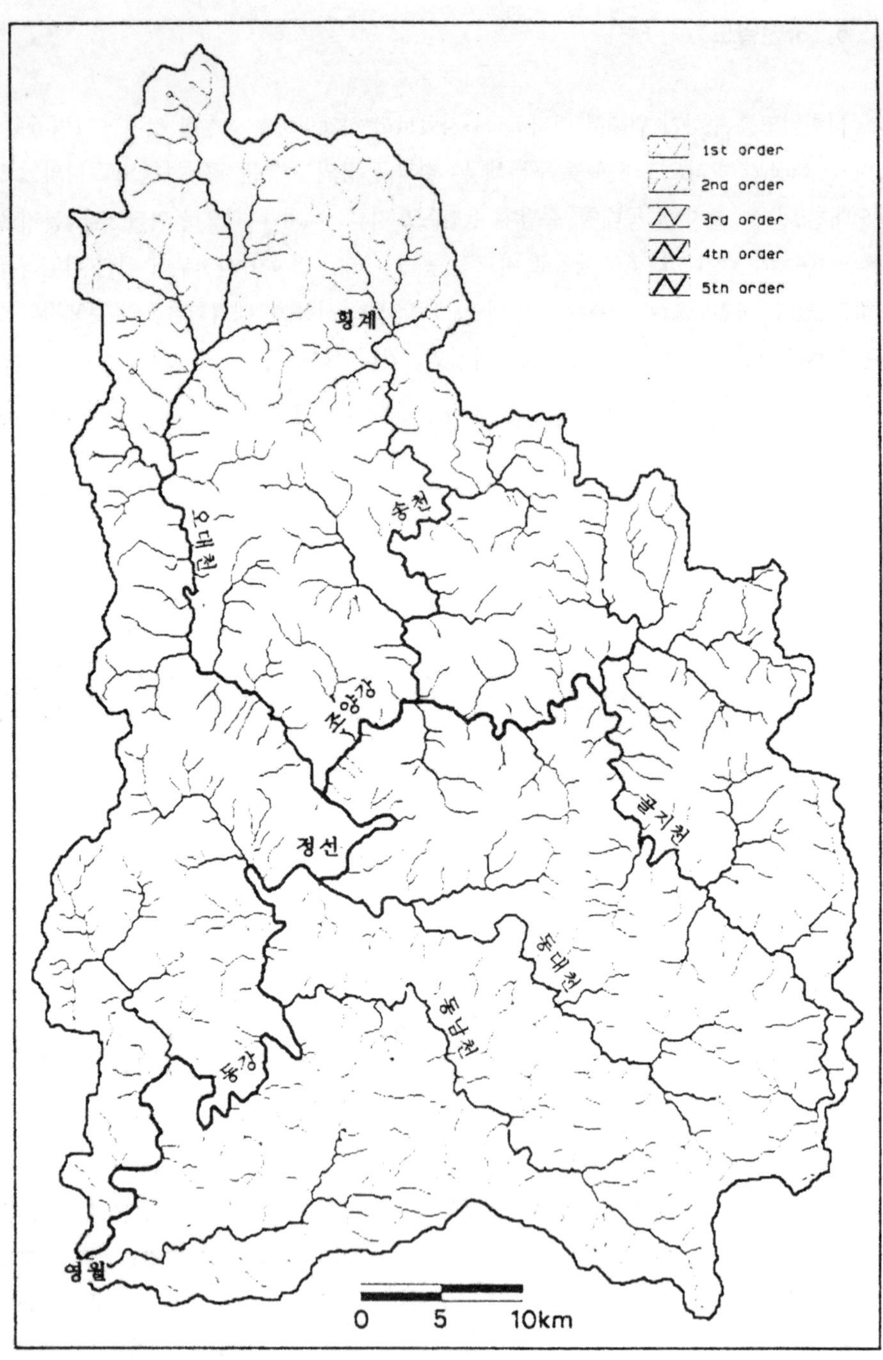
1st order
2nd order
3rd order
4th order
5th order
횡계
송천
오대천
조양강
골지천
정선
동대천
동남천
동강
영월
0 5 10km

〈그림 6-4〉 하계망도

6. 지질별 경사 분포

<그림 6-5>는 동강유역에 대하여 경사 2.5° 간격으로 경사를 분류한 것이다. 오대산 부근의 변성암 지대와 가리왕산, 발왕산 부근의 고방산통 지질 분포지는 대부분이 20° 이상의 급경사를 보인다. 그러나 대보화강암의 분포지인 횡계리 주변 지역과 임계·왕산 지역은 5° 이하의 완경사지도 상당히 분포하며, 대부분이 10° 이하의 경사를 보인다. 남쪽의 석회암 지역은 하곡의 곡벽을 따라 25° 이상의 급경사를 보이지만 곡간지는 상대적으로 완만하여 5°~20°의 경사를 나타낸다. 석회암 지대 곡간지에는 700~800m 고도와 1000~1100~m 고도의 2단의 평탄면의 단편이 인정되는데 이들 평탄면의 경사는 5~10°의 완경사지이고 Karst 함몰 지형도 인정된다. 그 대표적인 예는 정선군 남면 동남천 주변에 지억산(1000~1100m)면, 발구덕(700~800m)면이다.

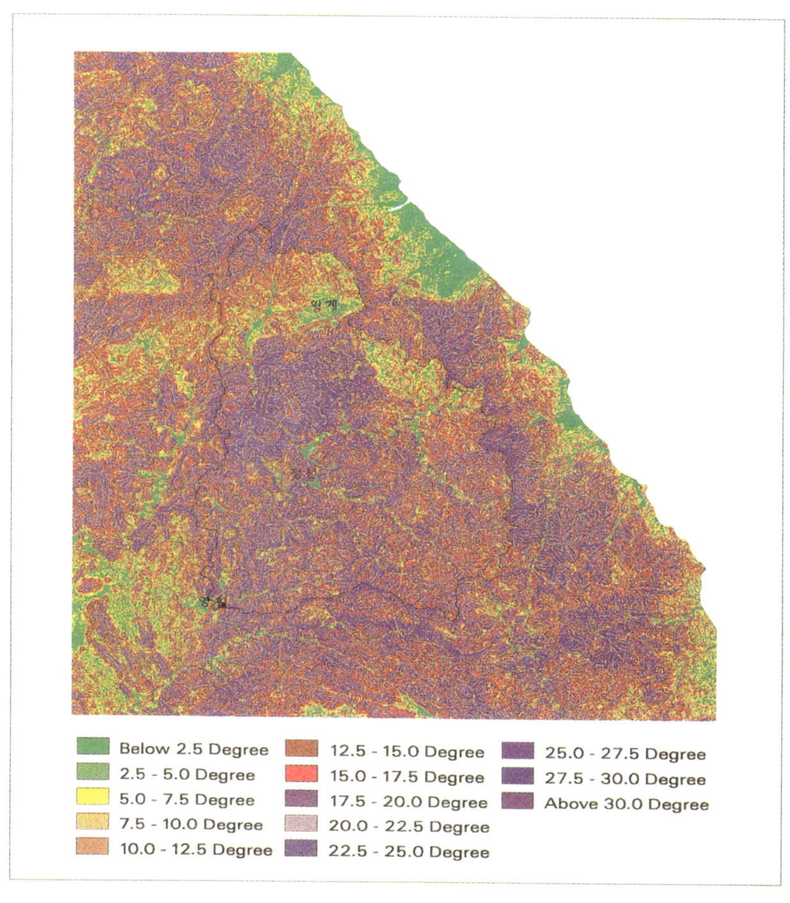

〈그림 6-5〉 경사도

7. 토의

지금까지의 요소별로 살펴본 지질별 고도, 기복량, 하천밀도 등을 종합하여 동강유역의 지형적 특징을 고찰해 보기로 한다. <그림 6-6>은 동강 유역분지를 북북서단 즉 오대산 부근에서 남남동단 즉 백운산 부근에 이르기까지의 북북서~남남동 단면에 대한 지질배열과 지형의 특징을 종합해서 작성한 모식도이다. 동강유역의 지질배열은 대략 동북동~서남서 방향으로 대상 배열하고 있기 때문에 이 북북서~남남동 단면은 동강유역의 대부분의 지질을 횡단하게 된다.

가장 북쪽에는 시생대 변성암이 좁게 분포하며 가장 높은 평균고도를 보인다. 그러나 평균기복량은 그리 크지 않으며 상류부에 위치하고 있으므로 최저고도가 가장 높고 최고고도와 최저고도 간의 폭도 크지 않다. 오대산(1563.9m), 동대산(1433.5m) 등의 고봉이 형성되어 있다.

* 빗금 친 부분은 평균기복량

〈그림 6-6〉 동강 유역분지의 남북 지질 배열과 고도 및 기복량 분포

변성암지대 남쪽에는 대보화강암이 넓게 분포하는데 이 지대의 평균고도는 770m로 석회암지대보다는 높다. 역시 상류부에 분포하기 때문에 변성암 다음으로 최저고도가 높게 나타난다. 그러나 평균기복량이 180m 정도로 가장 작아서 잔잔한 구릉지의 경관을 보이고 횡계리 주변지대로 우리나라 고위평탄면의 모식지이다. 하천밀도는 상대적으로 높다. 그러나 이 지대를 흐르는 하천은 감입곡류를 하지 않는다.

대보화강암 남쪽에는 페름기 사암으로 된 고방산통 지질이 넓게 분포하는데 평균기복량이 350m 정도로 가장 크고 최고고도와 최저고도 간의 폭도 가장 크며, 하천밀도도 낮다. 이와 같은 특징은 이 지질이 풍화와 침식에 강한 지질임을 반영한다. 따라서 이 지대를 횡단하는 오대천, 송천은 감입곡류를 하며 협곡을 형성하고 있고, 곡간에는 가리왕산(1,560.6m), 발왕산(1,458.1m) 등의 높은 산들이 솟아 있는 등 험준한 장년기 지형을 보인다.

정선 바로 북쪽에는 함탄층인 사동통과 석회암질의 회동리층이 좁게 대상으로 분포한다. 그러나 이들 지질의 지형 특징은 그 남쪽의 대석회암통과 유사하다. 정선 남쪽 동대천, 동남천 중·하류지역에 대석회암통이 아주 넓게 분포한다. 이 지질지역의 평균고도는 600m 정도로 동강 유역분지 중에 가장 낮다. 그러나 평균기복량은 280m로 크며, 최고고도와 최저고도의 폭도 아주 크다. 따라서 평균고도는 유역 중에서 가장 낮아도 지형은 아주 험준하며 이 지대를 흐르는 동강의 본류와 1차 지류들은 심한 감입곡류를 하고 있다.

석회암지대 남쪽에는 조선계 최하부층인 양덕통이 분포하는데 평균고도는 석회암보다 높지만 평균기복량이나 최고 및 최저고도 간의 폭은 석회암보다는 상대적으로 작으며, 하천밀도는 상대적으로 높다. 동대천, 동남천 상류지역에 분포하기 때문에 평균고도는 높지만 침식에 약한 지질적 특색을 보인다.

가장 남쪽에는 다시 사동통과 고방산통이 좁은 대상으로 분포하는데 앞에서 살펴본 바와 같은 이들 지질의 특성을 각각 반영하여 고방산통 분포지대는 두위봉(1,466m), 백운산 (1,426m)등으로 연결되는 능선이 형성되어 있고 사동통 분포지는 동남천의 상류곡지로 되어 있는데 여기가 바로 사북탄광 지대이다.

고도율을 종축, 면적율을 횡축으로 해서 동강유역의 hypsometric curve를 작성한 것이 <그림 6-7>이다. curve가 그래프의 거의 중앙을 지나는 점, 늘어진 S자의 형태, 중앙에 직선의 구간이 긴 점 등으로 장년기 지형의 특징을 보인다. hypsometric integral도 0.48248로 0.5에 가까운 수치를 보여 전형적인 장년기 지형임을 암시한다.

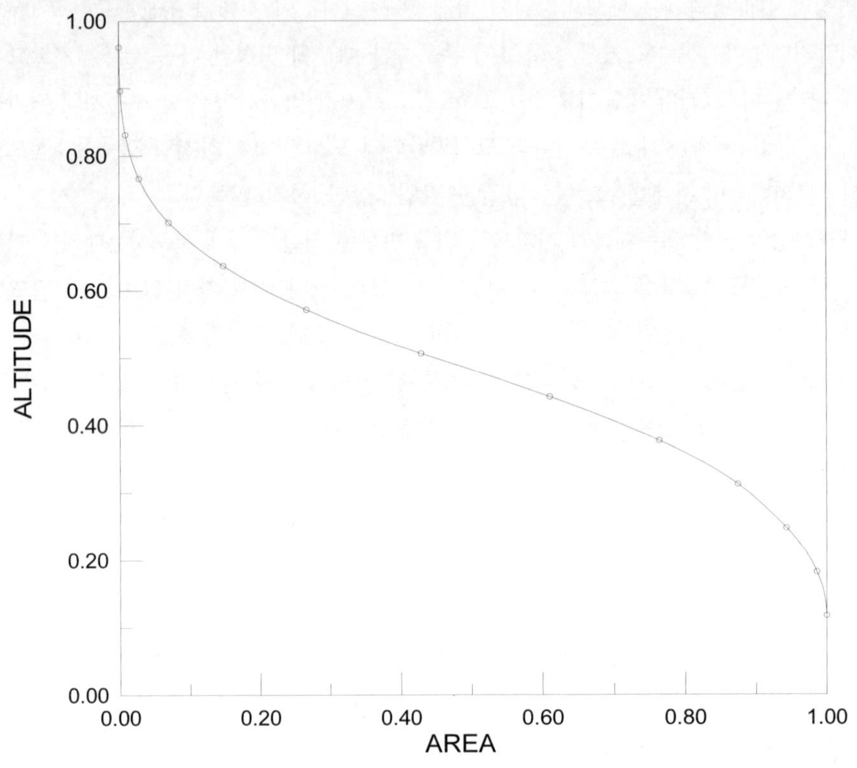

〈그림 6-7〉 동강 유역의 hypsometric curve

8. 요약

동강은 남한강 상류의 대지류 중 하나이다. 본 연구는 유역분지의 지형 특징을 지질과 관련시켜 GIS기법으로 분석한 것이다. 자료는 DTED level 1과 수치지도화한 1/1,000,000 지질도를 이용하여 ARC/INFO로 처리하였다.

① 동강 유역분지는 남한에서 대표적인 고생계 분포지로 이 지질의 면적비가 66%이다. 고생계 및 중생계 퇴적암은 대략 북동-남서 방향의 주향으로 대칭 분포되어 있어 습곡산지가 개석되어 나타나는 지질배열의 특징을 보인다.

② 동강 유역분지는 평균고도 738m, 1km×1km 방안의 기복량 평균이 270m로 험준한 지형적 특징을 보이며 hypsometric integral이 0.48로 지형발달 단계가 장년기임을 알 수 있다.

③ 지질별로는 페름기의 사암으로 이루어진 고방산통이 높은 고도와 큰 기복량, 가파른 경사, 낮은 하천밀도를 보여 침식에 강한 지질의 특징을 나타내고 험준한 지형을 형성하고 있다. 그러나 대보화강암은 상대적으로 높은 고도를 보이지만 기복량이 아주 낮고, 완만한 경사를 나타내어 고위평탄면을 이루고 있다. 대석회암통은 유역분지 중에서는 상대적으로 낮은 고도를 보이지만 기복량은 상대적으로 크고 경사분포는 곡벽은 25° 이상으로 급경사를 이루지만 곡간지는 상대적으로 완만하며, 고도 700~800m, 1,000~1,100m의 2단의 평탄면이 단편적으로 분포하고 있다.

④ 영월댐이 건설될 때 석회암지대 급경사의 곡간에 물이 차게 되며, 이 물은 이 지역에 발달한 lineament, 절리 등 균열을 따라 침투하여 석회암을 용식하게 되고, 이 결과 협곡을 향한 거대한 석회암 Block이 붕락함으로써 발생하는 심각한 자연재해의 가능성을 배제할 수 없다.

참고문헌

정창희. 1987. 『지질학개론』. 박영사. 585~621쪽.

Esri. 1996. Introduction to ARC/INFO.

_____. Using GRID with ARC/INFO, Rev 6.1.

Strahler. A. N. "Hypsometric(area-altitude) analysis of erosional topography." Bull. Geol. Soc. Amer., 63. pp.1117~1142.

CHAPTER 7

DEM을 이용한 한반도 지형의 경사도 분석*

1. 서론

지형도의 대부분은 고도 자료에 의해서 만들어져 있고, 경사 자료에 의해서 만들어진 지도는 거의 없다. 그러나 인간생활의 활용 측면에서는 경사 자료로 표현된 지도가 요구되는 경우도 많다. 이와 같은 이유로 필자들은 DEM(DTED level 1)을 이용하여 한반도의 경사분석도를 작성하고, 이를 분석함과 아울러 경사자료와 고도자료의 조합 및 경사자료와 지질도를 조합함으로써 고도대별 경사분포의 특징과 지질별 경사특성을 밝히고자 한다.

2. 연구방법 및 자료

본 연구는 GIS 소프트웨어 중 가장 범용성이 있는 ARC/INFO를 이용하여 한반도의 경사를 분석하였다. 경·위도 1° 단위의 DTED level 1을 ARC/INFO에서 TM 도법으로 투영하고, 이들 각 file을 모두 합하여 한반도 전체의 고도자료를 만들고, 이 고도자료를 기본 자료로 이용하여 ARC/INFO에서 지원하는 경사 계산법에 의거하여 경사도를 계산하였다. DTED level 1은 100m×100m cell의 DEM으로 이는 1:50,000 지형도에 2㎜×2㎜

---

1) 이금삼·조화룡, 2000, 한국지리정보학회지 3-1, pp.35~43.

방안을 그은 것과 같고, 한반도 전체의 cell 수는 약 22,000,000개이다. 경사분석은 고도값을 간직한 하나의 cell을 중심으로 주변의 8개의 cell을 참조하여 가장 고도가 큰 cell을 찾아내어 그 차이를 높이로 하고, cell 간의 거리를 밑변으로 하는 직각 삼각형을 구하여 계산하였다. 지질도는 자원연구소 발행(1995년) 1 : 1,000,000 지질도를 기본도로 하여 수치지질도를 만들었다. 이 수치지질도를 근거로 분포 면적이 1% 이상인 22개 지질의 지질별 평균고도와 평균경사를 계산하고, 이를 조합하여 한반도의 지질별 지형특성을 계산하였다.

3. 분석 결과

1) 경사도에 의한 지형분류

지형경사는 인간의 토지이용과 밀접한 관련이 있으므로 경사도에 의한 토지등급을

〈표 7-1〉 The Classification of Gradient Grades

<table>
<tr><th colspan="3">Hudson G.D*
(1936)</th><th colspan="3">한국 농림부(1970)**</th><th colspan="3">본 논문</th></tr>
<tr><th>등급</th><th>경사</th><th>명칭</th><th>등급</th><th>경사</th><th>비고</th><th>경사</th><th>명칭</th><th>등급</th></tr>
<tr><td rowspan="2">1</td><td rowspan="2">0～5°</td><td rowspan="2">평탄지</td><td>I</td><td>0 ～ 2%
(0～1°9′)</td><td>작물재배에 제한을 받지 않음</td><td>0～1°</td><td>평탄지</td><td>A</td></tr>
<tr><td>II</td><td>2 ～ 9%
(1°9′～5°9′)</td><td>개간적지, 등고선 경작 필요, 과수원, 상전으로의 적지</td><td>1～5°</td><td>파랑성 평야</td><td>B</td></tr>
<tr><td>2</td><td>5～10°</td><td>완경사지</td><td>III</td><td>9 ～ 16%
(5°9′～9°5′)</td><td>계단식으로 개간해야 할 개간적지, 과수원, 상전의 적지</td><td>5～10°</td><td>완 경사지</td><td>C</td></tr>
<tr><td>3</td><td>10～15°</td><td>준완경사지</td><td>IV</td><td>16 ～ 27%
(9°5′～15°7′)</td><td>고원지대(해발 1,000m이상)로서 영농상 기상적 제한을 받는 토지</td><td>10～15°</td><td>준완 경사지</td><td>D</td></tr>
<tr><td>4</td><td>15～20°</td><td>급경사지</td><td>V</td><td>27 ～ 35%
(15°7′～19°17′)</td><td></td><td>15～20°</td><td>경사지</td><td>E</td></tr>
<tr><td rowspan="3">5</td><td rowspan="3">20° 이상</td><td rowspan="3">급준경사지</td><td>VI</td><td>35 ～ 45%
(19°17′～24°14′)</td><td>목야지 및 방목지 적지(채초지)</td><td rowspan="3">20°이상</td><td rowspan="3">급 경사지</td><td rowspan="3">F</td></tr>
<tr><td>VII</td><td>45～58%
(24°14′～30°7′)</td><td>특수 임야지, 임지</td></tr>
<tr><td>VIII</td><td>58% 이상
(30°7′ 이상)</td><td>임지, 사방사업이 필요한 산지</td></tr>
</table>

부여한 연구는 많다. Hudson G. D(1939)는 0~5°, 5~10°, 10~15°, 15~20°, 20° 이상의 5등급으로 나누었고 한국농림부(1970)는 8등급으로 구분하였다. 본고에서는 Hudson의 연구와 한국농림부 연구를 참고하여 6단계(A-F)로 구분하였다. 즉 Hudson의 1등급 지역은 한국의 경우 주거나 농경생활에 매우 중요한 지역이므로 이것을 보다 자세히 고찰하기 위하여 둘로 세분하였다. 반대로 경사 20° 이상 지역(한국농림부의 VI, VII, VIII)은 주민생활과의 관계가 적어 농림부 구분보다 Hudson의 구분을 따르기로 하였다. A등급은 경사 1° 이하의 평탄지로서 충적평야의 대부분, 용암대지의 일부분을 포함하는 지역이다. 이 지역에서는 농작물의 재배에 제한이 없다. B등급은 1~5°의 지역으로 지형학에서 파랑성 평야(undulated plain)라고 부르는 지형에 해당되며 한국의 선상지와 침식평야의 대부분이 이 지역에 해당될 것으로 생각된다. 한반도에서 이들 파랑성 평야는 밭으로 대부분 개간되었지만 초지나 임야로 남아있는 곳도 부분적으로 있다.

이런 지역의 경작활동은 토양침식이 우려됨으로 등고선경작이나 계단경작이 요구된다. C등급은 5~10°의 완경사지로 저산성 구릉지 및 산록사면에 나타난다. 부분적으로 농지로 개간된 곳도 있지만 초지나 임지로 되어 있는 곳이 더 많다. D, E, F의 등급은 모두 산지에서 나타나며 대부분이 삼림지이고, F등급에서는 곳에 따라 노암지가 나타나기도 한다.

<표 7-2>는 한반도의 경사계급별 면적과 면적비이다. 파랑성 평야, 완경사지, 준완경사지의 면적비가 각각 약 20%로 가장 넓고 평탄지나 급경사지의 면적비는 낮다. 즉 한반도는 평탄지나 급준한 산지의 면적이 넓지 않은 비교적 완만한 경사지가 국토의 대부분을 차지하고 있음을 알 수 있다.

<그림 7-1>은 DEM자료에 의해 분석된 경사를 앞의 6단계로 구분하여 나타낸 한반도의 경사구분도이다. 고도별로 채색된 지형도와는 달리 이 지도는 고도가 높더라도 경사가 완만하면 녹색으로 표현되기 때문에 일반도에서 잘 파악되지 않았던 지형의 특징들이 뚜렷이 나타나는 장점이 있다. 서해안의 대하천 하류의 넓은 지역과 동해안의 해안을 따라 좁게 나타나는 녹색지대는 낮은 평야이다.

〈표 7-2〉 The Area and Area Percentage of Each Gradient Grades in the Korean Peninsula

	0 ~ 1° (평탄지)	1 ~ 5° (파랑성평야)	5 ~ 10° (완경사지)	10 ~ 15° (준완경사지)	15 ~20° (경사지)	20°이상 (급경사지)	합계
면적(㎢)	26,893.0	41,871.7	45,519.0	43,183.5	31,668.4	23,307.2	212.442
비율(%)	12.7	19.7	21.4	20.3	14.9	11.0	100.0

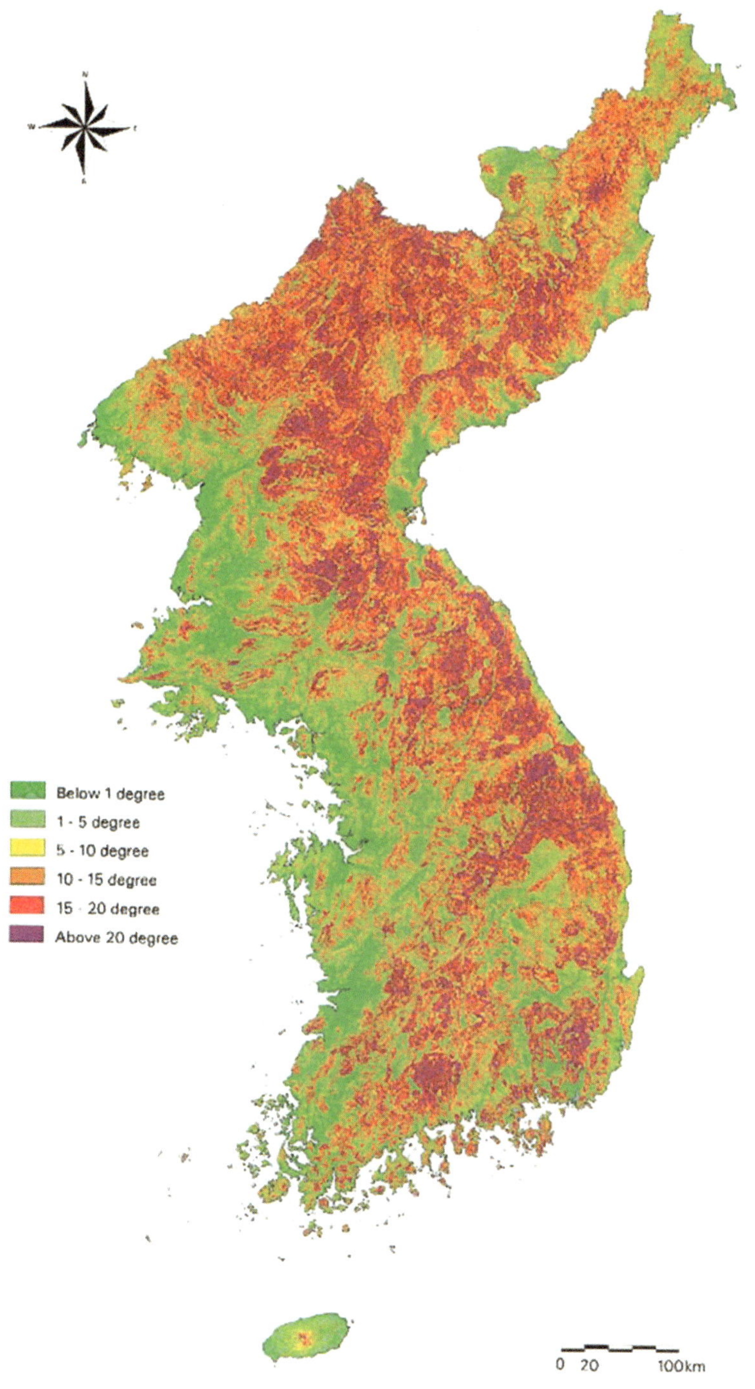

〈그림 7-1〉 The Map of Gradient Grades in the Korean Peninsula

경사가 급하여 험준한 지역은 함경산맥, 태백산맥, 지리산, 영남의 알프스일대 등이다. 그러나 백두산에서 두류산에 이르는 녹색지대는 고도 1,500m를 넘는 백두산 용암대지이고 가운데 섬처럼 나타나는 갈색은 대연지봉, 남·북포태산 등 용암대지 위에 솟은 용암원정구들이다. 중부지방의 철원-평강·신계-곡산 용암대지도 녹색으로 뚜렷하다. 함경산맥의 남쪽사면은 급경사를 이루고 분수령에서부터 북쪽은 선을 그은 것처럼 녹색이나 황색으로 바뀌어 고위평탄면이 나타나는데 이곳이 풍산, 신흥, 장진이고 대관령 부근에도 고위평탄면이 잘 나타난다. 남부지방의 영주분지, 거창·가조분지, 남원분지, 구례분지 등도 쉽게 찾을 수 있다. 제주도는 산정부 일부의 급경사지를 제외하면 섬의 대부분 지역이 평탄지 및 파랑성 평야임을 알 수 있다.

다음으로 고도대별로 경사분포가 어떻게 다르게 나타나는가를 살펴보기로 한다. 그러나 고도(標高)의 경우는 고도단계를 구분한 기존의 연구 자료가 없고, 또 대상지역의 고도분포 특성에 따라 구분 근거를 다르게 설정해야 하기 때문에 세계 어디서나 적용될 수 있는 구분단계를 설정하는 것은 어렵다. 한반도도 만일 고도면적비 누적곡선에서 knick point가 나타난다면 이를 근거로 고도를 구분할 수 있을 것이다. 그러나 한반도 전체의 고도별 면적비 누적곡선은 knick point가 전혀 나타나지 않는 완만한 凹형 곡선일 뿐이다. 그래서 한반도를 고도별로 면적이 비슷하게 3등분될 수 있는 고도한계를 잡아 보았더니 대략 150m 이하, 150～500m, 500m 이상이다. 이렇게 설정된 고도단계로 지형에 대비해 보니 150m라는 경계는 한반도의 대부분의 평야가 표고 150m 이하에 분포하고 있는 점에서 유의한 경계라 할 수 있었다. 이 고도는 춘천분지저 및 충주분지저 충적평야의 고도와 대략 일치한다. 또 일반적으로 150～500m의 표고를 이루는 지역은 구릉성산지가 대부분을 차지하며, 500m 이상은 지역을 다시 500～1000m, 1000m 이상 지역으로 구분하는 것이 필요했다. 다시 말해서 고도에 의해서 지형을 구분하는 단계는 150m 이하(평야), 150～500 m(구릉지), 500～1000m(산지), 1000m 이상(고산지, 고원)으로 구분했다. 그러나 이 단계구분은 한반도 지형을 참조한 경험적 구분임을 다시 밝혀두는 바이다. 이렇게 고도 4단계, 경사 6단계를 조합한 24단계의 지형구분에 대한 각 단계별의 면적과 그 비율을 나타낸 것이 <표 7-3>이다.

고도 150m 이하는 주로 평탄지, 파랑성 평야, 완경사지로 이루어져 있고, 고도가 낮아도 20° 이상의 경사가 급한 지역도 나타난다. 또 평탄지의 약 90%, 파랑성 평야의 약 60%가 이 고도대에 분포한다. 150～500m 지역은 완경사지, 준완경사지, 경사지의 면적이 각각 20%로 대부분을 차지한다. 고도 500～1000m 지역은 평탄지와 파랑성 평야의 면적이 가장 낮고 급경사지의 면적이 가장 넓어 한반도에서 가장 험준한 지형을

〈표 7-3〉 The Area and Area Percentage of Topographic Unit by Combination of Altitude and Slope Gradient in the Korean Peninsula

고도(m) / 경사도(°)	150 이하 (평야)		150 ~ 500 (구릉지)		500 ~ 1000 (산지)		1000 이상 (고산지, 대지)		합계
	면적 (㎢)	%	면적 (㎢)	%	면적 (㎢)	%	면적 (㎢)	%	면적 (㎢)
0 ~ 1 (평탄지)	24,169.5	31.8	1,690.9	2.5	278.9	0.7	753.3	2.7	26,893.0
1 ~ 5 (파랑성 평야)	26,920.4	35.4	9,368.8	13.7	2,399.7	6.0	3,182.2	11.5	41,871.7
5 ~ 10 (완경사지)	15,799.1	20.8	17,473.2	25.5	6,634.4	16.5	5,611.7	20.3	45,519.0
10 ~ 15 (준완경사지)	6,615.1	8.7	18,954.6	27.7	10,669.6	26.5	6,943.6	25.2	43,183.5
15 ~ 20 (경사지)	2,042.1	2.7	13,020.2	19.0	10,650.6	26.5	5,955.1	21.6	31,668.4
20 이상 (급경사지)	539.3	0.7	8,033.3	11.7	9,584.2	23.8	5,150.1	18.7	23,307.2

이룬다. 고도 1000m 이상의 지역은 평탄지와 파랑성 평야의 면적비가 500 ~ 1000m 에서 보다 더 높고, 경사지나 급경사지의 면적비는 더 낮아서 고원의 지형경관을 나타낸다 할 수 있다.

<그림 7-2>는 고도 150m 이하 지역의 사면경사도이다. 서해안의 주요평야 지역에서 전형적으로 잘 나타나고, 동해안을 따라서도 단편적으로 나타나며, 낙동강 본류 및 주요 지류에서도 잘 나타난다.

<그림 7-3>은 고도 150 ~ 500m 지역의 사면경사도이다. 이 고도대에서 평탄지는 철원-평강·신계-곡산 용암대지에서 잘 나타나고, 연두색의 파랑성 평야는 화강암 개석분지 즉 영주 · 안동 · 충주 · 금산 · 보은 · 양구분지 등지에서 잘 나타난다. 이들 지역은 고도가 높기 때문에 고도 중심의 지형도에서는 모두 노란색이나 갈색으로 나타나 개석분지의 특징을 파악할 수 없지만 경사분석 지도에서는 잘 구분되어 나타난다.

<그림 7-4>는 500 ~ 1000m 지역의 사면경사도이다. 한반도에서 가장 험준한 지형을 이루는 고도대로써 낭림산맥 · 태백산맥이 주 분포지이고 지리산 주변, 함경산맥 남측에 잘 나타난다. 대관령 고위평탄면도 잘 나타난다.

<그림 7-5>는 고도 1000m 이상 지역의 사면경사도이다. 남한에도 단편적으로 분포하지만 대부분이 개마고원에 한정되어 있다. 500 ~ 1000m 지역보다도 평탄지가 많아 고원 지형을 잘 나타낸다. 백두산에서 두류산에 이르는 용암대지와 풍산, 신흥, 장진 등의 고위평탄면이 뚜렷하다.

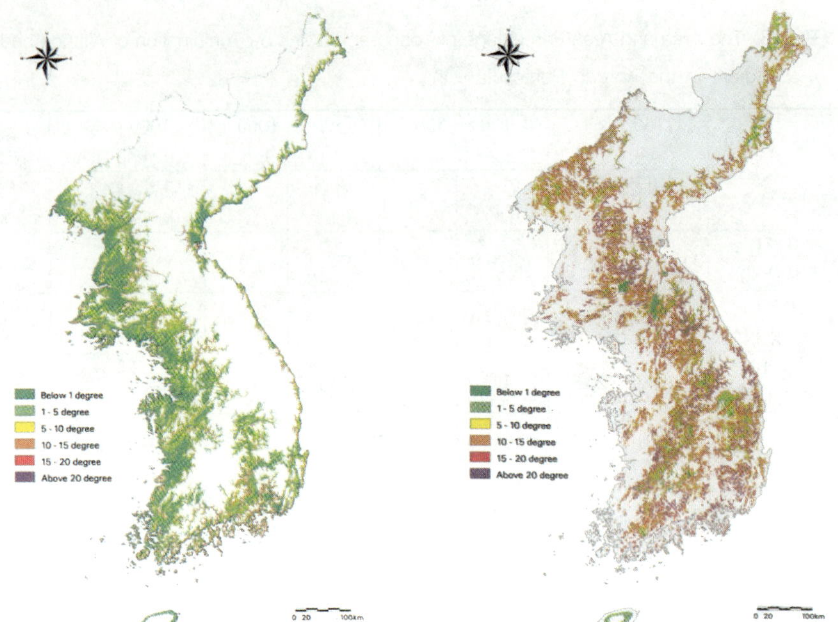

〈그림 7-2〉 The Gradient Grade of the Korean Peninsula(lower than 150m)

〈그림 7-3〉 The Gradient Grade of the Korean Peninsula(150 ~ 500m)

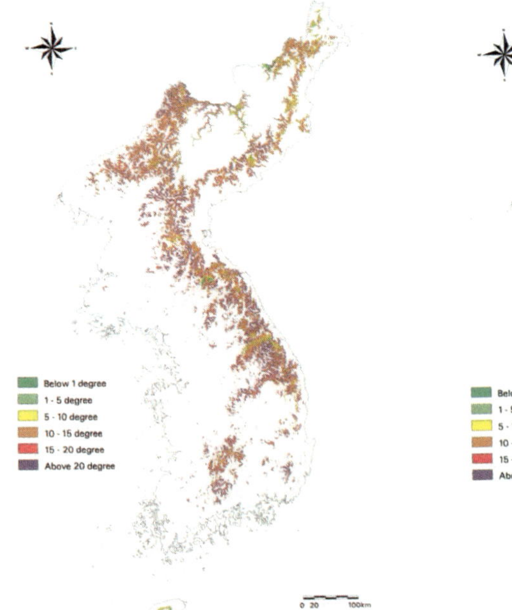

〈그림 7-4〉 The Gradient Grade of the Korean Peninsula(500 ~ 1000 m)

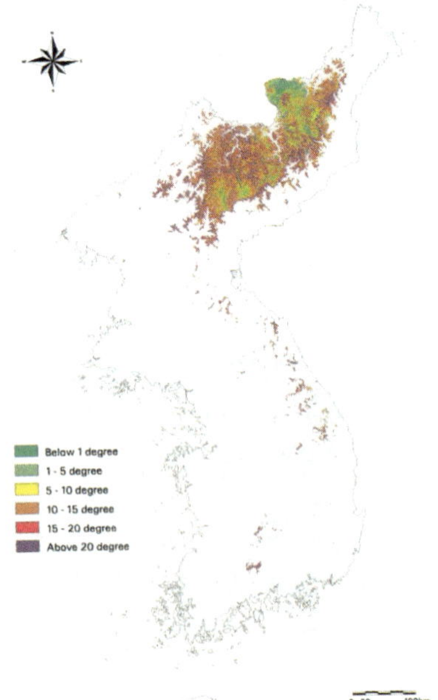

〈그림 7-5〉 The Gradient Grade of the Korean Peninsula(over than 1000m)

2) 지질별 고도와 경사의 조합

기반지질별로 사면경사가 어떻게 다른가를 살펴보았다. 이를 위하여 1995년 자원연구소에서 발행한 1 : 1,000,000 지질도를 기초로 수치지질도를 만들고, 39개 지질 중에서 분포면적이 1% 이상인 22개 지질을 대상으로 평균고도, 평균경사 분포 히스포그램을 그리고, 표준편자를 계산하여 고도와 경사를 조합한 것이 <표 7-4>이다. -1 SD 이하, -1 SD~$\bar{x}$, $\bar{x}$~+1 SD, +1 SD 이상의 4단계로 구분하고, 고도에서는 이들 각각을 저고도, 준저고도, 준고고도, 고고도라 이름하고, 경사에서는 완경사, 준완경사, 준급경사, 급경사라 이름했다. 이들 두 요소(고도, 경사)를 조합하면 <표 7-4>와 같이 16개 범주로 구분된다. 그러나 해당지질이 없는 5개를 제외하면 모두 11개 범주로 나눌 수 있다.

'고고도 · 급경사'의 지형특징을 보이는 지질은 ARgr로 낭림산맥 주변에 주로 분포하는 낭림화강암(실제로 화강편마암이다)으로 한반도에서 가장 험준한 지형을 이루는 지질이라 할 수 있다.

'고고도 · 준급경사'의 지형특징을 보이는 지질은 J_2(자성층군), PR_1(마천령층군)이며 한반도에서 ARgr 다음으로 험준한 지형이라 할 수 있다. '고고도 · 완경사'의 지형특징을 보이는 지질은 Q_1(현무암)으로 표면경사는 완만하지만 절대 고도는 아주 높은 용암대지의 지형경관을 보인다. '준고고도 · 급경사'의 지형특징을 보이는 지질은 P-T(평안층군)로 고도도 상대적으로 높지만 경사가 가장 급하여 험준한 지형을 이루는 지질이다. '준고고도 · 준급경사'의 지형특징을 보이는 지질은 AR_3(반상변정질편마암)로 중 정도의 험준한

〈표 7-4〉 The Topographical Characteristics by Geological Districs in the Korean Peninsula

고도(m) \ 경사(°)	완경사 (-1 SD 이하)	준완경사 (-1 SD ~ $\bar{x}$)	준급경사 ($\bar{x}$ ~ +1 SD)	급경사 (+1 SD 이상)
저고도 (-1 SD 이하)	K_1, Jgr_1	K_2		
준저고도 (-1 SD ~ $\bar{x}$)	N	Tgr, PR_3 PR_2, PRgr	Kgr, K_3, O, E, AR_1, AR_2	
준고고도 ($\bar{x}$ ~ +1 SD)		Jgr, PALgr	AR_3	P-T
고고도 (+1 SD 이상)	Q_1		J_2, PR_1	ARgr

고도(m) : $\bar{x}$; 415.2 -1 SD ; 198.0 +1 SD ; 632.4
경사도(°) : $\bar{x}$; 10.6 -1 SD ; 8.4 +1 SD ; 12.8

지형을 보이는 지질이다. '준고고도 · 준완경사'의 지형특징을 보이는 지질은 Jgr, PALgr 등의 화강암 지질로 고도는 상대적으로 높지만 사면경사는 비교적 완만하여 순한 산지의 지형경관을 보인다. '준저고도 · 준급경사' 즉 고도는 상대적으로 낮지만 경사는 비교적 급한 지형특색을 보이는 지질은 Kgr, K_3, O, E, AR_1, AR_2들이다. Kgr(불국사화강암)은 화강암 중에서 가장 최근에 관입한 지질로 팔공산, 토함산 등 경사가 급한 산지를 이루고 있으며, K_3(유천층군)도 경상계 분출암을 주축으로 하는 지질로 경상누층군 분포 지역에서는 산지를 이루고 있다. 그러나 이 두 지질은 모두 한반도 남부지역에 분포하고 있어 한반도의 전체적 측면에서 상대적으로 낮게 나타난다. 고생대 지질인 O(대석회암층군)와 E(양덕층군)도 평균 분포고도는 상대적으로 낮지만 하곡 간에 급한 경사를 이루어 험준한 지형을 이룬다. AR_1, AR_2는 편마암으로 비교적 넓은 분포면적을 가지며, 고도에 비하여 경사가 급한 지질이다. '준저고도 · 준완경사' 즉 상대적으로 완만한 구릉성 지형의 특징을 보이는 지질은 Tgr, PR_3, PR_2, PRgr 들이다. '준저고도 · 완경사'의 지형특징을 보이는 지질은 N(신제3기 지질)으로 두만강 하류부에 주로 분포하며 아주 완만하지만 고도는 어느 정도 있다. '저고도·준완경사'의 지형특색을 보이는 지질은 K_2(하양층군)로 아주 낮은 평균고도 이지만 사면경사는 어느 정도 있는 지질이다. K_1(신동층군)과, Jgr_1(주라기 엽리상화강암)은 한반도에서 가장 낮고 가장 완만한 '저고도·완경사'의 지형특색을 보인다.

4. 결론

앞에서 분석한 내용을 종합하면 다음과 같다.

1. 한반도의 지형 경사를 1° 이하(평탄지), 1～5°(파랑성 평야), 5～10°(완경사지), 10～15°(준완경사지), 15～20°(경사지), 20° 이상(급경사지)의 6단계로 구분했을 때 한반도는 파랑성 평야, 완경사지, 준완경사지가 60%로 완경사 지형이 국토의 대부분을 차지하고 있으며, 평탄지나 급경사지의 면적은 상대적으로 좁다.

2. 한반도 지형을 고도별로 150m 이하 지역, 150～500m 지역, 500～1,000m 지역 그리고 1,000m 이상 지역의 4단계로 구분하고, 이들 4 고도 단계별로 경사 6단계 구분을 실시했다. 표고 150m 이하 지역의 대부분은 평탄지와 파랑성 평야로 이루어져 있다.

표고 150～500m 지역의 대부분은 완경사지, 준완경사지로 이루어졌으며, 화강암 개석분지, 용암대지의 지형들이 잘 나타나고 있다. 표고 500～1,000m 지역은 한반도에서 경사가 가장 급한 험준한 지형을 이루고 있다. 표고 1,000m 이상의 지역은 그 아래 지역(500m～1,000m)보다 완경사지 면적이 넓어서 고원의 경관을 이룬다. 그 이유는 이 고도 지역에 현무암 용암대지, 고위평탄면 지형이 주로 분포하기 때문이다.

3. 지질별 경사 분포의 특성은 Pre-Cambrian의 화강편마암(ARgr)과 편마암(PR_1), 고생대 사암(P-T), 중생대 퇴적암(J_2) 등은 높은 고도와 급한 경사를 이루고 있고, 중생대 화강암(Jgr_1), 중생대 백악기 퇴적암(K_1, K_2), 신생대 지층(N)이 저고도에 완만한 경사를 보였다. 신생대 제4기에 분출한 현무암(Q_1)은 경사는 아주 완만하지만 1000m 이상의 높은 고도를 유지하고 있는 것이 특징이다.

참고문헌

대한민국 농림부. 1970. 『농업용수 개발사업 총람』. 237쪽.

이금삼. 1999. 「DEM을 이용한 한반도 지형의 계량적 특성과 기반암질과의 관계 분석」. 경북대학교 대학원 박사학위논문.

이금삼, 조화룡. 1998. 「GIS기법에 의한 한국의 고도·기복량 분석」. 대한지리학회지, 33(4). 525～535쪽.

_____. 1998. 「경상도 지역에 있어서 지질별 지형특성 분석」. 한국지형학회지, 5(1). 1～19쪽.

Esri. 1996. Introduction to ARC/INFO.

_____. 1996. Using GRID with ARC/INFORE v6.1.

Hudson G. D. 1936. "Unit area method of land classification." A.A.A.G 26. pp.99～112.

지은이

조화룡(曺華龍)
경북대학교 문학사
일본 도호쿠(東北)대학 이학석사, 박사
경북대학교 교수(1979~2006)
뉴질랜드 오클랜드대학 연구 교수

주요저서 : 『한국의 충적 평야』, 『자연과 환경』,
『한국의 제4기 환경』 등 다수.

조화룡교수 논문집 발간위원회(가나다순)

김갑철	김점득	박경석
손수영	손인옥	송언근
신윤호	오화자	우병영
원진희	윤순옥	이금삼
이기은	이윤화	이종남
전미혜	정동준	황상일

한울아카데미 878

한국의 지형 발달과 제4기 환경 변화

엮은이 | 조화룡교수 논문집 발간위원회
펴낸이 | 김종수
펴낸곳 | 도서출판 한울

편집책임 | 안광은

초판 1쇄 인쇄 | 2006년 8월 18일
초판 1쇄 발행 | 2006년 8월 25일

주소 | 413-832 파주시 교하읍 문발리 507-2(본사)
121-801 서울시 마포구 공덕동 105-90 서울빌딩 3층(서울 사무소)
전화 | 영업 02-326-0095, 편집 02-336-6183
팩스 | 02-333-7543
홈페이지 | www.hanulbooks.co.kr
등록 | 1980년 3월 13일, 제406-2003-051호

Printed in Korea.
ISBN 89-460-3569-2 93450 (양장)
ISBN 89-460-3578-1 93450 (학생판)

* 책값은 겉표지에 있습니다.
* 이 도서는 강의를 위한 학생판 교재를 따로 준비하였습니다.
강의 교재로 사용하실 때에는 본사로 연락해 주십시오.